美国水环境联合会（WEF）环境工程实用手册系列

污泥处理处置工程设计与管理手册

Solids Process Design and Management

[美] 美国水环境联合会　著
张永吉　陈秀荣　周玲玲　关春雨　译

中国建筑工业出版社

著作权合同登记图字：01-2013-1716 号

图书在版编目(CIP)数据

污泥处理处置工程设计与管理手册 = Solids Process Design and Management / 美国水环境联合会著；张永吉等译. — 北京：中国建筑工业出版社，2020.1
（美国水环境联合会（WEF）环境工程实用手册系列）
ISBN 978-7-112-21211-8

Ⅰ. ①污… Ⅱ. ①美… ②张… Ⅲ. ①污泥处理 Ⅳ. ①X703

中国版本图书馆 CIP 数据核字(2019)第 286211 号

本手册共分 26 章，内容涵盖了污泥的产生、输送、化学调理、浓缩、减量化等污泥处理处置技术，修订后的内容还增加了最新的技术、工艺、不同组织机构的设计标准、工程实践案例、政策研究和公众宣传等内容及具体详实的案例和丰富的参考文献。本手册可供从事污泥处理与处置相关的设计、运行和管理人员使和研究的专业技术人员学习参考，也可作为给水排水科学与工程或环境科学与工程专业的教学参考书。

责任编辑：石枫华　程素荣
责任校对：李美娜

美国水环境联合会（WEF）环境工程实用手册系列
污泥处理处置工程设计与管理手册
Solids Process Design and Management
[美] 美国水环境联合会　著
张永吉　陈秀荣　周玲玲　关春雨　译
*
中国建筑工业出版社出版、发行（北京海淀三里河路 9 号）
各地新华书店、建筑书店经销
北京科地亚盟排版公司制版
天津翔远印刷有限公司印刷
*
开本：787 毫米×1092 毫米　1/16　印张：38½　字数：959 千字
2021 年 8 月第一版　2021 年 8 月第一次印刷
定价：**158.00** 元
ISBN 978-7-112-21211-8
(35266)

《污泥处理处置工程设计与管理手册》
翻译和审校人员

翻译人员

张永吉 同济大学

第 1 章 第 2 章 第 3 章 第 4 章 第 5 章 第 7 章 第 10 章 第 15 章 第 17 章 第 18 章

陈秀荣 华东理工大学

第 6 章 第 8 章 第 9 章 第 11 章 第 12 章 第 13 章 第 14 章 第 16 章 第 23 章 第 26 章

周玲玲 同济大学

第 19 章 第 20 章 第 21 章 第 22 章

关春雨 北控水务集团

第 24 章 第 25 章

审校人员

颜莹莹 北京首创污泥处置技术有限公司

第 4 章 第 5 章 第 7 章 第 17 章 第 18 章 第 19 章 第 20 章 第 21 章 第 22 章 第 23 章 第 24 章 第 25 章 第 26 章

杜 炯 上海市政工程设计研究总院（集团）有限公司

第 6 章 第 8 章 第 9 章 第 11 章 第 12 章 第 13 章 第 14 章 第 16 章 第 23 章 第 26 章

梁 远 北京首创污泥处置技术有限公司

第 1 章 第 2 章 第 3 章 第 4 章 第 5 章 第 6 章 第 7 章 第 8 章 第 9 章 第 10 章

汪喜生 上海城投污水处理有限公司石洞口污水处理厂

第 11 章 第 12 章 第 13 章 第 14 章 第 15 章 第 16 章

刘永德 河南工业大学

第 19 章 第 21 章 第 24 章 第 25 章

蔡 璐 宁波大学

第 1 章 第 3 章 第 20 章 第 22 章

译 者 序

随着我国城市污水处理率提高，城市污泥产量逐年增大，每年污泥产生量达到 4000 万吨（含水率 80%）。而我国在污泥处理与处置方面起步较晚，长期以来都是“重水轻泥”，对污泥处理处置的重视与投入程度不够，存在二次污染的环境风险，成为制约我国水污染控制领域的薄弱环节。

发达国家和地区均将污水处理厂的污泥处理处置视为必不可少的环节，投资和运行成本约占污水处理厂总投资的 30%～50%，而在我国，污泥处理的投资比例也只有 10%～30%。发达国家在 20 世纪 60 年代就开始对水泥处理技术进行分析和研究。如在欧洲，污泥处理处置技术工艺主要集中在污泥稳定化、减量化、无害化和资源化方面，污泥填埋逐年下降多采用焚烧技术；在美国，污泥处置多采用厌氧消化技术，利用高温高压、脉冲电磁和超声等技术预处理之后可以提高污泥可生物降解成分；在日本，污泥的循环利用则包括农田绿化、建材和能源利用、资源回收等，污泥炭化再利用等得到了很好的应用。

近些年来我国研究者针对污泥处理处置问题也开展了一系列研究，在浓缩脱水、热处理、化学稳定处理等方面开发了新工艺、新技术，这些工艺技术应用于污水处理厂的污泥处理中取得了一定的实际成果，正在逐步推广污泥消化、污泥调节、污泥生物干化、污泥热干化、污泥混烧及焚烧、污泥堆肥等无害化技术。同时，参照国外发展起来的固体废弃物技术评价体系，我国也在加快制定相应的技术框架和相应的实施方法。

《污泥处理处置工程设计与管理手册》是由美国环境保护局（U. S. EPA）联合美国水环境联合会（WEF）和美国水环境研究基金会（WERF）共同完成的。在《污泥处理与处置工艺设计手册》（第 1 版）的基础上进行了全面更新，如加入了目前人们对污水和污泥特性的识别以及更深层理解，以及如何运用合理设计和管理的措施使污水中的污泥成为可再生资源等内容。这些内容对于我国未来污泥行业的可持续发展具有宝贵的参考价值。

本手册共 26 章，内容涵盖了污泥的产生、输送、化学调理、浓缩、减量化等污泥处理处置技术，修订后的内容增加了最新的技术工艺、不同组织机构的设计标准、工程实践案例、政策研究和公众宣传等内容及具体详实的案例和丰富的参考文献。本手册可供从事污泥处理与处置相关的设计、运行和管理人员使和研究的专业技术人员学习参考，也可作为给水排水专业或环境科学与工程专业的参考书。

在本书翻译初期，黄豆豆、李鹏飞、赵军、许贤芳、阮丽、刘燕子、黄豆豆、陈叶菁、邱杰等同学也做了大量工作；中国建筑工业出版社石枫华博士积极策划引进这部权威著作，并对翻译和出版工作给予大力支持，参与了译稿的统稿和修改工作；《中国给水排水》执行主编李德强帮助组织和指导本手册的审校工作。对此，我们一并深表感谢。

由于译者学识有限，本书中翻译的不当之处，敬请读者批评指正。

目　　录

第1章　绪　　言

1.1　背景

《污泥处理处置工程设计与管理手册》是在美国环境保护局（U.S. EPA)、美国水环境联合会（WEF）和美国水环境研究基金会（WERF）的共同努力下完成的。本版手册对《污泥处理与处置工艺设计手册》(美国环境保护局，1979）进行了全面且重要的修订，当前，在以低成本、高效技术工艺需求推动了污泥管理快速发展，本次修订恰逢其时。

《污泥处理与处置工艺设计手册》第一版发行距今已经有 30 多年了，而现今污水处理水平更高，导致大量的污泥产生，因此需要采取更为有效和高效率的方式管理污泥，以达到保护环境和人们健康的目的。目前人们更关注对污水和污泥特性的识别以及更深层理解，以及如何运用合理设计和管理的措施使污水中的污泥可以被用为可再生资源。同时，污水和污泥对大气、水和土壤的影响以及可持续发展也越来越成为人们关注的焦点。技术和知识的全球化推动了设备和工艺的重大进步，也促进了规划、设计和管理上的改变。

本版手册与前版手册的比较　　**表 1-1**

污泥处理处置与管理（U.S. EPA/WEF/WERF，2012)		污泥处理与处置工艺设计手册（U.S. EPA，1979)	
章	章名	章	章名
第 1 章	绪言	第 1 章	目的和范围
第 2 章	污泥处理处置规划	第 2 章	总则
第 3 章	公众宣传和参与		
第 4 章	污泥的产生和特性	第 4 章	污泥的产生与特性
第 5 章	设计方法	第 3 章	设计方法
第 6 章	污泥的输送		
第 7 章	化学调理工艺	第 8 章	污泥的化学调理工艺
第 8 章	重力浓缩	第 5 章	重力浓缩
第 9 章	污泥减量技术		
第 10 章	厌氧消化		
第 11 章	好氧消化		
第 12 章	脱水技术	第 9 章	脱水
第 13 章	堆肥	第 12 章	堆肥
第 14 章	碱处理		
第 15 章	消毒和稳定	第 6 章	稳定化
		第 7 章	消毒
第 16 章	热干化技术	第 10 章	热干化
第 17 章	热氧化技术	第 11 章	高温处理

续表

污泥处理处置与管理（U. S. EPA/WEF/WERF，2012）		污泥处理与处置工艺设计手册（U. S. EPA，1979）	
章	章名	章	章名
第18章	热解、气化和其他热处理工艺	第13章	其他处理工艺
第19章	运输与储存	第14章	运输
		第15章	储存
第20章	生物固体的气味管理		
第21章	污泥处理产生的侧流	第16章	污泥处理产生的侧流
第22章	仪器仪表和监控	第17章	仪器
第23章	土地利用与产品销售	第18章	利用
第24章	污泥填埋管理系统	第19章	土地处置
第25章	新兴技术		
第26章	绿色气体的处理和利用		

2007年，美国环境保护局就开始与美国水环境联合会以及美国水环境研究基金会在“共同研究和发展的协议”（CRADA）下开展合作，三个组织对1979年的手册进行重大修改和更新，并将其公布在互联网上。

1.2 范围和工艺

本次修订后的手册是为了便于从事污泥处理与处置行设计、审核、运营的专业人员使用。修订后的手册参考了其他文献资料的内容，但并非简单重复它们的内容。

1979年发行的版本只有19章，而这本修订后的手册共有26章。在新手册中，新增加的内容包括：公众咨询与参与、污泥减量技术、厌氧消化和好氧消化、臭味和绿色气体的处理与利用等。每一章的内容除了尽可能包含先前的章节，也参考了其他信息来源。

《污泥处理处置工程设计与管理手册》按照水环境联合会（WEF）的技术实践委员会（TPC）建立的共识评审程序进行编写。评审意见在规定的截止日期前以书面形式提交，并对其进行盲处理，以保持评审人员的匿名性，并将其整理并分发给作者。水环境联合会的同行评议出版物对业内人士开放。评审意见在规定的截止日期前以书面形式提交，经整理后匿名分发给作者。作者结合评审意见进行文本修订，未修改处提供不进行修改的书面理由。修订后的文本以及对审查意见的回复递交给原评审人员，使他们看到评审意见如何被回复、且修订是否满意。该评审程序确保所有评审意见得到解决，从而达成业界共识。

强烈建议编制设计标准的机构将本手册更新的内容纳入相关标准。本手册推荐的内容都是最佳实践范例，其设计标准甚至超过城市污泥利用与处置标准（40CFR Part 503）的各项要求。这对于未来污泥管理的可行性和环境的可持续发展具有重要意义。

最后，《污泥处理处置工程设计与管理手册》代表着三个合作组织大约600名主要专家、职员以及志愿者们的知识、经验和辛勤劳动。这次成果主要得力于服务于管理团队的志愿者、协调各章节的负责人、每章的作者、合著者以及同行评审人员。这些参与者们将被列在本手册的前言部分，并对他们的参与表示衷心感谢！

第 2 章　污泥处理处置规划

2.1　引言

编制污泥处理处置规划时应首先明确污泥处理产物的最终处置方式，再确定产物经济可靠的运输途径。污泥处理处置规划（BMP）也会随着项目的实施和知识的进步而不断更新迭代。

本章将介绍编制一项精心策划且可实施性较强的污泥处理处置规划的基本步骤，并对其进行多角度解读。固废和污泥处理处置的投资和运行费用约占污水处理设施的50%，本章无法穷尽全部细节，仅就其典型关键问题进行分析。一个项目面临多重挑战和机遇，这些挑战和机遇来自重大公共基础设施建设、大量终端用户和大规模占地等多方面需求。

以下问题将在正文中论述，附录内容可供参考：

（1）美国国家和州的法律法规

（2）污泥处理处置规划的关键问题

（3）项目融资

（4）规划策划

（5）项目许可和适用建设规范

（6）全系统管理——环境管理体系（EMS）

2.2　国家和州的法规

2.2.1　背景

1979 年版手册全面分析了环境法规影响并介绍了污泥处理处置概况（U. S. EPA，1979），读者可参考此手册来了解美国污泥处理处置领域的历史背景及其涉及的大量国家法规。当然，在美国环境保护局（U. S. EPA）1970 年成立以前，污泥在无监管条件下已持续多年进行土地利用。

美国环境保护局及其推动的具有开创性的“污水污泥利用或处置标准”40 CFR 503（U. S. EPA，1993）在污泥处置规范化进程中发挥了至关重要的作用。美国环境保护局在 40 CFR Part 503 中规定了污泥的处理、利用和处置方式，避免污泥中可能存在的污染物对公共健康和环境安全产生不利影响。

40 CFR 503 规定了污泥处置的 3 种途径：（1）土地利用（如用作肥料、土壤改良或家庭花园用等）；（2）地表处置（包括地表专用场地处置和单独填埋）；（3）焚烧。州政府或地方政府决定污泥的处置方式，不论选择何种处置方式，均应符合美国国家标准和清洁水法

（P. L. 92—500）的规定。相对于其他处置方式，美国环境保护局对土地利用并无特别倾向。

2.2.2　503 标准—A 级污泥和 B 级污泥

标准规定了各类污泥处置方式的总体要求、多达 10 种金属的含量限值、管理措施和操作标准，标准终稿还对监测、记录和报告做出了规定。

根据以上规定，污泥可划分为 2 类：（1）A 级污泥，不限领域利用（如农田、家庭草坪和花园使用）；（2）B 级污泥，有限领域利用，对污泥的农业、畜牧业利用和公众接触都有规定。包括污泥利用场地准入和监管要求等规定，各州法规在污泥处置方面的作用越来越重要。

来自医院、防腐处理设施、动物屠宰场以及住宅的污水可能含有病原体，它们会进入市政污水收集系统，虽然这些污水在污水处理厂经过净化处理，但是残存的病原体会在污泥中富集。污泥进行土地利用时可能与人类接触，因此应对其进一步处理，保证微生物和病原体含量显著下降、金属含量小于特定值。为保证公共健康，必须对 B 级污泥在农业、畜牧业利用和公众接触方面做出限定。

2.2.3　病原体控制

美国环境保护局法规通过设置多级保护措施将风险降至可忽略的水平（U. S. EPA，1993，2003）。B 级污泥常用的消毒方式“病原体有效控制工艺”（PSRP）和 A 级污泥常用的消毒方式“病原体深度控制工艺”（PFRP）详见表 2-1。此处仅列出了现有主要技术，本手册中后续章节含有许多案例，展示其他应用型、创新型或前瞻性技术。

污泥消毒典型工艺　　**表 2-1**

PSRP	PFRP
厌氧消化	热干化
好氧消化	好氧发酵
石灰稳定	高温好氧发酵

注：PSRP——病原体有效控制工艺；PFRP——病原体深度控制工艺。

这些工艺的消毒效果显著、便于量化且应用广泛（U. S. EPA，2003）。PFRP 工艺可使病原体含量降至检测限以下；PSRP 工艺能在一定程度上减少病原体含量。由于污泥经 PSRP 工艺处理后仍有病原体存在，为使病原体通过自然衰减实现减量，法规对土地施用 B 级污泥后的公众接触、农田种植和畜牧活动做了限制，这些规定详见 503 标准和文献（U. S. EPA，2003）。

1. 灭活病原体生产 A 级污泥

当要求污泥产品的病原体含量符合 A 级标准时，可选用如下 6 种处理方法中的任意 1 种，这其中还包括 1 种病原体深度控制工艺（PFRP）。各类处理方法均可令沙门氏菌含量小于 3MPN/4g 干污泥，或粪大肠菌群含量小于 1000MPN/g 干污泥。污泥处理前粪大肠菌群含量通常高达 10^8MPN/g 干污泥，当处理至满足 A 级标准时，污泥中的粪大肠菌群含量将至少降低 5log。4 种典型处理方法如下。

方法 1：保证处理时间 D（d）和温度 T（℃）满足如下关系：$D=31700000/10^{0.14T}$或 $50070000/10^{0.14T}$。前一个公式适用于固体含量>7%、T>50℃、时间大于 20min 的情况，

如果污泥颗粒较小，且采用热空气或不混溶液体加热时，时间可放宽至15s；此公式也适用于固体含量<7%、T>50℃、时间介于30min和15s之间的情况。后一个公式适用于固体含量<7%、T>50℃、时间大于30min的情况。以上规定是参考美国食品和药物管理局（FDA）的蛋奶酒标准、德国的数据和美国好氧发酵试验数据（U.S.EPA，1992）制定的。

许多处理厂采用方法1处理污泥时并未意识到它来源于流体试验，流体状态下的颗粒混合度高，颗粒所需的接触时间和温度很好保证。因此当处理厂向主管单位提交方案时，当被问及采用何种监测措施来保证污泥中全部颗粒均可满足处理时间和温度时，技术人员通常毫无准备。此类工艺一般采用序批式或柱塞流反应器，很少用连续流反应器，避免短流是此类设施运行控制的关键因素。

方法2：源自20世纪80年代末N-Viro能量系统公司所做的消毒研究（U.S.EPA，2003)。将pH保持在12以上超过72h，温度超过52℃，72h后污泥采用风干方式干化到含固率不小于50%。

方法3和方法4在此不做介绍。这两种方法的依赖于对肠道病毒和活体蠕虫卵的检测，只在原污泥中存在大量肠道病毒和蠕虫卵时才发挥作用，且需通过专门检测才能确认处理效率。另外，肠道病毒和蠕虫卵存在与否与污泥中是否存在其他病原体并无直接关系，故此类检测并无意义。

方法5：采用病原体深度控制工艺处理污泥。最常用的处理工艺是好氧发酵、巴氏灭菌和热干化。好氧发酵的关键是污泥颗粒全部或大部分通过一段反应区，在此区域内保持55℃且停留时间不少于3d后无菌转场。巴氏灭菌是使流体在不低于70℃条件下停留时间不少于30min，典型例子就是牛奶巴氏灭菌。将生石灰等粉状药剂与污泥等半固态物质混合后达到类似状态并不容易，只有充分混合才能保证全部或大部分污泥颗粒与碱性物质接触，才能使温度逐渐升高到不低于70℃条件下并保持至少30min；维持一定的湿度是保证充分混合的必要条件和关键因素。要保证系统良好运转，需精心设计和精密监测。

方法6：与病原体深度控制工艺等同的污泥处理工艺。这些工艺包括两级污泥稳定(高温好氧消化—中温厌氧消化)、自热式高温好氧消化、高温—中温两相厌氧消化和臭氧氧化（U.S.EPA，2003)。读者可从U.S.EPA的病原体评定委员会（Pathogen Equivalency Committee）网站http：//www.epa.gov/nrmrl/pec/basic.html获取更多信息，包括病原体深度控制工艺的等同工艺及其申请评定流程。

2. 减少病原体生产B级污泥

可采用3种方法使污泥满足B级污泥的病原体限值要求。

方法1：污泥处理后7次采样的粪大肠菌群密度几何平均值（每克干污泥的最大或然数（MPN）或最大菌落形成单位（CFU））应小于200万。对于污泥处理前粪大肠菌群可达10^8MPN/g的干污泥，可实现2log的去除。

方法2：采用病原体有效控制工艺（PSRP）处理污泥。如前所述，典型PSRP工艺包括厌氧消化、风干、好氧消化、好氧发酵（比病原体深度控制工艺（PFRP）条件宽松）以及石灰稳定（U.S.EPA，2003)。

方法3：采用与病原体有效控制工艺（PSRP）等同的处理污泥工艺。与PSRP等同的处理工艺和达到等同效果所需的操作方式详见http://www.epa.gov/nrmrl/pec/basic.html。

2.2.4　病媒吸引控制

美国环境保护局法规通过规定处理工艺或采用物理屏障减少对病媒的吸引（见附录A)。A 级和 B 级污泥处理工艺都需要将污泥对苍蝇、鸟等病媒的吸引降到最低限度。在美国，在减少病媒吸引要求的基础上，实现公众对污泥处置的接纳应由州政府或地方政府负责。可以证明的是，当一种物质不易腐烂时（即可生物降解有机物含量降至最低)，也不易产生异味。

污泥应满足规定：可挥发性有机物含量下降 38%；比耗氧量率（SOUR）不高于 1.5mgO/(h·gTSS)；污泥厌氧处理时要保证平均温度>45℃、全程温度>40℃条件下停留时间不少于 14d。以上规定意味着污泥中大部分易腐化物已被去除，污泥不再对病媒具有吸引力。毫无疑问的是，此处规定的参数并不是最优的，仍需不断调整。例如，我们知道微生物消化处理可去除 20%～70%的挥发性有机物，去除率是污泥消化降解量的函数，因此需要研究构建一个内嵌污泥性质参数的公式来替代 38%这一固定数值；SOUR 值仅适用于较小的温度区间和较低的污泥浓度。以上限制条件均需扩展，将污泥高温消化涵盖在内。已经出现了诸如 CO_2 变化趋势检测等更好的好氧发酵工艺检测方法，管理当局应关注此类技术进步。

2.2.5　重金属限值

污泥用于土地利用时，其重金属浓度应符合相关规定。通过两类参数来限制 10 种重金属在污泥中的浓度（表 2-2)，包括污染物“上限浓度”和污染物浓度（后者在表 2-2 中标为“高浓度”)。为了符合土地利用泥质，污泥或污泥衍生物须满足重金属上限浓度要求，且应符合 B 级污泥对病原体和病媒吸引的规定。

对于满足污染物上限浓度要求的污泥，还需符合积累污染物施用量的要求（符合“特优级”标准的污泥除外)。特优级污泥是指同时满足如下 3 个条件的污泥：污染物浓度限值、A 级污泥病原体要求和病媒吸引控制规定。

表 2-2 也列出了全国污泥定向普查（TNSSS）中调查到的 10 种重金属的最高浓度和最低浓度。多种金属的最高浓度高于 503 标准中表 3 对于高品质污泥中污染物浓度的限值（503 标准第 13 章)，TNSSS 中发现的高于土地利用上限浓度的只有 3 种金属，包括钼、镍和锌（表 1，503 标准第 13 章)，其他金属的最高浓度均低于土地利用上限浓度。污泥土地利用项目均未超过规定限值。

标准限值和全国污泥定向普查（TNSSS）结果[c]　　　　**表 2-2**

污染物	503 标准第 13 章[a]污泥土地利用表				TNSSS 结果[b]污泥干重浓度	
	上限浓度 (mg/kg)	积累污染物施用量 (kg/hm^2)	高浓度污染物 (mg/kg)	年度污染物施用量 $mg/(hm^2 \cdot a)$	最低值 (mg/kg)	最高值 (mg/kg)
砷	75	41	41	2	1.18	49.2
镉	85	39	39	19	0.21	11.8
铬	—	—	—	—	6.74	1160
铜	4300	1500	1500	75	115	2580
铅	840	300	300	15	5081	450

续表

污染物	503标准第13章[a]污泥土地利用表				TNSSS结果[b]污泥干重浓度	
	上限浓度（mg/kg）	积累污染物施用量（kg/hm²）	高浓度污染物（mg/kg）	年度污染物施用量 mg/(hm²·a)	最低值（mg/kg）	最高值（mg/kg）
汞	57	17	17	0.85	0.17	8.3
钼	75	—	—	—	2.5	132
镍	420	420	420	21	704	526
硒	100	100	100	5	1.1	24.7
锌	7500	2800	2800	140	216	8550

注：[a] 含503标准修编：(1) 2月25日的政府公报删除了表2-4（59 FR 9095）对钼的限值。(2) 1995年10月25日的政府公报将铬的规定删除，同时提高了硒的限值（60 FR 54764）。

[b]全国污泥定向普查（http://www.epa.gov/waterscience/biosolids/tnsss-overview.html）。

[c]表内污泥均以干污泥计。

2.2.6 州法规

美国环境保护局的503标准规定了污泥用于改良种植土壤、地表弃置场处置或焚烧时需满足的条件。各州政府可制定严于国家标准的地方标准，如州政府可规定在高地下水位片区等敏感区域禁止处置污泥。更重要的是，在获得批准并签署土地利用许可前，州政府通常会对处置场地进行检验和测试，对土质、地形、人口密度等信息进行评估。州政府和地方政府对污泥土地利用、焚烧或填埋等处置方式做出最终决策。只要符合清洁水法（33 U.S.C. §1251）框架下的国家标准和规定，美国环境保护局不会干涉地方政府的决策，也不会倾向于推荐土地利用。

大部分州已经颁布了设有更多限制措施的法规，并且对运行措施、处理工艺和检测条件提出了更多要求（North East Biosolids and Residuals Association，2007）。州政府通常将污泥法规执行监管工作交由州环境保护局的净水和污水组、固体废物组或二者的联合监管组执行。在个别州，责任主体也包括公共卫生部门（如阿肯色州）、空气质量监管部门（如辛辛那提等建有污泥焚烧炉的州）或环保部门（如弗吉尼亚州）（North East Biosolids and Residuals Association，2007）。由于污泥处理处置的工作内容和工作重点经常随时间变动，因此州法规的数据库维护是一项持续工作。美国水环境联合会的固废和污泥委员会已同意承担本手册新内容的定期更新工作，其中包括州法规的更新。在地方层面，也将采取类似的措施实现本手册对于重要法规的补充，这些地方法规可能对州和国家层面的法规产生影响。

自1993年503标准颁布以来，美国环境保护局曾向各州提供标准实施监管授权的机会，授权需要州政府具备与503标准要求相符的立法和执法措施。获得授权后，州政府将拥有更大的自决权，避免出现国家和州政府同时参加、两级汇报的情况，让立法流程更顺畅。截至2010年，申请授权的州相对较少，包括亚利桑那、密歇根、俄亥俄、俄克拉荷马、南科他、德克萨斯、犹他和威斯康星州。

2.3 规划编制基础

本节将总结编制污泥处理处置规划时需考虑的背景因素。污水处理厂的所有权人可能是一座城市、一个县、一个机构、一个卫生区或其他实体，该所有权人可能与其他辖区用户签订了污水处理服务协议，此时该辖区用户是所有权人的利益共同体，可能也希望在污泥处理系统的选型和运行方面提出自己的意见。这就导致每座污水处理厂的所有权人和辖区用户在污泥处理处置项目中成为一组或多组利益相关者。

污泥处理设施规划的第二个影响因素就是目前正在使用的污泥处理设施本身，包括工艺、运行、污泥利用或处置等方面。现况项目可对下一个污泥项目产生多方面影响，包括机构管理经验、运行维护人员个人经验，以及为新型处理方案提供的翻建场地等。

以下为项目的几个推动要素：

(1) 发布了新的污泥法规，要求对污泥采用新型处理技术、进行深度处理或提高利用效率。

(2) 因公众支持或政治因素推动污泥循环利用，或相反地，因公众对污泥有误解而抵制项目推进。

(3) 因城市扩张使得污泥利用或消纳途径发生变化；当磷而不是氮成为限制性营养物质导致污泥施用量下降；对颗粒化污泥用作家庭花园肥料的接受程度发生变化；对于将颗粒化污泥投加至水泥生产设施用作替代燃料的接受程度发生变化。

(4) 人口增加导致现有设施规模无法满足需要。

(5) 污水处理总体规划提出了新增污泥量，包括来自合流制溢流污染控制设施的负荷、直接来自固体废物处理设施的油脂（FOG）和食品废物、来自氮磷强化处理工艺的侧流氮磷处理系统的负荷等。

(6) 全球气候变化控制法规和清单提供了激励或授权，促使污泥处理方案的碳足迹或温室气体排放最小化。

(7) 出现了已获得客户首肯且具有显著的技术、经济或环境优势的新技术。当采用一种全新的工艺时，随着项目的推进可能会遇到一些制度性难题。污水处理厂的所有者很难在费用方面与运营中的污泥处理设施摆脱干系，尤其是在完全摊销的情况下。几十年前一个机构做出的厌氧消化或焚烧的决策，可能在今天仍然具有重要影响力，即某个机构希望将焚烧改为厌氧消化时，必须为新设施支付全额费用。在许多机构为法院授权的末端处理设施和合流制溢流污染控制项目付费的情况下，这种项目投资是无法避免的。做出这种改变的动机要么是项目具有巨大的经济优势，要么是现行项目继续运行将违反法规。因此，一个污泥项目的工艺选择往往需要酌情决策（取决于递延资金）。

2.4 项目融资

污泥处理处置项目特别适合各种公共或私人融资。污泥处理处置环节位于产品链的末端，私营部门在其中的角色定位清晰，可明确划分与上游（业主）和下游（承包商）间对于污泥质量的责任。应注意的是，产生污泥的污水处理厂决不可将责任全部转移给第三方，并且必须认清他们对污泥负有全生命周期的管理责任。许多州不允许在法律上向第三方转让赔偿责任，承包商仅被视为污泥产生单位的代理人。此外，经验表明，污泥产生单位应密切监测承包商的运营情况，以确保项目的长期有效运行，在污泥进行土地利用时更应注意。一直以来，对第三方监管的缺位是不断涌现争议的根源所在。503标准规定，污泥产生单位负责处理污泥并向承包商证明污泥泥质适于土地利用，因此，如果污泥利用引发伤害或滋扰，污泥产生单位和承包商应事先明确谁将为指控进行辩护。

污泥项目的融资可来自常规投资，如债券和国家周转基金、运营和维护预算或私人投资。在某些情况下，资金可以来自一个项目，该项目可为私人投资还款创造收入渠道，如投资建设沼气处理和热电联产设施，可获得与沼气发电相关的收入。私人投资的动力在于有机会从对高新技术的投资中获得可接受的回报。

污泥项目的交付通常是通过传统的设计—投标—建造—采购模式来完成的。随着污泥处理处置工艺的日趋复杂，出现了对于专业承包的需求。私营部门位于产品链的末端并实施终端操作，如对污泥进行热干化处理并消纳或出售干化污泥产品，对污泥进行接收、脱水、运输、储存，对稳定化或符合 503 标准的污泥进行土地利用等。私营部门在污泥项目中的参与程度取决于运营单位的资金充裕程度和管理层对合同执行的态度。

当前有许多污水处理厂的全部污泥处理系统均由有经验的承包商运行。在某些情况下，为达到现行标准，私人承包商将为设施的升级或扩建提供资金并收取现金收益，这也促进了承包商进一步提高运维效率。

2.5　规划策划

规划策划是所有污泥处理处置规划（BMP）的基本起点。规划时首先要确定污泥的利用和消纳途径，进而提出污泥处理工艺、风险控制流程、项目分期和其他影响因素。规划编制人必须在清晰、合理的决策基础上为设施管理者构建出一张路线图，该路线图具有灵活性和冗余性，在提出风险和责任的同时具有可持续性并能不断完善，还需要获得利益相关者和公众的支持。

从污泥的利用和消纳途径分析开始，规划就应推荐一项备选方案或排名靠前的一组备选方案，在方案选择时提出需要解决的问题。规划应该是一张项目推进路线图，提供包括优先项目清单、实施时间表、投资成本估算、财务计划在内的资本改善计划（CIP）核心信息，提出规划编制机构职能管理规定，在与业主管理机构就规划成果达成共识的过程中明确规划编制机构的定位。这项工作必须以周密而系统地决策和执行为基础，该决策和执行过程与业主的法律和财务职责密切相关。可能因规划编制组织管理不到位导致出现一些问题，如业主的指示不足、责任不明确、观点不同、目标冲突、信息不充分和替代方案不足等，这些问题都应在规划启动时就要解决，而不是在工程开始设计之后才解决。

规划编制有多种方法，其中之一就是“6 步流程”法。采用 6 步流程作示例是因为它在流程组织构建中具有重要作用。6 步流程包括建立明确领导方和资源投入，识别相互冲突的目标，提供冲突解决工具，决策记录留痕，过程审计和改进，实施指导。6 步流程还关注识别真正的问题，确定重要的替代方案，明确风险（不确定性）和提供基本信息收集模板。每步流程中均要有利益相关者的实质性参与，一般以利益相关者重点发言的研讨会形式组织。

下面介绍 6 个步骤和每个步骤中要解决的问题。

1. 明确领导方和资源投入

为什么要做这个项目？谁是决策者？谁是关键利益相关者？个人将扮演什么角色？以

上问题的答案，是构建完善的决策流程的基础，可为项目提供愿景和边界，可通过里程碑确保资源的可靠性，可引入合适的成员参与有效的团队合作。

2. 提出问题

需要解决的核心问题是什么？必须澄清哪些决策、不确定性和价值判断？它们之间有什么关系？已知哪些政策、策略和战术？评估备选方案一般需要哪些类型的信息？

3. 构建评价模型

如何确定既定目标是否实现？成功的替代方案要达到的目标层次是什么？如何衡量与每个备选方案相关的产出？产出的首要驱动因素是什么？

4. 收集有意义、可靠的数据

需要什么数据？什么格式？如何纳入专家意见？这些数据能否在技术同行评议时得到承认？决策者和利益相关者对这些数据是否可以接受？

5. 评估备选方案并做出决策

什么是最佳策略？什么是最佳替代策略？存在哪些风险？选择替代策略需要改变哪些要素？是否有足够的数据来支撑策略选择，需要哪些额外的数据？需要纠正的问题是否已得到解决？

6. 制定实施计划

决策过程如何传达？需要完成哪些任务？成功的障碍是什么？如何克服障碍？每项任务分别由谁负责？需要哪些应急措施？决策过程中应包括哪些“利益相关者的实质参与”？

以上流程要求在整个规划编制过程中保持透明度和利益相关者的参与。从一个规划到下一个规划间有相当大的自由度（即没有标准模板）。成功的规划包括短期、中期和长期项目的建设和运营计划，含项目优先序、CIP 基础工作、融资准备和设施建设规划等。

2.6　项目许可和适用建设规范

在规划阶段，保险的做法是确定项目所需的全部许可证和适用的建设规范，尤其是那些发放周期长、准备信息要求宽泛的许可证和建设规范。相关许可证包括美国国家污染物排放削减许可证（NPDES）、与污泥处理相关的州许可证、施工和运营许可证、水道和湿地施工许可证。

如需取得废气排放许可证，则申请过程可能需要对空气质量建模、对当前最先进技术进行比选、执行新污染源审查流程，以及出示体现空气污染控制策略充分性的其他证明。第一步将由申请人制定废气排放控制策略，作为工作流程的一部分提交给许可审批机构。申请书需明确项目中采用的全部嗅味缓解措施。在废气排放控制策略获得批准后，项目可以按照申请书中的描述实施。

获取建设许可的难度与地方消防检查员的审核尺度有关，这些消防检查员几乎是项目可接受性的最终评判者。这些要求对于热干化等污泥处理系统而言可能会比较复杂。例如，必须根据当地建筑规范对设有热干化系统的建筑物进行分类，这一步需要选择正确的电气规范等级。建筑规范审查应由熟悉热干化设备设计的建筑师实施，电气规范等级审查应由具有热干化设备设计经验的电气工程师实施。这些要求将在第 17 章作进一步解释。

2.7 新兴问题

新兴问题就是可能会影响某个项目可行性的一个要素，即使这个要素本身并未被全面理解。几个从项目启动阶段就应考虑的新兴问题举例如下：

(1) 所选污泥处理技术产生的副产物难以被现行污水处理工艺去除。

(2) 发现了来源于污水的潜在新型病原体，可以通过公共供水、处理厂尾水和污泥等途径在人与人之间或动物与人之间传播。

(3) 明确“微量成分”(即随着检测水平的提高，在水、污水和污泥中发现的源于人类使用的元素和化合物，包括药品、个人护理用品、家庭清洁产品、阻燃剂和农药)及其来源。美国水环境研究基金会的报告《技术概要：污水处理中的痕量有机化合物及其影响》根据现有科学数据对污水中痕量有机化合物和受纳环境做出了很好的总结，报告对此类问题做出了客观判断。

(4) 与污泥处理处置实践相关的干扰因素，特别是与污泥土地利用相关的干扰因素。

(5) 使用土壤过量施肥管理系统，如用于衡量磷从土壤向水相转移相对活性的“磷指数”。现在，在州一级，磷指数已被纳入各个农场的营养管理计划(NMP)中，具备磷指数控制措施的营养管理计划应计算水溶性磷(WEP)的含量，磷中的可溶性部分对环境有重要影响。研究表明，大多数污泥中的水溶性磷比例远低于粪肥和化肥(Brandt et al.，2002)。如果不考虑污泥中水溶性磷比例较低的实际情况，基于磷指数的控制措施可导致污泥在磷敏感土地上的施用负荷减少80%或更多，从而显著改变污泥土地利用的成本效益和可行性。

(6) 全球气候变化对地球的长期威胁正逐渐得到公认。通过改善公共活动应对全球气候变化在美国并没有国家法规支持，但得到了加利福尼亚州、俄勒冈州、宾夕法尼亚州等州的大力支持，同时也得到了美国市长协会等组织的坚定支持。这个话题将在第3章详细讨论。

2.8 环境管理体系

2.8.1 挑战

编制切实可行的规划需要面临的挑战——诸如确认保障措施、记录标准操作程序以及符合法规要求——仅仅是一项规划成功之初所面对的，规划实施往往更具挑战性。美国国家污泥联盟(NBP)通过开发环境管理体系(EMS)应对这一挑战，为成功、可持续的污泥项目奠定管理基础。环境管理体系的要素详见本章文末引用的参考文献。

2.8.2 管理概述(保障措施)

如果管理层不支持或不理解管理系统的开发和实施，那么就永远不会有员工层面的支持。管理层需要审查并同意开发环境管理体系所做的工作，包括员工配合、重要利益相关者的参与、致力于持续提升理念，而这种理念是高效的环境管理体系的核心。管理层还需要了解环境管理体系的成本效益比。

1. 管理政策与支持措施

经验表明，一个机构的最高管理者必须首先确认、接受并投入到环境管理体系中，并将其作为组织和实施污泥处理处置项目持续改进的工具。不仅对于管理者，对于整个机构和实施体系开发和操作的员工而言，对环境管理体系的理解、参与和融合至关重要。与关键员工交流并引导他们了解环境管理体系的优势十分关键，这将避免突如其来地推行或下达指令导致问题重复出现。环境管理体系作为业务成功的基础，需要得到充分支持。员工可以在高级管理者的支持下，通过解释环境管理体系在促进融合和强化现有操作、确保合规性、提高绩效、提高公众接受度、提高效率等方面的先进性，协助管理者推进这项工作。

环境政策是最高管理者对环境做出的承诺。环境政策应作为环境管理体系的基础，为整个机构展现统一的环境目标愿景。鉴于环境政策所发挥的重要作用，它不应只是华丽的散文，而应成为管理制度的基础。由于环境政策是环境目标和指标的编制框架，因此应在计划和行动中落实该政策。机构中的每个人都应该了解环境政策，认识到为了实现目标和指标，组织对他们有何期待。

环境政策应包含三个关键承诺：持续改进、污染预防和遵守相关法律法规。这并不是说所有领域都需要立即改进，相反地，这意味着环境政策应该推动机构为提升环境管理能力而不断做出努力（以及这些努力所带来的绩效改进）。

2. 持续改进的目的和目标

可衡量的目标和指标有助于组织将意识转化为行动。这些环境目标和指标应纳入战略规划中。这可以促进环境管理与其他管理流程相整合。

目标可适用于整个机构，也适用于独立单位、部门或职能部门，这取决于实施行动的地点。在制定环境政策目标时，必须牢记环境、社会和经济这三大支柱。应考虑重要的环境因素、适用的法律和其他要求、利益相关方的观点、技术选择、财务、运营以及组织方面的其他意见。

不存在对所有机构都有意义的“标准”环境目标。目标和指标应反映出机构做了什么，表现如何以及想要获取什么。

3. 角色和责任

为了使环境管理体系发挥作用，必须明确定义和传达系统的目标和职责。环境管理体系需要所有员工的投入才能充分发挥其潜力。最高管理层通过提供实施环境管理体系所需的资源发挥关键作用，环境管理体系是其最重要的职责之一。在某些机构中，最高管理者可能是一个人；在其他机构中，可能是一群人（如董事会）。

一个有效的管理系统需要一个牵头人，为此，最高管理层应该任命一个管理者代表。该代表应负责确保：（1）建立并实施环境管理体系；（2）编制环境管理体系长期绩效报告；（3）管理层与其他员工一道根据需要修正环境管理体系。企业所有者、工厂负责人、车间经理或其他任何人都可以作为高效环境管理体系的管理者代表。

4. 管理审查

正如一个人应该定期体检一样，环境管理体系必须由最高管理层定期审核以保持“健康”。管理审查是实现持续改进和确保环境管理体系满足机构运转需求的关键操作中的一种。管理审查有助于管理层衡量该系统的总体效能，从而通过采取调整措施改进系统和应对新的挑战。管理审查也提供了一个很好的机会来保持环境管理体系的效率和成本效益。例如，一些组织发现，初始阶段的某些流程和过程不需要达成环境目标或进行关键过程控制，因此如果环境管理体系流程或其他行动没有产生增值作用，那么可将其撤销。

管理审查的目的是回答以下问题：系统是否工作正常？它能否恰当、充分和有效地满足我们的需要？

2.8.3 质量管理措施

当前有多种管理实践并存：有些看似先进但不可持续；有些存在明显缺陷但是仍在使用；有些品质出众且具有可持续性。本节将讨论在不考虑其他影响因素的前提下，什么样的管理实践既可被公众接受，又符合监管要求。

1. 最佳管理措施简介

最佳管理措施可以定义为一种措施或措施的组合，是通过传播途径管理或污染物源控制实现空气、土壤或水质目标的最有效和可行的方法。最佳管理措施的评判标准取决于管理对象。

2. 安全实践指南简介

安全实践指南是每种最佳管理措施和标准操作程序的安全操作流程，实现在确保员工安全的前提下维护公众健康和保护环境。

3. 环境要素和关键控制点

环境管理体系有效运作的基础，是识别某个机构污泥价值链上的关键控制点。通过识别关键控制点及其相关环境影响，一个机构可以实现主动策划并实施操控。这些做法将确保环境产品的特性符合预期或实际用途，也可保证排放物的正确处置，从而有效控制其环境影响。

4. 运行控制

为满足环境政策要求并对某些操作和行动进行控制，需进行运行控制。当操作或行动较为复杂或可能产生重大环境影响时，控制措施应设有书面规程。此类规程有助于实现环境要素管理、确保合规性和达成环境目标。规程也可在员工培训中发挥重要作用。

应在必要时记录这些规程，以防止偏离目标或偏离环境政策（包括对于行动和污染防控的承诺）。在进行有效的环境管理体系设计时，确定哪些操作应该被记录以及如何控制这些操作是一个关键的步骤。读者应认识到，无论是否为法规或法律的关注要点设置了控制目标和指标，运行操作时都应涵盖这些控制要点。

在确定哪些操作和行动需要控制时，必须在高于常规经营和服务的层面上看待问题。设备维护、现场承包商管理以及供应商提供的服务等活动均可能对机构的环境绩效产生重大影响。

5. 检查和计量

环境管理体系必须设置有效的检查和计量流程。检查和计量有助于实现如下目标：

（1）环境绩效评估；

（2）问题起源分析；

（3）法规符合性评估；

（4）需纠偏领域识别；

（5）性能和效率提升。

检查有助于提升组织管理水平。收集最新数据有助于识别战略机遇和提出污染防治方案，收集历史数据有助于进行合规性评估和问题诊断。

机构应制定相应流程，以达到如下目的：

（1）对可能产生重大环境影响或合规后果的作业和行动进行关键特征检查；

（2）绩效跟踪检查（包括目标和指标的完成进度）；

（3）校准和维护监测设备；

（4）通过定期内部审计，评估对适用法律法规的遵守情况。

6. 文件和记录

某机构员工在工作时可能会使用各种文件（流程、作业指导书、表格、图纸），机构须为员工提供合适的工具来保障他们始终正确地完成工作。在环境管理体系中，“工具”是指最新的准确流程、指导书和其他文件，如果文档管理机制缺位，就无法确保员工使用的是正确的工具。

为了确保每名员工在工作中都使用适宜的环境管理体系文件，机构应该设置此类文件的管控流程，应确保该流程实施后具有如下功能：

（1）环境管理体系文件定位（员工知道在哪里可以找到）；

（2）定期审查（员工检查以确保其仍然有效）；

（3）新版文件按需发放（确保合适的人获取这些文件）；

（4）作废文件清理（员工不会误用错误文件）。

流程中应规定编制、修订和更新文件的职责和权限，即明确由谁生成和更改文件，同时规定具体操作过程。

档案管理的作用相当简单，就是证明本机构正在按照设定方案运行环境管理体系。尽管档案具有内在价值，但随着时间的推移，它们可能需要向外部各方（如客户、登记管理员或公众）提供环境管理体系实施的证据。档案管理有时被视作官僚行为，但如果没有准确的档案记录，很难想象一个系统能有效持久地运行。

档案管理的工作基础很简单：决定要保存哪些记录、如何保存以及保存多长时间。机构还应考虑在不再需要某些档案时对其如何处置。如果某机构执行ISO 9001（或其他）管理体系，那么可能已建立了档案管理流程，此流程可为环境管理体系所用。

7. 审核、质量控制、预防和纠正措施

建立环境管理体系之后，至关重要的一点是通过内部审计来进行体系实施核查。为了识别和解决环境管理体系存在的缺陷，机构必须积极地寻找它们。

对于一个较小的机构而言，定期内部审计有重要意义。管理者往往近距离地接触工作，以至于他们可能无法分辨业已形成的问题或习惯做法。定期的环境管理体系内部审计将有助于确定该体系的全部要求是否以规定的方式执行。

为了使环境管理体系的内部审计程序有效，一个机构应该完成如下工作：

（1）制定审计流程和协议；

（2）设定适当的审计频率；

（3）选择和培训审计员；

（4）维护审计记录。

环境管理体系的审核结果应与前述纠正和预防措施启动流程相关联。内部审计可以由员工或符合资格的外部机构执行。尽管审核可能很耗时，但对体系实施的有效性至关重要。系统地识别和报告环境管理体系的缺陷，有助于持续关注环境问题、改进环境管理体系并提高绩效、保证体系的成本效益。

8. 应急准备和响应

尽管做出了最大限度的投入，仍然可能出现事故和其他紧急情况。通过充分准备和有效响应，可降低伤害、防止或减少环境影响、保护员工和周边人员、减少财产损失、缩短停产时间。

有效的应急准备和响应计划应包括如下内容：

（1）事故和紧急情况发生可能性评估；

（2）事故预防及其环境影响控制；

（3）事故应急计划/流程；

（4）应急计划/流程定期测试；

（5）事故影响缓解措施。

与持续改进措施类似，在发生事故后对应急响应措施的成效总结至关重要。通过总结，可以确定是否需要更多的培训或是否需要修订应急计划/流程。

2.8.4 与相关方的关系

1. 公众参与

根据产物的最终利用或消纳途径进行污泥处理处置规划，是美国国家污泥联盟环境管理体系的一项要求，这项要求对于项目获得公众认可十分关键。

环境管理体系的一个重要策略，就是确保公众能够长久地接受污泥处置项目，尤其是资源化利用项目。在设定环境管理体系目标时就应考虑到公众参与部分，因为公众接受度是项目能否成功的重要影响因素（详见《NBP 最佳实践手册》中的目的与目标章节，http://www.wef.org/biosolids/）。虽然需求呈多样化趋势，但在采取主动措施方面有一些具体做法，且需要与当前公共利益、公众过往参与程度、污泥项目管理和当地其他条件协调一致。“积极的公众参与模式”是指与利益相关方建立沟通机制，在环境管理体系规划启动之初和目标定期审查时，听取利益相关方对污泥处理处置项目的看法，了解他们的关注重点。

具体而言，该流程适用于污泥处理处置项目绩效目标的设定和环境影响的识别。“积极”参与模式还使机构能够在问题出现或事件发生之前了解利益相关方的需求、观点和关注重点。公众参与政策要求考虑利益相关方的诉求，但决策权明确属于执行机构。

2. 沟通和对外交流

员工参与开发和实施环境管理体系的重要性已在前文论述。此外，还可能有外部组织对机构的环境绩效和管理工作感兴趣，因此有效的环境管理需要内部和外部的有效沟通。

有效的沟通将有助于实现以下目的：

（1）激励员工；

（2）使规划和工作得到认可；

（3）解释环境政策和环境管理体系，以及它们与机构发展全局的关系；

（4）确保工作目标和前景得到理解；

（5）展示管理承诺；

（6）检查和评估绩效；

（7）识别系统的改进潜力。

有效的内部交流需要自上而下、自下而上和跨条线的信息流通机制。一线员工可能是问题、关注点和新想法的绝佳信息来源。

为了维持环境管理体系的良好运行，积极主动地与外部各方进行双向沟通十分重要。采取切实行动去听取邻居、客户、社团和监管者等利益相关方的意见，将有助于更好地了解他人的看法。

这些利益相关方可以向机构提出应该由环境管理体系解决的重要环境问题。在制定环境管理体系的关键要素（如设定目标和指标）时，机构也应考虑通过某些途径获取这些利益相关方的具体建议。然而，相关方的参与并不意味着机构应该放弃对环境管理体系或决策的控制权，而是利用他们反馈的信息使环境管理体系更加完善，更有针对性地应对社区关注的问题，这种做法通常会产生长期效益。

因此，一个有效的环境管理体系应该包括内部沟通机制（机构内部的层级之间和职能部门之间）和包含请求、接收、记录和响应等功能的外部沟通机制。

3. 培训

对员工进行环境管理及其体系培训有以下两方面好处：（1）每个员工都可能对环境产生潜在影响；（2）任何员工都可能对改进环境管理工作提出好点子。

机构的每名员工和每个部门都可以在环境管理中发挥作用。因此，应制定全面的培训计划。每位员工和经理都应了解环境政策、他们的工作所产生的重大环境影响、环境管理体系的关键角色和职责、工作适用流程以及遵循环境管理体系要求的重要性。员工还应了解不遵循环境管理体系要求时可能产生的后果（如溢流、泄漏、罚款或其他处罚）。

所有员工都应进行相应培训，培训内容应根据级别或职能的不同要求按需制定。当然，员工能力的提高通常是教育、培训和经验等因素综合作用的结果，培训只是其中的一个因素。对于某些任务，特别是可能造成重大环境影响的任务，机构应建立相应标准对任务执行人进行能力评价。

4. 法规遵从性/法律要求

为了遵守相关法律法规，员工必须首先了解法规条文及它们对员工行为的约束。法规遵从性是环境政策最重要的底层逻辑之一，违反法规的潜在成本（如环境的潜在破坏、企业亏损和公众形象受损）可能很高。因此，一个良好的环境管理体系应该包括如下流程：

（1）确定并传达适用的法律和其他要求；

（2）确保将这些要求纳入机构的管理工作；

（3）对不合规情况迅速作出反应，调查不合规的根本原因，并执行适当的操作和流程，避免不合规情况再次出现。

新颁布或修订的法规提出了新的规定，环境目标或其他环境管理体系要素可能需要据此修改。对新的规定进行预测并优化操作方式可以规避一些潜在的合规义务及其成本。

在设定可量化的目标和指标时，应考虑以下因素：

（1）防止不合规；

（2）从源头上注意污染防控；

（3）尽量减少跨介质污染物转移；

（4）提高环境性能。

第3章　公众宣传和参与

3.1　本章的重要性

本手册的其他章节是关于污泥处理和管理设施的设计、建造及运营的重要内容，是由经验丰富的顶尖技术专家撰写的。这些内容应用于项目中时，通常会取得可预期的工程技术和运营成效。

本章列举了影响这些预见性结果的相关因素：人们对于污泥产生与使用的有关风险和收益判断。工程师、污泥处理项目的领导和员工、操作员、运营商、污水处理厂的管理人员和管理委员会和监管机构的工作人员等从事污泥管理规划项目的人对这一章的内容是很熟悉的。

3.2　公众宣传与参与基础知识

公众参与污泥管理作为保护环境和公众健康的公共服务是非常重要的，但是人们很容易忽略一个事实，即在面对关于污泥和污水处理的新提议时，他们可能了解较少。

参与污泥管理经常会使民众注意力集中到令人不快的污泥上。在民众居所或工作场所附近的运输或资源化利用的污泥，可能引发真实的或臆断的风险。如果污泥管理方案沟通不到位，可能会导致项目的不确定性、公众的不安和负面的判断，从而引发各方冲突。而这样的问题也不是能通过改进工程设计和技术规划就可以完全解决的。

除了优秀的设计和工程，大力向公众宣传和鼓励他们参与是促使污泥管理方案成功最有效的方法，此项工作的关键是就项目的风险和收益进行有效交流。

另外，如果有关污泥管理方案没有经过大力的公众宣传和积极参与，或者公众参与失败，则通常会采取法律行动处理公众的反对意见。通过法院最终可能会产生预期的结果，但不太可能改善与社区的关系，而这种关系是污泥处理项目长期成功的关键。且采取法律行动可能需要更多的费用、时间和复杂程序，其结果也是不确定的。

3.2.1　公众宣传与参与的时间

当污泥处理管理方案有重要改变时，都是需要进行公众宣传和参与的，特别是涉及以下项目时：

（1）建设；

（2）变更土地使用方式；

（3）举行新形式的活动；

（4）公共基金；

（5）在污水处理设施以外进行的污泥管理。

在最初的项目规划阶段，甚至正式方案开始之前，选择适宜时间开展公众宣传和参与活动，已经成为推进项目的一种理念。在项目早期开展公共宣传和参与，有助于消除误解，而这些误解可能导致社会各方面一致反对的风险。专业技术人员往往会拖延公众宣传，直到他们认为方案是“完美的”，然而，这可能已经太迟了。因此，尽早让公众参与并在项目中持续进行，直至项目开始运营，是非常重要的。

在审批程序中，公众宣传和参与是十分关键和不可或缺的。事实上，必须要至少有一次公众宣传和参与。许多司法管辖区需对污泥设施、产品或土地利用场所发布正式公告，进行意见征询和召开公开听证会。联邦国家环境政策法案（NEPA）要求可能对联邦政府实施或资助的一些项目进行环境影响评价。

最小限度的公众宣传有限和参与人数是不够的。因为如果第一次与公众的沟通和咨询是在正式的听证会上，可能会导致严重的沟通障碍，强烈的反感，并演变为持续的负面交流，这可能使一个项目的中止。

项目初期就着手公众宣传和参与，并持续进行，这将有助于确保该项目获得广泛的公众认知，获得所有者和各利益相关方的支持，及获得许可证及资金的批准。

3.2.2 公众宣传与参与的地点

污泥管理方案是建立在一个无法回避的前提下，即污泥是污水处理的必然产物。它们需要得到合理的处置，但这可能会关系到一个或多个社区。

随着一个新的或修订后的污泥处理方案引入，将涉及社区的新的预期风险和收益。每个人、组织、社会作为一个整体，必须接受这种变化。适应方式因人而异，平静或惊愕都有可能。污泥处理方案能否成功取决于公众宣传和参与过程可否使不同的社会成员融入到新的现状中。

3.2.3 公众宣传的重要性

自20世纪70年代以来，污泥管理的历史上充斥着被附近居民、社会团体、政治家和质疑的政府官员停止项目的事例。

这是DanThompson博士提供的在华盛顿州塔科马市的一个部门经理事例（改编自Beecher et al，2004）：

案例分析：埃弗里特和西雅图·华盛顿·苏珊地区的土地应用

埃弗雷特市与西雅图合作，在苏珊港口附近的华盛顿印第安人保留地——图拉利普的大片林地（925亩）建设一套区域污泥回收设施。经过复杂的协商，与图拉利普部落政府达成“双赢”协议，肯定该市的努力，同意在捐赠给部落的土地上回收污泥。

向公众进行宣传与教育是成功建立污泥回收设施的至关重要的。城市和部落合作在推广方案时，联系附近居民并邀请有兴趣的市民参加信息发布会，并选择项目设计做顾问。然而，宣传时间不足导致很多街区都没有联系。此外，灌输式的公共宣传和决策也并非最好的选择，当拟建项目消息传出，反对派迅速组织起来。

该城市在1990年5月开始实施该项目，同时反对该项目的第一封来信刊登在当地报纸上。5月23日，在市议会会议上，附近居民利益受到与会人的重点关注。该委员会十分担心水质会受到重金属和病原体影响。公民要求获得该项目包括污泥对人类和野生动物的影响的几方面信息。因为那时没有任何相关的顾问或技术专家而没有得到答复，因此该委员会给人的印象是城市的工作人员根本不知道他们在做什么。而支持拟建项目的居民们组成了一个庞大的组织给城市和执政官员写信。

1991 年中期，因为允许项目的进行和环境评估，争议愈演愈烈。之后这个城市陷入了一段时间挣扎，但从来没有公布最终文件。1994 年早期，新的城市管理者开始执政，新市长看到房地产比其他行业更有价值，而污泥处理项目结束则被终结。

从技术上讲，图拉利普案例的经验是污泥回收利用设施的最佳选择。不过，尽管认识到有必要让利益相关者参与进来，但是宣传工作来得太晚，并没有纳入决策和项目设计的过程，该项目是不合格的。支持者都没有做好准备而被动进入守势，其结果是一个痛苦和代价高昂的负面经验。

3.2.4　公众参与的管理

20 世纪 80 年代以来，公众已经表现出热衷于参与涉及他们社区的项目，特别是那些政府资助的项目。现在，所有影响重大的污泥管理项目都在公众的监督之下立项。项目的倡议者，包括设计工程师和公用事业或公司管理人员等都不能脱离公众，而应共同参与。工程项目倡议人能帮助指导公众宣传和参与的时机和沟通的有效性。如在上面的例子中，如果公众仅在投资了数百万美元后再参与，那么会危害整个项目，从而造成数百万美元的损失。比这更好的方法是整合公众参与规划、设计、建设和运营的每个步骤，这将减少因缺少公众参与而导致项目流产的可能性。

3.2.5　保护公共投资的职责

鉴于大多数污泥管理项目是公共投资，如果项目的设计者和倡议者没有让公众充分参与和向公众宣传则是不负责任的。如果由于公众没有参与该项目而导致项目因为公众的强烈反对而停止，那么设计师以及该项目的倡议者都是在浪费公共资金。

基于这些原因，美国环境保护局和其他机构及公司都认识到，需要公众宣传和参与的重要性，并要求正式采取具体的步骤以确保它实现。管理者应注意相关要求，如公开听证会，审查草案以及其他步骤，并将其纳入自己的项目规划和时间表中。

这些必要的行动既不能停止，也不能保证获得公众的支持。这些自愿的步骤可能还需要进行社会需求评估，问题包括："从目前的情况来看，新的社会形势下要获得该设想需要哪些步骤?"和"什么会帮助他们进行改变?"（图 3-1）。公众宣传和参与制度的设计必须符合特定需求，同时也应包括法律法规和监管机构所要求的任何步骤。

3.2.6　公众宣传与参与的时间和资金需求

公众宣传和参与需要事前规划，以保证充足的执行时间，这意味着它将投入工作人员的时间和资金。为了确保工作人员有足够的时间和资金合理分配，需要将其作为其工作的一部分写入合同。资金需要预算用于支持开展会议的费用、创建项目文件的费用以及差旅费和其他费用，这些支出都是为了防范重大项目中断。

项目倡议者通常低估有效的公众宣传和参与所需的资金和时间成本，查找、联系并了解利益相关方及其想法、利益和着重点所需要几个月的正式和非正式的研究。跳过民众宣传与参与会有失败的风险。

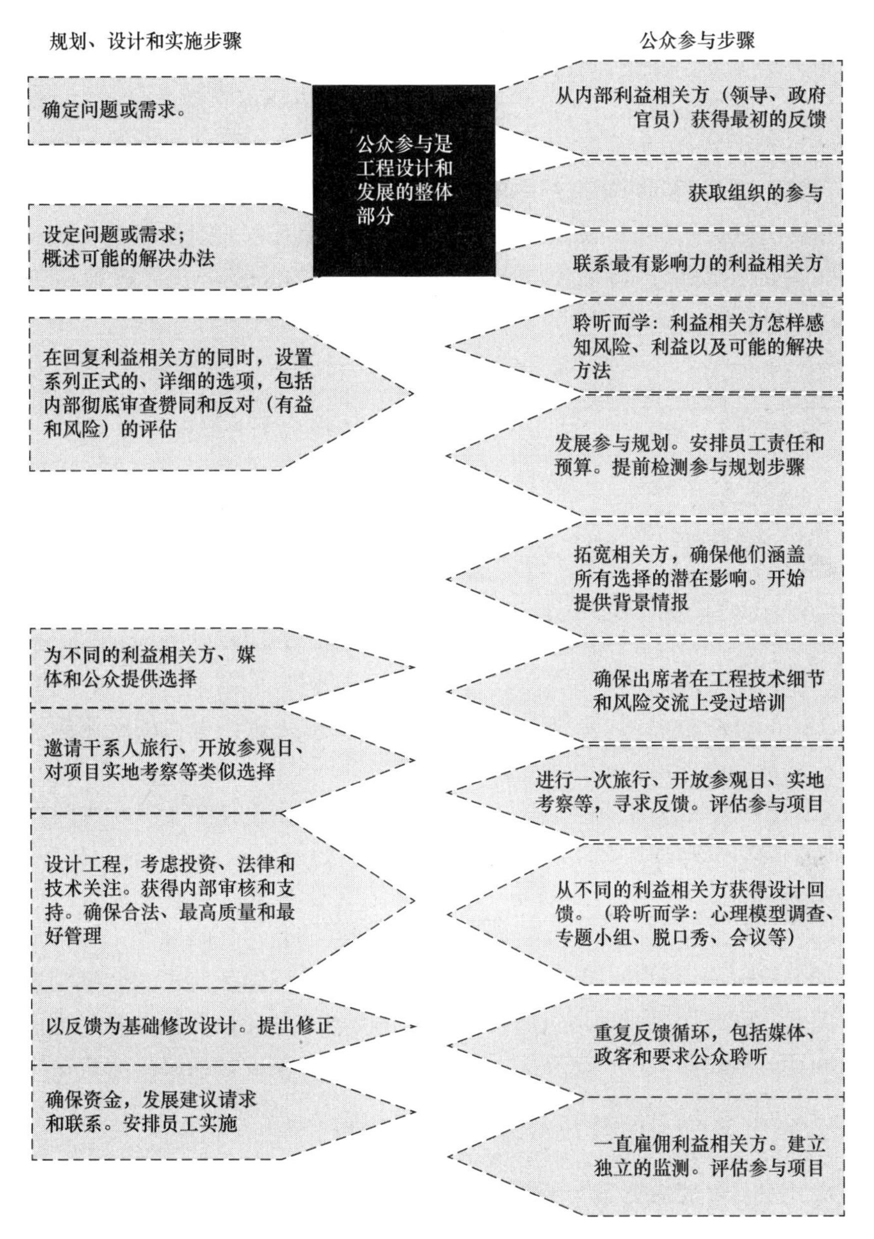

图 3-1 工程公众参与流程表（将公众参与步骤（右）与工程规划、设计、实施时间轴（左）结合起来的对比。注：公众参与花费的时间和费用不仅仅是在工程建设上，还包括其他阶段花费的时间和费用）

3.2.7 公众宣传与参与的程度

所有关键利益相关方应参与公众宣传和参与活动。利益相关者可能是附近居民、社区成员、地方领导人、政府官员、社会团体和环保人士，也可以是个人和团体，从更小的范围上说也包括拟建项目周围的市民。决定谁是利益相关者是很困难的，通常情况下的利益相关者可以是任何认为自己属这一群体人，问题常常来自于忽略了某些利益相关者。所以，宁可把更多的人纳入利益相关者，并为他们提供参与的，这机会是更好的方式。

决定每个人应该如何从事公众宣传和参与是很难的，大多数市民并不特别重视这些项目，如果他们觉得这个过程是公平和公开，他们就会感到满足（如果愿意，他们可以更多的参与到这个过程中）。那些附近的居民、政府官员和社会团体的领导人会更多的参与进来。理想情况下，项目团队应知道所有项目关键利益相关方的想法和感受，并拓展公众参与程序，但这些是远远不够的。如果一个项目团队因为公民对项目突然的介入或反对而感到手足无措，说明在公众宣传和参与方面做的是不够的。公众宣传和参与各种级别在表3-1中讨论。

公众参与层次　　**表3-1**

更少的参与	单向交流	情况说明书、新闻稿、白皮书、致编辑的信
↑	某些双向交流	情况介绍会、公众听证会、调查
	积极双向交流	设施和现场参观、研讨会、上门访问、专题小组
↓	双向交流和参与	公民咨询小组
更多的参与	广泛双向交流和参与	实地考察、建立共识、合作决策、共享成果

注：由于利益相关方不同，交流和参与层次也将变动。对于某一特定利益相关方，这将取决于利益相关方的兴趣和他/她做决定可以影响的程度。对于有限资源的资源，向某些利益相关方群体提供更广泛的双向交流和参与机会更有意义。所有利益相关方都应该享有不同参与层次的选择。

Fischhoff（1995）指出，“要付出多少努力取决于对比敷衍塞责的交流所花的成本和所获的收益。从某方面来说，公众宣传和参与就像是一个保险的政策。它有固定的成本，目的以防止大的损失。在评估某项政策的时候，需要决定这项政策能够达到多大的覆盖面、多大的保护能力和把握性。

Fischhoff同时指出，对风险的感知和沟通理论的理解能指导有关决策，这些决策对于公众宣传和参与是非常必要的。风险沟通文献表明，回收污泥填埋到土地中增加了触发可感知风险的可能性，污泥处理专业人士处理公众疑问的经验证实了这个事实这在下面进一步讨论。因此，围绕污泥管理项目的公众宣传和参与水平要比其他方面更重要。在公众宣传和参与初期，项目团队可以从相关人和过程来学习并决定如何广泛推进参与。

3.2.8　公众宣传与参与的作用

公众宣传和参与可能使更多的利益相关者提供支持项目团队的决定和行动。这意味着项目团队、项目设计和管理团队不是毫无根据地擅自作出决策。更重要的是，公众宣传和参与会导致更好的决策，设计和改进的环境性能并提高效率。这是因为吸引更多人从事公众宣传和参与会对解决这些问题带来更多丰富经验（包括当地的一些常识）。

下面是公众宣传和参与的其他几个作用：

（1）避免发生代价高昂错误的可能性，这些错误将在以后被证明是愚蠢的。

（2）有助于保证污泥管理技术或在特定社区内正常开展程序。

（3）减少程序漏洞，避免受到公众批评。

（4）有助于扩大了解正确常识的群体，他们可以向同行，选举出来的官员和其他人表达支持。

（5）增加了信心，证实那些假设、设计和决策是适当并可行的。

强有力的公众宣传和参与达成的决定可能不是项目经理和污泥工程师的首选，如果最终选择是可行的即可。公众宣传和参与具有一定的灵活性和开放性。

与此同时，公众宣传和参与并不意味着剥夺了污水污泥设计工程师和经理的合同义务和法律责任。

还需要注意的是公众宣传和参与不能保证最后的选择是最优的，这取决于参与过程的谨慎、公平、公正和公开程度。在文献中有关于公众参与环境决策导致失败和浪费的例子。为了避免错误的决定，污泥工程师和项目经理以及在决策过程中的其他参与者应有力地陈述自己关注点和专业知识，这是很关键的。专家们应清楚地表明他们最专业的判断，并同意和否决任何他们知道的技术上不可行、环境上有危害、经济上不合理决策。这也许需要工程师和项目经理在持续的有争议的氛围下了解更多决策内容。必要的基础设施建设不应被某些第三方破坏。这些第三方可能并没有真诚的意向来商议或者其目的是完全出于推行与公众健康和环保目标矛盾的议题。在某些时候，尽管一些人反对污泥项目，但政治和法律的决定可能要继续进行。

3.2.9 风险评估与预测

“公众对新技术的抗拒更多的是对其失去控制、尊重、公正和善意的一种反应，而不是技术本身”（McAvoy，1999）。

麦卡沃伊对人类如何感知风险、是什么在影响看法，以及如何做出决策支持着他的观点方面进行了几十年的研究。（Butte and Thorne，2007）一个新的项目获得公众支持就是帮助社区接受新的变化，而当公民对提出的项目反应很消极，那是很可能是因为他们对项目的风险存在看法。项目开发过程、对项目提案者的不信任和提案者表现出来的尊重和善意，都能显著影响这些看法。

一个完美的技术设计本身不会赢得公众的支持，然而良好的设计是重要的，但同样重要的潜在受项目影响的社区的知情并参与的过程。

科学家、工程师和其他专家可能通过数学模型来评估风险以至于发生错误的危险评估。相反，那些非同领域的专家往往通过社会和政治评估风险因素来进行评估，社会科学家已经列出影响这个风险认知因素的列表。如果有人经历了以下提议中的任何一项，他可能预测这个项目中有更大的风险。

（1）由不值得信赖的人执行（信任通常被认为是最重要的因素）；

（2）非自愿（如：这是强加给他们的）；

（3）人造的和工业的（一个污泥焚烧炉，或一个堆肥设施，或者土地利用机械）；

（4）外来的或不熟悉的（大多数人都没有与污水处理厂污泥或管理系统的经验）；

（5）难以理解的（这不是不言自明的）；

（6）显著的（如：气味或其他困扰）；

（7）令人畏惧的（令人反感的污泥起源因素造成的恐惧）；

（8）不可知的（污泥土地应用的不确定性大，例如，对于动物粪肥，生物固体能够从市政下水道更多样化的输入，所以其精确的成分是很难的）；

（9）可能会影响到他们，有个人利害关系（污泥焚烧厂附近居民可能会认为他们会受排放污染的影响）；

（10）被其他人或"系统"控制（污水处理及相关系统会不可避免地出现失控的情况）；

（11）非公开的过程（即缺少透明性）；

（12）被许多媒体关注（关于污泥项目的媒体报道会提高当地居民的兴趣，如果他们报告的是反对的观点，公众的关注度往往还会增大）；

（13）只能提供有限的或者不可见的利益（从别的地方接收污泥社区往往认为没有什么好处，但也许对农民是有利的）。

社会科学的研究表明，这些风险认知因素适用于各种情况和规则，从医疗保健到危险废物管理甚至核能。

通过对风险认识因素的综述可以发现，大部分都适用于废水污泥处理过程，一些生物污泥过程涉及所有这些因素。此外，废水和污泥管理的讨论对大多数人来说，都是会感到不舒服的话题，人们不愿意栖居于自己所产生的废弃物旁，除此之外，废水污泥可以产生恶臭并引起不安或恐惧。

所有这些因素加在一起会增加对风险的感知，人们会在恐惧产生时作出反应。

3.2.10　风险沟通

随着人们对风险意识的理解，风险沟通得到了一定的发展。战略性的风险沟通的目的是确保不同的人分享相同的风险层次理解，从而确保"基于最好的信息基础上的政策决定和公众讨论"（Powell，1996）。风险沟通是一个信息和观点交流的互动过程（美国卫生和公共服务部，2002），不是风险管理的替代品，而且它也不是隐藏或假造的观点。

风险沟通目前被广泛应用于许多领域，在污水和污泥管理项目上也得到了应用。

风险沟通的目的是直接找出上表中的风险因素，增加风险意识。公众参与并进行风险沟通可以使得污泥管理项目更少的受非自然、外来的、未知的其他因素控制。它为建立信任提供了机会。风险沟通驱动下，公众参与项目的目标是尽可能去除或减少风险意识因素的影响。

3.2.11　建立信任

因为信任很容易失去，重获却需要很长时间，所以信任对于发展一个计划或项目的公众支持是至关重要的。因此，任何公众宣传和参与项目都需要建立关键利益相关方和公众之间的信任（表3-2）。

风险沟通的经验表明：信任可以直接通过与人们推心置腹地交流、展现尊重、分享信息以及增加关注的方式来获得，也可以通过见识和能力。有质量的工程、人、产品和运行过程也会产生互相信任。

得到信任并不在短期内轻易就能获得，即使一开始就很多人都认定项目是可行的，项目组也不应假设民众是信任的。信任是逐步建立起来的，然而它却可能不到1分钟就会失去。例如，在公众会议上一些不恰当的评论可能不知不觉就会让人们产生不信任，但是要重建信任却需要很多年。

美国环境保护局的7条风险沟通条例（美国环境保护局，2007） 表3-2

1. 接受和把参与公众当作合理的合作伙伴
2. 倾听
3. 真诚、诚实、坦率、公开
4. 与合作伙伴和其他可信的来源协调、协作
5. 满足媒体需要
6. 表达清晰、态度友好
7. 仔细准备、规划，评估沟通的成效

设计好的公众宣传和参与举措将为建立信任创造良好的环境。例如，在制定污水、污泥管理规划之初，通过组织参观某个污水处理设施，工程团队就可以为各利益相关方创造出非正式的氛围，他们在这里可以互相学习交流，并且互相了解和尊重，也能找到共同的利益点。

3.3 有效的公众参与行动项目

3.3.1 咨询可得资源

在公众参与和风险评价中存在许多的资源。这些资源应该被利用。这儿将不再重复详细说明（见本章参考文献）。

接下来介绍污泥管理中公众参与项目最基本的概念和行为步骤见图3-2。

3.3.2 立即开始公众参与

正如上面所讨论的，公众参与应该从开始就与规划和设计过程同时进行。公众参与是很有挑战性的，而且也需要花费时间。因此，在开始时就进行公众参与是最好的，它将在它真正需要时起作用，例如，施工项目管理。

案例：污泥堆肥设施选址

在加利福尼亚州南部，从1990年末到2000年初，污泥管理是媒体和政界争论不休的话题。尽管如此，加利福尼亚州南部城市用于处置污泥的一座大型污泥堆肥设施还是成功的建在了农村社区。项目方不只是设计了一套拥有最先进臭味控制和其他技术系统的设施，而且他们也花了大量时间和当地公民、当地报纸媒体进行交流，告诉他们这套设施可以为小镇做点什么（如：处理当地污泥、帮助当地的美化项目、支持小镇的庆典）。他们在公民们方便的时候拜访他们，并且向他们保证重要的密切关注和强制实施——总共5个层次——每一层次都让公众了解。他们谈论污泥回收是可持续发展的必要条件，并且解释他们关注的是最终产物（堆肥产品）而不是进料（污泥），因此减少了公众的反感。设施的参与人员说："我们需要听取社区的意见和建议。当听到公众的不满时，我们只需要听着。我们需要融入社区，求同存异，多为社区着想。另外，技术也将在协调社区时发挥作用。在产生分歧时，我们需要自愿来和解。"

3.3.3 确保项目团队投身该过程

不能持续贯彻实施，这是比没有公众参与项目更糟糕的。假如开始时要求人们参与但后来就忽略了，或者假如公众期望参与却始终没有实现，那么人们很快就会对项目失去信任。

规划一个公众参与项目，开始时必须确保污泥项目规划的项目团队、他们的设备以及组织中的其他全部投入来实现公众参与的承诺，包括员工时间和金钱。项目团队和相关组织参与者需要确定必要的承诺书。如果公众参与项目资源受到限制，那么项目和期望也会降低。

假如一个团队的支持者同时参与项目的三个阶段（设计、建设和运营），那么协调参与支持者会更容易。但尤其需要注意的是，假如不止一个团队参与，例如当一个团队在做工程设计时，另一个团队却在指导操作，那么公众的参与应该涉及工程的所有阶段，包括怎样处理工程员工人数的改变。

3.3.4　确定不同利益方

下一步是确定相关方。这些利益方当然包括组织参与的项目团队，如设计工程师、污水处理部门经理、市政管理员和设备操作人员。图 3-2 列出了还应该包括在内的其他项目团队与人员。

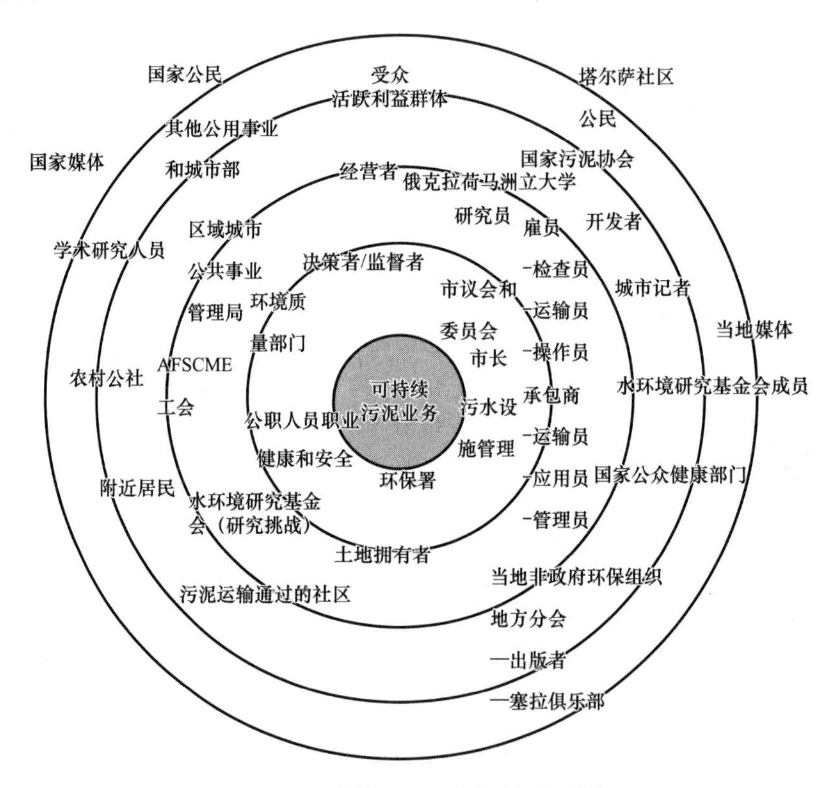

图 3-2　可持续污泥业务的利益相关方

这份公众参与利益相关方图是由俄克拉荷马州塔尔萨市提供的。污泥管理者和风险沟通人员确定所有的利益方（兴趣方），然后将他们放在图中合适的圈层中。利益方越靠近圆中心说明做的决定对污泥项目直接影响越大。但这并不意味着距离较远的利益方就可以被公众参与项目忽略，相反，应该提供每个人参与项目的机会并且拓宽其选择范围。

利益方清单的产生应该是谨慎的，因为由于错误而遗漏任何人都是不利的，因此邀请更多人比邀请少量人更好。利益方可能会决定是否参与，这取决于他自己的决定以及建立公开、信誉和信任。

利益方应该像图 3-2 被安排在一个图表中。当假设每个利益相关方应该怎样参与时，需要解决的问题是“谁的决策和行为将对推动污泥项目进程影响最重要?”。利益方应该接近图表中心而且也应该受到更多的关注和参与资源分配。这是一个可行的图表，利益方将在了解每个干系人选择参与层次后将作一些调整。

3.3.5 倾听和了解利益方和公众的意见

参与设计和运营的管理者和沟通者经常会问，“为什么要花费时间和精力来听从利益方呢？为什么不只是从消息开始或直接进入到‘信息’模式?”答案很简单，倾听对于防止沟通的潜在负面结果是至关重要的。

人是复杂的，他们的思想是不可预知的。在没有确凿的信息前，没有人能自信地预测他人的信息需求以及他们将如何解释他们收到的信息。

倾听和了解利益方是验证人们的想法最基本途径，如果沟通交流对人们的决策和行为产生预期的影响，他们必须反映：(1) 对人们决策的信息需求的理解；(2) 对相关决策主题的理解，如和污泥的管理方式相关的风险和收益。如果没有将以上两个方面整合一起，那么会产生相反的效果。

本节总结了了解人们思维方式的一些方法。具体来说，它涵盖了民意调查、专题小组访谈和心理模型集中采访，这些可帮助完善公众参与项目和风险沟通。这里可提供有助于这些和其他方法的资料（Eggers et al.，2011；Deep and Means，2009；Frank and Sigler，2004；International Association for public participation，2000；Morgen et al.，2001）。除了正式调查方法外，也有非正式的方法如由个人或一小部分干系人参加的分组对话。

在对人们的观念、思维和交流需求的任何研究的第一步是认识到假设仅仅是假设。这些假设可以作为猜想在正式或非正式的测试研究中进行检验。

1. 心理模式（集中采访和对话的方式）

几十年的研究表明，隐性信念（有时候是下意识的观点）在指导人们的决策。这些被称为心理模式（Morgan et al.，2001）。人们利用他们的心理模式通过各种形式的交流，推断引起人们注意的题目或条件。要了解他人的态度、信念和行为，必须要了解他们的心理模式，并进行沟通。

通常分析得到的更好理解是：

(1) 人们所知道的什么是正确的；

(2) 人们所不知道的是重要的；

(3) 人们会误解什么（关于这个问题或主题）；

(4) 他们想知道的是什么；

(5) 他们信任谁（作为一个信息来源）；

(6) 他们更喜欢什么样的交流方式。

心理模式的研究方法通常包括对信任的人进行一对一个人采访，这种采访是面对面进行或者通过电话进行。在采访过程中，通过议程的主题来引导被采访者，鼓励他们详细阐述在访谈过程中想到的话题进行。这种方法允许自由表达并鼓励对话题进行详细阐述以深度表达个人观念。通过访谈，分析师可以确定人们相信什么，更重要的是，他们为什么相信。他们也能够比较分析和了解为什么信念随时间的推移可能已经改变。

相比于投入相同的时间和精力在民意调查或专题小组上，恰当地使用心理模型的方法可以产生良好的结果。这种方法也可以和民意调查和专题小组有效地结合使用。

2. 小组讨论/专题小组

专题小组的主持人通过议程来组织小组成员，在小组动态条件下自由表达。各种观点主观地解释和总结。在研究人们的观点时，专题小组的方法是在研究相同组成的小组中形成和表述的观点，专题小组的成员应该是那些在研究小组以外共同工作或者相互影响的人。

专题小组允许自由表达观点，这比民意调查更能理解一个小组相信什么以及为什么相信。这种方法的效果取决于特定小组的互动，如参与者说不说或思路能不能被小组成员充分理解等方面。在专题小组中，参与者表达的意见取决于主持人的技巧和议程。主持人通常会主观地解释和总结这些交流。

3. 民意调查

民意调查的方法非常适合于确定大样本人群的意见和判断它们在样本的分布。调查通常对选定的人群设置特定的问题。对这些问题的回答进行统计分析，然后必须再用受访者是如何相信并解释这些问题的来对此作出诠释。

意见调查通常试图捕捉受访者相信的是什么，而不是他们为什么相信。只有对一些具体问题的答案是分散时，这种方法才是有用的。对一定人口中特定信仰的频率分布的精确估计也是有用的。

4. 非正式的倾听和了解

非正式的调查是项目成员易于实施的调查，而且通常的形式是由数个利益相关方召开的分支会议。它通常涉及项目管理的方式以及风险收益的问题。当开展正式调查的时间和资源不足时，就可能进行非正式的调查。非正式调查的例子如下。

（1）一对一对话

通过一对一的对话，对利益方的一个或者一个以上的成员进行假设检验，根据对话脚本进行并记录对话内容。例如，对一个污泥处理厂周围的居民进行一家一户地做调查时，这种方法也可以适用。一个项目团队成员可以分享他们会议中笔记和主观的分析结果。这是测试一个假设是否正确并建立或者加强与重要的人物的关系的简单而有效的一种方法。

（2）早餐圆桌、咨询任务小组、咨询专家组

早餐圆桌，咨询任务组和已有的专家咨询组为公平、快速地从利益相关方的。会议讨论的内容可为生物污泥工程提供即时的想法和数据。

（3）“5×5”的对话

“5×5”的对话方式用来在短时期内搜集大量相关人的观点，对项目组来说这是一种理想的方法。作为一种调查方法，每一个小组成员都必须有一个脚本并且要在一定时期内与5个优先利益方（或者其他合适的人数）交流。每一次会议都由小组成员记录并把记录的内容进行整合和分享。

当时间紧迫的时候，上述的非正式的方法可以快速完成。一个简单的6～10个问题的问卷可以在短短几小时就制定出来和实施内设计并且实行，这个问卷里面要清楚地提示项

目组，调查不只是人们在思考什么，更重要的是他们为什么这么思考。如果所谈的话题是机密的，那么访谈可以由这个组织的 12 个非专业人员（未参与生物污泥项目的人）来进行。

听取和了解公众的关键是要洞悉利益方，清楚他们在想什么和为什么这么想，而不是依赖于对他们的看法和意见。采取这一步骤能够确保公众投入的努力和花销没有白费或起到了相反作用。

3.3.6 持续公众参与

项目进程中不要停止听取和了解公众，可以用表 3-3 中的方式开展公众参与活动。

公共咨询和参与的方式　　表 3-3

方式	优点	局限性
单向（被动）交流方式		
小册子 票据计票 情况说明书 时事通讯 广告	打印材料以传输信息；可以传达给大量的听众； 视觉上可以赏心悦目	信息量有限； 可能不被阅读； 依赖于邮件清单或者目标受众清单的质量
技术报道	由独立机构写出来最好；传达详细信息；应该被清晰地写出来	如果太详细，可能不会被很多人阅读
新闻稿	使编辑/媒体机构看到项目的进展；能够传达给广大听众；在一定程度上控制信息	需要后续的提醒来确保出版了；经常放在报纸不显眼的版面上；可能无法阅读到报道
新闻文章	引起媒体和公众更大的兴趣；给出独立的观点	需要和记者和编辑一起来确保报道的准确性；需要有一定的“角度”
社论/致编辑的信	允许信息的控制；使编辑和读者意识到专业性是可达到的	可能不会被广泛理解；版面的限制使它很难解释复杂的事项；可能导致反复争论
无线电台和电视的故事或者栏目	有线和互联网使得获取方式更便捷、更经济；相比于纸质媒体对多数人来说更容易得到	可能费用更高；相比于纸质媒体，获得播出时间更困难；拥有经验丰富的演讲者很重要
公益告示	能够有效地传达给大量听众；播放者有动力去播放或印刷这些内容	必须简明；无法展现细节内容；成本高；无法控制播出时间
网站	开支适中；提供大量的细节；总结和细节（包括可观的）都有	必须及时更新和设计版面
博客	有机会迅速提出评论；通常包括空间对评论回复	信息承载；可能不会被广泛阅读
播客	为人们提供简易获得大量信息的途径；经济	需要技术支持；需要有关的观众来获得信息；信息承载；不可能被大多数人使用
移动端应用	对繁忙的人来说是获取实时信息最便捷的方式；拥有忠实的听众	需要计划；价格贵；需要定期更新；不大可能被大部分人使用
双向（主动）交流方式		
信息会议/专家小组	面对面交流是一种优点；传达给定向的团体是有效的（例如附近居民）	场馆和主持必须是开放的；应该能鼓励对话，而不是演讲；需要充分准备
调查	从不同的干系人获得投资的简便而低成本的方式；网络调查是非常有效的	提出合适的问题来得到有意义的回答是有挑战性的；通常回复的比例较低

续表

方式	优点	局限性
双向（主动）交流方式		
投诉/反馈热线	给人们提供参与和表达观点的另一种简便方式	有一定花费；需要有人随时接听电话
开放日 参观 实地考察	最简单、低成本的传播关于项目的大量信息的方式；为提问回复和对话提供机会	为特定听众开展工作而安排时间是一个挑战；需要确保安全；需要提供用餐和交通
公众听证会	为公众参与提供正式的程序和规则	通常需要监管；不应该是唯一的参与的途径；如果是正式的，会是有争议的；需要充分准备
参与社区活动（展会）	和社区、媒体和团体建立关系；提供分享信息的正式或者非正式的机会	可能无法控制信息；可能是宣传噱头；无法控制参与的人
咖啡谈话会或者其他社区会议	是将信息分享的会议以友好的方式带给听众的极好途径	花费时间和金钱并且可能不能将信息传达给重要利益相关方（无法控制谁来参加）；主持人需要经验丰富，态度友好
上门采访	传播信息和建立联系	耗时；走访人必须经验丰富，态度友好
广播电视访谈	营造经常的对话；传播大量信息	被采访者必须有经验，准备充分
电子邮件	给感兴趣的受众定期提供实时信息的简便而价格低廉的方式	经常不能提供高质量的信息；信息量过大
社会媒体（如推特）、网络评论和聊天领域	给信息交换和对话提供机会；快捷实时成本低	信息和对话的质量差异广泛；很多人不使用这些工具
调解/促进	对特定的受众解决特定的问题；通常是解决冲突的最后方式	成本高，耗时；效果无法保证
共识建立的程序	当冲突和不信任的程度比较高时有效；能够有效克服僵局、避免诉讼	成本高；要求调解人经验丰富；耗时；效果无法保证
专题小组	是短时间内选定的人群中获得细节、细微差别的反馈（或者检验信息）的好方法	需要详细计划和团队筛选；需要经验和资金投入
顾问委员会	有利于维持关系和在长时间内维持有知识的股东；获得不同的投入和设备并能取得妥协的好方法	要求便利以及清楚地界定目标和程序；需要相互信任；集中全力投入人力
独立的监督/质量保证	提高信任度，特别是有不同利益相关方参与时	集中投入人力和时间，持续的高额开支
环境管理体系	提高可行度和信任度，特别是有不同利益相关方参与时；使运作更有效果，更高效	集中投入人力和时间；持续的高额开支；要求训练和改变组织文化

应该选择一些方法来帮助相关方建立良好的关系，项目组也应该考虑通过何种交流方式更容易被接受，让相关方感觉自己是受欢迎的并感到轻松。例如：

（1）在他们的社区举办会议，并且经常为他们服务；

（2）提供食品，创造一个适宜的、非正式的时间分享；

（3）在合适的时间用尊重的方式去上门询问，让人们感觉自己在亲身的参与；

（4）为人们提供一些参与的机会和方式，让他们有选择权和控制感。

当一个项目组成员开始去了解人们，并且意识到一些人们越来越有兴趣参与，那么就可以向人们请教持续参与的最好方式。例如，他们是想要每月亲身参与会议还是电话会议？他们喜欢在哪里见面？他们更喜欢面对面交流，或者电话交流还是通过电子邮件的方式交流？项目成员可能需要对此做出决定，这样才能与人们愉快地交流。

随着相关方更多参与，保证所有重要的利益方出席是个好主意。然而，有些情况某些群体可能无法代表或没有充分的代表。在这种情况下，就需要联系这些拒绝参与的人们并且找出他们不参与的原因。例如，是会议的时间或者距离或者两者均有的原因吗？有些人可能是不愿参加，有些人可能是没能参加，还有些人可能需要去适应参加的过程。在某些情况下，获得不同相关方群体的不同代表可能需要一些奖励或好处（小公民或者环境群体通常不能承担付出的员工时间）。总而言之，这样的安排应对所有相关方是公平的。

公众参与的复杂性取决于项目和社区的适用范围。对小型项目可能不会举行很多甚至是任何会议，更多的是依赖于时事通信、其他邮件、报纸文章、电话热线、互动网站和一些参观。而对大型项目来说，却需要更多的互动交流和时间。

总的来说，在污水和污泥管理领域让人们对一个话题感兴趣通常是很困难的。如上所述，这并不是大多数人们需要思考的东西。因此，用一种新的方式（见表3-3）来获得公众参与是很有必要的，没有这种公众参与就没有选择权。

3.3.7　交流沟通

从相关方听取建议会让我们清楚需要交流何种信息以及交流的最好的形式。例如，污泥的土地应用，人们需要知道的信息是污泥是被怎样产生的，它包含了什么、会有什么风险和利益以及相关的法规。文献中有许多关于建议的或正在运营的项目的沟通信息（Beecher et al.，2004；Eggers et al.，2011；Haworth et al.，2005；Water Environment Federation，2002）。应该使用这些资源并且在风险沟通和危机沟通中加以训练，并和媒体一道工作。

在整个交流沟通过程中，应该保持以下原则：

（1）开诚布公（欺骗很容易被揭穿并且也抹杀了信任）；

（2）提供双向交流并创造对话；

（3）为目标受众量身定制信息（如：避免专业术语）；

（4）精确。

当然，在公众互动中也需明白非语言提示同样重要。如，站在台上远离公众说教就是不提倡的，一个好的交流方式应该包括听取大量信息和互动。

当交流开始后，整个项目团队成员包括他们的管理人员以及员工和组织都需要和交流方保持联系。当然，内部的交流也不能忘记。如果管理人员和员工与交流方保持着联系，那么他们中的一些人将成为优秀的公众发言人。

但是，在他们被选用之前也需要考虑交流技术和实践的影响。Haworth等人（2005）推荐，污水处理厂应该放弃自动应答机而选用人工应答。由谁接待参观者以及怎样接待也需要考虑。最后，设施的建筑和厂区适于参观和令人愉悦（新西兰市政环境部设计工具包，2009）。

无数的方法可以用来交流，但最后的选择方法取决于目标群体、费用，以及各方式如何促进公众参与的程度及主要相关方的关系。

好的交流最重要的可能是“说你即懂，懂你所说”。应该精心准备交流材料，这样才能让每个听众都容易理解。收集和构思是好的实践的第一步，接下来就是“打开天窗说亮话”（Haworth et al.，2005）。

另一句重要的叙述是“说你所做，做你所说”。这也是国家污泥联盟环境管理系统的一个特点，即“一个运行良好的项目为获得公众支持提供了基础。而且它也为你走出社区提供了信心，并通过强调项目带来的益处来赢得公众的支持”（国家污泥联盟，2005）。

3.3.8 质量

假如缺乏一种东西——质量，那么即使有最好的公众参与，也很难帮助一个项目获得公众支持。有时一个工程引起公众的愤怒或者被“公众否决”，是因为这项工程构想、设计或运营不当。假如在工程开始时公众充分参与，那么项目被重新规划以达到更高质量的事情就不会发生。相对于浪费更多的时间和金钱，相关方提出公众参与或者迫使工程停止，这其实是个好事情。

Draman（1995）建议污泥项目必须开展深入的沟通，人们的参与也是同样重要的，必须完全有利于工程建设。

案例分析：科罗拉多州纽约市的污泥

在科罗拉多州的纽约市，污泥一部分被用于土地应用。管理纽约污泥土地利用的公司创造了一种独一无二的方式来经营生意。它采用多种特殊的管理措施与当地公众的投入相结合来发展，并向当地农民和关注的公众讲解。例如，在每辆轨道机动车上携带球状污泥到科罗拉多州时，会有8层安全密封来确保污泥在运输过程免受外部干预。公司会支付给县政府每吨1美元，并且支付给州每吨不少于2美元（当所有科罗拉多州污泥土地供给商要求时）来投资独立的监测设备。督察员会定期或者经常突然的来参观土地利用试点。而且，大量的测试数据和其他信息也会定期提供给农民和当地市民，以确保他们认可这个项目。另外，科罗拉多州农场社区已经感受到了该项工程的益处。正如项目经理所写道的：“最终，农民成为我们污泥利用效益的最好传播者，我们的责任不只是传递一个产品，而是传递一种服务，一种满足农民需求的服务，同时也让我们的产品成为他们施肥项目重要的组成部分”（Scharp，2000）。所有额外的监测都会有一定花费，但是因为有了当地的资金投入而得到缓解，这个项目维持了很多年仍然很成功。

3.3.9 独立的评估与监测

除非有单独的监测和监督机构，否则很难向公众展示所做事情的正确性。独立的监测可以给当地社团提供必要的自信。通常，政府的法规机构由于资金缺乏而不能使员工执行综合检测和强制实施，在这种情况下，污泥项目的设计者和管理者可以通过与当地社区合作，建立和帮助投资一套监测方案来对项目进行监控。类似地，当一个设计工程师提出一个有挑战的工程规划时，由利益相关方经协商一致选出的有公信力的专家出具独立评审和第二方意见，将是值得信任和支持的，对于达成共识也将产生良好的影响。污泥环境管理系统还包括独立的第三方审计。

3.3.10 评估一个公共参与程序

和任何程序一样，评估公共参与工作在实施阶段和工艺完成后的有效性同样重要的，同时有助于改正和提高工艺效能。

案例分析：丹佛的污泥土地应用项目

Frank 和 Sigler（2004）很好地综述了一个公众积极参与项目。在科罗拉多州的丹佛污水回收区产生乙级污泥被运到科罗拉多州丹佛东部迪尔特雷尔小镇一个拥有 21000 公顷（52000 英亩）面积的农场处理。农场的拥有者叫马特罗（Metro）。在 1995 年，当农场的土地利用启动之后，一些农场的邻居就变得很不安。这种不安和矛盾维持了 2 年，到 1997 年中旬，县政府发布了禁止令迫使土地利用项目停止。

Frank 和 Sigler 写道："后来，马特罗面临着抉择——选择在法庭上反对命令或者寻找一条途径来解决个人问题并与邻居、其他相关市民以及拥有自己土地的两个县和平共处。经过思考后，马特罗最终选择了后者，并且开始努力修复自己与邻居、相关市民以及县的关系。"

接下来的几年，马特罗专注于解决迪尔特雷尔社区提出的问题。例如，马特罗采用了当地专家的建议，改变他的耕种实践来减少土壤风蚀。再如与邻居和公共官员的对话，并且和他们一起构造了独立的监测系统。美国地质调查局于 1999 年开始对其进行研究，调查报告显示，邻居和其他关键利益相关方在 2000 年给马特罗的项目评价是"D"。马特罗后面略有改善，但是有很多人对他是否能坚持到底履行承诺的真诚和意愿产生了怀疑。这份调查之后被用作基准。在 2003 年，它又被重复使用了，但这次给马特罗的评价是"B"。

在调查期间，马特罗很重视调查结果而且也采取了很多改进的措施。例如，在他的农场举办年度的野炊和信息会议、提供污水处理厂的参观、与县政府分担道路维修费用以及和当地土地环境保护者商议改进的措施等。Frank 和 Sigler 写道："马特罗农场的主要职员都非常努力工作，确保了社区成员了解他们并且帮助社区解决问题。"

3.4　特殊情况

3.4.1　持续进行的公众参与

许多污泥管理项目都是在设想最好不被关注的状态下来实施的，已经"低调"很多年了，而且他们也喜欢这样的方式，但这样的做法其实是危险的。没有沟通也是一种交流方式，实际上是一种逃避行为。人们总是提防和倾向于解读解释—通常是消极的—他们没看到正在发生或没有正在听到的东西。"低调"的项目可能引发公众的不安。虽然它可能让人感到害怕，但走出"低调"的阴影也是好的。

提高公众的参与会减少公众恐慌，因此最好的方式就是确保项目遵照和应用最新、最好的管理实践，以减少了真实存在和感知到的风险，如臭气。许多污水污泥管理项目只关注遵循法规，却很少关注气味。因为气味不是直接测定和规定的。但是，在实践中，臭气通常是最引起公众愤怒的。

增加污泥管理项目的透明度之初，可能会引起人们的消极反应而产生矛盾。但是矛盾必须采用耐心而专业方式来解决。人们需要时间了解，社区必须理解它所察觉的很小的改变，甚至知道在将来某段时间将要发生什么。收到的一些反馈将会促使污泥管理项目获得成功。

要使公众持续参与的最有效方法之一就是提供开放日和参观，通过参观设施或者土地利用场址来告诉他们做了什么，并为人们提供对话、问答和分享理解的机会。

污水、污泥管理运营过程中也应该注重人们提及的不满和关注。尤其是由于对气味的不满而导致公众对项目的抗议可能占了很大的比例。及时作出反应并对问题进行清楚而真实的评价对于建立信任是至关重要的。抱怨者关注的问题应该被讨论，而且他/她可以参与到评价和监测中。接下来要对问题进行纠正并进行更多的投入来解决问题，日常情况报告和建设情况的及时更新让人们清楚接下来的事情。

案例分析：费城土地利用

宾夕法尼亚州的费城有很多年的B级污泥土地应用和A级污泥堆肥方案。两个方案都引起了公众的愤怒，然而，这通常是由于污泥土地应用或处理场的恶臭引起的（作为很多方案的一个典型案例）。为了解决人们接受性降低的问题，费城的顾问在相关方和当地人们的帮助下，开发了新方向，对一个应用项目——一些猎场进行重新绿化。这果然起到了作用，她后面记录道："在熟悉的基础上，来建立面对面的关系，我们现在正被邀请去参与社区事件、会议和研讨会、环境提高工程以及规划会议等。我们通过电子邮件网络平台来快速传播信息。记者们也都是知识渊博的。"她承认开始时很粗略，而且公众会议也遇到些麻烦。她写道："我们必须知道，我们在这儿并不是来'教育公众'。而为没有更快的提供信息（给公众）而道歉，这起到了作用。诚实——即使这意味着说'我不知道'，通过解释研究正在进行中，从受尊重的相关方获得证书，展示重建绿化猎场获得的成果，展示污泥作为整体的一部分，与流域专家一起共事以及提供赠款给流域团队这些过程，我们发现我们必须在社区内发展关系并且寻求共享经验的机会。只有当信任建立后，信息才会被采纳。"

3.4.2 重视公众对臭气的反应

污水、污泥运行操作常常产生恶臭。

一些参与污泥管理行业的人员通常会忽略臭味或者他们认为一种特殊的臭味是极少的，这可能是因为他们不断的接触和适应了臭味。也可能是因为进入这个领域的工作人员是自愿选择的，他们对污水、污泥臭气相对于其他人们敏感度更小。

大部分人对各种不同的感观气味比较敏感，包括臭气。污泥管理中的气味控制系统必须满足人们要求，使气味引起公众不安的可能最小化。庆幸的是，面向气味测量系统现在已经建立，而且可以帮助查明气味控制的程度，这正是某一特殊群体（如鼻敏感群体、嗅辨专家组）所需要的。另外，现在已经有很多技术可以帮助避免、控制、减缓或处理恶臭。

Toffey（2007）认为："污泥管理者（可能也是受影响者）的污泥可通过和邻近居民进行沟通构建回馈计划"。管理者应该通过许多污泥管理项目的规划、设计和建设以及操作留意气味和其他损害因素。恶臭加上缺乏必要的响应可能同样会破坏信任。

3.4.3 与媒体合作

一些情况下的公众参与可能需要与媒体合作。丰富信息的来源依赖与媒体建设性地合作。因而，水质专业协会和其他组织会定期提供有关这一主题的研讨会（Goodman and

Goodman，2005；美国环境保护局，2007；美国水环境联合会，2002)。人们可以通过媒体了解周围的世界，媒体也可以帮助公众了解污泥管理项目。从另一方面来说，媒体需要通过技术专家如污泥管理者提供专业而准确的信息，这将使他们的工作既有意义，又可信。

在期待污泥管理者公开、诚信和乐于助人的同时，记者们也将忠于他们真实、准确、客观、公平、公正以及公众责任的职业标准。

媒体对污泥的了解可能不会随时间而增加太多，因为污泥这个主题关注度较低，只有偶尔才被发现（Goodman and Goodman，2005)。但是一定要有耐心，这样才会有更多的场合讨论这个主题。随着社会媒体的发展，将会有更多的方式来分享污泥管理项目的相关信息。

3.4.4 应急沟通

应急沟通一般用于紧急情况出现时。通常来说应急沟通的目的是平息恐慌，但有时其目的则是通过增加恐慌感而制定保护措施。无论是哪种情况下，沟通都必须提供关于发生事件的准确信息、潜在的风险以及在各种情况下人们可以采取的措施，来规避或减少风险。

在污泥管理过程中，应急沟通最有可能被用于着火或物质泄漏等意外事件。在这种情况下，沟通应该“及时，无伤害”（美国公共健康与公共事业局，2002)。在任何其他沟通之前，了解事件发生的客观性、人们所了解的信息（是准确信息还是谣传）以及感知可能存在的风险（是否引起人们担心）是很重要的。沟通言辞的选择将影响人们对风险的看法和关注程度。假如还没有足够的信息，那么可以说更多的信息将在未来某一规定时间提供。

应急沟通应该是组织应急响应计划完整的一部分，它要求在危机发生前进行预筹和规划。在应急期间，应安排一名训练有素的称职人员进行沟通并与媒体合作，保证指导好危机沟通（美国卫生和公共服务部，2002 年)。

3.4.5 与当选官员合作

与当选的官员合作需要了解他们的需求，以及在他们的领域怎样建立联系。Haworth等（2005）总结说：“与当选官员有效地合作，要有必要的基本原则”，这些包括“知情、告知事实、建立联系、不过河拆桥、据经验而论、保持信息畅通、持续沟通”。

必须牢记当选官员最容易受他的选民影响，如果污泥管理团队成员不是他的选民，那么他们将不是在同一阵营。在这种情况下，必须找到他的选民作为盟友，这些盟友可以传达团队的信息。

3.4.6 应对专门的反对者和其他机构

一些个人和团体反对污泥土地应用或污泥焚化甚至是污泥的产生（一些反对污水的集中处理)，这些人可能通过反对污泥处理来引起公众注意或者其组织支持。但是无论他们的动机是什么，他们都认为其观点是正确的并希望得到重视。如果过于极端而解雇他们只会使他们更生气或者更加反对。

反对者形成的争论是有益的，因为这可以确保污水污泥管理人员不满足于现状，公众关注的压力可以极大地帮助改进工作。尽管如此，来自于反对者的言词和策略有时还是令人沮丧的，因为有时即使一个污泥管理项目很公开的开展了公众参与，也会由于少数人最后几分钟的妨碍而停止。

虽然不可能控制别人的行为，但是工程团队和组织者可以遵循本章的一些建议，通过识别和接洽相关方，将公众参与贯穿整个工程，可使项目免于其他事情的干扰。反对者通过煽动民众对不确定性和恐慌来引起公众的愤怒，他们只有在当相关方和公众在污泥项目信息交流少，或者当项目员工感到不被信任时才能实施行动。如果项目工作人员与相关方建立了互信，而且相关方能获得大量消息并且参与进来，那么当不可预测的问题发生时，项目工作人员就得到支持。

3.4.7　公众参与是强有力法律保障的一部分

有时，当一些棘手的矛盾产生时，项目支持者可能需要法律来捍卫他们的权利和投资。1990 年到 2000 年期间，污泥管理项目因受当地法律、法规或有害物质管理诉讼而被迫停止或被质疑。最终，合法的行动、优秀的工程设计、深入的公众参与并且可靠的科学理论，将为一个污泥管理项目提供充分的法律保障。法庭认可专业化强、透明度高、公共参与广泛的公用项目。在《污泥管理：选择、机遇和挑战》这本书中（National Association of Clean Water Agencies，2006）概述了一场关于污泥土地利用的法律争端和优先权。

3.4.8　总结：建立长期关系

随着污泥管理项目的发展，把公众参与整个设计、建设和接下来的运营过程结合起来，并与利益相关方建立持久关系是至关重要的。

第4章 污泥的产生和特性

4.1 引言

污水处理厂的最终目的是去除污水中各种可溶或不溶的污染物，分离并处理在生物过程中产生的生物质。污水处理过程中污泥的来源、产量和特性显著地影响着污泥处理和污水处理。污泥的设计标准会影响污泥单元处理的规模、处理时间和总费用，同时也影响污水处理过程，因为污水的处理效率受污泥去除速率的制约。

本章将介绍污水处理系统中污泥的主要来源、产量和特性，同时也介绍估算产泥量和判断污泥特征的方法。

4.2 污水处理过程中污泥的来源

4.2.1 预处理

格栅位于整个污水处理过程的前端，其分离所得的栅渣多为尺寸较大的固体，由一系列有机物和无机物组成。细格栅的间隙在0.25～6mm之间，粗格栅的间隙大约为38mm。间隙>38mm的格栅称为拦污栅。在某些污水处理厂中，细格栅取代了初沉池。

栅渣中可能含有病原微生物，而且通常带臭味，容易滋生鼠类和蚊蝇，可以焚烧、填埋，或者与其他污泥一起处理。一般情况下栅渣单独处理，特别是当单独处理有利于栅渣重复利用时。根据栅渣的尺寸、去除和处理的方法，可选择气动设备、排淤沟、传送带、垃圾站、篷车等输送。许多新设计的预处理设施通过对栅渣的清洗和压实去除栅渣中的有机物（和臭味），从而降低处置成本。栅渣清洗可以将大量的有机物补充到污水中。

沉砂由污水中所含比重较大、颗粒较粗的固体组成。沉砂池通常位于初次沉淀池或其他过程之前，沉砂也可与污水分离后在初沉污泥中被去除。沉砂中通常含有高密度、具磨损作用的颗粒，同时还有煤渣、谷类、咖啡渣、种子等其他颗粒。在进行后续处理之前，沉砂颗粒多被有机物和油脂类物质所包覆。沉砂过程中的水力冲刷可以降低沉砂中的有机物含量，影响沉砂的性质。分离式的沉砂清洗机在降低沉砂中有机物含量的同时还可以降低细砂含量。

沉砂可以以泥浆形式在水中输送，或者是采用螺旋气动、输送带或卡车进行运输，通常以卫生填埋方式处置。

4.2.2 一级处理

许多污水处理厂使用初沉池来去除污水中易于沉淀的物质以及浮渣。污水处理厂收集区内大量的工业排放或垃圾粉碎机的广泛使用都会影响初沉污泥的性质。很多污水处理厂将厂内污水回流至初沉池，这也会显著影响初沉污泥的产生。这些厂内污水来自过滤器反冲洗、污泥浓缩脱水、消化池上清液和剩余生物污泥。在初沉池前如果投加了化学药剂（如石灰、氯化铝、氯化铁等）进行除磷或混凝，则初沉污泥的量会增加，且污泥中惰性成分比例会提高。

初沉污泥一般用柱塞泵、离心泵、隔膜泵、螺杆泵、凸轮转子泵、切割泵和凸轮泵等设备输送至污泥处理单元进行污泥浓缩和污泥稳定等后续处理。初沉污泥可以和二次沉淀池污泥一起处理，也可以单独处理，视污水处理厂实际情况而定。

4.2.3 二级处理

二沉污泥产生于活性污泥、生物滤池、生物转盘等污水生物处理过程中，通常为棕色絮状物质，新鲜污泥有相对不刺激的“土味”。二沉污泥在储存过程中颜色变为深棕色，在化粪池中会产生一种刺激性的恶臭。二沉污泥中含有污水中惰性悬浮固体、活性生物质和生物质腐败产物，这些组分的相对含量受污水特性、生物过程上游工艺（如细格栅、初沉池等）和二次处理的操作环境（如污泥停留时间、温度、生物处理工艺的类型等）影响。在生物处理前除磷药剂的投加可能会增加污泥产量，并使二沉污泥中的惰性成分比例提高。

二沉污泥一般用柱塞泵、离心泵、隔膜泵、螺杆泵、凸轮转子泵和凸轮泵等设备输送，经浓缩、稳定和脱水等后续处理后进行填埋、土地利用或者有效回用。最终的处理处置方法视具体情况而定。

4.2.4 浮渣和油脂

浮渣由易浮起的物质组成，可以用刮渣板刮去，存在于初沉池、二沉池、沉砂池、氯接触池、污泥重力浓缩池和消化池。浮渣中可能含有油脂、菜叶、植物和矿物油、动物脂肪、蜡、泡沫、厨房垃圾、菜叶果皮、毛发、纸屑、羊毛、烟头、塑料制品、避孕套之类的东西。当有油脂类物质存在时，浮渣的热值非常高。许多城市开始探索将油脂添加至厌氧消化系统中以增加产能。

浮渣由螺杆泵和气动喷射器进行泵送，泵送系统因地制宜，但管道必须为玻璃内衬的。浮渣可以和其他污泥混合后消化、填埋或焚烧。

4.3 污泥的常用分析

污水处理过程中产生的污泥可以采用适当的方法进行取样和分析。取样和分析的结果作为污水处理厂运行数据的一部分，按一定的规则记录并成为过程控制决策的参考依据。本章将概述污泥的取样、分析方法，更多详细内容可查阅 MOP OM-1，*Wastewater Sampling for Process and Quality Control*（美国水环境联合会，2005）。

4.3.1 污泥取样

污泥的取样量一方面要足够大，满足分析步骤所需量的同时要能够代表整个处理过程的真实准确情况；另一方面要足够小，以便于运输携带。取样的方式、频率和体积取决于各个被监测过程的具体工艺。在一项取样项目开始之前，必须要有一份具体的取样协议和质量保证计划。质量保证计划中至少要有以下几项（Pepper et al.，1996），其他细节可以

在 *Standard Methods*（美国公共卫生协会等，2005）一书中找到。

（1）取样计划——样本的数量、取样地点、取样方式和取样间隔；

（2）样本的形式和大小——样本的形式（随机样本或混合样本）和所需的量；

（3）样本分类和监管——样本的标签、现场记录书、保管链记录和样本的分配；

（4）取样方法——使用的方法和所用的设备；

（5）样本的储存、保存——容器的形式（玻璃或塑料）、保存方法和最大容许保存时间；

（6）样本构成——所有要进行检测的参数；

（7）分析方法——所有现场测试和实验室测试所用的方法、程序和各检出限。

1. 取样方法

随机样本是指在特定地点一次采集的多个单独样本。随机离散样本在选定的时间、地点和深度被采集。每个随机样本只能代表采集当时当地的总体组成。

混合样本由许多随机样本按比例混合而成，也可以使用特制的自动取样设备得到。取样点在污泥清除周期中位置的变化会显著影响混合样本的性质，使其特征值变化。由于某些特征值或化合物（如油脂、酸度、碱度、挥发性有机物、温度和 pH 等）具有内在不稳定性，所以需要测定这些定量值时通常不采用混合取样。然而，污泥分析最常用的方法是将随机样本按体积或质量流量混合。

2. 生物污泥取样中可能的偏差和误差

在取样和分析过程中保证污泥的物理、化学和生物特性不变非常重要。由于样本会变质，即时分析无疑是最有效的避免误差的方法。当分析测试条件决定了取样和分析之间必须要有时间间隔，例如要采集一个 24h 的混合样本，则必须要有一定的准备来保存样本。常见的样本保存方法包括 4℃下冷藏储存和酸化。

使用移液管移动两相或三相的固体/半固体样本时可能会引入很大的误差。样本必须是同质的，以保证误差最小。分析中最好使用特制的操作仪器和容器，使仪器壁/容器壁上残留的样本最少。

4.3.2 污泥的组成

污泥一般为液体或者半固体状的液体，固体成分占 0.25%～12%（质量百分数）。也就是说，污泥的主要成分是水，而剩余的固体（而非液体）部分正是未经处理的污泥中使人感官不悦的物质。这些固体组分包括悬浮物、生物降解有机产物、营养物质、病原体、金属和有毒有机物。生物污泥中的固体组分见表 4-1。

污泥中的固体成分（改编自 Metcalf 和 Eddy，Inc.，2003）　　表 4-1

成分	说明
悬浮固体	以胶体形式或者因为水体运动悬浮在水中的细小颗粒物，可以影响水的色度、浊度、黏度。
生物降解有机产物	主要为蛋白质、碳水化合物和脂肪，来源于食物、人类活动副产物和来源于二级处理的微生物。
惰性物质	很少与其他物质发生反应的或不与其他物质发生反应的物质。
营养物质	生物污泥中常见的营养物质包括碳、氮和磷。
污染物	已知的或被怀疑具有致癌性、致突变性、致畸性或具有高急性毒性的有机或无机化合物。
病原体	能够致病的微生物。
金属	对动植物有利或有害的各类金属。

污泥的组成取决于有机物和无机物的来源、污泥熟化的程度和污泥样本取自的工艺过程。另外，在考虑污泥的最终处置时，养分等许多化学成分都起着重要的参考作用。

4.3.3 污泥的分析方法

常见的对污泥中各组分的分析可以归为物理、生物、化学指标三类。下面几个小节将分别介绍每一类中最常用的分析方法。而分析的细节可参考 *Standard Methods*（美国公共卫生协会等，2005）一书。

4.3.4 污泥的物理指标

物理性质是指样本任何不经过化学变化或生物变化便可测得的性质。在多数情况下，物理性质通过观测确定。污泥最重要常见的指数为污泥浓度，以干重比（总固体）的形式表征。参数和单位见表 4-2。

常用的污泥物理性质指标（改编自 Metcalf 和 Eddy，Inc.，2003） 表 4-2

物理量	单位	说明
密度（ρ_s）	kg/m^3	单位体积污泥的质量。在表示密度时，“样本密度”和实际堆放密度要有所区分。实际现场的密度往往低于样本的密度，这是由于操作过程中形成了一定的空隙率
相对密度		污泥密度与水的密度之比。
——湿重	kg	污泥样本的全部重量，包括样本中所有的固体和液体。常用来表示污泥的总产量，特别是当测量全部污泥的总重时（如填埋花费等）。
——干重	kg，%	样本中固体的质量，即湿重除去水的质量。常用来表示污泥处理过程中污泥的产量。
体积	m^3	污泥所占的空间。在表示体积时，“样本体积”和实际堆放体积要有所区分。污泥在处理、堆放的时候，“团块”之间的空隙会使得体积增加。
总固体	mg/L，%	样本在 103～105℃的烘箱中干燥至恒重后残余物质的质量。这一物理量常以总重百分比（% total solids）的形式表示。
总溶解固体	mg/L	样本经玻璃纤维过滤器过滤后于 180℃的烘箱中干燥后残余物质的质量。
挥发性固体	mg/L	总固形物在过量空气中 550℃灼烧后挥发和燃尽的质量。
不挥发性固体	mg/L	总固形物在过量空气中 550℃灼烧后残余物质的质量。不挥发性固体也称为惰性物质。
沉降性固体	mL/L	样本经一定时间静置后沉降固体所占的体积。这项测试常在英霍夫锥形瓶中进行，静置时间为 45min。
臭味	D/T_v	稀释阈值（D/T）是指将一份臭味样本稀释到专业嗅觉小组中一半的人能察觉到臭味时的稀释倍数。臭味来自于有机物分解时产生的气体，包括还原态硫化物、硫醇、粪臭素、吲哚、无机酸、醛类物质、酮类物质和其他含硫、含氮物质。臭味的类别和特征取决于具体存在的化合物。臭味的特征值包括臭味的强度、特点、不快感和可检测性。有时，某些成分可以用某种气体的浓度来检测。
颜色		污泥的颜色与污泥的组成和金属硫化物等特定元素的浓度有关。
径谱	μm	径谱测试可以定量分析颗粒物的数量和粒径分布。这在评估处理过程的有效性时非常重要。常用的三种方法为串联过滤、电子颗粒计数和直接显微观察。
温度	℃	污泥的温度是一个重要参数，它会影响污泥的化学反应。例如在堆肥过程中，污泥的温度可达到 40℃甚至更高，并保持 5d 时间。
导电性	mS/m	导电性是指污泥传导电流的能力

4.3.5 污泥的生物指标

污泥的生物性质包括样本中存在的微生物种类、样本中发生生物反应时的降解途径和可能对应的系统。污泥常用的生物性质的说明见表 4-3。

常用的污泥生物性质指标（改编自 Metcalf 和 Eddy，Inc.，2003） **表 4-3**

指标	说明
微生物密度	单位总固形物（干重）质量中微生物的数量。
致病性生物	致病性生物包括某些细菌、原生生物、病毒和有生命力的寄生虫虫卵等。
指示生物	指示致病性生物可能存在的替代生物体，通常用于分析和鉴定，因为它们的数量通常多于其他生物，并易于检测。
毒性	污泥对生态环境的毒性。毒性测试可以评估污泥中的成分对环境的影响，这项测试通常借助指示生物来完成。
传病媒介吸引力	污泥吸引鼠类、蚊蝇或其他能够传输传染性病原体的生物的能力。
比耗氧速率	好氧消化条件下，单位时间内单位质量总固体（干重）消耗的氧气量

4.3.6 污泥的化学指标

化学性质定量描述了物质与其他物质混合时发生的反应和变化。污泥常用的化学性质指标包括 pH、碱度、元素浓度、导电性和温度，大部分都归纳在表 4-4 内。

常用的污泥化学性质指标（TS=Total Solids）
（改编自 Metcalf 和 Eddy，Inc.，2003） **表 4-4**

指标	单位	说明
pH		表示物质的酸度。pH 为氢离子常用对数的负值。$pH=-\log_{10}[H^+]$。
碱度	mg/L $CaCO_3$	当弱酸或弱碱存在时，对抗 pH 变化的能力。碱度来自于钙、镁、钠、钾、氨等元素的氢氧化物［OH^-］、碳酸盐［CO_3^{2-}］和碳酸氢盐［HCO_3^-］。
化学需氧量（COD）	mg/L	物质完全氧化为二氧化碳和水时所需的氧气量。分析方法包括开放回流法和闭管回流法（滴定比色法）。
挥发性有机物（VOCs）	%（TS）	具有高蒸汽压和低水溶性的化合物，在室温下容易挥发，对人体有毒，可能具有致畸性和致癌性。分析方法包括气相色谱/质谱技术，和气相色谱/光电离监测与电导监测联用技术。
油脂（FOG）	%（TS）	油脂类物质在烹饪或准备食物的过程中产生，在高温下呈液态，温度等环境条件变化时黏性增大或变为固态。采样系统中造成堵塞的主要原因，但也可有效利用（如厌氧消化和增加产气量），经常用萃取方法获得（ASTM DO77）。
有机化合物	%（TS）	含碳的化合物，如蛋白质、纤维素、木质素和碳酸钾。有机化合物的量常用占总干重的比例来表示。
无机化合物	mg/kg	不含碳的化合物，常见的无机化合物有硫、铁和硅等。
有机酸化合物	mg/kg	具有酸性的有机化合物。常见的有机酸包括醋酸、甲酸、柠檬酸和草酸等。有机酸在发酵过程中产生。
气体	%	污泥分析时经常监测的气体包括二氧化碳、甲烷和硫化氢。
营养物质	mg/kg	污泥中最常见和最重要的营养物质形式是氮和磷。氮以氨、氮气、亚硝酸盐、硝酸盐和有机氮形式存在。磷常以溶液形式存在，如正磷酸盐、磷酸盐和有机磷。有机磷是污泥的一个重要组成。
金属		生物污泥中含有的许多金属都是正常生长所需，但浓度升高时又具有毒性。在土地应用前，金属的含量可由火焰原子吸收光谱法、电热原子吸收光谱法、电感耦合等离子体或 IPC/质谱法测定。常用的分析包括砷、镉、铜、铅、汞、钼、镍、硒和锌等。
热值	kJ/kg TS	燃烧一定量的污泥可获得的热量。常用的单位是卡路里和焦耳。

4.3.7 其他分析注意事项

1. 污染物限值

污染物限值（mg/kg TS）是指单位污泥中准许含有的污染物的量。根据环境毒理学的评估，污染物限值也可以表示为单位面积土地可以接纳的污泥体积（m^3/km^2）。新的污染物和对健康的不良影响可以随时被发现，所以技术人员和污水治理专家们必须持续开发和提升他们的取样、分析技术。

2. 微污染物

污染物一词由20世纪90年代中期美国环境保护局首次提出，表示没有相应排放标准的化学品或其他物质。微量组分最近在自然界中被发现（大多是因为化学检测水平的提高），并疑为能对水生生物和环境造成有害影响。

污染物不一定是新的化合物，但可能是环境中已经存在着的污染物，只不过最近才被鉴定评估。微量组分共有以下几类：

（1）持久性有机污染物（POPs）是指难以降解并容易在动物脂肪中累积的化合物。例如用于火焰阻燃剂、家私海绵和塑料中的多溴联苯醚（PBDEs），多氯联苯（PCBs），二噁英和含氯杀虫剂；

（2）药品和个人护理品（PPCPs），包括许多处方药（如抗抑郁剂、降压药等）、非处方药（如布洛芬等）、杀菌剂（如三氯生等）、防晒品和合成麝香。这一类化合物也包括某些代谢物；

（3）内分泌干扰物（EDCs），包括人工合成的雌激素（如17α-乙炔基雌二醇，同时也是PPCP）和雄激素（如去甲雄三烯醇酮，是一种兽用药）、天然雌激素（如17β-雌二醇、睾酮等）和其他（如有机氯杀虫剂、烷基酚等）能调节水生生物正常荷尔蒙分泌和类固醇合成的物质；

（4）抗菌剂、抗生素、抗真菌剂、生长激素和激素等兽用药；

（5）碳纳米管、纳米级二氧化钛颗粒等纳米材料，目前对它们的环境归趋或影响了解甚少。

随着检测水平的发展，现有技术已经可以对环境中的痕量化合物（百万分之一浓度）进行分析，对微组分的关注也越来越多。

4.4 污泥的特性

4.4.1 预处理

随着污水进水性质、格栅间隙大小和栅渣的清除、冲洗、压缩方式的变化，栅渣的性质也会有很大的改变。当格栅间隙变小时，栅渣量会迅速增加。栅渣中常含有粪便、油脂等物。栅渣的量常用 $kg/10^3m^3$ 来表示。栅渣的性质见表4-5。

和栅渣一样，不同污水处理厂产生的沉砂量差别也很大。管网系统的建成时间和雨污是否分流等因素都能影响沉砂的生成量，一般来说，年久的合流下水管能产生更多的沉砂。沉砂的性质见表4-5。沉砂颗粒的相对密度在1.3～2.7之间。对沉砂进行冲洗以去除易腐烂物质时，沉砂的性质可以得到一定的控制，然后过度冲洗会导致细沙流失。处理处置沉砂时必须考虑到其携带的病原体。

预处理残留物的性质（改编自美国环境保护局，1979）　　表 4-5

残留物	含固率（%）	挥发成分（%）	热值（kJ/kg 干重）	总重（kg/m^3）
栅渣	6.1～20	80～96	12528～18142.4	640.8～1073.34
沉砂	35～87	1～56		

4.4.2　一级处理

初沉污泥的特性见表 4-6。由于沉降性能较好，初沉过程中往往产生相对高的污泥量（5%～6%）。以下几个因素会影响初沉排除污泥的产量：

（1）初沉池前端未设沉砂池或沉砂效果差；

（2）初期雨水进入，水流量增加并携带了大量淤泥和砂砾；

（3）工业排放进入，导致大量易沉降固体产生；

（4）初沉污泥和剩余生物污泥混合后协同浓缩；

（5）污泥清除和运输设备的机械限制；

（6）沉淀池中污泥长期放置导致腐败，尤其在夏季。

初沉污泥和剩余活性污泥的化学性质（TS=Total Solids）

（改编自 Metcalf 和 Eddy，Inc.，2003）　　表 4-6

	未处理的初沉污泥		消化后初沉污泥		未处理的活性污泥
项目	范围	参考值	范围	参考值	范围
总干重（TS），%	5～9	6	2～5	4	0.8～1.2
挥发性固体（%总干重）	60～80	65	30～60	40	59～88
油脂（%总干重）					
可溶部分	6～30	—	5～20	18	—
可萃取部分	7～35	—	—	—	5～12
蛋白质（%总干重）	20～30	25	12～20	18	32～41
氮（N，%总干重）	1.5～4	2.5	1.6～3.0	3.0	2.4～5.0
磷（P_2O_5，%总干重）	0.8～2.8	1.6	1.5～4.0	2.5	2.8～11
钾（K_2O，%总干重）	0～1	0.4	0.0～3.0	1.0	0.5～0.7
纤维素（%总干重）	8～15	10	8～15	10	—
铁（不包括硫化物）	2.0～4.0	2.5	3.0～8.0	4.0	—
硅（SiO_2，%总干重）	15～20	—	10～20	—	—
pH	5.0～8.0	6.0	6.5～7.5	7.0	6.5～8.0
碱度（mg/L $CaCO_3$）	500～1500	600	2500～3500	3000	580～1100
有机酸（mg/L HAc）	200～2000	500	100～600	200	1100～1700
热值（kJ/kg 总干重）	23000～29000	25000	9000～14000	12000	19000～23000

4.4.3　二级处理

二沉污泥在生物处理过程中产生。污泥的性质取决于处理的工艺和具体的操作环境。

1. 传统活性污泥法

传统活性污泥工艺通常放置于初沉池之后，所以这些污泥主要是生物生长的产物。传统活性污泥法所得的剩余活性污泥的性质见表 4-7。剩余活性污泥的污泥浓度取决于污泥的沉降性能和二次沉淀池的表面负荷。污泥的沉降性能受以下因素影响：

（1）生物污泥的性质。生物污泥的性质受污泥停留时间（SRT）和操作环境的影响很大。好氧环境中较短的停留时间和低溶解氧量可以刺激丝状生物体的生长，这类生物的存在不利于污泥的沉降。营养物质的不足或其他情形导致的污泥膨胀也会不利于污泥沉降。

（2）温度。水在低温下密度的增加会降低污泥的沉降率和污泥浓度。低温也会影响污泥的物理性质。

（3）排泥系统的机械限制。由于污泥的假塑性和黏性，一些排泥机械不能传送过高浓度的污泥。

（4）致密悬浮污泥的存在。化学除磷试剂的投加会生成致密的沉淀，增加沉降率。在不设初沉池的污水处理设施中，污泥中致密悬浮沉淀的存在能够提高污泥的浓度。

（5）生物过程的类型。污泥最终的沉淀性能受上游生物处理过程的影响很大。例如，在活性污泥处理前设有选择器的污水处理厂产出的污泥通常沉降性能好，并且性质保持一致。另外，生物除磷过程中也能产生较其他过程沉降更快的污泥。

不同污水处理工艺和过程产生污泥的物理性质和污泥量

（改编自 Metcalf 和 Eddy，Inc.，2003）　　**表 4-7**

处理工艺或过程	固体相对密度	污泥相对密度	污泥相对密度（kg/10³m³）	
			范围	典型值
初沉池	1.4	1.02	110～170	150
活性污泥（剩余生物污泥）	1.25	1.005	70～100	80
滴滤池（剩余生物污泥）	1.45	1.025	60～100	70
延时曝气（剩余生物污泥）	1.30	1.015	80～120	100[a]
氧化塘（剩余生物污泥）	1.30	1.01	80～120	100[a]
滤池	1.20	1.005	12～24	20
除藻	1.20	1.005	12～24	20
初沉池中化学除磷试剂的投加				
低石灰含量（350～500mg/L）	1.9	1.04	240～400	300[b]
高石灰含量（800～1600mg/L）	2.2	1.05	600～1300	800[b]
悬浮生长硝化	—	—	—	—[c]
悬浮生长反硝化	1.20	1.005	12～30	18
粗滤	1.28	1.02	—	—[d]

[a] 假定未设一级处理。
[b] 初次沉淀池正常去除的污泥以外的污泥量。
[c] 可忽略不计。
[d] 包含在二级处理的生物污泥产量中。

2. 延时曝气/氧化沟

延时曝气工艺在较长的污泥停留时间下进行，通常不紧跟在初沉池之后。所以这一过程中产生的污泥相较于传统活性污泥法惰性物质的比例要高一些。

3. 生物脱氮除磷

生物脱氮除磷（BNR）工艺通常利用交替变化的环境（好氧、缺氧、厌氧）来促进微生物去除氮磷。当最终出水的磷含量要求较高时，可以将化学投加与生物处理相结合。生物脱氮除磷过程会影响产出污泥的性质。BNR剩余活性污泥中的氮存在于细胞物质中，占干重的8%～12%。磷在细胞合成过程中被合成为生物质（干重的1.5%～2%），或者在强化生物除磷（EBPR）过程中以长链多聚磷酸盐形式储存，其中磷元素可占3%～6%。当污泥暴露在厌氧环境中时，多聚磷酸盐就会释放到溶解态（二次沉淀过程包括深污泥层、重力浓缩、厌氧消化）。溶解态磷的释放会使大量的磷通过污泥浓缩、脱水过程回流到污水处理系统中。某些地方，剩余生物污泥不再从二次沉淀池底端排除，而改为从曝气池中排除，以减少污泥在厌氧状态下磷的溶解。这种做法会产生大量的稀污泥，增加了污泥浓缩的难度。

4. 固定膜/组合工艺

固定膜工艺通常指滴滤池和生物转盘（RBCs）。最近较新的工艺包括移动床生物膜反应器（MBBRs）、集成固定膜活性污泥法（IFAS）和曝气生物滤池（BAFs）。固定膜工艺的污泥含有更高浓度的高等生物，包括藻类、真菌、原生生物和蠕虫。相对于悬浮生长的污泥，固定膜工艺的产泥的沉降性能略有提高。从二沉池排放的时候，其污泥浓度相比于其他生物处理工艺也略高一些。另外，由于生物膜的污泥龄长，固定膜工艺的污泥产量比传统生物处理略低。

5. 膜生物反应器

膜生物反应器（MBRs）在污水处理中的应用越来越广泛。尽管膜生物反应器的生物处理原理与其他几种生物处理类似，但仍有几个特点能影响污泥的性质：

1）为避免膜污染，膜生物反应器需要在二级处理前设有细格栅（间隙1～2mm）。所以更多的固定性固体在二级处理之前就被去除，产泥中挥发性固体的比例会变高。

2）膜生物反应器常在高污泥龄或低F/M值下运行。因为前端有细格栅，污泥中含有较多的挥发性固体组分，而在高污泥龄的情况下，挥发性组分被更稳定的成分所抵消。另外，污泥产量也比其他生物处理低。

6. 三级处理

随着出水标准的日趋严格，为了进一步提高水质，三级处理工艺的应用越来越多。常见的三级处理包括过滤、化学强化除磷、膜处理、后硝化/反硝化等。产泥的性质与使用的工艺以及上游工艺高度相关。例如，过滤得到的污泥性质与上游的生物处理产泥类似，但在浓缩前更为稀薄。沉淀除磷得到的化学污泥含有更多的惰性成分，并可在反应器内浓缩至更高的浓度。

4.5 污泥量的计算

4.5.1 污泥处理的设计标准

设计者在设计污泥处理过程时必须要选择最合适的设计条件。与水处理不同，污泥处理系统不使用日最大流量进行设计，而是估计未来几年内（通常为10～20年，依据客户需要而定）的年平均产泥量和月最大产泥量进行设计。处理过程中的不同处理步骤需用不同的设计条件。

（1）年平均污泥量

年平均污泥产量是指在某个处理过程或系统在一个日历年内平均每天的污泥产量。在多数情况下，年平均污泥产量有以下两个作用：

1）确定一个处理工艺的普通操作条件。在起始状态下，年平均条件可以确定污泥处理系统的运行周期。年平均污泥产量还可以作为分阶段建设未来所需设施的一个指标。

2）确定运行的费用。年平均污泥产量可以用来估算污泥处理系统目前和以后的运行费用。

（2）月最大污泥量

在多数情况下，污泥处理系统被设计为能容纳月最大污泥产量或30d产泥峰值。运行单元的大小通常与未来一年中预计的月最大污泥产量相关。

月最大污泥产量通常被定义为一段给定时间内一个日历月中最大的日平均污泥产量。30d产泥峰值是指滚动的30d中最大的日平均产泥量，也可以作为设计标准。不论是选择月最大污泥产量还是30d产泥峰值作为设计标准，都要与水处理保持一致（若水处理选用30d产泥峰值为设计标准，则污泥处理也要以30d产泥峰值为设计标准）。

（3）周产泥峰值

周产泥峰值常用来检验污泥处理系统是否有足够性能应对极端污泥量条件。周产泥峰值的定义是一个日历年内，污泥产量最大的一周内的最大日产泥量。一周可以是一个日历周，也可以是选定的7d时间。在周产泥峰值条件下，污泥处理系统的储存量和浓缩脱水系统的运行时间都要能容纳预期的产量。

（4）日产泥峰值

日产泥峰值标准一般不用于污泥处理系统的设计。日产泥峰值意味一个特别高的污泥产出量，但通常持续时间不会很长。这一标准有时应用于水处理中的排泥部分（如污泥泵等），通常用于检验泵系统是否能够在峰值条件下排出所有的污泥。在多数情况下，泵被设计成间歇操作模式，可以通过增加运行时间来负载更高的污泥产量。然后在实际操作中，污泥泵和污泥传输系统都要求检测负载可能达到的峰值的能力。和周产泥峰值一样，水处理量的增大或减少对污泥产量而言是相关的。

（5）运行时数

运行时数是一项针对浓缩、脱水或其他需要人工控制开启/关闭等操作项的污泥处理过程的设计标准。这一标准的确定与具体的过程密切相关，而且经常对应于污水处理厂内具体的轮班。确定运行时数时必须充分考虑处理单元的最终规模并要留有灵活性以应对高于均值的污泥产量。例如，一台压滤脱水设备可能是按月最大产泥量设计的，设计的污泥浓度为3%～4%。如果该系统的设计运行时间小于24h、每周7d，则留有额外处理超预期污泥产量的能力。一台每天设计运行5～16h的设备可以通过增加每天运行时间或增加运行天数的方法来容纳突增的污泥产量。另外，如果某个部分需要临时维修，则额外运行时数可以补偿这一部分，重新达到稳定的运行状态。

4.5.2 常规污泥量

污水处理厂中产生的污泥量受许多因素影响，包括进水的性质、一级处理和二级处理的规模、操作条件等等。故因厂而异的数据要尽可能的考虑到，并可以根据污水厂的情况建立一个物料平衡。

如果一个系统在概念层次上进行设计或核算，通常会用到经验值。对污泥产量的保守经验值是每处理 4mL 污水产生 1mg 干重。不论哪一个经验值，这种应用都是粗略的计算，并且是理论层面上的。实际上，从初沉污泥到剩余活性污泥，总量的变化范围都是相当广的。

不同处理单元的污泥量参考值见表 4-7。这些特性在使用时同样要注意。在建立处理单元的具体设计标准时尽可能的使用污水处理厂实际的数据。

4.5.3　污泥产量的计算方法

1. 概述

在设计或改造污泥处理处置设施的时候，需要处理的污泥量是必须要估计的。在评估确定一个污水处理厂的污泥处理能力时，污泥产量的估计也是很重要的一个部分。污泥量可以根据历史数据（如果能够得到的话）进行估计，也可以用经验方法或模型方法来计算。根据具体的情况（设计与性能评估）、具体的要求和可参考的信息选择要使用的方法。

历史数据，如果能够得到的话，对污泥产量来说是非常有价值的信息。对实际污泥产量的分析不仅可以为相似的污水处理厂设计提供参考，也可以在改造、优化过程中作为对已有污水厂能力的分析。历史数据的可信性要尽可能的用经验值法和模型法进行核实。

用经验值法估算污泥产量需要建成或在建污水处理厂的负荷和处理数据、化学药剂投加量以及各工艺中污泥的产量。例如，已知某活性污泥工艺的 5 日生化需氧量（BOD_5）去除率和产量，或者是污泥的产率，就可以估计出二沉污泥可能的产量。

用建模的方法估计污泥产量需要基本的物料守恒模型。可以是静态模型，例如 The Water Research Commission（1984），Wentzel 等（1990），Tchobanoglous 等（2003）中提及的模型，也可以是涉及更多活性污泥工艺细节的动态模拟模型，例如 ASM1，ASM2 或 ASM3（Henze et al.，2000）。这两种模型估计方法都是根据化学需氧量（COD）的物料平衡和生物生长动力学来给出相对的估计。在估计污泥产量的时候，模型法如果使用得当，则是最全面和最可信的方法，但和经验值法相比需要更多的已知信息。

2. 历史数据分析法

污泥产量数据的来源包括污水处理厂的历史记录、取样调查数据和参考文献。许多污水厂会测量污泥的流量，或者通过测量污泥储存容积的体积变化推算污泥产量，或者用泵曲线（常用正排量泵的泵扬程）。污水处理厂通常也会测量污泥的浓度。

数据的测量通常基于随机或混合取样。流量加权取样是混合取样中最具代表性的方法，也是最常用的。市政污水的排放要求在进水和出水都进行混合取样，而污泥处理通常要求随机取样，取样的频率也低一些。随机取样能够代表即时的污水状态。在使用随机取样数据的时候要注意这些样本采集自污泥去除周期的哪一时间点。当所需数据不全的时候可以用取样调查的部分数据补充到历史数据中。

在使用历史数据之前，要先用统计方法检测离群值、确定趋势，并挑选代表性的数据来计算污泥的平均产率。进行的数据分析通常包括计算数据的平均值、中位数、最小值、最大值、标准偏差和方差，并根据时间作图。在确定代表性最大值时可以选择数据中的第 95 百分位的数值。作图有助于找到离群点，也可以从图中看出季节影响的趋势，然后选择代表性周期来计算平均值并做进一步分析。

当取样技术欠缺、流量测量失真和不经过测量过程的污泥流存在时，污泥的产量数据可能会不可靠（Ministry of the Environment，1984；U. S. Environmental Protection Agency，1989）。污泥的流量测量是误差的常见来源。

尽可能的使用污泥质量守恒来检验历史数据的一贯性和可信性。例如，稳定运行的一段时间内，进入沉淀池的污泥质量须等于离开沉淀池的污泥质量，即溢流和潜流之和（沉淀池和储泥斗的体积无显著变化）。如果偏差在10%～15%以上，则需要保证对污水处理厂数据、取样步骤和运行步骤的进一步调查。

污泥产量的历史数据同时也需要和经验值法、模型法计算得到的预计污泥产量相比较。当差异大于10%～15%时就应该对数据进行进一步的分析调查。污水厂的进水负荷数据通常含有误差，应该与人均参考污水产率和组成数据进行对比后确认。

3. 经验估计法

经验估计方法使用参考的工艺运行参数、污泥产出和化学投加计量来计算污泥产量。在初沉池中，悬浮污泥的去除产量可以用公式（4-1）计算：

$$PS_M = \frac{Q \times TSS_{inf} \times E}{1000} \tag{4-1}$$

式中　PS_M——污泥的质量（kg/d）；

Q——一级进水的流量（m^3/d）；

TSS_{inf}——一级进水中的总悬浮固体（mg/L）；

E——去除效率（%）。

在有化学混凝和无化学混凝的情况下，初沉池对BOD_5、总悬浮固体（TSS）和总磷去除效率的参考值在表4-8中给出（Water Environment Federation，2009）。若已知TSS去除率，就可以无需去除效率的值，直接计算初沉污泥的产量。在已知污泥质量以后，就可根据历史平均污泥浓度来计算需要处理的污泥体积。若污泥浓度的数据缺失，则可根据上述章节讨论的参考值进行计算。

初沉池去除效率参考值（改编自 Water Environment Federation et al.，2009）　表4-8

参数	无化学混凝过程	有化学混凝过程
去除效率（%）		
BOD_5	25～40	40～70
TSS	40～70	60～90
TP	5～10	70～90

二级处理的污泥产量参考值在表4-9中给出（U. S. Environmental Protection Agency，1989）。这些产量参考值可以和污水厂的运行数据综合起来预测污泥的实际产量。最近又有人提出观测产量是进水BOD去除量的函数这一信息（Water Environment Federation，2009）。产量参考值只能作为近似，因为二沉污泥的产量受许多因素影响，包括：

（1）生物处理系统中有机物的量，以“kg BOD_5/d”或“kg COD/d”表示；

（2）生物处理系统中总悬浮固体（TSS）的量，以“kg/d”表示；

（3）生物处理工艺中的有效污泥停留时间（SRT），以“d”表示；

（4）污水水温；

（5）进水中有机物（BOD_5 或 COD）和 TSS 的特性以及生物污水处理系统的特性。

污泥悬浮生长工艺中污泥的参考产量（改编自 U.S. Environmental Protection Agency，1989）

表 4-9

工艺类型	污泥产率（kg TSS/kg 去除的 BOD_5）
初沉池＋活性污泥	0.7
不设初沉池的活性污泥法	
传统活性污泥法（渐减曝气，完全混合，推流式，间歇进水）①	0.85
延时曝气和氧化沟	0.65
接触氧化法	1.0

① 对于水力停留时间小于 10h 的系统。

生物污泥由污水中的有机物产生，所以有机物的量对污泥产量的影响非常大。TSS 的量也会影响生物污泥的产量，但污水中的部分 TSS 是不可生物降解的。进水中不仅非挥发性悬浮固体（FSS）在生物处理系统中不可降解，还有部分挥发性固体（VSS）也是不可降解的。一般来说，市政污水中 30％～40％的 VSS 在生物处理系统中不可被降解。

污泥停留时间涉及进水中有机物的整个降解过程，所以也会影响生物污泥的产量。延长污泥停留时间意味着内源性呼吸的增加，从而导致已合成的生物污泥的降解。内源性呼吸使已合成的生物污泥转变为二氧化碳（CO_2）和水（H_2O），然而，因为有不可生物降解的物质存在，已合成的生物污泥不能完全氧化。所以不能用延长 SRT 的办法使生物污泥的产量降为 0。污泥停留时间也会影响进水中颗粒物的降解。在较短的 SRT（约小于 3d）条件下，进水中的颗粒物基本不降解。当 SRT＞3d 时，污水进水中可以生物降解的颗粒物质就开始降解，只留下不可降解的部分。污水的性质和生物系统的性质直接影响生物污泥的产量。在较长 SRT 条件下，进水中有机物质的降解会影响有机物质转变为污泥以及随后的氧化。类似的，生物系统的性质也会影响污泥的产量和降解速率。

膜生物反应器和固定膜系统的污泥产量低于传统活性污泥法。所以当应用这类系统的时候，污泥产量应该进行略微保守的估计。

化学污泥通常由化学除磷过程产生。化学污泥的产量可以根据金属盐类的投加量、除磷的量和化学反应计量学进行估算。估算化学污泥形成量的通常做法是，首先计算出金属磷酸盐的产生量，然后计算其他金属离子产生的氢氧化物。金属磷酸盐的产生量根据去除的磷酸盐的量和化学反应方程式进行计算。然后根据金属离子的投加量计算出过量的金属离子，根据化学计量式就可以计算出金属氢氧化物的产量。用这种方法确定的化学污泥产量通常要增加 35％，因为化学计量式只是对发生的反应的一种近似，在实际操作中往往会产生更大的污泥量（美国环境保护局，1987）。最近，化学除磷理论得到了新的发展，这也意味着会产生不同类型的污泥。

如果污水中含有大量的可溶性有机物，那么在投加化学试剂的同时也会造成某些可溶性固体的沉淀。由于可溶性固体（如可溶性有机物等）的去除而形成的污泥产量可以用公式（4-2）～（4-4）估算，可溶性有机物大概的去除效率在 30％左右（美国环境保护局，1987）：

$$DS_{M} = STOC_{inf} \times E_{sol} \times 1.6 \times 1.18 \tag{4-2}$$

$$DS_{M} = SCOD_{inf} \times E_{sol} \times 1.6 \times 1.18 \tag{4-3}$$

$$DS_M = SBOD_{inf} \times E_{sol} \times 1.6 \times 1.18 \quad (4\text{-}4)$$

式中　DS_M——由可溶性固体的去除而形成的污泥量（kg/d）；

$STOC_{inf}$——进水中的可溶性 TOC（总有机碳）（mg/L）；

$SCOD_{inf}$——进水中的可溶性 COD（化学需氧量）（mg/L）；

$SBOD_{inf}$——进水中的可溶性 BOD（生物需氧量）（mg/L）；

E_{sol}——可溶性有机物的去除效率（%）。

生物强化除磷（BEPR）工艺相比于传统活性污泥工艺会产生更多的二沉污泥。这是因为大量无机多聚磷酸盐和其反离子的积累，以及聚磷菌的低降解率（Wentzel and Ekama，1997）。从 Wentzel 等人的静态模型（1990）来看，相比于传统活性污泥工艺，生物强化除磷工艺产生的二沉污泥量要分别多出污水原水量的 20%～25%和沉淀后污水量的 45%～55%。

4. 理论模型估计法

采用活性污泥系统处理污水会产生剩余活性污泥（waste activated sludge，WAS）和初沉污泥（如果设置了初沉池的话）。污泥的产量对于确定活性污泥系统和二沉池的大小，以及估计污泥处理处置的方法和费用来说非常重要。剩余污泥的组成也很重要，因为同样能影响到污泥处理方式的选择和设计。

污泥的产量和组成受许多因素影响：污水进水的组成；初沉池的运行效果；活性污泥系统的污泥停留时间；温度。

（1）污水进水的性质

不论是估算初沉污泥的产量还是剩余活性污泥的产量，都需要有污水进水性质的详细信息，以确定总有机负荷的不同组成。污水进水的废水性质表征由水环境研究基金会（美国水环境研究基金会，WERF，2003）发布，将总 COD 分为可溶物、胶体（不易沉降）、颗粒物三类，或者按可生物降解、惰性可溶、惰性颗粒物来分类（见图 4-1）。不同化合物的测定方法于美国水环境研究基金会（2003）中给出。这一表征过程对于估算污泥产量非常重要。另外一个重要因素是无机悬浮固体（Inorganic Suspended Solids，ISS）成分（ISS=TSS－VSS）。进水中有机固体的 COD/VSS 比值也会影响污泥产量的估算，以及初沉污泥和剩余生物污泥的组成。

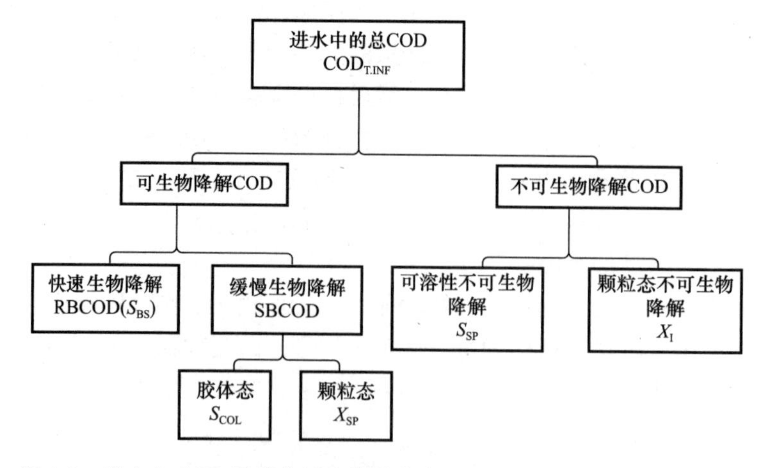

图 4-1　进水中 COD 根据分级参数的分类（SBCOD 为可缓慢生物降解的 COD；RBCOD 为可快速生物降解的 COD）（WERF，2003）

污水进水中的COD可根据3个分类参数（f_{US}，f_{UP}和f_{BS}）的定义分为四大类，以十进制数值表示（无量纲）：

（1）f_{US}为进水总COD中不可生物降解的可溶物的比例；

（2）f_{UP}为进水总COD中不可生物降解的颗粒物的比例；

（3）f_{BS}为进水总COD中易于生物降解的物质的比例。

有了这些参数，就可以把进水中的总COD含量分为以下4大类，见式（4-5）～式（4-8）：

$$S_{US}=f_{us}\times S_{T,INF} \tag{4-5}$$

$$X_{I}=f_{up}\times S_{T,INF} \tag{4-6}$$

$$S_{BS}=f_{bs}\times S_{T,INF} \tag{4-7}$$

$$SBCOD=(1-f_{BS}-f_{US}-f_{UP})\times S_{T,INF} \tag{4-8}$$

式中　S_{US}——可溶性的不可生物降解COD的含量（mg/L）；

X_{I}——颗粒态的不可生物降解COD的含量（mg/L）；

S_{BS}——可溶性的可快速生物降解COD的含量（mg/L）；

SBCOD——可缓慢生物降解的COD的含量（mg/L）；

$S_{T,INF}$——进水中的总COD含量（mg/L）。

要对初沉池的有机物去除率以及进入活性污泥系统的污泥COD组成和负荷进行建模，区分缓慢生物降解COD（SBCOD）中胶体态和颗粒态部分非常重要，因为只有一部分可缓慢生物降解的物质是易于沉降的。SBCOD的胶体态和颗粒态分类用以下参数（无量纲）定义，见式（4-9）、式（4-10）：

f_{XSP}=颗粒态（非胶体态）SBCOD的比例

$$X_{s}=f_{XSP}\times SBCOD \tag{4-9}$$

$$S_{COL}=(1-f_{XSP})\times SBCOD \tag{4-10}$$

式中　S_{COL}——胶体态的可缓慢生物降解COD的含量（mg/L）；

X_{s}——颗粒态的可缓慢生物降解COD的含量（mg/L）。

归纳起来如式（4-11）、式（4-12）所示：

$$S_{T,INF}=S_{BS}+S_{US}+X_{I}+X_{SP}+S_{COL} \tag{4-11}$$

$$X_{ISS}=TSS-VSS \tag{4-12}$$

高浓度市政污水的参考有机成分于表4-10中给出，进水总COD为600mg/L，并用上述方法概述了各成分的来源。该表给出了总COD中不同成分的比例和相应的含量。定义总COD和几个分类的做法很有用，因为尽管不同污水处理厂之间的总COD可能会有差别，但各个分类所占的比例相对比较一致。该表还包括了污水的BOD_5、VSS和TSS参考值，以及进水中固体的COD/VSS比值。

（2）一级处理

使用电子表格便可以建立起一个简单的质量守恒，在可溶性/不溶性COD分类的基础上设定一个污泥的去除率，然后对初沉污泥进行定性定量分析。高浓度污水的一级处理出水性质的参考值在表4-10中给出（假定初沉池的污泥去除率为60%）。我们假设在初沉池中对可溶性物质的去除率为零，所以在经过一级处理之后，COD的各类别比例会有所变化。一级处理出水的结果也在表中给出。

高浓度污水原始进水和一级处理出水的成分参考值（一级处理出水的数据在污泥去除率 60%的基础上计算得到，并假定初沉污泥的浓度为 2%）　　表 4-10

组成	原始进水	一级处理出水	单位
总 COD（$S_{T,INF}$）	600	378	mg/L
类别			
f_{US}	0.15	0.079	
f_{UP}	0.13	0.084	
f_{BS}	0.16	0.254	
f_{XSP}	0.75	0.550	
含量			
S_{BS}	96	96	mg/L
S_{US}	30	30	mg/L
X_I	78	32	mg/L
S_{COL}	99	99	mg/L
X_{SP}	297	121	mg/L
其他参考值			
BOD_5	295	202	mg/L
COD/BOD_5	2.04	1.87	mg/mg
VSS	235	96	mg/L
TSS	290	118	mg/L
X_{ISS}=ISS=TSS−VSS	55	22	mg/L
$f_{cv,P}$	1.6	1.6	mg/mg

单位进水 COD 负荷所产生的一级挥发性固体的量可以根据初沉池的污泥去除比例以及式（4-13）定义的进水 COD 类别估算：

$$\begin{aligned}\frac{PS_{VSS}}{MS_T}&=\frac{f_{REM}\times Q_{INF}\times(X_S+X_I)/f_{CV,P}}{Q_{INF}\times S_{T,INF}}\\&=f_{REM}\times[f_{XSP}\times(1-f_{US}-f_{UP}-f_{BS})+f_{UP}]/f_{CV,P}\end{aligned}\tag{4-13}$$

式中　PS_{VSS}——初沉污泥 VSS 产率（g/d）；

MS_T——原始进水总 COD 质量流率（g/d）；

Q_{INF}——原始进水流率（m^3/d）；

f_{REM}——去除污泥的 PST 比例（无量纲）；

$f_{cv,P}$——COD/VSS。

单位进水 COD 负荷所产生的初沉污泥总量可以联系式（4-14）所示的 ISS 部分计算得到：

$$\begin{aligned}\frac{PS_{TSS}}{MS_T}&=\frac{PS_{VSS}}{MS_T}+\frac{f_{REM}\times Q_{INF}\times ISS}{Q_{INF}\times S_{T,INF}}\\&=\frac{PS_{VSS}}{MS_T}+f_{REM}\times\frac{X_{ISS}}{S_{T,INF}}\end{aligned}\tag{4-14}$$

式中　PS_{TSS}——初沉污泥 TSS 产率（g/d）；

X_{ISS}——原始进水的 ISS 含量（mg/L）。

（3）生物过程

用方程量化生物系统的表现和污泥产量最早可追溯到20世纪50年代。详细的发展历程可参考Dold（2007）。在给定的污泥停留时间条件下，计算活性污泥系统处理市政污水时的污泥产量需要以下信息：

1）生物质生长所需的底物量；

2）产率系数（γ）；

3）内源呼吸速率（b）；

4）内源呼吸残留物的生成量（由f确定，下面会给出定义）；

5）进水中的惰性（不可生物降解）有机物颗粒；

6）进水中的无机悬浮固体（ISS＝TSS－VSS）。

这一节将概述以SRT（和温度）为变量、用于定量分析剩余活性污泥产量和组成的静态方程。需要注意的是，这里所说的污水中COD类别基于活性污泥处理系统的进水，即当原始进水的各类别比例不同于初沉池的出水时。

生物质每天生长的COD需求量可按式（4-15）计算：

$$\begin{aligned} M\Delta S &= Q_{INF} \times S_{T,INF} \times (1 - f_{US} - f_{UP}) \\ &= MS_{T,INF} \times (1 - f_{US} - f_{UP}) \end{aligned} \tag{4-15}$$

式中　$M\Delta S$——每天所需的底物量（g COD/d）；

Q_{INF}——进水中活性污泥的流量（m^3/d）；

$S_{T,INF}$——进水中活性污泥的总COD（mg COD/L）；

$MS_{T,INF}$——进水中的底物量（g COD/d）；

f_{US}——$S_{T,INF}$中可溶性不可生物降解物质时的比例（无量纲）；

f_{UP}——$S_{T,INF}$中颗粒态不可生物降解物质时的比例（无量纲）。

生物系统中污泥的总产量由式（4-16）～式（4-18）计算得到。

$$MX_T = MX_V + MX_{ISS} \tag{4-16}$$

$$\begin{aligned} MX_V &= MX_H + MX_E + MX_I \\ &= MS_{T,INF} \times \theta_X \times \left\{ \frac{\gamma \times (1 - f_{US} - f_{UP})}{1 + b \times \theta_X} \times (1 + f \times b \times \theta_X) + \frac{f_{UP}}{f_{CV,P}} \right\} \end{aligned} \tag{4-17}$$

$$MX_{ISS} = Q_{INF} \times X_{ISS} \times \theta_X \tag{4-18}$$

式中　MX_T——总污泥量（g/d）；

MX_H——活性生物体的量（g/d）；

MX_E——内源呼吸残留物的量（g/d）；

MX_I——惰性固体的量（g/d）；

$S_{T,INF}$——活性污泥进水的总COD（mg COD/L）；

f_{US}——$S_{T,INF}$中可溶性不可生物降解物质时的比例（无量纲）；

f_{UP}——$S_{T,INF}$中颗粒态不可生物降解物质时的比例（无量纲）；

γ——产率（mg VSS/mg COD）－0.47mg VSS/mg COD；

b——衰减系数（d^{-1}）－0.24（$1.029)^{T-20}d^{-1}$；

f——内源呼吸后残留的惰性细胞的比例（无量纲）－0.2（无量纲）。

其他有用的关系式包括VSS的活性比例和去除单位进水COD时的污泥产量，见式（4-19）～式（4-21）。

挥发性固体中的生物质（活性）比例：

$$f_{AV}=\frac{MX_H}{MX_V}$$

$$=\frac{1}{1+f\times b\times\theta_X+(f_{UP}/f_{CV,P})\times(1+b\times\theta_X)/[\gamma\times(1-f_{US}-f_{UP})]}\quad(4\text{-}19)$$

去除单位进水 COD（进水 COD 减去滤过的出水 COD）时 TSS 的产量：

$$\frac{M\Delta X_V}{M\Delta S}=\frac{MX_V/\theta_X}{M\Delta S}$$

$$=\frac{(\{[\gamma\times(1-f_{US}-f_{UP})]/(1+b\times\theta_X)\}\times(1+f\times b\times\theta_X)+(f_{UP}/f_{CV,P}))}{(1-f_{US})}\quad(4\text{-}20)$$

去除单位进水 COD（进水 COD 减去滤过的出水 COD）时 VSS 的产量：

$$\frac{M\Delta X_T}{M\Delta S}=\frac{MX_T/\theta_X}{M\Delta S}$$

$$=\frac{(\{[\gamma\times(1-f_{US}-f_{UP})]/(1+b\times\theta_X)\}\times(1+f\times b\times\theta_X)+(f_{UP}/f_{CV,P}))+(X_{ISS}/S_{T,INF})}{(1-f_{US})}\quad(4\text{-}21)$$

4.6　全面模拟模型

在较常使用的模拟装置中所应用的生物模型多数以 ASM 型模型（Henze et al.，2000）为基础。在这类模型中，生物衰减既可以基于上述方程中的内源呼吸路径，也可使用生物体的死亡-再生路径。内源呼吸法应用在这里是因为它可以建立简单的静态方程。这两种路径在量化生物衰减过程的时候都需要两个参数：（1）衰减速率，b；以及（2）内源呼吸惰性残留比，f。两种方法中的参数值有显著的差异，容易引起混淆。当同时用到 b 和 f 的值时，两种方法最终的预测结果应该是一样。

在某个特定的污水处理厂内，很多因素能导致实际观测到的污泥产量往往与用简化方程预测的结果不同，例如：

（1）污泥在缺氧环境下的增殖速率低于好氧增殖。所以在反硝化过程大面积存在的时候，系统中的污泥的产量也降低。（缺氧衰减速率可以设定得低一些，但会产生补偿效应）

（2）在使用高级碳源的系统中，底物通常为简单的有机化合物（如甲醇等）。此时的衰减速率会低于含混合有机物或复杂有机物的市政污水。

（3）当系统中存在化学沉淀除磷过程时必须要将化学污泥的量考虑进去。

（4）进行生物除磷时，厌氧段会出现表面稳态，降低 VSS 的产量。而聚集的磷会增加表面 ISS 的量。

（5）硝化污泥的增长并未在计算中计入，而在正常的进水 TKN/COD 值情况下，系统中含有一小部分的硝化污泥。

设计者要清楚以上的因素，并在制定污泥的设计标准时充分考虑。

第5章　设计方法

5.1　引言

本章主要介绍污泥处理系统的设计方法。讨论系统方法、工艺选择逻辑、物料平衡计算、设备规格设计、应急方案和其他一些设计因素，例如节约能源以及成本效益的分析。

除了工艺的选择、设计参数和项目实施所带来的经济、环境和社会影响外，还有很多因素需要明确和认真考虑。包括主要利益相关者的参与、综合生命周期成本方法的采纳、项目实施顺序的编排、特定技术、经济及制度的获得机制等。本章将总体讨论污泥处理项目的设计需要考虑的事项。

总体说来污水处理厂处理效果的好坏是每个单元效果的综合，一个处理单元的表现好坏会影响到其他单元，例如：

（1）在污泥处理过程中没有被处理掉的物质会通过侧流作为循环负荷回到污水处理系统中，这可能引起出水水质的恶化、水处理成本的增加和处理效果降低。

（2）在污水处理系统中，如果污泥颗粒的处理和去除速率和污泥的产生速率不同的话将会导致最终出水水质降低并增加运行成本。

（3）污泥浓缩不足导致的水力负荷超载将会使接下来的污泥处理进程（如厌氧消化）效率降低。

（4）污水处理工艺中为了提高污染物和悬浮颗粒的去除率而添加的化学物质将提高处理效果并使得污泥颗粒更容易处理。

了解处理参数和处理效果（如浓缩进料速率是如何影响浓缩效果的）的相互关系很重要。了解每一个单元如何影响到其他单元以及整个系统也同样重要，如浓缩效果是如何影响消化和脱水效果等。本章将就处理工艺的相互作用进行论述。

5.2　项目设计阶段

项目的规模和复杂性会影响到设计计划、工艺设计和设计文本要求。没有一种设计方案是适用于所有的设计。设计方法是根据项目情况确定的。项目的实施都是从设计计划开始，设计方案对项目进行了定性，并详细列出来设计过程。

本章用图表实例介绍了设计流程图。这些实例流程图可为大多数工程项目提供指导。这些流程图可以调整以适应其他工程项目并满足特殊的工程要求。设计过程的具体细节可以在下文中找到。

5.2.1　小型设计项目

如果这个项目中包含设计，则需要设计计划。设计计划要考虑：

（1）哪些是需要在设计中考虑的（客户、效果、法规、标准和规范、外部服务）？

（2）怎么样把安全问题融入设计中？

（3）需要哪些设计工具（软件、电子数据表、电脑辅助设计和草稿等）？

（4）在设计合同、多准则分析、工程方案优化、创新、价值工程、可实施性、可操作性和风险管理中将遵循哪些流程？

（5）需要哪些审核工作（检查设计计算、法规检查、学科间的协调、报告、画图、文案），需要哪种程度上的认可和授权？

（6）需要采取哪些验证（验证机构的资质，外部验证或内部验证的资质）？

（7）设计输出格式（图纸、说明、采购文件等）？

（8）如何处理设计记录（审查记录、验证记录、设计联络、信息请求记录、工程更改记录等）？

5.2.2　大型设计项目

对于大型项目，设计方案要比小型项目更加详细，它可能需要制定一个专门的设计管理计划。所有上述需要的考虑因素（见小型设计项目）需要仔细斟酌且必须更加详细。对于大型设计项目，若部分工作需要由其他人来完成，应该起草项目分包协议。一些类似于合同、工程方案优化、安全、可实施性、运行能力、价值工程和风险管理等工作也会在多方会议中讨论。

5.2.3　标准项目设计阶段

大多数污泥处理项目设计可分成以下几个阶段，用百分数来表示工程的完工量：

（1）项目定义阶段（0～5%）：计划开展项目并将项目记录在案，目的是使项目在预算内能经济合理的达到其功能。确定项目的规模，建立用于工作交付的设计和工程策略（在整个工程管理框架内）。需要起草设计管理计划且需要确定设计标准，比如确定污泥特性描述和污泥量的估计等。

（2）概念设计阶段（5%～30%）：设计进入全面的阶段。逐一审查和分析所有选项和备选方案并决定出最终方案。这个阶段包括初步布置图、流程图、草图、设计标准、总体布局、管道和装置系统图、设备清单、标准要求、注意事项、描述性的材料明细表，电气主单线图和初步的说明书等。这个阶段结束设计就基本定型了，任何更改都需要一个正规的设计改变程序。

（3）初步设计阶段（30%～60%）：基于概念设计（设计原理图）进一步深化设计，成本估算和评估。这包括详图、说明书、时间表、计算书和供应商信息。这个阶段结束时，设计再一次被冻结。

（4）施工文件和最终设计阶段（60%～100%）：在施工图阶段，要准备所有图纸、规范、数据表和详细资料。在这个阶段里，每个科目（土木的、电气、机械的等等）都应该相对独立的完成他们的细节方案和相关文件而不受客户的干预。

(5) 设计支持和施工服务阶段：这个阶段是在施工和委托阶段为一些不可预见事件提供技术保障的阶段。

5.2.4 设计步骤与活动

在一些项目中也会有附加的设计流程和活动，这些设计活动在下面列出。

(1) 设计中的安全和环境：在设计过程中需要结合施工、运行和维修来排除危险和减少风险，对大多数项目来说，这样的要求是强制性规定。

(2) 设计创新：能不能通过创新来找到一个方法来达到预期的运行效果呢？这对任何类型和规模的项目都是适用的，这是早期章程和工程方案优化的一部分。

(3) 设计章程：在设计之初，项目团队（包括施工人员、运行人员和客户代表）要检查设计流程和开展项目设计的各个方面工作。

(4) 工程方案优化：在一个项目的计划阶段，要考虑和评估所有可行的和备选方案，特别是大型项目。这个原则法则也可以应用到任何规模的项目。这需要依靠小组工作的方式寻找不同配置和益处，通常使用多重分析法（MCA）。

(5) 可实施性审查：这个检查用在设计建造或者工程总承包项目。施工管理者和其他全体施工成员在项目初期提供这个检查报告，以确保可实施性和设计文件的清晰和使成本更优。项目初期提供的可实施性检查报告被证明是非常有效的。可实施性检查报告为减少重新设计、减少施工成本、加速项目进程、减少环境影响和长期的维护费用提供了保障。

(6) 可操作性审查：运营人员通常在项目设计期间就着手可操作性审查。可操作性审查重点在于设备选型、设备布局、维修方法、安全和方便操作等因素。关键点在于确保建设的设施在兼顾效益和成本，并以最好的运行周期达到满意的效果。

(7) 价值工程：这是一种优化项目价值的正规过程。价值工程是由一个不受设计团队影响的专家小组所完成。专家小组的建议将会改变设计以减少施工成本，但是这可能集中于可靠性因素或者外在因素。这个进程通常发生在一个正式的大型项目，特别是在设计阶段完成了 30%或者 60%的时候。

(8) 设计风险管理：是设计风险评估里的一个补充活动，类似于安全性和环保性。在这个活动中其他设计风险和不确定性被评估，并采纳一些减轻损失的方案。这也包括蒙特卡洛类型模拟法来确定在设计能力和单元工艺的不确定性，蒙特卡洛模拟法是一种可用来预见运行情况和可能发生的各种事故的数学分析方法，可用该方法模拟出成本/风险并为估价提供置信水平。

5.2.5 项目设计要求

总的来说，不论设计规模的大小，都有一些一致的系统设计要求：

(1) 设计计划，不论流程图还是整个设计管理过程都取决于项目大小。

(2) 需要明确设计输入的定义并遵照执行，通常采用一些格式的设计输入表格，内容包括客户、编码和特殊要求等。

(3) 设计输出要达到输入要求，并且适合于采购、施工和其他阶段的形式。

(4) 设计检查指由一个独立小组在一个停止点进行检查，通常这种检查是在设计的关键阶段完成，例如概念设计结束时，30％进度时，60％进度时（这也可能是上文提到的工程评估进程中的一部分）。这对单个设计产出，如制图、计算和设计文案同样适用。

（5）设计验证是对设计进程整体的回顾。它通常是由外部人员独立的一种设计进程的检查。例如：输入与输出之间的函数关系？是否采用了合适的工艺？设计检查必须由一个与项目设计没有直接关系的第三方来完成。

（6）设计验证关系到设计准备和试运行，是有效设计的结果。

（7）设计变更包括贯穿整个设计过程中的程序性的冻结设计，通常在概念设计、设计完成 60％和 90％。如果在阶段设计完成后想要更改，那么就需要一个正式的更改流程。冻结设计的和设计更改流程的目的，是为了确保任何更改都能被设计协调员和项目经理所理解、评估和签发。

（8）所有文档的管理控制。主要的文档是设计图，但是因为涉及管理级别，授权和批准（例如规范、操作程序、数据表、进程指导、厂商资料、设计计划、手续、表格等等）还是有很多别的文档需要管理。对于一个有着大量文档和多种检查报告和批准流程的大型项目来说，文档管理系统是必要的。

5.3　工艺选择

污水处理、污泥处理处置系统必须统筹考虑以确保达到处理要求前提下最大化资源利用，例如费用、材料、能源和劳动力。通过逻辑学提出了工艺要素是什么和它们的排列顺序。

一个系统的工艺流程选择应该是在从众多可行的处理处置工艺中筛选出资源有效性和环境有益性的系统。最基本的选择机制是“连续淘汰的原则”，这种方法是在候选系统列表里不断排除低效率的选项，直到剩下最合适的系统。这个方法在本章有详细介绍，更复杂的方法也有涉及。

“处理链”的概念被人们认可是因为它是一种解决问题的系统方法。如果能够考虑这个链上的所有构成在设计过程中是非常有用的。这个概念不仅包括污泥处理、再利用、处置模块，还包括污水处理和其他关键的联动设备，例如污泥运输系统、储存和侧流处理。从一系列独立单元形成的成功的处理链取决于一个严格的系统选择流程，或是选择逻辑。对于大型处理厂来说，系统的选择是复杂的，需要妥善的处理方法。选择过程中要保留渐进、并行的证明文件，因为它能防止草率排除别的选择。对于小型水厂来说（小于 4ML/d 或者 1mgd）系统的选择比较容易，选择过程也更为简短和简单。

5.3.1　污泥处理工艺选择的相关标准

在系统综合之前必须对系统选择的标准进行详尽描述。一系列可以被考虑的备选标准如图 5-1 所示，这个图并不是全部，设计者可以加入他们想要的其他标准。每个标准的重要性会因为项目的不同而不同。例如一个项目关注的是可靠性，而另外一个项目成本最小化可能是最重要的。相关标准被认为与被讨论的地点工艺选择有关，在系统选择步骤中也会经常用到。

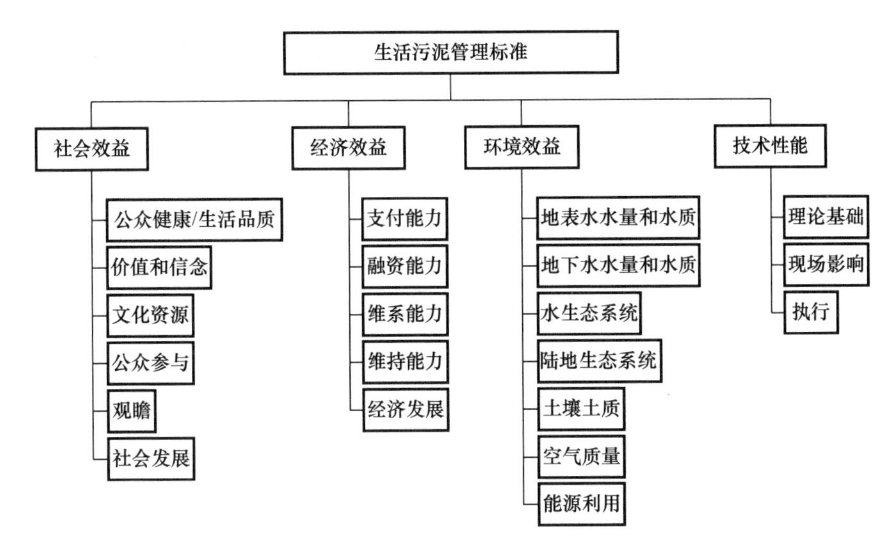

图 5-1 污泥处理选择的备选标准

5.3.2 系统选项的识别

图 5-2 列出了从一系列的因素中综合出来的候选系统，这些污水和污泥管理单元列表只是提醒在工艺选择时要对所有处理链进行周详考虑。图 5-3 说明了如何利用图 5-2 来绘制流程图。工艺流程图可以在工艺总图的副本上绘制。如果愿意，相关信息（例如污泥浓度和质量速率）可以直接画在流程图上。利用如图 5-2 的系列来完成特殊的工艺流程图的好处是几乎所有的可选项都是被考虑的，并且工艺流程被直接展示出来。

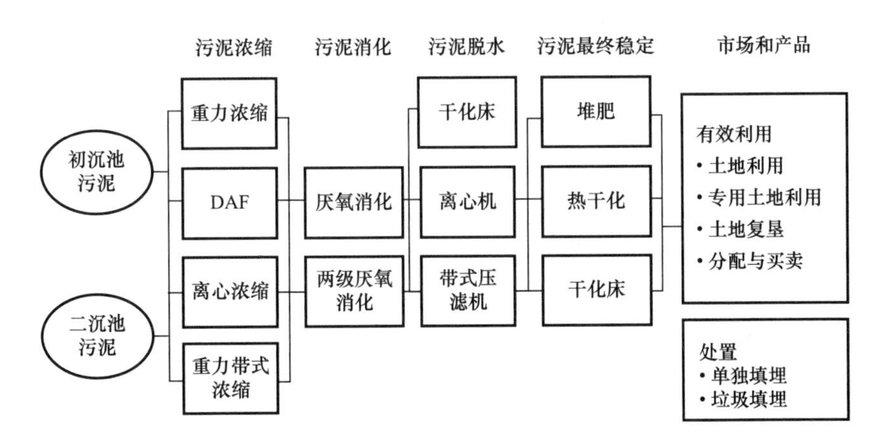

图 5-2 生物污泥工艺备选的处理单元

5.3.3 污泥处理工艺的选择评估

污泥工艺评估涉及三个基本部分：

（1）为了决策制定和设计结果而结合了利益相关者对工艺的看法。这是由项目利益相关者经过一次或多次会议促成的，在这些会议中项目预期效果和所使用的工艺达成了一致意见。

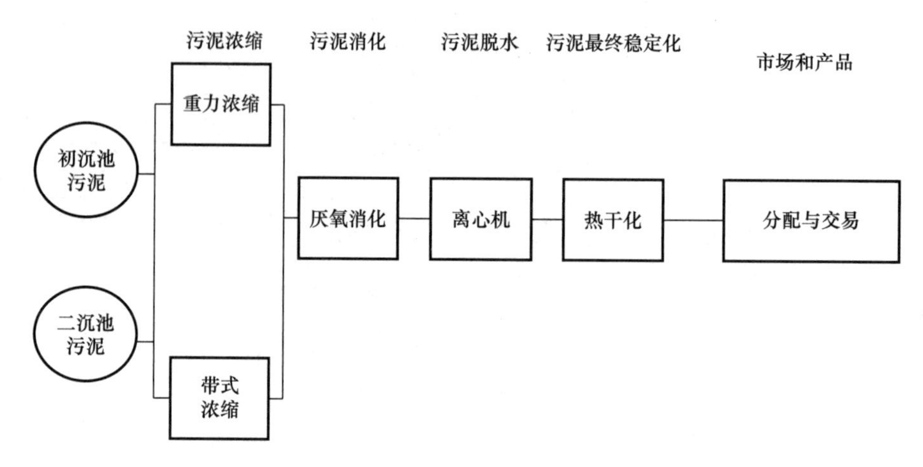

图5-3 有机污泥处理流程示例图

(2) 为了缩小方案的选择而用到的决策流程，这个流程由上文提到的项目利益相关者建立并批准。

(3) 当利益相关者创建了一个项目远景并且认同决策程序时，这为工艺设计奠定了基础。

(4) 确保工艺选择的活动是基于6个步骤，这些步骤是用来确保第2章提到的决策质量和咨询程序实施。

(5) 当项目和工艺选择阶段完成时，尽可能的实现多个额外目标：

1) 相关问题的辨识；

2) 首选方案的确定；

3) 提高备选方案的可信度；

4) 设计过程中进行了质量控制和冻结的成果的可审查程序；

5) 资源利用的最大化；

6) 保持已选工艺的可持续性。

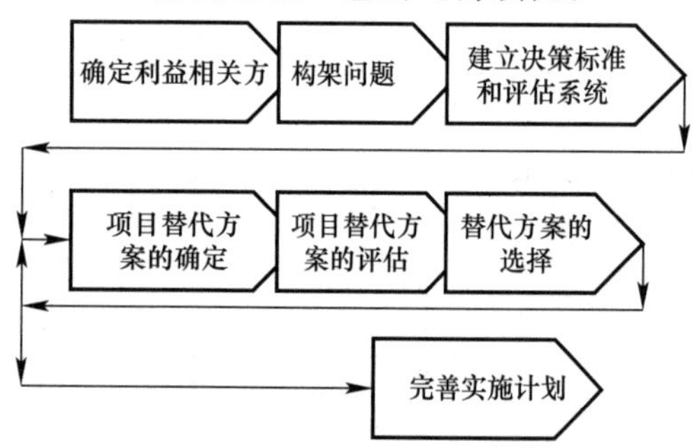

图5-4 用于备选方案选择的工作流程图

图5-4是在方案筛选和工艺选择中的工作流程图表。这个工作从工程承包和施工阶段的认证和评估开始，通过这个方式来进行项目实施方法的选择，而项目阶段是为已选的所有项目建立中间的时间表和项目进度。

1. 备选方案

污泥处理的替代方案是要选择一种最佳的备选方案，这种备选方案不必是技术最优方案，但是一个可以被执行并且有其技术合理性的方案。每个备选方案都可以由一个甚至更多单元构成，其中一些单元与大多数甚至全部备选方案都是通用的，并且另外的单元会以一种“及时”的原则逐步参与运行。第一个构筑的决策单元是每个备选方案和他们组成的描述，每个组成单元都必须用恰当且一致的方法加以描述，使得这些组成能够很好地定义备选方案中涉及工艺并能区分它们的不同。

在这种指导思想下，一种典型的备选方案会描述工艺流程的概念，这个工艺流程会对污泥的产物有一种或多种理方法，这个工艺流程会有一个明确的工艺起点和终点。每个工艺链由一系列具有多种功能选择的处理单元组成（技术或者供应商专有工艺），对这些处理单元进行评估可优选出更好的方案。

污泥处理选择涉及一些有着相同起始点却有着不同终点的备选方案。举个例子，典型的终点包括焚烧（工艺流程的组成部分）然后灰烬（产物）进行填埋（处理方法），A级或者B级污泥的土地利用，从热干化（工艺流程的组成部分）中生成颗粒（产物）进行分配销售。

在确认和构思备选方案时，将处置方法和产品也考虑进备选方案中是很重要的。对于一个机构来说，如果只拥有庞大的污泥处理工艺链，却没有持续的使用或处理方案也是没有意义的。备选方案应能够提供多样的、可靠的和可持续性的最终决策。

2. 筛选备选方案

通常根据它的效果，采用项目利益相关者提出的筛选指标来定性每个备选方案，通过建立的“价值等级”，一系列的标准价值和权重被加入筛选标准并被用来评估每个备选方案的优点和缺点。价值等级是由利益相关者为获得权重参数对各权重指标进行投票建立的。

大多数的污水处理厂的剩余污泥处理工艺都在运行，采用超过40种不同相关的技术，一些正在被使用的方法是科研机构研究出的管理污泥的创新性成果。在选择备选方案之前，尽量减少备选方案及备选方案与管理质量的结合可使方案的选择变得更加有意义，也是非常重要的。在多数项目中，至少有5～10个候选备选方案需要更详细的评估。

有效方案筛选的关键是拥有一套简单明了的筛选标准，这套标准可以应用于利用、产品、工艺和技术。因此用于产品的筛选的标准可能因工艺和技术的不用而有所不同。例如，市场的存在对产物（如颗粒）的可行性是很重要的，可靠性和相似规模的验证经验在选择脱水工艺和特殊技术时也是很重要的。这些标准通常是“同意/不同意”或者“强制”。下面是每个相关问题的例子。

（1）利用/处置

1）可持续性——在符合各项政策的前提下，这种环境安全的利用方式是否经得起时间的考验？是否有能力处理所有污水处理厂预计产生的污泥？

2）可靠性——在现存框架下利用是否可靠并且具有可行性？

3）灵活性——能否适应变化的环境下不同的工艺或者处理技术？

（2）工艺/技术

1）运行兼容性——由于污水处理厂所处位置不同，这些工艺或者技术是否适应运行时间表？

2）固体的去除——工艺或者技术在从水工艺或者循环工艺中分离剩余物是否有效？

3）可靠性——工艺/技术是否达到规范？在这个规模下是否曾经成功运行？

一旦筛选标准建立了，它可以应用于各个工艺或者技术、产品和利用。剩下的项目用来完善备选方案。在选择备选方案时，先选择使用备选方案然后选定想要的产物，最后选定可以产生这些产物的处理单元。

决策工具的第二组模块包括筛选标准和评估等级组成，这些可用来评估各个备选方案的优缺点的。项目的首要目标应该有可持续性，这个目标在这一节讨论的所有标准中都有反映。例如，利益相关方对使纳税人利益最大化这个问题上达成一致将会使达到目标要求的几种标准得到实现：

(1) 产物的可销售性，通过提供始终如一的产品和使用成熟的技术使产物销售最大化。

(2) 健康和安全风险，通过遵守法规和保障工人安全来使得健康和安全风险最小化。

(3) 灵活性，通过不同的选项和灵活的产品确保阶段的灵活性最大化。

(4) 可信度，通过准时交付和完善利益相关方支持等来使得可信度最大化。

价值等级使得干系人可以增加其中一项指标的权重，通过对各权重指标投票来建立价值等级，关键的规则是所有干系人都同意所使用的权重。

表 5-1 包括了污泥总体规划的示例标准，表 5-2 是标准列表，这个列表可以应用于基于可持续性的资源总规划，每个表中的标准是与目标相关的。表 5-1 的标准是明确用于污泥处理工艺，并且依据每个标准的最大值或最小值不同进行衡量和检测。

标准的选择应该适合特定的项目，备选项应足够具体从而可以在评估时区分不同的方案。表 5-2 中的标准只是一个描述性的起点，但必须要仔细考虑利益相关方的参与以达到表 5-1 中的目标。

污泥总规划的示例标准　　**表 5-1**

目的	示例标准	相关分值（0～10）和方法
环境保护	符合政策（如是否符合联邦，州和地方标准?）	符合联邦和州要求＝1 符合联邦，州和地方要求＝5 超过联邦，州和地方要求＝7 大大超过联邦，州和地方要求（如只有最少臭味的 A 级有机污泥）＝10
环境保护	减少原材料的使用（减少程度?）	没有减量＝0 达到 0～25％的减量＝2 达到 26％～50％的减量＝5 大于 50％的减量＝10
环境保护	不可再生能源的保护（例如该方法起到何种程度的作用?）	没有减量＝0 达到 0～25％的减量＝2 达到 26％～50％的减量＝5 大于 50％的减量＝10
环境保护	水质的保护（WQS）（例如水质是否经常不达标?）	大于 20d/年水质不达标＝0 5～20d/年水质不达标＝3 小于 5d/年水质不达标＝5 水质都达标＝10
环境保护	空气质量的保护（AQS）（例如空气质量是否提高或者变坏?）	大于 20d/年空气质量不达标＝0 5～20d/年空气质量不达标＝3 小于 5d/年空气质量不达标＝5 空气质量都达标＝10
环境保护	生态环境的保护（例如生物多样性是否提高或者受干扰?）	大于 50％生物多样性减少＝0 25％～49％生物多样性减少＝2 5％～24％生物多样性减少＝5 小于 5％生物多样性减少＝10
环境保护	土地利用的许可获取难度（P）和行政复杂性（AC）	P 困难/AC 困难＝1 P 中等/AC 困难＝2 P 困难/AC 中等＝3 P 中等/AC 中等＝6 P 容易/AC 困难＝7 P 困难/AC 容易＝8 P 中等/AC 容易＝9 P 容易/AC 中等或容易＝10

续表

目的	示例标准	相关分值（0～10）和方法
技术	雇员的防护（例如无防护工作人员的数量和产品质量）	客户雇员、承包人或公众暴露于B级或者更低等级的污泥=1 客户雇员、承包人或公众暴露于A级污泥=3 仅仅客户雇员、承包人暴露=7 仅仅客户雇员暴露=10
技术	项目阶段对植被影响最小化	减轻一个施工阶段=1 减轻两个施工阶段=4 减轻三个施工阶段=6 现场运行阶段对植被无影响=10
技术	工艺和使用参数的多样性	一种工艺、一种产物=1 多种工艺、一种产物=4 一种工艺、多种产物=7 多种工艺、多种产物=10
技术	运行（替代方案的易操作性?）	多种工艺、多种产物=1 一种工艺、多种产物=4 多种工艺、一种产物=7 一种工艺、一种产物=10
技术	运行（例如设备运行时技术的合理性?）	对现有设备运行不兼容=1 除了少数例外，其余兼容=4 对现有设备兼容=7 对现有设备完美兼容=10
技术	技术依据（例如备选方案优选阶段出现的问题或者延迟决策?）	问题不明确并需要基本调查=1 通过试点调查解决问题=4 问题清楚但是设备没有达到预期规模=7 没有技术不确定的存在=10
技术	污泥产物的质量	必须土地填埋=1 能作为B级土地利用=4 能作为A级土地分配和交易=10
经济	销售需求（例如对产物市场需求的预期?）	需要对产物的利用支出=1 免费处理产品=4 50%的产物可销售=6 100%的产物可销售=10
经济	合同（例如所需服务合同的数量和灵活性）	无数的复杂合同=1 单一的复杂合同=3 多种简单合同=6 没有合同=10
社会团体	包容性（例如利益相关方被考虑程度）	没有咨询利益相关方=0 仅咨询当地利益相关方=3 考虑了农业团体=7 考虑了所有团体=10
社会团体	公众健康和安全（例如利益相关方的健康和安全是否得到保护）	供水得到保障=4 供水和空气质量得到保障=7 供水和空气质量得到保障并且对项目实施之后健康问题的关注达成一致意见=10

基于可持续性的标准和相关问题 **表 5-2**

目的	标准	评估细节和方法
环境保护	水：目前和将来的水质被保护或提升到什么程度（如娱乐、灌溉或引用）？	地下水水质受到土地利用或垃圾填埋的影响？ 地表水水质受到土地利用、垃圾填埋或的影响灰烬处理的影响？ 当前未知的研究和知识会在将来改变工艺流程吗？
	土地：目前或将来的土地利用到何种程度？	污水处理厂厂区和设备的面积最小化？ 社区愿意接收再生污泥中的养分吗？ 土地利用、填埋和灰烬处理提高还是降低了农业和娱乐用地？
	能源：对于今后的使用和利用，不可再生能源应该如何保护？	依据每个单元的净电力消耗、净天然气和消化产气的消耗和热能回收来量化系统能量需求。
	原材料：对于现在和以后的使用和利用，原材料应该如何保护？	量化不可回收化学品和耗材的使用。
	空气：对于现在和以后的使用者和利用，空气质量应该保护到何种程度？	现在的空气质量如何，包括嗅味、燃烧产物、有毒物质的排放？计划的情形是什么样的？
	流域管理：对于现在和以后的使用者和利用来说，项目的生态和流域应该保护到何种程度？项目涉及污泥的管理和当地的土地填埋。	土壤、空气和水中的成分是否在迁移转换或是迁移至流域之处？ 是否有积极或者消极的影响？ 流域中的生物多样性得到了提高还是损坏？ 对于全球资源是否有重要的影响（农业营养物，温室气体）？
	可靠科学：备选方案是否反映了当前的科研水平？	关注的污染物是否被识别？ 与潜在效果相关的信息可用吗？ 备选方案的潜在作用是否得到了研究和测试的支持？ 是否有能够解决的不确定需求或者研究需求来提高运行，并且这些不确定性能否解决？
	工程：可靠的工程实践到何种程度？	是否遵循工程标准？ 污染物是否可识别和定量，例如通过产物质量平衡的方法？ 备用计划和意外计划是否包括？ 是否考虑到运行的维护和控制？ 如果被现在不可预见的调查或者研究证实，以后运行能否修改？ 污泥管理程序能否得到完善，包括公众参与、审查，并且符合污泥总规划？ 对于土地填埋和焚化，是否考虑商业化肥的金属含量和能源需求？
	运行：什么是相对易于操作的备选方案？	技术和工艺是否匹配设备所处地点的运行时间？
	法规：备选方案符合或者超过要求到何种程度？	运行设置是否符合现有法规和预期法规？ 今后政策一旦发生变化，能否确保运行设置也能得到修改？
经济	成本：相对寿命周期成本如何？	量化全生命寿命周期成本。包括运行、更换、维修和材料损耗。考虑社会成本，如养分的利用、温室气体的排放影响、垃圾填埋场回填土要求等。
	经济：备选方案提高还是降低了当地经济和经济发展的预期？	资源和公共设施是否有效的利用以促进现在和今后的当地繁荣？ 产物和资源（包括气体排放、能源消耗、营养物管理）的利用或者排放影响在多大程度上影响其他地区经济？

续表

目的	标准	评估细节和方法
公众	生活质量：对于现在和今后的居民和利益相关人生命质量是否得到了保护甚至加强？	所做选择是否定义了未来的前景，或者是会改进目前的条件？ 这些选择会约束未来发展吗，或者是未来的总体规划？ 潜在的农业营养资源是否被保护或者产生？ 是否有对野外生物的自然保护区，农产品的环境是否被保护？ 是否有让公众更多地参与和交流以改善生活质量的方案？ 社会团体是否认为完成了环境责任？ 能否用常规的报告框架来衡量生活质量？ 受影响的流域和农业社会是否作为一个整体考虑了？
	共享：好的工程实践从其他相似的社会团体而来，这些实践能否共享给这些社会团体？	技术或者成果能否有助于别的社会团体，并分享给他们？ 受影响的城市和农村团体是否明白与各个选择相关的科学和利益？ 研究是否需要，并且使别的团体受益，例如生命影响研究工作？ 研究能实现吗？ 提高解决方案需要什么附加信息，这些信息能够获得吗？ 如果别的社会团体成功的实施了一个选择，需要吸收他们的经验和信息吗？
	包容性：所有利益相关者（包括未来居民）的利益是否受考虑？	公众是否参与到决策制定过程中？ 涉及市政区域和受影响农村团体是否达成一致意见？ 工业，农业，金融业利益是否在决策过程中考虑？ 参与者是否要求代表各阶级利益？如果是的话，是否有反馈可以证实他们的代表性？ 暂住的涉众是否得到考虑？ 后代的利益是否从承受力/土地利用和生活质量上得到考虑？ 项目建成后是否会继续和利益相关者进行交流沟通和参与？ 对参与者来说是否有看得见的障碍或者激励？
	评测：有利的结果评测到何种程度？	测量空气、土壤和水质是否有标准？ 如果对可测量的性能标准不满意，是否有达成一致的行动？
	公众健康和安全：现在和今后涉众的公众安全和健康是否得到保护？	休闲娱乐区、农业生产和水源地（地下水和地表水）是否得到保护？ 空气质量是否得到保护？ 在生活条件和工作条件上是否有可量化的作用？ 是否需要通过研究来减少健康影响，比如通过高科技技术？ 这些研究能完成吗？ 如果实施后出现了不可预见的公共卫生问题，是否有处置预案？

3. 收集有意义的可靠数据

数据的获取程序应该结合项目的需求。有了这些获取的数据，下面这些类型的数据对污泥工艺选择是很有意义的。下面描述的数据和信息收集步骤在第 4 章或在第 4 章之前的章节均有讨论：

（1）污泥的产量，包括原始污泥、每天的湿污泥和干污泥的产量，以及挥发性污泥的减少量（VSD）（至少 2 年的每日记录）。

（2）污泥成分（按来源），包括挥发性固体含量（至少 2 年的每日记录）。

（3）工艺运行数据，展示了液体和固体通过工艺链的流速和以挥发性固体含量表示的成分（至少 2 年的每日记录）。

(4) 根据质量和数量参数表示的污泥处理的最终产物量（最少 2 年的每日观察）。

(5) 运行工艺引起的每日、每周、每月和每季变化的污泥产速率和污泥成分的变化。

(6) 维护工艺引起的每日、每、每月和每季变化的污泥产速率和污泥成分的变化。

(7) 运行成本记录。

(8) 维护成本记录。

(9) 相关运行合同（例如和土地利用方的合同）。

(10) 污泥产物的用户需求。

(11) 现有工艺流程中的气味源。

(12) 臭气产生和释放的特性。

(13) 在设备、气味源和特性、岩土方面的问题，和对升级和提升方面的建议等全方位的技术报告。

这些信息可以用于以下目的：

(1) 数据库的收集和制表。

(2) 关于污泥产率和过程阶梯变化率和可变性的数据分析，趋势解释和趋势原因调查。

(3) 数据库升级建议。

最终数据库可以用于下列用途：

(1) 评估现有设施和条件。

(2) 分析未来条件。

(3) 辨识潜在标准、标量值和不确定因素。

(4) 用于未来评估的备选方案的完善。

4. 评估备选方案

在这个节点上需收集足够的信息来比较分析备选方案，并优选出最好的方案同时对出现的风险进行准备。风险预测分析是基于对结果不确定因素的评估，通常是对备选方案的定性描述。有一些数据分析工具，如蒙特卡罗分析法等可以有助于量化和对比备选方案中的风险等级。在质量控制检查之后，结果可能被政府部门或者管理当局批准。

在质量控制和利益相关者复查以后，可以认为在污泥工艺选择和备选方案取舍上已经达成了一致。如果没有，则应该重复上一步来核实备选方案分析和相关信息。如果达成了一致，那么最佳方案将被选择确认且风险控制得到了完善。接着进行的就是质量控制复审和成果的记录。最终检查如果成功了，项目可以进行工艺选择和设计；否则还需要做一些工作来达成共识。备选方案的评估包括以下几步：

(1) 介绍关于备选方案经济分析的最新结果，考虑从利益相关者或其他渠道获得的最新信息；

(2) 介绍基于相对优势的方案筛选结果（表 5-1 和表 5-2 提供了建议的量化优势方案的标准）；

(3) 根据优势的比例来对方案进行排名从而预计每个项目的净现值；

(4) 完善方案实施脚本，方案说明当需要设施升级时如何分阶段来保障系统运行。

污泥处理工艺选择文件通常包括下列几个组成部分：

(1) 备选方案的排名；

（2）最佳备选方案和风险评估的选择和说明。

5. 完善选择的方案

优选出的方案在这个阶段要进一步的完善和修改。需结合已选方案并列出污泥管理计划，通过完善方案来争取项目被政府部门或管理部门批准的可能性。提交政府部门的文件应该在指定的时间范围内进行融资和实施。

通过项目对公共事业费率结构上的影响来对项目的经济可行性进行评估检验。实施计划取决于客户许可运行的时间表，以确保选定的工艺方案能够被及时履行。结合项目交付方法，项目的许可需求被认定，同时完善应急计划和监督计划以提供项目的可靠性和责任性，这些是污泥环境管理系统（EMS）的一部分。还要分析项目的融资，考虑资金来源的可行性和用户费率结构上的经济影响。如果机构不能根据时间表为项目筹集资金，那么就应该制定替代的备选项目交付方法和时间表。最终的计划包含一系列的项目，这些项目要得到政府部门和管理部门的同意。

选择和完善程序的关键成果如下所示：

（1）推荐的项目交付方式和施工阶段；

（2）推荐的应急方案；

（3）推荐的监理方案；

（4）项目融资方案；

（5）工程计划进度；

（6）结合上述成果的执行计划；

（7）主管部门同意的选定工艺证明文件。

5.4　物料平衡及工艺流程图

这一节主要论述所有污水处理厂污泥处理工艺必须的物料平衡的概念。尽管现在大多数物料平衡计算都是由计算机模型来计算的，但是对工艺计算结果进行复查和应用“真实性核查”时，对物料平衡的基本理解还是必要的。

5.4.1　污泥处理的物料平衡

在污水处理期间污泥产生的数量是污水处理中很重要的一个参数，因为它们决定了污泥处理工艺的规模和污泥处理设备的大小。污泥的产生也影响到污水处理的工艺的不同规模。例如用以维持理想污泥龄（SRT）的二级处理工艺的规模由处理工艺产生的剩余活性污泥的量决定，还与生物需氧量（BOD）和总悬浮颗粒（TSS）的流入负载和流出负载有关。

尽管废水处理中污泥产物的重要性已经引起了人们的注意，但是处理厂间的差异性导致了精确测量污泥数量的难度。对于估算污泥产物最好的信息来源是污水处理厂特定的数据，可反映出所处理污水处理的性质和所用污水处理的类型。无论何时使用典型数模型来估计污泥质量，应该考虑安全系数，这反映到已知污水特性和处理工艺的不确定程度。

典型市政污水处理厂产生的污泥近似值范围在 0.2～0.25kg/m^3 污泥干重（0.8～1.2t/μgal 干重）。有污泥减量工艺的污水厂，其污泥产量可能较为接近下限或者低于这个范围。用了大量化学药剂或者处理高浓度废水的污水处理厂，污泥产量可能较为接近上限或者高于这个范围。

1. 污水处理中污泥的产生

在现有污水处理厂中评估污泥处理系统的第一个步骤是预测污泥产生量。在某些情况下，通过测量污泥流速和浓度来直接推算污泥产生量是可行的。然而经验表明这不是一直适用的，特别是在一个没有合适污泥处理系统的水厂中。在这样一个水厂中，因为可处理的污泥产量被污泥处理系统的处理能力所限制，测得的污泥产生量不能反映实际污泥产生量。

超过污泥系统的处理能力所产生的污泥经常存在于液体处理链中，直到他们的浓度影响到了出水水质。另外污泥处理系统在过载条件下运行，也会导致对水处理工艺中过量污染物的循环。在这种情况下，理论计算必须依赖于污泥产生速率的基础上。第4章提供了包括污水处理剩余污泥特性和预测的讨论。

2. 污泥处置和处理的衔接

污泥产量预测的最佳方法可为整个污水处理厂提供一个物料平衡关系，并将此与污水处理工艺设计参数联系起来。物料平衡应该包含一些关键组成，如工艺流程、总悬浮颗粒、生物需氧量（BOD）。有时化学需氧量（COD）和脱氮除磷的污泥产物也应该在物料平衡中有所考虑。

污水处理厂的回流必须计算物料平衡。回流是基于单一污泥处理工艺的处理速率和去除效率进行估算的，这些可以在手册其他几个章节中找到。例如固体捕集率90%的离心工艺会将循环进料污泥的10%回流到污水处理厂的起点或者是曝气池。污泥分离设备的运行时间通常也是考虑的重要因素，例如一个每天8h一周5d工作的离心设备的循环流量将间歇性的影响上游工艺，而一个一周7d全天候运行的离心设备的循环流量只会对上游工艺产生恒定的影响。

分别预测一级、二级处理和化学污泥产量的同时考虑预期波动是十分必要的，波动的产生是因为工业水量、雨水流量、季节性差异的改变和污水收集及输送系统的变化。第四章提供了如何预测典型污水处理工艺产生的污泥量的指导方法，这些方法因各个项目的不同而不同。

5.4.2　工艺流程图

进行污泥处理工艺设计的第一步是制作工艺图解，也就是工艺流程图，可以是简单的框图或者箭型图解，这些框图解展示了单个工艺进程，箭型图解展示了各个工艺之间的管路连接。每个工艺中进料的流程都展示在一条线上，许多处理工艺单元不止有一个入水和出水，例如澄清的溢流管和污泥浓缩的下溢管或者离心机的滤液回收管路和泥饼出口。

通过特定案例的典型常规工艺的流程图进行说明是最好的一种方式。

1. 例1——活性污泥的二级处理，污泥脱水处理和污泥填埋

图5-5的流程图表达的是处理污水中污泥的简单方法。然而由于在这种工艺类型中污泥缺乏稳定化处理，污泥的处置经常被限制而采用土地填埋或者焚烧。这个例子中，活性污泥工艺产生的污泥在二级澄清后进入离心脱水机，离心脱水后不稳定污泥输送到市政废弃污泥填埋场或者单独填埋作为最终处理。大多数的土地填埋要求污泥是干燥的（经过脱水处理）并且无毒无害。通常认为不稳定污泥的土地填埋不是一种有益的利用，但是污水处理的有机污泥有助于增大其他固体废弃物的分解速率和增加填埋气体的质量和数量，这些气体可以用来发电。这种工艺类型经常被用在污水处理厂焚烧不稳定污泥和脱水污泥，可以产生能量并减少所需处理污泥的体积（例如焚烧废渣）。通常灰烬是用来填埋土地，

但是在某些地方重新利用焚烧灰烬，如在砖块和混凝土产品中。

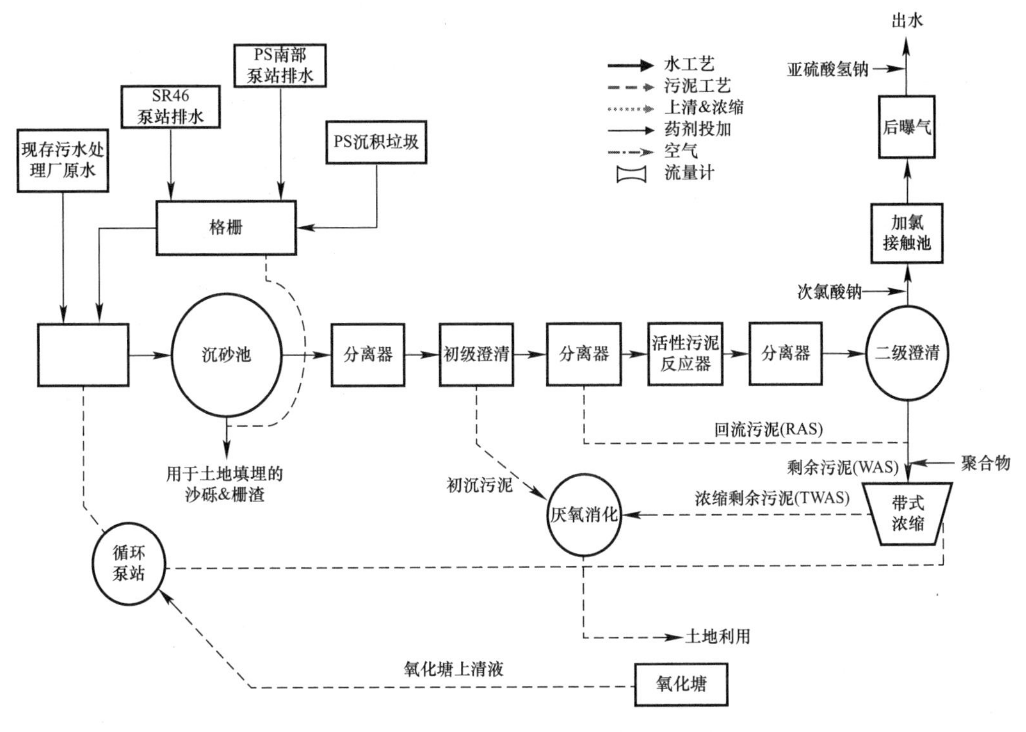

图 5-5 例 1：活性污泥、脱水活性污泥和原污泥的土地利用

2. 例 2——活性污泥的初步澄清、污泥浓缩、厌氧消化和消化污泥的土地利用

图 5-6 所示的工艺流程图包括初沉池（产生初级污泥）和剩余活性污泥的浓缩，那将这两者污泥混合起来作为厌氧消化的进料。厌氧消化是一个稳定工艺，可以减少病原体到 B 级，并产生大量的沼气可用于加热和发电。在厌氧消化之后，有机污泥在氧化塘中进一步被浓缩，在那里污泥储存起来用于季节性农业土地利用。中西部的许多污水处理厂采用这种工艺，如芝加哥、伊利诺伊，他们首选液态的有机污泥用于土地利用。

3. 例 3——氧化沟、好氧消化、脱水和 B 级污泥的土地利用和污泥饼

图 5-7 所示的工艺流程图是通过好氧消化工艺对活性污泥法（如氧化沟）的污泥进行处理，它是 B 级污泥稳定和病原体去除的工艺。厌氧消化也是一种污泥稳定工艺，可以减少病原体到 B 级标准，然而与厌氧消化不同，好氧消化需要氧气，是一个能量消耗过程而不是能量产生过程。好氧消化的投资要比厌氧消化少很多，这种工艺经常用于地处温暖气候的小型污水处理厂，如美国的东南部或西南部。在好氧消化后消化污泥进一步的在氧化塘中浓缩用于季节性的农业土地利用。

在大型的污水处理厂里，机械脱水工艺被用来减少运送至土地处理的污泥体积。当没有使用氧化塘时，必须要有污泥的储存设施，并且在不同气候条件下能持久保存。当采用液态消化污泥进行土地利用时，需要有深度消化储存池之类的附加储存装置。当采用机械脱水时，需要有泥饼储存仓。在选址和选择储存设备的设计时必须注意脱水泥饼的臭味问题。离心脱水机较其他脱水机产生的剪切力小，例如带式污泥压滤机和叠螺污泥脱水机，因此滤饼的臭味更大。

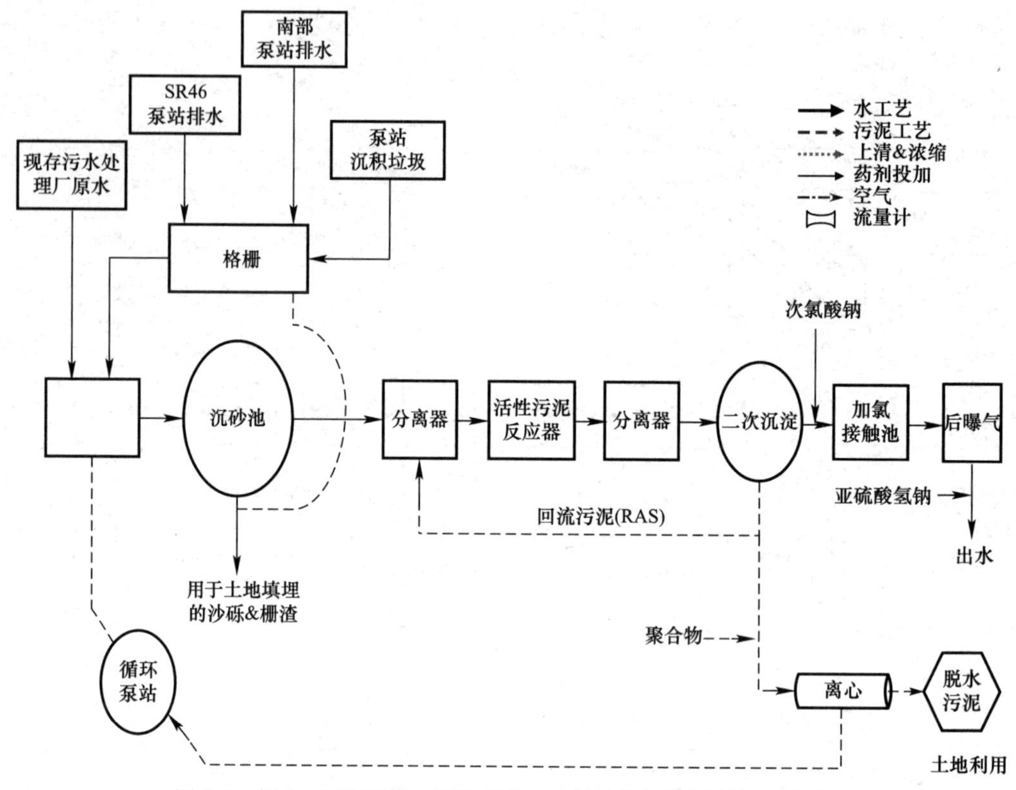

图 5-6　例 2：初次沉淀、厌氧消化、B 级浓缩活性污泥的土地利用

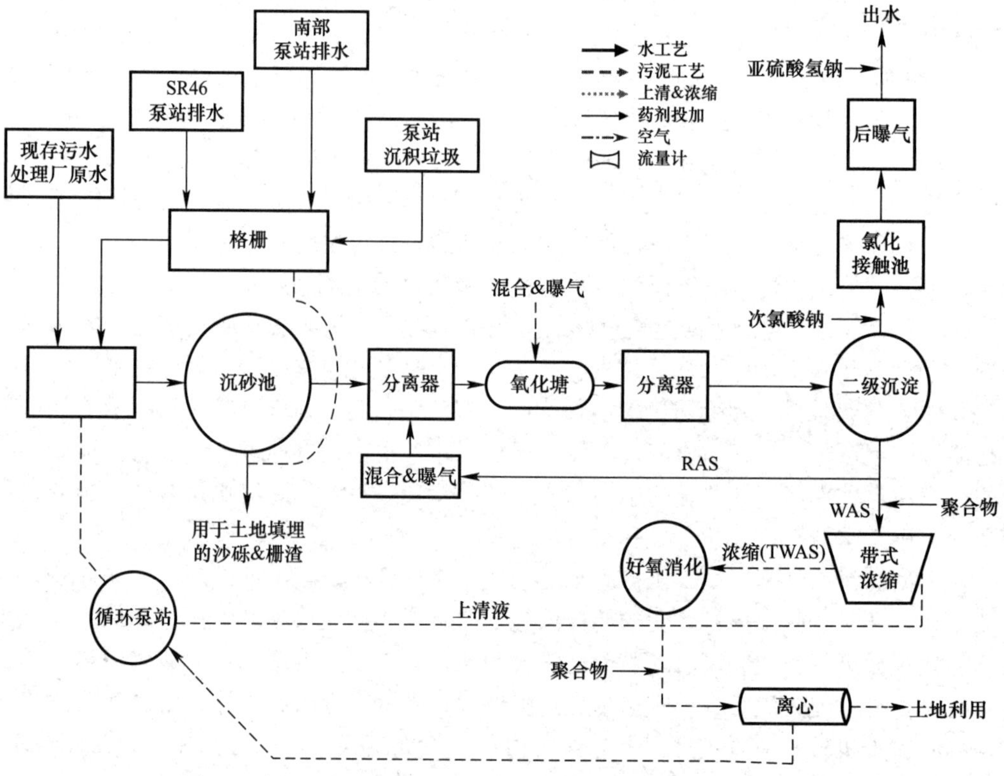

图 5-7　例 3：氧化塘、好氧消化和 B 级脱水污泥饼的土地利用

这三个实例简要的描述了三种污泥处理系统的具有代表性的工艺流程图。不同污泥处理类型的排列组合都是可行的。

5.5 设备选择和规格

5.5.1 设备评估

5.4 节提到的工艺流程图经常用于构建污水处理工艺数学模型，这个模型可在不同污水情况下运行，以保证在污水再生利用设备预期寿命之内产生的污泥量和特性。这需要设计者预测诸如运行成本和污泥量等因素来用于最终处置和再利用。工艺模型需要完善计算以建立合适的污泥荷载，使得每个设施都适用于处理工艺。为了能够选择正确的污泥处理设备，了解污泥产物的最大值和最小值范围是十分必要的。清楚需要哪种运行条件也很重要，例如每周运行 5d 每天 8h 还是每周均运行且一天 16h 或每周均运行且每天 24h 等。给出这三个例子是为了说明运行条件和污泥处理设备的运行时间和流量范围及设备负荷同样重要。

5.5.2 工艺的设备集成

一个实例可以帮助我们理解污泥处理设备（如上文所描述的）是如何整合进已选污泥处理工艺中的。在这个实例中离心机用来处理污水处理厂中厌氧消化的初沉和二沉污泥，该水厂为处理规模在 38～76ML/d（处理能力 10～20mgd）中等规模水厂。工艺流程图与图 5-6 所示相似（第二个工艺流程图）。污水厂员工实行两班倒，每周 7d。消化反应器为浮盖式完全混合处理单元，由于浮盖的存在，消化体积可以改变。在日间工作期间员工可以操作反应器，二级污泥在消化之前从澄清到重力带浓缩而减少，初沉污泥在初级澄清时也不断消耗。

离心机的平均负荷由整个污水厂的处理工艺模式决定，但是必要的离心能力是考虑消化工艺与污水处理厂的负载阻尼效应来计算的。在产量高于平均污泥值时，脱水装置的负荷可能因为将多余负荷储存在消化器内而减弱，因此消化过后的高峰污泥负荷会低于高峰污泥产物。负荷衰减的程度与消化池的大小和运行参数有直接关系。

因为离心脱水只有在日班时间才会运行，这时污泥处理工作人员是有空的，脱水的设计能力必须与 8h 时间内全天污泥产物的处理相适应。因此，脱水离心的设计能力需要这样计算：24/8＝3×消化污泥平均日产量。

更重要的是离心机需要开启时间和结束时的清洁时间。一般开启和关闭各需 1h，这在离心机选型时需要考虑。另外还要考虑离心机对上游工艺的影响，特别是间歇性运转如上述实例。

5.5.3 设备功能和选项

先前的实例说明了特定污泥处理工艺设计负荷、污泥峰值、储存体积、运行策略的影响。其他几个因素对于选择构筑物处理能力也很重要：

（1）不确定性

当系统的设计没有经过中试和生产性试验时，确切的污泥产量和特性、污泥处理系统构建的效率都不能确切了解。在完善设计标准时需要考虑不确定性的程度和潜在影响。将一个安全系数引入设计是很有必要的，这样在全面应用时无论需要什么工况，都可以获得较好的运行效果。安全系数的大小应该由设计者基于经验和判断决定。

（2）设备可靠性

如果信任何设备的维修期超过一两天，那么就需要在设备选型时选取更大处理能力的设备或者采用备用设备。一般选择采用备用设备，因为在一台设备出现故障的情况下可提供保障，且多个设备可以允许更宽的运行范围来适应低负荷和高负荷的变化。

（3）后续单元的敏感性

如果在高负荷条件下影响了污泥处理单元的效率，这将会引起后续工艺的过载或其他问题，因此上游工艺通常必须设计得更保守一些。相反的，如果后续工艺设备能够承受上游工艺的处理效果，那么设计就不需要那么的保守。

5.5.4 成熟设备、新型设备和新设备的孵化

成熟的设备需要经过美国水厂多年的生产规模的运行来检验。成熟设备的实例如下：

（1）对于污泥浓缩工艺——重力浓缩、重力带浓缩，离心浓缩和气浮浓缩；

（2）对于消化工艺——传统的好氧消化或者传统的高效中温厌氧菌消化；

（3）对于脱水工艺——带式压滤或者离心脱水。

新型设备或者工艺是在技术上要经过生产规模试验来检验。仅有少数生产规模应用的新兴技术也算创新工艺的一部分，由于这些工艺应用的限制，一些问题还是没有得到解决。新型设备的实例包括往调理浓缩和旋转压缩或者螺旋压缩脱水技术。

孵化的设备和工艺被定义为在实验室或者小试中得到检验的设备和工艺。特别是还在概念阶段的一些工艺技术，包括高压厌氧消化、电渗析脱水和微波干燥等技术。

大多数水厂的设计会包括或者考虑比较成熟的设备，如果新型设备在现场的中试运行成功，那么新型设备也可以考虑。新孵化的设备很少会在大规模的应用中考虑。在生产规模的应用之前，这些设备需要完成中试，在这之后他们可升为新型设备。

5.6 应急计划

5.6.1 紧急情况的设定

灵活处置不可预见的问题和紧急情况在任何污水污泥管理系统中都是必要的。需要面对的这类情况和紧急情况如下：

（1）设备故障。维护人员随时待命，提前购买关键备件，备有后备装置，利用上游装置中多余储存能力可以使停机时间最小化。

（2）污泥处置问题。这类问题包括垃圾填埋场的临时关闭、现有用户不接受污泥、污泥处理和稳定工艺失败、罢工或者极端天气。通过提供长期的备用处理能力或者一套后备处置方案来解决问题。

（3）污泥产量的突增。处理这类问题的最常用方法是每天或每周运行更长的时间或者运行备用设备直到临时达到增加污泥的处理能力，在后一种情况下，备用设备必须在所用处理工艺的任何一点都可用。

5.6.2 流程和设备备用

由于出现上述的紧急情况，最好拥有不止一套有效的处置和再利用备选方案。后备计划通常成本较高，例如为处理或处置多余污泥而花费的高运行成本，或者用专门的承包人来处理紧急问题。

5.6.3 建立紧急计划

对于污泥管理过程中的设计和运行紧急方案应该在所有污水处理厂中推广。即使最好的设施也会遭遇到不可预料的情况，这种情况可能在根本上改变运行模型并且显著地改变污泥质量。在这种情况下，由于污泥的条件和品质改变，常规污泥处置方法和再利用方法可能行不通。

推荐用污泥紧急管理方案来解决不可预计的工况。不可预见的工况包括极端气候（诸如飓风）、电力中断、处理单元故障或者污泥中存在污染物，这些情况可能使得污泥质量不适合通常情况和传统情况下的管理方法，如不适合农业土地利用等。

应急计划由一个涉及管理、运行和工程人员组成的工作小组组成，这些人头脑风暴各种需要应急计划的紧急情况，然后一起制定解决他们的方法。图 5-8 是一个应急计划的流程图，用于产生 A 级高温消化污泥。

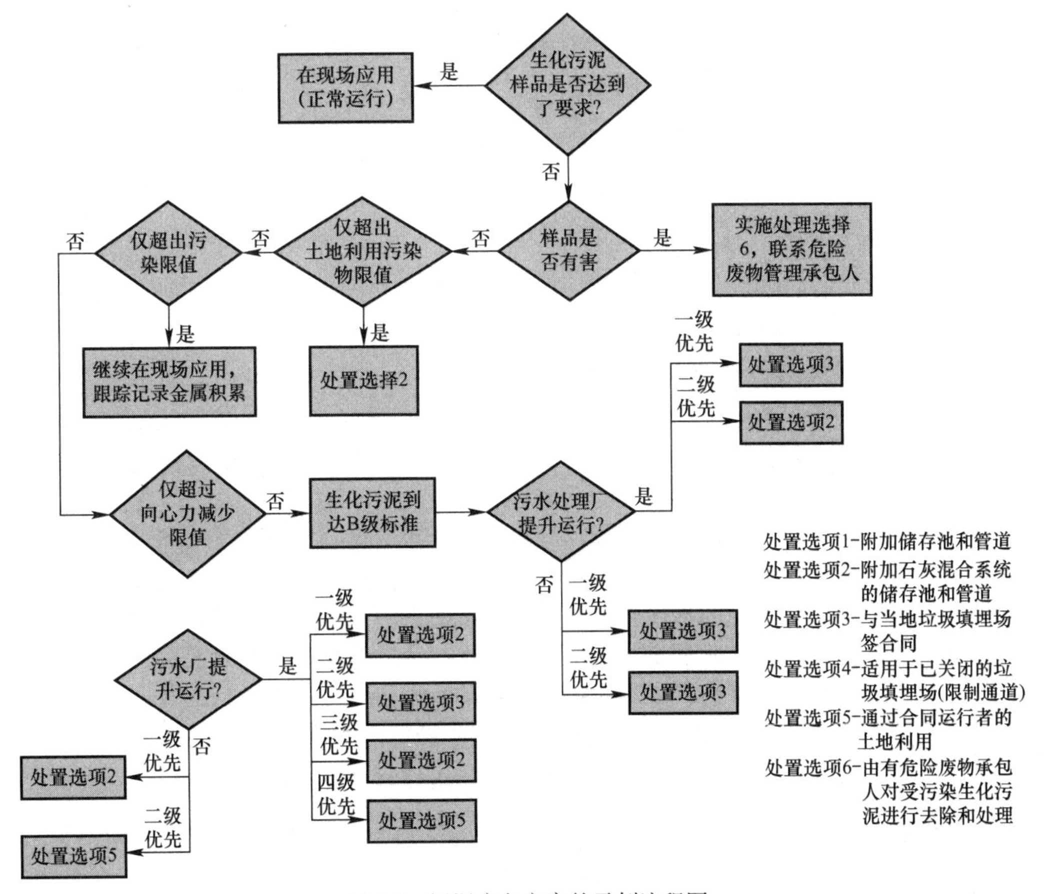

图 5-8 污泥应急方案的示例流程图

5.7 其他设计注意事项

5.7.1 选址变化

污水处理厂和污泥处置的特性（诸如规模和选址）对污泥处理和处置系统的性质和成本有很大影响。

（1）如果土地利用点离污水处理厂足够近，那么浓缩消化污泥的土地利用就可以实施，从而不需要污泥的脱水。

（2）如果污水处理厂坐落在靠近铁路或者水道附近，那么污泥的水路和铁路运输就会比陆路运输更划算。

（3）电力和化学品的成本可能因为地区而有很大的差异，这可能使得污泥的处理和管理选项的最优化方法有所改变。

5.7.2 节约能源及能量回收

随着石化能源开采越来越困难，节约能源和能源的回收利用越来越得到重视。设计者在进行工艺选择时需要采用节约能源并回收能量的工艺，有以下几点需要着重考虑：

（1）高温工艺中的能源需要由热交换器或者废热发电装置回收，并在厂内供其他使用。

（2）干化机和焚烧炉中水的蒸发会消耗热量，因此用增加资金或者化学品优化上游脱水工艺是十分有效的。但需要考虑污泥调理中干基增量的问题。

（3）当上游污泥处理工艺使进入消化系统的污泥固体量最低时，消化所需要的能量达到了最小值。

（4）好的消化工艺能够产生更多的消化气体（沼气），这可以用来产生热能和电能。由消化气体产生的能量可以得到大范围的经济激励，从“绿色能源”建设拨款到可再生能源的信用（RECs），再如能源公司到税收激励，这可以鼓励在沼气利用设备上的私人投资。

（5）化学品的制造和运输都需要能源，因此化学品的投量应该根据运行的最优化来投加。通常，对替代型化学调理剂进行定期试验，以找出不断变化环境中最具成本效益的方法。

5.7.3 成本效益分析

在工艺选择中一个决定性因素是成本，通常通过净现值（NPV）来计算决定。近年来一些组织（如美国净水协会 NACWA，美国水环境研究基金 WERF）出版了通过净现值分析使污泥处理方案最优化的指导书籍。货币成本通常根据金融贴现率将资金成本和年度成本转化为净现值来计算，这取决于联邦利率制定政策。建设成本的估计应涉及具体的地点和时间段，并使用成本指数，如工程建设成本指数（ENR CCI）等。成本和工资的浮动通常在备选方案分析中不予考虑，因为在进行成本效益分析时已假设所有替代方案的材料、人力和能源成本总和是以一定的百分比逐年递增（水环境研究基金 1998，2003）。

5.7.4 设计清单

在设计初期，清单对于污泥工艺来说是一个很好的工具，它可以为众多设计工艺服务。如下所示的案例是设计者可能采用的两种设计清单。

污水处理厂污泥工艺可能存在的通常问题：

(1) 从沉淀池泵送污泥不当；
(2) 长时间的维修使得离心脱水装置不工作；
(3) 池子和管道中存在碎屑、毛发、沙粒问题；
(4) 初始液态污泥储存能力不足；
(5) 复杂多变的脱水工艺进料；
(6) 液态消化污泥的储存能力不足；
(7) 消化污泥混合或者加热转化能力不足；
(8) 泥饼储存能力不足；
(9) 先进后出式泥饼储存能力不足；
(10) 污泥浓缩或脱水中聚合物的过度使用；
(11) 在后置式石灰混合和泥饼转化装置中为对石灰粉末的释放加以控制；
(12) 脱水前后臭气的产生和释放；
(13) 水处理中过度的营养物循环；
(14) 低负载运行设施的启动和关闭；
(15) 进入焚化炉和干燥器中不同污泥饼干污泥含量；
(16) 加热烘干、碱化、焚烧处理系统产生的灰尘释放；
(17) 泥饼卸料站承包商的竞争；
(18) 在卸料斜槽中输送泥饼时水的过量添加；
(19) 结构性错误导致需要遗弃/拆除池子；
(20) 由于需要过度维修而造成的工艺瓶颈。

与污泥厂外处理相关的运输、处置和再生相关的典型情况：

(1) 土地利用点紧急中断污泥利用；
(2) 土地利用点不断发生的问题影响到排放口的可行性；
(3) 由于气候原因使得土地利用的不可行；
(4) 新营养成分法规对土地利用的影响；
(5) 场外泥饼储存设备的臭气产生和排放；
(6) 土地利用后的臭气产生；
(7) 反对土地利用者传递的错误信息；
(8) 根据运行需要，将泥饼从高负荷区运送到低负荷区；
(9) 焚烧炉烟囱的飞灰排放、挥发性有机化合物、有害污染物；
(10) 热干燥设备的臭味产物或者不规则的产物；
(11) 碱性稳定设施中的臭味产物和灰尘产物；
(12) 有机污泥产品缺乏市场；
(13) 在单个地点土地利用或者处置业务过于集中。

这些存在的问题会影响设计方法和选择。在设计工艺开始之前，设计者着手对现存问题进行完整评估是非常重要的。从条件评估中完善清单是一项值得花时间的工作，也可作为设计工艺有用的参考文件。

对于现有情况，围绕着设计项目经常有一些新颖的想法和问题。有时候这些新颖的想法会在设计工艺中受影响和改变。但是在设计工艺开端意识到这些问题，包括一些替代方案可能技术上可行但是社会和环境上并不可行。

设计者需要考虑的会影响到污泥工艺的设计方法的典型问题：

（1）由于合同、场地或者其他约束条件，使得处置方式的选择受到限制；

（2）灵活的改变选择，特别是那些关注安全和可靠性时；

（3）利益相关者的教育，这可以确保新设施得到认同；

（4）机遇的窗口，是否意识到那些需要快速反应的机会；

（5）融资可行性；

（6）当地、国家或州层面上不断改变的法规，特别是当法规改变速度快于机构管理的反应速度；

（7）可靠性和冗余度，如果电力系统中断的话这是很大一笔花销；

（8）“坚实的独立性”，这表达了一个机构在最少外部支持下自己处理问题的意愿；

（9）对风险和紧急情况缺乏意识，造成这个的原因是没有对受众和法规制订者保持沟通；

（10）缺乏有关处理工艺的因果关系常识，这可能导致后脱水污泥细菌再生长和臭味的发生；

（11）开发具有市场潜力的有机污泥产品，一个成功市场项目的必要步骤是什么，什么业务使得项目起作用；

（12）关系的终止，这是促使利益相关者支持项目改进方案的有效工具；

（13）避免重复历史。历史经验是一笔遗产可供机构在管理中参考，而传统经常阻碍积极想法的发展；

（14）焚烧方案。焚烧方案即使在大量地区应用，并具有一定优势和持续性，但该方案经常被否决；

（15）公众关系和抗议，保持与利益相关者的联系对于一个成功的项目是至关重要的，特别是危机或紧急情况；

（16）有影响力的近邻可以不断的反对提议，特别是一些在农村地区进行的土地利用项目；

（17）构建可靠且具有竞争力的合同。合同的策略涉及一个观点，这就是公共机构意识到成本最省的不一定是最好的合同，特别是它导致在单一地区土地利用过度集中；

（18）重复能力是指确保 100％可行性和出路的多样性，对可靠度是至关重要的；

（19）当地和国家不可知的态度，政治风向改变很快并且不确定，强制要求或支持污泥的多出路是值得的；

（20）信誉问题。失去信誉在过去是忽视利益相关方造成的，需要多年才能重新增加信誉，也经常是管理层变动的原因。

现今的污泥处理与管理系统的设计者还要关注对包括经济、环境和社会等相关问题对项目的影响，并在设计方法和备选方案分析时进行合理的改变就会取得成功。

第6章　污泥的输送

6.1　引言

所有污水处理过程的根本目标都是从污水中将污染物去除，再对其进一步处理和处置。在污水处理过程中，污水中去除的固体物质包括栅渣、砂砾、浮渣和污泥。本章着重阐述在固体物处理、储存和处置过程中的输送环节。

除了本章内容以外，读者也可以参照以下关于污泥运输的参考文献。

（1）水和废水处理过程中的污泥输送（American Society of Civil Engineers，2000）；

（2）污泥泵站设计中污泥提升泵的系统设计（Anderson and Hanna，1998）；

（3）城市污水厂设计中固体废物的储存和输送（Water Environment Federation et al.，2009）。

6.2　污泥泵和管道

如果污泥未经脱水或者干燥处理，则以泵和管道输送污泥是最经济可行的。一般将稀污泥定义为：固体含量不到5％的初沉污泥和含固率低于2％的活性污泥，这类污泥与废水具有相同的物理特性。以泵输送流体时，流体流速、水力坡降、压力会相应改变，以克服输送过程中的摩擦损失。一般而言，污泥越黏稠（即固体含量越高），越难预测其在管道中的运动特性。由于类似废水的流体与典型牛顿流体的特性偏差具有不确定性，泵输送设备的选定和设计就会相应更为复杂。

然而，污泥可以在含固率超过30％的情况下实现泵送，并且有在含固率为8％的情况下，通过超过16公里管道输送污泥的成功实例。

对于一个设计者而言，明确设计原则和掌握一定的操作经验，利于正确选定和设计适宜的污泥泵输送系统。相关原则和经验如下所述。

6.2.1　污泥来源和特性

了解污泥来源、组成和特性对于分析污泥在处理过程中的行为特性至关重要。例如，初沉污泥特性与生物或化学污泥有显著不同，厌氧消化污泥和好氧消化污泥特性也可能不同。为了预测污泥在输送过程中的行为特性，就需要对其流体特性（包括黏度和剪切应力/剪切率之间的关系）充分分析。

二级处理污泥是生化需氧量（BOD）经好氧、生物转化过程的产物。它还包括在主要的沉降过程中没有被捕获的非生物降解的颗粒物。二级处理污泥一般是指由活性污泥处理工艺和生物膜工艺，如生物滤池、生物转盘（RBC）、膜生物反应器（MBR）或一体化固定生物膜-活性污泥系统（IFAS）产生的污泥。

混合污泥通常是指相混合的初沉污泥、二沉污泥。不同地域、不同时段的混合比例也有差异。常规活性污泥处理厂的混合污泥为初沉污泥和活性污泥干重比例各为 50%左右。混合污泥的特点与单一类型的污泥特性不同。例如，初沉污泥与剩余活性污泥混合后，在浓缩和脱水过程中的特性与活性污泥相近。

当污泥经过处理后，污泥成分特性及行为特性都有很大改变。污泥行为特性的变化首先会影响后续处理过程的效能，也会影响污泥流动特性。污泥的化学性质主要包括 pH 和离子表面电荷。污泥的污泥特性主要包括水分分布、相对密度、颗粒尺寸、颗粒水化特性、可压缩性和腐败性等，这些物理特性也会显著影响污泥在处理过程中的行为特性。其他影响污泥在处理中行为特性的物理性质还包括絮凝程度，微生物类型和所处生长阶段。

化学调理可改变污泥的特性有相对密度、pH、颗粒大小和分布、颗粒表面特性和表面电荷等。这些变化不仅影响污泥在输送过程中的行为特性，也会影响传输设备及装置的选定。厌氧消化和好氧消化过程也能够改变污泥特性。事实上，在消化过程中，消化的污泥通常比生污泥固体含量低，因此消化污泥更易于以泵输送。

6.2.2　应用流变学解决污泥泵输送的问题

水、油和绝大多数流体都符合牛顿流体特性，即在层流条件下，压降与流体速度和粘度的变化成正比。当流速超过临界值，流动将变为湍流。流态从层流到紊流的过渡是由雷诺数决定的，雷诺数与流体黏度成反比。对于任何给定温度的液体，流体黏度是一个常量。利用流体力学教材中的公式就可以计算牛顿流体的流量和相应的压力损失。

然而，污水和污泥是一种非牛顿流体。在层流条件下压降与流量并非呈简单的比例关系，所以黏度不是一个常数。但是，为了测定层流条件下的水头损失和造成湍流的流速，需要采取特定的方法。至少需要确定两个常数而非仅仅黏度一个常数来描述牛顿流体的流态特性。

在图 6-1 中，将污水处理产生的污泥与水的行为特性进行了对比。该图是基于稳态条件，在触变破坏后得到的。触变破坏将在下文讨论。有些触变特性与污泥的行为特性是紧密相关的：

（1）除非压力足够大到超过屈服应力 τ_y 时，才会流动。

（2）当污泥比水有更高的流速时，湍流才可能出现。

（3）在流态呈完全湍流流态时，污泥与水的压降基本相近。

（4）对于塑性流体的层流流动区域，污泥大致符合宾汉塑性流体的流动特性。宾汉塑性流体是由两个常量来描述的，即屈服应力 τ_y 和刚性系数 η。

也可以认为污泥是一种“假塑性”流体。这种情况下，需要另外两个常量来描述其特性，而所用公式也有所不同。

除了取决于剪切率之外，流体阻力还取决于剪切时间或剪切时间和剪切强度的共同作用。最常遇到的情况是，黏度随剪切时间而下降，然后当剪切停止后，黏度再逐步恢复。这种行为特性被称为触变性。举个人们熟知的例子，在它的容器上“设置状态变化”，当猛烈振动或晃动冰淇淋奶昔杯子时，奶昔会流出杯子。当振动停止时，杯中会再次形成奶昔。一般来讲，涂料不仅是宾汉塑性流体，还可以具备触变流体的行为特性。当用刷子涂抹涂料后，涂料还会短时间内流动，故而粉刷的痕迹会被掩盖消失。在剪切停止后，这些流体的“塑性”特性会马上恢复，所以涂料不会沿着竖直表面向下流动。

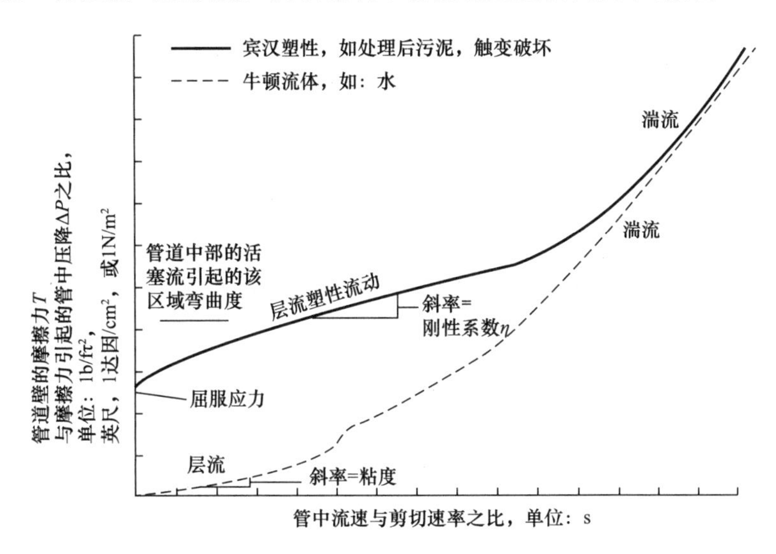

图 6-1　污泥和污水在管道中的流态比较

污水处理产生的污泥具有触变性，这种特性随固体和挥发性固体含量增加而增强。触变性具有 3 个显著特性：

（1）塑变性流体某些常量的测量极为复杂，如测定屈服应力 τ_y 极复杂。

（2）塑变性流体的泵吸入条件很重要。一方面，若使用离心泵，则需提供足够压力以使污泥通过软管。若泵是悬浮放置在污泥池中，则泵将无法直接吸入污泥。在泵附近安装混合设备，以破坏塑变性，才能保证污泥泵输送的正常运行。(Rimkus and Heil，1975a，1975b)

（3）塑变性流体在管道中开始流动时所需的压力较大。当管道中流动停止 1d 以上时，需要促使塑变性流体流动的压力就更大。通过适当的操作调整，可以削弱这种效应，如事先清洗污泥管路。

随着剪切时间的延长，屈服应力会不可逆地削弱。在高分子聚合物存在时，强剪切力更易于造成这种情况。这种现象会在污水处理的污泥中存在，当剪切强度足够高时，会破坏污泥絮体的部分结构，污泥的屈服应力就会削减，进而增加污泥后续浓缩或脱水的处理难度。

有些情况中，剪切作用导致流体黏度降低，事实上也是流体加热升温造成的。不论对于牛顿流体还是非牛顿流体而言，温度升高一般都会引起黏度降低。然而，对污泥而言，温度的主要影响在于低温会引起污泥中的油脂部分硬化。除此之外，低于 70℃的温度影响都不显著（Kenny，1969；Rimkus and Heil，1975a）。

在污泥管道中，还有一种较少出现的情况是滑移和渗流（Rimkus and Heil，1975a）。从本质上来讲，污泥是附于管壁上的薄层水膜之上运动的。当污泥管道初期开始输送污泥时，流速较低，这种效应较显著，可部分抵消触变效应。渗流和滑移是很难计算的，但利于降低管道初期输送污泥所需的压力。

读者可以参考《水和废水处理》(American Society of Civil Engineers，2000）的污泥输送章节，其中阐述了污泥流变学特性，列出一系列不同流体的流动模型，解释了如何通过黏度理论来影响污泥的行为特性。

6.2.3 非牛顿流体的污泥泵输送的水头损失计算

1. 概述

本节提供了关于泵输送浓缩污泥系统设计的理论方法和现场数据。

过去 20 年里，利用泵长距离输送污泥的应用越来越多。因此，研究人员已经越来越准确地预测泵输送系统的摩擦损失了（Carthew et al.，1983；Honey and Pretorius 2000；Mulbarger et al.，1981；Murakami et al.，2001；Wagner，1990）。研究结果表明，一旦确定了流变特性，非牛顿流体的宾汉塑性模型（Carthew et al.，1983；Mulbarger et al.，1981）或假塑性模型（Honey and Pretorius，2000；Murakami et al.，2001）即可用于描述污水处理产生的污泥流动。

2. 泵输送稀污泥的水头损失

初级和二级沉淀池排出的污泥通常是较稀的沉淀污泥（初沉污泥的固体浓度一般最大不超过 5%，活性污泥中固体浓度不超过 2%）。当流速超过 0.3～0.6m/s（1～2ft/s）时，污泥就处于紊流状态，其水头损失与污水相近（Mulbarger，1997）。当流速较低即处于层流流动时，水头损失增加剧烈。工程师为确保污泥处于紊流流态，工程师在设计稀污泥的泵输送系统时，应保证最低速度为 0.6～0.76m/s（2～2.5ft/s）。

3. 泵输送浓缩污泥的水头损失

本节是主要介绍管道输送浓缩污泥时水头损失的计算方法。污水处理的污泥含固率介于 3%～12%，该数值主要取决于污泥或泥浆的组成成分。然而，如果污泥粘度较高，当污泥含固率超过 12%时，很难采用传统公式计算输送过程中的水头损失。因此，在设计泵输送浓缩污泥系统时，相应出现了不同的计算方法。

（1）简化的水头损失计算法

在管道中的水流基本都是湍流流态。计算水流在管道中流动的摩擦损失所需的公式，如哈森·威廉姆斯（Hazen Williams）—达西-威斯巴赫（Darcy-Weisbach）方程即是基于湍流流态建立的。稀污泥也可能以湍流流动，此时的摩擦损失与水流的相近。然而，污泥在层流流态时与水流则差异较大。当处于层流流态时，污泥的摩擦损失则远远超出相应流态水流的摩擦损失。此外，层流流动规律适于一般的牛顿流体（如水流），而对于遵循不同流动规律的污泥而言，则不适用。

砂浆一般较稀，而且砂粒之间互不粘结。因此，一般的摩擦损失计算公式都是可用的。一般而言，设计选定的流速一般为 1.5m/s（5ft/min），流速过低会造成砂粒在管道内沉积，流速过高则可能造成砂粒对管壁的磨损。

（2）计算水流的水力损失

工程设计师可先忽略污泥流动流态（层流、过渡流或湍流）而采用达西-韦氏巴赫（Darcy-Weisbach）方程（eq6.1）来计算水流的水头损失，再通过修正系数将计算值转换成污泥的水头损失。对于含固率达到 12%的污泥的修正系数可参照文献 577 页和 578 页中的图表（Anderson and Hanna（1998））。

$$h_{\mathrm{f}} = f \frac{L}{D} \frac{V^2}{2g} \tag{6-1}$$

式中　h_{f}——动态水头损失（m）；

f——从穆迪图（Moody Diagram）确定达西-韦氏巴赫（Darcy-Weisbach）摩擦系数；

L——管道长度（m）；

D——管道直径（m）；

V——速度（m/s）；

g——重力加速度（m/s^2）。

在湍流流态条件下，当速度大于上限临界速度时，工程师可以使用哈森-威廉姆斯（Hazen Williams）方程计算水流的水头损失，并乘以污泥修正系数来求得最终结果（Anderson and Hanna，1998；Metcalf and Eddy，2003）。当应用适用于水流水头损失计算的哈森-威廉姆斯方程与污泥浓度相乘时，不论是否存在适于水流水头损失计算的不同系数，都要初步设定 $C=140$。

（3）屈服应力和刚度系数

污泥含固率超过2%～3%时，其流动特性即与水显著不同。因此，用于泵输送水和污水的设计方法一般不适用于污泥管道系统。由于污泥中存在悬浮固体，污泥黏度则显著高于水的黏度。固体不仅可增加流体的粘滞性，而且也使污泥具有非牛顿流体特性。污泥的这种特性增加了泵输送系统设计的难度。尽管污泥的流动很复杂，但大部分污泥流动过程仍可用有屈服应力或假塑性的宾汉塑性流体数学模型来计算。使用这种模型，设计者需要了解两个特定属性：屈服应力和刚性系数。

（4）了解系统特性

Mulbarger 等（1981）报道了屈服应力、刚性系数与污泥中固体含量之间的关系，该部分内容请参考文献 98 页和 99 页的《水和废水中污泥的输送》（American Society of Civil Engineers，2000）。Battistoni（1997），Guibaud et al.（2004），Laera et al.（2007），和 Mori 等（2007）也已经创建了类似的图表。

对于一套系统来讲，可以通过试验确定这些参数。用于测定黏度的仪器中，仅有两种可用于测定污泥黏度：测试管和旋转黏度计。有些仪器如毛细管黏度计是无法用于污泥中大颗粒测定的；其他仪器，如落球式黏度计则不适合污泥类非牛顿流体。

只要流体流动符合层流状态，通过测试管道获得的流变曲线就可直接扩大到实际规模的管道内流体流态模拟。大型管道内的初始湍流流动不适合采用小型管道测试结果来预测。对于这种情况，需要应用屈服应力和刚性系数来计算雷诺数（Reynolds number）和海兹特鲁姆数（Hedstrom number），并采用图 6-2 预测初始湍流流态。在给定流速时，当剪切力和剪切率沿管径变化时，基于测试管道得到的流变曲线并不能得到基本流变数据。通过 Rabinowitsch 方程，可将流变曲线修正成剪切力与剪切率曲线（Rabinowitsch，1929）。为了抵消管道测试的缺陷以获得可靠数据，需要提高实验技能。而且，这些设施相对昂贵、操作繁琐且需要很大的样本容量。

对于污泥而言，最适合测定流变特性的仪器是旋转黏度计。在这个仪器中，测试液体被置于两个同轴圆筒之间，其中一个圆筒处于旋转状态。圆筒的扭矩是旋转速度的函数。当内筒和外筒的间距小于内筒半径时，在确定剪切力的条件下，旋转黏度计可以产生均一的剪切率。对于通过内筒旋转进而测定外筒所受扭力的黏度计来讲，其机械设计相对容易，但流体黏度较低时，低剪切率时即会发生湍流，此时测定流变特性相对较难。在通过内外筒旋转进而测定内筒扭力的黏度计而言，在剪切率较高时，才会出现湍流流态。在两种类型黏度计中，如果内筒和外筒的长度较两者间隙小，末端效应的影响就会较显著。

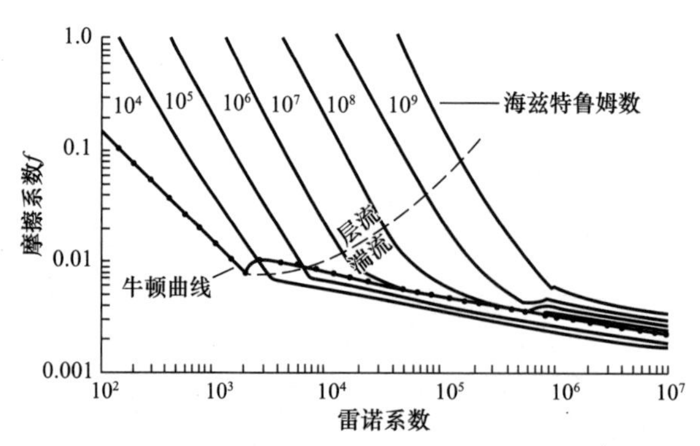

图 6-2　视污泥为宾汉塑性流体时的摩擦因素分析（美国环境保护局，1979）

虽然黏度计可做旋转运动，但是内缸和外缸之间无恒定的间隙或不控制、不测量剪切率或剪切力，则不能测定非牛顿流体的流变曲线。

在旋转黏度计中，由于可形成均匀的剪切速率，故可直接测量剪切曲线的基本剪切速率，这对于测定复杂流动非常有利。旋转黏度计的使用操作较简单，其主要限制是需要控制内筒和外筒间距较小以满足两筒间的剪切速率均匀。对于污泥测定来讲，两筒的间隙过小则会产生误差，两筒的间隙不应小于 1.0mm（0.04in）。污泥必须经筛选去除大颗粒，当污泥中大颗粒含量较低时，就不会产生较大误差以干扰相关的系数测定。

图 6-3 中的曲线是经里姆库斯（Rimkus）和海尔（Heil）（1975A）改进的典型测试曲线。在该测试中，黏度计的转速从 0 逐渐增加到 100r/min，再降低转速。为了形成“一致性的曲线”，需要测量转矩并将其转化为剪切力数据。上方曲线（转速增加）显示出触变特性，下方曲线（转速下降）显示出流体的行为特性。因为污泥是以悬浮态通过泵输送的，所以下方曲线适用于管道的设计。在这种情况下，当转速为 0（232dyn/cm² 即 23.2Pa）时，剪切力即变为屈服应力（τ_0）；刚度系数 η 是下方曲线直线段的斜率值。当污泥处于流动态时，也不是宾汉塑性流体，如下方曲线在低转速时的曲率所示。根据污泥与宾汉塑性特性的偏差，可以计算压降。这项测试中的黏度计型号是 Haake Model RV-3 Rotoviso，配置的传感头是型号是 MV-I。

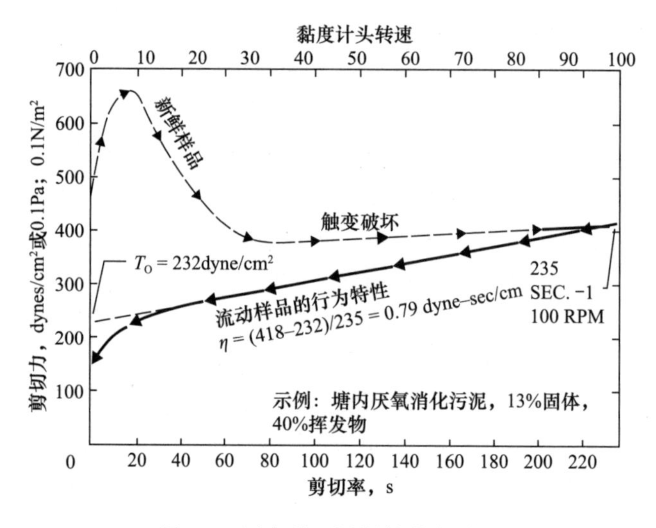

图 6-3　污水处理污泥的黏度测试

一旦刚性系数和屈服应力是已知的，设计师可以用式（6-2）、式（6-3）来计算上、下临界流体速度：

$$V_{uc} = 1500R_c/\rho D + 1500/\rho D(R_c^2 + S_y\rho D^2/4500)1/2 \quad (6\text{-}2)$$

$$V_{lc} = 1000\ R_c/\rho D + 1000/\rho D(R_c^2 + S_y\rho D^2/3000)1/2 \quad (6\text{-}3)$$

式中 V_{uc}——上临界速度（m/s）；

V_{lc}——lower critical velocity 下临界速度（m/s）；

ρ——fluid density 流体密度（kg/m^3）；

D——pipe diameter 管道直径（m）；

R_c——rigidity coefficient 刚性系数（$N\text{-}s/m^2$）。

（5）层流

在流速小于临界速度时，污泥的流态处于层流状态，工程设计人员可依据 Carthew 等（1983）的方法（Buckingham 方程）来设计污泥输送系统，参见水和废水处理（American Society of Civil Engineers，2000）和市政污水处理厂的设计（Water Environment Federation，2009）中关于污泥的输送方法部分。

（6）层流、过渡流和湍流

当不考虑流体流态时，设计师可以结合雷诺和 Hedstrom 系数来确定范宁摩擦系数，并将其应用于修正的达西-韦氏巴赫（Darcy-Weisbach）方程：

$$H_f = 2fLV^2/gD \quad (6\text{-}4)$$

雷诺数（无量纲）由式（6-5）确定

$$Re = \rho VD/Rc \quad (6\text{-}5)$$

Hedstrom 系数计算如式（6-6）所示：

$$He = D^2\rho Sy/Rc^2 \quad (6\text{-}6)$$

摩擦系数 f 由图 6-2 确定

要正确使用这些方程必须做出些许调整。首先，式（6-5）的雷诺系数与基于粘度计算的雷诺数是不同的。在塑性流体中，有效黏度是变化的，且可能远大于刚性系数。因此，在数值超过 10 的条件下，两个雷诺系数是有差异的。其次，工程设计者应确保计算摩擦系数所用的图表是正确的。达西-韦史巴赫（Darcy-Weisbach）的摩擦系数是范宁摩擦系数的 4 倍。多数图、表格都注明了摩擦系数的类型，或至少提供了层流的摩擦系数计算公式。如果适于层流的公式中 $f=16/Re$，那么相应的图表应提供范宁摩擦系数。如果层流公式中 $f=64/Re$，那么图表中应提供达西-韦史巴赫（Darcy-Weisbach）系数。再次，需要注意单位的使用。在美国，在公式（6-4）和公式（6-6）中，在没有应用转换系数（g_C）时，质量密度单位和力的单位不能同时使用“磅”来表达，但采用质量单位“slug[1]”是允许的。

除了图 6-2 不适用于管道粗糙的情况外，这些方程都可在从 0 至完全湍流的整个流态范围内应用。对于粗糙管道的情况，适于普通水的公式也可以应用。例如，哈森-威廉姆斯（Hazen-Williams）方程比公式（6-4）的压降更高，但更适于粗造管道，完全是紊流的流体。为了满足工程需要，在哈森-威廉姆斯（Hazen-Williams）方程中，近似由普通水的压降计算

[1] “slug” 斯勒格是英制单位中的一种质量单位。表示 1 磅力（1bF）作用在物体上，并使物体获得 $1ft/s^2$ 的加速度，则此物体重量是 1slug。1slug=32.1T 1bs（磅）=14.59kg。

方程来求取压降。

不论水流流态是层流还是湍流，图 6-2 都是适用的。摩擦系数 f 位于雷诺系数（Re）和 Hedstrom 系数（He）的交叉处。如果此点在图 6.2 中虚线之上，或雷诺数小于 2000，该流体流态即是层流；反之，则是紊流。例如，在 $Re=10^4$，Hedstrom 系数是 10^4 时，流体流态则是湍流，在 Hedstrom 系数是 10^6 时，流体流态则是层流。

在如图 6-2 的对数图表中，插值是比较困难的。对于图 6-2 的 Hedstrom 系数曲线尤其如此。在 Hedstrom 系数计算时，如果对数的底是 10，那么曲线之间插值是线性的。如果是层流流动，就可使用 Buckingham 方程（Buckingham，1921；Caldwell and Babbitt，1941）来计算。图 6-2 是将 Buckingham 方程融合到层流流动中进行应用的。

（7）现场泵提升和长距离泵输送

针对固体含量在 2%～5%的剩余活性污泥、浓缩污泥、消化污泥的长距离输送，Murakami（Murakami et al.（2001））开发了有效实用的计算方程。他们的实验装置和计算方程在市政污水处理厂的设计（Water Environment Federation，2009）一书中有具体介绍。其他针对长距离泵输送的研究成果可见 Setterwall（1972），Spaar（1972），Carthew 等（1983），Honey 和 Pretorius（2000）。

（8）实例 1：层流

水头损失可由两种不同的方法计算：

1）将适于水的达西-韦史巴赫方程乘以一个系数；

2）应用 Buckingham 方程，参见《水和废水处理过程中污泥的输送》一书的第 100 页内容（American Society of Civil Engineers，2000）。

其他已知参数，包括污泥含固率 10%，$D=0.30$m，$L=25$m，$\rho=1040\text{kg/m}^3$，$V=0.7$m/s（<2.5m/s 的临界速度），$R_c=0.1\text{Ns/m}^2$，$S_y=15\text{N/m}^2$。参考 Anderson 和Hanna（1998）一书的 577 页和 578 页，其中有关于含固率 10%的污泥、流速为 0.7m/s 的介绍，乘数因子的数值在常规情况下取 10，不利情况下取 21。

15℃水的雷诺系数是：

$Re=\rho VD/\mu=999.1\times0.7\times0.3/(1.14\times10^{-3})=1.83\times10^6$

对有延展性的铁管来讲，“ε”系数范围为 0.13～0.33mm。ε 的平均值为 0.23mm，$\varepsilon/D=0.23/300=0.0008$。根据穆迪图（Moody diagram），可通过以下步骤确定达西-韦史巴赫摩擦系数：

$f=0.0185$

水的达西-韦史巴赫（Darcy-Weisbach）方程的解法如下：

$H_f=fLV2/2gD=0.0185\times25\times0.72/(2\times9.81\times0.3)=0.0385$m 水柱

污泥的水头损失：

针对常规操作情况，$10\times0.0385=0.385$m 水柱

最不利情况，$21\times0.0385=0.809$m 水柱

使用 Buckingham 方程或依据《水和废水处理过程中污泥的输送》（American Society of Civil Engineers，2000）第 100 页内容，水头损失是 0.297m/10m，故对于 25m 的输送距离，水头损失是 0.743m 水柱。

(9) 实例 2：过渡流/紊流

前面的例子属于层流的情况。下面的例子是针对紊流情况、采用两种不同方法来比较水头损失值。

适于水的达西-韦史巴赫方程乘以一个修正系数，(2) 以雷诺系数，Hedstrom 系数和范宁摩擦因子修正达西-韦史巴赫方程。

其他已知参数，包括污泥含固率 10%，$D=0.30\text{m}$，$L=25\text{m}$，$\rho=1040\text{kg/m}^3$，$V=3.0\text{m/s}$（由于该流速处于下限临界速度（2.5m/s）和上限临界速度（3.2m/s）之间，故属于过渡流），$\text{Rc}=0.1\text{N}\cdot\text{s/m}^2$，$\text{Sy}=15\text{N/m}^2$。

(1) 据安德森和汉娜（Anderson and Hanna，1998），污泥含固率为 10%且流速为 3m/s 时，乘数因子在常规情况取 1，最不利情况取 1.3。

水温为 15℃的水的雷诺数是

$Re=\rho VD/\mu=999.1\times3\times0.3/(1.14\times10^{-3})=7.82\times10^6$

对有延展性的铁管而言，ε 系数范围为 0.13～0.33mm，ε 的平均值是 0.23mm，$\varepsilon/D=0.23/300=0.0008$。依据穆迪图，确定摩擦系数步骤如下：

$f=0.0185$

水的达西-韦史巴赫方程解答如下：

$H_f=fLV^2/2gD=0.0185\times25\times32/(2\times9.81\times0.3)=0.707$m 水柱

污泥的水头损失计算如下：

对于常规操作，$1\times0.707=0.707$m 水柱

对于最不利的情况下，$1.3\times0.707=0.919$m 水柱

(2) $Re=0.3\times3\times1040/0.1=9360$

$He=0.32\times1040\times15/0.12=140400$

从图 6-2 可知，f 约为 0.007。此流动特性接近层流和湍流的过渡区，但更接近湍流。

修正的达西-韦史巴赫方程中，

$H_f=2fLV^2/gD=1.070$m 水柱

针对以上两种情况，使用雷诺和 Hedstrom 数修正的达西-韦史巴赫方程较准确，故该方程计算结果可用于设计污泥输送系统（Anderson and Hanna，1998）。

(10) 实例 3：层流和湍流

在本实例中，工程设计者需将厌氧消化污泥从一个污水处理厂输送到另一个有干化处理设施的污水厂，运输距离达 9.7km。如果输送的污泥含固率为 5%，污泥量为 378m³/d，为了降低输送成本，污泥就要稀释或浓缩。为保证受纳污水厂的干化处理设施运行要求，每天应连续 4h 输送污泥。

根据从俄亥俄州的坎顿市总结的数据（表 6-1）（Hanks and Dadia，1971）可知，可将污泥视为宾汉塑性流体。对照起见，水的屈服应力为 0、刚性系数约为 0.01g/(cm·s)，将管道视为无衬里钢管，型号为 40 的管道：公称直径为 100～250mm（4～10in）。

该计算结果是针对 200mm 管径和含固率为 7.12%污泥的情况。首先，流量数据是需要的。如果污泥浓度是 5%，每天的污泥输送量就是 378m³（100gal）。由于污泥含固率是 7.12%，则每天输送污泥的体积为 378×(5/7.12)=266m³（70224gal）。

来自俄亥俄州坎顿市的污泥特性数据（Hanks and Dadia，1971）　　表 6-1

范例含固率%	屈服应力 τ_y（dyn/cm² 或 0.1Pa；0.1N/m²）	刚性系数 η（g/(cm·s)）
1　7.12	100	0.40
2　5.34	30.5	0.24
3　3.56	5.8	0.13

污泥流量为：

$(378m^3/d)/(连续输送 4h/d\times60min/h)=18.46L/s$（$18460cm^3/s$ 或 292.6gal/min）。公称直径为 200mm 的 40 型号管内径是 20.27cm（7.981in），则横截面积是 $322.7cm^2$。速度 V 等于流量除以横截面积：

$$V=(18460cm^3/s)/322.7cm^2=57.2cm/s$$

雷诺数的计算如下：

$$Re=\rho VD/\eta=1.0\times(57.2\times20.27)/0.40=2898$$

He 计算如下：

$$He=(D^2\tau_y g_C\rho)/\eta^2=(20.27)^2\times100\times1.0\times1.0)/(0.40)^2=256800$$

参见图 6-2，f 约为 0.08。流动为层流，而非紊流。长度 L 的计算为：

$$L=6\times5280\times30.48=965600cm$$

$$L=6\times5280\times30.48=965cm$$

（千米=英里×1.609；英尺×0.3048=米）

由于摩擦导致的压降可由方程（6-7）计算，这是方程（6-4）的变形：

$$\begin{aligned}\Delta p &=(2f\rho LV^2)/(Dg_C)\\ &=[2\times0.08\times1.0\times965600\times(57.2)^2]/(20.27\times1.0)\\ &=24940000dyne/cm^2 或 2496kPa\end{aligned} \tag{6-7}$$

换言之，可将该值看作同等条件的水流的情况，由 Hazen-Williams 方程计算为：

$$V=1.318CR^{0.63}S^{0.54} \tag{6-8}$$

式中　V——平均速度（ft/s）；

C——摩擦系数；

R——水力半径，1/4 直径（ft）；

S——水力梯度（ft/ft）。

可将该方程重新构建，并通过计算机计算，或使用计算图表来计算。在本例中，$V=57.2cm/s=1.88ft/s$ 和 $R=0.166ft$。$C=100$、$S=0.00310$，表明压降为 290kPa。则污泥的压降为 2496kPa（362psi），或约为水流压降的 9 倍。

其他情况的计算列于表 6-2 中。从图 6-2 中得到的摩擦系数图示于图 6-4 中。

总结实例中非牛顿流体的计算问题（$1psi=6.9kN/m^2=69000dyne/cm^2$）　　表 6-2

	直径						压降（kPa）		压降（psi）	
实例	In.	cm	平均流速(cm/s)	Re	He	f	污泥	水[a]	污泥	水[a]
1	4.03	10.2	225	5750	65000	0.010[b]	9515	8205	1380	1190
	5.05	12.8	143	4580	103000	0.019[b]	5343	2717	775	394
	6.06	15.4	99.1	3820	148000	0.03[b]	3682	1117	534	162
	7.98	20.3	57.2	2900	257000	0.08[b]	2496	290	362	42
	10.02	25.4	36.3	2310	405000	0.20[b]	1999	97	290	14

续表

	直径						压降（kPa）		压降（psi）	
实例	In.	cm	平均流速（cm/s）	*Re*	*He*	*f*	污泥	水[a]	污泥	水[a]
2	4.03	10.2	300	12780	55300	0.0083	14052	13927	2038	2020
	5.05	12.8	190	10150	87000	0.0085	4640	4599	673	667
	6.06	15.4	132	8480	126000	0.0090	1965	1896	285	275
	7.98	20.3	76.3	6440	218000	0.019[b]	1048	496	152	72
	10.02	25.4	48.4	5130	343000	0.035[b]	62[c]	165	90[c]	24
3	4.03	10.2	450	35400	36000	0.0066	25166[c]	29510	3650[c]	4280
	5.05	12.8	286	28200	56000	0.0070	8619[c]	9811	1250[c]	1423
	6.06	15.4	198	23500	82000	0.0072	3537[c]	4013	513[c]	582
	7.98	20.3	114	17800	141000	0.0075	931[c]	1048	135[c]	152
	10.02	25.4	72.6	14200	222000	0.0080	317[c]	345	46[c]	50

[a] 通过哈森-威廉斯（Hazen-Williams）方程和摩擦系数（*C*）为 100 来计算。

[b]流动不在湍流区

[c]需要注意的是，通过方程计算污泥压降，当 *C*=100 时，则污泥压降小于水的压降；当 *C*=110 时，则污泥压降与水的大致相等。

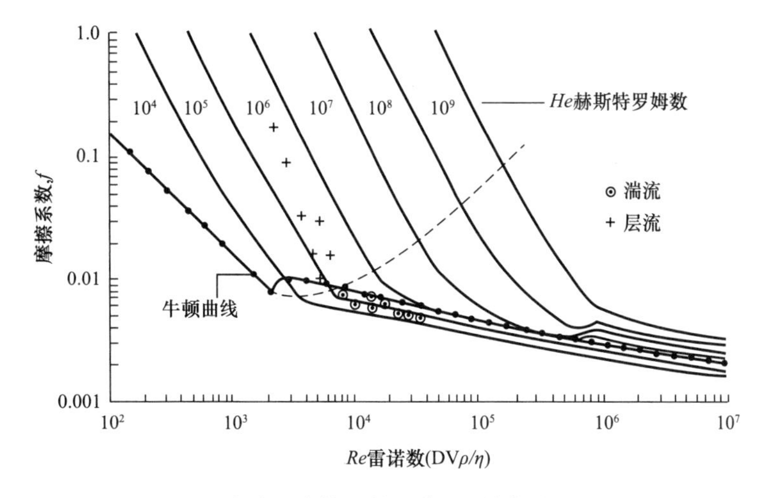

图 6-4 示例中的摩擦系数（美国环境保护局，1979）

为了检测计算误差，所采用的预防性办法就是查看依据上述步骤计算的整个管道压降是否在管壁处产生了足够大的剪切力，并能够超出污泥的屈服应力。如果所产生的剪切力未超出污泥的屈服应力，污泥就不能发生流动。要计算造成污泥流动所需的压降，应设定管壁处的剪切力等于屈服应力：

$$\Delta p_0 g_C D/4L = \tau_y g_C \tag{6-9}$$

式中 Δp_0——超出屈服应力的压降。

例 1 和例 2 的计算结果列于表 6-3 中。方程（6-9）可用于筛选试验。如果 τ_y、D 和 L 为已知，不论流速大小，都能够快速计算出管道中可能产生的最小压降。如果 Δp_0 过大，直径 D 就要相应增大。若管径选择不当，则压降就会较大，而不符合实际工程要求。

根据表 6-2 和表 6-3 的数据，可得到图 6-5。出于经济成本的考虑，应选取优化的管径和污泥含固率。明显地，即使把压降控制在更合理的范围内（$<1400kN/m^2$ 或 200psi），控制污泥体积流量远低于两个实例中的数值，在管道的管径不变时，含固率达 7.12%的污

泥输送会造成压降大幅度增加。在200mm（8in）管径的管道中，含固率为7.12%的污泥输送压降大约与含固率为5.34%和3.56%的污泥相当。

压力超过屈服应力的实例　　表6-3

直径 (in.)	压降 Δp_0（kPa）*		压降 Δp_0（psi）*	
	例1 $\tau_y=100dyne/cm^2$	例2 $\tau_y=30.5dyne/cm^2$	例1 $\tau_y=100dyne/cm^2$	例2 $\tau_y=30.5dyne/cm^2$
10.2（4.03）	3778	1151	548	167
12.8（5.05）	3013	917	437	133
15.4（6.06）	2503	765	363	111
20.3（7.98）	1903	579	276	84
25.5（10.02）	1517	462	220	67

* 引起管壁剪切力的压降超过屈服应力 τ_y。由于不考虑触变效果，在图6-2中，需要更高压力才能启动管道内的流动。

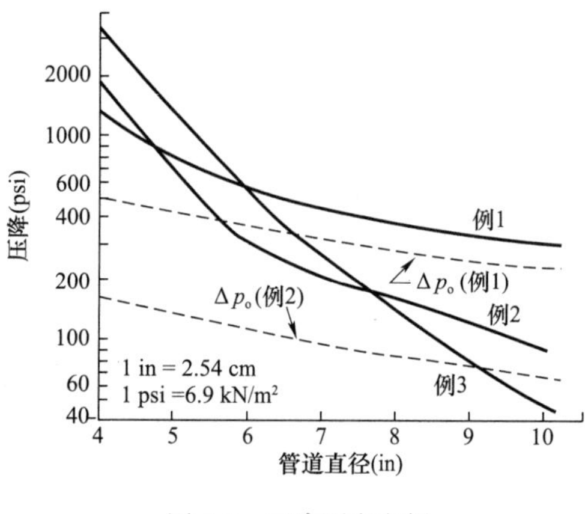

图6-5　压降测定实例
（美国环境保护局，1979）

如表6-2所示，含固率为5.34%的污泥流动不是湍流状态，这对控制污泥输送的成本是不利的。因为流变常数 τ_y 和 η 的较小变化会引起摩擦系数 f 改变。为了保证系统运行稳定，宜控制污泥含固率为3.56%。在管径为250mm（10ft）的管道中，含固率为5.34%的污泥 f 值远高于含固率为3.56%的污泥。在管道直径介于200～250mm（8ft和10ft）和污泥含固率介于3.56%和5.34%之间的情况，需基于控制经济成本的原则选定污泥含固率。含固率为5.34%的污泥运输费用较高，但该项成本的增加可通过节约脱水成本来抵消。

在所有情况中的例1和例2中污泥输送压降都高于最小压降 Δp_0（图6-5）。

4. 脱水污泥泵输送的水头损失

目前为止，还没有关于脱水泥饼（含固率>12%）水力特性的广泛报道。在固体浓度如此高的情况下，脱水泥饼可能会同时具有塑料和假塑性（触变）流体的行为特性（Barbachem and Payne，1995；Bassett et al.，1991；List et al.，1998）。对于液相污泥而言，泵输送的设计方程适于固体浓度可达12%。脱水污泥与液相污泥不同的是，泵输送脱水污泥的设计方法更依赖于场地条件的限制。尤其是输送距离较远的情况，设计时需做现场试验。输送固体含量超出30%的泥饼时，管道长度不应超过152m（500ft），且需要做管道润滑处理。

在脱水泥饼的输送过程中，水头损失是很高的，一般为141～704m水柱（200到1000psi）。水头损失的大小不仅取决于输送管道的长度、直径和构造及连接特性，还取决于泥饼类型、固体浓度、调理和脱水方法。根据目前经验，水头损失受流速和管道系统的影响较大，尤其是对于固体浓度超过30%的脱水泥饼。脱水泥饼泵输送系统的水头损失一般为每1m管长的损失为1.15～8.07m水柱（0.5～3.5psi/ft）。工程设计人员在初步设计时常使用这些数值作为参考。在较理想的情况下，在最终设计阶段需控制水头损失在

4.61m/m（2psi/ft）以下。而且，理论的脱水污泥流速不应超过 0.15m/s（0.5ft/s），一般希望控制最大流速为 0.08m/s（0.25ft/s），尤其是脱水泥饼含固率超过 30%的情况。

螺杆泵制造商（Bourke，1997）收集各种脱水污泥泵输送的水头损失数据，经过总结出版于城市污水处理厂设计一书的第 21-49 页（水环境联合会，2009）。尽管数据看起来有些凌乱，但至少工程设计人员可以据此采用保守的数据进行设计或向输送泵系统供应商提出合理的性能保证方面的要求。

本章引用的两本手册（American Society of Civil Engineers，2000；Water Environment Federation，2009）中，可以查阅到经同行评审的案例研究和 20 世纪 90 年代报道过的现场数据结果、分析与比较。这些研究分别以不同类型的干污泥含量从 20%～34%的泥饼为对象，得出了管线水头损失。在《污水处理厂设计》（Water Environment Federation，2009）一书中，有关于脱水泥饼以泵输送的水头损失计算实例。

6.2.4 污泥泵输送过程中的设备概述

污泥在处理过程中，存在形态从液态转变到膏状。对于不同形态的污泥，输送泵的类型也应不同。污泥输送泵包括离心泵和容积泵。离心泵还可分为无堵塞离心泵、凹式叶轮离心泵、组合螺旋/离心泵和盘式离心泵。容积泵包括柱塞式容积泵、活塞式容积泵、活塞/液压隔膜式容积泵、螺杆式容积泵、旋转式容积泵、隔膜式容积泵、喷射泵、蠕动泵和空气提升容积泵。有时，对曝气沉砂池的沉砂输送时，也采用水喷射泵。可参考本章开始引用的 3 篇参考文献以了解各种污泥输送泵的特性。

6.2.5 污泥泵的应用

当泵需要抽吸污泥时，应注意控制抽吸条件的稳定。当泵输送水或其他牛顿流体时，可参考其净正吸头（NPSH）来确定抽吸管路的设计和布置。然而，污泥是非牛顿流体且固体浓度较高。污泥的这种特性大大减小了其有效净正吸头（NPSH）。因此，抽吸管道应尽量缩短，污泥泵应安装在液位以下（淹没式抽吸）几英尺的位置，以保证污泥抽吸正常。如果不能满足这些条件，泵就难以抽吸高浓度的污泥。

在以泵输送栅渣和沉砂时，需要特别注意运行条件的稳定。栅渣是在地面上的，采用泵输送的方式利于运输较大颗粒的渣状物，此时采用旋流泵是最适合的。砂砾泵需要考虑磨损和堵塞问题。栅渣泵和砂砾泵的蜗壳和叶轮应易于快速拆卸组装。表 6-4 对污水处理中常见的污泥和固体废物类型进行了总结，并就相应的泵型选择给出了指导性意见。

污泥泵的应用 **表 6-4**

泵*	栅渣	砂砾	沉积物	浮渣	初沉污泥	回流活性污泥	剩余活性污泥	混合污泥	浓缩漂浮物	重力浓缩污泥	消化污泥	脱水污泥	注释
无堵塞潜水混流泵			×		×	×	×	×	×	×	×		含固率低
轴流泵						×							
嵌入式叶轮泵	×	×	×		×		×	×	×	×	×		对于初沉污泥PS<2.5%含固率，对于消化污泥<4%含固率

续表

泵*	栅渣	砂砾	沉积物	浮渣	初沉污泥	回流活性污泥	剩余活性污泥	混合污泥	浓缩漂浮物	重力浓缩污泥	消化污泥	脱水污泥	注释
螺旋离心泵					×	×	×	×	×	×	×		高效率，< 6%含固率
切割泵				×							×		低效率
平行盘式泵		×					×		×	×	×		< 6%含固率
垂直涡轮固体处理泵						×							
柱塞泵			×	×	×		×	×	×	×	×		维护要求高，< 15%含固率
隔膜泵	×	×	×	×	×		×	×	×	×	×		< 10%含固率
蠕动泵				×	×		×	×	×	×	×		高吸力提升，<12%含固率
凸轮转子泵				×	×	×	×	×	×	×	×		<10%含固率
螺杆泵	×		×	×			×	×		×	×	×	<20%含固率
活塞泵				×			×		×	×	×	×	高成本，15－40%含固率
气力输送机	×	×		×	×		×	×	×				
气力提升泵						×	×						低提升或低效率
水力喷射泵		×											
阿基米德螺旋泵						×							

* 此表简单列举了不同类型的污泥输送泵，但未提供具体的选泵建议。要选定适宜的污泥输送泵需要考虑很多因素，包括考虑泵的类型和污泥来源，后续污泥处理过程和所选污泥输送泵的独特优势。

6.2.6　管道，配件和阀门

污泥输送管道的材料主要有钢材、铸铁和球墨铸铁、预应力混凝土圆柱管、热塑性塑料、玻璃钢增强塑料及其他材料。其中，钢和铁是最常用的材料。在钢或铁材料管道系统中，若无保护措施，会造成外部腐蚀；多数情况下，通过涂层或根据需要进行阴极保护，即可避免腐蚀。在管道内部铺衬水泥、塑料或玻璃材料可以避免管道内部的腐蚀和磨损。对于未经处理的污泥和浮渣，管道内部辅衬还可以增加管内壁的润滑度，防止油脂在管内的积累（Sparr，1971；Williams，1977）。对于厌氧消化污泥，管道的内衬可防止鸟粪石晶体在管内壁聚集。在泵抽吸管路系统和管道的关键部位（总管）处设置光滑的辅衬是必要的，因为停机维护后，会因摩擦和堵塞造成这些位置管路系统较难启动。

配件和附件应与污泥特性和管道系统相符。较长平滑转弯的弯头比转弯半径短的弯头更利于保证污泥输送畅通。用于排砂的管道中，弯头和三通应尽量选用抗磨损材料。

实践证明，无润滑式偏心旋塞阀较适合用于污泥管道输送。当使用清洁工具清通阀门时，需要谨慎操作。排砂管道一般需安装锥形润滑旋塞阀。

废水处理产生的污泥管道输送系统设计应以合理和便于维护为前提。即使操作条件良好，管路也可能偶尔出现侵蚀磨损、油污沉积或其他问题。配置管廊或管路隧道较埋管的方式更易于维护管理。为了保证管路系统的维护管理，应配备足够的法兰接头、机械轴节和拆卸配件。为了尽量避免油脂或颗粒物堵塞和确保维护方便，污泥输送管道的最小直径一般是 10～15cm（4-6ft）。为了简化管道系统的维护，需要预设置法兰堵头和清洁口。污泥在封闭性管道或设备中停留时间过长，就会产生气体，进而造成爆炸压力。因此，应预留设施保证管道、泵系统和相关设备的冲洗和放空。

提供给污泥输送管道和管件的压力应满足不同运行条件时的压力要求。当污泥含固率较高、管道堵塞、管道中产气、产生水锤和进行管道清洁时，管道中的压力将会高于常规运行压力。例如，所有隔离阀都应能耐受管道系统内产生的预期压力，否则隔离阀则可能成为第一处故障发生点。直径为 152mm（6ft）及以下的标准管夹阀与刀型闸阀所承受的额定压力相同，皆为 1034kPa（150psi）。当直径增大时，标准刀型闸阀耐受额定压力仍为 1034kPa（150psi）。而标准管夹阀管径增加到 203mm（8ft）时，其耐受额定压力降低到 826kPa（125psi）；管径增加到 254mm（10ft 和 12ft）时，耐受压力降为 690kPa（100psi）。当管道系统压力较高时，需要安装耐受压力更高的管夹阀，但其价格相当于相同管径的标准型号管夹阀价格的 2 倍。弹性阀座闸阀也可承受高压力。

温度变化也会引起管道内的压力改变。当管道内流入高温液体，有水流冲刷和以热流体清洗管道内油脂时，管道温度就会出现变化。设计管道时应考虑适应温度变化引起的压力波动。

6.2.7 在线研磨

在线研磨是通过研磨减小污泥固体粒径来确保后续处理过程的稳定。因研磨机需要的维护水平较高。因此除非很必要，否则就不要安装研磨机。若将来有可能安装研磨机，需在其待定安装位置插入可拆卸的阀芯以便于以后研磨机安装。研磨机可以磨碎流体携带的固体碎片、破布或纤维类杂物，但一般不用于二级（生物）处理污泥的输送系统。研磨机进水段常需安装球阀或瓣式止回阀。若管道系统使用了双止回阀，可以形成冲击垫，避免回流冲击，则可省去研磨机。研磨机上游仍需安装小口径、高压容积式泵。

构造精密、低速、水力或电动研磨机能够感应堵塞，并通过反转完成清洗。将离心泵和研磨机结合用作沼气池循环泵，也能有效预防破布缠结堵塞问题。实际操作经验表明，这种组合所需维护水平与研磨机相当。

6.2.8 管道润滑

在输送含固率高的污泥时，除了采用大管径管道用于输送泥饼外，还可在边界水层安装滑动嵌入环或注入聚合物以增加润滑度。该方法是通过环管向排泥管注入液体润滑剂，这样会在管道周长均匀分布润滑液，形成边界层。有两种边界层注入环：最初的注入环结构中，有单独的注入节点；新型的注入环中，润滑液是通过管道周边的环形槽注入润滑液，如图 6-6 所示。目前，采用环形槽的构型需要的润滑液较少且可对泥饼含固率的影响最小，故实际应用较多。润滑剂可以是水、聚合物或油性物质。

润滑用水量是很小的，一般是管道中流量的 0.5%～1.5%。因此，以水润滑对输送的污泥浓度会产生影响（美国土木工程师学会，2000）。例如，如果将污泥流量的 0.5%、1.0%和 1.5%（*v/v*）的水流注入到含固率为 35%的污泥流中，固体浓度将分别变为 34.8%、34.7%和 34.5%。以水润滑可降低管道内压力达 50%～75%。注入水流润滑后，在管道内表面会形成薄层的流动水膜（0.20～0.25mm），该层水膜独立于管道内的高黏度流体存在。故该层薄膜可减少管道内壁的摩擦力和屈服应力，因而降低了污泥输送过程的水头损失。

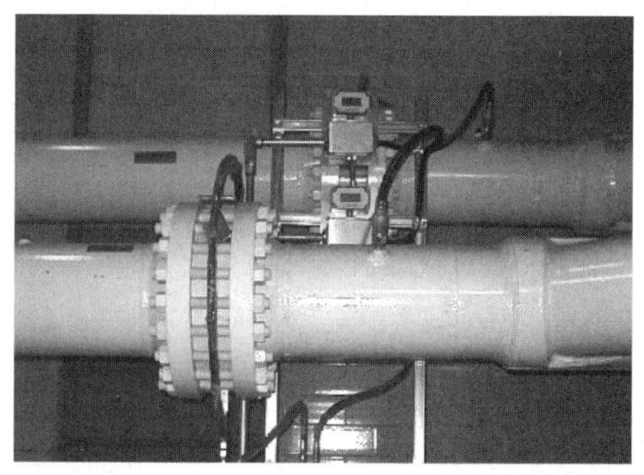

图 6-6　管道周边环孔润滑

在污泥含固率保持稳定的情况下，降低污泥输送的水头损失可显著提高污泥泵的运行稳定性，降低污泥泵维护成本，进而降低污泥泵的耗电量。

向管道内注水时需考虑管内的压力水平。通过操作控制器可以控制注入的水量，以免管内压力超出上限值。注入水系统由一个高压泵、泵控制器和注射环组成。近期，在加州圣地亚哥的一个工程项目中，将泥饼输送泵的控制器改进成可在泥饼输送泵运转时开动润滑泵的形式（Fonda and Rupik，2006）。因此，与常规基于管内压力决定是否润滑的做法不同的是，在某些情况下，只要泥饼输送泵运行，就应连续提供管道润滑。

Willis 等人（2002）报道称，在加拿大的泥饼输送系统中，注水润滑处出现了管内压力显著降低的情况。在此实例中，输送泥饼的活塞泵流量为 19～22m^3/h，输送污泥含固率为 28％，当润滑的水量为 1350～5400ml/min（相当于输送泥流量的 0.4％～1.6％）时，管内压力降低 55％～65％。由于注水润滑，相当于输送污泥的浓度分别减少了 28.0％～27.89％和 27.55％。

也有研究表明，采用聚合物代替水进行边界层注入润滑更为有利（American Society of Civil Engineers，2000；List et al，1998）。采用高压容积式泵输送含固率为 20％～35％的污泥时，采用注入水或多聚物润滑泵输送系统，可保证污泥输送系统运转的稳定性。

6.2.9　液相污泥长距离泵输送的设计和运行操作指南

当污水处理厂（WWTPs）需扩大处理规模时，一般会因为场地限制而将污泥处理迁至偏远位置。随着城市建设进程，污水处理厂附近场地也已被居民区或商业区占据。由于污水处理厂周边不断的城市化进程，污水处理厂和污泥处理设施可能就相距较远。然而，远距离输送污泥过程仍需谨慎规划。由于会释放温室气体，通过卡车或铁路运输污泥并非有利环境的完善之举。采用泵输送污泥可以达数英里距离。如前文所述，污泥特性是随着固体浓度增加而变化的。采用管道输送污泥是最经济环保的做法。虽然如此，长距离管道输送污泥仍存在挑战和难度。长距离以泵输送污泥会造成较高的水头损失，故工程设计人员应选择高扬程污泥泵。以一个英国的实例说明，以立式容积液压驱动柱塞泵在 2.2km 的管道内输送初沉和二沉混合污泥时，操作压力应高达 2600kPa（377psi）（World Pumps，1999）。

是稀质污泥或浓缩污泥的长距离管道输送设施及装置总结（WWTP＝污水处理厂；WRP＝再生水厂；SHF＝污泥处理设施；BMF＝生物污泥设备管理；WRF＝再生水处理设施；WAS＝剩余活性污泥） **表 6-5**

	印第安纳波利斯，印第安纳州	亚利桑那州	芝加哥最大的都市水回用系统	科罗拉多泉市科罗拉多州	马里布，加利福尼亚州	圣地亚哥，加州	尤金，俄勒冈州
	Southport 污水处理厂到 Belmont 污水处理厂之间的输送	WRP 东南绿色领域 WRF	Northside 污水处理厂到 stickney 污水处理厂管道输送	拉斯维加斯污水处理厂到清泉牧场固体处理输送设施	Los Virgenes 牧场	从罗玛站点到麦德龙有机中心	俄勒冈州中心大都会浪费管理委员会
摘要叙述	南安普顿只有水处理设施，Belmont 有完整的处理（包括水和污泥处理）；污泥从南安普顿泵送到贝尔蒙特	Southport WRP 是只有水处理设施；固体颗粒从东南 WRP 发送到绿地 WRF 进行处理。绿地 WRF 有水和污泥处理	污泥从 Northside 污水处理厂转送到 Stickney 污水处理厂（水和污泥处理）。	清泉牧场 SHF 接收固体颗粒来自拉斯维加斯 WWTP 和 JD 飞利浦水填海设施（JDPWRF）	Tapia WWTP 有 37.9mL/d (10mg/d) 处理规模但没有固体处理能力，每年有 7 个月“零排放”，直到 1970 年代，建造了牧场堆肥设施（只有污泥）。污泥从 Tapia 运输到 Virgenes 牧场洛处理处置	罗玛工厂点空间受限，仅仅有消化器而没有后消化处理。消化污泥被运送到麦德龙有机中心（MBC）；MBC 是固体——只有设备和接收来自北方城市 WRP 初始污泥	消化污泥从 WWTP 泵送到 BMF，那里有 4 个专门的池塘；BMF 也有干化床和带式脱水
注入液体	两条线：初沉污泥和 WAS，没有浮渣。	混合的初沉污泥和 WAS	污泥从一个污水处理厂到另一个污水处理厂	污泥，WAS，初级污泥和浮渣；3.0%～3.2%含固率	混合污泥，1°和 2°混合到 3%含固率	消化污泥，1.8%～3.2%的含固率	来自于消化器的 2%含固率污泥
输送之前进行浓缩	不需要	不需要，1%含固率	不需要，1.5%～2.5%含固率	混合和浓缩、加热、脱水。初级浮渣特定的混合操作	需要，轻轻倒出	不需要	不需要
需要其他系统或公共设施？	有一个平行的污水管道，而不是部分的污泥运输系统	否	否	否	两条污泥主要管道，旧的设施现在是备用；专用的设施是沿运转线路回到 WWTP	一个 8km（5 英里）输送管路从北方城市工厂运行。它传送初级浮渣混合到污泥线中。一个 400mm (16in) 3785L/min 的线路。(1000 美制加仑/分钟)	300mm (12in) 来自于 WWTP 再生水；上清线从 BMF 兼性污泥池塘回到 WWTP（使用一个已有的管道）
管道年龄	1967	2007，但管道从 1998 年就已经存在；之前用于处理污水处理厂间的原始污水	40～50 年	2005	1=1970；2=1980	12 年	20 年

续表

	印第安纳波利斯，印第安纳州	亚利桑那州	芝加哥最大的都市水回收地区	科罗拉多泉市科罗拉多州	马里布，加利福尼亚州	圣地亚哥，加利福尼亚州	尤金，俄勒冈州
管道材料	球墨铸铁或灰铸铁	球墨铸铁	球墨铸铁和石棉水泥	玻璃纤维增强塑料（FRP）	球墨铸铁，滑衬和外部涂层	带有约束口的球墨铸铁	球墨铸铁
管道长度	11km（7英里）	18km（11英里）	45km（28英里）	29km（18英里）	8km（5英里）	27km（17英里）	9.7km（6英里）
管道直径	都为350mm（14in）	250mm（10in）	450～600mm（18～24in）	350mm（14in）	25～150mm（1～6in），50～200mm（2～8in）（更新的）	300～350mm（12～14in）	200mm（8in）
地形	标准的平原地形	有坡降21m（68英尺）～18km（11英里）以上	平原地形	有起伏的丘陵	丘陵，经过国家公园和印第安人的领地	海平面以上122m（400ft）	平原地形
流体速度	>0.6L/s（2ft/min）来减少沉降	<0.3L/s（1ft/min）	0.9～1.5L/s（3～5ft/s）	0.3～0.6L/s（1～2ft/s）	755L/min（200加仑（美制）/分钟）；2.4L/s（1.2ft/s）	在300mm（12in），2L/s（6ft/s）；在350mm（14in）1.3L/s（4.4ft/s）	未知
流量	每个管路4543L/min（1200加仑（美制）/分钟）	568L/min（150加仑（美制）/分钟）	没有可用的，它们产生35000干污泥吨/年	大约871L/min（230加仑（美制）/分钟）	212L/min（56加仑（美制）/分钟）	最大值7949L/min（2100加仑（美制）/分钟）	通常是1703L/min（450加仑（美制）/分钟）
施工方法	直埋，曾经是在不发达的地区，目前是在一些住宅	直埋	直埋	直埋，用砂子和填充物覆盖	直埋	直埋	直埋
压力	大约414kPa（60psig）	<552kPa（80psig）	517kPa（75psi），但因为泄漏变成310kPa（45psig）	在工厂1207kPa（175psi）、在SHF207kPa（30psi）	由于失败，限制操作压力为1482kPa（215psi），管道（不是配件）的额定功率2413kPa（350psi）	3930kPa（570psig）；测试时可达6205kPa（900psig）	未知，不会太高
空气真空阀门	是	是	是	是	是	是	是

续表

	印第安纳波利斯，印第安纳州	亚利桑那州	芝加哥最大的都市水回收地区	科罗拉多泉市科罗拉多州	马里布，加利福尼亚州	圣地亚哥，加州	尤金，俄勒冈州
腐蚀	有一些腐蚀，偶尔破坏管路，由腐蚀性土壤而不是注入的液体决定	未知	有，裂缝来自垫层的损坏	有，一旦重修，损坏与承包商无关	有，来自贫瘠的土壤条件和排水	无，有一个阴极保护系统防腐蚀	无
测试设备	无	无	只有压力发射器	压力和流量	Mag 仪器用以报警；如果他们不匹配，将会泄漏。否则系统工作得很好	是	拱顶指示仪表
数据采集与监控系统	无	操作者在两端都可以关闭泵	只有压力发射器	全部程序	只有直读式频率计	完全控制、警报和自动控制	无
通信与控制	操作者在南港控制水泵，与操作者沟通后，在贝尔蒙特进行更改之前。操作者在贝尔蒙特控制排水	流量的趋势跟踪		在高压和低压时，响起警报并自动关闭	电话通信运营商两端之间的泵流量和固体物含量	抗振阀门	泵控制主要用于处理厂，在 BMF 采用分布控制方式
操作和维护问题	腐蚀性土壤中线路的偶然破坏	当压力足够高时会发生偶尔排水	无	气体积累在管道中，需要疏通	操作要求更加注意，主要是为了通过控制固体含量（稀释）防止压力下降	无	低速度引起沉降
砂砾或碎片问题	砂砾在初级污泥并不会导致管道中的问题	无	无	无	砂砾在流动时不产生问题	无	鸟粪石是大问题
管道清洗	是的，一周一次	可用但从未用过	无	没有可用，但清洗水是可用的	大约 2 次/年	可用和测试，但从来不需要	安装后，在沉积一段时间后，鸟粪石的问题让清管变得不可能

续表

	印第安纳波利斯，印第安纳州	亚利桑那州	芝加哥最大的都市水回收地区	科罗拉多泉市科罗拉多州	马里布，加利福尼亚州	圣地亚哥，加州	尤金，俄勒冈州
附加说明	初级污泥在超过11km（7英里）运输时开始腐烂；在排放时产生高浓度硫化氢				沿着管线设置隔离和止回阀以便必要时修补		鸟粪石依然是一个大问题，过长的管道可能也是一个问题
泵的类型	芝加哥离心泵	2个螺杆泵，3028L/min（800加仑（美制）/分钟）怪物“Netzsch”	2个离心泵。没有关于污泥泵的具体问题	亚伯（ABEL）隔膜泵	莫伊诺（Moyno）泵	4个并列的亚伯隔膜泵	未知
浮渣处理	南港：浮渣塔、撇渣、输送、卡车填埋。贝尔蒙特有一个浮渣浓缩器，之后再填埋	消化器，离心机，91毫升/天（24mgd）固体处理能力	离心泵5%～6%的含同率		1°牧场浮渣筛选并与污泥混合，用泵输送到Rancho		从澄清器到消化器
滤液和浓缩物处理	水相回流到处理系统	至曝气池	通过截流管回到处理厂	没有脱水	返回Tapia浓缩，一些SCADA在这个线上	直达下水道	到池塘或下水道
有机固体的脱水处理	在现场焚烧	土地利用	农业	地面下填埋	离心，然后固体与木头混合做堆肥。堆肥卖给公众或绿化公司，以使用全部面积	每天用卡车运走，至非食品农业等场地覆盖、填埋	堆肥项目，用于草地农业，或“生物循环农场”；60%农场，40%的树木
固体处置	重力浓缩池、重力带式浓缩、压滤机	污泥输送	25%的泥饼用于农田	厌氧消化污泥和兼性污泥	污泥湿井接收来自Tapia的污水、浓缩污泥及消化池的污水/污泥		
为什么远程处置污泥？其他选择？	Belmont固体处理厂是1927年建立的。南港是建于1965年，原设计意图是运送污泥到贝尔蒙特一样	Southport污水处理厂一直没有固体处理过程；绿地处理厂是设计成处理来自SWERP的污泥	城市同意在厂址处出没有有机固体设施	由于相同的目的，当前的FRP管道取代了漏水的250mm（10in）。延展性的铁管（1982年安装）。因科罗拉多春天公司的房地产发展需要更多空间	对Tapia而言，房地产问题，缺乏空间和山区都不允许添加有机固体处理设施	WWTP是在海军基地，没有额外的可用空间。之前在Fiesta岛使用太阳能干燥，现在因为沿海委员会的限制不再使用	BMF是10hm^{2}的（25ac）大型处理设施，在主体处理厂没有那么大的空间

注：2009年，由布朗（Brown）和考德威尔（Caldwell）工程师Lloyd Slezak，Pete Bellows，Kevin Kai和Scott Parr组成调研组，对旧金山公共事业委员会展开调查。

1. 操作经验

表 6-5 的数据来自于 7 个长距离污泥泵输送的实例，对工程设计人员设计类似的项目有一定的借鉴意义。列举如下：

（1）采用了离心泵和容积泵；

（2）流体流速通常大于 0.6m/s（2ft/s），以尽量减少污泥淤积；

（3）对于长距离输送污泥的管道，需要配置管道清理或冲洗设施；

（4）压力最大可达到 3930kPa（570psi），但大多数低于 690kPa（100psi）；

（5）在管道内生污泥会腐化，进而在管道内产生气体和在末端释放大量臭气。

2. 设计指南

预先规划管道安装至关重要。例如，如果污泥输送泵出现故障或污泥管道堵塞都会影响污水厂运行。通过合理的设计和设备选型，可尽量减少故障的发生。

如果污泥处理中有消化处理，污泥消化单元可放置于污泥输送管道之前或之后。但是，消化污泥以泵输送更易于操作。而且，由于管道内的厌氧条件，生污泥还会因腐败而引起浓缩、散发异味和造成腐蚀等相关问题。如果泵长距离输送生污泥，污泥经管道输送后直接进入厌氧消化池则可尽量避免腐化污泥对环境的影响。

污泥经管道长距离运输可能会破坏絮体结构。如果发生这种情况，则污泥后续浓缩和脱水处理就会受到影响。对污泥进行化学调理需投加较多的化学药剂；对污泥进行加热调理后，污泥脱水性能会变差。对长途管道运输而言，需要特别考虑以下几点因素：

（1）在污水处理系统中，除非单条管道在关闭几天也不影响运行过程，否则就应采用双管道系统输送污泥。

（2）对于其他用途的管道，外部腐蚀和管道负荷都是需要考虑的因素，例如水或天然气管道。对于长距离输送污泥的管道来说，外部腐蚀是较严重的问题。若不采取腐蚀控制措施，电回路冲击电流、酸性土壤、含盐地下水和其他因素都会引起严重的腐蚀。有必要的话，需要根据专家建议采取阴极保护的措施防腐。

（3）在污泥的管道输送过程中，适当注入一定的水量可稀释污泥或冲洗管路。可采用初级处理水冲洗生污泥管道；经消毒的终端处理水可用于冲洗消化污泥管道。在注入水的连接处应设置流量计。冲洗水流速约为 0.9m/s（3ft/s）。

（4）管道冲洗容器应易于安装和移除。如果需要的话，管道清洁器也可以贯穿或安装于于管道中。即使管道中的污泥未经稳定化处理，即使浮渣已隔离处置，仍需考虑频繁冲洗。如果采用清洗工具，则还需如下建议：

1）管道上阀门的设置应保证冲洗管道的水流畅通。

2）冲洗水的压力应能够推动管道清洁工具在整个管道长度内移动。

3）管道弯头应该为 45°或 22.5°。虽然某些清洁工具可通过 90°的弯头，但弯曲处易成为故障发生点。弯头处的长度/半径应经过清洁器供应商的检验。

4）应设置流量计或累加流量计。如果工具是嵌在管道中安装的，应记录自清洁工具安装后的流量。这样，就可以定位和检查清洁工具在管道中的位置。

（5）所选的管道线路应易于维护。

（6）在管道中较高的位置，应安置空气或燃气安全阀。在消化污泥管道中，为安全起见，应安装自动安全阀。然而，在未经稳定化处理的污泥管道中，由于有油脂和碎屑的积累，会干扰自动安全阀。对于未经稳定化处理的污泥而言，采用简单的手动排气阀更为稳定。污泥管道中散出的气体可能有异味。在狭小的空间里，这些气体是有毒，易燃、易爆和腐蚀性。

（7）如果输送的污泥含固率超过3%，所选定的污泥泵和输送管道应可抗较高的摩擦损失。与常规的牛顿流体相比，污泥的流动更接近于宾汉塑性流体。

（8）如果采用离心泵输送稀质污泥，那么由于污泥流动的阻力特性是变化的，则不可预测污泥流速。对于污泥特性的多变性，应有预先应对的贮泥策略。在管道启动输送污泥时，所选取的污泥泵应能克服小流量时管道的全闭压头。如果经常输送稀质污泥，应采用变频调速泵和电磁流量计，以根据实际的流速需要减慢泵的转动速度。

（9）在较长的污泥管道中，若采用容积泵输送污泥则操作难度较大。由于污泥具有触变性质，在启动输送时，势必产生较大的阻力。因此，就要求容积泵具有较高压头。为了避免这个问题，应考虑富裕压头，容积泵应低速启动。在污泥泵的排泥口应设置气室；在泵启动时，气室可用于抑制脉冲。在消化污泥的输送过程中，可在泵附近安装安全阀以回流消化污泥。同时，通过高压切换停止泵运行，可防止由于全部或部分堵塞而引起的过高压力对泵造成的损害。

（10）对于较长的管路而言，管路中间可能需要加压泵站。如果采用容积泵加压，应提供一个储存罐。除非采用离心泵，否则加压泵输送泥的流量难以与污泥流量相一致。

（11）最好采用限制流速的方式控制水锤。除非有特殊要求，否则流速不应超过0.9m/s（3ft/s）。在某些情况下，可能需要更低的流速。

6.2.10　脱水泥饼输送的实例

表6-6中，介绍了在以泵输送脱水泥饼至贮泥设施或卡车的装置。两种装置皆采用滑动面注水的方式，以减小管道输送所需的压力。

泵输送脱水生物污泥　　**表6-6**

	圣地亚哥，加利福尼亚麦德龙有机中心	加拿大，多伦多 Ashbridges湾处理厂
描述	脱水污泥由泵输送至储存地或卡车运出	脱水污泥由泵输送至储存地或卡车运出
注入液体	28%的厌氧硝化和块状物的脱水（离心机）	28%的厌氧消化和泥饼脱水
其他系统或实用工具	水注入润滑环，一个设置紧临泵后和另一个左泵下游后约61m（200ft）处	注入水实现润滑
管道年龄	1997	2001
管道材料	未知的	碳钢
管长度	最大122m（400ft）	最大177m（580ft）
管道直径	未知	300mm（12in.）
流体速度	未知	0.01～0.2m/s（0.03～0.6ft/s） 0.01～0.2m/s（0.03～0.6ft/s）
流量	未知	5to30m^3/h
压力	13.8kPa/m（2psi/ft）；总管道压力润滑前已经高达4826kPa（700psi），润滑现在与泵启动同时开始	12～60kPa/m（0.53～2.65psi/ft）w/o（水/油） 润滑；水润滑减少达55%～65%
操作和维护问题	泵的原始控制逻辑造成了过度磨损。现在每1500h运行后，泵系统都要重建	未知

续表

附加说明	不同的泵速与进料槽泥面水平相匹配，而不是周期性操作；保持螺旋运行避免进料槽低泥面水平的读数错误，需在进料槽通过保持更高的泥面水平；液压旁路模式对泵的安全控制是必要的，不应该在正常操作时使用此模式；运行润滑泵时块状物泵的操作也可以降低管路压力	未知
泵的类型	通过 Schwing 驱动的液压双活塞泵	通过 Schwing 液压活塞泵

6.3 传送系统

用于传输脱水（包含超过15%含固率）或干化污泥、栅渣、灰渣和砂砾的设备，包括传送带、输送管道和螺旋输送机，滑动斜面输送，升降机和气动传送系统。每种方式都各有优势。因为污水中固体物质的浓度是变化，且固体物质难于移动，且更倾向于流动，故固体输送系统的设计需考虑到不利状况。在《城市污水处理厂设计》（Water Environment Federation，2009 年）或《水和废水处理中污泥输送》（American Society of Civil Engineers，2000）中都有关于不同传输设施的介绍和讨论。

6.4 污泥传输系统的设计和控制总结

当设计污泥运输系统时，工程设计人员应考虑并应确定的参数和特性包括：传输的物质类型、传输模式（例如：管道）、传输设备（例如：泵、输送机）

由于泵输送污泥类型不同和相特性的差异，故污泥传输系统的设计和控制可能较为复杂。一般来讲，污泥传输系统的选定很大程度上取决于传输的物料类型。因此，不论输送过程如何设定，都需要定期监测输送物料的特性变化。这些特性包括黏度、含固率、含水率、结合水含量、相对密度、温度和颗粒大小、形状及压实率。除了污泥特性，操作参数如输送距离、提升高度、管径、管道损失及压力、流量、流速和流态（连续与间歇）也应在泵输送系统的设计早期加以考虑。

应依据所选泵输送系统和设备制定设计思路和操作维护方案。例如，对于输送稀污泥的离心泵系统而言，其设计和过程控制方案与输送颗粒污泥和压实污泥的皮带传送机有所不同。表 6-7 总结了在不同类型泵输送或传送系统的早期设计或后续运行过程中应关注的设计或运行监测参数。对于重要参数来讲，要在贯穿于整个污泥输送系统的使用寿命期间进行监测。关于过程控制的其他内容在本章涉及不同污泥传输设备的内容中有所阐述。

泵输送和传送设备的设计和过程控制参数

（粗字体参数为需要连续监测的参数）（NPSH＝净压头） **表 6-7**

种类	类型	参数
1. 抽水设备	• 离心泵	• 泵流量 • 水泵效率 • 必需的气蚀余量 • 有效气蚀余量 • 总动力水头

续表

种类	类型	参数
1. 抽水设备	• 离心泵	• 抽吸速度大于 0.6m/s (2ft/s)，小于 1.5m/s (5ft/s) • 冲洗连接 • **湿井液面水平** • **吸入压力和排出压力** • **Operating speeds 操作速度** • **流速** • **振动**
	• 容积式泵	• 泵流量 • 泵效率 • 泵的吸入与排出管路上的隔离阀 • 输送泥的预处理（如刷选或磨） • 从阀门中清理碎片 • **流量** • **排出压力** • **操作速度** • **温度** • **湿井的泥面水平、料斗的泥面水平和泥质重量**
2. 运输设备	• 皮带式输送机	• 容量 • 适当的清洗系统 • 紧急停运开关 • 调速开关 • 软管道和排放管 • **移动速度** • **滑轮、滑轮的轴或轴的油水平**
	• 链板式刮泥机	• 输送链的强度 • 链条张力 • 检查端口，入口门 • 螺栓顶盖 • 耐磨条厚度 • 螺栓扭矩 • 轴的头与尾的对齐 • **移动速度** • **被传送物料的重量** • **轴承和链条润滑水平**
	• 斗式提升机	• 容量 • 定期清除累积的介质 • 链强度和磨损量 • **移动速度**
	• 螺旋传送机	• 高速开关 • 内部悬挂架 • 中心轴和联轴器的抗扭能力 • 所有的封顶和盖子 • **移动速度**
	• 启动管道传送器	• 容量 • 物料的空气与质量比 • 物料的体积密度 • **输送风速**

6.5 异味

敞开式污泥运输会散发严重的异味。在异味排放点安装排气罩来收集异味气体，可防止异味向建筑物散发，并显著减少需清洗的气体体积。所有污泥输送设施都应保持通风良好，而且必要时应对流通的空气控制异味。即使是稳定化处理过的污泥，如果污泥输送系统中需设置用于泵系统的大型贮存或均衡池，当停留时间超过几个小时，应对贮存池或均衡池加盖或对通风柜设置异味控制设施。关于污泥贮存和异味控制的内容将分别在第 19 章和第 20 章阐述。

第7章　化学调理工艺

7.1　引言

化学调理并不能直接减少污泥的含水量，而是通过改变污泥的物理性质，促进污泥在浓缩和脱水的过程中水的释放。如果没有经过预先的污泥调理，机械浓缩和脱水技术就缺乏经济效益。

此处涉及的调理是一种在化学或者温度上的调节，用于提高浓缩或者脱水工艺的效率。化学调理过程利用无机化学品、有机聚合物或它们的组合来提升污泥的浓缩和脱水性。热调度利用热量来调节和稳定污泥。

这一章讨论了化学调理和一些设计的要素。如果没有经过特定调理处理，一些经过浓缩和经过脱水过程的污水污泥不具有可操作性。特别是包含有经过生物处理工艺的污泥（例如，固定膜和悬浮增长活性污泥处理系统）——这种调理步骤可以采用化学工艺或者物理工艺。

根据所用的浓缩或者脱水工艺、污泥特性和浓缩或脱水方法的不同，调理可以显著减少污泥的水分，增加污泥的固体含量，从大约1%增加到15%～30%。调理不仅能够去除水分还可以通过调整污泥的物化特性显著增加浓缩率或者脱水率。

在美国，最常用的用于污泥调理的无机化学物质是铁盐（例如氯化铁）和石灰。在英国，最常用的是硫酸亚铁和石灰。

20世纪60年代，污水处理中引入了有机聚合电解质（聚合物），并迅速用于浓缩和脱水工艺。聚合物的首要优点是他们不会显著增加污泥产物；在处理中每增加1kg无机化学物将产生1kg额外污泥（如果没有化学反应，例如石灰产生碳酸钙的反应）。无机化学物质（例如硫酸铁和石灰）可以增加20%～30%的最终产物（以干污泥计），飞灰可以增加50%～100%的最终产物（以干污泥计）。

污泥调理方式必须与所用的浓缩或者脱水工艺相适应。例如，离心是通过压力来压缩污泥，带式压滤机（BFPs）使得水通过孔隙空间，因此单一的调理不可能用于所有的处理工艺（水环境协会，2003）。

通常，管理层关注水厂的水处理工艺，因为水厂的目的是接收污水并且产生清洁的水。脱水操作通常认为是一个良好的水厂出水的结果。为了减少整个工艺的总花费，水处理工艺的运行同时需要考虑污泥处理工艺。

7.2　污泥脱水的难点

如果考虑污泥的可调理与可脱水性程度，个体间的差别很大。一些研究探究了水在污泥中的几种不同形式对其脱水能力的影响。林德（1994）在了解了污泥的复杂性的基础上并总结了水存在于污泥中的几种形式。林德模型可以用来理解污泥是如何产生，以及选择哪个处理会产生难脱水污泥，然而近期的研究显示污泥比林德模型更为复杂，但如果只是为了了解有些污泥为何比别的更难脱水，林德模型仍旧为人所用。

7.2.1　游离水

游离水不以任何方式与污泥结合，这一类水是最容易去除的。通常自由水在澄清中去除，因此不会进入脱水工艺，除了那些不注重工艺的水厂，比如澄清池的撇渣器将清水打入脱水工艺。

7.2.2　结合水

结合水是以化学结合或者在膜内的形式存在于颗粒内，比如氢氧化铝，水就以六水合物的形式存在，每一分子的铝结合六分子的水。

细胞膜内包含了大部分的液体，机械脱水不能破坏细胞膜来释放这些液体。初级污泥可以脱至含固率35%～40%，然而一些污水处理厂的活性污泥很少超过15%～18%。由此可见，任何使得细菌比率提高的物质都可以导致污泥含水量的提高。同样的，尽管初级澄清节约成本同时简化流程图，但是这一应用大大增加了污泥脱水的难度。实际上易脱水初沉污泥被细菌分解而增加了进入脱水工艺的细菌数量。

地处明尼苏达的明尼阿波利斯污水处理厂公布了一项数据显示：随着初沉污泥和二沉污泥的比例在50∶50到30∶70时，聚合物投加量增加且泥饼含固率减小（明尼阿波利斯污水处理厂，1999）。

7.2.3　附着水

林德假设污泥颗粒表面的水是通过静电和范德华力附着在污泥上的。由于这些力的作用，水很难甚至不能通过机械方式去除。由此认为每公斤污泥的表面积越大，脱水污泥饼中的附着水越多。在显微镜下可以观察到，剩余污泥的表面积很大——远远超过初沉污泥。较大的表面积也即二沉污泥比初沉污泥更难以脱水的原因。

如果石头分解成了小块，那么石头的重量是不变的，但是表面积却大大增加，通常大颗粒比小颗粒每公斤表面积小。因此将大颗粒物质分解成小颗粒物质不利于污泥脱水，这种情况发生在初沉池缺失或者运行不稳定时。

7.2.4　间隙水

间隙水是存在于污泥颗粒空隙间的水。有很多机制可以解释间隙水数量的减少。我们通过一个装满谷物的桶就都可以观察到，如果我们摇晃这个桶就可以使得谷物更加紧密并释放出谷物间的间隙气体。在这个例子中，谷物并没有改变形状，而是增加一些堆积密度来达到终极堆积密度。如果谷物是可压缩的，那么压力可以使得谷物间更加紧密，互相之间更加契合，迫使间隙中的气体溢出。在污水处理系统中，就像在澄清池中污泥颗粒形成污泥层一样，一个颗粒的重量压在另一个颗粒上使得污泥颗粒更加紧凑，将水挤出。随着污泥层变厚，最下面一层的颗粒所承受的重量越来越重，使得更多的水得以去除，污泥层变紧实。在污泥脱水之后，压滤机或离心机用更大的压力使得污泥更加紧密，从污泥中压出更多的水。在针对高浓度污泥的离心脱水工艺中，各种不同技术的应用使得离心中的泥饼层尽可能的厚，而这需要增大对于泥饼的压力。聚合物可以影响泥饼的含固率（为了获得更干燥的泥饼需要更多剂量的聚合物）；然而高浓度离心系统不需要考虑聚合物的应用（影响泥饼含固率最常用的方法）。简单的添加更多的聚合物而不增加泥饼厚度不会显著改变泥饼的含固率。

7.2.5　毛细水

毛细水是通过毛细作用存在于污泥裂隙中的水，通常机械方法不能去除这一类水。虽然当污泥颗粒不是很坚硬时，通过挤压污泥颗粒可以压碎裂隙，挤出其中的水，就像挤牙膏一样。确实，给非刚性颗粒增加足够的压力可以将毛细水挤出污泥。

一些水相对其他形式的水来说比较容易去除，考虑这些可以使得污泥更容易脱水。不幸的是，那些将污泥中所持有的不同状态的水脱出的各种方法并不能即刻起效，尽管概念本身是很有用的。例如，通过脱水将污泥从含水量98%降到含水率72%的泥饼，脱水工艺并没有去除大部分的水。如果将泥饼按百分比来表述，那么100%脱水就被认为是可以达到的，但林德（1994）曾经指出机械脱水100%是不可能的，甚至脱水50%，或者33%也是不可能的。随着效率的提升，更进一步的提升是难以达到的。

7.3　影响因素

调理药剂的类型和剂量取决于污泥的特性、调理前后污泥处理工艺和药剂添加后的混合工艺。

7.3.1　污泥特性

下列污泥特性会影响调理工艺：

（1）污泥的来源；

（2）污泥浓度；

（3）碱度和pH；

（4）生物胶体和生物聚合物产生量；

（5）颗粒尺寸和粒径分布；

（6）水合作用的程度（水合度）；

（7）粒子表面电荷；

（8）总挥发性悬浮固体（VSS）。

1. 污泥的来源

在某种程度上，调理方法取决于需要处理的污泥类型。市政初沉污泥、二沉污泥、混合污泥、消化污泥可以指示需要添加药剂的范围，这些药剂是后续污泥处理所必须的。阳离子聚合物对初沉污泥，二沉污泥和消化污泥效果较好，阴离子聚合物对无机污泥效果最好。

一份关于各种浓缩和脱水设备的公开数据报告显示，初级污泥需要的调理药剂量要比二沉污泥少，固定膜二沉污泥需要的调理药剂量要比悬浮生长二沉污泥少。根据所用的浓缩或者脱水方法，好氧消化污泥和厌氧消化污泥所需的调理药剂剂量和二沉污泥所需的药剂计量相当。同样的，混合污泥（初沉污泥和二沉污泥）的特性接近二沉污泥，尽管仍受不同类型的组成所影响。更重要的是，相同来源的污泥的特性也会因构筑物的不同而变化，并且具有季节性。调理剂量依据所用特定的调理试剂和调理目标（浓缩或者脱水污泥）而定，并可能因季节的变化或者特性的不同而改变。

化学污泥是那些混合了无机调节试剂的污泥（例如，加入铁盐、铝盐和石灰来除磷或者促进悬浮固体的去除）。这些污泥相对传统的初沉和二沉污泥更千变万化，所以很难计算投药量。还有它们的调理要求和初级污泥、二级污泥的调理要求是不同的。例如，在二级澄清之前往混合液悬浮污泥中加入石灰可以促进悬浮固体的去除，然而生成的污泥可能需要使用阴离子聚合物，而不是用于初沉或者二沉污泥的阳离子聚合物（例如钙离子会中和负离子）。尽管电性中和是该进程的基本部分，一个同样重要的部分是通过聚合物链来连接污泥颗粒。

2. 污泥成分

在许多应用中，调理剂通过吸收带相反电荷的有机聚合物或者无机化合物来中和胶体表面电荷。残余物的污泥浓度能够影响调理药剂的剂量和扩散。因此，对于给定的粒子分布，增加悬浮固体浓度会增加混凝剂投量从而有效地提高表面覆盖率（基于体积基础）。

悬浮污泥浓度也会影响调节药剂别的两个方面。其一，在高污泥浓度下工艺进程较少受过量投加药剂的影响；其二，污泥和调理药剂在高污泥浓度下很难混合。

3. 碱度和 pH

当使用无机调节药剂时，碱度和 pH 是影响调理效果的两个最重要化学参数。混凝是混凝剂和污泥胶体表面的相互作用，带电表面的特性和混凝剂电性都是取决于 pH。当使用无机调节药剂时，污泥的 pH 决定了起作用的化学成分。

当铁盐和铝盐投加到水中时其作用类似于酸（即调理药剂可以减少 pH），所以调理进程的 pH 取决于污泥的碱度和铁盐铝盐的剂量。而 pH 决定了主要的混凝剂种类和带电胶体表面特性。需要高混凝剂投量的一个原因是高碱度通常与厌氧消化污泥相联系。低分子量的混凝剂与无机调理药剂相比，能够在更广的 pH 范围上产生更高效的作用。

4. 生物胶体和生物聚合物

尽管研究人员的调查比设计工程师要多，这些基本参数给调理工艺的设计提供了一些参考。活性污泥絮体中的生物聚合物可影响絮体的物化特性（即絮体浓度、絮体颗粒大小、比表面积、电荷密度、结合水含量、疏水性）。

其他研究显示阳离子可以影响絮凝效果和改变活性污泥絮体的沉淀和脱水特性（Bruus et al.，1992；Eriksson and Alm，1991；Higgins and Novak，1997a，1997b）。二价阳离子架桥结合带阴离子的生物聚合物形成厚的絮体结构。一价阳离子通过形成一个较弱的结构来保护生物絮凝，提高了生物絮凝效果并提高了之后的沉淀和脱水特性，可以降低沉淀和脱水特性。当二价阳离子投加在进料处而不是沉淀池时，沉淀和脱水特性进一步的提升（Higgins and Novak，1997b）。

一系列小试研究利用活性污泥来探究絮体破坏的机理，在好氧和厌氧消化后改变污泥调理和脱水特性。数据显示生物聚合物在厌氧和好氧条件下从污泥中释放出来，但是更多的会在之前释放。特别是在厌氧条件下会比好氧条件下放出多 4～5 倍的蛋白质（Novak et al，2003)。脱水率和聚合物剂量都取决于溶液中生物聚合物（蛋白质和多糖）的量。

5. 颗粒大小和分布

颗粒粒径分布影响到颗粒总表面积和由这些颗粒形成的泥饼的孔隙度。这些特性影响到所需的混凝剂量和脱水能力。许多研究人员正在研究颗粒粒径对脱水能力的影响，并认为颗粒粒径是决定脱水能力的最重要的一个参数（Karr and Keinath，1978；Novak et al. 1988；Sorensen and Sorensen，1997)。更小的颗粒（胶体和超级胶体）可以影响过滤和污泥饼并阻止污泥饼中水的释放（Novak et al，1988；Sorensen and Sorensen，1997)。另一个研究表明由于结合水减少了絮体间的联系，絮体密度的增加可以提升脱水特性(Kolda，1995)。这些研究都说明脱水能力的提升和其他因素相联系（即pH、混合度、生物降解和调理作用)，并可以通过这些因素来解释对粒径分布的影响。

6. 水合度

过多的结合水被认为是脱水难的原因。与絮体相关的结合水百分比决定了通过机械方法可使泥饼达到的最大含固率（Robinson，1989)。另外林德（1979）回顾了许多研究者关于活性污泥中水分布的文件，这一类水被形容为自由水、附着水、毛细水和结合水，是根据释放一定量的水所需要的离心加速度来决定的。林德意识到在给定污泥中水的分布可以决定特定浓缩或者脱水工艺运行的可行性。

7. 颗粒表面电荷

污泥颗粒（亚胶体和大分子组成）的表面通常是带负电荷的，因此他们之间是相互排斥的。相互排斥产生的空间由正电荷和水占据。如果可以消除电荷，那么浓缩和脱水效果就得以提升。这就是为什么化学调理药剂是阳性的或者加入水中之后是阳性的原因。

在大多数情况下，聚合物调理在电荷是中性的条件下是最有效的。可使用如用流动电流探测器在脱水进程中测量电荷，也可以实时测量或者控制聚合物剂量（Dentel et al.，1995)，在聚合物和剂量的实验室对比中十分有效。

混合和脱水时的剪切力可以增加生物胶体阴极表面，因此消除阳离子聚合物的作用，但带来的结果就是随着混合剪切力的增加聚合物投量的增加（Dentel，2001)。

8. 废水中的阳离子

很多的研究表明阳离子与活性污泥中阴离子生物聚合物相互作用可以改变絮体结构(Bruus et al.，1992；Eriksson and Alm，1991；Higgins，1995；Novak and Haugan，1979；Tezuka，1969)。一项研究指出一价正电荷会恶化沉淀和脱水特性，二价正电荷则可以提升沉淀和脱水性能（Higgins，1995)，改变活性污泥的电荷密度可以减少调节二沉污泥所需的聚合物剂量。

研究人员研究了阳离子的进水浓度（即铝、铵、钙、铁、锰、钾和纳）并且假定它们能够显著影响生物絮凝。发现阳离子可以影响生化污泥的浓缩和脱水特性。例如，高浓度的钠离子可以导致较差的脱水效果，然而如果絮体包含足够浓度的铝离子和铁离子，则可以补偿钠离子的负面作用（Park et al，2006)。关于铝离子的数据揭示了活性污泥如果包含低浓度的铝离子和高浓度的可溶生物聚合物（蛋白质和多糖)，则会导致高化学需氧量溢出，需要大量的化学药剂且污泥脱水特性较差（Park et al，2006)。研究表明铁离子可以增加絮体强度并且在厌氧消化时铁离子的减少和溶解可以解释为什么消化污泥脱水较差。同时溶液中的蛋白质也导致脱水性能差和大量的调理药剂。

9. 污泥的流变特性

许多研究关注污泥的流动特性，希望将污泥特性和所需化学调理药剂结合起来（Ormeci et al.，2004），如屈服强度和黏度可以使得化学调理最优化。一项研究表明混合影响到污泥调理的流变特性（Abu-Orf and Dentel，1999）。另一项研究表明污泥调理可以通过监控离心黏度和滤液黏度（Bache and Dentel，2000）来提升污泥调理效果。还有一项研究中，无论实验室测试还是生产规模测试都表明污泥的强度可以用来优化化学调理并得到更干的污泥（Abu-Orf and Ormeci，2005）。通常调理剂的类型（即聚合物还是粉煤灰）和所涉及的污泥（即化学的还是剩余活性污泥）都将决定所用的流变参数。

7.3.2 无机化学添加剂

1. 氯化铁和明矾

铁盐和铝盐经常投加到水处理工艺的末端，与磷酸盐反应在水中形成不溶物。这些无机盐（包括一些胶体污泥）也会投加在化学强化一级处理中，用以提高污泥的去除率。

在水处理工艺末端使用这些化学物质对脱水会有显著的效果；氯化铁的使用将会促进脱水进程，然而铝盐则无效果而使得脱水变得困难。因为脱水的效率与添加量成比例，因此，脱水操作需要考虑任何化学药剂投量的变化。同样的，当对比氯化铁和明矾的花费时，脱水作用也需要考虑进去。氯化铁和铝盐的添加能引起悬浮颗粒聚集和沉淀。与聚合物不同，明矾和氯化铁不需要有效时间，也不需要特定的混合设备。氯化铁同时也和碳酸氢盐碱度反应形成氢氧化物，其作用同絮凝剂。

2. 鸟粪石控制

鸟粪石是一种由磷酸铵镁构成的晶体，一些厌氧消化工艺会有鸟粪石的问题。磷酸盐可以在二氧化碳闪蒸和有扰动的消化池中沉淀出来。这些晶体有时在离心/过滤中产生很严重的问题，因为可能在一周的时间内，晶体就把管线堵塞了。理论上磷酸盐可以通过改变组成或者结合磷酸酯（鸟粪石的关键成分）来得到控制。通常添加氯化铁来解决，因为它和磷酸盐反应，降低污泥的 pH。氯化铁可以提高脱水能力，然而它很昂贵并且增加需要处理的污泥重量。

另外一个磷酸铵镁的控制方法是酸化进水来进行脱水，降低 pH 至鸟粪石不会形成。任何酸都可以使用（硫酸、盐酸、硝酸）。有时这些酸可以花很少的钱买进——甚至免费——但是检查这些酸是否含有其他成分很重要，例如重金属，这可能对构筑物造成一定的危害。通常在污泥里添加酸可以给脱水带来一定的好处。氯化铁通常可以促进脱水，无论它加入初级处理工艺还是脱水设备之前。将它单独加入来提升生化污泥的脱水能力却不是一个经济有效的方法。氯化铁比别的试剂和常用的酸都贵，然而要想得到它带来的优良效果需较高的费用。

7.3.3 污泥调理工艺的前处理

任何工况下的效率主要取决于污泥调理前的物化特性（即污泥来源、浓度、无机含量、化学、储存时间和混合）。物理特性是污泥在调理前所受物理影响的函数。例如任何损坏污泥絮凝特性的工艺通常既增加化学调理需求又影响最终处理效果。混合的程度和调理前后的剪切应力都能显著影响调理效率和最终的污泥处理效果。

1. 储存

对于液态残余物有长期的和短期的两种储存方法。长期储存一般出现在需要长时间停留的稳定工艺中（即厌氧消化和好氧消化），或者在一些特定设计的池子中。短期储存可能出现在污水处理工艺中（即增加污泥储存）或者在小型的特殊池子里使用。储存可以平抑污泥产量的波动，使得污泥进料速率更加统一。同时在设备维护时使得污泥有地方储存。然而长期储存对污泥的脱水能力具有消极的影响。

储存时间长的不稳定污泥通常比新鲜污泥需要更多的化学药剂，因为增加了颗粒水化程度和细颗粒百分比。初沉污泥和二沉污泥混合储存导致厌氧条件的快速发展，这导致更多的聚合物需求并增加可溶有机物和气味。

储存活性污泥会增加过滤的特定阻力和后续的调理要求（Karr and Keinath，1978）。长期储存的稳定厌氧/好氧污泥显著降低温度并且改变 pH 和碱度。温度的下降通常增加调理需求。然而如果温度下降的较小，那么对调理的负面作用可能小于增加污泥浓度的补偿。

2. 泵送

泵送污泥会受到剪切力，剪切力的级别取决于泵的类型和流量。污泥颗粒是易碎的，泵送通常导致它们的破碎。研究人员发现化学调理的要求与胶体和超胶体范围内的颗粒数有关（Karr and keinath，1978；roberts and Olsson，1975），所以任何减少颗粒尺寸的工艺都将增加化学药剂量。

调理后的污泥不应再泵送，因为泵送形成剪力，这会破坏絮体。所以如果需要，在设计时尽量减少泵的剪切力。

3. 混合

污泥调理期间，污泥和添加的化学药剂必须混合均匀，确保化学药剂均匀分布在污泥里。而且混合器不能破坏形成的絮体。设计者需要在考虑这两个问题的前提下优化混合时间。而混合的要求取决于所用的浓缩或脱水方法。管道搅拌器通常和现代浓缩和脱水设备一同使用，而一些较早的压缩和脱水设备采用混合、絮凝分离的池子。

对于多数的市政污泥，强混合后应该使搅拌强度减缓，使得细小颗粒絮凝聚合，便于沉淀或者过滤。一旦污泥和调理化学药剂完全混合，其在进入浓缩或者脱水系统之前，在管道或絮凝池中即可完成絮凝过程，水力停留时间仅为 15～45s。

7.3.4　污泥的最终处置和应用

联邦法规第 40 条阐述了生活污水处理过程中产生污泥的处理和利用（40 CFR 253）（美国环境保护局，1990）。污泥用于市政垃圾填埋或作为垃圾填埋地覆盖材料必须符合联邦、州和当地的要求。例如，地方和州渐渐达成共识要求垃圾在与市政污泥共同处理之前污泥含量为 35%～40%。垃圾填埋的污泥需要达到生物稳定或土壤工程特性的特定级别，或者都达到。足够多的石灰剂量可以稳定和调理污泥，一定剂量的石灰、粉煤灰或其他膨化材料可以提升泥饼的机械特性。污泥的机械强度可以通过坍落度试验来确定（类似于用在混凝土上的坍塌实验）。

近年来，通过添加石灰来达到 A 级生物污泥十分流行。石灰和其他碱性试剂（如粉煤灰和窑灰）的添加量需要适当。石灰可通过两种方法混合。

最简单的方法是湿式混合法，这种方法将粉末状的石灰（氧化钙）与水混合（通过这个方法可以释放氨)，石灰浆在脱水之前泵入污泥进料管路。该系统灵巧、方便、维修少。

另外石灰粉末通过螺旋输送机或气动输送到混合器，在那里与脱水污泥混合，并释放大量的氨、尘土和硫化物。由于操作员不能在该状态下工作，故需要一个气味控制系统控制管理。

从运行和设备的立场上，湿式法比混合粉末石灰直接进入脱水泥饼更节约成本。

另一方面，如果生化污泥用于土地利用或者其他有利的用途，那么材料必须达到 40 CFR 503 列出的污染浓度标准，病原体减少要求和病媒吸引降低标准。由于公众对生化污泥利用的关注持续升温，许多农民只接受 A 级污泥，同时一些农民只接受经过特定调理的污泥，这将影响整个调理和处理工艺的选择。除此之外，生化污泥的特性和场地工况（例如地下水和污泥）可能限制一些调理和处理方法的使用。例如一些作物在酸性土壤中能较好的生长，那么经过石灰处理的生化污泥就不适用于这片土地。脱水前后石灰的作用列出如下：

1. 脱水前投加石灰

(1) 当石灰（氧化钙）和污泥作用时，石灰吸收一分子的水形成氢氧化钙和碳酸钙。这些水源于进水，否则这些水就会作为脱水系统中过滤水的一部分而去除，但是转移到了泥饼中后，将像污泥一样被移走。

(2) 石灰具有表面积，通过脱水工艺可以带走表面水分。

(3) 相比之下，很少聚合物能在高 pH 条件下与污泥反应良好，如果能够反应，聚合物的剂量也要更高。这会使聚合物的选择复杂化并增加聚合物的成本。

(4) 脱水前投加石灰将增加所需石灰的量，因为必须提高回流到污水处理设施的滤液的 pH。

2. 脱水后投加石灰

(1) 当石灰（氧化钙）和污泥反应时，它吸收 1 分子的水形成氢氧化钙和碳酸钙。这水来自于脱水污泥中并将被除去。

(2) 用于脱水工艺的污泥并没有改变，所以不存在聚合物的选择和使用的问题。

(3) 只有脱水污泥的 pH 升高，不浪费石灰。

在过滤设备中添加石灰会减少过滤的比阻，这反过来可以提高处理效果，这是离心机不具备的优点。在给水厂和污水处理厂的离心机中，过滤不是分离机制，因此不需过多降低比阻。在两种情况下，需要去除的物料量比投加石灰前的多，一方面是因为石灰需要被去除，另一方面是因为污泥的表面被毛细水或者表面水覆盖。添加石灰增加了表面面积，因此也增加了进入污泥的表面水。

成本是重要的决定性因素。采购化学品投加设备十分昂贵，尤其是化学品增加了污泥量，然后必须被处置这些污泥。显然前期成本需要和处置费用平衡。不论石灰以何种方式添加，其产物对大多数农业再利用是很有价值的。另外，添加石灰的污泥可以储存很长时间而不产生异味。在冬天或者当农田里有作物时，生化污泥无法土地利用时，这是一个很好的优点。

7.4 化学调理类型

污泥可以通过化学、热和冷冻—融化的方式进行调理。最常用的是化学方法，常用的化学调理剂为聚合物、无机化学药品或者两者均使用。热处理和冷冻—融化处理曾在有限的范围内使用，但是由于一些问题这些方式近年来逐渐不再使用。

在20世纪中叶，污水处理专家们利用多种无机化学品和天然有机物来调理污泥。最常用的无机化学药品是石灰和铁盐。

7.4.1　无机化学法

无机化学调理通常使用氯化铁和石灰，主要用于板框压滤机，也用于带式压滤机。相比聚合物，污泥调理需要更大剂量的无机化学物，这影响到污泥的体积和质量。例如，添加铁盐和石灰可以增加污泥质量（和体积）（Water Environment Federation，2003）。

石灰和液态氯化铁是厢式板框机最常用的两种无机调理试剂，方便易得且调节范围广。另外得到的生化污泥适合应用于土地和堆肥。

较少使用的无机混凝剂包括液态硫酸亚铁、无水氯化铁、硫酸铝和氯化铝。另外的无机材料（如粉煤灰、电厂灰、水泥窑灰、煤粉、硅藻土、膨润土和木屑）已经用于提升脱水效果，增加污泥中固体含量，在某些情况下也可以减少其他所需调理试剂的剂量。

除了增加所处理污泥的体积，无机化学调理试剂还可减少污泥的热值。泥饼的燃烧性能取决于污泥中挥发性有机物的比例，而不是泥饼中的化学沉淀的比例。

1. 石灰及其特性

一些污水处理厂利用石灰来控制pH并提升污水处理的沉淀性能，进而调节和稳定污泥。市场上可买到两种形式的石灰：石灰石（氧化钙）和粉末熟石灰（氢氧化钙）。任一种形式的石灰都是腐蚀性的，泥浆状态下易生成沉淀，在运输设备中能形成碳酸钙垢。

加入氯化铁后溶液pH降低，而石灰作为调理剂，通常也用于提高pH。它同样也形成碳酸钙和氢氧化钙沉淀，就像骨架剂一样提升脱水效果，抗压时提高多孔性。在高pH时氢氧化钙不易溶解。

生石灰纯度在85%～95%，通常被称为煅烧石灰，因为它通过高温煅烧石灰石（碳酸钙）排除二氧化碳留下氧化钙（生石灰）制作而成。它通常是块状形式，这样可以减少处理时的灰尘问题。除非是污泥稳定化，否则很少用干式的生石灰，而是在使用前与水混合变成水合形态（氢氧化钙）。这个水合作用（称之为熟化）放热，反应见式(7-1)：

$$CaO + H_2O \longrightarrow Ca(OH)_2 + 热量 \tag{7-1}$$

在消解时生石灰块裂解变成具有表面积大、活性高的熟石灰颗粒，优质的生石灰快速转化，生成高活性的氢氧化钙悬浮液；低品级的生石灰转化速度慢，生成低活性的悬浮液（表7-1）。低品级的生石灰需要严格控制水量以保证转化效率和氢氧化钙的粒径最小化。

生石灰必须在控制的条件下储存，因为长时间接触潮湿空气中的二氧化碳引起生石灰的潮解、结块、活性降低。同样的，水合悬浊物中空气或者过硬的水（碱度超过180mg/L碳酸钙）会引起碳酸盐结垢，导致传输泵和管路的堵塞。

对于质量控制，生石灰应该具有高度的活性，能快速转化，能分解且不产生大量的不溶物和未崩解产物。中度消石灰不是优选项，低熟度和烧窑石灰是不可取的。

生石灰转化能力关系（National Lime Association，1982）　　**表 7-1**

氧化钙含量（%）	硬度	转化能力
高	柔软	非常迅速
	中等	中等
	过硬	中下
中	柔软	中上
	中等	中等
	过硬	缓慢
低	柔软	中上
	中等	中等
	过硬	十分缓慢

熟石灰氢氧化钙是粉末形式，它的组成和特性取决于生石灰所占的质量（表 7-2）。熟石灰制作和运输成本高，要达到相同的氧化钙含量花费通常需要比生石灰多 30%。那些对石灰每天的需求不连续或者很小的水厂，最好选择不需要转化的熟石灰。储存和混合操作相对简单（如通常是一个专用的储存点和所需劳动力最小）。熟石灰一般比生石灰更稳定，储存的注意事项比较简单，但熟石灰呈粉末状，处理起来比较困难。

生石灰和熟石灰特性

（加仑（gal）×3.785=升（L），磅（lb）×0.4536=公斤（kg））（Wang，et al，2007）

表 7-2

材料	可用形式	容器和要求	外观和特性	相对密度	商品浓度	水溶性
生石灰	卵石状 6～19mm	80～100lb 防潮包、桶、槽罐车。在容器中储存最多 60d，防潮袋中 3 个月。	白色（浅灰色至棕褐色）块状磨成粉末。由不稳定、腐蚀性、刺激性熟化为氢氧化物悬浮液。饱和容液 pH 大约 12.5。	3.4～4.7kg/m^3 相对密度：3.2～3.4。	70%～96%CaO	反应形成氢氧化钙，根据不同的纯度 1lb 生石灰将生成 1.16～1.32lb 的氢氧化钙和 2%～12%的沙砾。
熟石灰	粉末 <200 目	50lb 的包，100lb 的桶和槽罐车。最多干燥存放 1 年	白色。腐蚀性，刺激性，可吸收水合二氧化碳形成碳酸氢钙。饱和溶液 pH 大约 12.4	1.6～2.5kg/m^3 相对密度：2.3～2.4	82%～98% $Ca(OH)_2$ 62%～74% CaO	70℉时：10lb～/1000gal 175℉时：5.6lb/1000gal

2. 铁盐

氯化铁和硫酸铁都和污泥中碳酸氢盐反应生成氢氧化铁沉淀，导致溶液电性中和而絮体聚集。化学反应式如式（7-2）、式（7-3）所示。

$$Fe + 3H_2O \longrightarrow Fe(OH)_3 + 3H \tag{7-2}$$

$$2FeCl_3 + 3Ca(HCO_3)_2 \longrightarrow 2Fe(OH)_3 + 3CaCl_2 + 6CO_2 \tag{7-3}$$

产物中的氢离子使溶液 pH 降低到 6.0。此时为提高氯化铁生成氢氧化铁效率，需添加石灰使溶液 pH 上升到 8.5。石灰也和碳酸氢盐反应生成碳酸钙，碳酸钙粒状结构具有多孔性，可以在压滤时增加脱水率。化学方程式见式（7-4）。

$$Ca(OH)_2 + Ca(HCO_3)_2 \longrightarrow 2CaCO_3 + 2H_2O \tag{7-4}$$

根据不同污泥的类型，氯化铁的剂量从2%～10%不等（以干污泥为准），石灰剂量从5%～40%不等（以干污泥为准）。活性污泥需要大量的氯化铁，厌氧消化污泥需要中等剂量，新鲜初级污泥则需要的较少详见表7-3。氯化铁常用于絮凝污泥，市面上销售的一般是含量为30%～45%（重量）的氯化铁棕褐色溶液。在30℃（86℉）和1.39相对密度时，30%氯化铁溶液每3.8L（1gal）通常含有1.46kg（3.24lb）的氯化铁。氯化铁液体具有腐蚀性，因此必须得到妥善的保管和处理。在寒冷的天气下，应降低运输量以防止在车辆运输过程中冷凝形成水合物。

用于市政污泥脱水的氯化铁和石灰的剂量（U.S.EPA，1979）
（WAS=活性污泥，TF=滴滤池）　　**表7-3**

利用	污泥类型	氯化铁（g/kg）	石灰（g/kg）
真空过滤器	初沉生污泥	20～40	70～90
	剩余活性污泥（WAS）	60～90	0～140
	生污泥（初沉+TF）	20～40	80～110
	生污泥（初沉+WAS）	22～60	80～140
	生污泥（初沉+WAS+化粪池）	25～40	110～140
	生污泥（初沉+WAS+石灰）	15～25	无
	厌氧消化初沉污泥	30～45	90～120
	厌氧消化（初沉+TF）	40～60	110～160
	厌氧消化（初沉+WAS）	30～60	140～190
厢式板框机	初沉生污泥	40～60	100～130
	剩余活性污泥（WAS）	60～90	180～230
	厌氧消化（初沉+WAS）	40～90	100～270
	WAS+TF	40～60	270～360
	厌氧消化活性污泥	70	360
	生沉级+TF+WAS	75	180

氯化铁混凝剂对pH十分敏感，在pH=6时效果最佳。溶液pH<6时，絮凝体不易形成，且脱水能力低。故使用石灰调节pH提高氯化铁的絮凝效果和污泥的脱水效果。可能存在pH<6时氯化铁处理效果更好的情况，这与污泥类型和泥饼含固率有关。

市售硫酸铁液体为含50%～60%硫酸铁的红棕色溶液。它是阳离子絮凝剂，通常与其他调理药剂一同使用（如石灰或者聚合物）。据报道，在污泥浓缩和脱水之前使用硫酸铁可以减少聚合物的用量，提高过滤水的水质，但用于污泥调理时受到限制，在水处理中它主要用于去除浊度、色度、悬浮固体和磷。

硫酸亚铁（也称为绿矾）在处理、储存和化学计量方面与氯化铁相似，但在美国它作为污泥调理剂是禁止的。硫酸亚铁以颗粒形式储存在袋子或者桶里。其产物的堆积密度大约1000～1100kg/m^3（62～66lb/cu ft）。干燥的硫酸亚铁在温度高于20℃（68℉）时开始结块，在潮湿条件下进一步氧化和水合。硫酸亚铁可污染和腐蚀皮肤、眼睛和呼吸道，因而硫酸亚铁应该干燥储存，并注意控制灰尘。硫酸亚铁溶于水会形成酸性溶液，储存、进料和运输硫酸亚铁溶液时应该要有保护措施。干燥的硫酸亚铁颗粒可以通过重力投加设备投加，也可以以溶液方式投加。

铁盐混凝剂的效率取决于pH和碱度。低pH倾向于形成羟基铁（Ⅲ）；高pH倾向于生成氢氧化铁沉淀（图 7-1）。羟基铁是有效的混凝剂，故低 pH 可以产生更好的效果（图 7-2）。Tenney 等人（1970）发现，铁离子在 pH 为 5～8 时效果最好，是产生沉淀量最大的 pH 条件（图 7-1）。

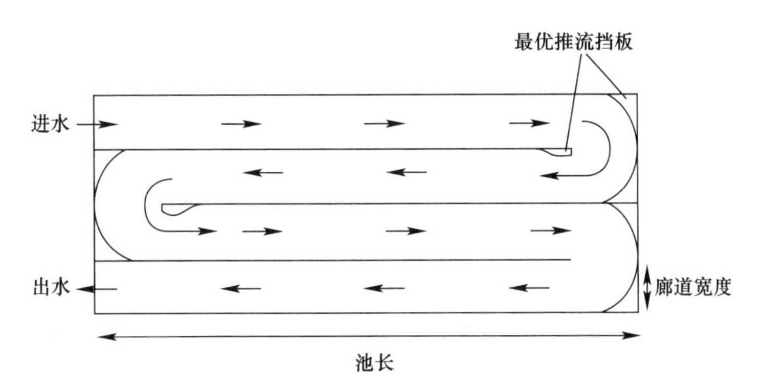

图 7-1 25℃时溶液中羟基铁与氢氧化铁沉淀接触的平衡浓度
（摘自水化学，Snoeyink，V. L，and Jenkins，D，1980 年）

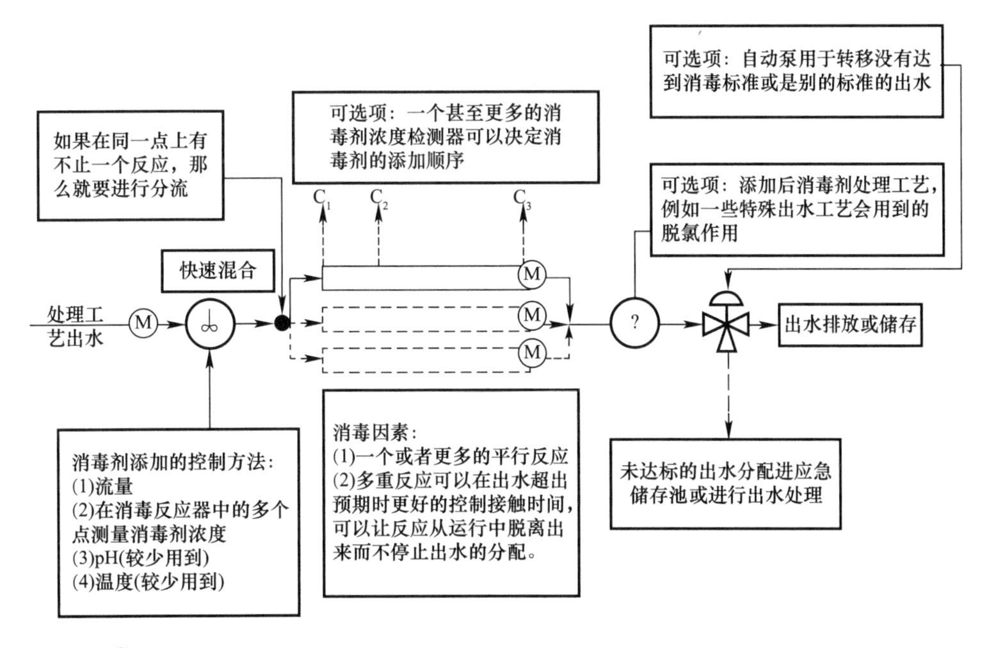

图 7-2 铁盐的有效性和 pH 的关系（Tenney et al.，1970）

碱度在调解时可以控制 pH，故其在铁盐混凝剂调节污泥时占有重要地位。铁离子的作用和酸一样可降低 pH，而碱度可维持现有的 pH。对于给定的污泥，铁离子投加量增加则 pH 降低。

3. 铁盐和石灰

氢氧化铁沉淀可以中和电荷，在 pH 为 6～8 时杂质易聚集被过滤出去。然而实际上大多数的脱水污泥不能被调理，除非石灰是在铁盐之后添加（Christensen and Stulc，1979）。通常生产规模的压滤装置比实验室试验需要更多的压力，这就是生产中需要添加石灰的原因（图 7-2）。最关键的要素是 pH 在 11～12 左右、钙离子浓度高（10^{-2}mol/L）以及污泥中铁的存在（Christensen and Stulc，1979）。铁盐和石灰在离心脱水中没有应用，这是因为污泥承受不了剪切力，反而会腐蚀和摩擦金属表面。铁盐应该在加石灰之前分开添加，因为在同一池子中添加铁和石灰（或较近的池子）会影响铁盐调理污泥的效果（Christensen and Stulc，1979；Webb，1974）。当使用铁盐和石灰调节时，为使 pH 在 11～12，通常氯化铁的添加量是生石灰的 2～4 倍。

在污泥调理中，在铁盐后再添加石灰时，铁盐的选择十分重要（表 7-4）。先硫酸铁后投加石灰硫酸铁会迅速变质，氯化铁之后投加石灰的效果也较差。另外，污泥脱水性能的降低与不易溶解的硫酸钙有关。

铁盐加与不加石灰效果的对照　　**表 7-4**

污泥含固率（初沉生污泥和剩余活性污泥混合）	铁调理剂	铁离子剂量（%Fe）	毛细吸水时间（s）	石灰剂量（%CaO）	投加石灰之后的比阻（Tm/kg）
5.5	$FeSO_4 \cdot 7H_2O$	1.72	208	15	1.40
5.5	$FeSO_4 \cdot 4H_2O$	1.72	157	15	0.79
5.5	$FeSO_4 \cdot 6H_2O$	1.72	41	15	0.50
5.5	$FeCl_3 \cdot 6H_2O$	1.72	26	15	0.26
5.5	$FeSO_4 \cdot 7H_2O$	3.44	180	30	0.60
5.5	$FeSO_4 \cdot 4H_2O$	3.44	139	30	0.29
5.5	$Fe_2Cl_4 \cdot 2H_2O$	3.44	27	30	0.23
5.5	$FeCl_3 \cdot 6H_2O$	3.44	19	30	0.12
7.0	$FeSO_4 \cdot 7H_2O$	3.44	480	20	1.1
7.0	$FeCl_2 \cdot 4H_2O$	3.44	—	20	0.56
7.0	$Fe_2(SO_4)_3 \cdot 6H_2O$	3.44	117	20	0.53
7.0	$FeCl_3 \cdot 6H_2O$	3.44	58	20	0.18

4. 铝盐

在美国，尽管铝盐用在一些设备上取得了有限的成功，但通常不用于污泥调理中。在水处理中广泛使用的新型混凝剂（如聚合氯化铝和碱式氯化铝）同时也可用于污水处理化学强化一级处理除磷及有压载沉降系统，并进行适度的污泥调理。尽管铝盐在美国作为污泥调理剂并不常用，但碱式氯化铝曾经在英国广泛应用。

铝化学品和铁化学品的不同之处在于当 pH>7 时，铝相对易溶解，而铁相对不溶。实践的意义在于较高 pH 下用铁和石灰进行调理（即 pH＝12～12.5 时）氢氧化铁相对不溶，而氢氧化铝在 pH>10 时是可溶的，因此铝盐相对于铁盐在使用相同剂量下效果较差。

5. 工艺设计注意事项

下面一部分介绍了无机混凝剂在浓缩和脱水两个过程中的使用。因为本章上一节讨论了无机混凝剂的使用增加大约了 20%～40%的总处理污泥量，所以无机混凝剂在浓缩和脱水两个过程中的应用受到限制。这里只讨论可能用到无机化学试剂的一个浓缩应用和两个脱水应用的相关情况。

（1）重力浓缩

重力浓缩特性依赖于浓缩污泥的浓度和絮凝特性。在许多情况下是不使用调理剂的，当然，这主要取决于浓缩污泥的类型。尽管在需要化学调理时，聚合物是第一选择，但是铁盐和铝盐（或者和石灰的组合）也常被使用（表 7-5）。因为石灰就像土地利用之前杀菌剂对新鲜污泥的作用，对于气味的控制也很重要。

当使用这些无机化学品时，其首要机理是混凝和絮凝。有效的絮凝增加了污泥负荷率，提高了对污泥的捕获，增强了上清液的澄清度，而且还可能增加来自于常规重力污泥压缩机的潜流浓度。当然，这些药剂也增加了大约 20%～30%干式污泥体积。因此，无论在设计任何压缩装置时，设计师们都应该在可能的时间点上通过小试来评估压缩时的调理效果，从而决定合适的混凝剂及其投加剂量。

用于污泥重力浓缩的典型化学药剂量 **表 7-5**

污泥	污泥特性/化学品剂量			
	生污泥		厌氧消化污泥	
	$FeCl_3$（mg/L）	CaO（mg/L）	$FeCl_3$（mg/L）	CaO（mg/L）
初级污泥	1～2	6～8	1.5～3.5	6～10
初级污泥＋滴滤污泥	2～3	6～8	1.5～3.5	6～10
初级污泥＋活性污泥	1.5～2.5	7～9	1.5～4	6～12
活性污泥	4～6	无数据	无数据	无数据

（2）板框压滤机脱水

板框压滤机是最古老的脱水设备之一，它可以产生比任何其他机械脱水设备都高的泥饼含固率（Kemp，1997）。它们在工业中的使用要比在市政污水处理厂中的使用更多。除非进料污泥的无机含量较高，才需要化学调理来达到脱水效果（Kemp，1997）。板框压滤机的使用主要依赖于石灰和氯化铁的调节。虽然这些化学药剂使污泥的含固率上升到 40%以上，但是他们增加了储存、运输、利用和处理的质量。同时，石灰也关系到氨的释放，因此必须在设备整体设计中得以考虑，特别是通风和气味控制要求。

为了通过板框压滤机产生低含水率的泥饼，生化污泥首先必须由石灰、氯化铁、聚合物或者聚合物和别的无机化学物调节（只用聚合物会降低处理效果）。对比阻进行适当的调节（大约 1×10^{12}m/kg 或者更少）是脱水的重要环节。利用比阻测试来确定污泥是否得到适当的调理，同时评估和改变各种调理剂的混合比。这一测试是可靠的，但比较费时。如果需要快速测定，那么也可以选用布氏漏斗法进行就地测定，如果 200mL 污泥可以在 100s 甚至更少的时间内脱水，那么污泥也可以过滤。

疏松而调理欠佳的污泥会迅速达到设计压力（大约 5～10min），而此时黏稠而难以处理的泥饼不会被释放而导致过滤效果差。然而如果继续加压，那么泥饼会继续脱水，达到较好的压滤效果。一个合适的污泥调理方法是通过缓慢升压来提高过滤效果（美国环境保护局，1979）。在脱水工艺中，最有效的化学品应使污泥在脱水之前的浓缩达到最优化时。

许多研究人员发现用于调理污泥泵送、储存和应用的方法显著影响着化学调理试剂的剂量和脱水工艺效果，就像污泥在调节池或者缓冲槽中可能过度搅拌，因为调节池本应当在不破坏絮体的情况下提供完美的混合，而缓冲槽则应该在进料之前的最多 30min 停留时间内均衡调节污泥。所以，设计师设计的进料泵应该使絮体剪切力最小化。

在板框压滤机中用于调理污泥的化学药剂通常是石灰和铁，要么是这两者单独使用，要么是与粉煤灰或聚合物联合使用。这种方法所需剂量大约为3∶1［70～150g/kg（140～300lb/t）的石灰和20～50g/kg（40～100lb/t）的氯化铁］。当然，硫酸铁也可以作为氯化铁的备选药剂；但是硫酸铁相对而言需要更大剂量。事实上无机调理剂的剂量取决于二沉污泥和初沉污泥的比率，以及用于脱水工艺的进料污泥含固率。Cassel and Johnson（1978）证实：一旦二沉污泥和初级污泥的比率超过1∶1时，二级污泥就会成为脱水能力的控制因素。因为进料污泥的比值直接影响着脱水，所以优化浓缩工艺是很重要的。

表7-6总结了在10％～30％石灰和5～7.5％氯化铁（干重）条件下对不同类型污泥的调理效果。尽管脱水泥饼包含了高于45％的干污泥，但当石灰和氯化铁作为调理剂时，泥饼中很大一部分（15～40％）增重抵消了高效脱水减轻的水分重量。

板式压滤机脱水情况（U.S.EPA，2000）　　**表7-6**

污泥的种类	总进料污泥含量（％）	常用循环时间（h）	脱水泥饼总含固量（％）
初沉污泥＋剩余活性污泥	3～8	2～2.5	45～50
初沉污泥＋剩余活性污泥＋滴滤污泥	6～8	1.5～3	35～50
初沉污泥＋剩余活性污泥＋氯化铁	5～8	3～4	40～45
初沉污泥＋剩余活性污泥＋氯化铁（消化）	6～8	3	40
深度处理（投加石灰）	8	1.5	55
深度处理（投加铝盐）	4～6	6	36

（3）带式压滤机脱水

无机化学品通常不推荐用于带式压滤机脱水前的污泥调理，因为化学处理会将化学药品残留在输送带上，从而导致辊轮和皮带的磨损，最终减少设备的使用寿命。因此，关于使用无机调理剂的带式压滤机的相关信息有限。当然，偶尔使用明矾以及其他无机化学品（如石灰）对土地利用之前的化学稳定是十分重要的。

正如其他脱水工艺一样，最优剂量取决于进料污泥的浓度和类型、混合强度和混合时间。有限的信息显示化学试剂的投量与二沉污泥和初沉污泥比例直接相关。当二沉污泥和初沉污泥比例在1∶1时，需要大约5％的氯化铁和15％的石灰。而当二沉污泥和初沉污泥比例增加到2∶1时，所需的石灰和氯化铁的剂量也加倍。

尽管无机混凝剂的使用对于不同污泥的常规脱水是十分有利的，但这却会引起需要处理的污泥量显著增长，从而导致处理量和成本增加。当然，设计师们也应该考虑带式压滤机房的通风问题，因为石灰的添加会产生强烈的氨气味。

7.4.2　有机絮凝剂

1. 背景

有机絮凝剂在很多涉及将固体从液体中分离的行业和工艺中都被广泛使用。这些固液分离应用在最终产物的回收、液体的澄清和净化、废弃物的减量等方面，相关应用及有机絮凝剂的相对电荷和分子量见图7-3。

图7-4显示的是在典型市政污水运行中有机絮凝剂的多个应用点。

最开始，氯化铁和石灰在浓缩和脱水之前被用于调理污水厂剩余污泥。然而在现在复杂的污水脱水工艺中，这些产品很少被用到，除了现存的真空过滤和板框压滤机。

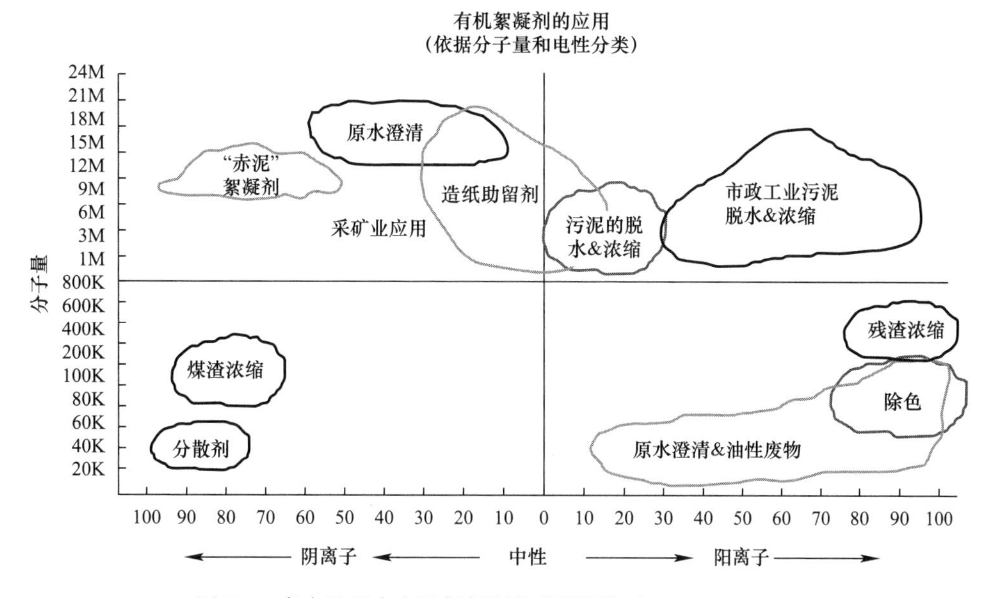

图 7-3 废水处理中有机絮凝剂的常用添加点（WEF，2009）

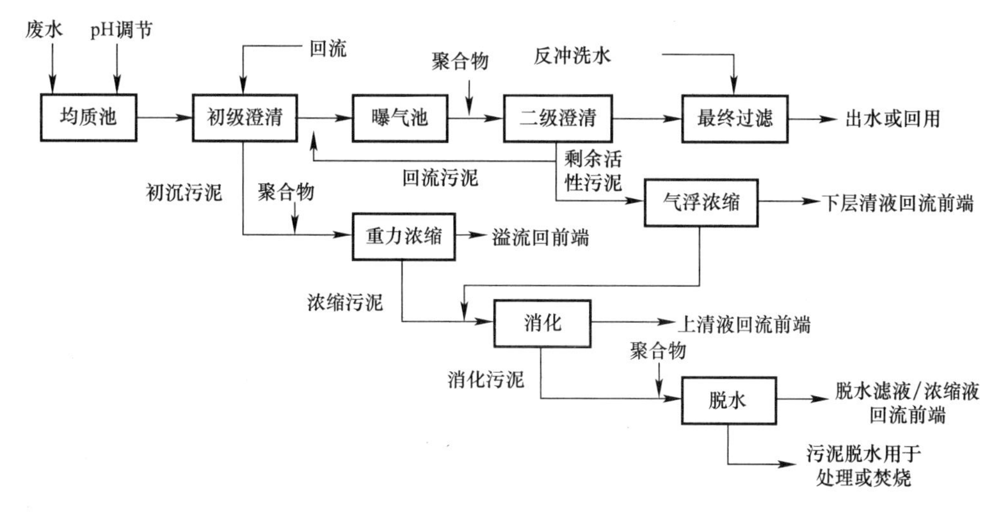

图 7-4 典型污水处理流程图（WEF，2008）

有机聚合物也被用于固液分离。特别是浓缩和脱水工艺完全依赖于它们的使用。比如，聚丙烯酰胺混凝剂（PAM）作为污泥脱水的调理剂，它的广泛应用是由以下几个因素引起的：

（1）复杂的脱水设备的发展。比如带式压滤机（BFPs）和离心机；

（2）聚合物的技术进步使得其具有方便、无害、高效等特点；

（3）聚合物的方便和高率减小了装置体积；

（4）之前不断强调的污泥处理和处置的成本问题。

由于聚丙烯酰胺的复杂特性和对不同污泥的不同处理效果，每个生产商都提供了不同形式的产品和全套的产品说明。余下的讨论将关注于阳离子聚丙烯酰胺，因为它在用于脱水前污泥调理的有机絮凝剂中占 95%～100%。

2. 聚合物特性

这些化合物和所有的聚丙烯酰胺絮凝剂的产物特性会根据下列因素而改变：

① 电荷（负电、正电或者不带电）；

② 电荷密度；

③ 分子量（标准黏度）；

④ 分子结构。

根据电荷密度和分子量排布的有机絮凝剂的种类如图 7-5 所示。图 7-5 和图 7-3 时常被用来一同识别有机絮凝剂在每个工程中的应用，这对于综合评价是相当有用的。

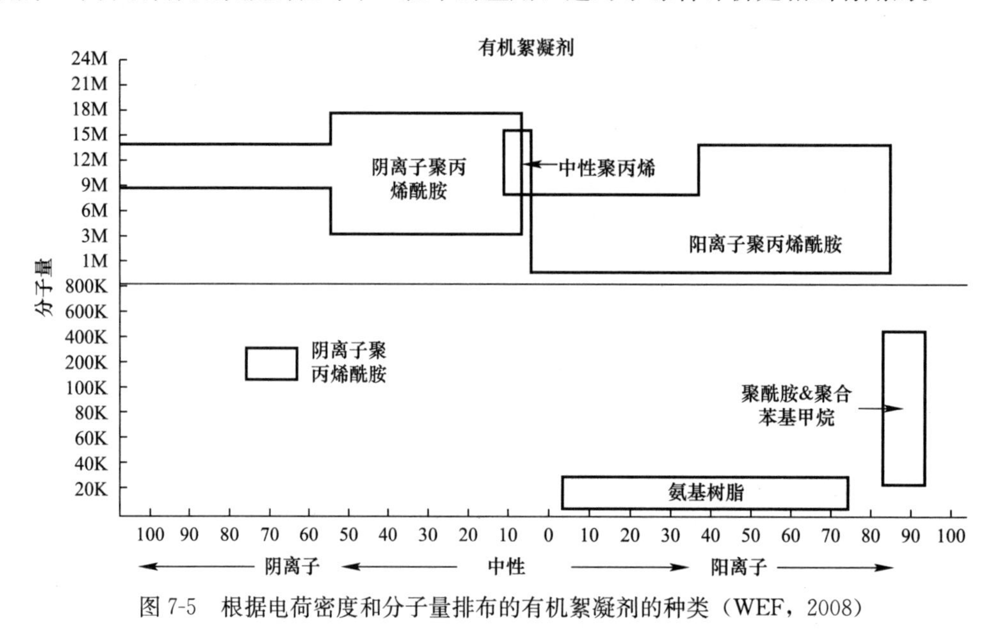

图 7-5　根据电荷密度和分子量排布的有机絮凝剂的种类（WEF，2008）

（1）电荷（类型）

不同的有机絮凝剂被制成了三种电荷的类型——正电、负电荷、不带电——每种絮凝剂都适用于不同的固液分离。例如，为了在脱水前调节污水剩余污泥，几乎所有使用的有机混凝剂都是阳离子聚丙烯酰胺。阳离子聚丙烯酰胺能被无限数量的生产，不同的丙烯酰胺阳离子单体以不同的分子比率相互聚合能够形成具有一定电荷密度的絮凝剂。

正电荷聚丙烯酰胺既可以通过丙烯酰胺阳离子单体聚合，也可以通过在聚合之后修改丙烯酰胺单体而生产。第二种方法是采用甲醛、二甲胺和丙烯酰胺相互反应，生产出胺甲基化聚丙烯酰胺，对于传统的聚丙烯酰胺曼希尼溶液，是根据化学反应的发明人来命名的。

不同的正电荷单体被聚丙烯酰胺主链以不同的摩尔比结合，从而提高正电荷或者电荷密度。典型的丙烯酰胺单体和正电荷单体的摩尔比是 80∶20、60∶40 和 45∶55。质量比与摩尔比的本质差别是因为正电荷单体的分子质量要比不带电荷的丙烯酰胺更高。这些正电荷单体的名字和结构见《污水处理厂聚合物选择指导手册》（WEF，1993）。

（2）电荷密度

有机絮凝剂制造商在相关术语中提出了电荷密度，尽管目前还没有设立电荷密度标准值，但表 7-7 的信息可以作为典型相对电荷密度用于参考。

用于市政污泥脱水的阳离子絮凝剂的电荷密度在 10%～80%之间。大多数的聚合物的电荷密度在中高处——大约20％～60％，这些聚合物对于调理在离心机或带式压滤机中混有初沉消化污泥和剩余活性污泥的大多数市政污泥脱水十分有效。

尽管还没有其他替代方法在实验室试验和生产规模试验中来确定有效的产品，但提供了下列一些指导意见：

① 高浓度的初沉污泥需要低电荷产品；

② 高浓度的生化污泥或者剩余活性污泥需要高电荷产品；

③ 小粒径的污泥通常需要高聚合物剂量和尽可能高电荷的产品；

④ 沉腐的化粪池污泥需要更高电荷产品和更高聚合物剂量。

电荷密度 **表 7-7**

相对电荷密度	电荷密度（mol％）
非常高	＞70～100
高	＞40～70
中等	＞10～40
低	＜10

（3）分子量

跟电荷密度一样，大多数的有机絮凝剂生产商在相关术语中提到了分子量。尽管没有规定分子量的标准，但表7-8中的信息可以作为相关分子量的典型惯例作为参考。

聚合物链长的不同可能导致产物会有巨大的分子量。因此需要通过聚合物链的交联作用或者将支链并入主干等化学修正使得聚合物的性能有所提高。但分子量数据只能估算。作为分子量的指示指标，许多供应商提供了标准的黏度数据。然而，不幸的是标准黏度测量方法对不同化学品并不适用，而一些人认为黏度并不是聚合物量的测量方法或指标。

低分子量产物更易溶解并且黏度小，大多数的聚合物在离心机或者带式压滤机脱水中混有初沉消化污泥和剩余活性污泥的市政污泥是十分有效的，一般具有中高的分子量，范围估计是在80～600万之间，由黏度表示的话是在0.0025～0.0035Pa（2.5-3.5cP）。

分子量 **表 7-8**

相对分子量	分子量
非常高	＞6000000～18000000
高	＞1000000～6000000
中等	＞200000～1000000
低	＜200000

3. 聚合物的形式、储存与处理

通常用于压缩和脱水应用的阳离子聚丙烯酰胺有3种物理形态：

① 干聚丙烯酰胺（DPAMs）；

② 乳液聚丙烯酰胺（EPAMs）；

③ 溶液聚丙烯酰胺（SPAMs），有时称为液态聚丙烯酰胺。

还有第4种形式，凝胶态，它很少用于污水处理。许多因素影响着聚合物形态的选择，确定该形态是最适合运行的因素主要有：

① 成本效益；

② 纯产品的储存和管理；

③ 聚合度降低，设备老化，溶液进料能力；

④ 人员安全。

（1）干聚丙烯酰胺

干聚丙烯酰胺是以颗粒、薄片或珠状的形式提供。类型的不同会影响到储存和处理，因为每种类型有着不同的吸潮性（结块）、流动性以及润湿性。干聚丙烯酰胺可以储存一年之久而不被潮解，大多数的制造商建议最大保质期为一年。

干聚丙烯酰胺如经常报道的那样，不是100%的活性聚合物。干聚丙烯酰胺通常含有88%～96%的活性聚合物，其余为被用来平衡湿度和惰性盐。因此干聚丙烯酰胺相对于相同的活性原料有着低运输成本的优点。在许多情况下，投加盐可以增加保质期或者流动性。因此，简单含固率测定可能并不能准确的反应活性聚合物含量。

干聚丙烯酰胺聚度降低的速度对于产品的使用是至关重要的。老化是另一个很重要的因素，特别是对干聚丙烯酰胺。在溶解和使用之间需要足够的时间来确保聚合物链完全解开，从而达到最大效率。

每个聚合物颗粒必须湿润以确保完全融入聚合物溶液中，并避免产品结块和凝胶。任何不溶于聚合物溶液的凝胶都不具有可用性，因此，就相当于浪费了。

干聚丙烯酰胺的储存和处理必须慎重考虑。产品的储存和制备区建议设置在防潮区域，因为过量的湿度和潮气会在储存和运输设备中引起结块和处理问题。相反地，粉尘也应该控制，工作人员需要佩戴呼吸防护设备。有些干聚丙烯酰胺产品更容易引起粉尘问题。

必须控制干聚丙烯酰胺的溢出，并且迅速地清除或者吸走，并作合适的处理。因为湿气和水分使得聚合物变得具有危害性、凝胶状、不稳定，这种情况应该极力避免。必要时应该咨询聚合物制造商关于储存和处理、湿汽和水汽的控制、粉尘的控制、产品聚合度降低和溶液浓度，以及清洁的建议。

（2）乳液聚丙烯酰胺

乳液聚丙烯酰胺（乳液或是分散液）是乳白色液体，但某些粒径较小的乳液或分散液可能看起来更透明或混浊。乳状聚丙烯酰胺使用方便，易处理，具有高浓度的活性聚合物的液态形式，通常含有25%～60%的活性聚合物。

如果储存在一般条件下，多数乳液聚丙烯酰胺的有效期是6个月。如果储存在冰箱里可以延长其保质期。乳液由两相组成——油相和水相，这就具有了相分离或者分层的可能。使用者应该考虑在储存池内缓慢混合或者再循环以保持聚合物的均一性。同样的，如果需要，在使用之前也应该检查乳液聚合物的容器。生产商建议保持聚合物的均一性，并为容器提供搅拌装置。

在乳液中，有机聚合物实际上存在于液滴的矿物油相中，这些液滴通过乳化剂或表面活性剂稳定存在于水中。这些添加剂也促进了聚合物的转化。添加剂的成本与用于制作简易产品包装的油分和表面活性剂有关。

乳液聚丙烯酰胺通常以散装、半散装或者可回收容器的形式运输和储存。乳液聚丙烯酰胺也可以在208L（55gal）的不锈钢桶或者纤维桶中运输和储存，一般在封闭系统的管道或者软管中进行处理。通过制造商提供的多个整体系统来使用乳液聚丙烯酰胺是十分方便和可靠的。因为乳液聚丙烯酰胺的容积随黏度可能变动很大，从而会影响泵送能力和校准。所以，这意味着在聚合物改变时设备必须重新校准。

当管道、软管或者别的乳液聚丙烯酰胺储存设备需要拆卸时，应该使用轻质机油（如SAE10-30）清洗以去除剩余聚合物。如果用水清洗乳胶管，那么聚合物会凝胶成难以去除的块状物。

同样的，池漏物应该快速控制并用吸附剂除去。多个商业清洗公司也可以帮助清洗管道和输送带。任何聚合物的供应商都会推荐专用设备类型。在清洗容器外壁和排水部分时尽量不要使用清水，因为清水会产生不稳定的胶状物质。

关于产品均一性、混合、储存条件、产品稳定性、产品黏度和泵送、产品转化、溶液浓度和容器清洗等这些问题可以咨询生产厂商。

(3) 聚丙烯酰胺溶液

正如其名，聚丙烯酰胺溶液是水溶液，看起来像澄清至雾状的高黏度糖浆几乎呈凝胶状。聚丙烯酰胺溶液也被称为液态聚丙烯酰胺或曼尼希，以这个化学过程的发明者命名。溶液聚丙烯酰胺有着高分子量和大约3%～8%的活性聚合物含量。聚丙烯酰胺溶液产品也可能含有惰性盐或稀释液，因此一个简单的含固率测量不能精确的反映活性聚合物的含量。

该产品是稀释的并且以罐装的形式出售。使用者需要储存罐来储存这些大体积的物品。尽管一些制造商建议保质期为3个月甚至更长，但储存时间最好不应该超过一个月。聚丙烯酰胺溶液产品相比别的形式的聚丙烯酰胺容易受到生物和化学降解的影响，而且可以持续在容器中反应，增加黏度甚至产生凝胶。最好的情况是只引起泵送和产品聚合度降低问题，而最坏情况则是储存池需要清洗并将聚合物丢弃。

虽然用于泵送乳液聚丙烯酰胺所用的泵可能不足以运输所需流量的液体量，但是它的存储和处理很方便，通常采用密闭保存。因为聚合物以液态的形式存在。所以不需要采用传统的用于干燥固态或乳液状聚合物分散的方式。简单的做法是用水稀释纯净的聚丙烯酰胺，然后混合均匀就可以了。

由于聚丙烯酰胺溶液的有效聚合浓度低，一般为5%甚至更低，所以聚丙烯酰胺溶液的运输成本高，而且如果距离制造工厂超过400km（250英里）那么一般说来运输不经济。

聚丙烯铣胺溶液发生渗漏必须进行收集并用适当的物质吸收以进行处理。可以采用一些商用清洁剂来清洁渗漏液和传输带。清理渗漏液的过程中，水不可以接触到封闭和排水的区域，因为这样会生成大量的黏性凝胶。

关于纯聚合物的储存条件、产品稳定性、黏度、泵送、聚合物转化、溶液浓度和渗漏的清理这些问题，可以向产品生产商咨询。

4. 安全总则

为了正确处理和安全预防，应该仔细阅读生产商关于每种聚合物的产品简介和物料安全数据表。虽然污泥调节或脱水所用的聚合物毒性不大，但仍需谨慎避免接触。安全问题首先涉及滑倒危险和粉尘危害。当然工作人员应该采取措施避免粉尘进入眼耳鼻喉。任何粉尘接触到身体潮湿的部位都会变得黏而易滑而且难以洗去。因此，在粉尘飞扬的工作条件下需要配备防护设备和一次性衣服。

来自于干聚合物中的粉尘一旦遇水会很危险。只是穿着潮湿的鞋子在有含少量聚合物粉尘的空间路面行走都可能会摔倒。同样，这些粉尘可能会被气流带到意想不到的地方而且停留数月。聚合物粉尘在引起危险和摔倒的状况发生前需要妥善收集、彻底扫除、吸去和排放。

类似摔倒的意外情况可能会因液态溶液或乳液状聚合物的渗漏引起，或者是将液态的聚合物带到了某个地方而引起的。当液态的聚合物风干后，危险相对较小。然而一旦再次变潮，会立即产生摔倒的危险。清理液态聚合物很困难但必须彻底。采用吸附剂或蒸汽清洁十分有效。在水冲洗前投加岩盐或消毒剂（次氯酸钠）有助于破坏聚合链。可以采用一些商用清洁剂清洁泄露液和清理传送带。残余的聚合物一旦遇水会同样引起滑倒危险。最好预防措施是预防聚合物泄露、溢出和粉尘，预防总是要比修复和清扫容易。

5. 聚合物规格和质量要求

除了产品的名称、种类和形态，以下的产品说明也应该列出以确定其存储条件、泵输送要求和可能的危险：

① 含固率（%）；

② 相对密度；

③ 体积黏滞系数

④ 闪点；

⑤ 凝固点；

⑥ 保质期。

产品说明书还应该包括相关的质量要求限制条件和制造商的变更，这些对于聚合物产品应用于污泥调理或脱水工艺中的效果至关重要：

① 活性聚合物含量（百分比）；

② 电荷密度（摩尔百分比）；

③ 标准黏度。

(1) 活性聚合物含量

用户需要知道每次运输的总固体中的活性聚合物含量（百分比），而且要从供应商那里得知絮凝剂的质量控制水平（以最大和最小活性聚合物百分比表示）。

活性聚合物含量是使污泥脱水的真正有效成分含量的指标。这种活性聚合物的测量方法排除惰性物质，惰性物质包含在总菌体里，但是对调节和脱水并没有作用。确定活性聚合物的程序涉及溶剂萃取，相当复杂。还没有一个行业标准方法。所以谨慎起见，应向制造商要求一份生产过程的附件，可以现场抽查。

(2) 电荷密度

同样的，对于每种产品应该知道阳离子密度。电荷密度应该用阳离子的摩尔百分比来定量的表示，而不是相对的参照，例如低、中、高。同样的，终端用户应该从生产商那里得到质量控制性能的信息，以最大和最小阳离子密度（摩尔百分比）的形式表示。电荷密度是正电荷和聚合物主体比例的指标。对于任意给定的应用或者污泥类型，如果电荷密度低于特定的值则需要更多的聚合物达到相同的效果。因此，从生产商那里获得最低电荷密度数据对于挑选出最佳产品是至关重要的。这个可以通过生产规模的试验评估获得并确定产品确切的电荷密度信息。

(3) 标准黏度

标准黏度对于最终用户来说也很重要，结合制造商按分子量的相应分类，可以作为分子量的同等替代的比较参数。

标准黏度和净产品的体积黏滞或黏度不同。体积粘滞由净产品性质决定，而有助于确定泵选型，流量和相关的设备要求。标准黏度是由纯聚合物产品不同的制造浓度决定，且作为分子量的一个重要指示参数。对于标准黏度，没有标准的行业规范，但是产商可以提供他们所使用的分析方法。

6. 聚合物转化

各独立的设备制造商和聚合物生产商，处理乳液或干式聚合剂采用众多不同的高效封装成型产品是有利的。但是，大多数的设备只能高效的处理一种形态的聚合物，而不经过大量的再生产工序不能有效的将其转化为另一种形态的聚合物。

我们希望聚合物分散体系和相关的处理设备的方式更加灵活，未来无法预测哪种形态的聚合剂最具经济效益，使干式、乳液状和溶液的聚合物有统一性能的转化系统是可以实现的。

为了实现真正的高效，一个普适的转化系统必须包括合适的辅助设备，例如计量泵和储罐，以处理不同浓度、体积和流速的聚合物。同样的，统一的转化体系并不是经常易操作的，并且十分昂贵。处理干式聚合物和乳液聚合物的设备安装需要价格和价值两方面的权衡。有时所用产品的形态就决定了分散体系，辅助设施的固有性能就指示了聚合物从一种形态转化到另一种形态的难易程度。因此，诸多问题需要认真考虑：

① 产品的储存和处理；

② 工作人员及安全；

③ 转化能力和场地限制；

④ 方便性；

⑤ 脱水性能和经济标准；

⑥ 聚合物市场和竞争格局的改变；

⑦ 污泥变化的潜在可能；

⑧ 未来发展的预测。

所有这些因素在决定最终采用何种形态以及何种的聚合物之前都应该考虑。每个系统至少应该含有转化设备和分离搅拌存储池（每日）来供给调理或脱水污泥运行所需的稀释的聚合物。池子的容量应该设计得符合至少 1h 的最大污泥量，从而至少保证 30min 有效的反应时间。储罐应安装有清晰且经过校准的观察管，以监测聚合物溶液的液位。

可采用低扬程的离心泵一次性将聚合物溶液从补充装置泵送到存储池。转子泵和螺杆泵更适用于计量运送到调理或脱水设施的稀释聚合物溶液。流量计对于每个聚合物溶液的进料泵都很重要，每个计量泵都应配备合适尺寸的校准缸以确定进料速率。克服系统的压力水头和运行用于抽吸干式聚合物的气压喷射器需要足够的水压（最少 280kPa）和流速。

(1) 干聚丙烯酰胺

对于干聚丙烯酰胺，必须确保聚合物干燥以防止受潮。聚合物转化系统或者分散装置必须控制干式聚合物在一定的速率，并有效的湿润干式聚合物颗粒，这样形成的聚合物稀释溶液浓度均一而不产生结块、胶体或者形成“鱼眼石状”。

通常正电荷干式聚合物分散后的浓度为0.2%，而实际范围在0.1%～0.5%的聚合物。稀释溶液应该由低速混合器（400～500rpm）混合至少30min以在进入脱水进程之前使聚合物反应和打开。高浓度的聚合物和补充冷水则需要更长的混合时间以达到聚合物的熟化。

(2) 乳液聚丙烯酰胺

乳液聚丙烯酰胺可能逐渐水乳分离或分层。如果需要保证溶液的均匀性，在储罐或容器中的产物应该在转化前检查。

乳液聚合物应该在使用之前活化。第一步叫作转变，发生的相对较快。在转变时，分散体系以湍流或者剪力的形式向乳液和水的混合物施加大量能量，将聚合物从油滴态转化为水相。第二步称为熟化，发生在30min之后，在这一阶段通过静态混合使聚合物结构彻底的打开。

有一些乳液产品在没有熟化步骤时也很高效，一些设备制造商声称其设备的分散体系效率高而不需要熟化。尽管如此，在每个系统中还是推荐合适的熟化以提供产品使用的灵活性。

正电荷乳液聚合物通常转化为浓度为0.5%～0.2%的聚合物，就像供应商提供的那样，用活性成分计，这大概相当于0.2%。正如干式产品一样，储存池应根据稀释聚合物溶液量来设计尺寸，使得储存聚合物溶液在重新注入前至少停留1h。

(3) 聚合物降解

强烈的混合和泵送产生的剪切力将导致稀释的聚合物溶液分子量的减少和剂量的增加。用于聚合物分散的水质十分重要，应该避免温度高于50℃（120℉）。非饮用水中的悬浮颗粒和溶解颗粒会导致聚合物需求量的增加，另外检查并保证水的pH在7左右也很重要。

市政污泥调理/脱水中阳离子絮凝剂在pH为6.5～7.5范围时比较高效，而随着pH升高至高于这个范围，聚合物效率通常降低。在曼尼希案例中，pH为7.5或者更高时会导致聚合物的分解，并释放有引起臭味的氨。其他会干扰效果或者导致正电荷聚丙烯酰胺用量增加的物质，包括硫化物、硫氰化物、酚类和氯化物等。要进一步了解转化体系包括结构、原理、泵和阀门的规格，读者可以参考《市政污水处理厂的设计》（WEF，2009）对聚合物供应商和转化体系制造商的要求。

7. 浓缩脱水过程设计要点

本节总结了不同类型的浓缩和脱水工艺的设计要点。表7-9和表7-10分别列出了常用的浓缩和脱水所用的聚合物药剂量。

(1) 重力浓缩

传统重力浓缩通常不需要使用有机聚合物，使用这些化学药剂可以提高污泥固体含量和水力负荷到原来的2～4倍，并提高了污泥的截留率。但是这些化学药剂对于底流的污泥浓度影响很小。使用聚合物同样会增加重力浓缩的成本，因而为了预防运行中污泥沉积引起问题才会使用聚合物。

为了测试絮凝剂的相对絮凝效率需要进行小试、其他实验室实验或现场调研（采用一种或几种结合的测试方式）。同样的，在进料和混合时应注意防止过量进料或者混合不均匀，这会引起一些问题（Water Pollution Control Federation，1980）。

聚合物剂量与多种污泥浓缩工艺间的关系（lb * 0.4536=kg） **表 7-9**

机构名称	污泥类型	进料污泥含固率（%）	浓缩方式	聚合物剂量（lb/t）	浓缩污泥含固率（%）	稳定方法
再生水设施 俄勒冈（Bend）	二沉污泥（100%）	0.4～0.6	重力带式浓缩	8～10	4～5	厌氧消化
艾文溪污水处理设施 南加加利福尼亚夏洛特	初沉污泥（60%） 二沉污泥（40%）	3.2 0.5～1.0	传统重力带式浓缩	0	4～5	厌氧消化
格里力市水污染控制联合会 科罗拉多，格里力	二沉污泥（100%）	0.6～0.8	离心	1.7～2.5	4.5～6.5	厌氧消化
JEA 巴克曼街道污水控制设施 佛罗里达，杰克逊维尔	初沉污泥（60%） 二沉污泥（40%）	1～3	重力带式浓缩	9～12	3～5	厌氧消化
绿地街道再生水厂 亚利桑那，马萨，吉尔伯特和昆克里克	初沉污泥 二沉污泥	1～1.25	离心	0.5	5	厌氧消化
铁桥再生水设施 佛罗里达，奥兰多	二沉污泥（100%）	0.4～0.6	重力带式浓缩	7～9	2～3	石灰稳定
西北再生水设施 佛罗里达，奥兰多	二沉污泥（100%）	0.7～0.8	传统重力带式浓缩	0	1～2	石灰接触稳定
蓄水工程Ⅰ 佛罗里达，奥兰多	二沉污泥（100%）	0.7～1.2	重力带式浓缩	10～12	4～5	转运到更大的处理厂中进一步稳定
蓄水工程Ⅱ 佛罗里达，奥兰多	二沉污泥（100%）	0.4～0.8	重力带式浓缩	10～12	2～4	厌氧消化
西北再生水设施桔子郡生产设备 佛罗里达，奥兰多	二沉污泥（100%）	0.4～1.25	重力带式浓缩	2.4～6.5	3.1～6.4	厌氧消化
91 大道污水处理厂 亚利桑那，菲尼克斯	二沉污泥（100%）	1.0～1.5	离心	2.0～3.0	5.7～6.2	厌氧消化
派恩克里克污水处理厂 南加州（派恩维尔）	初沉污泥（50%） 二沉污泥（50%）	1.0	传统重力带式浓缩	0 3～5	3～5 0.9～1	厌氧消化
罗杰路污水再生水厂 亚利桑那（图森市皮马县）	初沉污泥 二沉污泥	0.2～0.5 0.4～0.6	重力带式浓缩	9～10 0	5～6 4～5	厌氧消化
哥伦比亚林荫大道污水处理厂 俄勒冈，波特兰	二沉污（100%）	0.5～1.0	传统重力带式浓缩	5～9	4～6	厌氧消化

在初沉污泥浓缩时，使用大约 2～4.5g 活性聚合物/kg 干污泥（4～9lb/t）可以产生大约 22～34kg/(m^2·d)（4.5～7lb/(ft^2·d)）的污泥负荷。在处理剩余活性污泥时，添加大约 4.5～6.0g/kg（9.5～12.5lb/t）聚合物可以增加浓缩负荷率至 12～16kg/(m^2·d)（2.4～3.2lb/(ft^2·d)）（Ettlich et al，1978；U.S. Enuironmental Protection Agency，1978）。

聚合物剂量与多种污泥脱水工艺间的关系 **表7-10**

机构名称	污泥类型	稳定类型	进料污泥含固率（%）	脱水形式	聚合物剂量（g/kg）	脱水泥饼含固率（%）
再生水设施 俄勒冈，班德	初沉污泥（55%） 二沉污泥（45%）	厌氧消化	1.8～2.1	带式压滤	3.75～6	12～15
欧文溪污水处理厂 北加利福尼亚，夏洛特	初沉污泥（60%） 二沉污泥（40%）	厌氧消化	1.4	带压	3.5～4	18.75
格里力市水污染控制设施 科罗拉多，格里力市	初沉污泥（60%） 二沉污泥（40%）	厌氧消化	1.5～2.0	离心	5～8	19～22
巴克曼街道污水处理厂 佛罗里达，杰克逊维尔	初级污泥（60%） 二级污泥（40%）	厌氧消化	2～4	离心	3.75～6.25	19～22
绿地路再生水厂 亚利桑那（梅萨，吉尔伯特和昆克里克）	初沉污泥 二沉污泥	厌氧消化	2.75～3.0	离心	5.75	22～23
蓄水设施Ⅰ 佛罗里达，奥兰多	二沉污泥	厌氧消化	2.0～2.5	带式压滤	3.5～4	12
西再生水设施桔子郡生产设备 佛罗里达（奥兰多）	二沉污泥（100%）	石灰接触稳定	<1	带式压滤（三带）	3～3.5	16～17
铁桥再生水设施 佛罗里达，奥兰多	二沉污泥（100%）	石灰接触稳定	2.0～3.0	带式压滤	3.5～4	17
铁桥水回收厂 佛罗里达（奥兰多）	二沉污泥	石灰稳定	0.4～0.6	带式压滤（三带）	3.5～4	17
西北再生水设施桔子郡生产设备 佛罗里达，奥兰多	二沉污泥（100%）	石灰接触稳定	1～2	带式压滤	3.75～6.25	14～16
南再生水设施桔子郡生产设备 佛罗里达，奥兰多	二沉污泥	厌氧消化	2.3～3.7	带式压滤	0.5～1.1	9.3～19.7
派恩克里克污水处理厂 南加利福尼亚，派恩维尔	ORC报告初沉污泥：二级污泥为1∶1	厌氧消化	2.4	离心	3.75	20
哥伦比亚林荫大道污水处理厂 俄勒冈，波特兰	新鲜消化污泥（65%～75%） 压缩污泥（20%） 初级污泥（80%） 预消化稳定污泥（25%～35%）	厌氧消化	1.5～2.0	带式压滤	3.75～5	19～22
汤姆斯保罗·史密斯再生水厂 佛罗里达（塔拉哈西）	二级污泥（100%）	厌氧消化	2.81～4.39	螺旋压滤	3.75～6.75	13～20

（2）溶气气浮浓缩

当使用低水力负荷和低污泥负荷率时，溶气气浮浓缩并不需要进行化学调理。而在高负荷、压实度比较差，或者污泥容积指数较高时，那么化学调理能提高污泥的捕获率并增加浮选固体浓度。尽管浮选固体的增加通常较小（大约0.5%），但如果浮选固体含量要求达到4%，那么活性污泥需要依靠聚合物来实现要求。当初沉污泥和剩余活性污泥共同浓缩时，浮选固体可以增加到6%甚至更高。正常运行时，不使用聚合物的污泥捕获率通常在95%左右。有了聚合物时，污泥捕获率可增加到97%～98%，从而提高了下清液质量并减轻了循环污泥对装置运行的影响。此外，聚合物的添加，可能会使污泥负荷提高2倍，约为10kg/(m^2 • h) •（2lb/s（ft^2 • h)。

通常使用的是具有中性电荷和高分子量的阳离子聚合物，然而低电荷的阳离子聚合物也开始展现其更好的处理效果，通常可达到为2～5g/kg（4～10lb/t），最高可达到7.5g/kg（15lb/t）的干污泥。

调理污泥时通常会遇到的问题是调理剂与污泥混合不当。为了缓和问题，需要使用浓度更低的聚合物溶液（0.25%～0.5%），或者在与污泥接触之前将絮凝剂与加压循环液混合（Ettlich et al.，1978；U.S.EPA，1978）。

（3）离心浓缩

旋转输送离心机被用于浓缩各种污泥。在处理生化污泥和好氧稳定污泥时，离心压缩通常不需要添加聚合物。然而好的消化污泥只有少量的絮凝倾向，需要添加聚合物以达到可接受的污泥回收率。工程师应该在设计初期就预先设计聚合物的添加，即使化学调理不在计划之内。设计应该足够灵活以允许化学药剂可以在流入管中进行多点投加。

干式或液态高分子阳离子聚合物对污泥浓缩十分有效。当使用干式聚合物时，使用0.05%～0.1%进料溶液，液态聚合物的浓度可达到0.5%，污泥捕获率达到95%以上。防止丝状细菌和细屑进入污水处理系统是十分重要的。剩余活性污泥产生的弱絮体会在离心中剪切破坏，而大约4g/kg（8lb/ton）的聚合物有助于形成更稳定的絮体。好氧硝化污泥和厌氧消化污泥几乎没有天然絮体，因此，需要大约投加4～8g/kg（8～16lb/t）的聚合物。

（4）重力带式浓缩

重力浓缩对各种类型的污泥处理效果都很好。难浓缩污泥只需要稍微修改下聚合物的投量和污泥负荷率就可保持高的出水污泥浓度和污泥捕获率。重力浓缩终投加聚合物可用于处理固体含量最低0.4%到最高10%的污泥浓缩。对于初沉污泥聚合物投加量范围在1.5～3g/kg（3～6lb/t）（干重），对于厌氧稳定污泥聚合物投加范围在4～6g/kg（8～12lb/t）。在所有情况中，污泥的捕获率都在95%以上。

（5）转鼓浓缩

转鼓浓缩和重力浓缩十分相似：在这两个系统中调理污泥通过旋转转筒的多孔滤网使得自由水重力排出。在进入絮凝池之前，聚合物射入进料管与污泥混合。一旦进入了絮凝池，混合物在旋转混合器的低剪切力作用下生成较大的絮体。调理污泥然后流入配水盘，在那里污泥进入旋转滚筒。自由水进入滚筒，被捕获的污泥仍然停留在滚筒表面等待进一步的脱水。滚筒中螺旋输送器缓慢的将压缩污泥输送到滚筒的出料端。浓缩污泥离开滚筒，从出料槽进入储存池、泵生料斗或是其他接收设备。

滚筒速度、混合器转速和喷淋水循环都是可以调节的，以确保在聚合物和水使用量最小情况下达到最好效果。跟重力带式浓缩相比，转筒浓缩的聚合物需求要大10%～20%。转鼓浓缩适合高纤维污泥和有着一小部分初级污泥的生污泥和消化污泥。它对城市污泥的处理效果取决于污泥特性。污泥通常可以浓缩到总污泥的5%～7%（在某些情况下为含固率10%），在聚合物投量在4～6g/kg（8～12lb/t）（干重）时，污泥的捕获率可达99%。

（6）离心脱水

聚合物用于离心机中以增加设备的处理量而不降低泥饼的干度，或提高污泥回收率。通常使用中高电荷、高分子量的阳离子聚合物。需要通过中试研究以确定正确的调理剂类型及投量。设计中应该包括用于干式和液体聚合物的进料设备。聚合物的使用通常可以增加污泥的捕获率，然而太多的聚合物将会增大泥饼的含水率，因为更多的小颗粒被捕捉。因此回收污泥和泥饼干度的关系决定了所用聚合物的用量。

（7）带式压滤机脱水

带式压滤机脱水的效果取决于调理工艺是否合适，通常使用有机聚合物，其处理效果可达95%～98%的污泥回收率。不同的聚合物投量依赖于污泥的类型、污泥浓度、无机质含量（通常无机质含量高需要的聚合物数量就少）。例如初沉污泥需要聚合物的投量在3.5～5g/kg（7～10lb/t），厌氧消化污泥需要的投量在7g/kg（14lb/t干重），自热式高温好氧消化污泥需要的投量在18～23g/kg（37～47lb/t）。

调理剂投量不足会引起脱水效果不佳，这反过来会从压滤带中部分挤出，从滤液中带出，甚至造成滤布堵塞。过量投加调理剂会使絮凝过度，引起污泥排水过快并在带上堆积，导致脱水性能降低。去除尽可能多的水在压滤机的重力部是可行的。可以在压滤开始之前通过使用挡板均化堆积污泥或者使用带有延长的重力浓缩段的带式压滤机来缓解过度的絮凝。

由于带之间的剪切作用，Novak 和 Haugan（1980）建议在脱水之前添加聚合物时使用紊流混合，最佳投量和整体效果取决于污泥浓度、混合强度和混合时间。

（8）螺旋压滤机脱水

螺旋压滤机脱水是一种简单慢速的机械装置，浓缩污泥在叠螺机中不断受到挤压，并持续的进行脱水。不同的污泥需要不同的聚合物投量，通过不同的螺旋转速和配置可保持合适的脱水泥饼浓度和污泥捕获率，因而合适的螺材设计是关键。

合适的污泥调理对产生稳定的脱水泥饼至关重要。缓慢的运行将产生更干燥的泥饼，但是也会降低污泥的通过量。因此聚合物投量、污泥产量和泥饼干度之间关系的建立十分重要。根据污泥特性的不同，聚合物投量在8-12g/kg（16～24lb/t）之间可以产生含固率在12%～25%左右的干污泥并保持捕获率在90%～95%。

（9）转鼓压滤机脱水

转鼓压滤机经常和叠螺机搞混，事实上它们十分不同，另一个误解是转鼓压滤机上的膜水通道是逐液收紧变窄的。它的运行原理其实很简单。在投加聚合物提高絮凝之后，污泥泵将污泥送到多孔筛板的中空腔处。自由水（过滤液）通过筛板，而在空腔处形成泥饼。筛板缓慢的旋转，在出口攫取干污泥（通过摩擦力）通过压力控制出口持续挤出泥饼。聚合物的投量取决于脱水污泥类型。

（10）干燥床

在送入干燥床之前，一般很少对污泥进行调节。尽管这样做可以减少干燥时间和所需干燥床的面积，事实上《污水设施推荐标准》和其他设计指导书也没有考虑使用化学药剂。

需要仔细对调节系统进行设计以避免在输送到干燥床时絮体再次破裂。破裂通常发生在通过水泵输送时，可以通过在设计中将絮凝池靠近干燥床并让调理污泥通过重力流出的方法来解决。而污泥停留时间长会导致细小颗粒增加，这不利于污泥絮凝和脱水。

楔形干燥床和真空干燥床利用聚合物来凝结细骨料并促进泥饼快速形成，聚合物在进管中或者在与干燥床相连的絮凝池中加入。

7.5　性能优化

调理/脱水性能的经济性是底线，通常包括以下四个经济因素：

（1）聚合物成本（聚合物投量乘以单位价格）；

（2）污泥处置或下游处理工艺的成本（取决于泥饼含固率）；

（3）回用成本（捕获率函数）；

（4）生产能力（进料量）。

运行人员了解这些成本因素并且能够根据即时运行数据来计算这些成本非常关键。由于泥饼、污泥浓度、悬浮颗粒的实验室结果具有滞后性，无法即时运行调整提供所需的信息，如果没有进料污泥（含固率）、泥饼（含固率）、捕获率（百分比）和聚合物量的即时分析数据，那么他们就无法保持运行的最优化。

同样收集进料污泥、循环（过滤）和脱水污泥饼的取样点为操作人员提供了便利，他们不需要进入到地下室去收集进料污泥样本或者脱水泥饼样本。理想的情况下，操作人员在走动线路上可以看到离心液或过滤液排入排水管。

7.5.1　聚合物成本

聚合物成本可简单的定义为供应商提供的处理每单位重量污泥所需的聚合物剂量乘以单位聚合物的价格。聚合物剂量通常是在标准条件下由先前的聚合物评估来决定的。这在第7章聚合物评估和产物选择纲要中有详细介绍。

7.5.2　污泥处置或下游工艺的成本

焚烧、转运和土地填埋污泥的处置或下游工艺的成本可用脱水污泥量乘以处理价格。在污泥需要进一步再利用的案例中，例如堆肥或者石灰稳定，这些成本包括工艺成本加上运输和土地利用的成本。更广泛的说，基本处置成本是聚合物成本加上处置成本的总和。如果工厂数据采集与监控系统不计算和显示这些成本，操作者没办法判断现在的操作是否基于每吨最小成本基础上的。

7.5.3　回流（捕获）成本

污泥回流到处理前部的处理成本是可以量化的，一个简单的方法是将回收污泥中固体的成本分摊给那些排水中悬浮固体过多的工业客户。或者工厂预算应该根据悬浮污泥的量和要处理的生化需氧量来计算，这样就可以公平体现出回收污泥的成本。

7.5.4　生产能力（进料量）

脱水设备的生产能力应根据基于水力负荷（体积）或者每小时干污泥负荷进料量来确定。为了有效的工艺控制，操作人员应该了解进料量，通常以每小时干污泥的吨数来测定。相应的，操作人员必须得到准确的进料污泥水力负荷和污泥浓度（%）的实时数据。

投料量根据脱水污泥类型不同而不同，不同污泥与投料量的相关数据可以参考《标准污水工程手册》和水环境联邦出版物。初级污泥通常产量最高，消化活性污泥通常产量最低，原始或消化的初沉污泥与剩余污泥或消化的剩余污泥的混合物通常会在两个极端之间。设备处理能力受到以下的限制：

（1）设备的设计；

（2）设备的建造和运行；

（3）污泥的类型和数量；

（4）聚合物和污泥之间的反应强度。

从操作层面来看，经济效益最好的情况是在设备达到最大投料量的时候，可达到想要的污泥含固率和污泥捕获的最佳效果。这种方法同样可以优化与能源消耗、人工和维护成本相关的经济效益。然而这种情况只有在得到处理数据并进行分析的时候才能做到。

然而，许多污水厂评估自己的脱水能力是基于下游工艺所需的污泥量或者满足运输条件而定的。另外一个用来决定投料量的常用因素是按操作人员的时间和计划安排，有时多重构筑物都以低于最大投料量来运行，甚至当可以运行更少的设备来达到更多的投料量来节省能源和设备损耗。

在决定特定设备的最佳投料量时，应当考虑多个因素并花些时间以达到最佳性能。一旦建立最佳性能，操作者需要训练以了解如何综合电力、设备损耗、人工和维护的最小成本，并保持最优投料量并达到理想的表现。

7.6　自动化

许多自动化传感器、控制器和相关软件可对调理/脱水过程进行调节以达到最优表现和聚合物投量最佳，当统筹考虑设备、安装参数、应用时就会达到最好效果，不同的出版物提供了更详细的信息（Gillette and Scott，2001；Prramanik et al.，2002；水环境研究会，1995，2001）。

7.7　开展有效的高分子评估及产品选择

用于市政污泥脱水的有效的聚合物评估需要考虑许多细节，一些建议可以帮助我们确保更高效的进行聚合物评估：

（1）确定合适的性能标准和定义经济价值，需要考虑：

1）评估聚合物成本及其循环、运输和利用。

2）使用更昂贵的聚合物（基于剂量）来减少循环成本，产生含水率更低的污泥，这可以减少运输和应用成本，每个工厂都应该建立这些因素的相对成本间的关系。

（2）花最少的时间完成产物的评估。这包括留出足够的时间给供应商来进行实验室测试和生产规模测试以确定其最佳产物，正式的生产规模试验周期可以从4～6周削减为1周。

（3）规定污泥条件并确保在评估阶段了解和控制不同的污泥特性。

（4）避免不必要的人员参与正式的试验活动：

1）由内部人员进行正式的产物评估。

2）确保参与产品实验，提供培训和写入程序的人数最少，特别是校准聚合物精度以确保一致性。

3）有供应商工作人员在场提供支持，但是任何调整都应由污水处理厂工作人员完成。当竞标时，供应商工作人员需要提供特性标准和它们的数据，而不是其他供应商的数据。

（5）抽样和分析活动标准化并得到即时数据。污泥含固率、泥饼含固率和捕获率的即时分析和数据对于制定合适的运行和调整方案以识别产物的最佳性能和运行范围十分重要。如果工厂没有微波炉，那么应该买一个或者借一个。

（6）以分析确切产物表现而不是实验条件来分析表现数据：

1）基于剂量响应曲线来决定最佳性能，比如泥饼含固率与聚合物剂量的关系。

2）不要平均个别数据以决定性能。

3）不要依赖总试验期间的聚合物使用量来确定聚合物剂量。不要使用累加器读数。

通过这些聚合物试验，为操作人员和工程师能基于整体产物的表现选择相对经济性更好的、最具成本效率的聚合物提供建议，并建立相关标准，同样的产物性能应该在日后的运行条件中重复。

第8章　重力浓缩

8.1　浓缩工艺的选择

典型的污泥浓缩工艺有重力浓缩、溶气气浮浓缩（DAFT）、重力带式浓缩（GBT）、离心浓缩、旋转浓缩和膜浓缩。本章也简略介绍澄清池、贮泥池中的浓缩过程和风力压力浓缩过程。浓缩工艺的选择取决于所要浓缩的污泥特性及诸如空间限制和电耗等因素。在选择浓缩工艺时，需要考虑以下因素：

（1）污泥浓缩后的目标含固率要求；

（2）污泥固体捕获性能；

（3）电耗；

（4）运行的注意事项；

（5）空间限制条件；

（6）化学药剂的使用。

8.1.1　污泥浓缩类型

1. 初沉污泥

通常采用初级澄清池和重力浓缩池对初沉污泥进行浓缩。在初级澄清池中，由于增加了停留时间，有机物会向溶解态转变，进而导致初级澄清池去除的污泥量减少及曝气量增加，这些过程不利于污泥浓缩。如果不关注其他问题，采用初级澄清池的污泥浓缩运行成本可显著低于单独采用污泥浓缩。其他可用于初沉污泥和剩余活性污泥的混合浓缩工艺包括旋转浓缩、溶气气浮浓缩和重力带式浓缩，对于大型污水处理厂而言，一般采用离心式污泥浓缩。

2. 剩余活性污泥

剩余活性污泥浓缩多采用溶气气浮浓缩、重力带式浓缩和离心浓缩（用于大型处理设施）系统而较少采用重力浓缩，主要因为剩余活性污泥采用重力浓缩系统浓缩后污泥含固率只能达到2%～3%，而采用旋转浓缩更为普遍。离心浓缩剩余活性污泥的缺点是动力消耗大，对于某些特性的污泥难以达到理想的含固率，且液相含固率高导致用泵输送或混合处理困难。而溶气气浮浓缩的高能耗问题，也使其应用并不广泛。

3. 脂肪、油和油脂

一般来说，脂肪、油和油脂（FOG）通常采用重力浓缩和油水分离工艺来进行处理。虽然也采用聚合物来辅助强化FOG的浓缩过程，但溶气气浮浓缩和重力浓缩仍是FOG首选的浓缩技术。

8.1.2 预处理

在污泥浓缩之前，对其进行调理是很关键的一步。污泥调理还可提高污泥捕获率或含固率。污泥调理在第 7 章有详细阐述。

在浮渣或除泥过程中所收集的塑料、碎布和其他颗粒物会堵塞并影响污泥浓缩系统的运行。而且这些物质在污泥消化系统中不能被降解而干扰污泥脱水工艺的运行，并造成最终的生物污泥品质变差。如果不能在污水处理厂的预处理段（如格栅）对这些物质进行去除，那么就要在污泥浓缩之前对其进行有效地去除。

格栅设备通常包括带有细筛的旋转格栅、带小孔的冲孔板或有小开孔的阶梯式筛板。这些格栅通常用于初沉污泥的处理，需要用盖板封闭并去除和清洗污染气。

8.1.3 冲洗水、滤液、澄清液、离心分离液

污泥浓缩过程的回流液会显著影响整个污水处理工艺的效能。污泥浓缩过程回收液中含有高浓度的生物化学需氧量（BOD）、总悬浮固体（TSS）、氨氮和磷。在设计和运行主流污水处理工艺时，应将污泥浓缩过程回收液所带入的污染负荷考虑在内，调整主流污水处理工艺以最大程度地减小回收液所带入的污染负荷的影响，或在回收液进入主流污水处理过程前对其进行适当的处理。

如果高浓度的回收液会显著影响主流污水处理过程效能，则需对其进行贮存并使其以稳定的缓慢流速或低负荷进入主流污水处理工艺，以显著削弱对污水二级处理系统的影响。在非高峰负荷时间，以低负荷间歇排入浓缩回收液的方式也可以起到平衡主流污水处理系统的冲击。

随着对出水氮和磷指标的要求而越发严格，对浓缩系统出水及浓缩的回收液进行处理，相较于对整个污水处理流程增加更多的处理单元而言，还是更为经济可行的。可以对浓缩过程回收液单独处理，也可以将之与污泥脱水回收液混合后一起处理。

对浓缩过程回收液的处理系统的设计和运行，应基于有效去除影响污水主流处理流程的污染物来确定。可以包括传统的活性污泥处理过程和某些针对性的特别的处理系统。

8.2 沉淀池

8.2.1 初次沉淀池

在特定条件下，可以将初次澄清池当作浓缩池使用。只要污泥较为新鲜，其中的生物固体含量在最低限度，且污水较为冷却，则初级污泥含固率较高，故较为浓稠。如果初沉池的污泥含固率达到5%～6%，则需要关注污泥输送设施的运行是否正常。为此，可能需要短距离的吸泥泵输送系统、有足够净压头的初沉污泥泵、可视的吸泥玻璃检查管道、可确定泵流量和泥浆浓度的正确方法（U. S. EPA，1974)。在输送污泥的过程中，如果发生了厌氧分解过程，产生气体使污泥浮起则会抵消浓缩过程所带来的好处，且初级处理过程的效能就会显著恶化。

8.2.2　二次沉淀池

由于生物污泥很难通过重力过程进行浓缩，故之前很少有二沉池污泥或中沉池污泥成功浓缩的情况。利用 4～5m 的侧边水深、采用污泥吸入设施代替犁式输送设施以及平缓的地面坡度（1∶12）等设计，可以强化生物污泥的浓缩效果。如果发生厌氧分解过程，产生的气体使污泥浮起，则会抵消浓缩过程所带来的好处。由于浓缩过程受到干扰而导致的污泥固体流失，使得二次澄清池内的污泥浓缩过程显著削弱污水二级处理效能。在一定的条件下，虽然沉淀池的污泥浓缩过程是有利的，但实际中还是更推荐采用分离的污泥浓缩单元。

8.3　重力浓缩池

8.3.1　运行原理

20 世纪 50 年代初期（Torpey，1954），人们提出了单独的连续式重力浓缩市政污泥的想法。直到那个时候，人们开始在初沉池中对污泥浓缩，但在其运行过程中，出现了污泥上浮、散发异味、污泥浓度过低以及出水水质偏差等问题。因此，人们开始研究分离浓缩池的改进方法。后来，重力浓缩是最常用的污泥浓缩模式。现在来看，随着其他浓缩模式的开发，重力浓缩模式面临越来越多的挑战。

1. 主要组成部分

重力浓缩池主要包括池体（通常为圆形）、池底部分或浓缩污泥收集装置，表面刮渣器、用于分离液体的溢流堰，以及污泥泵。大多数的重力浓缩过程还包括冲洗水以及异味控制装置。

2. 系统设计原则

尽管圆形钢结构池型与矩形钢混池型都有实际应用，但在连续式污泥重力浓缩池中，最常见的池型结构仍是圆形钢混池。

在连续运行的重力浓缩池中，市政废水处理的污泥浓缩曲线如图 8-1 所示。进入浓缩

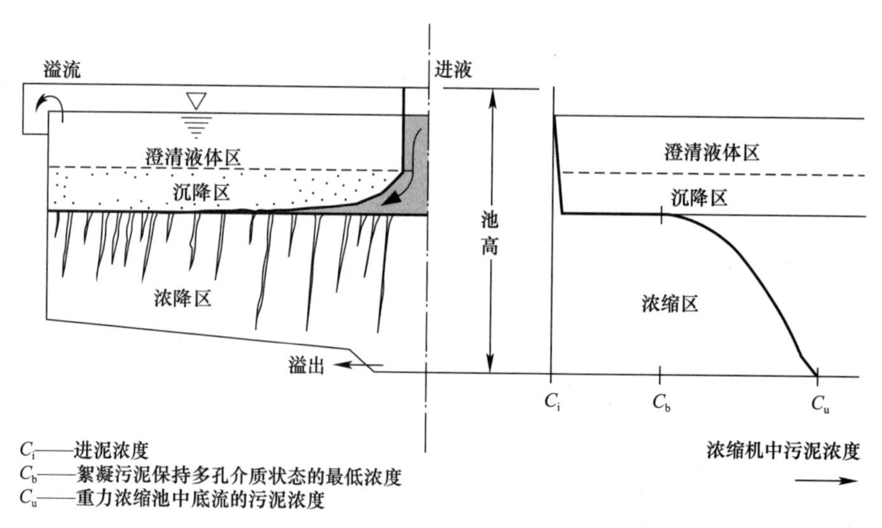

图 8-1　连续式重力浓缩处理市政污泥的典型污泥浓缩曲线

池的污泥一部分在沉淀区随水流扩散，另一部分随异重流沉降到沉淀区底部。污泥中的固体部分在扩散的同时，在异重流中可在浓缩区顶部形成絮体污泥。絮体污泥在浓缩区经过相互接触挤压，特性逐渐变化。由于上层污泥的压挤作用，絮体污泥逐步成为混合压缩污泥的一部分。污泥中挤出的水分通过污泥絮体间隙向上流动。

在确定浓缩池的结构尺寸时，需要明确沉淀区的沉降过程与浓缩区的压缩过程。要保证沉降与压缩过程的效能，都需要较大的表面积，这就限定了浓缩池的平面尺寸。在市政污水处理的污泥浓缩过程中，浓缩区所需的横截面积往往比沉淀区更大。

8.3.2 设计标准

重力浓缩池设计时最主要的两个指标是水力负荷与质量负荷。

1. 确定横截面积

之所以称横截面积是重力浓缩池的重要参数，有两点原因：首先，其与质量负荷直接相关，进入浓缩池的固体质量与流量和固体浓度的乘积相等，质量负荷的上限将决定水力负荷的上限；其次，水力负荷过高会导致浓缩池出水携带较多污泥，即出水含固量过高。

2. 质量负荷

如果通过特定的设备，可以测定污泥负荷，可采用沉降柱试验确定浓缩池所需的横截面积。即通过设计沉降通量曲线，来计算临界固体通量（质量负荷）（Adams and Eckenfelder，1974）。然而在大多数情况下，无法测定污泥负荷，所以工程设计人员必须寻求其他方法。

工程设计人员首先须明确污泥类型（对于混合污泥，应明确各种组分的比例）、浓缩池进流适宜的污泥浓度、进入后续处理单元的底流污泥浓度。

3. 水力负荷

过去，初沉污泥浓缩时常用的最大水力负荷是1200～1600L/(m^2 • h)（25～33gph/ft^2）。对于剩余活性污泥或类似污泥而言，水力负荷应减小至200～400L/(m^2 • h)(4～8gph/ft^2)（Noland and Dickerson，1978）。

针对上文所提到的常用的最大水力负荷，初沉污泥的最大流速应控制在1.0～1.3m/h（3.3～4.4ft/h），剩余活性污泥的最大流速应控制在0.2～0.3m/h（0.5～1.1ft/h）之间。

一些研究人员认为浓缩池散发异味与溢流率有关，但事实上异味是由于污泥在浓缩池内停留过久导致的。通过增加浓缩池中污泥的清除频率以及设置臭气收集与处理装置，即可很好地控制异味散发。

4. 污泥刮板的驱动扭矩

污泥刮板在圆形浓缩池底部的移动，污泥会对其造成阻力，因而产生扭矩。计算圆形驱动装置的转矩时，需基于简单的悬臂梁公式，如式（8-1）所示：

$$T = WR^2 \tag{8-1}$$

式中 T——扭矩，kg/m；

W——均布荷载（污泥比，见表8-1）；

R——池半径，m。

注意，需要明确圆形重力浓缩池中扭矩的不同水平的数值（Boyle，1978）。

5. 池总深度

重力浓缩池竖向总深度取决于 3 个因素：池体超高；沉降区高度（包括清水区和沉降区），压缩区与储泥区（浓缩区）高度。

6. 超高

池体超高是池中液面到池顶的垂距离。超高取决于多种因素，如池体直径、全桥或半桥走道板类型、进水管排布形式、是否设撇渣装置。

池体超高最少要在 0.6～0.9m（2-3ft），有些设计达到 2～3m（7～10ft）的超高。

典型的均布荷载（*W*）值（1lb/ft=1.49kg/m）　　**表 8-1**

污泥类型	均布荷载（*W*）值（1lb/ft）*
仅初沉池污泥（少量砂砾）	30
仅初沉池污泥（无砂砾）	40
初沉池污泥+石灰	40～60
剩余活性污泥（WAS）	
空气	20
氧气	20
滴滤池（TF）	20
热热调节	80
初沉池污泥+WAS	20～30
初沉池污泥+TF	20～30

* 耙臂的叶尖速度通常是 3～6m/min（10～20ft/min）。

7. 沉降区

沉降区包括理论上的清水与沉淀区域，如图 8-1 所示。通常，需要 1.2～1.8m 的高度，对于难以沉降的污泥如剩余污泥或者硝化污泥，则需增加高度。

8. 压缩区与储泥区

将污泥浓缩到要求的浓度需要一定的时间，所以要保证足够的池容来浓缩污泥。另外，池容较大利于缓冲污泥负荷率的变化。同时，确定浓缩区和储泥区容积时，还应考虑到厌氧环境和反硝化过程会产生气体的问题。改进污泥浓缩的环境条件需取决于污泥类型、水温、浓缩池内污泥停留时间来定。

污水处理厂经验表明，浓缩区与储泥区的体积不应超过 24h 的最大剩余污泥量。

9. 池底坡度

一般来讲，浓缩池的池底斜度应保证每米池径的垂直坡降大于 17cm（2 英寸垂直距离/英尺池半径）。这个坡度一般比标准的沉淀澄清池要大。坡度越大越利于增加污泥斗中污泥的深度，从而利于排除污泥。同时，池底坡度较大可以使重力成为污泥向污泥斗流动的主要动力，从而减小了污泥刮板的应用。

10. 异味控制

温度与污泥停留时间，重力浓缩池会成为异味的主要来源。冲洗和连续排泥虽可改善状况，但还是需要加盖、采取异味去除和清洗措施。

11. 搅动栅条

在浓缩池通过栅栏状的浓缩机进行搅动操作，可以强化浓缩区的污泥浓缩效果（Dick and Ewing，1967）。然而，通过强化耙泥效能也可促进污泥充分混合，从而省去栅条搅动。也有人指出，常规方式搅动污泥或栅条搅动不利于污泥浓缩，且会造成电耗浪费

(Water Environment Federation et al., 2009)。

8.3.3 运行效能

1. 药剂用量

在有些污水处理厂中，可向重力浓缩池进水中投加高分子絮凝剂。结果表明，投加絮凝剂有利于强化固体网捕效应，促进沉降。但对于增加底流污泥浓度的效果甚微（详见第7章）。

2. 动力需求

对于连续运行的重力浓缩池而言，其全年电耗是其横截面积的函数，如图8-2所示。例如，对于一个横截面积为 $93m^2$（$1000ft^2$）的重力浓缩池，设计者预算其年电耗为500kWh（16.2 GJ）。图8-2中的电耗并不包含泵、絮凝剂投加设备等附属设备的用电量。

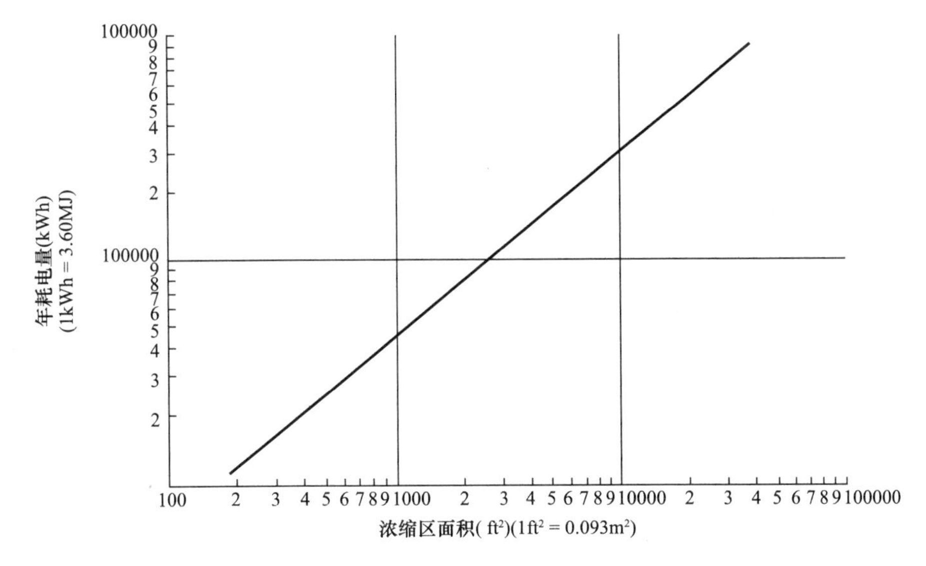

图8-2 连续式重力浓缩池的年动力消耗

3. 过程控制策略

重力浓缩池运行过程中，需要调控污泥进量、浓缩污泥抽吸泵、絮凝剂投加量、刮泥机转速、冲洗水量、污泥深度以及浓缩污泥流量等。

4. 重力浓缩池的控制系统

对污泥进行重力浓缩的目的就是为消化池提供密度均匀且污泥量已知的污泥，这不仅可以保证消化池运行稳定，还能进一步优化其性能。重力浓缩池的控制系统包括安装在浓缩污泥泵排泥管上的微波密度计（MDM），以及在浓缩污泥泵每条吸泥管上安装的流量计。

根据浓缩污泥泵排泥管上微波密度计的读数来节浓缩污泥泵的排泥流量，可控制排出污泥密度均匀，进而保证浓缩过程的稳定。这套系统可控制污泥密度在±0.5%以内波动。

启动浓缩污泥泵以后，将会以最新设定的流量或者操作人员的输入指令将浓缩污泥注入消化池。经过预设的时间段，即污泥从浓缩池流到微波密度计的位置，污泥流量的自动控制操作就开始了。

浓缩污泥泵下游的微波密度计可保持污泥密度在设定值范围内。当检测到的浓缩污泥浓度达到上限值时，浓缩污泥泵上的变频驱动（VFD）会逐渐提高泵速以保持污泥密度在最高设定值之下，或者将泵转速调整到其速度上限。泵速保持不变直到浓缩污泥密度达到最低设定值，这时，泵上的变频驱动（VFD）会逐渐地提高泵速使测量污泥密度值高于其最低设定值，在这种情况下，泵会逐步达到稳定或达到其最低限速。如果浓缩污泥泵达到其最低限速，其将维持此速直到污泥浓度上升至其最高设定值，此时泵速就会提高；或者总固体浓度降低到其最低设定值之下，并维持一段时间，当污泥浓度达到最低设定值时，关闭泵。

8.4　溶气气浮浓缩

8.4.1　工作原理

1. 主要结构

溶气气浮浓缩（DAFT）系统包括气浮装置和溶气饱和器（溶气罐）（见图 8-3）。浮选装置将污泥从水中分离出来，在压力下饱和器将空气溶解到水中。压力饱和水（来自饱和器）通过减压阀进入气浮装置。经过减压阀，溶气水压力接近大气压，气泡逸出。饱和器（溶汽罐）进水是在高压下溶解了空气的废水。空气以小气泡的形式逸出，这些小气泡与废水中的颗粒结合形成密度小于水的泡沫颗粒聚集体，故可快速上浮。

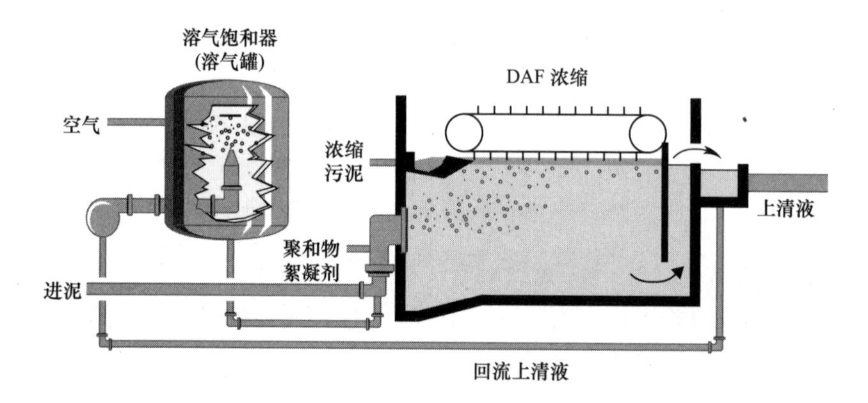

图 8-3　溶汽气浮（DAF）浓缩原理（WEF et al.，2009）

在溶气气浮浓缩过程中，可以根据需要选择是否投加化学药剂（例如絮凝剂）。如果投加化学药剂，其通常投加到饱和器的溶气水和入流污泥的混合点。通过搅拌利于分散化学药剂，并可避免剪切力过大，有助于促进污泥和气泡的结合。经验表明，在污泥与饱和器溶气水混合处投加絮凝剂，气浮效果最好。溶气气浮浓缩的优点为（Bratby et al.，2004）。

（1）投加或不投加絮凝剂进行污泥浓缩；

（2）沉池与二沉混合污泥浓缩；

（3）初沉池与二沉池的浮渣收集系统；

（4）浮渣和污泥可以在高流速下进入浓缩过程；

(5) 将初与二沉污泥同时浓缩时，可将砂砾从底部连续排泥系统中分离并捕获；

(6) 产生连续、混合均质的浓缩污泥可保障消化池正常运行；

(7) 所有的污泥处理回收的上清液都集中到一条管路中；

(8) 可显著去除溶气气浮水相中的溶解性 BOD。

2. 澄清与浓缩效能

气浮装置中，泡沫颗粒附聚体因浮力上升到水面，进而聚集成浮渣层，实现污水中固液分离的目的。由于浮渣层与水相密度的差异，浮渣层会不断积累到液面之上，进而被刮除。在液面上浮渣中间隙水的排出，利于增加浮渣的固体浓度。这一过程就是浓缩。

气浮有以下两个基本作用：(1) 实现固液分离；(2) 对分离（累积）的固体进行浓缩或脱水。

影响溶气气浮浓缩过程的变量是降流流速和气固比。降流流速与沉淀池的溢流速率相似，是用浮选装置内总流量除以装置的有效横截面积定义的。气固比是每单位时间内生成的气体总量除以每单位时间内进入的固体总量。降流速率与气固比由以下经验公式确定(Bratby，1978)。

$$v_L = k_1 \times (a_s)^{k_2} - k_3 \tag{8-2}$$

式中　k_1，k_2，k_3——特定的污泥的经验常数；

v_L——降流速率（m/d 或 gpd/ft^2）；

a_s——空气/固体（气固比）。

影响浓缩率的过程变量是固体负荷率和浮层厚度，浓缩主要依靠水位之上浮层中间隙水的排出完成。固体负荷率和浮层厚度共同直接影响着浮层刮除时间。固体负荷率是每单位时间内进入浮选装置每单位体积的总固体量，其决定了液体表面浮层的上升率；浮层厚度决定了浮层刮除前需要上升的距离。下列经验关系式描述了 DAFT 的浓缩过程（Bratby，1978；Bratbyand Ambrose，1995）。

$$C_F = k_4 \times (d_W)^{k_5} \times (Q_S)^{-k_6} \tag{8-3}$$

$$d_T = (d_B + d_W) = d_W[(a_S)^{k_7} + k_8] \times a_s^{-k_7} \tag{8-4}$$

式中　$k_4 - k_8$——特定的污泥常数；

C_F——装置上层（例如，装置浮层刮除处）浮层固体浓度（%）；

Q_S——固体沉降率（kg/(m^2·d)）；

d_W——水位之上浮层厚度（m）；

d_B——水位之下浮层厚度（m）；

d_T——总浮层厚度（m）。

注意，对于给定的一个参数，调整气固比并不能影响浮层固体浓度，但影响整个浮层固体厚度。

气固比确定时，对于总浮层深度的表述不一定正确。事实上，在低气固比下浮层深度要比式（8-3）所得的值大，而添加絮凝剂则会减小浮层深度（Bratby，1978）。对于活性污泥（有/无絮凝剂）来说，最低气固比大约为 0.02；对于原污水和使用金属混凝剂的水（如明矾）来说，最低气固比大约为 0.06；对于稳定塘藻类分离和使用金属混凝剂的水来说，最低气固比大约为 0.03；浮选应用于高色度废水（使用絮凝剂）的浓缩时，最低气固比大约为 0.03。

Bratby 和 Ambrose 进一步拓展了公式，其包括在刮渣板清除储泥斗前水位之上浮层所用的实际时间。工作人员可以调控刮泥板的速度和运行周期。水位上浮层清除所用有效时间（t_E）定义见式（8-5）（Bratby and Ambrose 1995）：

$$t_E = (t_C/t_{ON}) \times (L/v) \tag{8-5}$$

$$t_C = t_{ON} + t_{OFF}$$

式中　t_C——浮层刮渣板运行周期（min）；

t_{ON}——运行周期刮渣板实际运行时间；

t_{OFF}——运行周期刮渣板停歇时间；

L——矩形 DAFT 有效池长或圆形 DAFT 周长（m 或 ft）；

v——刮渣板运行速度（圆形装置圆周速度）（m/d 或 ft/d）。

因此，关系式可体现有效时间 t_E 的作用，见式（8-6）、式（8-7）。

$$C_F = K^* \times t_E^{[k_5/(1+k_5)]} \tag{8-6}$$

$$d_T = (d_B + d_W) = Q_S \times t_E^{[1/(1+k_5)]} \cdot (1 + K_8/a_s^{k_7})/(10 \times K^*) \tag{8-7}$$

其中

$$K^* = [k_4/(Q_S^{(k_6-k_5)})]^{[1/(1+k_5)]}$$

有效时间（t_E）越长越有利于浮层固体脱除间隙水，进而有利于提高浮层固体浓度，但是根据经验，t_E 的有效值存在一个上限。对于给定的 d_W，需要一个有效的 d_B 以满足水位之上浮层所需浮力。Haarhoff 和 Bezuidenhout（1999）发现水位下的浮层厚度 d_B 与 t_E 的平方根成正比，因此，t_E 增加会导致 d_W 及总的浮层厚度增大。然而 t_E 的局限性也会阻止浮层厚度到达限值，否则浮层固体会随水流走致使出水水质恶化。

8.4.2　设备详述

1. 溶气气浮浓缩池

气浮浓缩池是由钢材或混凝土结构组成的矩形或圆形池子，一般小型矩形装置（2～3 米宽/8～10ft）由钢体组成，而大型装置则为混凝土构造，只有市政污水处理厂的小型圆形装置由钢体组成（WEF，1980）。钢板池体一般是组装的，而且需要混凝土基础垫层、管道和线路连接。

尽管购买池体钢材的费用高于混凝土，但省去了大量现场劳动力和较高的设备安装费用。由于结构和运输问题，限制了钢板溶气气浮装置的尺寸，对于矩形池体最大只能到大约 40.5m^2（450ft^2），而圆形池体仅为 9m^2（100ft^2）。对于大型池体的安装需求（多池体或大池体）来说，混凝土池体会更经济一些。

矩形与圆形的溶气气浮浓缩各有利弊。对于矩形装置，空间会变小，但有一个优点是直通流的流动模式可以更好的适应高负荷处理。如果使用矩形池，可采用底部刮泥板，矩形池体的局限性会限制链浮动刮渣板的使用。如果设计、规格且安装都正确，各种型号的池体均可正常运行。

矩形溶气气浮浓缩对于浮层刮除是有利的。例如，撇渣器可以轻易无间隙的撇除整个池体表面，由于侧壁的作用，浮层无法轻易在撇渣器末端移动。分离装置通常可以运行底层污泥装置，因此，撇渣器也可以单独运行。

圆形装置最大的优点是混凝土结构和机械设备的成本低。例如，2 个直径 18m（60ft）

的圆形装置相当于 3 个 6m×27m 的矩形装置，另外矩形装置大约多需要 11%结构混凝土和运行控制设施，这就增加了维修费用。

浮层撇除点和出水电的相对位置也是矩形池体的一个问题，通常在刮除浮层的方向上，撇除点处刮除的浮层往往最深。因此，采用从出水处向进水处刮除浮层的方式以避免过多浮层刮除，导致溶气气浮浓缩下层清液从装置中流出。溶气气浮浓缩装置的进水端位于最大浮层扰动发生处。因此，刮渣板运行到进水端的设计容易产生最大浮层扰动和最终稀释浮层浓度。

出水处刮除浮渣的方式使浓缩浮层固体可以在装置移除点保持相对平稳，因此，设计与运行时要格外小心控制浮层深度，以免浮层从下部冲刷而导致溶气气浮浓缩下层水质恶化。如果底部刮泥器与浮层刮渣板相连，污泥通常不刮除到出水处，以避免增加下层清液悬浮固体浓度。因此溶气气浮浓缩池体浓缩浮层排除泵设在出水处而底泥泵设在进水处。

在圆形装置中浮层和底泥刮除器可能是最简单的。许多成功的设计案例中，在圆周边缘有多个储渣器，所以浮层可以在溶气气浮浓缩进水处刮除。在这些设计中，底泥将刮除到池体中心的储泥器，底泥泵设置在池体外缘。

在矩形装置中底泥只能沿装置长度方向刮除，这有可能导致浓缩污泥层上部的旋转与稀释。圆形设计的好处是，可以在圆周边缘处分散设置多个储渣器，从而减小了浓缩浮层的运输距离。

不论是圆形还是矩形池体，入流处都可达到相同的高效混合程度。但是矩形池体横断面处应增加进水点，以促进水力短流，除非在进水处有减轻这种效应的特别考虑。

2.（溶气）饱和系统

溶气气浮浓缩的核心就是（溶气）饱和系统，在压力下空气溶解到水中，然后在接近大气压的压力下以微气泡的形式释放。（溶气）饱和系统通常包括循环增压泵、空气压缩机，空气饱和池和压力释放阀（图 8-3）。通过增压泵的水流是循环水，可使用补充水。就像溶解空气在液体中出现一样，压力释放阀控制压力损失并将溶解了饱和空气的压力水流在进泥中分散。压力的迅速降低导致溶液中出现溶解空气（压力下）或以微气泡的形式“沸腾”。（溶气）饱和系统中有许多重要的原理（Bratby et al.，2004）。

向溶液中溶解气体是一个较简单的过程，其与压力，温度，气体在不同溶液中的溶解度（例如，水），以及气液传质面积有关。

氮气在水中的溶解度大约是氧气的 1/2。

空气中有 78%的氮气，21%的氧气，而水更容易吸收氧气。在标准饱和池的设计中所设置的顶部密封空间，补充气体量以填满被吸收的氧气容积为宜；在顶部临界接触时间内，氮气所占据的体积由水填充。

通过加压水流吸收气体体积的计算饱和率，当有密闭顶层时，如果顶层气体在或者接近大气压时，饱和率将迅速损失 2/3，这代表着损失 33%的饱和溶气能力。那么放掉多余的氮气对于保持其溶气能力是至关重要的，因为溶气气浮浓缩超过 80%的动力消耗都应用于饱和系统的加压泵，这就意味着可调整系统来降低能耗。

吸气泵系统是一些溶气气浮浓缩装置中的代替系统，这个系统明显的优点是不需要饱和容器，使饱和系统更加简单，不用将饱和水平控制在传统的饱和系统所需范围内。

空气被吸入到特定设计的离心泵吸水端，并且在泵的压力端达到在水相的饱和溶解状态。在泵的管路中可安装一些小型装置，如小型容器。除此之外，只能通过延长泵压力管线中的停留时间（即延长压力管线）来达到空气饱和溶解态。最近研发的水泵已经克服了之前常见的气体聚集结团问题，出现这样的问题时，水泵抽吸作用就会丧失。例如，Bratby 和 Marais（1975）检验了一个吸气离心泵的浮选能力，发现吸入泵的空气溶解度仅有 23%，在 1000kPa（145psig）压力下，射流气体的 2%体积会发生气团结合，在 170kPa（25psi）压力下气团结合的体积分率可达 11%。

研究发现，专门为这一目的研发的泵的最新技术发展中，12%吸气体积时仍没有空气结团。然而至今也缺少独立验证的性能数据。另外，有报道称因空化腐蚀叶轮致使泵运行失常。

3. 浮层收集

所有 DAFT 池都配备浮层撇渣装备。表面撇渣器将浮层物质从浓缩池中撇除，使之能保持在一个恒定的平均浮层厚度。

前面的讨论指出，影响浮选过程浓缩的主要机制是水位之上浮层的排出。因此，在浮层的整个深度上固体浓度分布将在浮层最顶端达到最大值，并随着浮层深度的增加而减小。固体浓度随浮动深度增加而下降，在浮层底部达到最小值。

图 8-4 说明了这种现象（Bratby，1978）。图 8-4 所示结果由中试点浮选装置获得，此试验在不同深度获取浮层固体浓度，固体负荷率和气固比分别设置在 55kg/(m^2 · d)（11.2lb/(ft^2 · d)）和 0.036，在中式气浮装置的顶端配备有一个水平作用刮渣板。图 8-4 所示的浮层最小扰动和浓度曲线都是在理想条件下获得的，相比之下，其所示结果也是由相同的污泥在完整浮选装置中获得。既然如此，那么固体负荷率大约在 60kg/(m^2 · d)（12.3lb/(ft^2 · d)），气固比在 0.036～1.0 之间。曲线上有一个明显的差异，在相同的运行条件下，生产性气浮装置并没有像中试装置体现的在水位之上固体浓度有一个急速增加。

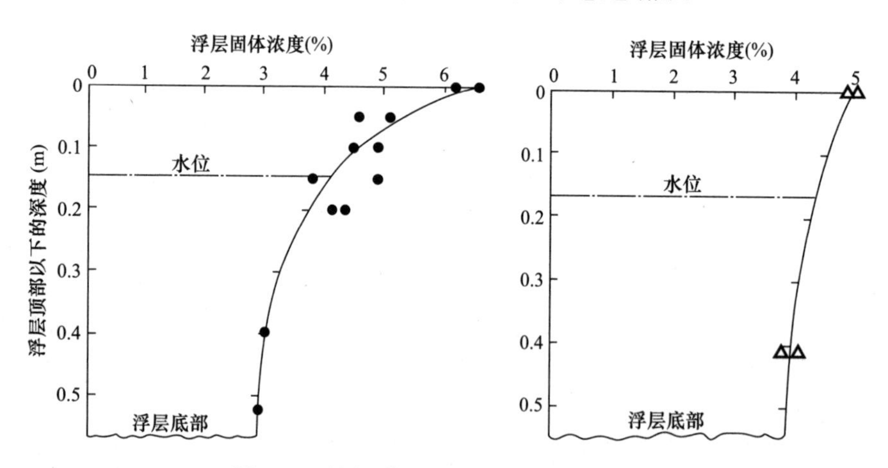

图 8-4　浮层固体浓度曲线（WEF，2008）

试点装置达到的固体浓度大约为 6.5%，而对照的生产性装置中大约在 5%，造成两个装置不同结果的原因是浮层固体移除方式的不同。在试点装置中，浮层刮渣板仅将最上层的浮层固体移除；在对照的生产性装置中，刮渣片深入到浮层以下 178mm（7in.）。许多溶气气浮浓缩装置都有此设计。

对照的生产性装置中，刮渣板的设置有两个作用：(1) 将浮层顶端控制在浮层溢出堰水平高度的位置（例如，其有将浮层固体从装置中移除的功能）。（2）有将浮层混合的不良作用，扰动的影响将增加刮渣板的深度。这种混合作用会使达到最大排水量的上层固体携带有下层含水量较高的固体。

以上结果说明浮层刮渣板应尽可能小的扰动浮层且尽量只移除浮层的最上层浮渣，这是因为固体浓度随浮层深度增加而迅速减小。减小扰动需要尽可能的使刮渣板的底部位于水位之上，并且在刮渣板运行过程中不能让浮层固体在其前端过度积累，也不能积累在刮渣装置顶部。另一个重要的考虑因素是浮层刮渣板材料的刚度。如前所诉，过度弯曲的刮渣板材料并不适用于健将浮层的最上层浓缩浮渣移除。

在圆形池体设计中，通过在圆周边缘提供 2 个或更多的储渣器可减小刮渣距离。

4. 底泥收集

底部刮泥器对于移除沉降在浮选浓缩池底部的非漂浮重物有至关重要的作用。然而，不同于浮层刮渣板的是，不是所有的溶气气浮浓缩池都装配有底泥收集器。例如，使用溶气气浮浓缩处理剩余污泥（WAS）的污水处理厂只配备了底部刮泥器，特殊的情况需要其配备收集装置。

5. 其他设备

许多装置都带有挡板而且配有溢流堰。在这些装置中，澄清的出水在板端（矩形）或在板缘（圆形）处流出，然后通过溢流堰进入出水槽。溢流堰控制水位在浮选池内。然而，其缺点是水位无法改变而且只随着装置的进水量而改变。成功案例中，使用淹没流槽，其可选择液位高度以使浮层排出量最大。水位传感器可提供出水泵或者调节阀的调节信号。在上述两种情况下，操作员设置操作水位（不受进水影响），通过泵速和阀位调节来使液位维持在设置点。

浮渣层处理和泵系统也是溶气气浮浓缩系统的重要组成部分。当把浮渣层从 DAFT 装置移除后，浮层固体进入储渣器，然后用泵输送做进一步处理。这方面的操作需要特别注意浮层固体的以下特性：

（1）浮层是在液体表面；

（2）因为浓缩其不能像水一样自由流动；

（3）不能在平面或者斜面上流动，特别是不光滑表面上流动。

另外，因为泵通常由高/低水位来控制，前者用于启动水泵，后者用来停止水泵，故以用泵控制池内稳定水位较难。这种控制方案是通过滗水来浓缩浮层物质，而不是用泵抽走固体。如果浮层长时间的留在池体表面并与空气接触，固体干化成为一个干饼，那么使固体进入泵口会更加困难。操作人员不得不花费一定的时间用高压软管水流喷向浮层物质，使干物质下降从而润湿（降低其浓度），直到物质可以进入泵为止。

更好的设计是将连接在密封池体的泵吸入口安置在浓缩浮层的槽底以下，该槽在泵入口处的小面积内压缩浮层固体。然后控制这个泵不是在液位处关闭而是在泵停止吸水吸入时，保证浮层物质已经达泵进口处（Bratby et al.，2004）。

8.4.3 设计标准

1. 气固比

气固比（g（气）/g（S））影响污泥上升速率，更重要的是影响浮层总深度。根据污泥特性，气固比通常控制在0.02～0.04（Bratby et al.，2004）。

2. 水力负荷

溶气气浮浓缩的水力负荷率可以表述为装置总流量（进水加循环）除以表面积，单位通常为“$m^3/(m^2 \cdot h)$”（gpm/ft^2）。最大水力负荷率一定要比污泥/空气气泡的最小上升速率小，这可以保证固体粒子在到达池体出水端前已进入污泥浮层。

DAFT过程对于水力负荷相对不敏感，对于活性污泥高达$14m^3/(m^2 \cdot h)$（$5.7gpm/ft^2$）的水力负荷的浓缩过程来看，出水悬浮固体浓度并没有被破坏。当不使用絮凝剂时，尽管可以将固体负荷率作为DAFT的重要测量参数，但其相应值可能较低。

3. 固体负荷

溶气气浮浓缩的固体负荷率可以表述为装置总进流固体除以表面积。单位通常为“$kg/(m^2 \cdot d)$（$lb/(ft^2 \cdot d)$）”。一般来说，增加固体负荷率会降低浮层浓度，添加絮凝剂通常会使浮层固体浓度增加，对于给定的固体负荷率需要给定絮凝剂剂量（如下）。根据废水特性和所需固体浓度设计固体负荷率，设计值通常是基于固体负荷高峰日，范围从大约低于$100～1150kg/(m^2 \cdot d)$（$20～235lb/(ft^2 \cdot d)$）起。

8.4.4　运行情况

操作人员可以根据经验决定特定浮选浓缩装置系统的最佳运行范围。表8-2给出部分污水处理厂的运行数据，可对比不同系统的运行情况。

1. 浓缩固体浓度

总含固率4%的浮层是在无初沉污泥的气浮浓缩池常见的最小含固率。然而，根据固体负荷率，预期应达到5%～6%的含固量。

溶气气浮浓缩处理不同类型污泥典型操作参数　　**表8-2**

安装地	污泥类型[a]	絮凝剂剂量（g/kg干燥固体）	固体含量（$kg/(m^2 \cdot d)$）	浮层浓度（%）	下层清液悬浮固体（mg/L）	参考文献
Boise，Idaho	A	0	117	4.0		1
Levittown，Pennsylvania	A	0	63	6.5		1
Wayne Country，Michigan	A	0	97	4.6		1
Athol，Massachusetts	A	1.0	376	4.0	50	4
Boulder，Colorado	A	2.0	89	4.0		2
Denver，Colorado	A	2.4	614	4.3	21	2
Warren，Michigan	A	7.5	247	5.3		5
Westgate，Virginia	A	1.5	822	7.3	20	5
Athol，Massachusetts	EA	1.0	376	4.0	50	5
Biddeford，Maine	CS	2.2	375	6.6		5
Philadelphia，Pennsylvania	A+RBC	0	30	4.0	200	4
Fairfax，Virginia	A[b]	1.2	820	7.3	20	4
Frankenmuth，Michigan	A[c]	0	68	3.0	750	1
Xenia，Ohio	AD	0	176	4.0		5
Xenia，Ohio	AD	3.0	705	8.0		5
Levittown，Pennsylvania	PRI+A	0	117	8.6		1

续表

安装地	污泥类型[a]	絮凝剂剂量（g/kg 干燥固体）	固体含量（kg/(m^2·d)）	浮层浓度（%）	下层清液悬浮固体（mg/L）	参考文献
Dalton，Georgia	PRI+A	0	88	6.1		1
Seattle，Washington	PRI+A	1.2	111	6.2	300	6
San Jose，California	PRI+A[d]	0	223	7.1		1
San Jose，California	PRI+A[e]	0	188	5.3		1
Eugene，Oregon	PRI+TF	0	147	4.8	500	4
Springdale，Arizona	PRI+ \ TF	3.5	294	6.5	200	4
Eugene，Oregon	PRI+TF	0	147	5.0		5
Englewood，Colorado	PRI+TF/SC	4.0	79	6.2	210	2

注：[a]PRI——初沉池污泥；A——剩余污泥（有初沉池的污水处理厂）；CS——接触稳定污泥；EA——延时曝气污泥；TF——滴滤池污泥；TF/SC——滴滤池/固体接触过程；RBC——生物转盘；AD——好氧消化生物污泥；

[b]好氧处理厂；

[c]大量啤酒厂废弃物；

[d]非灌头季；

[e]灌头季。

影响浮层固体浓度的一个因素是污泥特性，通常是污泥体积指数（SVI），这可能不是影响浓缩浓度的主要因素。另一个因素是浮层撇渣板的设计和运行、浮层的及时排除，以及同样重要的固体负荷率。

相比于使用重力浓缩池处理初沉池污泥及使用溶气气浮浓缩处理二沉池污泥，通过使用溶气气浮浓缩法共同处理初沉污泥和二沉污泥，可以获得更高的总固体浓度（Butler et al，1997）。对于 1∶1 混合的初沉池和二沉池污泥，使用典型的气浮浓缩法其总固体含量近似为 6%。在理想状态下，浓缩混合污泥的最小固体含量大概为 6%～8%（Butler et al，2004）。

2. 固体捕集率

不同的装置会有不同的捕捉率。然而就算是最普通的 DAFT 运行系统，通常也会有超过 90%的捕集率，其通过进水悬浮物浓度与出水悬浮物浓度的差值计算。因此，如果溶气气浮浓缩的进水悬浮固体浓度为 5000mg/L，90%的固体捕集率将会使出水的悬浮固体浓度降低到 500mg/L。添加絮凝剂可以降低出水悬浮固体浓度并提高捕集率。

在添加絮凝剂，甚至将固体和水力负荷分别设置在高达 1150kg/(m^2·d)（235lb/(ft^2/d)）和 13.2m^3/(m^2·h)（5.4gpm/ft^2），处理剩余污泥的溶气气浮浓缩运行良好时的捕捉率接近 99%。

浓缩剩余活性污泥的溶气气浮浓缩系统的结果显示，出水的悬浮固体浓度对于絮凝剂的剂量（超出最小值）、水力负荷和气固比（超出最小值）并不敏感。

3. 化学药剂使用

容气气浮浓缩可以在有或无化学药剂添加的条件下运行。以下运行优势可能是在使用絮凝剂的条件下产生的：溶气气浮浓缩的尺寸减小；固体捕集率上升，进而减小了回流到液体处理系统固体量；可以改善现有的超负荷设备（没有使用絮凝剂）。絮凝剂也可以作为表面活性剂，可以使固体更好的附着在汽包上。当计算整个污水处理厂的有效使用年限时，发现絮凝剂最主要的缺点是费用过高（包括絮凝剂费用、运行与保持絮凝剂进量的设备费用）。浮层固体浓度改善仅在一个特定的最小浓度水平。当溶气气浮浓缩同时处理初沉池污泥和滴滤池/固体接触生物污泥时，当絮凝剂用量明显超出 2.5g/kg 干固体（5lb/t 干固体）时，对于浮层固体浓度的影响并不显著。

4. 动力需求

溶气气浮浓缩系统的最大的动力损耗是离心增压水泵，其他的动力需求在整个系统中都相对较小。因此，Bratby 等人（2004，2006）与 Bratby 和 Jones（2007）指出，应设计增压泵在最佳效率点上运行（BEP）。基于近期的一些设备，溶气气浮浓缩所需动力大约在 3～5W/(kg·d)（0.0020～0.0033hp/(lb·d)）设计溶气气浮浓缩干重固体负荷。溶气气浮浓缩的设计干重固体负荷通常根据日高峰流量来计算。

5. 过程控制策略

溶气气浮浓缩运行控制策略包括进泥流量，撇渣器，饱和压力，进量率，絮凝剂投加，和浓缩污泥泵的控制。

正确的操作需要降低进泥速率和浓度的变化。进的污泥贮存和混合罐可间歇操作。大部分的装置都采用连续式运行，有的在几周的时间内有一个短暂的停歇，其他一些只在一天中固定的几个小时运行。

通过手动调节水位到预定水平（如果设计中包含调节操作）来控制撇渣器的运行，是因为浮层均在水位之上被撇除。

浮层撇渣臂的速度和数量控制着浮层污泥进入污泥槽的速率（如前述）。应设置浮层撇渣器的速度和开关时间来使浮层固体浓度最大化，但是过慢会导致浮层深度的过度积累。浮层撇渣器的运行通常根据浮层厚度的监测情况人工调节。

饱和器压力应控制在 350～590kPa 急剧的（50～85psig）之间，且不能低于 350kPa（50psig），如果低于此值将会导致急剧的效率降低以及增加总浮层厚度（Bratby，1978；Bratby and Jones，1995）。由于存在沿程和局部损失，故泵出口压力应高于饱和压力。根据设计，泵出口压力应符合泵的最佳效率点（BEP）的压力。

溶气饱和器的进水率应当保持所需的气固比。在溶气气浮浓缩系统中，通常人工设置来平衡饱和器的泵进水量与饱和器到溶气气浮浓缩的进水率。

絮凝剂投加量通常自动与进泥率相配合。通过调整进流率和进泥固体量，絮凝剂进料泵可自动调节以保持在预设絮凝剂用量，单位是“g 絮凝剂/kg 干污泥固体”（lb/t 干固体）。

通过浮层固体储渣器位置来自动控制浓缩污泥泵。储渣器中的高液位是对应泵启动，一些设计者建议，应在泵进泥管中吸力被破坏时停止泵运行，而不是在低液位才停止泵，以避免储渣器内污泥被分离出去（Bratby et al.，2004）。在运行中，需在至少以下几个方面对 DAFT 浓缩池采样与分析：

进水需要分析总悬浮固体浓度（TSS）、总固体和进水量（通常使用在线监测仪器分析固体和流量）。

出水需要检测总悬浮固体浓度（TSS）、总固体和出水量。出水固体仪表可能投入使用，尽管污垢和絮凝剂残留物会限制其在一些装置设备中使用。DAFT 出水流量和固体的连续监测的优点是其可进行整厂质量平衡和通过出水悬浮固体浓度控制絮凝剂投加量的可能性。虽以建议使用后者的控制策略，但其作用经验仍需被验证。

浮层（去除污泥）需要分析总固体和流量。

对于悬浮层深度（DOB），通常采用“污泥采样器”型设备测量其浮泥层深度。然而，因过高的污泥浓度与浓缩污泥进入圆筒过慢，常会产生不理想的结果。通过使用光学探测器可以获得更好的结果。取样位置应设在污泥被刮到浮渣槽的位置附近。

尽管仪器自动监控总浮层深度的方法也尝试用于圆形和矩形装置，但目前还没有长期运行成功的验证。因基于事先设定的总浮层厚度可自动控制撇渣器的速度，从而能够保证最大浮层浓度，这种仪器的使用是有价值的。当设备正在运行时，溶气气浮浓缩的表面并不常见游离水；这不利于有效操作，然而，由于浮层积累使排水变小。

如果可以，应开展验证絮凝剂质量的试验，以确保絮凝剂未失效或性能稳定。具体操作包括简单的絮凝剂总固体量确定和/或者悬浮物体分离试验，或者更专业的质量控制测试如傅里叶变换红外光谱学。也应偶尔测量饱和器进水吸入的空气质量，用来操作气固比。该方法在其他文献中也有介绍（Bratby and Marais，1975，1977）。

8.5 离心浓缩

8.5.1 操作理论

当讨论操作理论的时候，离心机常与澄清池作比较。固液混合物进入到澄清池后，在重力作用一段时间后，固体沉淀到池底，澄清的液体停留在上层。重力通常记为1G。

离心机实际上是一个环绕在高速旋转轴上的澄清池。高速旋转所产生的离心力就像作用在固体上的重力，但明显更大些。相比于典型的澄清池，离心力不仅可以加速分离过程，而且可以压缩固体，从而增加了固体浓度。

8.5.2 操作原理

离心机的主要组成部分是转鼓和转轴。转鼓水平安装，并在高速旋转时产生离心力。转轴安装在转鼓内，将固体从转鼓的一端输送到另一端。

转鼓包括一个圆柱段和一个锥形截面，通常由不锈钢铸件，也可以由轧制不锈钢板制成。在工厂里用螺栓连接、加工并在高速运转达到平衡。

转轴包括一个安装在空心轴上的不锈钢螺旋输送机。转轴可以是一个安装在轴上的辐射型开放式设计，也可以是一个直接安装在轴上的封闭式设计。整个转轴安装在转鼓里，并可独立转动。

对于浓缩固体来说，转鼓和转轴通常在高于1500rpm下运行，并可在转鼓壁上产生大于3000Gs的力。转轴大约比转鼓快10～20rpm以产生差速。

污泥和絮凝剂注入转轴的空心轴中，并在旋转的转鼓中分散。由旋转的转鼓产生的离心力使固体沿着转鼓壁沉降。转轴将固体运送到转鼓的锥形部分，固体在此排出。液体通过相反方向的转鼓开口端排出。

8.5.3 平流/逆流设计

市政固体分离的两个基本离心设计是平流和逆流设计。脱水离心机几乎都是逆流设计，而浓缩离心机既可以是逆流也可以是平流设计。

8.5.4　物理特性

每一个离心机都有其特殊的物理特性，影响因素包括输入量、捕获效率、絮凝剂用量、泥饼浓度、和能耗在内的性能。这些特性包括：

（1）转鼓形状；

（2）转鼓直径；

（3）转鼓长度；

（4）排出口直径；

（5）椎体角度；

（6）转轴几何形状（打开或关闭转轴）；

（7）转轴构造；

（8）结构材料。

在市政污水处理厂的设计中，会提供关于这些物理特性的附加信息（WEF，2009）。

8.5.5　机械特性

所有制造商都使用SKF或FAG式带有严密密封的滚柱轴承来支撑转鼓和转轴。轴承采用润滑油进行润滑，使用寿命可达100000h。

通常使用两种类型的润滑系统：润滑油和润滑脂。油润滑提供了对于每个主轴流过滤和冷却控制并且其包括储油器、泵、油过滤器、水/油冷却器和仪表的润滑。由于油润滑系统和离心机控制面板连锁，所以油泵必须在离心机运转前开启。轴承由脂润滑系统提供润滑剂。

8.5.6　电性特征

所有主要制作商都提供转轴驱动马达、变频驱动（VFD）以及主要的驱动马达和变频驱动（VFD）。电机是交流型，从VFD中直接获得电流。

8.5.7　涡旋传动装置特征

转轴相对于转鼓的转轴或反向驱动的系统转动创建了一个转速差，这个差值范围是1～15rpm。差值越大，从离心机去除固体的速度越快，而排出固体浓度越低；差值越小，从离心机去除固体的速度越慢，而排出固体浓度越高。

8.5.8　涡旋传动装置选择

目前离心机应用的两个基础转轴驱动是液压和机械转轴驱动。液压转轴驱动使用液压马达来转动转轴而机械转轴驱动使用电力马达。液压转轴驱动系统主要有3部分组成：马达、泵系统和控制系统；机械转轴驱动也主要由三部分组成：齿轮箱，转轴电机和变频驱动。

8.5.9　控制特征

在无测控并保持合理捕集效率与减小絮凝剂投加量的前提下，不容易使浓缩污泥浓度保持在预定值。脱水离心机使用自动转矩特性来改变转轴相对于转鼓的速度，以维持转矩设定值，这将有助于保持固体的连续性。浓缩离心机在更高的差速下运行且不产生过多的转矩，会使基于转矩来维持不变的固体浓度稍显无效。

过去，控制浓缩离心机输出的唯一方法是调整差速，取样和分析浓缩固体，不断重复直到获得理想的浓缩固体。如果进水固体变化（同时处理初沉池和二沉池污泥时经常发生），那么速差调整和池深变化的试错调整过程都将变得复杂。

如今，所有主要的离心机制造商都提供仪表和控制包，基于连续测量进水固体或出水固体或二者兼测，可自动调整离心机运行参数（例如转鼓转速和池深）

8.5.10 理论性能

1. g—体积

g—体积是行业所普遍认可的用于根据转鼓体积与转鼓转速确定离心机运行的参数。g—体积的计算可用于比较不同制造商的离心机性能；且能根据以往的运行情况预测不同型号离心机的处理量。g—体积由式（8-8）计算：

$$g\text{—体积} = (g\text{—转鼓壁力}_{\text{鼓壁}}) \times (\text{圆柱转鼓的可利用体积}) \tag{8-8}$$

2. 有效转鼓体积

有效转鼓体积指转鼓的圆柱段减去空气体积与出水口直径，锥长度和出水口直径对圆柱段体积影响很大，如图 8-5 所示。

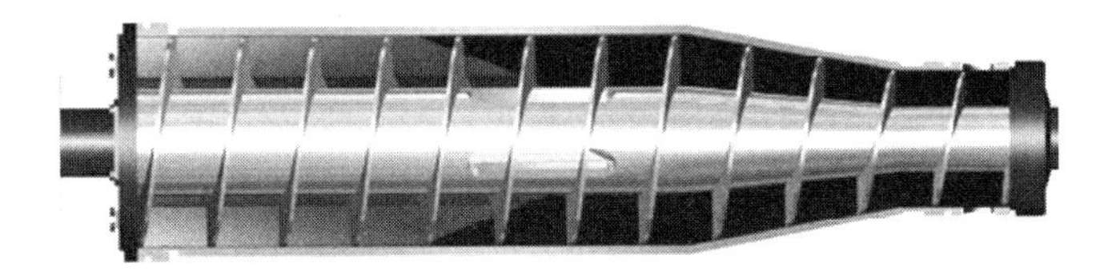

图 8-5 安装在转鼓中的卷轴传送带，并以略有不同转速转动（韦斯伐里亚分离机集团，奥尔德，德国）

如果锥形部分可以通过增大锥角而变短，就可以增加圆柱段体积。但锥角越大就需要更大的转矩将固体旋转到圆锥部分。

圆柱段体积也受池深的影响。出水口直径控制的最大池深被称为中性塘深度。一些离心机制造商用涡轮上的分水盘制造一个阻水装置，可使固体通过圆盘和转鼓之间一个小的环形空间。

3. g—力

g—力是转鼓的离心力且其与转鼓转速和转鼓直径相关。对于给定的转鼓转速，越大的转鼓直径意味着转鼓壁上越大的 g—力。相反，对于给定的转鼓直径，越高的转鼓转速意味着转鼓壁上越大的 g—力。

4. 基于 g—体积的处理量预测

如果有根据实际运行情况得知离心机的处理量，可与 g—体积比较预测出其他型号的处理量。

8.6　重力带式浓缩

常见的重力带式浓缩机如图8-6所示。它是由桌面状钢结构和旋转皮带构成的独立装置。重力带式浓缩机通过污泥调理和其后在尼龙编制滤带上由重力作用过滤来浓缩污泥。优点包括低投资和运营成本、固体捕获性能良好且操作可靠（完成适当的污泥调理），相比其他浓缩技术，重力带式浓缩占地面积小。主要缺点有产生臭气和不同的操作对应不同污泥类型。由于污泥类型和操作目标不同，通过重力带式浓缩，污泥浓缩浓度可达到3.5%～13%。重力带式浓缩机通常根据水力和固体负荷来确定带宽，且允许带宽在0.5～3.0m。

图8-6　重力带式浓缩机（特许机器公司，新泽西，新泽西）

8.6.1　工作原理

重力带式浓缩机的浓缩是基于絮凝剂的添加和重力作用下固液分离的过滤过程，分别如图8-7与图8-8所示。

重力带式浓缩机使用絮凝剂来混凝与絮凝进泥，然后将其在编织尼龙滤带上分散，通过重力将液体从固体中过滤。污泥留在滤带上并被运送至重力带式浓缩机尾端的储泥器，在此滤液收集于水槽中，通过机器下面的管道排出。过程的关键是合适的固体调理。因此，重力带式浓缩技术更适用于比初沉池污泥更容易絮凝的污泥，如剩余污泥。液体滤速是有效滤带表面积与污泥调理的函数。滤带表面积越大，过滤面积也越大，从而重力带式浓缩可承受更高的水力和固体负荷。保持一定的滤带表面积需要将滤带均匀的拉伸以防污泥淤积，同时需要适当的清洗以防污染。因此滤带的清洗、拉伸和引导系统都将作为重力带式浓缩的子系统。如果所有其他操作参数保持不变，调节滤带速度同样可调整液体/固体分离时间。通常，滤带速度越慢将产生越厚的污泥。犁靶也用于筛选污泥、强化过滤并增加污泥浓度。当液/固分离无法有效进行或者未浓缩的污泥随滤带进入了浓缩污泥储泥器时，重力带式浓缩过程可能是受到了冲击。不当的污泥调节和负荷过重或减少有效滤带过滤面积都能造成影响。

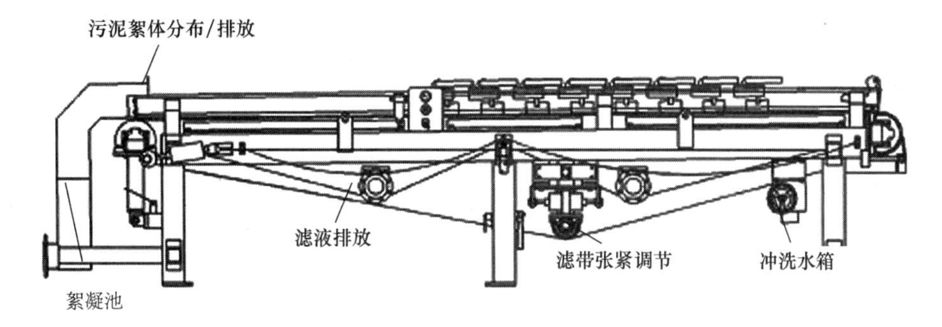

图 8-7 重力带式浓缩机高程示意图（Greenwich，Connecticut BDP 工业委员会）

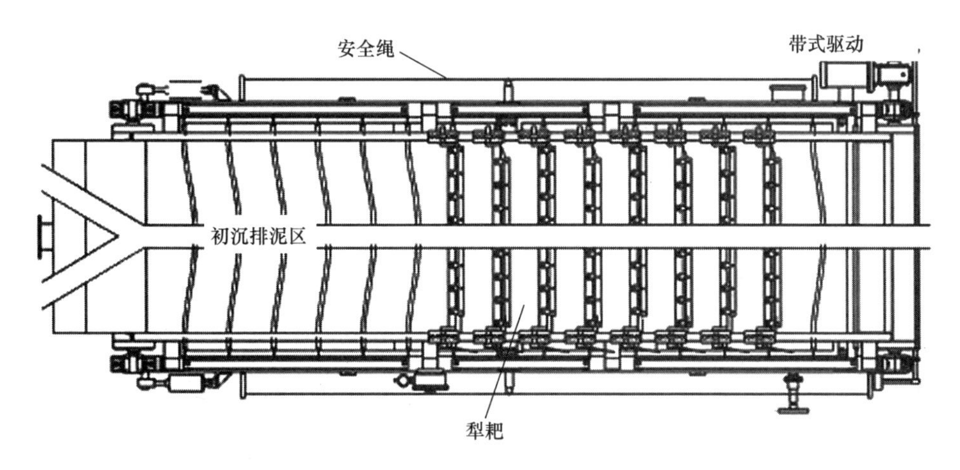

图 8-8 重力带式浓缩机的平面图（Greenwich，Connecticut BDP 工业委员会）

1. 重力带式浓缩机的主要组成部分

GBT 的组成部分如下，如图 8-7 和图 8-8 所示：

（1）污泥调理和分布功能，利用絮凝剂稀释、运输、混合、后续混凝、絮凝槽和絮状物分布。

（2）通过滤带重力过滤实现液/固分离过滤、带-带传动、储泥器、过滤液储存和排除系统。

（3）运用滤带拉伸和滤带传导系统的滤带拉伸功能。

（4）需要时有使用滤带清洗喷雾器和增压泵的滤带清洗功能。

（5）包括主控制面板和各种警报器在内的控制系统。

2. 污泥调理和分散

由于液/固分离是一个被动过程，污泥在滤带上分散前，有效的絮凝对于重力液/固分离至关重要。在污泥流中加入絮凝剂可消除污泥粒子上的负电荷，并可在絮凝池的上游通过架桥作用发生絮凝。被动混合装置如文丘里/孔板混合器通常用于分散絮凝剂并将其混合在进流污泥中。被动混合器通过等距的径向水龙头将絮凝剂进行分散并可根据不同的混合能源手动调整以提供不同的混合能量。特殊设计的内联混合器也可用于处理污泥。实现有效混凝/絮凝所需的时间是无法预测的，受絮凝剂和进泥的性质的影响。因此，设计需包含 3 个在进泥管上间隔 5.6～9m 的 3 处设置絮凝剂混合器。一旦重力带式浓缩投入运行，就可以确定絮凝剂混合器的位置。

污泥絮凝是在连接于重力带式浓缩的一个小（通常400～800L或者100～200gal）絮凝池内进行。这个池子通过减缓污泥流速以保证絮凝效果并且限制作用于絮状颗粒上的剪切力。通常池体尺寸按最大小时流量可保证至少20s的水力停留时间。设计调理的泥浆进入池底而絮凝污泥将向上流到滤带上。絮体必须均匀且轻轻地分不到滤带上以保证滤带表面积的最大利用率并且防止絮体解体。

本手册第7章详述了适用于浓缩的多种絮凝剂种类。絮凝剂的选择必须考虑污泥浓缩设计需求、费用、现有絮凝系统和烧杯试验结果。在有可能的条件下应进行进水污泥的烧杯实验，这对于估计不同絮凝剂的适用性有很大作用。浓缩进水污泥所需絮凝剂的量由克干絮凝剂每千克进水污泥固体表述，絮凝剂需求量在1.5～5.5g/kg(3～11lb/t)范围内变化。大多数污泥所需絮凝剂不超过4.5g/kg（9lb/t）。

3. 液/固分离

为了限制滤带与脂肪、油或油脂的亲和力，提供好的耐磨性，在拉伸下变形小且有一致的孔隙度，重力带式浓缩的滤带由多股编织尼龙组成。滤带是过滤装置，液体可以通过，但絮凝污泥不能通过。滤带的宽度为0.5～3m，尽管不同制造商的机器实际操作区域不同，但滤带宽度是重力带式浓缩性能的一个参数。当滤带部分被泥层粘滞或堵塞，不能有效地分离液体与固体时为滤带污染。滤带污染的发生是由于冲洗水系统的操作不当，污泥含有高浓度的脂肪、油和油脂，或使用时间过长造成的。根据操作条件和期间污垢清洗情况，通常3～5年需更换一次滤带。

滤液通过滤带后，在排水槽聚集并从重力带式浓缩机下的排水板排走。应控制排水板与重力带式浓缩机排水面积大小相符，倾斜排水板以容纳收集滤液。在设计液压排水与滤液输水系统时，必须考虑最大滤液流量和清洗水流量的总和。

电动马达为重力带式浓缩机滤带的转动提供动力。驱动器像滚筒一样利用摩擦给滤带传送转矩。电机安装在重力带式浓缩机上，从每0.5m为0.8kW（1hp）到每2m为2.4kW（3hp）。人工调节驱动器转速，控制液/固分离的允许时间。美国设备制造商协会（AGMA）齿轮设计标准是选择重力带式浓缩机制造商和驱动的重要标准。

重力带式浓缩机的安装位置须适应驱动器的移动，通常是带宽加上0.6～1.0m（2～3ft），可垂直于装置拆卸。

4. 滤带张力功能

重力带式浓缩机的滤带需时刻保持张力以保持滤带纤维间距，保证污泥均匀分布在在滤带上，使过滤表面垂直于动力，保持滤带传动滚轴上的摩擦力。滤带的松弛将导致形成表面污泥洼，这将阻碍持续有效的浓缩过程。如果滤带和滤带传动间没有良好的摩擦将导致滑带。通过对滤带跟踪控制将保证滤带上张力均匀，还可防止滤带从滚轴上移动。

液压和气动滤带张力系统都是北美常见的装置。气动系统使用安装在或靠近重力带式浓缩机上的空气压缩机，安装在重力带式浓缩机框架上的气动导管驱动滤带张力和跟踪控制系统。相似配置的液压系统由液压泵和相关的运输管道组成。

手动和自动履带张力和跟踪系统都有投入使用。在手动系统中，操作人员控制出产商设定的空气与液压点，并根据需求调整。通常每星期或每月定期进行调整，对于一天运行少于24h的重力带式浓缩机来说，应在启动前调整。滤带跟踪控制系统的手动调节通常在相同的时间，并且需要操作人员亲自观察滤带与调整跟踪控制系统。大多数制造商将自动滤带张力和跟踪控制系统作为标准特征。这两种系统都提供滤带张力和跟踪系统的监测和报警。

5. 滤带清洗功能

当浓缩污泥运送至储泥斗之后，滤带旋转到污泥絮凝槽之前需要清洗。通过洗水喷嘴将高压水喷射到滤带上，液流直接流入重力带式浓缩机排水管。对于 2m 的滤带，洗水通常需要达到 3.1～4.0L/s(50～65gpm) 和 7.7Pa～9.8kPa（55～70psi），一般来说，压力越大清洗越干净，这将减少滤带堵塞并确保更好的污泥浓缩效果；而过大压力将会减少滤带使用寿命。清洗水通常有三个不同的来源：污水处理厂循环水，市政中水和回收滤液。

污水处理厂循环水是洗水最普遍的来源，要求其 TSS<100mg/L。清洗水喷嘴应设计成能适用于 2 倍污水处理厂循环水最大 TSS 浓度的规格。堵塞的喷嘴将会减小滤带清洗过程的效率，需要额外的维护。喷嘴处可能需要增压泵来使污水处理厂循环水达到必要的压力。

市政中水不含固体，不会堵塞喷嘴，但重力带式浓缩机运行中的用水成本会太高。另外，可能也需要一个增压泵来提升中水压力。

重力带式浓缩机的滤液可通过增压泵循环用作洗水。滤液的 TSS 浓度不能高于 100mg/L，而且其所有的操作环节都需要充分保证。当重力带式浓缩机不产生滤液时，清洗水须有额外来源以保证重力带式浓缩的启动与停止。滤液通常是在没有合适的污水处理厂循环水的情况下使用。

8.6.2 设计标准

1. 初沉池污泥和剩余活性污泥

重力带式浓缩机的浓缩效率与调理污泥的絮凝物紧密相关。重力带式浓缩机更适用于浓缩剩余活性污泥、好氧消化污泥、剩余活性污泥和初沉池污泥的混合污泥，而不适用于单纯的初沉池污泥。制造商一般不能保证重力带式浓缩机对于初沉池污泥的性能，因为污泥颗粒类型多变而无法保证初沉池污泥可靠的絮凝。如上一章所述，出初沉池污泥无法随着絮凝剂的投加不断地絮凝。初沉池污泥含有砂砾和其他的小颗粒以及相比于剩余污泥有更多的脂肪、油类和脂类。砂砾颗粒、脂肪、油类和脂类不仅增加了滤带堵塞的几率而且减少了滤带的使用寿命。不同于重力浓缩机的是，重力带式浓缩机无法通过延长污泥停留时间来调节污泥性质。污泥调理过程中任何瞬间的失误都会导致滤带溢流，如此种情况发生，到达滤带前，通过絮凝固液并不能有效地分离，固液一同进入储泥器或从滤带的边缘流出。

2. 水力和固体负荷率

重力带式浓缩机的设计应同时适应最大水力负荷和固体负荷，因为一旦滤带失效，系统必须停止然后重启。基于带宽的剩余污泥负荷推荐参数如表 8-3 所示。推荐参数必须根据污泥类型（剩余污泥、初沉池污泥等）和浓缩污泥目标浓度进行调整。通常重力带式浓缩机受限于剩余污泥的水力负荷与初沉池污泥的固体负荷。初沉池污泥不能像剩余污泥一样有效的浓缩，且其浓缩污泥量较大。然而，如果将初沉池污泥与剩余污泥混合，滤带在高固体负荷率下将产生更厚的固体。通常，负荷受限于液/固分离过程的动力学，其完全由制造商实证测试和操作经验表征。

水力与固体负荷峰值推荐参数　表 8-3

带宽（m）	水力负荷（L/s）	水力负荷（g/m）	固体负荷（kg/h）	固体负荷（1b/h）
0.5	7.9	125	255	561
0	15.7	250	520	1144
1.5	23.6	375	765	1683
2	31.4	500	1040	2288
3	47.2	750	1560	3432

3. 进泥系统

进泥系统可以是任何适用于污泥输送的污泥运输系统。由于文丘里/孔板混合器在不同混合强度下的运行情况和重力带式浓缩机水力负荷限制，进泥系统设计需考虑到系统压力损失下可能出现的变化。不能为重力带式浓缩机输送所需流量或承受水力负荷过高变化的进泥系统都是不合适的。进泥流量必须考虑到絮凝剂的添加量，尤其是在变化率超过10%操作周期内。最后，设计时应考虑进泥取样以方便计算絮凝剂投加量，并控制取样间隔，以关闭 DBT 进泥系统。

4. 浓缩污泥系统

浓缩污泥系统一般包括重力带式浓缩机排水口处的储泥器和可以输送重力带式浓缩机产生的固体浓度污泥的泵。因其可靠性和相对平坦的流量和出口压力曲线，通常使用容积式压力泵；由于价格低廉且易于维护，离心泵也可根据应用情况输送低浓度污泥。储泥器和泵都是重力带式浓缩机的附加设备，但重力带式浓缩机制造商通常会提供他们以保证系统的兼容性。应根据最大水压负荷条件下的最小浓缩固体浓度来设计泵的容量，通过调节泵出口流量的控制类型来决定储泥器的大小。根据储泥器内污泥液位控制开关，不管重力带式浓缩机在哪个流量范围内运行，需调整储泥斗的大小来限制设备每小时的启动停止次数不超过 10 次。更普遍的是根据变频驱动的储泥器污泥液位来调整泵进口流量。这种运行模式下的储泥斗必须设计的足够大，以保证重力带式浓缩机最小污泥产量时间段内泵的转速维持在制造商的建议之内。一般不能根据重力带式浓缩机的滤带淹没的流量来设计浓缩污泥泵，且必须设计储泥斗高位开关以保证重力带式浓缩机储泥斗在高位时及时关闭。

5. 过滤系统

滤液通过滤带并收集在排水板中。排水板应从四周向中心收集点倾斜，其最小倾斜比为 1∶8，以保证将滤液有效地输送到排水管中且不成糊状或飞溅水花。

应根据重力带式浓缩机的最大水力负荷来设计排水管的尺寸，一般在 200～360mm（8-14in.）。初沉池和二沉池的任何设计标准都应必须包括滤液的 BOD 值。

6. 化学投加系统

本书第 7 章叙述了絮凝剂混合与输送系统和污泥调理的机理。絮凝剂投加系统应包括 2 个混合/稀释池，在最大时水力和固体负荷率下，每个池体的容积都应满足重力带式浓缩机的最小操作周期时所需的絮凝剂量。絮凝剂需要稀释浓缩污泥至 0.1%～0.5%，以保证当其投加到进泥中时有良好的混合与混凝效果。通过手动或者自动向液态或者固态的絮凝剂中加水来稀释絮凝剂，在自动调节过程中需设计水和絮凝剂的流量计量。每个池体都应有一个速度梯度为 50～80s^{-1}的混合器。需要 2 个配有自动变速控制的容积式泵将絮凝剂输送到文丘里/板孔混合器内。应根据最大小时负荷的估计流量来设计泵的参数。为保证混合良好絮凝剂浓度不能超过0.5%。测量进泥絮凝剂的流量以保证充足且不过量，这需要测定絮凝剂流量或者根据泵速计算絮凝剂流量，后者相对便宜但较不可靠。

7. 气味控制

重力带式浓缩机将调理污泥分散到滤带上，这一过程是暴露在空气中的，并在出水口处的储泥器储存污泥。以上两个过程都会释放有异味的化合物。尽管NFPA820（国家防火委员会，2003）没有特别要求，但为了限制异味，要求每小时换气次数在12～20次以内。吸气管的排放口应设置在重力带式浓缩和储泥器的上方以限制气味的分散。重力带式浓缩周围的一些设施都安置在小房间内，从而限制所需排气流量和排气扇尺寸。最新开发的一个重力带式浓缩封闭模型可通过减小所需排气量的体积以更好的控制气味。

8.6.3 运行情况

1. 浓缩固体

如前所述，GBT浓缩固体的能力是4%～13%TSS。最终污泥浓度将是进水污泥浓度和类型、絮凝剂的投加量、带速与是否使用犁耙的函数。控制浓缩污泥浓度最有效的方法是调整带速和絮凝剂的投加量。

2. 捕集能力

固体捕集是进水污泥固体在滤带上浓缩和分散的百分比，捕集率是水力负荷、固体负荷与进泥类型的函数；对于剩余污泥来说捕集率应高于98%。

3. 化学药剂使用

重力带式浓缩机的化学药剂使用与污泥类型和浓度、浓缩污泥设计标准和絮凝剂类型相关。一般最小投加量为4g絮凝剂/kg干进水污泥（8lb/ton）。如前所述，在条件允许的情况下应进行烧杯试验以确定选择絮凝剂和剩余污泥的所需量。絮凝剂投加量根据类型的不同，变化率最大可至40%。

4. 能耗需求

重力带式浓缩机作为液/固分离过程是节能的。保守估计每米带宽能耗为1.9kW（2.5hp）。如果需要清洗水泵则需在能耗估计中另加3.8kW（5.0hp）。

5. 投资、运行和维护资金预算

基于重力带式浓缩机指定的特性，不同的制造商会有不同投资成本。同样的，运行与维护花费与絮凝剂的使用、电率和操作人员的劳动效率有关。表8-4列出了成本参数，其中投资成本是制造商报价的平均值。图8-9可用于计算每公斤固体负荷的成本。

成本分析参数值 **表8-4**

能耗（kW/m带宽）	动力费用（$/kW）	絮凝剂投加量（g/kg进水固体）	絮凝剂费用（$/kW）	劳动时间（h/d）	劳力成本（$/h）
2.5	0.1	3.3	6	0.75	40

每公斤进泥的成本随着滤带尺寸的减小而增加（图8-9）。每个重力带式浓缩机都有一个与处理规模相关的基础成本。运行成本随着滤带尺寸的减小略有上升，这是因为对于处理少量进泥来说，不论是大的还是小的装置都需要差不多的劳动成本。

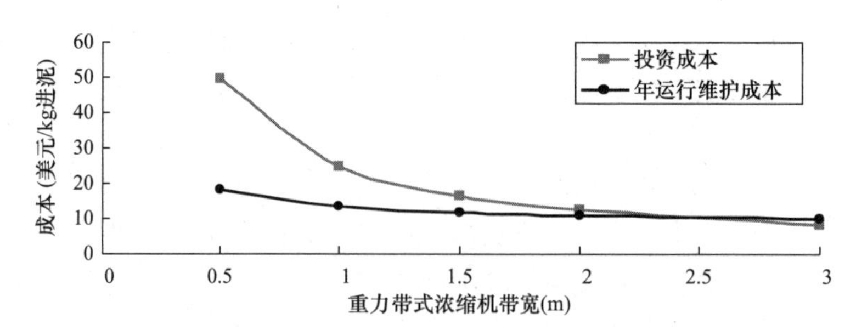

图 8-9　每 1kg 进水污泥投资、运行和维护成本

6. 过程控制策略

重力带式浓缩机的过程系统包括：

(1) 进泥系统；

(2) 絮凝剂投加系统；

(3) 重力带式浓缩机；

(4) 浓缩污泥收集与排放系统。

重力带式浓缩机控制系统包括主控制板、滤带张力机、滤带传动和附属配件。主控制板控制与监测所有接入重力带式浓缩机的设备。通常包括一个或多个配有借口的可编程逻辑控制器组成，可显示、模拟、数字输入和输出。主控制板也控制重力带式浓缩机的启动与停止、附加设备并且监测重力带式浓缩机本身的运行。在仪表盘上一般只显示一个人机界面，也包括重力带式缩浓机（有时是附加设备）不同功能的遥控开关。

可自动或手动控制启动和停止。在自动模式下，重力带式浓缩机的主控制板启动并将其润湿，然后开启并监控其他设备，以此控制系统；在手动模式下，每一个外围设备都必须单独启动。MCP 可以控制重力带式浓缩机的以下功能并在超出操作人员的设定限制时报警：

(1) 滤带张力；

(2) 滤带对齐；

(3) 空气压缩机或液压泵压力；

(4) 空气压缩机或泵状态；

(5) 清洗水流量；

(6) 重力带式浓缩机状态。

重力带式浓缩机、主控制板可通过跳闸或紧急制动按钮来报警。

进水污泥系统包括以下设备和传感器：

(1) 进水污泥泵，其将污泥输送至重力带式浓缩机；

(2) 进泥电磁流量计用于测量进泥流量，从而监测并控制絮凝剂流量。

通过本地遥控开关控制进泥泵。

通过重力带式浓缩机的主控制板控制遥控开关。根据重力带式浓缩机仪表上的信号开启泵，当重力带式浓缩机关闭或者紧急制动时，泵会根据信号停止。更重要的是，重力带式浓缩机停止运转时，进泥泵也会停止以防止重力带式浓缩机的溢流。在本地模式中，通过局部控制板或者重力带式浓缩机上的主控制板开关来控制泵的启停。

由进泥流量计所得进泥泵和流量状态应在重力带式浓缩机的主控制板，监督控制与数据采集系统（SCADA）上显示。主控制板与 SCADA 也应显示以下警告：

（1）泵无法开启；

（2）泵无法关闭；

（3）流量计警报（内部流量计）。

相比大型市政设施，示例中的絮凝剂加药系统比较简单，在小型设备中应用广泛。系统包括两个絮凝剂池，大小满足储存重力带式浓缩机运行 1 次所需的溶解絮凝剂的量。实际操作中，将絮凝剂添加至池中并稀释。用于絮凝剂的两个泵是容积式泵，在文丘里孔流量计处通过调整泵速来完成絮凝剂的投加，以此来匹配进泥流量并与泵的校准流量保持一致。此系统也需要絮凝剂流量计和絮凝剂自动添加与稀释系统：

（1）絮凝剂混合器；

（2）絮凝剂池；

（3）容积式絮凝剂泵；

（4）絮凝剂池液位传感器。

通过絮凝剂池中的遥控开关来控制絮凝剂搅拌器的运行。投加并稀释絮凝剂后，操作人员即打开搅拌器。絮凝剂泵也通过远程遥控开启运行。

在远程模式，重力带式浓缩机的启动周期内，远程收到主控制板的启动信号。如前所述，泵速会根据进泥流量的不同而变化。不论什么时候，当进泥泵停止运行时，絮凝剂泵必须随之停止以防滤带上有过多的絮凝剂而被污染。本地控制模式时，通过重力带式浓缩机的主控制板上的开关或者局部控制台来控制泵的启停。主控制板与 SCADA 应显示泵状态和泵速，同时也应显示以下警告：

（1）泵启动异常；

（2）泵停止异常；

（3）池内絮凝剂液位过低。

浓缩污泥系统包括以下设备：

（1）储泥器；

（2）液位传感器（压力或超声波）；

（3）泵；

（4）高压排放开关。

通过重力带式浓缩机的主控制板上的遥控开关控制浓缩污泥泵。远程模式下，先启动进泥泵，再启动重力带式浓缩机，然后开启浓缩污泥泵。通过控速与 VFT 指示的储泥器液位控制浓缩污泥泵，改变速度以使储泥器内的浓缩污泥液位保持在一定范围内，通常是 0.3m（1ft）。如果浓缩污泥泵的流量可满足 20 年的进泥量变化，需增加操作范围，且当低于容积的 10%时泵应停止，以防止损坏起动机/电动机和 VFD。当重力带式浓缩机的滤带停止时，浓缩污泥泵也应停止。

在本地控制模式下，可通过重力带式浓缩机的主控制板控制泵的启停，而不是通过储泥器液位控制。操作人员应注意当储泥器空置时，不能打开浓缩污泥泵。

通过重力带式浓缩机的主控制板和 SCADA 监测储泥器液位与泵状态和泵速。重力带式浓缩机的主控制板也监测以下警报：

（1）高-高储泥器液位报警，将关闭重力带式浓缩机以防储泥器溢流。

（2）浓缩污泥泵启动异常；

（3）浓缩污泥泵停止异常；

（4）浓缩排出泵高压排放警报；将直接连接到泵启动器，以防止浓缩污泥排出管道压力过高。

8.7　旋转浓缩

早在19世纪80年代，一些致力于创新的设备公司发明了旋转浓缩器，但一直没有被市场接受。又在19世纪90年代后期至20世纪初期对此进行了推广，其主要特点是增加了具有气味控制优势的封闭滚筒式浓缩。在此情况下，调理纤维状污泥形成结构稳定的絮凝结构，捕集率也有提升，且浓缩污泥浓度略高于重力带式浓缩机可实现的最佳效果。旋转浓缩器适用于处理操作难度小的纤维状物，如果需要浓缩初沉池或消化池污泥，也可以考虑使用旋转浓缩器。因修建新的消化池以增加容积日益昂贵，向消化池中投加更密实固体这一概念得到更多的关注。

制造商对于适合这个浓缩技术的命名看法并不一致。一些制造商将他们的设备命名为转鼓式浓缩机；另一些称之为圆网浓缩机。二者设计上的差异均在本节中叙述。

8.7.1　操作原理

转筛浓缩类似于重力带式浓缩机的操作方式。经过混凝和絮凝处理的固体进入滚筒内，自由水通过筛网过滤，留下的固体被输送至排泥槽。自由水是进水污泥絮凝体之间澄清的液体。旋转浓缩的工作过程如图8-10所示。转筛浓缩与重力带式浓缩机之间最大的差异是浓缩过程中污泥的浓缩处理方式不同。

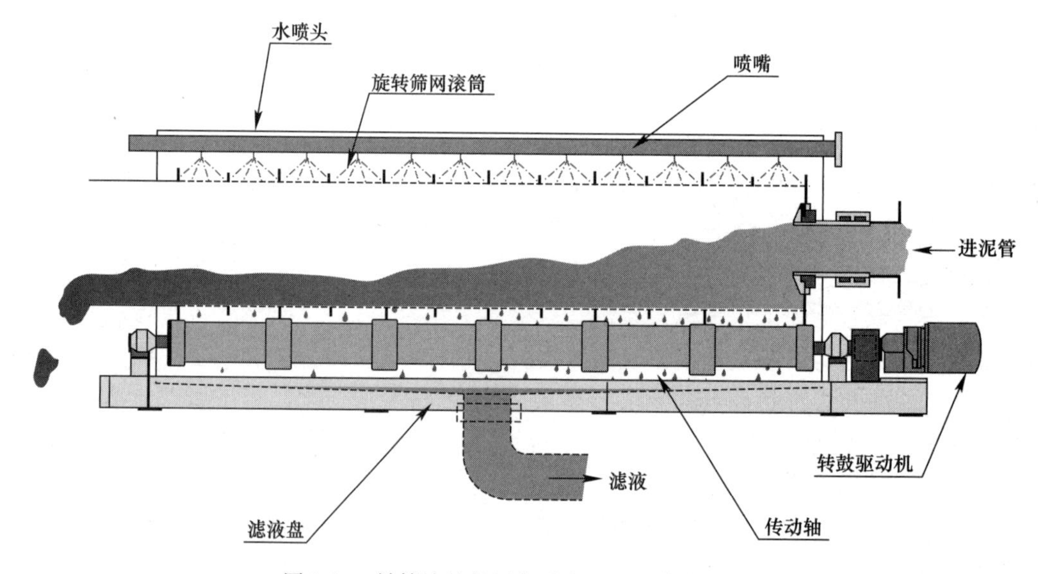

图8-10　转筛浓缩机运作过程（此图来自FKC）

转筛浓缩是可实现更剧烈的浓缩污泥而设计的，从而自由水可以在一个更小的空间内释放，更剧烈地浓缩处理意味着更多的水进入排水网。在正常的操作过程中，在进泥处理过程中，因设备的旋转和污泥的翻滚作用，滤液通过筛网流出。然而剧烈的浓缩处理中，絮体的剪切会使污泥颗粒随着滤液流失从而导致使捕集率的下降。旋转浓缩相比其他浓缩方法占用空间小，操作人员可以通过调整进泥率、絮凝剂投加量和滚筒转速来控制浓缩过程。

转筛浓缩装置包括低剪切絮体池和筛网。低剪切絮凝池有一个搅拌电机，可控制絮凝过程产生的絮体不会因过度搅拌而被破坏。滚筒筛通常由不锈钢楔形线，孔板，或聚酯丝网和变频电机组成。筛网通常配有喷水头，从筛网的背面通过筛网向浓缩污泥区喷水以保持孔隙度，这些水导致过程中像是排出了更多的滤液。设备为了控制气味可能是全密封的。滤网内积累的浓缩固体在滚筒的末端排出，进入下游的输送设施。

由于通过转筛浓缩机得到的固体浓度较高（根据进水污泥性质可达到12%），需特殊设计浓缩污泥和泥饼输送泵。

8.7.2 设计标准

根据每一个制造商的设计细节，设计标准因特定的设备而不同。由于旋转浓缩法仍是新兴技术，存在各种不同的设计。可在以下范围内的每个单元设计中实现成本核算的浓缩：

(1) 进水体积流量为95～1500L/min（25～400gpm），其相比于常规GBT的负荷率低，但更适合于小型污水处理厂或者一天24h不间断运行的设备。

(2) 质量进泥率为45～900kg/h（100～2000lb/h）。

(3) 实际负荷率通常为上述进水体积流量的50%，以防滚筒内停留时间过长和絮体剪切力过大。

(4) 絮凝剂投加量为2.5～7.5g/kg（5～15lb/干吨）（活性污泥），这与GBT操作一致。

(5) 尽管根据设备得到高达12%的浓度是可能的，但通常浓缩污泥浓度为5%～7%。

(6) 可设定捕获率为98%。由于喷水头可在浓缩过程中反冲筛网，捕获率GBT更好。

(7) 冲洗水流量为10～40L/min（2.5～10gpm）。其中一些设计仅需要间歇洗带。

(8) 成功应用于制浆和造纸、剩余污泥浓缩、剩余污泥与初沉池污泥的共同浓缩。

8.7.3 运行性能

转筛浓缩的操作和过程控制与重力带式浓缩机的相似。设备操作变化影响转筛浓缩机性能，包括水力和质量负荷率、絮凝剂投加量、絮凝剂瞬间混合、污泥絮凝速度和滚筒速度在内的。优化过程包括不同絮凝剂投加量下对进泥量和设备速度进行检测。在某些情况下，可以改变过滤介质，但通常情况下，通过制造前的实验室测试可以确定最合适的过滤介质。

1. 浓缩固体浓度

尽管根据设备得到高达12%的浓度是可能的，但通常浓缩后的污泥浓度为5%～7%。

2. 捕集能力

选择设备时，工程师应该考虑滤液质量对于测流回到液体处理过程的影响。旋转浓缩机可设定为获得98%捕集率，由于喷水的压头可在浓缩过程中反冲筛网，捕获率比重力带式浓缩机更好。

3. 化学药剂使用

就大多数固体处理而言，工艺性能取决于进水污泥的混凝情况。第 7 章讨论了化学混凝细节，包括基于旋转浓缩的操作过程。大多数制造商认为，浓缩污泥所需絮凝剂的量与 GBT 的相似，活性絮凝剂投加量为 2.5～7.5g/kg（5～15lb/干吨）。虽然保证 5%～7%总固体浓缩污泥浓度更为合理，也有制造商提出，根据进水污泥的不同类型，如果絮凝剂的投加量增加到 30%可产出浓度为 8%～12%的浓缩污泥。

4. 能耗需求

控制 PLC 的本地控制面板包括驱动装置。驱动电机通常为 1490～3728W(2～5hp)，一些装置有 373W(0.5hp) 的絮凝器。如果需要滚筒清洗机，其功率通常为 2237～3728W(3～5hp)。不同制造商的洗水流量和压力需求不同，洗水流量范围从间歇 38L/min(10gpm) 至持续 150L/min(40gpm)，压力为 275～415kPa(40～60psi.)

5. 过程控制策略

过程控制策略可以控制的过程元素包括进泥、浓缩污泥泵、絮凝剂添加量、气固比和滚筒旋转。如果通过分析可以确定某个项目是经济有效的，那么自动过程控制就是非常适合于此处理过程的。泥水力（流量设定值）或质量的进泥率（流量乘以浓度）控制算法可以用来保持一致的过程进量。絮凝剂的自动调整可保持流动电流控制设定点或者保持滤液悬浮物的质量从而减少絮凝剂投加量。

8.8　膜浓缩

8.8.1　操作原理

由于在过去的 20 年间污水处理中膜生物反应器（MBR）使用率的增长，人们对这项技术的兴趣越来越大。MBR 系统通过微滤或超滤膜将活性污泥过程与固体分离结合起来。作为专门的装置运行或者在一段时间内减小污水处理厂的流量。在污水处理厂的整个操作过程中，MBR 膜可以使固体浓缩单元与污水处理厂其他处理一体化。大多数的膜浓缩系统都是为容量小于 4ML/d（1mgd）的小型污水处理厂设计的。虽然 MBR 已经降低成本，但对于较大的处理设施，膜浓缩已经成为一个更具成本竞争力的选择。

纤维膜是使用特殊的聚合物膜结合在多孔支撑纤维上生产的。由于制造商不同，这些纤维可制成平板或中空纤维膜两种膜结构，平均孔径分别为 0.4～0.04μm。通过真空泵产生的轻微的真空环境，当过滤水抽入纤维腔时，以上两种膜结构都可使活性污泥保持在池体与纤维之间。过滤水进而汇集到中心区并被收集。每一个系列的膜都被整合到小盒或模块中，然后进一步组织成组件。

膜浓缩器的基础组成包括：专用膜槽、膜、滤液（也称为渗透）泵、浓缩固体泵，和膜曝气鼓风机。粗气泡冲刷膜表面提供膜曝气，冲刷作用降低了固体在膜表面的积累作用，曝气为确保浓缩污泥的好氧环境提供了氧气。在生物处理工艺中，剩余污泥被输送至膜反应器，通过由泵产生的微真空环境将污泥中的水分经膜纤维过滤（渗透）掉，可使污泥浓缩至所需固体浓度。然后通过单独的泵将浓缩污泥运输至稳定环节。典型序批式膜浓缩装置的运行情况如图 8-11 所示。

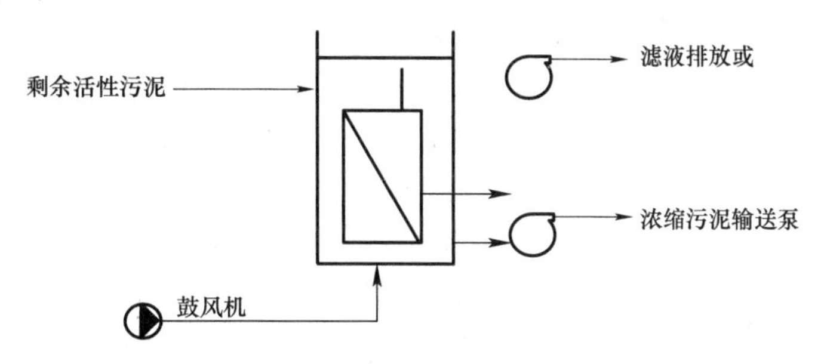

图 8-11 序批式膜浓缩器的简化流程图

膜浓缩也可设计成配有稳定过程（如好氧消化）的循环浓缩，使得浓缩可以在更多的稳态环境下运行。将浓缩系统和污泥稳定系统结合在一起，也可以使浓缩器产生更高固体浓度的稳定污泥。目前，只有一个平板膜浓缩制造商将这两个过程结合在一起。典型的连续式膜浓缩装置的运行情况如图 8-12 所示。

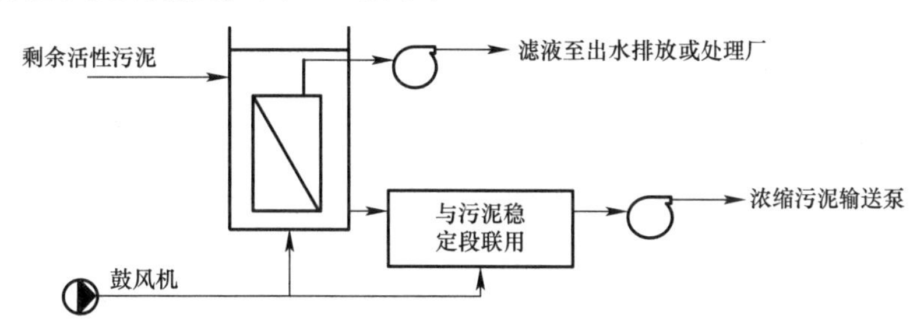

图 8-12 连续式膜浓缩器的简化流程图

8.8.2 设计标准

1. 膜通量

控制膜分离的主要设计参数是滤过率，通常被称为膜通量。通量为通过特定的膜表面积的流量，如“L/(m² · h)”（gpd/ft²）。中空纤维污泥浓缩设备的通量范围通常是 5～7L/(m² · h)（3～4gpd/ft²）。平板污泥浓缩设备的操作通量根据进水剩余污泥浓度变化。对于稀释污泥来说，最初的膜通量可能高达 20L/(m² · h)（12gpd/ft²），随着固体浓度的增加下降到 7L/m² · h(4gpd/sq ft)。

2. 水力负荷范围

膜保持高通量的能力有限，这是因为由不断增加的跨膜压力（TMP）导致的膜污染率的增加。膜浓缩的设计需依据单个时段排入的剩余污泥的最大设计容量。作为固体浓缩系统的操作，因浓缩器上游的均质作用，通常负荷变化范围可以更小。如果没有均质过程，浓缩器的设计需采用流量峰值条件或连续通量，一般需要更大的膜表面积。

3. 剩余污泥浓度

膜浓缩器通常与 MBR 反应器（并不唯一）结合设计。尽管 MBR 可以产生预浓缩浓度为 0.8%～1.5%的污泥固体，但是重力沉降池处理的预浓缩剩余污泥浓度范围是 0.1%～0.5%（Metcalf 和 Eddy 股份有限公司，2003）。当采用后浓缩，剩余污泥浓度为 2%～4%时，实际膜浓缩可产生最高达 4.5%固体。如果配合污泥稳定，膜浓缩可达 5.5%固体。

4. 过程温度

剩余污泥正常的温度范围将影响过程操作和膜寿命。反之，膜透性（渗透率＝通量/TMP）随着进料温度降低而下降，这并不表示膜受到了污染，而是与混合液过滤特性相关。由于液相温度降低，剩余活性污泥黏度将增加，设计膜通量必须能够适应这一情况。

5. 冗余需求

膜浓缩器的冗余需求与其他浓缩处理相似，并受用户理念的影响。浓缩器最佳操作条件由污水处理厂其他过程污泥处理能力、允许的膜通量、所需的操作期间、可能的峰值因素和选定的运作模式决定。在保守设计中，在提供的膜组件中一般预留出 25%膜区或模块。

8.8.3　运行情况

1. 比较不同制造商

在美国，平板和中空纤维膜结构都已经被集成到膜浓缩的应用中。

模块化设计，可使系统作为配有辅助设备的核心包出售。小型钢材质膜浓缩池运抵施工现场即到即用。如需更大规模的处理能力，处理系统可以是钢罐撬装（高达 15800L/h 或 100000gpd）结构，也可以是组装在单独的混凝土池体中。最小的模块组件渗透速率可达 300L/h（1900gpd），占地仅为 1.3m^2（14ft^2）。按照规划的要求，平板膜浓缩器组件占地面积是 3.5～4m^2 每 1000L/h 渗透流量。按照规划的要求，中空纤维膜浓缩器组件的占地面积是每 1000L/h 渗透流量 0.7～1.5m^2。这些占地范围并不包括相关的泵、风机、和其他辅助设备。对于更大规模的定制设计，其占地面积可能随着使用混凝土池更大的系统而降低。

2. 浓缩固体

膜的浓缩固体能力可与其他浓缩过程比较。浓缩过程中通过物理法分离固体和液体的膜浓缩不需依赖混凝剂和助凝剂的帮助来调理污泥。与其他化学过程相似，能耗和系统应变指数随着浓缩后污泥浓度的更高要求而增加。

3. 捕集能力

传统活性污泥的物理膜法分离浓缩的优点是出水水质好。不同于活性污泥处理系统中通常有二沉池，超过 99%的悬浮固体和大多数的胶体物质与混合液体的沉降性能无关。因此，膜浓缩的渗透有较低的悬浮固体浓度和浊度。根据出水水质标准，渗透液可能与出水混合排出，或者送回流程首端再进行处理。

4. 化学药剂使用

为防止发生膜污染，膜同时需要化学清洗和常规的空气冲刷。在日常操作过程中，矿物盐、铁、生物物质和不溶性有机物如脂肪、油类和脂类，都会造成膜污染。操作过程中膜表面形成的沉积物会导致渗透率损失（渗透率＝流量/TMP）。TMP 增大到每一个制造商要求的最大值时，必须对膜采用化学清洗，使膜浸泡在溶液中一段时间。在清洗过程中，可能会使用到化学品如次氯酸钠来除去有机污染成分，柠檬酸或磷酸等化学物质可用于去除无机结垢成分。结合空气冲刷和渗透，化学清洗可分为两个过程：维护清洗和恢复清洗（仅限中空纤维膜）。

对于中空纤维膜系统，日常维护清洗应与更为强烈的化学清洗结合在一起。中空纤维膜的维护清洗时间较短（大约为 30min），且包括最后进入膜槽 250mg/L(0.025%）的次氯酸钠溶液。全自动维护清洗每星期进行1～3次。中空纤维的恢复清洗是一个由操作人员控制强烈的清洗过程，其需在清洗溶液中浸泡更长的时间（几个小时）。中空纤维膜的清洗包括填充膜槽的1000mg/L次氯酸钠溶液（0.1%）冲洗。若启动全自动模式，将每年进行1～4次恢复清洗。

平板膜清洗与中空纤维膜恢复清洗需要的时间类似。平板膜清洗包括直接喷射到每个平板中心的5000mg/L次氯酸钠溶液（0.5%），此溶液将在每个平板膜上停留几个小时。

5. 能耗需求

不同于其他大多数的浓缩设备，膜浓缩系统通过鼓风机提供机械曝气。粗气泡扩散器的能耗和泵需要的其他部分能耗占了整个系统所需能耗的95%。预计的能耗需将固体浓度为1%的剩余污泥浓缩至浓度约4%的剩余污泥，每处理1kg干固体需要0.05～0.1kWh电耗。用于浓缩系统风机和水泵的典型组合应用类型有：曝气鼓风机—容积式或涡轮式、渗透泵—罗茨泵或离心泵、浓缩剩余污泥排水泵—螺杆泵。

6. 过程控制策略

膜浓缩操作的控制单元包括：剩余污泥进料率、膜清洗序列和相关的化学品投加量，曝气量，渗透速率，浓缩固体泵。膜浓缩包括下列组件和功能：

（1）放置膜组件的膜槽；

（2）配有可选网络冗余的鼓风机专用膜曝气鼓风机；

（3）浓缩器进泥泵（如果需要）；

（4）变速过程泵［返回脉冲（只适用于中空纤维超滤）和渗透］；

（5）浓缩池排水泵（如果需要）；

（6）为膜槽提供空气的空气阀门；

（7）膜槽液位转换器；

（8）剩余污泥电磁流量计；

（9）总剩余活性污泥TWAS电磁流量计；

（10）渗透浊度计（如果需要）；

（11）压力转换器、仪表和开关；

（12）有化学药剂投加装置的管道集箱；

（13）化学清洗系统（池体、计量泵、配件）。

7. 操作模式

膜浓缩可设计为3种操作模式：（1）改进的序批式模式下专用膜浓缩器组合操作（2）连续模式下专用膜浓缩组合操作；（3）低流量条件下带有MBR工艺的浓缩组件。以上3种操作模式使用相同的基本核心膜组件。

专用膜浓缩器可用于一个独立的改进序批式操作。在此模式下，剩余污泥装满膜浓缩器，此时，渗透泵将剩余污泥持续进入浓缩器相同的速率去除上清液。以上这种方式的连续操作中，固体浓缩在膜槽内。当达到所需浓度或回收要求，剩余污泥进料和渗透泵都将停止，然后浓缩污泥排出或者用泵从浓缩池输送到下一个处理过程。在下一个剩余污泥批次中不断重复此过程。

专用膜浓缩器可与缺氧池和好氧消化池结合操作来产生B类标准的生物固体。此模式下的操作，膜可作为好氧消化池上游的连续机械浓缩器。渗透泵以剩余污泥持续进入浓缩器相同的速率去除上清液。好氧消化池持续循环浓缩固体的生物作用将在第 11 章进一步讨论。

最后，MBR 处理厂可应用备用组件完成膜浓缩膜浓缩组件。这种操作模式的优势为，膜在平均或低流量条件下不需出水。这样做可不将膜组件设置为备用模式，防止膜组件回收混合液。此时，渗透泵将以剩余污泥持续进入浓缩器相同的速率去除上清液。渗滤过程将持续进行直到达到所需的浓度或者回用要求。当完成目标回收率后，剩余污泥进料和渗透泵都将停止，然后浓缩污泥排出或者用泵从浓缩池输送到下一个处理过程。当循环完成后，膜组件关闭回到普通 MBR 模式。在任何序批式生产期间，如果进水流量增加而需要使用膜组件，那么序批式操作将会终止且系统转化成 MBR 模式。

8. 设备监控

设备监控程度依赖于使用者的偏好和自动化需求程度。随着辅助设备，如进程鼓风机、泵和仪表的使用，设备监控也得到广泛应用。相反，在正常的轮班时间内可以手动操作膜浓缩器。建议安装标准使用年限、安全报警和设备保护监控，如高温或超扭矩的情况。

9. 过程监控

过程监控有赖于操作模式。对于膜浓缩器，每天过程控制日志上都应记录预浓缩和浓缩 TSS（固体比例）、温度和 pH 以协助操作。应在启动时和操作条件有较大变化时重置推荐监测参数和分析频率（污泥量、污泥源、曝气量等）。

如果膜浓缩池与好氧消化池相结合，应每星期测量好氧消化池常见的其他水质参数，如溶解氧、TSS 和 VSS，以跟踪性能和挥发性固体减少量。同时在启动和故障排除时进行对氨、硝酸盐和碱度等其他指标分析。为得到满意的 B 标准的生物固体处理要求，也需定期测量大肠菌群和特定的氧吸收速率（SOUR）。

10. 自动化水平

膜浓缩器的推荐自动化和报警水平很大程度上依赖于使用者和制造商的偏好。根据原始工序呈批式或连续式来确定操作流程。通常，操作人员相互配合的控制水平可由自动控制来补充。例如，虽然操作员可以通过手动启动膜清洗过程，但这步操作通常是自动的。

第9章 污泥减量技术

9.1 引言

污泥减量化技术是在污水处理厂（WWTP）中最大限度的减少污泥的产生。减少污泥处理资金投入和操作及维护费用，由于联邦及地方对土地应用限制日益严格，引发了人们对污泥减量化技术的兴趣。Cannibal 和多级活性生化处理工艺（MSABP）可减少污水厂的污泥产量，但污泥的分解能够提高后续厌氧消化固体处理效率，进而可更高效去除挥发性固体和产生更多沼气。在撰写本章内容时，这些污泥减量过程尚未在市政生产性规模的污水厂中应用或应用很少。

9.2 生物污泥减量工艺

9.2.1 Cannibal 污泥减量工艺

1. 工艺说明

Cannibal 污泥减量化工艺（宾夕法尼亚沃尔代市西门子公司）是一种剩余活性污泥减量化工艺，在污水处理厂从混合溶液中去除废物和惰性物质，通过环境条件的调节，实现水解细胞物质将多余的生物污泥转变成可降解的碳源，从而减少污泥的产量。在有氧条件下将浓缩调理的污泥回流活性污泥池中进行生物降解。Cannibal 工艺不适用于初沉污泥和生物膜法污泥，同样也不适用于化学污泥。

Cannibal 工艺的流程如图 9-1 所示，包括一个称作固体分离模块（SSM）的物理分离单元工艺和一个称作旁路厌氧生化反应器的生物处理工艺（Roxburgh et al.，2006）。

固体分离模块包括一个孔径非常小的转筒筛（0.25mm），来自二次澄清池的活性污泥在此经连续处理以去除其中挥发性有机物质。为了不浪费污泥，固体分离模块装有一套水力旋流器，通过周期性的运转，去除积积的大分子有机物、砂砾和大量无机物。固体分离模块处理以后的污泥比较稳定且不需要通过消化达到进一步的稳定。废物、砂砾和惰性物质被压缩至原来体积的20%～40%（通常30%）后，被运送到填埋场。

来自传统的污水从处理厂的污泥流向旁路厌氧生化反应器，开启最小的曝气量维持在反应池里缺氧和厌氧的临界条件，这需要监控旁路厌氧生化反应器里的氧化还原电位（ORP），只有当氧化还原电位变得很低的时候才需要短时间的曝气，这种周期性的调节为生物固体的调理和各种微生物群落生长环境提供了一个很好的条件。

交换生物反应器中的一部分污泥将转回至生物降解的主处理装置。由于污泥在曝气时会发生沉降，所以从交换生物反应器转移到活性污泥池时需要一个搅拌器进行搅拌。好氧和厌氧环境的周期循环使污泥固体结构被破坏且有效的生物污泥将会大量减少，则污水处理厂产生的污泥大大减少。当应用Cannial工艺时，生物污泥通常将缩减为原来的40%～60%。

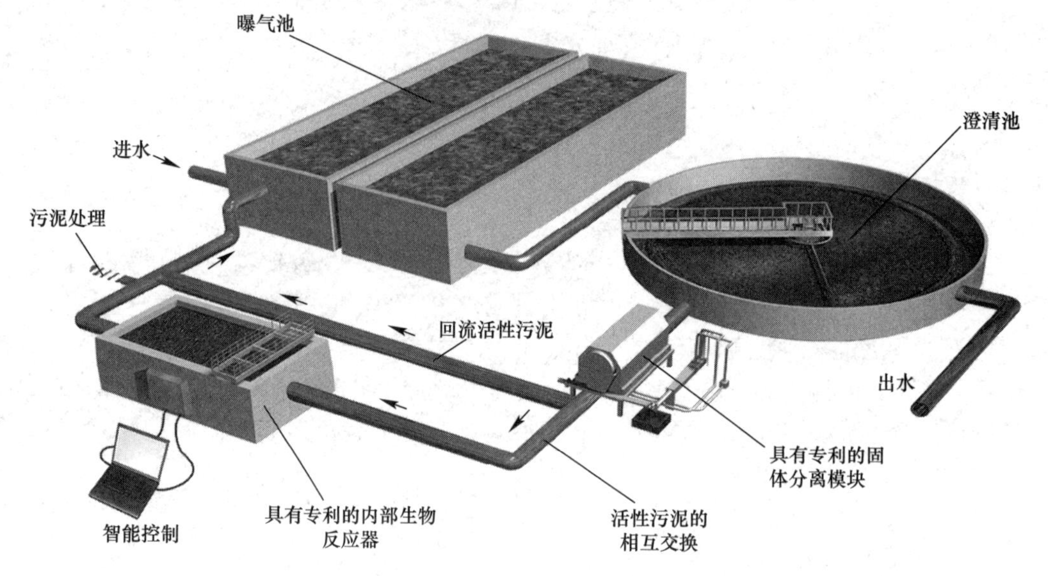

图9-1　Cannibal工艺流程图（西门子水科技公司提供.）

2. 技术介绍

20世纪90年代，开发的多项技术集成了现在的Cannial污泥减量化工艺。在美国东南部，Micronair公司试图氧化污水处理厂里所有的有机污泥。在中西部，ATS公司发明的序批式兼性消化（SFD）正是Cannial工艺交换部分的核心技术。2003年1月，USFilter（现在的西门子水科技公司）获得了这些技术的专利利并使Cannial污泥减量化工艺市场化。

截至2010年，在美国有超过30家处理水量在1900～60000m³/d（0.5～16.0mgd）的污水处理厂使用了Cannial工艺。国际上也有该技术应用于工程的实例。Cannial工艺已经应用于许多不同类型的活性污泥工艺中，但活性污泥工艺中的污泥停留时间（SRTs）超过10d才起作用。

Cannial工艺适用于没有初沉池的活性污泥污水处理厂，虽然没有理论分析表明此技术不可应用于更大的处理设施，但其设计流量就在1900～95000m³/d（0.5～25mgd）。

Cannial工艺的优点包括简化的污水处理厂的设备，更低的生物固体产生量，减少了好氧消化的能量消耗并且减轻了厂区气味。比较明显的异味可能会出现在交换生化反应器的曝气循环阶段（Roxburgh et al.，2006）。Cannial工艺的缺点是在活性污泥工艺中以更高混合悬浮固体浓度（MLSS）进行操作，造成了更长的停留时间。此外，用旋流分离器去除惰性物质的技术并没有很完善。

从微生物学角度，Cannibal工艺是与活性污泥处理设备配置的生物除氮（BNR）和生物除磷（BPR）工艺一致。Cannibal工艺应用于设备的缺点是有磷的限制。由于这个原因，如果要将污泥减量化就需要将磷从水处理过程中以固体的形式去除。与碳和氮不同，磷不能以气体的形式去除而只能停留在生物体内。减少生物固体的产量直至达到上限，一个限制，此时再不会有额外的磷能够富集在生物固体中。

Cannibal 工艺可按传统的半序批式进行，活性污泥处理流程与交换生物反应器每天交替运行，从活性污泥系统连续进泥，并序批式交换污泥到处理流程中。如果必须去除磷，就需要额外的工艺。这个过程包括磷从交换池中转移出来，把溶解性的磷（一般为 100～200mg/L）运送至化学除磷系统。这样，化学污泥将被转移到处理厂而使磷不出现在生物工艺流程中。

3. 设计要素

在 Cannibal 工艺中要实现最佳的污泥减量化，污水处理厂的规模是一个最重要的设计条件。在该领域的大学研究以及工程经验表明，实现最大程度的污泥减量是 Cannibal 工艺与推流式的活性污泥法联用。序批式活性污泥法也是适合的技术。为防止污泥曝气系统出现区域的过度曝气，把交换污泥回流到一个非好氧区域，这样也有利于污泥的减量化。

Cannibal 工艺的污泥分离系统包括超细网状转鼓格栅（0.25mm），它在低的污泥浓度下（<10000mg/L）下运行最佳。用 MLSS 筛选代替回流活性污泥（RAS）筛选时需要用来考虑和研究的。这还需要足够的粗格栅冲洗水和在 SSM 中有良好的排水系统。

在交换生化反应器中配有容积式鼓风机。鼓风机产生大气泡，在独立混合设施和漂浮式滗水器的作用下曝气混匀，还装有测量包括 pH、ORP、总悬浮固体（TSS）、液位计。交换生化反应器能够被装配在多组的好氧消化池中，这些消化池可以是圆形或矩形的。浮动混合器是混合器的首选，如果条件允许潜水搅拌器也可以使用。交换生化反应的污泥可排入一个分离的好氧消化池，并经曝气 7～30d，可得到 B 类稳定化污泥。

垃圾（线头、头发、纤维和废纸）经过筛选和压实（污泥的 20%～40%），处理厂的垃圾产量可以作为一种评价性能的标准之一。不同社区的垃圾产量大概从 0.10kg/kg 到 0.20kg/kg 五日生化需氧量（BOD_5）（0.10～0.20lb/lbBOD_5）。垃圾中约有 80%～95%是挥发性固体。细小惰性物质一般少于 0.40kg/kgBOD_5（0.40lb/lbBOD_5），其相对密度为 1.5 且含有 20%～40%挥发性固体。

一般经过 Cannibal 处理后的生物污泥的 BOD_5 会下降，在 0.20kg/kg（lb/lb）到 0.40kg/kg（lb/lb），如果结合其他设备的使用甚至可以使生物污泥产量的 BOD_5 下降到 0.10kg/kg（lb/lb）以下（生物污泥量不包括上述提到的垃圾）。

交换污泥来自交换池回流活性污泥池的污泥，包含微生物生长所需的营养物质。有些值得关注的物质，如氨的变化范围在 60～80mg/L，总磷浓度在 100～200mg/L，需氧量则大于 100mg/L. h。交换活性污泥应回流至活性污泥法的缺氧部分或在回流前应与未处理的污水混合。

来自交换池的污泥含较高浓度的可生物降解物质，处理这些生物污泥需要很高的需氧量。B 类生物污泥一般可轻易通过好氧消化来进行处理。

设计实例：

日平均流量＝19m^3/d（5.0mgd）；

BOD5＝200mg/L，3785kg/d（8345lb/d）；

TSS＝240mg/L，4542kg/d（10014lb/d）；

总凯氏氮（TKN）＝40mg/L，757kg/d（1669lb/d）；

总磷（TP）＝6mg/L，113kg/d（250lb/d）；

生化处理过程＝四段式活性污泥系统

有机负荷率（OLR）＝0.3kgBOD/m^3（20lbBOD/1000ft^3）.

该工艺包括4个处理池串联而成的两条处理链，具有使1号、2号和3号池缺氧状态运行的能力。每个池大小29m×9m，水的深度在5.5m（95ft×30ft×18ft），传统的去除量是0.8kgTSS/kgBOD（（0.60lb TSS/lb BOD）。

在Cannibal工艺之前用2个0.076m^3/s（1200gpm）大小的细格栅以去除MLSS。垃圾去除要达到0.15kgTSS/kgBOD（0.15lbTSS/lbBOD），生物污泥去除量也要达到0.60kgTSS/kgBOD（0.60lb TSS/lb BOD）。

2个交换池每个池体积为1900m^3（0.50mil. Gal）。污泥被送至交换池在这里用SRT工艺。通过在活性污泥主工艺和交换池之间的污泥交换，可以除去0.20kg TSS/kg BO（0.20lbTSS/lbBOD）。

经过细格栅和脱水（40％干污泥）后的污泥——含0.15kgTSS/kgBOD（0.15lb TSS/lb BOD）——可以运送至填埋场或者焚烧站，如果最终的处理方法是土地利用，那么0.20kg TSS/kg BOD（0.20lb TSS/lb BOD）的污泥需要通过缺氧消化进一步的稳定化。

9.2.2　多级活性生物法

1. 工艺特征和流程

（1）工艺特点

多级活性生物法（MSABP）是市政和工业废水的生物处理法，在这个过程中剩余活性污泥（以下简写为WAS）被消耗，从而避免了污泥的处理。制造商列出了MSABP的一些优点：

① 不需要回流活性污泥或者没有MLSS的控制要求；

② 没有污泥的储存和处理；

③ 处理流程紧凑；

④ 有能力处理水力和有机负荷高峰；

⑤ 简单操作和自动化控制；

⑥ 节能。

（2）原理

MSABP基于微生物群落空间上的连续性，即一种微生物以另一种微生物为食，从而形成水生生物的营养链。在各自分开的营养链空间内，主要的微生物以其他细菌为食，然后它们被其他更高营养级的猎食者捕获。这种一定空间内微生物群落的连续性使得好氧和厌氧微生物与富营养和贫营养生物共同更有效地处理有机和无机基质。这种营养链的构造决定了在MSABP中WAS的总消耗量。

（3）工艺说明

如图9-2所示，MSABP工艺包括一系列的反应器。每个反应器包括可移动的膜介质架和空气扩散器。MSABP的第一阶段是对数生长周期阶段。在这个阶段，微生物吸收很高的底物浓度而达到去除BOD的效果。在TSS中VSS的比例占75％～85％。多数微生物主要依附于生物量的增长（6000～10000mg/L），但是反应器中也有少量的悬浮生物量（100～150mg/L）。

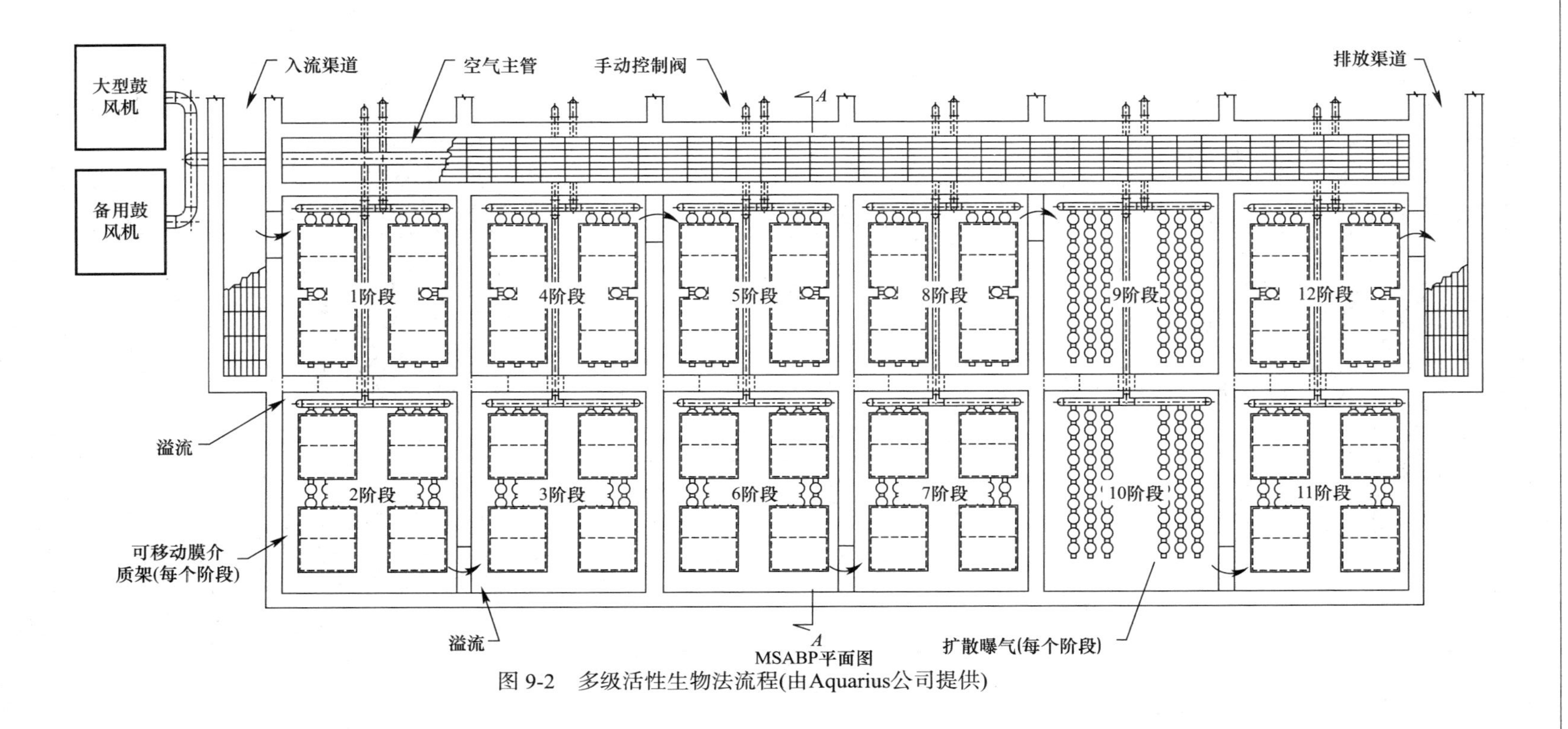

图 9-2 多级活性生物法流程(由Aquarius公司提供)

第二阶段是减速生长阶段。在这个阶段，微生物氧化并分解吸收的有机物质从而增殖生成新的微生物。微生物开始缓慢生长，进入最后阶段的大规模有机物质减少。

第三阶段，也就是最后阶段，是内源呼吸阶段。在这个阶段，由于缺少其他的食物来源，高级的微生物就以低级的微生物为食。新生物量和有机产物的总质量将会低于原水有机物质的量。因此，在多级活性中将不会有剩余污泥产生。在这个阶段，因为没有足够的基质所以生物量浓度不会增加。因此，新增加的生物量不会超过1000mg/L，而增加悬浮的生物量也不会超过10mg/L。

由于多级活性生物法依靠不同的混合群落和有机物质的分区，硝化和反硝化过程可以同时进行而不需要厌氧和好氧环境的交替。

(4) 设计资料

根据处理水平，以16～24h的水力停留时间（HRT）作为一个设计标准。更长的HRT可以取得更佳的处理效果。在8～10℃时，BOD的水力负荷应低于0.65kg/(m^3 · d)(40lb/(1000ft^3 · d))。

生物反应器分为8～12个池，反应池数量是由处理水平决定的。每个池包括细的或粗的气泡扩散器及由聚酰胺和聚丙烯等材料构成的固定膜介质架，支撑架则是由304不锈钢制作而成。空气由曝气机提供，由氧气梯度控制，根据风机输出风量反馈控制。

(5) 预处理和后处理

在多级活性生物法前去除惰性物质对于系统的效率很重要，这是制造商应该提供的服务之一。惰性物质通过1mm细格栅后置标准的除砂装置去除。

(6) 环境效应

多级活性生物法的环境影响与污水处理厂中的任一工艺的环境影响相似。

2. 潜在的应用

多级活性生物法可以用于工业和市政污水处理。

3. 工艺评价

(1) 去除污染物水平

当用作处理市政污水时，在不产生剩余活性污泥的情况下，多级活性生物法能使出水BOD$<$10mg/L，TSS$<$10mg/L。如果要求BOD和TSS的浓度更低，那么就需要使用三级过滤器。

(2) 发展现状

多级活性生物法已经在实验室、中试规模和生产性规模测试过。测试地点位于西班牙阿斯图亚里斯的希洪、威斯康星州Glenbeulah的北冰碛公用事业委员会、伊利诺伊州Roselle的德夫林污水处理厂和科罗拉多州Firestone的圣弗兰卫生区。多级活性已可同时用于市政和工业污水处理以削减污泥的处理和填埋量。必须指出这些设施的最大进水流量应该少于800m^3/d (0.21mgd)。

在全球大约有16套大型多级活性生物法设备处理工业污水，处理流量在20～300m^3/d (5200-80000gpd)；大约有7套多级活性生物法设备处理市政污水，处理能力在95～800m^3/d (25000～210000gpd)，一些投入生产的污水处理厂列举如下：

① 以色列Kvuzat Yavne：800m^3/d (0.210mgd) 市政污水；

② 加利福尼亚州的JH Ranch，170m^3/d (0.045mgd) 市政污水；

③ 以色列的梯瓦制药有限公司：300m^3/d（0.080mgd）工业污水；

④ 以色列 Kohay Shahar：400m^3/d（0.108mgd）市政污水。

4. 适用条件

（1）场地注意事项

多级活性生物法消减了污泥量，但相对于传统活性污泥的二级出水来说相当于多产生了污水。与传统污水处理工艺一样，MSABP 工艺在工程中需要根据厂区位置在流程前端控制臭气。工艺不会产生原始或继法性污泥。因此，不用在场内污水应用中控制臭气。

（2）残渣处理

制造商声明多级活性生物法消除了污泥的产生。因此，不需要进行污泥的处理。此外，工艺不会产生其他测流污染，除了处理一些筛滤物和砂砾。

（3）过程风险

多级活性生物法风险与用膜生物反应器处理市政污水处理厂相似。

（4）健康与安全的注意事项

与用膜生物反应器处理市政污水处理厂相似，多级活性生物法并没有特殊的健康和安全的注意事项。

（5）可靠性

当日平均流量超过 800m^3/d（0.21mgd）时，多级活性生物法的性能未知。由于化学污泥在生物反应器中的累积，化学除磷会降低多级活性生物法的处理性能。

5. 技术预测

MSABP 是去除 WAS 和来自污水处理厂污泥的有效活性污泥技术，根据整套设备，该工艺在日平均处理量不大于 800m^3/d(0.21mgd）下，有较好的性能。若该工艺处理更大的污水量，就应该进行成本效益分析。

9.3 污泥分解技术

根据 Müller 等人（2004），污泥分解技术是“依靠外力而引起污泥结构的破坏”。利用外部能量来提高污泥消化的生物利用率从而加强污泥消化过程。根据技术的不同而使能量的利用形式有所不同。曾经利用“外力”分解污泥的技术相当多：化学破坏（Chiu et al，1997）、脉冲电场（Kopplow et al，2004）、伽马射线（Laffite-Trouque′和 Forster，2002)、热破坏（Li and Noike，1992）、机械剪切（Muller et al，2007）、超声处理（Neis et al，2000；Tiehm et al，2001）、臭氧法（Weemmaes et al，2000）。能量的利用方式也是多种多样。初沉池污泥，二沉池污泥和消化污泥都被提到可作为提高污泥消化率的一种方式（Muller et al，2006；Tiehm et al，2001）。迄今为止，最普遍的技术应用是剩余污泥的消化处理，因为它是将生污泥中难降解的部分投加到生污泥消化池。虽然很多相关的技术都是有效的，本章提到的代表工艺已经投入实际生产。

无论在何处输入能量，在消化过程中一般都会存在优点和缺点。由于消化技术的应用，一些工艺技术正在发生改变：

（1）破解了额外的总挥发性固体；

(2) 提高了沼气产量;

(3) 减少了污泥处置量。

污泥消化和污泥固体处理工艺的这些改变是有代表性的，研究者报道过一些技术的优点，以下章节单独讨论这些技术。

污泥消化技术通过提高污泥的生物利用率来改进消化工艺。生物利用率靠一到两种机制来加强：细胞融菌和颗粒分散。细胞融菌通过破坏细胞然后释放细胞里面的物质来提高污泥消化效率，这通常被视为是可容易利用的。细胞融菌后的物质被没有破坏的有机体所消耗并产生额外的沼气和破坏污泥。虽然细胞融菌可能发生，但鲜有直接的证据证明在文献报道中出现高浓度的细胞融菌。

颗粒分散也改善了整体的污泥消化效率。颗粒物尺寸的减小提高了微生物的吸附面积和水解酶的作用面积。后者更加重要，因为水解是污泥厌氧消化中的限制性因素（Vavlin et al.，1997)。提高颗粒物的比表面积已被证实可改善特殊底物的水解率（Sanders et al.，2000)。水解作用，特别在剩余污泥消化处理中，一般被认为是厌氧消化中的限制性步骤。因此，任何能提高水解率的措施都能改善消化效果。

正如前文所述，改善消化效果可以强化污泥的破解和生成沼气，但这会对处理工艺造成一定的不利影响。增强破解挥发性固体将导致磷、氨氮和硫从生物降解的有机物释放出来。特别是当工厂要求去除营养物时，额外的氨氮和磷的释放会影响液态和固态流的处理。额外营养物的负荷都将提高去除氮和磷的氧气的需求量和增加化学药剂的使用量。

影响固态流的因素主要有化学沉淀剂、蓝铁矿和磷酸铵镁（鸟粪石）。磷酸盐的形成主要与水力条件和铵、磷和镁的富集有关。提高铵和磷的浓度可能会造成鸟粪石生成。控制阳离子的富集是消化加强至关重要的一步。如果在营养物质富集中加上鸟粪石的沉淀工艺，那么由于加强消化效果而形成鸟粪石可能不会有负面效果。

污泥消化工艺也会影响污泥的脱水和处理。Muller 等（2007）提出，污泥破碎会提高聚合物需求量。Novak 等人（2007）则提出用微污泥技术加强消化效果，可减少来自脱水污泥的挥发性有机硫的释放。

基于此，安装一个消化增强工艺不仅要考虑减少增加的沼气量和固污泥质量，还要评估完整的效果和处理成本/收益。例如，一些制造商宣称可以用 WAS 作为外部碳源来代替生物除营养盐使用的甲醇。

根据厌氧消化加强程度的不同，还可提供一些其他的效益。额外生产的沼气可以用来发电或产热还可以燃料能源形式卖给其他公司。该实用工艺可以减少从电网购买电力，减少天然气的需要量，如果气体销售，还可以增加一个收入来源。当用于有利的方面，可以抵消化石燃料燃烧时碳的排放。污泥消化的加强还可以在提高污泥破解的同时减少污泥的运输。因为减少固体的质量可以减少拉运的次数，从而减少磨损设备和使用的燃料，虽然这不能保证这些效益应该被考虑在选取技术中。

通过输入能量，并以增加沼气的产量和污泥的破坏的方式提高消化工艺性能。考虑到经济方面，工厂仍然需要其他的收入来抵消设备花费。在后续章节中将从不同发展方向讨论几项具有代表性的技术工艺。

9.3.1 微污泥：高压均化工艺

1. 工艺特征和说明

(1) 工艺特征

微污泥工艺是加拿大不列颠哥伦比亚的温哥华范式环境开发的高压均化工艺。这个工艺在厌氧消化前使用碱处理包括一套高压均化器（815atm 或者 12000psi）来分解稠化的剩余活性污泥（浓缩剩余活性污泥）。图 9-3 所示为完整的微污泥设备单元、高压均化器和配套装置。图 9-4 所示为一简化流程示意图，显示微污泥工艺在污泥处理系统中的位置。

(*a*)

(*b*)

图 9-3 微污泥过程污泥解体的主要设备（范氏环境）

（*a*）微污泥配套装置控制元素、反应槽、水力旋流器、屏幕、剪切泵；（*b*）微污泥工艺高压均质器

微污泥工艺

增厚 化学预处理 细胞破碎 液化浓缩剩余活性污泥

图 9-4 微污泥污泥解体的过程主要元素简化工艺流程示意图

（Rabinowitz and Stephenson，2006）

(2) 原理

在两个过程中，碱液（NaOH，25%，重量百分数）投加到浓缩剩余活性污泥中，经短时间反应，溶液通过高压均化器处理并消解剩余活性污泥。剩余活性污泥中多余的碱液会分解里面的絮体结构，弱化细菌的细胞壁，从而使均质化过程中细胞更易溶解。

均质化工艺通过阀门控制对微生物产生不同的压力。当污泥通过泵到达阀门时压力升高到 815atm（12000psi），污泥通过时压力瞬间释放。这种压力的瞬间释放会产生很多空气气泡，而当气泡破灭时会产生热量。压力作用在污泥上时，污泥流的速度在 2μs 内将达到 305m/s（682mph）（Stephenson et al.，2005）。污泥流对微生物的环状效应会进一步对其产生机械应力（图 9-5）。

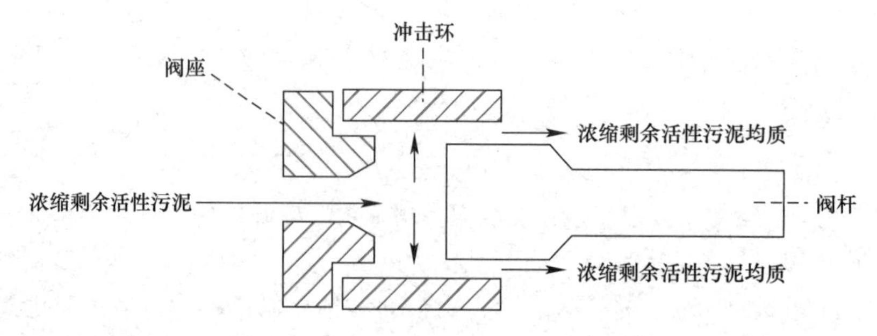

图 9-5　对浓缩剩余活性污泥产生剪切力的阀组示意图（Rabinowitz and Stephenson，2006）

分解过程导致细胞溶解和粒度降低，会加强在厌氧污泥中的降解性。图 9-6 为浓缩剩余活性污泥前的上清液和微污泥后的电子显微图。有机质的增加说明污泥发生解体。

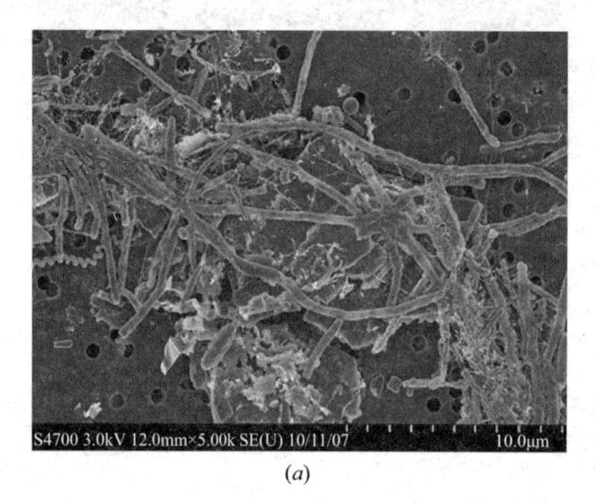

(*a*)

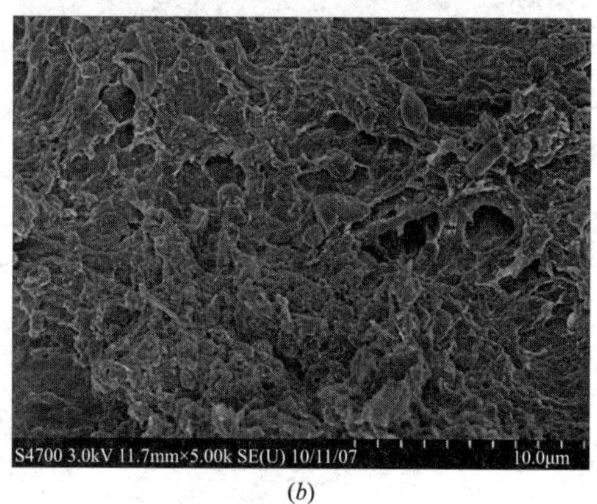

(*b*)

图 9-6　微污泥在硝化前对浓缩剩余活性污泥的处理（范氏环境）

(*a*) 浓缩剩余活性污泥上清液前处理；(*b*) 浓缩剩余活性污泥后期处理

(3) 工艺说明

正如在前一节中提到的，微污泥用高压均化进行碱预处理导致浓缩的剩余污泥具有更好的生物降解性，此过程发生在剩余污泥浓缩的排放阶段，浓缩的剩余污泥经过一道网筛，其中包含 25%（重量百分比）氢氧化钠。在内联剪切泵作用下进行均质化处理，随后经碱液处理后的污泥经由第二个流程内网筛，进入储泥罐。

图 9-7　微污泥示范项目关键的预处理元素（范氏环境、布朗和考德威尔）

网筛可以根据污泥不同条件改变网眼大小。处理后的物质在排出碱处理池前经过两个水力旋流器以去除气体和砂砾及泥浆，气体能损害均质器阀和部件，而泥沙则会过早的磨损冲击环。所有的预处理步骤都包含在微污泥单元的主控室里。图 9-7 为爱荷华州德梅因水回收公司示范项目关键的预处理单元。

预先筛选来自污泥流中的头发和碎片，否

则将会损害均质器阀。筛选出的垃圾会卸入最后的处理流程，在均化处理后进入消化器，如此可闭环了物料平衡并且保证废物流产生最多的气体。

紧接着第二个网筛后，剩余活性污泥进入储存池，化学法削弱絮状体和细胞壁的结构。必须监控储存池确保 pH 升高达到破坏细胞壁和絮体结构的水平。酸碱处理后的剩余活性污泥在均质化前要进过水力旋流器以确保惰性物质如砂砾和细沙的去除，因为这些物质会缩短均化器的寿命。

均化器在微污泥工艺中是主要的破解设备。一个 100HP 的电动驱动活塞泵将剩余活性污泥通过破坏阀传输到你一个泵。进口侧阀的压力提高到 815atm（12000psi）。当污泥通过阀门时，压力迅速恢复到周围压力，甚至可以使污泥的速度比声速还快。WAS 的高速喷射作用在碰撞环上，进一步破坏污泥。破坏了的污泥随后被加载到消化器中进行生物分解。

通过均化器的消化工艺产生了一个高度的空化力瞬间从 815atm 下降到 3.4atm（12000psi～50psi）。破裂的空化泡沫将热量传送至液流中。Stephenson 等（2005）报道，在生污泥分解破坏前温度从 10℃升高到 16℃（50～60°F），在分解之后温度从 32℃升高到 38℃（90～100°F）。依靠污泥流中一部分剩余污泥流到消化器中，这样就能显著降低供热需求。

2. 应用潜力

微污泥工艺是设计通过溶解或分解浓缩剩余活性污泥来加强厌氧消化效能的。通过此工艺，提高了剩余活性污泥的生物利用率，厌氧消化器里的污泥降解更加完全。这个工艺并没有因消化器类型（中温/高温）的不同而应用局限，但需要考虑载荷、出水水质和能量平衡。此外，这个工艺不适合在污泥增厚前结合剩余活性污泥和初沉污泥的设施。

3. 工艺过程评价

(1) 污染物的去除水平

在挥发性固体的分解破坏和气化水平上的提高已经被报道过，而且将在下面的几个小节中讨论。该工艺其他优势，如污染物的去除则尚未见报道。减少粪便中大肠杆菌（病原性微生物）、有机化合物或者金属迄今尚未有报道。但是随着工艺的进一步发展和研究，这些优势将可能实现。

(2) 发展现状

微污泥工艺还是一项新技术，但已实现全面的应用，并且已经被证明只要细微的修改就能满足由于不同设备之间的改变而出现的特殊操作条件。这项技术已经在几个地方应用，包括：

① 加拿大不列颠哥伦比亚 Chilliwack 的 Chilliwack 污水处理厂。

② 加利福尼亚洛杉矶的洛杉矶县卫生区和联合污水控制厂（JWPCF）。

③ 爱荷华州，得梅因的得梅因水回收设施。

④ 文章发表时，这项技术应用过程中并无固定形式的设备要求。大规模的示范例子提供的这项技术的有效数据证明，它能有效加强消化工艺。表 9-1 和表 9-2 总结了在编写本手册时收集的 Chilliwack9 和洛杉矶的示范工厂的有效数据。

⑤ 这项技术的其他优点也已报道，包括由于污泥分解减少了污泥的黏度，这可能提高搅拌、泵效率和减少消化器的发泡，从而提高更稳定的操作的可能性。

加拿大，不列颠的哥伦比亚省 Chilliwack 示范地参数汇总
(Rabinowitz and Stephenson et al.，2005)　　**表 9-1**

参数	数值*	
原始污泥		
废活性污泥（%）	0.4	
增稠的废活性污泥（%）	4～5	
初沉池、二沉池比例（百分比计算）	65∶35	
系统		
消化池数量	2	
操作	自动	
污泥停留时间（初沉池/二沉池/合计）	10/3/13	
操作温度（℃）	37	
混合	引流管/气体推进	
工艺性能	**控制条件**	**微污泥工艺**
挥发性固体减少（%）	60	78
挥发性气体（消化池 1/消化池 2）（mg/L 醋酸盐）	60/5	18/1
沼气产量	n/r	n/r
沼气中甲烷成分（%）	n/r	58.1
总开凯氏氮（消化池 1/消化池 2）（mg/L 氮）	1342/802	1415/748
NH_3N（消化池 1/消化池 2）（mg/L 氮）	420/338	706/440

*　n/r＝没有报道

加利福尼亚州洛杉矶联合水污染防治设施示范（SRT＝污泥停留时间）
(Rabinowitz and Stephenson et al.，2006)　　**表 9-2**

参数	数值*	
原污泥		
废活性污泥（%）		
浓缩的废活性污泥	5～6	
初沉池、二沉池比例（百分比计算）	75∶25	
系统	n/r	
消化池数量，SRT 和混合时间	相似	
操作		
操作温度（℃）	常温	
工艺性能	**控制**	**微污泥工艺**
挥发性固体减少（%）	51～54	54～58
挥发性气体（mg/L 醋酸盐）	14	16
碱度	3629	3912
pH	7.18	7.22
沼气产量	n/r	n/r
沼气中甲烷成分（%）	61.6	62.3
氮	n/r	n/r

* n/r＝没有报道

（3）设计数据

根据污水处理厂的处理能力和社区的规模，微污泥工艺是可以按比例调整的。对于处理工厂里所有的剩余污泥，制造商销售最小的反应器约 95m³/d（25000gpd）；最大的反应器处理能力约 760m³/d，可以服务处理水量为 53000～405000m³/d(14～107mgd) 的水厂。对于规模较大的处理设施，多个组合单元可以满足污泥处理的需求。

（4）次要环境影响

除了本身存在于厌氧消化系统内的废弃物，微污泥工艺并不产生其他的废物。该过程引入了钠离子至消化池中并最终进入液相中。据报道，单价阳离子钠离子影响活性污泥沉降。增加生物活性可能导致更多的氨和磷释放到液相中，特别是在要求去除氮时，将影响整个污水处理过程效能。

4. 适用条件

（1）场地/设备选择

此工艺需要根据工厂使用设备的大小来增加或减少使用空间。如图 9-8 所示，25 号系统要求 6m×12m（20ft×39ft）的空间来满足处理 95m³/d（25200gpd）的浓缩剩余活性污泥。系统上限是 8%的总固体量，低于此值则系统可以正常运行。当要规范安装以满足安全要求时，就需要考虑存在的高压处理单元和苛性钠。

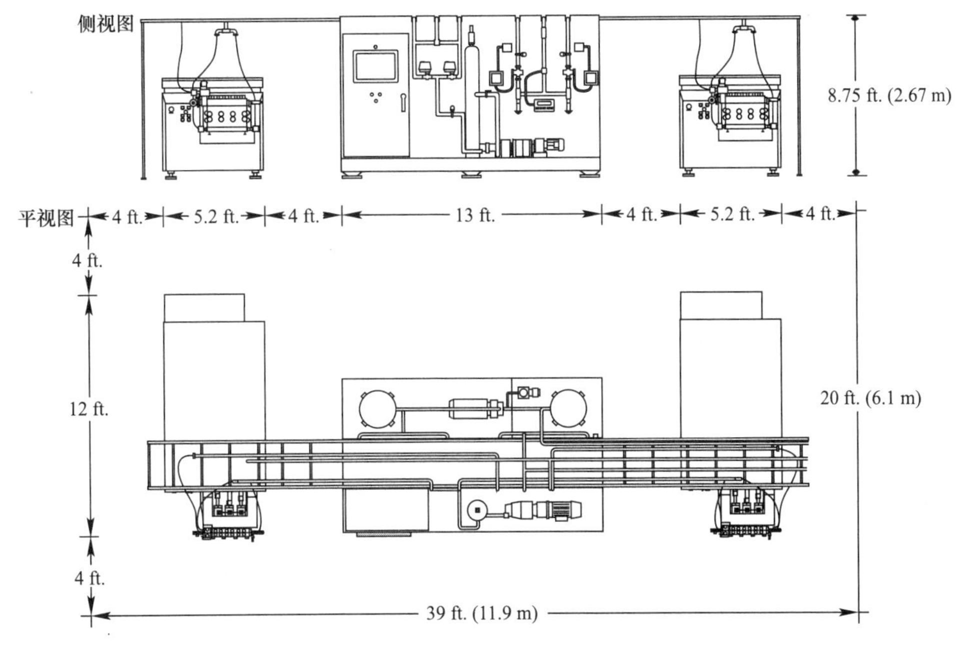

图 9-8 微污泥 25 号系统平面和剖视图（范氏环境）

另一方面，还应该考虑相对于初沉池污泥，二沉池的污泥产量（Roxburgh et al.，2006)，因为这个工艺只能处理二沉池污泥。高比例初沉池污泥的处理厂可能不如少量初沉池污泥水厂的效益好。

如上所述，沼气利用率将影响工厂的经济可行性。热电联产或沼气的出售可以抵消运行成本和装置的操作费用，但只是减少污泥产量并不能满足要求。

（2）残渣处理

当工艺中使用筛滤再安装旋风分离器时，工艺本身不会产生残渣。需要处理和处置废化学容器时要坚持考虑适当的安全措施。与此过程相关的所有被纳入有机基质的物质，都应该按照监管要求进行处理。

(3) 工艺风险

当在系统中使用碱液和高压时，相关的安全防护措施应该被纳入实践和安装以降低危险系数。

在消化池中增加生物活性污泥而产生的额外的氨氮和磷会对工艺有影响。营养物质可能会影响水处理工艺效能。在鸟粪石和蓝铁矿的形成过程中，氨和磷是关键的元素，应关注消化池中无机化学过程，以减轻可能发生的沉淀问题。

(4) 可靠性

现阶段此工艺并没有安装全面的永久性装置。因此，并没有提供长期可靠的数据。

5. 技术预测

此技术尚未成熟，和任何设备一样，该工艺需要一些细微的调整，以满足不同工厂的操作条件。正如前文所提过的，目前并没有永久的全面完善的设备。

由于工艺效率和能量回收，污泥减量化对公用事业变得更加重要，这个过程有可能有更大的应用潜能。

9.3.2 超声波：污泥超声处理技术

1. 工艺定义和描述

(1) 工艺特征

据报道，超声预处理剩余活性污泥是应用最广泛的已投产应用的污泥减量技术。这个工艺是在消化处理前，使浓缩剩余活性污泥暴露在超声能量前，一般用 20kHz 破坏或削弱生物体的细胞壁。几项技术都能商业化，而超声波是其中的代表性技术。

(2) 原理

如图 9-9 所示，污泥减量化的超声技术可以应用在厌氧消化池的剩余活性污泥进口处或者回流活性污泥的二级处理系统。20 世纪 90 年代中后期，强化厌氧消化已全面应用。这项技术的发展在提高沼气产量的同时，可降低大部分生物污泥处理量，特别是增加了消化池的产气速率。

通过瞬态声空化的产生加强厌氧消化，特别是剩余活性污泥的消化。声空化在液体流中的形成是通过声波在液体中压缩和疏散来完成的。在疏散期间，要提供足够的能量以超出分子间作用力和在液相中形成空隙和空泡（Mason and Lormer，1988）。空化气泡的破灭产生了足够的热量（>4000°C 或>7200°F）和压力（接近 1000atm 或 14700psi），从而从进入的流体中形成剪切力。粒子在破灭的气泡附近或里面可以受到更多的剪切力。

压力、温度和剪切力是剩余活性污泥分解的主要力量。Joyce 等报道过低频率（20kHz 和 38kHz）的超声能量在溶解细胞上比高频率的（512kHz 和 820kHz）更有效率，这主要是因为低频率的超声能量更分散物体。Portenlänger 和 Heusinger（1997）报道过相似的结论。Scherba 等（1991）报道了 26kHz 的超声能量对革兰氏阳性和阴性细菌都有溶解作用，表明细胞壁结构并没有提供其他保护。此外，调节振幅可以提高用超声对细菌溶解的效率（Raso et al.，1998）。

在声化学领域，化学转换在理论上是可行的。空泡环境也可以产生自由基，这样能使剩余活性污泥和周围液体中其他元素进行反应。虽然声化学的影响可能存在，但一般认为相对于在剩余活性污泥颗粒上声波降解的机械作用是非常微小的。

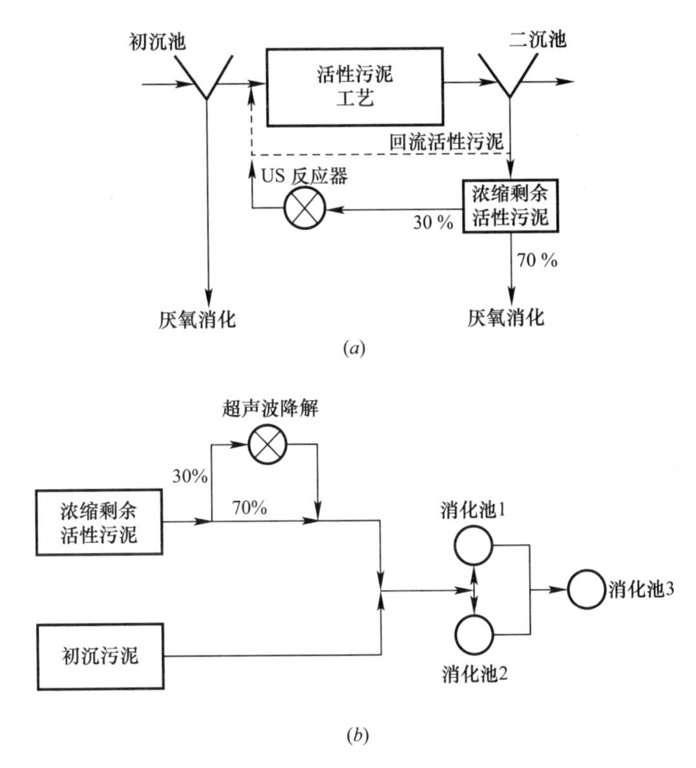

图 9-9 污泥超声减量化技术示意图

(a) 二级处理工艺；(b) 厌氧消化工艺 (EIMCO)

其他一些影响空化气泡的生成和性能因素，包括污泥浓度（Mao et al.，2004），颗粒大小（Tuziuti et al.，2005）、气液饱和度和液体温度（Mason and Lormer，1988）。因为沼气池操作的影响和废水系统固有的可变化性使得对所有参数进行优化几乎不可能。超声变幅杆的材料也会影响工艺的性能和寿命。超声变幅杆通常是由铝、不锈钢或钛组成。钛是目前为止最贵的材料，但具有最好的声学特性和使用寿命较长，还具有空穴结构而具备抗点蚀特性。

据报道，利用超声波能量处理剩余活性污泥，可以强化消化运行，这种强化是通过沼气产量提高和更多污泥破解而实现的。剩余活性污泥在厌氧消化前的预处理是最常见的配套技术。研究者研究了从最低频率的 20kHz 到高达 3217kHz 的超声处理（Tiehm et al.，2001）。Onyeche 等（2002）研究了厌氧稳定污泥的超声处理，但结果却是不同的，利用超声波来杀灭病原菌有不同的结论。一些研究表明了病原菌的减少（Chu et al.，2001）；但一些研究却显示没有变化（Laffite-Trouqué and Forster，2002）。

（3）工艺说明

超声波技术是由德国汉堡的 Ultrawaves-Wasser&Umwelttechnologien-GmbH 开发的专利，美国犹他州盐湖城的 EIMCO 水技术部门以 Sonolyzer 形式发布。这项技术使用 1 个蛇形反应堆，1 个 20kHz 的超声头安装在每个转弯处，共装有 5 个探头。一个单元可以处理大概 $35m^3/d$（9250）总污泥量中 5%～7%的浓缩剩余活性污泥。

此工艺一般处理流向消化池的总剩余活性污泥中 25%～33%的污泥量。多级单元安装从而满足不同规模处理厂的需求。图 9-10 是一个超声波单元的照片。

(a)

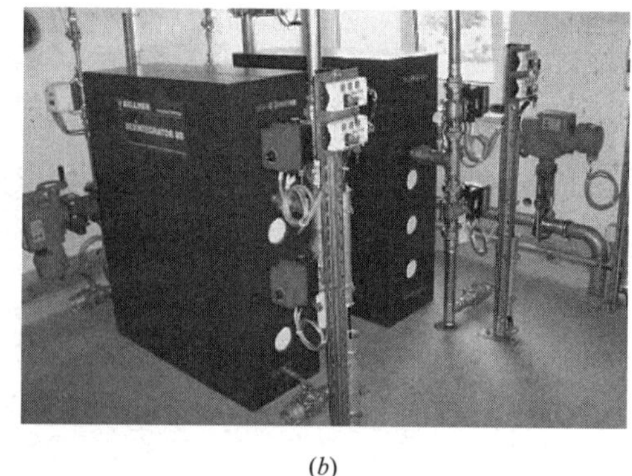

(b)

图9-10　超声波室内反应单元
(a) 单体；(b) 组合

据报道，用超声波技术来加强厌氧消化已经有相对一致的结果。此外，挥发性固体的分解提高了15%～30%，沼气的生产量增长了15%～30%，都已经被所使用这项技术的工厂所报道（表9-3）。

应用超声波降解法强化污水处理厂对厌氧消化效能影响的总结（mgd×3.785=ML/d）

表9-3

污水处理厂	规模（mgd）	挥发性固体分解（%）	沼气产量（%）	注意事项
德国，Bamberg	12.15	+30	+30	厌氧污泥消化池中没有泡沫或丝状菌
德国，Meldorf	1.06	+25	+25	
荷兰，Zeist	3.96	+25	+25	聚合絮凝剂的消耗减少了20%
丹麦，Frederiskshavn	6.87	+25	+25	
丹麦，Marselisborg-Arhus	11.62	+15	+35	
德国，Kleinsteinbach	2.11	+25	+25	
荷兰，Bath	3.70	+15	+15	

2. 应用前景

正如在前一节中所描述，超声技术可以用在强化厌氧消化中。工艺的影响包括挥发性固体分解的变化、沼气的生产、聚合物的使用和消化器的发泡。据报道其他超声技术也有类似的影响。

在回流活性污泥管路中线另一个操作模式的技术是在二次处理系统中。RAS的消化能够在二级处理系统中将污泥减量化，可以产生消化过程所需的内部碳源。

3. 工艺评估

(1) 污染物去除水平

超声波技术已经被证明可以提高挥发性固体分解程度，可增加30%沼气产量。

此外，在某些情况下，此工艺还可以用于降低消化池泡沫的产生，减少聚合物的使用。其他一些工艺效果例如泥饼的干燥度和压缩强度或特性并未见报道。而据报道，技术应用到二级处理系统，可以破解更多的污泥，进一步降低发泡率，使泥饼干化程度更高

(+2%)。迄今为止，对曝气量的影响尚未见报道。

(2) 发展现况

超声波技术是一项成熟的技术，自2004年来欧洲就安装了多个生产性的大规模生产设备。这些水厂的处理能力在3800～88000m^3/d (1～23.2mgd)。表9-4总结了安装尺寸、运作时间和操作模式(例如消化和二级处理系统)。本手册出版过程中，美国还没有任何一种形式的此类大规模生产系统。

污水处理厂应用超声预处理剩余活性污泥强化厌氧消化总结 (mgd×3.875=ML/d) 表9-4

污水处理厂	规模 (mgd)	投入运行时间
消化前WAS预处理		
德国，Bamberg	1.06	2004
荷兰，Zeist	3.96	2005
荷兰，Willem-Annapolder	2.91	2006
丹麦，Frederikshavn	6.87	2006
丹麦，Marselisborg-Arhus	11.62	2006
德国，Kleinsteinbach	2.11	2006
荷兰，Bath	3.70	2006
荷兰，Nieuwgraaf	23.24	2006
德国，Hennef	3.43	2006
瑞士，Glarnerland	3.70	2007
波兰，Slupsk	13.21	2007
将活性污泥回流到二级处理系统		
德国，Bünde	2.11	2006
德国，Leinetal，Heiligenstadt	～2.64	2003

(3) 对环境的二次污染

据报道，无论是在消化前采用超声技术还是将超声作为二级处理系统的一个单元，都不会造成对环境的二次污染。能想到的影响主要是引起污泥浓缩性能和压缩性能的变化，尤其是厌氧消化系统的营养物含量变化，以及二级处理水中BOD水平升高，这些影响对污泥中释放的污染物降解无显著影响。

4. 适用条件

(1) 厂地/基质注意事项

超声单元相对于其他的污泥减量化技术占地较小，另一个限制是每个处理单元的处理能力很小，这就需要在大规模的应用中配置多个平行处理单元。这要求精确的流量分配和测量，但这在污泥流中是相对比较困难的。此外，建议使用最低影响的装置、隔音附件和冷却装置以保护操作者和设备。

工艺效率受到污泥浓度的影响。通常浓缩剩余活性污泥是用超声处理而初级污泥被认为更易降解。因此，如果消化池消化物料包括浓缩的剩余活性污泥和初沉池污泥，这个工艺可能就不考虑采用。浓缩工艺操作和超声操作组合应用可能会增加消化池的进泥系统的复杂性。

(2) 残渣处理

与一般污水处理系统不同，这个工艺没有多余的残渣生成。

（3）工艺风险

超声的工艺风险现在并不清楚。

（4）可靠性

超声变幅器的寿命在 1～2 年，售价 2000 美元，而一个单元里有 5 台变幅器。超声波组合装置的寿命则在 7～10 年。

（5）技术预测

在本手册出版过程中，美国并没有此类工艺设备，只有一些存在于欧洲和南亚。该技术具有实现侧流污泥消化技术的最高水平之一。随着工艺效率要求和处理成本的提高，这项技术可能会得到更大范围的应用。

9.3.3　臭氧技术

1. 工艺类型和特征

（1）工艺特征

臭氧（O_3）是以氧化能力强而著称的化学物质，一般用于化学氧化或消毒。本节将讨论 Praxair's Lyso 工艺。它在二级污水处理的曝气池中，利用臭氧氧化、破解回流活性污泥以达到进一步的降解。

（2）原理

臭氧是强氧化剂，可用于消毒或化学氧化。臭氧与化合物反应，被还原为氧气。剩余活性污泥（或回流活性污泥）的臭氧化旨在使细胞溶解在絮状污泥中。细胞壁与臭氧的接触能引起细胞壁和膜解体，释放细胞内的物质，从而被降解。根据污泥中的化学成分，已报道了臭氧对污泥分解的影响。Scheminski 等（2000）报道了臭氧部分氧化消化污泥（投量达到 0.5O_3/g 有机干物质），结果是：降低了 90%总蛋白质；在液相中没有发现蛋白质；63%的多糖释放到液相中；脂类减少了 30%。

Vergine 等人（2007）报道了在营养物去除装置（硝化/反硝化）中的回流活性污泥的局部处理（Lyso 工艺）能减少 39%的污泥量，干燥污泥饼达（+3%），还能大量的减少发泡。这个装置用于处理纺织污水时，能降低 70%氨氧化速率和 35%亚硝酸盐氧化速率。作者还提到，在这种情况下氧化速率的下降并没有减少氮的去除效率。图 9-11 是安装在意大利科莫 Lariana Depur's Bulgarograsso 污水处理厂的 Lyso 工艺照片。

图 9-11　Lariana Depur's Bulgarograsso 水处理厂（意大利，Como）中的 Lyso 工艺

2. 应用潜力

臭氧氧化生物体已应用在好氧和厌氧系统中以增加剩余活性污泥的降解性。这项技术的生产应用只限于 Lyso 工艺，在该工艺中，臭氧氧化污泥可在二级处理系统的曝气池中被降解（图 9-12）。

Lyso 工艺已经成功应用在活性污泥系统中，并且实现了废污泥的减少。此工艺用 0.05～0.10kgO_3/kg 总固体来促进污泥分解（臭氧污泥不能回流到缺氧区域进行反硝化，

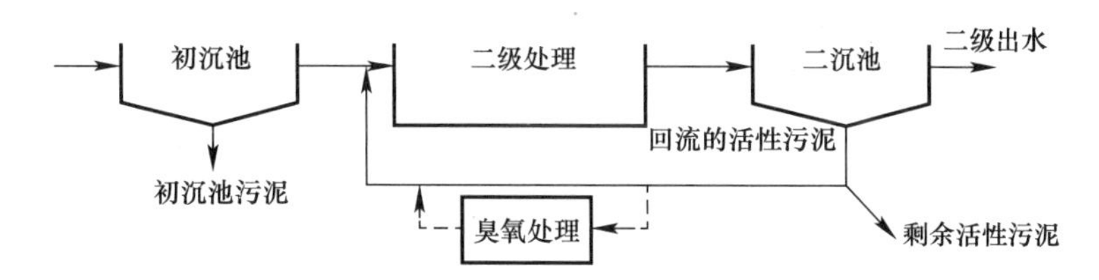

图 9-12 Praxair 的 Lyso 工艺流程图

因为高氧水平会破坏缺氧条件。虽然没有报道，但这个结论也可以应用在磷去除系统中)。

对臭氧污泥的厌氧消化也要考虑消化池中增加的氧气的影响。需要采取措施来阻止由于大量增加氧气而造成消化池上部空间的爆炸条件及对严格厌氧产甲烷菌的毒害作用。

3. 工艺过程评价

(1) 污染物去除水平

业已证明，Lyso 工艺的生产设备可以促进污泥分解和提高污泥饼的干燥率，且未影响氮的去除效速率，但是去除速率却大大降低了。此外，当该工艺应用于二级处理系统时，还可减少丝状菌的产生。Vergine 等（2007）报道了采用 0.7kgO^3/kg 总污泥对回流的活性污泥进行部分处理，可减少 RAS 流中诺卡氏菌和微囊藻。

另一个效应是 Lyso 工艺可以去除废液中的颜色，这种影响并未得到量化验证（Vergine et al.，2007）。臭氧减少了纺织污水中的颜料或染料。

(2) 发展现状

自从 2006 年，Lyso 工艺已经被运行在 LarianaDepur 的 Bulgarograsso 污水处理厂。在本手册出版过程中，未见报道世界上有其他的装备设置运行和使用。虽然投入运行的工艺有限，但该技术大规模应用是可靠的，且是一种有前景的污泥减量技术。这种方法技术可不需要厌氧和好氧消化。

(3) 次生环境影响

据报道 Lyso 工艺并没有产生其他或特殊处理的副产物。这个工艺产生的污泥是普通污水处理过程的一部分，但却减少了污泥量。潜在的负面影响是观察到的氨氧化细菌和亚硝酸盐氧化细菌含量降低，因为处理厂出水有严格的氮的限制，这应该引起工厂方面的重视。

臭氧的降解产物是可以被消耗的氧气。部分氧化的有机副产物迄今未见报道。

4. 适用条件

(1) 厂地/基础注意事项

在处理厂中使用臭氧可有效减少污泥量。这些设备确实需要场地和电能的保障。处理效率除受液相中污泥浓度的影响外，可能还需要一些工艺优化。此外还需指出，利用纯氧产生臭氧比使用空气效率更高。因此，臭氧化可能更适用于使用纯氧气的污水处理厂。

(2) 残渣处理

据报道，Lyso 工艺除了污水处理厂中一般产生的物质，没有其他的剩余物质生成，并且不需要特殊处理。

(3) 工艺风险

产生臭氧需要高压，在设计系统时需要考虑健康和安全问题。对氨和亚硝酸细菌代谢率的不利影响记录必须和污泥量减少和要求相平衡。据报道，臭氧对污泥的脱水有优点也有缺点。Vergine等（2007）报道了在LarianaDepur的Bulgarograsso污水处理厂中，采用臭氧对回流活性污泥处理，提高了污泥饼的浓缩程度。然而Scheminski等人（2000）却根据Mulle等（1998）的工作即在厌氧消化中消化污泥被暴露在臭氧中的时候，聚合絮凝剂的需求量增加。当对于这样的系统进行成本/效益分析时就需要对这两个方面进行验证。

（4）可靠性

在本手册出版过程中，由于数据不足，无法对Lyso工艺有一个可靠的分析。

5. 技术预测

当生物固体的处理变得更加困难，填埋场不再接受污泥将增加污泥的臭氧化在工程上的应用。因为Lyso工艺结合了活性污泥，从污泥中回收能量可减少污泥量，从而减少污泥运输和处理费用。Lyso产生的污泥不能直接进行土地应用，因为它不符合美国A或B类生物固体标准。该系统需要结合一个传统的稳定化技术以符合土地应用要求和处理初级污泥。如果没有初级污泥存在，如可溶性工业废水，那么污泥量的减少可以大大降低辅助稳定装置的大小。

9.3.4　OpenCEL聚焦脉冲技术

1. 工艺特征和说明

（1）工艺特征

脉冲电场（PEF）技术，根据已证实原理，采用不同的方法在材料放电电脉冲分解有机物，如细胞。本节讨论的类似技术是由OpenCEL（伊利诺斯州）提供的。

（2）原理

脉冲电场技术是因为材料中的分子有带电效应，当电极间产生电场后，负电子的粒子或分子会被强制往一个方向移动，而其余正电荷的粒子或分子会被一个相反的力控制，往另一个方向移动。由于这些斥力的存在，比如细胞这些有机物质会经历一个被撕裂的过程，一些膜物质会形成以阻挡细胞的撕裂。这导致许多细胞膜的微生物，如细菌、古生菌和较大的真核生物的细胞容易溶解和破裂。这些微生物内部的有机物质释放溶解在溶液中，会增加有机物质的可溶部分，有机物质可以作为营养来源被其他微生物吸收。

OpenCEL是获得专利的集中电脉冲技术，这种技术用集中高压脉冲处理生物污泥。这种处理Lyses细胞的技术可以使细胞膜分解其他复杂有机物，可以提高后续的消化和处理过程的效能。OpenCEL工艺开发出来，成功用于杀灭食品中的病原体已达40年。微生物学家曾利用脉冲电场技术及细胞逆向溶解用以人为控制细菌的DNA（ALY et al，2001；Madigan et al，2003；Xu and Xiao，2006）。为了进一步的提高电压，细胞可出现不可逆溶解，使有机材料的增溶达到预期效果。由于对病原体具有杀灭能力，这个PEF过程也被应用于许多食品行业，用来代替巴氏灭菌。

（3）工艺说明

OpenCEL技术需要几个单体的联合运行，如图9-13所示。污泥处理可以分为剩余活性污泥、浓缩剩余活性污泥、初沉污泥，或者把剩余活性污泥与初沉污泥混合处理。污泥由干管输送，经过研磨机泵和聚焦脉冲处理室，再回到干管。在处理室的电脉冲由Open-CEL单元变压器产生，可以提高电压产生15～100kV/cm的电场。脉冲可以持续2～

15μs，频率保持在 2～10kHz。

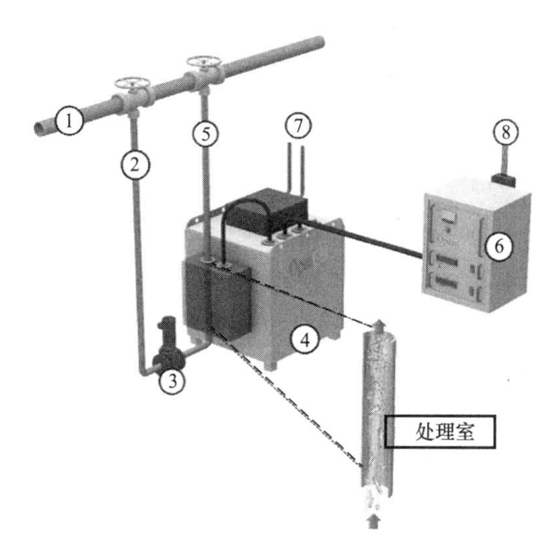

图 9-13 聚焦脉冲技术组件

1—主要 WAS 管线；2—剩余活性污泥进泥；3—研磨机泵；4—OpenCEL 单元；5—剩余活性污泥回流；6—控制单元；7—冷却水；8—三相-480V

OpenCEL 工艺已经在小试、中试和生产性试验均得到证实。目前为止的数据表明，依据污泥的特性（Salemo et al，2008），该工艺将污泥中可溶性化学需氧量（SCOD）提升幅度在 2%～1000%。（污泥浓度越大，SCOD 所占百分率的会增大，初级污泥变为活性污泥的转化率越高，SCOD 所占的百分率会增加）。这增加了可溶性有机物中大概有 10% 的大的生物固体，会在厌氧消化中被破坏，有高达 60%最大比例的甲烷菌产生。

（4）发展现状

OpenCEL 的第一次测试是在俄亥俄州兰开斯特污水处理厂进行的中试研究，用来处理 34%都是的 TRAS 流向的厌氧硝化系统。由于 OPEN CEL 投入运行，有机碳提升到 73%，SCOD 提升到 35%；大肠菌数减少 49%，其他生物固体产生物减少达 24%。

OpenCEL 在实验室中研究其在厌氧消化中的适用性。结果表明，当采用聚焦脉冲处理剩余活性污泥时，相较剩余污泥未经 Open CEL 处理的消化过程，厌氧消化器中甲烷产量翻倍。这个结果推动了在利亚桑那州 Mesa Northwest 污水回用厂（NWWRP）进行生产性试验，测试是从 2007 年 4 月份开始（Rittmann et al，2008）。MESA 处理厂每天处理量为 37850m^3/d（10mg/d），浓缩剩余活性污泥/初沉污泥的流量接近 190m^3/d（50000/d），含固率 5%。厌氧消化的操作过程有近 30d 的水力停留时间。最初，尽管只有大约 30%的污泥进入厌氧消化池，就会多产生 20%的沼气，水厂产生生物污泥减少 20%，2008 年初期，进入厌氧反应器的污泥 60%都是经过聚焦脉冲单元的，生物气的产生率相比之前提高接近 60%。据报道，在 2007 年 9 月与 2008 年 2 月之间，挥发性固体的减少量增加了 10%，需要处置的生物固体减少了 30%。此外，OpenCEL 工艺也在污泥的后处理前，将压缩污泥升温至 10℃，这会降低污水处理厂的电力负荷。尽管这些结果很有前景，但 MESA 仍然只是唯一一个生产规模 OpenCEL，尽管 OpenCEL 的成功并不局限于此，但它还没有在其他设施中得到验证。

（5）设计数据

对设施唯一的应用要求是将 OpenCEL 的处理单元接在 480V 三相电路上和需电气设备冷却水。需要在单元上游安装一个研磨机泵以防处理设施堵塞。安装的工作量相对较小，只需要在污泥主要管线上安装 2 个阀门，在包括聚焦脉冲处理室循环回路中引流，对污泥进行输送。处理装置位置的选择原则：

① 接近主要的污泥管线，用以减少压降。

② 尽量靠近厌氧反应器的电路设备，这样可以保留聚焦脉冲加热过程中的最多热量。

③ 两个电话亭的大小（将近 1m×1m）的空间足够，及一些必要的辅助设施（泵、管道、控制板等）。

④ 靠近应用设备——1 条 480V 的电路和 1 个通向冷却水的管路（可输送从饮用水到污泥的任何介质）。

（6）预处理和后处理

OpenCEL 最需要的预处理是在剩余活性污泥或者初级污泥的二次回流路中安装研磨泵机。这可以保证物料流经每个处理室时不会发生堵塞。当处理初沉污泥时，此步骤显得非常重要，因为初级污泥比剩余活性污泥含有更多的大的固体颗粒。因为在 OpenCEL 无需添加化学物质，所以预处理和后处理不用考虑其他方面。

（7）环境效应

目前没有关于 OpenCEL 过程的负面影响。尽管在理论上有些含毒放射性物质或化学衍生物会在放电过程中形成，但目前还没有足够的证据证明这些物质的存在。基于污水回用处理厂中厌氧消化器的效能，预计不会产生具有破坏性的化学物质。

（8）操作注意事项

制作商声明 OpenCEL 系统是相对容易操作和控制的。会有电脑控制的 PLC 远程操作系统。所以，所有的操作条件可以随时检查。MESA 污水处理厂厂的员工会经常使 OpenCEL 设备持续运行。

2. 应用前景

设计 OpenCEL 过程的想法是，通过该过程可增加厌氧消化之前污泥的溶解性有机物浓度，以提高厌氧消化过程的效能。因此，含有大量的生物固体的任何物料如剩余活性污泥都将适合于这种技术。对于污泥中大部分化学需氧量已经是可溶性形式，如初级污泥，则不会受集中脉冲过程的影响。

3. 适用条件

（1）场地/基础注意事项

该技术对于场地的要求不高。正如前文所述，OpenCEL 系统占地的空间只有两个电话亭的大小，和一个控制面板及 PLC 的放置空间。

聚焦脉冲过程可以处理浓缩或者未经浓缩的污泥。这要求在上游设置一个研磨泵，以保证其后流体中无固相物干扰。在 MESA 的污水回用处理厂，该单元技术是用来处理活性污泥浓缩剩余活性和初级污泥的混合污泥的。当单独用于处理浓缩剩余活性污泥时，能耗利用效率会有显著改善。这是因为初级污泥含有更多的可溶性有机物质，但是浓缩剩余活性污泥在处理之前却含有很多的非溶解性有机物质。

（2）残渣处理

OpenCEL 没有其他的侧流系统产生残渣，所以无需考虑对其进行处理。

（3）过程风险

OpenCEL 已经在实验室得到大量验证，并且应在厌氧消化生产中。但未见应用到其他处理厂的报道，衍生品的生成存在风险。

该系统使用高压电，这会将内在风险通过高压电传递，高压电应安装在接地和封闭的房间，这会相应减少意外接触的可能性。

（4）可靠性

OpenCEL 系统于 2007 年 9 月开始连续运行。在此之前，出现过振动及物理受力问题，受影响部位的材料更换后问题即得以解决。

4. 技术预测

OpenCEL 的聚焦脉冲技术对采用厌氧消化处理污泥的处理厂而言，很有应用前景，可实现沼气回用。一旦 OpenCEL 有一两个或更多运行成功的案例，就可以成为安全的推荐工艺。如果仅仅是生物污泥减量，那么选择 OpenCEL 工艺的理由并不充分。但如果要求生物污泥减量同时可节能，那么就应该考虑采用该工艺。

第10章　厌氧消化

10.1　引言

本章主要介绍厌氧消化系统的设计，包括设计的注意事项、预消化和后消化、厌氧消化流程、消化池设计、臭味控制、消化强化技术、沼气管理以及对厌氧消化设施的案例。沼气管理部分包括输气管的设计、冷凝水控制、压力控制，沼气搅拌等方面。本章还介绍了提高消化效果的方法，如对进泥方式、加热和混合等方面的改进等。另外，本章还介绍了酸/气消化和高温消化等先进的消化工艺，及生活污泥与其他有机废弃物的联合消化，如油脂、餐厨垃圾、食品加工垃圾、市政污泥中的有机部分等大幅提升沼气产量的方法。

10.2　设计注意事项

厌氧消化是一个已经非常完善、广泛使用的污泥稳定工艺，常用来处理污水处理厂产生的初沉和二沉混合污泥。在少数情况下，厌氧消化适合于小型污水处理厂。一般来说，厌氧消化适合于具有初沉池、处理水量约为11000～19000m^3/d或者更大的污水处理厂进行污泥稳定。在较小的污水处理设施中，尤其是不设初沉池的设施，好氧消化为典型处理方法的代表，因为从操作角度上看，工艺不那么复杂，处理单位水量所需的成本也较低。厌氧消化作为污泥处理系统中的一部分，目的在于对污泥进行减量，对剩余污泥进行稳定，产生并有效地利用沼气，保持环境系统和供水系统的完整。厌氧消化会受到上游工艺的影响，同时也会影响下游工艺，所以在设计过程必须考虑到整个污泥处理系统及其处理目标。

当考虑厌氧消化的时候，如何选择工艺和设计，如何稳定运行系统都取决于对污泥使用的要求以及当地的具体条件。污泥管理和最佳稳定方法的选择需要对经济因素、环境因素、运行因素和社会因素等关键因素有一定的了解，这在本书的第2章，即生物污泥管理工程的设计考虑因素部分给出了设计的相关信息，美国环境保护局对消化系统设计也作出了相关规定。

10.2.1　经济因素

对于污泥稳定系统来说，必须要考虑消化池的生命周期成本，即投资成本和运营成本。其中，电力、天然气的费用以及系统的可持续能力是选择污泥稳定系统的重要因素。另外，消化工艺是否耗能或者是否会产生沼气等可用的能源等也是很重要的。如果要生产如肥料等商业产品，那么产品的价格和潜在的收益就要考虑到。在确定一个污泥稳定系统的成本效益时，商业案例分析和投入产出比可能会有一定的帮助。

10.2.2 环境因素

环境因素包括消化污泥的质量（指生物污泥可有效再利用），处理厂运行的效果和生物污泥量。厌氧消化通过稳定工艺和去除病原体，将普通污泥转化为生物污泥。评估消化后污泥的重要质量参数包括病原体含量、对疾病传播者的吸引力、臭味和重金属含量，这些因素都会影响污泥的有效利用。污泥稳定所需的能量也是需要考虑环境影响的一部分，厌氧消化过程中产生的沼气可以抵消处理厂所需的一部分能耗。另外，如果一个污水处理厂可以降低产生的生物污泥的量，则在消化循环末端所需的物料量就可以减少。生物污泥的质量和适用法规（如 503 号法规 40CFR）同样也是设计过程中的主要考虑因素。

10.2.3 运行因素

在消化池设计中需要考虑到的几个运行因素，包括系统的复杂度、运行是否简易、冗余要求和技术类型。这些因素可以促进对运行策略的改进，并减少对系统的维护，同时还要考虑消化系统是否方便扩建以满足将来的生产需求及厌氧消化对水处理系统的要求，如厌氧消化会增加回流液中的氨含量，也会增加氨循环处理所需的能耗。厌氧消化在整个污水处理厂的处理工艺中，必须要认真评估以保证设计最优和整体运行效果最优。

10.2.4 社会/政治因素

感官和嗅味是两个必须考虑的重要社会/政治因素。设备的外观和处理过程可能产生的臭味与厂址和距离有关，对周围的居民来说是重要的。如果在设计和选址阶段就能考虑到对周围社区的影响，那么公众和其他利益相关者届时对工程的接受可能性就更大。厌氧消化将污泥转化为肥料和沼气的过程中也存在着社会和政治问题。

10.3 厌氧消化理论

厌氧消化是在厌氧条件下稳定有机物质的生物过程。在这个过程中，可生物降解的有机物质被转化为水和含有甲烷、二氧化碳的沼气，沼气可以用作能源。污水污泥可以通过厌氧消化为下游工艺降低有机物质的量，并产出稳定的、符合病媒吸引降低和病原体减少要求的产物。和原始污泥相比，经过消化的污泥臭味少了，消化污泥招引疾病传播者（如鼠类、苍蝇、蚊子或其他可以传播致病性物质的生物体）的数量也减少了。经过消化的污泥含有有机物质、氮和磷可以用作土壤修复或者肥料。

图 10-1 为简化的厌氧消化过程示意图。厌氧消化的机理包括物质水解，复杂有机物产氢和产酸发酵，以及这些简单化合物转变为沼气。水解过程中，复杂有机物和颗粒物质转变为简单物质和可溶性物质。这个转化过程包括：油脂变为脂肪酸，多糖变为单糖，蛋白质变为氨基酸，核酸变为嘌呤和嘧啶。发酵过程也是一个酸化过程，将水解产物进一步分解为短链有机酸，如丙酸、丁酸和其他脂肪酸。有机酸转化为甲烷是整个过程的最后一步，即产甲烷阶段。而能够产生甲烷的微生物只能利用一小部分基质。一般的厌氧消化工艺通常用乙酸和氢作为产甲烷菌的基质。在酸化阶段和产甲烷阶段之间有一个产氢产酸阶段，在这个阶段，短链有机酸转变为醋酸和氢，为下一步的产甲烷阶段提供条件。

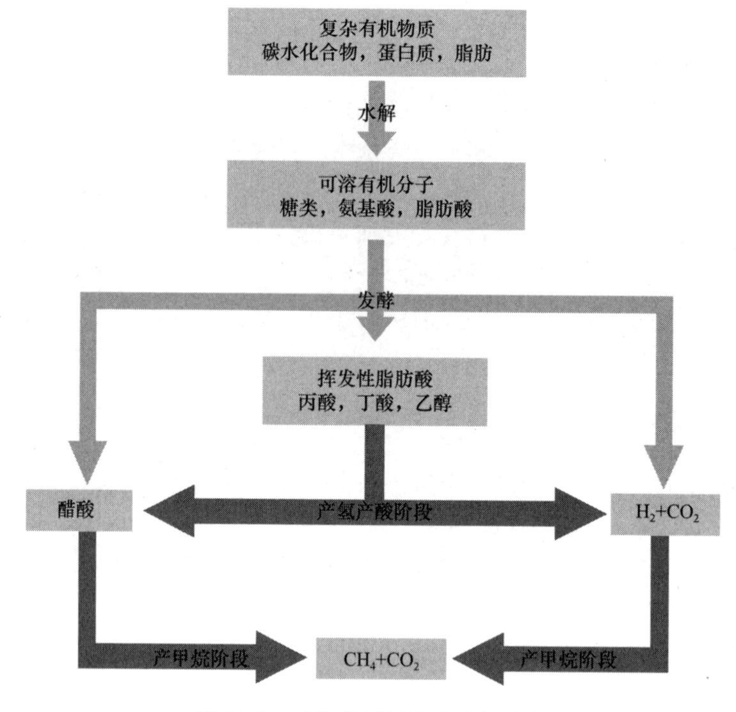

图 10-1　简化的厌氧消化过程示意
资料来源：Pavlostathis 和 Giraldo-Gomez，1991.

10.3.1　消化池的容积负荷

确定消化池所需容积的传统方法包括：(1) 污泥龄和水力停留时间（SRT 和 HRT）；(2) 挥发性有机物负荷。对于不需要浓缩和去除上清液的消化系统来说，污泥龄和水力停留时间是相等的，这两个参数在确定消化池所需容积方面是最简单的，并已经使用了很多年，常用挥发性有机物负荷来计算 HRT 和 SRT。厌氧消化池的容积负荷可以根据单位体积的 COD 来确定。COD 负荷通常用在工业消化池中，特别是高强度液体的时候。当消化池中污泥和进入的污泥浓度发生变化时，就需要更复杂的消化负荷计算。联合消化的章节中将介绍设计消化设施时所用到的特定能量负荷率。

10.3.2　污泥龄和水力停留时间

对于任何厌氧消化工艺，SRT 和 HRT 是确定体积的最常用的参数（本节其余部分就用 SRT 表示 SRT 和 HRT）。SRT 表示污泥在消化池内的平均停留时间，由方程式（10-1）确定：

$$SRT = \frac{V}{Q} \tag{10-1}$$

式中　SRT——污泥龄（d）；

V——消化池的容积（m^3）；

Q——污泥流量（m^3/d）。

SRT 影响厌氧消化的处理效果和污泥中固体的去除。当 SRT<5d 时，产甲烷菌就会

减少（微生物随 SRT 流失的速率高于自身繁殖的速率）。在设计 SRT 时必须要考虑到安全因素，防止微生物因为流量变化、工艺失稳和有效容积减少（由于水位变化而导致惰性物质在反应器内的积累）而减少。

设计的 SRT 要满足以下所有条件（美国环境保护局，1979）：

（1）两周峰值水力负荷（即对应 15d 的 SRT）。可以在污水处理厂预期的最大负荷下连续运行 15d 后结合浓缩池的运行结果进行判断；

（2）最大浮渣和沉砂累积量。在消化池两次清洗之间，池容会随着浮渣和沉砂的累积而减小；

（3）水位变化。污泥的流入和流出的速率的变化会使消化池的水位发生波动，可能会影响到运行时 SRT 和 HRT 数值；

（4）消化池的维护保养。当一个消化池停产进行维护时，为了保证工艺不受干扰，就需要运行备用的消化池或者增加正在运行的消化池的池容。

美国环境保护局的 503 号法规 40CFR 要求污泥在 35～55℃下消化时保持 15d 的 SRT，20℃下保持 60d 的 SRT，以达到“显著去除病原体的工艺”的标准（美国环保署，1993）。

10.3.3　挥发性有机物负荷

挥发性有机物负荷同样是确定消化池体积的常用参数，指每天进入消化池的挥发性有机物的量除以消化池的体积。持续运行条件下常用的挥发性悬浮固体（volatile suspended solids，VSS）负荷为 1.9～2.5kg VSS/(m^3·d)，通常不超过 3.2kg VSS/(m^3·d)（WEF et al.，2009）。《污水设施推荐标准》所给数值较保守，对于混合均匀有效的消化池推荐 1.3kg VSS/(m^3·d)，对于采用热交换器进行循环混合的消化池推荐 0.65kg VSS/(m^3·d)（GLUMRB，2004）。这些挥发性有机物负荷计算时进入消化池的污泥浓度采用 5%。由于存在浓缩过程，可以在维持一个可接受的 SRT 值不变的情况下，增加挥发性有机物负荷率。

10.3.4　挥发性有机物的去除

消化池运行的稳定程度可以用挥发性有机物的去除率来衡量。在高流量、完全混合的消化池中，挥发性有机物的去除率可以用式（10-2）这个经验方程估算（WEF et al.，2009）：

$$V_d = 13.7\ln(SRT_{des}) + 18.9 \tag{10-2}$$

式中　V_d——挥发性有机物的去除率（%）；

SRT_{des}——设计的污泥龄（d）。

由于未经处理的污泥容易测定，所以这种方法经常使用。这个经验方程只是对挥发性有机物的去除率进行粗略的估计，并不考虑流入污泥的变化、消化池的混合程度或者其他消化池运行环境。

10.4　消化预处理

对于任何厌氧消化工艺（传统的或高性能的），有效的预处理都非常重要的。这些预处理措施有利于对杂物的去除（例如污水处理厂前端的细格栅，消化前的污泥筛选等）、沉砂去除和浓缩等。图 10-2 为简化的工艺流程，包括消化前的浓缩和储存以及消化后的储存和脱水。需要注意污泥除砂在浓缩之前而污泥格栅在浓缩之后。

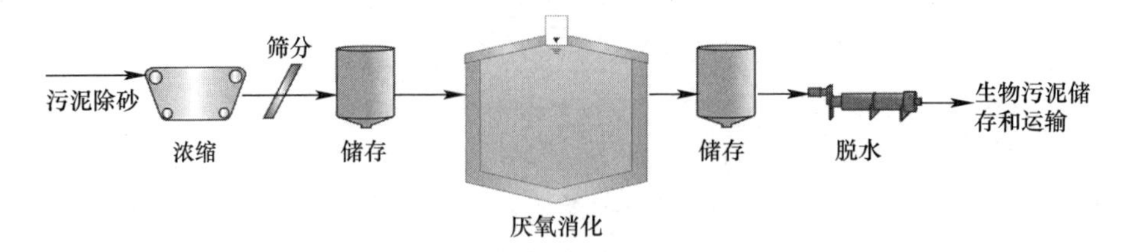

图 10-2　简化的消化工艺说明

10.4.1　污泥的性质

进入消化池的污泥，其性质能显著地影响消化工艺（详见本书第 4 章，污泥的产生和特性）。由于各地人口和工业分布不均，需要了解污水处理厂的纳入范围、污泥预期的化学特性、初沉污泥和二沉污泥的比值（初沉污泥的降解与二沉污泥相比更快更完全）、总污泥量中可挥发物质的比例、污泥的可生物降解性能以及污泥中惰性物质的量。这些性质都会影响污泥的消化性能，并能左右厌氧消化工艺的选择。在选择和设计工艺时，与市政污水污泥联合消化的油脂、食品废弃物和高 COD 入水等补充原料的特性（和热值）也很重要。

10.4.2　污泥浓缩

消化池所需的容积和加热量与进入污泥的浓度成反比。所以对污泥进行浓缩有利于降低池容和加热量。浓缩的上限取决于消化工艺和消化池内的混合系统类型。

10.4.3　污泥的筛分、破碎和除砂

在污泥处理过程中，污水处理前端的格栅和沉砂去除是一个重要的考虑因素。格栅的间距决定了杂质的去除效果。污泥磨碎过程位于污泥泵和污泥处理之前，目的是保护设备不至于堵塞，并减少生物污泥中的杂质。沉砂和细格栅对杂质的去除，有助于提高消化效率。累积的杂质会降低消化池的有效池容，造成泵的过度磨损，阻碍热交换过程，紊乱混合装置和泵送装置。污泥中杂质也会影响污泥的质量，不利于污泥产品的销售。

10.4.4　污泥的预处理

在某些厌氧消化设施中设有预处理工艺，这些预处理工艺可以增强污泥消化处理—效果，或强化原始污泥的巴氏灭菌。巴氏灭菌预处理旨在去除病原体，使污泥达到 503 号法规 40CFR 中定义的 A 类生物污泥产品标准。裂解预处理旨在改变原始污泥的物理性质。裂解预处理通常用于处理剩余活性污泥，并释放胞内生物大分子（如蛋白质和糖类）。这些物质的释放可以增加原始污泥的可生物降解性，使污泥易于稳定，并增加沼气的产量。裂解过程还能释放胞内水，可以降低黏度，使污泥容易混合，有利于消化之后的脱水。当剩余活性污泥含有丝状菌的时候，裂解预处理能够破坏这些生物体，防止污泥膨胀。现有几种方法能够通过促进水解来增强消化，关于不同的水解技术，将在 10.7 节中详细介绍。

在实际的应用中，污泥的巴氏灭菌或巴氏灭菌预处理与消化过程应为一个整体。设置巴氏灭菌有助于提高消化后A类生物污泥的产量。相对于消化之前的巴氏灭菌，位于消化过程之后的巴氏灭菌能有效地避免细菌的再生（U.S. EPA，1993）。一套序批式的巴氏灭菌系统有4个反应釜，一个用于进样，一个用于保存污泥使之达到要求的温度和时间，一个用于排水，最后一个作为备用。备用储泥池可设于上游工艺和下游工艺间，其设计要达到要求的温度和时间的同时防止污泥短路。通过调节巴氏灭菌系统的反应器长度，可以在恒流量条件下满足病原体去除所必需的温度、时间要求。

10.4.5 污泥混合

原始污泥的混合池接受浓缩后的初沉污泥和二沉污泥，然后持续稳定地供应给消化池。当浓缩后的初沉污泥和二沉污泥需要从污水厂内的不同地点泵送集中时，混合池显得格外重要。混合池可以将分散在初沉池、二沉池或污泥浓缩等地的污泥流引入消化池中。混合池可以直接通大气，或者与臭味控制系统相连，或者与消化沼气系统连接。将混合池与消化沼气系统连接可以减少额外的臭味控制系统，也可以降低起火的风险。混合池上部的空间应该由沼气充满以降低燃烧的可能性，不能为沼气和空气的混合。

混合池中的停留时间相对较短（每次污泥流过约4～8h）。需要有足够的容积以均衡污泥的产量，使污泥等量地进入消化系统。

混合池可以建造成不同的形状。运行中的既有圆柱形的也有矩形的。混合池多由混凝土建造，配有紧急溢流装置和与沼气系统连通的输气管，并设有压力/真空释放阀。混合池内最小污泥高度以下部分应有内衬，且设计为斜底（坡度>20%）为佳。混合池中也要有搅拌设备以防止沉淀。根据进入的污泥温度以及消化池的运行温度来确定是否需要加温。如果是向一个高温消化池进料，则通常需要加温。

混合池可以通过进入消化池之前的预混合初沉污泥和二沉污泥来减少浮沫量。在高负荷的时候，泡沫量会更显著，在消化池中不同污泥的混合液会产生泡沫。均匀地向消化池供给污泥可以通过降低污泥的峰值流率来减少泡沫量。如果不设置的混合池的话，浓缩后的初沉污泥和二沉污泥就直接通过管道进入消化池了。

混合池通常用于混合经过浓缩的初沉污泥和二沉污泥。另一种方法是将初沉污泥和二沉污泥共同浓缩，然后将浓缩后的混合体通入一个“浓缩污泥混合池”中。这种方法也可以实现流量的平均。但是，共同浓缩产生的污泥浓度可能会高于单独浓缩后混合的污泥。混合池的大小应适当调节以防止厌氧环境和臭味的产生。

10.5 消化设施设计

一直以来，设计厌氧消化池的目的就是稳定污泥，对病原体和固态物进行减量。厌氧消化池也可以有其他的功能，例如产生沼气或A类生物污泥。需要考虑的厌氧消化池运行参数包括浓缩后的污泥量和污泥浓度，需要去除的沉砂和杂质的量，以及要使用的工艺参数。对于任何消化配置，消化池的均匀进料，提供适当的搅拌，保持一个恒定的温度以及为厌氧菌的生长提供微生物环境都非常重要。下面的章节将讨论为达到系统运行目标，厌氧消化池设计的关键。

10.5.1　工艺配置

厌氧消化工艺的配置可以按消化阶段数量的不同（一级或多级单相消化）或相的不同（产酸、产气或先中温后高温）来分类。运行效果较好的配置如产酸/产气相消化和高温消化将在本章随后讨论。在本章中需注意，多级消化指的是单相消化中的有一系列多个消化池，如分级或强化高温消化是指高温消化池的不同阶段。而相指的是消化过程中的不同时期，如温度相（先中温后高温）或产酸/产气（先为产气阶段后为产酸阶段）。

10.5.1.1　两级消化

在两级消化中，高速消化池设计成连续的两级可以看作是消化池连接着一个消化污泥储存池，第一级消化池用于消化污泥，第二级消化池通常没有加温和搅拌设备。设第二级消化池的初衷是用重力浓缩原理来增加消化污泥的浓度，上清液可以从第二级消化池的上部滗去。而通常两级工艺不成功的原因往往是因为消化过程在第二级消化池中仍在继续（尽管速率降低了），产生的沼气阻碍了污泥沉降以及上清液滗去，降低了厌氧消化后的污泥沉降效果。所以上清液中污泥的浓度也会提高。部分第二级消化池仅作为消化污泥储存池来使用，或者增加搅拌和加热设备将其转变为高速消化池。

级和相的概念有时容易混淆。两级消化（高速消化池+储存池）不应与强化高温消化池等多级高速消化相混淆。

10.5.1.2　一级消化

在一级消化系统中，厌氧生物反应在一个反应池内完成其工艺示意图见图 10-3。本手册将几种混合方法（例如水力混合、引流管混合或通气混合）统一采用通用的混合系统标识。为了使示意图尽可能的简单明晰，已省略破碎和多个进料的位置，只画出了一个锅炉和热水循环系统。也可以考虑其他的加热工艺，如加注蒸汽等。使用多级消化池的设施可以采用含有多个锅炉或热电设备的热水系统。

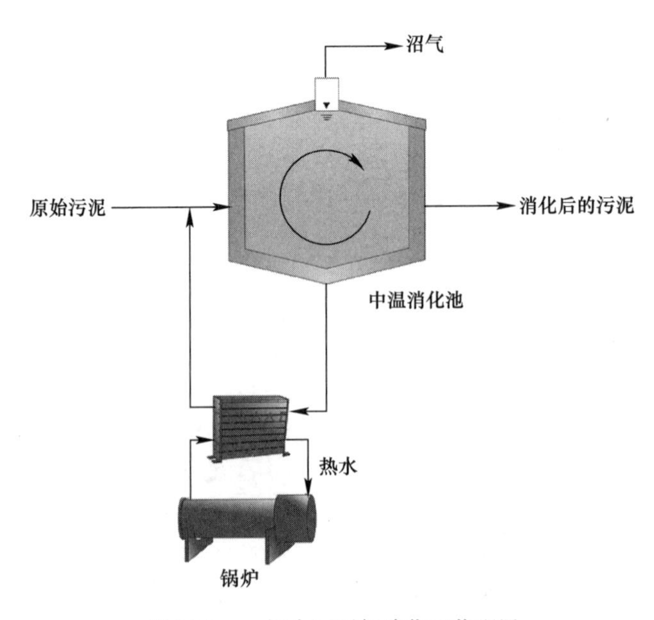

图 10-3　一级中温厌氧消化工艺配置

一级低速消化池是一个圆柱形的反应池，是最早使用的也是最基本的消化池配置，通常不加热，也没有混合装置。生物质仅靠向上的通气来混合，产生的沼气聚集在反应池顶部，然后储存或作为可再生资源使用。

现代的厌氧消化池多为一级高速消化池，其特点是有辅助的加热、混合和浓缩设备，进料均匀。消化池内的成分是混合的，上清液通常不单独排出。所需的消化池池容小于低速消化池所需的池容，运行也更稳定。一级高性能消化池可以在中温或高温的条件下运行。本章只讨论在中温或高温的条件下运行的、完全混合的高速消化池。

10.5.2 消化池的形状

消化池的物理形状和构造会影响运行效果。主要的设计考虑因素包括整体的形状、池盖的形状、底部的倾斜度以及集气圆顶的设计、污泥进料和污泥清除设备等。消化池的密封和内层设计也是一个重要的考虑因素，因为这关系到消化池的维护和使用寿命。

大多数的厌氧消化池可以按照其代表形状分为两类：圆柱形和蛋形。圆柱形的消化池根据深度和直径的比可以再分类。深径比＜1 的消化池通常被称作“薄煎饼”或“传统美式”消化池；深径比＞1 的消化池通常称作“高圆筒”或“德式”消化池。蛋形消化池根据卵状形状的不同以及高度进行区分。《市政污水处理厂设计》中给出了圆柱形消化池和蛋形消化池的详细信息（WEF et al.，2009）。

10.5.3 池盖及附属物

消化池的池盖可起到封闭的作用，能收集消化池产生的气体、减低臭味的逸散、保持内部的温度、支撑混合设备以及保持池内的厌氧环境。液体溢流系统和带阻火器的压力/真空释放阀是设计消化池的池盖时常用的附属物。除了池盖附属物，需在消化池壁上设一个大的舱门能够方便工作人员进入进行设备移除和消化池清洁。其他关于池盖和附属物的信息可以参考《市政污水处理厂设计》（WEF et al.，2009）。

10.5.4 污泥的进料和出料

消化池可以看作是一个可在稳定环境条件下运行良好的生物反应器。进料流速的波动会影响消化池内产酸菌和产甲烷菌的平衡。均匀的进料可以使恒温下的运行更加稳定，挥发性固体去除率更高以及更稳定的沼气产量。因此，在理想情况下污泥应以恒定的流速进入消化池。

然而，持续的进料并不是那么容易的。大多数污水厂采用每 30min～2h 为一个周期，每周期进料 5～10min 的方式来保持消化池内的环境稳定。对于只有一个班次的小型污水处理厂，消化池每天至少会有早、中、晚 3 次进料。为了避免污泥短路和保持出料污泥中的低病原体水平，采用间歇进料的消化池应该在进料之前将消化过的污泥排出，避免误用进料污泥当作了消化后的污泥。

不论初沉污泥、二沉污泥、澄清池浮渣或是工业废渣，所有进入消化池的污泥都应该在混合池中搅拌混合成为均匀的污泥混合体，然后再进入消化池。如果污泥进料系统中不含混合池，则每一台进料泵的水头高度都应达到消化池的运行水平，如果使用普通进料管的话，则应达到输送管路的管压。

初始污泥可以直接加入到消化工艺中，或者先与流出的污泥进行热交换，然后再进入消化池。初始污泥在消化池中的进料点应有适当的搅拌，使得进入的基质能够与存在的微生物充分接触。此外，进料点的设计应避免使进料污泥与出料污泥发生短路。

污泥进入再循环管线会影响循环泵的运行，但是有利于初始污泥的预热。同时，将初始污泥与消化池再循环系统混合会有稀释的效果，能够在不造成过多水头损失的情况下产生一些紊流。

所有的污泥进料管路都应该设计带有清管器等清洁、冲洗装置。使用蒸汽对管路进行冲洗和清洁非常有效，热水或热的消化污泥对管路也有着一定的清洁和冲刷作用。

消化污泥的出料设计取决于消化池的配置以及是否设有溢流或抽水系统。如果有溢流系统的话，消化污泥将从消化池顶端溢流至一个溢流槽或者竖管中，然后用泵或重力方式运至位于消化过程之后的其他设备中。如果是使用泵的出料系统，消化污泥通常从消化池的锥形水池中由水泵输入到消化过程之后的其他设施中。由消化池底部出料可以去除存留的沉砂。所以推荐溢流系统也配备从锥形底部泵除消化污泥的装置。需要注意的是，前端的沉砂去除率和格栅系统能够显著影响累积的沉砂量，需要有去除消化池表面浮沫和浮渣的装置。消化后的污泥经过一个浸没的固定罩从消化池表面出料，该工艺已证实能够有效地控制消化池内浮沫和浮渣。

消化池通常不需要常规的或应急拆卸维修。如果要维修，则需要去除或转移消化池内的污泥。在多级消化系统中，流出管路之间共用的连接管可以转移或平均污泥的浓度。这些共用的管路在开始运行阶段或接种阶段非常有用。另外，已有的循环泵或输送泵能够为偶尔的污泥输送提供管路和阀门。较大的消化池容和相对低的泵速可以使这个过程变得很漫长。根据消化池各自的锥底高度和可能使用的污泥出料泵，泵的汽蚀余量（net positive suction head，NPSH）可能会成为阻碍消化池中的消化污泥完全泵出的限制因素。一些消化池系统预设了连接管道，可以用拖车式污泥泵在这些工艺中快速输送污泥。最后，一些消化池有排水阀和排水管路，可以使污泥在重力作用下回流到污水厂前端。不过需要注意的是，回流的量不能使污水厂的预处理和一级处理超过设计流量。一般来说，只有在紧急情况下才会将消化过的污泥泵到污水处理厂前端。

10.5.5　污泥的加热

进料和温度的波动不利于消化池的运行，仅1～2℃的温度波动就会导致消化池中泡沫的产生（National Biosolids Partnership，2005）。保持稳定的温度需要大量的热量，最大的热需求量为进料污泥的加热，而消化池的热能损失只占了一小部分，但是在设计的时候也要考虑到。地表水以上部分的土壤是很好的隔热体，因此消化池通常为半地下的结构，地面标高约在侧壁的中间位置。在冬季，特别是气候寒冷的地区，被土壤包围的消化池可以有一个更稳定的温度环境，可降低通过池壁散失的热量。位于高地下水位处的消化池通常会通过池壁和池底散失更多的热量，需要有基础排水，最好将消化池的最低点设计在地下水位之上。

中温消化池的设计运行温度通常为35℃以上。为了保持这一温度，污泥必须被充分加热，以抵消从消化池顶、池壁、池底和管路耗散的热量。热源（如锅炉、热电设备等）必须提供充足的热量供给，必须有适当尺寸的热交换器或蒸汽注入器来传递所需的热量。加热系统的设计考虑因素包括最大需热量、季节变化和最低需热量，这些对于消化池的运行都有一定影响。

包括 8 号法令的 WEF 手册在内的许多设计手册都给出了确定为保持消化池运行温度所需热量的计算公式（WEF et al.，2009）。通常可以利用这些公式计算加热原始污泥所需的热量以及通过池壁、池顶和池底耗散的热量。

有一种加热初始污泥的方法是与加热的消化后的污泥相混合。通过向热交换器输送下游较厚的初始污泥，热交换器不易于堵塞，循环泵的压力也更稳定。当需要在热交换器内加热初始污泥时，需要保证一定的流动污泥量。热交换器内的污泥可以保持一定的流动速度。

许多污水处理厂使用外部加热器，用热水系统来加热污泥。外部加热器包括同心管热交换器、螺旋热交换器、箱式热交换器和水浴热交换器。一些工厂将消化池内的混合引流管外部围上水套，有的注入蒸汽。一小部分工厂采用锅炉/热交换器联合加热。在锅炉/热交换器联合加热工艺中，锅炉通过水浴间接加热输送污泥的管路。锅炉/热交换器联合加热的缺点是需要更多的输泥管。污泥代替热水通到锅炉内。同心管热交换器由两管相套构成。污泥从管内流过，等体积的热水以反方向从夹层内流过。螺旋热交换器由两条组成螺旋状的管路构成，一条输送污泥，一条输送反方向流动的水。箱式热交换器使污泥和热水流过箱状的管路进行热交换。水浴热交换器使污泥管道通过加热水浴。同心管和箱式热交换器相比于螺旋热交换器更抗堵塞，螺旋热交换器需要对污泥筛选或破碎。

热交换器的设计和运行都应避免污染，如果水温过高，污泥就会在热交换器壁上结垢，这会降低热交换器的传热效率。为了尽量减少结垢，应使温度低于 68℃。同时，为了避免结垢和冲击微生物，热交换器的合理温度应为 40℃。由于初始污泥的高黏性和未经消化的成分，加热经过消化的污泥成为热交换的一个有效方法。经过消化的污泥在污泥循环系统中用热交换器加热，再与进料的初始污泥混合。

10.5.6　消化池的搅拌

若要厌氧消化达到的理想运行效果，搅拌是必要的条件之一。搅拌可将进入消化池的污泥分散到消化池各处，使消化副产物在液体中扩散，防止污泥分层和温度不均，在消化池内创造均相的环境。不充足的搅拌会导致消化池中局部混合不匀，或“死角”，即进料不能分散，副产品容易堆积。如果进料不能进入死角，则有效池容和污泥停留时间都会降低。所以，厌氧消化池的负荷对剩余的微生物有一定要求。

浮渣和沉砂的控制与消化池中完全混合的要求密切相关。搅拌动力不足以控制表面，泡沫、浮渣和其他漂浮物在搅拌动力不足的情况下会在反应器顶部分层。搅拌动力必须提供一个向下的力将表面物质吸下来，这个向下的力可以由池盖或者混合泵提供。足够的搅拌也可以防止沉砂在消化池底部沉积。

污水、污泥中含有很多能够阻碍工艺、破坏装置的物质。在厌氧消化池中，污泥通常含有沙粒和其他高密度难以悬浮的物质，增加了搅拌的难度，同时对搅拌系统造成破坏。另外，污水污泥中含有塑料、布条等杂质，容易在搅拌或其他过程中被捕集。碎布等杂质和沉砂一样，对搅拌装置有不利的影响。污水污泥中还含有油脂等密度较低的物质，这些成分加剧了消化池内的分层情况。最后，浓缩污泥的流体性质会随流体流速的改变而改变。在低速层流的条件下，污泥有较高的剪切强度和黏性，这在搅拌系统的选择和设计过程中必须考虑到。

有效的搅拌系统必须将污泥中所有可能出现的物质都考虑到。搅拌系统的强度要足够大，以避免沉砂对其的破坏。同时要设有污泥筛选、切碎或浸渍工艺，或其他方法，防止污泥中的塑料等物缠绕在叶轮或其他搅拌装置上。

消化池搅拌装置有很多类型可供选择，以满足不同的特点和设计标准。大部分设计者和生产厂家一起合作，然后共同确定设计的标准。各种搅拌装置的特点不同，这不利于确定处理单位体积污泥的用电量标准。一些搅拌系统可以使用很少的电量就达到足够的搅拌效果。示踪研究、温度测量和计算流体动力学（Computational fluid dynamics，CFD）模型通常用于评估特定搅拌方法的效率。

设计者通常会将用于表征搅拌系统效率的标准细化。这需要通过示踪研究来做到。其中一种为染料示踪研究，可以在清水中运用。为了评估污泥搅拌方法的效率，锂示踪法也是有效的方法。注意应该同时测量总锂和不溶锂，即被污泥吸收的部分。在一些情况下，设计者会要求生产厂家要求一份锂示踪法研究报告以证明池内的搅拌条件，证明一个周期内搅拌系统的运行效率。在不同的深度测量温度也可以用来评估搅拌效率，传感器测得的温差越小，说明搅拌越有效。

计算流体动力学模型使用数学公式来预测流体的流动。虽然这个方法起源于 20 世纪 60 年代，但是直到 21 世纪初随着计算机技术的发展，才逐渐适用于污水处理行业。现在，CFD 模型越来越多地用于计算消化池搅拌系统的特性。然而这种方法只能通过不同搅拌系统之间的比较来实现。CFD 模型估计流体类型和消化池内其他特性的准确性取决于污泥流体的一些变量和假定。表 10-1 所示为厌氧消化池常用搅拌系统的说明和主要特征。

厌氧消化池常用搅拌系统的说明和主要特征　　表 10-1

搅拌系统	说明和主要特征
底部安装的气体扩散器	外空气压缩机、导气管道、固定的扩散器
气体混合喷枪系统	外空气压缩机、导气管道、气体扩散阀
承压气体引流管	外空气压缩机、导气管道、气体扩散阀、内引流管
气泡枪气体混合系统	外空气压缩机、导气管道、气体扩散阀、内引流管、气泡发生器
桨式搅拌系统	内螺旋桨、外传动装置
机械引流管（外部）	沿消化池边缘安装的引流管、旋转叶轮、外传动装置
机械引流管（内部）	消化池内部的引流管、旋转叶轮、外传动装置
泵/水力混合系统	外循环泵、吸泥管和排泥管、固定/移动喷嘴
线性运动混合系统	内混合机械、外传动装置

10.5.7　消化池的清洁

随着运行时间增长，污泥中的砂砾会沉积在消化池的底部，为了保持消化池的有效池容，这些沉砂必须去除。许多因素都能影响消化池的沉砂累积速率：污水厂前端的沉砂去除是否充分（如果设有相关设施的话）；消化池搅拌系统保持砂砾悬浮的能力；污泥的排出方式以及消化池的形状等。周期性地从消化池的锥形底部排出消化污泥至后续工艺可以排出一些沉砂，减少沉砂累积量。根据上述因素，消化池所需的清洁周期从 1 年到 10 年，或者更久。

在设计中考虑消化池的清洁操作很重要。消化池应该包括足够多的进入池内的进口和结构支持来便于清洁工具和装置进入池内。消化池顶盖上应设有多个检查口，以便于设备或人员进入。进入密闭空间时的要求也要考虑到。一些消化池安装有备用的侧壁舱门。在一些时候，侧壁舱门大到足以放入手扶式刮板或其他重型机械来辅助除砂。然而这种大的侧壁舱门需要池壁有特别的结构设计。

清洁步骤首先是将污泥用泵排出，直到露出了沉砂。此时，将潜水污泥泵放入消化池，用高压水带流化剩余的沉砂，使之可以被泵抽出消化池。抽出的物质在带式压滤机或其他脱水设备上进行脱水，成为泥饼状。有的清洁操作将污泥和砂砾输送回污水厂的进水中。这种做法仅适用于前端设有充分的除砂装置的污水厂，能够将大量的砂砾去除，防止砂砾进入澄清池。有一些污水厂使用人力清洁消化池，也有一些将清洁工作交给专业的消化池清洁承包商，他们有的会使用固定在拖车上的移动脱水设备来进行清洁。

消化池清洁的频率和持续时间可以影响所需消化池单元的容量和数量。由清洁过程产生的回收剩余污泥和半流体泥浆也会对污水处理和污泥处理产生显著的影响。

10.5.8　沼气的管理

一个设计合理的沼气管理系统对于厌氧消化池的成功运行来说至关重要。沼气通常供加热消化池的锅炉使用，也可以作为热电联合（combined heat-and-power，CHP）系统的燃料。沼气可以经过进一步的处理，以压缩天然气或液化天然气的形式作为机动车辆的燃料。第 26 章——绿气体的处理和利用——将详细介绍沼气的管理。

在保障冷凝水去除、变化的产物及消化池中产生的沼气必须安全输送至使用地点，同时还要对冷凝水排放的问题以及随时可变的生产率和需求率。沼气在低浓度下（沼气与环境空气的体积比约为 1∶15）的易燃性是最重要的安全问题。任何空气与沼气的混合体都可能成为火源，也可能发生爆炸。在设计沼气管理系统时，应该适当考虑沼气的安全性，并满足规范要求。

沼气的产量与许多因素相关，比如污泥的特性、挥发性固体的去除率、污泥进料方式和消化池内的生物活性等。其中挥发性固体的去除率尤其重要，因为沼气的产生量与消化过程中挥发性固体的去除量成正比。污泥厌氧消化的沼气产率通常为 0.8～1.1m^3/kg 挥发性固体去除量（13～18ft^3/lb 沼气）（WEF et al.，2009）。设计者还应考虑沼气产量、波动因素、运输、安全设施、废气焚烧装置、沼气的有效利用和储存以及添加氯化铁去除产生的硫化氢。

10.5.9　臭味控制

随着污水处理厂周边人口的增多，臭味的控制显得越来越重要。厌氧消化池可以成为污水处理厂中的一个臭味来源，控制厌氧消化臭味最好的方法是抑制其产生。对于那些对臭味敏感的地区，可以考虑采用固定池盖的消化池或者选用密闭性良好的池盖。另外，消化池通风管的设计时应尽量减少消化池产气量达到瞬间峰值时的水头损失，这可以避免打开压力释放阀时消化池气体的逸出和臭味的释放。

10.6　工艺控制和厌氧消化的监测

消化池的容积和长污泥龄可以使厌氧消化工艺保持稳定。但为了保持设施在规定的要求内运行，并使运行效果最优化和避免意外的波动，在运行过程中需要一定的取样、监测和控制。推荐的厌氧消化工艺取样和监测应该包括运行温度、污泥龄、总固形物和挥发性固体、挥发性脂肪酸、碱度、氨、消化池沼气产量和消化池气体组成。另外，对病原体和病原性指标的监测可能会取决于最终的生物污泥处置方法。

保持工艺的稳定性是厌氧消化最重要的运行考虑因素。一个成功的厌氧工艺需要许多不同的微生物，反之会产生很强的臭味和不稳定的产物。一个运行失败的消化池会导致 pH 的下降、沼气产量的减少、挥发性酸和挥发性酸与碱度的比例升高以及沼气中甲烷含量的降低，常被称作“酸池”或“死池”。遗憾的是，一旦厌氧消化过程运行失败，就很难快速地调整，因为低 pH 对产甲烷菌有毒害作用。此外，依靠沼气加温的设施将不能保持所需的运行温度。操作人员应该监测以下几个参数，防止消化池运行失败：

（1）污泥龄；

（2）挥发性有机物负荷（volatile solids loading rate，VSLR）；

（3）运行温度；

（4）pH；

（5）挥发性脂肪酸；

（6）挥发性酸与总碱度的比；

（7）氨。

10.7 高性能消化池设计

考虑到以下几个原因，会在污水处理厂中推进改进的或高性能的消化池：

（1）减低污泥处理的昂贵费用；

（2）减低病原体的浓度使生物污泥达到较高的质量；

（3）通过产生更多的沼气来减少能源费用支出；

（4）降低需要进行脱水和运送至最终处置地点的生物污泥量；

（5）在用地受限的情况下减小池容或增加负荷能力。

对已有的消化池进行操作性能的改进有时是人们最关心的问题。有些改动可以促进消化效果，例如减少泡沫问题、促进混合、更新沼气系统，提供了额外的热源或者是增强了进料和出料系统。如果一个污水处理厂需要更大的消化容量而空间有限，那么有一个办法就是增加已有消化池的容积。这个方法可以通过节约单位运行费用很快地收回扩建时的投资成本。

污水处理厂一方面需要提高生物污泥的质量以应对来自用户和公众的压力，与此同时还要努力降低污泥处理的费用。所以，污水处理厂需要通过提高处理率来加强竞争力，而高性能厌氧消化就是其中一个方法。高性能消化的目的包括：

（1）更高的生物能转化率；

（2）提高生物污泥质量；

（3）更高的能量转化率；

（4）增加消化容量；

（5）提高运行性能；

（6）更快地收回投资；

（7）减少污泥量。

10.8 强化技术

水解，即有机物转变为可溶性物质的过程，通常被认为是整个厌氧消化过程的速率制约步骤。虽然这个过程会自发地进行，但研究者已经建立起了水解强化的机制。消化池进料前的预消化过程能够促进水解过程，并增加厌氧消化池的有机负荷，同时可以增加消化池内与沼气的产量直接相关的挥发性固体去除率。最后，据报道，水解步骤的增强能够减低生物污泥的黏性，使之更容易用泵输送，同时改善了消化产品的脱水性能。

几种用于强化水解过程的方法已经开发出来。剩余活性污泥是难消化的物质，因为大部分的可消化成分都被富含木质素的细胞壁所包裹。细胞壁的分子的键非常稳定，难以打破。强化水解过程的最初目的为破裂细胞壁。强化水解增加了营养细胞物质的量，用于消化，改进脱水，从而减少了需要处理的生物污泥量。

水解过程的增强方法可以分为以下几类（更多内容见本书第9章）：

（1）高温水解；

（2）生物水解；

（3）机械水解；

（4）化学水解。

10.8.1 高温水解

高温水解通过提升温度和压力来提高生物污泥的水解性能。一些公司已研发出在进料之前先进行高温水解的消化工艺。

通常，待消化的物料先进行浓缩以降低含水量，然后用泵输送进入破碎机，最后进入水解反应池。高温水解反应在一个序批式反应池中发生，运行温度为160～170℃，停留时间为20～60min，一般为30min。反应池在500～800kPa的压力下运行。预热、水解和降压可以在一个池内进行，也可以采用3个连续的反应池，每个池内对应一个过程。锅炉产生的热量或者联合热电系统产生的热量为高温水解过程供热。沼气可以作为燃料使用，以抵消高温水解反应所需的能耗。

全世界已建造了超过20处生产性的设施，为相当于1200万的人口提供服务（Panter and Auty，2009）。包括英国的伦敦（图10-4）、亚伯丁、都柏林、曼彻斯特、威灵汉，阿联酋的朱美拉棕榈岛（Palm Jumeirah），芬兰的图尔库，挪威的哈马尔等。

图10-4 英国伦敦附近泰晤士水务的高温水解设施

《市政污水处理厂设计》介绍了安装高温水解系统所需的辅助设备的要求（WEF，2009），同时在安装高温水解系统时必须考虑以下几个设计标准：

（1）建筑材料；

（2）污泥的加热和回收；

（3）污泥的筛分；

（4）温度和压力的监测与控制；

（5）臭味管理；

（6）侧流处理。

高温水解预处理的优势在于（Kepp et al.，2000）：

（1）降低进料污泥的黏度；

（2）增加工艺容量；

（3）提高脱水性能；

（4）增加沼气产量；

（5）产生高质量的生物污泥；

（6）合理的能耗；

（7）降低消化池内的泡沫。

高温水解过程产生的废气有很强的臭味且和饱和水蒸气混合，处理这种废气有两种方法：

（1）使废气通过冷凝器除去水蒸气。冷凝得到的液体回流到厌氧消化池中处理，剩余的气体通至直燃式焚烧炉燃烧。

（2）将该废气用于活性污泥池的鼓气。活性污泥起到一个生物滤池的作用，可以去除废气中的臭味和有机物。

10.8.2　生物水解

生物水解或酶水解，是多级消化系统中产酸阶段的扩展。反应池通常在中温条件运行。多级消化池的优势在于特定的反应可以在各自的反应池内发生。酶水解反应池内的污泥停留时间通常为 42℃下 2d，反应池的数量为 1～6 个甚至更多。关于产酸/产气消化的更多细节将在后面的章节中提到。

10.8.3　机械水解

机械水解或分解，利用能量使细胞壁破裂。虽然有很多技术都归为机械水解，但最常用的是超声处理、球磨、高压或脉冲场均化。这些方法均利用外加能量使生物污泥更适宜消化（Appels et al.，2008）。

10.8.4　化学水解

化学水解通过投加化学物质使细胞壁水解，并使胞内有机物可溶，最常用的为酸碱水解和氧化。

10.9 高温厌氧消化

高温厌氧消化在50～58℃下进行。高温消化的设计标准和系统运行方式不同于中温消化。根据阿伦尼乌斯模型，高温消化可以达到比中温消化更高的挥发性固体去除率（Cooney and Wise，1975）。虽然阿伦尼乌斯模型主要应用于化学反应，但也可以用于生物反应，经验法则认为温度上升10℃，生物反应的速率约翻1倍。然而研究表明，当操作温度在中温（32～40℃）和高温（50～58℃）范围之外时，沼气的产量会降低。在中温条件下，微生物群落的功能不同于高温环境。因为当温度升高时，高温消化所需的热能多于中温消化。

不考虑更高的能耗，高温消化与中温消化相比有如下几个优点：

（1）提高了病原体的去除率；

（2）更容易获得A类污泥；

（3）更高的挥发性有机物负荷容量；

（4）更快地将挥发性有机物转化为沼气；

（5）在低污泥龄下操作稳定；

（6）提高脱水性能。

高温消化存在以下缺点：

（1）高能耗；

（2）上清液含有较多的不溶固体；

（3）产生更多带臭味的污泥；

（4）降低了工艺的稳定性。

10.9.1 工艺设计

本节将概述单级高温消化、多段高温消化和变温度分段消化等方式。单级高温消化类似于单级中温消化，其应用非常有限，通常与中温消化一起运用于多级消化工艺中。多段式高温消化由一个大的反应器和1个或多个小的反应器组成。这一工艺能够减少病原体，更容易地产生A类生物污泥。第一个反应器内的污泥停留时间在17～22d之间，其余反应器内的污泥停留时间约为2d。增加级数类似于活塞式流动反应器，可以提高消化速率。变温度分段消化（TPAD）将高温消化和中温消化结合起来，多数情况为先高温后中温，也有一些是先中温后高温。在高温-中温的工艺中，高温阶段的运行温度约为55℃，污泥停留时间为3～5d，中温阶段的运行温度为35℃，污泥停留时间为10d或更久。

10.9.2 工艺探讨

由于运行温度较高，高温消化相比于中温消化，能更快地使病原体失活。控制生物污泥土地利用的503号法规40CFR将中温消化和高温消化定义为能显著减低病原体（PSRP或B类工艺）的工艺，同时高温消化还被定义为能进一步去除病原体（PSRP或A类工艺）的工艺（EPA，1993）。在高温运行下，污泥通常连续地进入消化池，仍然存在病原体短路的可能。所以，连续流高温厌氧消化不适宜用作深度去除病原体的工艺，在非序批式运行的情况下认为是一个B类工艺（美国环境保护局，1993）。

针对Clements和Keller于1982年提出的再生长问题，法规明确了任何去除病原体或指示生物的工艺过程都应同时采用一些方法（如中温或高温消化）降低污泥对疾病传播者的吸引能力。对于A类厌氧消化系统，国家要求在病原体去除的过程中或过程后，挥发性有机物的去除率应达到38%。对于A类工艺，必须为序批式或活塞式运行。所以，大多数在运行的或在建的A类高温消化工艺都满足美国环境保护局的序批式运行要求，即污泥中每个颗粒都能达到所需的时间和温度。

序批式高温消化工艺操作需在一段时间内将运行温度保持在至少50℃，以满足病原体和指示生物去除的A类标准（美国环境保护局，1993）。所需时间可以用公式（10-3）进行计算（污泥浓度小于7%的污泥）（美国环境保护局，1993）：

$$D = 5007000/10^{0.14T} \tag{10-3}$$

式中 D——时间（d）；

T——温度（℃）。

公式（10-3）可用图10-5表示。根据公式（10-3），生物污泥的温度必须在55℃下保持至少24h，或者50℃下保持至少120h。当高温消化的温度上升时，去除病原体和指示生物所需的批运行时间（和池容）都随之下降。当系统的设计运行温度在55～56℃之间时，运行时间恰巧为1d，可以实现每天的连续运行。当运行温度降低时，就需要增加额外池容和降低运行周期，但需要考虑是否有足够可用的热源。

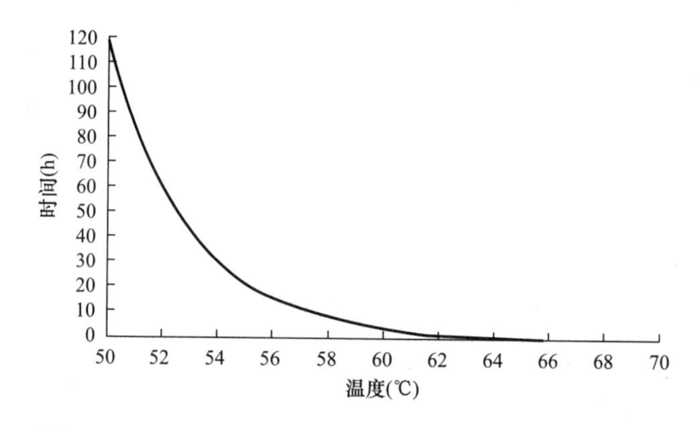

图10-5 处理浓度小于7%的污泥时所需时间和温度的关系

公式（10-4）表示处理浓度高于7%的污泥时所需时间和温度的关系（美国环境保护局，1993）。

$$D = 13170000/10^{0.14T} \tag{10-4}$$

根据公式（10-4），对于浓度高于7%的污泥，最小的运行时间为63h，此时的运行温度为55℃。然而在实际操作中，高温消化过程通常不会在这么高的污泥浓度下进行，因为这种情况下污泥的黏度也会很高，而高温工艺与水解强化过程可能是个例外情况。过高的黏度会增大泵和搅拌系统的能耗。

区分规定温度和实际的高温消化运行温度很重要。规定温度是由公式（10-3）和式（10-4）确定的温度，表示达到法规要求的A类系统所需的最小温度。而实际的运行温度至少需要比规定温度高1℃，有时甚至高出2～2.5℃。设计的运行温度应该足够高，避免温度下降至规定温度以下。

据报道，多级高温消化或具有多个反应池的消化工艺未能在随后的脱水过程中观察到大肠杆菌的再生。这种现象是其他厌氧工艺如高温消化或中温消化所不具备的（Chen et al.，2008）。

关于脱水的更多信息见本书第 12 章，关于生物污泥中病原体的更多信息见本书第 15 章。

10.9.3 分段变温厌氧消化工艺

分段变温厌氧消化（TPAD）工艺的设施为高温消化后接着进行中温消化（图 10-6）。与传统中温消化相比，该工艺应用相对较少。分段变温厌氧消化的运行实例有北卡 Chapel Hill 的 Orange Water and Sewer Authority（OWASA）工厂。根据公式 H，OWASA 的处理设施通过序批式运行产出 A 级污泥。

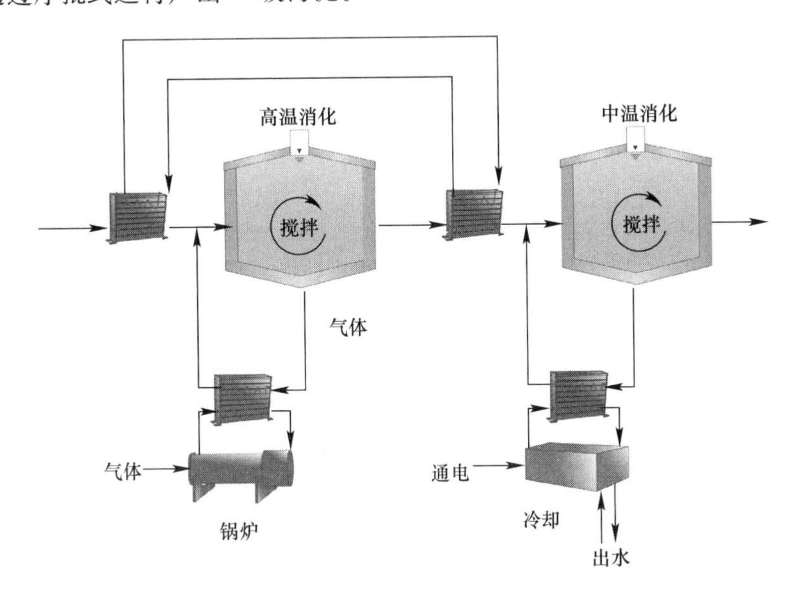

图 10-6 分段变温厌氧消化工艺配置

德国的研究表明，分段变温消化具有一些优点，因此从 1993 年 8 月起，德国科隆的厌氧消化池以温度分级方式运行（Dichtl，1997）。在美国，Han 和 Dague（1997）进行了实验室内温度分级厌氧消化的研究，发现了一些优点。到 2007 年，北美约有 20 座建成的污水厂采用规模化的 TPAD 工艺（Le，2007）。

分段变温厌氧消化工艺有更高的高温消化速率，比中温消化快 4 倍。另外还有冲击负荷下运行效果好和挥发性有机物去除效率高等优点。处理得到的污泥相比于中温消化产物也更容易脱水（WEF Residuals and Biosolids Committee Bioenergy Technology Subcommittee，2004）。

增加的中温消化阶段可以减少高温阶段残留的臭味化合物的含量（特别是挥发性脂肪酸），并增加消化池的稳定性。有报道称，分段厌氧消化工艺中当初沉污泥和剩余活性污泥在高速中温消化池中混合时，泡沫量有所减少分段变温厌氧消化的另一个优点就是产生的消化污泥中，大肠菌群的减少量与 503 号法规 40CFR 中所要求的 A 类病原体标准相一致（Han et al.，1997）。

Dague（1968）确定高温阶段的运行条件为55℃下停留5d，中温阶段为35℃下停留10d。除了Dague研究的高温和中温阶段的停留时间，其他的研究结果表明，在每个阶段更多的停留时间都可以改善运行的效果。具有规模的处理厂几乎不会将高温阶段的运行时间定为5d或更短，但是研究表明这是可行的（Bucher et al.，2001）。分段变温厌氧消化的设计标准围绕着一系列的停留时间和温度而设定，因为运行是否成功与具体的情况密切相关。下面是研究和规模测试的经验与观测结果：

（1）高温消化的温度在50～56℃之间；

（2）高温消化的停留时间在4～10d之间（在分段变温厌氧消化处理厂中往往能观测到较长时间的SRT，这是因为高温消化阶段所用的消化池的体积通常大于需要的体积，或者是因为当前的负荷低于设计负荷）；

（3）中温消化的温度在35～40℃之间；

（4）中温消化的停留时间在6～12d之间（在分段变温厌氧消化处理厂中往往能观测到较长时间的SRT，因为池容的原因或者负荷低于设计负荷）。

在某个特定条件下设计标准的选择与项目目标的函数，与进料污泥的特性和变化、已有设备、空间限制相关。如果原料的量和性质波动较大，那么设计者可能需要为第一阶段的高温消化池选择一个较长的SRT（例如10d）。如果现有的消化池可以用作高温消化，但是只有4～5d的SRT，则可能需要中温消化池提供额外的体积以保证足够的SRT和减轻第一阶段高温反应池波动。对于15日峰值负荷或月峰值负荷来说，总SRT的最小值约在15d左右是较好的设计经验值。如果处理厂需要保证达到B类生物污泥标准，那么通常需要至少15d的总SRT。中温阶段的SRT符合B类要求的话，503号法规要求要保证中温阶段的池温在35℃以上（U.S. EPA，1993）。

10.9.4　设计标准和运行效果

高温消化池的设计标准和常见的运行范围见表10-2。

中温、高温消化池的运行参数和设计标准　　表10-2

标准	高温消化	中温消化
SRT	8～12d	15～20d
最小设计SRT	4.5～6d	12d
运行温度	50～58℃	35～39℃
原料浓度	4.5%～6.5%总固形物	3%～6%总固形物
消化池污泥浓度	2.5%～4.5%总固形物	1.5%～4%总固形物
挥发性有机物（VS）负荷	3.2～6.4kg VS/(m^3·d)	1.6～2.4kg VS/(m^3·d)
挥发性脂肪酸浓度（总醋酸）	400～1200mg/L	<200mg/L
pH	7.0～7.7	6.8～7.2

高温消化池与中温消化池相比，对温度的变化更为敏感，若加热中断的话，其温度变化也更剧烈。两段消化包括一个中温消化池以及一个随后的高温消化池，可以解决这个问题（Torpey et al.，1984）。然而这种形式很少使用，这是因为高温消化位于第二阶段也是最后一个阶段会产生很多的臭味，不利于后面的脱水和产品处理。

总的来看，高温消化的建造和运行费用高于中温消化。可以抵消高温消化余热利用节约的费用以及脱水和病原体去除过程中降低的费用（例如增加了肥料的价值）。设计者可以在高温消化之前先用实际原料进行中试。高温消化相比于中温消化有额外的优势，特别是沼气产量、污泥的减少量和病原体的去除。

10.9.5 分段变温厌氧消化的运行效果

TPAD 系统的运行效果通常用挥发性有机物的去除率（VSR）或沼气产量来表征。据 Schafer 等人（2002）的报道，在一些使用 TPAD 工艺的处理厂内观测到，相比于类似 SRT 的中温系统，VSR 明显的增长。Schafer 等人（2002）同样进行了中试和实证研究。下面是在华盛顿 King County 进行的中试结果总结（Bucher et al.，2001）：

（1）在高温和中温运行下的消化系统 VSR 分别为 63.7%和 65.0%，SRT 为 20d；

（2）使用同样原料的 TPAD 系统能达到 73.3%的总 VSR，运行条件为 12d 的高温 SRT 加 12d 的中温 SRT（12T/12M）；70.4%的总 VSR，SRT 为 16d（8T/8M）；69.1%的总 VSR，SRT 为 12d（4T/8M）。

如果 SRT 不同的话，直接将 TPAD 与中温消化池系统进行比较就很难定量的分析。

10.9.6 物理因素

1. 结构设计

高温消化池通常由中温消化池改造得到，在工艺改造之前，评估已有构筑物或设备对即将升高的运行温度的承受能力非常重要。为防止系统运行失败，结构评估至关重要，特别是以下因素需要考虑：反应池和反应罐、池盖、污泥和沼气输送系统以及内衬和外层覆盖物。另外，还需评估现有的热交换设备是否足够承受和转运高温消化所需的温度。隔热系统也需要进行评估以确定能否用于高温消化的运行温度下。

2. 内层与建筑材料

能够在高温消化的温度下使用的内层或外层材料相当有限。在高温消化时，应避免使用聚氯乙烯作为内层材料，但是高密度的聚乙烯是可以使用的。

3. 污泥进料

虽然我们认为高温消化池是比较稳定的，但是恒流进料还是很好的一个做法。因为在高温下，细菌利用基质的速率更高，高温消化池可以有更高的污泥负荷。高温消化池还可以在更高的水力冲击下运行，与中温消化池相比能够承受更大的负荷波动。

4. 污泥加热和热回收

由于高温消化系统的运行温度较高，热效率和热平衡就显得非常重要。热需求的大部分都用于加热要进入消化池的初始污泥，管道、消化池和池盖在高温运行下的热损失也会增加总体的需热量，这些问题在任何包括高温阶段的消化工艺中都必须解决。有三种不同的方法可以用于限制高温下的热损失：增加进料的污泥浓度，在高温阶段的下游进行热回收和使用更好的消化池隔热设施。

许多高温消化系统将进料污泥浓缩至污泥浓度 5%～7%，减少水分含量从而降低整体的需热量，将提高浓缩作为高温消化改进的一部分。

采用热回收技术，即用排出污泥与进料污泥进行热交换，也可以补充一部分高温消化的需热量。最有效完成热交换的方法是热污泥与冷污泥直接进行传热。然而这种污泥与污泥之间的热回收已证明有许多问题，因为冷污泥中含有油脂和纤维类物质，易覆盖在热回收器表面。所以这种热回收系统需要一些措施来保持其洁净和运行良好。在较新的设计中，系统通常使用泥—水—泥的热交换器，降低了一定的效率以提高运行能力和稳定性。这种系统减少了一个用作热回收的热交换器，增加了一个闭路水循环。这个水循环用来代替热交换器加热冷的原始污泥，以避免问题发生。

在更多的情况下，使用一个热交换器在经过消化的污泥和闭路水循环之间进行热交换，可减少污泥经过热交换器时的问题，同时可以使消化污泥的温度降低，使后面的处理更方便进行。由于污泥的黏度很高，用泵输送原始污泥通过热交换器既难以操作且耗能。同时，原始污泥残留在热交换器内会变成泥饼，需要更多的维护成本。将热污泥的热量转移到闭路水循环中可以减少泥饼的问题，且热水可以用于消化池的加热、工厂空间加热或维护。

10.9.7　沼气管理

高温系统的沼气管理与中温系统大同小异。高温消化系统的沼气产率可明显高于中温系统，特别当进入消化池的污泥为易降解物质时，如餐厨垃圾等。在这种情况下，输气管需要扩大以应对沼气产率的峰值。

高温系统相对高的温度导致了沼气中含有更多的水蒸气，当沼气通过输气管时，蒸汽就会冷凝成水。当现有的消化系统从中温改造为高温时，必须要考虑到这一部分冷凝水体积的存在。通常用倾斜输气管将冷凝水集中或疏通。另外，疏通系统人工处理或清空的频率也会增加，也可采用自动化的疏通系统。

高温系统和TPAD系统其他的设计参考因素包括沼气处理系统的改造。沼气随着温度升高携带更多的蒸汽，故高温消化池的产气与中温消化池相比，含有更多的蒸汽。高温消化池同样需要将生物污泥转化为甲烷，然后作为能源进行有效利用。如果中温消化池改造为高温消化池，那么系统必须考虑到增加的沼气产率以及沼气中增加的蒸汽含量。输气管很可能需要重新评估或者更换以应对升高的沼气产量。

10.9.8　脱水

高温消化污泥经过机械脱水后能达到更高的污泥浓度。例如加州的洛杉矶曾报道，当Hyperion污水处理厂将中温消化改造为高温消化后，消化后污泥经过离心脱水后浓度增加，所需投加的化学药剂的量也减少了（Iranpour and Cox，2007）。

10.9.9　高温消化的臭味控制

高温消化污泥的臭味有时非常大，首先是因为挥发性酸的含量高于中温消化池。另外，在提高消化温度之后，硫的溶解度增加了。含硫物质在厌氧条件下变为硫化氢气体，使产气变臭。正因为这些原因，浮盖消化池在高温消化中的应用越来越少，人们更关心如何避免污泥或泡沫从消化系统中暴露出来，尽管有时是意外情况。

高温消化污泥的脱水过程也会比中温消化污泥产生更多臭味。所以通常使用离心等脱水技术。高温污泥脱水所得的离心上清液或滤液因为含有较多的挥发性酸也会带有臭味。

所以对离心上清液/滤液管内的污浊空气也要加以管理。

高温消化污泥产生的泥饼尚未发现有臭味问题。有大量关于脱水泥饼臭味问题的研究已经完成。这些研究表明，当消化污泥用高剪切离心机进行脱水后，泥饼的臭味水平会有显著提高（Murthy et al.，2003）。

10.10 产酸/产气消化

产酸/产气消化（A/G），通常又称酸相消化或两相消化，是分阶段的消化工艺。A/G的目的就是为厌氧消化中不同种类的微生物提供分离的环境。A/G 系统的第一个阶段是产酸阶段，特点是低 HRT、酸性 pH 和高挥发酸浓度。在产酸阶段的这种环境条件中，产生挥发性酸的细菌（产酸菌和产乙酸菌）、硫酸盐还原菌和耗氢产甲烷菌可以生长。第二个阶段是产气阶段，与传统的厌氧消化池类似，池内的 pH 接近中性，挥发酸的浓度也不高。产气阶段的这种环境条件适宜挥发性脂肪酸消耗菌（丙酸和丁酸降解菌）和产甲烷菌的生长。理论上，A/G 工艺在产酸阶段的低 pH 可以促进水解。产气阶段的 HRT 明显低于传统消化池所需的 15～25d，这是因为 A/G 工艺可以在更高的负荷下运行。A/G 系统的挥发性酸去除率和沼气产量水平相当于一个传统消化池系统在较长的 HRT 下运行。

A/G 消化含有多个分离的反应池，为厌氧消化的产酸和产甲烷阶段分别提供最适环境。第一阶段的运行 pH 为 6 或更低，SRT 较短，选择出能水解特定物质的菌种，并产生很高浓度的挥发酸（＞6000mg/L）。在第二阶段，pH 为中性，SRT 较长，筛选出产甲烷菌，可以提高沼气产量。与中温消化相比，这一工艺的优点在于挥发性固体的去除率高和消化池泡沫的控制效果好。A/G 消化的任以阶段都可以在中温或高温下运行。

10.10.1 工艺设计

A/G 工艺可以在多种配置下运行。最基本的配置为产酸/产气、中温/中温（AGMM）模式，产酸阶段和产气阶段都在中温条件下运行，温度约为 35℃。其他 A/G 消化配置为高温/中温（AGTM）、中温/高温（AGMT）和多段消化。多段消化将 A/G 消化和 TPAD 工艺联合为一个三阶段的工艺，包括一个中温产酸阶段，一个高温产气阶段和一个中温产气阶段。

产酸阶段可以分段进行，以促进活塞式流动条件的形成。产酸消化池可以增强水解和防止短路。酶水解工艺和增强的酶水解工艺是产酸阶段中特有的使用塞流式条件的 2 个 A/G 配置。每种配置都包括有 6 个小型产酸消化池，总的 HRT 为 2～3d。强化酶水解工艺可与序批式高温产气相联用，以达到 A 类生物污泥产品的标准。

10.10.2 工艺要求

北美大多数的 A/G 设施配置多为一个小型单级的产酸消化池连接着两个或多个大型的中温或高温消化池。产酸阶段多在中温条件下进行。产酸消化池产生的气体需要特别注意处理气体质量和臭味问题（其他指导见 10.9 节）。北美的一些使用 AGMM 配置的 A/G 设施并不能满足 A 类标准。符合 A 类标准的 A/G 配置为高温产酸加高温产气。分段产酸消化池在欧洲视为标准配置。表 10-3 给出了产酸消化池的主要标准。

产酸消化池的主要标准　　表 10-3

挥发性固体（VS）负荷率	24～40kg VS/(m^3·d)
污泥停留时间	1～3d
pH	<5.8
挥发性脂肪酸含量	>5000mg/L
径深比	≤1

10.10.3　产酸/产气途径

20 世纪 90 年代初，伊利诺伊州 DuPage County 的 Woodiridge-GreeneValley 污水处理厂配备了北美第一个生产性的 A/G 工艺。这个 A/G 设施为多段系统，第三阶段既作为最终的稳定也可以储存消化污泥。Woodiridge-GreeneValley 设施可以认为是两段工艺，第三段仅仅作为污泥储存用。A/G 工艺的提高了消化的效果，减少了消化池内的泡沫（Ghosh et al.，1995）。关于 Woodiridge-GreeneValley 设施的扩展研究表明该工艺可以产生 A 类生物污泥。

在 2000 年初，加州 Chino 的 Inland Empire Utilities Authority（IEUA）在 Regional Plant 1（RP-1）采用了多段消化工艺（Kasirga et al.，2008）。图 10-7 为 IEUA 的 A/G 设施简图。这一工艺的安装对消化池运行效果的提升不多（即挥发性固体的去除率）。但是 A/G 工艺有其他优点，包括提高了脱水效果，减少了消化池泡沫量和产生 A 类生物污泥。在 2001 年，IEUA RP-1 被确定为 A 类生物污泥（方法三）设施（u. s. EPA，2006）。

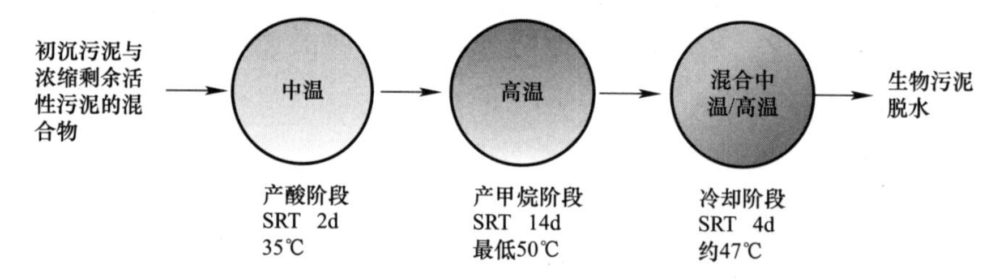

图 10-7　加州 Chino 的 Inland Empire Utilities Authority 三相消化

在北美和英国有超过 30 所 A/G 系统正在设计、建造或运行（Wilson et al.，2008）。

10.10.4　设计标准与运行

A/G 工艺与传统消化池相比可以承受大得多的负荷。对于产酸消化池来说，一般的挥发性固体负荷率为 24～40kg VS/(m^3·d)。这些负荷率比传统厌氧消化池系统高出一个数量级。产酸消化池的关键负荷标准为 SRT。产酸消化池中的 SRT 超过三天将产生泡沫问题，应尽量避免。

产酸阶段相当于提供了预处理，使产气消化池能在比传统厌氧消化池更高的负荷下运行。产气消化池可以在低至 12d 的 SRT 下成功运行且不影响运行的稳定性。由于生物污泥土地利用的相关规定，SRT 为 15d 的厌氧消化工艺符合 B 类标准，所以不鼓励将产气消化池的 SRT 设计为 12d 以下。产气消化池的有机负荷率可以高达 3.2kg/(m^3·d) 挥发性固体。

10.10.5 物理因素

产酸消化池中的沼气和污泥不同于传统中温消化池产物。因为产酸消化池中的主要工艺包含了挥发性酸的产生和硫酸盐的还原，产酸消化池中的沼气和污泥就具有较强且使人不快的臭味。这种气体含有硫化氢、硫醇、挥发性酸和其他的臭味化合物。另外，这种气体还含有一些甲烷，故具有较低的热值。产酸消化池的另一个特征就是污泥的 pH 较低，通常低于 5.8。

10.10.6 污泥进料

A/G 系统运行的关键参数包括了挥发性有机物负荷率和产酸阶段的 SRT。产酸阶段持续在大于 $24kg/(m^3 \cdot d)$ 的挥发性有机物负荷率和低于 3d 的 SRT 下运行可以保持低 pH 水平并防止泡沫产生。挥发性有机物负荷率和 SRT 的控制通常通过改变产气消化池的体积来完成。

10.10.7 污泥加热

A/G 污泥的加热可以用类似于传统消化池的方法进行。产酸消化池可以加温至中温或高温条件。

10.10.8 消化池混合因素

与传统消化不同，由于塞流式的配置，产酸消化过程不应搅拌。一些设计者主张将产酸消化池设计为小径深比，液体向上流动。尽管这种配置可能会有利于运行，它也会带来一些问题，例如空间死角或沉砂和杂质的累积等。应根据具体的情况来评估是否需要搅拌。

10.10.9 沼气管理

A/G 工艺能产生两股不同的沼气。来自产气阶段的沼气类似于传统消化的沼气，尽管甲烷含量和热值通常会高一些。这种沼气可以和普通消化池产气一样进行处理和使用。

来自产酸阶段的沼气热值较低，有臭味，含有较高的硫化氢，腐蚀性也高于一般的消化池气体。目前没有处理这种气体的标准方法。可以考虑将这两种沼气分别燃烧。或者可以将两种沼气混合，或将产酸沼气通入产气消化池中进行净化。

沼气的性质要求产生的沼气必须密闭。大多数运行情况下，可以使用固定的消化池盖来密封消化池产气。然而设备维护时的臭味仍然是一个问题。维护和清洁时应该严格按照设计好的操作方法进行。产酸消化池的污泥和气体具有腐蚀性。建议采用良好的内衬系统来保护产酸消化池的混凝土。当消化池为钢结构时，应选用适宜的材料，如不锈钢等，或者考虑镀层。

10.10.10 脱水

关于 A/G 产物脱水效果的资料较少，仅有的资料表明在污泥浓度较高时脱水性能有所提高，聚合物的需求量也有所减少，可获得更高浓度的污泥。

10.10.11　产酸/产气消化的优点和缺点

A/G 工艺的使用越来越多，研究也越来越深入。其优点有：

(1) 增加挥发性有机物的去除率；

(2) 消化设备小（虽然这会限制污泥达到 SRT 为 15d 的 B 类土地利用标准）；

(3) 减少最终处置或循环使用的生物污泥量；

(4) 控制泡沫；

(5) 增加沼气产量和产气消化池的稳定性；

(6) 高温工艺可达到 A 类标准。

A/G 消化工艺面临的挑战是：

(1) 多级消化提高了操作的复杂度；

(2) 产酸消化池所需的 SRT 增加了控制难度；

(3) 产酸消化池产生的沼气需要特别的处理；

(4) 在设计和保养过程中必须处理好臭味问题。

10.11　污泥延时停留时间

污泥延时停留（ESR）工艺是厌氧消化中，利用污泥循环浓缩使水力停留时间和污泥停留时间分离（图 10-8）。浓缩设备从消化污泥中将污泥分离出来，再将浓缩消化污泥然后和生污泥混合，重新进入消化反应器。这种进程使得污泥停留时间更长，污泥从液体中分离并回流而与水力停留时间相区分。其优点是活性细菌回流入消化器进一步分解有机物，因此加速了甲烷的形成。另外一个优点是在浓缩工艺中抑制代谢副产物的清洗，因此导致更完全的消化。

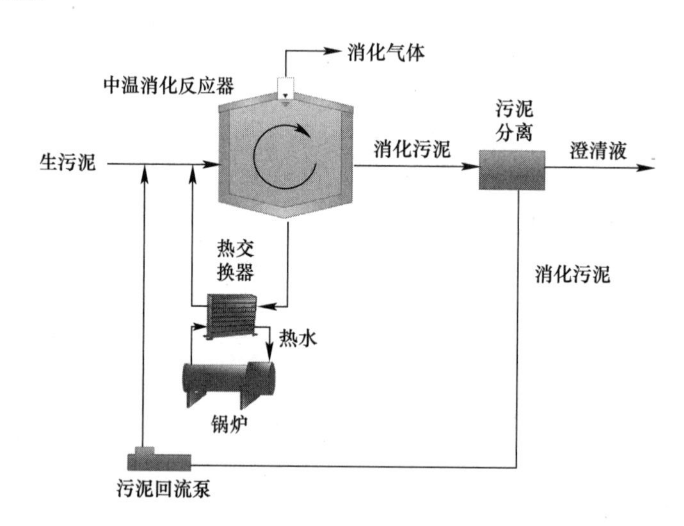

图 10-8　污泥延时停留消化

不同的污泥浓缩技术可以用于回流的污泥分离，当污泥延时停留（有时参考诸如回收浓缩或者厌氧接触工艺）在 40 年前构思时，重力浓缩用于污泥分离。离心浮选法和厌氧气体浮选法技术被大规模的安装（世界水环境组织污泥和生物固体委员会生物能技术分委会，2004）。也可以采用溶气浮选法和重力浓缩法等其他浓缩技术。

传统观点认为，细菌对氧气和温度变化过度敏感，因此污泥延时停留时间的关注点是如果厌氧细菌暴露于有氧和低温环境中厌氧细菌是否能够存活。在华盛顿高级污水处理厂（Spokane Washington）中发现，产甲烷菌在溶气气浮增稠法中环境改变的情况下得以存活（Reynolds et al，2001）。华盛顿的国王郡在他们的西点处理厂中的离心中应用了污泥延时停留工艺，他们还在国王郡南方污水处理厂中使用 1900L（500gal）的消化器的厌氧气体浮选法（AGF）进行了中试。国王郡有着足够的消化能力，因此没有使用延时污泥停留工艺。尽管没有应用污泥延时停留工艺，国王郡在其国王郡南方处理厂中利用西点处理厂中的脱水消化污泥尝试了新的消化器，利用卡车将这些厂中运输脱水污泥和泥浆倒入新的消化器并立即启动以确定有机物可以承受不同的温度及氧气量。另外在华盛顿布莱恩的西南郊区地区也采用生产规模的厌氧气体浮选法污泥延时停留工艺（AGF）（Burke，2001）。

污泥延时停留工艺有几个优点：厌氧消化的容积减少导致循环周期及成本的降低；污泥浓度的增加可以缓冲负荷变化；可以使污泥的有机物更有效地转化为甲烷；减少聚合物的使用量。污泥停留时间从水力停留时间中分离出来增加了污泥去除的灵活性。对污泥的强化处理特性增强，特别是在增稠进程中的清洗过程，脱水污泥浓度的增加可提高脱水效果。另外，传统浓缩设备可以用于该工艺而减少购买特殊处理系统的费用。

尽管这些优点，污泥延时停留工艺还是有缺点的。这些缺点包括需要增加的浓缩工艺，增加浓缩设备的资金和运行成本，还有增加了工艺的复杂性。污泥消化池容积减小，其节省的空间可用于浓缩设备。在实现广泛应用之前，需要更多的研究以了解厌氧消化中活性微生物循环动力学。

10.12 复合消化（好氧/厌氧消化）

复合消化是自热式高温好氧消化和厌氧中温消化的混合，该工艺结合了厌氧和好氧工艺的优点，可生产 A 级生物污泥和生物气体。该工艺需要两种消化器，在这些消化器里污泥在自热式高温好氧消化器中被部分消化并在厌氧消化器中完成消化。将空气注入自热式高温好氧消化器中维持放热反应和保持温度（即自热）。华盛顿塔科马港市成功运行了复合消化系统数十年。图 10-9 为复合消化工艺的流程图。

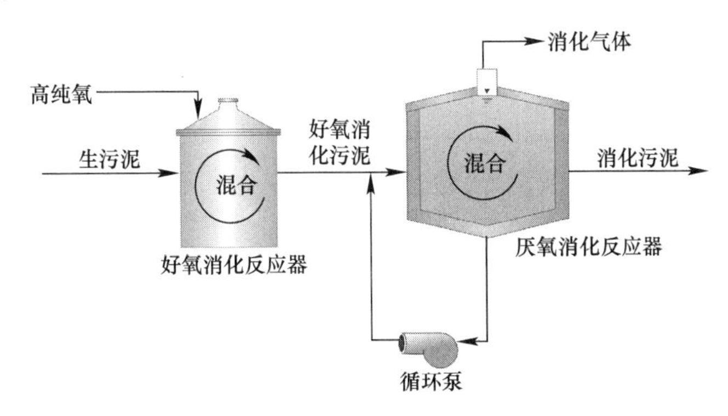

图 10-9 复合消化工艺

这个工艺可生产A级生物污泥，并且厌氧工艺中产生的生物气体可以补偿好氧工艺中的能源消耗。

10.13　共消化

厌氧消化反应器作用日益增大，不仅可以用于稳定和处理污泥，有着剩余消化能力的污泥处理厂现在可以通过共消化来处理和稳定多种有机废弃物。生活污泥以及其他有机肥料的消化，比如FOG，餐厨垃圾，食品处理废物和市政污泥废料的有机部分等都可以采取共消化。

共消化的关键驱动力是可以实现设备的最大利用，增加沼气产量和产生与接收有机废弃物相关的费用。利用产生的沼气来加热锅炉并热和能源综合系统（CHP）可以显著减少工厂的能耗成本。另外，给消化反应器提供更多的废物是一种避免使用收集系统和土地利用的方法，从而减少材料，另一方面可能增加排水管和维护成本。一些污水处理厂在FOG收集设备中收集过量的废弃物并投加进消化反应器以达成这个目标。这个工艺广泛应用于欧洲，并在北美逐渐应用。

共消化的进料含有15%～20%的高浓度干污泥，该工艺最初用于废弃物颗粒产业。包含少于10%～15%污泥的原料更容易泵送和混合，因此更容易接受传统“湿式”消化处理。

共消化在经济、环保、运行、社会和政治方面都有一定优势。经济上，收集有机废弃物的倾卸费用和产生附加沼气的价值，可以补助附加运行成本和维护成本，并能帮助支付混合消化设备的支出。环境上，通过减少甲烷来减少温室气体，否则甲烷会在土地利用的厌氧分解中释放出来，并通过产生更多的生化气体可以用于替代化石燃料。运行上，共消化可提升系统稳定性，提高生化气体产量和消化反应器和二级处理的VSR的潜力。还有对附近社会团体社会效益和政治效益，他们可能重视将废弃物转化为有价值的能源，比如生物气体。

10.13.1　共消化负荷率

对于混合了有机物质的共消化工艺，确定更复杂的加载速率比污泥龄和挥发性污泥更重要。挥发性污泥并不一直是最好的反应控制参数，特别是低强度污泥废弃物。例如废弃餐厨油脂和生物柴油产品的甘油都是比较好的混合消化进料。然而这些进料的挥发污泥浓度较低，并不能真实反应消化反应器的负荷。

能源负荷和生物降解能量转化是共消化进程的关键所在。进料的能量含量和可生化降解的能量转换与消化反应器的甲烷产量有关。转化的速率和程度与生化水解速率和潜力有关。特定能量负荷率（SELR）和五日生物降解能量转化（BEC_5）是适用于共消化负荷率和污泥特性的参数。

对于混合了有机物质的共消化，需要调查来决定SELR和BEC_5（世界水环境研究会，Alexandria，Virginia）。对于中温消化反应器，SELR最好在950kJ/(kg·d)。BEC_5方法提供了快速有效的衡量标准以对比用于共消化的不同有机废弃物，并预测将有机废弃物加入厌氧消化反应器后产气量的潜在增加量。这可由投加厌氧消化反应器中的已知有机原料五日之后测量的生物气体产气量来测定。BEC_5可以作为特定进料的消化能力的预测，也可以帮助预测稳定的消化负荷率。

10.13.2 共消化进料的类型和来源

作为辅助底物，共消化进料的不同在小试，中试和生产性试验中均有所涉及。这包括除冰液、甜菜浆、啤酒厂污水、牛粪、奶酪浆、鸡粪、澄清液、溶气浮选、藻类、发酵废弃物、FOG、食物残渣、甘油、肉类加工废料、市政污泥流的有机部分、过期饮料、餐厨垃圾、酒糟水和蔬菜废料等（Totzke，2009）。许多研究人员发表了关于有机底物的文章（Alatriste-Mondragon et al，2006；Erdal et al，2005；Mata-Alvarez et al，2000；Parry et al，2009）。然而因为没有测量不同进料的消化潜力标准，不同的试验得出的结果也不同。因此在设计共消化设备时最好进行潜在辅助底物的现场分析。上述所列的大多数底物被认为是通过增加 VSR 或者生化气体产量对厌氧消化进程有重大影响的。最常见的两种辅底物的总结已在下面列出——FOG 和食物废料。

10.13.3 脂肪、油和油脂（FOG）

通常的污泥有机底物是 FOG，它是由多种物质产生的，来源于家庭、饭店、餐馆、商业厨房、面包店、学校、监狱和大型食物烹饪工厂。FOG 污泥浓度差别非常大，从 2%～15%不等，挥发性污泥/总污泥比例在 94%～97%。为了防止卫生排水系统的堵塞，FOG 废弃物通常由废物桶、集油器和油脂拦截器收集。根据废弃物来源的不同，应考虑有机废弃物的运输和处理设施。在很多城市采用真空泵卡车从收集器中收集 FOG，将 FOG 运回接收系统。FOG 接收系统可以连接消化反应器，使得卡车可以直接连接接收池，消化污泥循环用于转输 FOG 至消化反应器。其工艺包括格栅和研磨，以去除石头、碎屑、金属物和其他可能影响下游工艺或者影响 FOG 浓度的物质。

10.13.4 消化中投加 FOG 的影响

油和脂都是可生物降解的，都可以提高沼气产量，当加到厌氧消化系统中还可以增加 VSR。事实上，FOG 就甲烷产物来说属于高流速辅助底物。事实上，FOG 的投加也可增强其他有机进料的消化（Schafer et al，2007；Perry，2009）。

消化在进料 FOG 浓度或者挥发性污泥负荷高达 30%时仍然稳定，在更高的负荷（30%～50%）时，消化易受影响变得不稳定（Schafer et al，2007；WERF，2009）。良好的消化混合，特别是表面混合，对于成功的 FOG 消化是一个重要的因素，如果没有合适的混合，FOG 会在消化池的表面聚集。

有关 FOG 共消化的沼气产气率的文献有限，并且不同的单元和 FOG 负荷率而不同。油脂丰富的辅助底物（例如 FOG）产生的气体产物在 1.4m。3/kg（$23ft^3/lb$）VSR，比碳水化合物和富有蛋白质的辅底物预期的要多（Erdal et al，2005）。传统中温消化的气体产量在 0.8～1.1m^3/kg（12～18ft^3/lb）VSR，因为 FOG 中的大部分在消化时都被破坏了，几乎没有 FOG 原料残留在待处理消化产物中（更多的关于 FOG 的生物气体产物信息，参见：Alatriste-Mondragon et al，2006；Kabouris et al，2008；Kabouris et al，2009；Parry et al，2009；Schafer et al，2007）。

加州雷德伍德城、加州东海岸、加州密尔勃雷、加州河滨、洛瓦的得梅因和科罗拉多的丹佛等地都成功地将油和脂送到污水厂中的厌氧消化反应器中。

一些污水处理厂（例如美国加州东湾水利局，奥克兰，加州）提供 FOG 的收集作为提供给客户的一种服务，而不是按照当地的强制 FOG 法规进行处理。处理厂意识到收集管道的费用和与污泥运输商签订的收集 FOG 的合同会使收集系统的维护费用降低而使成本减少。他们将 FOG 投入到消化反应器已经增加了生化气体产物产量，一些厂已经将 FOG 转化为生物柴油用以销售或者在汽车中使用。

10.13.5 食物废弃物

食物废弃物是个大类，包括工业（例如果蔬处理、饮料行业）、商业（例如饭店）和残渣（例如市政废弃物的有机部分）。尽管大多数的食物废弃物可以很容易被消化，一些惰性材料的食物废弃物，例如动物残骸和骨骼，则需要复杂的预处理工艺，不推荐采用共消化。别的家畜、家禽、鱼类甚至一些果汁处理产生的废弃物需要破碎作为预处理。在处理酒精饮料时，工艺中会产生硫化氢（Erdal et al，2005）。

10.13.6 共消化的利弊

共消化可以提升消化反应器的营养平衡，并有助于稀释多种高强度的废水。同时如果消化反应器的进料太干燥，辅助底物可以帮助补偿消化反应器所需的湿度。

消化反应器中的微生物快速生长需要碳和氮以防止进程的混乱。如果含碳量相对氮含量过高，那么氮的缺乏和进程的混乱会导致丙酸盐的累积，这是缓冲能力过低所导致的。同样如果含碳量相对含氮量过低，由于氨的毒性而损害消化反应器效果。确定辅助底物投加到消化反应器中可以帮助平衡营养的不足，提高反应特性。如在高 C/N 比消化反应器中投加含氮量丰富的动物粪便（例如鸡粪），高碳氮比可以帮助达到良好的营养平衡，减少自由氨和硫化氢造成的潜在毒性。同样的，在低 C/N 比消化反应器中添加富含碳的辅助底物（例如牛粪），较低的碳氮比可以提供所需的生长基质并在反应中增强微生物增长。一般消化反应器的合适碳氮比（按可生物降解的碳和总氮测量）在 16∶1～30∶1，但还需要做更多的研究（Erdal et al，2005，Ward et al，2008）。污水污泥、食物废弃物和混合纸浆的碳氮比在10∶1，20∶1，100∶1。最好进行场地分析来决定混合辅助底物合适的碳氮比。

共消化的潜在缺点包括：需要收集的基础设施，增加气体的处理还有消化反应器中增加负荷的液态流效应。然而增加的气体产物和收费通常可以补偿混合消化设备升级的资金投入（Erdal et al，2005）。

10.14 厌氧消化的未来

厌氧消化设计相对 10 年之前有很大变化，不只在于工艺、预处理的方式和原料的变化，更重要的是日益复杂的设计和厌氧消化器的运行。接下来的 10 年的设计和运行将摆脱书本上在设计和运行消化反应器上用了 50 年参数和经验法则。计算机的发展和基础研究使得复杂的厌氧消化工艺的模型得到发展，尽管这些模型还不够普及，还需要别的调查来进行厌氧消化反应器的校准，设计和运行。

以往对于污泥特性的研究相比于污水的研究少，并受总量和挥发性污泥浓度和质量的影响。液态流分析包括多种不同因素里的碳，氮和磷的形态分析。随着污泥系统和整体液态/固态工艺模型的普及，将需要更全面的污泥和生物污泥特性评估以准确预测工艺过程性能。

厌氧消化被认为是一种能源转化工艺，不仅是一种污泥稳定工艺。如果 544 家处理量超过 20ML/d（5mgd）的水厂使用厌氧消化工艺，那么将产生 340MW 的清洁能源。混合消化可以在污水处理厂中增加沼气的产量，将足够多的有机物转化为有用的能源。最终污水处理厂中的厌氧消化设施可以认为是一个能源转化中心。

第 11 章　好氧消化

11.1　引言

好氧消化是活性污泥稳定化过程，是指在有氧条件进一步促进活性污泥中微生物和其他有机固体转化成二氧化碳、水、亚硝酸盐氮/硝酸盐氮、氮气及稳定化的有机化合物和能量。该工艺进一步分解污泥，使挥发性固体总量充分降低到允许排放的指标之下，以实现污泥稳定后用于土地应用。

好氧消化一般用于剩余活性污泥的稳定处理，可以在污泥消化之前、污泥消化过程中和污泥消化之后进行污泥浓缩。好氧消化可以将初沉和二沉（生物）污泥混合消化，包括滴滤池、塔式生物滤池，或生物转盘脱落的和膜生物反应器截留的污泥。该工艺不适合对初沉污泥进行消化处理，因为需要大量耗氧和多产生更多污泥。

在污水处理厂的处理能力小于 19ML/d(5mg/d) 时，通常采用好氧消化对污泥进行稳定处理。这是因为相对大规模的污泥处理装置，好氧消化系统比较简单且运行成本相对较低。在较大规模的污水处理厂中，通常选用厌氧工艺，因为厌氧处理系统较好氧系统更利于气体回收和节省能耗。然而近几年，好氧消化也应用于规模较大的污水处理厂，其处理能力已达到 190ML/d(50mg/d)（Metcalf and Eddy，Inc.，2003）。

11.1.1　好氧消化的历史

早在 20 世纪 50 年代，就开始研究市政污水处理污泥的好氧消化处理（Coackley，1955；Coackley，1958）。到了 1963 年，至少已有一家主要设备供应商，安装了大约 130 个设施用于污水处理厂，流量从 0.04ML/d 到 0.4ML/d 不等（10000～100000gal/d）(Drier，1963)。到了 20 世纪 60 年代末期和 70 年代早期，美国的工程咨询师在很多他们设计的污水厂中，明确规定采用污泥好氧消化设备。

虽然好氧消化过程是较简单的、完全稳定化污泥的技术，但该工艺缺点还不明确，尚需再做探究。好氧消化的替代工艺，就是 20 世纪 70 年代开发的高温好氧消化过程（Jewell and Kabrick，1978；Matsch and Drnevich，1977）。在适宜的操作条件下，美国环境保护局（U.S. EPA）认定污泥经该工艺处理后，可转变为 A 类生物固体。经过深入研究，到了 20 世纪 90 年代，为了满足新出台的资源回收利用的规章和保证污泥处理效能的规定，相继开发了其他工艺，如好氧/缺氧消化和预浓缩污泥固体（U.S. EPA，1993）。

经过不断研究和实践，好氧消化工艺的控制进一步提升，可精确预测此工艺的性能。在生物营养盐去除过程中，随着这些控制技术的完善，并与系统内部营养物质循环过程控制相结合，好氧消化技术逐步完善，并已经得到了广泛的发展。相对于厌氧消化工艺而言，好氧消化工艺主要有两个缺点，即曝气能耗较大（如果持续运行）和不产生能源气体甲烷。

11.1.2 好氧消化工艺的优缺点

好氧消化之前最重要的两个优点是投资成本低且运操作简单，尤其对于工作人员较少的小型污水处理厂更为明显。很多时候，好氧消化需要的设备（鼓风机和曝气设备）比较简单，与二级处理过程的设备相似，维护过程也相似。相对于停留时间较短的厌氧消化过程，好氧消化还可强化挥发性固体含量的消减，降低清洁和维修工作的风险，且不会产生爆炸性消化气体。

以往，人们对好氧消化缺点的认识包括高能耗、高碱度消耗且病原体难以消除、污泥机械脱水较难以及氧转移速率（SOURs）低。当初好氧消化工艺主要应用在新建污水处理厂中，通常用于处理来自污水处理系统中的市政活性污泥，不包括初沉污泥，剩余活性污泥或者滴滤池污泥，或者剩余活性污泥和滴滤池的混合污泥。

关于好氧消化工艺的优缺点汇总见表 11-1。

好氧消化的优缺点（SRT＝污泥停留时间；ATAD＝自发热高温好氧消化）　表 11-1

优点	缺点
设备价格低当处理容量低于 $19000m^3/d(5mg/d)$ 异味少（除 SRT 和 ATAD 过程） 很好地适用于有剩余活性污泥的处理厂 构筑简单 无爆炸或窒息的危险 操作简单 低流量	当处理原污泥时，运行成本高和其他操作问题 相对于其他的稳定化过程需要消耗高能量，尤其是中温厌氧消化 除了 ATAD 过程，降低病原体有限且浓缩泥饼产量低 除了短时间的 SRT 和 ATAD 过程，消耗碱度量大

11.1.3 微生物学特性

好氧消化工艺的过程效能取决于污泥混合液的特性和环境条件。在很多方法中，好氧消化是活性污泥过程的延伸，在实际反应效能取决于消化池内污泥的停留时间。

好氧消化工艺的停留时间一般为 2～15d，异养好氧和兼性微生物主要用分子氧或结合氧作为电子受体，从剩余污泥可降解的有机物中获得能量。当剩余污泥中的有机物成分不足时，微生物就会开始分解，通过内源呼吸获得能量来维持微生物的活性。好氧消化的产物通常包括二氧化碳、水和难降解物质（即多糖、半纤维素和纤维素）。

如果延长曝气和反应器内的停留时间，消化过程则包括硝化过程，即氧化残留的有机物和自养氧化氨氮为亚硝酸盐氮和硝酸盐氮。该过程会产生无机酸使 pH 降低。采用周期性曝气或控制曝气流量可促进反硝化过程，即可部分恢复 pH。如果消化过程延长到超过 20d，难降解有机物也可被水解为可生物降解的基质（Kelly，1990）。

当有多段消化时，每段都可氧化有机物，可较好稳定污泥。不完全或部分氧化有机物，一般是易散发异味有机物的前驱物，经最终氧化降解，最终产物则不必再混合其他物质或再处理，即可达到排放或处置要求。需考虑成本和终产物的处置要求，再决定是否采用多段消化处理。根据美国环保局条例 503 的要求，污泥稳定化处理应满足病原体指标超过 A 级或 B 级标准。

延长停留时间，消化过程将会进入内源呼吸或者自氧化阶段，可近似地用公式（11-1）

表示（Metcalf and Eddy，Inc.，2003）：

$$C_5H_7O_2N+5O_2 \longrightarrow 4CO_2+H_2O+NH_4HCO_3 \quad (11\text{-}1)$$

式（11-1）中的$C_5H_7O_2N$是活性污泥系统中微生物或者细胞物质的简单计量化学式。细胞物质被氧化为二氧化碳、水和氨。超过75％～80％的细胞物质被氧化，残留的为惰性物质和难降解的有机物。在该等式中，可释放氨，但氨即可与二氧化碳（CO_2）结合形成碳酸氢铵（NH_4HCO_3）。从式（11-1）可知，在好氧消化初始阶段，可产生氨和碱度。

如果继续充分供氧，将会发生如式（11-2）所示的二级反应。硝化过程释放的1mol氨将会产生1mol的硝酸盐和2mol的酸度。产生2mol氢离子表征的酸度相当于减少2mol碱度。

$$NH_4^+ +2O_2 \longrightarrow NO_3^- +2H^+ +H_2O \quad (11\text{-}2)$$

结合式（11-1）、式（11-2）会产生式（11-3）：

$$C_5H_7O_2N+7O_2 \longrightarrow 5CO_2+3H_2O+HNO_3 \quad (11\text{-}3)$$

因此，在式（11-1）所描述的反应过程中，尽管微生物的内源呼吸或自发氧化过程可产生1mol碱度，即碳酸氢铵，但硝化过程却会消耗2mol碱度。虽然原污泥中有一定碱度，但在好氧硝化过程中，碱度易被大量消耗，则会造成pH大幅降低至5或以下，进而抑制后续消化进程。在这种情况下，pH越低就越会抑制硝化微生物的活性，导致硝化不彻底，即仅发生部分硝化反应，见式（11-4）。

$$2C_5H_7O_2N+12O_2 \longrightarrow 10CO_2+5H_2O+NH_4{}^+NO_3^- \quad (11\text{-}4)$$

通过反硝化过程，好氧消化能够补偿生化过程中碱度的损失。在充分混合的情况下，消化过程中的溶解氧水平会低至1mg/L以下。可使用标准氧化还原探针测定氧化-还原电位（Wareham *et al.*，1993）。微生物会利用硝酸盐氮为电子受体，如式（11-5）所示。

$$C_5H_7O_2N+4NO_3^- +H_2O \longrightarrow NH_4^+ +5HCO_3^- +2N_2 \quad (11\text{-}5)$$

式（11-5）的前提是假定在反硝化过程中的有机物量是足够的。否则，就需要外加有机碳源。

这些公式可组合为式（11-6）的形式：

$$2C_5H_7O_2N+11.5O_2 \longrightarrow 10CO_2+N_2+7H_2O \quad (11\text{-}6)$$

硝化/反硝化过程可减少消化污泥中的含氮量，这在污泥的土地利用中非常重要，在这一章后面会继续探讨这一特性。硝化/反硝化循环也会降低消化过程中的能耗。反硝化过程不需氧气，故可降低曝气能耗达到18％，并且能够补充损失碱度的50％，故无需添加化学药剂来控制pH。

11.2 传统的好氧消化

11.2.1 过程描述

正如前文所述，在很多情况下，好氧消化技术的发展是活性污泥过程的延伸。因此，好氧消化也分为半序批式和连续流，操作温度要求控制在10～30℃的范围。

起初的好氧消化工艺多设计为半间歇式工艺，这一概念仍用于很多设施中。污泥直接从沉淀澄清池用泵抽取到好氧消化池内。填满消化池所需的时间取决于消化池的有效容积、剩余污泥体积、沉降污泥量和挥发的物质量。在进泥过程中，污泥消化需要连续曝气。进泥完毕以后，仍需持续曝气直至污泥经足够的停留时间后可被完全稳定化。然后采取间歇曝气，稳定化后的污泥开始沉降。排出上清液，污泥经浓缩后的污泥浓度介于2%～4%后，开始排除浓缩污泥。当排除一定量的稳定污泥或上清液后，再循环重复以上步骤。在周期操作之间，需保留部分稳定化污泥在消化池中，作为种泥进而降解排入的生污泥。如果不再添加生污泥，则无需连续几天启动曝气装置（Folk，1976）。

现在已有半序批工艺的改进形式。在美国环境保护局（2003）中，这一改进系统被称为序批式操作，污泥每天添加或间隔时间更短地添加到消化池。对消化池内污泥进行曝气。池中污泥周期性的经过重力浓缩和上清液排除。该循环过程连续进行直至消化池内充满污泥，或者达到所需要的污泥停留时间。

许多工程师通过在消化池的局部区域安装静水井作为沉淀澄清区，以改造半批式系统可连续性运行以。目前为止，这一改进过程的效能并未得到证实（Folk，1976；Paredes，1976；Ritter，1970）。

传统连续流好氧消化过程和完全混合活性污泥法及其相似，如图 11-1 所示。直接将污泥从澄清池抽取到好氧消化池。控制曝气量在一定的水平，以保证溢流液进入泥水分离器。浓缩和稳定化的污泥既可循环到消化池也可排放后进一步处理。其他类型工艺包括设置多座并联消化池的“真正”的序批式系统，每个系列串联设置 2 座或多座工艺为半序批式、连续式和连续—序批式的消化池。根据使用的设备、设施要求和结构尺寸，每种状况都存在优势和劣势。图 11-2（*a*）、（*b*）所示为几种当前应用的工艺装置。

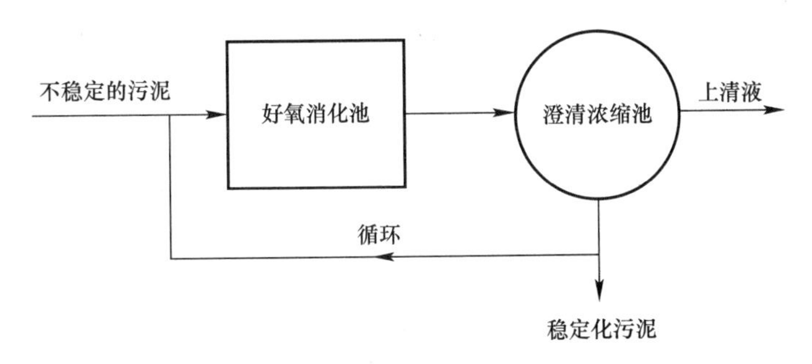

图 11-1 传统的连续流好氧消化池流程图（U. S. EPA，1979）

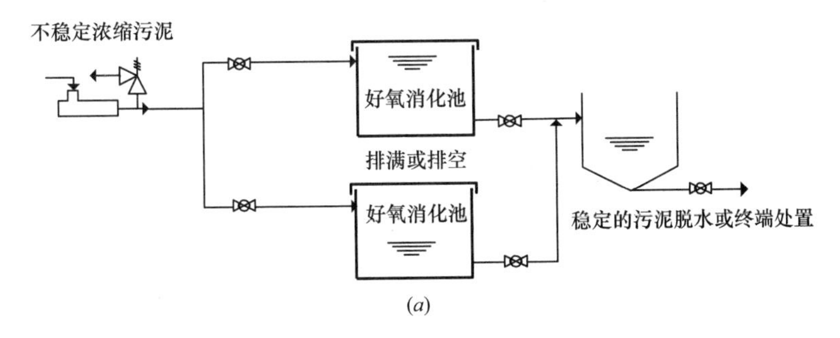

图 11-2 可供选择的好氧消化工艺构型（一）

（*a*）交替序批式消化池

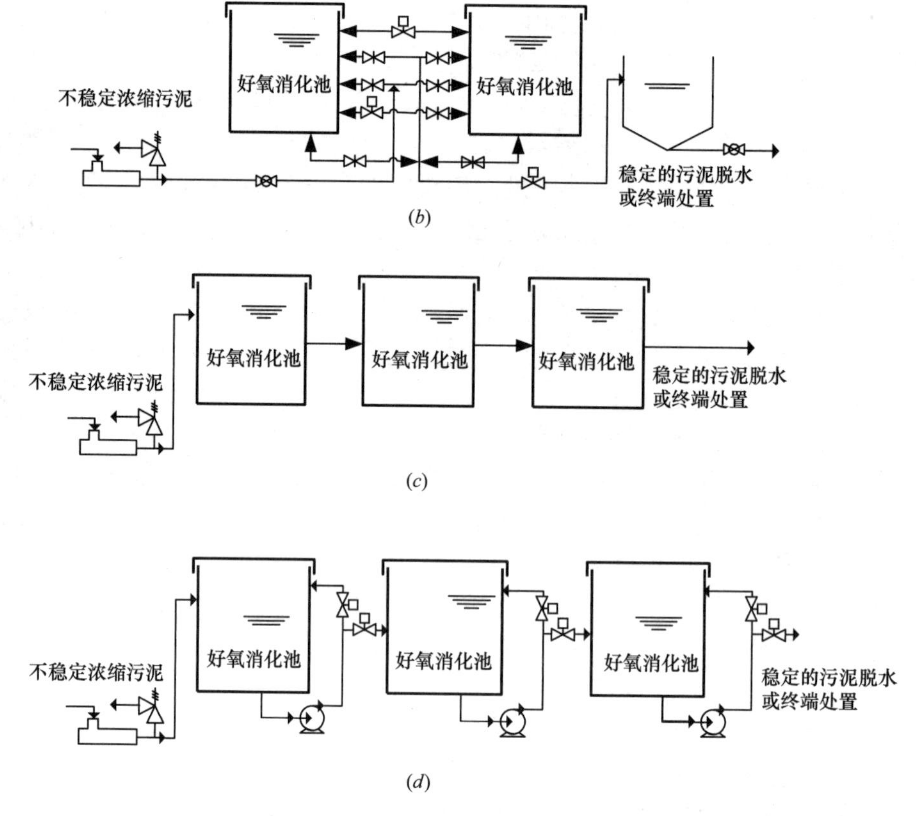

图 11-2　可供选择的好氧消化工艺构型（二）
（b）半批式消化池；（c）连续式消化池；（d）连续一批式消化池

除了传统的中温好氧消化，好氧消化工艺的几种演变形式有：（1）高纯氧曝气，（2）中温，包括微好氧系统，和（3）低温好氧消化。传统中温好氧消化是应用最为常见的工艺。因此，这一章的大部分内容专注于好氧消化工艺过程，并包括几种改进形式。

11.2.2　工艺设计、设备和选择

1. 反应器类型

好氧消化反应器在类型和尺寸上差异很大。反应器设计应基于当地条件和尽可能的考虑到适用性和稳定性。由于这些原因，除了最小型的设备，其他处理过程至少应包括两个好氧消化池。在某些装置中，也可在中间设水力隔墙，将池容一分为二。

构筑好氧消化池的材料多种多样。在设计过程中，混凝土有抗腐蚀性和设计灵活性。混凝土池可以是方形，长方形或圆形，并可建成任何深度池体。为增加曝气效率，池深应至少维持在 6m（20ft）或更深。钢制池体也有应用，只是在选择内部和外部涂层时要特别注意。钢制的容器通常为圆形，也有其他形状。钢制池体可以焊接或者用螺栓组合。不论对于混凝土还是钢制池体，都可采用不同涂层。

2. 单级反应与多级操作

传统上，好氧消化池常采用一个或多个并排运行，通常为半序批式（注满/排水/排泥）操作。这是由上游和下游工艺流程的操作特性决定的。许多污水处理厂，尤其是规模

较小情况，好氧消化池是否周期性运行取决于下游工艺流程。有可能根据每天或每周填充污泥干燥床的要求调整好氧消化池的运行周期，也有可能是根据每天操作脱水设备一次或两次的频率来调整好氧消化池的运行周期。这些间歇的操作决定了好氧消化池以半序批式运行。在较大规模的系统中，下游工艺流程采取连续操作模式，常配以单级连续流好氧消化系统。需连续加入基质且连续排出污泥的单级完全混合式反应器，由于具有单级反应时间短和完全混合的操作模式，对细菌和病毒破坏效能较差。

大多最新设计的反应池是采用2级或多级串联形式，实现多级、序批式操作。在很大程度上，这是由于美国环境保护局更认可多级串联反应器的处理效能（U.S.EPA，2003）：

（1）可采用多种工艺构型进行污泥好氧消化，包括连续式或间歇式加料，采用单级反应系统或多级反应系统。

（2）分段操作或许是替代单级完全混合反应池最实际可行的措施，例如连续使用两级或多级完全混合消化池串联。相对于单级反应过程，在多级处理系统中，从进口到出口经过多级适量处理后，污泥总量显著降低。如果病原菌总量消减的动力学过程已知，则就有可能估计出如何通过多级处理过程来改善系统运行效果。

（3）有必要通过合理的改进操作模式来完善处理系统效能。尽管并不能完全获知所有降低微生物含量的相关因素，但是仍需考虑一些安全因素。通过使用两个容积近似相等的反应池串联分级运行。相对于单级混合的连续好氧消化反应器而言，停留时间降低到70%。这里关于停留时间降低30%的考虑是工程中的保守估计，理论上的数据应为50%。在序批式操作或多于两级的连续分段操作中，停留时间也可缩短相同幅度。

（4）所需要的停留时间可从40d降低到28d（28℃/68℉），从60d降低到42d（15℃/59℉）。尽管停留时间显著缩短，但也能很好地消减病原菌。该工艺具有显著降低病原体的效能，但需得到美国某些州权威机构的认可。

由于串联工艺可强化运行效能和缩短污泥停留时间（SRT），两级串联反应系统的优点包括：

（1）提高病原体杀灭率；

（2）降低空气流速，相当于降低建设投资和操作成本；

（3）减少池容，相当于节省池体建造的投资费用。

在确定串联消化池的结构尺寸时，应该注意的是：为满足第一级好氧消化池溶解氧需求的空气流量占整个系统曝气量的主要比例。对于两级系统来讲，第一级需氧量占整个系统需氧量的大约70%。例如，如果过程中空气需求量为0.5L/(m^3·s)，且两级池容相同，则第一级的空气需求量占总量（0.5+0.5）的70%，即0.70L/(m^3·s)。此工艺的空气需求量有可能超过消化池的混合空气量。设计师须计算每级空气需求量以确保证每级消化池都能有充足的气量供应。

3. 管道要求

在好氧消化池的管道设计中，需要考虑几点因素。需要考虑进泥管，上清液（如果污泥在消化池浓缩）排放管，消化污泥排放管，以及消化池放空管。如果需要空气扩散装置，也需要设置空气或氧气管道。好氧消化系统需要设计沉淀池，在沉淀池中完成消化污泥和上清液的分离。需设置管道输送消化池的污泥进入沉淀池和剩余污泥排放管、上清液排出管和污泥回流管。

在设计污泥管道时，需要仔细考虑管道所需的尺寸和材料。管径取得过大会导致污泥流速较低，进而在管内沉积污泥，积聚油脂，造成运行维护困难。管径取得过小会导致水头损失较大，在极端的情况中，会过度磨损管件。选择管材应尽量避免油脂累积和可缓解由于堵塞造成的压力升高。

消化池的空气管道应该采用不锈钢材质。虽然也可使用碳钢或者镀锌钢管，但是这些材料易于腐蚀，尤其是在潮湿环境中。

在序批式好氧消化池的设计过程中，可以通过泵抽取或重力流来排除污泥和上清液。上清液的排除将在下文进一步讨论。消化污泥通常在池较低的位置排出。如果消化污泥管设置成倾斜布置和以阀门调节，也可以作为消化池放空管。否则，应该设置单独的重力排泥管以配合消化池维护时使用。如果污泥混合充分，可设置 1 根进泥管。如果进泥过多，应设置应急溢流管。溢流设施可以是竖直固定的管道，或者通过溢流堰槽并连接排出管路。

11.2.3　曝气设备

为了满足好氧消化池的供氧和混合需求，需安装几种装置进行调节，包括空气扩散系统、机械表面曝气系统、机械水下搅拌机、射流曝气系统以及不同设施的联合系统。

通常情况下，对传统的好氧消化池而言，传统曝气是最有效的方法。虽然可采用高纯氧气（HPO）系统，但对活性污泥曝气池而言，这些系统的设备费通常较高。虽然高纯氧曝气设备昂贵，但由于纯氧曝气较传统曝气不易散失热量（Matsch and Drnevich，1977），故对于高温好氧消化过程而言，高纯氧曝气更加可行有效。

1. 扩散曝气设备

微孔和大孔气泡扩散器已经在好氧消化池应用。通常情况下，当消化池内的混合过程是限制因素时，大孔气泡扩散器可提供足够的曝气以强化混合。因为穿过大孔气泡扩散器的扬程损失通常较低，所以低压条件下就可以进行大孔曝气。大孔曝气的运行维护要求也较低。然而，当曝气成为限制性因素时，例如在多级消化池或处理原污泥的消化池，微孔气泡扩散器则能更有效的实现能量转移。

扩散器的堵塞是好氧消化池中潜在的问题，尤其是在周期性沉淀和去除上清液的消化池中。当停止供应空气时，污泥能够进入空气管道和附着在管道或扩散器的内壁上。抗堵塞和多孔介质扩散设备较大气泡扩散器，孔嘴式扩散器能更有效避免堵塞情况。但多孔扩散器仍易发生表面污染。

扩散空气系统的优点为：调节供气速率可控制氧转移；引入压缩空气到消化池以提高系统内温度，从而减少寒冷天气的热量散失；由于池中水面扰动较弱，故消化池系统内热量散失较小。在好氧消化池中，相较于空气扩散系统具有的优势而言，其易堵塞的问题往往更为显著。如果采用扩散空气系统，则必须明确规定确保扩散器和空气管道易于清洁维护的做法。

好氧消化池中扩散空气系统的设计和那些传统活性污泥系统相似。扩散器通常位于消化池底部。也可将扩散器安放在消化池的一侧以制作螺旋或者横滚轴的布置模式，或者安装成池底的网格系统。通常需要空气量为 0.33～0.67L/m^3 以保证池内混合充分。空气流量应以满足消化池负荷的氧气传质要求来定。

2. 剪切管

池底扩散器的替代方式有剪切管或通气管系统。剪切管供气系统包括有终端出气的空气吹风管，或者由终端有中气泡扩散器和周围连接的剪切管的空气吹风管组成。空气吹风管从水面上方通入消化池直至距离消化池底部 0.6～1m 处。剪切管延伸到空气吹风管下方，直至消化池下方 0.3～0.6m 处。气流向下到空气吹风管末端后再上升，剪切管可限制释放的气泡大小和流速。通过空气吹风管和剪切管可形成气流提升效应，进而促进泥水在池内循环和曝气充氧。使用无堵塞空气扩散器可保证缺氧条件下不会发生堵塞。使用这种系统的要求是水深在 6.1m（20ft）以上，以保证运行效果。

相较于传统大孔气泡扩散器来讲，剪切管扩散器的优势体现在氧传递效率更高和混合效能更好，这些扩散器系统的设计适用于更高的消化池，其结构特性可提高氧气传递效率和混合效能。这些系统利于硝化池运行模式在厌氧好氧模式间转换。

这类扩散器的缺点在于，消化池必须是处于满容状态，或液面至少应高于剪切管顶部实现有效的混合和曝气。对于多级消化池系统而言，剪切管供气系统最好安装在第一级消化池中，也可安装在消化污泥脱水池或贮泥池内。

在圆形消化池中，剪切管在消化池中间以束状形式安装。对于方形消化池，剪切管安装在长边两侧以形成双辊卷筒模式（Daigger et al.，1997）。图 11-3 为剪切管系统工艺的平面和剖面示意图。

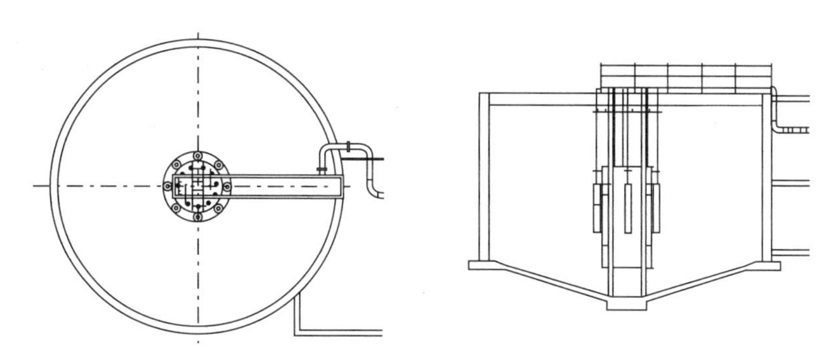

图 11-3 常用的剪切管曝气系统装置（Daigger et al.，1997）

3. 机械表面曝气机

机械表面曝气机通常浮在水面上，采用浮筒设备安装，可设计成低速或高速运行。在好氧消化池中通常采用低速运行。相较于空气扩散系统，机械表面曝气系统结构简单和维持操作容易，并且不易被污染。表面曝气的缺点在于不可控制供氧速率，大量泡沫会造成表面曝气机的性能恶化，由于在水面较大深度的区域都存在剧烈扰动，故会造成泡沫大量堆积在液面，进而增加系统热损失，而且，在冬季低温期间，由于设备溅起液体，易造成结冰。

4. 淹没式机械曝气机

机械淹没涡轮曝气机（和其他机械混合和空气扩散的联合系统）可避免空气扩散设备和表面曝气机设备的某些缺点。通过调节淹没式叶轮的供气流速可以控制供氧速率。因为叶轮是淹没状态，与表面曝气机相比，淹没式曝气机对泡沫条件不敏感，且可避免表面曝气机易产生的结冰和热量散失问题。此外，淹没式曝气机仅可作为搅拌混合器使用，故可促进反硝化进程。

5. 射流曝气

射流曝气装置不仅具有淹没式机械曝气机的很多优点，还具有其他优势。在较小规模的系统中，文丘里泵式设计具有很好的曝气和混合效能，而在较大规模的系统中，则需多级射流单元组合使用。文丘里泵式设计模式是将泵和文丘里管连接起来，通过消化池内物质循环，提升空气，经过文丘里管的窄截面区，实现消化池内曝气和混合效果。可通过调节泵转速来调整消化池内温度和需氧量。

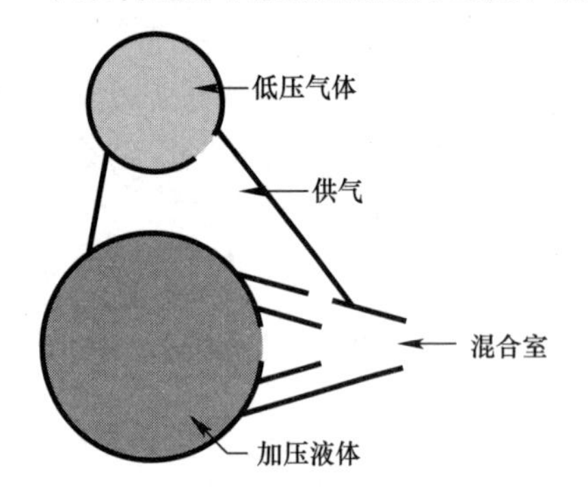

图 11-4　射流曝气喷嘴的横断面

大规模的射流曝气系统通过混合泵，带有组合喷嘴的淹没排水管实现消化池内混合，并将来自文丘里喷射器或鼓风机的空气注入池内。这些喷嘴可沿集管纵向安装或沿中心管呈径向安装。不论是何种情况，空气都是在升流式管道内传送，液体是在更大的集管内输送，见图 11-4。液体流动的流速可产生文丘里效应，促进空气吸入到泵出水中。根据需氧量和消化池深度，所形成的文丘里效应足以提供消化池所需空气量，而无需再设置鼓风机辅助曝气。然而，大多数情况下，都还是设置一台鼓风机提供空气。使用混合泵可提供抽取液体的动力。不管有无空气混合，这种结合模式都可强化灵活的混合效果。这些设备通常比淹没式涡轮机更易于安装，并且氧转移效率较高。当液体流动路径中空间较小，以至于好氧消化池中常见的纤维固体难以穿过时，设备的堵塞问题在过去也有发生。这种联合使用模式可促进絮体剪切和简化后续的脱水难度。

与其他扩散曝气工艺相比较，射流曝气系统可产生较高的 α 值。在标准设计指标范围内，射流曝气的 α 系数较大气泡扩散曝气系统的 α 系数高出约 28%。这个高的 α 值是由于高流速和液压系统中混入空气紊流引起的强烈混合提供。由于高的氧转移效率和混合能力，射流曝气经常在自发热高温好氧消化（autothermal thermophilic aerobic digestion，ATAD）中使用。在好氧消化池中，应用该技术可在污泥浓度高达 3.0%和反应器温度超过 55℃时，仍能保证有高效的氧气传递和混合能力。

6. 鼓风机

扩散曝气、射流曝气和淹没式涡轮系统都需要鼓风机提供低压的压缩空气。有时，消化系统所需的空气量可由初级处理过程的鼓风机提供，这种方式在处理规模较小的污水处理厂中较为常见（通常处理流量$<0.2m^3/s$）。这种供气系统的优势是可节省操作单元，并且维护价格也较低，劣势是可能干扰初级处理过程各单元的运行，通常初级处理单元需要保持运行稳定，而消化池的运行状态则处于动态变化中。因此，好氧消化池常需配备分离的，专用的鼓风机。这样的话，二级处理曝气系统和消化曝气系统可各自达到优化的设计运行条件，还可降低动力费用。但投资费用可能较高，但是运行控制问题则会简化。

和活性污泥系统选择鼓风机的依据相似，在好氧消化池中的鼓风机也可选择相同型号。包括离心鼓风机、再生式鼓风机、容积式鼓风机和进口导叶/可变扩散式鼓风机。每种鼓风机都有其独特的优势和劣势。当设计者选择鼓风机类型时，需考虑消化池的操作运行条件。例如，离心鼓风机和离心泵的操作相似，根据操作曲线可知，压力增加都可导致气流量减少。然而，离心鼓风机通常比容积式鼓风机效率更高。因此，如果消化池的运行操作条件是变化的，鼓风机背压的变化会导致气流量变化，为避免此情况，需使用控制阀或者变速驱动。此时，更适合采用容积式鼓风机。如果消化池在一个相对恒定的工况条件下操作，则更适合采用效率较高的离心式鼓风机。

7. 泵

好氧消化池中污泥进入和排出所用的泵已经在第6章讨论过。实际的消化工艺中，并不常采用泵，除非使用射流曝气的情况。此时，需根据经销商的建议决定采用适合的泵。

泵的选择需要考虑几个因素。首先，选择的泵必须有能力满足射流曝气系统的流速和压力要求。通常情况下，消化系统所需的泵要求高流量、低压力特性，且要求污泥处理能力较好。另外需关注的因素是过泵液体温度。许多潜水泵需依赖过泵液体来冷却电动机。在中温或高温消化池中，液体温度较高不利于对泵进行冷却。当输送这些高温流体时，建议采用传统干式泵或配备外部冷却装置的潜水泵。

8. 曝气和混合要求

在大多数传统的好氧消化池中，如果供气充足，就会发生较完善的硝化反应。按照式（11-3）的当量关系，每氧化1kg细胞物质需要1.98kg氧气。然而，通过中试试验和生产运行研究，可得出降解1kg挥发性固体需要的氧量为1.74～2.07kg。对于温度较高的消化系统而言，建议降解1kg挥发性固体需氧2kg。

对于大多数好氧消化池，曝气设备足以有效对消化池内的泥水进行混合。通常，$1m^3$容积的消化池混合所需气量是$1.2～2.4m^3/h$。然而，当使用微孔曝气或纯氧曝气时，满足消化池供氧的气量可能不能满足混合要求。类似地，当浓缩污泥时，气体流速也不能维持污泥悬浮。因此，在这些情况下，需要补充混合设备，这样利于厌氧/好氧操作调节。

好氧消化池内需通过混合保证污泥处于悬浮状态，并将脱氧液体连续输送到曝气装置。无论是哪种要求，在消化池设计时，都需考虑最大混合能耗。通常，在10^3m^3的消化池容积中，混合能耗一般为20～40kW。设计者应咨询有经验的曝气设备供应商来确定设计参数。

11.2.4 生物污泥脱水特性

通常，除厌氧消化污泥外，好氧消化污泥不需要脱水。虽然，运行良好系统的操作报告已出版（Reynolds，1967），但也有报道称，好氧消化污泥的机械脱水较其他污泥脱水难度更大（Burton and Malina，1964；Ganczarczyk and Hamoda，1973）。导致好氧消化污泥的脱水困难的因素有很多。例如，调查发现，随着污泥龄的增加，好氧消化污泥的脱水特性会变得恶化（Bisogni and Laurence，1971；Ganczarczyk and Hamoda，1973；U.S. EPA，1977）。污泥组成也很重要，一定浓度的二价阳离子可改善污泥的脱水性能（Murthy and Novak，1999）。

11.3 高温好氧消化

高温好氧消化工艺发展沿革的概述是Layden et al.（2007a）总结的，总结了20世纪

60 年代早期到现在在北美洲和欧洲的技术发展。与传统好氧消化工艺不同的是，在特定的操作条件下，美国环境保护局认为，如自发热高温好氧消化池作为可减少病原体数量的方法，其终产物中病原体含量较低。在该工艺中，污泥经浓缩后，进入消化池的污泥浓度在 4%～8%。在消化池中，污泥生物降解产生的热量和通过混合和曝气补充的热量可保障池内液体温度。在污泥温度低于 20℃以下的高纬度地区，则需要通过循环系统保持污泥温度。在脱水时或对于立即利用和不需贮藏的污泥需进行冷却处理。通常，消化池中的反应池温度需控制在 45～65℃。表 11-2 总结了自发热高温好氧消化池的典型运行参数。

表 11-3 所示为了自发热高温好氧消化的优缺点（Jewell and Kabrick，1978；Kelly，2006；Kelly et al.，2009；Layden et al.，2007b；Matsch and Drnevich，1977；Surucu et al.，1976）。

通过增加消化池容积到水力停留时间超过 20d 的程度，可实现池内冷却，促进硝化/反硝化，增加消化污泥稳定性，并可使不完全氧化的有机物能得到充分氧化（Kelly，1990）。如果空间不是限制性因素，延长水力停留时间可增强消化池的运行稳定性。

自发热高温好氧消化的典型运行参数　　表 11-2

参数	值
进水污泥浓度	40～80g/L（4%～8%）[a]
挥发性污泥浓度	≥30～70g/L（3%～7%）[b]
水力停留时间（天）	10～15d[c] 和更长
供应空气量（m^3 空气·h/m^3 消化池容积）	0.5～4[d]
氧化还原电位（mV）	反应器内－400～＋100
比功率（W/m^3）	100～250[e]

[a]污泥浓度低于 4%时，加热液体所需热量会较多，故应该避免污泥浓度过低。污泥浓度大于 10%～12%时，混合能耗则不足，难以维持污泥处于悬浮状态。只有污泥中含有大量脂肪、石油和油脂时例外，此时污泥浓度尽管很高，但维持池内的混合状态并不耗费很多能量。相反地，当消化池进流含有较高浓度的溶解性有机物时，在保证消化池中的生物量足够的情况下，应保持进流污泥浓度尽量低。

[b]挥发性固体通常占污泥总浓度的 70%～85%。

[c]少于 10d 的较短水力停留时间能仅仅维持短的周期，除非使用高能量有机物或者使用高的比功率密度。水力停留时间和污泥停留时间被认定为相等的。

[d]需要微量氧气和发酵的空气供应不需超过 0.5v/(v·h)（表示为空气体积/消化池容积的小时数）；正常空气速度应该在 0.5～1.5v/(v·h) 之间，这取决于污泥流速。高空气流速会导致消化池中热量损失，需要增加功力强度来补偿（Layden，2007a and b；Kelly，2009）。

[e]一些设备使用超过 500W/m^3 的功率强度，也有报道提到有低于 80W/m^3 的功率强度；在消化池启动阶段或极端条件下，一般使用较高的功率强度。实际运行中，一般采用可变速操作设备以调整运行过程中变化的能量需求。

自发热高温好氧消化的优缺点　　表 11-3

优点	缺点
1. 满足污泥的 A 类要求和产生巴氏消毒污泥	1. 产物有气味，系统需要完全的排气控制和处理
2. 有机污泥的消化速率很高，因此，仅需要小型的消化池容积即可	2. 污泥加入消化池之前，需要浓缩到含 5%干污泥的体积
3. 反应容积完全与外界隔绝，简化臭味控制残余污泥不需要预处理	3. 产物可能需要脱水；相对于中温消化污泥需求而言，每吨污泥可能需要大于 2～3 倍的聚合物絮凝剂
4. 污泥可以完全控制直到消毒和稳定	4. 产物需要冷却以降低有气味气体排放和降低脱水聚合物絮凝剂的需求
5. 不需要打开池槽	5. 可能需要处理侧流
6. 机械系统简单，工艺容易操作，启动和关闭容易	6. 必须进行泡沫控制

续表

优点	缺点
7. 能源需求低于其他的好氧处理系统取决于设计，用压滤机处理产物可能脱水到含25%干污泥的体积，离心的话可能达到30%干污泥的体积	7. 一些过程是专有的
8. 工艺流程可能重新使用已有的消化池以节约投资费用	8. 一些系统供应商/设计师无经验，安装系统不考虑充分
9. 工艺也许要针对污水处理厂特定的处理需求而设计，要避免优先使用固定的工艺包	9. 需要注意腐蚀/侵蚀控制
10. 工艺流程能很好地追踪记录哪里使用了验证的设备	
11. 不需要锅炉或气体处理氧化步骤	
12. 比中温消化系统少30%～40%的需氧量，因为硝化菌存在于中温消化系统这一温度范围内	
13. 工艺流程的第一阶段可以用来回收生物去除的挥发性脂肪酸和鸟粪石中磷的循环使用（Kelly，*et al*，2009）	

11.3.1　设计影响因素

美国至少有2家制造商可完成高温自发热高温好氧消化（ATAD）系统的设计、建造和安装工作。另外，工程师也设计了多个自发热高温好氧消化系统（Kelly and Warren，1997；Layden et al.，2007a and b）。美国大多数的消化池装置都基于德国的Fuchs工艺。这些系统的典型特征包括污泥预浓缩，在自发热高温好氧消化工艺前有一个污泥接收池（批式和半批式系统），预热污泥热交换器，2个或多个连续的封闭的或隔热反应器配置（除批式操作外），混合/曝气和泡沫控制设备和终端的后置自发热高温好氧消化，或者储存/后置浓缩池。也可在最终沉淀池中实现热量回收，或从贮存或脱水、终端处置前的污泥中回收热量。

1. 反应器类型

和多数的消化工艺相似，自发热高温好氧消化系统也存在单级或多级的工艺流程。由于在进一步减少病原体的工艺中不存在短流情况，单级系统中也可和多级系统一样降低挥发性固体含量。除非批式操作，由于单级系统对病原体杀灭率低，其所产生污泥的处置方式很受限制，仅局限于土地卫生填埋或者限制性的土地利用。污泥替代的处置模式是，由于单级系统所产生污泥中的有机物可满足A类堆肥要求，故该系统消化后的污泥可用于堆肥处理。美国环境保护局已明确要求，当污泥处理后须达到A类标准时，应采用多级操作或者序批式工艺。工艺流程如图11-2（*a*）、（*b*）、（*d*）所示，这几种类型皆能满足美国环境保护局的要求。根据美国环保境保护局对抗冲击状况和杀灭病原体的要求，建议采用可避免短流的多级串联反应器（Schafer，1994），如图11-2（*c*）的类型。然而，这种类型并不在美国环境保护局定义的PFRP系列之内。

通常，在两级工艺过程中，每级反应池的容积是相同的。图11-2（*a*）所示的序批式模式中，应在反应器前设置有足够容积的贮存池，以保证序批式工艺为达到A类处理要求所需的停留时间。例如，如果需要的平均停留时间为10d，并且只有一个序批示反应器在运行，须提供停留时间大于10d的贮存池。相反，如果并排有10个序批式反应器，则贮存池的池容只需要满足 1d 即可。在图 11.2（*b*）所示的 Fuchs 半序批式模式中，部分污泥从第二级或者终级回流到存储池中，其余污泥从第一级再流到第二或终端单元，该阶段无需曝气，大约需要 1h。之后，污泥进入一级消化池。半序批式工艺可避免病原体随短流进入出口，但浓缩污泥需在每天投配到消化池之前贮存 23h。图 11-2（*d*）所示为组合模式，为了达到 PFRP 的处理要求，第二或者中心反应器仍按序批式运行。消化池 1 为容积可变式的连续进泥、周期性排泥到池 2 的操作模式；消化池 3 为可变容积式，可从消化池 2 周期性进泥，并连续式排泥。每天通过循环泵或者专用泵混合、回流污泥，以维持污泥在消化池中经一定的停留时间和温度环境，进而杀灭病原体。此流程中，在上游不需要额外的贮存池。图 11-2（*c*）所示为最简单的工艺流程示意图。该流程中，可实现泥、水在消化池内连续传输。在多级反应器系统中，根据是否需连续排泥的要求，终端反应器可按作为贮泥或排空运行，该装置在 A 类工艺流程不予采用。

消化池形状可以是圆形或长方形，材质可能为钢筋混凝土或者钢制。应考虑隔热设施以保存热量。初始设计参数是高径比为 0.5～1.0（U. S. EPA，1990），该参数值适合消化池深度为 3～5m（10～16ft），这是因为早期的消化池是采用涡流混合以及曝气设施，为达到混合空气的效果，涡流系统需浸没较浅。随后，在消化池系统中采用循环泵和射流曝气系统，由于曝气和混合效果可依据消化池具体结构尺寸来设计，故消化池高径比的控制就无需很严格了。不论何种情况，为了保存热量和控制气味，消化池都须加盖和采用隔热设施。通常，第一级消化池应控制在约 50±5℃的温度范围内运行，pH 为 7.2 或者更高。第二级在 65±5℃的温度范围内运行，pH 为 8.0。实际运行调控模式也会影响反应器内的温度水平。

2. 曝气设备

在自发热高温好氧消化系统中，可采用多种类型的曝气设备。之前讨论的适于自发热高温好氧消化系统的曝气体系包括微孔扩散曝气和射流曝气。对于扩散曝气设备，空气量取决于微孔曝气设备的效率（一般认为效率范围为 50%～70%）。当 HRT 为 8h、COD 去除率为 43%时，COD 与 VS 的比值为 1.86/1，空气流量约为 0.6～1.0v/(v・h)。空气流量过高会造成热量流失较多，尤其是在较高温度环境条件下，气体散失和蒸发会带走大部分热量。因此，不应该采用大孔曝气系统。在进行曝气系统设计时，一般认为空气中氧含量的质量百分比为 23.2%，空气密度为 1.3kg/m^3。

除先前讨论的系统外，也有几种曝气系统已成功应用在自发热高温好氧消化系统中。常用的系统为机械文丘里曝气机，通过引入的涡流机制，可从自发热高温好氧消化外汲取空气。该系统可通过使用循环泵和文丘里曝气机提供混合和曝气。目前已有浸没式或者干式安装系统。也有供应商和设计者采用文丘里泵射流曝气系统和 Sinkair 曝气机，见图 11-5。

Copa Sinkair 曝气机（Ovivo，Montreal，Canada）是通过从消化池的表面循环液体并将其垂直输入反应器。通过文丘里效应输入空气量。Sinkair 曝气混合器具有控制泡沫的优势，但混合深度有一定限制，且曝气效率较低（见图 11-6）。

为使中温微生物和底物间传质、反应加快，故需要进行混合和补充热量。为了混合充分，最小的剪切梯度为 450s^{-1}，反应器温度在 50～60℃之间需要的输入功率密度至少为 100W/m^3。

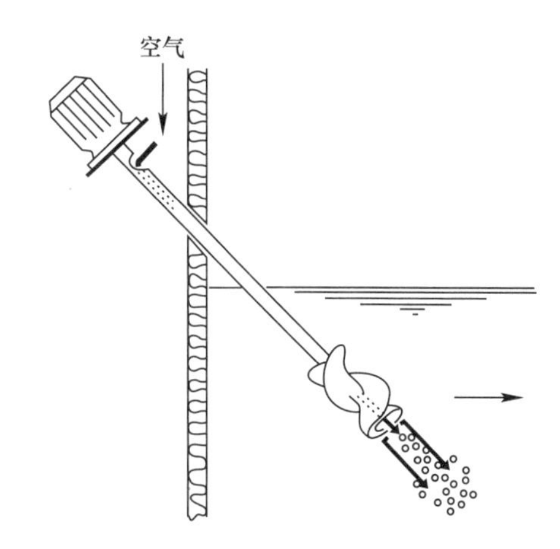

图 11-5 Fuchs 自吸式曝气机

自发热高温好氧消化系统会产生大量的泡沫。因此，在这些系统中需要采用控制泡沫的设施。文献（Kelly and Warren（1997）；Kelly and Wong（1997a，1997b））着重讨论了消除过量泡沫的设施。反应器的设计应该包括约1m 的超高以阻挡 100～400mm 的泡沫层。消化池的上层挡板应能容纳泡沫层，若有泡沫发生，应将其排放到分离池中再进行处理。在每个消化池中应设置泡沫传感器进行监控，在泡沫发生期间，应减慢或关掉混合和曝气设备，或可使用泡沫抑制剂。然而，通常使用机械和水力系统来减少泡沫产生或者将泡沫重新融入液体。

图 11-6 Sinkair 曝气/混合器

3. 高纯氧气的使用

保持自发热高温好氧消化系统高效率的关键在于减少热量损失，因此需要在自发热高温好氧消化中进行高效的曝气。因此，高纯氧气也在自发热高温好氧消化系统得到应用（Matsch and Drnevich，1977）。在高纯氧气系统中，气体流量较低就可保持好氧条件，因为氧气浓度比空气中的氧气浓度高得多。这样曝气时损失的热量就很少，并可减少需处理的排气量。

4. 异味控制

对自发热高温好氧消化设备而言，异味控制是个关键的运行维护问题。异味通常描述为具有刺鼻的，辛辣的氨气或类似腐殖质气味的特征。氧化的每一阶段都会具有不同的气味特征。由于消化池中的高温和低 HRT 特性，自发热高温好氧消化系统中的硝化效应会得到抑制，且消化期间定会释放氨。在自发热高温好氧消化反应器中，pH 通常会升高，也就会有氨会被释放出来。虽然许多早期的设施不包括控制异味的设备，但现在的设计则要求控制异味（Kelly，2006；Kelly and Mavinic，2003；U.S.EPA，1990；Vesilind，2003）。通常，这些处理废气的控制系统相当于生物吹脱器；气流氧化方式一般采用紫外、臭氧或电离，湿式和干式气体洗涤器或生物过滤系统。在某些情况下，也有采用可再生的热氧化剂。在湿式或干式气体洗涤器之前，使用运行成本较低的系统如生物滤池，可降低操作成本和提高去除效率。处理过程也包括在液体中添加氧化剂，例如铁盐或铁氧化物。如果有足够的池容可用，延长停留时间可利于降低异味。

11.3.2　污泥来源和浓缩要求

如上所述，自发热高温好氧消化系统使用浓缩污泥来获得自发加热的能量。通常，已浓缩到固体含量为 4%～8%的污泥，其中可生物降解的挥发性固体含量至少为 2.5%。对于此类污泥，通过补充 15～35kWh/m^3 的混合能量后，其自含的可生物降解的挥发性固体通过消化足以提供自加热能量。

在图 11-2 的流程（*a*）和（*b*）中，在进泥系统和自发热高温好氧消化系统之间，在需设后置浓缩池来贮存污泥。图 11-2（*b*）的流程中，需要保证消化所需要的充足时间，消化池进泥时间一般为 0.5～1h。因此，在正常操作条件下，需设置贮存浓缩污泥至少达 23h 的污泥池，该污泥池可根据需要采取曝气措施。当曝气时，它会成为自发热高温好氧消化流程的主体单元，如图 11-2（*c*）、（*d*）所示，无需额外的反应器。

11.3.3　后置冷却和贮存要求

二级消化池排出的污泥温度通常远高于 60℃。将消化污泥冷却至低于 35℃（95℉）后，用于脱水的化学药剂用量即可显著减少，且脱水过程更易于控制。此外，蒸汽和异味释放也会明显降低，从而改善操作环境条件。除在消化池中对污泥进行冷却外，还可以使用热交换器来进一步冷却污泥。可在消化污泥/污水冷却回路系统中使用螺旋式热交换器，在冷却和污水/污泥加热中起到辅助作用。套管式污泥/生物污泥或容器内管式热交换器也有较成功应用（Kelly，1996）。尽量避免使用螺旋式热交换器对污泥/生物污泥进行冷却。

贮存池也需要适当的维护操作。图 11-2（*b*）所示流程中，在半序批式操作模式下，消化池中的污泥可在 0.5～1h 排空。因此，在污泥进行脱水之前，需要设置和消化池等体积的贮存池。图 11.2（*c*）和（*d*）的流程中，终端反应器就是消化污泥贮存池，并且排出的消化污泥流量应与脱水系统相匹配。终端贮存池可配置管道作为热交换器，用于冷却终端贮存池中的污泥，并加热初级消化池中的污泥。

11.3.4　动力学

为自发热高温好氧消化工艺确定反应器尺寸和污泥消化程度，Vesilind（2003）建立了公式，连续搅拌反应器的反应速率模型如式（11-7）所示。

$$\frac{X_{out}}{X_{in}}=\frac{1}{[1+K_T\times V_e/Q]^N} \tag{11-7}$$

式中　X_{out}——反应器出口的 COD 浓度或挥发性固体浓度，mg/L；

X_{in}——第一级反应器进口的 COD 浓度或挥发性固体浓度，mg/L；

N——串联的反应器级数，假设反应器体积相同；

V_e——每个反应器的有效容积，m^3；

Q——每天的污泥流量，m^3/d。

当反应器体积不同时，可简单地通过增加其他反应器为乘数而扩展，等式分母［1+

$K_T \times V_e/Q$] 并降低指数 N。

11.3.5　系统效率

自发热高温好氧消化系统最主要的一个优势是能够大量杀灭病原体。正如 2003 年美国环境保护局概述，当液态污泥在空气或氧气搅动下保持好氧条件，并且污泥的平均停留时间为连续 10d 时，55～60℃（131～140℉）的条件下，该工艺流程即能满足 A 类的污泥消化处理要求。然而，尤其需要注意的是，在未填充满消化池或消化池需要不足 1d 就需进泥的情况下，为避免短流或旁流现象，应采取回流消化污泥的操作。

在自发热高温好氧消化工艺流程中，挥发性污泥降解是提供能量的主要来源。自发热高温好氧消化反应器中的微生物可通过降解污泥中的有机质产生热能，从而使污泥稳定化分解。污泥分解程度随污泥本身特性和操作条件而不同，表 11-4 提供了关于自发热高温好氧消化系统中挥发性污泥降解方面的报道（Spinosa and Vesilind，2001）。

挥发性污泥的去除与处理污泥的类型　　表 11-4

污泥来源	挥发性污泥去除率（%）	参考文献
延时曝气污泥	25～35	Schwinning and Cantwell，1999
原始污泥＋剩余污泥	30～56	Schwinning and Cantwell，1999
原始污泥＋剩余污泥＋滴滤池污泥	43～66	Schwinning and Cantwell，1999
剩余活性污泥	25～40	U. S. Environmental Protection Agency，1990

11.3.6　自发热高温好氧消化污泥的脱水处理

与传统的消化污泥相比，通过自发热高温好氧消化系统产生的消化污泥的脱水特性有很大不同（Zhou et al，2001）。来自于自发热反应器中的污泥需要的化学脱水药剂用量较大，通常包括金属盐类絮凝剂和聚合物絮凝剂，若不投加聚合物絮凝剂则污泥很难脱水。剩余活性污泥经自发热高温好氧消化系统消化处理后的脱水性能会明显变差，但是对于初沉污泥和混合污泥而言，影响较小。污泥停留时间对传统消化污泥的影响与其对污泥脱水性能的影响显著不同。自发热高温好氧消化系统排出的污泥具有絮体较小、溶解性蛋白质和多糖较多，故消化污泥的脱水性能会降低。正如下文所述，当污泥在中温条件下浓缩时，可一定程度上改善污泥的脱水性能。

11.3.7　后置自发热高温好氧消化—中温稳定化

在自发热高温好氧消化系统中，为了改善污泥的脱水能力，可在中温条件下增设消化池，继续进行污泥稳定处理。通过再增加 10d 的中温消化过程，可进一步对污泥进行消化，不仅可实现污泥的稳定化，还可降低脱水药剂的用量。来自热处理系统（Crown Point，Indiana）的延时曝气自发热高温好氧消化过程相当于增设了一座同时硝化/反硝化反应器（SNDR）。在这个反应器中，污泥冷却至温度低于 35℃（95℉），并进行混合和曝气。较低的温度可促使硝化和反硝化发生。研究发现，在后置中温污泥消化过程中，可降低污泥中的氨氮和胞外聚合物（EPS）浓度，这意味着后续脱水过程可显著节省化学药剂的需求量。另外，通过硝化反硝化反应器可实现污泥减量达 10%～15%（Scisson，2006，2009）。

图 11-7 所示为自发热高温好氧消化系统中溶解性 COD 和氨氮浓度的变化（Bowling

Green，Ohio)，自发热高温好氧消化反应器有反应器 1 和 2，硝化反硝化反应器（SNDR）3，和增设的好氧贮存反应器 4。这些数据证实，在 SNRD 系统中溶解性 COD 和氨氮去除率可达 65%。通过投加聚合脱水剂，可形成含固率达 35%的泥饼，在无需电解质脱水剂投加的情况下，聚合药剂投加量（干重）约为 3.1kg 干活性聚合物/吨干污泥（Scisson，2009）。

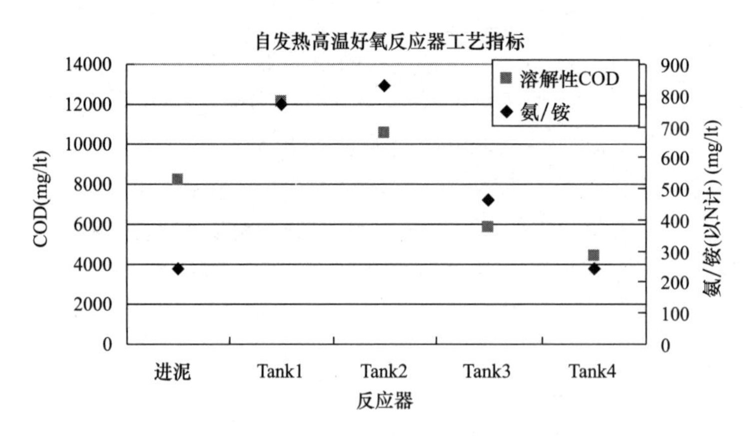

图 11-7　同步硝化/反硝化反应器和贮存池中溶解性 COD 和氨氮的去除的降低，Bowling Green 污水处理厂，Bowling Green，Ohio（Scisson，2009）

11.4　低温好氧消化

低温消化是指好氧消化操作在温度低于 15℃（59℉）的条件下进行，在寒冷地区的 WWTPs 中常见。经验表明，细菌的代谢速率和温度有很强的相关性，并且随着温度降低，消化将会消弱（Mavinic and Koers，1977，1979，1981）。在温度为 10℃（50℉）时，消化所需的最小停留时间为 55～60d，这样才可充分降解挥发性固体（38%～40%）。在温度为 5℃（41℉）时，即使停留时间为 80d 时，污泥仍难以消化稳定。为美国军队所做的一项研究表明，由于低温时本底微生物群落结构发生改变（Schneiter et al.，1984），因此用于预测好氧消化性能的许多基本动力学模型已不再精确和适用。在美国环境保护局的导则中指出，当温度低于 10℃（50℉）时，通过公认的时间—温度操作控制模式已不能满足杀灭病原体的 B 类要求。此时，WWTP 工作人员将采用其他替代方法来杀灭病原体。低温消化是传统中温好氧消化技术的延伸，涉及随季节变化而采取的低温条件操作。然而，本底微生物群落的适应性转变还需通过采用较为保守的设计方法才能实现。

11.5　其他组合工艺

经过人们努力的研发工作，好氧消化系统可与其他工艺过程进行组合，形成新的组合系统。这些组合工艺介绍如下。

11.5.1　同步工艺

同步污泥减量工艺（Siemens，Warrendale，Pennsylvania）是一项专利技术，包含污泥精筛和除砂、好氧/厌氧循环系统以及活性污泥回流系统。精筛可去除大量的不可降解物质，除砂可去除微小的不可降解的惰性物质。通过厌氧/好氧循环和活性污泥回流，可使好氧呼吸代谢产物通过循环或回流再被厌氧微生物代谢利用，反之亦然。该工艺的效能在于可减少总的污泥量，污泥产率系数约为 0.3kg 污泥/kg 进水 BOD。该同步工艺在第 9 章剩余污泥减量化方面有所描述。

11.5.2 好氧消化和热干化

通常，通过污泥干化机处理后，即使是污泥未经预稳定化处理，也能达到美国环境保护局规定的 A 类污泥处理要求。然而，当污泥在干化之前未经稳定化处理，若再次潮湿会散出异味。在干化之前，对污泥进行稳定化处理，利于干化厂减少异味散发。在美国的许多地区，好氧消化污泥和剩余活性污泥都是直接或间接通过干化机进行干燥处理。

11.5.3 好氧高温预处理

好氧高温预处理属自发热高温好氧消化工艺的一种形式，常采用纯氧曝气，SRT 为 1～2d，随后接厌氧消化。该工艺将会在厌氧消化这一章讨论。

11.5.4 厌氧/好氧消化（理论）

研究表明，某些些污泥成分仅可在厌氧消化过程中被降解，某些仅可在好氧消化过程中被降解（Higgins and Novak，1997；Novak et al.，2003）。因此，厌氧/好氧双重消化过程将能更好地对污泥进行消化处理。这一操作模式也可在同步系统中得到实现。

正如厌氧消化这一章所阐述的内容，在厌氧消化池之前，可设置一些处理装置，如好氧消化池，以保障污泥消化处理效果良好。虽然也有研究者探讨在好氧消化之后串联厌氧消化过程，但这种流程并不常见（Kumar et al，2006；Ros and Zupančič，2004；Subramanian，2005；Tapana and Pagilla，2000）。厌氧与好氧消化的组合系统可以按中温或高温消化运行，后者的应用更为广泛。经过研究发现，在相近的停留时间条件下，与传统的中温厌氧消化对比而言，厌氧/好氧组合系统更利于降解挥发性固体、杀灭大肠杆菌，并可确保污泥具有更好的脱水特性。

Kumar 等（2006）对比研究了中温（35℃）和高热（55℃）条件下，厌氧/好氧消化和单级厌氧消化效能。结果表明，厌氧/好氧消化可降解挥发性固体去除率在 65%以上。通过考察第 3 天、第 6 天、第 9 天的好氧消化效能，发现挥发性固体含量持续降低。在好氧消化时间超过 3d 时，分析厌氧消化池出水总氮和氨氮指标，发现总氮和氨氮的去除率分别超过 50%和 80%。

关于高热厌氧/好氧消化，已有一些研究在开展中（Ros and Zupančič，2004）。本项研究工作的目的是将厌氧消化的优势如厌氧产气和好氧消化的优势如 COD 和挥发性固体去除率高相结合。本研究考察了几种厌氧和好氧的组合模式，分别为厌氧消化和好氧消化分别为 3d，直到分别为 10d 的组合情况。结果表明，3d 的厌氧消化与 12d 的好氧消化组合流程的效能最优，该组合在总 HRT 为 15d（厌氧 3d 和好氧 12d）时，中温消化条件下，VSS 去除率为 61.8%、COD 去除率为 57.4%。测试表明，与高温厌氧/中温好氧消化组合系统相比，用于维持两阶段温度的补充热量较少。这一研究发现，在一级高温消化阶段后，后续阶段需补充的热能比例为 2%～3%。

11.6　工艺仪表和控制

好氧消化的操作控制可以从简到繁。正如前文指出，时间和温度是决定消化污泥能否达到 B 类标准的关键参数。因此，准确地确定污泥停留时间是至关重要的。即使遵循最低限度的控制要求，也应测定终端消化池的排泥流量。通过以消化池容积除以排泥流量可计算出消化停留时间。根据污泥中的固体浓度，电磁流量计可提供准确的污泥固体流量数据。为了更准确地确定 SRT，故需要额外的流量计和污泥固体浓度计。如果已知消化池排泥的固体浓度和流速，则可计算最大质量流速并确定真实的污泥停留时间。

除计算停留时间之外，还需要测定温度。如果对污泥进行循环，如射流混合，那在消化池外部通过设置热采井则可测量污泥的温度。尽管热采井可以建在反应器的池壁上，但却不能反映整个反应器的温度读数。否则，若要了解池内整体的温度水平，则需手工测量池子多点的温度。

为确保消化过程供氧充足，测定消化池中的溶解氧也是很必要。在较小的装置中，需要用便携式设备周期性地监测。也有其他在线监控的溶解氧仪和根据在线测定值来反馈控制曝气设备运行。尽管溶解氧的测量可以为操作者提供重要的信息，但是溶氧探头需要加强维护，尤其在污泥浓度较高的环境中。

标准氧化还原电位探头可以作为一个可供替代溶解氧水平测定的探头使用。这些探头可以用来控制曝气设备，以及根据消化池内需要保持的好氧或厌氧状态来调节曝气设备运转模式。

11.7　工艺性能和控制

11.7.1　规章制度

关于好氧消化污泥的处置和回用的规章制度，在美国不同州有很大差异。在其他国家也有不同的规章制度（见第 2 章）。

传统的好氧消化池排泥可符合 B 类要求。美国环境保护局规定，好氧消化可定义为：在特定的温度下，对特定的生物停留时间 MCRT 而言，用空气或氧气搅拌污泥来维持好氧条件（即污泥停留时间）。MCRT 和温度值应该分别在 40d、20℃（68°F）和 60d、15℃（59°F）之间。即使根据需要可灵活调节的系统，例如多级浓缩好氧消化池，时间-温度参数组合仍然要满足符合 B 类污泥的消化要求。正如前文所述，对于多级或序批式系统而言，美国环境保护局的文件（2003）指出，可允许停留时间在 20℃时从 28d 减少到 20d。然而，尚没有针对 A 类要求的中温好氧消化池的参数要求条款。通常，如果要求中温好氧消化池排泥达到 A 类要求，尚需增设一些辅助工艺，如污泥干化。另一方面，在特定的操作条件下，美国环境保护局认定 ATAD 系统排泥可达到 A 类标准中杀灭病原体的要求。

在美国环境保护局减少病媒吸引（VAR）标准要求中，并没有好氧消化过程的直接指导准则。通常，尤其是对于那些含有初沉污泥的情况，许多设备可按照方案 1 来选择，通过消化后污泥中挥发性固体可去除达38%。然而，对于不含初沉污泥的情况，尤其是污泥龄较长的情况下产生的污泥，污泥中的挥发性固体属不易生物降解类型，故通过消化难以实现较好的挥发性固体去除效果。如果第一种方案不予采用，则为使排泥中挥发性固体含量达到可降低污泥毛细吸引力VAR的要求，只能选择第三类方案，即额外延长消化过程，或采用第四类方案，即采用污泥氧利用率（SOUR）试验。第三类方案适于所有生物污泥，但延长消化时间的试验成果难以应用在其他没有后续消化段的流程中。对大多数装置而言，SOUR试验较适用，但该试验效果受限于时间和温度条件。这些将会在下面进一步进行讨论。

有些州规定的处理生物污泥准则也通常与联邦针对污泥处理的指导原则相符。然而，为了达到当地特定的一些要求，在联邦规定的基础上，有些州也做出了一些修订，设计者需要针对当地的条例进行设计。

11.7.2 使用或处置生物污泥的标准

除了杀灭病原体的要求和减少病原体的VAR控制要求，对于生物污泥，也有对确定的一些污染物有浓度控制要求。这些污染物浓度决定了污泥用于土地的场地限制和条例限定要求。

为了达到对污染物在好氧消化污泥中的浓度限制，本质上要求在污水处理流程的前段处理过程严格控制，并在工业污染物预处理阶段对这些污染物进行严格把控。这些污染物都会存在于水相和污泥中。分布在污泥中的比例会随处理工艺的类型和污染物特性而变化。然而，一旦污染物存在于污泥中，单独依赖好氧消化过程往往不能有效去除这些污染物。

11.8 好氧消化池性能的评价参数

11.8.1 标准氧吸收速率

在好氧消化池，微生物的氧利用速率取决于生物氧化速率。随着生物活性降低，SOUR也会降低。在20℃（68℉）下，美国环境保护局选择的SOUR值是1.5mgO_2/(h·gTSS)，这表明，好氧消化污泥充分降低了污泥中的病媒吸引。

因为SOUR是一个快速试验，并且与处理进泥初始值或上游工艺对挥发性固体的去除无关，故对于很多处理过程来说，SOUR检测方法的应用越来越普遍。然而也要客观认识到此试验方法的局限性。首先，在美国环境保护局的指导原则下（2003），污泥温度变化幅度在20℃（标准方法）的基础上不应超过10℃。在温度变化幅度小于10℃时，可按美国环境保护局指导原则进行温度校准。同样，根据美国环境保护局的方法，消化池中最大的固体浓度为2.0%，不允许对污泥稀释（即使采用蒸馏水）后进行试验。

在活性污泥的好氧消化期间，常见的氧吸收速率是3～10mgO_2/(h·g TSS)。若将初沉污泥加入到消化池，氧吸收速率会从20mg O_2/(h·g TSS) 升高到40mg O_2/(h·g TSS)。在多级消化池的第一级消化池中，该值也适用，但在随后的消化池中该值将会逐步降低。好氧消化效能良好的污泥氧吸收速率在0.1～1.0mg O_2/(h·g TSS)，该值低于美国环境保护局的标准值1.5mg O_2/(h·gTSS)。

11.8.2　杀灭病原体

病原体的杀灭要求是美国环境保护局严格要求的一个关键监管指标。美国环境保护局（2003）指示，当操作条件与显著去除病原体的过程（PSRP）准则一致时，好氧消化池通常可降低微生物密度 $2\log_{10}$倍和病原体 1log 倍。虽然美国环境保护局明确规定显著去除病原体的过程（PSRP）需要设最低温度为 15℃（59℉），但病原体在低温条件下更易被杀灭。美国环境保护局的相关研究表明，在温度为 28.6℃时，每天大肠杆菌经杀灭可降低密度到 1.13log 倍；在温度为 6.2℃时，每天大肠杆菌密度可降低到－0.23log（Farrah et al，1986）。Ohio 的研究证实，当温度低至 4℃时，贮存反应池中的残留大肠杆菌密度可低至 10000 个/g TSS（Scisson，1997）。实际上，大肠杆菌计数也是随处理设施不同而异的。设计者可以通过以下两方面途径强化对病原体的杀灭效果：采用串联消化池的设计模式以及在寒冷的气候对反应器加盖。

11.8.3　挥发性污泥去除和污泥减量化处理

好氧消化过程会降解去除 VSS。而且若采用膜浓缩消化池，那么某些难降解污泥固体也会得到去除。这是由于存在于可缓慢降解悬浮固体中的有机和无机物质可被溶解，进而被消化去除。在污泥停留时间较短的污水处理系统中，初沉污泥和剩余活性污泥中可生物降解成分含量较高的。然而，在污泥停留时间较长的处理系统中，剩余活性污泥中易生物降解成分较少，生物代谢残体较多（Grady et al.，1999）。

温度可显著影响可生物降解悬浮固体在消化池中的分解和去除，并遵循一级反应的规律。可生物降解悬浮固体通常是活性生物质，且这些生物质的降解过程符合一级反应特性。降解系数与 SRT 无关，异养菌的降解系数显著影响剩余污泥的产生，而降解系数是一个相对稳定的常数。

Daigger 等人（Daigger et al.，1997）对两套消化系统在病原体和挥发性污泥去除方面进行了评估，确定达到 B 类要求所需的最小 SRT 和最低的操作温度。其中一个系统是 2 个消化池串联，另一个系统是 3 个消化池串联。表 11-5 表明了不同温度和 SRT 条件下挥发性污泥的去除情况。该研究中，所采用的污泥易降解部分含量很低。据推断，即使两个系统对病原体的杀灭效能都能满足 B 类要求，但为达到挥发性污泥去除率为 38%以上却需要历时 29d。该项研究证实，当污泥中可消化降解的有机质含量较低时，通过消化过程难以满足美国环境保护局设定的最低要求。

在最低操作温度和最低 SRT 下挥发性污泥的去除（VS＝挥发性固体）（Daigger et al.，1999）　表 11-5

	VS 降低 来自于所有流域的研究数据					
	8～10℃	12℃	21℃	21℃	23℃	31℃
2 个消化池串联	19.25	13.75	13.75	13.75	19.25	19.25
VS 的去除	27%	31%	31%	31%	28%	31%
3 个消化池串联	29.25				29.25	29.25
VS 去除	28%				32%	40%

11.8.4　固体停留时间×温度曲线

SRT是反应器中生物污泥总量除以每天去除的平均污泥量。SRT可显著影响好氧消化池的运行效能。通常，增加SRT时，在一定程度上可增加挥发性固体的去除率，也有可能带来其他不良影响，例如污泥脱水性能变差。

根据SRT×温度（时间×温度,℃）曲线可以设计消化池系统，即在给定的温度条件下，根据进泥特性确定总的消化过程污泥停留时间。美国环保署最初确定的SRT×温度曲线是在1970年末期开发的，基于当时的消化池试验和大量的现场消化池运行数据（Mavinic and Koers，1977）。目前，通过3个生产性运行装置和两项研究所取得的大量数据，对该曲线进行了更新和修正。

11.8.5　生物固体脱氮

生物污泥中的氮含量随消化池连续曝气或者好氧-缺氧的运行模式不同而变化。在污泥土地利用时，虽然需要随国家需求来确定污泥负荷率，但生物污泥每年进行土地利用的设计负荷率常受限于氮负荷率水平。与好氧-缺氧系统对比，连续曝气的好氧消化过程对污泥中的氮含量去除能力较弱，故连续曝气的好氧消化污泥往往因氮含量水平高而限制进行土地利用。

11.8.6　侧流循环的上清液水质特性

好氧消化池的上清液特性会随消化模式（表11-6）不同而有很大的差异。传统好氧消化的回流上清液中硝酸盐氮含量较高；缺氧/好氧消化回流上清液中氮负荷则很低。在ATAD系统，由于仅发生了部分硝化过程，故上清液水质特性差异很大。消化池上清液中的磷负荷也会相应有所不同。

好氧消化池的上清液特性（COD＝化学需氧量；BOD＝生物需氧量；ATAD＝高温好氧消化）　　**表11-6**

	标准技术信息服务，1975[a]	Ahlberg和Boyko，1972[b]	Stankewich，1972[c]	ATAD上清液[d]		
				缺氧	氧气充足	氧气过量
浊度（JTU）	120	—	—			
NO-N，(mg/L)	40	—	30	0.3	0.65	9.05～9.70
总凯式氮（mg/L）	115	2.9～1350	—	1035	1045	890～970
COD(mg/L)	700	24～25500	—	17940	20540	17610～18300
溶解性COD(mg/L)				406	3.1	4.0
PO-P(mg/L)	70	2.1～930	35	77	46	51～56
过滤液P(mg/L)		0.4～120				
BOD(mg/L)	50	4～6350	2～5			
过滤液BOD(mg/L)		3～280				
悬浮固体（mg/L）	300	9～41800	6.8			
碱度（以$CaCO_3$计，mg/L）			150			
SO_4(mg/L)			70			
硅（mg/L）			26			
pH	6.8	5.7～8.0	6.8			

[a]平均7个月的数据。
[b]从7个操作设备取值的范围。
[c]平均值。
[d]Boulanger，1995。

11.9 优化好氧消化的设计技术

根据美国环境保护局 503 部分的条例以及需开发效能更高的处理系统的要求，人们已开发了许多新方法来优化好氧消化效能。下文将介绍一些效能较好的技术。

11.9.1 污泥浓缩

改善好氧消化性能的一个方法是进行污泥浓缩。针对特定的反应器容积，通过增加污泥固体停留时间，可以改善其他条件，例如保持池内温度更为均匀。污泥固体可在以下任一处好氧消化处理流程的节点进行浓缩：

（1）预浓缩。在进入消化池之前浓缩污泥。

（2）在消化池沉淀和排泥时浓缩。

（3）再生浓缩。污泥固体从消化池中排出，经浓缩、去除水相再回流到消化池。浓缩污泥的上清液回流到二级处理系统。基于营养负荷和污水厂出水的限制，这些污水可交替进入侧流处理工艺。

（4）后置浓缩。生物污泥在贮存池中进行浓缩。

预浓缩的优势包括可实现污泥减容、减少污泥热损失和更好的降低病原体指标。劣势是与传统消化系统相比，增加了系统运行维护的复杂性，且污泥浓缩可能需要投加聚合物絮凝药剂。在设备改造条件下，使用原有的设备曝气可能比较困难。沉降和排泥在污泥浓缩效能方面有一定的限制。再生浓缩和预浓缩效能相近。另外，因为再生浓缩可以连续操作，剩余污泥可以间歇的进入消化池，当进泥流量较低时，建议采用小型设备。劣势包括滤过液水质较差，需使用聚合物混凝处理，否则会导致循环回流液污染物负荷较高。

由于后置浓缩是在好氧消化之后，故对消化效率没有影响。后置浓缩不属优化好氧消化效能的措施，相反地，是在消化污泥贮存前对其进行含水率降低的方法。因此，本节不再进一步探讨。

目前，已有不同形式的污泥浓缩处理设备，每种类型都在本书第 8 章有详细介绍。因此，本章不再进一步阐述这些与好氧消化不是直接相关的处理装置。在将这些浓缩设备用于好氧消化时，使用操作要求已在表 11-7 中列出。

1. 预浓缩过程

当剩余污泥进入消化池之前，通过预浓缩处理可以增加污泥固体浓度。使用预浓缩可以浓缩泥水混合液，对处理装置而言，其剩余污泥排放量可用于处理过程中的活性污泥固体停留时间。预浓缩装置也可用做澄清器底部排放污泥的浓缩。预浓缩设备常为机械浓缩机，例如重力带式浓缩机（GBT）、滚筒浓缩机（RDT）、圆盘浓缩机和离心机，也可采用溶气气浮（DAF）设备。虽然也有应用重力浓缩池作为预浓缩处理，但和机械浓缩设备或 DAF 单元相比，其浓缩污泥的浓度较低。

2. 序批式运行和滗除上清液

通过排出上清液对好氧消化生物污泥进行浓缩，与好氧消化一样，直到今天仍在普遍应用。通过滗除上清液对污泥进行浓缩通常为半序批式运行模式的一个操作环节，即通过周期性的关闭曝气，并滗除上清液，然后重新鼓入空气。重复这种操作过程直到生物污泥可实现有效浓缩，然后生物固体不再沉降或固体含量大于可曝气的水平。此时，可以把生物污泥当作液体进行土地应用，也可对其脱水，或输送到液相贮存池。

为促使污泥充分地进行浓缩，贮存，及其他灵活操作处理，最小的上清液滗出深度应是1.67m，或至少占总池水深度的33%。为改善操作条件，设计者应考虑上清液滗除量至少占池内总液体体积的50%，达到2.5m滗水深度。

终端处理污泥的浓度取决于很多因素，如进泥的成分和污泥的沉降性能。当不存在初沉污泥时，进入消化池未经浓缩的剩余活性污泥中总固体浓度为0.5%～1.0%。滗除上清液可使污泥浓缩到总固体浓度为2.0%～3.5%。对于混合的剩余活性污泥和初沉污泥，消化污泥的总固体浓度可浓缩到6.0%。

上清液水质特性在不同位置差异很大，且同一处的上清液水质特性也极易变化。上清液水质的变化特性取决于消化程度、进泥来源，以及反应器中滗出上清液的周期、上清液滗水器类型和操作者的熟练程度。如果长时期关闭曝气，则磷将会从污泥中释放出来，上清液中磷的浓度就会增加，如下文所述。

好氧消化过程中剩余活性污泥浓缩机的特性 **表11-7**

类型	使用位置	污泥浓度（%总污泥）	聚合物药剂
重力沉降浓缩机	预-，后置-，再生	2～4	无
重力带	预-，后置-，再生	4～13	2～6
滚筒	预-，后置-，再生	4～13	4～8
离心机	预-，后置-，再生	6～12	0～4
膜生物浓缩机	再生	3～5	无

（1）滗水器类型

通常好氧消化池使用的上清液滗水器包括套筒阀、穿过消化池壁的固定管道和浮在水面上的滗水和泵抽取组合设施。这些设施皆有优缺点。

套筒阀是滗水器的主要构件，尤其是对于较小设备。套筒阀的价格相对较低，但是较类似设备滗出清水所需时间较长。进口区域直径相对较小，故在近阀处流速较高，高流速会吸入污泥，则导致上清液水质较差。

在旧型设备中，通常通过穿过消化池壁的多条管道排除上清液。这些管道在竖直方向间隔一定距离固定（通常间隔0.3～0.6m），从滗水器的高水位直到预期的最低水位之间。可从管道底部以阀门取少量水样，操作者可以开启每个取样管以确定泥面上最低的液面。然后，操作者可以按顺序打开每个管道，直到沉降污泥面上方的最低位置管道。第一次取样之后，后续即可按第一次的规律操作，操作者无需密切关注该系统，且上清液排出较快。然而，上清液排出流速取决于管道上部的水深和管道直径，有时流速可能较高，会吸入污泥到上清液中。

漂浮式SBR滗水器在好氧消化池中工作性能良好，并且具有较多优势。可在较大的区域收集上清液，可避免因水流上升流动和滗水引起的污泥进入上清液中。由于该类型滗水器可根据溢出流量设计结构尺寸，故可快速滗除上清液，流量可以达到每分钟几千升。由于滗水器通常是在液面下滗除液体，故难于排除浮渣。操作维护较简单，只要最低水位高于沉降污泥面，就能采用此滗水器排除上清液。与套筒阀相比，其缺点是成本较高。

悬浮或漂浮潜水泵通常可作为滗水器使用。虽然在商业上有用泵制造的滗水器，但是这些经常是加工的装置，经常捆绑在内管上和安置漂浮在消化池中。泵抽取的污水通过胶皮管排入附近的下水道或渠道。

（2）操作问题

当滗除消化池的上清液时，为达到好氧消化池内污泥沉降充分，进而能够顺利滗除上清液，需要停止曝气4h，有时需停止曝气24h或以上。尤其是在较长时间后，污泥层易于转变成厌氧状态，并且释放磷到水相中。由于化学沉淀的磷可稳固结合在污泥固体上，故相较于采用化学药剂沉淀除磷的污水厂污泥，采用生物BNR除磷工艺的污水厂污泥释放磷的量更多。针对此情况，需要考虑设置化学沉淀方法，通过向上清液中投加电解质沉淀剂，进而阻止磷的释放。

除上文所述的操作维护问题外，还存在上清液水质特性的问题。好氧消化池在低于6.5的pH条件下操作时，硝化能力较弱，降解蛋白质和产氨气性能也很差。此外，在浓缩污泥的需氧量超出曝气系统的氧转移量时，消化池内污泥也会因厌氧而产生氨气。在这些情况下，上清液中氨的浓度可达125mg/L或更多。如果这些高氨氮负荷因回流到水处理流程而影响污水厂出水水质，则对消化池内上清液需采取提高上清液回流周期、减小上清液回流流量的措施，或将消化池上清液直接排入空置的反应器，再经过较长时间缓慢回流到水处理系统中，以免造成氨氮的负荷冲击。

3. 采用分离澄清连续进泥的操作模式

正如前文所述，许多好氧消化池是通过分离澄清池进行连续进泥的。这一过程和活性污泥工艺非常相似。污泥直接从澄清池或反应池（SBR和MBR）中用泵排入好氧消化池。消化池内液面保持恒定，溢流液再进入固—液分离器进行泥、水分离。浓缩的稳定污泥再进一步处理。该工艺不增加消化池停留时间，但可在后续处理步骤前或污泥处置前对污泥进行浓缩。重力浓缩机的设计需在第8章进一步介绍。

4. 在线（再生）重力浓缩

再生浓缩与连续流工艺不同的是，污泥从消化池中排出，经浓缩，再回流到消化池。早在1975年的污泥浓缩装置（Winter Haven，Florida）中，就已经采用重力浓缩机来进行连续流或再生浓缩。虽然该工艺已经存在很多年，但是由于曝气浓缩污泥引发的很多运行问题，仍被限制使用。

在以前的工艺中，浓缩系统包含重力浓缩机及其配置的管道，管道可把浓缩污泥输送回消化池。在较创新的设计中，包含两个主要的阶段：一个在线阶段和一个分离阶段。通常，此工艺包括4个主体池：2个消化池，一个预混合池，和1个重力浓缩机。在线阶段期间，2个消化池中的其一，预混合池，和浓缩机在回路内运行，生污泥和来自在线阶段消化池的浓缩污泥一起注入预混合池。预混合池的污泥溢流到重力浓缩机，污泥可在缺氧条件下沉降。浓缩的污泥用泵从浓缩机中抽取到在线消化池。在线消化池的污泥溢流回到预处理池完成整个循环。第2个消化池分离在一边，在10～20d的污泥稳定期间不加入污泥。在分离时段结束后，“在线阶段消化池”和“分离消化池”交换操作模式。

在线阶段可去除挥发性固体和氨气，增加污泥固体浓度。缺氧环境下的在线浓缩机能发生反硝化反应，利于消化系统内pH的控制。在分离阶段，消化池的主要功能是继续杀灭病原体以满足污泥处理要求。此工艺被认定为改进的序批式工艺，该工艺中，较常规序批式短期进泥的操作不同的是，为保证病原体杀灭效果，显著延长分离的消化池进泥周期通常为 10～20d（等于内回流阶段的时间）——在其进入分离阶段之前（10～20d）。

通常，这个工艺排泥的污泥固体浓度为 2.5%～3%。因为消化池需在污泥浓度为 2.5%～3%的状态下运行，以便使用传统混合和曝气设备。该工艺的优点主要有：

（1）在降低污泥固体停留时间的同时可提高病原体杀灭率；

（2）采用重力浓缩机可提高污泥固体浓度；

（3）好氧消化池可实现连续自动浓缩；

（4）提高 pH 和实现温度控制。

5. 在线（再生）膜浓缩

通常在废水处理过程采用的膜处理单元也可作为污泥浓缩技术。通过膜浓缩可保持相对高的污泥浓度，在此期间产生较为澄清的上清液。

Enviroquip PAD-K 工艺（Enviroquip Inc.，Austin，Texas）和以前讨论的再生工艺有相似性。用泵将生污泥抽入预混合池（缺氧池），与来自好氧消化池回流的污泥混合。混合污泥在缺氧条件下可发生反硝化过程。再将污泥用气提泵从缺氧池排入膜浓缩池。根据设计参数要求，消化池流量能够达到设计流量的 300%。在膜浓缩反应池（MBT）中，使用小离心泵将膜板的渗透水抽出。MBT 的溢流浓缩污泥则进入好氧消化池，在好氧消化池中进行曝气和硝化。由于缺氧/好氧段的轮流交替，与传统好氧消化池相比，该工艺所需曝气量较少。当一个消化池和 MBT 和缺氧池形成循环回路系统时，另外的消化池则可在分离模式下运行，以强化病原体杀灭效果。这种工艺可按照在线模式和分离模式周期性交换操作。

再生膜浓缩工艺具有以下几处优点：

（1）消化污泥可优于 B 类要求；

（2）在较短污泥固体停留时间下提高病原体的杀灭效果；

（3）消化污泥池容较小；

（4）无需投加化学药剂即可进行连续和自动浓缩污泥固体；

（5）无 TSS 产生和减少磷释放并回流到水处理流程中；

（6）改善 pH 和温度的控制。

6. 机械预浓缩

重力沉降浓缩后的后续处理步骤是采用机械浓缩机进一步浓缩污泥，使污泥固体浓度达到总污泥的 4%～8%。这工段只通过调节污泥在设备的停留时间即可满足美国环境保护局和各州的规章要求，而无需再建构筑物。当对污泥固体浓度的要求提高时，需要调整污泥停留时间才能实现，也会导致其他问题。某些曝气设备在污泥固体浓度较高时不能充分曝气，或是氧转移效果差、混合不好。通常，设计时应考虑到浓缩机配套的输送管路的要求，使得机械浓缩机是在最优的工况下运行，以保证消化池中的污泥混合充分，能达到最优的浓缩水平。操作者应能够按照需求调节消化污泥的浓度，以确保满足供氧要求和温度控制要求。

污泥贮存池可强化污泥浓缩效果。例如，如果仅在污水处理流程切换运行模式期间进行污泥浓缩，则其他运行阶段中通过污泥贮存池来浓缩剩余污泥，浓缩效果就会很好。通常，这些污泥贮存池是圆柱形，底部可能是平或倾斜的。采用圆柱形贮存池更利于排除池内死角的污泥。美国军队工程师（U. S. Army Corps of Engineers，1984）推荐污泥贮存池结构尺寸为底坡度为 4∶1 和最小深度为 4.5m（15ft）。贮存池的材料可采用混凝土或钢结构；只是钢结构的贮存池中腐蚀可能是一个问题，在评估和设计时应充分考虑这一因素。

为确保进入到下游构筑物的污泥性质均一，需要对污泥进行充分混合（Spinosa and Vesilind，2001）。混合器制造商推荐适宜的混合能量为 10～12kW/(1mil・L)（40 到 50hp/(1mil・gal)）（Lottman，2008）。混合池操作维护的关键是保持污泥悬浮，且避免大量空气进入到污泥相中。污泥贮存池也需要曝气保持好氧状态，尤其当污泥未进行稳定化处理时更需如此。如果污泥在进入贮存池之前已经稳定，则保持贮存池好氧状态的需氧量会显著低于好氧消化池的需氧量。维持最低限度的溶解氧水平大约为 0.5mg/L，在维持充分混合的状态下，该溶解氧水平应可避免污泥在贮存池中处于厌氧状态。如果不能维持贮存池内的好氧环境条件，就会产生异味，并需要采取异味控制措施。

7. 消化池设计和结构尺寸—浓缩好氧消化池

就未浓缩的污泥而言，对污泥进行浓缩所需的 SRT 和液相温度乘积应为 600～1200d・℃，或在 20℃（68℉）下为 30～60d。在这样的条件下，污泥可实现减容 40%。如果温度较低，则需要的 SRT 就应适当延长。

对于经浓缩过的污泥，尤其来自滚筒或重力带式浓缩机处理的污泥，比未浓缩污泥具有黏性，且需要更高程度的剪切混合。为充分利用混合能量，反应池应减小水平向的尺寸，并增加垂直向高度，瘦高型的反应池混合效果更好。通常的反应池侧向深度为 4.5～5m（14～15ft），浓缩污泥的好氧消化池侧向高度应近 7m（22ft）。

8. 分段消化池

就传统好氧消化而言，串联分段对污泥进行浓缩、好氧消化的效果更好。好氧消化池串联、分段运行能降低系统的总 SRT 达 30%。正如前文指出，第一段消化池的供气量是整个系统需要供气量的 70%。对于给定的浓缩污泥，其中有机物浓度较高，好氧消化所需的空气量可能会超过混合所需的空气量。设计者必须仔细计算每段所需空气量，以确保供气充足。

为有助于提供分段操作和灵活操作，分段设计应该设有 3 个消化池。分段的消化池应该用管道连接，使其平行运行或任一个消化池可停运维护。当第一级消化池超负荷或开始自动产热，平行运行在这时能有效调节整个过程。类似地，从周期性清洁和维护时，停止某个消化池污泥也是可以的。

9. 需气量

当消化未浓缩的剩余活性污泥时，设计者通常假定混合需气量大于工艺消化所需空气量。为浓缩剩余活性污泥设计曝气系统时，消化需气量可能大于混合需气量。这种差异是由两方面原因造成的，其一是污泥中微生物的新陈代谢需要消耗一定量的氧，其二是生物固体质量未变化，但污泥经浓缩其中的水分却被去除了，则生物污泥的体积就会减小，相当于混合需气量可降低。通常，污泥从固体浓度为 1%浓缩到 4%所需的氧量是相同的，但浓缩后的体积却只有初始状态的 25%。因此，设计时，1%浓度的污泥较 4%浓度的污泥而言，单位体积污泥混合与消化所需的总空气量应按 4 倍计。

污泥的总固体含量和黏性也影响需气量数值。α 为污水中氧传递速率与清水中氧传递速率的比值，α 随污泥的总固体含量升高而降低的情况如图 11-8 所示。图 11-8 所示，污泥固体含量为 1%时，微孔扩散器对应的 α 值为 0.50，但当污泥的总固体含量为 4%且污泥经过好氧消化降解后，α 值则小于 0.1。

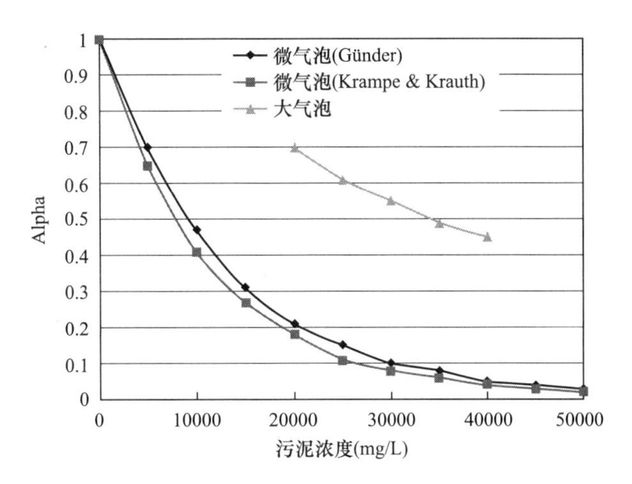

图 11-8 尾气 α 试验—曝气扩散器（Schoenenberger et al.，2003；Stone and Livingston，2008）

该图表明，消化污泥的浓度对微孔和大孔扩散器 α 值的影响是相反的。污泥浓度对微孔扩散器的影响更显著。

在设计好氧消化池的曝气系统时，另一个重要的设计因素是浓缩污泥的黏性。通过添加聚合物浓缩污泥会显著增加污泥的黏性。此时，需要增加混合能耗以强化对污泥的剪切效能，并强化污泥在池内的循环。Krampe and Krauth（2003）通过研究证实，黏性和 α 因子之间具有相关性。图 11-9 显示了在剪切速率为 40L/s 时，黏性和 α 因子之间的相关性（Krampe and Krauth，2003）。在某些情况下，过度浓缩会使污泥具有触变特性，则需要相当多的混合能量消耗。

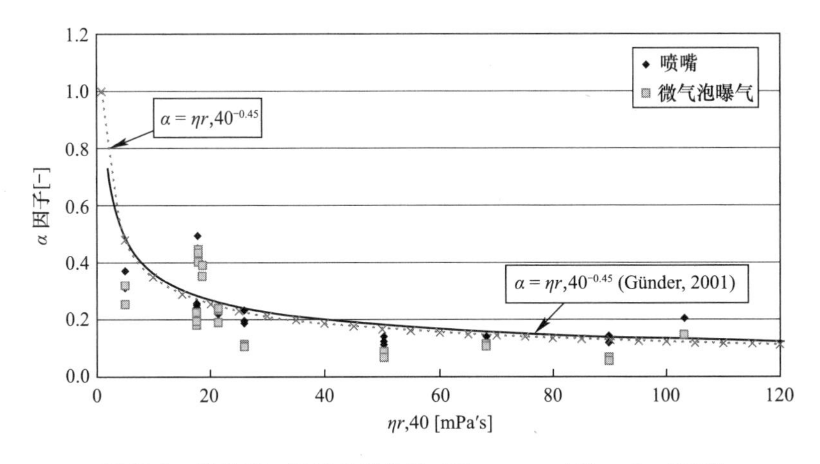

图 11-9 黏性和 α 因子的相关性（Krampe and Krauth，2003）

Fabiyi and Novak（2008）研究证实，污泥黏性会随着固体浓度的增加而增强，相应的，微孔扩散器的 α 因子就会降低。他们研究发现，在较高的污泥浓度时，微孔释放的气泡易于合并成大气泡，则在扩散器垂直方向上互相干扰、聚集，故氧传递速率较低。然而，当采用扩散空气（Praxair 原位充氧器）曝气系统与机械混合设施联用时，α 因子受污泥浓度的影响则较小。

污泥黏度增加会影响曝气设备的选择。适于浓缩污泥的曝气系统包括：

（1）剪切管和点布式扩散器；

（2）柔性帽式扩散器；

（3）带式扩散器；

（4）射流曝气。

由于污泥浓度较高会增加氧传递的难度，可通过减小消化池尺寸节省的投资来抵消曝气能耗的浪费。每个系统，在能源费用，投资费用，曝气效率，和设计需要之间必须进行权衡评价。曝气能耗的大小主要取决于曝气系统类型。高剪切曝气系统，例如剪切管和射流曝气，可在高污泥浓度下节省能耗。对于微孔膜式曝气系统，根据制造商的数据表明，在较长时段内，污泥浓度为 15000mg/L 或小于 15000mg/L 可节省曝气能耗（Schoenenberger et al.，2003）。这与 Krampe and Krauth（2003）研究结论一致，表明微孔曝气在污泥固体浓度低于 18000mg/L 下是最有效的。

11.9.2　好氧—缺氧运行

好氧消化污泥工艺可按单个消化池交替好氧/缺氧运行，也可按好氧硝化和缺氧/厌氧反硝化消化池串联运行（Peddie and Mavinic，1990）。在这种模式下，简单的打开/关闭序批式曝气循环操作可提高 VSS 和氮的去除率（Klapwijk et al.，1998；Sakai et al.，1997）。好氧—缺氧串联操作也可明显地节约能源，并在曝气初期具有高的氧传递效率。其他优势包括部分恢复通过硝化损失的碱度，稳定 pH 值，以及小幅减小污泥体积（Daigger and Bailey，2000；Jenkins and Mavinic，1989b；Kim et al.，2000；Warner et al.，1985）。

硝化作用是指在缺氧条件下，将氨氮氧化为亚硝酸盐氮，接着将这些亚硝酸盐氮氧化为硝酸盐氮。氨氮降解为亚硝酸盐氮通常是硝化作用的限速步骤。此过程需要大量的氧气，污泥产率较低，通过产生氢离子导致碱度消耗，如公式（11-2）～（11-4）所述。在该反应中，消耗 1mol 碱度（碳酸氢盐，HCO^{3-}）可中和每 1mol 氨氮氧化产生的酸性 HNO_3（Daigger and Bailey，2000）。然而，反应器中 pH 的平衡将受碱度总量和系统中存在的 CO_2 控制。如果污泥中有充足的碱度可用，那过程中就可维持近似中性的 pH。然而，若污泥中的碱度不足以中和酸度的释放，则会导致 pH 降低。

生物反硝化是指在缺氧条件下，异养菌利用可生物利用的碳源将硝酸盐氮还原为氮气。氧气可抑制反硝化酶的活性。硝酸盐和亚硝酸盐在电子呼吸传递链中充当电子受体。充足的有机物来源充当碳源和电子供体，用于反硝化。反硝化过程会产生碱度。如果污泥发生硝化，然后在缺氧循环期间充分的反硝化，依据公式（11-6），则很少或无碱度消耗。因此，在好氧-缺氧运行工艺中可维持 pH 稳定。

通过检测 pH 和氧化还原电位变化，可以控制和优化交替好氧-缺氧运行过程中的脱氮过程。对单一的消化池系统而言，由于随 pH 变化的氨氮谷值可指示硝化终点，故通过氨氮谷值可控制好氧循环过程。接着，碳氧化的终点，定义为溶解氧值拐点，可通过监测氧气利用率和工艺中的 ORP 来判定。通过优化工艺中曝气的持续时间，可显著降低充氧能耗（Casellas et al.，2006；Wareham，et al. 1994）。缺氧循环的终点可以通过随 ORP 变化出现的“硝酸盐凸起”来判定，其意味着反硝化的终止（Jenkins and Mavinic，1989b；Ra et al.，1999；Wareham et al.，1993）。

1. 节能

在硝化—反硝化反应顺序中，缺乏氧气或低氧含量时，氮氧化物充当电子受体。在缺氧循环期间，不需要供应能量混合搅拌（Daigger and Bailey，2000），故可降低需氧量和相关的能耗（Oh and Silverstein，1999）。

在好氧—缺氧工艺，最终所产生污泥量通常低于传统消化工艺的产泥量。这是由于，与需氧呼吸相对比，硝酸盐呼吸时的底物利用速率较高（McClintock，et al，1988）。从降低污泥处理和处置费用方面而言，污泥量也可降低后续过程的能耗。

2. 溶解氧和需氧量

理论上，对好氧—缺氧过程而言，不需要较多氧气。如公式（11-8）和公式（11-9）所示，该工艺需氧量可降低 18%。在好氧消化系统中，消耗 1mol 生物质需要 7mol 氧气；而在好氧—缺氧运行条件下，消耗 1mol 生物质需要 5.75mol 氧气（Daigger and Bailey，2000）。第一段的氧转移能力必须满足需氧量。

Daigger and Bailey（2000）全面的评价了活性污泥的好氧-缺氧消化效能。在消化工艺中，当 SOUR<1.5mg O_2/(gVSS·h) 时，挥发性固体去除率较高，在 40%～70%之间。这也满足美国环境保护局的 B 类要求。

11.9.3 污泥除磷和生物磷

在厌氧和好氧消化时，会释放磷到水相中。然而，好氧工艺中磷的释放量低于厌氧工艺中磷的释放量。如果传统的好氧消化工艺在好氧-缺氧模式下运行或在低溶解氧条件下运行，磷的释放量就会降低（Daigger et al.，2001）。如图 11-10 所示，当生物除磷设备的排泥在好氧条件下进行消化时，水相的释磷量在 100～120mg/L 范围内（Ju et al.，2005）。另一方面，如果相同的污泥在厌氧-好氧循环操作下消化，运行 500h 后，产生的磷在 70～90mg/L 的范围内（图 11-11）。

pH 也会影响水相中的磷氨氮和总氮浓度。Ju 等（2005）通过研究指出，因为 pH 会促进无机金属磷酸盐的溶解，故应该避免 pH<6.0。在 Ozark 废水处理厂，pH 从 7.0 降低到 5.0 时，引起上清液中的磷增加超过 50%，从 82mg/L 增加到 138mg/L。

根据全面的物料衡算判断，进入消化池的磷会最终存在于剩余污泥中或存在于出水中。如果磷不允许随污泥排出，那它将循环回流到废水处理过程的前端。对于实际除磷的废水处理厂，或者考虑磷回收的场所，通过厌氧-好氧交替运行可用来管理磷的释放。

如果在污泥土地利用时没有对磷的限制，尤其是有中间处理单元，如预浓缩或再生浓缩时，那么主要的设计根据是确保污泥保持好氧条件。为阻止厌氧条件，污泥应该从侧流液相直接排到预浓缩设备；或者，如果在预浓缩之前需要贮存污泥，停留时间应该降低到最低限度。污泥一旦进入消化池，在采取循环操作避免磷释放到液相时，应尽量去除系统中的氮。在这种情况下，磷会作为污泥固体的一部分而被排出。

有些地区，在污泥固体土地利用方面可能会限制磷含量。在这种情况下，可以采取如下措施：

假定污泥消化期间可释放磷，且会回流到水处理流程中。

在初级消化池控制硝化过程，促进鸟粪石产生。可通过分离鸟粪石，把磷从污泥中除去。有可能需要使用 ATAD 系统来抑制硝化作用。

在上清液中添加白矾和氯化铁，然后过滤。仅需要除磷化学药剂。因为上清液包括的磷浓度很低，所以用于除磷的化学药剂量也不多。首先固定上清液中的磷，然后再分离去除。

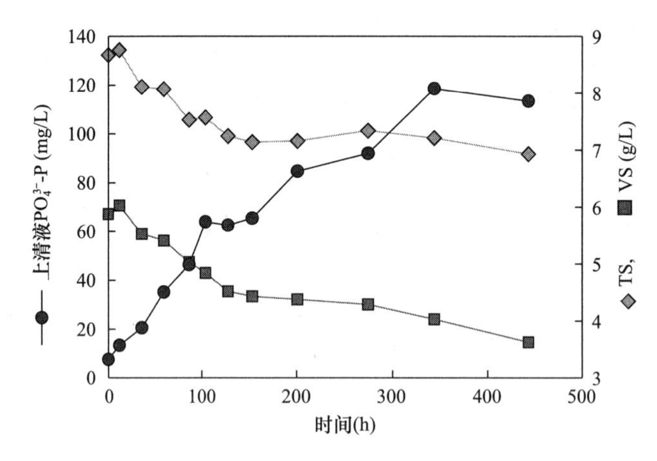

图 11-10　Ozark，Missouri，废水处理厂中生物营养盐去除随时间变化曲线
（VS＝挥发性固体；TS＝总污泥固体）

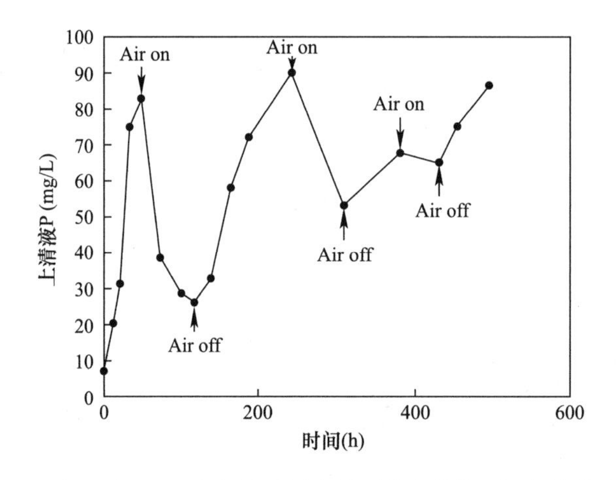

图 11-11　Ozark，Missouri 废水处理厂在循环曝气条件下好氧消化池磷的释放

第 12 章　脱水技术

12.1　引言

污泥脱水是指脱除剩余污泥中的水分，减少剩余污泥的体积，以利于污泥的后续处理与处置。脱水与浓缩的区别，在于处理过程产物的性质。污泥浓缩能够提高污泥的含固率，但产生液体或流体。污泥脱水后得到的泥饼是一种半固体—固体物质，不具自由流动性。污泥容积的减少对节省处理成本有重要意义。

12.1.1　过程评价

脱水过程的产物包括泥饼、从泥饼和剩余物中脱除的水分组成的回收液。回收液根据脱水过程可称为上清液、滗析、暗沟排水、滤液、浓缩液、水蒸气，或者是以上各种的组合。

脱水过程的效果常用泥饼含固率和悬浮固体捕获率来表示。含固率是指泥饼的固体含量，是泥饼中固体物质的质量占总质量的比例，以百分比表示。由于脱水后泥饼中溶解性固体的质量远小于悬浮固体质量，总固体质量和总悬浮固体质量可当作是一样的。泥饼的污泥固体含量通常在15%～50%之间。另一个评价参数是悬浮固体捕获率，表征用于污泥脱水的悬浮液中悬浮物被泥饼捕获或截留的百分比。该参数通常可达到90%以上，有的也可以高达99%。不被捕获的固体则被包含在回收液中。通过这两个参数，设计者可对脱水装置进行固体平衡计算，以及确定回收液中的固体浓度。在通过污泥悬浮液和回收液中固体浓度计算捕获率时，还需要考虑额外加入的液体和化学药剂。

第三个重要的参数是泥饼的容积密度，即泥饼质量除以泥饼体积。泥饼的容积密度要考虑到泥饼含固率的增加及泥饼的类土壤性而造成泥饼中空隙存在。该参数对于计算泥饼的运输量和运输泥饼的卡车数很重要。某些情况中，在泥饼运输或装载时，需对泥饼进行压实和释放水分。此外，在泥饼停置时，由于气体的释放，泥饼的体积会有稍微的增加。

脱水过程的选择通常需要考虑待处理污泥的性质、后续处理过程以及后续处理过程对泥饼固体含量的敏感度。假如对脱水污泥进行焚烧处置，通常是在污泥脱水后进入污泥干燥器，以减少燃料费。另外，污泥处置的其他方法，比如碱性固定，不能够有效地将块状污泥和投加的化学药剂混合。回收液的性质和化学组成、回收液的处理方法也是脱水过程选择时需要考虑的因素。

12.1.2　脱水效果的影响因素

不同污泥的脱水性能有很大的区别。例如，剩余活性污泥很难脱水，但是消化良好的初级污泥却容易脱水。污泥脱水性能的区别主要在于污泥的种类和污泥中水分的存在形式的差异。剩余污泥中的水分很难去除是由于水分被吸附在细菌表面或存在细胞中。

因此，在混合污泥中剩余活性污泥的含量越大，就越难脱水。影响脱水过程中污泥脱水性能的因素（Oerke，1981）如下：

（1）污泥的固体浓度；

（2）水力负荷；

（3）固体负荷；

（4）污泥中固体的粒度；

（5）污泥类型（初级污泥，剩余活性污泥，生物除营养盐过程的剩余污泥，膜滤产生的污泥，混合污泥）；

（6）预处理方法（化学，热，消化）；

（7）温度；

（8）颗粒带电性；

（9）水分存在形式（自由水，间隙水，吸附水，结合水）；

（10）纤维和丝状细菌；

（11）蒸发率，空气温度，空气湿度（干燥床）；

（12）腐败性；

（13）可压缩性；

（14）pH。

污泥中颗粒物浓度越高，则会直接导致机械脱水过程所得污泥滤饼的量越大，因为在澄清池和浓缩池中凝聚良好的污泥在脱水设备也表现出相同的特点。

所有污泥脱水的机械方法都得益于化学调理。化学调理可以增加泥饼的含固率和悬浮物的捕获率。本手册第7章详细讨论了化学调理及其他预处理方法。典型的化学调理方法是投加无机盐（石灰和氯化铁）、有机高分子聚合物。

污泥脱水的选择和设计基于相似的处理装置或小试/现场试验的效果。由于不同污水厂剩余污泥性质的差异，要得到脱水过程的准确预测，最好是进行现场试验测试。现场中试试验可以得到化学调理的最佳操作条件。通过试验可以确定不同类型絮凝剂的投加量和水力负荷、固体负荷、捕获率及泥饼含固率之间的关系。在满足脱水目标要求下，通过对不同制造商制造的脱水装置进行污泥脱水试验，可以实现投资和运行成本的最小化。

12.1.3　污泥脱水方法

污泥脱水的方法主要是自然排水、蒸发、离心、过滤。虽然在特定的设备上有一些发明专利，但在过去的20年里，污泥脱水的方法都没有改变。

12.1.4　脱水过程的选择

污泥脱水过程的选择是污水处理厂设计中一个重要的部分。第一步是确定污泥脱水的目标。包括脱水程度，如最小污泥含固率、污泥捕获率；运行要求：例如切换运行的设备和冗余需求。采购和空间的限制也需要考虑在内。当这些条件确定后，就可以准备符合要求的脱水技术。面对一个全新的项目，工程师可以根据供应商的经验和考察具有类似类型的污泥脱水处理厂。

下一步，联系设备制造商，找出相同的应用项目。对操作安装的现场考察可以判断对本处理厂的经常性业务的适合度。现场考察也可以判断预期脱水效果。

一旦将脱水过程的选择确定在 2 个或 3 个，可用现场中试试验来证实这些脱水过程的效果。对现场试验进行过程优化，并且获得预期效果、化学调理条件、电力消耗等数据。按招标规格制作效果参数报告。至此，脱水设备及辅助设施的详细设计便已完成。由于季节性负荷和工厂设备故障，最终的设计应该考虑操作的切换和提供足够的容量和额度。

前面的讨论主要是现有设施的污泥脱水能力。对于新设施，污泥脱水的相似操作应该研究。

12.1.5 脱水成本

利用不同的脱水研究结果进行成本预算是比较困难的，原因是各个项目的边界条件不同，对经济比选方案的影响程度不同，因此很难在不同的脱水项目之间进行经济比选。例如，由于土地价格较高，在进行成本比较中，趋向于选择占地面积小的脱水技术。另外，由于污泥运输费用和处置费用较高，污泥脱水程度高的脱水技术更受到青睐。影响污泥脱水处理成本的关键因素：

（1）土地、劳工、化学药剂、燃料、耗电；

（2）干污泥的后续处理及处置；

（3）脱水设备的厂房建设；

（4）相关设备的备用数量；

（5）辅助设备的冗余度（运输、化学调理等）；

（6）各处理单元间的清除量；

（7）人员操作换班数；

（8）将来的扩建要求；

（9）为设备提供空间的拆迁费用；

（10）假定的处理率峰值；

（11）设备的预期寿命；

（12）融资债券的利率和期限；

（13）在施工期间保持其他过程进度的费用；

（14）美元价值；

（15）设备安装的时间。

成本分析是基于工厂整个生命周期，包括初期投资、运行成本和维修成本。全生命周期费用分析可以比较电力、燃料、化工和劳动力等关键因素对结果影响的显著性水平。

1985 年，美国环境保护局出版了污泥管理成本估算手册。本手册提供了一系列的污泥脱水费用和年度总费用的估算曲线，这些曲线考虑了以上所有的因素。通过开展现场测试，利用工程报道（Engineering News-Record，ENR）指数检验干燥床成本曲线的有效性，并与佛罗里达干燥床安装的独立评估费用进行比较。这些曲线提供的成本大约比详细评估的成本少 25%。这表明这些曲线对相关的成本比较仍具有效性。Hydromantis Inc. 开发了一种商用软件 CAPDET WORKS，提供了基于联邦环境保护署中各模型的不同污泥脱水技术的成本估算和设备更新费用。

虽然美国环境保护局曲线和成本估算软件可以提供成本比较的大小顺序，但是它们不能被用于最终成本估算。污泥脱水设备选型相关的成本估算是针对特定类型的污泥脱水技术，以及适于业主和经营者的脱水设备的制造商报价单、劳动力需求和设计原则。

12.1.6　质量保证与质量控制

污泥脱水过程对污泥的性质有显著的影响，但脱水过程中仍需要一个详细的管理和系统的质量保证与质量控制（QA/QC）。这包括保证高质量成品的检查和维护系统。假如脱水后污泥的含固率和其他特征没有达到预定要求，将会影响干污泥的状态和土地利用。特别是，一些研究表明，高剪切的污泥脱水过程使得污泥成品更易释放气味和适于病原菌生长。关于气味的管理将在第 20 章介绍。

污泥脱水过程产生的旁流会影响污水处理厂的处理效果，应当对其监测。旁流的处理将在第 21 章介绍。脱水产生的旁流易于形成鸟粪石或蓝铁矿，特别是当处理厌氧消化污泥或污水处理厂含有生物除磷工艺时。关于鸟粪石或蓝铁矿的化学形成过程在第 4 章中介绍。

12.2　风干

12.2.1　简介

风干是最古老和最简单的污泥脱水方法。干化系统包括污泥干化床和干化塘，占地面积大。风干通常用在小型设施或能够获得大量土地的情况。风干系统利用太阳热量和机械排水来分离固体和水分。另一个因素就是当地的天气，在降水量大、连续阴天、低温的地区不适于干化床的应用。

12.2.2　基本组成

污泥干化床是最常用的风干方法。在污水处理厂中，相比于其他类型的污泥脱水系统，污泥干化床是最常用的。污泥干化床通常是由砂卵石及其他材料组成的多孔介质和 0.3～1.0m 混凝土墙体组成。湿污泥投加到多孔介质层上，直到达到预定的体积。污泥被放置在干化床上几天至几个星期，直到达到污泥的预定干燥度。污泥达到预定的干燥度后，用卡车运输或提供污泥储存的空间。

在多孔介质下的排水系统用于输送干化产生的滤液。这部分的滤液通常回流到污水处理厂的处理环节。太阳辐射蒸发污泥的中的水分，进一步干燥污泥。假如干化床是无盖的，需要考虑降雨的问题；在多雨期，即使是温暖气候，污泥也可能干燥不充分。

污泥干化床是分批处理的。湿污泥一般在 1h 内进样完成。然后，污泥静置，除了机械辅助，接下来将再讨论这部分。脱水后污泥通常经前卸式装载机和自卸卡车运输到污泥处理或处置点。之后，干化床进入下一个周期的运行。

非机械破碎污泥干化床包括传统沙粒干化床、平铺干化床、楔形丝网干燥床。机械系统是特有的，包括各种配置和组件。过去使用的一些机械系统，例如真空干燥床，在市场上已经采购不到，故不在此列。污泥干化塘是一个大型的土坑。湿污泥被注入干化塘，并且放置一段时间。干化塘通常不需要排水系统，主要依靠蒸发和较长的时间来干化污泥。

12.2.3 传统干化床

1. 简介

沙粒干化床是最传统和最普通的风干技术。图 12-1 描述了常规污泥干化床的特点。干化床通常是矩形的，方便于前端装载机的清除脱水后的污泥，宽 4.5～18m，长 15～45m。墙体是由混凝土筑成，由直墙体和墙角组成。在多个干化床建造时，可以共用墙体。

排水系统由穿孔的塑料管组成，内径通常大于 130cm。排水管放置间隔为 2.5～6m，坡度≥1%。滤液最后由泵输送至前端处理单元。排水管布置在沙粒层下的碎石层。

污泥通过入口阀注入干化床。在干化床的后端，通常建造一个斜坡，便于前端装载机进入干化床清除污泥。

在低温的季节，传统的污泥干化床通常需延长污泥的干化时间。典型的构件，包括玻璃盖，类似于温室，便于利用太阳辐射提高蒸发作用。即使是在温季，玻璃盖板也可以防止降水进入干化床，提高蒸发效率和减少干化时间。

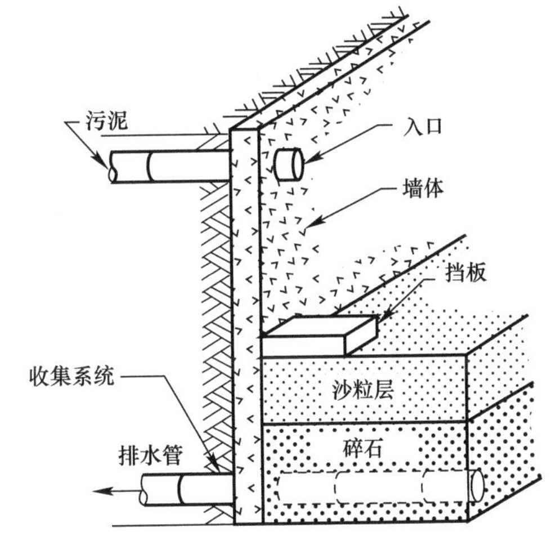

图 12-1 常规沙粒干化床的构造图（WEF et al.，2009）

污泥干化床采用分批处理，交替的装载和卸货。特殊的天气将会影响污泥的装载和卸货。因此，当干化床不能正常工作的时候，需要为污泥提供足够的存储空间。

2. 运行原则

干化床经多孔介质过滤和蒸发去除污泥中的水分。当空气湿度大时，会抵消污泥的蒸发量，致使干化床运行不良。污泥干化床加载速率取决于污泥类型、污泥浓度、气候、干化床的类型以及是干化床是否有盖板。

加载速率由年处理次数而定，而加载和卸载的循环次数是随运行期间的降水量而变化的。

污泥干化单次运行时间可参照式（12-1）：

$$t_d = \frac{(y_o)(1-s_o/s_f)(1-D)}{(k_e)(E_v)} \tag{12-1}$$

式中 t_d——污泥干化单次循环运行时间，月；

y_o——最初污泥层厚度，cm；

s_o——最初污泥浓度，%；

s_f——干污泥浓度，%；

D——渗滤液的百分比，%；

E_v——平均蒸发量，cm/月；

k_e——相对于自由水面蒸发效率的换算因子（通常取 0.6）。

以上方程式最好是按月份或季度计算，因为污泥的蒸发量是基于季节变化的。在冬季，污泥干化床大部分时间是不能发挥作用的。

当地的蒸发速率可以通过互联网获得。最初污泥浓度可从污水处理厂提供的信息中获得。提高最初污泥浓度可以减少污泥干化时间。比较干化时间和污泥干化程度可以确定对污泥进行预浓缩是否经济合算。干污泥浓度根据其后期的处理过程而定。污泥泥饼通常是要求易于转运的，含固率在25%～30%。排水系统可以去除的水分：厌氧消化剩余活性污泥中25%的水分至调理良好的污泥中75%的水分。排水系统去除的水量可通过对供试的污泥进行3～5d的试验决定。

式（12-1）表明，最初污泥层厚度愈小，污泥干化时间就愈短。然而，污泥层的厚度愈小，干化床的面积和成本就按比例的增加。因此，必须合理平衡干化时间和干化床面积。最初的污泥层厚度一般取20～30cm。

干化床总面积的计算需要考虑干化时间和清除干污泥的时间。一个完整循环包括污泥注入时间、干化时间以及污泥清除所耗时间。

用高分子聚合物对污泥进行调理可以减少污泥干化时间。高分子聚合物调理后，可以增加污泥开始阶段排出的水分，因此，可以减少达到目标污泥含固率所需的时间。使用高分子聚合物使用时，应该充分的搅拌。当过量使用聚合物时，可能导致沙粒层的堵塞。

冻结处理会影响污泥干化床的效果。冻融处理可以提高污泥脱水效率；但是，过度的冻结，会导致污泥干化床的失效。

12.2.4 平铺干化床

1. 说明

平铺方式便于污泥清除设备的操作。表面由混凝土或沥青铺成，坡面的坡度≥1.5%。沙粒、碎石和排水系统的特征与传统干化床相似。这类干化床的缺点是相较于传统干化床而言，其价格更高，需要更大的表面积，因为排水能力有所下降。其他的尺寸选择标准也与传统的污泥干化床相似。

2. 操作原则

平铺干化床的操作原则和干化时间估算与传统干化床相似。主要的不同是排水量应适当地减少，对应的就增加了干化时间。

12.2.5 楔形丝网干化床

1. 简介

在金属网干化床中，楔形丝网代替多孔介质。此类干化床的运转与传统干化床稍微有所不同。首先，用清水注入网下，直到高出丝网表面1cm；随后，关闭排水阀，将高分子聚合物调理后的污泥注入干化床。污泥悬浮物一开始是悬浮于丝网上，接着沉降产生阻力层。丝网表面上形成的阻力层会阻止污泥颗粒物透过丝网。当干化床内注满污泥后，出水阀逐渐打开，滤液则回到污水处理单元。大概2h后，阀门已全部开启，滤液则可直接外排。在接下来的几天，污泥继续排放滤液。

相比于传统干化床，楔形丝网干化床的一个优点是不需要定期更换基底填料。此外，楔形丝网干化床的全年加载速率比传统干化床大得多。

2. 操作原则

楔形丝网干化床通常能获得相对高的脱水速率，而不是高的污泥浓度。高分子聚合物常在楔形丝网干化床中用于污泥调理。表 12-1 列举了楔形丝网干化床的性能数据。

如表 12-1 中的末期污泥浓度，污泥从干化床清除出来后，很难处置或用于污泥土地利用。

楔形丝网干化床的性能数据 **表 12-1**

污泥类型	最初污泥浓度（%）	末期污泥浓度（%）	脱水时间（d）
初沉污泥	8.5	25.0	14
消化污泥和剩余污泥	3.0	10.0	12
新鲜剩余污泥	1.1	9.9	8
浓缩剩余污泥	2.5	8.1	41

12.2.6 快速干化过滤床

1. 简介

印第安纳州亚历山大市的 F. D. Deskins 有限公司的一种特殊的污泥干化床，在排水管道上铺砂层。从结构上，该干化床与传统干化床相似。这个系统的关键点是对处理污泥进行高分子调理。快速干化床的大小尺寸与传统干化床相当，但是应通过制造商定制。其中一个优势是，污泥干化周期通常为 1～3 星期，远小于传统干化床的 2～3 个月。在典型的固体负荷下，污泥转换时间是传统干化床的 5～10 倍。快速干化床需要的占地面积也比传统干化床的少得多。该系统被包括在联邦环境保护署制定的 A 类污泥处理过程中。此类干化床用于污泥脱水，处理后污泥浓度可达到 40%。脱水后的污泥转移并能堆成料堆，每天翻转。制造商宣称，正常的天气下，湿污泥经过 21d 的处理，可以转化为干污泥，并达到 A 类标准。

2. 操作原则

污泥的投加方式与传统干化床相似。污泥投加前，必须经过高分子聚合物的调理。排水系统的设计产生虹吸效应，为干化过程提供一定的真空作用。污水处理厂的出水用在排水系统构成虹吸作用。制造商认为，相比于传统干化床，在高分子聚合物的调理和虹吸的结合作用下，加快了污泥脱水的速率。

12.2.7 机械-太阳能干化系统

加利福尼亚州帕萨迪纳市的 Parkson 公司开发的一种太阳能干化系统，包括一系列的干化床，并由半透明的气候控制箱所覆盖。通过传感器监控箱内空气，并控制百叶窗和通风设备来使干燥条件最优化。当污泥干化时间超过 13d 后，监控器也通过控制一种可移动的电动机器来翻动污泥。制造商宣称，该系统产生的污泥干度可以达到 50%～90%。此系统的优势是阻止了降雨的影响，并能保持温度，提高污泥干度，减少干化时间。这个系统是特制的，尺寸和设计方面的信息可从制造商中获得。

12.2.8 干化塘

1. 介绍

污泥干化塘与干化床相似，但是所注入的污泥深度是干化床的 3～4 倍。此外，污泥脱水至设计干度需要 1～3 年，甚至更长的时间。污泥在注入干化塘前应该进行稳定化处理，以减小气味。在污泥干化的阶段，干化塘是一个气味源。

污泥干化塘需要相当大的占地面积，但只需少量的操作人员。蒸发是干化塘进行污泥脱水的主要因素。

污泥干化塘是由 0.7～1.5m 的挡土墙组成的矩形塘。设计注意事项包括气候、底层渗透率、深度和面积、排水、堤坝形状。

2. 操作原则

干化塘的常规操作如下：

(1) 稳定化后污泥注入干化塘后，停留数月；

(2) 污泥上清液定期排出；

(3) 污泥可以在干化塘内放置数月至数年。根据气候的不同，经过 3～12 月后，污泥干度可到 20%～40%；

(4) 干污泥由机械设备清除，例如前卸式装载机；

(5) 可以重复干化循环。

12.3　带式压滤机

12.3.1　操作原则

带式压滤机利用 2 个或 3 个输送带和一系列的滚轴，可以对污泥连续脱水。污泥脱水前，通常进行预调理。在重力和压力的结合作用下，污泥中的水分透过输送带或滤布去除。污泥脱水后，泥饼排至运输工具或料斗中。

带式压滤机用于城市剩余污泥脱水，是从造纸设备技术进化而来的。在 20 世纪 60 年代，带式压滤机作为一种低能耗技术引进北美洲，而取代了离心或真空过滤设备。带式过滤机在美国很常见，并且有十几个制造商。聚合物对污泥的有效调理使得带式过滤机在剩余污泥脱水中得到广泛应用，替代了旋转真空过滤器，凹板过滤器，干燥床。

1. 带式压滤机的组成部件

带式压滤过程的设计类型繁多，但基本上包括以下几个部分：絮凝剂调理、重力排水、低压挤压、高压挤压。图 12-2 是典型带式压滤机的示意图。设计优点是提供了较大的过滤面积、滚筒及可变的输送带速度，可以将污泥干度提高几个百分点。

2. 重力过滤区

在带式压滤机中，污泥脱水经过三个阶段：化学调理、重力排水（增加污泥稠度）、压实和破碎。

带式压滤机的污泥脱水从絮凝剂调理后的污泥注入重力过滤区开始。在这个区域，多孔连续的输送带给污泥提供了一个大的比表面积，可让自由水透过。分配系统将污泥均匀地分布到输送带上。重力过滤产生的滤液被收集并由管道输送至排水系统。重力过滤区是平的、稍微倾斜的滤布。该区域配有翻动装置，用来翻动污泥，以利于污泥中水分排出。

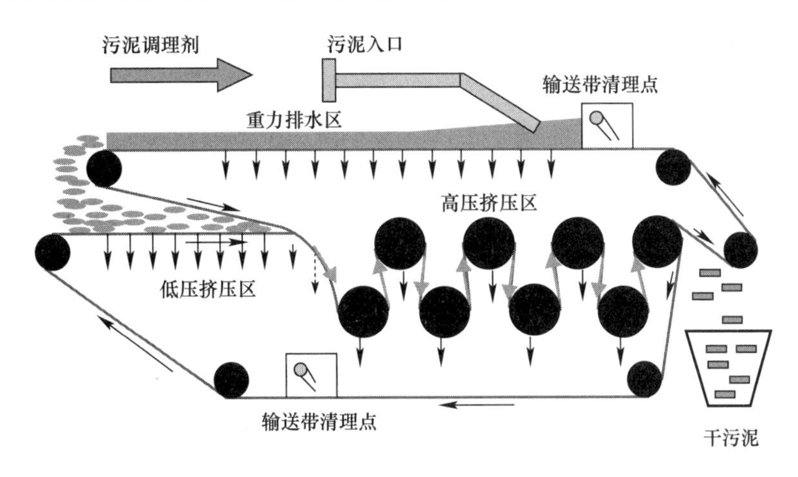

图 12-2 带式压滤机示意图

重力排水的效能由污泥类型、化学调理、输送带类型、停放时间等因素决定。双带式压滤机可以进行连续操作，在输送带上发生重力过滤，接着将污泥送向挤压区。三带式压滤机有一个单独的重力过滤区，类似于一个重力增稠装置，之后将污泥输送至挤压区。这个结构提供了一个更大的重力区，强化了稀污泥的脱水效果。设备制造商对重力排水区输送带长度的选择是基于进口污泥浓度和絮凝剂调理后污泥的相对排水速率。重力排水区长度范围一般为 2～4m。

3. 挤压区

在重力排水区之后，污泥进入低压区，亦称为楔形挤压区，在这个区域输送带聚拢，增加对污泥的压力。在楔形挤压区，可以使得液体脱离输送带。

污泥通过楔形挤压区后，进入增压脱水段，输送带顺序通过一系列直径不断减小的滚轴。不同大小直径的滚轴和输送带组成的压缩系统对污泥施加越来越大的压力，为污泥脱水提供压力和捕获污泥颗粒物。

12.3.2 设计准则

带式压滤机的主要设计因素：滤液和固体生产量、污泥和聚合物絮凝剂供给量、输送带清洗、滤液和泥饼的运输量、设备安装和布局和气味控制。进泥的特点和脱水后干污泥的处理也要考虑在内。

带式压滤机对不同类型污泥的脱水性能相差较大。尽管对典型的初沉池污泥和剩余污泥而言，泥饼的含固率可达到 18%～25%，但在厌氧消化污泥的设计中，目标浓度通常定为 15%～18%。污泥捕获率或者总污泥收集量（包括洗涤水中的固体）通常在 85%～95%之间。

近年来，一些新研发的压滤机（外加滚轴或单独的重力排水系统或重力浓缩板）可产生高固体浓度泥饼。虽然这些设备在一些应用中能够显著提高脱水作用，但对于其他的类型的污泥却是变化不大。

对于某一特定污泥，评估带式压滤机性能最好的方法是进行中试。少数制造商具有移动式拖车中试装置，可以租来进行测试。大多数中试装置都是小产量的，操作与大产量的一样。中试应得到的数据包括水力负荷、固体负荷、聚合物类型和用量、进污泥浓度和泥饼污泥浓度、污泥颗粒捕获率。

作为一个替代满负荷运行中试的方法，许多制造商提供室内测试设备，可用于预测带式压滤机的性能。将污泥样品发送给制造商，他们将基于测试结果提供设计标准。在带式压滤机应用于小规模时，这些测试能够提供足够的性能参数。

如果可能，针对某一设备，絮凝剂的用量和投加速率也应该进行优化试验。污泥比阻可用来确定最佳过滤特性和污泥的混凝条件。一个小试或中试的压滤机试验装置可用来进行这些测试。这些测试通常表明含有越高的剩余污泥比例，需要更高比例的絮凝剂用量。

与任何其他脱水过程一样，在评估带式压滤机的性能时，滤液和洗涤水的数量和水质及它们对污水处理系统的影响也需考虑在内。通常，此类水的生化需氧量（BOD）为150～300mg/L和总悬浮物（TSS）为600～1100mg/L。

1. 结构要素

带式压滤机的结构要素包括：框架；滚轴；输送带；轴承；输送带传动/拉紧/跟踪系统；其他附件；输送带清洗槽；犁。

参考城市污水处理厂设计手册中关于带式压滤机结构要素的详细介绍（Water Environment Federation et al.，2009）。

2. 水力负荷

带式压滤机的处理能力是其尺寸大小的初步设计标准。处理能力不是由水力负荷或固体负荷决定的，这取决于待处理污泥的污泥浓度。

带式压滤机在给定的宽度下，通过调节可以获得最佳的污泥水力或固体负荷。一般而言，带式压滤机的水力负荷为3～4L/(s·m)。带式压滤机的极限水力负荷通常为6～9L/(s·m)。

3. 污泥负荷

污泥特征、来源、稳定化程度等对带式压滤机的加载和脱水性能均有较大影响。相比于浓缩污泥，稀污泥（含固率为0.5%～1.0%）需要更长的重力排水阶段、絮凝剂用量及更长的脱水时间。大部分制造商表明污泥的产量和干污泥的干燥程度随着注入污泥的含固率的增加而增加。此外，污泥稳定化过程的类型对泥饼的含固率有直接的影响。制造商通过对不同污泥的脱水量评估，普遍认为厌氧消化污泥比好氧消化污泥更易脱水。通常，消化污泥中挥发物含量越低，得到的泥饼的含固率就越高。此外，初沉池污泥加到剩余污泥中的比率越大，脱水就越容易，泥饼含固率也更高。影响固体负荷率的其他因素包括：稳定化程度、污泥中纤维物质的数量和类型、污泥的剪切强度、污泥化学调理类型、皮带类型、作用于污泥的最大压力。典型的干燥固体产率为150～300kg/(m·h)，典型的最大固体负荷率为450kg/(m·h)。不同制造商的建议装载限制都不一样，在进行尺寸计算和比较压滤机单元时应当核实。

4. 滚轴数和类型

不同制造商生产的带式压滤机的滚轴结构不同，多数采用多滚轴模式，滚轴的配制也不同。通常，带式压滤机配制7个或8个滚轴。

污泥经过重力沉降区后，进入低压区，也叫楔形挤压区，在这个区域滤带收缩增加对污泥的压力。污泥在压缩时，其中的水分将透过滤带流出。

在楔形挤压区之后，污泥进入增压挤压区，滤带穿过一系列半径渐减的滚轴。滚轴的半径和滤带的压力增加了污泥脱水的强度和颗粒物捕获率。

5. 高压区

很多个带式压滤机制造商通过增加滚轴的数量来扩大挤压区。初始设备可以提供高压区，在某些情况下，高压区可加载到现成的机械上。根据不同的制造商和应用情况，增加的滚轴数是不一样的。增加的滚轴可以增加对滚轴污泥的压力和剪切力，以及滤带对污泥的压力。在一些应用中，增加的高压区并没有产生泥饼。同时，增加的滚轴也会增加机器的长度。

6. 滤带速度

当污泥通过皮带时，压缩和剪切力作用于污泥。滤带速度直接关系到污泥在不同区域的停留时间以及脱水后污泥的干燥程度、产量。可在带式压滤机的控制面板上调节皮带速度。

7. 滤带控制系统

滤带追踪系统保持皮带与滚轴之间的对齐。它利用传感臂连接限制开关来检测皮带的位置。可不断调整的滚轴判断位移，自动调整皮带进行位移补偿。滚轴与一个气动、液动或电动响应系统连接。自动连续调幅控制器在这个系统中是不可缺少的。

8. 滤带张力

滤带的张力是可以调整的，并且通过气动、机械或液压操作保持和控制。增加滤带张力将会增加滤带脱水压力。一些制造商对上下 2 个滤带分别提供控制系统，所以滤带的张力可以独立地调节。自动调节系统和跟踪系统一样是必不可少的。压力表或类似的装置用于指示皮带张力。滤带拉紧系统应该能够提供3%的皮带增长。由于日常使用产生的磨损，可通过调整系统来维护所需的皮带张力。滤带的使用期限随皮带张力的增加而减少。

系统中暴露的传动装置是个安全隐患，传动装置不连续的运转将会使滤带运行失调。通过改造保持滤带持续张力和保障控制系统是值得考虑的，虽然这通常是困难且昂贵的。对于新设备，所选型号应该满足不断操作系统及及时反馈，易于维护和恰当地涵盖传动装置，来最大地减少潜在的安全危险。

9. 滤带清洗

滤带清洗系统包括一个卸载刀片和皮带洗涤设备。卸载刀片通常又称作“刮片”。这通常是由高分子量塑料造成的刀刃。刮片位于高压挤压段的出口端，刮片将皮带上的脱水污泥刮掉并送向污泥处置或输送系统。滤带拉紧系统调整刮刀与皮带之间的压力以及它们之间的角度。刮刀与拉紧系统的部件应当由耐腐蚀材料（如聚碳酸酯）制成，并且可以频繁检查。磨损的叶片或不恰当的叶片调整，将会减短滤带的使用寿命和导致皮带接缝断裂。刮片属于易损部件，应是可移动的，易于更换。

滤带与污泥接触后，在滤带返回挤压区前，需要清除滤带上的污泥。带式压滤机的清洗系统包括管路、喷嘴、集水斗和喷雾挡板。通常为滤带设置一个清洗间。滤带清洗管和喷嘴通常是不锈钢或玻璃纤维外壳，可提供高压喷淋，清洗皮带上的干污泥或剩余污泥、油脂、聚合物或附在滤带上的其他物质。

通常建议使用自动清洗喷嘴。然而，大多数制造商会提供一个手动清洗功能，包括一个手轮操作的清刷装置安装在喷嘴头部。喷淋管道和喷嘴应该充分的拉牢，能够承受阀门突然关闭产生的压力。

重力沉降区、挤压脱水区及皮带清洗区产生的滤液、洗涤水应当收集并在排放后处理。

排水集水斗、挡板及管道用来限制喷雾和飞溅的液体，以及排放至脱水单元下方的水槽或排水系统。排水连接处应当设置自流装置以防止溢出。排水系统的容量应当满足单元清洗水量。如果可能，应该尽量地用硬质排水管道输送到地面排水系统来减少湍流，从而减少气味生成。

当确定排水系统尺寸时，应当包含滤液和洗涤水。例如，一个2m宽的滤带，排水流量可达450～950L/min的（滤液和洗涤水）。这个回收液通常是回流至水厂或初级澄清池。滤液和洗涤水混合液的TSS含量通常范围为400～800mg/L。

10. 洗涤水要求

相当洁净的洗涤水是确保滤带清洗干净的前提，特别是对剩余活性污泥或浮渣进行脱水时，这些污泥往往能够迅速堵塞滤带。所需供水量通常是污泥处理体积的50%～100%，特别是加压到700kPa的条件下。有时，还需增加提升泵。洗涤水可以是饮用水、二级出水或是回收滤液，只要保证洁净即可。

12.3.3 性能

影响带式压滤机性能的因素有很多，包括污泥的类型及混合比、污泥特性、化学调理方法和类型、在低压区和高压区的压力供给以及皮带转速。

1. 泥饼含固率

污泥类型对带式压滤机脱水能力的影响很大。相比于浓缩污泥，稀污泥（固体含量<1.0%）需要更多的重力沉降时间、脱水时间。通常是，泥饼的干度随着污泥固体含量的增加而增加。此外，污泥固定化类型也影响可达到的最大污泥含固率。厌氧消化污泥比好氧消化污泥更容易脱水。脱水能力和泥饼含固率随着初沉池污泥/二沉池污泥比例的增加而提高。表12-2提供了不同类型污泥的脱水性能数据。

2. 负荷率和输送带宽度

水力和固体负荷取决于进泥的类型和浓度。表12-2给出了不同类型污泥的一系列负荷率。

3. 絮凝剂要求

化学调理是带式压滤机污泥脱水的一个重要预处理过程。由聚合物溶液加入系统完成对污泥的调理。聚合物加入到污泥中，同时伴随适当的搅拌和反应时间，将会形成大颗粒的团聚污泥絮体，从而减少重力沉降滤液的释放。表12-2提供了针对不同类型污泥，典型聚合物絮凝剂的投加量。

在带式压滤机脱水中，不同类型污泥脱水性能数据　　表12-2

污泥类型	含固率（%）	水力负荷[L/(s·m)]	固体负荷[kg/(h·m)]	聚合物用量(g/kg)	泥饼含固率(%)
初沉池污泥	3～10	150～190	450～725	1～5	28～44
剩余活性污泥	0.5～4	150～190	800～1000	1～10	20～25
初沉池污泥和剩余活性污泥的混合污泥	3～6	150～190	360～725	1～10	15～35

续表

污泥类型	含固率（%）	水力负荷［L/(s·m)］	固体负荷［kg/(h·m)］	聚合物用量（g/kg）	泥饼含固率（%）
厌氧消化初沉污泥	3～7	150～190	360～550	1～5	25～36
厌氧消化剩余污泥	3～4	150～190	450～725	2～10	12～22
厌氧消化混合污泥	2～6	150～190	225～450	2～8	18～44
好氧消化污泥（无初沉污泥）	1～3	100～170	90～225	2～8	12～20
剩余好氧活性污泥	1～3			4～10	15～23
热调理混合污泥	4～8	130～200	450～800	0	25～50

4. 功率要求

带式压力机通常可使得后续机械脱水设备的最小能源消耗。最大电力负荷与进料泵、皮带传动、洗涤系统、泥饼输送和通风系统等有关。

12.4 板框压滤机

压滤机的主要优势是脱水后的泥饼比其他脱水方式的更干。要使泥饼的含固率大于35%，使用压滤机脱水是划算的选择。压滤机适于不同类型的污泥，机械可靠性高，真空过滤机脱水系统的能耗要求低，压滤滤液水质好，从而降低了滤液回收液的处理需求。

压滤机的主要缺点是投资成本高，需要大量的化学调理剂，设备表面需要预涂材料，泥饼粘附在过滤介质上，需要手动清除，操作和维护成本相对较高。

在19世纪中期，英格兰设备公司使用压滤机对污泥进行脱水，可预先化学调理或不进行调理。然而，在19世纪中期前，一些美国城市使用压滤机压滤。从开始使用之初到20世纪60年代，压滤机的一些必要的机械特性几乎不变。

在机械化和自动化方面的改进，主要是自动移动板，泥饼卸载，清洗，减少劳动力需求。此外，压滤机的容量已大幅增加，大型处理设备需要的压滤机更少，提高运行效率。

从设备投资、运营和维护成本看，压滤机系统费用仍高于其他脱水方式；然而，当处理需求指定干燥的泥饼，压滤机经常被证明是经济有效的，原因是其低廉的处理成本（即使考虑到投加的化学调理药剂）。此外，在美国，许多垃圾填埋场采用更严格的泥饼含水率标准；因此，泥饼的含固率通常是需要超过35%的。

通常，其他脱水设备不能达到含固率大于35%，当与压滤机相同的条件下操作时。污泥处置采用焚烧方式时，压滤机也被证明是经济有效的。泥饼的含固率增加（即挥发物含量的增加），使泥饼能在焚化炉中自持燃烧，从而减少了化石燃料（如天然气或燃油）的需求。

12.4.1 工作原理

压滤分离即利用压力差作为驱动力将悬浮物从液态泥浆中分离。板框压滤机是分批操作的。在700～2100kPa的压力下，污泥给料泵将污泥送至的压滤机，迫使污泥液体透过滤布，在板框滤布之间留下脱水后的泥饼。滤液排入内部管道，并在压滤机末端处收集后排放。最后，板之间分离开，泥饼因重力作用而脱落出来，从而完成了一个压滤周期。

1600kPa单位压力及更高的压力，通常是用气压或“bar”表示。1600kPa也可以被称为“15bar”；2100kPa则称为“20bar”。

压滤机脱水是一个恒流量和恒压过程，由于设备类型设定的边界条件，以及这些过程变量之间复杂及难以预测的关系。整个过程如下：在周期的开始，用进泥泵的最大扬程以恒定的流量加入污泥，然后切换到恒压过滤阶段，直到流量减少到一个预先确定的很低水平。

一个典型的过滤周期通常是通过流量、压力及固体负荷随时间的变化表示。通过系统操作所限制的最大压力及进泥系统所限制的最大和最小流量来设计其容量及控制这些参数的关系。在整体循环中，用于压滤机的废水悬浮物，称为“形成循环”。在给压滤机开始进泥的阶段，过滤的阻力保持在很低的水平并且恒定，直到收集到足够的悬浮物，将压滤机内膛填满。这个阶段的特点是高且恒定的进泥速率和相对低的压力。

随着固体颗粒的积累，对过滤介质阻力的增加，流量不断下降，压力增大。固体颗粒会积累在相对较高的水平，流量呈稳步下降，直到形成的泥饼孔隙度发生显著的变化，从而阻碍了污泥滤液的排出。此后，因为滤液通过污泥受到的阻力增加，并且压力将继续增加，但是一个递减的增速；同样，流量将以不断递减的速度继续减少。系统的压力将会继续增加，直到达到预定压力；此后，系统的压力保持在这个水平，流量则不断下降。虽然压力将保持不变直到循环周期末，但是污泥层的孔隙度仍然允许滤液透过，固体将随滤液量积累，固体浓度则保持不变。加压过滤的影响因素包括颗粒粒径、相对密度、颗粒浓度。

托马斯（1971）用几个例子很好地证明了颗粒粒径对过滤的影响。如果污泥颗粒粒径分布均匀，产生的泥饼将比较松散、不稳定，特别在整个周期中发生一个大的压力降。假如颗粒相对平坦或成块状，导致泥饼透水、包裹大量的水分，含水量较高。城市废水污泥颗粒具有相对宽范围的粒径和形状，保证一个开放的颗粒矩阵，从而可以自由过滤。理论上，粒径分布宽的颗粒，在大颗粒之间的空隙可以被小颗粒填满，从而形成让小颗粒通过的通道，并且在这种物理结构下，可以促进和保证自由过滤。对于大部分的废水颗粒，通往压滤机的污泥粒径范围被化学调理所改变。为生物污泥颗粒提供一个开放的矩阵是很难达到的。生物污泥是凝胶态的物质，导致通过滤液的空隙很小，即使在用无机化学药剂调理后也是如此。为了提供足够的流通通道，需要增加石灰量来提高污泥的浓度。

对于相对低浓度的污泥，用泵将相对密度范围广泛的颗粒输送至过滤器，在较低处的膛室内发生沉降，结果形成较低浓度的泥饼，且受不平衡的压力作用。随着固体浓度的增加，污泥颗粒之间的粘性阻力阻碍了大颗粒絮体的沉降，除非污泥的比重有很大的差别。当注入的污泥包含微小的颗粒时，影响就不会那么大了。污泥浓度对过滤周期时间的影响非常大。高浓度的污泥可以直接增加其产量和减少单周期循环时间。

1. 压滤机类型

用于城市废水污泥脱水的两类压滤机是：恒容-嵌入式压滤机，最常用的类型；容积可变——嵌入式压滤机，也称隔膜压滤机。城市废水处理厂设计手册提供了更加详细的信息（Water Environment Federation et al.，2009）。

2. 工作周期

压滤机的供料系统包括在滤料层表面预覆污泥层、快速填入、压滤泥饼去除。压滤机进泥系统必须实现污泥调理操作，絮凝后的污泥在不同流量和压力下注入压滤机。

12.4.2 设计准则

性能标准和工艺过程设计条件对压滤机是至关重要的。设计元素包括操作压力、凹板数量、进泥方法、进泥系统类型、压滤机布局和安装、压力类型、机械性能以及安全性能。这些设计元素之间关系的注意事项将在以下部分讨论。

如前所述，压滤机不是定容的就是可变容积式的。在适当使用和维护下，这两种类型的压滤机都是可靠的。压滤机运行的主要难题是泥饼不能完全从过滤介质中脱落下来。要解决这个问题要求对过滤介质进行清洗，或增加污泥调理剂的用量。

压滤机的主要机械零部件包括板框、过滤板、膜片、滤布和换挡器。辅助设备及控制装置包括进泥系统、工作压力、清洗系统、泥饼卸载、化学调理、运行循环、布局和安装及安全性。各组件有各式各样的选择。在很多情况下，制造商对特定的组件只提供一个选项。设计师应该仔细评估合同的所有要求，可以指定或排除特定的选项。可以参考市政污水处理厂设计手册获取更详细的信息（Water Environment Federation et al.，2009）。

12.4.3 性能

脱水性能主要包括泥饼含固量、脱水周期时间、化学药剂需求及能耗需求。

12.5 螺旋压滤机

12.5.1 工作原理

用于市政脱水的螺旋压滤机主要有两类：水平式和倾斜式。螺旋压滤机的主要部分：污泥给料泵、絮凝剂溶解和给料系统、絮凝剂投加和混合装置（注射按钮和混合阀）、絮凝剂混合罐、污泥进口压头箱和管道、螺旋传动装置、带柄螺栓、矩形或圆形截面外壳舱、泥饼出口。一些水平式螺旋压滤机，在压滤机前端，有一个回转增稠器。这个网状装置结合了脱水、巴氏消毒两种作用，且对于常规应用中，也可以用来减少污泥的水力负荷。

螺旋压滤机是操作简单、通过慢速调阀实现连续脱水的污泥脱水设备。在螺旋压滤机的絮凝剂混合容器内，以高分子聚合物调理污泥可以提高污泥的脱水性能。在螺旋压滤机的进口处，污泥首先进行重力脱水，接着污泥在压滤机内传运时，受到越来越大的压力和摩擦力，其中的自由水受到挤压而排出。对污泥而言的截面积逐渐的减少，促使了压力的增加。从污泥释放的水分通过螺旋体的孔筛排出，而污泥固体则留在压滤机内。滤液从滤膜排出后收集并输送出，而脱水后污泥在压滤机的末端出口卸载。螺杆转速和结构、滤膜大小及走向可根据不同的脱水应用作改变。

污泥与高分子聚合物混合，并用泵输送至混凝罐。在混凝之后，污泥被转移到螺旋压滤机单元。对于水平式螺旋压滤机而言，污泥通过重力，从絮凝罐输送至压头箱。如果需要用到回转增稠器，则污泥从絮凝罐输送至回转增稠器，再到压头箱。接着，污泥从压头箱输送至压滤机的进口。对于倾斜式螺旋压滤机，污泥从絮凝剂注入罐输送至伴有混合装置的絮凝罐，再送向螺旋压滤机的进口。絮凝剂投加-混合装置为污泥和絮凝剂之间提供强烈的混合作用，这也决定了形成的絮体强度。而絮凝罐则提供足够的反应时间，以形成合适的絮体大小。

絮凝调理后的污泥以缓慢旋转传送的方式通过楔形线滚筒。减小倾斜度，增加中轴直径，或是减小楔形线滚筒直径都可以增加泥饼的紧密度。倾斜式压滤机包含一个气动或手动的协调脱水锥，其位于压滤机的出料端。调整脱水锥的位置可以提供 0.95～1.9cm 的宽度，用于改变污泥所受压力，从而在泥饼干燥度和固体颗粒捕获率之间逐渐实现最佳平衡。在倾斜式螺旋压滤机内，污泥所受的压力通常在 34～152kPa 之间，最大值为 276kPa，污泥所受压力主要由污泥类型和污泥性质决定。

对于水平式螺旋压滤机，滤布的清洗是通过旋转螺杆从内部清洗的，螺间距为 0.5mm。而对于倾斜式压滤机而言，由安装在螺杆上的刷子清洗筛网，避免了污泥与滚筒内壁的接触。喷雾洗涤系统则从滤布外表面清洗。

螺旋压滤机也可用作脱水和巴氏消毒的组合。在这个专利中，将石灰加入到污泥中，将 pH 调节到 12，石灰调节后的污泥接着与絮凝剂混合，再通入螺旋压滤机。蒸汽通入螺旋压滤机，加热污泥，减少病原体数量，以达到 A 类生物污泥的要求。产生的生物污泥通常含固率在 30%～50%之间。由于温度和 pH 的提高，该过程可以实现气味的控制。为达到 A 类生物固体的要求，通常选择污泥脱水—巴氏消毒过程。因为不同的螺旋压滤机设计特点的限制，所以关于此类过程的选择需要在项目开始时就决定下来。

将螺旋压滤机升级为巴氏灭菌-螺旋压滤机，需要很高的成本。第一个 A 类生物固体生产装置 2003 年建于美国，以前在美国应用很少。螺旋压力机产生泥饼的固体浓度范围很大，取决于使用的聚合物、污泥特性和脱水的应用程序。高固体浓度的泥饼通常是对初沉池污泥的脱水或脱水—巴氏灭菌组合过程产生的。表 12-3 总结了螺旋压滤机的脱水性能数据。该表包括的信息：设备过程和污泥类型、螺旋压滤机类型、初始污泥和泥饼的固体浓度、固体捕获率、聚合物用量、工作周期、劳动力需求和手动清理时间表。在这些不同的因素中，泥饼的固体浓度变化很大。对于剩余污泥而言，泥饼的固体浓度通常为 15%～28%；而对于初沉池污泥与剩余污泥的混合污泥而言，脱水后泥饼的固体含量为 13%～40%。消化污泥脱水后的固体浓度一般高于未消化污泥，但需要更高的聚合物用量。因为添加石灰的原因，脱水—巴氏灭菌螺旋压滤机产生的泥饼含固率可达到 50%。在不设置初沉池的情况下，污泥的脱水性能很差，导致泥饼的性能远低于其他替代脱水工艺。

螺旋压滤机在很低的速度下运行，并且不需要关闭操作监视器；因此，只需要很低的耗电量。通常，人工清理的频率为一周一次至每 30d 一次。

12.5.2　过程设计条件和标准

螺旋压滤机脱水过程受以下因素影响：污泥特性、合适的化学调理、影响压滤机停留时间或速度的水力负荷和固体负荷，且选择合适的调理剂是必要的。

絮凝过程可以凝聚固体颗粒，并获得大且牢固的絮体，尽可能地释放水分。在增稠区，水分受重力作用排出。螺旋压滤机的性能得到改善，以至于在脱水区只能脱去少量的水分。

螺旋压滤机实际运行数据（WWTP=污水处理厂；SRY=固体停留时间；SBR=序批式反应器；DAF=溶气浮选法；BOD=生化需氧量。）

表 12-3

设施	设施信息/工艺[a]	污泥类型	螺旋压滤机类型	进泥浓度（%）	泥饼含固率（%）	捕获率（%）	进泥流量（L/min）	处理能力（kg/L）	絮凝剂用量（g/kg 干污泥）	操作排班计划	人工量	人工清理排班计划
1[b]	3ML/d WWTP：OD（SRT=18～21D），SC，SH（SRT=3～7d）	二沉池污泥	卧式	4.0～6.0	20～45		57～114		11.5	24/7	8h/d	
2	7.6ML/d WWTP：OD（SRT=20d），SC，SH（SRT=20d）	二沉池污泥	卧式	2.0～3.0	15～20		106			16h/d	1～2h/周	
3[b]	1.1ML/d	二沉池污泥	卧式	1.5	30		14～16			24h/d，5 天/周	40～50h/周	1 次/周
4[c]		二沉池污泥	卧式	1.2	16		13			70～100h/周		2～3 次/周
5[c]		二沉池污泥	卧式	1.2	16		13			150h/周		1 次/天
6	3.8mL/d WWTP：AS（SRT=24d），SC，SH（SRT=7～10d）	二沉池污泥	倾斜式	0.07	N/A		38			8h/d，5 天/周		
7	17ML/d WWTP：OD（SRT=2～3d），SC	二沉池污泥	倾斜式	0.5～1	12～17	92	<280		7.5～10	24/7	2h/d	1 次/周
8	7.7ML/d WWTP：OD，SC，SH	二沉池污泥	倾斜式	3.5～4	18～20		<150		7.5	8h/d，7 天/周		
9	17.8ML/d WWTP：PC，RBC，SC	混合污泥	倾斜式	2.5	18～30		<150	0.0033	9	2 天/周，6～8h/d		2 次/月
10	17ML/d WWTP：RBC，SC，SH（SRT=2～4d）	混合污泥/二沉池污泥	倾斜式	1.1～1.2	30～40		300～340	0.0066		周一 8h，周二至周五 2～4h		1 次/月
11	0.9ML/d WWTP：PC，TF，SC，AD	厌氧消化污泥	卧式	1.2	18		26～38			24/7	8h/d	1 次/周
12	16ML/d WWTP：PC，AB，SC	混合污泥/消化污泥	卧式	3.0～4.0	>18	95	190～378	0.0055	9.0～11.0	5h/d，5 天/周		1 次/6 月
13	31ML/d WWTP：BOD 去除（SRT=20d），SH（SRT=1d）	好氧消化污泥	卧式	1.0	15～19	90	95～397	0.0066	8.2	周一至周五 16h，周末 8h/天	最小	1 次/周

续表

设施	设施信息/工艺	污泥类型	螺旋压滤机类型	进泥浓度（%）	泥饼含固率（%）	捕获率（%）	进泥流量（L/min）	处理能力（kg/L）	絮凝剂用量（g/kg干污泥）	操作排班计划	人工量	人工清理排班计划
14	9.9ML/d WWTP：OD（SRT=10d），SC，AD（SRT=1.5d）	好氧消化污泥	倾斜式	0.9	12～14		170		7h/d，5天/周	每1～2h检测1次		1次/周
15	1.0ML/d WWTP：AB，SBR，AAD（SRT=40d）	好氧消化污泥	倾斜式	N/A	22～25		30～34		8h/d			1次/周
16	6.1ML/d WWTP	好氧消化污泥	卧式	0.75～1.0	21～28		22～64			8～12/天，5天/周	1～2次/h	1次/月
17	83ML/d	厌氧/好氧消化污泥，剩余污泥	卧式	3.2	17～21		114					
18	23ML/d WWTP：PC，OD（SRT=20d），SC，AND（SRT=30～60d）	厌氧/好氧消化污泥，剩余污泥	倾斜式	3.0～3.5	13～16		90～227			3h/天	4～6h/天	
19	3.7ML/d WWTP：PC，AB（SRT=3.5d），SC，CCT，DAF，AND（SRT=41d）	厌氧/好氧消化污泥，剩余污泥	卧式	1.0	20～24	高	26～30			4天/周，10h/天		1次/月
20[c]		厌氧消化污泥/剩余污泥	卧式	2.0～4.0	25		156～312					
21		厌氧消化污泥/剩余污泥	卧式	2.0	22		163					
22	7.6ML/d WWTP：PC，AB（SRT=15d），RBC，SC，SF，UV，AD（SRT=20d）	厌氧消化污泥/剩余污泥	倾斜式	2.0	19～24		106～170			24.0/7.0	1h/天	

[a] PC——初次澄清池，OD——氧化沟，TF——滴滤池，SC——二次澄清池，AD——好氧消化池，AND——厌氧消化池，SH——污泥贮存，DAF——溶气气浮，CCT——氯接触池，SF——砂滤池，SRT——液体或固体处理过程的固体（污泥）停留时间。

[b] 加热/石灰处理过程的A类装置。

[c] 此信息由螺旋压滤机厂家提供。

[d] 在调查时，该设施投产只2周，泥饼含固率未测。

1. 机械特性

不同制造商设计的螺旋压滤机存在显著差异，并且详细的信息都是专有的。主要特征包括螺杆、滤布和絮凝系统。润湿的螺钉表面通常用不锈钢材质的材料（304L 或 316L）。市政污水处理厂设计手册中提供了更加详细的信息（Water Environment Federation et al.，2009）。

2. 结构元素和构筑物要求

螺旋压滤机的结构包括：混凝土底座用于卧式螺旋压滤机安装，斜式螺旋压滤机的支撑系统，絮凝罐，螺旋压滤机，以及回转增稠器。根据螺旋压滤机的安装配置，楼梯和平台或移动式梯子可以接近螺旋压滤机的任何部位。

由于全封闭式设计，可达到气味控制和低工作噪声水平，可以在户外温和气候条件下安装螺旋压滤机。当在室内应用时，必须在压滤机周围提供足够的空间，以便于维护和人工冲洗。考虑到压滤机维护的需要，需要足够的架空空间和起吊预留空间。使用固定的起重设备，如起重机轨，或是移动设备。如果使用移动设备，该设备的使用说明需要被考虑在内。

螺旋压滤机是完全封闭的，通风需求很小。假如气味是一种考虑因素，螺旋压滤机可以很好地与通风设备联系。为连接到螺旋压滤机的盖顶，需要安装柔性连接系统，且最好在不使用工具的情况下可以操作。例如，有弹性的软管与一个管道端口连接，并用拇指夹将软管夹固定。螺旋压滤机的通风流量范围通常为 340～680m^3/h。螺旋压滤机的住房、压滤机的卸载、或泥饼输送系统等通常附属于通风系统，便于气味控制。螺旋压滤机设计和布局的注意事项：

（1）在压滤机周围安装一个溢流堰，预防溢出和冲洗水流到周边区域。

（2）提供可接近压滤机任何部位的平台或活动折梯。

（3）包含一个起重机或吊车，用于压滤机的安装、移动和修理。

（4）提供生产水与自动冲洗系统的连接。

（5）如果螺旋压滤机设计了气味导管，需要连接到气味控制系统。脱水后的污泥输送系统也应该连接到气味控制系统。

（6）为螺旋压滤机单元的维修和人工清洗提供足够的空间。

（7）提供污泥储存罐，保证足够的搅拌，确保注入的污泥接近要求的固体浓度。

（8）在上流式储泥罐混合初沉池污泥与剩余污泥；在进泥管内混合污泥是不推荐的。图 12-3，呈现了一个典型的螺旋压滤机脱水系统。

12.5.3　性能

1. 水力负荷和固体负荷

除了固体负荷、污泥类型和泥饼的干燥度外，在螺旋压滤机的设计中还得考虑水力负荷。高的水力负荷通常需要大口径压滤机、粗糙的滤布，或两者都要。污泥调理将会影响水力负荷，因为只有最优聚合物类型和应用下，才能达到最大生产能力。合理的操作是污泥絮凝后有充分时间来完全重力沉降排水，然后输送至螺旋压滤机的入口端。卧式螺旋压滤机的水力负荷通常在 3.8～2081L/min 之间，大小取决于型号；倾斜式螺旋压滤机的水力负荷则为 18.9～227L/min。

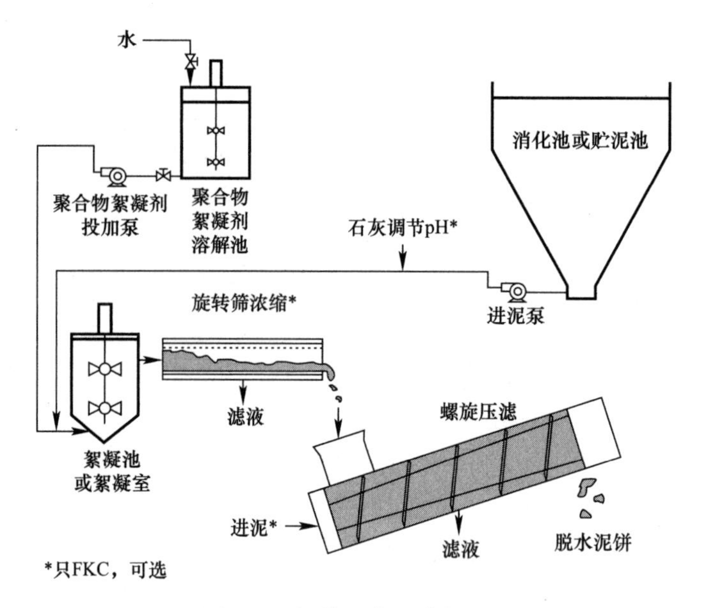

图 12-3　螺旋压滤机脱水系统

螺旋压滤机的固体负荷取决于污泥特性、压滤机尺寸、转速。卧式螺旋压滤机的固体负荷为 0.91～703kg/h；倾斜式压滤机的固体负荷为 22.7～295kg/h。即使倾斜式螺旋压滤机的设计主要受固体负荷影响，但是水力负荷也是一个重要因素，特别是对于固体浓度低的污泥。

螺旋压滤机可以在很宽的负荷范围下运行，主要需对转速做简单的改变。螺旋压滤机的设计是在改变转速（影响固体负荷、水力负荷）与高的泥饼含固率之间找到平衡，增加转速使得泥饼的含固率降低。螺旋压滤机的运行主要受污泥负荷（水力负荷、固体负荷）、螺旋轴转速（调理后污泥的停留时间）影响。假定污泥流量是一定的，降低螺旋轴转速可以提高泥饼的含固率。转速可以降低到进泥量超过水量，这部分水量是通过重力从螺旋压力机下部排出的。此时，污泥将被压实。

假定螺杆转速是常数，螺旋压滤机可以在污泥注入量变化的情况下运行。因为泥饼固体含量的增加与污泥流量成正比，污泥流量可以增加到当注入的污泥流量超过在重力沉降端重力排放的水量，此时，污泥开始不断被压实。然后，流量减少到保持系统处于稳定状态。

螺旋压滤机将在其最大生产能力下运行，即排水量不受固体负荷的影响，在压滤机内部布满固体颗粒，保证脱水区受到最大压力作用。负载率受污泥调理的影响很大；因此，它是不可能预测到最大加载速率。这个值是需要现场确认的，（如，通过中试或者在启动期间测试），并且不同工厂也存在区别。

2. 单位冗余

与其他脱水系统不同，螺旋压滤机是连续运行的，运行时间每周 5～7d 不等。由于相对不频繁的维修需要，螺旋压滤机通常不设计单位冗余。在单台压滤机安装时，为预防压滤机停工时，需要设置储泥设施。多台螺旋压滤机时，则需要更大的设施来增强系统的可靠性。多台压滤机工作时，允许少量的压滤机延长运行时间，产生低固体浓度的污泥。

3. 旋转速度

卧式螺旋压滤机的旋转速度范围为0.1～2.0r/min，而倾斜式的旋转速度为0.5～2.0r/min。通常，增大压滤机转速会引起产泥量的增加，但会减小泥饼含固量。例如，市政污水处理厂中，当转速从0.3提高到0.5rpm，泥饼含固量由16.6%下降到14.2%，对应的固体负荷从5.5增加到6.6干重kg/h（12.2～14.5干lb/h）。同一设备试验中，当转速从0.5rpm下降到0.3rpm时，泥饼的含固量就由14.4%提高到17%。在现场实际运行中，转速从1rpm提高到1.25rpm，泥饼的含固量由23%下降到20%（（Atherton et al.，2005）。

4. 辅助设备及控件

螺旋压滤机的辅助设备包括污泥进泥泵、聚合物溶解和投加系统、絮凝罐和脱水控制系统。螺旋压滤机制造商可能会将这些部件组装成一个系统。

制造商提供的脱水操作控制系统包括监控界面和调节按钮。控制脱水系统的主控制面板包括污泥进泥泵、絮凝系统、絮凝罐、回转浓缩机及螺旋压滤机。

控制系统配备了操作和警示灯、声音警报、紧急关闭设备和显示面板。螺旋压滤机脱水系统通常是在自动模式下操作。螺旋压力机的性能（和任何其他脱水系统一样）依赖始终一致的污泥流向。因此，容积式或螺杆泵是强烈推荐的，因为他们的性能不受污泥稠度及储泥罐水位变化的影响。螺杆泵的设计中，要尽可能地降低与沙砾及其他材料的磨损。用于螺旋压滤机的聚合物不是专门设计的，这些药剂可以从不同的供应商获得。聚合物的适用类型需要通过烧杯实验决定。

虽然对聚合物溶解系统没有具体要求，它需要正确的尺寸以获得最大固体负荷。控制系统应该允许自动操作和根据污泥流量控制聚合物投加量。要获得聚合物的絮凝最高效率及最低消耗量可以通过使用带有熟化罐的聚合物系统获得。系统通常需要操作者的注意，特别是当污泥的固体浓度波动大时。控制系统只能随着污泥流量的改变调整聚合物剂量；任何由于污泥浓度改变致使固体负荷的改变，都需要通过操作者的手动调节控制系统。

因此，污泥固体浓度的恒定是保证操作可靠性的重要条件。进行连续固体含量的监测是一个合理的要求。传感器通常需要频繁的维护和操作者的重点关注。因此，相比于维护固体传感器，调整排水系统的设置更加容易。可在操作界面调整获得需要的固体浓度。

对于卧式压滤机，污泥泵流量通常是压头箱的恒泵水位自动调整。

5. 化学调理

投加聚合物增强了固体颗粒的絮凝，提高了污泥的脱水程度和固体捕获率。烧杯试验和中试可以为实际应用评估聚合物的类型和用量，且受污泥特性的影响很大。聚合物用量的影响参数：污泥的砂砾含量、是否含有初沉池污泥、生物处理类型、污泥消化类型及其时间。

对于螺旋压滤机系统，聚合物用量的范围为3～17.5g聚合物/kg干污泥，典型的用量范围是6～10g聚合物/kg干污泥。石灰也用于卧式螺旋压滤机脱水-巴氏灭菌过程。典型的石灰用量为100～400g/kg干污泥。

通常，增加聚合物的用量可以提高泥饼的含固量，即使其他因素（如转速）影响其性能。例如，在市政污水处理厂最大引导测试中，当聚合物的用量从10.5增加到24.5g/kg时，泥饼的含固率从16%增加到17.5%。在其他的中试试验中，当聚合物的用量从10增加到14g/kg时，泥饼的含固率从14%增加到15.5%。

聚合物的类型和用量也很大程度上决定了固体捕获率。固体颗粒捕捉率还受到聚合物投加和混合效率、滤布的设计（空隙的大小）、脱水区压力等的影响。例如，在一个污水处理厂采用聚合物对剩余活性污泥脱水的中试试验中，利用带式压滤机脱水，形成了相对较弱的絮体，结果是捕获率从 83%增加到 95.7%，泥饼的含固率从 12.2%增加到 15%。当使用交联乳液聚合物时，能够产生更强的絮体，捕获率可超过 95%，泥饼含固率可达到 14%～18%之间。

6. 能耗

螺旋压滤机具有能耗低的特点。螺旋压滤机的电动机马力为 0.67～10kW，对卧式压滤机来说；而倾斜式压滤机的则为 0.67～2.7kW，具体规格取决于螺旋压滤机的型号。此外，污泥给料泵和絮凝系统也需要不同大小的电力需求。絮凝罐的搅拌电机的功率通常为 2kW 或者更小。

7. 冲洗及压滤

压滤量是与进口流量、浓度水平以及冲洗水量紧密相关的。螺旋压滤机不是连续清洗式，大多数采用自动间歇式清洗。通常，卧式压滤机自动化清洗周期为 1min/h。由此产生的清洗水体积平均为污泥供给量的 2%～5%。根据螺旋压滤机的尺寸大小，瞬时流量的范围为 76～454L/min。压滤机的手动清洗频率范围从每周 1 次到每月 1 次不等。手动清洗需要的流量为进泥流量的 0.2%～0.5%。

倾斜式压滤机采用自动喷雾系统，通过计时器控制，间歇操作，操作频率为每 10～15min 一次。但是，对于一些装置，操作频率为每 30min 一次。倾斜式压滤机的洗涤水用量一般为 49～163L/(次・台)，具体用量随设备尺寸大小而定；实际流量为 79～132L/min。洗涤水的总用量为污泥供给量的 4%～9%，最高不超过 15%。水量的需要取决于污泥絮凝的效果。对絮凝罐、螺旋轴、滤布的人工喷雾清洗依据设备条件和脱水安排而定。

在不同现场条件下，螺旋压滤机对污泥固体颗粒捕获率数据是可以获得的。固体捕获率通常在 85%～95%之间。在某些应用中，捕获率可达到 99%；然而，对大部分设施而言，最大捕获率为 95%。当对剩余污泥进行脱水时，其滤液水质一般较好。当存在初沉池污泥或消化污泥时，水质一般较差。污泥颗粒一般较小，污泥含固率一般取决于螺旋压滤机的操作条件：脱水模式下低含固率和在洗涤水模式中高含固率。

12.6　转盘式压滤机

12.6.1　工作原理

转盘式压滤机脱水技术依靠重力、摩擦力和压差进行脱水。图 12-4 介绍了转盘式压滤机的主要结构。污泥经聚合物调理后，经滤布附近的通道注入压滤机。通道沿设备周长呈弯曲状，从入口到出口呈 180°转弯。自由水透过滤布，作缓慢而连续的同心运动。滤布的运动产生一个粘连的作用，致使在出口端泥饼不断积累，滤布的运动挤压出额外的水。而泥饼则从压力控制出口端不断排出。图 12-4 是典型的螺旋压滤机脱水系统的工艺流程图。转盘式压滤机的主要部件是聚合物投加和搅拌系统、平行滤网、滤布之间的环形通道、旋转轴和压力控制排放口。

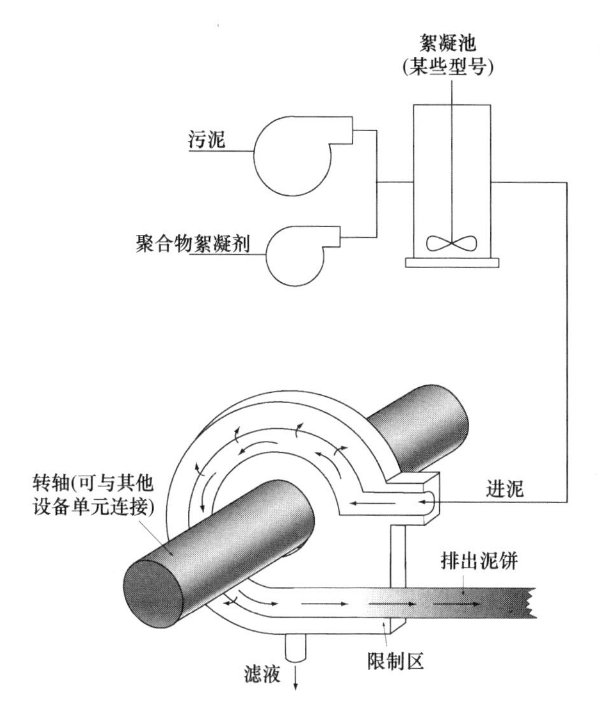

图 12-4 转盘式压滤机的主要结构

转盘式压滤机进口端的作用与带式压滤机重力沉降区的功能相似。自由水透过过滤介质，并收集于滤液通道。随着固体颗粒运行到机械出口端，压力不断增加。由于出口的压力控制，污泥需要不断积累，受滤布的摩擦不断脱除水分。在转盘式压滤机中，滤布与泥饼之间产生的摩擦力转变为机械压力，促使泥饼远离中心，并向受限制的出口运动。在转盘式压滤机中，摩擦力在出口处会对污泥产生脱水作用，但是没有产生相当幅度的机械压力。在这两种设计中，都是通过摩擦力来释放水分，并与通过重力作用释放的滤液一并收集至滤液通道。

转盘式压滤机脱水技术的一个关键特点是可动部件的缓慢旋转。设备的常规转速为1～3rpm。这集合了低振动、低剪切和低噪声的优势。

12.6.2 设计标准

应当考虑的因素有水力负荷、固体负荷、操作控制及捕获率。

12.6.3 性能

性能由化学调理、能耗和洗涤水等要求决定。

12.7 离心机

12.7.1 操作原理

离心机在污水处理中利用沉降分离不同的成分，密度较小的部分，离心后是悬浮液；

密度大的则成为沉淀物。这个过程类似于一个高效的澄清器或增稠器。离心机在高速旋转时，产生巨大的加速度，得以对不同的成分进行分离。通常将加速度称为“重力”。重力的加速度是 $9.81m/s^2$，也称为 1 个“g”，离心机制造商通常也使用这个单位。大部分的离心机运行过程中的加速度为 $153\sim306m/s^2$。实际上，如果一个离心机运行加速度为 $153m/s^2$ 时，会产生 0.45kg 的不平衡力在离心脱水机壁上，离心机就以相当于 1260kg 的力振动。转动速度和离心力之间的计算方式是：速度和“g”或是重力加速度之间的关系，见式（12-2）。

$$离心力 = k \times \mathrm{rpm}^2 \times 直径 \tag{12-2}$$

式中　rmp——转速；

k——0.0000142，当直径以英尺表示；

k——0.00000056，当直径以毫米表示。

离心力变化较多，但是，不一定高的离心力就更好。高的离心力意味着需要更好的材料和制造技术，即成本较高。因此，离心机的离心力可以满足其振动和噪声规范，则是一个高质量的机械设计。

在压缩固体之间存在的液体不断迁移到池体表面（图 12-5）。在操作中，污泥经过一个平稳开放的输送管。污泥轴向地涌入进料区，这是输送机的中心部分。传送带（也称为滚动轴）以每分钟几转的速度旋转。液体在水池表面流动，在离心机中心轴终端挡板处排出。液体的停留时间大约 1～2s，即从进泥管出口到离开离心机。污泥受到的总能量大约为 $2kW/(m^3 \cdot h)$，即发生在进泥区和进泥区外的流动区的短暂时间。随着污泥从进口流到出口，密度较大的物质则在管壁沉积。图 12-5 显示，水通过未压实污泥颗粒向池面流动。相比之下，在过滤中，水必须经过最致密的固体层。因此，过滤设备受给料污泥的影响大过离心机的影响。传送带将以一个稍微不同于机体的速度运行，而相对转速可将固体输送至离心机的锥形部位，此处是离心机的固体出口处。如同所有的螺旋输送机一样，输送的固体会产生黏性阻力。传送带电机将这个阻力转变为电流，并将它转换成转矩。

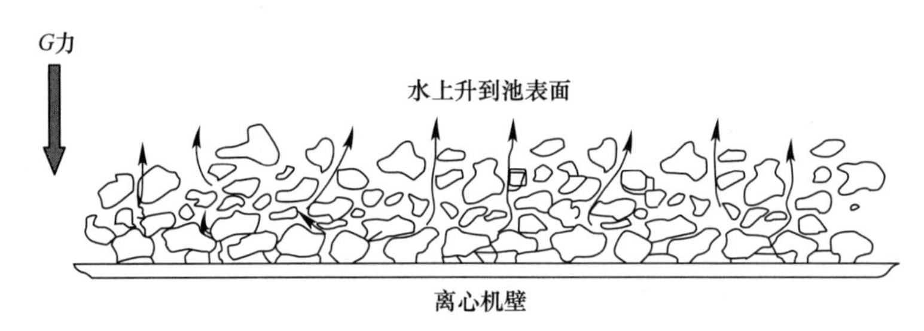

图 12-5　离心机内排水

1. 主要部件

转鼓式离心机的主要部件包括离心筒、转轴、框架及转轴驱动器。离心筒包括前轴、后轴、圆锥扩展区及圆柱区。在离心筒内，流体受不同的转速输送。不管输送带比离心筒的速度快还是慢，都不影响运行。目前，在环境工程行业使用的离心机都是不锈钢材质的。对碳素钢材料而言高速运行维持必要的公差是很难的。制造商在生产不锈钢件时采用离心铸件、静态铸件、滚动和焊接等方法。离心铸件是较好的选择，因为这个过程生产的铸件性能更均匀；适于高速离心机中应用。而对于较低的速度，或者在低应力面积，制造商使用静态铸造和轧制和焊接钢，具有低成本的特点。在操作中，不平衡产生的振动引起速度的增加。失衡量直接影响了设计和制造的质量。问题包括不完全在中心线上的部件、不匹配的部件和在负载下拉伸金属。在大多数情况下，维持平衡可以通过增加或去除关键控制点的质量来获得。然而，金属在压力下造成弯曲是一个大问题，因为这个不平衡变化将影响速度与负载。如果输送带中心不是够稳定，那么它将会产生不平衡。离心机在空载条件下运行良好，也可能在加入水后出现不平衡状态。在工厂实际运行中，较在制造商车间离心机将有更大的振动。按铭牌速度和充满水的条件下运行，产生的噪音和振动水平是衡量产品质量最好方法。在更高速度下低速设计不能均衡平稳地运行。设计工程师和业主期望铭牌速度是操作速度，可以满足工厂的离心机振动标准及连续运行。不幸的是，一些制造商使用他们自己的定义，若出现问题，就称离心机铭牌速度并不是一个操作速度而是一个应力水平。在铭牌速度下，离心机的振动会使其穿过地板移动，但不会自发地拆卸。最大运行速度较低，正常运行速度将更低。

框架的功能是提供支持面、电机、防护装置和保持主轴承对齐。理想的框架是无限刚性和无重量。这样的框架允许离心机以最低的动量下振动，并使轴承保持精确的定位，从而提高轴承使用寿命。它将要求精密制造，使得离心机的移动量最小化。一般来说，具有足够的刚性，框架的重量需要与旋转装置相同。框架是由矩形通道、铸铁、钢筋混凝土构造而成。业主需要较低的噪声和振动，而制造商则期望降低制造成本。当框架在100%～200%的固定负载下，也能运行平稳，则离心机可以满足这些目标。宽松的制造和设计标准可以降低制造成本。大多数框架减少振动是依靠掩藏了高转子失衡，结果会导致高动力载荷出现，从而缩短了轴承寿命。在购买时，应该意识到总静态重量/总动态重量比，见式（12-3）：

静态/动态重量比＝在4个主减振器上的总静态重量/充满水后转子的重量 （12-3）

每个减振器上的静负荷通常在制造商提供的装置图上有显示。这个图表上还包括旋转装置的最大重量。假设的总重量是15000kg和转子是4500kg。

$$静态/动态重量比=15000kg/4500kg=3.3S/DW \quad (12-4)$$

S/DW≤2是优选的；S/DW＝2～3是一般的，轴承寿命将会缩短；和S/DW＝3～4是较差的。

通常，如果离心机每周只工作几天小型离心机的制造标准低于大型离心机，高的S/DW更容易合格。

由输送带从离心机运输固体产生的转矩与污泥黏性成正比，也与泥饼干燥度成正比。在脱水应用中，转矩是很大的，所以所有的离心机都有转矩消减器，通常消减比例为60∶1～250∶1。常用的三类消减器：二级或三级行星齿轮箱；一级、二级、三级三轮齿轮箱；液压马达。在不拆卸和研究消减器的工程设计的情况下，几乎不可能判断转矩消减器的质量及实际工作功率。瞬时转矩测定是不可取的，因为变速箱的使用寿命是运转循环数和负荷的函数。循环数是相对转速，一般较低；装载量是转矩，其值比较大。一个高质量的转矩消减器至少应持续工作20000～40000h，而不出现机械故障或更换；顶级的设计可以工作50000～100000h，甚至更长时间。唯一可行的估计修理费用的方法是咨询参考安装的经验和作为容许载荷百分比的数值很难确定新设备与过去所用的是否一样。在实际中，齿轮箱都有一个固定的比率，通常在（90～200）∶1。离心机制造商有一个可变的齿轮比率范围，具体比率取决于安装的滑轮和皮带。这种设计的好处是不清楚的，因为滑轮很少更换。不管这些硬件有什么不同，所有这些机械消减器的作用行为都是一样的。改变转轴驱动电机的速度即可改变相对转速，见式（12-5）：

$$相对转速=(离心筒转速-齿轮箱输入速度)/齿轮箱比率 \tag{12-5}$$

例如，离心筒转速＝2800rpm，齿轮箱输入速度＝2650rpm，齿轮箱比率＝95∶1，相对速度＝(2800rpm－2650rpm)/95＝1.58rpm。

离心筒与输送机的速度差为1.58rpm。齿轮箱输入速度是输送机反向转动电机的速度。通过改变电机的速度，操作员可以更改相对转速。大的齿轮比率，需要反向转动的尺寸较小，但不幸的是，最大相对速度就越小。当离心机接近堵塞时，最大的相对转速很重要，应当调至12～15r/min。污泥颗粒在滚轴上产生的黏性阻力与泥饼的干燥程度成正比。对于电子驱动器，转矩是通过反向转动电机的电流来测得。液压系统由2个液压泵组成：（1）一个固定式泵，将油在高压下提升至旋转装置处；（2）一个涡流泵，连接滚筒与传送带。在这个系统中，相对转速成正比于油量；转矩成正比于油压。

各种设计的能耗效率取决于离心机本身各种详细特点，包括电机、驱动器和负荷。功率计算包括离心机旋转的偏差和摩擦、将污泥加速到滚筒切向速度的加速过程、固体物质转动消耗的能量、电子设备和液压设备的能耗。将污泥加速到滚筒的速度是主要的能耗来源。2000年以来，大多数离心机采用小固体排放口，以及滚筒的直径相比于老式离心机大。减少排放口半径可以减少切向排放速度，从而降低了功率。各种反向转动及齿轮所消耗的功率也应算入总功率需求中。行星齿轮的能耗效率高于三轮齿轮，而三轮齿轮的能耗效率也比液压设备的高。即使可以测定驱动器的转矩，也没有可行的方法来确认制造商所宣称的能耗；而且，在大多数情况下，能耗差异很小。

2. 过程效率的影响因素

脱水的过程发生在进泥管与悬浮液/污泥固体分离之间。主要包括以下四个步骤：

（1）将污泥加速至滚筒的速度；

（2）从流动液体层中分离出固体；

（3）固体物质的压实；

（4）从离心机清除固体。

某项技术被认为可以加强以上这些步骤。进泥区的目的是将污泥加速到筒壁的转速，并将污泥分散到转筒周围。对于一个直径750mm的离心机，进泥区是将大部分能量转移到注入的污泥中。输送机或池体壁必须将污泥加速到切向速度在200～250km/h。在输送机的中心处可以转移的能量越多，在筒内发生扰动和湍流就越小，就利于固液分离。最简单的进泥区通常在输送机的中心有2个或多个大开口，导致大部分的进泥以相对小的加速度涌入筒内。因此，液体/污泥在离心机必然对进泥加速，而产生巨大的扰动。一个好的工艺流程设计是尽可能地在输送机的中心处将污泥加速，尽可能利用一个无用的区域。当污泥从喷嘴离开输送机中心时，其以一个大的径向速度搅动沉积在底部的泥饼。因为同样的原因，在澄清器中使用挡板来消除流入速度，一些离心机设计中也使用导向装置来消除径向速度，使得全过程更加有效。

3. 流程

在进泥口与上清液出口之间完成污泥的澄清。需要做的设计是一个简单的螺旋轨迹线。污泥注入不同的轨道之间，做螺旋运动。另一方面，进泥的分布就不重要了，在大离心机中液体流动的宽度大约为 300～2290mm 之间。这形成一个狭长的流线，并作高速运动，但这却不利于分离。螺旋离心机产生的干固体在这些轨道之间有架桥连接固体的倾向，从而阻挡了流体运行，导致污泥突然反向螺旋，离开泥饼。在工艺设计中，流体在一个方向上流动，而污泥所作的流向，称为逆流。在设计中，与螺旋流相似的称为同向设计，给料从离心机的底端进入，以污泥固体输送相同的方向流向污泥固体排放口。

大约在离心机的中部，污泥流向与传送带焊接在一起的通道，经 180°旋转，以反方向经过淹没在污泥中的旋转密封结构，流过挡板，最后排出离心机。设计中的一个维护问题是消除在离心机中的同向旋转。在了解同向流动设计后，下面介绍轴向流动。轴向流动离心机都有从进泥口到澄清液出口的轨道线，在一些低成本设计中，可通过减小开口来降低流速，提高固体分离效率。流道长一般是其宽度的 2～3 倍。因此，改变进泥流量并不能与螺旋设计中一样改变相对压头（ΔH），从而在离心机进泥流量变化时，不会影响澄清液排出。当相对转速减小至可获得干燥泥饼时，旋流轨道之间就会出现流体架桥。在旋流离心机中，堵塞会导致液面的上升，并产生冲刷。存在轴向流动时，流体架桥就会形成，但进泥易流过堵塞区。因此，轴向流动是离心机的主要类型。设置轴向叶片后，产生的损耗将会超过其益处，所以不再生产。

4. 固体浓缩机理

在沉降过程中，污泥颗粒相互挤压，从而使得污泥层不断压实，将水分挤出污泥层。在一定范围内，污泥层越厚，离心力越大，所得泥饼浓度就大。在离心机中，污泥厚度的增加需要增加滚动轴的直径和减小滚筒的直径。另一个问题是，圆柱体区域将变得比污泥区的面积大很多。因此，当污泥层体积增加时，污泥层在圆柱段将会做搅动，导致沉降污泥再次进入循环流动，这种负面操作将会限制泥饼的干燥度。解决方法是使得液面超过污泥固体排放口 15～20mm。这也称为负向池，或“超级池”。即使负向池的深度及体积有稍微的增加，这个改进的作用也可增加池体与污泥排放口之间的距离，称之为相对压头（ΔH）。此压头可以从离心机中挤压出更多的污泥，只要将相对转速改变范围在 1～2rpm 就可以控制分离效率。相对转速低可以减少内循环，增强分离过程效率。离心机控制装置可以将相对转速的调整精度控制在±0.05rpm。

一些离心机制造商通过减小固体排放口的直径，在不移动澄清液开口的情况下，增加池体的深度。限制相对压头，可以提高泥饼干燥度。泥饼达到一定限制的干燥度可以限制扭矩，从而适合更小的扭矩减速器和更稀的污泥，而不需改变螺旋轨道线。相比于限制转矩，通过控制池体的速度更容易调节泥饼的干燥度。优秀的离心机设计应当有 25mm 的负向池，输送机中心的最大直径应当比污泥排放口直径小 50mm。负向池的一个缺点是脱水离心机在获得泥饼时，在进料的起初 5～15min，没有脱水完全的污泥将会从泥饼排放口排出，这点应当在安装时考虑到。解决这一问题的方法主要有两个：（1）利用转向器将未脱水完全的污泥通向排放口；（2）在离心机下方放置一个螺旋的输送机。在刚开始运行时，将螺旋反转到排放口，当运行正常时，将污泥输送至横向输送机。

5. 高固体含量污泥脱水

以往的离心机有模拟控制系统，且不需要费力来保证精确性。高固体含量污泥离心机必须将相对转速的精度控制在±0.05rpm 之内并控制良好的转矩。自动扭矩应该保持在设置转矩的±3%之内，并且相对转速不超过 0.5rpm 的范围。由于是固体颗粒的净重压缩泥饼，池体越深，所受的离心压力就越大。所以，离心机必须有一个很深的池体。与小型离心机相比，池体越深越好。大型离心机比小型离心机好，因为他们有更深的池体。为完全填满离心机体积和最小化内部循环，相对转速应当控制在 0.5～2rpm 之间。这需要的负压头大约为 15～25mm 之间。越干的泥饼，产生的黏性阻力就越大，所需要的扭矩就越大。

6. 离心筒/轴几何特征

按比例放大是轴-筒几何特性很重要。惟一最重要的要素是池体深度。对沉降物而言，池体越深，形成的泥饼就越干。大型离心机的池体深度通常比小离心机的大。因此，比较两台相同体积的离心机，长且浅的离心机不如短而深的离心机。长径比（L/D）比是另一个标准。经济合算的设计是长径比为 4 左右。L/D 比是一个影响离心机处理能力的设计参数，应包括在说明规格中。

7. 筒转速

离心机在废水实际操作的转速大部分在 245 和 285m/s^2（2400g 和 2800g）。然而，306m/s^2（3000g）已经成为一个质量标准。操作速度增加时，输送机中心必须采用坚固的、更好的材料，且组件加工偏差更严格。所有这一切都增加了成本。如果业主将离心机速度从速度 306m/s^2（3000g）降低到 255m/s^2（2500g），与将离心机速度设计为 255m/s^2（2500g）相比则振动、噪声、冲击和侵蚀将会减少，这将延长轴承寿命。对指定的离心机，重要的是要保证振动、噪声和流程是在规定的离心力下。否则，业主可能会发现，306m/s^2（3000g）不是制造商所谓的操作速度，而是一个“设计应力速度。“一个较低的速度”，或“最大操作速度”，这是触发振动报警的速度，“正常运行速度”会更低。

8. 筒/轴速度的差别

脱水离心机和输送机之间的速度差异通常是介于 0.5～6r/min。有时，离心机需要运行在 15rpm 或更高的差级区间，以清除离心机中的固体。如果一个离心机运行在 2600rpm 和偏差为 1.5rpm，那么输送机将旋转在 2598.5rpm 或 2601.5rpm，取决于离心机有输送机，转慢或快于滚筒。没有可靠的证据表明，输送机有任何优势将比筒较快或较慢。重要的是控制偏差在 rpm±0.05rpm。

9. 水池深度

离心机通过沉降工作。固体颗粒经沉降速度分离，在底部的颗粒受到上层颗粒的压缩，从而排出颗粒间的水分。所受的压强由重力和颗粒所处的深度影响。由于小型离心机的池深较小，产生的泥饼干燥程度就不及大离心机。池体深度微小的调整对效果的影响较大的原因仍是很难理解。原因主要是池体的几何结构的影响。分离效果好的离心机，固体颗粒受离心力的作用从流体中分离出来。一旦固体颗粒沉降后，应当从离心机中排出。输送机将这些固体颗粒送出离心机。由于固体颗粒是浸没的，它们借助浮力排出水面。假如池体低于污泥斗的顶部，则污泥颗粒是浸没在池体的，污泥所受的浮力会减少，污泥会滑出污泥斗。如果池体与固体排放口的高度少于 3mm，几乎没有废水污泥将被排出离心机。如果池水平高于固体排放口半径，在开始运行的时候，水就会溢出。如果池内液位较高（半径较小）高于污泥排放口半径，开启运行时，水就会溢出。然后，通过调整密封装置，脱水作用将恢复。如果池体设置更高，受水力压头的作用，会挤压一些固体。因此，固体所受的离心力范围见式（12-6）：

$$泥饼率=\alpha\Delta rpm+\Delta H \tag{12-6}$$

式中 泥饼率——离心机内排出的固体量，与 Δrpm 成比例；

Δrpm——滚轴与输送机的相对速度偏差；

ΔH——池体半径与污泥排放口半径之间的高差。

在同等情况下，池体深度越大，相对转速越小。重要的一点是，“干固体”离心机设计中的 ΔH 至少为 19mm。另一个设计应该考虑就是档板影响顶部。流水经过出水堰产生的波峰高度与流量成比例。随着流量的增加，池体高度也增加。因此，ΔH 与流量成正比。好的设计通常通过采用有长堰的环形挡板。未来最好的设计是板半径与池体的曲率匹配。圆孔和平板对改善效能意义不大。

12.7.2 设计准则

1. 结构组成

事实上，现在可提供的所有离心机的接触液相的部件都是由不锈钢制造的。主要的构件最好是由离心铸造的不锈钢。离心铸造的产品具有更好的一致性，而不会有软点和炉渣。因此，其强度比同尺寸下静态浇注或轧制焊接的好很多。一定程度上，静态浇注部件的弱点可通过使用更多的材料增加其厚度来减小。轧制焊接的池体通常是不可取的，因为其强度值得怀疑。防磨层是很重要的。池体外壳需要防护的部分是进泥区以下和地基以上的池体。污泥中大量的砂砾在池壁上滑动，会导致严重的磨损。目前，大多数制造商通过定位焊接条带锁定筒来保护池体下部。插入一根棱状的内衬是一种更精细和昂贵的做法，可以最大限度地减少在池内的焊接。固体污泥颗粒的出口是另一个需要防护的地方。轮毂和池体一起构成一个结构单元称为碗壳式筒体。在固体颗粒离开离心机的地方受到严重磨损，重者可以对结构造成破坏。典型的碳化钨是最好的磨损保护，但其脆度有时是个考验。弹性大的但不耐磨损的材料有更长的寿命。在固体颗粒离开筒的区域，颗粒的线速度可达 240km/h 以上。到目前为止，最好的服务（在温度低于 55℃）是使用聚氨酯和橡胶内衬，其次是等离子体应用钢，再次是不锈钢。衬垫应该延伸到边框以下来保护弯曲连接段。所有离心机如同鼓风机，在靠近中心线处吸入空气和排出固体和液体。不充分的排放会导致固体填充中心套管和直到它们涂抹在筒里，造成了重大损害。设计工程师应按照制造商的要求进行设计。结构元素包括筒、轴和马达和驱动器。

最后，离心机的选择将影响设施设计，并需要额外的支撑结构，比如对于带式压滤机来讲。

2. 动态负荷

转子的平衡度是制造商设计过程中需要考虑的。轴承的动态负荷是影响轴承寿命的重要因素。离心机的失衡产生的动态负荷作用于轴承，并转移到框架，通过减振器传递到离心机的基座。一个大型离心机在静态重量 9100kg 的条件下运行，转速为 2600rpm，0.5kg 的失衡将会产生频率为 43Hz、动态负荷 1392kg 的作用力。动态负荷与离心机及其悬架系统的振动和谐波成正比。制造商均会提供一个安装说明，详细介绍这些负载及必要的吊钩高度和间隙。动态负荷通常是在垂直和水平方向上，为最小的轴向动态负荷。

3. 振动与噪声控制

所有的离心均会产生振动和噪声。在某种程度上，制造商需要做很好的设计工作来使噪音和振动降到最低。在实际操作中得出，转子的重量是最好为减振器上总重量的 1/2。一个制做精良的离心机可以达到 100 万的振动均方根值（振动有效值）。达到这些标准的制造成本是昂贵的。因此，超重通常是添加到框架来抑制振动，转子的质量是减振器上总质量的 25%～30%。因为这个原因，操作规范应确保精确，从而离心机可以满足噪音和振动的要求。评价离心机好坏的一个指标是转子与总质量的比例。离心机的噪音和振动现场测试通常是在市政污水处理厂进行的，车间员工不在场。在性能测试时测量噪声和振动是一个较实际的方法。制造商认为他们控制不了环境和结构，但是这些将影响噪音和振动。即使情况属实，在市政污水处理厂如何运行离心机仍然是个问题。一个合理的折中的做法是性能测试过程中离心机达到的最大振动应该小于工厂振动级的 150%。老式的离心机有一个简单的振动控制器，是一种安全装置，在发生严重的机械问题时关闭离心机。工作人员可以通过测振计来测定不平衡度，以及判断振动是变好还是变坏。这种仪器较便宜，且通常都要特别配备。

即使刚安装的设备满足 85dB 的噪声标准，但是设备随着使用时间的延长，产生的噪声也会有所增加。在墙壁和天花板上安装隔音材料和吸音材料是繁琐和昂贵的。最好的解决方案是减少工作人员在同一个房间，甚至在同一楼层花费的时间，对离心机来说，每班最好只通过一两次。操作人员的控制室通常低于离心机放置层，与浓缩装置、泥饼排放口、过程取样点和仪表控制室靠近。

4. 水力负荷

对所有的脱水设备来讲，随着水力负荷的增加，脱水性能就会降低。离心机的工作流量变化范围是 76～6800L/min。理想情况下，在选定一个水力负荷后，优化离心机转速是最好的方法。预期进泥流量的变化范围越大，离心机将需要更多的比率调整。通常，进泥的水力负荷对离心机的限制小于固体负荷，主要原因是额外的聚合物可以使污泥颗粒迅速沉降。离心机的进泥是稀薄流动的液体，位于污泥层上部。污泥只需要静置一小会，下沉几毫米就可以进入污泥层。离心机不受水力负荷限制的第二个原因是，从密实的污泥中排出的水分需要通过稀薄污泥层，达到液面。而过滤装置是将密实污泥中的水分压向过滤材料。

5. 固体负荷

在离心机内的污泥有一个固定的体积，随着污泥固体负荷的增加，固体的停留时间就减少，导致产生的泥饼的含水率增加。这可以抵消其他方式的作用，如增加聚合物用量，或是增加离心力。离心机的 4 个性能参数为泥饼干燥程度、聚合物用量、进泥速度和离心液水质。操作员可以牺牲一个参数来改善其中某一个参数。例如，减小给料速率，将增加固体停留时间，结果产生干燥程度更高的泥饼及消耗少量的聚合物。一个经常被忽略的限制是给料的污泥浓度。在离心机对污水污泥进行脱水时，聚合物必须与污泥充分混合。随着污泥的凝聚，污泥的黏度将增加，它变得更难与聚合物混合。大多数离心机操作的给料污泥浓度在 0.75%～4.0%之间，市政污水处理厂中很少有超出这个范围的工程应用。

6. 筒体转速

筒体的转速对劣泥质量的重要性高于过程。如前所述，随着转速的提高，制造商是必须设计出强度高的筒体，提高传送带的强度，增强表面硬化，紧缩制造公差。设计良好的离心机可以连续运行。当然，它们的制造成本更高。有需要的客户必须在价格和性能之间做出选择。

7. 筒/轴差异性控制

最初，离心机操作只有速度控制。操作人员旋转按钮来改变电机的速度。最佳速度调整精度是±50rpm，对应的相对转速是±0.5rpm。固体干燥离心机的转速要求的数量级是±0.05rpm。当扭矩增加，他们可以接近离心机的限制，所以转矩控制是至关重要的。所有控制应该能够在差异性控制下运行，保持相对转速为±0.05rpm。所有控制应该有一个转矩控制选项，操作员输入一个扭矩设定值，将会保持在±3%的误差内。至少，控制操作应当简单；操作员输入负载设定值后，离心机就能在这点上运行。

8. 池体深度

与所有其他降积设备一样，池体越深，固体受到的压缩力就越大。池体深度是相对于离心筒的液体的深度。因为大型离心机本质上比小型离心机有更深的池体，它们通常能够获得干燥度更高的泥饼。大多数离心机制造商通过减少固体排放口直径来增加池体深度，并且能够降低耗电量。一些制造商污泥排放口的档板向内转动。这限制了水力压头，因此离心机脱水后的泥饼可获得较高干燥度。限制泥饼干燥度的因素，即限制扭矩，容许小的扭矩削减器，及稀薄的进泥，而不需要改变固体旋转路径。

9. 化学调理的作用

所有脱水离心机及过滤装置都需要用聚合物来调理污泥，以达到合理的结果。在离心机应用于废水处理之前，就已开发了聚合物。随着聚合物用量的增加，起初影响较小。达到某一水平时，这些聚合物产生的絮体足以澄清废水，并使这些污泥卷扫而排出离心机。投加聚合物可以增加污泥的密实度，并获得更加干燥的泥饼。为了最优化效应，聚合物用量不能继续增加；相反的，操作人员需要降低相对转速，或增加池体沉降设置和改变聚合物投加点。影响化学调理工艺经济性的 4 个性能参数如下：

（1）泥饼固体；

（2）絮凝剂用量；

（3）进泥流量；

（4）浓缩质量。

再次权衡各个因素。投加更多的聚合物来提高性能，使得所生成的泥饼更加干燥，给料速率和固体捕获速率更高。当然，其他操作的更改也可能是必要的，或者可能需要一个不同的聚合物。在使用带式压滤机时，随着聚合物用量的增加，最终将导致滤带的阻塞，以及脱水性能的下降。离心机不使用滤带，所以它们可以继续运行，受益于更高的聚合物用量带来的好处。

无机化学药剂有时也用于离心机，包括氯化铁和明矾。氯化铁可以改善污泥的脱水性能，但很少情况能证明其成本低廉。污水处理厂通常在水处理工艺中使用氯化铁，例如除磷或控制气味，观察发现，污泥的脱水难易程度与氯化铁剂量成正比。相反，投加明矾产生的污泥则脱水性能较差，可能是由于其为聚水化合物的原因。

在处理厌氧消化污泥时，鸟粪石（$MgNH_4PO_4$）有时是个问题。它在絮凝的时候产生，很少或不在离心机内产生，并且只有当进泥的 pH>7 时才会产生。投加三氯化铁有两个作用：去除磷酸盐和降低 pH。加酸也是有好处的，是一个低成本的选择。从废水中回收鸟粪石有几种流程。

投加过氧化氢和高锰酸钾对离心机脱水性能的影响很小。在污泥脱水过程之前，投加石灰乳可能有助于带式压滤机，因为可以降低污泥的比阻。但是，这也会导致一些问题，由于石灰沉降和卷扫作用，会导致产生含水率高的泥饼。

第13章 堆　肥

13.1 引言

污泥堆肥是指利用好氧微生物在可控的条件下，将有机废物转变成稳定的腐殖质并生物放热过程，处理后的有机废物可以被用作土壤改良剂。在堆肥过程中，嗜温菌或嗜热菌产生的热量会使肥堆的温度升高。

13.1.1 堆肥目的

污泥堆肥的4个主要目的如下：

（1）杀死致病微生物（减少病原体）；

（2）通过分解气味产生化合物使污泥进一步稳定；

（3）干燥污泥；

（4）产生一种稳定的，易于管理的，有利用价值的产品。

堆肥过程最主要的目的是杀死致病微生物（Willson et al.，1980）。好氧堆肥过程会产生足够的热量，使温度升高到嗜热菌生长适宜条件下。堆肥过程中，必须控制肥堆环境在长时间内保持足够高的温度以杀死致病菌。

堆肥的第二个目的是通过微生物分解作用，使污泥进一步稳定，堆肥只是使污泥简单分解而不是完全氧化，这样可以减少的气味产生。

堆肥的第三个目的是污泥干燥。在堆肥之前，污泥（污泥生物固体的泥饼和填充料）的原含水率大约为60%。堆肥过程中产生的热量使肥堆中的水分蒸发，同时进入肥堆中的空气也将水分从肥堆带入到大气中。堆肥必须严格控制干燥过程以保证最终产品适宜筛选、储存和使用。当肥堆含水量低于35%时，堆肥过程会受到抑制。

堆肥的第四个目的是生产一种适用于不同场合，便于储存、管理和使用的稳定、成熟的产品。为了实现这一目的，堆肥过程必须经过杀死致病菌、干燥、老化以及最终修整等过程。

13.1.2 堆肥发展历史概述

从历史上看，有机废物的堆肥更像是技术而不是科学。在小型堆肥设施中，风道式堆肥是最典型的方法。大约在50年前，欧洲引进了几种机械堆肥系统。在20世纪70年代，美国农业部马里兰贝兹维尔农业研究中心发明了一种静态通风垛堆肥系统。

20世纪70年代后，在堆肥研究中的许多进展都是以之前的技术为基础的。在20世纪80年代后期、90年代前期，随着污泥堆肥设施以及附近居民的增加，堆肥过程中产生的气味，导致堆肥设施所有者/操作人员与附近居民的关系变得紧张。这种情况在开放式和封闭式堆肥设施中均有发生。最终许多堆肥设施被关闭。工程设计部门通过设计具备更先进气味控制和处理系统的堆肥设施来解决这一问题，使堆肥设施在建造和运行过程中不会对附近居民造成影响。现在，有一些大型堆肥设施（每天处理污泥滤饼量达到几百吨，例如Davenport，Iowa；Inland Empire，California；South Kern Industrial Center in Taft，California；Burlington County，New Jersey）在运行过程中不会产生气味问题。在美国有超过90个城市使用静态通风堆式堆肥系统；大约36个城市使用有不同构造因素的反应器堆肥系统。在美国，条垛式堆肥系统主要在西南部使用，在西南部地区降水率很低，不会影响堆肥过程。

13.2　设备开发

开发一种堆肥设施需要仔细考虑堆肥材料、土地限制、附近居民、气候条件、最终产品利用、产品的季节性需求等因素。本节将阐述确保堆肥设施成功开发的必要步骤。

13.2.1　规划和可行性

如本书第3章指出的，公众接受度、产品需求以及经济因素都是影响堆肥设施开发的决定性因素。设施选址、技术选择、封闭程度及气味处理将会影响这些因素，以上问题都将会在本章进行深入探讨。

13.2.2　设施选址

房地产行业中的俗语“选址、选址、选址”同样适用于堆肥设施。堆肥设施选址时需要考虑下列因素：

（1）土地可利用性；

（2）周边地区无害性；

（3）周边土地的利用；

（4）设施地点到原料收集及出售市场的距离；

（5）原料运送到设施地点以及将最终产品从设施地点运出的运输路线；

（6）现场堆肥设施结构设计；

（7）可用的公用资源，如水、废水和电；

（8）局部气候；

（9）周边地形。

13.2.3　从规划过渡到设计

从规划阶段过渡到设计阶段时，必须考虑处理能力、技术水平和成本因素。这3个因素之间存在一个平衡关系，业主需决定哪个是最重要的因素。一般来说，处理能力是决定设计的首要因素。大多数业主不会有奢侈的开放式预算。因此，业主需要做出适当的选择，决定设施建造过程中技术和设备的优先顺序。需要确定污泥量以及计划处理时间，包括污泥量，污泥种类及计划处理时期。若希望将堆肥设施进行分期设计，需要对选址进行总体规划。

业主的优先选择会影响技术水平。计划建造堆肥设施时，业主将会对相似环境中各种处理技术和处理能力的设施进行考察。在考察过程中，业主将会获得丰富的知识，以帮助他们决定要采用的技术及处理程度。在这一阶段的规划过程中，可以判断产品能否满足业主要求。

在设计的早期阶段需要考虑成本因素。一个完整的方案设计必须包括足够的工程成本预算。这通常要到初步设计阶段才能进行。为了证明堆肥在长远发展中比其他污泥处置方式更具优势，需对其进行资本预算评估和生命周期成本比较。

早期研究主要是针对项目计划或早期工程设计。前期试验选用污水处理厂（WWTP）污泥与合适的填充剂来证明堆肥的可行性，使工作人员熟悉堆肥过程，同时生产少量的堆肥用于技术分析和初步的市场分析。在这一阶段，需要对填充剂进行研究，来确定成本和适用于堆肥过程的填充剂种类。强烈建议进行堆肥市场分析，以确定产品的潜在需求。由于产品量会随着设施的增大而增大，对大型堆肥设施来说试产分析更为重要。

13.2.4 初步工程设计

在对堆肥设施进行初步工程或基础设施设计时，需要考虑充足的土地、设备大小及设备布局等许多因素以满足项目需求。这些因素将在后面讨论。

1. 污泥量及性质

污泥种类将会对设计造成多方面影响。例如，未消化污泥比消化污泥具有更高的活性。这将会增大产生气味的可能性，但也会减少所需的活性填充剂用量，例如可以用干燥的、处理过的木料废物代替新鲜的庭园垃圾。而且，污泥种类和污水处理厂所用的污泥脱水设备也会影响泥饼含固率。干泥饼比湿泥饼所需的填充剂更少。例如，含固率为16%的泥饼所需的填充剂用量是24%的泥饼的两倍，这会使填充剂和堆肥体积加倍。此外，由于污泥密度变化不大，泥饼越湿每克干污泥的体积越大。这些是对堆肥设施设计影响最大的因素。一些污水处理厂产生的湿污泥具有季节性，因此，应该按照月平均最低含固率进行设计。

2. 填充剂种类和适用性

填充剂的选用将会影响设施的开发，应该在设计早期选定填充剂以确保数量充足以满足设施需求。同时填充剂的储存问题也应考虑，以确保全年运行过程中都能持续供应。此外，在降水丰富的地区，为防止受潮，填充剂需要采用全封闭的方式储存。当没有合适的填充剂来源且没有储存场所时，只能购买在潮湿的季节仍能保持干燥的填充剂。在美国东部和西南部，填充剂的选择是设施设计和布局中的重要考虑因素。

3. 选址和基建

在前期设计中，还要考察占地需求，场地特征和对周围环境的影响，以决定堆肥类型，处理能力及气味控制要求。如果在小型设施（日处理量＜10t 湿污泥）1.6km 或 4.8km 范围内有居民居住，则需要通过模拟技术建立气味模型来确定气味的控制水平。通过比较不同堆肥工艺产生的气味的影响或不同的气味控制处理方法，确定如何有效控制气味达到的所需设计水平。此外，在为所选技术选择合适的场地时，还需要考虑附近污泥的产量，可用的道路以及电力，给水和废水收集系统等公用设施。

4. 物料平衡

在设计堆肥设施时，必须进行物料平衡计算，而且必须在设计前期阶段进行。进行物料平衡计算时，需要根据堆肥所用污泥和填充剂的数量和特性，确定日常和年度材料用量。在进行物料衡算时，必须考虑各种材料性质的季节性变化。物料衡算将用来确定设计时的占地需求，设备大小，电力负荷和其他基本信息。同时还要考虑设施运行时间表，例如一周运行 5d 还是 7d。

5. 工艺流程

一旦设计标准确定后，就可以通过与方案设计进行比较，确定工艺流程。需要获得并处理诸如一周内每天所需的污泥量等因素，同时污水处理厂预期的污泥产量及管理要求也要考虑在内。其他因素包括：污泥及填充剂的用量，最终产品的储存；搅拌、堆肥、筛选和干燥停留时间；肥堆大小和所用设备，都应该确定以确保满足工艺要求。在这一阶段还需要确定材料处理需求及处理量和气味控制技术及相应标准。

6. 工艺控制及技术支持

我们需要确定过程控制和自动化的水平并确定封闭程度和臭气的控制，同时，在此阶段的设计过程中，我们也要将运营商的技术支持方式和设备维护考虑在内并做好相应的计划。

7. 成本及预算

用于设施运行及职员薪酬的资金成本必须在设计过程中尽早确定并且经济合理。这一过程也可以在规划阶段完成。一旦的预算完成后，必须保证其有效性。

13.2.5 最终设计

在设计堆肥设施时，一旦前面所说的基本因素确定后，就会提供足够详细的设计概念进行详细流程及设备的设计。在最终设计阶段，将会确定结构尺寸、技术种类及初步的流程设计，这就是典型的“冻结”。在设计过程的这一阶段，需要进行详细的设备选型，确定施工材料，封闭程度及建筑类型。这一阶段的目的是生成一系列详细的文件（包括设备信息，技术条件和工程图)，提供给审查机构进行审核批准，最后，业主招标承包商进行设施建设。

13.3 设备设计

13.3.1 工艺选择

为达到预期的目标，选择工艺时必须同时考虑多个因素。在几乎所有的设计中，关键目标都是杀死污泥中的致病菌，减少气味以及生产畅销产品。为实现这些目标，选择工艺时将受以下因素的影响：场地大小和条件，周边环境，当地气候，填充剂的适用性，过程控制所需程度，资金和运行成本。下面的部分描述了堆肥系统中不同因素各自的适用性及优缺点。这部分还提出了一种多属性效用分析工具，可以帮助业主根据实际情况中各因素的重要程度选择适合的工艺类型。

1. 污泥堆肥工艺类型

尽管污泥堆肥是一个自然的生化过程，但可以根据系统的控制程度，分为简单的定期翻堆的堆式和条垛式堆肥系统、复杂的封闭式或带有机械搅拌和曝气的反应器堆肥系统等不同类型。

多年来已证明，多种类型的堆肥方法有诸多优点，例如：加速自然生化过程；提供变量过程控制如水分，碳，氮气和氧气；减少气味及颗粒物；减少占地面积；持续提供可靠的产品以及外观上整体优化场地布局以适应当地要求。

应用广泛的堆肥技术有 3 种：静态通风堆肥（ASP）、槽式堆肥、条垛式堆肥。在这三种堆肥技术中，ASP 是使用最多的。根据 BioCycle 对美国 265 个污泥堆肥设施所做的调查，其中有大约 45%是采用的 ASP 技术，其他的都是反应器堆肥和条垛式堆肥（Beecher and Goldstein，2010）。

表 13-1 比较了 5 种堆肥技术在物理设备，处理加工，操作和维护几个方面的优缺点。比较发现，没有一种技术能适用于所有情况。气候条件、场地条件，操作问题，气味的敏感度和其他因素都会影响系统的选择。

不同堆肥技术的对比 **表 13-1**

堆肥技术	优点	缺点
静态通风堆式	• 适应各种不同类型填充剂 • 灵活应对负荷变化 • 设备要求低（维护简单） • 更容易控制臭味	• 人力要求高； • 占地面积大； • 能耗高
搅拌式反应器系统	• 自动化翻转材料； • 初始含固率更低；材料处理过程所需体积更少 • 能适应不同种类的填充剂 • 定期搅拌使物料混合均匀，中间可以补充水分 • 更容易控制臭气	• 就物料处理容积而言灵活度更低； • 容易产生大量烟尘； • 曝气可能增加职工暴露风险中的机会 • 维护成本高 • 搅拌过程产生的热量和水气容易腐蚀设备
垂直式反应器	• 占地更少 • 全自动操作 • 职工暴露少	• 物料处理过程体积灵活度更低 • 无冗余 • 在美国这种设施只有 2 个 • 维护成本高 • 反应器需要补充填充剂
水平流反应器	• 完全封闭式，空气变化要求较低 • 职工暴露低 • 可适应不同种类的填充剂 • 全自动操作	• 物料处理过程体积灵活度更低 • 无冗余 • 在美国这种设施只有 2 个 • 维护成本高 • 反应器需要补充固化剂
条垛式堆肥	• 可适应物料体积变化 • 管理简单 • 可适应不同种类的填充剂 • 简单，操作容易	• 占地面积大 • 臭气控制难度大 • 扬尘 • 降水影响大

2. 静态通风堆肥系统

静态通风堆肥系统是由美国农业部（USDA）在 20 世纪 70 年代在马里兰州贝兹维尔开发出来的，也被称为贝兹维尔法（Beltsville Method）。ASP 具有高度灵活性，是美国应用最广泛的污泥堆肥方法。顾名思义，这种方法涉及对堆积的原材料进行曝气。肥堆通常是为 2～4m 高的构筑物，其下为通风地板或多孔通气管。整个堆体覆盖木屑或未经筛选的堆肥产品（150～300mm 厚）隔热保温，保证堆体所有位置的温度都能达到杀死病原体的高度。图 13-1 为典型静态通风系统的截面图和流程图。在小型系统中，堆体可以单独建造。在大型系统中，将连续的或扩展的堆体分成小部分以考查每天的处理效果。连续的堆体也被称为延长静态通风堆（EASP）。EASP 可以在之前的堆体中并列建造新的堆体，既延长了堆体的长度又减少了占地面积。类似的，也可以将堆体按控制条件不同分成不同部分，例如可以按温度和反应时间分成杀死病原体（PFRP）的过程（55℃以上，时间 3d）和降解有机物（VAR）的过程（40℃，时间 14d）。如果堆体拆分的控制条件很接近，将可能导致两个堆体的材料混合。因此，设计时必须提供足够的空间供堆体建设和拆分。

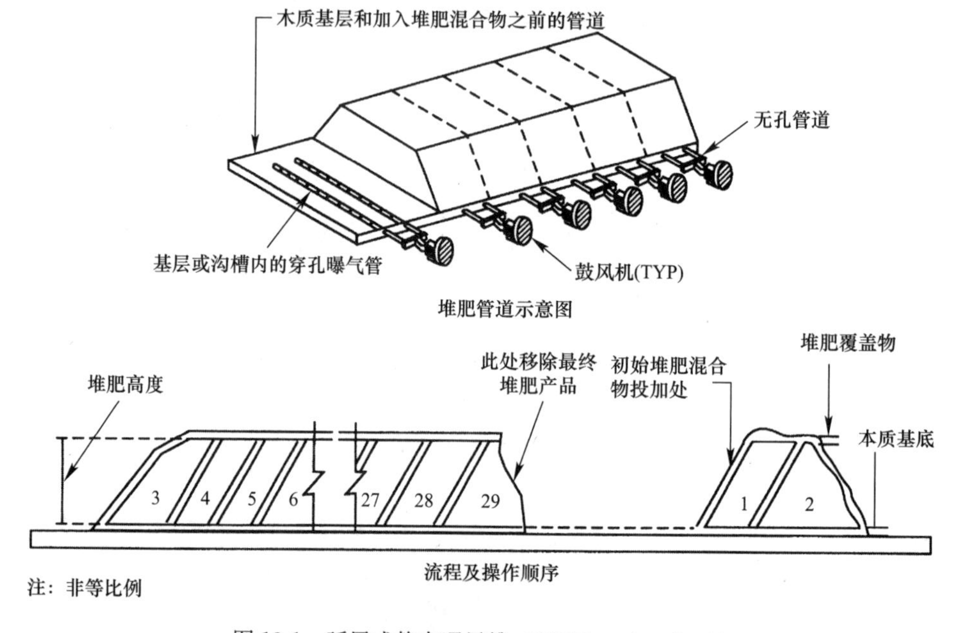

图 13-1 延展式静态通风堆（WEF et al.，2009）

在静态通风堆肥系统中，堆体中混合物在活性堆肥阶段的停留时间通常为 21～28d。接下来，堆体被分解，堆体材料被运送到固化区域或经筛选后再运送到固化区域。经过严格筛选堆肥含固率最少达到 55%。在一些设施中，在筛选过程前有比堆肥过程通气量更高的强效干燥步骤。另外，筛选也可以在固化后进行。在固化前进行筛选可以减少固化占地面积同时使被分解的填充剂减少（增加可循环使用的填充剂）。为使原材料进一步稳定，堆肥工艺中固化阶段持续时间最少为 30d。如果固化过程不通风，这一过程可能更长。

静态通风堆肥系统通常是露天的，但也有许多是部分或完全封闭的。封闭程度通常由气体收集和臭味的控制要求限定。当地环境条件如高温或降水将使运行过程中至少要求局部封闭。

3. 反应器堆肥系统

尽管已经开发出许多类型的反应器堆肥系统，但只有一小部分被广泛使用；大部分系统只被一两个堆肥厂采用。反应器堆肥系统通常将物料自动运输和曝气结合在一起。反应器堆肥系统中，物料停留时间从 14～21d 不等，这取决于供应商要求及成本。停留时间由预期产品性质、稳定性要求决定，同时也要考虑在其他各个阶段的停留时间。在堆肥化阶段后为使产品达到预期要求，通常需要 30～60d 的时间进行进一步稳定化。下面是 4 类可用的反应器堆肥系统：

（1）垂直塞式流动反应器（不再建设）（图 13-2）；

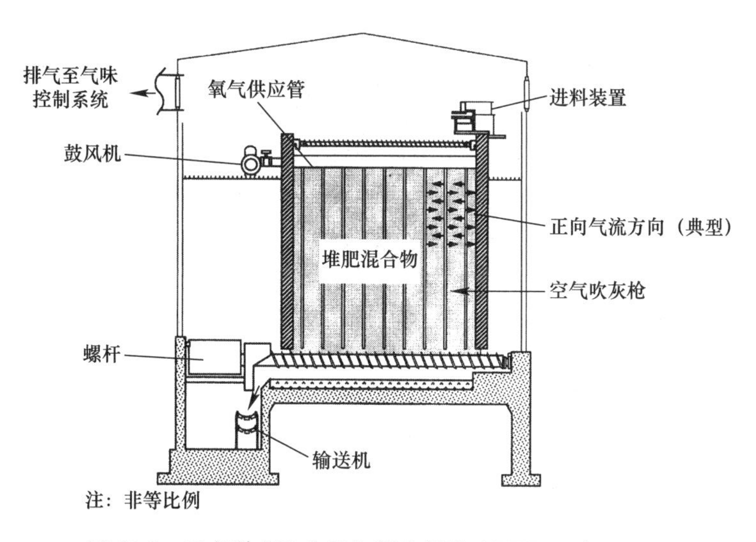

图 13-2 垂直塞式流动反应器示意图（WEF et al.，2009）

（2）水平流反应器（不再建设）（图 13-3）；

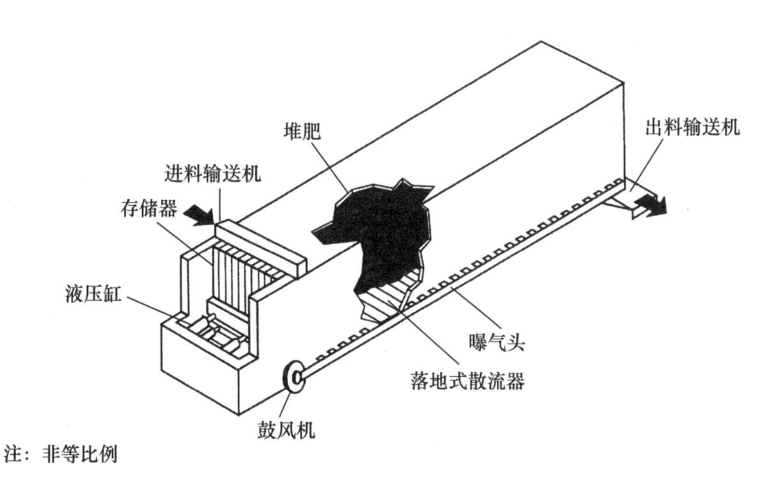

图 13-3 水平流反应器示意图（WEF et al.，2009）

（3）搅拌系统（图 13-4）；

（4）混合系统。

垂直流反应器是由钢板，混凝土或加固化玻璃纤维板组成的。脱水泥饼、填充剂和再循环物料从反应器顶部加入。在反应器中堆肥混合物不进行搅拌或混合，而是通过曝气沿反应器垂直移动到底部。在底部通过出料孔排出。

图13-4　搅拌堆肥反应器

水平流反应器与垂直流反应器类似，物料在反应器中并不进行混合。堆肥通过液压油缸从反应器侧面排出。

然而，搅拌式反应器并不将肥堆当作未混合的整体运出反应器。相反，搅拌式反应器采用机械装置定期将物料搅拌并沿着反应器循环往复。在物理结构上，搅拌式反应器是顶部敞开式，空气通过底部的鼓风机和通气管进入物料。有各种方法可以将肥堆从反应器中排出。理论上，这些系统都与通风条垛式系统相似。重复的搅拌会打碎填充剂，使筛选出的可循环使用的填充剂减少。

使用最广泛的反应器堆肥系统是水平搅拌反应器，如图13-4所示。水平搅拌反应器通常安装在封闭式建筑中，矩形，底部进气，并设有独立的曝气区域。新鲜物料通过装载机加入反应器前端。搅拌设备采用全自动方式，每天通过反应器一次。堆肥材料挖出后，在反应器后部4m处再次堆积。最终，堆肥材料完全通过整个反应器。

4. 条垛式堆肥

条垛式堆肥，即将原料堆积成平行的梯形或三角形条垛。原料定期用前卸式装载机或专用条垛翻转机翻转。翻转的目的是为了通风、除湿，并且疏松材料促进空气在条垛中的流动。翻转同时也是为了混匀物料，使外部温度较低的进入内部高温区域，使肥堆所有区域都能达到足够杀死病原体的温度。此外，翻动还能向条垛中心的厌氧区域供氧气。实际上在堆肥阶段，物料被翻转进入中心区域后，氧气被迅速消耗，形成厌氧或缺氧区域。条垛式堆肥一般在户外场地或有顶场地使用。由于条垛的几何形状，以及条垛间需要足够的空间放置条垛翻转机械，条垛式堆肥系统比其他堆肥技术占地面积大。

5. 混合系统

混合堆肥技术是将前面所讲的3种技术中的2种或3种技术集成。通风条垛式系统就是其中之一。这种技术是将条垛式堆肥的条垛翻转过程和ASP的通气过程合并在一起。条垛堆积在通风管路上，通过翻转设备上的通气管供气。与ASP相比，可以强制空气穿过条垛或者进入通道。通风条垛式系统也会定期翻转。强制通风和物理翻转最大化的加快了堆肥速率和除湿速率。物理翻转可以使内部的颗粒充分接触。隧道式堆肥系统也可以和其他技术结合。隧道式系统中，堆肥原料堆积在矩形容器中，其高度仅能满足原料的堆积和移动。由于条垛的堆积和拆除缺乏足够的空间，一些隧道式系统相当于通气量减少的ASP系统。一些其他的隧道式系统有传送系统，可以将原料运送到通道中，并且在堆肥结束后运出。这些隧道式系统是将ASP和反应器技术相结合而形成的。

6. 膜堆肥技术

在欧洲有一种新技术被用于庭院和食物垃圾堆肥，并且在北美也开始流行起来，这就是膜堆肥技术。这种技术开始也是用于污泥堆肥。膜堆肥技术是在每个肥堆下装有曝气板，每个曝气板有两条通气管。肥堆初始停留时间为28d，尺寸为：50m（长）×8m（宽）×3m（高）。每个肥堆上覆盖有一层膜，可以使氧气和二氧化碳通过，但会阻止水分和臭味传出。这些有气味的化合物是由堆肥生物降解而来的。每个肥堆配有独立的鼓风机，由电脑根据肥堆中传感探头测得的温度和氧气浓度控制。

经过 28d 的初级堆肥后，膜将会被移走，肥堆通过前卸式装载机运输至第二阶段堆肥。当进入第二阶段的通风阶段时，重新覆膜 14d。14d 后，将膜移除，然后再次通风 14d。

7. 堆肥流程选择依据

设计是平衡效益和目标的过程。选择合适的堆肥技术也是同样的目的。环境不同，解决方案也不一样。选择堆肥技术时需要考虑的重要因素有：

（1）物理设施；

（2）流程注意事项；

（3）运行管理以及维护。

尽管成本也是影响工厂发展的重要因素，但可用空间和对周围环境的影响在所有设计中影响最大。可用土地的大小和形状将会影响技术选择。对周围环境的影响将会影响所需的封闭程度。

与其他工业生产一样，可用原料的距离和类型都会影响工艺选择。例如，静态通风工艺所需的填充剂比通风翻转条垛式工艺或搅拌床反应器都多，而且更加粗糙。相比单纯的翻转条垛式工艺，由于增加通风后原料初始的水分含量减少，所需的填充剂用量也随之减少。在搅拌床反应器中，由于频繁的搅动摩擦，对所用的填充剂要求更高，但由于原料初始含固率能低到 38%，整体体积也会减少。

尽管产品质量很重要，任何堆肥技术只要合理运用都能生产出有市场的产品。最初的堆肥工艺并不会影响产品的后处理，例如，将堆肥产品和其他原料或营养元素混合。

13.3.2 质量守恒和设计步骤

堆肥主要是原料和气体控制过程。因此，设计的第一步应该是估计每一步需要投加的原料量。原材料产量最大时也需要设计在内。这可以通过质量守恒或物料平衡估算（详见 13.5 节 静态通风式系统物料平衡范例）。

在每一步中需要严格控制干泥或湿泥的重量，含水率以及原料的堆积密度。堆积密度是非常关键的值。只要条件允许，就要通过现场实测来确定堆积密度。然而，这种方法不是一直可行的，因此需要通过以往的经验值或其他工厂的数据进行推测。

筛选后可回收的填充剂的量取决于所用填充剂类型。粗糙的木屑回收率更高；打磨过的木材和庭院垃圾，精细的材料比重较高，但回收率显著低于粗糙木屑。设计范例是一些典型材料的各自回收率。物料平衡中的一个重要部分，即重新用于初始混合的填充剂和堆肥中产生的填充剂量的回收比。同时，也要将总的填充剂量与污泥平衡，这样就能得到初始混合物中污泥所占比例。初始混合物中污泥含量需要通过补充量确定，补充量则由迭代过程确定。这可以通过重复利用的和新加入的填充剂量，允许的污泥含量及最终回收的填充剂的量计算确定。填充剂的量可以一直调整，直到在过程结束时总的回收量等于加入的和表层、底层的回收量之和。

不同类型技术的主要区别是初始混合物中污泥含量的不同。每种技术的初始混合物中污泥含量都可以在一定范围内变化。实现这些目标对堆肥设施的成功运行及杀死病原体的目标至关重要。以下是 3 类主要技术的目标混合物的污泥含量：

（1）静态通风式系统。初始混合物中期望污泥的含量为40%～45%。若含水率高于这一范围，就会使热能因为蒸发而损失，减慢堆肥过程。原料更干燥则会减慢生化过程。

（2）反应器系统。对自动进样的垂直流系统，初始混合物中污泥目标含量与ASP系统相同。而搅拌系统中，则为38%～40%。与其他系统相比，频繁的搅动和强制通风会使这些系统中的原料更快干燥。经验表明，在搅拌系统中，搅拌过程会使水分减少2%。

（3）翻转条垛式系统。翻转条垛式系统期望的初始污泥含量大约为45%。更湿的原料会阻止条垛中的空气对流。在湿润的气候环境中，条垛式系统的原料应该经过稍微干燥。

13.3.3 堆肥过程的物料平衡

物料衡算为堆肥过程中的每一步操作提供了详细信息。物料衡算可以汇总每天的所有操作。操作过程中每一步必须按完整停留时间计算。另外，也需要考虑到每一步所需的中间过程。例如，在ASP系统中堆肥过程需要21d，另外还要有1～2d用以清除和建造条堆。

物料衡算可以在任何时间段进行。例如，在一些小型堆肥工厂中，污泥可能每周更新2～3次。这种情况下，需要每周进行一次物料衡算。

13.3.4 污泥性质

污泥中影响堆肥操作的主要性质包括：污泥含量，金属含量及生物活性。污水处理厂得到的污泥与填充剂混合后，有足够的生物活性，可以使温度达到杀死病原体的要求。甚至消化污泥的活性也能满足要求。若污泥中添加了惰性材料必须加以说明。如果污泥中加入了大量的惰性材料，会使混合物的温度增加，抑制堆肥过程。

污泥含量对堆肥过程有重要影响。污泥越湿，则需要越多的填充剂从而达到原料的污泥含量要求。填充剂越多则所需体积和空间越大。相反，如果污泥太干了，则无法加入足够的填充剂，这会导致混合物孔隙率不足。填充剂不足还会导致低碳氮比，这将会抑制温度升高，增加氮气的损耗和氨气的产生。

污泥是由大量相同的细小微粒组成的。由于在脱水过程中通常会加入高分子聚合物，产生的泥饼像胶体一样黏稠。这虽然不会影响生物活性，但对材料装卸设备有重要影响。黏稠度的影响将在材料装卸章节进行详细论述。

13.3.5 填充剂

所有的堆肥技术都需要将足够的填充剂与脱水污泥混合，使初始污泥含量和孔隙率达到要求。此外，填充剂还可以提供额外的碳，平衡碳氮比和能量。表13-2列举了常用的填充剂及其性质。

尽管庭院垃圾理论上也可以用作填充剂，但实用性不强，因为庭院垃圾的水和氮含量太高，并且孔隙率低。如果将庭院垃圾用作堆肥，则需要额外的填充剂。填充剂与污泥比例取决于填充剂性质和所需污泥含量。当污泥含量为18%～24%，混合木屑为55%～65%时，所需填充剂与污泥体积比为3∶1或4∶1以使混合物污泥含量达到40%。对于45%的污泥混合物，所需填充剂与污泥体积比为5∶1或6∶1。当填充剂与污泥体积比为2.5∶1时，混合物将缺乏足够的孔隙率，会使分解速率减慢。

填充剂性质 表 13-2

填充剂	性质
木片（25～50mm）	最常用的填充剂
	筛选回收率高（60%～80%）
	补充碳的良好来源
庭院垃圾	可用废料
	由于细料含量高，筛选回收率低（40%～60%）
	绿色垃圾含有更高的水分和氮，需要更多木屑
	可作为补充碳的来源
地面废木	可用废料
	如果木质老化或者过于干燥，就可能因为碳素的挥发则补充碳源很少
	可能含有铅和砷等污染物，需要去除
树叶	单独使用时缺乏足够的孔隙率
	补充碳的快速来源
	可用废料
	不能通过筛选回收；增加堆肥体积
木屑	单独使用时缺乏足够的孔隙率
	补充碳的快速来源
	需要购买，成本高
	不能通过筛选回收；增加堆肥体积
纸屑	单独使用时缺乏足够的孔隙率
	可用废料
	不能通过筛选回收；增加堆肥体积

13.3.6 能量平衡

将有机碳转化为二氧化碳和水的过程中会产生热量。燃料是由污泥中可快速降解的挥发部分再补充填充剂即可提供燃料。热量主要通过蒸发冷却去除，这一过程来自曝气和搅拌。在小范围内，热量从肥堆表面去除。

如果散热速度超过产热速度，则整个过程中温度不会上升。Haug（1980）提出了热量平衡的详细计算公式，见式（13-1）：

$$W = \text{蒸发水的重量/损失的挥发性固体} \tag{13-1}$$

当 $W<8$ 时，有足够的能量加热和蒸发。如果 $W>10$，混合物将保持冰冷潮湿的状态。这一结论是基于蒸发热得出的，而没有考虑周围环境对蒸发和表面冷却的影响。

13.3.7 产品生产及性质

《美国环境保护局 503 管理条例》（1993）规定，生产 B 级堆肥产品的时间应该长于 A 级产品；因此，污泥堆肥很少生产 B 级产品。如果生产 A 级产品的设备已经确定了，还有其他性质会影响产品的适销性。包括粒径大小、污泥含量、气味和外观，营养含量和物理性污染物。粒径大小可以通过筛选进行选择。粗糙的产品中含有大量的填充剂，这对控制侵蚀或土地填埋可能有较好效果，但在根外追肥或土壤混合方面的效果不是很好。污泥含量会影响运输成本，因为水分会增加产品重量。此外，物料处理和美观也会受到影响。

湿的材料具有黏性，处理更困难。而且，外观看上去更像泥而不是表层土，很难令人满意。气味与稳定性有关。具有良好稳定性的堆肥产品不会有剩余污泥的气味，而是泥土气味。稳定性将会在产品销售章节进行更深入的探讨。

外观通常涉及污泥含量和颜色。在污泥中，颜色通常是一致的，但如果向堆肥混合物中加入了其他材料，可能会使颜色改变。例如，污泥和城市生活垃圾混合堆肥的产品通常比污泥堆肥的颜色更浅。污泥含量低于45%～50%的材料具有黏性，不易碎。对用户很重要的营养含量包括氮、磷、钾等主要元素。尽管堆肥对土壤改良已经有很好的效果了，但更高的营养含量将会使效果更好。物理污染物如玻璃，塑料袋和金属将会影响堆肥的价值。使用庭院垃圾作为填充剂时，如果控制不仔细，很容易发现塑料袋。堆肥产品进入市场前必须去除其他污染物。

13.3.8　堆肥步骤

无论采用何种堆肥技术，基本的步骤都是一样的：进料、混合、堆肥、筛选、固化、产品储存和运输。

图13-5～图13-7分别是ASP、搅拌反应器和条垛堆肥系统的工艺流程图。这些过程的详细设计过程将在后面进行阐述。

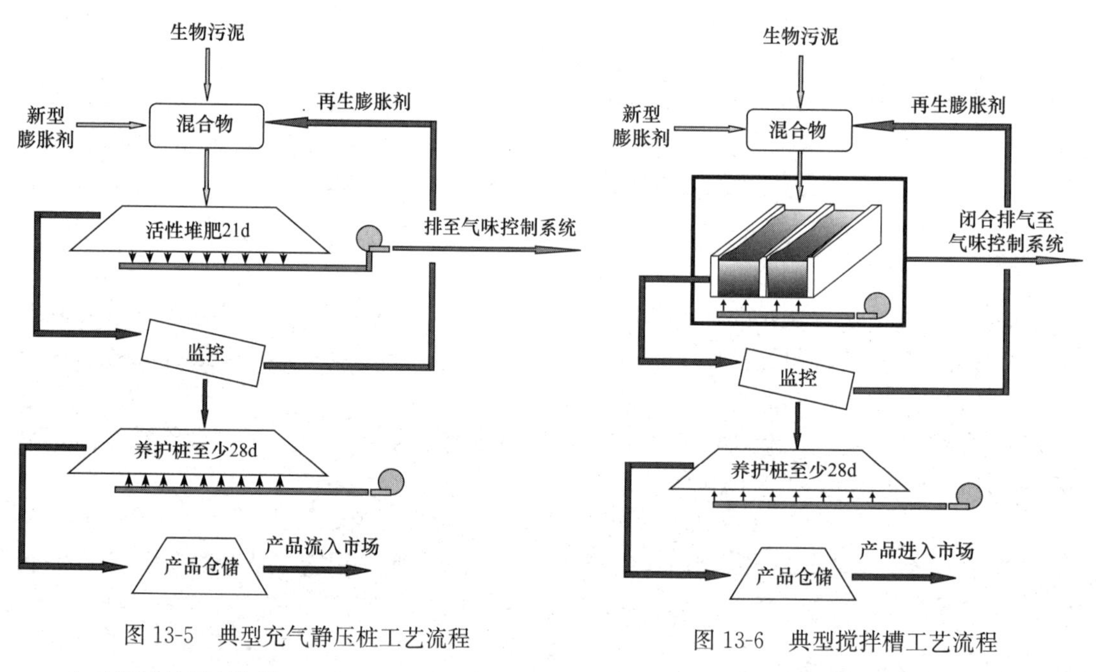

图13-5　典型充气静压桩工艺流程

图13-6　典型搅拌槽工艺流程

1. 进料/材料处理

堆肥的原材料是污泥和填充剂。和所用生产过程一样，使原料分开并进行适当储存以保持原料特性是非常重要的。适当的储存可以使材料按合适的比例混合，保持最佳的过程性能和产品质量。

进料的形式受需要储存场所的数量及原料处理方法的影响。一条基本规程是：如果原料不直接混合或加入堆肥过程，则最起码需要室内储存。这可以防止在混合前，原料的污泥含量由于雨水或太阳照射而改变。

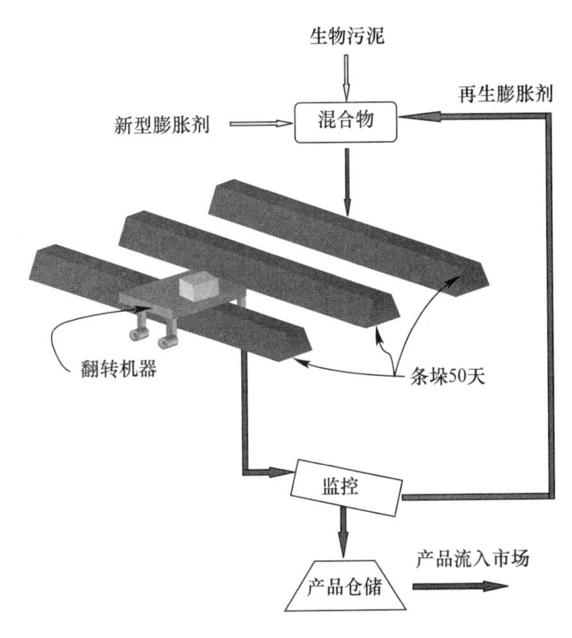

图 13-7 翻转条垛式系统典型工艺流程

理想情况下，填充剂应该至少保持15～30d的储存量。实际储存量由可利用率决定。如果填充剂只能季节性或长期沉淀后才能维持正常运作，则需要更多的储存场所。如前所述，随着生产过程，设计应该考虑回收利用填充剂。然而，在实际过程中会有微小的波动，回收利用的填充剂量将会不断变化。因此，最少需要约15d的回收填充剂储量。污泥储量由交货时间表决定。大部分工厂的污泥储量仅有1d。因为污泥储存超过1～2d时，会产生令人不适的气味。应该考虑出台正式的规定，以确保足够的储存场所。

在堆肥工厂中，材料通常通过前卸式装载机（FEL）或传送带运输。在所有的堆肥工厂中，FELs至少可以运送一部分材料。填充剂，污泥和最终产品密度相对来说比较低，因此，FELs可以配备大体积，轻质材料制成的铲斗。此外，这对展开或推出铲斗也有很大好处。这可以使FEL达到更大面积。但必须注意，不能使用同样的铲斗处理温度已经达到杀死病原体要求的新鲜原料或混合材料。如果必须使用相同的铲斗，必须先用电动洗涤器和漂白水清洗，以避免与最终产品交叉污染。

有多种类型的传送机可以使用。然而通常都是使用皮带输送机和螺旋传送机。皮带输送机必须有一个稍微倾斜的角度防止材料倾倒或倒流。倾斜角大小取决于被运送的材料；通常最大角度为15°～20°。更干的填充剂材料只能用15°的带式传送机；运送污泥可以达到20°。

螺旋输送机的角度可以更大，但维护要求也更高。污泥中通常含有粗糙的沙砾，会磨损螺旋。在堆肥工厂的一些区域可以考虑使用斗式提升机，但设计时必须多加注意。外壳必须是曲线的，并且与铲斗路径匹配。不能有空隙，这点非常重要，否则会使溢出的材料聚集起来产生细菌和臭味。如果这些材料长时间放置的话会变得干燥，可能由于传送机运作产生的火花或热量引起火灾。另外，斗式提升机不能用于运输未处理的污泥。未处理的污泥都是湿的并且具有黏性，会在铲斗中迅速累积。

无论采用何种传送机，都必须遵守下列3种基本输送规程：（1）必须充分注意转折点的设计，包括提供足够的皮带或螺杆刮削和捕捉收集刮下的材料；（2）不会溢出时，应该避免使用非垂直的传送机；（3）如果材料很干燥，则需要使用外壳或喷洒水雾控制灰尘。

除了传送机外，还需要使用活底漏斗，用于材料储存和装载传送机，混合及筛选设备。尽管不同堆肥材料有不同的性质，设计活底漏斗的要求都差不多。所有漏斗必须有陡峭的一面。污泥都是湿的且具有黏性，容易吸附在侧壁上。尽管填充剂是干燥的，但填充剂非常粗糙，容易桥连在一起。所有未经筛选的堆肥物业容易桥连，形成90°的堆角。

2. 混合

原料的初始混合对最终产品的成功生产至关重要。在堆肥中，需要进行合适的混合使污泥含量及孔隙率达到要求。混合良好的填充剂和污泥中没有大粒径污泥颗粒（>12cm）；出现大的污泥团说明混合不均匀。在堆肥工厂有 3 种基本的混合形式，不同供应商提供了多种形式的混合设备。下面是对这些混合方法的简介。

（1）前卸式装载机

FEL 的原料以离散状态存在，在混合之前需要摇荡几次。这种混合质量很低，而且耗时很长。前卸式装载机适用于小型堆肥工厂（每天湿污泥超过 40t），可以作为主要混合方法的后备选择。

（2）间歇式搅拌

间歇式搅拌机有固定的也有装在拖车上的，内部配有搅拌桨或螺旋输送器用于混合材料。在输送机侧边有滑门用于定期排出混合物。间歇式搅拌机内部装有天平和重量显示设备用于物料分配。混合物通常通过 FLEs 加入，但也可以通过活动式底部漏斗加入。间歇式搅拌机适用于中小型堆肥工厂（每天湿污泥量超过 100t）。

（3）连续搅拌

黏土搅拌机和犁刀式搅拌机是典型的连续搅拌机。原料通过单独的活动式底部漏斗加入。变速的螺旋输送机准确计量每种原料的加入量。漏斗或出料输送机里装有天平计量材料重量。原料通过输送机进入到搅拌机中，混合后的材料又通过输送机加入到堆肥堆体或反应器中。连续搅拌机是自动化和复杂程度最高的系统，只适用于中型工厂（每天湿污泥量 40～100t）和大型工厂（每天湿污泥量大于 100t），这些工厂中以劳动补偿应对成本的增长。

无论选择哪种混合技术，混合物的孔隙率必须均衡，而且泥饼粒径必须与填充剂接近。污泥含量为 18%～25%的脱水污泥必须与填充剂混合，这样所有的木片或其他填充剂颗粒就会被污泥薄层覆盖。污泥含量为 30%～35%的脱水泥饼必须打碎成均匀的小块，然后和填充剂混合。球形或大块的泥饼将会产生厌氧反应，并释放大量的气体。如果混合不均匀，有些区域的填充剂比例不对，会改变气流方向，使其他区域厌氧。

3. 活性堆肥

这一阶段通常需要至少 50d，使产品完全稳定。生产产品所需的控制水平随时间而降低。在第一阶段需要最高的控制水平，这一阶段所需时间为 14～21d。这是由于在这一时期内，物料具有最高的生物活性，需要去除的水分和热量最多。这一阶段被称为“活性堆肥”。在这一阶段需要更高的控制水平以杀死病原体并减少病菌载体。

在活性堆肥阶段需要控制 3 个关键参数：氧浓度、温度和污泥含量。在翻转条垛式堆肥系统中所有这些参数都由混合物的初始孔隙率和翻转频率控制。在 ASP 系统中，则由孔隙率和通风系统控制。在反应器系统中，尽管孔隙率和通风系统仍是主要控制手段，但搅拌也会产生影响。在反应器系统中，搅拌对污泥含量影响最大。

在翻转条垛式堆肥系统中，活性堆肥阶段和固化阶段区别不大。因为在翻转条垛式系统的各个阶段，孔隙率主要影响空气流动，整个过程中只有翻转频率在改变；在固化阶段，物料不需要移动。在 ASP 和反应器系统中，活性堆肥阶段最少需要 15d。因为，减少病菌载体需要 14d，所以将物料在控制水平最高的环境中保持至少 15d 是有必要的。通常认为 21d 是较好的选择，因为这个时候物料仍然会产生大量热量和气体，这取决于所采用的技术。

4. 通风系统及其控制

在美国，根据联邦政府规定，每个州需要对其范围内的污泥再利用负责。这些法规是美国环保署 1993 年颁布的 503 管理条例。503 条例规定，为了杀死病原体，静态通风式系统和反应器系统需要在 55℃或更高的温度保持 3d 或更长时间，而条垛式系统需要 14d，并且在此期间需要翻转 5 次。另外根据 503 条例中减少病菌载体的相关规定，在 14d 内的平均温度要达到 45℃，最低温度不能低于 40℃。

除了管理控制要求外，将温度控制在某一范围使分解过程最优化也是非常重要的。挥发性固体最佳分解温度为 45～50℃。但是，也必须防止物料温度过高。条垛温度超过 70℃会抑制生物降解过程，会使含有大量能量和热量的未成熟产品在产品中积累，这将导致固化过程中产生恶臭。而且，如果高温时间超过几个星期，有可能使干燥的物料自燃（污泥含量大于 80%）。

在翻转条垛式堆肥系统中，温度和氧浓度由孔隙率和翻转频率控制。初始孔隙率由原料和填充剂混合比例控制。一旦条垛堆积后，温度和氧浓度由翻转频率控制。翻转将使氧气进入条垛并同时释放热量和水分。尽管翻转会释放热量，但由于原料的分布和氧气的进入，条垛温度在短时间内会达到高峰。高温通常会持续几个小时。

在 ASP 和反应器堆肥系统中，通过强制通风供氧，能保持物料的好氧条件，控制温度，并同时去除水分。在堆肥开始的 1～2d，缓慢增加的气流会启动反应，导致条垛温度迅速上升。在反应开始阶段如果通风过度，会抑制温度上升，因此需要按系统要求仔细控制通风量。这对低能量污泥（消化污泥）或湿的没有生物活性污泥堆肥尤其重要。在接下来的过程中，随着强制通风，气流速度越来越快，条垛温度开始下降，且水分蒸发速率随之上升。与翻转条垛式系统一样，搅拌可以释放热量和水蒸气。

经验表明，在反应最活跃的时候，需要控制通风速率为 $300m^3/(h \cdot t)$ 干污泥，使条垛温度维持在 60℃以下。在大型系统中，这样大的通风量是不现实的，因为这需要大功率的鼓风机和很高的电力负荷。实际通风量为 $90 \sim 140m^3/(h \cdot t)$ 干污泥。许多现有的堆肥工厂的通风量都是采用这个范围。这一范围的通风量可以控制整个堆肥过程的温度，同时可以保证足够的水分去除能力。更大的通风量也是允许的，但如果加大通风量，将需要更多的能量，更大且更密集的管道系统以及更大的气体收集和处理系统。如果使用了高活性的填充剂材料，如树叶，则确定通风量时，还需要考虑填充剂和脱水泥饼的物质量。

强制通风堆肥既可以将堆肥材料上推（正向通风）也可以将堆肥材料下压（反向通风）。通入相同体积的空气，正向通风比反向通风需要的能量更少。在正向通风中，采用外部空气供气时，气体温度更低，所含水分更少，相同重量的气体所需体积更少。封闭的环境和人工操作系统是反向曝气（特别是连续的）的显著优点。材料中的大部分气体和水分被捕获，并且不能进入气体上方的条垛中，在那里需要捕获更多的气体和排放物。反向曝气的一个缺点是冷凝物会在管道和鼓风机中积累。采用反向曝气时，需要注意给管道和鼓风机排水。排水应该在采集管的最低点和风罩底部进行。这些排水管都应该装备保护罩，防止空气从排水管进入系统。另外，所有收集的冷凝液都需要经过处理。

通风可以是间歇式也可以是连续的。如果采用间歇式通风，间隔时间不能超过 15min。只需 15min，微生物的耗氧活动能使氧浓度降低到所需水平的 3%～5%，这会导致厌氧反应，然后产生臭气。如果采用连续通风，鼓风机需要装备可变频马达，使气流可以根据温度和污泥含量进行调整。

在堆肥的不同阶段需要的通风量也不同。在堆肥开始阶段，主要是为了使温度尽快达到嗜热菌的适宜生长温度。接下来的阶段，则要去除过多的热量使温度维持在嗜热菌生长温度范围内。在堆肥结束阶段，则需要是物料干燥而不能去除太多热量，但也不能过度干燥。

在堆肥过程中，水蒸气的去除可以使混合物中污泥含量从 40%增加到 50%或更多。在堆肥快结束时，适当的干燥对筛选过程非常重要，如果污泥含量低于 55%，筛选结果将不理想。

大部分反应器系统由于各种原因采用正向通风，这主要取决于所采用的工艺。例如，在隧道式系统中，不适合采用反向通风，因为在条垛顶部没有足够的空间，而且堆肥时反应器中不能有工人。在 ASP 系统中，通常采用反向通风，因为气味和水分可以直接被捕获。许多 ASP 系统可允许正向或反向通风，这可以使降解速率最大时所产生的气味和水分能被捕获。在筛选前的其他堆肥阶段，通风模式可以改成正向通风，同时速率可以增加。这加快了物料干燥，为筛选过程做准备。

图 13-8～图 13-11 是几种不同的可用于 ASP 系统的通风板结构图。搅拌反应器是将穿孔管嵌入砂砾充气增压室中。不管是采用通气板还是充气室，最重要的是要使空气沿整个条垛长度方向上分布均匀。有三种方法用于实现这一目的：

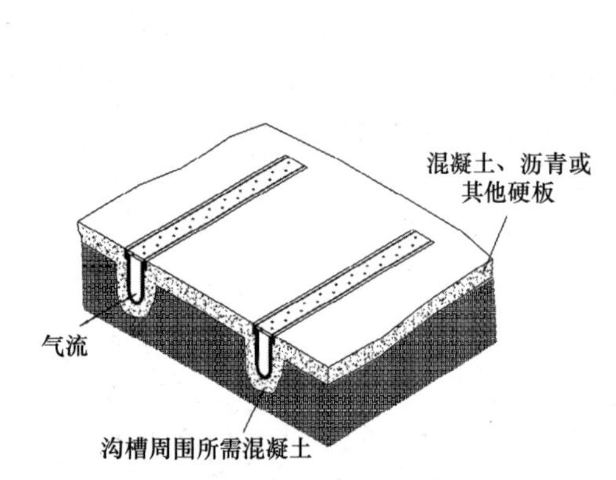

图 13-8　底板曝气沟
（WEF et al.，2009）

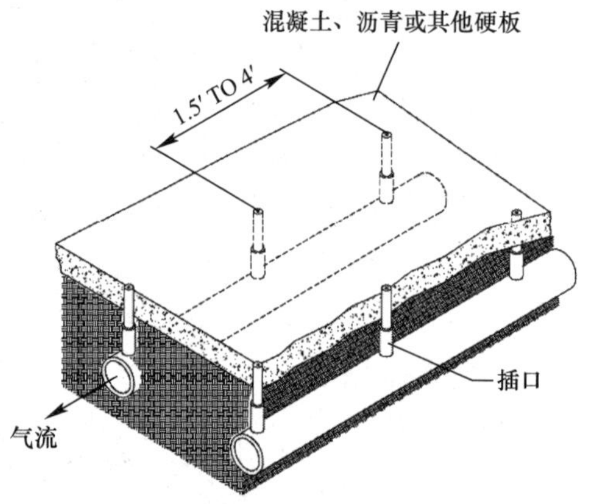

图 13-9　预埋管和插口曝气平面
（ft×0.3048＝m）（WEF et al.，2009）

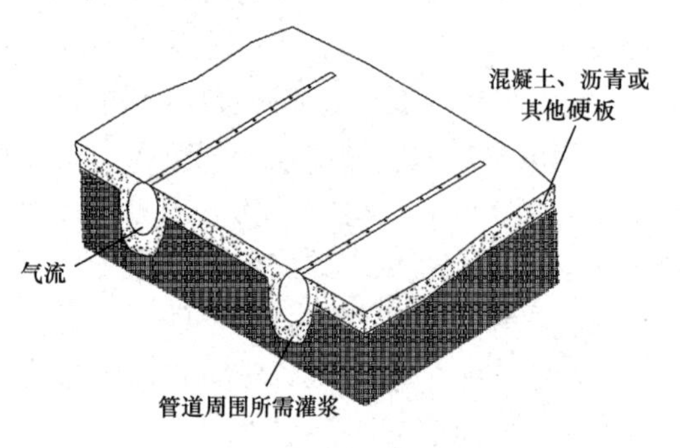

图 13-10　预埋管曝气平面
（WEF et al.，2009）

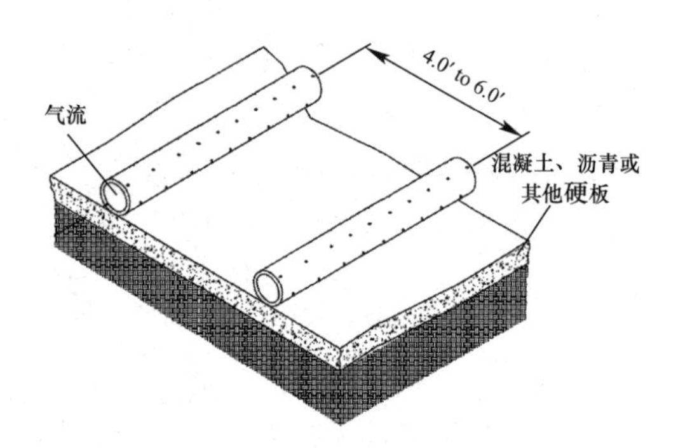

图 13-11　板上通风管（ft×0.3048＝m）
（WEF et al.，2009）

（1）沿管道或沟渠方向布置更多的出气口，以抵消气体沿管道或沟渠运动时由于压头损失而产生的摩擦力，这是由于穿过出气口时速率会降低。

（2）改变管道或沟渠的横截面积，使气体流速保持一致。

（3）前面两种方法结合。

管道或槽的间隔通常为1～2m。其间隔是由管道或槽分布的情况来确定的，分布越多的管道或槽需要更大的间隔。如果间隔太大，在管道或槽之间的较低的堆体中会产生厌氧区域。空气会在堆体中阻力最小的空隙和路径进入。多数反应器系统采用连续通风或砾石层面的固定管道。除了采用连续通风形式，其余方式都需要清理。在许多砾石通风的反应器系统中，在砾石顶部表面形成硬质盖顶。如果不定期移除，将会形成阻塞且改变风向。在ASP系统中，由于设备的移动和原料的移除将会阻塞管道或槽的空气出口。每运行1～2次后必须立即清理，通常可手动使用工具或通过压缩气体来清理。

反向通风时，通入的是达到或接近饱和的空气。当空气在管道中移动时，温度会稍微下降，使水冷凝。必须要维持管道畅通并且去除冷凝水。管道需要定期排出冷凝水并进行清洗。排水时，需要加上防护罩以防气流流失。同时也要防止温度上升时，空气饱和湿度也随之上升。例如，55℃（堆肥温度）时空气的饱和湿度比22℃（室温）时大了6倍。这意味着，堆肥放热过程中产生的任何气体都会从物料中带走大量水分。必须在设计管道、风机时考虑冷凝水的去除。风机的选型和控制也要避免使物料过度干燥。

因为热量和水分的存在，管道需要采用耐蚀材料。纤维玻璃，聚氯乙烯（PVC），聚乙烯，以及不锈钢都是可用的。

强制通风堆肥系统需要具备以下几种功能：

（1）监控和记录肥堆温度。

（2）根据肥堆温度及水分去除来调节通风量。

最简单的控制系统采用人工记录肥堆温度，通气鼓风机通过电子周期计时器控制，计时器周期由人工设置。最复杂的系统在肥堆中加入与电脑连接的温度探头，记录温度，然后按计划自动调整通风。

无论采用何种控制系统，都需要注意以下规则：

（1）在活性堆肥阶段（物料加热阶段），鼓风机不能停止超过15min（单个周期）。Murray和Thompson（1986）报道通风停止12～15min后，就会出现缺氧现象。

（2）只要有可能，堆肥物料温度应该从物料中直接测量。有一些系统通过与肥堆接触的墙体测量温度，以避免搅拌过程或管道埋入堆体带来的损害。这样测得的温度会比实际温度低，会导致物料通风不足。这可以通过使用校正系数或人工测量来避免。

5. 产品筛选

填充剂或其他的树叶和木屑，可以通过筛选回收利用，这样可以节约50％的新填充剂需求量。筛选可以在活性堆肥结束后直接进行，也可以在固化阶段后进行。筛选进行的越早，可回收的填充剂越多。相反的，如果希望得到更多产品，或者可用的填充剂比所需的更多（如庭院垃圾），则筛选可以更晚进行。固化后进行筛选，可以使产品在筛选前进一步干燥。如果产品含水率超过45％，这样做可以提高筛选过程。筛选还可以提高产品的均衡度；通过去除未降解的木材填充剂中多余的碳，提高产品的营养价值；进一步美化产品，从而提高产品的适销性。

筛选通常使用振动板和回转筛。无论采用何种筛选设备，必须配备自动清洗设施。对于旋转滚筒筛，采用旋转电刷。对于震动版筛选，则是在筛板中间加入一层钢球。通常，希望筛选前的污泥含量能达到 55%～60%。如果物料更湿，则会使筛选结果变差，这会导致堆肥产品的量减少，而回收的产品量超过预期的。如果进料干燥程度更高，则会产生灰尘，引起工人暴露在风险下和环境清洁的问题。

振动板和回转筛可以将物料按两种以上粒径等级进行筛选。这对一些市场销售有利，如草皮根外施肥比污泥混合或其他园艺应用所需的粒径更小。

6. 固化/腐熟

开始时，堆肥速度很快，随着堆肥的进行，分解速率逐渐下降。为了得到稳定，可用的产品，需要一段延长的缓慢分解期（最少 30d），这被称作“固化”。这一阶段需要的氧气量和水分去除量明显低于活性堆肥阶段（初始 15～20d），这使物料不需要同样的通风控制系统。有时候，固化仅仅是储备物料。然而，由于没有空气进入肥堆，这一过程也可能延长到 60d 或更长以达到腐熟，这会有引起自燃的危险。在固化时，进行低速通气，可以更好的控制固化时间，得到更加稳定的最终产品。固化时进行周期搅拌也可以保持物料的通风和均匀性。固化时将材料覆盖有助于控制水分含量。如果材料在通风前经过了筛选，需要特别注意防止材料压缩而导致缺氧。

由于固化时材料释放的气体比堆肥初期时明显减少，可以采用正向通风。由于氧气和温度要求低，固化阶段可以采用间歇通风，这可以通过减少变速电机的使用而降低系统运行成本。

7. 储存/配送

在大部分地区，堆肥产品是季节性使用的。因此，设置对最终产品储存至少 3 个月以上的设施是非常重要的。储存场所不一定都要在现场。如果产品生产过程的停留时间和温度都能达到要求，则储存时不需要特殊处理。污泥堆肥产品是疏水性的，所以储存时不必覆盖。堆肥产品储存时，需要定期检查残留的生物活性和温度，以防止火灾。先入先出的控制方法也可防止产品长期储存。

几乎所有的堆肥工厂的最终产品都采用 FELs 的方式把堆肥后的污泥装上卡车。这为确定储存场所提供了最大的灵活性。根据 FEL 的大小和铲斗类型的不同，可以决定是否需要特定的斜坡和卸料区。在装车过程中会产生大量的灰尘。储存地点和卸料方式必须考虑灰尘对周围环境和其他设施的影响。

13.3.9　堆肥气味及其排放

气味控制可能是堆肥工厂面临的最大挑战。气味或气味产生的可能性是引起工厂停运和与附近居民冲突的最可能原因。由于分解产生的挥发性产物被气流带走，堆肥过程必然产生气味，可以通过适当的方法，有效地处理产生的气味，以避免对周围居民造成影响。

1. 气味排放物的产生

在堆肥过程的每一阶段都可能产生气味。通常最初阶段产生的气味最多，随着时间进行，逐渐减少。气味来源可以分成以下 3 个类别：

(1) 活动气味源。当物料处于活动状态时会成为气味来源，比如混合，筛选和脱水。这些气味来源发生在工作时间。

(2) 连续气味源。通风和储存材料时都会成为气味来源。这有可能是点源，比如吹风机排气，或也有可能是面源，比如肥堆或条垛表面排气。连续源会每天 24h 不停排气，而且通常比活动源或内部源更严重，因为肥堆表面会放出大量气味。

(3) 内部气味源。每一阶段或操作都会造成物理溢出，污染设备及在表面产生水汽。这样产生的气味会在日常活动停止后仍持续存在，因此也是连续源。

表 13-3 列举了会产生气味的最常见的化合物及检测阈值（Epstein，1997)。检测阈值浓度范围很大，可达几个数量级。低阈值是指能被多数敏感的人感受到的较低浓度；高阈值表明该浓度可以让大多数人嗅到异味。

气味化合物和来源（Epstein，1997） **表 13-3**

化合物	气味特征	气味阈值	
		低（$\mu g/m^3$）	高（$\mu g/m^3$）
硫化氢	臭鸡蛋	0.7	14
二硫化碳	令人不愉快的香味	24.3	23000
二甲基硫醚	腐烂的白菜味	2.5	50.8
二甲基二硫醚	硫化物	0.1	346
二甲基三硫醚	硫化物	6.2	6.2
甲基硫醇	硫化物，刺激性气味	0.04	82
乙硫醇	硫化物，泥土味	0.032	92
氨气	刺激性臭味	26.6	39600
氨水	死鱼味，刺鼻的	25.2	12000
二甲胺	死鱼味，氨味	84.6	84.6
三甲胺	死鱼味，刺鼻的	0.8	0.8
甲基吲哚	粪臭，巧克力味	0.00004	268
甲酸	刺鼻的	45.0	37800
乙酸	醋味	2500	250000
丙酸	腐臭味，刺鼻的	84.0	60000
丁酸	腐臭味	1.0	9000
异戊酸	腐臭的奶酪味	52.8	52.8
丙酮	芳香味	28000	45000
丁酮	芳香味，类似丙酮味	737	147000
亚乙基丙酮	薄荷香味	47000	1610000
苯并噻唑	刺激性	442	2210
乙醇胺	绿色，芳香味	0.2	4140
苯酚	药味	178	2240

2. 臭气排放条例

目前还没有联邦气味排放标准。臭气监管应该咨询州或城市人员的意见或者参考城镇分区条例。通常，对于臭气都没有明确的管理条例或只有模糊的禁令。在一些地方，有稀释后测得的特殊气味阈值浓度（D/T），但都没有时间表或取样方法。几乎没有管理条例有气味浓度和持续时间的详细说明。然而，不论当是否有地方规定，设计人员都需要证明工厂不会对周边环境释放臭气。

3. 气味控制与收集

设施的封闭程度及气体的排放取决于当地法规及距离居民区的距离。需要遮蔽的设施数量与工厂到附近居民直接的距离还没有确切的指导方针，因为可变性太强。应该采用大气扩散模式评价堆肥设施产生的臭气对周边环境的影响。这一信息可以决定所需的吸附和处理水平。控制手段包括：在肥堆表面使用反向通风，将产生的臭气输送到处理装置，堆肥操作或整个设施采用半封闭或全封闭。在封闭系统中设计通风率时需要考虑：预防火灾和爆炸，员工健康和防止烟雾。

美国消防协会（2008）820颁布了通风方面的防火条例。通风速率取决于设施中电力设备的类型。尽管这并不包括特殊通风设备对员工健康的影响，职业安全与健康管理局（OSHA）规定了通风时臭气的暴露极限及工作条件。尽管OSHA规定了许多化合物的暴露极限，但几乎没有达标的。此外，糟糕的空气采集导致产生不通风区域，这会使浓度达到暴露极限。OSHA也规定了灰尘的暴露极限。一些堆肥操作会产生灰尘。筛选过程产生的灰尘最多；但未定期清洗的交通繁忙区域也会产生更多的灰尘。

在寒冷气候中，建筑物中会产生浓雾和沉降。雾气会造成建筑和设备的安全问题。绝缘加上通风可以有效的减少雾气的产生。然而，加热空气是防止雾气产生的最有效的方法。设计时要注意遮蔽和不要使设备长时间暴露在高湿度和粉尘聚集的情况下。当设计通风系统时，需要考虑到所有设施。大部分堆肥工厂被分成不同的区域，FELs经常从一个区域移动到另一个区域。需要考虑车辆出入口对污浊空气收集系统的影响。

4. 臭气控制和处理方法

臭气控制和处理水平取决于工厂到附近居民的距离及当地法规。正如在有关通风章节讨论的一样，在整个堆肥过程中设计人员应该提供足够的臭气吸附装置。由于材料运输需要户外作业，因此如果此阶段臭气控制不合格的话，会导致臭气泄露。一旦被收集或处理后，臭气可以进行处理或消耗；通常采用处理的方法。臭气处理技术有许多种，将在第20章进行讨论。由于几方面的原因，有机滤料的生物滤池被广泛采用：

（1）证据表明，生物滤池可以有效的处理堆肥臭气，因为生物滤池可以广泛处理产生异味的化合物；

（2）堆肥过程中有现成的填料可用；

（3）生物滤池易于管理，成本低；

（4）用于替换填料的设备，如FELs，也可以用于其他堆肥操作中。

堆肥臭气与许多化合物有关。所以选择堆肥技术时，设计人员不能选择仅以单一化合物或一类化合物为目标的处理技术。

13.3.10 设备选型

完整的堆肥设施是多种不同设备结合起来形成的。在某些情况下，这些设备是专门为堆肥过程设计的或主要用于堆肥，这类设备已经有准确的尺寸信息。这类设备包括条垛翻转机，筛选设备和间歇式搅拌机。

其他设备可以用于许多行业或是从其他行业改造后用于堆肥。例如，叶片式洗矿机可以用于连续混合操作，但通常都用于煤炭破碎和处理其他干燥的材料。风机、传送机和FELs也是堆肥设施中的一部分，但这些设备本来是用于其他行业的。因此，设计人员必须根据经验和物料性质选择合适的可用于堆肥的设备。FEL就是典型的例子。铲斗标准和尺寸信息以物料运输为依据。堆肥产品和相关原料的堆积密度比岩土更小。因此，可以选用大铲斗、低功率的机器。尺寸取决于面积而不是每小时运送的物料体积。

13.3.11 其他设计注意事项

1. 现场作业

选址已经在本章的前面讨论过了。一旦厂址选定后，需要考虑其他的场地要素。不论采用何种技术，所有的堆肥厂都要满足使用重型设备的要求，例如使用 FELs 和卡车运送及储存物料的场所。因此，需要大的露天的或半封闭的储存场所。这些区域需要使用混凝土或坚固的沥青材料。在高温肥堆中，沥青材料的持久时间没有混凝土长，这一点必须在设计时考虑到。

所有车间都必须有良好的排水系统。任何有原材料区域的排水都必须收集和处理。最终产品储存场所的排水不需要处理，但需要干净的排水路径。即使是在最终产品储存所，如果长期有大的水洼，将会成为臭气来源。此外，如果将物料放置在排水区域物料将会吸水，这将导致产品更难处理，也达不到要求。

高程变化对堆肥操作有利。因为，物料都是用卡车和 FEL 运送，高程变化有助于过程中不同阶段物料的装卸。

2. 节能

除了条垛式堆肥外，其他堆肥技术都需要大量能量。能耗成本在堆肥成本中是第二高的。在堆肥操作中，大部分能量消耗在通风过程中。堆肥曝气，通风和臭气控制消耗的能量最多。通风和控制臭气风机通常都要连续运行。然而，如果防火要求可以达标，那么设备停运时可以减少通风，这可以大量减少电力消耗。其他手段包括，通过电脑控制系统每个肥堆的需气量并进行连续调节，可以限制运行的风机数量，从而减少能量消耗。

在寒冷气候地区，加热进气也非常耗能。对于全封闭或半封闭的工厂，建筑物的墙壁和屋顶形成了巨大的表面积。可以在建筑的墙上铺太阳能板对其进行加热。大面积的房顶也可以使用太阳能，但另外增加屋顶会增加建筑物成本。这些成本必须仔细计算。因为建筑物通常都非常大，构造上进行小范围改造也会导致整体成本显著增加。

3. 应急措施

堆肥操作时有两个主要区域需要制定应急措施。首先是能源消耗。如前所述，堆肥属于能量密集型操作，备用能源的成本将会很高。所有的系统都需要有后备能源。如果只是短时间断电（少于 8h），则通风设备不需要备用能源。当变化很小时，堆肥可以看成是稳态反应。物料停止曝气数小时的最严重后果是，臭气产量增加，肥堆变为厌氧状态。这是不希望看到的，可以通过设置单独的后备能源避免这一现象。如果电力可能中断一周或更长时间，则肥堆有发生自燃的危险。这种情况下，需要后备能源提供最低水平的通风。

设计堆肥工厂时，应该优先设计能源系统，确定备用能源水平。例如，如果堆肥工厂附近居民对臭味敏感，需要最先设计臭味收集系统。工厂应该保证足够的备用能源运行鼓风机，维持最低水平的通风，例如，运行 1～15min，保证任何时候都有风机处于运行状态。

第二是完全停止或局部停止运行时需要制定应急措施。许多州规定，作为工厂许可条件之一，需要制定污泥处理应急措施。暴风、火灾和其他自然灾害都可能毁灭或对工厂造成巨大损害。因此，在发生上述情况时，需要有备用处理方法。

13.4 产品销售和应用

堆肥产品可以作为土壤调理剂，具有以下特征：

(1) 增强沙壤土的持水能力；

(2) 增强黏土的通风和排水；

(3) 缓慢释放营养元素：氮（1%～2%），磷（2%），钾（0～1%）；

(4) 提供植物所需微量营养元素；

(5) 增加土壤保持营养元素的能力。

在堆肥过程中，大部分氮被转换成氨气挥发掉了。产品的氮含量少于原始进料。

美国环境保护局规定堆肥产品的应用可由每个州按最低标准管理。联邦法规详细说明了何为高质量产品、无机物浓度上限、减少病原体和病菌载体的最低质量要求（U. SEPA，1993）。

每个州可以有更加严格的法规，但如果要求比联邦法规低，则必须向美国环境保护局申请。有些州根据无机物的浓度对堆肥产品进行了分级。最高级别的产品将分配给民众。在一些州，堆肥产品必须贴上标签，说明是否适合农作物生产或人直接使用。更低级别的产品有更多的限制条件，需要申请后才能使用。

根据产品的使用目的和要求不同，市场要求也不同。以下是具体的市场要求：

(1) 稳定性或成熟度；

(2) 每克挥发性固体的二氧化碳产量或氧消耗量低；

(3) 臭气浓度最低；

(4) 由于未完全降解引起的植物毒性最小；

(5) 含水率；

(6) 防止含水率过高，否则会增加运输成本并产生臭气；

(7) 避免含水率过低，否则会产生灰尘；

(8) 最佳含水率：35%～40%；

(9) 粒径分布；

(10) 粗糙的堆肥产品用于土地开垦和控制侵蚀；

(11) 优良的堆肥产品，根据需要可用于表层土混合和草皮根外施肥。

(12) 盐度和电导率；

(13) 防止盐度过高，否则影响种子发芽率；

(14) 避免使用三氯化铁调节，这将引起盐度升高。

将种子种植在堆肥产品上时，需要特别关注产品的植物毒性和盐度。根外施肥则对粒径分布敏感。当用于垃圾填埋、土地开垦、侵蚀控制时，粗糙的堆肥产品就能满足要求，因为粗糙产品对侵蚀的抵抗力更强。零售或私人使用则对质地和臭气有很高要求。许多应用都对氮浓度有要求。通常，将肥料和堆肥产品同时使用以保证充足的氮。

在开始生产堆肥产品之前，就需要制定好销售计划。如果没有好的销售计划，就有可能有剩余产品积累在堆肥工厂中，这最终会影响生产工厂的生产能力。

13.5 静态通风式堆肥系统设计范例

下面是日处理量为20t干泥的ASP堆肥工厂设计范例。工况条件如下：

(1) 每周运行7d；

(2) 用木材废料补充庭院垃圾，作为所需填充剂；

(3) 污泥储存，混合，堆肥，筛选过程都是全封闭的；

(4) 新鲜填充剂在覆盖状态下储存30d，污泥储存1d；

(5) 回收填充剂覆盖状态下储存7d；

(6) 堆肥阶段最短停留时间21d；

(7) 通风固化最短停留时间28d；

(8) 最终产品室外储存90d。

本设计中需要设计各个区域的面积。整体面积取决于车型和厂址地形。第一步是进行物料衡算。表13-4为ASP的物料衡算。以污泥含量40%为目标进行物料衡算。

回收填充剂总体积为232m^3，计算公式如式(13-2)所示：

$$\text{回收填充剂总体积}=\text{筛选回收}+\text{基本的（回收填充剂）}$$
$$=204\text{m}^3+28\text{m}^3=232\text{m}^3 \tag{13-2}$$

在区域选型时，以下的区域三面由混凝土建造：污泥和所有填充剂储存区域，堆肥区域和固化区域。

对于大部分FELs，高度H最高为3～4m。根据设计目标，最高高度设计为3m。式(13-3)为一给定区域的总体积计算公式，这一公式得到的是期望值。例如，某一场地可能很狭窄，长度也被限制。而宽度至少需要4.6m才能满足要求。这一宽度能保证FEL将物料从肥堆中运出，而不损坏肥堆。如果采用的是地上通风管，则需要更大的面积，使管道在肥堆之间移动和移出。

$$\text{每日肥堆体积}\times\text{天数}=H\times(L-H/2)\times W \tag{13-3}$$

式中 H——高度；

L——长度；

W——宽度。

假设一个储量为30天的庭院垃圾填充剂储存场所，长为30m，高为3m，则宽度为：

$$W=146\text{m}^3/\text{d}\times30\text{d}/[3\text{m}\times(30\text{m}-3\text{m}/2)]=51.2\text{m}$$

静态通风式系统物料衡算 **表13-4**

物料	体积（m^3）	湿重（Mg）	干重（Mg）	挥发性固体（Mg）	堆积密度（kg/m^3）	污泥含量（%）	挥发性固体含量（%）
污泥	128.0	100.0	20.0	13.0	781	20.0	65.0
庭院垃圾（处理过的）	145.9	42.7	23.5	16.5	293	55.0	70.0
木材废料	44.4	10.8	6.5	6.2	244	60.0	95.0
筛选回收	223.5	75.8	41.7	38.8	339	55.0	93.0
填充剂							
未经筛选	0.0	0.0	0.0	0.0	381	55.0	72.5

续表

物料	体积（m^3）	湿重（Mg）	干重（Mg）	挥发性固体（Mg）	堆积密度（kg/m^3）	污泥含量（%）	挥发性固体含量（%）
回收的							
混合物	516.9	229.4	91.7	74.4	444	40.0	81.1
底物（回收的填充剂）	25.8	8.8	4.8	4.5	339	55.0	93.0
覆盖物（未经筛选）	62.0	23.6	13.0	9.4	381	55.0	72.5
堆肥损耗		99.8	7.4	7.4			
覆盖物（未经筛选）	62.0	23.6	13.0	9.4	381	55.0	72.5
筛选原料	425.4	162	89.1	71.5	381	55.0	80.2
回收的填充剂	247.0	83.8	46.1	42.9	339	55.0	93.0
固化	177.9	78.1	43.0	28.6	439	55.0	66.5
固化损耗		2.6	1.4	1.43			
储存的堆肥产品	112.3	49.4	41.6	27.1	439	55.0	65.3

假设：
筛选回收率——庭院垃圾 50%（体积比）；木材废料 70%（体积比）；回收的填充剂 50%（体积比）；肥堆底物 95%（体积比）。
加工损耗——堆肥损耗 10%挥发性固体；固化损耗 5%挥发性固体。

假设污泥储存区域宽 9.1m，高 0.9m，则：

$$L/d=128m^3/d\times1/(9m\times0.9m)+0.9/2=16m$$

污泥具有胶状物黏性和相对高的堆积密度。这些特性将会妨碍物料堆积。污泥含量为 18%～24%的原料只能堆积到 0.9～1m 高。更湿的污泥将会发生流动，堆积高度不超过 0.3m。

对大多数堆肥工厂的活性堆肥来说，单个反应器或肥堆的物料只够反应一天。但在一些小型堆肥工厂，单个反应器的物料可以使用 2d 或更长时间，肥堆数量由期望的停留时间决定。在这种小型工厂中，通常最短停留时间为 21d，并设有两个额外的反应器，保证在一个反应器无法使用时，另一个可以正常运行。在 ASP 系统中，活性堆肥区域，反应器之间的通道没有实质障碍。反应器的作用是保持物料输送和通风。在大部分工厂中，每个反应器的通风是单独控制的。

$$L=517/(2\times6)+3/2=38m$$

下面是一个活性堆肥反应器的设计计算，假设宽为 6.1m，混合区深为 2.3m。尽管整个肥堆的深度为 3m，但还要有 0.3m 的底部增压空间和 0.3m 的表面覆盖层。反应器的最小宽度为 4.6m。这可以保证 FEL 堆积和输送一天的物料。

整个堆肥反应器的宽度范围包括肥堆，中间通道，以及通气鼓风机的单独区域。鼓风机通常安装在肥堆后面。鼓风机所在通道的最小尺寸取决于鼓风机大小，管道系统及该通道的入口位置。如果进入鼓风机通道的唯一入口在肥堆后面，则通道必须足够宽，以保证不用拆除就可以移动鼓风机。如果入口可以离鼓风机更近，则反应器可以更窄些。在本示例中，通道宽度设定为 4.6m。

中间通道的最小宽度为 9.1m，以保证 FELs 移动时不会毁坏肥堆。如果操作计划中，是将物料直接从堆体中运输到固化区域，则中间通道最小宽度要增加到 14～15m。反应器宽度、反应器长度见式（13-4）、式（13-5）。

反应器宽度=[2×(肥堆宽度+鼓风机通道宽度)]+中间通道宽度+(4×墙厚度)

$$反应器宽度=[2\times(38.3m+54.6m)]+9m+(4\times0.3m)=95.5m \tag{13-4}$$

反应器长度=(肥堆长度×反应器每边肥堆数量)+(2×墙厚度)

$$反应器长度=(6m\times12)+(2\times0.3m)=73.8m \tag{13-5}$$

在大部分ASP系统中，每个反应器采用单独的鼓风机通风。这样设置可以使灵活度最高，同时当一台鼓风机不能工作时对整个操作影响最小。在小型工厂中，一台连续运行的鼓风机可以给几个反应器通风，每个肥堆通过蝶形阀调节气流。此范例中，一台鼓风机可以完成每天原料的通风量。通风速率是由前述章节中的数据计算得来的，见式（13-6）

$$所需通风量=140(m^3/h)/t\ 干泥\times20t\ 干污泥=2800m^3/h \tag{13-6}$$

13.6 静态通风式堆肥案例研究

1995年，爱荷华州达文波特开始运行一个封闭式ASP堆肥工厂。该工厂每天处理28吨干污泥，填充剂为庭院垃圾。工厂位于密西西比河附近，靠近城市污水处理厂。在工厂周围有一个2～3m高的围墙，以防止溢流。工厂最初由以下构筑物组成：

（1）完全封闭式混合和堆肥区；

（2）封闭式产品包装区；

（3）半封闭式筛选和固化区；

（4）露天式庭院垃圾处理区；

（5）露天式产品储存区；

（6）两个用于臭气控制的生物滤池。

来自污水处理厂的生物滤池倾倒进2个$53m^3$的活动的底部漏斗。回收的和新鲜的填充剂用FEL混合在一起，然后倾倒入1个$15m^3$的活底漏斗。物料按重量计算，然后通过传送机运输到两个叶片式搅拌机的其中一个。混合后的原料通过传送机送入堆肥车间中，肥堆由FEL搭建。堆肥阶段最短停留时间为21d。

堆肥结束后，物料开始进行筛选，产品在通风固化堆垛中放置28d。该工厂已经成功的将产品推向市场，产品名为“Earth Cycle”。该产品按散装和袋装两种形式。此外，该工厂还出租堆肥设备，并且在庭院垃圾处理过程中出售覆盖层。1995年，建造一个传统的堆肥工厂成本为741万美元。此外，工厂中转运物料的设备由2个容积为$8m^3$的FELs和2个容积为$4m^3$的FELs以及1个庭院垃圾研磨机组成。这一设备需要120万美元。1995年后，该厂花了大约200万美元进行改造。这些改造包括：

（1）堆肥反应器重刷绝热涂料；

（2）替换地面通风板；

（3）替换可变频发动机控制系统；

（4）替换通风风罩；

（5）替换生物滤池曝气管。

建筑物用预制的金属材料建造，这种金属材料上涂有绝热涂料。大部分构筑物是不绝热的。2006年到2007年，堆肥反应器重新刷了一种名为Stayflex的涂料，这种涂料由几英寸的聚氨酯泡沫塑料组成，覆盖一层坚硬的聚酯外壳。

最早的通风沟上面有不锈钢盖板，但嵌入地面的框架由镀锌钢构成，随着时间流逝被腐蚀了，已经被工作人员替换了。在改造中，工厂将变频驱动器（VFDs）及其控制系统更换了。新的 VFDs 能量利用率更高。

最初设计的通风系统可以有正向通风也可反向通风。然而，城市替换了管道和阀门，现只能进行反向通风，这种模式更容易控制臭气。最初的通风风罩是镀锡钢构成的。随着时间流逝已经被腐蚀了，并被替换了。

生物滤池底部的曝气管由原来的波纹状的高密度聚乙烯管换成了 PVC 管，清洗口也进行了更换。这使生物滤池更容易维护。

2004 年的操作成本为 143.1 万美元，产品销售利润为 51.2 万美元。因此，2004 年运行和维护的净成本为 91.9 万美元。根据每年需要 25469t 污泥计算，每 1t 污泥的运行净成本为 36.23 美元。

第14章 碱 处 理

14.1 引言

碱处理是污水处理行业一个低成本、简单的方法，符合联邦、州和当地的农业、园艺和复垦等污泥和生物固体利用的管理法则。尽管正确应用碱处理可以有效的消毒和稳定污泥，但这并不是一个简单过程，需要正确设计和实施。如果设计和实施不当，过程不符合病原菌减少标准，尤其是人们反感的有害气味会成为公共投诉的源头。

本章“石灰”和“碱”两个词语可互换。石灰是一种碱性涂料，25℃时与水混合后pH值是12.45。在如此高的pH值下，致病菌、病毒和真菌均被杀死（Berg et al.，1968；Farrell et al.，1974；U.S. EPA，1975）。这项工作催生了的设计标准，美国环境保护局将其写入《污泥处理和处置的工艺设计手册》。该手册建议：（1）污泥必须在液态状态下处理；（2）污泥pH必通过添加石灰升至12.454（25℃）并在不低于12.45条件下维持30min（或pH值大于12条件下维持2h）。

维持污泥pH在12以上2h的目的，是确保大部分病原微生物被消灭并且可以提供足够的剩余碱度，使pH值几天内不低于11。给予足够的时间为后续的土地利用和有机固体处理，避免发生腐败。

石灰和水分充足的污泥充分混合，对于确保整体污泥中的钙和pH的均匀分布至关重要，可以使污泥暂时稳定。这可以确保有效控制腐败和减少细菌和真菌。在石灰稳定化过程中有机物质并未直接减少（Class B，Alternative 2）。加入石灰有两个重要作用：其一，如上所述，投加石灰不会永久保持污泥化学和生物性质稳定；如果pH低于10.5，生物分解就会继续，进而产生有害气味。其二，由于采用的生物稳定化方法，污泥利用和处置的残留物数量不会减少。相反，干污泥量会由于石灰的加入而增加，因为加入石灰会导致化学沉淀。

14.2 碱性材料

关于碱性材料，碱化过程和碱性副产物的材料和产品是指其pH值呈碱性（pH＞7，通常8～14）。适用的碱处理药剂全是以石灰为基本原料。石灰本身存在两种形式：氧化钙（CaO）和氢氧化钙（$Ca(OH)_2$）。氧化钙是石灰岩加热达到1090℃（2000℉）之后释放二氧化碳（CO_2）的产物，这个过程称为焙烧或煅烧。当CaO或生石灰与水混合可形成一种白色粉末，$Ca(OH)_2$或熟石灰，并产生可观热量［63965kJ/(kg·mol)（27500Btu/lb·mol)］，即水合热。氧化钙与水反应产生的热量可被用来对残留物消毒。

加入的碱性化学物质的类型和用量是碱性稳定化过程成功与否的关键。石灰、水泥窑粉尘（CKD）、硅酸盐水泥和石灰岩粉尘（LKD）等化学材料的质量需要保证。不同类型或来源的添加剂会导致不同的产品质地和粒度。石灰的获得路径很多，包括从牡蛎和蛤壳中所得的高钙石灰，以及相对低钙的白云石石灰。选择化学物质类型的主要考虑因素包括经济、实用性、混合要求以及所需产品特性。表 14-1 中为碱性化学物质的性质类型。

碱性材料特性（摘自 Lewis，C. V.；Gutschick，K. A.（1980）多级污泥处理工艺中的石灰；经由华盛顿国家石灰协会许可）　　**表 14-1**

常见名称	可用形式	外观及性能	体积密度	商品浓度	引用标准
生石灰/CaO	压碎的；研磨的；粉状的（实际上全部可经过 20 目筛）	白色（浅灰色、棕褐色）块状到粉末；不稳定，苛性刺激物；熟化成氢氧化物悬浮液放热 1.1MJ/kg (490Btu/lb)，与空气中的二氧化碳反应生成碳酸钙；饱和溶解度接近 pH=12.5	880～1200kg/m³（55～75Ib/ft³）；相对密度 3.2～3.4	70%～96%氧化钙（低于 88%的为劣质）	ASTMC911[a] PFHWA/RD-82/167
水和石灰/$Ca(OH)_2$	粉末状（至少 75%可过 200 目筛）	白色，20～400 目；粉末状物结块；从空气中吸收水和二氧化碳形成碳酸氢钙；饱和溶解度接近 pH=12.4	400～640kg/m³（25～40Ib/ft³）；相对密度 2.3～2.4	氢氧化物 82%～98%；氧化钙 62%～74%（标准为 70%）	ASTM C51-95，ASTMC911[a] FHW/ARD-82/167
石灰窑粉尘	粉末状（至少 75%可过 100 目筛；至少 50%可过 200 目筛）	浅灰色至棕褐色；易变性，取决于窑和运行条件	50～75Ib/ft³[b]	可变	ASTMC911[a] FHW/ARD-82/167
水泥窑粉尘	粉末状（至少 75%可过 100 目筛；至少 50%可过 200 目筛）	浅灰色至棕色；易变性，取决于窑和运行条件	50～75Ib/ft³[b]	可变	ASTMC911[a] FHW/ARD-82/167
硅酸盐水泥	粉末状；Ⅰ类水泥为通用类型	浅灰色	NA[c]	NA[c]	ASTMC：50
粉煤灰	粉末状（至少 70%可过 200 目筛）	可变	可变	可变	ASTMC593

[a] ASTMC911-96 主要解决了下列水水处理问题：软化、除硅、除色以及去浊度。挑选了一个 ASTMS 标准“市政处理污泥所有石灰”

[b] Ib/ft³×16.02=kg/m³

[c] NA 代表不可

14.2.1　污泥处理用料

不能用氢氧化钠或氢氧化钾等氢氧化物来提高废水中污泥的 pH 来达到处理要求，这是因为废水中污泥和氢氧化物反应所得的化学混合物会引起高总溶解盐度，尤其是出水和地下水中的钠和钾。足够高的盐分浓度会导致大多数植物中毒。石灰基碱土金属材料的使用是因为可以形成不溶解化合物，保护地下水和环境。只要石灰的反应速度不超过土壤的缓冲能力，pH 就不会升高超过 7 或目标 pH。若速率超过特定土壤的缓冲能力和目标作物应用微量元素的上限，那就不能投加。

14.2.2 典型化学反应

当与水混合时，熟石灰被分解为钙离子（Ca^{2+}）和氢氧根离子（OH^-）。石灰对其与污泥固体和水的混合物所做贡献为其 OH^- 浓度可提高系统 pH。石灰水的饱和溶液 25℃时的 pH 为 12.45。由于石灰与水混合是放热（产热）化学反应，因此生石灰经反应后变成熟石灰并产生热量。如果人们需要更多的热，可以使用更多生石灰或者补充热量。如果需要高 pH，则需要投加更多石灰。

14.2.3 用料类型

工业废水及其副产物如硅酸盐水泥和石灰岩粉尘（LKD）、水泥窖粉尘（CKD）和粉煤灰适用条件为其含有足够的游离石灰，可以保证正常使用及其与水的反应。只要游离石灰（非与其他化合物结合）可以与水反应并释放热，同时产生 OH^- 以提高 pH 值达到稳定化。许多由于环境形成的废弃物和副产物不能与水反应。这类产物通常包含小颗粒，经过强热（通常高于熔点）的处理，可形成一层不溶性硫酸钙（通过吸收硫）附着，通常其与水的反应速度极慢甚至不与水发生反应。这层不溶性硫和强热遮盖了材料的气孔，放缓了水分子的吸收。吸收水分子进入材料的速度决定了水化反应发生的速率。形成了需要的产物——$Ca(OH)_2$ 和热。因此需要投加大量的这类材料到污泥混合物中，以提供足够的游离石灰来完成稳定化过程。通常，没有足够的游离石灰来调高 pH，并完成所需要的反应，这样污泥就不能完成稳定化，同时导致细菌再生和气味逸出。应用低活性的石灰会产生同样问题。几种情况会导致石灰与水反应活性低：

（1）硬烧

在产生石灰（CaO）的过程中，石灰石（$CaCO_3$）在加热到分解温度后释放二氧化碳（CO_2），形成 CaO，有时也被称为生石灰。随着二氧化碳从石灰石中释放，在新生的生石灰中形成微孔。如果持续加热或者温度过高，这些微孔会开始闭合。微孔的尺寸决定了水分子的进入及与石灰反应的速率。如果水分子不能进入石灰颗粒内，形成水化物（微粒包含水分子）的反应就不会发生。

（2）非水溶性涂层

当生石灰暴露在硫酸盐和氟化物中，不溶性涂层即在微粒表面形成，这影响了水分的吸收，减缓了水化反应，并且浪费了被涂层包围的生石灰颗粒的内部区域。

（3）潮解

如果碱性材料被暴露在大气和潮湿的环境中，它们会从空气中吸附水分和二氧化碳，并且通过化学反应还原到初始的化学结构，即石灰石（$CaCO_3$）。石灰石与水反应缓慢并不能产生热量和高 pH。

1. 有效石灰指数

碱性材料及其游离或有效石灰浓度的评估参考石灰石、生石灰和熟石灰的化学分析标准测试方法（ASTM International，2006）；以及衍生标准，生石灰和熟石灰（美国供水协会，1993）。这些标准关于生石灰、熟石灰和石灰石的化学用途的使用说明可供使用者评估使用过程中碱性材料的适用性。结果以有效的 CaO 和 $Ca(OH)_2$ 来表示（ASTM International，2006）。

2. 反应速率和副产物

评价石灰与水的反应性能可由石灰的消化速率来衡量（在AWWA说明书B202-93，5.4章节中有定义）。小孔径石灰反应缓慢，需20～30min可与水完全反应，形成水化物但热量增加缓慢。一种中等活性石灰与水反应10～20min，形成氢氧化物并迅速产生热量（3～6min升高40℃）。一种高等活性石灰与水反应并在3min内升高40℃或更高温度，并在10min内完成反应。通过这种方法来评估废气材料如LKD、CKD和粉煤灰的热量增加和水化速度等。

理想情况下，使用中等至高等活性的石灰来确保生石灰可以完全转化成氢氧化物形式。反应过程中需要污泥始终含有充足的液态水的情况下才能产生热量。除非连续的水膜，石灰不会完全水化，氢氧化物离子也不能在泥饼中迁移。这个可以而且确实导致了pH的误测、剂量率的失真以及不稳定的污泥。如果指定需要粉末状生石灰，则需要注意防止粉末在应用过程中的潮解并确保其良好活性。

14.2.4　pH测定中的考虑因素

为了在高pH范围结点得到一个准确的pH读数（在碱处理过程中），读数需在标准温度25℃条件下，或修正到25℃，利用公式（14-1）：

$$校正系数=[0.03pH单位\times(T_{测量}-25℃)]/1.0℃ \tag{14-1}$$

$$真实pH=测量pH+校正系数(系数可正可负)$$

当$T_{测量}$=碱性混合液测量pH时的温度，校正系数单位相当于pH。

举例说明校正系数用法：如果在30℃时测量pH=12.30，那么实际pH可按下面公式计算：

$$校正系数=0.03\times(30-25)=+0.15$$

$$真实pH=12.30+0.15=12.45$$

为得到准确读数，样品和用来校正pH仪的新鲜标准溶液需要维持在25℃条件下。此项规定在美国国家环境保护局标准9040B和9045D（2011）的SW-846中有涉及。如果溶液pH不是在25℃标准温度下，pH仪读数会偏高或偏低，这取决于测试样品的温度，同时可能会误以为已得到所需的pH。

1. 氨转换和气体泄漏

当废水中含有的氨氮，其pH升高接近9时，就会有氨气（NH_3）释放出来，当pH=10时，氨氮就会被完全转化成氨气释放。由于释放出来的氨气，pH读数可能超过12，这样会误导经验不足的操作者认为已经添加了足够的石灰来满足控制或稳定化要求。但是，当氨气被转化完全后，加入石灰的污泥混合液pH接近10，这不足以达到稳定化要求。测量pH要待混合液氨气释放完全后进行，以确保添加了充足的石灰基碱性材料使pH达到12的稳定化状态不会反复。氨气可以通过稀硫酸在搅拌器通风口处洗涤回收并形成液体。得到的硫酸铵是一种昂贵的液体化肥，可给石灰稳定化过程带来可观的经济收益。

2. 石灰污泥样品的pH测定

测量石灰污泥样品的pH步骤的更多细节可在所列的文献中找到。

（1）称量20～30g（湿重）的石灰污泥置于烧杯中。样品加水之前需要无氨气味道，因为氨的存在会影响并导致pH升高。如果可以闻到氨气的味道，须给予更多时间使碱性材料和污泥反应完全。

（2）样品中加入蒸馏水或去离子水，与样品比例为1∶1（样品的克数与水的毫升数之比）。

（3）污泥和水的样品需要搅拌完全并产生沉淀。如果所有水都被污泥吸附，则需要充分步骤加入更多水直到沉淀固体上形成悬浮上清液。并使样品静置一段时间让多余的氨气挥发。

（4）在悬浮上清液中插入电极中并记录稳定后的pH值读数。如果有需要可被校正为25℃下的pH值。

（5）测量读数过程中须用蒸馏水或去离子水冲洗电极。

3. 使用平面pH电极测定pH

碱处理效果通过pH和温度相应的操作条件来证明。如今测量pH值的方法包括在污泥和水悬浮液中插入探针，都无法达到混合均匀。加入水分对残留的未反应的石灰进行水化，为产生浆液而需要剧烈混合使污泥均质化，会掩盖可能存在的混合不均（North，2003）。石灰和污泥的完全混合对于消除低pH值区域是非常有必要的，因为这些区域的存在会发生微生物活动从而降低pH值并产生难闻的气味。混合良好的碱处理废水污泥拥有均匀分布的钙离子和OH^-离子以及pH值。pH值始终保持接近甚至高于12。一种平面pH测量电极可用来有效监测混合液pH（图14-1）。

图14-1 平面pH探针

平面pH测量电极可以在无多余水分的情况下测量半固体的pH值。有研究已经评估了平面pH测量电极可测量没有悬浮液或添加水分的土壤的pH（Adamchuck et al.，2002；Breitenbeck and Bremmer，1984）。因为不需要另添加水，平面pH电极可被用来精确测量污泥区域来证明是否全部污泥都处于高pH区域。North（2003）曾对由华盛顿地区的水管理局操控的蓝色平原高级废水处理厂的石灰处理污泥应用了平面pH测量电极（原先位于哥伦比亚下水道区域）。North（2003）指总结指出，尽管只有有限的能力来量化石灰的化合，平面pH测量电极对于评估pH变化已经优于悬浮液方法。宾夕法尼亚州环保局、宾夕法尼亚州立大学、哈里斯堡、宾夕法尼亚等都在尽量发展应用平面pH电极来测量石灰混合液。应用平面pH测量电极所测局部的pH值反映了生物固体中的总Ca离子含量。含Ca离子低的区域pH低，含Ca离子高的区域pH高。应用平面pH测量电极可以识别石灰处理污泥中的低pH值区域，而这部分区域往往会在使用悬浮液测量法时被忽略掉了。

14.2.5 石灰基碱性材料投加量

为了确定合适的石灰投加量，实验室环境下的“烧杯”试验是必不可少的，所用样品中的污泥和碱的试剂比例与实践过程相同。实践操作中，需要比烧杯试验额外多加1%的石灰以弥补实地中混合效率较低的问题。必须建立有效的所需的特定碱性材料的基础用量。烧杯试验的具体细节如下所示：

（1）必须筛选出多个样品作为液体污泥和泥饼的样品，4L（1gal）样品量是足够的。

（2）样品需要混合完全。

(3) 样品需要烘干成 100%的固体（在 100℃以上温度完成烘干）。

(4) 样品被分成至少 5 份相等质量的样品。

(5) 每一个干样品需要准确测量其克数。

(6) 每个样品杯分别放置在 250mL 的烧杯中，并加入蒸馏水形成悬浮液。

(7) 用量递增的新鲜的熟石灰（新鲜的确定标准为在 25℃蒸馏水中测定 pH 值为 12.4）加到每个样品中。例如，第一样品中加入 5%；第二个样品中加入 10%；第三个样品中加入 15%。

(8) 封上烧杯口并应用磁力搅拌器或涡旋搅拌器搅拌混合液以保证石灰、水和污泥的充分混合。需要 1h 内重复 15min。去掉烧杯盖以便于氨气释放。

(9) 氨气释放后，应用高碱度 pH 探针精确测量仪来测量并记录每个样品的 pH（熟石灰悬浮液中 25℃时 pH 为 12.45）。

(10) 如果没有一个样品的 pH 达到 12.4，说明需要向样品中以 5%的添加量加入饱和 $Ca(OH)_2$ 溶液或者 CaO，之后再重新测试混合液中的 pH。如果可以检测到残留氨气，则需要更多时间来确保氨气的全部释放，之后再读取悬浮液的 pH。

(11) 样品可用最少量的石灰来确保 pH 维持在 12.4 达 24h 并且没有氨气的味道，此时样品所含石灰量可确定为满足处理废水污泥并且满足管理机构的 B 类消毒要求以及减少带菌物质的要求。

(12) 稳定化污泥样品所用的石灰量应该用克石灰每克泥饼来表示“[磅（石灰)/磅（泥饼)]”，或者“[g（石灰)/L（液态污泥)（磅（石灰)/加仑（液态污泥)]”。

(13) 实地应用过程为了确保污泥稳定化，石灰用量应该更多几个百分点（至少 1%）。具体用量多少需要在 1～2 周后检查生物固体的 pH 值来决定。在这期间 pH 值须维持在 11～12 之间。上述过程将产生石灰稳定化产品，但不一定所以病原体都低于检测限。为了消毒彻底，需要应用巴氏消毒法。即可在向污泥中加入充足的 CaO 过程中提高温度高于 70℃，并维持超过 30min 来完成。

14.3　设计处理设施和系统

这部分包含生产过程说明和几种碱性稳定化技术的设计说明。

14.3.1　工艺说明

几种碱稳定化技术都有应用价值，每种技术各有其优缺点。因此，生产出特定要求的产品才是选择和评估生产过程的重点。下面将分节分析几种碱稳定化过程（包括干石灰稳定化和高级处理技术），以及碱处理设施和系统设计的考虑因素。

1. 干石灰稳定化

干石灰稳定化技术包括添加干的生石灰或熟石灰来对泥饼脱水。干石灰稳定化技术从 19 世纪 60 年代就被应用在污水处理厂（Stone et al.，1992）。通常石灰与脱水泥饼材料的混合使用搅拌机、犁式搅拌机、浆式混合机、螺条混合器、螺旋输送机或类似设备。干石灰与脱水污泥的充分混合可以集中能量，为确保混合充分需要经常检测样品特性。图 14-2 所示为伴随启动石灰运输的典型干石灰稳定化系统流程图。

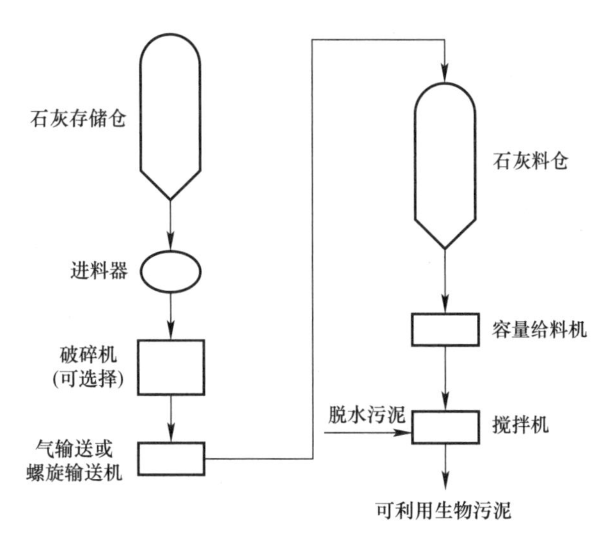

图 14-2 典型的干石灰稳定化系统工艺过程图解
(Oerke and Rogowski，1990)

生石灰、熟石灰或是其他干的碱性材料都可以用于污泥的干石灰稳定化，熟石灰的应用通常限制在小型设备装置中。

生石灰比熟石灰便宜且容易处理。另外，当生石灰加入脱水泥饼中熟化，水解过程所释放的热量有助于病原菌的消毒需添加足够的干燥碱性材料可以达到 A 类或 B 类标准。

正确设计石灰存储和转运设施至关重要。石灰转运设备的堵塞可能发生在天气潮湿的地区。细石灰颗粒会导致灰尘收集和过滤系统发生显而易见的操作和维修问题。除非转换空气中的湿气被去除，否则在使用带孔石灰转运系统的干石灰稳定化过程中，潮湿和细小石灰颗粒结合可能会引起问题。石灰和污泥/石灰转换和运输装备需要设计成负压条件，将灰尘和其他问题降至最低。更多的详细信息请详见下面章节的设计标准和考虑因素。

2. 高级稳定化技术

高级碱稳定化技术通常要求含碱性化学材料高用量，显著的保留时间以达到 A 类时间和温度的稳定化。典型的高级碱稳定化方法的优缺点在表 14-2 中列出（Oerke，1996）。几个市政部门正在使用其他技术而非碱稳定技术，这些技术已经发展了 30 多年。大多数技术要依赖添加剂，如 CKD、LKD，硅酸盐水泥，粉煤灰等来改进传统的干石灰稳定化技术。最常见的改进技术包括添加其他的化学物质，高化学剂量（根据化学性质），以及采取辅助干化。这些流程改变了进料的特性并且根据流程增加稳定性，减少气味，减少病原菌以及提高了产品质量。

通用高级碱稳定化工艺的典型优缺点 **表 14-2**

优点	缺点
符合 A 类标准要求	年度成本高
多个产品市场	化学品使用量大
相比其他 A 类稳定化过程，通常成本更低	需要专门的异味控制系统来处理氨气和其他释放的气体
证据显示在美国超过 200 个安装点	需要干燥设施设备
容易操作、启动和关闭	一些专利工艺，需要年度的专利费

续表

优点	缺点
污泥中的重金属浓度被稀释	由于碱性化学品的粉尘和释放的氨气会产生工人的安全隐患
产品已被评为三星级药剂	增加了总污泥和化学物质的运输
性能稳定的产品容易处理并储存在较小的存储设备中	产品不适合碱性土壤

许多工艺是专利技术，需由私人公司提供。下面的描述不包含所有的有效技术，排名不分优劣。当然，希望列举一些流程的适用范围给市政机构。更多关于高级碱稳定化过程的详细案例研究的计划、设计和操作条件的总结在其他处也有介绍（Engineering-Science, Inc.，and Black and Veatch，1991；Stone，et. al，1991）。

巴氏杀菌过程利用生石灰与水的放热反应过程超过的 70℃的高温。按照联邦规定添加巴氏杀菌达到 A 类标准，此温度须维持 30min 以上。巴氏杀菌反应须小心监控，包括混合液稳定状况，确保处理过程均一使反应所产生的热灭活病原菌。

此流程可产生一种非黏性的类土质材料，因此不会在机械压力下溶解。改变流程添加剂和混合比例可产生一系列有机衍生材料来适于日常使用，最终作为垃圾填埋覆盖或者土地复垦材料（Sloan，1992）。图 14-3 所示为典型的巴氏杀菌流程图。此流程的一处变动为巴氏杀菌是在隔热反应容器中加热至温度达到或超过 70℃并维持 30min。

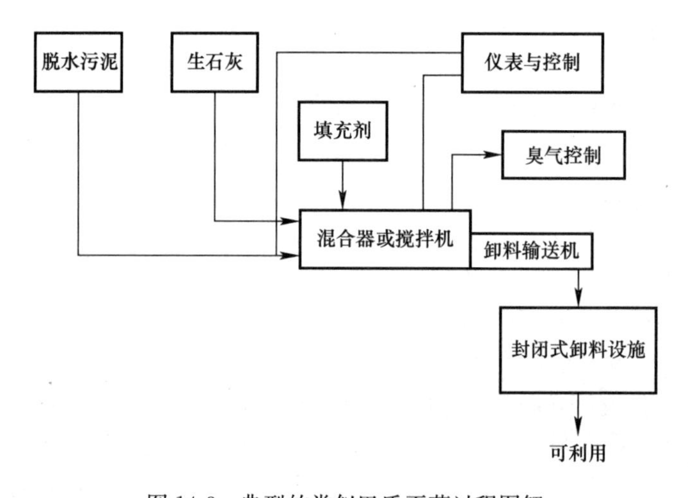

图 14-3　典型的类似巴氏灭菌过程图解

化学稳定化/固定化工艺通常操作是将硅酸盐材料投加到脱水泥饼中。投加的这些材料会引起凝结反应，干燥后会产生固体浓度接近 35％～50％的类土质材料的产品。目前为止，这些类土质材料的惟一作用就是作为垃圾填埋的覆盖材料。在许多案例中，这些处理过的材料需要再填埋中以小堆形式再干化 2～3 天。在这样工艺中，还不能证明达到了 A 类或者进一步减少病原菌的要求（Oerke and Rogowski，1990；Reimers et al.，1981）。图 14-4 为典型的化学稳定化流程图。另一工艺是结合了高级碱稳定化和加速干燥。美国环境保护局已经批准了两个可供选择的技术版本来达到 A 类标准。这些可供选择的版本包括添加生石灰、CKD，或其他碱性添加剂。其他后续流程重点关注在病原体、pH、稳定、氨、盐分以及干燥方面（Burnham et al.，1992）。其中一个改进流程是对温度有要求，即让材料在 52～62℃温度下维持至少 12h，这样可以确保化学反应所产的热量可以进一步减少病原菌。另一个改进方式是在石灰添加之前，用堆放料堆的机械干燥法获得 50%～60% 固体含量的产品。典型系统流程图如图 14-5 所示。A 类产品包括农用石灰药剂、土壤改良剂、填埋覆盖剂或混合表层土组成等，应用最为广泛。

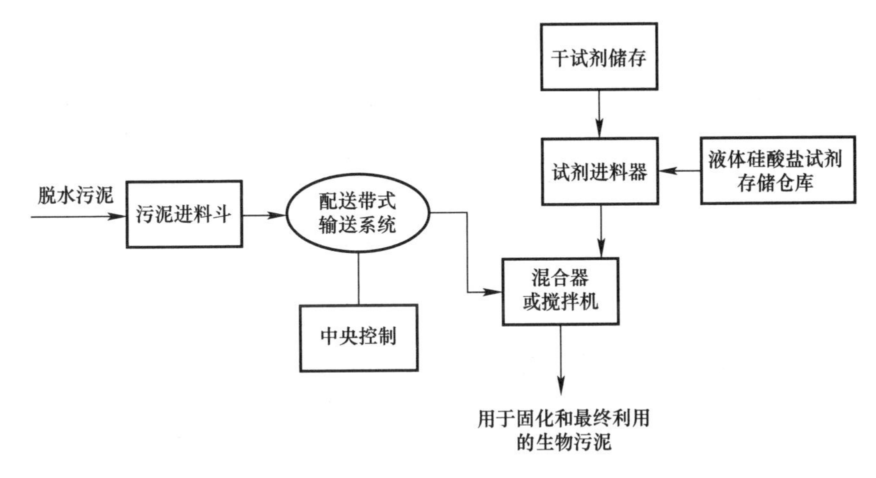

图 14-4 典型的化学稳定化工艺过程（WEF et al.，2009）

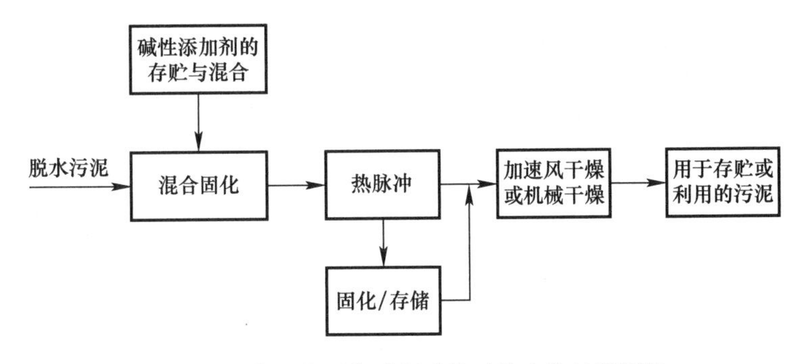

图 14-5 典型的干化过程后的碱稳定化过程图解

3. 工艺调整

在碱稳定化基本工艺基础上，已有几项调整或改进方法。其中一些方法是从应用在污水处理厂的其他工艺中逐渐形成的，另外的则只与碱稳定化有关。

一个应用其他流程的来完成碱稳定化过程的例子是将碱处理（磷去除所用碱）初沉污泥和未处理的二次污泥结合（Paulsrud and Eikum，1975）。另外一个例子是在污泥脱水和处理后使用现存的沼气池或其他可用的植物槽罐来浓缩碱稳定化的污泥（Farrell et al.，1974）。

另外一种碱稳定化改进方法是用 2 个混合容器，一个用来初始提高 pH 超过 12，为保持 pH 在理想范围而添加的过量的石灰，另一个容器可提供充足的接触时间。（Counts and Shuckrow，1975）。

其他的非专有的工艺，也可用来生成 B 类碱稳定化污泥。例如，沃基根、伊利托斯州，混合粉煤灰和脱水泥饼，其比例分别为 2.0∶1 和 2.5∶1。得到的材料结构稳定并且被用来建设仅有生物污泥的填埋场，而不是购买进口填充材料（Byers and Jensen，1990）。

14.3.2　设计注意事项和标准

本章根据应用该工艺的中试和生产性试验研究与实践，总结了碱稳定化工艺的设计注意事项。由于产品质量和过程设计之间的相关性，定义过程和产品目标的重要性怎么强调也不过分。在碱稳定化过程实施前需要评估一些设计规定（Oerke，1999）。

典型的高级碱稳定化设计标准见表 14-3，并根据现场情况不同而异。（Fergen，1991）。典型的系统设计标准包括：

（1）进泥来源和特性（数量、类型、质量和固体浓度）；

（2）接触时间，pH 和温度；

（3）碱性化学类型和用量率；

（4）碱稳定化产品的固体浓度；

（5）能量需求；

（6）碱处理过程优化；

（7）流程监测与控制；

（8）混合要求；

（9）经济因素；

（10）固体泥饼和干石灰产品处理。

设计标准取决于所用技术和期望的产品　　**表 14-3**

项目	设备说明	参数	单位	数值范围		所选设计值
				最小值	最大值	
材料	污泥	固体浓度	百分比	20	30	25
		密度	lb/cu ft	45	55	50
	碱性原材料	固体浓度	百分比	90	98	95
		密度	lb/ ft^{3}[a]	50	65	65
	化学品石灰	固体浓度	百分比	90	96	95
		密度	Ib/ft^{3}	55	60	60
	稳定化产品	固体浓度	百分比	55	65	60
		密度	Ib/ft^{3}	65	75	75
熟化	技术	堆料				
	停留时间	平均用时	d	3	7	5
		峰值用时	d	3	7	4
	温度		℃	—	—	52℃，12h
	堆积尺寸	底宽	ft[b]	6	14	10
		最大高度	ft[b]	2	3	3
		顶宽	ft[b]	4	8	6
		区域/单位长度	ft^{2}/ft[c]	10	33	24
		堆料间距	ft[b]	—	—	5
	堆料转向		Lb/d[d]	—	—	1（通常情况）

续表

项目	设备说明	参数	单位	数值范围		所选设计值
				最小值	最大值	
异味控制	建筑物空气	级数	↑	1	3	1
		气体交换	↑/h	6	15	12
	产品存储	级数	↑	1	3	1
存储装置	污泥	存储时间	d	0	1	1
	化学品	存储时间	d	5	30	5
	产品	存储时间	d	80	180	60

[a]项目 R×16.02＝kg/m^3
[b]ft×D304.8＝m
[c]sqft/ft×D304.8＝m^3/en
[d]Ib/d×D453.6＝kg/d

1. 污泥来源和特点

处理所用进泥的数量、来源和组成决定了碱稳定化设备的尺寸。选择设备时，若污泥脱水性能不良将显著增加设备尺寸，因此浓缩或脱水设备的性能参数是选择碱稳定化设备尺寸时非常重要的考虑因素。在碱处理过程中需稳定化的脱水泥饼的含固率会影响化学药剂用量和设备大小。设备容量的大小必须可以容纳被处理的进泥的体积。例如，处理一个湿泥饼（10％～15％含固率）比干些的泥饼（20％～25％含固率）需要大些的设备和更多的碱性化学药剂。

进泥的营养成分含量影响着产品的特性。碱稳定化产品的农用好处取决于生物固体中的植物营养物质的量以及实际应用中需要的石灰剂量。碱稳定化利于处理含有相对较高金属浓度的生污泥，因为碱性添加剂的加入稀释了金属浓度（干重）并且有助于微量金属元素的固定。

评估工艺设计时需要考虑固体类型。厌氧消化后，生物固体含有5～8倍浓度的氨氮，这些氨氮在碱稳定化过程中升高pH状态下转化为气态形式释放。因此在碱稳定化过程处理厌氧消化污泥（生物固体）时，氨气和其他含氮化合物如胺类等产生的潜在气味会增加。使用碱性不稳定聚合物也会造成甲基胺难闻气味的形成。与所有污泥处理工艺改进方案一样，坐落于住宅和敏感商业区域的碱稳定化设备通常需要气味控制设备。

2. 接触时间、pH和温度

接触时间和pH是相关的，因为须长时间维持pH在所需的降低病原体的水平。化学添加物必须提供足够的剩余碱度来保持高pH直到回用或排放。高pH可以阻止气味和病原体的再生和滋长。

pH下降（简称pH衰退）是以特定的顺序发生。大气二氧化碳或酸雨（当溶解在水中后形成弱酸性）被吸收会逐渐消耗混合液中的剩余碱度，降低pH值。最终pH下降到小于11.0，使细菌恢复增长。有机酸和二氧化碳的再生产品继续引起pH的衰退（类似厌氧消化工艺中的反应）。

在碱稳定化的前处理中，如果碱剂用量不足，在污泥的沉淀、浓缩，尤其是稳定化过程中，沉淀池或储存罐内会发生腐败，将会逐渐生成更多还原性的硫化物。这些还原性的硫化物会挥发并产生气体。在碱稳定化的后处理中，脱水污泥中的石灰用量不足也会生成更多还原性的硫化物。在之后的运输、存储以及稳定化污泥的应用中存在气味的泄露。

由于pH在稳定化过程中会下降，因此需要升高至高于12并维持在这个数值。只要能监测pH以确保在确定时间内处于理想的范围内，生物污泥不一定要储存于接触容器中。

3. 化学药剂类型和试剂添加量

投加的碱性化学品的类型和剂量对稳定化过程的成功与否起着至关重要的作用。化学品的品质（碱、CKD、水泥和LKD）需要得到保障。不同添加剂类型和来源会导致不同的产品质地和粒度。碱的来源很多，有高含钙量的牡蛎或蛤贝壳，以及含钙量低的白云石等。选择使用的化学品类型的考虑因素包括经济、可利用率、理想混合度以及理想的产品性能。表14-3中列出碱化学品的类型和性能。

一些碱试剂如CKD或LKD，被认为是其他工业的副产物，重要的是确保材料不掺杂危险污染物或其他污染物。要避免危险废弃窑中产生水泥窑粉尘。需要制定关于频繁取样和分析的质量保证和质量控制程序。

因为碱性添加剂的质量可能会影响产品质量，适当的监测和管理是重要的，以确保相互协调的一致性。由于LKD、CKD或者粉煤灰等副产物的特性会随时变化，因此一个持续的供应商质量控制体系的存在是极其必要的。从同一个窖或炉产出的产品质量才会基本保持一致，因此需要保证操作条件和供应物特性均不能发生明显变动。更为重要的是，应该进行中试或实验室小试的测试来确定碱性添加剂的变化是如何影响产品质量的，以及如何优化过程和化学品用量来补偿所发生的变化。

CaO和$Ca(OH)_2$是两种有效的可用石灰，液体泥浆中的熟石灰（碳化石灰）也有效。碳化石灰是从碳化钙制造焊接等级乙炔过程中所产生的副产物，此材料的应用原则与浆料中的$Ca(OH)_2$相同，因此，碳化石灰不做进一步讨论。选用何种碱性材料需要根据经济需求和材料特性（例如碱性材料的颗粒尺寸等）。$Ca(OH)_2$的生产和运输花费要比CaO超过近30%。然而对于液体操作，$Ca(OH)_2$会需要更少的设备和设施，因为其已经含水了（均匀的）。尤其是，$Ca(OH)_2$在小型设备中使用更为经济。然而，当污水处理厂所需$Ca(OH)_2$量超出2.5～3.5mg/L（3～4t/d）时，则需要考虑用生石灰。

除了成本问题，$Ca(OH)_2$与CaO相比，其首要优势在于可以不设置熟化设备。如果CaO直接投入脱水泥饼中（干石灰稳定化过程），熟化过程就不必要了，然而由于需要评估CaO与水的放热反应，因此需要其他的措施加以处理。干石灰稳定化的另外的优势是可以消除石灰侧流以及相应的损耗和管道系统及机械设备的结垢。

使用干石灰也有若干缺点。当用干石灰处理污泥时，运输石灰、设备维护、石灰尘等对眼睛和呼吸系统存在重大健康隐患。干石灰材料在运输过程中必须保持在负压密封状态。运输系统需要保持密封。干石灰材料的特性会随着石灰窑矿石位置和实际石灰处理程序（例如，温度、反应时间、入窑前级别等）而变化。石灰等级也会随着源头而明显变化，这会影响未来石灰的转移和灰尘控制设备。

特殊化学物质的所需剂量取决于生污泥的类型（初沉污泥、剩余活性污泥、滴滤池或者沉积垃圾）、进料和液体的质量和化学组成（包括有机物）、污泥浓度、渴望得到的产品以及碱性材料的类型和质量。

石灰类型和级别对混合均匀度影响很大。CaO和$Ca(OH)_2$以及污泥的基本反应是水合作用和水解作用，这两种反应都需要和污泥中的自由水反应。CaO是$Ca(OH)_2$水解后的产物，$Ca(OH)_2$ 溶解在水中会增加 pH，且 $Ca(OH)_2$ 和 CaO 均较难溶于水。由于脱水污泥含有较少自由水，$Ca(OH)_2$ 或 CaO 与污泥的紧密与快速的接触是至关重要的。对于 A 类工艺，即利用 CaO 与污泥中的水反应产热，所形成的 $Ca(OH)_2$ 的溶解度随着温度的增加而降低。基于以上原因，推荐使用较小颗粒尺寸的 CaO 产品来提高混合效能。然而现场使用中的石灰粉末会引起值得注意的维护和灰尘问题。

经济因素亦影响决策。精细等级更高的 CaO 要比卵石石灰贵且效能低，尤其对于固体含量高的污泥。熟石灰比 CaO 贵。如果副产物是用来取代石灰，那么需要格外小心并必须考虑其 CaO 含量变化，使得可以达到预期效果。

进泥的化学组成也决定着所需化学物质的剂量。组成成分取决于污泥类型和处理所用工艺（例如，化学混凝）。

工艺参数决定最小剂量。通常情况下，需要以 $Ca(OH)_2$ 干重计的 15%～30%较低剂量，以有效实现干石灰/湿石灰稳定化过程。由图 14-6 可见，以 $Ca(OH)_2$ 干重计的 B 类稳定化工艺，其投量范围是 13%～40%，这个范围是充分保证 2h 后 pH 达到 12、22h 后 pH 达到 11.5 所必须的。

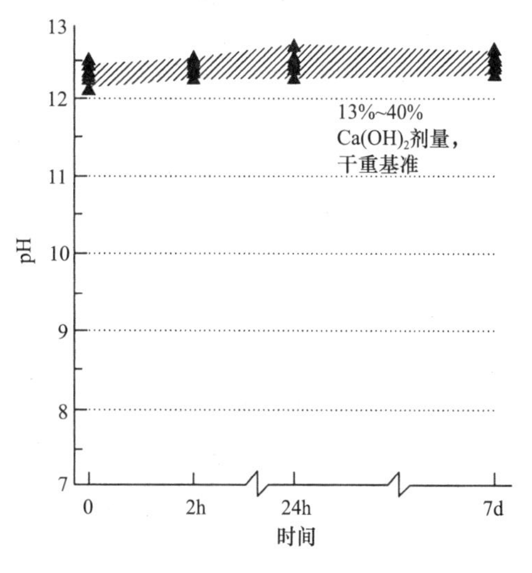

图 14-6 干石灰稳定化初始初沉和剩余脱水污泥经石灰稳定处理后的 pH 变化示例（Westphal and Christensen，1983）

所需 CaO 最小剂量为 13%，但不能保证可以有效抑制气味，因此推荐采用更高的 20%～30%干重的剂量。如果污泥特别难闻（如生污泥、高脂肪、高油、高脂的污泥）或者所需处理的污泥需要长时间储存，剂量的增加需要经过小试试验，这是非常必要的。

A 类工艺，即采用 70℃、30min 的巴士灭菌法的工艺需要 CaO 投量或相当于 60%～70%干重（12%～15%湿重）。RDP 技术股份公司的 EVP 工艺使用 40%；施维英股份公司的 Bioset 工艺使用接近 75%干重的 CaO，并且分别通过电和氨基磺酸获得了辅助热量。需要添加额外 CaO（马兰里州安纳波利斯的 Bio Gro 系统股份有限公司的 Biofix 工艺）接近 100%～150%的石灰干重的剂量才能满足巴氏消毒法的需求。N-viro 高级碱稳定化过程和随后的加速干燥工艺（加拿大，多伦多，安大略湖）使用了接近 60%的 CaO 干重（或者相同量的 CKD 或者 LKD）来维持 12h 的 52℃高温。另外添加碱性材料的副产物（CKD 或者 LKD 或者飞灰）使得最终的固体浓度达到 55%～65%，投加量取决于是否采用空气干燥或者热空气干燥。

图 14-7 显示出 A 类和 B 类工艺的理论干石灰稳定化剂量。下面的直线表示最大 pH 要求，而上面的线表示 A 类工艺的温度要求。图 14-7 中较低的线是干重 25%的生石灰剂量要求。尽管 B 类稳定化工艺的生石灰需要量理论上随着污泥固体的增加而增加。而 A 类稳定化工艺的生石灰需要量则随着污泥固体的增加而减少。这是因为 A 类稳定化工艺水的加热要求占主导，而 B 类稳定化工艺 pH 的影响占主导（Lue-Hing et al.，1992）。

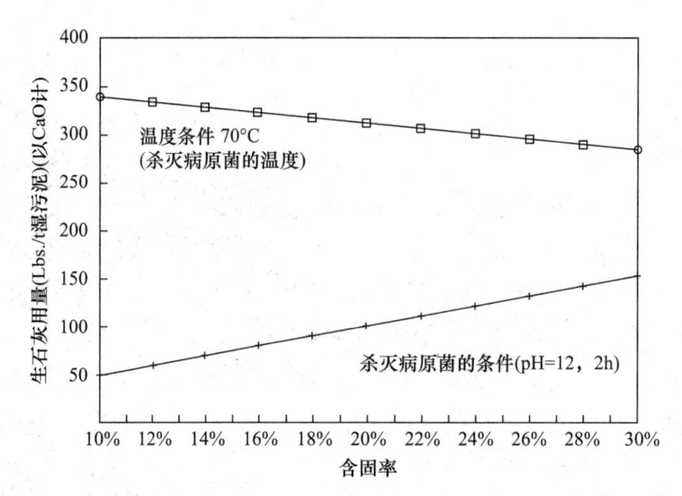

图 14-7　不同含固率下的显著杀灭病原体含固率和进一步杀灭病原菌的理论石灰用量（Lue-Hing et al.，Eds.，1992）

以下假定是图 14-7 中 A 类工艺温度的要求：

（1）进泥温度稳定在 20℃（68℉）；

（2）污泥中的水与 100％ CaO 反应产热（1140kJ/kg 生石灰）；

（3）生石灰是 100％的 CaO（通常是 90％）；

（4）进泥比热是 0.58kJ/kg；

（5）不发生从进泥到大气排放或者设备的热损失。

实际中，这些条件不常存在，因此如图 14-7 所示，为满足 A 工艺中所使用的生石灰量可以超过 A 工艺温度线（顶部）的 50％。可以通过增加生石灰达 2 倍的理论值来获得更干燥且易破解的产品。以湿重为基础表示的石灰剂量超过以含 25％污泥浓度的泥饼湿重基础的石灰剂量 0.25 倍。例如，表 14-4 中以湿重为 65％化学剂量相当于 245％干重的量。需通过物料平衡计算来确定碱稳定化设施尺寸和确定初始反应和产品特性。

高级碱稳定化过程中的典型的物料平衡（Fergen，1991）　　表 14-4

过程	项目	固体平衡				
		固体浓度（％）	体积（ca，ft[3b]）	总重量（t）	干重（t）	体积密度（lb/ft[3c]）
搅拌混合	污泥[a]	25.0	6.400	160.0	40.0	50.0
	化学品	95.0	3.186	103.5	98.4	65.0
	初始混合	52.5	9.586	263.5	138.4	55.0
风力干燥	初始混合	52.5	9.586	263.5	138.4	55.0
	蒸发损失	—	3.437	32.9	—	—
	产品	60.0	6.149	230.6	138.4	75.0

化学投量：湿重基础为 65％；干重基础为 245％；

[a]峰冲突

[b]$ft^3 \times 28.32 = L$.

[c]$lb/ft^3 \times 16.02 = kg/m^3$

表 14-3 和图 14-4 中列出的数据可被用来初步确定干石灰稳定化设施。实际所需石灰量需根据实际情况而定，因为有很多因素都会影响剂量的多少（Farrell et al.，1974）。为了防止 pH 值下降以及由此而引起的微生物再生，石灰的剂量应超出稳定化所需的剂量

(Ramirez and Malina, 1980)。一些特殊的污泥所需的准确石灰量需要通过实验室测试来确定。更多信息细节见 14.2 节。

4. 稳定化产品的固体浓度

碱稳定化产品的固体浓度是物料搬运处理过程中至关重要的设计浓度。碱稳定化泥饼(生物污泥)的最小固体浓度要求满足管理机构的要求，例如填满或继续储存的设备。固体浓度(干燥)和粒度会影响物料搬运所需卡车的特性、应用和处理特性以及产品的行销。

初步碱稳定化产品的固体浓度亦会影响高级碱稳定化过程中的补充干化步骤。通过添加碱性添加剂会发生明显化学反应，从而会增加混合物的表观固体浓度。固体物的增加是固体添加物、化学粘合物以及进泥水分蒸发等累积形成的结果。碱性材料，尤其是碱石灰会在几分钟内快速发生反应并导致温度升高。进泥与碱性材料的充分彻底混合对于获得目标固体浓度、病原体破坏以及减少产品中残留味道(如氨气)是至关重要的。

通过投加高化学计量可能获得期望的固体浓度，从而可以减少或避免额外的干化步骤。超量化学品花费造成运行费用过高，因此可通过其他的膨化材料来加大产品干燥度和提升处理特征，而不是增加化学药剂量。潜在可做膨化材料的有粉煤灰、木灰、锯屑、沙子及土壤等。除此以外产品品质也会受影响。在料堆操作中的机械混合会增加干化、混合材料，并且释放被困的氨气以及其他在脱水过程中产生的挥发性气体，由此可以产生更均匀的产品。最终的设计一定是显现了化学剂量和补充干化步骤的最佳平衡。

5. 能耗

在液体石灰稳定化过程中，能量更多是消耗在混合液、体污泥和石灰浆的过程中。在碱稳定化干燥过程中，混合所需能量最小(每个搅拌机 10～20HP)。并且随着生产能力、化学剂量以及混合类型的变化而变化。

空气通风、涤洗氨设备以及气味控制等都消耗大量能耗。

6. 中试试验

因进泥的品质和黏稠度不同而不同，必须通过品质和数量上的分析来确定特殊化学药剂量以及过程参数。污水处理厂利用中试测试也评估不同的运行程序和产品。

应在碱稳定化过程实施前进行小试和中试试验。需要对 4 方面进行评估：

(1) 工艺要求，包括碱性材料类型、来源、尺寸等级以及剂量；

(2) 设备，包括充分混合污泥和石灰料的能耗；

(3) 产品质量，包括期望的产品固体浓度和粒度；

(4) 异味的产生和控制。

工艺注意事项包括化学药剂类型和剂量、进泥和产品的固体浓度以及其他工艺步骤，例如根据需要补充的加热和干燥等。确认的化学剂量必须满足 pH、固体浓度、热量增加以及产品需求。可以通过实验室规模测试来仔细测量由不同剂量化学品混合成的污泥的体积来确定化学药剂实际应用剂量。所有中试规模测试应包括不断的质量平衡计算来确保化学剂量和产品固体浓度的一致性。只要条件允许，需要使用全面试点设备来评估精确的化学药剂剂量消耗速率和混合情况。

尽可能控制条件以模拟现场条件是极其重要的。例如，冬天需要不同的化学药剂投量或者修正化学药剂方程式才能满足所需产品要求。在大规模料堆干化过程中，产品中混入二氧化碳就会降低 pH。因此，不得不增加碱性材料剂量来维持需要的 pH。样品需要在相同类型的封闭或开放容器中熟化，后应用在整个规模系统中。

碱稳定化（生物质）产品的最初固体浓度需要测试，以确定是否与设计的干化工艺相匹配。这或许可以用来研究不同干化/熟化过程中的化学药剂投量的变化规律。化学药剂投量对于干燥速率和相应的干燥场地要求有着显著影响。中试规模的测试设备也可用来评估实际所需设备。测试目的是确认设备、能耗、化学条件可以生产预期的产品，本工艺环节和下一步中可以满足要求。在干石灰稳定化设备进料化学混合过程中，搅拌机如搅拌桨使用不当和运行速度不正确，会产生不符合要求的物料。合适的搅拌是非常必要的，不仅因为可以获得期望的产品特性，更是可以确保碱性添加剂的充分搅拌。混合过程中的过多能量消耗可以产生大量的非颗粒物质并且很难处理。

还有一些过程参数需要在中试或小试试验中考虑：产品生产过程中的气体释放、植物营养素水平、金属、有机化学物质以及碱性材料剂量和脱水聚合物的相容性等。一些聚合物或许会在高碱度情况下破坏并表现出极强的三甲胺“死鱼”气味（Jacobs and Silver，1990）。不同的碱性材料应该通过不同的聚合物絮凝剂测试来确定气味释放的影响和产品的物理特性（例如压实密度和粒度）。

最后一项需要通过中试规模测试来评估的就是碱稳定化产品（生物污泥）。小试规模和中试规模的测试为大规模生产前研究产品特性和市场性提供了绝佳的机会。这有助于吸引潜在未来客户观摩中试测试或者小规模示范项目来增强对产品的了解和兴趣。如果产品用于填埋或边坡加固，则需要评估如固体浓度、pH 降低、浸出性、渗透性以及无侧限抗压强度等物理特性。产品质量也需通过测试来提供注册审批所要求的数据和文件材料。

7. 碱处理的流程优化

如果工艺运行不当，使用石灰进行稳定化的设备会无法连续稳定地消除异味和灭活粪大肠菌。Blue Plains 污水处理厂多年来采用石灰稳定化来达到 B 类生物固体标准。尽管经常可以达到 B 类标准，即小于 2mil. CFU/g 大肠杆菌，但是结果不稳定。某一周，结果可能达到接近 10000CFU/g，下一周可能 100 万，接下来可能 10 万。除此之外，实践数据显示，气味也是多变的。现场检查员描述这些气味很像臭鸡蛋、腐烂的卷心菜（甲硫醇、二甲基硫醚、二甲基二硫醚）、腐臭的辛辣肉味（挥发性脂肪酸）以及粪便物（吲哚、甲基吲哚）。所有这些气味都是厌氧微生物活动的产物，表明最佳微生物失活。工作人员怀疑这些气味的易变和大肠杆菌的失活是有关的，并且混合不佳也是主因。接下来的研究确定推测是否成立。结果显示，由于污泥和石灰材料的混合不均以及使用大颗粒的粗石灰引起了这种现象。研究者们发现了一个可以衡量混合效果的方法。生污泥与石灰材料能够较好的混合原因是使用了较小尺寸颗粒的石灰。美国华生顿水司的生物中大肠杆菌群可持续低于 1000CFU 且异味小。

8. 流程监测和控制

通过对进泥和碱性材料的频繁监测，使之在工艺过程中不断调整以达到足够的稳定和统一的产品是至关重要的。不彻底的稳定化并非显而易见，甚至难以在污水处理厂中被发现。因此，适当的工艺控制是很重要的。然而没有气味和还可以接受的脱水特征并不足以指示已到达充分的稳定化。

需要被监测的特征包括进泥和产品的总固体、pH 等。A 类产品（PFRP）大肠杆菌指示生物必须按规定频繁监测（40CFEPart503.16（U.S.EPA，1993））。如果产品被用在农业方面则必须监测金属含量。若产品用于填埋，则有必要通过渗透测试和油类过滤试验来监测毒性特征。质量控制数据需要提供给相关监管部门批准。方法和频率取决于监管要求。有时也要求提供气味特征和排放监测。

确定化学药剂投量的判断或许需要通过人工测量温度、pH 以及对于进料和化学品的混合程度的外观测试来反馈。可以根据需要将一些自动化的过程控制合并。质量和体积测量系统每个月都需要校准。例如，如果使用密闭容器则可以应用热电偶来测量热脉冲。化学药剂投加速度应匹配进泥流速或称料机称量泥饼等类似数据确定。在污泥和石灰混合前和后使用快速进料污泥微波干化系统已经成功应用在快速分析进泥含固浓度、流量和优化石灰添加等方面。

化学药剂进料系统的可编程序逻辑控制有助于生产稳定的产品。典型的系统或包括与进料称重机相连的电子化学测量系统。化学药剂进泥的自动化控制是基于进泥的重量。此类系统的试剂投加量是与泥饼的量成比例的。特别需要注意的是为使碱性材料的添加剂量合适，必须保持称料机的校准和运行。自动系统的好处还可以减少操作过程中的人员需求。调节添加石灰到进泥流体（来自电磁流量计 4～20mA 信号）再到上游脱水设备，都可以提供准确的调节方法和优化的石灰添加量。使用电磁流量计来测量进泥流量通常比使用称料机更准确并且可以减少维护工作量。

传感器，尤其是 pH 电极（实验室和自动化过程控制单元），必须进行正确的清洁、校准以及维护。可以完成 pH>10 日常测量的特殊电极是必备的。必须小心监测 pH 以确保其在高数值保持足够长的时间。便携式 pH 笔探针对于过程监测是非常合适的。指示性微生物（大肠杆菌和粪链球菌）的微生物检测需要有资质的实验室定期实施。

前文已经讨论过 pH 测量。校准标准溶液应根据碱性范围进行选择，pH 电极也需适用于该碱性环境。结果应根据监管部门标准在实验室日志和电子表格中记录。

温度可以通过各种模拟或数字探测器来手动测量。在 A 类容器系统有内置温度传感器。温度记录需根据标准记录保存。

污泥可以由烘箱和微波干燥。温度需维持低于 105℃以避免挥发性固体的损失。

9. 混合要求

本节内容包含混合要求和干石灰污泥稳定化的讨论。混合性能，正如 14.3.2 节“7. 碱处理的流程优化”中所述会严重影响产品质量。不充分混合或低化学剂量率会导致储存物的 pH 失控以及腐烂气体的形成。混合过度会破坏产品粒状结构。混合不均匀会产生可变的碳酸钙等价的（CCE）产品，故不能作为石灰处理产品用于土地利用。

10. 脱水滤饼/干石灰稳定化的化学混合

脱水泥饼和碱性材料的混合是干石灰稳定化过程中最重要的部分。目的是让泥饼和化学药剂充分接触，以在整个混合过程中完成 pH 调整。在美国，泥饼和化学混合不充分已导致不完全的稳定化、异味以及一些设施的粉尘问题发生（Oerke and Stone，1911；WEF，1995）。

典型的混合步骤是使用机械混合器，例如搅拌机或者犁式搅拌机。典型的泥饼和碱混合的搅拌机或犁式搅拌机分别如图 14-8 和图 14-9 所示。脱水泥饼和化学品一起加入搅拌机的“头”部，分批和连续式搅拌机均有效。碱性材料剂量率和引入的泥饼的流量的配比至关重要。

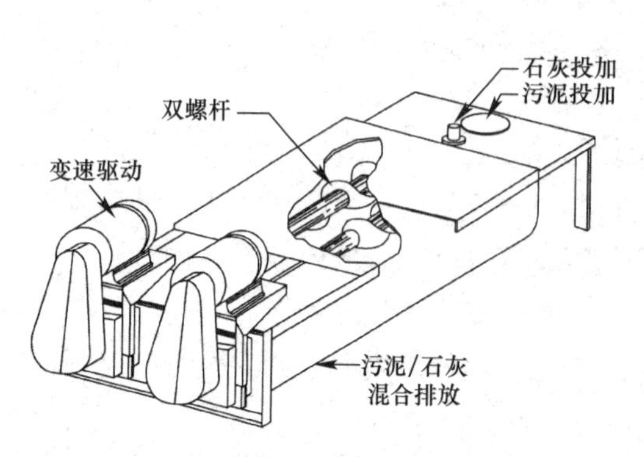

图 14-8　典型的双螺旋搅拌机（WEF et al.，2009）

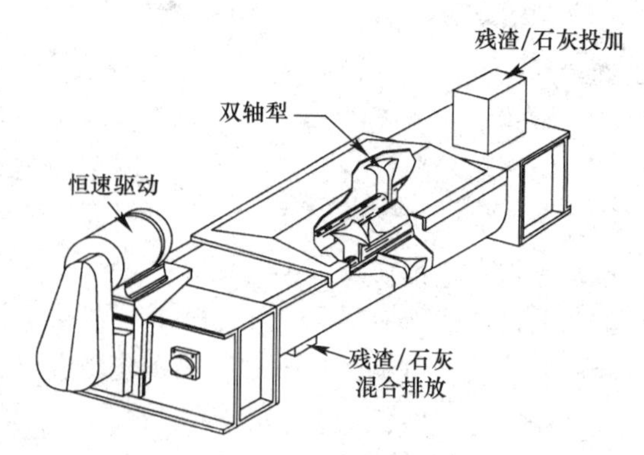

图 14-9　典型的犁搅拌机（WEF et al.，2009）

如果未在生产性试验中正确评估混合设备，那干石灰与脱水污泥的混合是不科学的。技术已经发展到可以对比搅拌机以及评估适合的混合设备。由于 pH 是一个法规许可参数，大部分设施都以 pH 作为唯一的评定标准。然而这对于许多设备来说是一个典型的错误并会引起混合不均。在最终的污泥和石灰产品中，必须评估石灰分配比例。这个分配比例对于确保合适的混合是至关重要的。在最终的污泥和石灰混合物产品中，需至少取 0.5g 样品来评估钙离子水平。这些数据的变化与差异可以用来评估石灰分配是否恰当、混合是否充分、设备是否优化等。

不同的变化会影响混合过程以及由此产生的污泥产品的特性。典型的搅拌机选择依靠过去的经验和试错法测试。很多搅拌机制造商可以进行移动式中试试验，可全面测试现场设备。如果可以，在评估和筛选最合适的最有效的混合设备时，应选取这类设备。

图 14-10　拥有可调节搅拌机桨配置和无级变速驱动，并允许可调节搅拌强度和停留时间的搅拌机图片

脱水泥饼的混合特性随着以下因素的变化而不同，如污泥浓度、脱水前调理所用聚合物、化学药剂类型和剂量、稳定、混合粒度、搅拌设备每单位体积接触泥饼的有效表面积以及混合停留时间。一旦选择一个搅拌机，需要给出最大和最小的泥饼生产量、运行时间以及其他运行条件。为了弄清楚这些变化的混合特性和条件，搅拌器可以配备无级变速器、可调搅拌机桨配置、堰板以及其他调节混合强度和停留时间的设置（图 14-10）（Christy，1992）。

碱性产品的物理特性随着混合参数的变化而变化。生物固体产品的物理特性的一致性包括黏性、塑性以及粒度和灰度。因颗粒产品易于均匀分散，是最适合农民和其他使用者在农业和其他方面应用。混合的目的就是生产的产品适用或者可用于下一阶段的处理。碱性污泥产品的特点或许在混合后由于不间断的化学反应、稳定以及其他参数而持续变化长达数天。

11. 经济因素

经济问题也是考虑选择污泥管理方式的一个重要因素。评估碱稳定过程的成本需要包括使用寿命、使用价值、年成本或者类似措施等的总费用。通常碱稳定化的投资成本小于其他生产A类产品的污泥稳定化过程。处置或产品再利用的成本于运输和土地利用是显著的，并且必须包含在费用分析中（Jacobs et al.，1992）。除此之外，如果属私有化是优先选择的方式，其应该与另一种污泥管理即与市政拥有和管理运营成本的相比较。在国家石灰协会的分析中，阐述了A类碱稳定化的成本、年度成本以及现行成本与A类堆肥、A类热力干化相应的比较（1996）。

年度运行和维护费用包括操作工人、化学药剂成本、燃料、设备、维修、运输化学品到设备和产品到到场地等。其他年度成本还包括公共教育、污泥营销以及土壤、农业测试和分析等，业主应该细心检查年度成本和其他设施。费用通常还包括一些特定因素，如当地劳动力成本、设备所需化学品补充距离以及能量等。此外，合同中指明的最小的污泥产品量也影响年度总成本。当碱稳定化技术在私人合同约束下运行，更为重要的是合同将精确地反映实际所需的生物固体产量。

许多现场特殊因素会影响成本并且会使经济评估和对比困难重重。这包括实体布局、进泥类型和特性、产品使用、地方规则、地方产品营销效用以及地方气候的四季影响等。此外，在一些碱稳定化处理设施中，现有的设备被改造后又投入使用。

碱稳定工艺的适用性、现有设备的使用情况，这些在评估污泥管理方式中应被考虑。尽管现有设备并不总是能使用或改造，但在工艺流程的一个环节中使用现有设备，也可节省成本。

14.4 污泥泥饼和干石灰稳定化产品（生物固体）的处理

脱水泥饼和干石灰稳定化污泥产品的处理设备由传送带、螺旋输送机以及泵组成。传送带通常应用在水平的或平缓倾斜的平面中。传送带的问题如轻微的溢出、滑动以及频繁的轴承维修等，在很多设备中发生。螺旋运输机也被用来传输脱水泥饼到碱稳定化过程的搅拌机或进料斗中。高速运转的螺旋运输机和高压脱水泥饼泵也可以物理方式调节泥饼的特性。均一的混合泥饼和干碱性化学药剂是很难的，甚至是不可能的。一些螺旋运输机特性是滚动泥饼和化学药剂混成球状。泵可以压缩脱水泥饼到一个长管里，并在混合过程前将泥碾碎。碾压的球和压缩的泥饼是否可作为产品，最重要的是取决于最终的目的（Oerke and Stone，1991）。

尽管碱稳定化过程相对的简单，常规检查和维修计划还是必要的。运输系统和其他移动部分需要严密持久的监测。如果传送带被用来碱稳定化过程进料，则设备的常规检查、维护和校准是非常重要的。传输系统停机故障会延迟甚至终止稳定化进程。如果使用多条稳定化流程，就可以绕过或穿过故障避免过多的停机。碱稳定化系统的设计应该使脱水设备到搅拌机的传送距离最小。同样，存储的设计也应符合最小运输距离的要求。

应重视冗余的存储和处理系列设备，要保证日常的维修、校准和不停机操作适应性。尽管不如双运行系统，如必要，临时的便携式的单元可放置在运行过程中约几小时或几天。脱水系统和碱稳定化系统中存料斗可用来抑制脱水系产品的变质以及便于每个工艺过程独立运行。

14.5　设计案例

此设计案例是由对污水残留物经碱处理而产生的 A 类生物固体。处理系统是处理规模为 38ML/d（10mgd）的二级活性污泥废水处理厂产生的污泥。

14.5.1　设计案例流程假设条件

下面的流程假设是适用于规模为 38ML/d（10mgd）废水处理厂：

（1）初级和剩余活性污泥（WAS）液体悬浮液处理；

（2）初沉和剩余活性污泥比：60∶40；

（3）污水处理厂总的污泥量：240g/m^3（2000lb/(mi·gal)）；

（4）进水生化需氧量（BOD）：280mg/L；

（5）0.85kg 污泥/kg（0.85Ib 污泥/lb）BOD 去除；

（6）初沉池污泥在初沉池中浓缩至 5%污泥；

（7）剩余活性污泥在二沉池中浓缩至 1%污泥；

（8）剩余活性污泥存储/混合设备；

（9）剩余活性污泥在重力带式浓缩机中浓缩至含固率为 5%；

（10）结合浓缩的初沉池污泥和剩余污泥的存储/混合设备；

（11）带式压滤脱水生污泥至含固率为 20%；

（12）A 类石灰稳定化；

（13）异味控制设施；

（14）90d 现场存储产品。

14.5.2　产品

以目标为导向的设计碱稳定化设备和确定最终生产何种产品非常重要。设计者必须询问以下几个问题：

（1）产品使用的目的是什么？

（2）碱稳定化残留物的应用场地是否对民众公开？

（3）生物固体产品的设计级别是什么？

（4）使用的是何种碱性材料？

（5）是否需要相对较高剂量的碱性材料？

（6）减少产品 pH 和碱性特性的添加剂是否需要使用？

这些问题的答案需针对具体的项目和地点，这对设计碱稳定化残留物处理系统会产生直接的影响。典型的碱稳定化产品注意事项在表 14-5 中列出。

典型的碱稳定化污泥产品的考虑（LKD＝石灰窑粉尘；CKD＝水泥窑粉尘） 表 14-5

推荐产品使用	填埋场地有公共通道吗？	污泥产品期望类型	使用何种碱性材料*	所需碱性材料是否剂量很高	使用添加剂减少产品pH/碱性性能
污泥调理脱水	NA	NA	水和石灰	否	NA
液体污泥的土地利用	否	B	水和石灰	否	否
液体污泥的土地利用	是（例如农场）	A	水和石灰	是	是，提供更中性的pH值的产品
脱水泥饼的土地利用	否	B	生石灰，LKD，CKD	否	或许，如果存在碱性土壤
脱水泥饼的土地利用	是	A	生石灰，LKD，CKD	是	或许，如果存在碱性土壤
土地再生/开垦	否	B	生石灰，LKD，CKD	否	否
土地再生/开垦	是	A	生石灰，LKD，CKD	是	是
填埋处置	否	NA	生石灰，LKD，CKD	否	否
土地填埋，每日覆盖	否	B	生石灰，LKD，CKD	是	是，结构属性
土地填埋，完毕后再覆盖	是	A	生石灰，LKD，CKD	是	是
加工的有机表层土	是	A	生石灰，LKD，CKD	是	是
大块填埋应用（斜坡稳定化）	是	A	生石灰，LKD，CKD	是	是，结构属性
园艺	是	A	生石灰，LKD，CKD	否	是，提供更中性的pH值的产品

* 如果金属浓度低且低于美国环境保护总局503表3的限制（1993），则LKD或CKD的使用是适合的。

14.5.3 工艺和设备描述

A类碱稳定化过程设计案例选用EVP和生物固定（仅石灰）工艺。本节选用这两种工艺为案例不代表将它们作为优先工艺或者将它们排名在其他工艺之前。

有关EVP工艺的设备设施包括干化学药剂（生石灰）存储仓、气动化学药剂传输系统、日存储箱、化学品进料器、螺旋或带式污泥运输器、搅拌机以及巴氏灭菌器。在EVP工艺中，脱水污泥在一绝热容器中被提前加热，电加热的螺旋传输机称为电热进料机。在与干石灰混合并传送到加热并绝热的搅拌机之前，称为电热搅拌机，这些污泥和石灰的混合物被传送到一个可加热和隔热的巴氏灭菌反应器中，使其在最低70℃的温度下维持至少30min以到达A类标准要求。如果脱水泥饼含固率约为20%～22%，那么RDPE-VP工艺生成的碱稳定化材料的固体浓度应该接近30%。RDPEVP工艺的生石灰剂量（30%～40%干重）应该明显低于生物固定工艺（仅石灰），因为后者需要电加热或者其他补充加热的方式来提高污泥和石灰混合物的稳定性。

生物固定（仅石灰）工艺使用与EVP工艺相似的设备来混合污泥和干生石灰，但是不使用拌热措施将热传输到进料螺旋传输机、搅拌机以及巴氏灭菌器等中的污泥和石灰混合液中。取而代之的是生物固定工艺仅从污泥中的生石灰与水的放热反应中获取热量（1141kJ/kg，或者481Btu/Ib生石灰），来满足A类温度标准的要求。为满足A类稳定化标准，生物固定工艺（仅石灰）需要的生石灰（100%～15%干重）量相比于EVP工艺是相当多的。假设满足干重110%～120%的石灰剂量和脱水污泥浓度接近20%～22%，那么生物固定工艺（仅石灰）生成的碱稳定化材料的固体浓度应该接近40%～50%。

无论哪种工艺，干生石灰都需要经常有车载鼓风机的气动卡车运输化学品到存储仓中。通常石灰化学药剂存储仓中应该至少提供可供7d消耗的存量，最好是2～3周。有轨电车也可用来运输生石灰。在此设计案例中，假设存储仓可提供 2 周的生石灰并配有吸尘器和振动活化剂来减小堵塞。推荐的净石灰存储体积能力最小值是 250%的化学药剂发货量，这取决于化学药剂供应商和使用者之间的距离。因此，最小 60t 的石灰储量是较常见的推荐量，相当于 20～25t 石灰运输卡车容量的 2.5 倍。两个存储仓的典型安排布置如图 14-11 所示。

如果散料存储仓到化学药剂添加点的距离短，干碱性材料可以通过螺旋传输机来机械运输。干碱性材料也可采用气动运输、压力或真空法，各种类型的气动运输方式都有各自的优势。泄漏到系统中的粉尘，需采用真空法来减少这种泄漏。压力系统可以移动更大体积的物料。气动传输机需要提前干燥来减少水化反应等与水分相关的问题。然而气动传输系统在使用不同碱性物料的情况下会遇到如何维持化学药剂体积密度均匀的问题。图 14-12 中展示了典型的气动碱材料运输系统。此系统设计过程中考虑到在碱稳定化建筑中日常存储箱的顶部穿过屋顶来减少潜在的粉尘问题。

图 14-11　典型的 2 个存储仓和卡车卸载以及粉尘收集设备和气动运输系统布置图

图 14-12　典型的从 2 个存储仓运送石灰到 2 个日存储箱的气动运输石灰系统布置图

图 14-13　典型的日存储箱和从日存储箱运送石灰到搅拌机的立式螺旋进料机的布置图

如果使用正压气动系统将干生石灰从存储仓运输到日常处理间，那么就要使用旋转气闸进料机。日常存储箱可安放在邻近搅拌机的位置，这样可以较轻松的运输生石灰化学品。日存储箱尺寸应该可以支撑 1d 以上的化学品需求量，且每天添加 1 次进料到日存储箱中。气动运输系统还需要拥有交叉管道连接使得任何一个石灰存储箱可以运输材料到任何一个日常处理箱中。立式进料机应该测量从日处理箱到搅拌机的化学药剂流量。图 14-13 中所示为日存储箱和立式螺旋进料机。通常提供拥有紧密密封圈的灵活管道系统来连接所有碱稳定化设备以减小粉尘（National Lime Association，1996；Oerke，1996）。

需要提供机械设备来回收废弃，并且使存储仓、搅拌罐、重力带浓缩机、带式压滤机、搅拌机、传输机以及巴氏消毒器装有异味控制设施。

典型的 A 类碱处理 EVP 工艺的图解包括污泥存储、浓缩以及脱水单元工艺如图 14-14 所示。

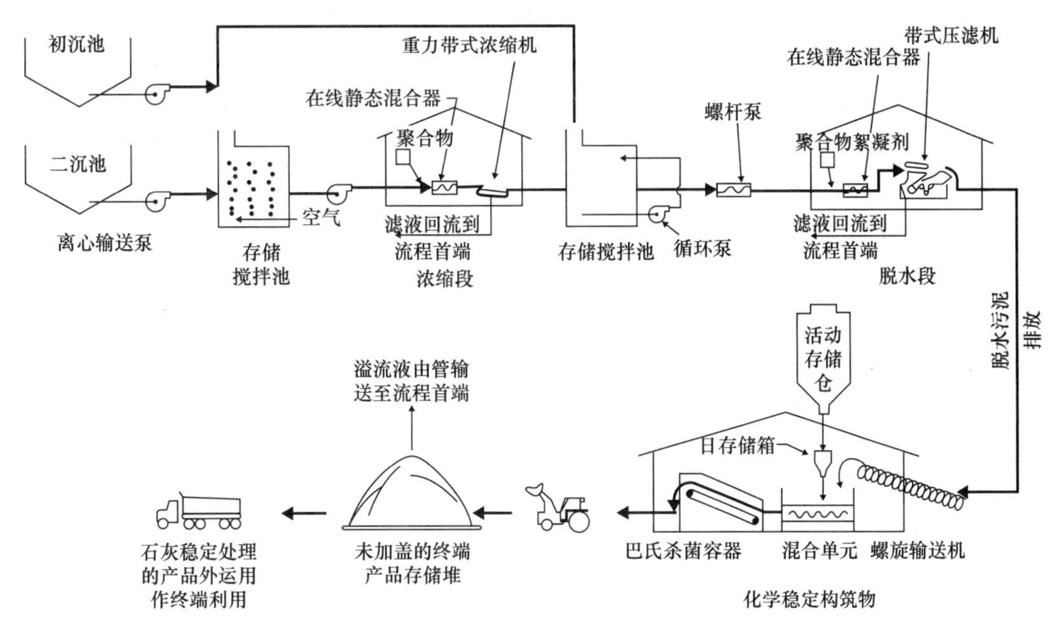

图 14-14 碱稳定化工艺的图解（National Lime Association，1996）

A 类碱稳定化设计标准的 38ML/d（10mgd）废水处理厂
设计案例（DS＝干污泥；NA＝不可用） **表 14-6**

项目	En Vessel 巴氏消毒（EVP）工艺设计标准	生物固定（仅石灰）设计标准
过程工艺		
运行		
每周天数	5	5
每天小时数	7	7
废水进料污泥（未经脱水泥饼）		
干污泥	20%DS（平均）	20%DS（平均）
密度	1120kg/m³（70Ib/ft³）	1120kg/m³（70Ib/ft³）
容量	9072kg/d（2000Ib DS/d）	9072kg/d（2000Ib DS/d）
碱性材料类型	生石灰	生石灰
氢氧化钙剂量	0.4［kg 石灰（氢氧化钙）/kgDS 或 Ib 石灰（氢氧化钙）/Ib DS 干重］	1.1［kg 石灰（氢氧化钙）/kgDS 或 Ib 石灰（氢氧化钙）/Ib DS 干重］
氧化钙剂量	0.36［kg 石灰（氧化钙）/kgDS 或 Ib 石灰（氧化钙）/Ib DS 干重］	1.0［kg 石灰（氧化钙）/kgDS 或 Ib 石灰（氧化钙）/Ib DS 干重］
密度	880kg/m³（55Ib/ft³）	880kg/m³（55Ib/ft³）
废水污泥/石灰混合液		
干污泥	30%DS（平均）	40%DS（平均）
密度	928kg/m³（58Ib/ft³）	880kg/m³（55Ib/ft³）
体积	53.8kg/d（1900ft³/d）	62.3kg/d（2200ft³/d）
pH	12.5（初始）	12.5（初始）

续表

项目	En Vessel 巴氏消毒（EVP）工艺设计标准	生物固定（仅石灰）设计标准
废水污泥/石灰反应		
反应时间	2h	2h
温度	70℃维持 30min	70℃维持 30min
pH	高于 12.0 维持 2h 高于 11.5 维持 24h	高于 12.0 维持 2h 高于 11.5 维持 24h
设备		
污泥/石灰搅拌机		
类型	搅拌机	犁搅拌机
数量	2	2
容量	10.5m^3/h（370ft^3/h）	12.5m^3/h（440ft^3/h）
停留时间（最小值）	30s（可变）	30s（可变）
驱动	无级变速	无级变速
发动机功率	7.5kW（10hp）每台	7.5kW（10hp）每台
巴士灭菌器		
类型	带式	混凝土贮罐
数量	2	2
容量	283m^3/h（370 yd^3/h）每	92m^3/h（120yd^3/h）每
温度	70℃	70℃
停留时间	30min	30min
现场产品存储		
类型	不覆盖的混凝土储垫	不覆盖的混凝土储垫
数量	1	1
容量	4741m^3（6200yd^3）	5658m^3（7400 yd^3）
规模	40m×30m×3m 深（130ft×130ft×10ft 深）	44m×44m×3m 深（145ft×145ft×10ft 深）
石灰储存仓		
石灰运送方式	散装气卸卡车	散装气卸卡车
类型	带有气动装载和带式除尘器的独立的圆柱钢板筒仓	带有气动装载和带式除尘器的独立的圆柱钢板筒仓
数量	1	3
每仓的存储容量	61.8m^3 或 54.4Mg（2180ft^3（60t）每 2 周的设计容量	61.8m^3 或 54.4Mg（2180ft^3（60t）每 2 周的设计容量
卸料机	拥有滑动闸门的圆锥振荡器到螺旋运输机	拥有滑动闸门的圆锥振荡器到螺旋运输机
气动运输系统		
类型	排量式鼓风机	排量式鼓风机
数量	2	2
运输容量	4.5Mg/h（5t/h）	4.5Mg/h（5t/h）
进料机类型	旋转气密加料器	旋转气密加料器
石灰进料日存储箱		
类型	圆柱形钢箱	圆柱形钢箱
数量	2	2

续表

项目	En Vessel 巴氏消毒（EVP）工艺设计标准	生物固定（仅石灰）设计标准
容量	3.6Mg 或 4t（1d 储量）	9.8Mg 或 11t（1d 储量）
存储容积	4.3m^3（150ft^3）	11.3m^3（400ft^3）
石灰进料机		
类型	体积螺旋	体积螺旋
数量	2	2
容量	0.85m^3/h（30ft^3/h）	1.7m^3/h（60ft^3/h）
前铲装卸机		
类型	NA	柴油驱动，四轮驱动、连接底座
数量		1
铲斗容量		4.5m^3（6yd^3）
其他额外设备		为了去除氨气的拥有活性炭过滤器的隔绝空气控制室
运输卡车		
类型	柴油驱动，两轮驱动、底部安有卸货床	柴油驱动，两轮驱动、底部安有卸货床
数量	1	1
卡车容量	15.3m^3（20yd^3）	15.3m^3（20yd^3）

在这些设计案例中所使用的碱稳定化设施的设计标准如表 14-6 所示（参见 National Lime Association，1996，以及 Oerke，1992，1996，and 1999，更多的典型的设计标准和特性描述会影响石灰剂量）。值得注意的是，生物固定工艺所需的碱储量（2 周）是 160Mg，是 EVP 工艺中碱剂量（55Mg）的近 3 倍。

14.6 水管理局案例研究

Blue Plains 污水处理厂由华盛顿水管理局运营，是美国最大的使用加钙污泥稳定化技术的污水处理厂（North，2003）。Blue Plains 污水处理厂处理弗吉尼亚州和马里兰州的全部区域以及华盛顿地区 70% 区域的污水。Blue Plains 污水处理厂拥有 1400ML/d（370mgd）的处理能力，服务的区域主要为居民用水因为华盛顿地区少有工厂，设备每年产生近 408240 湿重 Mg（450000 湿重吨）的生物污泥，其中 10%用于土地利用在马里兰州，90%在弗吉尼亚州。所有的土地利用的污泥都是经碱处理达到 B 类标准的。B 类碱处理工艺见图 14-15。

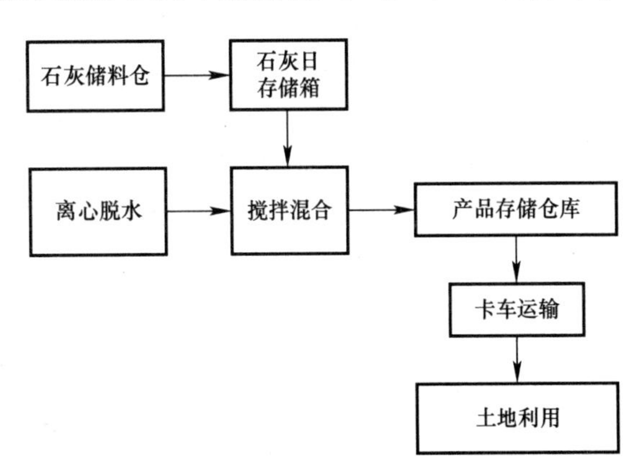

图 14-15　华盛顿地区水管理局的污泥 B 类碱处理工艺流程图

历史上，Blue Plains 污水厂的污泥一部分由厌氧消化处理，一部分进行碱稳定化处理。碱稳定化处理开始占据主要份额是因为消化系统老化并退出服务。如今，碱稳定化处理时 Blue Plains 污水处理厂唯一的处理污泥方式。Blue Plains 污水厂需要额外的能量来干化

（只有7个离心机可用）和进行污泥处理。因此K-F环境技术股份公司、拉斐尔、新泽西州与Blue Plains污水处理厂签约了一部分的干化和碱处理污泥；K-F公司在现场处理污泥现场。

K-F公司和Blue Plains污水处理厂的污泥处理设施接受相同的废水污泥并使用相似的处理方法，尽管有少数不同点。K-F公司采用结合带式压力和离心机的脱水方式。应用带式传送机运送脱水污泥到Willowtech犁搅拌机，混合氧化钙到污泥中。而Blue Plains污水处理厂污泥处理设备应用离心机脱水污泥。脱水后的污泥使用螺旋运输机运送到犁搅拌机中混入氧化钙。由K-F公司和Blue Plains污水处理厂稳定化的生物污泥在存储仓中混合，后被运送到土地利用场地。两种来源的污泥通过现行规定的B类污泥消毒和病媒吸引力消减（VAR）的要求，实现B类消毒的方案2中选项5，以及美国环境保护总局的40CFR的503部分的规定503.33（b）（6）的最低pH水平。

Blue Plains的碱处理污泥是一个很好的土地利用的备选方案，因为污水处理厂所在服务区域工业废水量少且由于大西洋中部地区的天然酸性土壤需要农民持续的添加石灰来中和。正如所预料的，Blue Plains的废水含有很低浓度的重金属和有机化学物。因此，出于对污染物的限制，Blue Plains的生物污泥属高品质污泥。然而对于生物稳定性方面，还有可以提升的空间。

尽管K-F和Blue Plains公司处理相同的污泥并且拥有相似的处理工艺，可产出的污泥并不是完全一致。目视估计K-F公司产生的污泥中石灰的混入和掺混更好，相应的异味少并且大肠杆菌数量一贯很低。Blue Plains的污泥则混合不均。混合不均后污泥存在很多未混入的大块石灰，工作人员形象称之为“巧克力饼干面团”。与目视评定一致，Blue Plains废水污泥有与K-F公司不一致的处理结果，那就是更多的异味和更多的大肠杆菌数量。Blue Plains的员工在厂区展开了一个碱处理的研究（North，2003）。

基于Blue Plains展开的调查，在工艺流程中进行了几个整改。现有的搅拌机被换成Loedige搅拌机。Loedige搅拌机具有无级变速器和调节堰，可以使搅拌机内的搅拌能力和停留时间随时变动。罗地格搅拌机包含多个石灰进料口，可以保证泥饼与干石灰快速混合并提高效率。之前水管理局运行过程中使用的粗糙的鹅卵石石灰被替换成石灰粉末（大于90%物料可通过100目）。这些步骤明显的改进了最终产品的一致性并且减少的大肠杆菌含量。水管理局的工作人员不断改进石灰运输，获得了更好的粉末材料供使用。另一个在考虑改进的是，在离心机和搅拌机之间安装一个泥饼漏斗。这样可以更好的容许同步进行搅拌机的污泥进料和石灰添加。一个长期的亟待解决的系统升级的问题，就是长距离的从离心机到搅拌机的，以及从搅拌机到存储仓的螺旋运输器问题。在石灰操作前后的垂直螺旋传输机，高速运行、连续使用，使污泥及其与石灰的混合物浓稠像牙膏一样。

由于Blue Plains污水处理厂的土地利用项目的规模，存放场地是一个很重要的后勤条件保障的问题，过去由于异味问题一直搁置而未能妥善解决。石灰处理污泥被卡车搬运至弗吉尼亚州的农用地区并且在使用前堆放在仓库中。仓库的类型取决于石灰材料被储存的时间长短（U.S.EPA，2000）。图14-16中所示的就是一个用来存放大量污泥的储存塘，之后这些污泥会被分散至此地区的应用场所。

图 14-16　华盛顿地区水管理局存储大量碱处理废水污泥的土制存储塘

第15章　消毒和稳定

15.1　引言

截至2004年，美国共有16583座污水处理厂（WWTPs），市政污水处理量为1474.6m^3/s。处理的污水中含有人畜的粪便和尿液，携带致病生物体或病原体。来自人体的病原微生物可能会从医院、疗养院等地进入到小区污水中。人们与污水直接接触，或者摄入了受病原体污染的食物或水，或接触了人、畜、昆虫等传播者，都会造成与病原体的接触，且有感染疾病的可能。动物排泄物可从农场、肉类包装和加工设施进入污水中，同时也来源于鼠类和其他动物，或者是存在于污水中和收集系统周边的传染者。

在污水的典型处理流程中，原水中微生物的数量降低并在污泥中富集。表15-1列出了市政污水和污泥中值得关注的主要病原体和相应的疾病/症状（U.S.EPA，2003）。这些病原体会引起伤寒、胃肠炎、霍乱、甲肝、脊髓灰质炎、贾第鞭毛虫病、十二指肠病、隐孢子虫病和阿米巴虫病。表15-2给出了未经稳定处理的污泥中含有的几种主要病原体含量（Smith et al.，2005；U.S.EPA，1981）。进入市政污水处理系统的病原体通常不多，这是因为人们生活的卫生水平提高了，所以，污泥中的病原体数量也不多，并且在处理中进一步的降低。

市政污泥中存在的病原体　　　　表15-1

病原体种类	代表性的病原体	疾病/症状
细菌	志贺氏菌	细菌性痢疾
	沙门氏菌	沙门氏菌病（肠胃炎）
	伤寒沙门菌	伤寒
	霍乱弧菌	霍乱
	致病性大肠埃希氏菌	各种肠胃疾病
	耶尔森氏菌	耶尔森氏鼠疫杆菌病（肠胃炎）
	空肠弯曲菌	弯曲杆菌病（肠胃炎）
	单核细胞增生李斯特氏菌	李斯特菌病（败血症、脑膜炎）
病毒	甲肝病毒	传染性肝炎
	诺瓦克病毒	急性肠胃炎
	轮状病毒	急性肠胃炎
	脊髓灰质炎病毒	脊髓灰质炎
	柯萨奇病毒	类似感冒的症状
	埃可病毒	类似感冒的症状
原生动物	痢疾阿米巴虫	阿米巴病（阿米巴痢疾）

续表

病原体种类	代表性的病原体	疾病/症状
原生动物	蓝氏贾第鞭毛虫	贾第鞭毛虫病（胃肠炎）
	隐孢子虫	隐孢子虫病（胃肠炎）
	结肠小袋纤毛虫	结肠小袋纤毛虫病（胃肠炎）
蠕虫	蛔虫	蛔虫病（蛔虫感染）
	绦虫	绦虫病（绦虫感染）
	美洲钩虫	钩虫病（钩虫感染）
	鞭虫	鞭虫病（鞭虫感染）

污泥中病原体的含量随时间变化情况（PFU，空斑形成单位）　　表 15-2

生物体	1982 年以前	现在
粪大肠菌群数/(g 干污泥)	2.0×10^7	2.0×10^7
沙门氏菌数/(g 干污泥)	4.1×10^2	5.7×10^0
肠道病毒数/(g 干污泥)	4.0×10^2	1.0×10^0
寄生虫虫卵/(g 干污泥)	<1～50	<1

每种致病生物的感染剂量又是多少呢？感染剂量视具体的致病生物种类而定，变化范围特别大，尤其对于细菌和病毒来说。表 15-3 给出了公布的感染剂量数据中的一些例子，其中个别值非常低，例如 100 个沙门氏菌、小于 1PFU（plaque-forming units，空斑形成单位）的脊髓灰质炎病毒和 1 个蠕虫虫卵。

公布的感染剂量数据（HID＝human infective dose，人感染剂量；TCID50＝tissue culture infectious dose for 50% response，使 50%的培养组织感染的剂量；PFU，空斑形成单位；FFU＝focus-forming units，集中形成单位；NR＝not reported，无报道）　　表 15-3

生物体	感染剂量	范围	参考来源
细菌			
产气荚膜梭菌	10^6	$10^6\sim10^{10}$	U. S. EPA，1985
大肠杆菌	10^4	$10^4\sim10^{10}$	U. S. EPA，1985；Keswick，1984
沙门氏菌（各类）	10^2	$10^2\sim10^{10}$	U. S. EPA，1985
志贺氏痢疾杆菌	$10\sim10^2$	$10\sim10^9$	U. S. EPA，1985；Keswick，1984；Levine，1973
志贺氏菌	10^2	$10^2\sim10^9$	U. S. EPA，1985
粪链球菌	10^9	$10^9\sim10^{10}$	U. S. EPA，1985
霍乱弧菌	10^3	$10^3\sim10^{11}$	U. S. EPA，1985；Keswick，1984
病毒			
埃克病毒 12	HID50＝919PFU HID1 约 17PFU	(17～919) PFU	U. S. EPA，1985
脊髓灰质炎病毒	TCID＝1，<1 PFU	婴儿： 4×10^7TCID50 $(0.2\sim5.5)\times10^6$PFU	U. S. EPA，1985
轮状病毒	HID50＝10FFU HID25 约 1FFU	$(0.9\sim9)\times10^4$FFU	Ward *et al.*，1986

续表

生物体	感染剂量	范围	参考来源
寄生虫			
结肠内阿米巴虫	1～10 个包囊	1～10 个包囊	U. S. EPA，1985
隐孢子虫	10 个包囊	10～100 个包囊	Casemore，1991
蓝氏贾第鞭毛虫	约 1 个包囊	NR	U. S. EPA，1985
蠕虫	1 个虫卵	NR	U. S. EPA，1985

感染剂量数值和表 15-4 中给出的病原体在土壤和植物中的存活时间构成了美国的法规（美国环境保护局，1993）。法规规定了污泥必须充分消毒，降低吸引疾病传播者的能力，在某些情况下配备一些存储点并限定污泥土地利用的作物产量，以防止生物污泥对公众健康和环境造成威胁。

病原体在土壤和植物中的存活时间　　表 15-4

病原体	土壤中		植物体中	
	绝对最大值	一般最大值	绝对最大值	一般最大值
细菌	1 年	2 个月	6 个月	1 个月
病毒	6 个月	3 个月	2 个月	1 个月
原生动物	10 天	2 天	5 天	2 天
蠕虫	7 年	2 年	5 个月	1 个月

美国环境保护局的 503 号法规（1993）中包含去除污泥中病原性微生物的几种备用方法，并将它们分为 A、B 两类。A 类中病原体的去除过程包括热干燥、堆肥和巴氏杀菌等，将污泥中的病原性微生物的数量减小到现有标准方法可检测到的水平以下。B 类过程则有好氧消化、厌氧消化等，只能将病原性微生物的数量显著降低约一个数量级左右，病原体仍然可能存在。此外还必须要有额外的保护措施将对公众健康的危害降至最低。这些措施包括在一段时间内限制人们通往污泥土地利用的地区、控制动物放牧和农业生产（美国环境保护局，1993）。

类似的，503 号法规也确定了几种备选方案以控制污泥对疾病传播者的吸引能力（在本章的第四节中讨论），最常用的降低疾病传播者吸引力已的方法有：

（1）厌氧或好氧消化等生物处理过程中可挥发性固体的去除率大于 38%；

（2）在 20℃下好氧消化的污泥的比耗氧速率（specific oxygen uptake rate，SOUR）小于 1.5mg 氧气/(g 总污泥固体・h)；

（3）污泥堆肥过程中混合物的平均温度高于 45℃的时间大于等于 14d，其他时间大于 40℃；

（4）在 25℃下添加足量的碱将 pH 升至 12 以上，保持 2h，pH 在 11.5 以上保持 22h 以上。

这些方法的目的是为了去除污泥中所有易腐烂的（易于生物降解）有机物质以降低对疾病传播者的吸引力。污泥病原体可能的疾病传播者包括昆虫、鼠类和鸟类。尽管以上那些建议采用的方法都符合法律的规定，但是它们并不代表所有的易腐烂有机物都已去除、疾病传播者不再被吸引或没有任何臭味余留。臭味是一个特别的问题，因为这会引起公众关注。

以下4种方法通常应用于控制致病性生物体：

（1）消毒过程。例如在高温下保持一段时间，降低致病性生物和指示生物的数量；

（2）固体破坏过程。如好氧、厌氧消化等，旨在减少可生物降解的成分，从而使致病性生物和疾病传播者失去食物供应；

（3）化学或物理方法。如加碱、干燥等，阻碍生物体的生长，使物料暂时性或永久性地不再吸引疾病传播者；

（4）在污泥进行土地利用后放置足够长的时间，使残留的有机物和生物体自然的衰减，然后再允许公众接触。

15.2 A类消毒工艺

根据最近的调查，美国约32%的污泥符合A类标准（North East Biosolids and Residuals Association，2007）。A类标准污泥中的病原体只要满足六种标准中的一种即可。然而每种标准都要求沙门氏菌的含量小于3MPN（most probable number，最可能数）/4g干污泥，或者粪大肠菌群数小于1000MPN/g干污泥。由于历史上未经处理的污泥中粪大肠菌群数曾高达10^8个/g干污泥，所以在数量级上要降低至少5次。以下是4种最常用的方法。

15.2.1 A类方法一

时间和温度可用以下方程来表示，见式（15-1）、式（15-2）：

$$D=131700000/10^{0.14t} \tag{15-1}$$

$$D=50070000/10^{0.14t} \tag{15-2}$$

式中 D——天数；

t——温度，℃。

式（15-1）的应用条件是固体浓度≥7%、温度≥50℃、时间≥20min。如果污泥颗粒较小，且经过热气体或液体间接加热，则此时的最小时间为15s。这一方程在固体浓度<7%、温度>50℃、时间≥15s小于30min的情况下可进一步应用。式（15-2）的应用条件是固体浓度<7%、温度≥50℃，时间≥30min。这些条件制定的基础包括美国食物药品管理条例中对蛋酒的规定、来自德国的数据以及在美国堆肥实验中收集到的一些数据（U.S.EPA，1992）。许多机构在考虑方法一的时候没有意识到这些资料来源于牛奶等流体的处理经验，而保证流体中所有的颗粒符合时间和温度的条件并不是一件难事。所以，当操作人员向权威机构提交方案以确保污泥的所有部分都能达到适宜的时间、温度条件时候，他们会感觉惊讶。使用高温厌氧消化池、热干燥器或其他设备希望通过方法一达到A类标准的场所必须仔细考虑温度监测的方法，其中包括温度传感器的位置和测量的时间点，以保证收集到的数据能成功表现出方法一所要求的条件。相比于恒流反应器，批处理或活塞式流动反应器通常最容易达到这一目的。可采用示踪剂来判断是否满足时间要求，并保证在完成污泥处理过程中不发生短流现象。

15.2.2 A类方法二

这一方法以20世纪80年代末的消毒研究（N-Viro Energy systems，Ltd.）为基础

（U. S. EPA，2003）。它在本质上和 A 类方法六的深度病原体去除工艺（process to further reduce pathogens，PFRP）是相同的。

15.2.3 A 类方法三和方法四

方法三和方法四检测是否有肠道病毒和蠕虫卵存在，方法的细节就不在此赘述了，它们依赖于质量保证体系和质量监控方案。只有当原始污泥中含有大量的肠道病毒和蠕虫卵时才使用该方法（很少出现，见表 15-2）。而无论肠道病毒和蠕虫卵存在与否，都不影响其他病原体的存在，因而用着两种方法来监测和评价处理系统的有效性（Smith，et al.，2005）意义不大，然某些国家已经将这两种方法从法规中删除。更多的国家和地区政府正考虑删除，或者考虑对其做较大的修改，使之能够运用在一些处理工艺中。

15.2.4 A 类方法五

表 15-5 是几种污泥深度去除病原体工艺。

深度病原体去除工艺 **表 15-5**

工艺	说明
堆肥	采用容器内堆肥或者静态充气桩方法，污泥的温度在 55℃（及以上）要保持连续 3d。采用堆料堆肥法，污泥的温度在 55℃（及以上）至少要保持连续 15d，期间至少翻动 5 次
热干燥	污泥与热气体直接或间接地接触，将水分降至 10%或者更低。污泥颗粒的温度超过 80℃，或与污泥接触的气体离开加热器时的湿球温度超过 80℃
热处理	液态污泥加热至 180℃或更高，保持 30s
高温消化池	液态污泥加空气或氧气，在好氧条件下搅拌，温度为 55～60℃，平均细胞停留时间（即污泥停留时间）为 10d
β射线照射	室温（20℃）下，电子加速器产生β射线照射污泥，剂量为至少 1 兆拉得
γ射线照射	室温（20℃）下，某些同位素，如钴 60 和铯 137，产生γ射线照射污泥，剂量为至少 1 兆拉德
巴氏杀菌	污泥的温度在 70℃（及以上）保持 30min 或更久

1. 堆肥

在这一过程中，所有污泥在 55℃下停留至少 3d，然后被无污染地去除。堆肥技术在第 13 章已详细讨论。

2. 热干燥

该工艺将在第 16 章详细讨论。当热干燥工艺偏离了表 15-5 给出的说明时，通常以方法一中所述方法进行修正。正是因为如此，一些国家和地区的权威机构要求操作人员要保证处理时间和温度条件都已达到。如果不能，则可能不认可产品符合 A 类标准。

处理厂或干燥器生产商希望能够测量干燥器内污泥内部各点的温度，同时也希望能够测量污泥在干燥器内的停留时间。

方程 15-1 可用于污泥浓度≥7%、时间不小于 15s，温度不低于 50℃的情况，污泥中由小颗粒固体组成并与热气或液体间接加热。以下是两个应用于污泥的例子：(1) 泥饼与之前已干燥的污泥混合，使整体为分离颗粒的混合体，再于旋转式干燥器中与热气流接触干燥；(2) 污泥在多效蒸发系统中干燥，污泥颗粒悬浮于高温热油中，而油和冷凝蒸汽进行间接热交换。

3. 热处理

当污泥需进一步的脱水或消化而进行调节时，一般的工艺步骤是将污泥在20～170℃甚至更高的逆流热交换中加热，然后排放至一个大容器中。容器中加入蒸汽使温度上升到180℃甚至更高并停留约30min时间后，将污泥从容器中取出并与流入的污泥进行逆流热交换，污泥的温度会从180℃下降至约30℃。储存容器的设计要避免污泥从入口快速流至出口，因污泥短流而缩短了热交换时间而导致调节效果差。热处理的条件比较苛刻，本质上已经将污泥消毒。Zimpro，Cambi以及其他制造商都可以生产达到这些条件的设备（U. S. EPA，2006）。

4. 高温消化池

好氧消化的内容在第11章中详细讨论。

5. β射线、γ射线照射

这些工艺很少使用，读者可以参考其他文献寻找更多的信息（U. S. EPA，2003）。

6. 巴氏杀菌

污泥泥浆的巴氏杀菌通常需要将温度升至70℃或更高，保持至少30min。牛奶巴氏杀菌是一个很好的应用例子，它的温度要求是66℃保持30min。液态污泥或含有约80%水分的泥饼都可以采用巴氏杀菌方法。实际上，若符合方法一的式（15-1）或式（15-2）两个方程的污泥浓度条件，巴氏杀菌也可以在65℃下保持1h来完成。污泥可以依靠间接热交换或注入蒸汽来进行升温。在保持所需温度的期间，污泥可以通过热交换冷却，或者通过自然对流、蒸发和辐射与其他容器交换热量以达到降温的目的。

美国环境保护局在第503号法规的40CFR中说明，A类生物污泥的生产需要符合方法一或方法五的条件，任一颗粒都要在一个最低温度下停留一个最小时间。设计工程师应该避免使用完全混合系统或可能造成返混、短路的系统作为预巴氏杀菌设备。供应商提供的系统大多都是批次罐，目前只有一家供应商为预巴氏杀菌提供活塞式流动槽。设计工程师在使用非批处理系统前应该咨询美国环境保护局的工作人员或其他相关的监管机构。

批次处理预巴氏杀菌系统在填充/保持/移出模式下运行，如果需要连续运行则每一循环有若干个批次容器投入使用。容器内必须完全混合，保证监测到的温度反映整体的温度（即每一颗粒都满足时间和温度要求）。如果下游的厌氧消化工艺为间歇进料循环，且上游的储备充足，则系统只需不超过3个批次容器即可完成要求的填充/保持/移出循环。

（1）巴氏杀菌辅助设备

在安装一套巴氏杀菌设备时，设计工程师要考虑三个重要的辅助条件：

① 污泥的加热和冷却；

② 污泥的筛选；

③ 温度的监测和控制。

由于巴氏杀菌系统的温度通常保持在70℃，污泥必须先加热，然后冷却。在加热冷却过程中加热器会经常使用。如果需要的话，设计工程师应该在生物污泥冷却过程中添加一个热回收步骤来预热原始污泥，而热回收过程需要非常大的热交换能力。如果使用热交换器，那么即使在污水处理厂前端已经设置了细格栅的情况下，污泥在进行巴氏杀菌之前要先筛选，通过筛选工艺可以能使产品外观更好。

若要符合A类标准，必须要有好的温度监测和控制。一套可靠的自动监测系统对于保障巴氏杀菌的效果和预防下游污染非常关键，而污染一旦发生可能需要几个月的时间来补救。要防止未经巴氏杀菌的污泥，以及没有达到时间温度要求的再循环污泥通过系统。在必要的时候，备用设备也要运行起来，维持必要的温度和时间，以保障下游的厌氧消化工艺不受污染。

（2）运行

巴氏杀菌工艺可以满足第 503 号法规中沙门氏菌的标准。Ward 等人（1999）证明经过巴氏杀菌的污泥即便接种了沙门氏菌也不会再生长，反而会死去。Higgins 等人（2008）也观察到巴氏杀菌有效地破坏沙门氏菌，但粪大肠菌群还是会再生长（所以用检测实际病原体代替检测指示性生物很必要，可以保证 503 号法规标准）。

综上所述，巴氏杀菌是一种有效破坏污泥中病原体的方法。巴氏杀菌法在全世界范围内使用，这是最流行的污泥消毒方法，通常与厌氧消化联用。美国一些污水厂使用这个方法，其中就包括弗吉尼亚州的亚历山大卫生机构的一个污水处理厂，处理能力为 2.4m^3/s，见图 15-1。

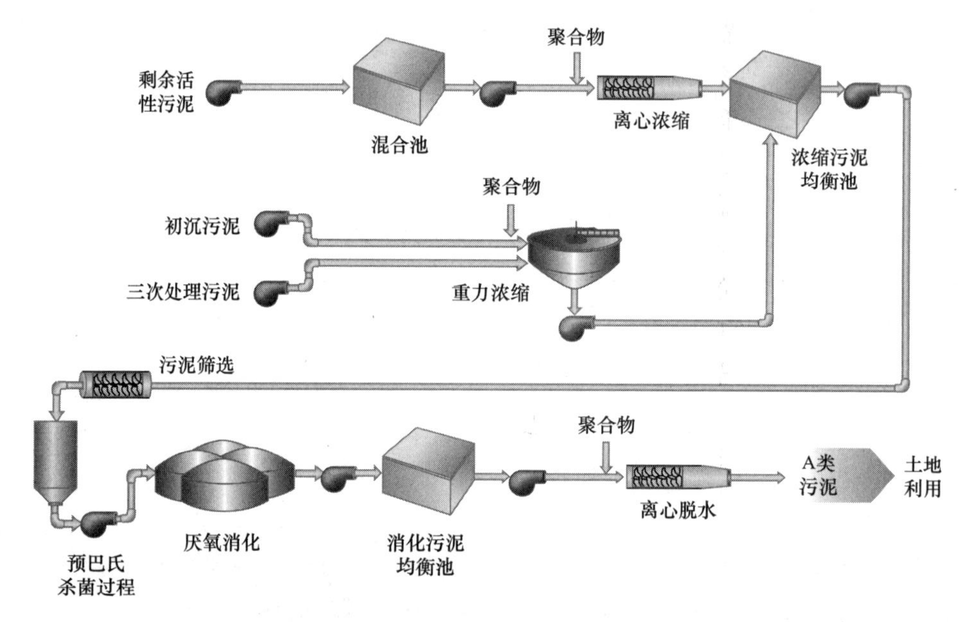

图 15-1　弗吉尼亚州亚历山大卫生机构的污水厂流程图，包含筛选和巴氏杀菌罐
（亚历山大卫生机构提供，弗吉尼亚州亚历山大）

（3）另一种实现巴氏杀菌的方法

用生石灰粉末（或其他类似的试剂）与半固体的污泥混合实现同样的杀菌效果并不容易。混合必须充分以保证污泥的各个部分都与碱性物质接触，且温度上升至 70℃或更高，并要保持至少 30min 反应时间。需要有合理放置的温度传感器以确保温度达到 70℃并且保持了规定的时间。为了确保混合全面，还需要保证一定的含水率。这些系都需要仔细的监控以使系统达到理想的运行状态。污泥的碱处理已在第 14 章详细讨论。一些巴氏杀菌工艺的专利权属于 Ecotherm，Burch Biowave，RDP’s EnVessel Pasteurization 和 Bioset 等公司（美国环境保护局，2006）。

15.2.5　A类方法六

污泥的这类处理方式相当于一个深度病原体去除工艺（PFRP）。目前，共有13家机构使用方法六达到了A类污泥的处理效果。这些方法的详细信息可以在美国环境保护局的网站上找到（http://www.epa.gov/nrml/pec/index.html）。

15.3　B类消毒工艺

可以使用下述三种方法并控制公众与污泥的接触使污泥在病原体方面达到B类要求。美国第503号法规的40CFR中如此限定，是因为B类污泥中仍含有病原性生物体。这些限定条件保证污泥中残留的病原体在公众与污泥接触之前以及污泥在进行土地利用产出作物之前死亡。

15.3.1　B类方法一

7份样品中的粪大肠菌群平均浓度（MPN或CFU/g干污泥）应该小于2000000（2×10^6）。由于未经处理的污泥中粪大肠菌群数可高达10^8，因此需要有降低2个数量级的处理效果。许多污泥在未经任何稳定处理前就能达到这个标准，故这种方法是有问题的。使用此方法时，污泥首先要经过稳定处理或其他处理方法时，使用这个方法是必要的。

15.3.2　B类方法二

污泥经过病原体显著去除工艺（process to significantly reduce pathogens，PSRP）处理，见表15-6。

厌氧消化、好氧消化、堆肥和石灰稳定工艺分别在第10章、第11章、第13章和第15章中详细讨论。

病原体显著去除工艺　　表15-6

工艺	说明
好氧消化	污泥加空气或氧气，在好氧条件下搅拌，平均细胞停留时间（即污泥停留时间）在一定温度下保持一定时间。平均细胞停留时间和温度应该在20℃下停留40d和15℃下停留60d之间
风干	污泥在沙床上、经过铺砌或未经铺砌的水池上干燥至少3个月。其中2个月的环境日平均温度大于0℃
厌氧消化	污泥在厌氧条件下处理，平均停留时间（即污泥停留时间）在一定温度下保持一定时间。平均细胞停留时间和温度应该在35～55℃下停留15d和20℃下停留60d之间
堆肥	采用容器内堆肥、静态充气桩方法或者堆料法进行堆肥，污泥的温度在40℃（及以上）要保持5d。其中4h的温度应高于55℃
石灰稳定法	向污泥中添加足量的石灰，使pH上升至12并保持至少2h的接触时间

从设计和运行角度来看，液态污泥的风干应用于室外环境，在设有排水的沙床或经过铺砌或未经铺砌的水池上堆放约230mm高，然后排水风干。当污泥浓度达到铲子和前端装载机可以装卸的时候便可以移出进行处置。风干3个月是为了显著地降低病原体的量，其中2个月的温度应高于0℃。低温会阻碍微生物对可用底物的代谢，所以在风干的大部

分时间内温度都应高于 0℃。

污泥的风干为间歇操作，所以风干的时间需要很好的控制。处理效率取决于具体的时间和气候。污泥在设有排水的沙床上的干燥速率大于在水池中（因为排水系统的存在）。在干热天气，沙床上的污泥在 2 周内即可用手拿起了。

15.3.3　B 类方法三

污泥的这类处理相当于一个病原体深度去除工艺（process to significantly reduce pathogens，PSRP）。这类工艺中唯一需要提及的是：石灰稳定法的投加碱性物质工艺由俄亥俄托莱多州维多能量公司研发。该工艺的说明为："使用水泥窑粉灰和石灰窑粉灰代替石灰对污泥进行升 pH 处理，将足量的水泥窑或石灰窑粉灰加入到污泥中，使 pH 上升至 12 并保持至少 12h 的接触时间。"（U. S. EPA，2003）

15.4　病原体显著去除工艺和深度病原体去除工艺

表 15-7 给出了美国环境保护局对等价于 PSRP 或 PFRP 的新技术或替代技术的数值要求。另外，美国环境保护局必须了解拟采用技术的消毒方式以及主要控制因素的运作方式。为了证实有足够的病原体破坏力，未经处理的污泥中需要有足够的生物体。例如，为了证实某工艺的 PFRP 等价性，每 4g 未经处理的干污泥中需含有至少 1000PFU 肠道病毒，以及 100 个活寄生虫（蛔虫）虫卵。如果未经处理的污泥在自然条件下达不到这些浓度要求，则申请人需要加入适当的微生物使之达到要求。

等价工艺标准（PSRP＝病原体显著去除工艺；PFRP＝深度病原体去除工艺；MPN＝最可能数；TS＝总固体；dw＝干重；CFU＝菌落形成单位）　表 15-7

等价于 PSRP	等价于 PFRP
粪大肠菌群至少降低 2 个数量级	（1）总肠道病毒至少降低 3 个数量级 （2）活寄生虫（蛔虫）虫卵至少降低 2 个数量级 （3）粪大肠菌群至少降低 3 个数量级
最终产物含有： ＜2000000MPN 或 CPU 粪大肠菌群/g TS dw	最终产物含有： ＜1000MPN 粪大肠菌群/g TS dw 或＜3 个沙门氏菌/4g TS dw； 以及＜1PFU 总肠道病毒/4g TS dw 和＜1 活蠕虫卵/4g TS dw。

一些研究者的研究表明：仅凭 1 个或 2 个应激因子消毒污泥存在风险（Meckes and Rhodes，2004；Reimers，et al. 2005）。同样的，仅凭一些生物体的去除就证实消毒可保护公众安全也是困难的。每一种生物对特定的应激条件的耐受力不同，对同一种刺激，不同生物的忍耐程度也是不同的。所以非常明确的是，消毒技术必须采用多种应激因子以确保对公众有足够的保护，只有这样才能有效地消灭细菌、病毒、蠕虫和原生动物等生物体。

病原体浓度随温度的衰减和时间的关系符合一级反应动力学。Stern 和 Farrell（1977）将经过消化的初沉污泥分别在 4℃和 20℃的环境中保持了 24 周。在 4℃的条件下，6 个月后，粪大肠菌群浓度下降了约 5 个数量级，沙门氏菌下降了约 2 个数量级，肠道病毒下降了约 0.5 个数量级。而在 20℃的环境中，这些微生物的减小速率快了很多。粪大肠菌群的浓度在8周内下降了3个数量级，沙门氏菌和肠道病毒下降了2个数量级以上。在北卡罗莱纳大学进行的实验发现，尽管大量的粪大肠菌群都存活了下来，但被很多研究者视为最难灭活的蛔虫卵可以在53℃、30min的条件下被灭活（Aitken et al.，2005）。将pH提升到12以上并保持2h是石灰稳定工艺的基础（美国环境保护局，2003）。这个过程可以显著降低病毒和病原性细菌的浓度。在高pH环境下，氨被释放出来，有效地消灭了微生物（Cramer，et al. 1983；Ward，1978；Ward and Ashley，1976，1977，1978）。氨作为不带电的分子可以渗透微生物的细胞膜，从而提高了杀菌效果。单独干燥需要将固体浓度干燥至95%以上才能灭活蠕虫卵（Reimers et al.，1981）。辐射（β或γ射线）可以直接破坏生物体的脱氧核糖核酸（DNA）使之发生交联或其他变化，从而不能再繁殖。当这些射线和生物体内的水分子发生反应时，会产生短暂的自由基，对DNA造成附加的破坏。

表15-7给出了对等效于PSRP或PFRP的工艺的数值要求。技术研发者或者那些想要使用与PSRP或PFRP等效工艺的个人或机构都需要提供足够的支持性文件。技术提供者和研发者通常会收集、汇集这些支持性文件，在一个项目开始时强烈建议那些潜在客户与他们所在国家或地区的生物污泥协调员联系，或者直接和美国环境保护局的病原体等价协会（Pathogen Equivalency Committee，PEC）联系。让PEC尽可能早地介入能够避免因采集数据不充分或不合适的风险。所以，在技术性验证测试之后应该先咨询PEC，然后再搜集支持等价应用的数据。

下面的章节将描述支持PSRP或PFRP等效工艺的文件必须要含有的信息。整个等效推荐工艺的详细信息可以查询PEC网站：http://www.epa.gov/nrmrl/pec/index.html。

15.4.1 详细工艺说明

必须清楚地阐述污泥处理过程，PEC才能充分了解该技术如何应用及在何种运行条件下采取何种处理技术。例如，污泥的种类及处理过程中需要的其他材料都必须说明，并提供这些材料的规格。

工艺过程应该分为几个关键步骤，并且以水处理和污泥处理量化流程图的形式展示。从开始到结束，整个过程中的步骤要精确地描述。可以被定义为污泥处理开始过程的初始点是污泥从污水处理过程中收集出来的点。要提供足够的信息进行质量守恒计算（即进水和出水中实际或相对的体积流量和污泥浓度，添加剂的添加速率和添加量）。每一步的工艺参数都要给出说明，包括参考范围和适宜的均值。要细化与工艺类型相关的参数，以及任何会影响病原体去除或者影响以下给出的工艺可靠性的参数：

1. 污泥性质

（1）处理前后污泥的总固体量和挥发性固体量；

（2）污泥中添加剂（稀释剂）的比例和类型；

（3）化学性质（能影响病原体生存/死亡的，如pH等）；

（4）污泥类型（是否经过稳定，初沉还是二沉等）；

（5）污水处理工艺运行的数据（能影响污泥的类型、污泥龄等）；

（6）处理的污泥量；

（7）污泥龄；

（8）污泥停留时间。

2. 工艺特点

(1) 系统的规模（如反应池大小、流率）；

(2) 污泥进料方式（如批次进给和恒流进料）；

(3) 有机负荷率（如 kg 挥发性固体/m^3 · d）；

(4) 运行温度（包括最大值、最小值和平均值）；

(5) 运行压力（如果大于环境压力的话）；

(6) 混合（包括混合器的数量和功率；如果使用曝气混合，则要完整地描述其应用方式）；

(7) 生物系统中所需的氧气/空气量；

(8) 臭味控制设备。

3. 气候（污泥取样和测试的地点）

(1) 在整个采样期间的环境温度（平均值和范围）；

(2) 环境季节温度（平均值和范围）；

(3) 降水量（季节的平均值和采样期间的平均值）；

(4) 湿度（季节的平均值和采样期间的平均值）；

(5) 日照；

(6) 风速、方向和风区（如果可以的话）；

(7) 可能影响工艺效率或可靠性的因素，如果需要的话还要包括支持数据。

15.4.2　工艺的支持文献和数据

特定工艺的是可以参考到有关文献的。例如，若一个工艺将已知能影响消毒效果的几个处理技术联用，则可以把引用的同行的出版物添加到支持文献中以说明可能的消毒效果。同样的，在决策某工艺能否有效对污泥进行消毒的时候，该工艺应用于处理其他废弃物的相关试验结果也是有一定价值的。可能的话，支持文件可以由中立方给出。另外，可以收集一些实验室数据和中试数据在技术性验证测试中提交，表明工艺的污泥消毒能力。

15.4.3　质量保证计划的准备和实施

在开始测试之前必须要建立一个质量保证计划（quality assurance project plan，QAPP)，使样品采集、试验分析、数据验证和报告、文件和记录保管等过程中都能达到并保持所需的质量。QAPP 是一份文件，提供整个工程的设计图和每一项具体保障工程产出可靠的、满足工程目标的数据的任务。QAPP 在实施前必须由 PEC 审查和批准。下面讨论 QAPP 应包含的信息。

QAPP 中的大部分信息对最终的应用而言都很关键。一旦采样和分析过程结束，只需将信息进行简单的更新，就可将 QAPP 部分转换为实施应用部分。

1. 建立具体工艺的运行数据

实验方法和取样过程中必须有目的性。除了取样的结果，PEC 会评估整体的设计，包括样本的代表性和取样技术的充分性。下面几个关键点是实验方法（如果可以的话使用图表）中必须要说明的：

(1) 每一实验阶段的方法和测试条件；

（2）实验设计和采样策略的全部细节；

（3）如果需要添加病原体的话，详述添加方法（见本节“4. 添加病原体的需要和实施”）；

（4）采样的地点；采样点需要从头到尾对应于处理工艺；

（5）采样/监测动作的频率和每一采样类型、地点采集的样本数量，包括质量控制样本和保留试样；

（6）每份样本的测试结果或有兴趣的因素——分析结果（如化学、微生物检测等）、物理结果（如温度等）、工艺性质（如流率等）；

（7）可以证实该设计/策略支持工艺同等效果的根据（如，对选择取样点时所用的统计方法或科学原理的说明、采样事件的数量、每个样本的副本的数量和采样时间间隔）。

实验设计应该包括在各种可能出现的运行条件下的采样，特别是最不利的条件，例如冬季。

2. 数据质量目标

这里要讨论每一个被分析物/生物体的质量保障目标，和整个工程的质量保障目标。这些目标包括准确性（基质的添加）、精确性（重复分析的吻合程度）、检测限、关键测量值的完整性、任何分开取样事件或者具体工程所需的质量保障标准。质量保障目标还应该包括样本最大保留时间或者从样本采集到分析的时间。对保留时间的要求可以在各个微生物污染物的检测步骤中找到。

在最终的应用环节，这一部分应该包含收集到的数据与每一特定目标预先确定的定量验收标准的对比。任一目标不能达到时，则应在讨论中给出详细的纠正方法。推荐采用表格式的总结。

每一个被分析物/生物体的质量控制措施和整个工程的质量控制措施（如阴性和阳性对照、现场空白、实验室空白等）都应该涉及。在最终的应用环节，这一部分应该包含收集到的数据与每一质量控制措施预先确定的定量验收标准的对比。任一质量控制措施的定量验收标准不能达到时，则应在讨论中给出详细的纠正方法。推荐采用表格式的总结。

内部或外部实验人员的资历必须说明，并且给出他们在污泥样本的被分析物/生物体的相关经验。

3. 采样技术

在取样过程中，以下几个关键点必须说明（如果需要的话用表格形式）：

（1）一般的采样监控程序；

（2）使用的采样方法（如随机取样或复合取样）；如果是复合取样，则说明采集了几个单独样本，混合了几个样本；

（3）使用的采样设备，以及采取的防治样本交叉污染的措施（如果有的话）；

（4）样本大小和二次抽样程序（如果有的话）；

（5）使用的采样容器（类型、清洁和预处理等）；

（6）样本处理、保存、包装、运输程序；

（7）对保留时间的要求；

（8）采样程序的代表性：

1）采取哪些措施以保证样本能够代表进入和离开消毒处理过程的污泥，如运行是否考虑时间在内等；

2）如果样本从料堆中采集，则给出料堆的概要，以及采样的位置；

3）与能影响运行结果的重要工艺参数（如堆肥过程中的翻堆，干燥的开始等）相关的采样时间。

4. 添加病原体的需要和实施

根据表15-8给出的标准，若某工艺要成为一个PSRP或PFRP工艺，则需要对特定指示生物有一定的去除能力。而一些污泥并不含有足够量的肠道病毒（≥1000/4g TS dw）或活寄生虫卵（≥100/4g TS dw）来证明消毒效率。在这种情况下，就需要在处理工艺之前添加适量的所需生物体。当需要添加的时候，如何获得生物体及如何添加到污泥中并与之混合便很重要。污泥在经过添加之后，进入消毒系统处理之前，必须采集足够代表性的量，以证明所需的生物体含量已经达到。其说明应该包括：

1）添加的微生物的来源（蛔虫卵建议取自人粪或猪粪，因为这种蛔虫卵最难去除）；

2）准备、储存所添加微生物时使用的技术；

3）投加微生物时的方法（包括何时何地加入到处理过程中，投加的量，目标浓度，混合均匀的方法等）。

稳定性评估方法　　**表15-8**

工艺	监测方法
堆肥	CO_2 产生量、O_2 摄取量
热干燥	含水量
碱处理	pH、存放过程中pH的变化、湿度、氨释放量、温度
好氧消化	比耗氧速率、挥发性固体减少量、额外的挥发性固体减少量
厌氧消化	产气量、挥发性固体减少量、额外的挥发性固体减少量

5. 分析方法

使用的分析方法必须要确定，标准方法或者美国环境保护局批准的方法要给出名称和编号。如果不是标准方法，则要详述操作的标准程序。PEC推荐的方法在"*Environmental Regulations and Technology*：*Control of Pathogens and Vector Attraction in Sewage Sludge*"（U. S. EPA，2003）一书中有介绍。在最终的应用环节，任何与预先确定的方法的偏离都需要报告和解释。可接受的分析指示生物的方法在表15-8中列出，相关的方法包括以下这些：

（1）粪大肠菌群（两种美国环境保护局的方法都是优选）

1）美国环境保护局方法1680：用月桂胰蛋白酶肉汤（Laurel-Tryptose Broth，LTB）或EC培养基多管发酵培养污水污泥（生物污泥）中的粪大肠菌群（U. S. EPA，2006a）；

2）美国环境保护局方法1681：用A-1培养基多管发酵培养污水污泥（生物污泥）中的粪大肠菌群（U. S. EPA，2006b）；

3）水和污水的标准检测方法，9221E：多管发酵技术培养粪大肠菌群，配合使用对污泥中病原体控制和对疾病传播者吸引力的控制，附录F：污水污泥（生物污泥）中粪大肠菌群用A-1培养基多管发酵培养（American Public Health Association et al.，2005）。

（2）沙门氏菌

1）美国环境保护局方法 1682：用改性半固态富集肉汤（Modified Semisolid Rappaport-Vassiliadis，MSRV）培养基培养污水污泥（生物污泥）中沙门氏菌（U. S. EPA，2006c）；

2）沙门氏菌的分析方法配合使用对污泥中病原体控制和对疾病传播者吸引力的控制，附录 F：粪大肠菌群测试和沙门氏菌分析的样本准备（U. S. EPA，2003）。

（3）肠道病毒

附录 H：污泥中共培养病毒的回收和检测（U. S. EPA，2003）。

（4）活寄生虫卵

对污泥中病原体控制和对疾病传播者吸引力的控制，附录Ⅰ：污泥中蛔虫卵生存能力的检测、列举和确定方法（美国环境保护局，2003）。

（5）总固体和挥发性固体的比例

1）美国环境保护局方法 1684：水中、固形物中和生物污泥中的总固体、固定性固体和挥发性固体（美国环境保护局，2001）。

2）水和污水的标准检测方法，方法 2540B 和 E：在 103～105℃下干燥所得的总固体和在 500℃下灼烧所得的固定性固体和挥发性固体；或方法 2540G：固态和半固态样本中的总固体、固定性固体和挥发性固体（American Public Health Association，2005）。

对于可选的替代指示生物的特殊分析方法并不强制要求像上述生物体一样被指定为生物污泥的特定监察对象。已经建立了用于分析水、污水、土壤、食物和其他基质中指示微生物和特定致病性微生物的方法，这些方法已被纳入了工艺标准检测汇编中，或者是美国环境保护局确认批准的方法。特别需要提到的是，一些对生物污泥分析或有帮助的方法由下列的参考文献确定：

（1）水和污水的标准检测方法（American Public Health Association，2005）。

（2）食物中微生物检测的方法汇编（American Public Health Association，2001）。

（3）细菌分析手册（美国食物和药品协会，1998）。

（4）环保署微生物学主页 http://www. epa. gov/nerlcwww/

在选择和使用这些可选的替代指示生物时需要注意，这些方法都没有经过多个实验室的污泥或生物污泥验证研究。

15.4.4 结果分析

在批准和实施 QAPP 之后，最后必须提供一个对结果的讨论。分析的结果和解读应该以图表的形式展示。所有的图和表都应该配以合适的标题。每张图表应该有清楚详细的说明和对报告中数据的合理分析。在分析结果这一部分应详细给出如下细节。

监控特性——任何运行参数的监测结果，包括：

（1）运行参数的平均值；

（2）收集到的数据的范围和稳定性/波动性；

（3）所得数据与预想数据的比较；

（4）观测到的任何趋势（如昼夜温差波动等）；

（5）任何反常情况和采取的应对措施。

处理过程前后获得的用于测验处理过程效果的污泥物理特性，包括：

（1）污泥类型（是否经过稳定处理、初沉污泥或二沉污泥、城市污水污泥或工业污泥、活性污泥处理工艺等）；

（2）污泥龄；

（3）和样本量相比的污泥量；

（4）未经处理的污泥的化学特性（如何影响病原体的生存/消灭）；

（5）有害副产物形成的可能性；

（6）处理前后污泥的温度（取样时和分析时）；

（7）处理前后污泥的含水量/总固体含量；

（8）处理前后污泥的总悬浮固体量；

（9）处理前后污泥的挥发性固体量；

（10）其他可能会影响处理工艺效率的因素。

微生物特性——所有微生物分析的结果，包括：

（1）流入和流出的污泥的样本分布，以及观测到的波动性（最小值、最大值、方差）；

（2）出水浓度中任何的超标（样本的数量和比例）；

（3）病原体去除的数量级（平均值、最小值、最大值、方差）。

所有的结果都要带有相应的单位——粪大肠菌群为每 g 总固体（干重）中的数量；沙门氏菌、肠道病毒和活寄生虫卵为每 4g 总固体（干重）中的数量。

15.4.5　结论

在最终的应用结论部分应含有以下几点：

（1）工艺的类型（PSRP 或 PFRP）和范围（特定地点或全国）；

（2）文献中证明该工艺有效性的所有信息的汇编；

（3）证明目标的数量级和浓度都能持续达到的微生物学分析数据的汇编；

（4）对工艺中降低病原体起到主要作用的步骤进行评价，对能够支持工艺长期运行能力的监测数据进行总结；

（5）对工艺的全国同等性，即有效性不受运行地点的制约的原因进行讨论。

15.4.6　统计学的应用

微生物学数据通常为对数正态分布的数据，其平均值的计算是假设微生物的数量呈正态分布，故所有的微生物学数据都应作几何平均或对数平均。

（1）微生物学数据以其相对较高的波动性著称。微生物学的数据结果应该与预期的数量级降低量对比，特别是在置信区间内。平均置信区间在电子表格工具和统计软件中很常见，通常基本的统计教材都会介绍。和算术平均值类似，置信区间也是假设基础对象正态分布，所以平均置信区间只能用于对数形式的微生物学数据。

（2）在进行统计学分析的时候，零值不能提供有用的信息。如果任何分析的结果为零时，申请者必须确定该分析的检测限，并报告实际低于检测限。在这种情况发生下，往往将该点记为检测限的 1/2（例如，＜5＝2.5）。

15.5 对降低吸引疾病传播者的要求

污泥由于其高生物可降解性，可以作为一个食物源吸引昆虫、鼠类、鸟类等疾病传播者。若传播者与污泥接触后再与人类接触，则污泥中残留的病原体或传播者携带的病原体就会传播给人类而增加风险，从而威胁公众健康。此外，污泥的降解往往会产生臭味，使人们产生厌恶感。当这种气味源自生物污泥的回收或储存环节时就会引起公众的关注，使监管机构、公众健康官员和政府官员介入调查。甚至对公众健康不存在隐患时，严重的臭味也会导致污泥处置设施被举报甚至关闭。所以，降低污泥吸引疾病传播者的能力，不仅为了降低公众健康的风险，同时也为了减少臭味的释放和引起可能的法律诉讼。

美国环境保护局的503法规给出了污泥在储存环节、再利用环节或在环境中的处置环节的特殊要求，以防止环境和公众健康问题的发生。这些要求的理论基础是利用生物稳定、调节物理或化学性质使病原体的生长或存活最小化，或者切断污泥与传播者或公众的接触，最终达到降低污泥吸引疾病传播者的能力的目的。503号法规中有11种方法可以使污泥达到疾病传播者吸引能力减量的目的（vector-attraction reduction，VAR）（U. S. EPA，1993）。

在这11中达到VAR的方法中，只有生物稳定不可逆地降低了污泥吸引疾病传播者的能力。化学和物理稳定，以及切断污泥与传播者或公众的接触都只能暂时的降低污泥吸引疾病传播者的能力。而生物稳定的处理效果可一直延续至污泥进入土壤生态系统之后。

目前暂无满足VAR要求的等效方法，美国环境保护局鼓励提交可能等效于生物稳定或化学、物理稳定的方法。

15.5.1 生物稳定和VAR

美国环境保护局的法规使工程师们考虑有关VAR、病原体去除（PFRP或PSRP）和再生的稳定工艺。从监管和公众健康的立场来看，这种联系是合乎逻辑的。而从工程设计和工艺控制角度来看，稳定工艺是将一定比例的可生物降解（挥发性）物质（biodegradable volatile solids，BVS）转化为二氧化碳和水的生物有氧过程，或者是将BVS转化为乙醇和二氧化碳的厌氧过程。在高温氧化的情况下（如热转换），所有的挥发性固体转化为（或破坏为）二氧化碳和水，仅留下一些惰性的残余氧化物。美国环境保护局并没有提供合适的能直接量化稳定过程的方法，但通过以下方法，VAR至少可以被部分完成：

（1）能够分解可生物降解物质，降低微生物活动所需的食物营养，减少可能产生臭味的物质的生物处理过程；

（2）能够抑制微生物活动的化学或物理环境（在某些情况下只能是暂时的）；

（3）传播者与污泥中挥发性固体之间设置物理屏障。

污泥稳定和疾病传播者吸引能力减量并不是同义的。“稳定”一词通常用于形容污泥的生化特性以及对生化变化的抗性。尽管这个词和VAR联系在一起，但美国环境保护局并对稳定性进行控制。对污泥来说，稳定性通常指没有了微生物活动所需的食物。换言之，物质中的快速生化反应显著抑制时，往往能够降低臭味产生的可能。

理想的稳定过程应该是不可逆的，因为根据第二热力学定理，这都是能够自然发生的过程。在稳定过程中，生物污泥降解为化学惰性和生物惰性更强的物质。堆肥、热分解等过程在地质年代表中都是不可逆的。在堆肥过程中，BVS 被微生物氧化为二氧化碳和水；燃烧同样不可逆地将挥发性固体转化为二氧化碳和水。这类过程一旦发生便不可逆转。

目前尚没有量化稳定性的协议发布，但当污泥稳定不完全时会产生臭味或吸引传播者却是非常清楚的事实。而堆肥、消化等过程则可以将 BVS 转化为水、二氧化碳、甲烷等气体产物，不可逆地增加生物污泥的整体稳定性。表 15-8 给出了一些用于评估处理过程的稳定性的方法。

下面介绍一个已有技术的例子。“芝加哥工艺（Chicago process）”由一系列传统的、低科技含量的生物污泥单元操作组成，这是一个不可逆的过程。这个技术由水环境研究基金会（Water Environment Research Foundation）经过三年时间研究同时达到 PFRP 和 VAR 的方法（Farrell et al.，2004）。

相反的，例如热干燥和碱处理等可逆过程，可能只暂时性的降低 VAR。一旦水分含量升高（对于热干燥处理的生物污泥）或碱度下降（对于碱处理的生物污泥），微生物又会生长，污泥也可能因为提供微生物所需基质或产生臭味，而再次引发生化变化，吸引传播者。不过微生物的再生并不意味着病原体一定存在或增殖。

15.5.2　疾病传播者吸引能力降低

美国 503 号法规中给出了 VAR 的方法（U. S. EPA，1993）。关键要理解 VAR 和稳定性并不是同义词，达到了 VAR 并不意味着同时也达到了稳定性。相反达到了稳定则意味着达到了 VAR。VAR 的方法一到方法五依赖于微生物的活动以及它们生物降解污泥中有机物的能力。尽管这个概念很好，但是将可生物降解有机物质降低到一个足够低的浓度非常重要，只有这样才可以在土地利用等有效处理过程中不再发生降解。遗憾的是，503 号法规中所述的时间、温度等条件并不总是最适宜的条件。例如，在厌氧或好氧消化过程中可能会达到 65%的挥发性固体去除率，而法规中只要求 38%即可满足 VAR 的条件。对于能使用方法五的工艺，14d 的时间并不能达到充分的生物稳定。某些州已经将时间要求提高，堆肥的时间往往达到 40～50d。

相反的，热干燥工艺可去除水分，微生物随着高温和干燥时间的延长而被杀死，生物氧化和化学氧化非常少。和堆肥相比，经热干燥处理的污泥由脱水浆液组成，这种经过干燥得到的产物只能短暂的稳定，是可逆的。一旦环境湿润，产物的可生物降解性（即为微生物提供食物）就会提高。微生物开始进行生物分解，直到仅剩下惰性物质，才能再次达到稳定。

15.5.3　稳定工艺的类型

我们认为不可逆的工艺才能够达到真正的稳定，这些工艺包括：

（1）热还原法，将挥发性固体减量为灰分；

（2）加压、加热和氧化工艺（如 Zimpro 或 Cambi 工艺），在完全氧化模式下运破坏所有的有机物质，且不会生成高降解性的液体营养物；

（3）生物稳定工艺（如芝加哥工艺、堆肥和蚯蚓堆肥）；

（4）焚化或制玻璃（如 Minergy 工艺）。

生物稳定工艺对降低挥发性固体具有很好的效果，污泥中的物质按照稳定性曲线进行去除，直到只剩下惰性固体。

在生物稳定工艺中（如堆肥或风干），病原体的去除是独立但通常又是同时进行的步骤。热量、时间、pH、氨、紫外、干燥、食物缺乏程度和微生物竞争等对病原体去除都有一定影响。另一方面，蚯蚓堆肥对病原体去除和 VAR 的生物学基础尚未明确。一些证据表明该工艺对病原体的去除与热量或 pH 无关，时间、干燥度、微生物活性和微生物竞争相对更为重要。

一些可逆的处理工艺需要进行后续的生物稳定处理或一定的操作标准来断绝这些物质与公众的接触，或防止物质的物理变化（例如干燥后的再润湿或 pH 的下降）。不属于生物处理/永久稳定的病原体去除工艺包括：

（1）消毒工艺，基于改变 pH 或添加以杀灭病原体为目的的化学试剂；

（2）热干燥工艺，蒸发水分，在再次湿润和微生物再接种之前暂时稳定；

（3）电离辐射，破坏细菌、病毒和其他病原体的 DNA 或 RNA。

15.5.4 不可逆稳定工艺

热力学第二定律表明，一个封闭系统的熵总是增加的。能量一旦损失就不能用于逆转该过程。遵循这个定律，生物污泥在稳定过程中可分解为生化惰性更强的物质。

只要环境条件允许一些细菌存活，生物降解过程就会持续很长时间。有机物质的降解速率由温度、微生物量、氮磷平衡、含水量和有毒物质等环境条件决定。例如，在第 503 号法规 40CFR 的方法五中给出的达到 VAR 所需时间和温度，便假设了环境条件适宜和支持微生物降解典型的易堆肥材料。对 VAR 的一个要求是为了保证这样的一个生物降解率可以持续至少 14d。这个最小的降解速率在操作上的定义就是保持最小温度或平均温度。所以，VAR 方法五的目标就是要保证一定程度的稳定量或挥发性固体的去除。在生物降解过程中，稳定量是生物降解速率和时间的函数，见式（15-3）：

$$\text{稳定量}=f\ (\text{生物降解速率}\times\text{时间}) \tag{15-3}$$

如果生物降解速率降低了，那么为了保证同样的稳定量，时间就要按比例增加。

另外，尽管温度低于规定温度时，生物降解过程会变缓，但仍然是一个持续的过程。如果 VAR 的要求为连续的 14d，那么稳定量就可以表示为式（15-4）、式（15-5）：

$$\text{稳定量}=\int_0^{14d}(\partial s/\partial T)dt \tag{15-4}$$

或写成：

$$\text{稳定量}=\int_0^{t}(\partial s/\partial T)dt \tag{15-5}$$

式中 $\partial s/\partial T$——稳定量与时间的比值；

t——稳定过程的时间。

如图 15-2 所示，稳定量为图中时间—温度曲线以下的区域。由此可见，稳定量（即挥发性固体的降解量）准确的说与整个时间-温度曲线相关，而不仅仅是和规定时间、温度下的连续天数相关。从图 15-2（a）中可以看到，如果满足 VAR 条件的天数不连续，稳定量（即曲线以下的区域）可能会更大，因为即使温度低于规定温度，生物降解过程仍在持续。

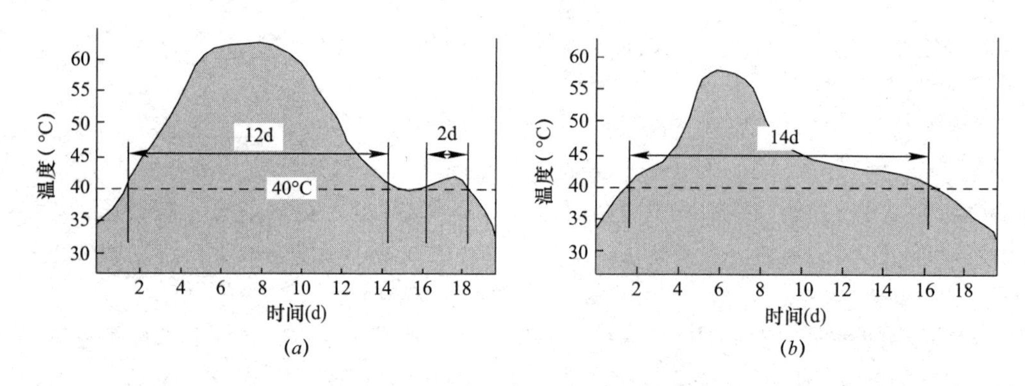

图 15-2　稳定量＝*f*（生物降解速率×时间），曲线以下的区域
（*a*）14（12＋2）d 大于 40℃，平均大于 45℃；（*b*）连续 14d 大于 40℃，平均大于 45℃

15.5.5　可逆“稳定”工艺

和生物稳定工艺相反，微波处理、电离辐射或者化学（碱或酸）处理等工艺能够杀死病原体，但是生物稳定的效果只能是暂时的或者是不显著的。

例如，MagnaGro（内华达州卡森城 Magna 管理公司）工艺采用熏蒸剂杀灭病原体和消毒，但并不对污泥进行生物稳定。N-Viro 工艺通过 pH、温度和氨的影响进行消毒。中和工艺使用 ClO_2 作为主要消毒剂，使用亚硝酸作为辅助消毒剂。Burch BioWave（俄亥俄州费德里 Burch BioWave 工艺）使用微波加热污泥，破坏微生物的细胞膜结构。Eco-Therm 工艺（德克萨斯州休斯顿 Ashbrook Simon-Hartley）将物料加热至巴氏杀菌的温度和时间要求，但该工艺的稳定连续性差。

这些消毒工艺——不论操作方法是加热、电离、熏蒸、微波或者是高 pH——都是为了生产出无病原体的产品，创造对微生物生存和成长不利的环境以满足第 503 号法规 40CFR 对病原体去除的要求，而 VAR 必须要满足。

15.5.6　其他达到 VAR 和稳定的方法

在 1979 年发布第 257 号法规 40CFR 之前的几十年里，消化污泥保存在污水储存池内，然后在露天干燥床上风干，或者储存很长的时间以便于以后的稳定和再利用（美国环境保护局，1979）。这些污泥储存的位置便于园丁和庭院设计师获得。非官方的证据表明，尽管污泥中可能存在大量的致病物质，但使用者并不认为这些污泥具有高传染性。为了更好的保护公众健康，病原体破坏和相关的数据被整理和审核（Farrell et al. 2004），并形成了第 257 和第 503 号标准。这些法规限制了那些不受监管的、病原体破坏不充分的污泥的配送。然而实践表明这些受管理的稳定处理工艺（包括污水储存池、风干和长时间贮存）都可以有效去除病原体和稳定污泥，使生物污泥产品可以安全使用。某城市建立了一个研究项目，使用一系列低技术含量的单元操作过程来定量评估病原体的去除量以及对传播者吸引力的去除量。尽管每一个单元操作可能不够充分，但将厌氧/好氧消化、干燥、紫外和微生物竞争等几种工艺的优点联合起来，就可以达到 PFRP 和 VAR 的要求。

许多年来，大芝加哥地区的市政水回用（Metropolitan Water Reclamation District of Greater Chicago，MWRD）采用了一系列传统的低科技污泥处理工艺，包括厌氧消化、污水驻留池处理和室外干燥床风干等。美国水环境联合会（Water Environment Research Foundation，WERF）曾经花费 3 年时间全面研究能够同时达到稳定和杀灭病原体的工艺，最终推荐了“芝加哥”工艺，认为该流程可以持续运行并生产出符合 A 类污泥标准的产品（Farrell et al.，2004）。这使 A 类污泥在农业或其他方面的有效再利用成为可能。表 15-9 给出了芝加哥工艺的操作条件。该工艺流程和产品特性都已提交美国环境保护局的 PEC 和 Region V 办公室审核。WERF 在研究之后添加了几个限定条件和附加要求，并给出结论，认为最终所有的风干产品都符合第 503 号法规的 40CFR 中 A 类标准和 VAR 标准。

大芝加哥地区都市水回收工艺中生物污泥处理的操作条件　　表 15-9

操作步骤	参数	标准（编入法典的）
厌氧消化	停留时间	≥20d
	消化温度	35±2℃
污水池停留	停留时间	≥18 个月
风干	深度	≤46cm
	搅拌频率	平均≥3 次/周
	污泥浓度	≥60%

15.5.7　工艺过程和病原体去除

Farrell 等人（2004）在 WERF 的报告中描述了整个工艺，见图 15-3。MWRD 处理流程是污水储存池和风干系统联合工艺的典范。MWRD 的污水池驻留过程需要至少 18 个月的时间，并且不投加底物，料堆每周翻动 3～4 次。之后的风干系统在温暖干燥的季节进行，可在 4～6 周内产出浓度在 60%以上的产品。其他配合系统的处理时间在气候温暖时可以短一点，在气候寒冷时可以稍长。MWRD 污泥处理流程的操作条件见表 15-9。各处理过程和病原体去除机理将在接下来的章节中说明。

1. 污水储存池

经过厌氧消化的生物污泥以离心泥饼（污泥浓度 20%～30%）或液态（污泥浓度 3%～6%）的形式连续地或间歇地进入污水池。固态物质沉入污水池底部，而上清液通常会回流到污水处理系统中。当污水池填满了生物污泥后，将在不投加任何基质的情况下放置至少 18 个月，使之进行进一步的生物分解和病原体去除。污水储存池系统去除病原体的机理可能是消化过程代谢活性的延续、热效应、非病原性细菌的抑制以及氨或有机酸的化学作用。

2. 风干

经过污水池驻留的生物污泥从污水池中疏浚出来，放置在由沥青铺成的干燥台上进行风干操作。卧式螺旋钻和旋转碎土机的机械搅拌强度提高了风干的速率。当生物污泥得到充分的干燥时（污泥浓度达到 30%～35%），便将生物污泥堆成约 30cm 高的料堆。水分从这些料堆中继续蒸发出来。翻堆的机械使用一个前置的卧式螺旋输送器向料堆输送干空气和释放湿空气，并将表面的干物质与内部的湿润物质交换，从而加速干燥。翻堆还能为残留的可生物降解物质的氧化提供氧气，有时会产生足以使整个料堆升温的热量。高于环境的温度可以加速处理过程，加快病原体的去除。干燥对病原体的去除也能起到一定的作用。而非病原性细菌的存在以及化学变化可以进一步的抑制病原体的活动。

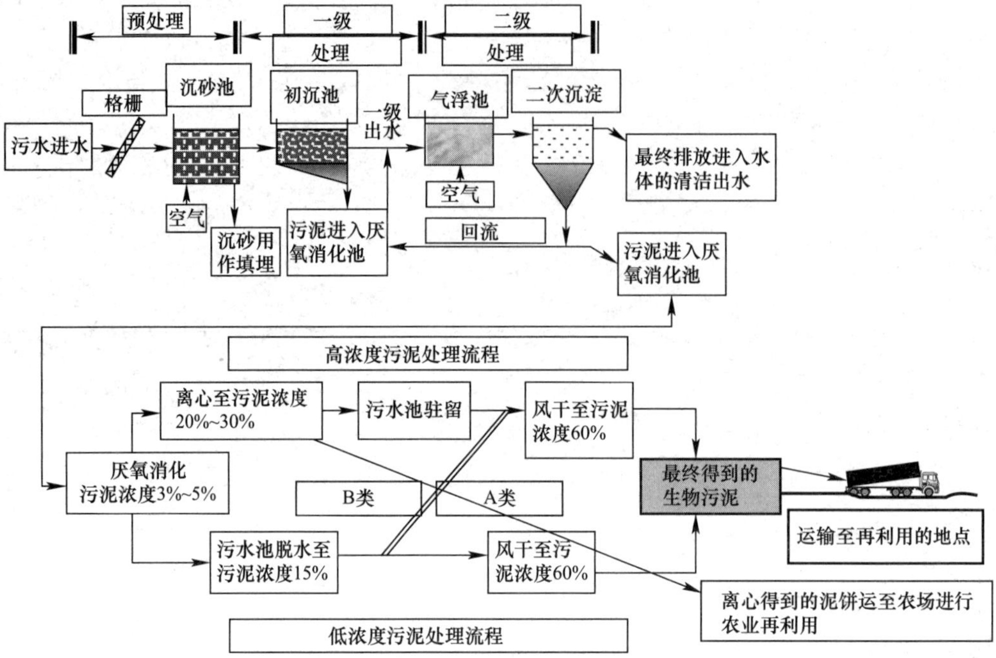

图 15-3　大芝加哥地区都市水回收工艺中污水处理和生物污泥处理流程

另外，液态的生物污泥可以在多孔介质上干燥，通常使用的是沙床。液态生物污泥在沙床上的深度约 30cm。沙床的排水和干燥过程视具体环境条件可能会持续一到几个月。一般来说，生物污泥会在沙床上停留至污泥浓度约为 30％～50％。此时的污泥已经可以轻易移动了。在湿润的气候条件下，干燥过程通常会较慢。如果要求达到 A 类标准，那么生物污泥离开沙床之后还需要在料堆中进一步干燥。在干热的气候条件下，生物污泥则可以留在沙床上，直到浓缩为很薄的一层高浓度物质。当这层物质在晴天的高温下完全加热时，可以达到一个很高的病原体消灭水平，特别是当生物污泥表面的颜色为深色时。

3. 泥饼储存

泥饼储存类似于在抗渗面上的风干，只不过料堆更大，翻堆程度很小。尽管有的时候产品会很干燥，泥饼会一直储存，直到病原体的浓度低于 A 类标准。去除病原体的机理和料堆风干相同，但是此时干燥的作用不那么大。

15.5.8　等价 PFRP：A 类方法六

15.2.5 中提到的 A 类方法六可以定义某个工艺具有 PFRP 等价性，能够满足 A 类污泥的要求。Chicago MERD 近年来收集的病原体去除数据显示，在常规使用该工艺流程的污水处理厂中只有两所可以产出 A 类污泥。如果该工艺流程可被美国环境保护局 PEC 或 Region V 办公室批准，则 MWRD 就可以取消或减少对肠道病毒和活蛔虫卵的检测，同时仍能保证 A 类生物污泥的安全运输。

1. 大芝加哥地区市政污水回用低科技 A 类协议

Chicago MERD 在 Calumet 和 Stickney 两所污水处理厂使用 PFRP 等价工艺流程处理

污泥。这两所处理厂中的病毒和蠕虫密度非常低，即使是在未处理的污泥中。表 15-10 给出了病原体杀灭的数据。

Calumet 和 Stickney 污泥处理系统中病原体和指示生物的去除（HSSPT＝高浓度污泥处理流程；LSSPT＝低浓度污泥处理流程；PFU＝空斑形成单位；MPN＝最可能数；）（Tata et al.，2000） **表 15-10**

系统	微生物	病原体密度			常用对数去除率		
		消化池出水	停留池出水（编纂入典的[1]）	最终风干产物（编纂入典的）	污水停留池	风干系统	总去除率
Calumet HSSPT	粪大肠菌群 MPN/g DS[b,c]	6.78×10^4	105	5.58	2.81	1.27	4.08
	沙门氏菌 MPN/4g DS[b]	74.6	0.828	0.419	1.95	0.30	1.87
	病毒 PFU/4g DS[d]	0.428	0.00	0.00	—	—	—
	活蛔虫卵数/4g DS[d]	0.286	7.44×10^{-3}	1.54×10^{-3}	1.58	0.68	2.26
Calumet LSSPT	粪大肠菌群 MPN/g DS[b,c]	6.78×10^4	68.5	17.1	2.99	0.60	3.59
	沙门氏菌 MPN/4g DS[b]	74.6	2.9	0.673	1.41	0.63	2.05
	病毒 PFU/4g DS[d]	0.428	0.00	0.00	—	—	—
	活蛔虫卵数/4g DS[d]	0.286	0.625	3.75×10^{-3}	0.66	1.22	1.88
Stickney HSSPT	粪大肠菌群 MPN/g DS[b,c]	2.02×10^5	188	18.3	3.03	1.01	4.04
	沙门氏菌 MPN/4g DS[b]	25.7	0.278	0.506	1.96	(0.26)	1.70
	病毒 PFU/4g DS[d]	0.121	0.00	0.00	—	—	—
	活蛔虫卵数/4g DS[d]	0.379	0.784	0.0191	(0.31)	1.61	1.30
Stickney LSSPT	粪大肠菌群 MPN/g DS[b,c]	2.02×10^5	151	25.6	3.13	0.77	3.90
	沙门氏菌 MPN/4g DS[b]	25.7	0.533	0.532	1.68	0.00	1.68
	病毒 PFU/4g DS[d]	0.121	0.00	0.00	—	—	—
	活蛔虫卵数/4g DS[d]	0.379	0.0394	0.0132	0.58	0.48	1.46

注：[a]表示操作条件和操作协议一样严格甚至更严格；
[b]几何平均；
[c] DS 表示干固体；
[d]算数平均。

PEC 要求 MWRD 开展大型的测试证明肠道病毒有三个数量级的去除效果，蛔虫卵有两个数量级的去除效果。这种测试需要往污泥中添加这些病原体，而 MWRD 认为将在大型的测试中添加病毒和蛔虫卵不实际，且有风险。实际的做法是用统计方法来预测当病原体密度增加时污泥处理流程中蠕虫和病毒的灭活情况（Tata et al.，2000）。最终，MWRD 的 Calumet 和 Stickney 污水处理厂获得了美国环境保护局的 Region V 办公室的地区等价工艺批准。这意味着可以减少（而不是取消）对病毒和蠕虫的监测，只要污泥处理流程按照操作规程运行就可以在第一年内每月一次地监测肠道病毒和蛔虫卵的量，此后每两个月监测一次（Traub，2002）。目前已知的美国环境保护局批准的工艺中只有 PFRP 等价污泥处理流程含有这些低科技过程。

2. 低科技 A 类消毒和 VAR 或稳定工艺指南

低科技污泥处理工艺或联合工艺的理想产品只要满足以下五个要求即可达到病原体的 A 类要求和 VAR 的要求（Farrell et al.，2004）：

1）在低科技工艺之前的处理过程必须显著地降低病原体的密度以及细菌的食物供应，

同时要保证一定的非病原体细菌量；

2）处理过程必须要有足够的强度和持续时间以保证必要的病原体去除。和其他微生物（粪大肠菌群、沙门氏菌和病毒）相比，蛔虫卵通常更难去除。在灭活蛔虫卵的时候应该保证此时的条件同时也能满足 A 类标准对其他微生物的要求；

3）整个处理流程应满足 VAR 的要求；

4）必须防止细菌的再次生长；

5）处理过程应该统一，以保证所有的污泥都已处理。

每个独立运行或联用的工艺都在下面给出了说明。更多细节可以参考文献（Farrell et al.，2004）。

3. 工艺说明

(1) 污水储存池

污水储存池紧接着厌氧消化过程（在中温条件下污泥停留时间至少 15d）或好氧消化过程，污泥在不投加底物的情况下储存 16 个月（25℃）或 25 个月（4℃）。

(2) 风干或泥饼储存

在厌氧消化过程（在中温条件下污泥停留时间至少 15d）或好氧消化过程之后，生物污泥的水分含量可以通过风干干燥系统降低至 5%以下。在这个以时间和温度为变量的系统中，生物污泥至少要风干 250d（天气温暖时）或 350d（天气寒冷时），在翻堆过程中要保持超过 40%的水分以保证整个处理过程的统一。

(3) 污水储存池与风干系统联用

申请 A 类污泥时，污水储存池通常会与风干系统联用（图 15-4 和图 15-5）。由于微生物离开污水储存池时处于虚弱的状态，它们在风干过程中会显得很脆弱。这种联用工艺的效果就很可能比单独使用污水池停留或风干系统都好，即使在温度条件都一样的情况下。所以，污水储存池与风干系统联用工艺的说明不同于之前单独的工艺说明，联用工艺位于在厌氧消化过程（在中温条件下污泥停留时间至少 15d）或好氧消化过程之后。污泥在不投加底物的情况下储存至少 18 个月然后进行 9～10 周的风干并定期翻堆，产品的污泥浓度为 60%。图 15-5 为经过污水储存池的污泥在沙床上风干，然后每周用卧式螺旋钻搅拌 3～4 次，使污泥浓度大于 60%。

图 15-4　大芝加哥地区市政污水回用过程中污水储存池和风干沙床

图 15-5　经过污水池停留的污泥在沙床上风干，每周用卧式螺旋钻搅拌 3～4 次，使污泥浓度大于 60%

表 15-11 给出了 2005 年至 2009 年 Calumet 和 Stickney 污水处理厂最终风干产品在处理过程中挥发性固体的量以及去除量。

2005～2009 年 Calumet 和 Stickney 污水处理厂最终风干产品在处理过程中挥发性固体的量以及去除量 **表 15-11**

污水处理厂		消化池进水	消化池出水	最终风干产品（成文的）	VSR[1]
		——挥发性固体（%）——			%
Calumet					
	最小值	52.0	43.6	18.9	20.7[2]
	平均值	64.9	52.0	36.3	66.9
	最大值	75.0	60.1	55.3	88.4
Stickney					
	最小值	52.0	46.3	14.2	40.0
	平均值	61.4	51.9	33.2	61.7
	最大值	71.6	58.6	47.0	88.4

注：1. 挥发性固体的去除量用 Van Kleeck 方程计算得到；
2. 根据法规 503.33（b）的方法二，VAR 由另外的厌氧消化测试来证实。

4. 芝加哥工艺的费用

表 15-12 给出了 Bergman 和 Rohloff（1996）报道的芝加哥生物污泥处理系统从 1992 年～1995 年的费用（Farrell et al.，2004）。

1992～1995 年大芝加哥地区市政污水回用过程中污水储存池和风干工艺联用的平均费用（HSSPT＝高浓度污泥处理流程；LSSPT＝低浓度污泥处理流程；DS＝干污泥（dry solids）） **表 15-12**

操作流程	平均费用（$/t DS）	
	LSSPT	HSSPT
污水停留池脱水	11.08	0.44
污水停留池运出	14.09	10.00
运送至风干地点	21.39	31.97
风干	28.57	32.73
装载	3.09	3.24
运送至处置地点	14.75	5.14
合计	92.99	85.83

第16章　热干化技术

16.1　引言

16.1.1　背景

污泥热干化是将污泥中的水分加热蒸发，将污泥中的湿组分降低到低于传统机械脱水方法的水平。1920年美国威斯康辛洲密尔沃基地区（MMSD）开始生产和销售污泥热干化肥料，标志着污泥热干化技术进入应用阶段。1990年以前美国还只有少数市政污水厂应用该技术，此后使用该技术的污水处理厂开始稳步增加，到2011年，已有50座污水处理厂使用了污泥热干化技术，产量在1～100Mg（干污泥）/d。技术进步、更加严厉的法规条文以及其他社会因素推动了该技术的发展。

热干化污泥含有90%～95%的干物料含量（或5%～10%含水率）。热干化污泥可以用来作为肥料，土壤改良剂或者生物燃料。这些产品的品质受污泥来源，预处理过程，干化系统以及当地气候条件等的影响。

16.1.2　热干化技术的优缺点

1. 热干化技术较其他技术的优点

（1）生产优质产品；

（2）成熟的工艺；

（3）系统容量范围大；

（4）减容与减量；

（5）保留营养物质；

（6）产品渠道较多；

（7）提高热值；

（8）公众易接受。

2. 热干化技术的缺点

（1）系统复杂；

（2）成本较高；

（3）安全隐患，存在粉尘爆炸、产品过热、火灾、再湿润导致的生物质自氧化（引起自热和阴燃火灾）；

（4）空气质量影响的要求；

（5）产品竞争力不高。

16.1.3 美国联邦法规 40CFR503 的规定

热干化技术是美国联邦法规 40CFR503 部分规定的深度去除病原体（PFRP）的一种方法（美国环境保护局，1993）。PFRP 要求污泥需要直接或间接通过高温气体干化，将水分含量降至 10%甚至更低，或离开干燥器时污泥温度或者与污泥接触气体的湿球温度（同等焓值空气状态下，空气中水蒸气达到饱和时的空气温度）超过 80℃（176℉），热干化处理的高温一般要满足以上两个条件。

病原载体的降解条件为稳定污泥至少降至含固量 75%，含有不稳定碎片的污泥则含固率至少 90%。干化一般可以将含固量提高到 90%以上。

16.1.4 可持续性

热干化在经济与环境上的可行性取决于管理机构、公众监督以及经济发展状况。

管理机构持续检查热干化处理设施污染物和臭味气体的排放，并且对新建的设施提出了更高标准。联邦以及州政府也在监控热干化处理产品的质量。热干化产品要在土地利用中成为“优质产品”需要严格控制质量参数，包括病原体密度削减率（A 级）、病原载体削减率和低金属浓度。热干化处理设施运行经验表明，干燥器维持高温运行可以保证病原体与病原载体削减率达到 A 级标准。有些新的干燥器在低温下运行可能无法保证产品标准，因此需要监控设备以保证产品标准。热干化对污泥中金属质量负荷（取决于废水进水特征）并无明显去除效果。

公众认为热干化是一种固废处理的环境友好技术。臭味问题曾经是热干化技术的最受关注的问题。但现在设备制造商共同参与设计，致力于解决该问题。作为以前热干化处理的热干燥器也应用了废气循环利用系统和可再生热氧化剂及其他的处理废气方法。

热干化的高耗能（特别是燃料需求）是一项亟待解决的问题。热干化相对于其他固废处理技术需要更多的燃料。虽然如此，热干化产品的价值相比脱水产品要高得多，市政设施生产的热干化产品可以很容易在市场上销售，因此，较高的能量生产也可以接受，而且热干化产品可以保证安全的使用，在大部分情况下还可以创收。

16.2 干化理论和应用

16.2.1 干化过程基本原理

干化过程基于流体和蒸发的机理。干化过程中，热从表面向内的温度梯度变化，由于扩散，毛细流动与干化过程收缩引起内部压力变化，会引起湿污泥中水分从内部向污泥表面迁移。从介质到污泥的热量传导提高了湿污泥的温度和水分蒸发的速率。影响热传递的因素包括温度、湿度、气流速度和方向、污泥表面积、污泥的物理形态、搅拌、停留时间和干化过程中湿污泥盛放的方式。研究污泥干化特征，挑选合适的干燥器，确定合适的操作条件都需要了解这些外部条件。外部和内部机制是同时起作用，且均限制了干化速率。

1. 热干化的阶段

热干化有三个阶段，包括预热阶段，稳定阶段和衰退阶段（图 16-1）。在预热阶段，

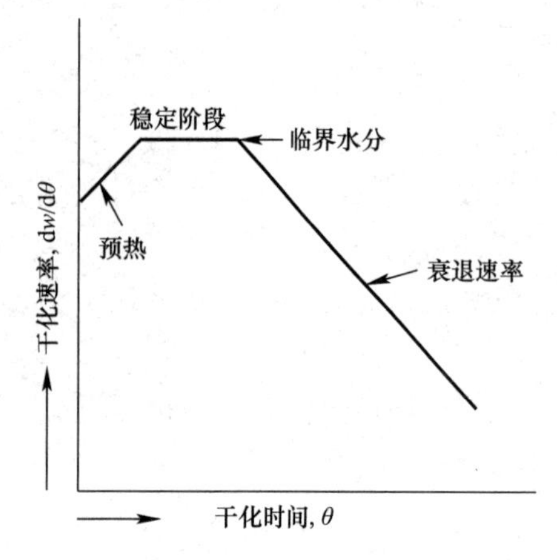

图16-1　热干化阶段（WEF et al.，2009）

污泥温度和干化速率提高到稳定阶段的稳定条件。预热阶段通常比较短且干化作用小。在这个过程中。明显地热量会传导到污泥中，水分和固形物从入口条件加热到工艺条件。这个阶段中随着自由水分的去除蒸发速率迅速提高。

在稳定阶段，内部水分取代不断从污泥表面蒸发的外部水分。向蒸发表面传递的热量是干化速率的控制因素。这个阶段一般最长且对干化作用最大。干化速率、干化速率本质上取决于流体的内部结构，包括三个因素：（1）热质传递系数；（2）在干化介质上的暴露面积；（3）干化介质和湿污泥表面之间的温度与湿度差。由于有自由表面水分存在，污泥只要加热到气体的湿球温度即可。污泥可以被高温气体干燥而不需要直接达到高温。在这个阶段产品表面有慢速且小幅度的升温。

在衰退阶段，外部水分的蒸发快于内部水分的向外补充。结果导致暴露的表面水分不再饱和，干化速率减慢。从加热载体中不断接收显热，而潜热不能快速的从固相传导给气相，因此固气表面温度上升。从稳定阶段向衰退阶段过渡期固体中平均水分含量称为临界水分。

2. 热干化过程中的生物污泥的结构改变

在干度（脱水污泥）从15%～30%提高到90%以上的过程中，生物污泥结构会发生改变。脱水污泥在干度40%左右还可以保持流体状态，其结构与操作特性都保持稳定。随着含水率的降低，干度从40%提高到60%，污泥经过了黏性阶段到塑性阶段的转变。在塑性阶段，污泥黏性提高，较大的块状污泥形成且粘在干化设备上。塑性的污泥还会引起其他问题，如干化性能低，磨损干化设备，能耗高。虽然有些干燥器设计成处理黏性污泥的单元，但也有些设计成将返混的干化污泥与湿脱水污泥合并混匀的装置，以消除干燥器上游的黏性污泥。在60%～85%干度之间，污泥开始形成颗粒，热干燥的污泥浓度一般高于90%，污泥体积由于水分的蒸发减少了80%。图16-2所示为干污泥浓度变化导致的污泥结构和污泥体积变化。

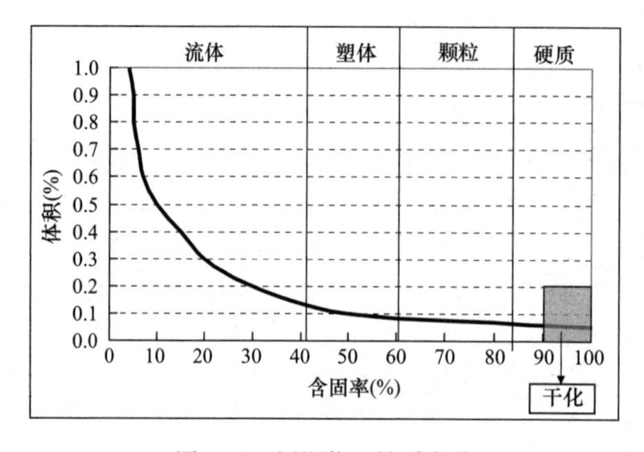

图16-2　污泥物理性质变化

16.2.2 干化装置标准

1. 蒸发能力

设计干化系统的第一步是确立规定时间内干化系统蒸发的水量。湿污泥中固形物浓度、设计浓度、操作时间等是计算设计蒸发能力的关键参数。蒸发能力一般用"kgH_2O/h"(lb/h)来评价。厂商需要针对不同来源污泥(如未消化污泥,消化污泥,初沉池与二沉池污泥混合与否)设计具有不同的蒸发能力的设备,原因是不同的污泥具有不同热传递效率和其他特征。

机械脱水过程对污泥干化有显著的影响,在一定程度上比热干化性价比更高。

2. 操作规程

可行的操作规程是决定干燥器的关键因素。干燥器需要合适的蒸发能力,才能满足干燥器长时间处理大量污泥。例如,相同日处理量的干燥器,一个工作24h的干燥器的蒸发能力与每天工作8h的相比,蒸发能力只需为后者的1/3即可。由于高成本的原因,大部分干燥设备都是设计为连续工作模式,例如一周运行5d,每天运行24h(或者为适应工作日程每周大约工作100~105h),这样就可以有时间在设备关停阶段定期检修。连续运行的另一个优势是可以减少设备的损耗,经常性的加热与冷却会增加金属疲劳和部件的失效。

干燥器的进料斗一般可以放置数小时进料量的脱水污泥。因此不需要经常操作污泥脱水装置以配合干燥系统运行。另外,由于设备的设计尺寸一般根据项目预期的污泥量来确定,至少在初始阶段,干燥器在一周168h内只需工作部分时间即可。

3. 停留时间

干燥器停留时间取决于干燥系统的形式和厂商的设计。厂商设计的停留时间要根据热传递速率和系统的容量来考虑。因此,停留时间并非受干燥器内部的温度控制。例如,尽管转鼓式干燥器操作温度远高于带式干燥器,但是两者却可以有相同的停留时间。有些厂商利用干燥器的停留时间来遵守去除病原体的标准,也有其他厂商有其他方法表示。

4. 操作温度

干燥过程中热传导速率直接取决于干燥介质(高温气体,油或蒸汽)。相同类型的系统中,在较高温度下运行的设备,干燥速度一般相对低温的更快,这可以作为干燥器尺寸的设计依据。湿污泥表面和干燥单元热传递效率等因素也会影响热传递速率。因此,单独的操作温度不会直接作为确定设备规格的指标。

5. 储存量

储罐是一个很重要却常被忽视的干燥系统组成部分,一般设置在热干燥器前或后。上游足够的预干燥储量可以在脱水污泥生产装置关闭或者产量变低时用于应急,而后干燥储量可以应对不同季节市场对干燥产品的需求变化以及适应运输计划。由于成本较高,需要严格确定最佳的储量。可以选择污泥处置方法如填埋等方法以应对市场对干燥产品需求较低时的干污泥产量过剩的状况。除了成本考虑,还需要考虑长期存储干燥污泥产品的安全措施。

16.2.3 干燥器的类型

干燥器可以根据向湿污泥的热传递方式不同来分类。主流的分类是转换(直接干燥器)和传导(间接干燥器)。大部分干燥系统是多种热传递方法相结合,而以其中某一种方式为主。

在直接热干燥系统中，高温热气等传热介质与湿污泥直接接触。在间接干燥系统中，蒸发热通过传热介质和污泥之间的分隔材料传递。一般传热介质是热油或者蒸汽，分隔材料为钢板。

16.2.4　干燥系统

以下介绍现有的污泥干化系统的基本操作流程。这些系统根据主要热传递方法分类。

1. 直接热干燥系统

直接热干燥包括转鼓式干化机和带式干化机等已经成功的应用与市政污水污泥的干燥。

（1）转鼓式干化机

转鼓式干燥器于20世纪20年代在密尔沃基首次应用与污泥的干化处理。虽然系统组成与厂商制造有所不同，但基本部件一致。例如，均包含由轴承带动旋转的长筒形的钢制圆筒。有些有同轴设计而使污泥可以在圆筒内2次通过（3次通过）；有些则还是单轴设计，污泥1次通过。利用高温气体干化污泥并协助污泥在装置中通过。2010年，美国国内已有20家单位在用和在建转鼓式干化设备，在欧洲则有75家。

利用混合装置将脱水污泥与热干化产品混合，可以形成颗粒状污泥并且可以降低污泥的含水率（一般低于35%）。颗粒状污泥持续进入转鼓式干化器的上部，干化器内部高温气体温度范围在于400～650℃（750～1200℉）。污泥颗粒和高温气体传导到出料端。传导过程中，转鼓内壁的颗粒会合并或重叠，由此会形成一个薄颗粒层直接接触高温气体从而较快的干燥。

大部分系统中，约80%的气体可以在炉中循环利用。气体的循环利用可以提高热量的利用效率，且可以保持干燥回路中低浓度的氧气含量。保持转鼓内一定含量的惰性气体可以提高安全性。循环气体也可以降低气体的排放，降低处理成本。图16-3所示为转鼓式干燥器流程图。

（2）带式干化机

带式干化机处理木材废料和其他同类湿物料干燥在欧洲已有几十年的历史，截至2010年，已有30个以上的带式干化系统在运行，而在美国只有1个在运行、1个在建。带式干化机构造因生产厂商而异，但也有共同之处。

带式干化器可以在130～177℃左右（265～350℉）较低的温度下运行。污泥置于多孔运输带上，加热气体通过运输带上的固形物层。运输带利用钢网或者合金材料（类似于过滤带上的过滤介质），有些系统带有两种传送带，产品可以双向运输，而有些只有一种单向的传送带。

由于操作温度较低，带式干化机需要大量的干燥气体。干燥气体的使用方法因厂商而异。一般助燃气中的一部分气体利用风机通过冷凝器脱除系统中的水分。有些厂商将一部分废气与可燃气混合，大部分则返回干化器。有些系统在废气排出前先进行膜生物处理这化学处理以控制气味。较大部分的过程气体返回燃烧过程。

与某些较复杂系统相比，带式干化机生产出的产品的尺寸通常不太均匀。这是因为干化机下游的物料处理量有限，而产品通过筛分可以提高其均匀性。尽管相同类型的干化机产出的产品特性相似，但应注意不同厂商产品之间的差异。例如，一些带式干化器采用返混，而另一些则将材料直接置于传送带上，从而生产的产品特性不同。

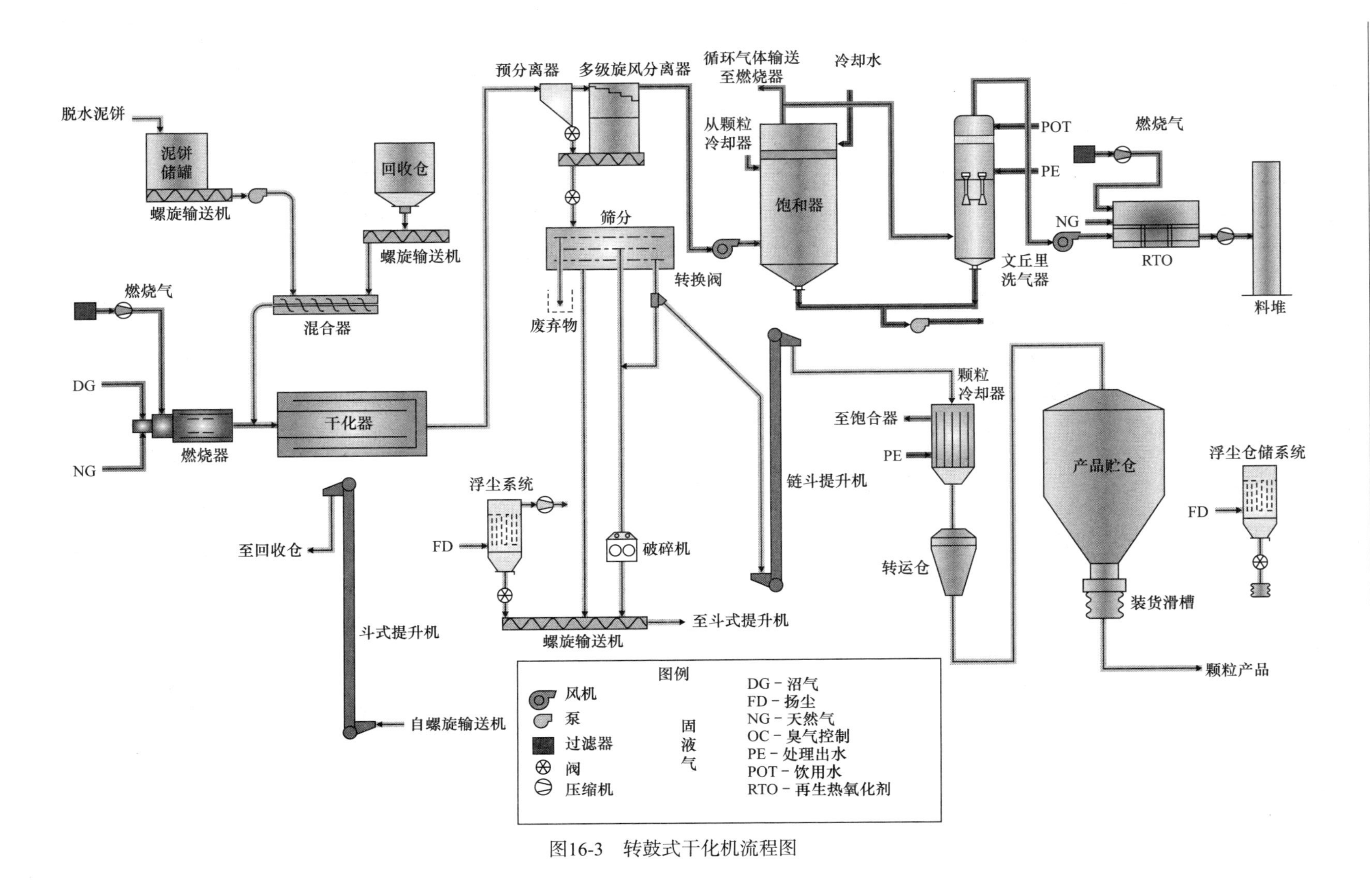

图16-3 转鼓式干化机流程图

通常情况下，与其他更为复杂的系统相比，带式干化机的产品尺寸规格较不统一，这是因为有限材料经干化机处理至下面流程，而增加产品筛子可以提高产品的均匀性。虽然同种干化机生产的产品性质比较类似，但仍然需要注意不同厂商产品的差别。例如，有些带式干化系统利用返混，而其他干燥系统则直接置于传送带上，因此会有不同的产品性质。

由于干燥气体的温度较低，带式干燥机也可采用其他能源，对能量回收方式的选择也较多。图16-4给出了典型带式干燥机系统的流程图。

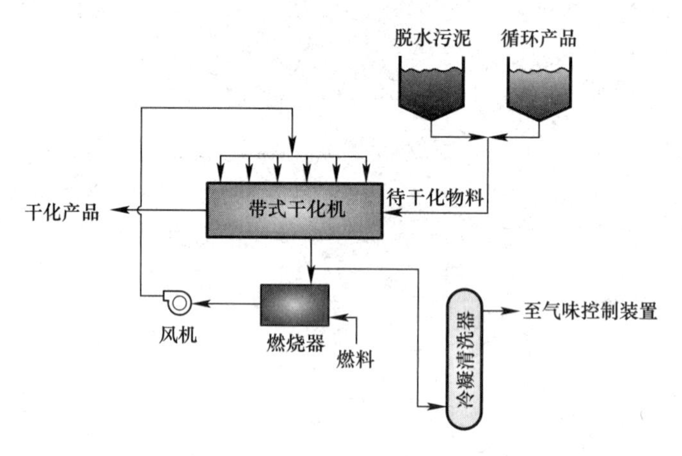

图16-4　带式干化系统流程示意图

2. 间接干化系统

间接干化系统已经应用于干化市政污泥，包括流化床干化机、盘式干化机、浆式干化机以及旋转室干化机。

(1) 流化床干化机

流化床干化机应用于生物污泥开始于20世纪90年代的欧洲。如今，该技术已有30个以上的应用实例。在美国，干化机第一次投入使用是在1990年，目前有2个应用实例。

流化床干化机的主要部件是饱和器，分成3个部分的垂直室。第一部分是风室或气室，将热流化气体均匀的分配至颗粒床体上。气体被在回路系统中通过风机牵引或引导通过系统。

第二部分由热交换器和颗粒流化区域组成。热交换中介一般是蒸汽或者热油在热交换管中流通。流化气保持颗粒悬浮，使热量从热交换管传导给颗粒物，并且脱除系统中的水分。第三部分是气罩，用于将含有固体颗粒物的气体中的大部分颗粒物脱除。出口气体利用旋风分离器和冷凝器去除剩余颗粒物和水分。干燥器中流动气体温度约为85℃(185℉)。

将脱水污泥引入干化器的方法因设备制造商而异。有些系统利用泵将污泥引入干燥器，然后利用旋转装置将脱水污泥切割成小而不规则的片状进入流化床中。流化气体促进气体和固体的混合以完成热质传递。流化床中的搅动使固体颗粒变得相对均匀与光滑。干化后的产品通过装有旋转气门可调节溢流堰排出。

干化过程中所需的运行温度较低，在可利用其他工艺工程产生废热的情况下，流化床尤为适用。欧洲地区已有利用垃圾焚烧厂废蒸汽用于该系统的实例。图16-5所示为干燥过程中流化床的典型示意图。

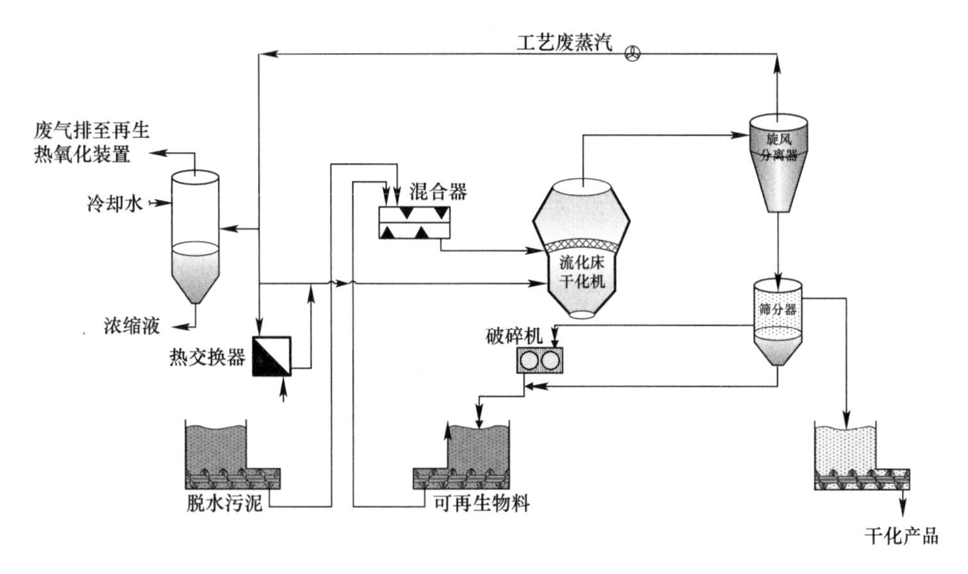

图 16-5　流化床干化系统原理图

（2）桨式干化机

桨式干化机已经在工业上应用几十年时间，但第一次应用于生物污泥干化是 20 世纪 80 年代末的日本和 20 世纪 90 年代中期的美国。目前在美国，约有 10 个桨式干化机在运行或者在建。

桨式干化机由 1 个固定的水平夹套式容器、2 个相互串套且反向旋转的搅拌桨组成。回转轴和桨均为中空设计以满足热传递介质在空隙中的流动。热传递介质也可以在夹套式容器中流动。热量通过搅拌桨表面传递给生物污泥。有些厂商在旋转搅拌器中设置固定式犁或者破碎刀片以达到较好的混合并且防止泥饼在容器表面上堆积。

脱水污泥一般利用容积泵或者螺旋输送机进料。这种干化器一般不会发生脱水污泥与干燥产品的返混。干化颗粒产品一般形状与大小都不规则。搅拌桨的搅拌会提高颗粒产品的中细颗粒物的含量。

产品过筛可以提高产品的规则性。干化产品平均在 105～110℃（220～230℉）之间离开干燥器，而这取决于干污泥的含量和操作温度。产品利用冷却螺旋输送机冷却至大约 40℃（220～230℉）。螺旋输送机的传动轴和水槽装有夹套并且有独立的冷却水系统冷却。载气从干燥器排出并运至冷凝器。非冷凝气体运输至气味控制装置处理。

搅拌桨系统可以连续进料也可以批次进料。在连续进料系统中，产品运输是通过搅拌桨或搅拌盘的运动和体积转移。有些系统在干燥器排放口设有堰以使待干燥物料覆盖住热传递表面。有些厂商生产的设备放置倾斜以使待干燥物料通过重力自行移动。图 16-6 所示为典型的桨式干化系统的流程图。

（3）旋转螺旋干化机

旋转螺旋干化机利用非直接方法干燥，分批次操作。一定量的脱水污泥进入隔热脱水室，在慢速旋转装置中加热，每隔数分钟反转方向。

旋转器是利用旋转器和脱水室空隙中流动的热流体加热。热交换器配置单个可以燃烧天然气、汽油、丙烷或甲烷的燃烧器。

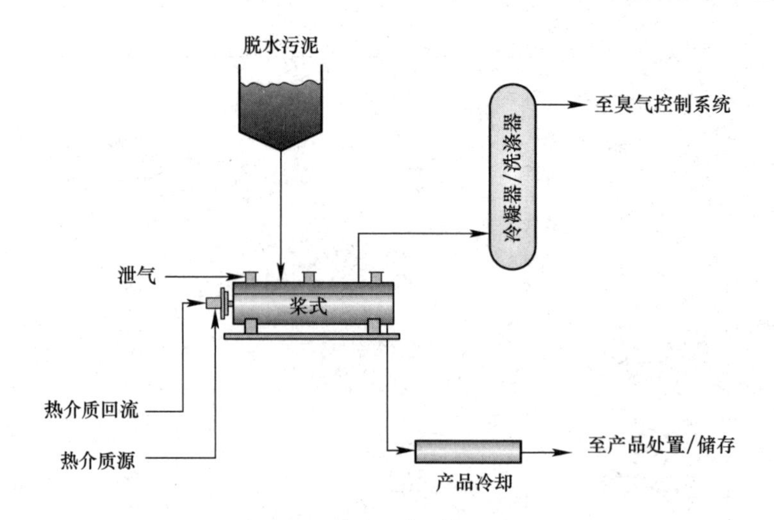

图 16-6　桨式干化系统流程图

脱水污泥在一定时间和温度条件下干燥至所需的干燥度。在预设的温度下，干燥产品从出口进入储料仓。在储料仓中，产品可以被冷却直至运至贮仓。在储料仓装备筛子控制最终产品的粒径。较大的颗粒循环至污泥斗与脱水污泥混合再处理。

含蒸汽的出口气体在脱水室顶端由输送管收集，用排风机运至湿式除尘器/冷凝器。冷凝水分回流处理。气体排放至生物滤池或者曝气池去除气味。图 16-7 所示为旋转螺旋干化机的流程图。

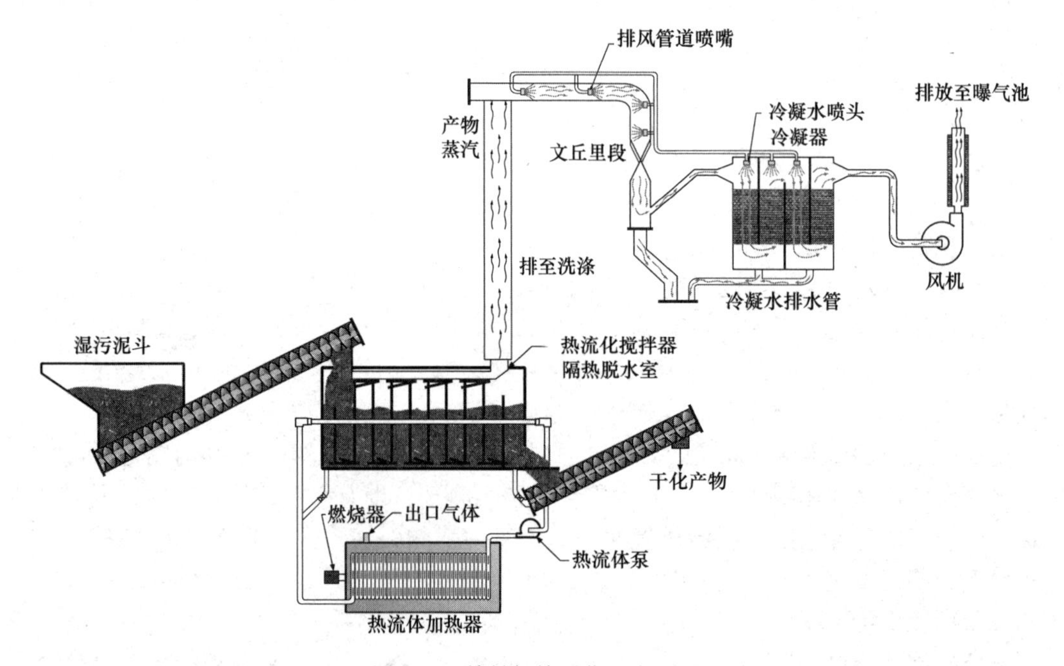

图 16-7　旋转螺旋干化机流程图

（4）盘式干化器

盘式干化器本质上是一种垂直盘状干燥器。进干化器前，脱水污泥与循环干物料混合形成颗粒污泥。混合的颗粒物进入垂直多级干燥器最高的进口。干化器有一中央轴连接旋转臂将颗粒物从一个加热固定盘转移至另一个，直至成为最终的干化产品。产品用斗式提升机转移至分离斗过筛，粒径过大的颗粒压碎与粉末和一部分粒径适当的小球共同返回混合器。循环的产品重新被脱水污泥泥饼包裹并送回干化器。一部分粒径适当的颗粒过筛后不再继续循环，而是在产品冷却器中冷却并运输至储槽。

干化机中的蒸汽风机将蒸汽，非冷凝气体和一小部分排出空气导入接触式冷凝器以维持干化器的负压。在冷凝器中，蒸汽中的水分被脱除，非冷凝气体送入油加热器对气味进行热处理，干化机的热量由热油循环回路系统提供。

过去的几十年，盘式干化机在北美应用有限。马里兰州的巴尔的摩 BackRiver 污水处理厂（WWTP）从 1995 年开始使用盘式干化机。2009 年，伊利诺伊州芝加哥市的 Stickney 污水处理厂和加拿大多伦多市灰桥湾污水处理厂，新的盘式干化系统投入使用。图 16-8 所示为盘式干化系统的流程图。

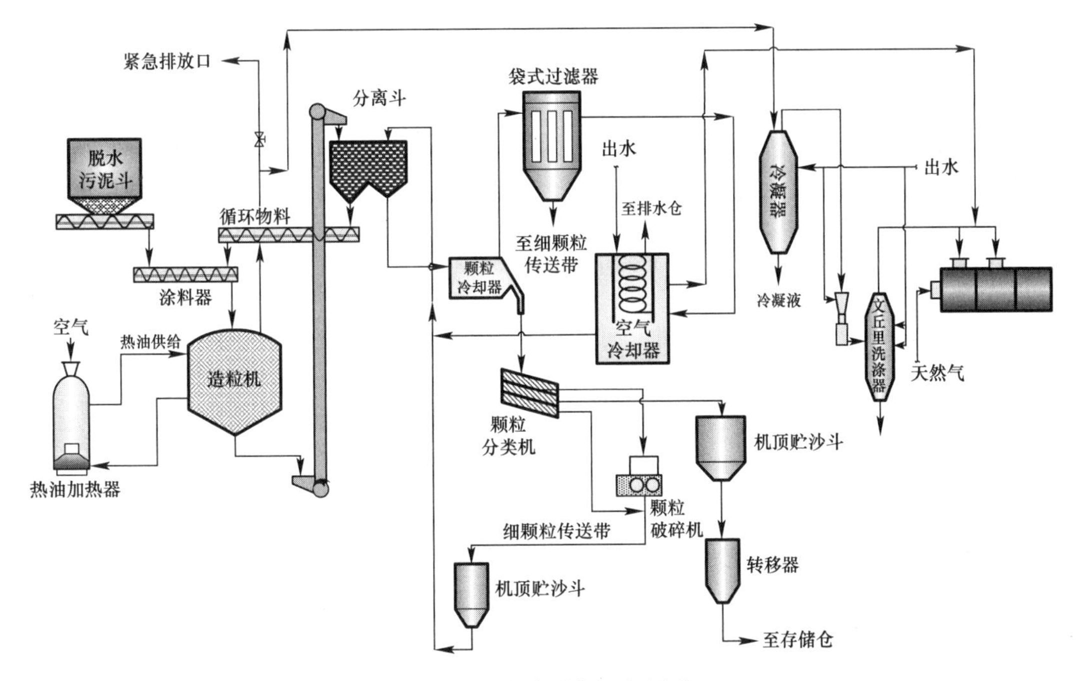

图 16-8　盘式干化机流程图

16.2.5　干化器的选择

（1）产品质量与应用

选择干燥系统时应考虑产品的最终用途，有些作为高端肥料的产品相比一般产品需要较好的结构强度和规则的产品粒径，例如作为土壤调配、土地填埋、生物燃料等。产量和设施选址也需要考虑。

产品的物理性质因设备和制造商而异。包含多种物料处理的组件的设备一般可以生产出质量更优的产品。例如，返混系统可以制造出更加耐用不易破裂的产品，筛滤可以使产品更加均匀。

调节剂（一般为食品级油）可以用于颗粒的结块和减少灰分。干燥产品质量相关内容详见 16.3 节。

（2）处理单元容量

选择干化机时需要考虑容量要求和处理单元数，以满足干化过程的初始和最终需求。系统应在成本、冗余量以及场地空间制约因素间寻求平衡点。等等最优化组合。对于未来可能明显增加的产能也应加以考虑。干化器一般会出现有限的容量下降，因此需要考虑多级组合以适应未来可能增加产能需求或者较短的操作周期。产量的优化还可以提高系统的热效率。

一般安装一个大容量处理单元相比几个小容量单元的成本低。其原因包括设备的规模与经济的相关性，较小的占地面积以及较少的辅助系统。一个简单的处理单元不需要考虑冗余量的需求。

美国的许多厂商都是采取安装单个处理单元以减少成本，当系统运行超负荷时，采用脱水或填埋等处置方法替代。

直接干化系统（转筒和流化床）一般间接系统（桨式，盘式和旋转室）具有更高的容量。转筒式和流化床系统规模可以达到 2000～11000kg H_2O/h。盘式干燥处理规模也较大。间接式系统处理规模一般小于 500kg H_2O/h。

（3）人力需求

人力需求是根据系统类型与设计而定。有些系统（如旋转式烘干机）相比其他而言需要较高的操作和维护技巧，而有些系统自动化程度较高，只需最少的人力需求。

（4）公共设施需求

公共设施需求包括电力，能源和水。

（5）侧流

含有机液体和氨的气味流体是来自于干化器中水蒸气的冷凝。湿式除尘器和其他附件收集的侧流也应需要加以考虑。

（6）气味溢出与控制

干化设备和产品处理与储存区域应该封闭或者将溢出气味排至空气污染控制设施中。旋风分离器，湿式除尘器，袋式除尘器或者组合装置都可以用来去除气流中的颗粒物。热氧化是热干化过程气味控制最常用的方法，在 16.5 节中还会详细讨论。

16.3　生物污泥热干化产品

市政污泥的热干化产品大部分情况下都符合美国环境保护局和大部分州法律规定的土壤调节剂或者肥料的要求。因此热干化对于污水处理厂显得更有吸引力。包括 MMSD 从大约 1926 年就开始生产和售卖活性污泥肥料，而德州休斯顿从 20 世纪 50 年代开始生产和使用污泥干化产品 Hou-actinite。两者均成功利用干化污泥打开了市场，且 Milorganite 和 Hou-actinite 均成为两者收入的重要来源。然而二者均投入多年实践研究和调查市场，一些新建设施难以在多年之后再效仿密尔沃基和休斯顿的成功案例。

热干化污泥的市场前景是热干化技术最具吸引力的优势。污水处理厂应在评估当地市场后再考虑资金来源用于建设污泥干化设施。评估应考虑市场对产品的数量与质量性质的需求。有些问题会在下文讨论。

16.3.1 产品质量要求

为了提高热干化污泥的市场吸引力及随后的市场供应，有必要对产品性质作出规定，以满足潜在客户的需求。

1. 物理性质

(1) 颗粒粒径

颗粒粒径是生物污泥干化产品的颗粒的大小衡量指标。许多生物污泥干化过程中已对产品进行筛选，这是一个很关键的步骤。过筛步骤使生产商通过设定筛网尺寸决定产品颗粒大小。颗粒的大小需求因市场而异，例如，用于标准肥料的客户需要粒径 2～4mm 的产品，而高尔夫球场地用于发球台和绿地则需要 0.3～0.8mm 粒径的干化污泥。

颗粒粒径是需要考虑的一个重要因素。若要将干化污泥与其他肥料成分混合，则需要使用粒径较小的干化污泥以降低混合后成分的不均匀性。另外，颗粒粒径还会影响营养成分的释放，较小粒径的颗粒释放营养物较大颗粒快。

(2) 耐用度（硬度）

污泥颗粒干化后至使用前还需要经过许多环节（运输、倾泻、装载），故耐用度和抗分解能力非常重要。耐用度较低的颗粒容易分解成为细颗粒甚至粉尘。

(3) 粉尘

评价干生物污泥产品的最重要的参数之一是颗粒的含尘量。干化污泥粉尘对市场计划有负面影响，含尘较多的产品市场认可度较低。

上游污水处理环节对干化生物污泥含尘量影响的因素包括含砂量、细纤维和毛发的去除程度。这些外部材料使干化污泥颗粒变得更加易碎，更容易在搬运过程中破碎成为细颗粒。如果进水中含有较多固体物前体或者污水处理厂管理者没有合理去除污水颗粒物和纤维，产品就会含有较多的固形物和固形物前体。因此，未消化污泥相比消化污泥的干化产品含尘量更高。

(4) 气味

大部分热干化生物污泥有发霉的泥土味。经过较好消化过程的干污泥相比生污泥的气味小。在大部分应用中，气味并非影响商业化应用的限制因子。应用或频繁的再湿润后偶尔会有关于产品气味的评论。在其他情况下，若热干化产品大量应用于表面而非与土壤混合也会散发较重的气味。气味的强度因产品使用频率而异，但大部分情况下，气味会随时间消散。因此，如果要应用干化污泥，还应考虑气味较少被注意到的场地。

(5) 容积密度

容积密度是衡量单位容积产品质量的定义。干化污泥的容积密度一般在 560～880kg/m^3（35～55lb/ft^3）。相对较低的容积密度会在容许的质量限制达到之前达到容量限制，从而提高运输的成本。

2. 化学性质

(1) 营养盐

热干化产品对于使用者的价值往往体现在产品植物营养素的含量上。涉及的营养盐包括初级营养盐（氮，磷，钾）；二级营养盐（钙，镁硫）；微量元素（硼，氯，铜，铁，锰，钼，锌）。

大部分州将干化生物污泥作为肥料的使用过程中都需要产品标识和登记，包括关于氮，磷酸，碳酸钾含量保证（一般在肥料包装袋中标识出，如10-10-10）；二级营养盐的含量保证。这些含量保证已经成为常规的标准，不符合的产品将会被罚款或停止销售。

（2）盐分指数

土壤基质沥出水中溶解性离子浓度即为溶解性盐。某些区域土壤会积累过多的溶解盐量，特别是在夏天，蒸发量的提高，土壤溶液沥出较少以及过度施肥都会导致含盐量的升高。另外，高浓度含盐量会抑制水的吸收，引起植物萎黄病、焦烧、叶片掉落、顶梢枯死并且抑制生长，常被称为"灼烧"。盐分指数（SI）相比含盐量更适合评价肥料引起植物病变的能力。

（3）热值

热值是生物污泥作为工业燃料的一项重要指标，如在水泥工业中。热值常被用来评价生物污泥燃料特性和有机物含量的。一般干化污泥的热值范围在12000～16000kJ/kg（5000到7000Btu/lb）。煤炭的热值大约在28000～30000kJ/kg（5000到7000Btu/lb）。木质生物质热值约为19000kJ/kg（8000Btu/lb）。

16.3.2　产品使用

污泥热干化已是北美生物污泥处置中广为接受的方法之一，已有20多个社区在使用。生物污泥干化系统包括马萨诸塞州波斯顿，纽约，德州的休斯顿，威斯康辛州的密尔沃基，还有小规模设施包括黑哥斯顿，马里兰和田纳西州的纽波特。这些系统生产出"超常质量"的产品可以用来作为土壤调节剂，肥料或者燃料。2008年美国和加拿大大约有270000～360000Mg（300000～400000t）的干污泥用于热干化。

热干化生物污泥量的增长，带来对当地或者区域热干化污泥市场的更多关注。由于这些市场对热干化污泥的使用并不熟悉，当地的市场需求的发展在投入回报比平衡之前还需多年发展。可能的产品出路在下文将讨论。

1. 大量供应

首先，通常情况下最容易大量供应的产品是作为农肥。在这种大需求渠道上，产品可定期从工厂收集，并在收益性的商业项目中应用。这个渠道可以给生产商一种缓冲，直到开发出其他市场或者提供一个"大场地"替代其他存贮地方式。

在大部分情况下，通过这种方式往往只有较少或者没有收益。实际上，一般生产商需要承担运输和管理过程中的纯指出，直至当地市场承认干污泥的价值。

在应用市场上，干污泥应与其他污泥产品一样管理。使用频率，水的损耗和其他管理措施都应该应用。在有些州，"超常质量"产品的土地利用需要特定场地允许或授权。

2. 混合肥料

混合肥料加工后，经特定成分分析后，可满足一种或多重种植系统或经济条件。成分的比例是人为调配的，以生产出适应市场需求的混合肥料。由于添加化学肥料成分满足各市场需求不太现实，混合物一般利用对植物营养盐并无贡献的惰性填充物。典型的填充材料包括石灰岩、玉米棒、沙子和黏土等。干化污泥利用其中的一种或多种填充物。热干化污泥与肥料的混合物不仅仅是为了满足填充物的需求，也是为了替换填充物中的无机物为生物污泥中的有机物，贡献一部分氮，减少购买氮素。

一般对混合进入肥料的填充物的大小，灰尘以及其他物理性质有严格的限制。干污泥作为混合肥料成分的价值是替换了肥料中的成分以降低成本。

3. 特种肥料

肥料若不作为农用的则一般是作为特种肥料，产品包括：

(1) 批发零售的草皮用肥料（包括家庭用草皮和花园用肥料）；

(2) 应用于“特种”农业产品（如蔬菜和柑橘类水果）；

(3) 苗圃，大棚或室内盆栽植物

特种肥料可以作为独立的产品，如活性污泥肥料，或者是混合肥料产品。大部分国家这类市场比较小，但是这类产品的潜在价值相对更高。

4. 非传统的渠道——燃料

随着化石燃料成本的升高，水泥工业和其他工业正考虑使用其他替代燃料，如生物质，以提供生产过程中的能源需求。水泥工业对于生物污泥而言是一个很有吸引力的行业，由于灰（包括大部分生物污泥中的污染物）可以混合进入水泥产品中。因此，污染物无需排放进入环境。马里兰州里海水泥厂已有此类应用，该厂利用波士顿和巴尔的摩的干化污泥作为燃料。

水泥厂商并非对干污泥肥料成分感兴趣，而是对其他可能影响砖窑排放气质量许可的化学物质感兴趣。每个砖窑都有基于排放模型的限制，对于使用者来说，了解这些元素的浓度作为设计指标，使干污泥作为能源使用过程中，将空气污染控制在一定范围内。

水泥厂商一般需要投入一大笔资金改造设备，以满足利用干污泥作为燃料。所需的改进包括调整排放气体和其他许可条件，物料处理系统的工程建筑更新，包括产品储槽和其他新增的空气污染或过程空气系统的更新。

当一种新的生物污泥干化系统产品投入市场，其需要与其他已经被市场接受的产品竞争。需求的关键因素是显示其相对于现有产品的优势。生物污泥经营者需要与当地大学或其他科研机构合作，计划与研究几种策略推广产品。

干化污泥的使用者希望得到一种可靠的，可持续供应的产品。对于任何肥料供应商，市场需求都是波动的。干化污泥厂商对产品的储存是其保证合理供应的决定因素。

16.3.3 热干化产品的评估

假定热干化生物污泥的物理特性和其他性质都满足市场需求，其与其他商业化肥料是具有可比性的。2008 年，化学肥料中营养盐的成本约是 0.5 美元每 0.5 千克（1lb）氮，0.3 美元每 0.5 千克磷（以磷酸形式）。这些成本因地区和每年不同时间而异，氮素价格随天然气价格而波动。

基于各种肥料的价格水平，总氮含量 4%和总磷含量 2%的干污泥产品与肥料基本等值，肥料价格约为 67.50 美元每 0.9Mg（1t）。

而干污泥无需这些成本，由于干污泥具有缓慢释放营养盐的特性，使用者在一年的施用过程中可以省去所有的氮和磷消费。为了进入市场，干污泥产品往往价格较低。新的生产商会尽可能不生产多余产品，其价格也是在反应成本的最低价，保证后期产品性能被认可后的涨价空间。

16.3.4　热干化产品的销售

干污泥可以通过多种渠道销售，而不同渠道对产品价格也有影响。依赖外部经销商的生产商或产品营销代理一般明白，相对于自行开拓市场其单位产品赢利较低，由于大部分外部经销商或外部承包商并不会积极探索高价的销售渠道。市场主体一般要求最快的将产品销售出去而非最大化其价值。

内部销售系统的建立不可避免的要提高成本（包括培训，包装，拓展业务等）。这些成本转移给市场的可能与否，使产品销售的收益变得难以估计。另外，大部分内部销售系统往往在市场开发多年后才考虑到税收，之前一般不会将其计入成本考虑。

不管产品市场如何，干污泥的销售多少都会为污水处理厂带来一定收入。所有生物污泥干化专业设施和市场，其成功都是取决于当地市场条件，竞争的产品和产品的性质。

16.4　能量利用与回收

16.4.1　干化过程的能量需求

生物污泥热干化过程中水分的去除需要大量能量，是任何相关设备运行费用最高的。热干化系统中蒸发0.5kg水所需热量大大超过单独水蒸发过程的2257 kJ/kg（970Btu/lb）。热量需求包括固体温度升高，生物污泥中的水以及燃烧过程中空气的需求，产品转移过程中热量转移，以及燃烧炉热损失和干燥器热对流和热辐射。

热氧化器等辅助设备常常需要处理干燥器的尾气，这也需要提高热量的消耗。干化过程水分蒸发全部热量需求为3250～3950kJ/kg（1400-1700Btu/lb）。高热量需求是最大的缺点之一。

16.4.2　干化器的能量来源

热干化最常用能源是天然气。用于污泥稳定中温消化过程的消化气可以作为干化过程一个节约成本的能源选择。若填埋场距离合适，填埋场气体也可以合理利用。

厌氧消化和热干化可以组合成为一个系统。消化可以提供消化气，反过来，热干化也可以提供废热给消化过程提供热量。消化气体作为主要能源，同时也需要天然气以保持消化系统运转，另外可以作为高负荷运转时候的补充能源。由于消化气生产过程的多样性，需要考虑存储量和使用量的合理配合。

消化气和填埋场气体主要都是由甲烷和二氧化碳组成，但也可包含杂质如固形物、硫化氢和硅氧烷。这类气体在设备运转温度下也会饱含水分。对于热干化能源来说，消化和填埋气质量要求并不高。需要控制气体中硫化氢浓度和水分以避免腐蚀性气体的形成破坏设备。气体中水分还会造成阀门和燃烧器喷嘴的问题。若气体中含高浓度的硅氧烷，最好能有硅氧烷处理步骤以减少尾气处理装置中热氧化器的维修。

其他可供选择的燃料包括热干化生物污泥产品，木材废料或者垃圾。燃烧器中释放出的热气可以通过热交换器提高干化气体的温度。一般来说，干化污泥可以被用来提供一些或部分干化过程的能量需求。这些能源的使用范围还包括适当的空气污染控制和尾气处理系统。

空气污染控制装置一般针对设备处于最不利情况下设计。(如组合能源情况下，允许具有最大污染可能的燃料)。

此外，能源需求可以通过再循环或者干燥器废气热量回收应用于助燃空气预热。因此，纯购买的热量可以低于干污泥的总能量需求。以下章节讨论的是干化系统热量回收设备和回收热量的潜在应用。

16.4.3 热回收设备

为了降低热干化机的能耗和操作效率，尽可能多的回收废热显得尤为重要。热回收是利用一系列设备共同完成的。这些设备中，简单的可以是将加热后的气体从一点输送到另一点的管道，复杂的可以是多燃料复合燃烧器，设计为可以连续燃烧各类型燃料。

1. 炉扩展装置（图 16-9）

炉扩展装置是一个附加在炉上，为回收气体提供入口的装置。

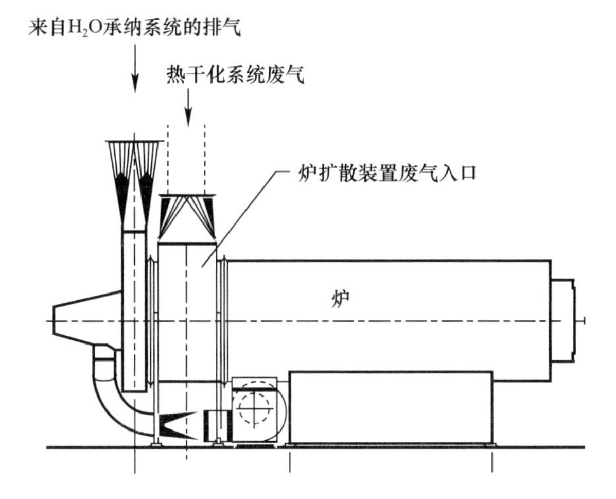

图 16-9 装备热回收扩展装置的直接干化炉

通过正确设计，炉扩展装置可以有效的回收燃烧器中含有燃烧产物的气体。炉扩展装置使回收其他来源或干燥系统本身的热量变得可能。

生物污泥干燥器热回收最容易通过将排放气体循环进入干燥炉内回收气体剩余热值达到。循环的限制条件是出口气体量等于入口气体量。因此，离开系统（不循环）的气体质量流必须等于或者大于几种进入系统的气体的混合质量流。进入系统的气体一般包括燃烧产物，过量助燃空气，污泥蒸发的水分，渗透气体。在某些干燥气体中，燃烧产物（过量助燃空气）并不进入干燥器。

一般干燥系统使用冷凝器去除干燥器排除气体中的水分，以使排出气体适合循环适用。冷凝器的附加功能还包括去除干燥器排出气体中的颗粒物。冷凝器排出的水会浪费一部分热量，排水温度太低难以利用可观的热量，但是冷凝器出水热量在某些厌氧消化装置中可以被使用。在直接转鼓式干燥器中，再循环速度一般约低于总气流的 70%～80%。再循环还可以减少干燥器中氧气浓度，使之低于爆燃所需的氧气水平。

炉扩展装置还可以用于回收干燥系统外部的热量。例如，如果一个厌氧消化系统的供热系统，供热系统中的燃烧气体可以被炉扩展系统回收利用。密尔沃基 JonesIsland 生物污泥干燥设备利用涡轮排气，可为转鼓式污泥干化系统提供 100%的热量需求。涡轮排气由于其温度（700～900℉）和降低的氧气含量特别适用于这一用途。

2. 热交换

热交换系统也可以是热量从一个介质传播至另一个。热交换器提供从高温流体到低温流体的无触电热交换机制（图 16-10）。热交换器一般是将热量从一种流体传递至另一流体。例如，热量可以从高温流体如热油（直接干燥器中使用）传播至水（供热系统中使用）。

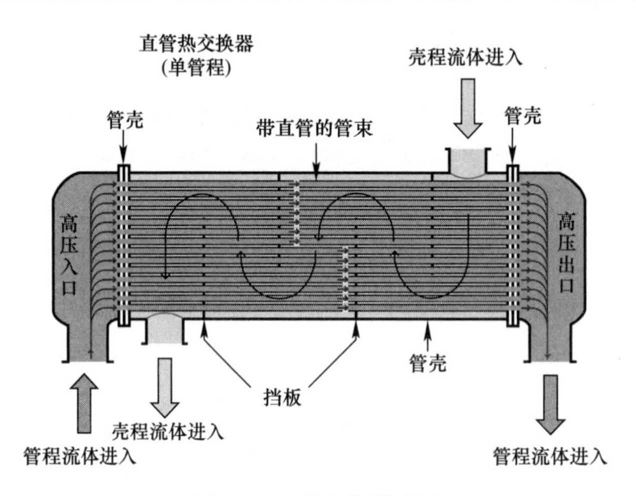

图 16-10　热交换器示例

还有从气体传播至液体或相反的例子。

干燥系统（如 Kruger 带式干化机）利用气-气热交换器回收热量。这些系统一般将气体从干化机的热端传递至冷端以预热进入干化机的空气。这种方式可以加热干化机空气，降低能量需求提高整个系统效率。另一种气气热交换器的应用是利用其他热源的排出气体或废热将燃烧器助燃空气预热。

3. 干化生物污泥

由于近年能量需求的快速增加，将干污泥作为能源使用也成为越来越具吸引力的选项。作为能源，干生物污泥可以提供部分甚至所有生物污泥干化的能源需求。干化生物污泥引入带有后燃室的活动炉排式燃烧室以控制挥发性有机化合物（VOC）。其生产的热气通过气气热交换器以提高干燥器气体的温度。释放的气体虽然需要去除颗粒物，但燃烧器被冷却的气体通常不进一步处理而直接释放入大气中。

燃烧室灰分一般在厂区外作为无害化材料进行处置，除非常规金属浓度在允许范围内。

4. 多燃料复合燃烧器

在某些情况下，一些便宜甚至免费的燃料如填埋场或厌氧消化装置中释放的生物气也可以用于热干化系统。消化装置或填埋场气体的甲烷含量一般低于天然气。填埋场气体甲烷含量为 50%～55%，厌氧消化气含量为 60%～70%。因此，设计的用于天然气的燃烧器不能利用其他燃料高效运行。然而多燃料复合燃烧器可以利用天然气或生物气，或者是同时使用，而这可以同时利用多重能源的优势。可以与燃烧器厂商合作将干化系统设备针对特定的需求达到最优化配置。

5. 多燃烧器系统

采用两个单独燃烧系统相比不同甲烷含量的混合气体燃烧更有效率。生物气直接进入为其特别设计的燃烧炉中，该燃烧炉与一个独立的天然气燃烧器连接。若生物气提供总能量的一小部分，那么一个小型燃烧器就可以提供其有效运行。风道燃烧器是一种更加方便的燃烧器类型，其可以满足内循环或者在气体通过管道时进行加热。(图 16-11)。风道燃烧器是一种简单而又经济的干化系统。

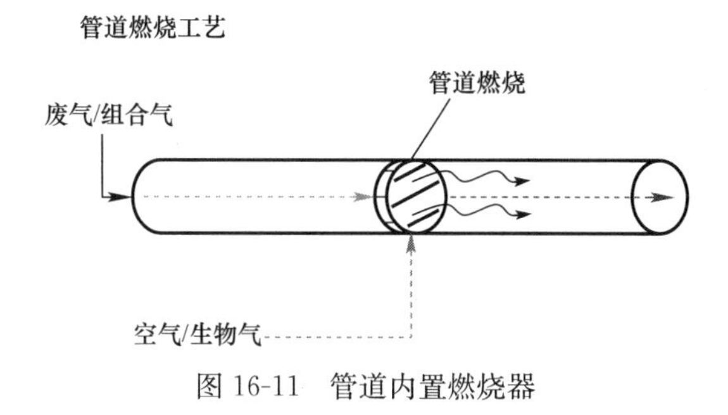

图 16-11　管道内置燃烧器

16.4.4　回收能量的潜在应用

干化过程废热以废气，冷却水，排污洗涤液，加热流体等形式存在。回收以后的废热有多种潜在的应用。接下来的章节将讨论部分较为常用的干化过程回收热量应用方式。

1. 程序加热

干燥器尾气可以为其他单元过程提供较高的的能量。排放气体一般通过冷凝器-洗涤器以通过污泥干化过程中蒸发的水分，冷却水被加热并且混合产生温度约为 50～65℃（122～149℉）左右的热水。虽然作为建筑加热太低，这种热水可以通过螺旋或套管热交换器作为厌氧消化比较理想。这类热交换器规模一般为低温水设计以防止污染。洗涤水并非直接作为热交换器的热源使用，而是通过高效率板式热交换器回收热量作为热洗涤和循环水使用。图 16-12 所示为热回收流程图。

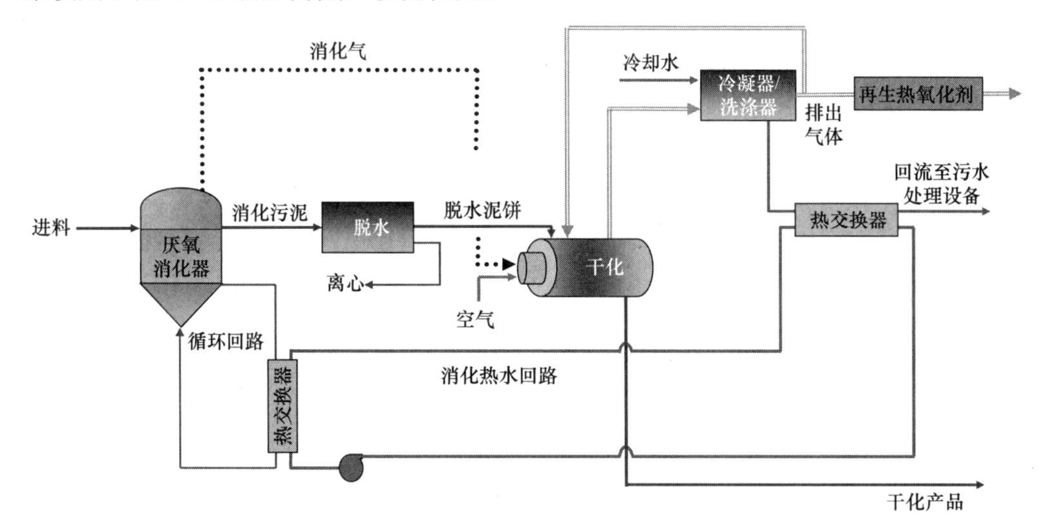

图 16-12　消化热的回收

2. 产品热能含量

由于干污泥含有有机物，因此有本身有热量值。《污泥焚烧：热解剩余污泥》一书中报道了一种热值 23700kJ/kg 的生物污泥挥发性固体（WEF，1992）。一旦干燥去除水分，生物污泥会有一个正燃烧热值。书中指出。湿泥饼热量含量与固形物浓度的关系如式（16-1）所示：

$$\Delta H_{湿泥饼} = (TS/100) \times (VS/100) \times (HHV) \tag{16-1}$$

式中　$\Delta H_{湿泥饼}$——湿泥饼总热值，kJ/kg；

TS——总固形物含量，%；

VS——总固形物中挥发性固体含量，%；

HHV——挥发性固体高位热值，kJ/kg。

生物污泥热含量通过燃烧过程中水分蒸发热量损失。因此，效率因素 μ 计算见式（16-2）：

$$\eta = 1 - 270000 \times (100 - \%TS)/(\%TS \times \%VS \times HHV) \tag{16-2}$$

湿泥饼净热值计算见式（16-3）：

$$\Delta H_{net} = \Delta H_{wetcake} \times \eta \tag{16-3}$$

当湿泥饼净热值超过约 4600kJ/kg（2000Btu/lb），生物污泥就可以无需辅助燃料焚烧。因此，一旦总污泥浓度接近 30%，生物污泥就可以自行燃烧。干生物污泥固形物含量远远超过自行燃烧所需的含量，这就表示生物污泥燃烧所需的热量已满足。因此，干生物污泥与低热值燃煤作为燃料的潜力接近。

16.5　排出气体的处理

在大部分生物污泥处理过程中，热干化的气味处理应该合理的加以考虑，以提供舒适的工作环境并且避免公众的排斥。本章节是关于热干化过程中气味控制，包括气味来源和性质，气味控制策略和处理设备以及设计方面涉及的问题。

16.5.1　热干化过程中气味的来源与性质

直接和间接干燥器都包含脱水污泥加热到 260～482℃（500～900℉）的区域。一般假定干化过程气味来源有两个途径：污泥中挥发性气味，高温引起的燃烧气体。

热干化有几种明显的气味来源，如干化生产废气、原料处置通风产生的挥发气体、储槽通风产生的挥发性气体。每一种来源都有独特的气味性质，决定了独特的处理方法。

1. 干燥器释放的气体

干化过程中，当水通过加热过程转换成蒸汽并离开污泥，气味化合物会通过挥发和热反应产生。这些气味化合物会夹带在水蒸气中，气体会从干化区域中不断的释放。

2. 干化产品的物料处理设备

在物料处理设备中，干化产品会在饱和状态下达到高温。一般认为气味是来源于物料散发的化合物和一小部分干燥过程产生的。

3. 干化产品储存区域

储存区域产品也会释放气味。由于产品常在储存之前被冷却或通风，因此储存区域气味相对处理区要小得多。

4. 干化室

干化系统一般都是封闭的，生产区域往往维持负压以防治气体与气味的外泄。2001

年 3 月在佛罗里达州一干化设备干化设施检测措施表明，气味的检出浓度阈值为 150，识别浓度阈值为 90。这些相对较低的读数说明室内通风空气不是显著的气味来源。

表 16-1 总结了一部分干化设施不同区域的气味数据。气味数据本身也会受到当地污泥特性与不同的干化过程影响。气味逸出数据是根据干化过程气味释放源来定量，反过来就是说要根据不同产品的气味来有效使用这些数据。

不同来源气味特征（Honenereal.，2007） **表 16-1**

样品	气味检测阈值单位	H_2S 浓度（ppm）	总挥发有机物（mg/Nm^3）
干化工艺产气[a]			
1	190993	0.2	180.98
2	416803	3.4	163.06
3	367374	1.8	65.97
4		0.25	
平均	325057	1.4	136.67
平化产品物料处置			
1	16412	9.8	26.12
2	14803	13.4	3.85
3	11907	21.0	11.26
4		16.8	5.38
平均	14376	15.3	11.65
干化产品储存[b]			
储存区域通风	400	0.017	
储存区域周围条件	80	0	

[a] 自不列颠岛鼓式干化系统（May 2006）；
[b] 污水处理厂旋转鼓式干燥系统产品储存室（May 2006）。

气味浓度阈值是利用数次等体积空气稀释气味，直至气味可以被测出来为止的稀释次数。气味浓度阈值表明干燥设备生产气体有高浓度气味。虽然物料处理设备清扫空气的浓度阈值是干燥区域气味浓度阈值的 1/10，但这还是一个显著的气味来源。物料处理设备清扫气体 H_2S 浓度比干燥区域的高。对于这种比较反常的数据，需要独立的试验确认该结果并非异常数据。储藏区域清扫空气相对干燥区域和物料处理设备而言只是一个很小的气味来源。

在气味最浓的区域，需将气味浓度稀释至可测范围，进而来测气味浓度检测阈值，肯塔基州路易斯维尔 MorrisForman 污水处理厂浓缩活性污泥池（TWAS）和污泥混合池内部气味浓度检测阈值分别为 11000 和 7100。

16.5.2 气味控制方法和处理系统

热干燥气味控制系统包括热破坏和排放至好氧池。应根据气体体积和性质以及污染气体排放标准而选择匹配的系统。

1. 热解

热解过程中气味化合物被燃烧成为气味较小或无气味的化合物。这个过程的有效进行必须伴随着燃烧，只有在气体被加热到足够高温并持续一定时间才能发生。干化系统的热解可以利用热氧化器或在焚烧炉、锅炉或油加热器中将生产气体焚烧。

（1）热氧化器

所有热氧化器都包括燃烧器和燃烧室。由于其可以设计温度一般在815℃（1500℉），停留时间一般为0.75～1s，对气味控制很有效。热氧化器分为常规，回热式，可再生式。

常规热氧化器不包括热回收，因此需要相对较高的热量输入。相对其他类型的氧化器较便宜。

回热式氧化器结构包括回收焚烧室气体热能的气气换热器以预热进口气体，一般能回收50％～60％的热能，能源需求只是常规热氧化器的40％～50％。资金投入相对常规热氧化器高，但是比可再生式低。

可再生式热氧化器由一个包含陶瓷储热介质和气体分配支管的组合热交换器。热回收过程循环操作。即当一个储热介质回收热量时，另一个储热介质在预热进入燃烧室中的气体。储热容器的功能会定期交换。可再生式热氧化器可以有较高的热效率，一般超过95％的热量需求可以由热回收系统提供。由于可再生式热氧化器相对常规或回热式热氧化器复杂，其成本也相对二者较高，维护要求也比较高。

常规和回热式热氧化器相对可再生式热氧化的相率低，比较是小型干燥器的气体处理。小型干燥器相对来说能量消耗小，使用复杂的高成本可再生式式热氧化器并不实际。对于较大的干燥器，应该使用可再生式热干燥器。

（2）燃烧设备

在有些设备中，干化过程的燃烧设备可以用来处理臭味气体，因此无需安装污染控制设备。生产气体直接作为可燃气体进入燃烧设备。劣势是该设备是用来产热而非破坏气味的。

大部分设备并没有足够的空间在高温燃烧下提供合适的停留时间。某些利用焚烧炉或锅炉进行气味处理常会引起很多不满，这也表明热处理并非总是适于处理气味。

2. 排入曝气池

带有小型物料处理设备的小型干燥器会排放少量生产气体。有些处理厂会将生产气体直接通入曝气池布气系统处理。

16.5.3 设计要点

本节介绍大型处理系统最常用处理方式——可再生热氧化器的设计要点。

1. 容器数目

可再生热氧化器内含一填充陶瓷介质的热交换容器用于吸收，存储和转移热量，从而降低能源消耗。气体可以在容器中循环，有选择性的接受来自燃烧室处理过程中的生产气体的热量，并且将进入燃烧室的气体预热。容器数目可能是2个，3个甚至更多。含有两个容器的系统成本最低，但不能处理全部生产气体。当进口容器转换成为出口容器时，一部分底部的气体会绕过燃烧室直接进入排出支管中。虽然未处理气体一般只占5％～10％，也会降低气体的整体处理率。此外，由于转换过程中未处理气体未经稀释直接排出，气味的可检出率提高。含有3个以上的热氧化器可以保证全部生产气体得到处理。第三个容器可以在转换过程中使用以接收排出气体。

2. 介质的种类

一般用于可再生式热氧化器的两种主要的介质类型是结构化或非结构化的。非结构化介质是将陶瓷无规则填充，其具有高热效率，高压力降。结构化介质是由小而平整，类似蜂窝的陶瓷砌块组成，同样具有高热效率但有较低的压力降。

近期，佛罗里达一厂家试验出一种可以减少维护需求的类似“鸡蛋条板箱”型介质。这种介质分层结构，压成薄板，胶合成型。结果是清洁频率从 1.5～2 月降至 3～5 个月。虽然对其坚固性有所顾虑，但运行 1.5 年后还不曾出现问题。

3. 介质污染

运行一段时间后，颗粒物会在陶瓷介质上沉积，从而提高介质的压力降。当压力降大于风机的设计能力，介质就必须进行清洗或替换。介质一般清洗过 2～3 次就必须更换。从 5 个设备的统计结果来看，清洗的频率从每六周一次到一年不等。清洗过程需要 2～3 人花费 3～4h 完成，需要二三天时间等待介质的冷却与清洗后的再次使用，期间设备需要全部停止工作。清洗工作包括介质的水洗，和某些情况下的真空处理或容器顶部的介质更换。

16.6 操作与维护

由于主要与辅助设备较多，干燥系统的操作与维护比较复杂。标准操作规程（SOP）包括启动准备，启动系统，正常运行，关闭系统，故障排除，定期检修。SOP 因干燥器类型，污泥性质和其他方面性质不同而异。本节概述 SOP 步骤，为干燥器安全操作和维护提供指导。

16.6.1 启动准备

操作员的启动准备至少包括以下几项：

(1) 回顾操作日志，保证上一次操作过程中的警报和过程事件都已妥善处理；

(2) 保证人孔、入口、接口按照要求密闭或安全；

(3) 所有阀门都在合适的操作位置上；

(4) 检查相关的电机控制中心，确认未被工作人员锁定；

(5) 检查储槽与管道是否堵塞，清空碎屑；

(6) 保证水，压缩空气，天然气可用；

(7) 保证所有设备在数据采集与监视控制系统（SCADA）中都处于正常受控模式；

(8) 清除控制界面终端（OIT）中的警报。

16.6.2 启动

启动过程是从自动启动序列初始化到稳定状态的过程。干燥系统启动过程必须由专业人员操作。干燥系统一般通过自动启动模式启动，软件程序在受控模式下启动独立的子系统以避免电力超载或设备损坏。启动过程中干燥器操作员应在警报或其他状况发生时切换为手动模式人工操作。

一旦干燥器联机并在操作温度下，操作员应该检查压力值是否正确，是否有充足的水量，以及气流速度情况，注意是否有不正常噪音或设备的振动。只有在操作条件都满足时，方可对干燥系统进料。为了避免过载或引起操作参数（如进料或出料温度与压强变化）的大幅度变化，生物污泥应在受控模式下进料。操作员应该每隔 10-15 分钟监控进料污泥浓度和产品干燥程度，当干燥器达到稳定操作条件后可以采用正常运行规程。

16.6.3　正常运行

启动阶段结束后稳定状态操作条件下开始正常运行阶段。正常运行阶段包括系统周期调整保持稳定条件。调整应该是每次细微的变化以避免过程中较大的波动。操作员应该在调整后等待 10min 观察调整的效果，尽量避免过程参数的变化。正常运行阶段的任务包括：

（1）以每隔 1h 或厂商提供的更短时间间隔内，监控控制进料和产品污泥浓度；

（2）协调脱水系统操作员保证脱水污泥的后续稳定供应；

（3）OIT 中控制过程系统参数，包括压力、温度、气流、生物污泥、供水、空气或消化气，确认参数在正常范围内；

（4）利用 OIT 控制过程参数以确保过程在设定的范围内，并且保持稳定状态；

（5）填写数据记录表和记录本并归档，以备检查或下班工作人员查看；

（6）按照 SOP 规定提取代表性样品提供实验室分析。物料质量较差，污泥浓度在可接受范围外或含有过多的纤维素都会造成干燥器故障。污泥浓度和物料的性质应该在干燥系统的各个位置严格控制以避免故障发生。

需要严密跟踪的参数包括脱水泥饼污泥浓度，干燥器进料混合物污泥浓度，干化产品污泥浓度。取样口应该在设计阶段仔细考虑。

16.6.4　系统关闭

操作员可以在 OIT 终端控制系统关闭程序，干燥器子系统会按照关机程序关闭。关闭程序应提供充足时间满足干燥物料完全清除。操作员在关闭阶段应控制压力，温度，流速，确认所有工作设备完全停止并且完成操作日志的填写。

16.6.5　故障排除

故障排除应建立在理解正常运行对操作参数的要求上。若操作员观察到某一参数偏离规定的限制，那么就需要基于 OIT 提供的信息采取合理的措施。

每个厂家的员工要建立操作团队，针对不同的情况提出解决方案，完成故障排除指导手册的编制。操作指导最好以表格形式呈现，并包含出现的问题，引起的原因，解决方案。表格内容简单扼要，可以让操作员快速找到每个问题的解决方法。

故障解决程序的建立可以以供应商提供的操作说明书为蓝本，虽然每个设备情况不同，但是操作说明书作为基础蓝本仍不失一个好选择。其他的故障排除指导可以从类似操作系统使用者处获得。

16.6.6　预防性保养

预防性保养可以将紧急关闭设备等不必要的情况最小化。当大部分保养人员都在岗时候可以安排这项工作。预防性保养的耗时取决于系统的复杂程度和参与人员的人数。

不同干燥器形式预防性保养方式有所不同，供应商应提供预防性保养的任务清单。

最常用的任务包括：

（1）检查和调整履带；

（2）检查调整轴承；

（3）检查润滑度；

（4）检查典型的磨损点的非常规或过度磨损，如滚轴、履带、密封处、风扇叶片、混合叶片等；

（5）检查需要更换的气体和油过滤器；

（6）检查，清洗，校正仪器，包括灰尘监控器、水平仪、火焰探头、二氧化碳探头和溶解氧探头；

（7）检查电机控制中心是否倾翻或有电炉损坏。

预防性保养是对安全和稳定的干燥系统操作非常重要。可以保证产品质量，提高操作员工的信心。

16.7　干燥设备安全措施

本节讨论干燥设备的安全措施。虽然不可能全部包含，但是对于某些特定的情况还是可以提供必要的信息。本节提供的参考方法，行业标准等都可以在特定情况下参照。而且，在干燥系统设计过程中，人们已建议采取风险评估研究，以确保在细节方面设计时能遵循、采用适宜的工程控制原则。

16.7.1　污泥热干化过程中的危害

干化污泥是一种可燃材料，在空气和火源存在的条件会燃烧。除了易燃外，污泥热干化还会引起其他危害。包括干化材料易氧化的性质或脱水污泥有水分存在的情况下遇不稳定的操作造成过热。干燥区域里干化材料加热过程中遇到火源会有着火危险，另外在物料处理和存储区域同样也有着火危险，特别是放置过长时间，自氧化过程积累大量热量后着火可能性更大。

干化产品生产过程中会产生易燃粉尘。如果污泥干燥程度太高且没有合理的去除，粉尘将会大量积累。悬浮在空气中的粉尘浓度足够高又接近火源极易发生爆炸。干燥设备运行过程中粉尘的产生会始终伴随着爆炸危险。这些区域包括干物料生产和处理的区域等容易积累大量粉尘的区域，如回收桶和储槽。

干化污泥包含可以自氧化的生物质，若被储槽中冷凝水再湿润或在干化后还含有过多的水分则会发生自氧化现象。自氧化过程会产生热量，若不及时疏散会发生引燃，不加以注意可能会引发火灾。引燃材料和火苗会作造成周围粉尘爆炸。引燃材料会散发一氧化碳，虽然对其爆炸性有不同意见，但其也是一种可燃气体；

处理厂对进厂污水成分和污泥处置过程只有有限的控制。过量的纤维或油脂会在污泥干化过程中出现问题。进料中大量的纤维会堵塞空气滤膜，筛网和冷却器，而且还会生成大量粉尘。油脂可以在干化过程中挥发产生可燃蒸汽。设备中油脂沉积物会引起堵塞形成可燃物。

16.7.2　干燥器安全建议

保证干燥系统的安全需要预防与缓解。

1. 预防和缓解系统

一些比较重要的预防措施：

(1) 注入空气保持氧气含量低于爆炸下限；

(2) 在控制系统发现初期火灾条件下，往干燥区域物料上喷水；

(3) 控制温度，保证在安全温度范围内并且控制物料不至于过度干燥，避免产生过量粉尘，高温情况下激活其他预防系统；

(4) 冷却产品以降低自氧化可能性；

(5) 注意通风，保持粉尘浓度低于爆炸下限，去除水分，防止设备内部物料沉积；

(6) 在关键区域进行火花检测，如干燥器出口或气体分离器，如有需要激活洒水系统。

更重要的缓解措施包括：

(1) 对干燥系统的存储产品区域通风，降低爆炸危险；

(2) 隔离以确保爆炸不传播至其他大量干物料存储区域，如回收桶或储槽，或者是有高浓度粉尘的区域如袋式除尘器。

2. 控制系统

合适的仪器十分重要，会提供操作者干燥器运行状况和不正常状况的报警信息。仪器系统关键部分包括：

(1) 温度监控；

(2) 氧气和二氧化碳监控；

(3) 压力监控。

16.7.3　条例、规范和标准

许多国家级，州和地方条例，规范和标准都涉及干燥设备的设计和运行。有些规范对于某些单位或地区特定的设备具有强制性效力，有些则是提供指导性建议。总之，以下的安全准则还是应该在设计和运行阶段加以考虑。接下来一节内容包括涉及的某些条例，规范和标准的清单。国家和州以及当地相关条例规范和标准的最新版本。

1. 职业健康与安全标准

职业健康与安全法确定了国家职业安全和健康标准（29CFR1910）（U. S. Degartment of Labor，1970）。该标准直接应用于污水处理厂（WWPTs）。其中适用于干燥设备的条例包括：

(1) 步行工作表面；

(2) 疏散设施；

(3) 职业健康和环境控制（通风设备和噪音控制）；

(4) 个人防护设备；

(5) 限制区域通行许可；

(6) 危险源控制（挂牌和上锁）；

(7) 火灾防护；

(8) 机械和机器防护；

(9) 用电需求。

2. 建筑物、防火和机械标准

涉及干燥设备的地方法规一般都包括安全规范。规范一般包括场地特性，应该满足所在区域的要求。国际建筑规范和国际防火规范是适用与干燥设备的国际标准委员会标准守则。

3. 美国消防协会

美国消防协会（National Fire Protection Association，NFPA）制定了可以适用于市政污水污泥干燥设备各方面火灾和爆炸的安全规范和标准。相关规范如下：

(1) NFPA 30：易燃和可燃液体规范（美国消防协会，2008a）；

(2) NFPA 31：燃油设备安装标准（美国消防协会，2011a）；

(3) NFPA 54：天然气规范（美国消防协会，2009）；

(4) NFPA 68：爆燃通风指南（美国消防协会，2007）；

(5) NFPA 69：爆炸防护系统标准（美国消防协会，2008b）；

(6) NFPA 86：锅炉标准（美国消防协会，2011b）；

(7) NFPA 654：制造业易燃颗粒固体加工和处理防火和粉尘爆炸标准（美国消防协会，2006）；

(8) NFPA 820：污水处理和收集装置火灾防护（美国消防协会，2008c）

4. 保险和其他工业标准

除以上所列标准和规范外，还包括燃烧器安全规范等工业标准也可以适用于干燥系统。确定设备的保险范围，保证设计符合要求非常重要。很多时候，保险规范比当地法规或 NFPA 规范更加严格，所以在特殊危害存在时候应特别加以注意。

16.7.4 员工培训与安全

干燥系统由不同的设备和子系统组成，每个设备和子系统的操作都会相互影响。因此，对干燥设备操作员进行适当的训练必不可少，特别是对系统初始化启动步骤。原始培训材料和内容和经验都应该作为培训内容。

干燥系统安全依赖一个在所有决策和程序中强调安全的团队。例如设置安全专员负责控制系统和挂牌/上锁。安全专员只允许部分人员修改安全控制条例。这会确保警报条件和互锁不会在没有经过合适的检查和对可能性结果了解前就被修改。合适的挂牌/上锁程序对干燥系统很有必要，原因是许多设备安全互锁取决于电力控制系统。

生物污泥干燥中一些特定的危险不可能仅仅通过防护系统就可以预防。这些危险只可能通过正确的操作而被最小化或消除，因此需要强调充分的操作训练。

16.8 气体排放许可

本节讨论关于干燥器气体排放许可的问题。洁净空气法修正案（1990 版）（CAAA）定义空气固定污染源为“排放污染气体的任何建筑，结构，设备或装置”（42U. S. C. §7401-7671q；40CFR50-88）。新建或改建固定污染源需要有空气施工许可。CAAA 定义了改建，即“任何导致污染物排放量提高或新污染物出现的设施改造或运行工艺的改变”（42U. S. C.

§7401-7671q；40CFR50-88）。直接或非直接干燥器都是固定污染源，任何形式燃料的燃烧都会导致气体的排放。因此，在投资建设污泥干燥设施之前应取得空气施工许可。

干化设备安装的最先要关注的目标是按照最低需求和最低的审批条件取得空气施工许可。无论是新建或改建，空气施工许可根据排放源排放量变化范围分为小型和大型排放源施工许可，一般来说，小型排放源审批较为容易。而大型排放源则需要执行联邦CAAA源评估（NSR），由重大污染预防组织（PSD）（40CFR52.21）和不达标NSR（NNSR）program（40CFR51和52（42U.S.C.§7401-7671q；40CFR50-88）。PSD应用于未分类或达标的大型固定污染源和大型改建污染源。所在地区空气质量，若环境中监控的污染物相比国家大气质量标准（NAAQS）较低则被定为达标，而若监测数据不足以定义为达标则为未分类。

如果某区域某一污染物检测浓度高于NAAQS则被定义为不达标。PSD条例的设定确保空气质量达标区域不因为未来工商业发展明显恶化或超过NAAQS标准。NNSR应用于某区域特定污染物不达标的情况。生物污泥干燥器没有列入任何指定的源分类中。指定区域内若环境中某种污染物监测浓度大于NAAQS则分类为不达标

16.8.1 一般的空气许可审批过程

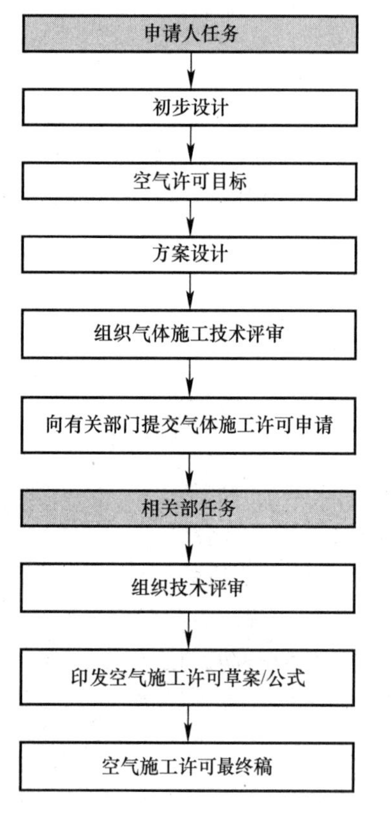

图16-13 空气许可审批流程图

一般的空气许可审批开始于生物污泥干燥设备业主或者经营者（申请人）发起，审批过程如图16-13所示。

1. 确定工程设计

作为项目第一步的初步设计/方案设计是很重要的。工程设计一般依据项目设计标准确定工程地点的干燥技术，空气排放设备，空气处理设备以及燃料类型（初始和补充）。新建干燥设备的排放可以分为两种形式：

（1）生物干燥器-直接或间接系统；包括燃烧后气体处理

（2）干燥产品运输，处理，储存和转移。

2. 估算排放能力

CAAA规定了6种标准气体污染物和187种有害空气污染物（HAPs），6种标准气体污染物是二氧化氮（NO_2）；二氧化硫（SO_2）；一氧化碳（CO）；颗粒物（PM_{10}和$PM_{2.5}$）；臭氧（挥发性有机化合物可能会替代臭氧）和铅（Pb）。此外，有些州和地方政府还规定了其他特定的污染物。

EPA定义了排放能力：固定源在设计操作条件下的最大排放能力。EPA管理部门规定的任何对排入空气中的污染物的限制，包括空气污染控制设备和对操作时间的限制，或者燃烧存储与处理物料的类型等都应该作为设计内容的一部分。（42U.S.C.§7401-7671q；40CFR50-88）。潜在的控制污染物应该作为空气许可申请中预估。干燥项目中主要和次要排放源范围是依据拟定计划中年排放量（只针对未开发地区单独设施）和当地的分类（针对改建）。

(1) 标准污染物

拟建干燥项目的 NO_x、CO、PM/PM_{10}/$PM_{2.5}$，VOCs 和 SO_x 排放能力可以依据不同排放源的排放数据，包括干燥设备和污染控制设备供应商提供的数据，42，*Compilation-ofAirPollutantEmissionFactors* 提供的基于类似设备的数据以及其他工程计算数据。如果使用了消化气，则必须检测气体中硫和硅氧烷含量。

(2) 气体毒性和有害气体污染物

在某些州和地方，空气毒性条例要求申请者估计特别限定的污染物的排放，其中有些也可能归类为联邦 HAPs。生物污泥干燥器一般排放微量的含金属颗粒物，如砷，镉，汞和镍；痕量挥发性有机物 HAPs；和其他污染物如硫化氢和氨。含金属颗粒物可能从干燥器和物料处理过程中排放。含金属颗粒物的排放量一般取决于生物污泥中的金属含量和悬浮颗粒物和 PM10 排放速率。污泥金属含量数据可由污泥性质分析得到。

美国危险气体污染物排放标准（NESHAP）对干燥器污泥直接加热过程汞的排放量有规定。美国排放标准对汞的排放限制（40CFRpart61，subpartE）是低于 3200g（7.1lb）每 24 小时（42U.S.C. §7401-7671q；40CFR50-88）。汞的 NESHAP 标准还要求相关设备进行堆叠测试和污泥取样，汞排放过量超过 1580g（3.5lb）要备案。

(3) 气味

大部分州和地方政府都有恶臭气味相关规定限制气味排放。气味排放可以通过气味控制单元的输入和输出来预估。硫化氢通常作为气味排放的代表性物质。

16.8.2 空气许可政策的发展

空气许可政策和生物污泥干燥项目工程设计之间有较强的相关性。为达到最优化的设计并达到空气排放要求，施工过程中需要经过多个步骤。由于影响多个步骤，最优化设计的描述是空气排放要求重要的第一步。包括：

(1) 设备选址；

(2) 设备规格；

(3) 设备布局；

(4) 排放速率；

(5) 燃料；

(6) 烟囱参数；

(7) 燃料预处理或附加的排放控制技术形式的选择；

(8) 操作难度。

16.8.3 项目计划

空气施工许可需要在污泥干燥项目开始前获得。作为项目计划的一部分，需要注意分配好时间日程：

(1) 在项目初步设计和概念设计过程中，应该反复配合空气处理设施建设；

(2) 准备空气施工申请文件；

(3) 机构审查。

小型排放源的审批一般在递交审批材料后需要 3～6 个月。大型机构审批和审批需要 12～24 月。因此，在整个项目计划中包含空气施工许可非常重要。

第 17 章 热氧化技术

17.1 引言

热氧化（简称焚烧）自 20 世纪 30 年代初，就已被应用于市政污水处理厂污泥的处理。当前美国所产生的污水处理污泥中，17％～22％采用热氧化技术进行处理。热氧化技术作为一种可行的、环保的且经济有效的污泥处理方法，应泛应用于美国、加拿大、欧洲和亚洲的污水处理厂中。

与其他污泥处理方法相比，热氧化技术具有以下几点潜在优势：

（1）降解有毒物质。热氧化技术能够降解具有潜在毒性的有机化合物以及其他可能对环境造成不良影响的药物和个人护理类产品。

（2）控制病原菌。破坏污水处理剩余污泥中所还有的病原体结构。

（3）最大幅度降低污泥体积。水分的蒸发和有机物的燃烧能够使污泥体积和重量减少85％～95％。

（4）能量回收。对热烟气中余热的再利用显著降低了辅助燃料（如天然气、燃油）的使用量。例如，利用锅炉余热产生的蒸汽进行建筑物供暖。又如，将锅炉余热产生的蒸汽输送到蒸汽涡轮发电机中进行发电。所有这些能量回收方法都降低了焚烧的总成本。

（5）减少污泥排放量。与其他污泥处理方法相比，焚烧占地面积小。

（6）降低存储条件。热氧化技术显著降低了脱水污泥和最终污泥处理产品的场内和场外存储条件。

（7）最终产物。热氧化技术所得的无毒无害的惰性产物可进行有益的再利用。

（8）减少处运量。货车运输量大幅减少，从而降低了运输成本、土地利用费及其他处置费。

然而，另一方面，热氧化技术也面临着一些挑战：

（1）初始投资。热氧化技术的初始投资常常高于其他污泥处理方法；

（2）技术人员。热氧化技术和能量回收操作需要有经验和执照的技术人员进行操作；

（3）准入条件。申请新焚烧炉的准入条件比申请其他污泥处理方法更加复杂；

（4）认知误区。关于污泥的焚烧处理的认知仍存在一些误区，包括认为焚烧和其他污泥处理方法相比并不是一种可行的、经济有效的、环境友好的方法。

本章节主要关注的是污泥热氧化技术和相关的能量回收方法。关于污泥热氧化技术的更多详细信息，包括燃烧理论和基本原理、空气污染控制装置、灰烬处理和管理、辅助系统以及相关的案例研究，可以查阅美国水环境联合会的《污泥焚烧系统》(2009 年)。

17.2　热氧化和燃烧技术

热氧化是燃料中的可燃元素所进行的快速氧化放热反应。在污水处理厂中，焚烧指的是污泥中的有机物完全燃烧，剩余的无机物形成无毒无害，惰性飞灰的过程。

焚烧过程分为三个步骤，包括水分蒸发，污泥中挥发性固体的燃烧以及灰烬的冷却。虽然出现了简化的形式，但是燃烧仍然是一个复杂的过程，它涉及了发生在不同时间、温度和焚烧炉中位置的热反应和化学反应。

污泥中的挥发性固体作为燃料最终发生氧化反应放出热量。脱水污泥的燃烧与常见的燃料燃烧的不同之处在于脱水污泥的高含水率（通常为70%～75%）。

17.2.1　污泥的成分

对污泥的组成成分有一个基本的了解是很重要的。从热力学角度看，送入焚烧炉的脱水滤饼主要有三部分组成：水分、挥发性固体和灰分。在焚烧炉中，水分从液态蒸发为气态，化学成分则不发生变化。在锅炉中，灰分是典型的不参与任何化学反应的惰性物质。然而，污泥中的挥发性成分则与空气中的氧气发生反应，改变组成成分并释放热量。

基于对送入炉污泥的燃料特性的详尽认识，我们对燃烧过程进行了实效性研究。对污泥所进行的检测包括：

（1）工业分析——针对水分、挥发性物质、固定碳和粉煤灰；

（2）元素分析——水分、粉煤灰、碳、氢、氮、氧、氯（有时）、硫、加热值；

（3）飞灰元素分析——多达14种主要成分；

（4）灰融点——分别在氧化和还原条件下进行。

由于污水处理厂的污水来源、污水处理方法以及焚烧之前污泥的处理工艺不同，不同污水厂的污泥热含量［千焦耳热含量（kJ）或英国热单位（Btu）］相差很大。热含量值的范围通常在20900～23200kJ/kg可燃物之间（9000～10000Btu/磅可燃物）。

17.2.2　燃烧技术

第一台污泥多膛炉（MHI）于1935年建于密歇根州迪尔伯恩市。此后到20世纪80年代末，MHI一直是采用热氧化技术的污水处理厂的选择。目前，在美国有167台污泥多膛炉（MHI）正在运行，而在世界各地也有众多的该类焚烧单元。图17-1所示为一个典型的污泥多膛炉（MHI）截面图。

到了20世纪80年代末，流化床焚烧炉（FBI）以较低的排放量和运营维护成本成为污泥焚烧技术的首选。目前在美国有63台FBI正在运行，而在加拿大、欧洲、亚洲也有更多的FBI正在运行。图17-2所示为一个典型的FBI截面图。

虽然新的污泥焚烧炉将由FBI所取代，但在未来的许多年内，仍有相当数量的多膛炉维持运行。

1. 流化床焚烧炉

为了设计一种具有最小排放量且尽可能高效的流化床焚烧炉，所设计的系统必须在排气装置不结垢，或者最小辅助料消耗时沙床上不产生余渣的条件下运行。虽然结垢和余渣

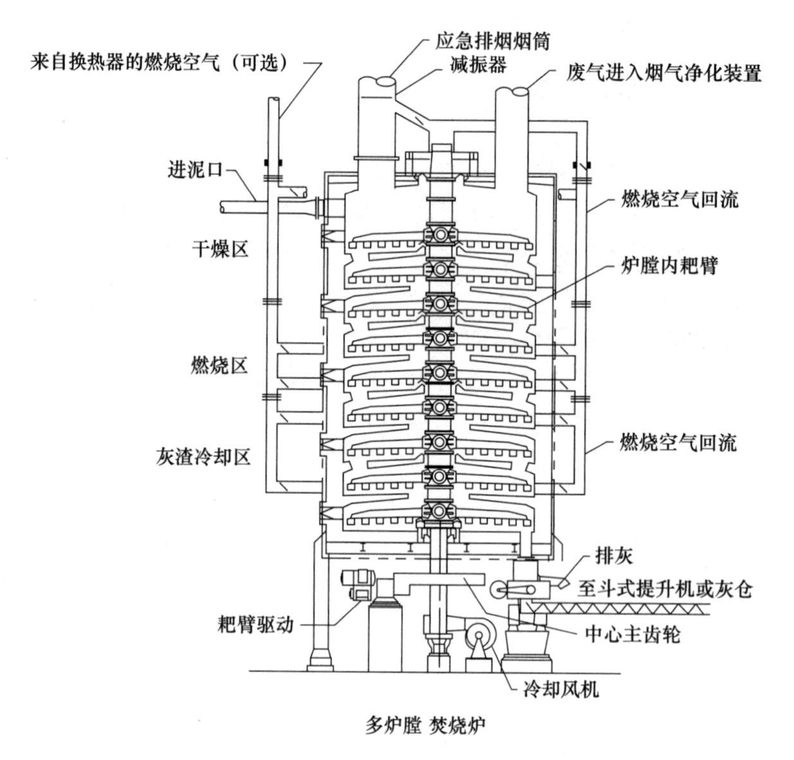

图 17-1　多炉膛焚烧炉截面图

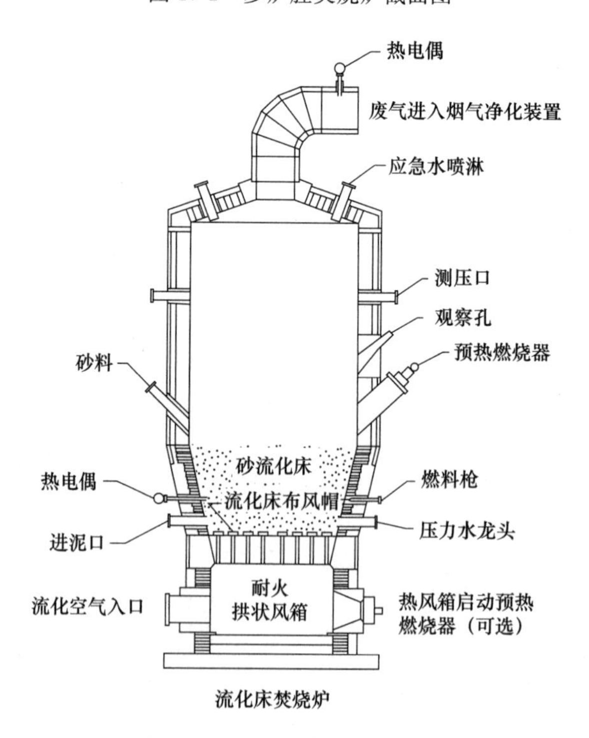

图 17-2　流化床焚烧炉截面图

的产生取决于进料的物料特性，但是污染物的排放量和辅助料的消耗量直接与设计的基本参数相关。为了确定设备的尺寸和特性，必须确定焚烧炉需要的空气量、烟气量、补燃以及冷却水的要求。必须做好为物料平衡和热量平衡，并确定系统的排放标准。接下来的部分将对几个基本的设计参数进行阐述。表 17-1 中列出了典型的设计参数。

在设计流化床焚烧炉时，床料的选择至关重要，并且，固体颗粒的尺寸直接对流态化品质产生影响。在污泥的焚烧过程中，通常使用的是 550μm（30 目）的中等粒径砂质材料。流化床上流化气速通常为 0.64～0.76m/s（2.1～2.5ft/s）。但一些流化床焚烧炉由于进料中固体含量较高，设计和运行速度高达 1.52～1.83m/s（5～6ft/s）。

已知物料分析及进料量，可以通过计算得出理论空气量。考虑 40%过剩的空气系统，可得到实际空气量。系统的设计是考虑过剩空气以减少不完全燃烧的概率。相比之下，超过 40%的过剩空气量不如 40%高效，且将产生更多的氮氧化物排放量。

对于污泥焚烧而言，通常在 6.5s 的最小超高气体停留时间下，采用 843℃（1550℉）的燃烧温度。虽然美国没有对高温区和焚烧炉中停留时间的要求，但其先前的数据和欧洲在 2s 的最小超高气体停留时间下采用 850℃（1562℉）燃烧温度的监管要求相比，还是相对保守的。设计焚烧系统时的一个最重要的标准是减少燃料消耗。辅助燃料的消耗量计算是基于热量和物料平衡求得的，并取决于两个因素：(1) 进料的热值（尤其是根据含固量或含固率不同而有差异）；(2) 燃烧空气的焓值（或温度）。

基本设计参数表 **表 17-1**

参数	数值
床料粒径范围，μm（美国，目）	1680～177（10～80）
流化床料区气体速度，m/s（英尺/秒）	0.75～1（2.5～3）
高温区、悬浮区气体速度，m/s（英尺/秒）	0.76～0.64（2.5～2.1）
过剩空气系数	40%
高温区温度，℃（℉）	843（1550）
高温区停留时间（s）	至少 6.5
燃烧空气温度	取决于含固率

进料的含固率取决于脱水设备以及作为脱水剂的聚合物的量。燃烧空气的焓值取决于从换热器中进行热回收的方式。通常情况下，换热器可以回收烟气中焓值的 40%，从而预热助燃空气至大约 675℃（1250℉）。

图 17-3 所示为辅助燃料消耗量的理论曲线。该计算是基于 843℃（1550℉）的燃烧温度和 454kg 干固体每秒的处理量进行的。进料为典型的污水处理厂污泥，有机物含量为 75%，热值为 23260kJ/kg（10000Btu/磅）。燃料的消耗量随着含固率增加或燃烧空气温度的升高而减少。

污泥中含固率越大、燃烧空气温度越高，则助燃料的需求量越小。当风箱温度为 648℃（1200℉）时，含固率为 27%的进料可以自发燃烧或自持燃烧。

为了减少氮氧化物（NO_x）的排放量和聚合物的消耗量，该系统通常是以最高空气温度和最小含固率情况下的自燃条件为基础进行设计的。

(1) 主要部件的描述

流化床焚烧炉系统通常有多个子系统组成，包括污泥和流沙的运输和进料子系统、热回收子系统、飞灰处理子系统、烟气净化子系统。虽然流化床焚烧炉设备通常设于室内，但是它同样也可以如波多黎各努埃沃港那样设于室外，如图 17-4 所示。

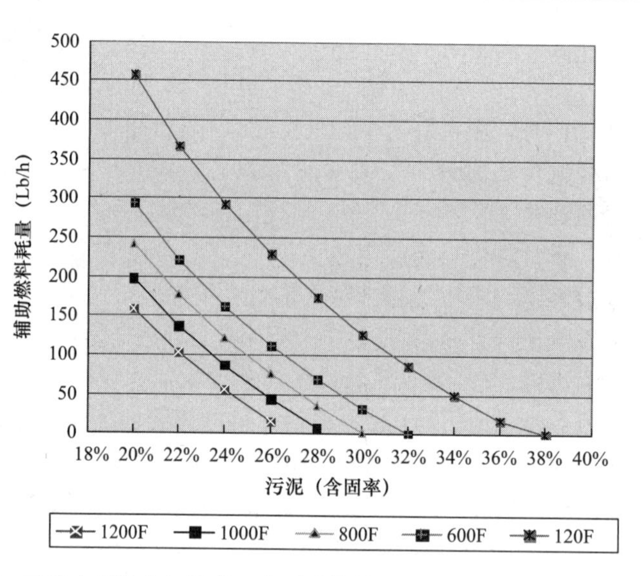

图 17-3　风箱中预热空气温度一定时助燃料消耗量关于污泥固体含量的函数
[kg/h=2.205lb/h;℃=(℉−32)×0.555]

图 17-4　位于波多黎各努埃沃港的流化床焚烧炉

波多黎各努埃沃港污水处理厂的流化床焚烧炉系统的组成包括一个热风箱流化床、一个可将燃烧空气预热至 675℃（1250℉）的热交换器、一个尾部连接冷却塔板和多个文丘里除尘器的急冷塔、一个湿式静电除尘器以及一个烟筒。存储和输送系统包括为进料设计的滑架料仓和活塞泵。图 17-5 所示为波多黎各努埃沃港污水处理厂的流化床焚烧炉截面图。

但是对于不同的项目而言，流化床焚烧炉系统中的焚烧炉、热回收、烟气净化子系统都会有所不同。FBI 可能是冷风箱的形式也可能是热风箱的形式。热回收系统可以包括余热燃烧预热和抑制羽流的空预器或产生蒸汽的余热锅炉亦或是两者兼备。干式除尘系统和湿式除尘系统都可以选用。虽然典型的烟气净化程序有文丘里/气水分离系统和其他系统组成，其他系统可以包括湿式静电除尘器、布袋除尘器、活性炭吸附系统。

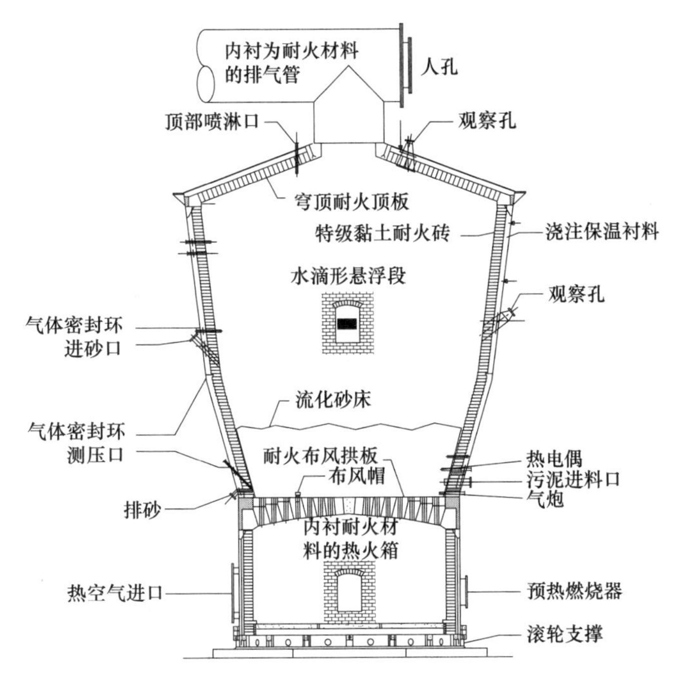

图 17-5 波多黎各努埃沃港污水处理厂的流化床焚烧炉截面图

图 17-6 所示为波多黎各努埃沃港的流化床焚烧炉系统流程图，它采用热风箱形式的湿式除尘系统并通过热交换器进行热回收。在波多黎各努埃沃港的污水处理厂中，污泥通过带式压滤机进行脱水，而后脱水滤饼通过柱塞泵送至焚烧炉。其他的污水处理厂则是通过离心式脱水机对污泥进行脱水，并使用带式输送机将污泥输送至焚烧炉。辅助燃料（天然气或 2 号燃料油）则是用于加热焚烧炉至其运行温度。

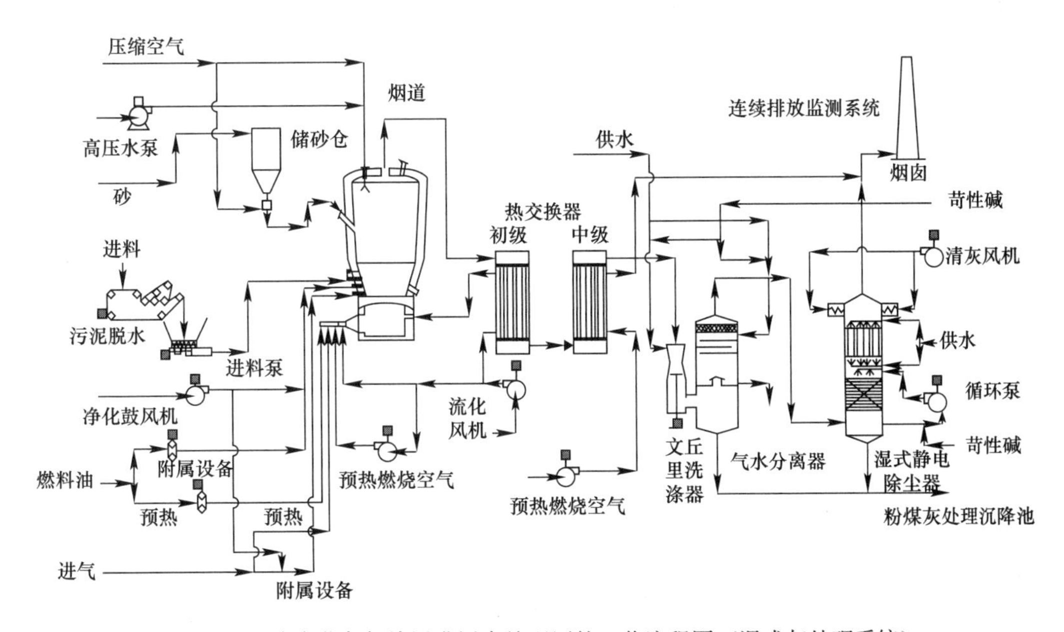

图 17-6 波多黎各努埃沃港污水处理厂的工艺流程图（湿式灰处理系统）

焚烧炉的悬浮段在设计温度大约为843℃（1550℉）下运行。焚烧炉提供了一个可以超高余量使较大的颗粒减速从而减少砂料流失并保证充分燃烧。

如果必要，焚烧炉运行时可以通过气动输送补砂。在这个案例中的热风箱炉中设有耐火拱板以支撑砂床并起到均匀布风的作用。为了减少辅助燃料的使用，需要在外部管或管壳式换热器中对流化空气进行预热至675℃（1250℉），所利用的热源为焚烧产生的烟气。

烟气净化系统包括一个连接有托盘塔的文丘里洗涤器。抑制羽流的空气在二级热交换器中利用一级热交换器的管道排放烟气进行预热。

烟气将飞灰和细砂颗粒带出，并在文丘里洗涤器中通过高压下降形成灰浆从而得到去除。所得的灰浆可以通过泵或重力流至室外的飞灰沉降系统中进行脱水。

在湿式灰处理系统中，酸性气体如二氧化硫和氯化氢气体则是在文丘里洗涤器和冷却塔板中利用水得到去除。这些气体可溶于水，这意味着仅通过污水处理厂出水就可带走多达95%的酸。

由于工艺简单，可利用污水处理厂出水且占地可行，在北美有超过90%的污水处理厂采用湿式灰处理系统。

干式灰处理系统中，在焚烧炉排出的高温烟气进入布袋除尘器（或干式静电除尘器）之前，温度必须控制在150～205℃（300～400℉）之间。余热锅炉或省煤器可以安装在流化床和烟气净化装置之间，抑或是安装在热交换器和烟气净化装置之间以产生蒸汽或热水。图17-7所示为干式灰处理系统的示意流程图。而流化床焚烧炉系统中包含有4个子系统：

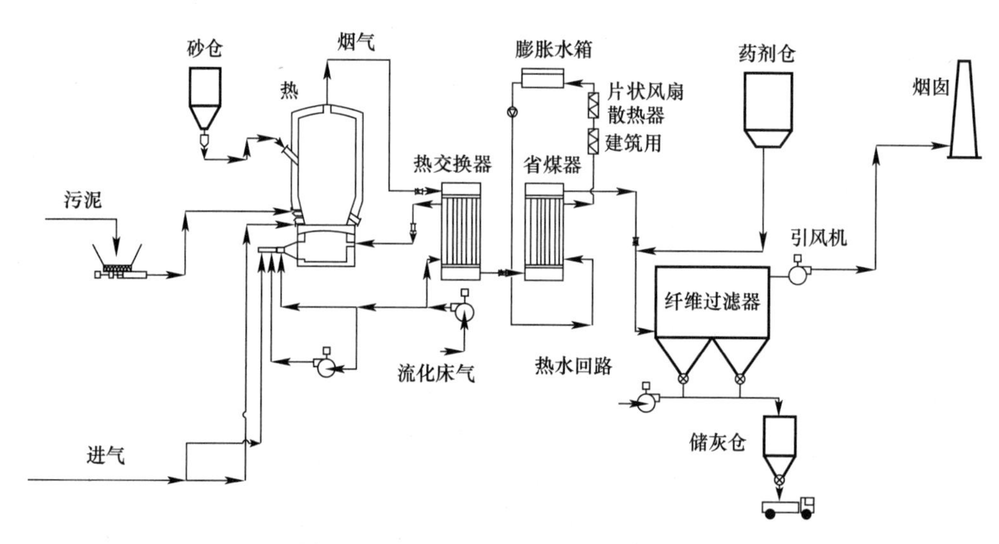

图17-7 工艺流程图（干式灰处理系统）

① 风箱。FBI的底部是风箱，它是一个流化空气的分布室也是预热燃烧气体的燃烧室。热风箱是内衬耐火材料以接受高温燃烧空气的增压风室。风箱壁上有流化空气的供给口、一个预热燃烧器、观察口和仪器端口。关于冷、热风箱的叙述将在本章的后续内容进行更详尽的讨论。

② 床支撑和布风装置。流化床焚烧炉拱顶通常采用耐火材料构筑，以将风箱和流化床焚烧炉的相邻腔室进行分离。明尼苏尼圣保罗市的污水处理厂所运行的流化床焚烧炉的三

个风箱拱顶是采用金属合金构建而成的。由于所使用耐火材料的特殊形状（通常称为穹顶），这个穹顶的拱形结构是自支撑的。在非流化状态时它用于支撑床料的重量，且它还作为流化空气的布风板。为了允许气通过而防止砂倒排，顶部设有若干个通常称之为“风口”的空气喷嘴。这些特殊形状起到防止砂排、均匀布气以及耐高的作用。耐火拱顶布气装置和具有耐火衬里都是针对约为 980℃（1800℉）的风箱温度而设计的。在具有耐火拱顶布风板的热风箱中，燃烧空气通常可以预加热至 675℃（1250℉）。

③ 砂床。布砂装置的正上方部分含有流化的砂质，称之为“砂床”或燃烧区，并且，它没有物理上的边界。来自布砂装置的空气使砂床发生流化。床的高度取决于其含砂量。为了对污泥进行焚烧，通常采用约 1.5m（5ft）的鼓泡床。侧壁从底部到床顶向外倾斜以确保水蒸气膨胀并使膨胀气体的速度在可接受的范围内。侧壁上还设有污泥的喷嘴和接口、辅助燃料喷射口以及各种仪器。

④ 悬浮区。砂床以上的空间被称为悬浮段或自由区。它作为燃烧气体的停留区以确保燃烧气体在所需温度下具有足够的停留时间，同时它也是床料颗粒与气体脱离的分离区。为了使从流化床中溢出的挥发性碳氢化合物完全燃烧，悬浮段必须要有足够的尺寸为气体提供约为 6.5s 的停留时间。悬浮段通常设置 4.6m（15ft）的高度，其形状可以是直筒柱形或水滴形。直筒柱形通常是基于 0.76m/s（2.5ft/s）的气体流速设计的。而当设计为水滴形时，悬浮段沿其高度横向扩展使停留时间最大化并进一步降低气体流速。水滴形悬浮区顶部的气体流速为 0.64m/s（2.1ft/s）。排气管道安装于圆顶的中心以减少气体分流和工作死角并最大限度的提高气体在悬浮区中的停留时间。悬浮区中气体流速的梯度减小以及较低的排气流速将砂料的损失降至最低。

1）风箱的设计

流化床焚烧炉设有一个热或冷风箱（通常也称之为温风箱）。热风箱通常是为了焚烧低热值的污泥而设置的，需要密集的空气预热以减小助燃料的消耗。冷风箱炉通常用于燃烧已经过热处理的固体、已干燥的固体、污水处理原污泥、浮渣和油脂以及其他诸如木屑这类不用经过热回收或只需经过中度热回收即可自持燃烧的材料。

2）热风箱

热风箱流化床是为了达到大多数应用程序所需的 680～980℃（1200～1800℉）的最大接触温度而设计的。它在风箱内空气温度超过 400℃（750℉）时起作用。热风箱是一个由碳钢制成的垂直钢壳。内衬耐火材料和保温砖。由于内部温度高达 980℃（1800℉），因此必须内衬耐火材料。

3）冷风箱（温风箱）

当进料无需经过热回收（或只需经过适度热回收）即可进行焚烧时，采用冷风箱（温风箱）焚烧炉。冷风箱的极限温度通常低于 400℃（750℉）。和热风箱一样，冷风箱（或温风箱）也由 4 部分组成，且两者的设计也是类似的，仅有以下几点不同：

① 冷风箱内衬耐火材料，且砂床的支撑和布风装置可以采用金属合金板。但是，为了维持流化床的高温条件，金属合金板的顶部设置耐火衬里。

② 预热燃烧器向下倾斜安装于悬浮区以在启动过程中加热流化砂床的顶部。

（2）子系统的描述

如图 17-6 和图 17-7 的工艺流程图所示，流化床焚烧炉焚烧系统可分为若干个子系统，在本章的接下来几个部分将对这些子系统进行描述。

1）空气系统

供给焚烧系统的空气可以分为三种类型：流化空气、吹扫空气和雾化空气。燃烧空气（同流化空气）通常由多级离心鼓风机进行供给。如图17-6所示的系统是在正压条件下运行的，我们称之为鼓风系统。该系统必须保证完全的气密性，因为系统压力高于大气压，且其中的空气和气体都是高温的。这种系统在北美使用较为普遍，该系统的热回收是针对自操作和羽流抑制而设的，并且通常采用的是湿式灰处理系统来处理烟气。

相对而言，图17-7所示的系统则可以在正压和负压下运行，其临界点通常位于焚烧炉出口处。我们称这类系统为推挽式系统。在这种情况下，引风机需要克服袋式除尘器、余热锅炉以及湿式静电除尘器等单元造成的压降。

在热或温风箱焚烧炉中，空气在管壳式热交换器中利用烟气作为热介质进行预热。通过对燃烧空气进行加热热回收来减少辅助燃料的消耗并增加反应器的容量。在冷风箱中，风箱中的燃烧空气直接由离心风机进行供应。

流化风机设计了多个等级来提供所需的出口压力。焚烧容量的控制主要是由进入风箱的流化风量进行调节的。而该风量则是通过风机入口侧的阻尼器进行控制，并通过流量计进行测量。

空气应用于焚烧炉的各个端口以及管道系统的所有伸缩缝和测压口，以用于气体的冷却和清灰。空气高低压均可。例如，高压空气由压缩系统供应至圆顶喷嘴和测压口以对其进行冷却清灰。流化风机可以将空气供应至所有端口的环形套管，包括位点端口、油枪、砂料进/出口、污泥进口以及圆顶喷嘴。

当辅助燃料为燃油时，雾化空气要求具有大约48～55kPa（7～8psig）的压力。雾化空气可以由吹扫风机进行供给。

2）进料系统

来自污水处理工艺的污泥需要先进行脱水。污泥脱水可以通过板框压滤机、带式压滤机和离心脱水机完成。带式压滤机通常可以将未消化的污泥脱水至25%～30%含固率。高性能的离心机通常可以将污泥脱水至28%～35%含固率。高聚物通常应用于带式压滤机和离心脱水机中作为脱水剂。

将脱水滤饼运送至焚烧炉这一过程也是十分重要的，应该确保运行过程的稳定和经济效益。过去的做法是采用螺杆输送机输送干饼、采用螺杆泵输送湿饼。如今采用的是液压柱塞泵向焚烧炉输送来自脱水设备的滤饼。液压柱塞泵由于其灵活性和对滤饼质量的不挑剔性比其他设备更为适用。近年来的发展趋势是设计制造应用于泵送滤饼的螺杆泵。

嵌入式喂料应用于污泥的焚烧。进料位置设置于床面以下1.2m（4ft）或布风装置以上30cm（1ft）处，以确保进料颗粒在到达可能发生携带流失的床面之前能够获得尽可能大的停留时间。确保进料将其最大能量释放到砂床上以抵消水汽蒸发所产生的淬灭效应，这点十分重要。

根据焚烧炉的直径，需要设置2～4个进料点以确保进料块能够均匀分布于整个砂床上。

3）砂料系统

床料采用的是砂质材料。焚烧炉通常采用砂料填充到0.9m（3ft）的静态高度。当流化床运行时，由于流化空气的作用，床料将会膨胀至约 1.5m（5ft）的高度。而随着时间的推移，砂料将会有所磨损，需要对其进行补充。在焚烧炉正常运行时，补充砂可以通过气动输送入炉。进料系统通常为密相气力输送型。

排砂系统中设有一些现成的系统来冷却砂料。从热床中进行除砂十分不安全。为了安全起见，砂料必须在焚烧炉已冷却而砂床温度大约在 38℃（100℉）时去除。

由于焚烧炉的尺寸取决于气流量的大小，因而流化床的流体力学性质取决于床料的尺寸和密度。床料应该具有大约 1600kg/m^3（100lb/ft^3）的总体密度。砂料必须是有棱角、干燥且不含钠和钾的。它必须能够在 870℃（1600℉）的操作温度不被碾成粉末或 980℃（1800℉）的温度下不熔融。两种可以采用的精细床料是石英砂或橄榄石砂。虽然与橄榄石砂相比，石英砂的单位成本较低，但其磨损率也相对较高。

磨损的结果将导致砂料的粒度减小，并将随着烟气从焚烧炉中流失，通常称之为淘洗。这些损失的砂料必须得到补充。根据进料的污泥性质，床料的选择必须经过仔细的计划。但是，橄榄石在两种特殊情况下是不可采用的。第一，如果进料中含有大量粗砂，那么床料会累积，需要去除多余的床料，这就导致了不必要的停工。第二，如果进料中含有高碱度金属，那么这些金属元素在橄榄石床上积累可能导致低熔共晶。

4）辅助燃料系统

辅助燃料是在启动时在预热燃烧器中使用的，也可以通过燃料枪直接注射到流化砂床中。辅助燃料通常使用的是天然气或 2 号燃油。而其他燃料如煤、木屑、沼气则可用作补充燃料。但唯一的要求是所选用的燃料必须采用可靠且可控的方式进行输送。

5）预热燃烧器

当焚烧炉低温启动时，一个合适的燃烧器必须对流化床预热至所需温度以使燃料能够注射进入床体中。适时的点火是十分重要的。在热风箱中，标准天然气和 2 号燃料油的燃烧器安装在其侧壁上也提供预热。来自热交换器（预热器）的流化空气与来自燃烧器的热空气进行混合以达到加热的效果。所产生的热空气使砂床发生流化。这样一来，空气的热量就直接传递给了流化砂料。在冷或温风箱中，预热燃烧器安装在悬浮区中，其热量由空气向流化床的转移不如热风箱高效。因此，与热风箱相比，冷风箱的燃料消耗较大且启动时间也较长。

预热燃烧器的供气来自流化风机的出口侧。这些空气随后由燃烧空气鼓风机进行进一步加压以确保燃烧空气供应压力大约在 14kPa（2psig），大于风箱内部压力。

6）流化床的燃料喷射

当流化床的温度上升至足以即刻点燃燃料时，可以关闭预热燃烧器。辅助燃料的喷射将继续对流化床进行预热。这种操作模式比与预热燃烧器同时工作的操作模式来得简便，并且也更优于在一段时间内对流化床进行持续加热以保持高温状态的操作模式。持续保持流化床高温状态的另一个原因是为了延长耐火材料的寿命。

燃料油是通过位于流化床周围、布风板置上方约 0.3m（1ft）的燃油枪进行喷射的。为了防止污染喷射装置的燃油枪，燃料油和吹扫空气在燃料枪的供应端口处进行混合并以粗雾的形式吹到流化床中。天然气是利用与布风板位于同一高度的气枪进行喷射的以使天然气均布在砂床上，而气枪的高度也是不尽相同的。当把燃油枪或气枪插入到流化床上时，保持其供气是十分重要的，因此供气管线上需要配备流量计。

7）供水系统

为了防止热交换器温度过高，流化床需要配备冷却水喷嘴。喷嘴安装于悬浮区之上的炉顶位置。喷嘴在高压（2100kPa 或 300psig）下工作从而产生细水雾以尽可能快地发散并冷却降温。蒸发作用发生在悬浮区中的排气管道附近，限制了对离开焚烧炉的烟气的冷却作用。喷嘴通过热交换器进口处的气体温度自动控制启闭。喷嘴设有小孔和旋流槽。为了保持喷嘴内部通道的清洁并在喷嘴不喷射时提供冷却效果，用 410kPa（60psig）来自压缩空气系统的空气对喷嘴进行吹扫。水和空气的供应系统中都应该设置止回阀以防止一个管道的介质倒流至另一个管道中。

供水系统中设置有水泵、调压阀、过滤器和减压阀。

8）管道和膨胀节

所有的高温气体和空气管道都设置有内衬耐火材料和热绝缘的膨胀节。耐火衬里必须是耐磨损的，因为高温气体中含有会产生磨蚀作用的灰烬和淘洗砂。膨胀节由耐高温金属材料制成。膨胀节的构造包括耐火衬里和金属波纹管以允许由温度波动引起的管道和设备位移。

此外，还需要向波纹管中供应吹扫空气以防止砂料和飞灰累积阻碍膨胀节位移。

9）床壁温度

将热电偶置于流化床侧壁以测量床层温度。稳定运行期间，床层温度的操作范围大约在 675～790℃（1250～1450℉）之间。流化砂床需要有足够高的温度以保证能够点燃进泥和燃料。污泥需要在流化床中充分燃烧从而为水分蒸发提供热量并减少补充燃料的使用。

同时，床层也必须保持足够的高温以确保悬浮区部分的温度高于 843℃（1550℉），这一温度能够保证碳氢化物的完全燃烧。此外，为了减少燃料油的消耗，床层温度也不应保持过高，其上限温度为热交换器气体入口的温度，即 870℃（1600℉）。流化床中还应设置自控装置以便在床层温度低于污泥和燃料的点火温度时停止进料。

10）氧气

热烟气管路内部安装有一个连接着热回收系统和烟气净化装置的分析仪表，用来测量氧气浓度。分析仪对氧气浓度进行实时记录并显示在操作员控制台上。为了保证完全燃烧，必须要有多余的氧气可以利用。FBI 焚烧炉中过量空气的设计值为 40％对应于焚烧炉废气中 3.5％～4％的含氧量（以湿烟气体积计）。

为了保证良好的流化效果，流化气流速度必须在设计水平上保持恒定。过剩空气量与入炉可燃物（脱水滤饼和燃料）总量成函数关系。如果含氧量很高，那么燃烧空气不能在燃烧过程中的到有效的利用，这就意味着该单元的运行能力未达到最佳水平。如果焚烧炉烟气中氧气含量低于 2％（以湿烟气体积计）的时间达到 2min，那么警报器和自动装置将被启动而中止进料。

（3）流化床的技术优势

如上文所述，流化床焚烧炉是最高效的污泥热处理技术。该技术与其他技术相比的优势包括：

1）灵活性，适合间歇操作。以热床料作为热储层，从而在停机时只会发生小范围的温度变化。这一特点允许其在每日或周末的关机之后进行快速启动。

2）灵活性，适用于不同的物料。在规定的进料量范围内，流化床焚烧炉能够在短时间内轻松处理具有不同化学性质、水分和挥发成分含量的进料。流化床焚烧炉具有这一特点主要是由于砂床上储存有大量的热，且进料量仅占总床料量的1%。

3）实现自动化，易控制。流化床中产生的湍流使得固体间发生快速混合从而达到均匀床层温度的效果。因而，温度控制减少为一个控制点，只需测量平均结果。

4）辅助燃料使用量较低。流化床焚烧炉焚烧炉所需的助燃料显著减少，这主要是由于它所需的过量空气相对较少（与其他要求过量空气超过为化学计量数100%的热处理技术相比，FBI所需的过量空气仅超过理论空气量的40%）并且能够对烟气进行热回收处理从而预热燃烧空气至约650℃（1200℉）。

5）降低维护成本。流化床焚烧炉中不存在暴露在燃烧区中的活动部件。并且床料固体的热储消除了热负荷冲击，使得温度变化缓慢同时也延长了耐火材料的寿命、降低了维护成本。

6）燃烧效率高。流化床产生的高湍流增加了进料颗粒与氧气的接触面提高了燃烧效率。仅利用低剂量的一氧化碳（CO）和总烃即可是燃烧在瞬间发生。

7）低 NO_x 排放量，较低的过量空气需求以及流化床上良好的温度分布减少了 NO_x 的排放量。

2. 多炉膛焚烧炉

多炉膛焚烧炉具有持久耐用且相对较容易操作的特点，并能应对物料性质和处理量的大范围波动。多炉膛焚烧炉是为连续运行而设计的。为了在寒冷条件下增加炉膛和内部设备的温度，多炉膛焚烧炉启动燃料需延长启动时间，故通常不适用于间歇操作。多炉膛焚烧炉是由一系列6～14个竖直方向布置的圆柱形耐火炉膛相互堆叠而成的。它们的适用直径范围在1.4～8.8m（4.5～29ft）。图17-1所示为一个典型的多炉膛焚烧炉的截面图。更多的细节可以查阅《污泥焚烧系统》（WEF，2009年）。

自20世纪90年代早期开始，一些多炉膛焚烧炉已经升级至符合美国联邦法典第40卷中的第503章条例要求或已被流化床焚烧炉所取代。

正如前文所阐述的，由于新的流化床技术的出现，现在的污水处理厂中已不太可能再建造新的多炉膛焚烧炉系统了。然而，目前正在运行的许多多炉膛焚烧炉系统却仍在使用寿命周期内。

17.3　能量的回收再利用

能量的回收利用是现代污泥焚烧系统中的一个重要组成部分。对于MHI而言，入炉污泥并未足够的干燥以达到自燃的程度（即，不使用助燃料即可自持燃烧）。因此，MHI焚烧炉需要通过使用辅助燃料（即天然气、燃料油等）或对焚烧炉烟气进行热能回收来提供额外的能量以妥善维持燃烧过程。焚烧炉烟气中的能量是一种宝贵的能源，若能有效回收将会降低运营成本并减少温室气体的排放。对焚烧炉的高温废气进行热回收同样可以降低烟气净化装置的工作负荷。

然而，在进行能量回收再利用之前，必须要有详尽的技术经济评估。虽然热回收系统的确需要投入资金以及日常运营维护工作和成本，但是这些系统的效益通常可以抵消所投入的资金和运营维护成本。

能量回收可以大大减少辅助燃料的需求量和温室气体的排放量。此外，能量回收可以通过产生蒸汽和热水应用于污水处理厂的其他部分，或可用于加热流体，亦或是进一步用于发电。当污水处理厂建立起一个能量回收“市场”，那么它就获得了一个节约成本的机会。利用进料固体的能量属性使得带有能量回收系统的焚烧炉成为真正有效的资源化利用方式。

余热回收可以采取许多不同的形式，并且基于回收能量的最终用途可以将其分为一级回收和二级回收。一级回收指的是通过减少或取消辅助燃料以提升燃烧性能的能量回收。一级回收可以包括使用回收的能量预热入炉燃烧空气、热力干化污泥或入炉泥饼。

二级回收利用烟道气中的热量在燃烧器外进行资源化利用。热回收的形式可以是为建筑供暖或为污水处理厂工艺流程提供蒸汽，可以是发电，也可以是消除来自于焚烧炉排气管中的蒸汽柱（消白烟）。

当热回收应用于建筑供暖时，可以在空间加热和厂内工艺流程添加一个省煤器作为热水源。余热锅炉产生的蒸汽可以用于整个污水处理厂、销往周边用户、在热电联产系统中用于发电，或直接用于汽轮机的驱动。焚烧炉所排出的烟气在消白烟过程中直接或间接加热湿法洗涤系统后烟气，以实现消白烟。

传热技术同样可以被分为直接传热和间接传热。例如，一个直接传热过程包含有通过与烟道气体直接接触来预热或对进泥进行干化。这种方法作为预热或热干化进泥的一种手段实际应用有限。

间接传热过程中设置有物理屏障将需要加热的物料或气流与热源分隔开。例如，利用焚烧炉中的烟气在热交换器中对燃烧空气进行加热。这是一种最常见且经济的方法，被称为热恢复。在流化床焚烧炉中，通常将流化空气预热至 200～650℃（400～1200℉）。在多炉膛焚烧炉中，由于预热过程的特性以及当燃烧空气温度过高时设备无法运行，实际上预热燃烧空气的最高温度大约为 200℃（400℉）。在各种不同的多炉膛焚烧过程中，湿式洗涤器的尾气在二次燃烧装置中被再次加热至 760～870℃（1400～1600℉）。焚烧炉烟气中的能量可以被用于预热洗涤器的尾气从而降低二次燃烧中助燃料的需求量。在这种情况下，热回收可以降低高温处理的成本。

无论以何种形式进行热回收，其目标都应是节约污水处理厂的运营开支包括燃料效率以及运营维护成本。热量回收的首要目标是：污泥充分燃烧。其次是能量的回收。

可回收的能量来自于焚烧炉排出的高温烟气。作为一种资源，这些烟气中含有输入系统释放的大部分热能，包括进泥和辅助燃料的热值以及燃烧空气的焓，

虽然热回收可以采取许多方法，但其中最有效的方式是热恢复/空气预热。二级热回收的可选方法包括采用热交换器以用于消白烟、节约装置、余热锅炉或导热油加热器。热回收方案的优化对于污水处理厂的能源高效运行是必不可少的，并且也使得带有热回收的焚烧真正成为资源化利用的一种形式。更多的细节可以查阅污泥焚烧系统（WEF，2009 年）。

17.4　大气污染控制与监测

17.4.1　概述

由于联邦政府、州和地方性大气污染控制协会制定了许多更为严格的法规，大气污染

控制已成为焚烧炉设施的设计和操作中日益重要和关键的部分。本节描述的是污染物排放的形成、污染物产生和排放的影响因素、控制污染物排放的技术和操作模式、各种空气污染控制系统（APC）的优缺点以及用于监测污染物排放的设备。

17.4.2 污染物

目前所发现的污染物主要有三种类型：固体、液体和气体。固体污染物指的是颗粒物和金属。气态污染物是由进泥中硫、氮和氯的氧化挥发以及碳氢化物和其他有机化合物的不完全燃烧产生的。气态污染物中最令人担忧的是酸性气体：二氧化硫、硫化氢或盐酸、一氧化碳、挥发性有机化合物、多环有机物以及氮氧化物。

17.4.3 控制设备

用于减少污染排放的控制设备多种多样。每种控制设备在控制一种或多种类型的污染物上都有其特定的特性、效率和效果。更多的细节可以查阅污泥焚烧系统（WEF，2009 年）。

17.5 排放法规和许可

自 20 世纪 70 年代起，美国环境保护局将《净水法案》和《清洁空气法案》作为其行使监管权力的基本准则。两部法案的监管范围多年来已作出了修订，以继续改善环境并确定国家的监管议程。

《净水法案》使污水处理厂出水和接收管道中水的水质得到了巨大的改善。1987 年的美国净水法案修正案要求美国环境保护署针对包括焚烧在内的污泥的使用和处置方法制定标准，并将其纳入 1993 年美国联邦法典第 40 卷中的第 503 章条例中。当采用焚烧来处理污水中的残留物时，同样也必须考虑空气清洁法的要求。第 503 章条例指出，空气清洁法中包括了针对污泥的焚烧的要求。污泥的热氧化处理必须同时满足两部法案的相关要求。

《清洁空气法案》对于减少大气排放和改善城市空气质量起到了显著的作用。空气清洁法不仅对作为排放单元的工厂设置了排放限额，同时也考虑到了工厂中的其他排放源以及工厂所在地区的大气现状。当法案中规定的考虑因素都得到解决以后，一个新的工厂才能开工建设。

随着 1990 年《清洁空气法修正案》的通过，许多新的方案得到了贯彻执行，包括来自特定源组的有害空气污染物的排放限值、第五章实施许可计划文件以及工厂范围内持续的排放跟踪。

《清洁空气法案》中关于允许实施热氧化单元的关键条款在热氧化单元施工开始前必须得到审查机构的批准。大气排放许可证的审核需要经过两步流程，包括在热氧化单元施工开始之前，必须先申请施工许可证并获得施工批准。即便是满足了《清洁空气法案》中的要求，仍然存在其他因素对热氧化单元的排放限制产生影响。这些因素包括热氧化设施的现场情况、当地的气象或地形特点，以及州法规的要求。热氧化设施建成以后，应进行性能试验以验证该设施已达到施工前的预限值，同时必须提交经营许可证的申请以及发布该设施连续运行的批准文件。因此在项目的早期规划和设计阶段，必须仔细考虑焚烧系统的空气质量许可要求。

本节介绍的是污泥焚烧系统的空气质量许可要求和排放限值。旨在使污水处理厂的管理者、经营者、工程师和规划人员对空气污染源的要求有所认识。作为相关性认知，这些资料在项目阶段就应进行收集和组织。项目阶段包括规划、动工、施工、试运行和运行。

环境法规的在线资源包括美国环境保护局（http://www.epa.gov）和政府印刷局（GPO），并提供联邦法规法典访问网址（http://gpoaccess.gov/cfr/index.html）。在大多数州和地方机构中，国家环境法规可以通过互联网进行查询。然而许多州提示，称网络上的法规仅供参考，政府的官方文件应为印刷版本。

17.5.1　项目规划和预许可

监管审查和排放限取决于设备的类型、潜在的排放量以及厂址所在地的达标情况。如果设备所在地区不符合国家《环境空气质量标准》要求，那么将对其采取严格的大气污染控制要求和排放限制（空气清洁法修正案，第一章 D 部分，对未达标地区的计划要求）。即便是设备所在地区符合国家《环境空气质量标准》要求，仍可能会受到全面的许可审查（空气清洁法修正案，第一章 C 部分，预防空气质量严重恶化），但其排放限制可能会低于设备位于未达标地区的情况。在所要运行的设备仍在开发中时，就应在项目规划阶段进行大气排放许可的申请。在规划阶段可以获取的信息包括：

（1）目标设备选址所在地的常规污染物达标情况；

（2）统筹考虑所有邻近设施和工业类别，将目标设备归类为主要或次要废气排放源；

（3）新设备的潜在排放率或相比于现有设施在排放量上的变化。

1. 达标情况

美国的空气质量标准有空气清洁法及其修正案进行规定。制定空气质量规划和标准的美国环境保护署办公室确定了国家环境空气质量标准的六大主要污染物，这就是所谓的“标准”污染物（美国联邦法典第 40 卷中的第 503 章条例）：

（1）一氧化碳；

（2）二氧化硫；

（3）二氧化氮；

（4）臭氧；

（5）颗粒物类别，包括尺寸小于 10μm 的颗粒物（PM_{10}）和尺寸小于 2.5μm 的颗粒物（$PM_{2.5}$）；

（6）铅。

美国环境保护局已针对这些污染物制定了两类标准：

（1）一级环境空气质量标准，该标准确定了空气质量的水平必须要有适当的安全范围以保护公众健康；

（2）二级标准，该标准确定了空气质量的水平以保护公众健康免受污染物所造成的任何已知的或预期的不利影响的危害。

美国环境保护署从保护公众健康福祉的角度考虑，将会对这些标准作出修订，并颁布附加的一级或二级标准。

所有标准污染物均符合《美国环境空气质量标准》的地理区域称为“达标区”。而存在 1 个或 1 个以上标准污染物未达标的地理区域称为“未达标区”。未达标区必须制定并实施计以达到并维持 CAA 标准的计划。当未达标区再次达到 CAA 标准时，该区域可该划分为“养护区”。养护区是美国环境保护署对未达标区向达标区转化时的达标情况进行监测后所进行的区域划定，并且美国环境保护署通过一项计划，即养护区必须保持空气质量标准达标至少 10 年以上。这一决定是以某一特定污染物而制定的，因此一个地区可能在臭氧标准上不达标但在其他标准污染物的标准上是达标的。因为氮氧化物和挥发性有机化合物将导致臭氧的产生，所以被划定为臭氧未达标区的地区对于氮氧化物和挥发性有机化合物的限制也更为严格。例如，某个地区可能被划分为臭氧严重超标区，从而将导致氮氧化物和挥发性有机化合物排放限制的阈值降低，但同时它也可能被划分为一氧化碳、二氧化硫和颗粒物质的达标区。

关于达标区划分情况的正式文件可以查阅美国联邦法典第 40 卷对 81 分章节 C 中的第 107 部分达标区的划分。联邦法规的这一分章节列出了由国家划定的达标区和空气质量控制区。这些信息可以通过访问上文介绍的在线资源进行了解。美国环境保护局还经营了一个名为绿皮书的网页，其中列出了关于标准污染物的未达标区（http://www.epa.gov/oar/oaqps/greenbk）。该网站提供了搜索达标区划分情况的多种方式（通过州、县或污染物进行搜索）。

2. 设施分类

设备的分类取决于三个因素：共同所有人或经营者、邻近设施以及相同产业类型。作为一个市政设施，污水处理厂可以在公共工程主管的指导下运营，而该主管可能同时监管着其他的市政设施。尽管污水处理厂可能服务于多个社区的居民，但是地方政府通常只对其经营状况负责。而私营污水处理厂的经营者也只对该厂的经营状况负责。即便污水处理厂的其他部分是当地政府经营的，其中的污泥处理设备可能是私有化的并由私营公司运营。在这种情况下，污泥处理设备的所有人/经营者将只对与污泥处理设备过程相关的排放量负责。

如果当地政府负责 1 个以上的污水处理厂和污泥处理设施，那么只要这些处理厂彼此不相邻，它们将被视为独立的设施。当有公共道路穿过两个设施之间时，它们就不能视为独立设施。例如，当地政府可能同时管理有几个地源上分开设置的区域污水处理厂，这些污水处理厂就被视为独立的设施进行运营。但如果处理区域内所有污水处理厂污泥的设施位于其中某一处理厂，那么它们将被视为一个整体的设施，因为它们拥有共同的所有权且彼此相邻。

1990 年的《清洁空气法案》修正案对主要的工业设施进行了分类。“卫生服务”是美国劳动标准工业部（SIC）4900 专组的一部分（可以访问 SIC 的网站 http://www.osha.gov/pls/imis//sic_manual.html）。其隶属的子群（工业集团 4952）包括有污水处理系统，因此，运营污水处理厂和相邻的污泥设施的当地政府必须考虑两者作为相一设施的分部来运营。

3. 潜在排放量

当设备在其设计容量上连续不断运行时，该设备将在上一年度的基础上产生潜在排放量。如果设备在设计容量下连续运行的过程中存在物理限制以约束该过程，或是联邦政府对这种运行情况强制限制运营，那么潜在排放量可能会有所减少（例如，每年所要处理的固体总量）。如果来自新排放源的前在排放量大于表 17-2 所示的联邦许可审查的排放量限值，那么该设施将作为一个新的主要排放源。如果某一设施的排放量低于主要排放源的排放量限值，那么该设施被视为次要排放源，但需要通过国家许可审查的要求。

如若想要对现有设备进行改造，那么需要量化现有设备的排放，以确定现有排放源是主要排放源还是次要排放源，但确定改造是否会造成气体排放量的变化。如果对现有设备进行改造后该设备的排放量净变化大于排放量限值，那么该改造将是一项重大的改性。由于计算排放量净变化以确定所需申请的排放量的过程可能是十分复杂的，并可能涉及排放抵消额度的发展，因此，还需要咨询监管机构以确保净排放量的变化值计算准确。由于改造的具体细节可能无法在规划阶段得到充分完善，因此估计潜在的排放量以应对将来的监管审查是十分关键的。一个多炉膛焚烧炉或流化床焚烧炉的排放量可以通过排放因素进行初步估计。然而，若仅基于通用排放因子来估计排放率是不可取的。在设置排放限值时，应将特定排放源检测和供应商的性能保证作为首选方法。

国家和地方的监管机构也已经设定了排放限值以确定相关设施是否能通过监管部门的审查。改造设备时需要向相应监管部门进行咨询，以确定通过国家和地方审查要求的排放限值和其他相关信息。

主要排放源的限值和修正限值　　**表17-2**

污染物	污染物达标情况	主要来源限值（t/a）	主要修正限值（t/a）
CO	CO达标	100	100
	CO严重超标	50	50
SO_2	SO_2达标或不达标	100	40
PM_{10}	PM_{10}达标	100	15
	PM_{10}不达标	70	15
$PM_{2.5}$	$PM_{2.5}$达标或不达标	100	15
NO_2	NO_2或臭氧达标	100	40
	臭氧达标或临界水平或中度超标或臭氧输送区	100	25
VOC	臭氧较严重超标	50	25
	臭氧严重超标	25	25
	臭氧极度严重超标	10	在实际排放量中任何的增量
	臭氧达标	100	40
铅	臭氧较严重超标或臭氧输送区	50	25
	臭氧严重超标	25	25
	臭氧极度严重超标	10	在实际排放量中任何的增量
	铅达标或不达标	100	0.6

排放因子既可用于对建议采用的焚烧炉的排放量进行估算，也可用于确定美国环境保护局技术转移网中的适用排放限值（http://www.epa.gov/ttn）。美国环境保护局排放因子汇编第二章中包含了关于污泥焚烧的一部分内容，其中提供了多炉膛焚烧炉和流化床焚烧炉的排放因子。但大多数情况下，报告数据的可信度是存在问题的。因此，美国环境保护署更倾向于使用同类焚烧炉的动态排放检测数据进行审查。

17.5.2　项目实施和安装许可

特定污染源的排放限值在《新型污染源性能标准》（NSPA）（空气清洁法第111部分，

新型固定污染源的性能标准）和国家《有害空气污染物排放标准条例》（空气清洁法第112部分）下确立。

预防严重恶化组织（PSD）的规定（空气清洁法第165部分，施工前要求）可能使得最佳可行控制技术的审查更为严格。新型污染源的审查过程包括符合最低可达排放率的控制要求。

进行空气许可证的审查需要有足够的信息来进行排放率计算和策略评价，以检验是否符合审查要求。许可证的审查需要在申请人和审查机关之间反复进行排放限制和性能标准的评价。因此，最好在作出最终设计决定之前开始许可证的审查。

在传统的设计-投标-建设施工过程中，30%的设计点是一个准备和提交大气污染排放许可申请的好时机。为了应对审查，需要有足够的技术信息来定义所需审查的处理过程，如果有必要的话，必须尽早对处理过程的设备或烟气净化装置做出修改。

虽然可以从任意地方在12～24个月内获得许可证，但最好应该尽快向当地大气监管部门或国家监管机构提交安装许可（即，建造）申请。

1. 申请许可证的要求

审查和限值水平是基于该设施所在地区的污染物达标情况而定的。审查的要求取决于该设施总的排放率或所提出的改造方案中设施的潜在排放率。当某一设施的设备均具有相同的工业分类代码和共同的所有权时，该设施被定义为连续设施。因此，用于处理污水残留物的焚烧炉被视为污水处理厂的一部分。

邻近的垃圾填埋场或固废处理设施如也在相同的工业分类之中，地方政府或市政部门同样对这些设施具有所有权，那么当已知所采用的固体热处理设备的现状时，这些设施的排放量也可能会被考虑在内。

虽然审核机构的审查形式和审查报告不尽相同，但许可申请通常以文件的形式提交至审核机构进行审查并且应包含有以下若干要素：

（1）许可证的形式。热氧化技术能够降解具有潜在毒性的化工类有机化合物以及其他可能对环境造成不良影响的制药公司和个人护理类产品，但各个审核机构均要求许可证申请者使用一套标准的申请格式。许多机构在其网站上提供了电子版本的申请格式，或以下载文件的形式供申请者下载或以在线的形式直接录入数据库中。

（2）处理过程说明。申报对设备的运行过程进行详细描述以支持和确定排放量的计算和控制策略。通常包括设工艺流程图和工艺设备参数表。

（3）排放量估算。每种污染物的排放率都需要有估算依据，例如，来自类似单元的排放测试结果、供应商提供的性能保证或是质量平衡计算。

（4）控制技术评价。根据设施所在地的污染物达标情况，确定最佳可行控制污染技术或可实现的最低排放率。

（5）排放规定。评估该项目是否符合法定排放规定。联邦和州所制定的排放规定都应进行评估。

（6）空气质量达标情况。需要进行离散模型分析以确定该项目是否超过国家环境空气质量标准或预防严重恶化规定的空气质量标准。

（7）特殊事项。国家或当地机构可能会要求申请者补充说明，在申请材料中对有害空气污染物、噪声和臭味是否在可接受的规定范围内。

许可审查时间根据许可申请的复杂程度、地方条件以及审查项目的复杂性而有所不同。为了确保许可证申请能够在最短时间内通过审查，最好应提前与审查机构接触，了解审查所需要的信息并提供尽可能完整的申请材料。

2. 联邦法规规定

联邦法规中对许可证审查的要求在美国联邦法典第 40 卷 51 和 52 章节中做出了阐述。美国环境保护局已对许多州和地方的监管机构授予了审查权力，这些机构可以对许可证的申请进行审查并评估申请项目对联邦、州和地方许可证要求的符合情况。在美国环境保护署对州和地方机构保留审查权力的地区，美国环境保护署的地方办公室将作为审查机构进行评估。而这些州或地方监管机构仍将继续行使审查、评估和制定具体规章的权力。

3. 未达标新污染源的审查

当所申请的设施位于污染物浓度超过国家环境空气质量标准的地区时，需要对该污染物超标区进行新污染源的审查。根据不达标程度，将对申请项目的排放减少和排放补偿措施提高要求。排放控制措施必须满足可实现的最低排放率。

4. 预防污染显著恶化

在污染物浓度符合国家环境空气质量标准的地区，则需评审如何预防污染显著恶化（美国联邦法典 40 卷第 52 章节第 21 条）。该评审旨在通过限定空气质量的不利影响不超过标准浓度的增量值，来维持环境大气污染浓度低于国家环境空气质量标准。出于环境、能源和经济方面的考虑，所设计的排放控制措施必须能够体现最佳可行污染控制。

5. 新污染源运行标准

新污染源运行标准应用于污水处理厂中以对污泥的燃烧技术进行监测。该标准在美国联邦法典 40 卷第 60 章节中的 O 分部中做出了定义，并制定了 0.65g/kg（1.3lb/t）的干污泥进料作为颗粒物排放限值。该标准还制定了黑度限值以及相关的监测、测试、记录和报告要求。

6. 有害空气污染物的国家排放标准

有害空气污染物的国家排放标准在美国联邦法典 40 卷第 61 章节中做出了定义。铍（C 分部）和汞（E 分部）的限制标准适用于污水处理厂污泥的干化焚烧单元。固定排放源的铍的排放量在一个 24h 的周期内不应超过 10g（0.022 磅）。污水处理生物污泥的焚烧单元、干燥单元或组合单元的汞向大气中的额定排放量在一个 24h 的周期内不应超过 3.2kg（7.1lb）。

除了国家环境空气质量标准所规定的常规污染物之外，还有另一些联邦管制的污染物，称为有害空气污染物。有害空气污染物是一组由美国环境保护局明确规定的 188 种化学物质，这些由特定机构排放的化学剂是已知或被认为在浓度超过一定标准后会影响人体健康。

若某个污染源中单个有害空气污染物排放量超过 9Mg/a（10t/a）或多个有害空气污染物排放量超过 23Mg/a（25t/a），那么它会被视为有害空气污染物主要排放源。有害空气污染物主要排放源将受到最严格的监控（美国联邦法典 40 卷第 63 章节）。针对市政污水处理厂所制定的最大可实现的控制技术规程在 VVV 分部中做出了定义。但这一分部中并未对固体处理或热氧化系统的排放限制做出规定。

如果一个污水处理厂处理的是工业废水，并且该厂是各类有机化工生产单元的一部分，那么需要对其按规程进行监测。这些补充规定在美国联邦法典 40 卷第 63 章节的 FFFF 分部有害空气污染物的国家排放标准：各类有机化工生产中做出了定义。

7. 州和地方的监管要求

即便是相对较小的热氧化设施，施工前许可证的申请要求也同样适用。虽然审查要求不那么严格，但排放限制相同。大多数州均要求对设施进行最佳可行污染控制技术分析，以确定合适的烟气设备和排放规定。

许多州针对有毒空气污染物的管理做出了专门的规定。一些州制定的规程要求对有毒烟气的排放进行控制技术评估。其他州则要求进行离散模型评估，以评估设施的有毒烟气污染物的排放量是否符合环境排放要求。在州制定的有毒烟气污染物规程中同样确定了一些有害气体污染物的排放限制。同样地，州和地方也对噪声和臭味制定了补充的规定。这些法规可能会要求对设施造成的潜在的噪声和臭味进行专门的达标情况确认和施工前评估。适用标准可能将在个案的基础上发展起来，并将包括与公众的互动和有意者的参与。

消白烟通过许多州定法规中所确定的黑度限制进行管控。但即便满足了这些黑度限制也可能无法防止白烟。由于白烟的形成可能会引发公众的邻避效应，因此有必要对采取措施以消除白烟。

17.5.3 运营许可证

设施建成后，需对其进行性能测试。并且，在施工许可证中对设施的污染物排放进行测试。在美国联邦法典 40 卷第 60 章节的附录 A 中对测试程序做出了规定，而测试方法则需要经过审核机构同意。所编制的测试计划书阐述如何测试并明确污染物排放量。如果所测得的排放率超过了施工许可证中所规定的排放限值，则需要立即采取措施，包括对烟气净化设备的改造和重新申请许可证。

1. 联邦第五运营许可证的程序

设施开始运作后不久就应实施运营许可证程序，以确保该设施继续遵守许可证要求并报告主要设施的实际排放量。运营许可证的程序加强了针对整个设施制定的排放规定，明确了监控程序保障排放合规。

设施一旦建成，将对其进行性能测试，以证实设施满足许可证中所确定的排放限制。若要继续运行该设施，则需要完成性能测试并提交运营许可证的申请。

如果该设施为主要排放源，则需要申请联邦第五运营许可证（美国联邦法典 40 卷第 70 章节，州运营许可证程序）。该运营许可证确定了设施中所出现的各类排放源、总结了施工前许可证中所设立的排放限制和特殊要求，并概述了设施持续满足许可证要求的证明过程。

2. 州运营许可证的程序

州运营许可程序适用于主要污染排放源。这些排放源符合联邦强制执行的运营限制。联邦此举是为了将年排放量控制在主要污染源排放限定标准之下。州运营许可程序也可适用于大的次要污染源。这些污染源低于主要污染源排放量，但却高于州运营许可程序所规定的排放量。州运营许可证程序基本类似于联邦运营许可证程序，但设施的达标情况则是由州进行管理的。

3. 污泥管理

1987 年净水法案修正案对污泥处理处置过程所执行标准收录在了美国联邦法典 40 卷第 503 章条例中，也被称作是第 503 章条例法规。其中的 E 分部则对焚烧炉中焚烧的固体残留物做出了要求。对于多炉膛焚烧炉和流化床焚烧炉而言，各单元的污染物排放限值取决于法规中对其他单元的排放限值要求、大气扩散条件以及控制效率。具体的排放限值主要是针对 7 种金属、总烃和/或一氧化碳：

（1）铍的排放限值在一个 24h 周期内为 10g；

（2）汞的排放限值在一个 24h 周期内为 3200g；

（3）铅、砷、镉、铬、镍的进料浓度限值取决于具体的现场条件（例如，进料速度、洗涤系统的控制效率、分散因子等）；

（4）以 100ppm 计数的总烃月平均浓度，如丙烷、修正为 0%的水分和 7%的氧气；

（5）作为一种替代总烃，污水处理厂可能使用以 100ppm 计数的一氧化碳、修正为 0%的水分和 7%的氧气月平均浓度。

此外，还需要安装有足够的监测设备以确保设施能够满足运行标准。监测设备包括对总烃或 CO 排放量的连续监测仪以及对烟囱中氧气浓度和水含量的监测设备。燃烧温度至少要每日进行监测，以确保在性能测试期间运行的燃烧温度不超过限制标准的 20%。

对于空气污染控制性能的其他参数也必须进行监测以确定适用于该设备的操作频率。需要定期进行金属浓度的采样和分析以确保其在污泥中的浓度符合预期。对焚烧炉的性能和实际排放率的记录必须在 5 年内每年进行报告。

4. 空气质量达标情况

美国联邦法典 60 卷第 64 章节对履约保证监测做出了要求。履约保证监测规则适用于需要获得第五许可证的主要排放源中的一个特定的污染物排放单元。本规则高于无控制的排放标准，它适用于受到排放标准或限值制约的排放单元，排放单元可以通过使用控制装置来满足该规则。焚烧炉的运行必须使用颗粒物控制装置来达到颗粒物控制限值。目前履约保证监测规则有待于发展成为一个能够表现洗涤器运行情况和排放量情况的管理规程。

《空气清洁法》中的许可证要求在过去 30 年内不断发展。随着空气清洁法案的修改，现行的法规对许可证要求做出了新的诠释并增加了补充规定。因此，污泥焚烧炉的所有者必须根据空气质量许可证的要求对设施的每个位置进行仔细审查。

17.5.4　可实现最大限度控制技术标准

2011 年 3 月 21 日，美国环境保护局在联邦纪事中发布了一套针对污泥焚烧炉的新的烟气排放管理条例收录在美国联邦法典 40 卷第 60 章节中（美国环境保护局，2011 年）。这些新的管理条例中包含了新增及现有固定排放源的运行标准。直至 2016 年 3 月 21 日，美国的所有污泥焚烧炉都必须满足该管理条例中的排放限制及其他要求。表 17-3 所示为适用于多炉膛焚烧炉和流化床焚烧炉的心的可实现最大限度控制技术标准。

针对污泥焚烧炉的可实现最大限度控制技术标准 **表 17-3**

污染物	单位	现有设施		新的设施	
		多炉膛	流化床	多炉膛	流化床
颗粒物	mg/dscm	80	18	60	9.6
氯化氢	ppmvd	1.2	0.51	1.2	0.24
一氧化碳	ppmvd	3800	64	52	27
二噁英/呋喃	ng/dscm	5.0	1.2	0.045	0.013
以总质量为基础	ng/dscm	0.32	0.10	0.0022	0.0044
以总当量为基础	mg/dscm	0.28	0.037	0.15	0.0010
汞	ppmvd	220	150	210	30
氮氧化物	ppmvd	26	15	26	5.3
二氧化硫	mg/dscm	0.095	0.0016	0.0024	0.0011
镉	mg/dscm	0.30	0.0074	0.0035	0.00062
铅					
可视的散逸性排放 ran	%	≤5%在每小时的观察期中	≤5%在每小时的观察期中	≤5%在每小时的观察期中	≤5%在每小时的观察期中

然而，在 2011 年 5 月，位于华盛顿哥伦比亚特区的国家清洁水机构协会处于各种原因正式要求美国环境保护局重新考虑该管理条例。由于国家清洁水机构协会的要求以及该管理条例所面临的潜在法律挑战，国家清洁水协会建议读者与美国环境保护局的工作人员一起对该管理条例的法律地位进行审查。

17.5.5 近来得到许可的新的流化床焚烧炉

审批过程的详细信息可以从最近处理过审批程序并安装过新的焚烧炉系统的机构中获得，如克利夫兰，俄亥俄州东北地区的下水道区、俄亥俄州的城市污水排放区以及圣保罗，明尼苏达的市议会环境服务机构。

第18章　热解、气化和其他热处理工艺

18.1　引言

如果考虑净能量利用，污泥的热处理工艺是一种节约能源和产生能量的方法，而机械脱水设备和自动化程度的提高可帮助实现这一目标。目前，在环境领域，热处理技术已经基本可以实现污泥低成本、高效率的利用。近年来，高能耗和更严格的环境控制要求影响着污泥处理和利用技术的发展（其中包括处理、运输、臭味的控制和药剂成本等）。相比而言，自给的热处理工艺受成本的影响较小。

本章主要介绍热解和气化等传统工艺的新进展。这些工艺主要是利用无氧或缺氧工艺原理，可能是关于碳平衡经济在专业技术上最令人信服的工艺。本章的主要目的是介绍污泥的热处理工艺，应用更广泛的污泥焚烧工艺在其他章节中介绍。在本章，热处理工艺定义为操作温度超过干燥工艺并能引起进料的热化学变化工艺。除此之外，“生物质”包括可以作为燃料燃烧的任何可生物降解废物，但不包括像煤、石油等化石燃料。污泥就是一种典型的生物质。

新的热处理工艺技术出现了，但需要注意的是这些技术没有太多可借鉴的经验。即使在1900年早期就已经有了高温技术用于燃烧污水中的固体的实例，但新的热处理工艺在操作方面常常面临问题，因为它可能与直接燃烧工艺经验有着明显不同，故需要进行小试来进行测试。而热处理工艺主要通过氧化污泥中的易挥发性组分，具有一定的优点和缺点，这项工艺的优点包括：

（1）环保。这项工艺建立在碳平衡的基础上且空气的排放量符合环境容量标准。在此工艺中空气的排放量可以实现在每分钟连续排放监测。

（2）减容。它极大的减少了湿污泥的体积和重量。飞灰可以资源化利用。

（3）降低毒性。热分解杀灭了病原体、病毒和其他可能对环境有害的生物污染物。

（4）节约能源。该工艺通过直接热交换或中间产物的燃烧来提供能量，因此，工艺运行中需减少或消除能量。

（5）资源化利用。热解和气化副产物“焦炭”是一种低等燃料，但它可以被用作活性炭添加剂、臭气处理过滤填料、土壤添加剂等。从合成气副产物中获得的热量可以被用于污泥干化或其他能量应用。

缺点包括：

（1）新兴的技术。新兴热工艺的出现对新设计和运行提出了挑战，更重要的是，在此过程中新技术的应用缺少经验可以借鉴。

（2）进料水分少。相对于在焚化炉中存在的污泥，许多热工艺要求进料含水率相当低，这也增加了污泥干化的复杂性。

（3）费用。由于缺乏长期运行的生产性的设备，因此运行成本和投资等相关数据有限。气化系统用于处理农业和林业废弃物、煤已经超过50年的历史，但污泥处理不同于上述两种方式，二者间不能直接进行费用比较。

（4）运行问题。高温工艺过程可能产生维护问题从而降低了运行的可靠性。

热能转化系统的技术发展很快，这些发展与其他相关技术的发展是密不可分的，能够更好地提高效率并降低成本。经济刺激与付费购买排放限额减少了全生命周期费用。生物质热解和气化技术可以将污泥或其他生物质转化为热化学能燃料和其他高热值的化学物质。

18.2 热解和气化原理

生物质气化工艺是由两步或者两步结合形成的工艺。热解和气化原理是将固体变为气体时进行能量的转换。气化的字面意思是通过氧化还原反应将固体或液体物质转化为气体，同时将生物质能进行热化学转化。在这个过程中，大分子挥发性固体和某些固定碳固体被转化成可燃性气体，这些气体产物被称为合成气。

热解和气化技术并不是新出现的技术，早在古埃及，人们就采用木头蒸馏的方法收集焦油和木醋酸用于保存尸体不腐。而用木头制作木炭的工艺可以追溯到公元前2000年。1921年密歇根底特律福特公司就使用废木在木头干馏厂生产木炭和其他商用化学物质（如甲醇、乙酸、丙酮、乙醇、碳酸、树脂、拱心石（keytones）、重油和轻油等）。在第二次世界大战中，人们用小型向下抽风的燃木片气化器生产燃料用于汽车（Skov and Papworth，2006）。目前，使用污泥作为最初进料的热解和气化工艺仍受到一定限制，在本书的筹备阶段，世界范围内只有几个大规模生产性试验和只处理污泥的生产性气化设备运行。

在一个气化能量转化系统中，第一步反应是热解，该过程在缺氧的条件下利用热量产生化学反应，将可挥发性物质变成焦炭。热解后产生的焦炭和可燃性气体接下来会发生气化反应。传统的空气/烟气气化热化学反应发生的温度是600～900℃（1100～1650℉），大约为完全燃烧理论需氧量的30%。

18.2.1 气化反应

气化系统通过调节氧量，来控制从固体进料到合成气转移能量时部分燃烧速率，因而减少了直接燃烧中过量空气所需燃料和更多固定碳的氧化过程。在气化炉中能量的转移发生在空气/氧气与燃烧的碳接触时。氧与碳发生反应，燃烧的反应式如（18-1）所示：

$$C + 1/2O_2 \longrightarrow CO \tag{18-1}$$

在热解阶段，一些碳发生完全燃烧，完全燃烧或者碳的氧化反应如式（18-2）所示反应：

$$C + O_2 \longrightarrow CO_2 \tag{18-2}$$

当含有氮时，碳转化发生如式（18-3）所示的反应：

$$C + O_2(+3.76N_2) \longrightarrow CO_2(+3.76N_2) \tag{18-3}$$

在气化工艺中氮的作用是缓和气化反应。如果没有氮的参与，高温将是控制气化反应的主要因素，但是此时气化反应很难控制。如果在气化炉中的温度保持不变，那么碳燃烧

产生的 CO_2 会马上转化为 CO。反应方程式如式（18-4）所示：

$$CO_2 + C \longrightarrow 2CO \tag{18-4}$$

CO_2 与 CO 的分离是随温度而变化的，分离开始的温度大约是 400℃，而低于 400℃时只能产生惰性烟雾。

气化炉产生的合成气组分（N_2、CO_2、H_2、CO）决定着合成气的热值，当 CO_2 的含量减少或者在气化过程中分离进入 CO 中时，合成气的热值将升高。约 35％的氮气与 35％的一氧化碳组成的合成气产生的热值约为 5020kJ/Nm^3（350Btu/cu ft）。一般来说，在气化炉中可以将固体物料 65％～85％能量转化到合成气中(Chilson，2003)，图 18-1 所示为一个简单的热平衡关系。

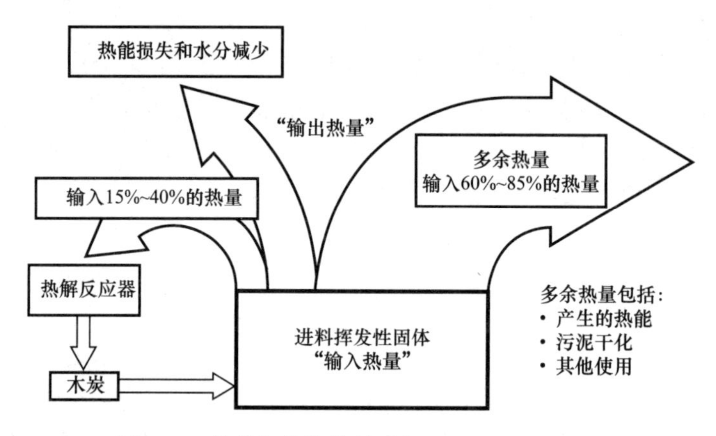

图 18-1　简单气化炉热量平衡（1Btu＝1.055kJ）

然而气化产生的合成气能量通常被用于进料污泥的干化。分段干化对整体可行方面是必要的。系统的效率可以认为是产生的合成气热值与燃料热值的比值。如式（18-5）所示：

$$效率(\%) = (合成气热值 / 燃料热值) \times 100 \tag{18-5}$$

利用水蒸气作为气化介质可以增加工艺效率和合成气的热值。当水蒸气与发热的碳块接触时发生式（18-6）所示的反应：

$$H_2O \longrightarrow H_2 + 0.5O_2 \tag{18-6}$$

式中，1Nm^3 水蒸气可以产生 1Nm^3 H_2 和 0.5Nm^3 O_2。水蒸气分解需要吸收 10800kJ/Nm^3 热量，H_2 的热值为 12800kJ/Nm^3。在此工艺阶段，释放出的合成气主要包括 CO（约 40％）、H_2（15％～20％）、N_2（约 40％），当氢含量达到 60％～65％时可以增加合成气的热值。

当提到气化时，"蒸汽转化"（steam-reforming）这个术语有时会被用到。当水蒸气被用于气化介质时，水蒸气与 CO 在气化阶段可以产生 H_2。这个水—气转化反应关系式如式（18-7）所示。该反应属于轻微吸热过程。

$$CO + H_2O \longrightarrow CO_2 + H_2 \tag{18-7}$$

18.2.2　热解

本书中没有具体讨论热解的原理与具体工艺流程。热解过程被单独运用于将生物质进料转化为液体副产物生物油。热解反应时间与温度对于产物的产量是非常重要的，不同时间和温度产量不同，如图 18-2 所示（Barbooti，1988)。低于 1s 的快速加热会使得焦炭产量最小，而气体或焦油产量最大，还取决于操作温度。高温（±900℃）产生更多气体，而低温（±500℃）产生更多的焦油和液体。同样不低于 100s 的缓慢加热会导致焦炭产量增加，而气体和焦油产量减少。

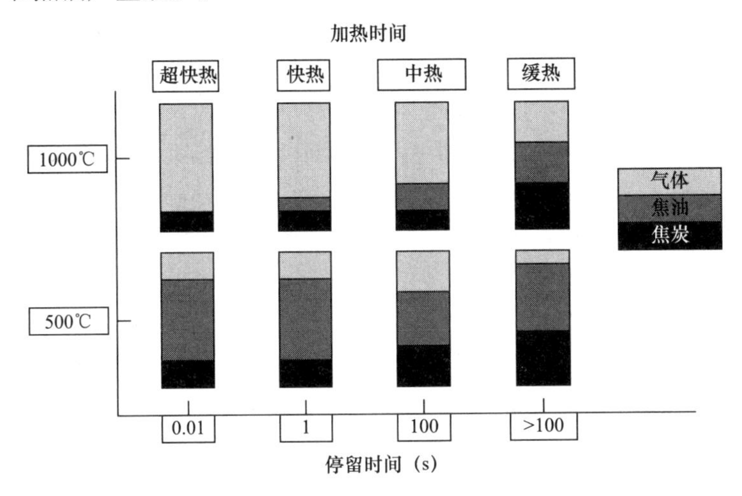

图 18-2 温度及时间对热解副产物的影响（欧洲生物质工业协会提供）

快速热解（即快速加热）（0.1～0.2s）由 450℃加热到 900℃将液态生物产量最大化和焦油与焦煤（或焦炭）产量最小化（Gonzalez et al. 2003）。由温度幅度变化而引起的振动使生物质微粒从生物油碎片分子、挥发性气体以及焦油中分离出来。快速加热要求生物质被破解成小颗粒，这样才能在反应颗粒表面的隔热焦炭层被不断去除。快速热解厂处理有机物质时，要求进料颗粒尺寸小于 6mm，并且水分含量低于基础重量的 10%。极端的热解产物只有碳，这种情况又被称为碳化。

热解工艺被大规模用于炼钢中将煤转化为焦炭。热解这个术语有时也包括热分解作用或在水蒸气存在条件下油的裂解等水合热解作用（有水存在的条件）。热解作用将有机进料转化为油的过程如图 18-3 所示。一般而言，进料基础干重为 70%～75%的挥发性物质可以被转化为油类。

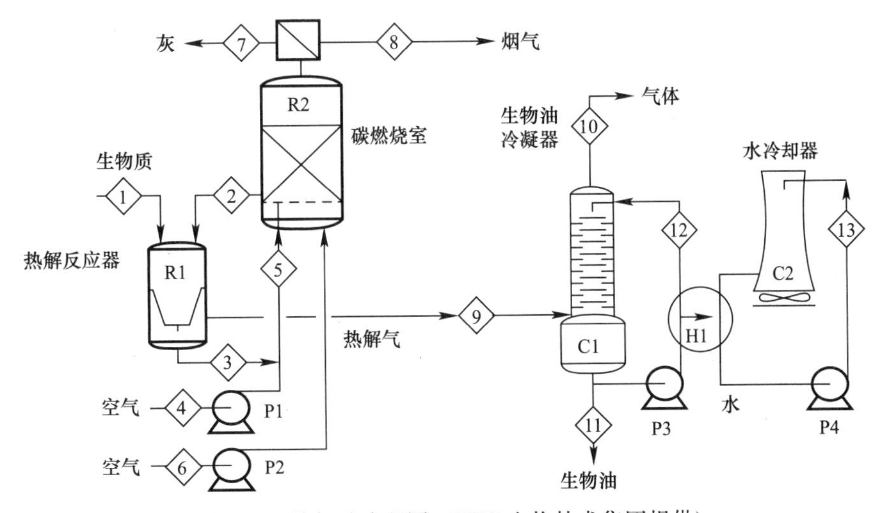

图 18-3 热解油流程图（BTG 生物技术集团提供）

18.2.3 气化合成气特征

来源于气化炉的合成气热值为5～8MJ/Nm³（150～250 Btu/cu ft）。一般氧气气化炉的合成气热值范围是10～12MJ/Nm³（300～350Btu/cu ft）。过热水蒸气气化炉的合成气的热值为12～20MJ/Nm³（400～500Btu/cu ft）（Lewis et al. 2002）。在只有污泥的气化过程中，有限的数据表明气化炉热值大约是4-12MJ/Nm³（100 to 350 Btu/cu ft）。合成气中包含不同含量的N_2、CO、H_2，在某些特定的过程中也有可能出现少量低碳烃、氧气、固体颗粒、焦油、进料和其他成分。低碳烃和焦油的产量由热解反应时间决定，在设计中要考虑合成气中微小颗粒的控制。

生物质气化炉产生的合成气一般含有0～50%N_2、10%～50%H_2、15%～25%CO、5%～25%CO_2、2%～10%CH_4和一些微量元素。合成气的组成由于进料组分和气化设备的不同是变动的。表18-1显示了一般使用污泥进料时不同气化介质中合成气组分的变动。加利福尼亚洛杉矶的许珀里翁处理厂从1986年～1996年运行4台气化系统处理消化污泥，其空气排放量均低于州允许限值（表18-2）。

污泥气化炉的合成气组分　　表18-1

合成气组成	气化介质		
	空气	水蒸气	空气/水蒸气
N_2	44%	—	32%
H_2	12%	49%	13%
CO	19%	17%	25%
CO_2	17%	24%	20%
CH_4	6.5%	8%	10%
热值（MJ/Nm³）	7.4%	11.9%	9.5%

许珀里翁空气排放控制系统效果（THC表示四氢大麻酚，NMHC表示不含甲烷的碳氢化合物）　　表18-2

空气污染物	5.5%氧的目标排放限值	实际排放值
NO_X	75ppm以NO_2计	10～40ppm以NO_2计
SO_X	20ppm以SO_2计	<1ppm以SO_2计
CO	20ppm以CO计	<10ppm以CO计
NMHC	10ppm以CH_4计	THC<1ppm以C计
其他	在3% O_2时0.01gr/dscf	在3% O_2时0.32dscf

资料来源：half plus back half，U.S. EPA Method5.

CIEMAT是西班牙一个能源与环境公共研究组织，在2007年进行了干污泥流化床气化测试（Sanchez et al.，2007）。试验进料都是干污泥（92.5%总固体），在一个2.4Mg/d流化床气化炉中进行的。该消化污泥中测得含有48.4%挥发性组分、46.1%灰分和5.5%固定碳。虽然个别试验的运行时间短（每次4～8h），但不影响最后结果。表18-3展示了稳定的合成气浓度和每次试验的产率。

图18-4所示为合成气的途径以及其衍生物的差异。除此之外，冈萨雷斯（Gonzalez）（2003）还在热解生产生物油工艺中发现，合成气中有超过200种碳氢化合物的衍生物。

低挥发性固体污泥的合成气 **表 18-3**

试验次数	G1	G2	G3	G4	G5	G6
合成气组分（以体积比计，%，除非特别提到）						
N_2	45.94	42.44	37.27	40.31	43.82	47.85
H_2O	15.26	18.33	19.43	17.26	16.37	12.75
CO_2	21.34	20.78	25.46	24.46	23.52	23.21
CO	5.95	5.49	5.07	5.29	4.90	5.40
H_2	6.87	7.42	7.45	7.15	6.05	6.53
CH_4	2.37	2.72	2.32	3.02	2.79	2.54
C_2H_4	0.95	1.15	1.26	1.03	1.08	1.28
C_2H_6（ppm）	230	246	441	469	538	353
C_2H_2	0.52	0.58	0.46	0.39	0.36	0.44
BTX（ppm）	3854	2605	3250	3322	3255	2953
C_xH_y（如 C_3H_8）	3.27	3.39	3.36	3.44	2.67	3.11
NH_3（ppm）	7759	10618	12366	10217	10816	8320
H_2S（ppm）	832	—	—	—	513	—
HHV（MJ/Nm^3）	3.9	4.4	4.3	4.2	3.2	3.2

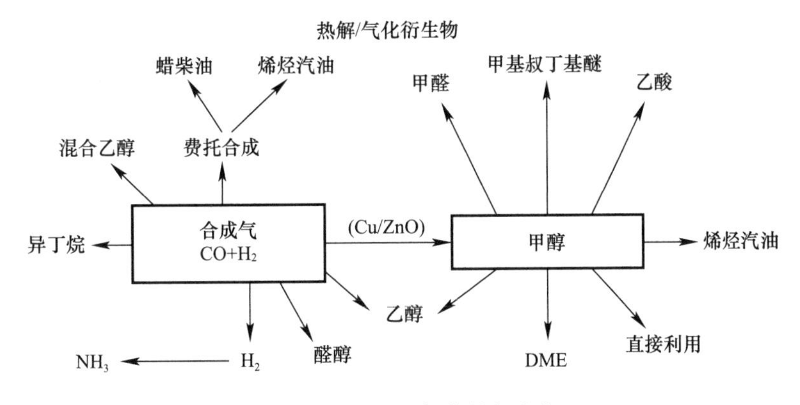

图 18-4 热解和气化的衍生物

18.3 气化工艺类型

气化炉的设计可以分为结构、气化介质、运行参数和功能四个方面的设计。一些更普遍的分类包括根据热量设计不同，有直接加热式或自热式气化炉、间接加热或间接加热式气化炉。根据气化介质不同，有空气、氧气、水蒸气气化器/水气改良气化器。根据压力不同，有常压式和封闭加压式。根据结构不同，分为上开流固定床或下向通风气化器、流化床、循环式气体发生器以及气流床气化炉等。这些气化炉可以将热解和气化反应设计在一个反应器中进行（直接加热气化器）或者将他们分开在不同的反应器中进行（间接加热气化炉）。只热解的反应器和工艺已经投入实际应用。

1. 直接加热气化炉

直接加热反应炉可以将热解和气化两个工艺合在一个反应器中进行。直接加热反应器在污泥—生物质转化过程中运用更普遍，一部分热解反应产生的燃烧产物在直接加热反应器中被氧化，为气化阶段和后续新进料的热解过程提供热量。固定床直接加热气化器可以被设计为向下或向上通风结构，如图 18-5 所示：

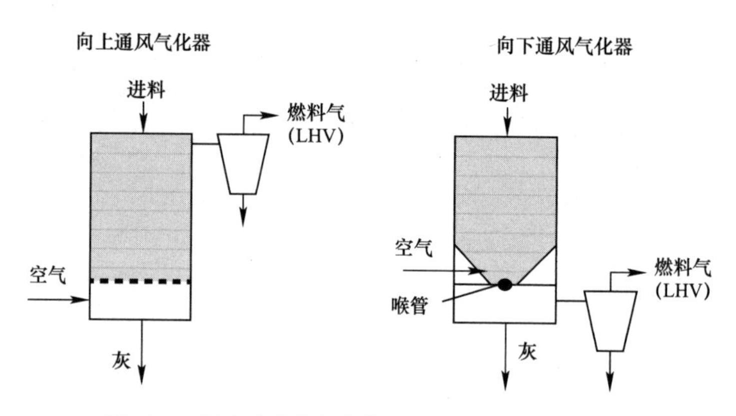

图 18-5　固定床直接加热气化器（LHV 表示低热值）

向上通风的固定床气化炉将碳燃料作为固定床，设计时将通过固定床的“气化介质”（水蒸气、氧气或者空气）设计为与进料方向相反。在这种结构中，热效率很高，气体出口温度很低，但设计时需考虑产生的焦油和甲烷产量。向下通风气化器中的气化介质和进料流动同一个方向通过固定床，产量很高，气体出口温度高，能量效率与向上通风类型相似，焦油产量更低。但其热量来源不足，通常需在固定床的上方进行炭燃烧或外界补给来提供热能。

在第二次世界大战期间，小型向下通风气化炉曾利用燃烧木片产生燃料气，发动机动车的引擎（Skov and Papworth，2006）。

2. 间接加热气化炉

间接加热气化器中发生的热化学反应与直接加热气化器中发生的反应类似，根本的区别在于间接加热反应器中炭燃烧发生在单独的炭燃烧室中。

3. 移动床气化炉

移动床气化炉的设计有多种，在美国最常用的是流化床气化炉，进料随着空气、氧气或水蒸气的流动进入热的沙料床中，灰分被干燥去除或者成堆聚集在一起。循环式流化床气化炉是另一种将颗粒送入循环式热砂料床的气化炉。

4. 直接加热气流床气化炉

气流床气化器是一种加压供氧反应器，适用于大型的工业应用。粉状的干燥固体或者雾化气体燃料随着氧气的流动而被气化。

5. 热解反应器

本书未对热解反应器进行深入讨论和研究。不同的热解技术和参数被用于生物质转化生产生物油。固定床工艺一般被用于传统炭的生产，然而热传递速度慢会降低液体产率。源自俄歇效应的鲁奇加压煤气法使用热沙和生物质带动螺杆的一端，利用螺杆来混匀、运输、传递热量。这个过程不会削减热解蒸汽。然而，沙料必须在一个单独容器中再加热，而这个过程增加了机械的复杂性。

另外一个热解系统的案例是在澳大利亚佩斯市运行的 EnerSludge 热解技术。然而，生物油不适于用作柴油机燃料，而且系统并不经济。

Pyrobustor 工艺（图 18-6）是由埃森曼公司开发的一个两段式水平回转窑，（德国斯图加特伯布林根）它能不断的将生物质转化为可再生能源和灰分。欧洲的意大利的特伦蒂诺圣洛伦岑和德国巴登符腾堡州克赖尔斯海姆在 2006 年和 2008 年分别建立了两个生产装置。这些设备运行的历史超过 50000h（运行有效率大于 90%），干化固体的速率达到 550～650kg/h（17t/d），进料要求干物质量达到 88%～94%。

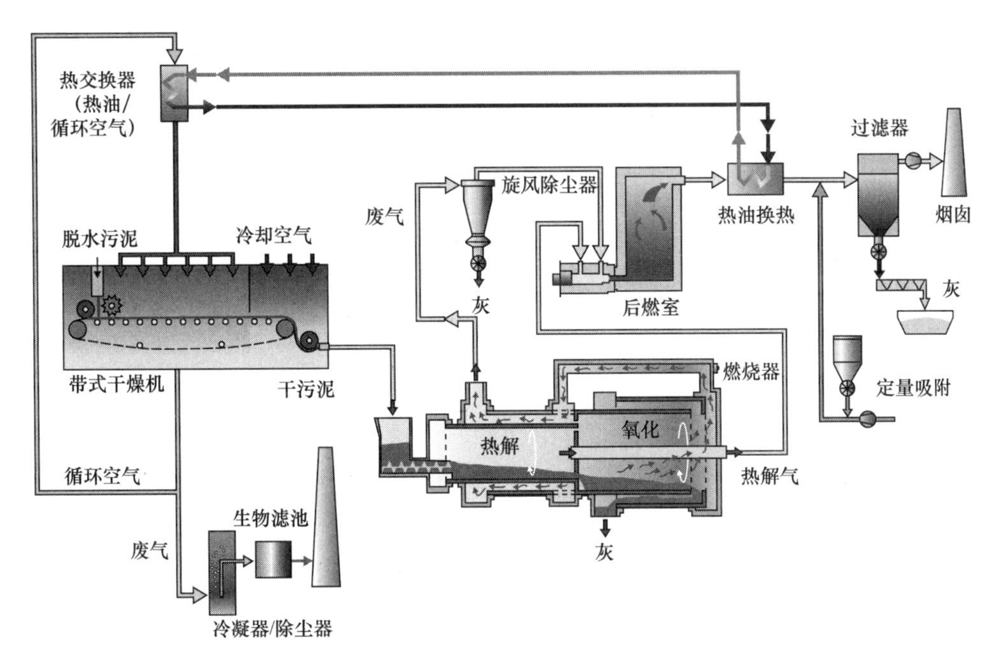

图 18-6 Pyrobustor 工艺流程图（意大利特伦蒂诺圣洛伦岑）

在 Pyrobustor 反应的第一阶段，干物质经过缓慢热解转化为可燃烧有机气体和剩余焦炭。通过调节停留时间和剩余水分，可减小重的可凝结焦油量。在第二阶段，焦炭燃烧提供热解阶段所需能量以及生产可再利用的灰。干燥机是“紧凑式”的 Pyrobustor，它利用热解气燃烧产生的热能恢复热能量。当 Pyrobustor 因为维修而处于停工状态时，热能将提供给干燥机运行，干燥机利用备用化石燃料或可再生燃料生产与 A 级污泥等值的生物质。除了干燥机之外，在意大利建立 Pyrobustor 厂共花费了 500 万美元（350 万欧元）。

18.4 环境注意事项

生物质能发电引起的空气排放受联邦和州标准的限制。而且通常还需要空气排放许可证。去除微粒和其他空气排放物的污染控制技术同样需要遵循常规标准。一般的除尘设备分为湿式和干式，包括单口或多口、低压文丘里、盘式洗尘器、填充床洗涤器以及袋式除尘器。

从热解和气化技术中获得的污泥能量通过以下两种途径降低温室气体排放：

(1) 燃烧污泥或生物质释放的二氧化碳，与其在成长和使用阶段捕获的二氧化碳很大程度上是平衡的，这个关系用术语“碳平衡”来描述。

(2) 与直接燃烧工艺不同，热解和气化工艺只利用进料固定碳的一部分来产生的必要热量。因此，更少的碳和氮被转化为温室气体，从而减少碳和氮在空气中的排放量。

在气化系统中，气体冷却器与旋风除尘器联用不仅可以减少颗粒排放，而且可以避免二噁英和呋喃等有害气体合成。(Sanchez et al.，2007)

随着研究的不断深入，开展了热解副产物的有效利用评价，如焦炭虽然是一种低等燃料，但其不仅可以直接作为污泥脱水的添加剂来控制臭味，而且可以用作过滤介质减少臭味和挥发性有机物。焦炭的其他用途还包括：

(1) 沥青产品添加剂。焦炭的机械稳定性使得它可以作为沥青产品的添加剂使用。

(2) 回填以及景观区美化。焦炭矿物质含量很高，主要是碳、钾和磷，这使得它可以作为复垦工程添加剂使用。

(3) 磷的回收。进料磷的浓度可以使得磷实现很经济的回收。

污泥的热分解过程能够产生能量。以厌氧消化池为例，厌氧分解将生物质或挥发性固体转化为气体能量，如甲烷。然而，气化产生的合成气能量经常被用来干化污泥使反应自发进行，从而导致输出的能量较少。

18.5 安全

污泥热处理工艺需要遵循它特定的强制性规范、良好的工程实践和安全标准。这些标准要求要有完好的设计和对机械设备的细心维护。

在每段污泥干燥工艺中都需要特别注意与安全相关的设备操作要求。任何要求干污泥进料的工艺必须对其爆炸性进行评价。干污泥粉尘的爆炸浓度出现在氧气浓度超过15%，温度超过354℃(670℉)有火星的地方。

为了避免爆炸发生，要求在这些区域的系统中增加安全措施。这些措施包括在干燥机中使用惰性气体系统使氧浓度低于15%；排除污泥中的某些容易产生火星的物体；应用水喷雾系统生产水蒸气降低氧浓度以及使用防爆膜和防爆炸面板缓解由爆炸引起的压力等。干化产物室中还应该安装监测温度、一氧化碳和爆炸条件气体传感器。

在设计时，由合格的安全人员进行全部的安全审查是很有必要的。安全审查内容应该包括设计交底和所遵循的法规。美国国家防火协会(NFPA)标准和其他组织遵循准则都可以作为标准考虑。随着技术的发展，污泥干化/气化系统的专业标准也将不断改善。

18.6 其他热处理工艺

热处理工艺为生物质/污泥提供了热能适用性。这些热电联产(热、电、冷)和三联产技术使用不同的能量转换设备去生产热能和电能。设备包括热交换器、气体和蒸汽涡轮机、往复式发动机、吸附式制冷机、油箱等。经济刺激、可再生能源和碳交易信贷通常是可以获得的，系统所特有的这些对环境的积极影响可以改变公众对于目前有机废物处理的观念。接下来简要概述几个工艺，因这方面需要进一步深入研究，故所列举工艺有限。

18.6.1 超临界水氧化

超临界水氧化（SCWO）是控制超临界温度和压力以防止液体蒸发情况下，在液体或者块状物中发生的有机物氧化过程。氧化程度依靠于温度和压力，（生物技术集团，2011；世界可持续发展学生社团，2011）系统的一般操作温度范围是374～530℃，操作压力范围是22.1～27.6MPa（3200～4000psig）（Patterson et al.，2001）。

压缩空气或氧气进入反应器中，反应是放热的。在超临界温度和压力下，水中的有机物质和氧的溶解性有很大提高，甚至能完全分解有机物质。超临界水氧化可以在低于1min的反应停留时间实现甚至高于99.99%有机物的分解。低温使得产生的SO_X和NO_X气体达到最小值。（Patterson et al.，2001）非极性有机物（如苯和多氯联苯）都能在超临界水氧化中完全混溶，而且在有氧气存在时，与氧反应生成（可恢复的）二氧化碳和水，有机氮被转化为分子氮。

技术供应商称超临界水氧化可以产生一种惰性粉沙土并在液体中沉淀，很大程度减少固体容积。金属以不能渗透的形式被固定，因而可通过美国环境保护局2011年的浸生毒性检测程序。排放的气体臭味小，主要是二氧化碳、氧气和氮。

超临界水氧化技术在污泥处理处置中目前还没有实际应用。但在瑞典和日本的神户建立了几个示范工程，而且在加利福尼亚的里亚尔托也安装了超临界水氧化工程。据报道，在德克萨斯州的哈林跟自来水厂利用由德克萨斯州奥斯汀市HydroProcessing LCC制造的水力固体超临界水氧化工艺进行生产，每天处理干污泥量9Mg（10t）。然而，该设备在热量交换过程时发生了腐蚀，系统不能继续运行。不过，制造商怀疑是因工业用户将腐蚀性废物违规排入污水收集系统所导致的。整套设备投资800万美元，其中包括投资600万美元的2个水力固体超临界水氧化处理单元。运行费用为每0.9Mg干污泥180美元（1千吨）。从废物热量回收和二氧化碳处理费为每0.9Mg干污泥60美元。

18.6.2 阿托斯工艺

阿托斯工艺是由伊利诺斯州芝加哥的威立雅水务公司设计的。它是以超临界水氧化或水热氧化原理为基础设计的。该液相氧化过程是在空气或氧气等氧化气体存在时，将浓缩污泥加热到250～300℃（480～570℉）高温，压力增加到7000～15000kPa（1015～2175psig）高压。阿斯托工艺流程如图18-7所示。

制造商声称该工艺可以使进料浓缩污泥的有机物质矿化，并且对初沉污泥、生物污泥和消化污泥同样适用。制造商还透露最后产物是一种叫“techno砂”的物质。在阿托斯工艺中，进料初始污泥的体积减少了98%～99%，重金属都以不能渗析的形态被稳定化，恶臭有机物如硫化氢、硫醇等都被去除。

18.6.3 泥浆汽化器

泥浆汽化工艺是为了提高生物质脱水能力而出现的一种热处理工艺。制造商称该工艺相对于其他超临界水氧化热解工艺具有低温、低压、低反应时间等优点（Vizier et al.）。据报道该工艺得到的脱水污泥只有15%～30%含固率，颗粒小于12mm（0.5ft），产生的产品称为“E-燃料”，“E-燃料”脱水到含固率50%～60%热值大约是15000～19000kJ/kg

(6500～8000Btu/lb)。在加利福尼亚瑞蓝图泥浆汽化器系统设计用于处理来自 5 个自治市的大约 178Mg/d (196t 干重/d) 固体，产生大约 150Mg/d (167t/d) 产物。据运营者反馈，污泥碳化可以产生超过它所需 1.98 倍能量用来处理未经消化的固体，但同时也产生了具有高氨氮和有机废物的废气。二氧化碳和反应器排气通常被送入到热力焚烧炉(RTO) 氧化废气中的挥发性有机物 (VOCs)。

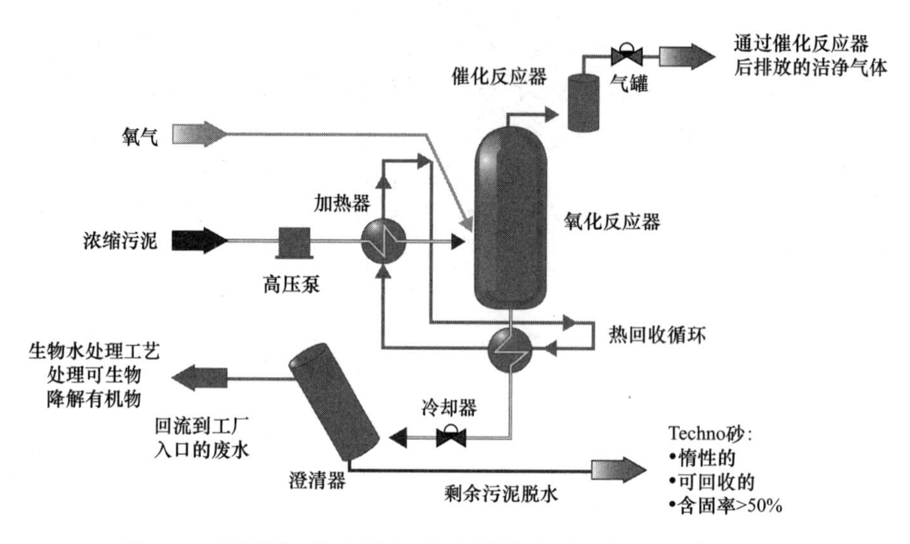

图 18-7　阿托斯工艺流程图 (伊利诺斯州芝加哥威立雅水务提供)

18.6.4　混合污泥在水泥制造业的应用

水泥制造需要大量能量，进料 (石灰石、少量氧化铁和氧化铝) 在预热塔中必须被加热到 1500℃ (2700℉) 以上，然后再在回转窑中焙烧。烧后产生一种称为熟料的晶体，它是组成水泥的主要成分。在制造水泥时排放的气体主要包括 CO_2、CO 和 NO_x。一些水泥制造商使用选择性非催化还原 (SNCR) 技术来降低窑内 NOx 的排放量，该技术在 870℃-930℃温度范围内，将氨水或尿素注射到回转窑中，氨水或尿素与以 NO_2 形式存在的 NO_x 结合形成 N_2。这个工艺中间的化学反应如式 (18-8) 所示：

$$NO_x + NH_3N(\text{ammonia}) + O_2 + N_2 + H_2O \tag{18-8}$$

通过 SNCR 工艺加入氨可以减少 NOx 的排放，以 SNCR 技术为基础，水泥工艺环境协会开发了一项污泥注入工艺发明 (1996)。污泥注入工艺以浓缩污泥本身存在的水或氨与作为反应物。NOx 减量的化学反应与氨氮反应是相同的，氨与 NO_x 结合生成氮气排出。污泥进行燃烧时，一些惰性物质 (包括金属) 也随之被稳定在水泥中。

在加利福尼亚州卢塞恩谷地的三菱水泥公司进行了长期的试验，在 1994 年和 1995 年采用投加污泥的工艺并运行至今。这家公司以大约 50Mg/d 处理量加注湿污泥，NO_x 的排放可以减少 20%～30%。

18.6.5　玻璃固化

玻璃化作用是一种使用多年的将矿物融入玻璃中的一种工艺。该工艺运行时要求进料含水率不高于10%，在1330～1500℃（2400～2730°F）的火炉中熔融。熔融后的玻璃呈液态，在此时将其淬火冷却成固体，再将固体进行挤压并制造出满足市场要求的形态。由于运行温度高于灰熔点，使得该工艺产生的炉渣的排放成为人们担心的问题。废气处理设备的设计也需要考虑炉渣和腐蚀物的影响。在本书出版时，污泥的玻璃化处理工艺被认为是一种缺少实践应用并未被证明有效的技术。有两个地方应用该技术，分别是新西兰的Lemar环境供水厂和美国的矿区。在2008年～2009年，矿区的玻璃化工艺的运行由于可靠性或在线设备问题降低了生产力和减少了系统经济性而停止。

本书内容未对其他的热工艺进行讨论。使用污泥和其他生物质进料的热能转化技术相对于有机废物的垃圾填埋的费用和环境问题方面提供了一个清洁、可再生能源选项。虽然生物能不能取代传统的化石燃料发电设施，但是这些技术所取代化石燃料，将减少对环境的污染和全球变暖的影响。环境友好技术的应用和创新将为我们创造一个美好未来。

第19章　运输与储存

19.1　引言

本章讨论的是固体废物的运输与储存，主要包括污泥、浮渣和其他悬浮或溶解性固体在污水处理过程中的逐点转运及厂外储存时的运输。

19.1.1　储存的必要性

污水污泥的处理需要有效的储存，设计时要考虑与污水处理系统的目标相适应的储存方式，从而提高系统的可靠性和效率。

处理系统保存污泥的能力，影响到在天气变化、人员配备变化、维修调度和突发事件发生时系统的可靠性。例如，污水处理系统每天24h产生污泥，但污泥脱水设备运行最方便和高效的时段是白天。因此，脱水设备不运行时，污泥必须储存下来。对于以不同速率运行的相互联系的处理步骤来说，这种储存是必须的。例如，离心出料和焚烧炉进料的速率是不同的。由于污水处理厂（WWTP）全年产生污泥，所以选择利用土地利用作为污泥的资源化利用方式时，必须提供厂内或厂外的污泥储存，在没有地方储存污泥的情况下需考虑其他备选方案。

19.1.2　污水处理过程中污泥的储存

处理系统中污泥的储存是污水处理厂运行的一部分，既是处理过程也是处理的结果。污泥进入消化池前会在初沉池中贮存几小时，进行重力沉淀，初沉污泥的去除时间影响到后续一系列的处理过程，最明显的是浓缩工艺。进入消化池的污泥浓度会影响污水处理厂在暴雨发生时处理多余水量而不发生溢出风险的能力。储存污泥同时进行着污泥消化，其中污泥在池中停留时间是一个重要运行参数。但是储存污泥有些情况可能是因工艺中问题而造成的，如沉砂池在暴雨后超负荷运行或是消化池底部一些无机物沉淀，在这种情况下，要维持一定的污水处理能力就需要及时清理系统中产生的污泥。

第20章讨论的是污泥处理系统的组成。收集污水厂的污泥是为了最终利用，或为了污泥被运到其他地方前暂时储存，储存方式有三种：在氧化塘、储水池或水塘中为实现稳定而储存液态或脱水生物污泥；在使用季节到来前储存液态或脱水生物污泥；为了将污泥运至厂外进行处理而将液态或脱水生物污泥储存在塘底、污泥仓或其他储存设备中。

一些处理系统中的污泥储存是由处理工艺特点决定的。如污泥贮存是氧化塘稳定、风干和堆肥的内在要求。对于其他处理工艺，如离心和石灰稳定，脱水后运输以及暂时贮存污泥设施的设计，可以有诸多选择，受污水处理厂规模、气候、厂外邻近土地供应等因素的影响。这里描述到的一些方法同样适用于其他废弃物的处理，尤其是砂砾、栅渣和浮渣的处理。污水处理厂（WWTP）贮存污泥要考虑的一个关键因素，是尽量减少气味的影响。由于污泥主要包含一些生物质，所以有机物发生的生物作用会生成恶臭物质。污泥的特性如含水率、污泥龄和稳定性会影响其散发恶臭和对气味的控制。在本书的其他章节涉及侧流、气味控制和公共宣传等内容。

19.1.3 污泥的运输

对于污水处理厂来说，污泥的运输是必不可少的。在美国，卡车运输是污泥运输的最常用方法。运输成本是厂外污泥管理系统的最大支出。随着燃油价格的上涨，这种趋势会继续上升，同时运输费用也受到相关规定和安全因素的影响。相比其他污泥处理方法，运输使生物污泥管理者面临大量的不可控情况，也使污泥很大程度地暴露在公众前。公路上行驶的运输污泥的卡车每次行程都会遇到成百上千的其他驾驶员。运行的风险大大超出污泥管理者的控制范围，包括碰撞、天气和路面状况、设备故障和交通阻塞等。正是在这些情况下，普通的设备故障会变成一个大的公众事件。在本章的后面几节将会讨论各种运输方法，如卡车、铁路和船运。每种运输方法都会讨论设备、成本、污泥气味和泄漏的控制等方面内容。

19.1.4 厂外储存

本章的重点是污泥的厂外贮存，这可以大大促进对污泥回收利用的成功管理。污泥厂外贮存，即可以储存在污泥土地利用现场或除了污水处理厂以外的其他地点，使污泥处理管理者在恶劣天气或厂内用地紧张情况下有了较大的运行灵活度。这一灵活度使得污泥管理者在众多运行因素中能作出最好的生物污泥处理决策。

气味通常是污泥储存设施的关键问题，因此储存设施的位置以及本章后面会详细讨论的其他因素会显著影响储存系统的运行效率。不同于运输，厂外储存污泥的风险因素（除了天气）很大程度上都在污泥管理者的控制之下。对储存设施和周边区域正确管理决定了污泥储存设施能否可以长期运转。污泥储存的时间范围从短期到长期，短期即几小时到几天，而长期可达 2 年。一般说来，计划的污泥储存时间不但会影响到污泥储存设施的类型，还会影响到管理的效率。

19.2 厂内污泥储存

19.2.1 污水处理过程中的污泥储存

1. 栅渣和砂砾去除

设有栅渣和砂砾去除设施的污水处理厂在将污泥运送至厂外处理前，需在厂内贮存。污水处理的第一步是利用格栅去除大的固体物质，如木棒、碎布和塑料袋等，这类物质在污水处理中会阻塞管道和损坏后续的设备。由于气味问题，经格栅去除的砂砾和较大的固体必须定期处理。可以将螺杆压缩机杆与筛网联用去除经筛网中多余的液体，然后将栅渣排入垃圾箱或袋装容器中。

一般情况下，进水接下来会进入除砂设施。从污水中去除砂砾的主要目的是去除能产生摩擦的无机物以减少对后续机械和工艺设备的磨损，一般通过输送装置输送到厂内储存罐，或由污泥泵输送到脱水单元，然后直接排入排泥斗。储存罐可同时用于贮存砂砾和栅渣。一些污水处理厂配有堆砂的建筑物，用于储存砂砾和栅渣，直到将其运至厂外处置。从《市政污水处理厂》（WEF，2009）这本书中可以进一步获得更多关于污泥泥砂去除和处理方面的信息。

2. 曝气池和二沉池

污水处理厂中污泥会贮存在曝气池或二沉池中。贮存在这些处理单元部分一般会导致污泥浓度增加和细菌平均停留时间（MCRT）增加，因而降低了污泥负荷率（F/M）。由于这两个变化，因此二级处理工艺需要谨慎操作。大多数污水处理厂的污泥储存容量根据二级处理工艺而设计，通过检查运行参数 MCRT 和 F/M 而确定。为维持健康的生物群和硝化过程，除了池子的尺寸和处理量，还必须考虑曝气能力。通常污水处理厂在设计的参数范围内运行，可以保证所有工艺单元都能够支撑污泥储量的增加。

在曝气池和二沉池中聚积过量的污泥可能会导致达不到国家污染物排放消除系统（NPDES）的要求。污水处理厂按规定应尽量避免将二级处理系统用于贮存生物污泥，因为这样做会大大影响二级处理效率，可能发生丝状菌、水力或有毒物质超负荷。而适当的操作指南可以减少不合规问题的出现，但仍需防范污泥储存在处理单元中可能出现的问题。

由于一般要求处理工艺要有余量，污水处理厂可以将一部分污泥隔离，单独使用一个池子来增加污泥贮存容量，而不会增加上述运行可能出现的问题。为了控制或减少这一做法带来的气味，建议进行通风。为了监测池中污泥层厚度，可以采用复杂的专业电子装置或简单的淹没式捕获管装置。

3. 稳定塘

污泥稳定塘通常被称为氧化塘，是大型的地面污泥储存塘。这种塘用于贮存和处理生活和工业污泥，具有低建造和运行成本、可靠、易于操作的特点，使得它可以以不同组合形式最大程度处理小型社区的污泥。

稳定塘可分为好氧稳定塘、厌氧稳定塘、兼性稳定塘和曝气塘四大类。美国环境保护局（U. S. EPA；1979年）对稳定塘的描述如下：纯好氧稳定塘只贮存单相浓缩型污泥，而更常用的厌氧塘和兼性塘可长期储存两相浓缩污泥以去除可沉降的生物污泥。处理原污水的一级污水处理池（通常为厌氧稳定塘）根据污泥负荷的不同，大约每5年或10年必须排空和清理一次。二级污水处理池（通常为兼性塘）由于足够深（1.8～2.4m）且只接纳生物活性污泥，一般不需要清理。

19.2.2　污泥处理工艺中的污泥储存

在污泥处理工艺中可用于储存污泥的设施有：

（1）重力浓缩池；

（2）气浮浓缩池；

（3）初沉和二沉污泥混合池（Qasim，1999）；

（4）厌氧消化池（Malina 和 Pohland，1992；Metcalf 和 Eddy，2003；Speece，2008；U. S. EPA，1979b；Wang et al.，2006）；

（5）好氧消化池（Liu et al. 1997；Metcalf and Eddy，Inc 2003；Speece，2008；U. S. EPA，1979b；Wang et al.，2006）；

（6）干化床。

以上列出的处理设施除了消化池外，通常其储存量很小，只储存意外情况下的污泥。未完全运行的消化池可用于短期储存污泥。

19.2.3 厂内专用污泥储存设施

液态生物污泥和污水处理厂污泥也可以贮存在几种专用的厂内储存设施中：

（1）储泥池；

（2）兼性塘（U. S. EPA，2002）；

（3）厌氧塘（U. S. EPA，2002）；

（4）好氧塘；

（5）干化塘；

（6）干化床；

（7）储存仓；

（8）密闭料斗或料仓。

19.2.4 辅助处理残渣的贮存

本节讨论粪便污泥、脂肪、油和油脂（统称为FOG）的储存，也包括雨水口沉积物。在联邦法规40CFR的第503部分污泥利用和处置标准中，粪便污泥定义为从化粪池、污水、简易卫生间、Ⅲ型轮船卫生设备或是类似的只接纳生活污水的处理设施中去除得到的液态或固态物质。不符合这一定义的粪便污泥需根据固体废物处理设施和标准40CFR的第257部分（U. S. EPA）的要求进行处理和处置。

粪便污泥收集处理的三种主要管理方案如下：

（1）在污水处理厂处理。如上所述，由于一般的粪便污泥的浓度高，污水处理厂一般要求将其引入上游的收集系统，以使进入该系统的其他废物将其充分稀释。但是，大型污水处理厂可能将粪便污泥排入格栅后的前处理构筑物。

（2）粪便污泥处理设施处理。在粪便污泥处理设施中，经格栅除渣和石灰处理后，粪便污泥会脱水。脱水固体可以用于堆肥、土地利用或填埋。粪便污泥脱水后产生滤液可以用于灌溉或土地使用。有了工业用户排放许可证，粪污滤液可以进入污水处理厂进一步处理。极少数情况下，有国家污染排放控制（NPDES）许可证才可以将粪污滤液排入地表水中。

（3）处理后的土地利用。在这种情况下，在收集卡车上投加石灰处理粪便污泥，在土地处理前再筛渣。

粪便污泥带来了复杂的管理问题。污泥的五日生化需氧量（BOD_5）和总悬浮固体（TSS）比一般的生活污水高50～100倍，和其他生活污水组成相似但浓度更高；会有头发、砂砾、碎布，塑料和其他固体物质以及硫化氢和其他带有气味的化合物，因此任何的处理和贮存污泥的方法都必须控制气味。

除了以上特点，每个地区间及每户家庭的粪便污泥都大不相同（U. S. EPA，1994；

WEF，1997)，导致这一变化有以下几种因素：住户的生活习惯、化粪池设计和尺寸、化粪池清污频率、垃圾处理器和其他家电的使用以及气候变化。

气候同样也会影响化粪池清污频率，从而导致另一个粪便污泥管理方面的问题—卡车运输粪化污泥的容量变化大（即每日粪便污泥产量）。例如，在美国较冷的地区，化粪池冬季通常只有在紧急情况下才会采用泵抽吸。因此，冬季卡车装载的粪便污泥大约为春/夏时装载量的10%。美国气候较温和的地区粪便污泥的积累速率均匀一致，这有利于污泥的储存规划。但是度假区在旅游旺季会遇到粪便污泥量显著增加的问题，因此污泥量的设计和规划必须考虑这些因素。更多的关于粪便污泥管理方面的内容详见《化粪池管理》（WEF，1997)。

1. 粪便污泥收集设施

粪便污泥收集设施既可以设置在污水处理厂或一个单独的粪便污泥处理设施中。在上述任何一种情况下，收集设施是顺利运行的关键，但极小规模的粪污处理企业除外。由化粪池污泥收集设施所能提供得的污泥储存量可减小粪便污泥特性的变化，且可在进一步处理前使粪便污泥流量达到平衡、混合和曝气。储存污泥可以控制粪便污泥需进一步处理的污泥量。处理后的粪便污泥如果用于土地利用，污泥储存则可以大大提高运行的灵活性。由于上述可变性，贮存污泥可以采用不同的收集设施。

污泥接收站的核心要素是粪便污泥量、设备位置和粪便污泥处理工艺。污泥接收站应该有混凝土接收罐、进料口、管道、快速断开装置以接收粪便污泥，去除杂物的拦污栅和冲洗设备。此外，污泥接收站还需要有储罐、细格栅和泥砂去除系统、计量和气味控制。

粪便污泥在储存前必须过滤。此预处理可以确保砂砾和其他异物被去除而不会传输至其他处理设施中。去除砂砾和其他异物既可以保护泵系统，也可以保证粪便污泥的质量。砂砾和栅渣可以储存在混凝土仓中或用管道直接连接到密闭的容器中再转运到垃圾填埋场。

粪便污泥接收设施通常采用密闭的收集罐作为容器，收集罐能控制臭味的散发，并提供使液体澄清、固体沉降以及固体去除和混合的多种方式，从而使污泥产物更加均匀。

密闭的储存罐会释放硫化氢和其他恶臭气体，会造成罐体腐蚀，因而大多储存罐都必须有保护层。通常较小的储罐由碳钢制成并有合适的涂层，也可以使用环氧树脂涂层的铝罐。钢罐内部必须有多层高质量的环氧树脂或煤焦油涂层。此外，按规定要求应进行内部阴极保护，并在土中采取外部保护。应特别注意，表面暴露于湿气和硫化物蒸气下的屋顶以下和高于水值线的外墙面都需要涂有涂层。采用无机锌为涂层是一种牺牲阳极而保护金属的有效措施。有机涂层涂在锌底层上，也可以采用铝层或玻璃纤维层代替。大型混凝土罐可能会被石灰处理产生的饱和碳酸钙水腐蚀，在这种情况下必须采用保护层保护混凝土。在地面上的化粪池越来越多的采用玻璃衬里的金属贮存系统。

化粪池处理后的水在最终处理处置前通常储存于大型的露天水池或塘中。这些池通常筑有黏土或柔性薄膜层以防止地下水污染。膜层的目的是保留住贮存池中的物料而将地下水隔离在池外。膜层保护比压实的黏土会更好。当现场的黏土不能压实则采用膨润土衬层（土壤-水泥衬层）。广泛采用的做法是采用最薄厚度为1mm（0.4in）的增强纤维聚氯乙烯膜作为衬层。氯磺化聚乙烯橡胶是一种常见的耐紫外线的膜衬层材料，可应用于暴露在阳光下的衬层上。另一种常用的材料是EPDM橡胶（即橡胶增强产品）。EPDM材料价位会高一些，但是更能阻碍紫外线且更易与其他衬层材料结合使用。这些材料都符合美国ASTM标准D-1418要求。

露天水塘可利用气候数据和详细的水平衡公式计算其所需的贮存容量，使降水输入量与贮存水蒸发量之间达到平衡以确保天然的输入水量和设备产水在排放和用于土地利用前有足够的储存容量。

脱水泥饼通常贮存在混凝土泥斗或有内壁涂层的碳钢罐中。作为土地利用的土壤改良剂的处理后或脱水泥饼通常贮存在混凝土泥斗中，便于前端装载机进入。用于填埋的泥饼通常可以储存在卡车上或是滚装船上，将其运输到垃圾填埋场进行最终处置。

2. 脂肪、油和油脂储存设施

通常脂肪、油和油脂（FOG）的储存条件相同，与粪便污泥在同一处处理。与粪便污泥一样，在储存时，应将FOG进行筛滤以备进一步处理处置，这是非常重要的。接收设施也需提供相近的混合和澄清能力，这同样是重要的。

FOG（脂肪、油和油脂）比粪便污泥的体积小，金属罐必须有适当的涂层以避免硫化氢腐蚀和罐体破坏等问题。如果罐体以前使用过，在使用前必须测试其水密性和结构稳定性，包括在以前使用的基础上对罐进行评估。如在正常的运行条件下金属罐运行良好而在高温条件下则不能良好运行。油脂和生物燃料设施的主要问题是气味问题，而且要求有空气过滤系统。

19.3 污泥的运输

19.3.1 卡车运输

运输是任何产品的管理、营销和分配的主要考虑因素。和很多产品一样，生物固体必须从产生地转运至要使用地。采用的生物污泥运输方法需考虑诸多要素，这些在下文予以讨论。

各个国家和地区对污泥运输都有自己的规定。国家和地方的法律通常对生物污泥的运输有运输许可或许可证和装载通行证（也称为卡车通行证、储存容量许可证、重量许可证、回程证、清单）且需要对运输设备进行检查、有许可证且打上标识号。

装载证有多个功能，包括污泥收集的日期和时间、运输数量、生物污泥来源和目的地。在运输中留存装载证用作凭证，可在开票时参考，并且出于环境合规需要用于报告和记录。

1. 优缺点

卡车有其他运输方式所没有的灵活性，因而它调整终点和路线（Ettich，1976年）的成本低。这一灵活性的意义在于污泥回收和处置的位置是可能迅速改变的。对于大多数小型的污水处理厂和一些大型污水处理厂，运输液态或脱水后的污泥采用卡车运输是最佳的选择。如果卡车是租的而不是购买的，就体现不出卡车的经济性。

卡车运输方面的缺点包括：难以确保有足够数量、正确车型的卡车、燃油价格波动、碰撞和溢出的危险、与人工相关的成本、运输部门的规范性要求。运输部门颁布并实行了复杂的运输规范，本书中不做引述。生物固体运输法规，作为国家或地方规范的组成部分，是联邦 DOT 法规以外必须遵循的规则，下文中将予以讨论。

2. 卡车类型

生物固体的运输主要采用牵引车和拖车的组合，待运输生物固体中含固率（%TS）决定了使用的密闭设备的类型。其他重要密闭设备的标准与装载和卸载生物固体的难易程度和速度有关。

生物固体在运输中不允许溢出和泄漏，这是法规要求的。在选择合适的运输设备时就要考虑防止污泥的溢出和泄漏。液态生物污泥最好采用防水的罐式拖车，配有内部挡板以减少污泥流动，并在任何开口或软管接口处有防水密封。脱水污泥有时也称为泥饼，一般用自卸式拖车运输，在车的前部和后部装有挡泥板，同时有密封挡板。挡泥板一般必须覆盖住一定比例，通常占敞开式拖车顶面的 50%，除了挡泥板，要求或建议使用防水布进一步防止生物污泥的意外泄漏。防水布要完全覆盖在挡泥板间的拖车空隙，这样可有效地阻止气味和泄漏。

除非拖车顶部是水密性的，否则在生物污泥的顶部和拖车顶部边缘间可能需要维持最小垂直距离。该超高一般要求至少 0.9m（2ft）。该超高可以使生物污泥在运输过程中有一定的活动空间而不会从边缘溢出。

大型罐车在不超过道路承载量情况下一般可装载 25000L（6500gal）的生物固体。在土地利用的现场，转移到施工用车上的生物固体可以采用软管或泵以防止泄漏。有些施工用车，如 Terra-Gators 施工用车自身就配有自吸管可以将污泥充入储泥罐（8000～15000L/2000-4000gal），并利用高充气轮胎将储泥罐的污泥运送到场地各点。

脱水污泥通常借助自卸拖车以牵引车和拖车组合运输。自卸车将泥饼堆积在现场，而前端装载机将生物污泥铲入牵引车牵引的撒布机中。自卸车的生物污泥储存量是 18～22Mg（湿重 20～24t），但不能超过道路载重量。

虽然各地情况不同，但通常对于污泥运输来说，除了短途、单程运输和年污泥体积量少的情况外，大型卡车更加经济。柴油发动机常用于大型卡车而且对于每年运输里程高的小型卡车也是经济的选择（Ettich，1976）。如果要考虑经济、环境和制度方面的因素，可以采用两用车。这种罐车既可以运输污泥也可以不通过中间转移而直接施用污泥。

3. 承包和自营

污水处理厂（WWTP）可以采取不同的运营方式，从自营到租赁卡车、从内部处理一切到将整个业务外包出去。各个污水处理厂的情况不同，必须单独评估。很多决策是基于可用的资金量。其他需要考虑的重要的因素包括污水处理厂规模、厂内贮存容量、转运的频率和人员业务能力。例如，很多小中型污水处理厂选择使用自己的卡车，以及有签约的牵引车和驾车服务。这种方式有两个明显的优点：第一，分配到污泥处理和脱水操作的污水处理厂工作人员在拖车附近工作，并可根据需要将其重新放置在装载输送带下，以确保卡车负载均匀。第二，由于货运公司在投标价格时不需要支付拖车的折旧成本，因此选择这种做法可以降低投标价且可以出价较低。

与货运公司或司机个人签订的书面合同可用于记录或确保驾驶安全及污泥溢出时及时处置，遵守运输许可，优化运输路线，卡车的维护和外观等。外包合同服从运输管理部门（DOT）的要求，包括驾驶员的身体状况、年龄、视力和 24 小时内限制最长驾驶时间限制，这样可以有效缓解管理压力（国家运输和安全委员会，2002）。

4. 路线的选择和运输调度

在制定利用卡车回收生物固体的管理计划时，需要评估几个因素。这些因素涉及生物污泥量、卡车装载时间、污水处理厂（WWTP）到目的地的行驶时间，以及运输路线中的行驶条件。所有这些因素都将在下面得到讨论。

第一，每辆卡车装载所需时间（装荷速率）会受到生物污泥含固率（%TS）、设备和装载方式、拖车的类型的影响。如脱水污泥单点装载时会堆积，脱水污泥会堆积起来从而会阻碍拖车内部空间的有效利用。高效的运输作业是在不超过允许的最大载重量下使卡车利用所有的有效空间。因此，装载输送带需要重新定位拖车也会影响拖车的装载速度。

第二，污水处理厂（WWTP）到生物污泥目的地所需的行驶时间，包括目的地卸载时间，则决定了卡车每日行驶次数（生物污泥负载量）。每日的往返次数决定了在分配的时间内将给定量的污泥运输所需的卡车数量。一些监管部门可能会通过限制一定小时内或天数内的运输次数进一步限制卡车的运行（Ettlich，1976）。

另一个主要考虑的因素是运输路线本身。慎重选择运输路线可以提高运输的稳定性和高效性、降低风险、增加安全性并节约资金。当选择一条路线时，需要考虑几个问题：

（1）日常和季节性交通方式和阻塞状况；

（2）主要的道路维护和建设情况；

（3）道路和桥梁载重量限制；

（4）桥和立交桥的限高；

（5）道路组成有关的道路状况（路面或碎石），关系到载重量和季节限制。

一些州和地方当局为运输生物污泥设定指定路线，其他则需要申请者提出许可申请，而主管部门可能批准或拒绝。

5. 成本

无论是偿还贷款或通过货运合同支付，通常运输工具的成本是转运生物固体最大的成本。随着每年的成本增加，燃料和预维护费用都应计入预算。因此，运行效率和节约成本可以通过以下实现：

（1）将生物固体直接从污水处理厂（WWTP）运输至生物固体土地利用的地点而不是厂外储存点可以显著降低成本，这是因为生物固体只被运送1次而不是2次。

（2）要尽可能利用污水处理厂的厂内储存容量，如果运行条件或当地法规允许的话，将污泥暂时储存在储泥罐或拖车中，从而使得运输调度有更大的灵活性；

（3）采用大规模的生物固体土地利用地点可以降低成本，这是因为站点之间几乎不要求设备改变位置。

（4）使污水处理厂（WWTP）与污泥土地利用的地点之间的距离最小化，不同污泥土地利用点之间的距离最小化也可以降低成本。

（5）安排卡车在回程时装载污泥。在来回途中都装有有效荷载，而不是去的途中满载而返回途中空载，这样可以显著降低运输成本。但是正如前面所述，这种机会很少遇到，这是因为位置、日程安排、货物特性和其他因素都必须同时相互配合才能实现。

（6）气味控制

卡车车体、噪声大，因此容易引起生物固体处置地居民的注意，这可能是整个生物污泥运输过程中唯一会被人们特别关注到的。

所以，卡车无异味、运输中安全意识强可以提高整个生物固体处理处置项目中的声誉。因此，重要的是卡车和拖车都应按照道路规则行驶，礼让他车，且保持外观干净。在生物污泥上加盖封闭也同样重要。带有覆盖物的干净拖车比没有盖子封闭的沿途洒落污泥的拖车外观和气味都好多。谨慎驾驶的拖车比那些犯有明显错误的拖车要担心的问题少很多。

审慎选择运输路线同样重要。如果可能的话，尽可能选择主干道，而不是小路，且要避免行人多和交通信号灯多的区域。如上所述，运输路线的选择应该比选择从点A到点B的最短路径要复杂得多。精心选择可行路径可以达到以下目标：

（1）减少异味投诉；

（2）有助于避免交通延误；

（3）降低交通风险至最小；

（4）提高生物污泥运行管理的周到性和成功。

7. 泄漏控制和应对

预防生物固体泄漏和溢出是任何成功的生物固体管理方案的主要组成部分，在必要时，对泄漏的固体迅速处置和控制同样是重要的。全面的固体泄漏预防和处置预案，包括具体的预防措施、清理要求和人员职责等，这些都具有重要意义。司机和其他任何处理生物污泥的现场工作人员都需根据污泥溢出管理方案接受培训。此外，由于污泥溢出可能会使其变成为一个公众事件，如果有必要的话，需要指定发言人向媒体和公众解释此事。

如第3.1.2章节所述，在选择运输设备时就要预防固体溢出和泄漏，罐车和拖车应是防泥的，覆有挡泥板且满足防水布和超高的要求。

在生物固体装载和卸载后，总是应该检查拖车外部是否溢出或泄漏。将脱水固体卸载后，在将卡车驾驶到公路上之前，要通过刮、刷或冲洗对自卸车的轮胎进行清洁。作为预防性措施，对拖车外部进行定期的外观检查，这能较快发现可能导致固体泄漏的设备故障。

在污泥泄漏的情况下，要立即采取以下措施：

（1）堵住泄漏源。这意味着要转动阀门、摆正拖车、修补或堵住漏洞或采取其他措施。任何发生故障的设施在重新使用前都要修好。

（2）控制溢出污泥。将溢出污泥影响的区域控制在最小范围内。可以用稻草捆或其他便携式的路障设置屏障或吸除液态污泥。

（3）移除生物固体。溢出生物固体的种类和泥量决定了采用的最佳清除设备。常用的选择包括液态污泥布洒机的真空设备、前端装载机、铲子和扫帚。溢出生物固体可以布洒在允许排放的地方、运回污水处理厂或是在批准的填埋场最终处置。

（4）采取最终清理。在任何情况下，当污泥泄漏发生时，为使业主对结果满意都需迅速完成最终清理。可以清扫或用水冲洗路面。清理后的污泥残留物可以干化或施入耕地。

（5）报告泄漏。由于生物固体无一例外会受到监管，所以在除了许可位置的其他地点有泄漏，就是一个是否合规的问题。即使是由国家监管部门出具了生物固体的分销和营销许可，但仍需报告生物固体泄漏情况。为了简化完整的泄漏报告归档，可以开发一个表格，确保生物污泥发生泄漏时现场人员能通过电话收集到所有需要的信息。泄漏需要按要求向国家和地方机构报告。

19.3.2 铁路运输

如果在起点和终点有装载和卸载设备时，铁路运输可以替代卡车运输的可行替代方式，尤其是适用于运送污泥至距离大于 240km（150mi）的地方。

1. 优点和缺点

铁路运输与其他运输方式相比有很多优点。因为运输距离限制卡车运输每日只能两个来回，所以通过铁路运输生物污泥一般比卡车运输更具成本效益。

在美国，有七大主要的铁路运营商，亦称为Ⅰ级运营商：伯林顿北部圣塔菲公司（BNSF）、CSX 运输公司（CSX）、堪萨斯南部公司（KCS）、诺福克南部公司（NS）、联合太平洋公司（UP）。以及另外两个加拿大注册而分别在美国和加拿大法律下运营的公司：加拿大国民公司（CN）和加拿大太平洋公司（CP）。

另外，还有数百家可以协调七大运营商的短距离铁路运输公司。这些大型和小型的铁路运输公司协同运作，可以为托运方和接收方提供独特的运输和营销优势，包括运输成本和通常保持卡车司机与客户服务之间联系。大型铁路运营商和短途铁路公司都有助于项目开发，例如，帮助发现房地产项目、建立从起点到终点的服务和费率。

铁路运输也有一些缺点，包括需要在房地产、铁路设备上或是从已建的铁路运输公司购入运输服务方面都需要大量投资。由于这个原因，托运方必须有至少 5 年的生物固体合同以分摊成本，但是这并不常见。使用起点和终点的装卸设施可能会成为另一个问题。如果铁路轨道距离较远，则需要额外运输使污泥进出轨道，从而增加了总成本。由于以上原因，铁路运输一般适用于大量污泥的运输（≥90Mg/d）或长期的运输项目（≥5 年）。

2. 路线、运输合同以及成本

（1）路线和成本

合同中的污泥量和期限决定了铁路运输的费率和路线。一般来说，一级铁路运营商选择自行管理起点和目的地，或是从短途铁路运输得到服务。多条铁路运输路线可能会更加昂贵，尤其是如果单独的运营商采用短途运输或不能采用最大运输行程的话，则会影响收益。大多数的铁路运营商都有最低线路运输收益要求，作为公司可接受的最低收益。另一种方法是直接与短途运输公司合作，这样既可以满足市场的需求又可以采用最实惠的价格和得到最好的结果。

虽然托运方与接收方都必须考虑在铁路间可能存在位置的变化或在任意给定的铁路上内部连接的可能性，但仍需避免采用特定路线。铁路运输的一个特别之处是路线的选择会受到（铁路线）所有权的限制，需要对整个铁路系统进行管理而不是单个设备。为了确保整个系统的效率，铁路运输路线需要按分钟进行调整。

（2）运输合同和成本

管制撤销后，铁路运输公司有一系列调价手段可供使用。大批量托运方可以签订一份全面的长期合同，小批量托运方则适合用于收费不定、突发情况的报价、保密性合同形式。只要涵盖了运输合同的要点——商品、价格、路线、条件和某些条件下的价格调整——各种文件形式没有好坏之差。在当今世界，燃油价格不断上升，显然所有的合同都会受到燃油附加费影响。这些燃油附加费可以在一级铁路运营商网站上看到。

铁路运输公司要求托运方将通过铁路运输的货物进行描述。尽管用于不同的货物，但是通常有两种方式可用于生物污泥运输，使用标准运输商品编码或STCC（发音为stick）：污泥、污水、干肥料STCC-4029127，或污泥、污水、无商业价值材料STCC-4029191。准确的描述对决定铁路运输价格起到重要作用。不准确的描述、只标有STCC或运输都会使铁路承运方无法对货物进行识别，那么承运方会向托运方大量索赔。

3. 火车类型和合同

对于污泥、污水、干肥料STCC-4029127，货物一般装在由铁路承运方提供的带盖料斗车内，使用这种车的成本已计入所提供的价格内。对私营出租带盖的料斗车三家询价，是判定铁路公司的价格是否合理的一种方法。私营租赁公司如GE轨道车公司和GATX公司在相同类型车上报价更具优势。另外，精品汽车租赁机构可以提供租赁服务，从几辆车到几百辆车。通过搜索网页可以决定轨道车租赁择哪个公司。相对于净租赁私营租赁公司也可以提供解决方案，包括全面维修，将维修的责任交给了设备的承租方。

根据在联邦铁路管理法（FRA），铁路公司有义务检查、排除和维修铁路上行驶的轨道车的损坏故障。维修工作可能简单到像花25美元修理一个扶手/手柄或刹车片到花数千美元修理或更换车胎和车轴。如果设备是租赁的，则必须通过学习或聘请专家审核维修账单，来完全认识和了解这些风险。

根据逾期费的规定，由铁路承运方控制铁路和轨道车的使用，一般和铁路运输公司谈判逾期费不会或很少出现偏差，托运方和接收方必须熟悉这些条款。铁路公司所有的设施不能无限期地放在托运方或接收方处而不产生罚款。类似的，客户所有的设备只能在有限的时间内放置在铁路公司的储存轨道车上。逾期费是铁路公司管理自己的资产、轨道车和轨道空间的一个手段。

铁路公司通常不为污泥、污水和无商业价值的材料（编码为STCC-4029191）的提供运输服务，这种材料一般为湿泥饼，不适用于带盖的料斗车或类似车辆。同时，铁路公司提出了铁路线上接收污泥的最低要求和相关价格规则，并通过价格、路线和路线变动等直接或间接对收费进行评估。对于托运方和接收方来说，必须用符合规则规定的标准和收费要求的设备来顺利管理和运输这些由铁路运输的材料。CSX公司公布了废物行业的规定运价，包括编码为CSX4048设备价格详单。湿泥饼铁路运输所需的主要设备是个经专门设计的容器从而防止泄漏和减少异味。

4. 气味控制

通常采用封闭式料斗车来运输编码为的污泥、污水、肥料（STCC-4029127）以实现气味控制，这种做法在很大程度上避免了除装载和卸载操作之外而带来的气味。

湿泥饼运输时的气味控制一般通过规定运价来管理（见www.csx.com网站上的CSX4048条款）。采用适当的集装箱，一般不漏水且覆盖有厚达60mL的防水布，可以防止在快速转移货物时的产生的气味问题。当火车脱离轨道时，可能会散发出发霉的气味，如果出现问题，那么铁路公司有权要求增加缓解臭味的措施，或是认在有必要时拒绝提供服务。

5. 泄漏的控制和应对

与铁路承运方签订的运输合同意味着他们有责任管理泄漏问题。如果有必要的话，会在协议中规定他们的责任，但是，一般承运方在接收各类货物到系统中时，他们会有明确和隐含的义务。正是由于这个原因，他们会设定规则来要求特定的货物种类并管理其使用。铁路会定期运输危险化学品和材料包括危险商品，因此，他们有管理团队（员工或分包商），对发生的泄漏做出应对。

6. 配套设施

如果干污泥或颗粒产生装置能直接连接到铁路，污泥可以直接装载到有盖的料斗车内，那么可以协商直接租赁。如果装置不能直接连接到铁路的话，那么需要从铁路公司处租用空间，但是生物污泥需要运输至该地且提升至装运车内。在特定的工厂内，铁路运输公司会为能够独立将污泥装入或卸出轨道车的客户提供团队用的运输轨道。无论是直接租赁还是可以使用团队的专用的轨道，货运合同条款都会因为各地的市场情况不同而有很大差异。在某些情况下，铁路公司甚至会提供第三方场地以方便污泥的运输。

运输湿泥饼时需要集装箱（这里不是指加盖料斗车），会有一些其他的物流问题。装载后就需要将这些集装箱拖至大型的设施上，利用大型设施将这些集装箱转至轨道车上。虽然铁路公司会提供这类服务设施，但是他们并不会将这类服务扩展至运输废弃物。大多数情况下要求有适用于联合运输方式的租赁权，可以在两端的操作点用设备将集装箱提升到轨道车上或从轨道车上提走。要管理装载或排空的集装箱至少需要一个上部装卸的设备，如用于港口或铁路联合运输场地的装卸设备。将集装箱往返于污水处理厂（WWTP）需要一队的牵引车和足够承载负荷的车底盘。也可以选择分包服务替代这种自有的操作模式，在采用这一方式前需向铁路承运方咨询以获得其专业建议。同样，铁路公司甚至会提供第三方拥有的站点以方便货物转运。

19.3.3 驳船运输

1. 优点和缺点

在美国，自从海洋处置结束以来，不再广泛采用驳船运输污泥，因而简述如下。对于港口城市的设施来说，将大量的污泥搬离至其他设施或船舶上，驳船运输仍是一种可行和经济的选择。纽约和费城采用“城内”驳船运输方式将消化后的液态污泥从消化池运输到集中脱水站。驳船运输与其他众多替代的运输方式相比，成本较低，并可选择多种结构类型和操做配置的驳船。

2. 路线和运输时间

驳船总周转的时间——驳船运送完污泥以后返回至装载位置所用的时间——是决定污水处理厂（WWTP）污泥用驳船运输效率的决定性因素。驳船运输能力必须与每日产泥量和驳船返回的保守估计时间相匹配。拖船或驳船运输的时间会受到诸多因素的影响，例如潮汐、水流、吊桥和开闸时间。拖船和驳船的行驶速度为 6～20km/h（3～10 节）；装载和卸载时间也大不相同，驳船用泵抽走液态污泥用时 90min 到 6h 不等；岸上的操作也会影响物流工作；如果生物污泥被转移至另一种运输方式上，例如卡车上，那么运输的周期就会变得更长。

3. 驳船类型、承包和自营

对于大多数污水处理厂（WWTP）来说，主要的选择就是自营驳船是否满足其污泥运输需求。要求对污泥处理的当局可选择自营驳船且将拖船服务外包。而全部外包，对于有间歇性运输要求的小型的污水处理厂（WWTP）来说，是最合适的。

两种类型的驳船适于运输污泥：用于脱水或干化的污泥的料斗式驳船以及用于运输液态污泥的罐式驳船。驳船还可以根据它们航行的水路进行分类。美国航运协会

（ABS）给美国的驳船的建造、认证和运营都设定了标准。使用驳船的机构需要确保自己的驳船在美国航运协会（ABS）的监察和认证下运营，因为后者会影响到运营中的风险保险费用。

由于运输中沉淀物堆积和泡沫的形成，罐式驳船的实际装载的容量是额定容量的 85%，因此通常要求每年进行维护以去除沉淀物。尽管大型的拖船和驳船的组合运输速度更快，可大大减少运输时间并降低拖运费用，但是，小型驳船的操作灵活性通常更大。

驳船运输的总流量可反映出驳船装载、移动、卸载和返回的预期周期时间，和转移和容纳生物污泥的负载能力。在费城，平均运输时间较长，每周有 5 天且平均每日运输 3800kL（1mil. gal）的污泥；驳船系统有 2 个 3800kL（1mil. gal）的驳船负荷能力已被证明，即使在一艘驳船由于检查和维修而停运时，也足够运输总共 15000kL（4mil. gal）的污泥。

驳船要每 5 年或 6 年对干船坞进行一次全面的服务，这就需要驳船停止服务大约一个月。另外，驳船上和陆地上的所有管道和阀门都需要定期检查其完好性。

4. 泄漏控制和应对

完善的预防泄漏和清理程序是驳船运输系统的一个重要因素。重视对设备和设施设计以及操作员的培训可以将泄漏的危险性降到最低。驳船上的泄漏围堵可以位于软管连接处和整个甲板周围。如果要将驳船料斗中的脱水污泥去除的话，那么泄漏控制和围堵措施还要考虑用岸边斜坡和排水设施以清除或泵送泄漏的生物污泥，避免排到水体。

在电气安全方面，所有的设备设计时都要满足易燃条件下的运行标准，如生物污泥在运输过程中会产生甲烷，可采用距离甲板 76mm（3in）的鹅颈式通风口排空至大气中。

5. 辅助设施

决定驳船运输污泥可行性的一个关键因素是陆上装载和卸载的设施成本，因此有必要将储存和转输污泥的罐或塘设置在驳船装卸码头附近。对于液态污泥，比较适合将污泥从固定码头的固定泵站抽取和计量泥量。卸载一般通过驳船上安装的泵完成。对于脱水污泥，码头必须有足够的尺寸和构造来支撑吊车和卡车的重量及移动。

在设计驳船运输时，一个重要的运行和安全问题是涨潮和装卸时船甲板升高而引起的码头的上升。漂浮码头可以解决绝大多数的这类问题，但由于能承受大驳船施加的负荷的锚固装置较复杂，一般会比固定码头昂贵。

19.4　厂外储存

在《美国环境局生物污泥储存指南》（2000）这本书中，对厂外贮存污泥给予了深度的讨论。

19.4.1　设施建设

1. 选址

可能影响厂外贮存污泥可行性的最重要因素是选址。“房地产最重要的方面是地段、地段、地段”这句格言同样适用于污泥储存选址，厂外污泥储存的地点会影响污泥储存现场操作的每个方面。

(1) 位置

污泥储存位置与污泥产生地和污泥再利用地都方便时是最好的。不同州和当地的政府对生物污泥储存一般有不同的要求，确定要一个地理位置后需要核查适用的法规和许可要求。如果法律和技术要求使建造污泥储存设施可行的话，那么必须评估一系列物流方面的问题。

(2) 交通

污泥储存地址和建筑设备、运输生物污泥卡车以及其他辅助设施之间的交通方便与否是污泥选址需要考虑的另一个重要因素。首先需要考虑的因素是周边道路是否对载重量或其他方面有限制要求，这会妨碍储存场的运行。应评估污泥卡车的每日行驶路线和交通状况。当地法令会对与储存设施相连的主要通道提出要求。场地道路的长度、路面、地基材料以及与公路的连接性都必须审核。全年和所有天气状况下对污泥储存场的使用将取决于现场道路状况。

(3) 周边土地利用

一般来说，分区标准可以保证污泥储存设施不会与其他周边土地的利用完全冲突。但如果分区规划不能保证这一点时，那么就要考虑协调问题，这是因为对土地利用有不同需求的居民会坚定地认为生物污泥储存场是不正确的用途。已经用于各种农业和工业用途的土地一致被认为适合做生物污泥储存的。

(4) 场地物理特征

场地边坡和土壤的类型会影响施工成本和潜在的并发问题。必须要借鉴土壤调查，从而判断该种类型的土壤是否适用。建筑物的规模和方向都需要考虑，这是因为法规章规定了距离建筑红线和相邻建筑的最小避让距离，而场地可能留有或不留有所需的缓冲距离。另外一个要考虑的是邻里和公众是否能看见污泥储存设施，冲积平原和敏感水体附近的地段都会影响施工和成本。

2. 设计注意事项

很多因素都会影响到构建的生物污泥储存设施的设计决策。这些因素包括待储存的污泥量和特性、州和地方的法规、成本、所有权、场地年限、周边土地用途、建筑和消防规范、接入电力和其他公共事业。

(1) 使用的材料

设计时最初要做的决定是底/坑的类型和衬层系统的类型以及设施是否加盖。底和坑的材料范围从压实的土壤和黏土地基到专门的不透水沥青或混凝土，建筑设施的材料更倾向于后者。底或坑的工作表面需要设计成能承受设备的日常运行以及易维修。而盖子可以是防水布或建筑物的屋顶。现在的趋势是如果可行则加盖覆盖储存的生物污泥，因为这样可以方便解决下一章节讨论的其他几个运行问题。一个通用的加盖的做法是采用预先设计或预制结构盖，这是因为这样可带来诸多益处，如显著降低成本。加盖材料需要有足够弹性，从而以适应污泥储存现场的潮湿和腐蚀性环境。同时还要评估盖的抗强风和大雪的强度。

(2) 雨水管理

监管机构对雨水的管理越来越严格。如果现场条件允许，可用的雨水管理技术不断增多。因此，建议将雨水管理评估作为设计规划的一部分，以确定最有效的、最经济的方案。

（3）气味控制

在后面的章节将对气味的控制进行更全面的讨论，但是与雨水管理相同，建议在设施设计规划阶段就对气味控制技术进行评估。在很多生物污泥设施中，规格足够的生物滤池既经济又高效，但场地要设计要与之匹配。

（4）公用设施

根据生物污泥储存场所的建议位置，相关的公用事业设施可能会简单或过于昂贵。后者一般会采用发电机为照明和通风提供足够的电力，在设施设计规划中，最大程度的利用自然的采光和通风是另一个重要的考虑因素。

3. 运行实践

运行实践可能会受操作许可的支配，操作许可的要求包括追踪污泥来源和储存量、维护设施的人员配备水平、运行不超过允许的天数和小时数、控制设备运行产生的灰尘量、控制飞虫（以及其他带菌者）数量、管理渗滤液、在贮泥场的出口处清洁卡车和轮胎等。可能有单独的许可来监管地下水监测或现场气味控制设备的运行。

即使运行条件有限，建议最低的运行条件包括；常规检查、设施清洁和维护，从而最大限度降低异味、菌媒吸引力和不洁净或异常的情况出现。所有的污泥固体都必须储存在容器中，如果有必要的话还要盖上盖子。在现场必须保留适当的设备以控制苍蝇和其他菌媒、气味以及运出储存设施的生物污泥。

4. 安全

现场安全通常可以通过使用一些简单的标识、大门和间门上锁、确保有价值的物品和设备的安全。在设备不使用的时段，可以进行例行检查，严防擅入人员。其他可选的方法有围栏、安全照明、远程控制，但是对这类设施不能确保安全。

19.4.2　场地储存和设计

1. 选址

不同的州关于短期的场地储泥的选择和要求大不相同。当储存用于单个农场的生物固体时，需要与土地所有者/农民商定储泥的位置。如果计划将污泥存储在众多场地里，那么位于中心区域的储存区域是最佳的。一般将贮泥区域沿着已有的农场/田地车道进行设置。这样做就需要做一些地表处理工作，包括分级和添加石基材料。如果没有可以利用的道路，那么建设出一条道路是成本最高的做法，而且还要获得当地分区准许。

当待利用的污泥储存在多个农场时，储存区交通同样重要且会影响所有天气状况下场地的全年利用能力。开辟一条长的通道或道路区域以供卡车离开污泥储存区域后轮胎被清理干净，这样可以防止污泥被带至公路上。其他需要考虑的因素是储存区域的坡度，该坡度应最小或尽可能接近于零。过大的坡度会影响到开挖量和储存设计，还要考虑与坡下地表水接近。

（1）储存区域的封闭

有几种储存封闭方式可用。储存区域寿命可能会影响所使用的封闭方式，短期存储污泥采用干草和秸秆捆进行封闭以满足要求。一旦储存暂停，可以打开草捆并将它们撒布在各个区域。一个更持久的方法是采用泥土护堤或混凝土挡板，混凝土挡板可以长期有效，当污泥储存停止，还可以按需要将其拆除和重新安装。混凝土挡板的成本更高，同时需要更多人力将其建设在储存区域。

(2) 储存区域表面处理

根据储存区域的土壤类型，可以将储存污泥直接投放在原土表面，但在恶劣天气下会影响到污泥的储存。将表层土清除并用碎石取代可以使表面更加稳定。在装载时，碎石可能会被挖出，这样就影响到布置设备将污泥分撒到应用区域。可以采用永久性的不透水表面，例如混凝土或沥青。这样会消除天气方面的影响和农场任何外来材料的散布，但是这需要管理地表水。

(3) 泥堆覆盖

必要时可以采用防水布覆盖生物污泥并确保安全。这种方法较难实现，这是由于防水布的尺寸和需要正确固定。如果用于长期使用，可以考虑在污泥储存区域规划一座构筑物。

2. 渗透液管理

为避免污泥堆发生大的沉淀事故，需要采取必要措施规定，包括用防水布覆盖泥堆和干草/秸秆捆堆放在泥堆附近以防止污泥流失或冲刷。生物污泥不能堆放时间长，这会产生大量的渗滤液。

3. 运行实践

良好的内部检查和运行实践包括将所有的污泥储存在封闭区域内并尽可能将其覆盖、如果有必要的话，将现存的稻草捆堆放在泥堆附近、用石灰减轻异味和菌煤影响、在储存区域进行日常检查，特别是在发生大的沉淀事故后。

4. 安全

由于场地储存污泥和泥堆是短期操作。所以，采用张贴标识和临时限制车辆出入，保证安全比，是必要措施。可以使用装载或分撒设备来封闭储存入口。同时还要考虑农民和土地所有者会定期在农场进行耕作时的安全问题。

5. 场地修复

将场地修复到土地所有者或农民满意的程度，是保持良好的合作关系的重要条件。可以用装载机铲泥斗将泥堆下的剩余污泥清除。采用底土耕作可以减轻土壤板结。一般通过用耙或圆盘耙平整储存区域的表面。可能需要播种覆盖作物以防止侵蚀和过量消耗的氮素，这要视时间和受影响的区域面积而定。

19.4.3 厂外储存构筑物的气味管理

1. 预防措施

厂外储存构筑物预防异味的关键是污水处理厂的生物固体处理。在污泥处理后稳定化的生物污泥气味最小，但是污泥在储存一段时间后可能会产生异味。当评估选用哪种污泥储存方案时，这一点必须考虑到。

2. 监控措施

气味监控的频率与储存位置周围人群（受体）的距离、数量和敏感度相关。气味强度和敏感度也与时间和天气状况有关。第一次储存新污泥时，需要经常对气味进行监控。一旦确定了生物污泥的潜在气味释放情况，那么就需要及时设计气味监控方案。如果在农场现场储存污泥，那么农场所有者/运营者会成为监控气味产生的可选人员，或者安排污水处理厂的工作人员或土地耕种者进行定期的实地考察。

3. 除味措施

所有污泥储存时的反应互不相同，因此控制气味是一个挑战。最实际的方法就是尽可能快地将生物污泥散布在指定应用区域内。如果因为耕种或天气条件而不能选用该方法，那么使用水力播种机将生石灰施加到泥堆污泥表面是有效的，或用防水布覆盖泥堆可能会有帮助，虽然这取决于泥堆的大小，这可能并不实用或并不能解决实际问题。气味可能是整个泥堆散发出来的或是生物污泥中释放出的渗滤液散发出来的。如果臭味是由渗滤液体引起的，可以投加吸收性材料如稻草、木屑、木片来干燥环境并防止液体积聚。同样也可以将生石灰投加到渗滤液体中从而减少异味。

第 20 章　生物固体的气味管理

20.1　气味及排放物

污水处理厂（WWTPs）产生的气味问题引起了日益广泛的关注（Water Environment Federation，1998）。通常污水处理厂主要的气味来源是污泥和与污泥有关的处理工艺，包括液相和固相污泥脱水形成泥饼，和污泥稳定化的各类工艺。有时还包括厂区外土地利用场地的污泥回用。

图 20-1 是生物氧化还原电位（ORP）数值范围（Water Environment research，2007 年）。该图是为研究收集系统中的臭气和腐蚀物质而绘制的，也适用于液相污泥和固相泥饼的产气情况。通常厌氧系统带有较低或负的 ORP，好氧系统新生成的生物固体带有阳性 ORP，不容易产生恶臭。然而，新产生的污泥会急速恶化为厌氧腐化的情况，导致气味问题。

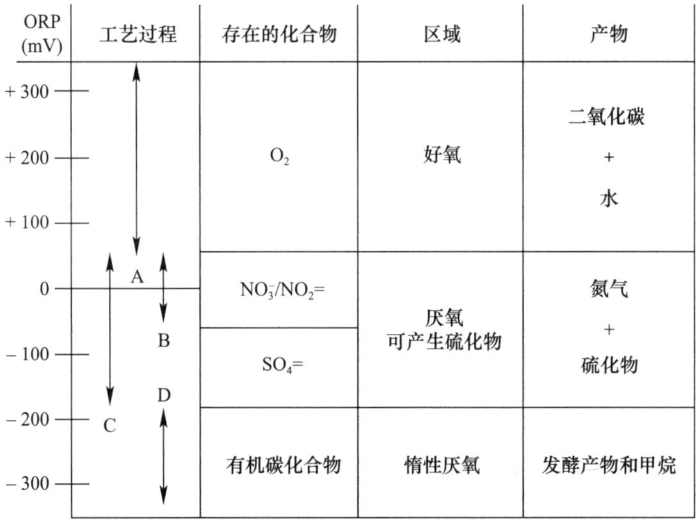

ORP (mV)	工艺过程	存在的化合物	区域	产物
+300, +200, +100	A	O_2	好氧	二氧化碳 + 水
0	A, B, C	$NO_3^-/NO_2^=$	厌氧 可产生硫化物	氮气 + 硫化物
−100	B, C, D	$SO_4^=$	厌氧 可产生硫化物	氮气 + 硫化物
−200, −300	C, D	有机碳化合物	惰性厌氧	发酵产物和甲烷

A =有机碳氧化；B =反硝化作用；C =硫酸盐还原；D =发酵及甲烷产生

图 20-1　生物氧化还原电位（ORP）数值范围（Water Environment Foundation，2007 年）

厌氧（低 ORP）条件下会产生若干种还原性硫和氮化合物，这些化合物的气体检测阈值很低，并可能产生不良气味的影响。一些与厌氧条件相关联的典型恶臭化合物是硫化氢、甲硫醇、二甲基硫醚、二甲基二硫和二硫化碳。氨和胺类臭气也可发生在消化污泥饼和石灰稳定化处理过程中。其他挥发性有机化合物（VOC）也可能存在，但通常对气味的影响很小。

污泥稳定化特别值得关注的是，如果臭味是可检测出的，那么污泥产物可代表公众健康和安全问题。尽管这不是典型的情况，但这是一个严重的问题。

20.1.1　病媒吸引、病原体灭活及其与气味的关系

在 503 法案中已经针对降低病媒的吸引提出了要求，旨在减少苍蝇、啮齿类动物、鸟类和其他病媒，减少潜在的传染性疾病的传播（U.S. EPA，1993 年）。制备稳定化的泥饼产品的方法在其他章节详细描述，总结如下。

（1）已经建立了一个方法分类，主要基于对挥发性固体实现至少 38％的减量以减少病媒。

（2）对于其他稳定过程，503 法案规定在时间和温度不变的情况下，提高温度或升高 pH 或两者兼而有之。

（3）也可使用太阳能或人工方法的热干化。

所有这些方法都是试图杀灭病原体，也将用于整体上减少气味，并减少病媒吸引。然而事实并非如此，水环境研究基金会（WERF；2004b）通过研究 11 家污水处理厂的厌氧消化指出，即使有效破解挥发性固体和延长污泥在消化器中的停留时间，仍然可导致仍有异味的情况。联邦法规臭气减量或臭气释放标准规定应如何处理污泥饼使其不产生特殊气味或减少异味排放。各州可能要求控制臭气或 VOC 排放控制，但联邦法规没有对异味处理的直接规定。

20.1.2　联邦和州法规与社区臭味影响

污水处理厂的排放物受联邦和州的各种法规约束，其中包括适用于挥发性有机物和有害空气污染物（HAPS）释放的 1990 年清洁空气法案（42U.S.C § 7401）。通常情况下，清洁空气法案（CAA）规定的挥发性有机物与有害空气污染物和臭味没有直接关系。也就是说，这些都不是臭气的规定；确切地说，它们是从大气中的臭氧前驱物问题或潜在的长期的公共健康影响的角度来规定大气质量问题。臭味的影响通常是由各州或社区控制的。各州或市政部门的规范对气味影响作出规定，但同时这种规定也可能会限制人们的活动、阻碍人们享受他们的资源，无法享受休闲的环境，如自行车道或运动场。

对污泥来说，更重要的是民众认为，臭气对健康有潜在危害。在针对污泥气味对健康的影响研究中，美国水环境研究基金会（2004a）通过广泛的调查，认为感观上的臭味并不会引起疾病。虽然没有明显的证据证明臭味和健康之间有直接的联系，但这仍是一个十分困难且敏感的主题。

20.2　臭味产生的原理及产臭化合物

污泥工艺流程中产生的臭味通常可能是还原态硫化合物（RSCs）等的相对复杂的混合物，如硫化氢，甲硫醇，二甲基硫醚，二甲基二硫醚和二硫化碳。氨或胺基臭气物质也可能存在。

厌氧（腐败性）条件因为更多的生成了硫化氢（H_2S）和各种还原态硫有机物质通常会增加气味产生。图 20-2 源于水环境研究基金会（WERF）的研究成果（2004 年 b），研

究认为蛋白质化合物的分解会产生各种各样的臭气。

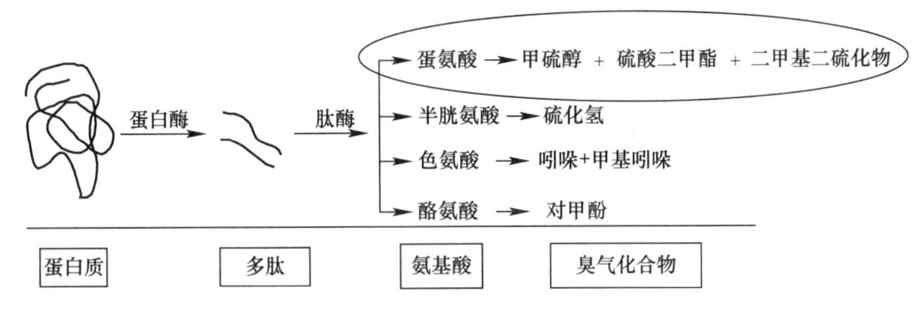

图 20-2 臭味产生的途径（Water Enviroment Research Foundation，2004b）

20.3 产臭化合物概述

本节概述典型污泥处理工艺过程中的气味问题。

20.3.1 污泥浓缩

污泥浓缩可以通过多种方法和设备来完成，包括重力浓缩、气浮、重力带式压滤机、转鼓浓缩和离心浓缩。从污泥浓缩工艺发散出的气味类型取决于污泥的性质：初沉污泥气味不同于剩余活性污泥（WAS）的气味，粪便污泥的气味与来自好氧污泥的气味显著不同，而污泥受脂肪、油和油脂（FOG）的影响也将产生不同的气味。

新鲜的好氧活性污泥往往有一种泥土或霉味，相比新鲜的初沉污泥，气味没有那么强烈和令人反感。然而，如果废水活性污泥经过存储发生腐化，气味就可能成为一个问题。混合污泥（初沉污泥加废水活性污泥）气味更强烈，因为液相初沉污泥与废水活性污泥相混合后的生物活性成为微生物的食物来源，因此污泥更趋于腐化。腐化条件将带来高浓度的硫化氢（H_2S）和相关的还原态硫化物。

20.3.2 污泥消化及消化泥饼

消化污泥饼的气味浓度取决于消化过程是好氧还是厌氧。好氧消化过程及好氧消化脱水滤饼产生的气味很大程度上取决于过程中溶解氧的含量。新鲜的好氧消化污泥饼往往有典型的曝气池的霉臭气味，但通常更强。

厌氧消化过程能降低最终生物固体产物的气味，但也会引起新的气味问题，如氨或胺。厌氧消化为保证其厌氧条件，在一个封闭的容器中进行，消化器的顶部空间通常将含有 0.01%～1%范围的高浓度的硫化氢（Water Environment Federation，1995 年），还存在其他还原态硫化物、氨和低浓度挥发性有机酸。必须小心收集并控制这种恶臭的（潜在的爆炸风险）消化尾气，通过燃烧或其他处理方法防止任何气体释放。

自热式高温好氧消化（ATAD）是采用高温的高速率消化方式。它通常包括填料和卸料序批式循环和一个曝气阶段，在这个过程中臭味可能散发出来。自热式高温好氧消化产生的气味尤其在进料的生化需氧量（BOD）超过曝气系统所需的情况下会产生高浓度 H_2S、硫醇、二甲基硫醚、氨和胺类臭气混合物。

新的热解预消化工艺也被引入到美国市场，这些工艺都会产生类似自发热高温好氧消化系统的恶臭气体的可能。

20.3.3　脱水

脱水通常通过机械脱水设备来完成，如带式压滤机、离心分离机或板框压滤机。或者在温暖、干燥环境下使用开放式干化床。散发的气味类型与生污泥原料的性质密切相关。化粪池进料易于产生高浓度硫化氢和还原态硫化物，如甲硫醇、二甲基硫醚、二甲基二硫化物、羰基硫化物和二硫化碳。消化污泥也可能释放出相对高浓度的氨和胺。所使用的聚合物类型也会导致胺类（特别是三甲基胺）气味加重，特别是当 pH 是碱性时，如胺系聚合物会引发泥饼产生鱼腥味。

水环境研究基金会的研究（Water Environmental Research Foundation，2007 年）显示，厌氧消化污泥具有以下特点：

（1）更高水平的生物可利用性（不稳定）蛋白在污泥饼中可随着时间的推移产生更多的臭气。不同的脱水方法对蛋白质的生物利用度影响不同，一些脱水方法会增加泥饼饼的气味。例如，高含固率泥饼脱水后臭气会更大。

（2）挥发性硫化合物或还原态硫化物，是消化污泥臭气的最主要来源。

20.3.4　石灰稳定

石灰稳定通常会导致混合过程中或之后不久，氨和胺类臭气的浓度升高。

20.3.5　堆肥

文献和现场经验表明，堆肥厂发散出多种化合物生成的臭气，包括硫化氢还原性硫化物（上文重点说明过）、氨、三甲基胺、粪臭素胺、挥发性脂肪酸、酮和其他化合物，如萜烯、醇和醛（Water Environmental Research Foundation，2003 年）。堆肥发臭的程度也主要取决于堆肥周期，在最初的几周中臭气含量更高。

20.3.6　气味案例数据总结

表 20-1 是从一份典型臭气水平的研究报告（Water Environmental Research Foundation，2003 年）中摘录的。其他的综述也列出了各种堆肥排放的气味（Epstein，2007 年）。表 20-1 中的气味数据提供了具体产生臭味的化合物和基于固定样本分析方法获得的气味单位（OU）或稀释的阈值（D/T）。通过这些方法是基于稀释倍数来量化气味谱的，稀释倍数是指将气味样品稀释到与无异味的空白样无差别时所得到稀释倍数（根据方法 ASTM369-04）。

臭味源特性（D/T＝嗅阈值；OU＝气味单位）（Water Environmental Research Foundation，2003 年）

表 20-1

来源	臭气化合物	浓度	参考来源
沼气池排气口	H_2S	0.91～19.5ppmv	Witherspoon et al.，1999
沼气池气体	H_2S	58～80ppmv	
	OU	29750D/T	
	羰基硫	7～15ppmv	
污泥池	H_2S	100ppmv	Bowker，1999

续表

来源	臭气化合物	浓度	参考来源
污泥重力浓缩池	OU	24150D/T	Burrowes et al., 2001
	H_2S	50～200ppmv	
污泥脱水和贮存池	H_2S	0.24ppmv（平均） 1.5ppmv（最高）	Koe and Yang, 1999
	OU	24ou/m^3（平均） 34ou/m^3（最高）	
污泥脱水	NH_3	0.33ppmv（平均）	Burrowes et al., 2001
	H_2S	3ppmv	
	OU	3800～4600D/T	
	硫醇	5ppbv	
污泥脱水	羰基硫	30～35ppbv	
	H_2S	34～42ppmv	
	硫醇	0.3ppbv	
	甲硫醚	2～7ppbv	
	二甲基二硫醚	5.5ppbv	
污泥池	H_2S	111ppmv（平均） 范围（20～30）	Jubinville et al., 1997
	OU	69200～81400D/T	
消化泥饼	OU	340～650D/T	Sereno et al., 1993

表 20-1 中总结的数据表明，硫化氢和还原态硫化物占主导地位。可能会与个别的应用中的情况有出入，特别是污泥处理工艺流程，如消化工艺运行不当时。表 20-2～表 20-4 提供厌氧中更新的且更详尽的臭气排放数据，这些消化污泥饼经处理达到 38%的 VOC 破坏率（Easter et al., 2008 年），这些数据来源于使用传统厌氧消化工艺的弗吉尼亚州东南部市政污水处理厂。

厌氧消化生物固体嗅阈值（D/T）浓度 **表 20-2**

样品时间	样品描述	检测阈	愉悦度	主要气味描述
1 天	带压式	810	−4.4	石油、动物油、燃油、令人厌恶的
1 天	离心式	820	−6.2	令人厌恶的、有酸味的
一周	带压过滤式	1300	−4.2	沥青、化学药品、变质而发臭的
一周	离心式	3600	−5.6	有毒的、氨气、沥青、化学药品、令人厌恶的、尿臭的

厌氧消化污水生物固体还原态硫化物气味种类数据（PPb 级体积浓度） **表 20-3**

还原性硫的种类	1 天[a]		压缩储存 1 周[a]		
	带式压滤	离心泥饼	带压	带压（混合堆体[b]）	离心
硫化氢	10.00	7.50	27.00	26.00	14.00
羰基硫	52.00	17.00	14.00	35.00	11.00
甲硫醇	22.00	33.00	23.00	18.00	49.00
乙基硫醇	—	—	—	—	—
二甲基硫醚	62.00	410.00	—	—	25.00

续表

还原性硫的种类	1 天[a]		压缩储存 1 周[a]		
	带式压滤	离心泥饼	带压	带压（深层[b]）	离心
二硫化碳	85.00	48.00	9.1	28.00	16.00
异丙硫醇	—	—	—	6.00	—
叔丁基硫醇	—	—	—	—	—
正丙硫醇	—	—	—	—	—
甲基乙基硫醚	—	—	—	—	—
噻吩	—	—	—	—	—
异丁硫醇	—	—	—	—	—
二乙硫	—	—	—	—	—
正丁硫醇	—	—	—	—	—
二甲基二硫醚	2.60	8.80	20.00	3.00	78.00
3-甲基噻吩	—	—	—	—	—
四氢噻吩					
2，5-二甲基噻吩	—	—	—	—	—
2-二乙基噻吩	—	—	—	—	—
二乙基硫化物	—	—	—	—	—
总计	233.60	524.30	84.00	116.00	193

[a]所有空格均经过取样、评估，但结果低于实验室检测的检出限

[b]混合堆体反映了去除晾晒表层后，经搅动后的堆体表面。

厌氧消化的污泥饼检测出的胺系化合物　　表 20-4

化合物	1 天		压缩储存 1 周	
	带式压滤，无石灰	离心泥饼，无石灰	带压，无石灰	离心，无石灰
二甲胺	3.80	3.50	—	—
乙胺	—	—	—	—
三甲胺	5.90	40.00	3.70	11.00
异丙胺	—	—	—	—
化合物	1d		压缩储存 1 周	
	带式压滤	离心泥饼	带压	离心
叔丁胺	—	—	—	—
丙胺	—	—	—	—
二乙胺	—	—	—	—
s-丁胺	—	—	—	—
异丁胺	—	1.30	—	—
丁胺	—	—	—	—
二异丙胺	—	—	—	—
三乙胺	—	—	—	—
二丙胺	—	—	—	—
总胺	9.70	44.80	3.70	11.00

本文还进行了带式压滤机和离心脱水泥饼之间的比较。随着存储时间的推移，离心泥饼似乎比带式压滤机的泥饼异味更高。在这两种情况下的气味主要是硫化氢、甲硫醇、二

甲基硫醚、羰基硫化物、二硫化碳、二甲基二硫化物、三甲基胺和氨。针对 17 种挥发性酸的分析发现，乙酸是唯一一项可以一直在 16～130ppb 范围内检测到的挥发性酸。丙酸、异丁酸、甲基丁酸、异戊酸、和异己酸在一些样本中浓度也较低。

20.4 气味取样及分析方法

本节重点介绍典型的污泥处理工艺中基本的气味采样和分析方法。

20.4.1 气味取样

收集空气中异味的代表性样品是表征异味排放的一个重要因素。这些排放的分析数据可通过扩散模型来对气味源进行优先级区分或制定臭气处理工艺所需的设计标准。用于去除硫化氢的气味处理技术设计可能无法在处理污泥臭气时表现出色，除非该过程被设计用来处理这些化合物，如还原态硫化物和氨。

采样程序依不同的源类型（点源或区域源）和分析需求的类型而有所不同。表 20-5 提供了取样和分析程序的概要。对于感官测试（气味浓度、气味强度、愉悦度）、还原态硫分析，样本通常被收集在聚氟乙烯袋中。对于挥发性有机化合物分析，样本被收集在不锈钢（SUMMA）罐中。SUMMA 罐处于真空条件，真空条件是为了将样品吸入罐中。

气味取样和分析矩阵 **表 20-5**

气味来源	分析类型	取样装置	样品容器	分析仪器	方法
点	感官的—气味浓度，气味强度，愉悦度	真空室	10L Tedlar 袋子	嗅觉计和嗅辨小组	ASTM E-679，AN13725；ASTM E-544
	还原性硫的化合物	真空室	3L Tedlar 袋子	GC-FPD GC-SCD	EPA TO-14，ASTM D-5504
	VOCs	SUMMA 储存罐	SUMMA 储存罐	GC-MS	EPA TO-15
	胺	空气采样器	空气采样器	—	—
	有机酸（VFA）	空气采样器	空气采样器	HPLC-UV	EPA TO-15
面	感官的	流动室/真空室	10L Tedlar 袋子	嗅觉计和嗅辨小组	ASTM E-679，AN13725；ASTM E-544
	还原性硫的化合物	流动室/真空室	3L Tedlar 袋子	GC-FPD GC-SCD	EPA TO-14，ASTM D-5504
	VOCs	流动室/苏玛罐	SUMMA 储存罐	GC-MS	EPA TO-15
	胺	流动室/空气采样器	空气采样器	—	—
	有机酸（VFA）	空气采样器	空气采样器	HPLC-UV	EPA TO-15

注：VOC——挥发性有机化合物；GC-FPD——火焰光度检测器气相色谱仪；GC-SCD——配备硫化学发光检测仪的气相色谱；GC-MS——气相色谱-质谱联用仪；HPLC-UV——紫外高压液相色谱。

在某些情况下，恶臭物质必须集中到吸附管并运到实验室进行解吸和分析。在这种情况下，一定数量的空气将通过一个依据恶臭化合物性质所选择的特定吸附管。这类分析的一个例子是定性胺系化合物或挥发性酸。

对于堆栈或排风扇这样的点源，样品通过聚四氟乙烯管直接输送到样本容器中。对于气味面板测试或还原硫的分析，聚四氟乙烯袋将被放置在一个特殊的真空腔室，并由样品泵来抽真空，使样品空气从样品源直接进入袋中。这避免了由于采样泵导致污染的可能性，对于挥发性有机化合物的分析用 SUMMA 罐，在真空条件下打开一个阀门，样品空气就会进入罐中。

如污泥池、堆肥堆体或污泥干化床这类区域气味来源需要使用一个排放隔离腔（通量室），隔离腔悬空或置于气味释放表面上，从而防止环境风场稀释样品的影响。臭气采样的其他信息可以查询《污水处理厂气味和排放的控制》（美国水环境联合会，2004 年）。

20.4.2　气味分析

通过气体气味样本测试可以得出关于气味强度和气味愉悦度水平以及恶臭成分的重要信息。实验室分析气味的感官特性报告如下：

（1）气味浓度，也被称为稀释阈值之比（D/T），是使 1/2 嗅辨小组无法检测到异味的空气稀释倍数估计值。该测试是在控制的条件下，使用嗅觉测量器和由 6～8 位经训练的嗅辨员组成的小组进行。高 D/T 比表示强烈的气味，需要进一步稀释以使其无法察觉。

（2）气味强度是高于其识别阈值的感官特性。嗅辨小组用各种浓度的正丁醇组成的“标准”气味与臭气样品进行比较。结果用“ppm”的丁醇浓度表示。

（3）愉悦度是一种异味空气样品的相对愉悦或不愉悦的量度。水平从－10（最不愉快的）到＋10（最宜人）。

（4）气味特征评估是针对“这是什么味道?”这个问题的回答，使用各种描述语，如水果味、花香、泥土味、霉味、臭鸡蛋和腐烂的蔬菜等味道。

大多数污泥处理过程排放包含有多种还原性硫化物的臭气，空气样分析实验室通常有衡量还原性硫化物和挥发性有机化合物浓度的能力：

（1）有气味的硫化合物、还原性硫化物，通常用火焰光度检测器气相色谱（GC-FPD）或硫化学发光检测器（GC-SCD）检测。依据所使用的特定设备，仪器可以测量到 $1/10^8$（ppb）的水平。许多该类化合物在 1ppb 或以下浓度都是可由人的鼻子嗅辨的。

（2）挥发性有机物通常不会是异味释放的主要来源，因为相对于 ppb 范围的还原性硫化物，它们的气味检测阈值往往是在 $1/10^6$（ppm）的范围。当输入污水处理厂工业废水或怀疑空气中有有毒物质时，可开展这些化合物的分析。通常使用气相色谱-质谱联用仪进行分析（GC-MS）。

（3）氮化合物如氨和有机胺（三甲胺）有时可产生污泥臭气，特别是在 pH 升高的过程中（如石灰稳定化）。实验室测试胺用的是高压液相色谱法。

（4）有机酸，如丁酸（“腐臭黄油”）和乙酸（醋）可能对污泥臭气的产生起作用，特别是动物脂肪、液体油、油膏，实验室配备带紫外检测器的高压液相色谱检测这些化合物。

手持式装置可用于特定臭气成分的分析。大多数电化学硫化氢检测仪的检测限在 ppm 范围。一些设备具有数据记录功能，允许数天或数周半连续的硫化氢监测。因为特定的加载方式，这些可有效表征硫化氢的日变化或峰值。颜色检测管是将已知容积的气体通过含有显色反应化学物质的玻璃管，颜色检测管可用于测算各种气味化合物的浓度，包括硫化氢、二甲基硫醚、氨和胺。然而，检测管无法提供高度精确的结果，并会受到其他化合物的干扰。

20.5 控制方法和技术

下面几节重点阐述液相化学法降低液体污泥的臭气，同时降低脱水污泥饼的异味影响。液相控制的讨论之后是气相处理系统中的异味排放、收集和处理。

20.5.1 液相处理方式

尽管各种有机和无机化合物可引起生活废水臭气，硫化氢在通常情况下仍是主要产臭化合物。正因为如此，对于污泥的液相处理一般集中于硫化氢的去除。当溶解的硫化物浓度很高时，硫化氢被释放到气相中。在厌氧条件下，硫酸盐还原细菌（SRB）利用硫酸盐（SO_4^{2-}）作为终端电子受体，将其还原为硫化物（H_2S，HS^- 和 S^{2-}）。

液相控制是一种气味预防的方法，将化学物质引入污泥中使之与溶解的硫化物反应，从而防止硫化氢释放到气相。一些化学物质可能适用于液相气味控制（水环境研究基金会，2003 年）：

（1）氧合和曝气——将环境空气或纯氧气注入氧化硫化物，或维持有氧环境；

（2）化学氧化——添加化学氧化剂将溶解的硫氧化成硫酸且仍保持溶解态；

（3）硫沉淀——添加金属盐，使之与溶解的硫反应形成金属硫化物沉淀；

（4）生物处理——通过改变过程或微生物培养可影响细菌产生硫化氢的能力。

20.5.2 氧化及曝气

如果主体液相中存在足够量的溶解氧，可避免产生厌氧产臭环境。这通常只可能在液相污泥中发生。

氧反应的化学计量比率是 1kg 硫化氢需要 1.9kg 氧气（1.9lb O_2/1lb 硫化氢）并进行以下反应，见式（20-1）：

$$H_2S + 2O_2 \longrightarrow 2H^+ + SO_4^{2-} \tag{20-1}$$

然而，需氧量不仅受所需要反应的硫化物的量影响，需要更高的有效化学计量。活性污泥的比耗氧速率（SOUR）较高。

20.5.3 次氯酸钠

次氯酸钠（NaOCl）是家用清洁产品漂白剂的主要化学成分，但氧化能力更强，是一种强氧化剂。它与废水中的硫化氢的反应化学计量关系理论每 kg 硫化氢消耗 8.8kg 次氯酸钠（8.8lb NaOCl/lb H_2S）。

$$4NaOCl + H_2S \longrightarrow 4NaCl + H_2SO_4 \tag{20-2}$$

因为次氯酸盐是非选择性的，会与其他非硫化氢组分反应，所需的有效剂量会比化学计量高得多。

20.5.4 过氧化氢

过氧化氢（H_2O_2）是一种强氧化剂，会与废水中大多数还原性的化合物包括硫化物反应。它通常的体积浓度为 35%～50%。它的优点是副产物无害，过量的过氧化氢分解可增加溶解氧。在常见的废水的 pH 范围，反应按式（20-3）进行：

$$pH < 8.5 \quad H_2S + H_2O_2 \longrightarrow S + 2H_2O \tag{20-3}$$

相比其他的氧化剂只需几秒钟到几分钟的反应时间，过氧化氢和硫氢化物之间的反应是相对较慢的（几乎在 30min 完全反应）。它的化学反应计量是与废水中硫化氢以 1kg/kgH_2S（1lb/1lb）的理论比率反应。然而，过氧化物是一个非选择性氧化剂，由于其他氧化需求，它的总投量更高。

20.5.5　高锰酸盐

高锰酸钾（钠）是可以用来除去硫化物及其他产臭化合物的强氧化剂。高锰酸钠是易溶的，而高锰酸钾不太昂贵，但两者都比其他化学品更昂贵。高锰酸盐被用于处理污泥是因为它往往优先与硫化物反应，在这种类型的应用中较经济。

高锰酸钾（$KMnO_4$）是一种强烈的化学氧化剂，与硫化氢按式（20-4）、式（20-5）反应：

酸性 pH：$3H_2S + 2KMnO_4 \rightarrow 3S + 2H_2O + 2KOH + 2MnO_2$　　(20-4)

碱性 pH：$3H_2S + 8KMnO_4 \rightarrow 3K_2SO_4 + 2H_2O + 2KOH + 8MnO_2$　　(20-5)

一个主要供应商的报告称，处理污泥流典型的高锰酸钾剂量可高达 100mg/L，这通常相当于约 7kg 高锰酸盐/kg 硫醚（7lb 高锰酸盐/1lb 硫醚）。

20.5.6　利用铁盐沉淀硫

金属盐类可以与溶解的硫化物通过化学结合形成不溶性的金属硫化物沉淀，从而防止硫化氢气体的释放。金属硫化物沉淀以柔软的黑色或红褐色絮状物存在。

亚铁盐，如氯化亚铁（$FeCl_2$）和硫酸亚铁（$FeSO_4$）可用于沉淀硫。氯化铁盐通常用于污泥流处理。二价铁与硫化物的反应，如式（20-6）～式（20-8）所示：

$$Fe^{2+} + S^{2-} \longrightarrow FeS \tag{20-6}$$

$$Fe^{2+} + HS^{-} \longrightarrow FeS + H^{+} \tag{20-7}$$

$$Fe^{2+} + H_2S \longrightarrow FeS + 2H^{+} \tag{20-8}$$

这些反应的化学计量剂量为 13.8kg 氯化亚铁/公斤硫化物（3.8lb 氯化亚铁/1lb 硫化物）。根据目标硫化物浓度，用于降低硫化物浓度至低于 1.0mg/L 的有效剂量为 4～12kg 氯化亚铁/kg 被除去的硫化物（4～12lb/1lb 所除去的硫化物）。

三价铁反应与亚铁相似：

$$2Fe^{3+} + S^{2-} \longrightarrow 2Fe^{2+} + S \tag{20-9}$$

$$2Fe^{3+} + 3HS^{-} \longrightarrow Fe_2S_3 + 3H^{+} \tag{20-10}$$

这些反应表明化学计量是 3.3～4.9kg 三氯化铁/kg 硫醚（3.34.9lb 三氯化铁/1lb 亚硫酸盐 DE）。然而，现场和小试验表明，去除硫化物所需要的剂量会更高。

20.6　气相处理

虽然在生污泥或污泥产物中添加化学药剂通常可以减少臭气浓度和对象的气味强度，

但连续添加化学药剂是昂贵的，并不能提供所需的控制要求。因此，从污泥浓缩、脱水、稳定和存储过程产生的臭气往往需要收集和处理。

20.6.1 密封和通风

气相气味处理的第一步是控制臭气并输送到臭气处理装置。控制装置在结构和材料方面有着广泛的选择。控制的目的是：

（1）保证人员安全；

（2）防止臭气散逸；

（3）减少处理气体体积；

（4）允许必要的检查及维修。

因为在固体的处理过程中有潜在的硫化氢存在，该结构的所有材料应是耐腐蚀。气罩和控制设置包括平盖、全圆顶、低型的圆顶、拱门、设备外壳和其他设置，这些选择的设置应考虑需要到达的覆盖空间和需要被处理的总气量两者。

该空间一旦封闭必须进行通风，使空气输送到气味控制系统。通风率可能会发生变化很大，这取决于臭气和减少气味逃逸程度的特性。

制定的封闭过程的通气率标准包括：

（1）保持最小负压（如，1.3～2.5mm（0.05～0.1 误差）水头，或 12～25Pa）以防止气体逸散；

（2）如果外壳设计允许进入，需提供一个安全的工作环境（如，硫化氢浓度低于 10ppm）；

（3）控制甲烷等可燃气体的积聚；

（4）控制硫化氢浓度及湿度，防止腐蚀。

封闭区域的通风率一般是由每小时通风次数（AC/h）表示。连续通风以及具有暴露污水或污泥表面的区域建议至少 12AC/h 的空气交换率。该标准在“十大国家标准”（供水委员会，2003 年）和美国消防协会（2008）《污水处理和收集设施消防标准》中都被提及。有时在更大体积的混合气体中，控制出主臭味源，并减少输送及处理的总量是经济可行的。这可能会使较大体积的气体作为 HVAC 通风问题进行处理，而不需要加入气味控制。

对于不经常进入的封闭的通道、储罐及处理工艺中，最重要的标准是使气味逸出最小。美国消防协会建议所有工作条件下的最小负压为 25Pa（0.1inH_2O）。

20.6.2 臭味处理

表 20-6 总结了臭味处理技术。下面进行讨论。气相洗涤器系统详细介绍由美国水环境联合会（1998，2009）提供。

1. 填料塔洗涤器

填充塔洗涤器也被称为湿式洗涤或化学洗涤器，在气味控制方面已有多年应用，具有臭味去除率高、操作灵活及占用空间小的优点。主要缺点是操作和维护要求较高、运行成本较高，需要处理危险化学品。

填充塔洗涤器是一个垂直的、圆柱状的耐蚀容器，内部填充 2～4m（6～12in）的惰性填料。当气味空气向上传递经过填料时，化学溶液自上喷洒下来接触有气味的空气。溶液被收集在底部的集水器中再循环。通常通过添加补给水和化学物质以维持污染物去除的适当条件。通过填充塔洗涤器的空床的速度通常是 100～165m/min（300～500ft/min）。

臭味处理总结　　　　表 20-6

工艺	使用频率	成本因素	优点	缺点
填料塔湿式洗涤器	高	投资适中，运行和维护（O&M）成本高	有效可靠；使用记录久；占地面积小	化学试剂使用量大；运行和维护成本高
活性炭吸附剂	高	成本效用由碳的更换和再生频率决定	简单；活动部件少；有一些可供选择的介质	为保证碳较长的寿命，最好相对稀释气流
地下生物滤池	高	投资较少或适中，运行和维护成本低	简单；运行和维护成本低；有效；无化学物质的使用	占地面积大；设计标准不同；短路、负荷过大造成运行故障
装配式生物滤池	中	投资适中或较高，运行和维护成本低	运行和维护成本低；无化学物质的使用；介质使用寿命较长；占地面积比地下式小	投资高于地下生物滤池
生物洗涤器，生物滴滤池	中	投资适中，运行和维护成本低	占地面积小于生物滤池；H_2S 负荷高；化学物质少甚至没有	美国相关使用记录少；几乎没有关于非 H_2S 的长效数据
热氧化剂	低	投资很高，运行维护成本高	对较宽范围波长的气味和 VOCs 有效	仅在高强度下经济；难以处理气流
活性污泥池内曝气	低	如果利用现有的鼓风机和扩散器将会很经济	简单；运行和维护成本低；有效；可靠	鼓风机内部件可能被腐蚀；可能另需要清洗鼓风机
气味抵消剂	高	运行成本由化学试剂的使用决定	资金成本低	气味去除效率受到限制（40%）；仅适用于稀释气流

填充塔洗涤器可多级设计以去除特定污染物。例如，洗涤器第一阶段，可使用酸性洗涤液去除氨和胺等堆肥。之后可以应用一级或多级次氯酸钠氧化还原态硫化物的。对于硫化氢的去除，传统的填充塔洗涤器同时使用氢氧化钠（以促进硫化氢吸收到液相中）和次氯酸钠（将硫化氢氧化至硫元素或硫酸）。

2. 碳吸附剂

就像湿式洗涤器，碳吸收剂在臭味控制中已成功应用很多年。碳处理可简易而有效去除大多数的气味。然而，它有一个明显的缺点，那就是由于一般处理负荷比预负荷更高，所以它可能需要频繁的更换或者再生碳。碳吸收技术在污水臭味控制的应用上主要采用典型的厚料床吸附器吸收，这使得臭味直接垂直通过最小 1m（3ft）的填料床，或采用辐流吸收，臭味直接水平通过填料床，然后在外环空间或者中心柱体中被收集。

碳处理系统的关键是活性炭媒介选取。当硫化氢出现时，“催化的”碳去除小分子硫化氢，显著增加了碳的容积，大大地延长了媒介的使用期限。新的介质主要是取代之前在硫化氢应用时腐蚀性浸渍碳。之前的系统在处理和处置失效的碳有突出的不足，表 20-7 总结了填料容量。通过碳吸收剂的表面速率通常是在 10～20m/min（30～60ft/min）。

碳媒介质容量　　**表 20-7**

碳类型	H_2S 吸收容量%（以重量计）
纯碳	10
浸渍碳	25
水再生碳	16
高容量碳	60

3. 生物滤池

生物滤池是通过有机或者无机媒介床处理臭味的装置，媒介床为生物附着生长提供基质。臭气如硫化氢在他们通过湿润的媒介时被生物氧化。生物滤池可以被定制，地埋式设计或是采用预制。

生物滤池的主要设计参数是空床停留时间（EBRT）。空床停留时间取决于要去除的臭气的浓度和类型。例如，臭气中只有 H_2S，那么空床停留时间 30s 或者更低时就可以有效的去除。然而，若臭气中含有难去除的二甲基二硫醚，那么空床停留时间可能需要 60s 甚至更久。

设计良好的生物滤池都可以实现高的臭味去除效率。对于污泥处理时产生的臭气，长时间的停留时间（EBRT 是 60～90s）去除非 H_2S 的硫化物也是必要的。

4. 生物洗涤器或生物滴滤池

生物洗涤器或生物滴滤池是以惰性材料提供生物附着生长点的立式设备。是通过连续或者间歇的灌入含有营养物质的水来满足生物附着生长的需要。

生物洗涤器或生物滴滤池处理硫化氢的臭味有很好的处理效率。对于硫化氢，根据填充物的不同 EBRT 可能是 10～20s，设备的体积合理且占地面积小。对于非硫化氢臭味，通常在污泥处理应用中遇见，然而，如此短的停留时间可能导致极少的臭味去除。对于含有大量硫化氢气体和其他硫化物的臭气，生物洗涤器可以作为多级臭味控制系统的第一步。

5. 活性污泥曝气

将臭气布气到曝气池中进行处理，已在全球范围内成功实践了 40 年。测试表明：臭气进入活性污泥阶段能高效的去除 H_2S 和其他的 RSCs。嗅辨小组测试表明，当臭气被送至鼓风机时，未对曝气池的气体排放产生影响。当然，也需要考虑臭味来源的类型和美国消防协会标准 820 的指导（2008）。

6. 热氧化剂

热氧化剂通常用于高能量、难处理的气流。在有氧情况下，大多数系统中要求气流温度在 1～2s 内增加到 760～815℃（1400～1500℉）。催化氧化操作大约在 370℃（700℉）。热氧化剂的主要缺点是操作费用高。以下是热氧化剂系统被使用的 4 种类型：

（1）直燃式焚烧炉；

（2）再生热氧化剂；

（3）可恢复热氧化剂；

（4）催化氧化剂。

可再生的热氧化剂可预热进气，相比其他操作热效率更高，更经常用于臭气气体/VOC 的分解。

7. 其他技术

还有一些其他的气味处理技术被应用。污泥处理操作中臭味处理技术还有一些成功的案例，然而它们有一定的限制。技术包括：

（1）电离——正负离子被添加进空气中，然后被引入臭味空间或处理过程中。

（2）紫外线——臭味气体遭受紫外辐射被分解。

（3）抑制剂——植物提取剂（精油）被喷洒到臭气中与臭味化合物反应。

第 21 章 污泥处理产生的侧流

21.1 引言

污水处理厂（WWTPS）在污泥浓缩、脱水、固液分离过程中会产生回流液。人们不是同样关注所有的处理工艺产生的回流液。所以，本章主要介绍目前更受重视的高营养负荷回流液。包括厌氧消化工艺脱水循环液、厌氧塘澄清液和发酵产生的溢流液。

那些受关注较少的回流液（即低营养负荷回流液）是指初沉池污泥和剩余活性污泥的浓缩液、好氧消化污泥的脱水液、曝气池的回流液。即使回流液平均营养负荷低，但一旦短时间内回流量增加，会对水处理过程产生显著影响。(如：污水池每月的澄清)。

21.2 低营养负荷侧流

21.2.1 初沉池污泥浓缩回流

初沉池污泥浓缩后的回流液成分（表 21-1）取决于初沉池中的固体截留物和初沉污泥浓缩物。大多数情况下，初沉污泥浓缩液回流至污水厂处理的前端，在些回流液会再经初次沉淀池处理。虽然回流液的颗粒物浓度比进水中的颗粒物浓度高，但回流负荷占进水负荷的百分比很小，而且它的组成成分（表 21-2）与原水相近。表中这些数据模拟常见的污水进水水质：初沉池污泥总悬浮固体（TSS）浓度为 5000mg/L；初次沉淀池固体截留率为 60％；浓缩固体截留率为 90％。

表 21-1 所示为低营养物负荷回流液的常组成成分（WAS＝剩余活性污泥量；TSS＝总悬浮固体量；BOD＝生化需氧量；TKN＝总凯氏氮的量）

低营养物负荷侧流的典型组成成分　　表 21-1

参数	单位	初沉池污泥浓缩回流浓度	剩余活性污泥浓缩回流浓度	剩余活性和初沉污泥混合浓缩浓度[b]	发酵罐流量[c]
TSS	mg/L	400～600	1000-1400	650～750	700～900
BOD	mg/L	350～550	200～400	400～500	2000～2500
TKN	mg/L	40～70	70-90	60～70	80～120
NH_4-N	mg/L	20～40	1-20[a]	25	60～100
NO_X	mg/L	0	0-15[a]	0	0
TP	mg/L	5～20	15-70[a]	3～5	10～20
PO_4-P	mg/L	4～10	0.1-3[a]	10～15	5～15

[a] 取决于二级处理工艺（例如 BOD 去除效率，生物脱氮率等）。

[b] 假设二级处理工艺只去除 BOD，不建议用于硝化的设备。

[c] 挥发性脂肪酸浓度＝500－700mg/L。

低营养负荷回流液中成分占进水负荷的比例（WAS＝活性污泥量；TSS＝总悬浮固体量；BOD＝生化需氧量；TKN＝总凯氏氮的量）。　表21-2

参数	单位	初沉污泥浓缩回流	剩余活性污泥（WAS）浓缩回流	剩余活性污泥（WAS）和初沉污泥混合浓缩回流[b]	发酵罐流量
流量	%	2.0～3.0	0.4～0.6	3.0～5.0	3～4
TSS	mg/L	4.0～8.0	2.5～3.5	10～15	8～13
BOD	mg/L	3.0～7.0	0.5～2.5	6～10	25～35
TKN	mg/L	4.0～8.0	1.0～2.5[a]	6～10	9～12
NH_4-N	mg/L	2.0～3.0	0～1[a]	3～5	9～12
NO_X	mg/L	0	0～0.2[a]	0	0
TP	mg/L	3.0～5.0	2.0～8.0[a]	7～10	7～9
PO_4-P	mg/L	1.0～3.0	0.1～0.8[a]	3～4	6～8

[a] 取决于二级处理工艺（例如BOD去除，生物脱氮等）。
[b] 假设二级处理工艺只去除BOD，不建议用于硝化的设备。

21.2.2　剩余活性污泥浓缩或脱水回流

剩余活性污泥的浓缩，例如通过使用溶气气浮浓缩机（DAFT）、离心机、或转鼓浓缩机，达到85％～95％的截留率。也就是有5％～15％的剩余污泥会回流。溶解性化合物（如氨和氮的化合物等等）的浓度与水厂出水相似。表21-1所示的是经过脱氮除磷后的设施后，传统活性污泥浓缩回流物的组成成分。固定生物膜/活性污泥混合工艺（IFAS）、移动床生物反应器以及滴滤池工艺的浓缩固体循环负荷相近。

剩余活性污泥浓缩后的循环负荷对二级处理过程影响相对小一些。通过比较剩余活性污泥浓缩回流负荷与原进水负荷（表21-2）可清楚地看到这一点。即使通过缩短污泥浓缩回流时间（例如工作日每日8h）浓缩液回流对进水水质影响可忽略不计。

在硝化设施运行中，运行者必须意识到随着剩余活性污泥（WAS）浓缩回流带来的硝化菌。当硝化菌回流至污水厂前端，后段下游的生物需氧量（BOD）测量可能会由于水样中硝化作用需要氧而出现偏差。在这种情况下就需要换用碳质生物需氧量（cBOD）的测量方法。

21.2.3　初沉池污泥和剩余活性污泥的同步浓缩回流

初沉池污泥和剩余活性污泥的同步浓缩过程中，假设固体截留率相等，则预计后续循环负荷可以等于剩余活性污泥以及初沉池污泥浓缩回流时的总和。

一般不建议用同步浓缩，尤其是对有硝化设施和强化除磷的生物设施。表21-1和表21-2所示是循环成分和各部分比例，并假设从活性污泥处理工艺中只去除BOD。

21.2.4　好氧消化污泥的脱水回流

根据污水二级处理工艺和消化池的运行不同脱水回流物含有不同浓度的氨氮、硝酸盐以及磷酸盐。好氧消化池在曝气阀启动或关闭模式或是低溶解氧的情况下，可以部分或完全硝化/反硝化从而脱氮。在深度生物除磷的污水处理厂（WWTPS），好氧硝化过程中会释放一部分贮磷菌。

21.2.5 初沉池污泥发酵回流

有些生物处理（BNR）设备将初沉池污泥发酵生成的挥发性脂肪酸（VFAs）用于生物除磷或其生成可溶性碳基质用于脱氮。虽然期望得到这一循环负荷，但是循环 BOD 负荷也是重要的。当发酵液作为反硝化过程的碳源时，循环的氨氮负荷会限制氮的去除。大多情况下，发酵池溢流到厌氧区的上游，以改善除磷效率。表 21-1 和表 21-2 所示为典型发酵池溢流液的组成以及进水负荷中的组成比例。

21.3 高营养负荷侧流

21.3.1 厌氧污泥浓缩脱水

通常情况下，污泥脱水滤液或者浓缩回流液被称为污泥处理工艺的循环负荷。厌氧消化脱水循环会增加污水处理厂 15%～25%的氨氮，增加磷 5%～100%的磷，这一数值取决于本节后面讨论的几个参数。

在大多数设施中，脱水滤液回流会加重循环负荷。尤其在白天，当进水负荷处于日最高水平时，短短几小时就可造成每日循环负荷。瞬时循环负荷计算公式见式（21-1）。平均日负荷可以表示进水负荷（kg/d 或 kg/h）的百分比。

$$RL_{\text{ins tant}} = RL_{\text{ave}}(7/D \times 24/H) \tag{21-1}$$

式中 RL_{instan}——回流时连续循环负荷；

RL_{ave}——每日平均污泥负荷；

D——每星期脱水日数；

H——每天脱水小时数。

厌氧消化的循环污泥中氨氮的含量相对不变，但是磷酸盐含量变化很大。主要是聚磷有机物（PAOs）摄入转移至消化池的磷。通常情况这一摄入发生在生物脱氮除磷（BNR）系统，但也可能在厌氧池的基础机制中意外发生。即使是缺氧池，当硝酸盐含量低或消耗完，缺氧池也可能会摄入不同含量的磷。

金属（钙，镁，钾）磷酸盐在消化池中的沉淀会影响再循环磷的量。磷的去除可能来自于：为抑制气味而投加的铁，污水二级处理后的化学污泥中的明矾或铁，添加石灰而带来的钙，磷的摄入与释放周期中释放聚积的镁和钾（在深度生物除磷厂中，金属阳离子主要是镁离子和钾离子）。

对于有季节性排放要求的设施和操作模式（例如投加化学药剂，生物脱氮除磷 BNR）来说，全年的循环污泥的组成将发生变化。一个污水处理厂操作模式发生变化，可能需要几个月才能达到一个平衡。污水处理厂（WWTP）根据污水处理季节持续时间的长短不同，可能会正处于过渡年份，且多年来呈现的是正弦曲线的趋势。

表 21-3 所示是传统的污水处理厂和生物脱氮除磷污水厂的污泥脱水浓缩液的组成，它们没有经过化学法处理或投加补充碱，磷的去除率达到 90%。表 21-3 中的浓度是脱水离心后的浓度。在带式压滤机（BFP）工艺中，虽然污泥负荷百分比（表 21-4）几乎不变，但是喷淋和冲洗水可以大大稀释污泥浓度。表 21-4 中假设初沉池池污泥总悬浮固体

浓度为 0.5%，初次沉淀池固体截留率为 60%，浓缩池固体截留率为 90%。

1. 处理能力与效能

在污水处理厂，厌氧消化污泥经脱水后的循环污泥负荷对污水处理能力的影响完全等同于二级污水处理的负荷对其的影响。假设有足够的污水处理能力，那么一般地，硝化不会像脱氮和除磷一样会影响出水水质。对于氮的去除，可能需要其他措施来补偿增加的负荷，这取决于去除的目标。这可能意味着要更高的内部循环率，更多的碳补充，额外的碱度要求，或更高的曝气要求。

如果在生物脱氮除磷 BNR 系统中，不能够将额外的磷负荷用生物法去除，那么就需要化学药剂改性或者增加药品剂量。污水二级处理增加了化学除磷，此时化学除磷的副作用主要是混合液悬浮固体（MLSS）增多以及由于二次沉淀池负荷限制而导致可能整体污水处理能力下降。

表 21-3 所示为典型的来自厌氧消化池的污泥脱水后的循环负荷组成。

典型的来自厌氧消化池的污泥脱水后的循环负荷组成
（BNR＝生物脱氮法；CAS＝传统活性污泥法）*　　　**表 21-3**

参数	单位	生物脱氮法（BNR）	传统活性污泥法 CAS-N
TSS	mg/L	1200～1600	
BOD	mg/L	400～500	
TKN	mg/L	1100～1300	
NH_4-N	mg/L	1000～1200	
NO_X	mg/L	0	
总磷	mg/L	300～400	100～200
PO_4-P	mg/L	250～350	80～120

* 假设消化污泥总固体率 2.5%；消化池挥发性固体减少率 55%；脱水固体截留率 95%（假设的进水组成见表 22-1）

表 21-4 所示为典型的厌氧消化脱水循环负荷占原进水负荷的比例（基于每日 24h，每周 7d 的回流）

典型的厌氧消化脱水循环负荷占原进水负荷的比例
（BNR＝生物脱氮工艺；CAS＝传统活性污泥法；TSS＝总悬浮固体；
BOD＝生化需氧量；TKN＝总凯氏氮）　　　**表 21-4**

参数	单位	生物脱氮工艺 BNR	传统活性污泥法 CAS-N
流量	%	0.2～0.4	
TSS	%	2～3	2～3
BOD	%	0.7～1.0	0.7～1.0
TKN	%	12～18	13～19
NH_4-N	%	15～22	16～23
NO_X	%	0	0
总磷	%	30～40	10～15
PO_4-P	%	15～30	8～12

（假设进水组成见表 22-1）

如果没有侧流处理来平衡，那么循环污泥负荷对于二级处理能力与性能的影响更加大。图 21-1 所示为复合污泥循环负荷存在和不存在条件下曝气池的氨氮负荷，复合污泥循环负荷是经过每周 5d、每日白天 8h 脱水处理得来的。图 21-1 数据表明，负荷在增加而且日间的脱水操作会导致当达到日间的负荷峰值时刻，循环氨氮负荷的返回。

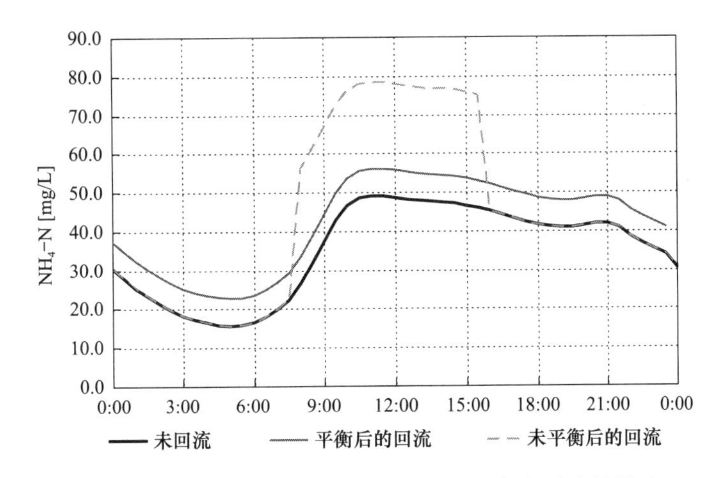

图 21-1 脱水循环氨氮负荷对曝气池进水氨氮浓度的影响

对于氮的去除，在脱水浓缩不均衡的情况下，之前描述的影响会放大。复合氮负荷的回流会引起回流时碳基质缺乏，进而引起出水硝酸盐浓度升高和总氮浓度升高。

对于生物脱氮除磷（BNR）设施而言，复合循环磷负荷对磷去除的影响大不相同。复合循环负荷很可能超过生物去除的能力，那么就需要化学药剂改善。虽然可以基于实时磷酸盐分析而自动进行化学药剂投加，但是这种方法很少使用。一般地，采用这种方法来持续投加较高剂量的絮凝剂从而达到峰值要求。当把这一运行方法与非均衡脱水循环后复合磷回流结合时，就要求投加更多剂量的絮凝剂，产生更多化学污泥。

对于入流碱度低的设施，碱度控制的影响和投药量的控制的影响相近。除非药剂量在线控制，否则一天中大多时间需要过量投加从而达到峰值要求。另外，有可能存在这一情况，当脱水循环负荷回流时由于碱度的限制，pH 可能会下降。后者会导致硝化不稳定。

2. 过程控制与监测

与脱水循环回流相关的回流过程控制与监测的水平，取决于回流处理的工艺和排放要求。无论它对二级污水处理监控的影响如何，脱水循环负荷的组成都对厌氧消化和脱水的效果。对于脱氮除磷的设施而言，脱水循环负荷的组成可以有效地反馈出生物除磷的效果。

一旦脱水设备的启动后，脱水循环负荷的组成就保持不变。由于在厌氧消化池中停留很长时间，所以每日之间的脱水回流成分变化不大。因此取一些样品就足够了。流量监测取用的样品至少需要经过总悬浮固体浓度（TSS）的分析从而监测脱水效果（固体截留率）。硝化池需要监测氨氮含量，生物或化学除磷的设施需要分析磷酸盐的浓度。

对于厌氧或者缺氧池来说，脱水设备包括回流运输管道，泵以及储罐设备，都应定期（每季度）检查鸟粪石沉淀物。

21.3.2 厌氧塘污泥脱水循环和沉降

厌氧塘可以替代或设置在传统的好氧或厌氧消化池反应后，厌氧塘通常用于储存消化污泥。当塘中有机负荷率很低时，后续的循环负荷率（平均值）也会很低。

由于厌氧塘用于储存污泥，所以塘中污泥很少出现沉降或脱水，这会导致回流时高的循环负荷。例如，有些设施利用厌氧塘整年容纳消化污泥，直到允许土地利用的季节。在这种情况下，整年的循环负荷可能会在几周或几个月的时段内返回至主处理设备处。该负荷可能会在脱水或沉降过程中进一步混合。

厌氧塘沉降后的循环污泥与厌氧塘脱水循环的污泥成分类似。两者都主要取决于池中停留时间，上游污泥的处理工艺，当地气候条件以及沉降滗水的操作方法。

1. 对处理过程的影响

当连续回流时，存储预先消化的污泥的厌氧塘中的循环负荷较低。但是通常这种储泥池在短时间内污泥就沉降或排空（污泥脱水）。这样混合带来相对较小量的循环负荷，也会导致于其效果变差。

除了增大了氮和磷负荷，当来自厌氧塘的细小颗粒和浊度经过二级污水处理时，厌氧塘的混合回流会导致出流水质的迅速恶化。出水水质要求很低或有污水回收利用的计划的设施，要避免污泥的回流沉降，但应该使污泥平衡或者以较小增量再沉降。带有出水过滤的设施会使层滤池中的污泥或固体留在上流从而有无法沉降的危险。这不利于污水回收利用的设施。传统的过滤方法可能无法截留从厌氧塘中回流的细小颗粒。

厌氧塘中的沉降过程中极有可能有鸟粪石生成，这需要定期监测。这样较长的转移曲线可能需要另外采取措施以防既难又高费用才能去除的鸟粪石沉淀生成。

2. 过程控制与监测

对于大多处理设施来说，厌氧贮泥池的监控要求最低。受到磷或氮的限制或需要污水回流的设施，在沉降或脱水前需要分析池中的污泥成分，并且调整方案以适应二级污水处理的处理能力。

21.3.3　厌氧消化沉降和再生浓缩回流

有些设施使用消化池澄沉降增加消化池固体含量和其处理能力。沉降物的组成与厌氧消化池污泥脱水浓缩的组成中可溶性组分的氨和磷酸盐（20.3.1 节）非常类似。相比于脱水回流，沉降可能会含有更高的悬浮物浓度。

二级处理过程中的沉降效果取决于操作方法：沉降的程度与频率。因此，不知道操作方法的话就无法量化循环负荷的量。无论如何，要通过避免在白天的峰值负荷时刻进行沉降，或是比起一些大量的沉降而稍微增加沉降的频率来减少这种影响。

再生浓缩与硝化沉降目的是相同的，但是一般再生浓缩是一个更加持续的过程。因此，循环负荷分布在一个更长的时间段。类似于沉降，其组成除了悬浮物浓度更高一些，与脱水浓缩物相近。

无论是沉降或是再生浓缩都会将大量的悬浮物回流到污水处理系统。没有初次沉淀池的话，该回流会增大曝气池固体产物量，污泥量（MLSS）和二次沉淀池固体负荷。这样会降低二级处理的效果。运行者需要平衡扩大消化池的容量和二级处理能力损失两者的关系。

监测要求也与脱水回流的相近。必须已知相关的循环负荷（例如氨氮和磷酸盐）来评估它的效果。流量和总悬浮固体（TSS）监控推荐用于所有设备；氨氮用于硝化池，磷酸盐用于除磷的污水处理厂。

21.4 抽样和监测

污泥处理侧流对水处理的容量和效果有显著影响。当出水水质要求提高时，这种影响会更加重要。侧流负荷应该量化从而将污水处理厂的设计和运行最优化。另外，侧流特性有助于确定适当的处理和处置方法。但是，抽样和监测侧流却很少使用。

21.4.1 采样点

侧流采样要先确认相关的取样点，分析方法和设备。一个好的采样点必须是安全而且易于获得，能提供一个足以代表处理水体的充分混合的水样。

虽然在侧流回流至污水处理厂之前作为单支流进行采样比较合适，但有时候却不能做到。因此需要若干个流的样本组成一个组合样本。例如，水样取自一些独立水源，其随后在安全和易于获得的取样处的下游混合。

内线采样点应该位于地漏附近从而以便采样管线的冲洗。无论可能与否，采样点不应该设在管道的底部，这样可以防止阻塞。压力管道应该配有慢开采样阀。

为了测量出循环负荷，有必要在与采样点相对应的位置测出流量。

21.4.2 采样时间表

污泥处理侧流的采样要求取决于侧流来自的处理类型和样品是否被收集用于固体处理监测（例如固体停留）或循环负荷监控。

对于过程的监控，如浓缩或脱水，在可行的情况下，建议每日采用在线监测的样本。而对于消化污泥脱水而来的循环营养负荷而言，每周采样就足够了，这是因为其组成成分不会每日都变化。

表 21-5 所示为本章涉及的侧流所推荐的采样频率和分析。循环氮和磷的测量值只与硝化或除磷设施有关。

建议每周用于固体处理侧流的采样次数表（VAF＝挥发性脂肪酸；WAS＝剩余活性污泥；TSS＝总悬浮固体；BOD＝生化需氧量） **表 21-5**

参数	TSS[a]	VFA	BOD	NH_4-N	PO_4-P
初沉污泥浓缩回流	3		1	1	1
剩余活性污泥（WAS）浓缩回流	3				
初沉与剩余活性污泥浓（WAS）缩回流	3				
初沉污泥发酵回流	3	3	1	1	1
厌氧污泥脱水回流	5		1	1[b]	1[b]
好氧硝化脱水循环	5		1	1[b]	1[b]
池沉降/脱水分离液	3		1	1[b]	1[b]
剩余活性污泥（WAS）脱水回流	5		1		

[a]用于监测脱水或浓缩的总悬浮固体 TSS 样品

[b]有 NH_4-N，总氮或总磷限制的设施必须相应监测 NH_4-N，PO_4-P

21.4.3　样品收集与处理

污泥处理回流液组成物相比较而言，如与进水样品相比，更具有连续性。因此通常采样要充足。只有当处理过程正在进行（例如脱水）才能收集样品，采样线需要彻底清洗以确保其准确性。

用于磷酸盐，氨氮和硝酸盐的分析而采集的水样可能需要特别考虑所取样处理工艺。对于有活性生物物质的处理液体，收集的水样进行过滤是一个很好的做法，可用于分析可溶性物质如氨氮，磷酸盐或挥发性脂肪酸（VFA），这能最大限度地减少生物活性，而生物活性可能会引起原水样的组成发生变化。例如，从剩余活性污泥（WAS）浓缩池回流采集的水样在延长样品存储时间后会由于磷的释放而有更高的磷酸盐浓度。

表 21-5 所示为建议每周用于固体处理回流液的采样次数。

使用在线测量设备与累积测量设备适合用于所有的回流液流量测定。（参见 20.4.4 节）

21.4.4　在线监测

虽然现在技术日新月异，但是在污水处理厂在线监测的设备使用并不广泛。在线监测设备一般测量流量，固体含量和营养物质。对于稳定的污泥，使用文丘里溢流管，磁场计和容积泵；对于浓缩池使用磁场计和容积泵；对于脱水带式压滤计使用计量表；对于干式堆肥的热减量采用散热容器和车式计量仪。流量必须要累计从而可以解释流量的变化和非连续运行。

营养物质的在线监测包括 NH_4-N，NO_X-N 和 PO_4-P 的测量。目前用于测量营养物质的三种方法是比色法，紫外吸收光谱和离子选择器。大多数分析仪只能用于测量低固体浓度的侧流中的营养物。水样过滤和很多回流生成过程要求，非连续操作因此在线营养分析不太实用。

21.5　回流液管理

21.5.1　非高峰或 24 小时运行

一般是可以通过改变操作方法，例如改变运行中给定过程的小时数，从而避免与循环负荷相关的问题出现。但是对于大多的设施，这样的改变会给值班人员带来困难，尤其是对于没有配备每天 24 小时，每周 7 天职工值班的中小型污水处理厂。

为了避免脱水循环负荷的混合回流，如果设备尺寸合理并且设计基本无需值守，那么脱水可能会每天 24 小时，每周 7 天进行运行。非高峰或延长天数脱水可以显著降低循环流产生的峰值负荷的影响。

至于其他计划产生循环负荷的操作，例如消化池或沉降池，更推荐非高峰值时的操作。

沉降池运行的情况下，在沉降前需要先分析水质组成这样可以限制回流率以适应二级处理的能力。

21.5.2 侧流均衡

通过调节回流至污水主处理设施的水量和时间，侧流均衡减轻了回流负荷的影响。通常情况下，这种调节方式不适用于营养丰富的循环液，如厌氧消化污泥的脱水或厌氧池和消化池的沉淀的浓缩液。

流量均衡通常是处理回流液的最简便和最经济的方式。虽然流量均衡并不能减轻氨氮负荷，但是它能通过控制回流的侧流从而使操作员能够调节超量的营养负荷。调节循环负荷即可以通过连续的脱水操作（每天运行 24h，每周 7d）或者增加一个调节池实现逐渐回流的调节池去实现。

通过调节池，操作员可以选择在每日非高峰时段回流更多循环负荷。事实上，可以通过循环负荷拉平污水厂 24 小时时段的负荷。当高氨氮循环负荷在非高峰时回流时，必须要考虑污水成分的变化，包括硝化所需的碱度和反硝化所需的碳；以及硝化或可能会发生的除氮的不利情况。

即使是部分均衡也可以明显降低峰值负荷。在大多的污水处理厂（WWTPs），每日峰值进水负荷能满足每日的脱水计划值；为了维持每日进水峰值而存储的循环负荷能大大减轻水流过程中的循环负荷的影响。

1. 调节池的尺寸和设计

脱水循环均衡所需的容积取决于预期的运行工艺。为了能充分均衡，贮水池必须储存足够循环负荷，从而在两个脱水日之间的每日回流日均循环水量，取工作日相隔最长的 2d（例如，一周的周五和下周的周一）。而为了调节充分，可以使用式（21-2）计算流量均衡所需的容积。

$$V_{EQ}=D_{st}\times DR_{flow}\times d_{dw}/7 \qquad (21\text{-}2)$$

式中 V_{EQ}——调节池容积，ML；

D_{ST}——每周不脱水最多连续天数；

d_{dw}——每周脱水次数；

DR_{flow}——脱水流量，ML/d（脱水日实际流量）。

日均脱水循环流量可以通过质量平衡决定或是从现有的水厂的记录推断。需要增加的冲刷或是喷雾水量取决于使用的脱水设施。对于带式压滤机（BFP），会易使循环流量增倍。采用的安全系数，由整个污水处理厂的处理能力和设备的均衡调节的重要程度来确定。除了有非常低的出水营养负荷要求的处理设施（技术限制 LOT），一般需要负荷冗余量。

如果受场地和费用限制，不能设大容量调节池来进行每天 24 小时，每周 7 天的水量调节，那么较小的调节池也可以有效减小循环负荷的影响。若调节池容量大到足以储存每日脱水循环容量，可以 24 小时时段内均衡调节，就能够降低非均衡脱水循环的峰值负荷。如果每星期多日进行脱水操作，那么调节池需要的容积可进一步缩小。

平衡调节池的设计应包括以下内容：

（1）机械混合；

（2）盖式废气处理罐（气体控制）；

（3）高低液位报警传感器；

（4）带有排水口的斜流；

（5）溢流排水；

（6）配备流量计量的变速回流泵或流量控制阀。

脱水循环调节池和输送系统的设计应该考虑鸟粪石形成的可能。鸟粪石的形成可能会影响搅拌器的设计和控制，管材或管线的选择，泵和阀门的选型以及机械或化学除垢的能力（可行性和清洗回路）。为防止有害沉积物聚积需要定期检查，至少每年检查运行过的系统，每月检查未运行的系统。

2. 调节脱水循环负荷

最简单的控制方法就是每天 24h，每周 7d 的连续回流。控制系统应该使操作者能基于预期的脱水循环流量而得出回流流量。高低级别的警报可以告知操作员去调整回流率。

当需要均衡负荷时，控制系统必须能使操作员绘出一张每增加 30min 或 60min 单位的回流率曲线图。

对于任何一个再循环方法，流量监测和变速泵或流量控制阀是必需的。重要的是，设计员和操作员要预测到鸟粪石沉积的可能性，因为这会干扰到阀的操作，流量计量和减小管道净直径。脱水循环，尤其是经过离心机的未经稀释的冲洗水，形成鸟粪石沉积物的可能性很大；甚至对于非生物除磷的设施，在脱水循环存储和运输系统中会遇到比较严重的结垢问题。

21.6　侧流处理和营养回收利用

在只进行侧流管理还不够的情况下，可能需考虑几种技术。在对营养物有诸多要求的设施中，侧流处理可能是必要或有益的。要求从其他设施或需要更加密实溶液的轨迹转移来大量的固体负荷。侧流技术的选择可能取决于处理工艺是否设计为去除或回收氮，磷或是两者。

在本节中所描述的侧流处理工艺主要针对大多厌氧硝化后的脱水循环的最典型的情况。但是，对于有相似组成成分但来自不同水源的侧流，这些工艺仍然有用。

21.6.1　侧流的硝化-回流活性污泥硝化

有回流活性污泥（RAS）参与的侧流硝化作用要靠回流活性污泥（RAS）中更高浓度的氮化物，其将脱水循环负荷返回至含有回流活性污泥的曝气池中（图 21-2）当脱水循环

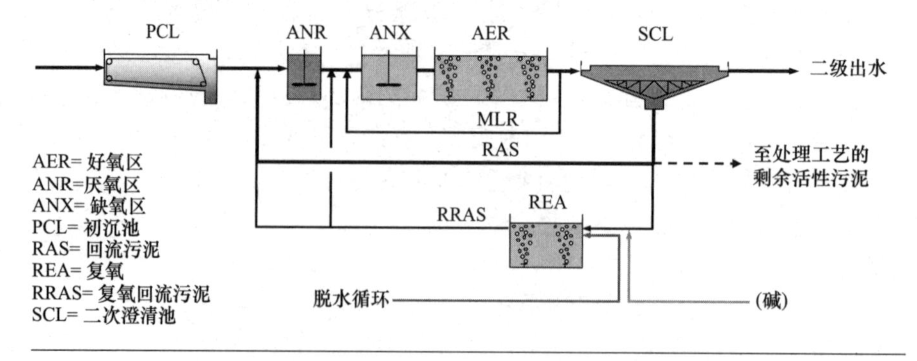

图 21-2　复氧过程示意图（WAS=剩余活性污泥；PCL=初沉池）

达到均衡或者只有一部分的回流活性污泥转移到回流活性污泥（RAS）硝化池时，回流活性污泥硝化作用最好。当以完全的回流活性污泥（RAS）速率运动时，回流活性污泥（RAS）的净水力停留时间和在回流活性污泥（RAS）硝化池中脱水循环的时间是相对较短的。只用回流活性污泥（RAS）中的一小部分流量，则可能要求向回流活性污泥（RAS）硝化池投加碱度。

最好在活性污泥建模软件的帮助下决定设计配置，包括回流活性污泥（RAS）流速和池的大小。初步设计池的尺寸可以利用最大耗氧速率（OUR）。该速率取决于诸多因素，但最大程度取决于池深。表 21-6 所示为基于池深的最大氧气吸收速率，它可用于估计回流活性污泥（RAS）硝化池的近似尺寸或是相反可以在已知池的容积下用于估计会被硝化的氨氮量。表 21-6 做出两个关键的假设：氮化物和碱度都充足。

耗氧率（OUR）与回流活性污泥硝化池深度* 的比较（1ft×0.3048=1m）　　表 21-6

再曝气池池深	单位	最大耗氧速率
3.048	mg/(L・h)	40～60
4.572	mg/(L・h)	60～90
6.096	mg/(L・h)	80～120
7.620	mg/(L・h)	100～150

* 假设曝气良好条件下的估计值

假设硝化完全，脱水循环均衡，那么方程式（21-3）可以用于估算再曝气池的尺寸。例如，在一个日处理水量为 40mL/d（10mg/d）污水处理厂，其循环氨氮负荷是 230kg/d（500lb/d），1050kg/d（4.6kg 氧气/1kg 硝化氨氮）。对于一个 6m 深的再曝气池，最大氧气吸收速率的最接近的估计值是 100mg/(L・h）或 2400mg/(L・d)；而容积至少为 435272L（115000gal）。

在回流活性污泥（RAS）硝化池中循环氨氮的硝化可能需要补充碱度。在前面的例子中，要求碱度（式 21-4）以碳酸钙计的话是 1620kg/d（3570lb/d）。要完全硝化如果不补充碱度则碱度会不能满足需求，这是因为厌氧消化后的脱水循环负荷通常含有硝化需要的 50％的碱度。

$$V_{rea}=\frac{[NH_4-N]\cdot Flow_{DR}4.6\frac{lbO_2}{lbNH_4-N}}{OUR_{max}\cdot 24\frac{hr}{d}.} \tag{21-3}$$

$$V_{rea}=[\Delta[NH_4-N]kg/d\times Flow_{DR}ML/d\times 4.6kgO_2/kgNH_4-N]/[OUR_{max}mg/L\cdot h\times 24h/d]$$

$$Alk[kg/d\ as\ CaCO_3]=\Delta[NH_4-N]\times 7.14 \tag{21-4}$$

式中　V_{rea}——再曝气池容积；

$[NH_4-N]$——脱水循环氨氮浓度，mg/L；

$Flow_{DR}$——每日平均脱水流量，ML/d；

OUR_{max}——曝气池中最大氧气摄入率，mg/L・h；

$\Delta[NH_4-N]$——被硝化的氨氮量，kg/d。

回流活性污泥（RAS）硝化系统可以连接在厌氧区后面。但是主厌氧区的反硝化可能碳源刚好足够而并不需要补充。如果池子容积足够大，那么可以采用同步运行硝化和反硝化（SNDN）模式，有或无空气情况下硝化和反硝化（NDN）。

21.6.2　侧流硝化-活性污泥

假设部分剩余活性污泥（WAS）可以促进形成絮体，侧流活性污泥硝化工艺（图 21-3）可以独立于二级处理系统。厌氧硝化脱水循环时温度越高越有利于侧流处理，在短的固体停留时间（SRTs）内硝化，从而减小反应器的尺寸。由于侧流出水回流到二级处理进水中，所以完全硝化不是关键的，它可以允许用较小的安全系数和更少富余的比较激进的设计。这需要通过逐次设计来确定。

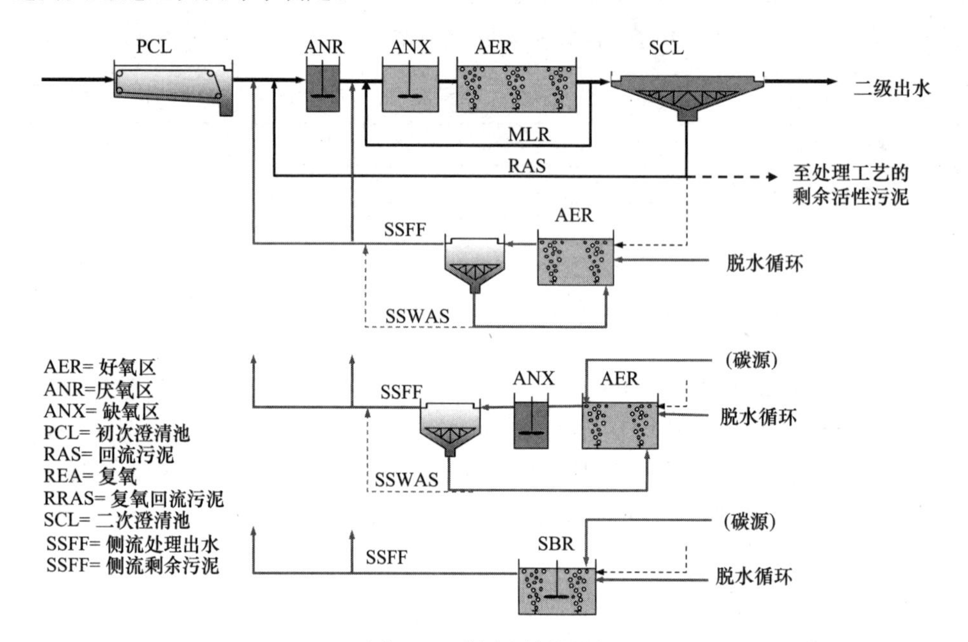

图 21-3　侧流活性污泥

侧流活性污泥系统能为二级处理工艺提供氮化物接种（如果使用的话，主流硝化的固体停留时间可以降低至比在称为 INITRI 过程，也就是两倍最小固体停留时间还要短。在主要的活性污泥系统中，上述接种可以减少好氧设计的固体停留时间。因此，侧流系统有助于减小池子设计尺寸或是提高二级处理系统将氨氮硝化的能力。

侧流活性污泥系统的设计必须与二级处理硝化系统的设计遵循相同的原则。对于来自厌氧硝化池的脱水循环污泥来说，温度越高好氧固体停留时间（SRT）越短。曝气池的最小容积受到氧气转移的限制。通过与 21.6.1 节中概述的方法（见公式（21-3），取表（21-6）中的低值）类似的方法来估算曝气池的尺寸。

侧流活性污泥系统只能达到均衡的脱水循环。这样使侧流活性污体积利用最大化，通过减少峰值流量使侧流澄清池尺寸最小化。

如图 21-4 所示采用间歇式反应器（SBR）可以不用澄清池。这一工艺也就是所谓的生物强化间歇式强化工艺（BABE）。

对于侧流处理，结合循环污泥均衡的话单独的间歇式（SBR）反应器就足够了。任意系统的剩余污泥可能会直接回流至二级处理系统从而将硝化菌接种的益处最大化。

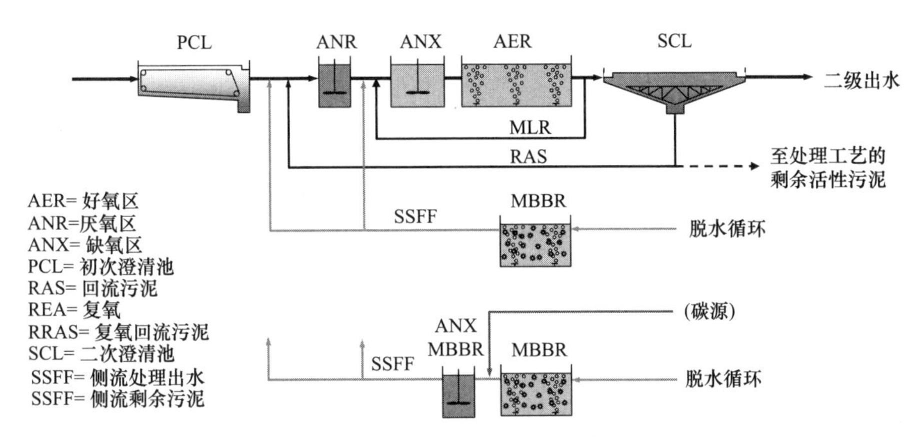

图 21-4 所示为侧流移动生物活化床工艺示意图
（硝化和反硝化/中间化；PCL＝初级澄清池）

如果要完全硝化的话，可能需要补充碱度。这可以通过第 6 节公式（21-4）计算需补充的碱度。

侧流活性污泥系统也适用于硝化与反硝化（NDN）工艺或化学除磷。反硝化作用可能需要补充碳源。如果将碳源加入厌氧硝化后的浓缩脱水循环液中，石灰可以与磷酸盐生成沉淀而同时补充碱度。

21.6.3 侧流硝化-移动床生物膜反应器

移动床生物反应器（图 21-4）可以在各类市政污和工业中应用，包括侧流处理。相对于活性污泥处理，（21.6.2 节）它的优势是通过间歇式反应器（SBR）周期的澄清不需要生物截留。生物质附着在停留在池中的悬浮物上。

要确定处理侧流的最佳介质固体量需要中间试验。供应商提供不同的悬浮介质的设计，其中一些可能更适合固体处理侧流。由于可能出现结垢或破碎，脱水循环建议预先筛选（例如预筛选具有 2mm 旋转滚筒筛）。无论采用哪种筛分或过滤技术，都应预见到鸟粪石的形成。

移动床生物反应器其他的设计特点在二级处理中都是相同的，例如大气泡曝气和截留筛滤。

21.6.4 SHARON-厌氧氨氮化脱氮技术

生物脱氮工艺，高活性氨氮去除率超过硝酸盐去除的单反应器系统（SHARON 工艺），以及厌氧氨氧化工艺（Anammox 工艺都是替代传统脱氮工艺的创新的工艺。这些工艺是 20 世纪 90 年代时期在代尔夫特的工程学院，荷兰和其他的欧洲大学所发明的，并被荷兰的帕克 BV 公司所授权。

不同于传统的活性污泥 NDN 工艺，这些工艺将部分氨氮硝化为亚硝酸盐。一旦（部分）硝化，氮在以下两种方式下去除：（1）在活性污泥 NDN 中异养反硝化菌在缺氧条件下将氮化物转化为氮气（SHARON 工艺）（2）将亚硝酸盐作为电子受体，在厌氧条件下将剩余氨氮氧化为氮气（厌氧氨氧化工艺）。

相比于传统的活性污泥法，SHARON 工艺和厌氧氨氧化工艺的主要优势在于降低了能耗（多达 60%），只需少量碳源甚至不需补充碳源，产量低，明显降低二氧化碳排放量。但是，在处理高浓度氮和高温的污水时，较高的设计温度（30～36℃）和较长的污泥停留时间（HRT>1d）限制了这些工艺的应用。而厌氧消化后的脱水回流液非常适用于这些工艺，是因为它接近于要求的设计温度（>27℃）。对于 SHARON 工艺和厌氧氨氧化工艺建议调节脱水循环水量达到均衡。

1. SHARON 工艺

相比于传统的硝化-反硝化工艺，SHARON 工艺污泥是一种停留时间（SRT）短、反应器池容积小的高效率硝化-反硝化工艺（NDN）。此外，与传统的硝化-反硝化（NDN）工艺相比，该工艺能节约 25%的氧传递能耗和 40%的反硝化细菌生长所需的碳源。

反硝化过程中生成的碱度能够调节反应器中的 pH 值。氨氮去除率达到 90%以上，这相当于减少了 90%的氨氮含量为 600-1000mg/L 的循环水量。通过优化水力停留时间（SRT），pH 值，溶解氧量可以使氨氮去除率达到 85-95%。SHARON 反应器采用低污泥停留时间，升高温度从而选择氨氧化菌（AOB）而杀灭亚硝酸盐氧化菌（NOB）达到氨氮去除的目的。这一过程是在一个硝化反硝化阶段同步进行的完全混合式反应器中实现的。因此，没有必要促进大的微生物絮凝体沉降或者截留生物质作为微小微生物絮凝体的反应器。

该反应器可以作为间歇曝气（SBR）反应器或连续进水反应器来运行。作为间歇曝气反应器时，硝化反硝化（NDN）可以只用一个反应器来完成。这里首先采用单独阶段的反应器部分硝化，其次是反硝化将亚硝酸盐转化为氮气去除。

2. 厌氧氨氧化

厌氧氨氧化反应包括氨氮的亚硝化反应和将亚硝酸盐作为电子供体的厌氧氨氧化反应，参见公式 21-5。根据设计工艺，这两个反应可以依次进行，同步进行或是间歇式进行。公式（21-6）是公式（21-5）的扩展式，在厌氧氨氧化的氧化步骤中包括碱度和 pH。

$$NH_4-N^{+}+NO_2^{-}\longrightarrow N_2+2H_2O \qquad (21\text{-}5)$$

$$NH_4^{+}+1.32NO_2^{-}+0.066HCO_3^{-}+0.13H^{+}\longrightarrow 1.02N_2+0.26NO_3^{-}+0.066CH_2O_{0.5}N_{0.15}+2.03H_2O \qquad (21\text{-}6)$$

控制好溶解氧和 pH 可以使好氧和厌氧氨氧化反应达到平衡。选择短好氧池停留时间和较高的反应温度可以限制亚硝酸盐氧化菌的生长而促进氨氧化菌的生长；厌氧氨氧化细菌释放胞外聚合物（EPS）形成天然颗粒物质。这些颗粒迅速沉降，通过沉淀/溢流区，水力旋流器和间歇沉降，从而将厌氧氨氧化细菌和其他细菌分离分离。

比起传统的活性污泥硝化反硝化工艺，厌氧氨氧化工艺除了可节约能源和减少碳源需求，处理效率也更显著。厌氧氨氧化工艺的建议负荷率为 8～26kg 总氮/(d・m^3)（Jettenet，1999 年)，比常规的活性污泥系统的负荷率（1kg 总氮/(m^3・d)）(STOWA，1996a 和 1996b）更高。

厌氧氨氧化工艺的一个缺点是污泥颗粒增长缓慢。因此，建议在新设施运行前接种污泥。充分接种污泥后，3～6 个月即可达到最大运行能力。运行经验表明，厌氧氨氧化的污泥颗粒介质一旦培养好就无需后续再接种。

（1）SHARON—厌氧氨氧化工艺

SHARON-厌氧氨氧化工艺分两个独立的系列阶段亚硝化和厌氧氨氧化阶段。当一些富含氨氮的侧流到第一阶段时（SHARON 工艺阶段），氨氮氧化为亚硝酸盐。剩余进水和第一阶段出水合流后进入第二阶段（厌氧氨氧化阶段），发生厌氧条件下氨氮被氧化反应。这一过程方法需分别控制 SHARON 和厌氧氨氧化的生物量和反应。两阶段的设计很少使用而且已经被单级处理反应的工艺所取代。

(2) 一步厌氧氨氧化法

一步法厌氧氨氧化法（OAS）是部分亚硝化反应为亚硝酸盐，然后亚硝酸盐通过硝化作用转化为氮气，这两步都在同一阶段完成。这两个反应亚硝化和厌氧氨氧化反应，主要受 pH、溶解氧所决定，并且不断利用亚硝酸盐氧化反应器中的微生物而控制氨氧化菌的生长。这为实现这一目的，好氧水力停留时间应设计为 1～1.5d。

当反应器体积恒定时，好氧水力停留时间根据需要通入或不通空气而变化。厌氧氨氧化颗粒介质利用其良好的沉降性能，在专门设计用来沉降和溢流的区域被截留下来，而在该区域内悬浮非颗粒生物质随着出水沿出水槽流出。

3. DEMON 工艺

类似于一步厌氧氨氧化工艺，德蒙工艺只采用一个与间歇式反应器（SBR）相同的间歇运行模式的反应器。通过控制好氧水力停留时间可以控制氨氧化菌（AOB）和亚硝酸盐氧化菌（NOB）的生长。水力旋流器将其他的生物质和颗粒介质分离，从而截留住颗粒厌氧氨氧化污泥。

21.6.5 化学除磷

化学除磷依靠可溶性（反应的）磷的沉淀，主要是正磷酸盐（PO_4^{3-}）的沉淀，然后随着水流中的固体去除。在侧流除磷中，其目的是将溶解性反应的磷转化为一个特定的不反应的磷形式。这种形式中的回流磷负荷对二级处理的影响是有限的。在污泥脱水之前，使溶解磷沉淀是有利于这部分磷随污泥脱水去除。这样可以减少整个处理系统的磷的贮存量，这相当于直接降低了出水磷浓度。

将化学污泥从明矾或氯化铁中回流处理可以带来去除其他物质的好处，这是因为较长的化学污泥停留时间通过吸附和络合磷酸盐而提高了化学利用率。但是，过量的化学污泥增加了二沉池污泥负荷且可能降低二级处理能力。

如果二级处理需要添加碱度，那么首选一种化学药剂，如石灰或氢氧化镁（只有在高氨氮侧流中才能形成磷酸铵镁（鸟粪石）），因为它有双重好处，既去除磷又补充了碱度。

通常，下列化学物质是用于磷的沉淀：

(1) 硫酸铝（明矾）

(2) 三氯化铁

(3) 聚氯化铝

(4) 石灰

21.6.6 氨汽提

空气汽提体系依据理想的去除效率和入水温度，既可使用热空气亦可用冷空气。提高 pH 也可以进一步提高氨氮去除效率。

通常，氨汽提系统由充满填料介质的吹托塔组成。富含氨氮的废液分布在填料介质上，同时将空气向上吹入汽提塔（图 21-5）。这样将水流分散，增加了气体转移处的总气液接触面面积。因此，空气量越大，空气中氨氮浓度越低，氨汽提的效率就越高。但是，由于空气量越大就需要更大的能耗，所以通过增大气体量而提高吹脱效率是不经济的。

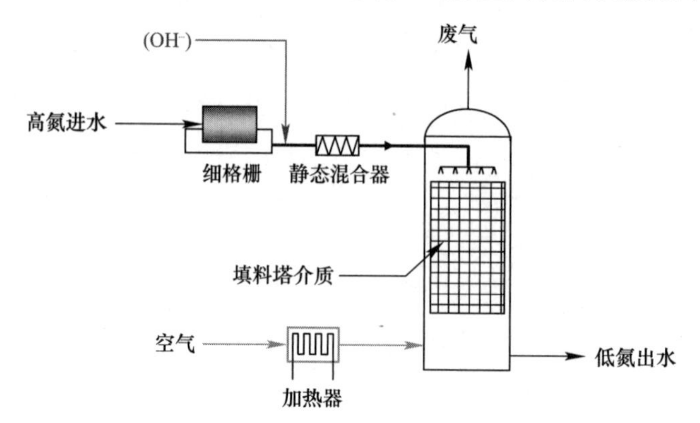

图 21-5　有细筛和可 pH 调节的氨气热空气汽提单元的示意图

因为为提高氨汽提效率而必须提高 pH，所以处理后的侧流 pH 较高，在回流至二级处理过程前，需要中和或降低 pH。另一方面，废水中含有大量碱度可以为二级处理所利用。经过氨氮吹脱单元后的处理污水应该回流到水厂进水中去，从而得到混合和稀释。

常规空气吹脱过程一般就把吹脱后的氨气排入空气中。但是很多地方要求有气体排放许可和气味控制设备，这使得常规空气汽提的应用变得困难起来。

吹脱后的氮气可以在闭路环形体系（图 21-6）中的被收集。该体系中，在吸收塔内加入硫酸后生成硫酸铵，而去除吹托出的氨氮。

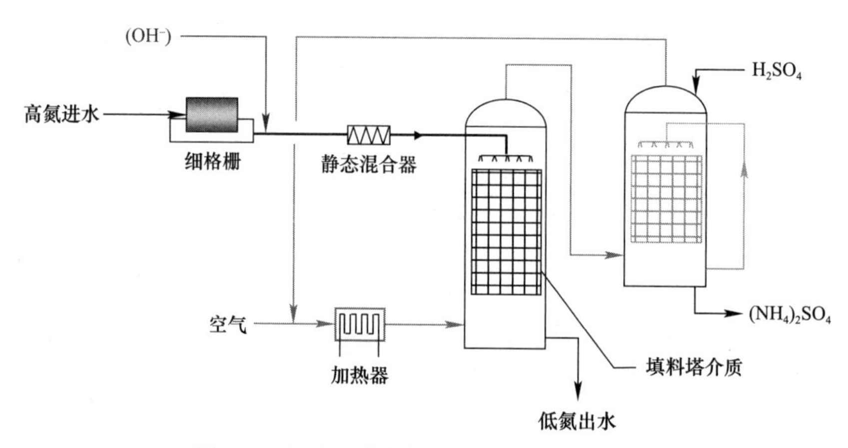

图 21-6　闭合回路氨气空气吹托单元的示意图

21.6.7　蒸汽汽提

在汽提反应器内引入蒸汽，随着蒸汽冷凝，汽提后的氨以氨水的形态被回收。

低压汽提蒸汽（大约 1030kPa 或 150lb/in^2）从汽提塔底部进入（图 21-7）。在选择催化还原（SCR）过程中，蒸汽不能帮助转移或混合，为节约能耗，可以根据进料速度调整空气流速，在塔顶增加一个浓缩装置来浓缩汽提的氨，降低水的露点并减少氨气管道尺寸。将氨浓缩至浓度达 97%以上很容易实现，但是在冷凝阶段需要冷却介质，如水、空气。

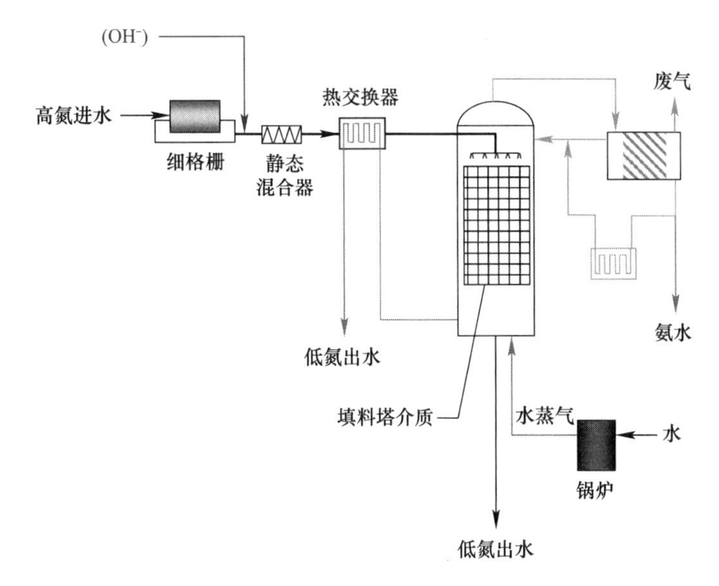

图 21-7 氨气蒸汽汽提单元的示意图

采用蒸汽，汽提塔操作温度会更高，也正因此，比起采用空气，它的压力更高，从而降低了除去氨所需的汽提介质的量。在塔顶部升高温度可以使水或空气作为冷凝介质成为可能。

顶部浓缩的产物基本上是无水氨蒸气，需要非常小心处理。残留水在塔底部收集，应循环至塔里或是处理。

蒸汽汽提的一个显著优势在于不需要废气处理，这是因为废气可以冷凝成少量浓缩液。在蒸汽汽提中，来自塔的汽提氨被输送至蒸馏塔，从而氨得到冷却和冷凝。因此得到了纯氨溶液。可以用这纯氨水溶液制铵盐，如在其中加硫酸，生成硫酸铵。

采用加碱的蒸汽汽提可以实现氨去除率达到 80%或以上。一般含有高氨浓度的固体处理循环物在氨汽提之前需要预处理。否则，汽提塔填料介质会很快淤塞。建议预处理细筛，如用旋转滚筒筛网截留水中碎渣和毛发。

经预处理的侧流也需要水量调节使汽提反应器有恒定的进料速率。对于任何调节池，在贮水池和氨气提塔之间都会出现需要再加热或是调节 pH 的情况。

21.7 磷的回收

自 20 世纪 90 年代就已经开发出从固废处理工艺侧流中回收磷的工艺。这些工艺主要集中在将磷以磷酸钙（羟基磷石灰）或磷酸铵镁（鸟粪石）化合物的形式回收。磷回收工艺与化学除磷工艺原理类似，唯一不同的是磷回收工艺通常生成低含水率的固体结晶产物而不是絮状污泥。

从污水中回收磷被看作是回收粮食产品和洗涤剂中一部分磷酸盐的一种途径，这样就减缓了全球磷矿储存的枯竭速率。磷酸盐回收体系似乎比化学除磷体系更加复杂。但是这些体系可以将侧流中的磷去除并生成一种易于干燥，存储和运输的副产物。出售这一副产物，可以抵消生产成本。

21.7.1　磷酸钙

磷酸钙形式回收的主要产物是羟基磷灰石即 $Ca_5(PO_4)_3$ (OH)。羟基磷灰石是骨骼和牙釉质的主要成分，作为磷灰石家族的一部分，它是世界上磷矿石的主要来源。因此，从废水中回收的羟基磷灰石可以作为化肥生产的原料或是直接作为磷矿石的替代品。一般地，向硝化污泥脱水液中投加石灰从而回收磷酸钙。这个过程需要预处理，将二氧化碳汽提以去除碳酸盐，从防生成碳酸钙。投加石灰提供了钙离子并增大了溶液 pH。羟基磷灰石的溶解度受 pH 影响，由溶度积即 K_{sp}决定。当与众多磷酸盐化合物并存时，废水中羟基磷石灰有不同的溶度积。这是因为可能有多种钙的磷酸盐沉淀物存在，或是其在脱水液中与镁，碳酸盐和其他化合物竞争参与化学反应。

磷酸盐浓度通过生成磷酸钙回收工艺降低至 1mg/LPO_4-P 左右。

21.7.2　磷酸铵镁

磷酸铵镁即鸟粪石回收与磷酸钙回收类似，这两个过程都生成结晶产物。鸟粪石回收利用除了回收了磷之外，还有助于氨的去除与回收。一般的，通过回收鸟粪石去除的氨氮是侧流氮负荷的 5%～20%。这是因为相对于磷酸盐的浓度，污泥脱水液中氨的浓度相对较高。由于不同的处理目的和运行条件，磷酸盐的去除率有所不同；一般去除率为 80%～90%。

鸟粪石沉淀物经常会在管道，阀门，换热器，厌氧硝化池的搅拌器和厌氧污泥处理和脱水系统中出现。鸟粪石回收工艺是通过向污泥脱水液中投加含镁药品以及调节溶液 pH，而强化了这一自然发生的过程。一般投加的镁盐是氯化镁或氧化镁，而 pH 通过加氢氧化钠或是将二氧化碳空气吹脱来调节。

当 Mg^{2+}，NH^{4+} 和 PO_4^{3-} 的离子积常数大于鸟粪石的溶度积，就生成鸟粪石沉淀。这些离子的反应受到体系 pH，溶解性镁，氨和磷的种类以及废水中离子强度影响。因为 pH 决定了这些离子成分的形态，所以鸟粪石的溶解度会随着 pH 变化而变化。鸟粪石的溶度积见式 (21-7)，该式表示各种离子的活性。

$$K_{sp} = -\mathrm{Log}([Mg^{2+}] \times [NH_4^+] \times [PO_4^{3-}]) \tag{21-7}$$

式中　K_{sp}——溶度积。

鸟粪石回收过程一般发生在流化床或混合池中，这取决于处理用的设施。回收的鸟粪石大小范围从细粉末状到直径约 3mm 的固体颗粒。这些产物一般可直接作为肥料。图 21-8 所示为基于回收利用的完全混合反应器。

流化床类的反应设施，采用大的停留时间值，有一定目的的网状结构或直接在反应器中生成可重复利用的物质而促进鸟粪石晶体形成。完全混合反应器的设计与化学除磷的设计更相似，这是因为完全混合反应器的停留时间短，鸟粪石晶体小。但是由于鸟粪石比重小，用水力旋流器可以将其去除。回收的鸟粪石要经过进一步处理以变为可重复使用的产品。

鸟粪石回收工艺可以将磷酸盐浓度降至 5mg/LPO_4-P，但一般使出水的磷酸盐浓度设为 20～40mg/LPO_4-P，以提高运行经济性。

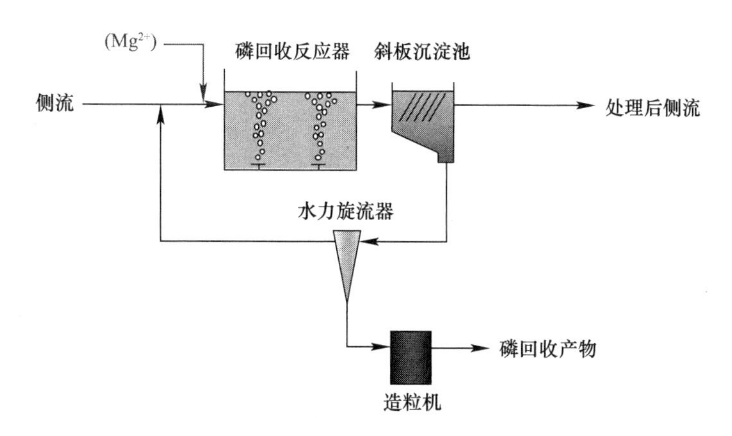

图 21-8 基于磷回收利用的完全混合反应器

21.7.3 回收鸟粪石的经济效益

在评价磷酸盐回收利用与化学沉淀的经济效益时，主要区别在于，在多数情况下，处理化学沉淀污泥消耗成本，而出售回收磷酸盐产品可以大量补偿成本。可以预料的是，随着时间的推移，磷酸盐储量将逐渐减少，而被回收的磷酸盐产品价格将上升。

除了产品本身，磷的回收还间接的节约了成本，这可以称为一个显著的经济性因素。一般地，化学沉降除磷法在处理过程中至少有一部分是产生化学污泥，因此占用了无益于生物处理的处理能力。化学污泥还产生与之相关的药剂，脱水，运输，处理的直接成本。

21.7.4 磷回收技术

磷回收是一项新兴技术。在世界范围内的多个试验设施，已经进行磷回收，在可行性和经济性方面取得了不同程度的成功，但是生产规模的经验还很少。

在法规、肥料贸易、商品价格、运输费用，可持续性设计等各行业利益推动下，磷回收是经过证实确有经济效益的。可以预期，可行的磷回收技术的数量和质量都会提高。

截至 2010 年，用于商业目的的磷回收的例子有：DHV 的 Crystalactor 工艺（荷兰）、Paque 的 PHOSPAQ 工艺（荷兰）和 Ostara 的养分回收技术的 PEARL 工艺（加拿大）等。

第 22 章　仪器仪表和监控

22.1　引言

废水污泥处理和管理系统采用越来越复杂的工艺进行处理和处置，与此同时，监管方面的需要也在不断提高工艺运行条件。这些系统要求有足够的监控、报警并报告情况以使工艺维持在一定的运行参数内以满足监管许可要求。合理的运用仪器仪表为操作、管理和工程技术提供了污泥处理设施的管理、设计和运行的必要数据。

本章主要介绍了仪器仪表的使用管理，设施管理人员和项目经理方面内容，并概述了仪器仪表和污泥处理设计和管理有关的设备。本章也回顾了污泥处理单元工艺与技术在过程控制与测量上所用的设备。表 22-1 是通常用于污泥处理的仪器的一览表。在污水处理设施自动化方面有深入研究的自动化系统设计人员和专业人员，将在本章中学习到污水处理设施自动化方面的更加丰富详细的内容。

污泥处理处置所需仪器　　表 22-1

	磁力	压差	机械（旋转或可变面积）	区域流速（多普勒、超声或磁力）	科氏力	热扩散	压力	仪表	电容和阻抗	压差	声波/超声波	微波（雷达）	热电偶	电阻	热电阻	聚合物	总氮	pH	总磷	气体分析（O_2、可燃物、H_2S）	污泥微波密度	近红外光谱分析	污泥界面分析
章节	流量						压力				温度					其他							
第 1 章																							
第 2 章																							
第 3 章																							
第 4 章																							
第 5 章																							
第 6 章	√						√	√			√	√											
第 7 章	√		√		√	√	√	√	√	√	√	√				√		√		√			
第 8 章	√		√	√	√	√	√	√	√		√		√			√		√			√	√	
第 9 章																							
第 10 章	√		√			√	√	√		√	√			√						√			

续表

章节	流量				压力			温度					其他						
第11章	√		√		√	√	√	√	√			√					√		
第12章	√			√		√	√	√	√		√	√	√		√		√	√	√
第13章	√		√		√	√	√		√			√					√		
第14章	√					√	√		√	√	√				√				
第15章	√		√		√	√	√	√	√	√	√	√					√		
第16章	√	√	√		√	√	√				√	√					√		
第17章	√	√				√	√	√	√		√	√					√		
第18章	√	√				√	√	√	√		√	√					√		
第19章	√	√		√	√	√	√	√	√		√	√		√	√		√		√
第20章	√		√		√	√	√	√	√			√		√		√	√		
第21章	√					√	√	√	√					√	√		√		√
第22章																			
第23章																			
第24章																			
第25章																			
第26章	√	√	√	√	√	√	√	√			√	√		√	√	√	√		

22.2 仪器要求

在污泥处理系统中正确使用仪器仪表有诸多好处，包括能合规监测和报告；加强人员安全和发布工艺发生故障的通知；提高处理效率；充分运用和优化使用包括人力、化工和能源在内的运行资源；提供用于未来规划方面的信息。

22.2.1 监测和报告要求

州和联邦许可要求污泥处理厂提供符合规定要求污泥的报告，正确使用仪器可以做到无人值班情况下自动收集这些信息。

22.2.2 过程警报

使用仪器仪表来监控污泥处理，可以在异常情况发展为严重问题之前向操作人员发出警报。为了提供保护性和预防性报警而采用仪器仪表系统，可以使设备通过早期监测，避免事故发生后高昂的设备维护费，从而大大节约成本。

22.2.3 提高工艺效率

很多污泥处理工艺为保证处理效率要求连续监控和控制，并对处理工艺进行及时调整。使用仪器来测量用于自动调整的关键数据，可以得到可重复使用的数据处理结果。例如，用于测量回流液和剩余活性污泥液中污泥含量的总悬浮污泥（TSS）分析仪能提供优化污泥停留时间的信息，从而提高液体和污泥处理效率。

22.2.4 利用运营资源

污泥处理设施必须收集多个用途的过程数据，包括前文所述的遵守法规要求、监控污水处理厂运行和提高运行效率。这些数据的收集有助于业主利用有限的人力、化学品和能源等运营资源。将数据整合到一个控制和监控系统，可以让运行者无需亲自去各个工艺现场，通过位于厂内或厂外的基于计算机的工作站对水厂现场进行监测、审查、检查和对运行操作进行调整，减少了运行人员耗费在监控和控制系统的时间，这样他们可以承担更多的责任和义务。控制系统可以将繁琐的任务实现自动化，从而节约了运行资源，如化学剂量等。

22.3 论证和设计

仪器有助于减少人力需求、化学或能源消耗这一点，主要是从经济角度论证的。但是，在决定安装何种仪器时，经济性可能作为一个次要考虑因素。例如，用来验证是否符合排放要求是根据非经济因素而使用仪器的。为规划新的设施或改善现有设施，仪器仪表所提供的信息是必不可少的。向各个政府机构提供监控处理结果报告这些信息也必不可少。对于要求连续监控以保证操作人员的安全的系统来说，经济性作为次要考虑因素。当要求对仪器仪表的经济性分析时，必须包括资本以及运行和维护（O&M）成本。O&M成本可能会很高，尤其是在污泥管理中，被测量的物质通常含有污泥杂质并具有腐蚀性，这些恶劣环境有可能在一定程度上影响了污泥处理和处置的仪器仪表的效率。在一些情况下，一些监管要求将决定是否需要仪器设备，如NFPA 820污水处理与收集设施的消防安全标准（NFPA，2008）。

22.4 自动化和过程控制

现在，几乎所有的污水处理行业会议都会展示仪器仪表和自动化如何提高污水处理厂处理效率的内容。由于污泥处理变得越来越复杂并要求连续监测，以使设计操作参数维持在一定范围，自动化控制系统正成为一种必然。

随着技术进步，现在的控制系统变得更加可靠，成本效率高而且更容易投入使用。这些系统可以监控重复性任务，如化学日计量罐的配料和控制化学泵以维持化学剂量。这种控制可以减少操作人员为保持设定配料量而消耗在监测和调整运行上的时间，从而利用多余的时间做其他事情。自动化控制通过减少每个操作人员的个性化控制而降低运行可变性。但是增加仪器尤其是复杂的分析仪器，会需要增加维护仪器设备的技术人员。

22.5 污泥处理和管理

22.5.1 流量计

现使用的流量计有电磁式、超声波式、水槽与堰式、差压式，机械式和质量流量计。

流量计的尺寸要根据污水处理厂启动运行时的处理流量或是运行前几年的流量所设定。如果设定流量计尺寸时是为处理未来最大流量的话，那么会因为流量计尺寸过大而无法准确记录较低的初始流量。流量计有特定的安装标准以使其能正确操作，因此，在设计中结合制造商的安装要求和限制条件是至关重要的。

流量计不能直接安装在泵和节流阀的下游。

为封闭管段设计的流量计必须使液体连续充满管段，除非专门设计成用于部分填充应用。在垂直管段安装的流量计，水流向上有利于保证流量计使用时管段是充满的。水平安装的流量计，如果空气有滞留在管道中的可能，那么就需要空气排气阀。泵和管件、水流扰动障碍物必须与流量计相距足够距离以使其水流分布均匀。

所有的流量计周围都需要足够的空间以用于校准，维护或拆除。如果流量计主体部分因为某种目的需要拆除，那么在设计时就需要考虑将其对工艺的破坏最小化。同时还应考虑给出一种用于日后校准和维护的方法。

1. 磁式流量计

磁式流量计（电磁流量计）是在污水处理厂中测量满管流的最常用的方法。通常安装正确情况下，它们使用寿命长，性价比高而且精准。

（1）工作原理

电磁流量计是依据法拉第电磁感应原理工作的，利用电导体在磁场中移动产生感应电压，该电压正比于导体的运动速度。（图 22-1）

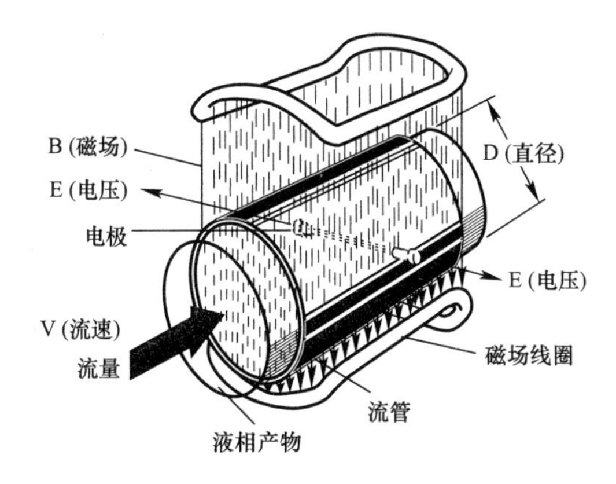

图 22-1　法拉第电磁原理介绍（c2006Omega Omega Engineering，Inc. 版权所有。Omega Engineering，Inc. Stamford. CT0690T 授权使用）

另外一种磁式流量计是嵌入探针。这与满管流管式流量计操作原理相同，但是实际上不能沿着满管流经管道采样。插入探针可以在管段直径方向上采多个点作为样本或者在针尖处采一个单独样。探针通常有一个交变电流的线圈和电极设计，并通过一个完全移植球阀型水龙头插入处理管段（当处理污水中含有悬浮污泥时或含可能阻塞感应器的黏性物质时，插入式流量计可能不适用于污水处理厂（WWTP））。

（2）材质

电磁流量计电极材料可以是铂金、合金 20、哈氏合金 C-22、蒙乃尔合金、镍、铂氧化铝陶瓷铂铑合金、316 不锈钢、钽、钛和碳化钨。一些制造商提供了可选电极形状（图 22-2）和自我清洁的电极（通过热，超声波和交换极性实现），从而避免了污染。一些制造商也会提供现场可更换的电极、流量计内部可用陶瓷、玻璃纤维、硬质橡胶、聚偏二氟乙烯、全氟烷氧基（PFA）、聚氨酯、软质橡胶（EPDM）、聚四氟乙烯（PTFE）和搪瓷釉；选用哪种材料由与流量计接触的待测液体性质所决定。

根据管材和管道用处不同，可能要求有接地电极或接地环。有阴极保护的管道系统可能需要采取特殊的供电和接地措施。

（3）准确度和精密度

流量计可以采用交流式或直流式线圈。在一般电场条件下，脉冲直流电流量计的精确度在整个量程的0.2%之内。交流电流量计的精确度一般在整个量程的1%之内。大多数一体式磁式流量计能在任一方向准确读数。图22-2表示的是可选电极的形状。

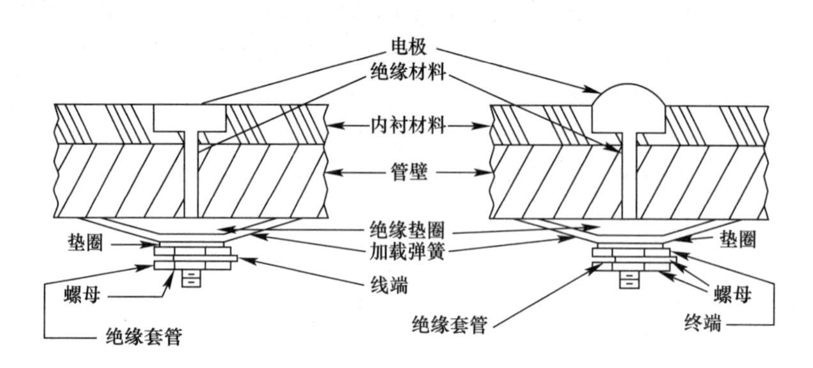

图22-2　可选电极形状（WEF，2006）

磁式流量计如果使用不当准确度会下降，位于太靠近流量计的进口和出口的弯头、异径管和阀都会干扰流量的测定，给测量流量造带来一些误差和不准确。流量计中油脂沉积或是污泥聚积使管道阻塞或缩小也会影响准确度。

如果流量计安装位置不正确以致管段只有部分充满（气体滞留在内）或是电极上物质积聚，那么流量计的性能会严重下降。这种情况发生时，一些流量计可能读数不规律，另一些则可能根本没有读数。

通体磁式流量计最适用于测量电导率超过5μS/cm的（5μmho/cm）和污泥浓度低于10%（按重量计）的液体流量测定。电导率小到0.05μS/cm或0.1μS/cm时可以用专用的低电导率流量计。

磁式流量计不适用于非导电液体，气体和含有粉末状或颗粒状干化学品液体，或非满管流（除非流量计特别设计为其所用）。

2. 压差流量计

压差流量计测量以伯努利方程为基础，其原理是当流体流经流管的收缩处，会引起可预见的压力下降，下降的压力正比于流量的平方。用压差流量变送器结合文丘里管或孔板通常用于测量洁净水流量，如污水处理厂污水流量。这些流量计都不适用于测量大多数污水厂污泥和污泥计量应用。压差流量计在《仪表工程师手册》（Liptak，1999）和《废水处理设施的自动化》（WEF，2006）这一书中有相关介绍和讨论。

3. 机械式流量计

机械式流量计，如旋翼式（例如涡轮式和叶轮式）流量计和容积式流量计，其工作原理是流体随水或空气运动，且该运动与液体或气体的流量有关。

由于电磁流量计更加便宜且易于维护，所以很多机械式流量计被电磁式流量计所取代。容积式流量计仍然用于计费相关的流量测定，这是因为即使水头损失大，它的精确度仍然很高。一般地，容积式流量计的工作是以液体充满流量计内部空腔，再经旋转将流体排出，并重复该过程。

4. 变面积式流量计

变面积式流量计（转子流量计）即将小浮子用在不等径管中，用于验证，节流阀正确地将化学药剂分配到各个注入点，以及每个位置点化学药剂输送量正确。变面积式流量计普遍用于测量流量低的水量，这是因为这种流量计既价格便宜又能使操作人员能直接观测到过程中处的状态。

变面积式流量计通常包括一个锥形玻璃管和一个不锈钢砝码（浮子）。为了正常工作，须将玻璃管垂直放置并使流体自下而上通过。经过流量计的流量越大，浮子在玻璃管中升的越高。而在管旁安装校准板，可以使操作员读出流速。

由于在液体中必须看得见浮子，所以流量计只能用于洁净液体，如气体，饮用水或某种化学物质。此外，由于不锈钢和玻璃具有不同的热膨胀特性，这种流量计只能限于温度在 93℃（200℉）以下使用。

大多数变面积式流量计在工厂进行预先校准，并假设水或气体的相对密度是 1.0，温度在 20℃（68℉），为了计算与之密度不同的某种物质流的实际流量，必须有换算公式。

5. 面积式流量计

面积流速式流量计连续测定两个液位值和流速从而计算出明渠和管道的流体体积。在管道和明渠底部安装超声或压力传感器来测量液位。传感器将超声波脉冲经水输送并反射到液体表面。该仪器测定回声返回至传感器所耗时间，基于声音在水中的传播速度从而算出液位的深度。压力式液位仪将传感器的感应头的压力转换为液位值。将超声波多普勒信号连续注入水中，测出流体速度。高频波从液体中的悬浮颗粒或气泡反射回了传感器。如果液体处于流动状态，那么回声返回时的变化频率是正比于液体流速的。

一个独立的下视超声波传感器，可交替用于高度曝气液体或紊流液的液位测量。它通过传送超声波脉冲由空气至液体从而测量出液位，其精确度范围为±0.25%。与液位传感器一起使用的浸入式多普勒速度传感器是用来测量水的流速。大多数的面积流速式流量计用在部分充满和过载管道、矩形、梯形和椭圆形明渠上。

6. 液体质量式流量计

液体质量式流量计直接测量某一流体的质量流量（即单位时间内输送的公斤或磅数），有些流量计则通过已知密度将输出信号转换为体积流量。

液体质量式流量计通常不用于污水处理行业，这是因为这种流量计对工艺条件极敏感，不能用于结垢油井中，但是它可以监测难测量的工艺流程，如加药系统。

7. 科里奥利流量计

Corioli 流量计是可以测量液体或气体的小直径流量计（高达 254mm，即 10in），它通过引入振动，并将该振动与已测得的通过流量计的介质振动相比较，从而确定该被测介质的质量。这种流量计可以测量多个参数（例如质量流量、温度、黏度和密度（继而得出污泥浓度或流量）），可应用于温度高达 350℃的介质中。该流量计中的小管段会引起大的压降并容易阻塞。这种流量计在测量化学工艺进料体系中运用良好。它可以用于测量电磁式流量计无法测量的非导电性气体或液体的流量，也能测量气体，如氯气或臭氧。

8. 热扩散式质量流量计

热扩散式质量流量计通过热传递和被测流体的已知特性确定单位时间介质流经流量计的质量。

一个热扩散式质量流量计由一个加热元件和仪器头部 2 个独立的探测器上的温度传感器组成。它的工作原理是给加热元件提供已知的热量，当待测流体流经下游处的温度传感器时，测定在加热元件处消耗掉的热量（液体实际温度相对来说并不重要）。如果流体的热力学常数都已知，那么可以计算出质量流量。如果流体的物理特性相对恒定，那么也可以算出体积流量。值得注意的是，热扩散式流量计对流动方向不敏感。如果将其应用于流动方向会逆转的情况中，可能会得到错误结果。另外，被测气体的水分含量会影响热扩散式流量计的准确度。如果将其用于水分含量高的情况中也可能会得到错误结果。

22.5.2　液位测量装置

液位测量仪可用于连续液位测量和单点感应测量。图 22-3 表示的是各种类型的一些典型液位测量仪。

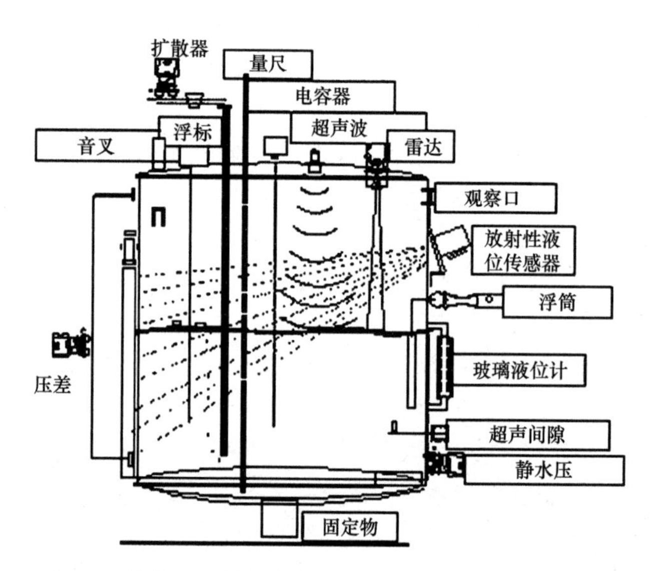

图 22-3　液位测量技术案例（加利福尼亚罗斯维尔市提供）

1. 连续液位测量

连续液位测量装置包括起扩散式、电容和阻抗式、差压式、声波式、超声波式、微波（雷达）式（参见图 22-3）。由于声波、超声波、微波设备不涉及与待测物的直接接触，它们一般可用于测量腐蚀性液体或是污泥。除了有模拟信号，大多数连续液位测量仪器设备都有报警输出和开-关控制。

（1）电容和阻抗式

电容和阻抗探针可以测量液体，一些浆液和干物料的液位。可以在污水处理厂配置这种液位测量仪来判定出界面液位值。当水表面被泡沫覆盖而需要监测水表面的液位时，它们就起到作用了。

变送器的特点是通过电子转换产生一个正比于水槽和堰流量的信号值。

(2) 差压式

压差（水头-液位感应）式测量装置一般用于污水处理厂，以测量液体和液浆的液位值；但它对于污泥液位测量却是无效的。

压差测仪器通常使用固态电子式压力传感器，通过一个隔膜将其与待测液体相隔离。膜片是扁平或同心波纹状的金属或是会响应压力增大而压缩的陶瓷盘。当膜片压缩时，连接的电气元件（如电容、应变器或电感、电阻）产生与压差成比例的电压信号。

隔膜密封系统包括压差变送器、膜片密封、填充液、直接安装的管道或是毛细管(图 22-4)。当施加压力时，隔膜被替换，将测得的压力值通过填充液系统和毛细管传给传感器。

水下式压力传感器可以用于直接浸入待测容器。该组件包括一个通气管作为传感器的低压大气参考值。将其设在待测物质的最大高度或排放至壳外，或连接到呼吸袋。一般地，在通气管末端的机箱内有干燥过滤器以保证水不会凝结进入管道中而使液位读数不准。图 22-4 所示为一例带有密封和毛细管系统的压差传感器。

(3) 声波和超声波式

声波和超声波式液位传感器不接触工艺流体，而且能用于许多不同的污水处理厂工艺。

声波和超声波式液位传感器是基于飞行时间原理。一个传感器发送脉冲，通过空气传播，并被待测物质表面反射回来。校准传感器是用来计算传感器至被测物质液位之间的距离差。

声波和超声波速度取决于温度，压力（一定影响）和湿度（影响程度较小)。如果预计到条件变化，那么可以供给自动温度补偿（其余两个因素无需补偿)。声波和超声波传感器根据传感器不同，可以测量 1.52mm 至 61m 的距离（6in 到 200ft)。图 22-5 所示为一个典型的超声波液位传感器的安装图。

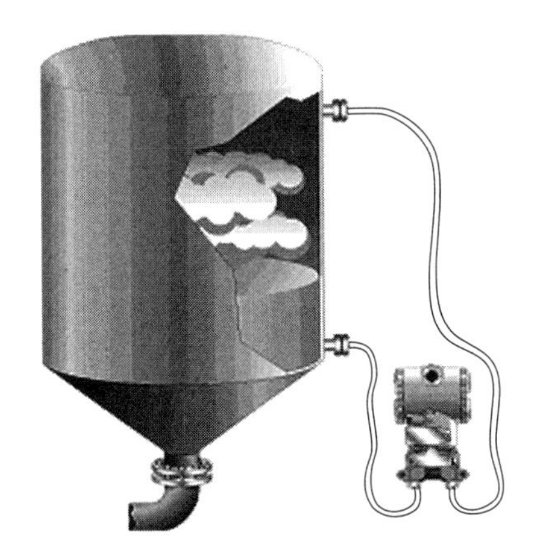

图 22-4 带有密封与毛细管系统的压差传感器
（加利福尼亚罗斯维尔市提供）

图 22-5 传统的超声波液位传感器的安装
（加利福尼亚罗斯维尔市提供）

超声波传感器发出的信号通过蒸汽区域吸收，远离接收器感测范围处的反射以及会被测物质顶部泡沫的吸收而衰减。液体表面或二氧化碳富集的蒸汽区域（例如厌氧消化池）

的泡沫可以完全吸收超声波。超声波传感器要求被测物质表面是相对平静（平坦的）表面以得到可靠的信号。在湍流应用中，就可能需要稳水井。

腐蚀和结冻可能会成为这当中的问题。感应器加热器可以预防结冻，并选用恰当的材料来减少腐蚀。

（4）微波式（雷达式）

尽管声波、超声波和微波式液位传感器看起来可能相同，但是微波式测量的距离是不同的。

使用中的两种微波液位传感器是：频率调制型和导波型。频率调制的液位传感器包括一个频率调制器、连续波发射机和天线组件。该装置安装在所述工艺容器顶部。发射机将雷达信号发射到容器内，天线组件检测这些信号和被测物质所反射回的信号。发射信号与反射信号的频率不同，二者差值正比于被测物质的液位。

2. 液位点测量

液位点检测器包括超声波距、浮子、频移音叉、热扩散、静水压、电导率、电容和电感液位计。点或液位计分为两类：直接开关设备和基于推论的液位开关设备。

直接开关设备（例如浮子或一些静压式装置）通过与被测介质的相互作用，直接控制离散的开关。例如，当液位上升到接触到球形浮子，浮子受浮力而上升，这就打开或关闭开关（这取决于球形浮子的结构）。

基于推论的液位开关，当传感元件接触到被测物质，其电子电路感测变化。热扩散技术测量液体流经热感应器时的热损失（冷却效应）。一个典型的传感器采用两个电阻温度检测计（RTD），其包覆在热电偶套管内并由间隙隔开。内部给一个电阻温度检测计（RTD）加热，使这两个电阻温度检测计（RTD）产生温差。测量元件浸入液体中，会直接影响到它的散热程度继而影响两个电阻温度检测计（RTD）之间的温差大小。这个差值可以转化成一个电信号，在电平开关或接口电平开关中使继电器跳闸。

22.5.3　压力测量装置

通常用作压力传感器的装置包括压缩空气分配系统监测压力，排水抽吸泵和压力管，压力传感器可以通过膜片隔离系统用于许多污水处理厂工艺中。隔膜密封件可以连接毛细管，这样传感器可以安装在便于维修的位置。

压力感测仪器通常用一些固态电子压力感应器，由膜片将其与待测流体隔开。膜片为扁平或同心波纹状金属或是响应于压力增大的陶瓷盘。当隔膜压缩时，与之相连的电子元件（如电容器，应变计，电阻或电感器）发出与压差成比例的电子信号。

隔膜密封系统包括压差变送器，膜片密封，填充液，直接安装的管道或是毛细管（图 22-4）。当施加压力时，隔膜被替换，将测得的压力值通过填充液系统和毛细管传给传感器。

22.5.4　温度测量装置

温度传感器通常包括热电偶和电阻温度检测计（RTD）（表 22-2）。热电偶坚固而便宜，且通常可用于像污泥焚烧炉这样的高温测量中。电阻温度探测器则用于较低的温度范围且精确度重要的情况下。

1. 热电偶式

热电偶的工作原理是塞贝克效应，它描述的是给由 2 种不同种金属构成的闭合回路节点加热，则产生电流。该电路电压是节点温度和金属组成的非线性函数。所有不同种类的线材的节点处都发生塞贝克效应，所测闭合回路中不同种类金属的连接点，除了我们所关心的点外，都必须补偿导线或是避免有不同种类金属。例如热电偶延长线是由相同金属制成用作热电偶或保持在一定已知温度，这样可以把不希望出现的电压考虑在内。所有的热电偶回路至少要有 2 个结点，一个位于测量点处，另一个位于与铜导线连接处，然后将它们路由至用来测量我们关心的结点处电压值的装置上。请参考表 22-2 温度测量的应用指南。

温度测量应用指南　　**表 22-2**

测量类型	适用温度测量范围	应用评价
热电偶	任意温度	范围广；成本低
电阻温度传感器	0～300℃	稳定；比热电偶昂贵但更精确

2. 电阻式

电阻温度探测器的工作原理是随着温度变化，电阻率变化。通过测出我们所关心的点处电阻率从而确定出温度。

电阻温度传感器包括：细电阻线或是有匹配的热膨胀特性的基板支撑的片状金属。为了得到足够高的电阻值（一般 0℃即 32℉时约为 100Ω），需要用薄金属元件。金属元件需要支撑使电阻温度传感器（RTD）足够坚固用于测量。温度探测元件安装在玻璃或陶瓷骨架中，嵌入玻璃或是安装在各种形状的陶瓷基片上。

22.5.5　在线分析仪

当校准和安装正确后，在线分析仪可以连续测定一个参数，否则只能通过耗时取样和实验室试验测定出来。在线分析仪器通常要校准仪器的输出值以符合实验室的结果。

1. 余氯分析仪

氯的消毒潜力可以通过以下两种方法之一来测量：余氯分析仪和氧化还原电位分析仪。余氯分析仪可以用来测定游离氯，结合氯或总氯。用于测定这三个变量的分析仪基本相似，但是使用不同的化学试剂来测定所需的参数。在大多数污水处理厂，需采用样品调整（过滤）系统以去除悬浮污泥和其他颗粒，这些可能会阻塞分析仪而造成读数不可靠。不同品牌的余氯分析仪采用不同的技术，包括安培/极谱法传感器、比色传感器以及汽提传感器。

2. 氧化还原电位

氧化还原电位（ORP）分析仪测量水氧化（或还原）水中有机物或化合物的电位。这些电位是水样中的氧化剂和还原剂（氯或硫化物）产生的。

氧化还原电位是一种电位测量的方法，根据《水和废水检测的标准方法》（APHA 等，1998），该法中惰性电极感测出一种介质传递电子的电位（趋势），同时要读出浸在相同介质中的参比电极的电位。传感器的读出值是一个电压值（相比于参比电极），用正值表示氧化态（接受电子的能力），用负值（如－300mV）表示还原态（失去电子的能力）。

在还原性或氧化性物质浓度相对较高的水域中，了解氧化还原电位是有用的，但是它是非特定性的测量方式（这种测量方式，介质中的溶解性物质影响显著），受到多种参数影响（如温度、硝化和反硝化作用等）。

氧化还原电位传感器（ORP）读数需与一些已知值相关（例如，一个已知的氧化剂剩余量）。使用氯化或脱氯的信号需要在加氯之前以及脱氯之后测出ORP的值。目前，使用氧化还原电位传感器（ORP）来控制污水处理厂的养分去除过程一直受到持续关注和研究。

3. 流动电流仪

当在处理工艺中投加投量正确的聚合物时，水的ζ电位变化，使胶体不稳定，较易去除悬浮固体。操作员无法测出污水中剩余聚合物的量以使处理工艺运行最优化。但是，一个流动电流仪（SCM）可以监测出处理水流的电特性（ζ电位），并提供一个可用于控制絮凝剂剂量的输出值。

流动电流仪已经在污水处理厂中得到成功运用，测试表明絮凝聚合物的剂量和浓缩或脱水的电荷特性（ζ电位）有很强的相关性。电流仪已经应用于浓缩和脱水的过程。为了验证这些特定运用的稳定性，建议采用中试试验。

流动电流仪测量废物流中的电动电荷，它们是响应于废水特性的变化（如总悬浮固体（TSS）、含固率、混合物、pH、电导率等）和流速的变化。一个普通的流动电流仪（SCM）组成包括传感器、监测器、传感器维护模块和控制仪（见图22-6）。

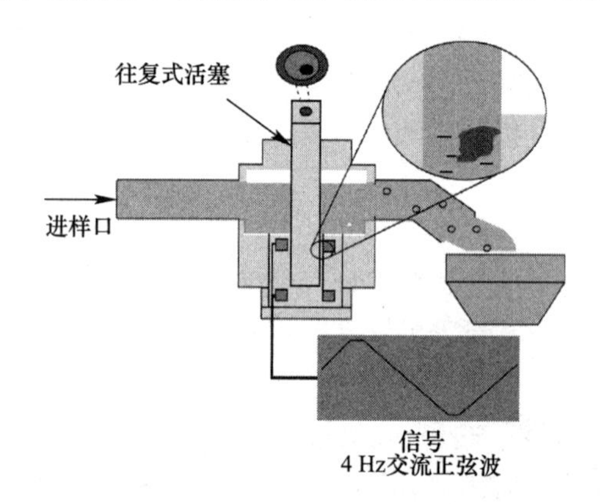

图22-6 流动电流监测反应器的示意图（由佐治亚诺克罗斯Chemtrac公司提供）

该传感器在有金属电极的塑料机身中有一个塑料往复活塞。当样品被放入测量室（即探针安放的位置），胶体颗粒就附着在测量探针上。当活塞推动水移动时，这些颗粒周围的离子受到水的剪力而分散。离子的运动会产生能够被探针中的电极检测出的电压。传感器跟踪离子的电荷和振幅从而将信号转换为能指示投加的混凝剂进料是否充足，不足或过量的有用信息。

传感器维护模块操作电磁阀的清洗，其连接在水厂自用清洁用水和饮用水线上。电磁阀在需要时冲洗仪器和进样管。每15min冲洗一次有助于防止碎片聚集而造成的堵塞。加入清洁剂、酸或碱至冲洗水从而防止沉淀或油脂聚集在电极上。在已知pH或电导率变化或污泥来自于多个来源的情况下，需在永久安装前进行流动电流仪监测器（SCM）的场地试验。

4. 氮

大多数污水处理厂必须遵守许可限制，一般为氨氮（NH_3-N）方面的限制。氨是一种气体，但是当它溶解于污水中与水合离子、铵（NH_4）存在一个平衡。

溶解氨和铵之间的关系取决于 pH。当 pH 增大时，平衡向生成溶解氨方向移动。当 pH>11，所有的铵转化为溶解氨。但是，在正常情况下，几乎所有的溶解氨会从溶液中逸出，只留下铵离子。在污水处理厂中，铵浓度是至关重要的。

制造商会采用不同的测量原理来进行氨或铵的测定。如离子选择电极（ISE）仪器测量的是铵，而气敏电极（GSE）仪器实际测量的是氨气（升高水样的 pH 从而将所有的铵转化为氨）。为了避免混淆，最好的方法是以氨氮（NH_3-N 或 NH_4-N）的形式表示。一般在处理工艺中监测氨，例如污水处理厂进水、曝气池、污水厂出水和脱水污泥上清液中。

在线测量氨的仪器主要采用 3 种方法：离子选择电极（ISE）法，气敏电极法（GSE）和比色法。铵离子选择电极（ISEs）的原理与 pH 电极相似，测量范围大而且反应时间短。但是，它们会受到干扰并只在有限的 pH 范围内工作。

气敏电极与标准铵离子选择电极（ISEs）相比，更具选择性而且常用于污水处理厂中。氨气敏电极是位于透气膜后的有效 pH 电极。将氢氧化钠加入水样中从而使 pH 增大超过 11，将铵转化为溶解氨。氨气能够通过气体敏感电极（GSE）膜并在 pH 电极附近的一个电极（通常为 NH_4Cl）重新溶解。氨气降低了电解液的 pH。然后分析仪将 pH 值变化转化为氨读数。

两种比色法用于测量氨：

（1）靛酚蓝法。

（2）氯胺-氟法。该法中，将次氯酸盐加入水样中，使氨转化为氯胺，再加入含有指示剂的第二试剂加入到样品中，并将得到的色彩显影通过比色计测定。

这种方法与气敏电极（GSE）类似。将氢氧化钠加入水样中从而使 pH 增大超过 11。继而氨气从样品中汽提出来并重新溶解于液体 pH 指示剂溶液。指示器的颜色变化通过比色计测量并转换为氨读数。一些仪器测量多个波长，并补偿由于样品中颗粒和样品颜色的变化所导致的光散射。

5. pH

在污水处理厂（WWTP）中，pH 传感器用于监测水厂情况，跟踪生物处理工艺状态，并为控制 pH 调节而添加酸或碱。监管法规要求污水处理厂的进水和出水的 pH 需测量和报告，特定的工业排放水也需要 pH 监测从而提供可能的有毒情况预警。尽管一些生物处理过程（例如活性污泥系统）可以接受 pH 值变化为 5～9，其他工艺则对 pH 比较敏感。如厌氧硝化过程要求 pH 介于 6.6～7.6；当 pH<6.2 时，工艺就会失败，因此必须监测厌氧硝化液的 pH。但是不推荐使用在线监测硝化池 pH，是因为污泥会不断阻塞传感器，推荐采用定期采样测定的方式。

在线 pH 监测仪在其他要求 pH 调整的工艺中会提供反馈。如中和低 pH 的工业废水，添加明矾提高磷的去除率，以及优化硝化和反硝化工艺时都有可能需要调整 pH。

图 22-7 是典型的 pH 传感器装置图。传感器的核心是一个玻璃膜，透过玻璃膜就会产生电势。当 pH 变化时，电势随之变化。这一电势和参比电极之间的电势差由电子信号调节器测出和放大。完整的电路包括玻璃电极丝，玻璃膜，工作流体，参比电极液和参比电极丝。

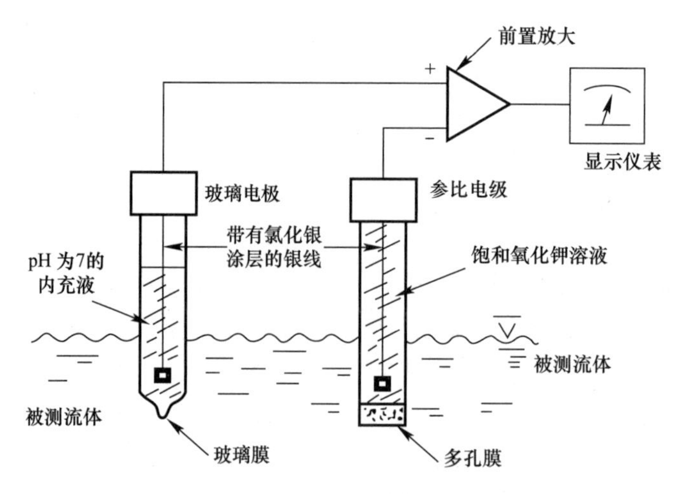

图 22-7　典型的 pH 传感器装置图（WEF，2006）

6. 磷和正磷酸盐

大多数国家污染物排放消除系统（NPDES）许可都强调了总磷方面的磷的限制。在线总磷监测器有但是价格相对昂贵且要求大量的维护工作。因此，正磷酸盐（PO_4）监测器更被广泛接受。一个分析仪测出 3mgPO_4 相当于测出大约 1mg 的磷；正磷酸盐分析仪测出 0.3mg/L 的 PO_4 相当于一个总磷分析仪测出 0.1mg/L 的磷。用正磷酸盐表示 PO_4-P 可以避免混淆。

在线正磷酸盐传感器是用来监测进水以达到污水处理厂投料前化学药剂控制和流量平衡、曝气池出水以保证磷的吸收足够、和最终污水处理厂出水以保证总磷的回收。正磷酸盐仪器也用于监测厌氧出水来确保足够的磷从聚磷微生物（PAOs）中释放出来。另外，这种传感器也可以用于监测和控制磷的释放，其通过控制混合液硝酸回流至厌氧区而释放磷。

所有的在线正磷酸盐仪器都采用比色法。一般用的两种比色法是钼钒酸盐法（也称为黄法）和抗坏血酸法（也成为蓝法或钼蓝法）。通常使用黄法是因为它的仪器和相关试剂相对简单。当检测限很低（PO_4-P 浓度低于 0.1mg/L）就会使用蓝法。

因为他们固有的复杂性（以及相应的费用）在线总磷分析仪一般只用于监测污水处理厂的最终出水。很多污水处理厂更倾向于使用正磷酸盐分析仪测值代替作为最终出水的参数。

在线总磷仪器首先将聚磷酸盐和有机磷化合物转化为正磷酸盐，然后他们测量正磷酸盐比色（一般用钼蓝比色法），这一转换步骤要求高压和高温，这就是为什么在线总磷仪器比较贵且维护频繁。

7. 气体检测仪/分析仪

气体探测器通常用于污水处理厂以监测大气中潜在危险气体，从而发出警报以警告水厂员工潜在的危险。一般气体探测器连接到一个可视报警灯和报警喇叭，或是两者都位于被监测区域。一般地，当大气中检测到预先设置的气体浓度，简单的探测器会输出一个警告。更精密的探测器/分析仪也会输送一个表征被测气体实际浓度的信号。大多数生产商建议定期校准或检查气体探测器/传感器以保证正常运行。下面讨论的是几种污水处理厂中常用的探测器。

(1) 可燃气体

在污水处理厂的大气中可以发现一些可燃气体，包括甲烷和汽油。甲烷是通过分解或消化废水污泥产生的，且在整个污水处理厂的多个区域都可能发生，尤其是在一些例如进水口和污泥脱水/处理位置处。甲烷比空气轻，所以监测器/感应器一般位于被测区域的高位点。汽油有时候存在于进入污水厂的废水中，对于在进水口的监测和一级处理区域可能会考虑这点。汽油比空气重，所以探测器/传感器一般位于靠近被测区域底层处。在甲烷和汽油都要监测的地方，需要在区域的低位和高位点有多个传感器。

电热扩散式传感器一般用于检测可燃气体；但是，这些传感器会被大气中的硫化氢气体污染或损坏。因此，预计到硫化氢浓度高时，建议使用一种利用红外感应技术的感应器，这种红外辐射（IR）传感器不受大气中的硫化氢的影响。这种传感器既可以是单点探测器，也可以是路径型探测器，其监测介于一对探测器和发射器之间的整个区域。

(2) 硫化氢

硫化氢气体可存在于大多数污水处理厂的空气中，尤其是在进水口处和污泥处理区域。即使是少量的硫化氢气体对人体都是有害的，尤其是长时间的暴露在该气体中。

传感器一般为这两种类型中一种：电化学式或金属氧化半导体式。由于传感器主要是用来保护人的，所以它们一般安装在平均人身高呼吸的高度，例如距地面 1～2m（4～6ft）。

(3) 缺氧

缺氧是在空气流通有限或不通风的区域的安全问题，例如泵站的低位处，设备室和检修孔。传感器一般是电化学式的，且当氧气浓度下降至比正常预期的环境浓度低 1%时，就会发出警报。

(4) 氯气

在氯气存储或使用的地方，气体探测器一般用来检测可能发生的泄露。氯气比空气重，探测器一般位于距地面 0.3～0.6m 处（1～2ft）。探测器一般设置在氯气存储和供给室以及运输氯气的位置或是压力管输送氯气的地点。氯探测器系统通常与氯存储罐上的一个安全阀系统相连，如果探测到气体泄漏则会自动断开。典型的一个做法是，在真空条件下运行氯气输送管道系统，一个喷射器或类似的装置必须产生足够的真空从而将氯气从一个靠近存储罐的真空调节器输送到使用点。这种方案大大降低了氯气泄漏的危险，这是因为管道的破裂就会导致真空损失，继而引起氯真空调节器切断供给。

一般的气体传感器是电化学式的。除了激活了报警灯和喇叭，报警条件可能还会引起氯供应阀关闭，启动或关闭通风系统，并可能启动氯洗涤器/中和系统。

8. 在线污泥检测

在线污泥分析仪有时用于监测污水处理厂处理工艺中携带污泥的流体。虽然有基于微波，核或超声波的技术可运用，但是很多仪器采用近红外技术。在线污泥分析仪是通过在污泥的特性和实际污泥浓度之间建立一个电气关联而工作的。这种相关性是在校准过程中建立的，需补偿污泥特征中的一些变化。但是，如果污泥特征变化显著，那么这种相关性也会变化较大，一般就需要重新校准了。例如，大多数基于光纤的仪器对颗粒尺寸大小分布和显著的颜色变化很敏感。其他仪器可能对气泡，导电率和沉积物聚集敏感。本节描述了近红外分析仪和微波分析仪。核和超声波式污泥分析仪已经应用于污水处理厂，但是应用很少，所以不对其讨论。

9. 近红外分析仪

光学悬浮污泥分析仪一般包括一个控制仪或与端口设备，该端口设备与安装在管道中或悬浮于处理池的感应头部相连。在污水处理厂中，已经有两种光学分析仪用于使用：

(1) 透射比式（2 个或 4 个交替光束）；

(2) 反射比式（单相或多相反向散射）。透射比分析仪适用浅色（棕色）和低浓缩污泥（通常回流活性污泥或剩余活性污泥）。透射率分析仪测量光的相对损失并将该信号转化为污泥浓度。四个光束的透射率的分析仪采用两个发射器和两个检测器，得出光路矩阵并生成一个数组。比较这些信号的比率，可以得出有效消除干扰、补偿结垢的影响，以及在严酷环境中测量的读数。

基于污泥的类型，反射率分析仪可以在更大的范围内准确测量并达到 5%的污泥浓度。多相反射型包括一个光源和 2 个设置在与光学轴分别相交 90 度和 140 度的探测器（图 22-8）

发射光被污泥颗粒所反射并被探测器所接收。探测器通过过滤装置降低周围光源的干扰从而补偿颜色变化。传感器清洁系统必须是光学污泥测量仪的不可分割的一部分。通过水或空气扫洗，超声波振荡和雨刷方法来保持光源和探测器窗户的洁净。仪器处理装置（发射器）使用探测器的多个输出信号来确定污泥浓度。

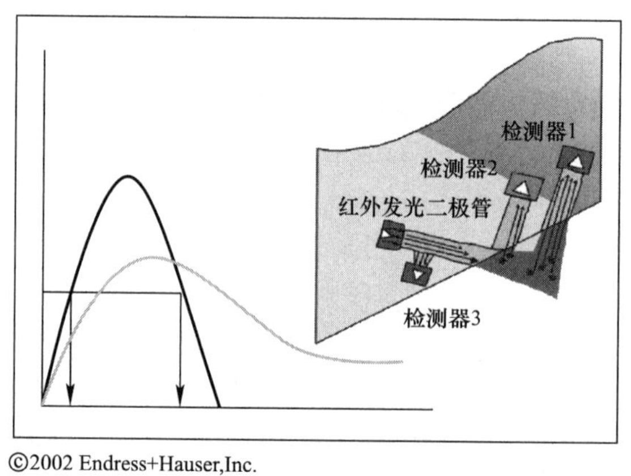

发射光
接收器2
机械清洗装置

图 22-8　反射光分析仪工作原理图

所有的光学仪器都对环境条件敏感，而随着时间推移可能干扰到输出。可能出现的问题包括带入空气的干扰，油脂或纤维聚集，水体或污泥颜色变化和污泥粒径变化。虽然大多数光学仪器都运用其内置软件补偿传感器头部结垢，污泥颜色或颗粒尺寸的变化，有一些制造商做得更好。遗憾的是，这些类的分析仪并不适用于黑色的流体（例如初沉污泥和消化污泥）。

10. 微波分析仪

在线微波分析仪一般由安装在污泥/污泥管道上的一个法兰短管组成。它们在微波穿过污泥时测出的相位差基础上测出总污泥量。它工作的原理是当微波穿过一种物质时，通过测出微波的相位滞后量而确定物理密度。相位差与密度相关，进行环境补偿后，相位差与总污泥浓度有直接关系。

在线微波分析仪是线性的且易于校准，它们通常很昂贵（20000 美元）。根据样品含固率结果，使用跨度、电导率、污泥密度斜率和截距的校正系数校准仪器。但是，即时没有正式的校准，在线微波分析仪工作表现良好，而且不会对上游和下游的连接设置过于敏感。颜色和颜色的变化不会影响读数。分析仪对电导率、电导率和温度的变化、夹带空气以及部分充满管这些因素敏感。为防止气体泡沫干扰测量，感测元件需始终充压。平载仪器可以补偿很多这些参数，但工程师在安装前就应该告知制造商工艺的特点。

11. 界面/污泥层分析仪

一个界面/污泥层（ISBL）分析仪（污泥检测器）能自动确定并报告澄清池和重力浓缩池的污泥层厚度。它可以代替手工取样器，更重要的是能减少人工读数的可变性。

超声波界面污泥分析仪（ISBL）与用于池或明渠中的液位传感器类似。在其他应用中，声波穿透空气介质并在液体表面反射。在澄清池中，声波穿透水介质并在污泥底层反射回去。

通常，传感电子仪器安装在待测的污泥底层，与其浸没的表面刚性连接或铰接。安装好装置并将其键入分析仪后，传感器表面至水池底部的深度立刻就被测量出来。这个距离与传感器至污泥层的回声距离之间的差值就是污泥层高度，这点类似于液位传感器。

界面/污泥层分析仪通常用来测量污泥悬浮层厚度，此外还可以用于绘制悬浮固体剖面，并在污泥层达到预定厚度时发出报警信号。界面/污泥分析仪的选择取决于用途和工厂的控制策略。

12. 振动

振动传感器用于监测泵、电机、压缩机、风机、离心机和其他旋转或往复式装置的工况。它们可以检测渐变性或突然发生的机械故障和异常工艺条件。

振动传感器一般由 2 个或 3 个主要的组件构成：一个变送器（传感器）、信号调节器、一台电脑和软件（如果有必要的话）。传感器安装在盒子表面或监测机器内，一般尽可能靠近预计的振动源。

三种振动传感器为：速度式、加速度式和位移式。它们输出的是正比于振动速度，加速度或位移值的振荡电压或电流信号。选择哪种传感器取决于监测设备的结构、运动部件的速度、待测的机械状态和该状态的振动特征。

第 23 章　土地利用与产品销售

23.1　引言

23.1.1　概述

土地利用这一污泥最终处置方式通过将污泥撒于土壤表面或与土壤混合而充分利用其土壤特质与肥效。几个世纪以来，许多国家都将其运用于实践中，人们利用生物固体中氮磷等营养物和有机物来种植粮食与蔬菜，以此提高土壤质量。

近年来，人们致力于研究土地利用如何去除污泥中潜在的有害成分（主要包括细菌、病毒和病原体；镉和铅等重金属；多氯联苯等有毒有机物和硝态氮等营养物质）而保护人类健康和环境。其中主要包括监管措施，自愿或强制性处理废水或污泥以提高其质量，如降低污染物水平，将良好的管理实践运用于土地利用位场地（缓冲带、坡度限制段）。

生物固体是可满足土地利用的各项法规要求的来源于污水处理后的污泥（40 CFR 503，Standards for the Use and Disposal of Sewage Sludge；U. S. EPA，1993）。有效利用污泥的方法正在陆续开发，其中包括通过焚烧污泥进行热量与能量的回收。可见，污泥作为一种可再生资源是具有利用前景的。本章并不涉及其他的污泥利用方法。

在美国，土地利用是污泥有效利用的一种主要方式。新英格兰剩余污泥协会最近的一项研究（2007）表明，2004 年全国范围内产生的 55％的污泥“用于农业、造林、土地复垦或者因这些目的而被储存起来”。此外，74％的污泥施于土壤中用于农业。

本章主要讲述污泥土地利用和污泥市场/销售的相关信息，精编与更新了美国环境保护署（U. S. EPA’s）过程设计手册中城市污水与污泥土地利用（1995）这一部分内容。此外，还参考了美国环境保护局其他的相关文件，包括：

（1）环境法规与技术：污泥中病原体与病媒的控制（1992）；

（2）污泥处理与利用标准，40 CFR Part 503（1993）；

（3）环境保护局污泥处理简章（1994a）。

此外，内容经由国家污泥协会（NPB）提出的文件——NPB 是美国环境保护局、美国水环境联合会和国家清洁水协会间合作的一个学会——旨在为污泥土地利用的开发与实施提供支持与指导。《国家污泥利用实践手册》（NPB，2005）是主要的参考书。上述手册与本手册的第 3 章都强调，公众宣传是土地利用项目成功的关键点。

23.1.2　相关法规

《美国污泥处理与利用标准》（40 CFR 503，详见第 2 章附录 A）对污泥土地里利用提出了相关的要求，也允许各地建立更严格的相关法规。许多州与地方政府对于 503 规定范围以外的污泥利用均有限制，包括以下几点：

(1) 要求列计划详细说明何处、如何进行污泥利用；

(2) 要求提供特定地点土地利用的许可证，在国家层面上，如要进行土地利用，可能需要提供满足国家环境保护法（SEPA）相关要求的许可；

(3) 更严格的污染物限制要求，补救措施及相关的其他措施。

许多州对于土地利用也会要求建立养分管理计划（NMPs），这些要求差别很大，比如一些州将重点设在氮的管理上，而另一些州则集中关注磷的处理。由于各个州与地方的管理方式千差万别，因此，确定相应的管理要求就至关重要。

23.1.3 营养成分管理规划

正如上节中所提到，氮的农用施用量需按 CFR503 法规要求进行（氮素的施用量计算将在本章后续部分中提及）。下文将侧重于介绍近年来对磷素的管理。

磷的管理方法在全国不尽相同，部分州根据国家污染物排放淘汰制度（NPDES）指出，污泥施用量不能超过磷素农用率。其他州（如堪萨斯州）则要求，当土壤磷浓度达到指定阈值（通常是 150～200ppm）时，需要咨询作物顾问或其他农业专家。但许多州已渐渐转向利用磷指数法对土地利用场地磷负荷进行管理。

磷指数法是一种基于风险管理的方法，在评估给定土地利用场地磷素潜在的向外扩散运动时，该方法考虑了磷的转移与源因素。自然资源保护部门（NRCS）已对不同的区域建立了相应的磷指数方法。土地管理者可利用该方法评估私人场地磷素的扩散迁移，但该方法并未涉及符合水质要求的相关设计。磷指数法一般会根据转移与源因素产生一个场地评级，根据场地的评级指出磷迁移的潜在可能性（分为低等、中等、高等、非常高等四类）。过程中涉及的转移与源因素详见表 23-1。

相比基于氮负荷的土地利用面积，农用磷负荷限制的土地利用高出 2～3 倍。因为在磷限制水域，将会有大量的磷素以储存在污泥或植物（以污泥作为土地利用进行种植）中的形式存在。污水处理厂除磷效果很大程度上受限于磷农用投加速率。

典型磷指数法的转移与源因素 **表 23-1**

转移因素	源因素
地下排水	土壤测试磷浓度
水土流失（表层、水流和风侵蚀）	复合磷肥施用方法
径流类	复合磷肥施用量
灌溉侵蚀	有机磷源施用量
洪水发生率	有机磷施用方法
到地表水的距离或者缓冲区的宽度	

一些州指出，磷管理应该将所有相关要求整合到一个更全面的营养物管理计划（NMP）中。该管理计划规定了土地利用场所营养源的投配速率，时间和放置要求（包括氮和磷）。在许多州，自然资源保护部门的政策与标准决定了 NMP 要求。NRCS190 章通用手册 402 部分为州自然保护者建立了一个用于成立自己实践标准（包括 NMP 相关内容）的框架。

若上述管理计划依照自然资源保护部门执行，将在自然资源保护部门的《保护实践标准：养分管理（代码 590）》（2006）中详细叙述。各州负责补充 402 部分的要求以满足当地的 590 标准。各州在个人现场办公技术指南手册（FOTG）中都包括了 590 要求，FOTG 有电子形式，即 eFOTG。各州的 eFODG 相关文件可通过该网站 http://efotg.sc.egov.usda.gov//efotg_locator.aspx 查询

23.2　土地利用与产品销售

污泥的土地利用一般是在农田上的应用，但我们可以探索将污泥运用于造林、开垦方面及销售上的实践。本章将概述这方面的实践应用。

23.2.1　农业土地应用

几乎每州都存在将污泥运用于农业土地的情况。数以百计的大小社区，都成功开展了污泥农田利用的项目。

农业土地污泥施用量必须不大于作物需求量，503 部分将有机施用量定义为庄稼与蔬菜所需的氮素施用量，由此，便可将污泥中的氮经由植株根系流入地下水的损失降到最低。场地可利用氮含量根据作物需求确定，农民也会将这部分氮作为化肥施于农田。在施肥时限制氮的量，对地下水的影响相比于利用化肥或有机肥将会小很多。由于农业施用量的要求，地下水对作物的影响也会减小。值得注意的是，一些州除了对氮含量进行限制以外还建立了磷含量的管理要求。

本章的 23.5 节详细介绍了农业土地氮和磷施用量的计算。

23.2.2　林地应用

除了大平原和西南地区，美国大部分地区林地都很丰富并且分布广泛，许多污水处理厂都位于森林附近。事实上，据估计，在标准的都市圈以内，接近 1/3 的土地被森林覆盖。虽然用于土地利用的污泥中只有 1%用于森林，但是，将污泥混于森林土壤中这一利用方式可能将成为一种极为重要的利用方式。在实验范围已经在超过 10 个州的地区进行了污泥应用于林地的试验。其中范围最大的试验是在太平洋西北地区。

适用于污泥土地利用的林地有三类：在种植前清理过的林地，新地（3～10 年种植龄）和森林。林地的可用性和每种类型的应用注意点决定了用于土地利用的最佳林地类型。《过程设计手册》（U.S. EPA，1995）中“城市污水和污泥的土地利用”这一章内容详细介绍了污泥林地利用的方法。

23.2.3　污泥用于土地复垦

煤矿的露天开采，矿产的勘探，矿区废弃地产生的矿渣和采矿作业的尾矿的产生已经使土地遭到（1.5mil. hac3. Tmil. ac）了严重破坏。这些被急剧破坏或者边缘化的土地的性质会因地方不同而有很大区别。

污泥可以使贫瘠的土地增产或者提供植被以控制水土流失。土地复垦需要相对大量的污泥（7～450Mg/hm^2 或 3～200t/ac）来提供充足的有机物和支撑植被的营养物直到生态系统可以自我维持。此类场地一般需要污泥量大并且是一次性的，故若获得权威专家的认

可，503法规允许复垦地中污泥利用量可以超出氮农艺施用量。如果有必要，可以将表层水或地下水质检测作为污泥利用的一个制约条件。

由于复垦土地中污泥仅利用一次，因此在污泥受损土地中的持续使用项目需要一系列的额外场地以维持整个项目周期。这个目标的完成有赖于土地所有人或者活跃于这一代的矿业公司的合理安排或一系列的有计划的对受损土地的恢复工作。一旦某一场地可以复垦，污泥就可以按照该场地可能形成的类型（如农业用地，林地或者公共用地）进行应用。例如，按照农艺施用量施加污泥，复垦地便可用于作物生产。正如污泥林地利用一样，将污泥运用于土地开垦时，也需要参考《过程设计手册》（U.S.EPA，1995）中“城市污水和污泥的土地利用”这一章内容。

23.2.4　污泥产品供应

正如NEBRA（2007）所述，在美国，近22%有效利用的污泥产品被分为A类EQ（高品质）级产物。A类“增值”产物，如堆肥和热干化的产物，一般以袋装或散装的形式出售或分发。

农场主或草场经理常将6～13mm（0.25～0.5ft）厚的堆肥洒在草皮上作为追肥。堆肥在降解过程中为土壤提供营养物质与有机物。堆肥也可以直接混于花坛中以提高土壤肥沃度或者与其他物质（如沙子）混合进行追肥或形成人工土壤。

和堆肥一样，热干化产物也可作为单独的产物或者和其他物质混合。一般热干产物含有更高的养分，它通常被用作肥料（而堆肥则常用作土壤调理剂）。热干产物单独使用或者通过肥料搅拌机与其他营养物质混合，可以利用常规肥料撒布于草地上或农业用地上。

此类或者其他A类产物供应的注意事项将在23.6部分详细介绍。

23.3　污泥特性

在设计和规划污泥利用与供应时，首要的工作是确定污泥在这方面的适用性，评估的关键一步是确定污泥的特性。

本节介绍了可以土地利用或供应污泥的性质（其他与产品营销相关的重要数据将在23.6节中介绍）。为了便于说明，我们先确定已提供的信息。虽然数据有利于初步规划和设计，但由于污泥特性的显著性，实际用于土地利用或产品销售的污泥的分析更为重要。

23.3.1　污泥施用量

土地利用的污泥会影响场地评估和一些重要参数的设计，如场地大小、运输设备尺寸、储存设备和资金花费等。污泥施用量也会影响污泥实际利用的土地选择（如在农地、林地、开垦地和公共场地的应用）、施用量和操作时间表。

污泥量可以通过由两种方式确定：湿污泥的体积（包括水和固体量）和干污泥重量。污泥体积用升、立方米或者加仑计量；干污泥量一般用称重，以干重为兆克或者吨（美式计量单位，为2000磅）计。由于污泥中的水分含量大且差异也很大，因此一般用污泥含固率来比较不同含水率的污泥。

23.3.2　物理性质

污泥物理结构和粒径因处理过程不同而不同。热干化污泥形态有粒状、不规则形状或者球形，在尺寸上接近小球。堆肥污泥结构类似于泥炭，但是常常在处理过程中带进一些纤维状物质。根据水分含量或者其他因素，碱性稳定物质可能表现出黏性的或者类似泥土的性状。消化污泥可以液态形式或者作为黏性脱水材料应用于土地中。表 23-2 展示了这些物质典型的物理性质。

典型的污泥性质（Lue-Hingetal.，1998；Logan，personalcommunication）　　表 23-2

性质	A 类碱稳定污泥	堆肥	消化污泥液	消化泥饼	热干污泥
总含固量（%）	30～65	58	4	22	95
挥发性固体含量（占总含固量的百分比）	12～20	60	61	60	67
堆积密度（kg/m^3）（lb/ft^3）	1040～1200 （65～75）12～20	720 （45）	960 （60）	880 （55）	530～740 （33～46）
有机物含量（%）	—	50～75	60～75	60～75	78
pH	12～12.5	—	—	—	6.4～8.0

23.3.3　化学性质

长久以来，谈到化学性质，人们首先关注的是金属元素和营养成分的化学性质。随着制药成分和其他成分的出现，人们的关注点也不断增加。本节主要讲解污泥的化学性质，同时也简单介绍化学方面的新兴关注点。

1. 营养成分

污泥含有不同浓度的大量营养素和微量营养素。表 23-3 总结了不同类型的污泥中的主要营养成分（氮、磷和钾）的含量（以干重百分比）

污泥主要营养物含量　　表 23-3

营养物含量（以“%”干重计）	A 类碱稳定污泥	堆肥	消化污泥液	消化泥饼	热干化污泥
氮	1.0	2.8	5.3	4.1	6.0
总磷	0.4	1.7	2.2	2.2	3.1
钾	0.3	0.3	0.3	0.2	0.3

如表 23-3 所示，污泥中总氮含量最小值出现在 A 类碱稳定污泥中，占污泥干重的 1.0%，最大为热干化污泥，占干重的 6.0%。活性污泥中主要为有机氮，以蛋白质的形式存在，消化污泥中总氮量的 1/3 为氨（NH_3）。污泥中含有极少量的硝态氮（NO_3）。

污泥中磷含量一般在 0.9%～3.1%，污泥中的磷包括有机磷和各种形式的无机磷。一些污水处理厂利用铁盐或者铝盐来去除磷使污泥中含有铁和铝的磷酸盐，而利用石灰脱水或消毒的污泥中则会含有磷酸钙。铁、铝和钙的磷酸盐溶解度相对不大，会影响污泥重复利用时土壤中可利用磷元素的积累。

美国部分州利用水溶性磷的量确定磷的可应用性，并将其纳入磷指数范围。由于人们对可溶性磷的关注，该参数被列入美国环境保护局《污泥：国家污水调查目标》（2009）一书中。该书表明，可溶性磷在总磷中的比例占 0.07%～34%。

污泥含有少量的钾，一般占污泥干重的0.1%～0.3%，而这并不能作为农作物钾的主要来源。污泥中大部分的钾以溶解态形式存在。污泥中也包含不同浓度的其他大量和微量营养成分，包括钙、镁、硫、铁、锰和铜、钼、硒、锌等常规元素，及一些植物生长需要的镍。植物根据这些营养元素在污泥中的化学形态进行利用。我们已知，污泥中铜和锌等元素以生物污泥中有机质的形式存在，大部分硫以蛋白质形式存在。另一方面，铁和锰以相对不溶性氧化物形式存在。

2. 金属

503法规颁布后，一些污水处理厂的污泥中至少有一种元素含量难以达到这一最严格的污染物限制要求（40 CRF 503.13，表3）（U.S. EPA，1993）。但是，这些污泥并未超出有关浓度要求的上限，因此仍可进行土地利用，只是在给定场地施用时需要注意累计负荷的限制。到20世纪90年代末，城市污水处理厂的工业废水预处理过程可以使污染物的浓度在"表3"限值以内。表23-4根据产物类型总结了污泥中金属的平均浓度。

3. 其他成分

污泥中含有很多有机与无机的化学成分，部分作为有用化学品从收集系统中提取出来并经处理后在污泥中得到浓缩。这些化学成分包括洗涤剂中的表面活性剂和调节剂以及极低含量的药物，如避孕药。污泥中还含有一些诸如二氧化硅和铝硅酸盐类自然类物质，它们以沉降物的形式进入水体并粘附在下水道中。

这类化学物质的浓度数据的主要来源是美国环境保护局编写的《污泥：国家污水调查目标》（2009）一书。

污泥中金属平均浓度（mg/kg（干重））（Lue-Hing et al.，1998）　　**表23-4**

金属	A类碱稳定污泥	堆肥	污泥消化液	消化污泥泥饼	热干化污泥	40CFR 503 表3限定值
污水处理厂样品量	7	10	48	117	5	NA
砷	5.79	5.39	7.78	13.86	5.58	41
钙	3.07	4.64	4.90	7.03	8.94	39
铬	50.3	72.7	62.0	119.4	152.6	NA
铜	176	317	448	559	472	1500
铅	62.0	80.4	74.8	128.6	93.3	300
汞	0.73	1.94	2.60	2.01	1.60	17
鉬	8.20	13.8	11.0	15.3	17.9	75
镍	38.8	26.5	33.5	69.3	35.0	420
硒	2.43	3.73	5.86	6.06	8.32	100
锌	878	878	807	886	906	2800

23.3.4　生物特性

污泥中病原体的浓度随处理程度的不同而有所不同。初沉污泥含有较高浓度的病原菌。按照40 CER 503部分中A类处理标准，可以将污泥中病原体浓度降到检测范围以下。寄生虫类特殊病原菌的浓度由水域和地理气候条件的不同而有所不同。表23-5总结了稳定污泥中指示性病原菌的研究结果。

典型的生物指示菌的含量（Lue-Hing et. al.，1988）　　表 23-5

病原菌	A 类碱稳定污泥	A 类堆肥	A 类热干化污泥	40 CFR 503 A 类标准
废水处理厂中样品数量	5	4	5	NA
粪大肠菌群（MPN/g，平均值）	3	76	6	<1000
粪大肠菌群（MPN/g，中间位）	1	506	8	NA
沙门氏菌（MPN/4g，平均值）	2	2	0	<3
沙门氏菌（MPN/4g，中间值）	2	2	0	NA
病原菌	B 类稳定污泥	B 类堆肥	B 类热干化污泥	40 CFR 503 B 类标准
废水处理厂中样品数量	55	26	41	NA
粪大肠菌群（MPN/g，平均值）	60	104600	6521	<2000000
粪大肠菌群（MPN/g，中间值）	9600	472600	16071	NA
沙门氏菌（MPN/4g，平均值）	2070	NA	NA	NA
沙门氏菌（MPN/4g，中间值）	4000	NA	NA	NA

23.4　场地评估与选择过程

污泥土地利用项目的规划过程，始于污泥特性基础资料的收集和评价。施用量的计算结合污泥的特性，能适用于 23.2 节讨论过的联邦、州和当地污泥初始适用性评估的法律法规，公众理解和接受这样的项目和土地利用方式。

应考虑和评估转移模型和气候条件，再提出项目的合理性。

准确的界定、评估和最后土地利用地点的选定可以避免未来的环境问题，减少监察影响、减少整个项目成本、缓和或减少负面的公众反映，以前的选址不当和不合要求的松垮的管理已经引起了环境问题和公众的抵制。

图 23-1 概括了确定最佳的污泥土地利用和污泥土地利用的最佳地点的 6 个步骤。

后文将对这些步骤做进一步的讨论。

23.4.1　初步规划

如图 23-1 所示，选址的第一步就是初步规划，主要的因素包括法律评价、公众参与、土地的利用需求和污泥的运输。以下将进一步阐述每一个过程。

1. 法规和监管的框架

在初步规划过程中，所有的联邦、州、县和市的监管和指导条例都需要注意。根据当地的程序，由州和当地监管部门发放许可。必须考虑濒危植物的保护。图 23-2 所示的机构在污泥土地利用上有管辖权。在 503 规则下联邦的规定在这本手册的第 2 章深入讨论过。

另外的联邦条例也将运用于在湿地条件下污泥的利用：

（1）清洁水法，401、402、404 部分；

（2）1899 河流和港口法；

（3）行政命令 11990，湿地保护；

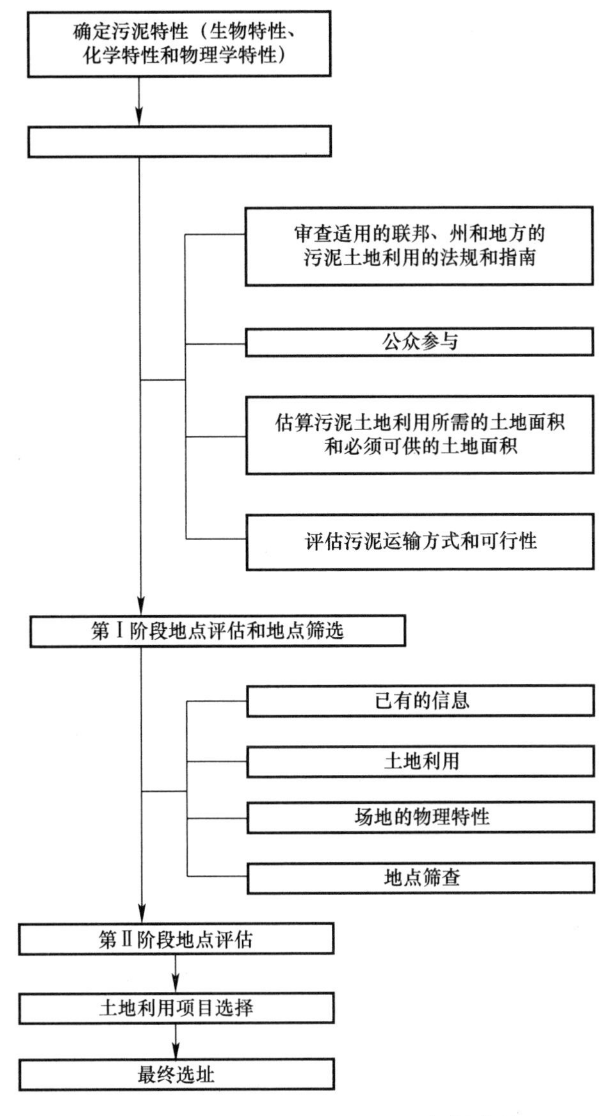

图 23-1　简明污泥土地选用选址规划步骤

（4）国家环境政策法；

（5）候鸟保护法；

（6）渔业和野生动物协调法；

（7）海岸区域保护法；

（8）野生的和风景河流法；

（9）国家历史文物保护法。

已发布的信息能有效地用于评估，包括美国地理测量地形图、国家湿地目录图、自然资源储备土壤图和当地的湿地目录图。美国军队的区域官员能提供湿地地图，用于说明是否全部或者有一些潜在或者实际存在的土地利用于湿地中。州机构监管在湿地中的活动，应该检查这个区域中所存在的问题。湿地的定义和对于湿地的监管要求在各州或许不同。

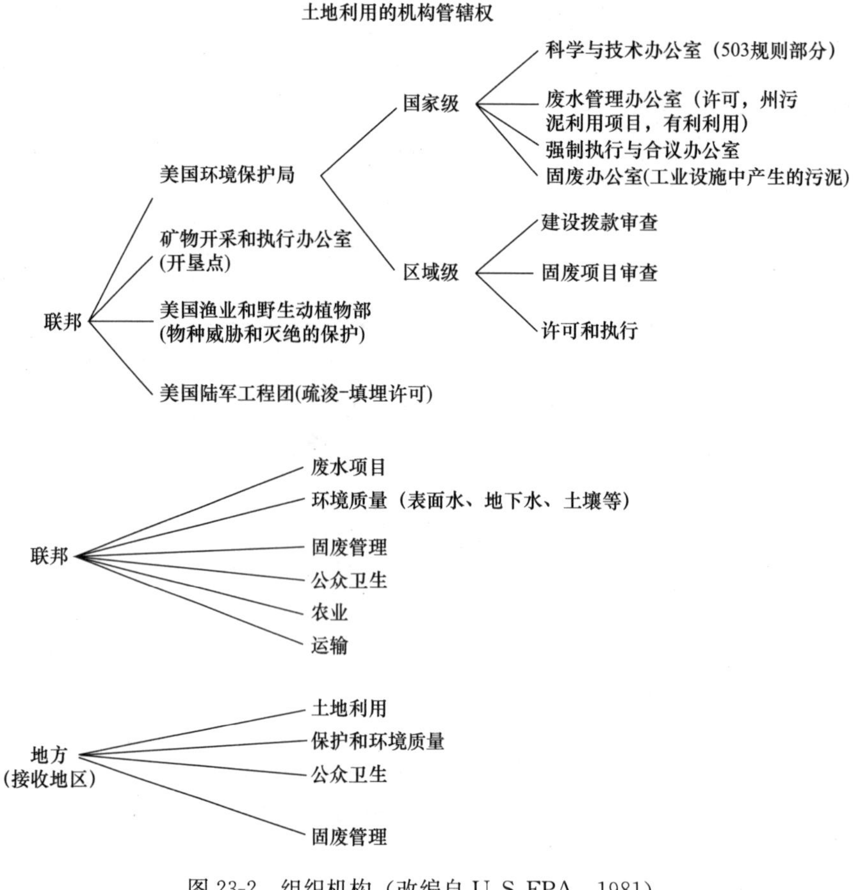

图 23-2　组织机构（改编自 U. S. EPA，1981）

2. 公众参与

在计划土地利用项目的早期阶段，公众参与是非常重要的。当公众的意见很可能改变最终的计划时，大多数的意见应加入计划过程的开始阶段。较早的加入有助于决定公众的容忍度和项目政策的可接受性。在这个阶段，公众起着建设性的而非被动反应的角色。在决定方案时，公众的兴趣和加入主要是在地点选择最直言不讳和有组织的抗议。因此，公众参与项目的推动应该在这一时期，应特别注重例如公众会议、研讨会和电台谈话等方式的双边交流。这本手册的第三章提供了一个关于怎样设计和实施土地利用项目中公众参与的办法。污泥实践的国家手册为这个问题提供了很好的指导作用（NBP，2005）。

3. 初始土地面积需求

对于污泥农业土地利用中土地面积需求的精确估计，是建立在 23.5 节中设计计算基础之上的。对于初始计划，一个粗略的土地利用面积的估计可从表 23-6 中查得（不同的实践也许不需要重复的年度申请）。

例如一个需要应用 1100t 干污泥的工程，一般的年均施用量可以根据表 23-6 进行大致的估计。此情况下，农业应用的土地需求量为 90hm^2，包括额外的场地需求，如缓冲区、污泥储藏地和其他用途的用地。将 1100t 污泥用于一次性土地开垦，按表 23-6 要求预计一般需要 9hm^2 土地。

4. 初步评估不同土地类型的污泥利用

运输是土地利用项目的重要成本，需要进行全面的分析。污泥可以用卡车、管道或者铁路运输。在某种情况下也可结合使用两种运输方式（例如，管道-卡车运输），污泥的运输方式是由土地类型的选择，污泥中的固体和体积，目的地数目和距离决定。本书的第19章提供了关于运输评估和设计的更多内容。

初步估算不同类型土地的生物固体需求量（干重）　　表 23-6

土地类型	适用期限	文献报道的应用数据		典型数据	
		Mg/ha	t/ac	Mg/ha	t/ac
农业用地	每年或每年2次	2～70	1～30	10	5
林业用地	每年1次或3～5年1次	10～220	4～100	18	8
开垦地	仅限1次	7～450	3～200	112	50

23.4.2 第一阶段　选址评价和场地筛选

第一阶段的场地评价，使用在初步规划期间获得的信息来确定土地利用场地。可利用现存的资料来识别多个地点土地利用，考量在污泥转运至的区域土地的利用和物理特性。因为物理、环境、社会和政策因素以及场地鉴别给第二阶段的评价提供的更多信息，场地筛选可以允许剔除不适合的地点。

1. 现存的信息资源

包括土地信息、农作物的类型和一些相关的关于地理搜寻区域数据的信息资源：

（1）美国地理统计；

（2）美国农业部-自然资源储备研究，美国林业局和政府合作研究，培养和推广服务；

（3）美国环境保护局；

（4）美国陆军工程兵团；

（5）私人摄影测绘公司；

（6）州农业采矿和地址机构；

（7）州水务局；

（8）州立大学和当地大学；

（9）当地规划和卫生部门；

（10）当地水资源保护区域；

（11）地下水的使用（市政当局，水务公司和个体）；

（12）州政府授予土地的大学和水资源保护中心。

2. 土地利用和可用性

选址和污泥处理项目是否被接受，现有的或规划中的土地有重要的影响。当前和未来土地使用中，评价土地面积能否满足需求或者土地利用的可行性是有必要的。另外一些重要的考虑包括区域合规性、美学、可利用性和场地许可。

3. 场地的物理特性

相关区域的地点物理特性

（1）地貌；

（2）土壤渗透性，过滤和排水模式；

（3）地下水的深度；

（4）与地表水的距离。

规划和项目人员应该考察联邦和州的相关法律和关于场地物理特性限制的指导原则。以下总结了污泥利用是否合理的物理特性：

（1）周边靠近池塘、湖、河流和溪流的区域和没有适当缓冲的区域；

（2）未经许可的沼泽和湿地；

（3）陡峭的区域；

（4）不适合的地质（石灰岩，基岩裂隙，没有覆盖足够土壤的区域）；

（5）不适合的土壤条件（多岩的，浅层）；

（6）历史遗址或者考古区域；

（7）另外一些环境敏感区域，例如洪泛区或者间歇河流，池塘或者 503 规则具体包括的区域。

这一部分主要注重从已经存在的地理和土壤测绘图获得的信息，来明确需要深入调研的地点。附加信息关于土地利用中场地物理特性的影响可参考美国环境保护局的工艺设计手册：污泥和化肥池垃圾的土地利用（1995）和污泥良好实施的国家手册（National Biosolids Partnership，2005）

4. 场地筛查

场地筛查是评价过程第一阶段的组成部分。首先确定土地面积、运输的距离、地形、水文、土壤和另外一些地点筛查的标准有助于全力以赴收集相关资料。当明确了预选的地点，所有权也应该确定。通常市政厅、县法院，或者房地产经纪人会有社区或者片区的地图，标明现在所有者、物权的界限。上述的信息大部分可以通过查询县税务局网站或者其他网站获得。县记录和产权保险公司也是关于财产所有权、土地大小和相关信息的来源。在没有准备的情况下，过早的与土地拥有者接触可能产生不必要的负面影响，这是相当难改变的。应该准备公开信息计划和并确保当地政策支持。

最初联系时，应通过个人会面的形式与所有者/现场经理提出项目。首次联系不推荐通过电话的方式，以避免在土地利用项目利益上产生错误的理解，和所有者联系的个人应该具备在项目利益和约束方面的经验和知识。

理想状态下，场地第一阶段的评估和筛选过程中需要确定下来 2～3 个用于第二阶段场地评估的场地。相关内容将在下文介绍。

23.4.3　第二阶段　场地评估：现场调查

第二阶段的场地评估步骤，涉及一个或者多个地点的实地调查，以确定在第一阶段场地评估和筛查过程中土壤调查和另外的测绘信息是否正确，同时为场地土地利用方式的最终选择和最终场址的选择提供更多的详细信息。第二阶段研究的主要因素包括：

（1）初步实地调查；

（2）详细现场调查的程序；

（3）不同土地利用方式下的场地评价的特殊注意事项：农业、林地开垦地和公共区域。

以下的表单提供了一个场地具体需求信息的总结：

（1）财产所有权。
（2）场地的物理面积。
（3）全部的边界。
（4）在地形约束、缓冲区域和另外一些限制区域的污泥土地利用的可利用面积。
（5）当前的土地使用情况。
（6）未来的土地使用计划。
（7）如果要种植农作物：
① 农作物的种类；
② 主要产量；
③ 肥料利用的方法和数量；
④ 土壤耕作的方法；
⑤ 灌水措施（如果需要）；
⑥ 农作物的最终用途（动物/人类的消耗，非食物链，等等）；
⑦ 车辆通道。
（8）如果是林地：
① 树的年龄；
② 树的种类；
③ 商业和娱乐运营；
④ 当前的肥料利用；
⑤ 灌溉方式；
⑥ 场地车辆通道。
（9）如果是填筑点：
① 现有植物；
② 历史原因造成的破坏（例如，露天采矿，矿渣的倾倒，等等）；
③ 之前的土壤修复尝试（如果需要）；
④ 地形修改的需要；
⑤ 地面和地下水的条件和特性包括位置和长度，地表河流的位置（瞬时的和永久的），洪水和排水问题的历史，地下水位的季节性浮动，地下水的质量和使用者。

在待选地点在第一阶段中测绘研究确定后，开始现场测试。驾车或步行通过候选区域，将会被检查或者被要求提供附加信息，如图 23-3 中现场测试表所示。

23.4.4　土地利用的选择

当最合理的土地利用项目确定以后（例如，农业土地利用、林地、土壤修复、公共区域或者草坪和花园），应首先进行场地生命周期和成本的评估，实施过程中也应评估对社会和环境潜在的影响。对比这些数据可以显示出最符合城市污水处理厂和当地条件的土地利用计划。考虑计划实施过程中的节约成本，设施也要考虑要适应多种土地利用（例如，农业和林地）。

每一个土地利用点相关的设计特点清单，对于整合信息和提供节约成本的基线数据是相当有帮助的。

A.财产位置 ______________　　财产所有者 ______________

B.地面地形

简介（陡峭，平缓等）______________

坡度估算 ______________

排水模式 ______________

-开放/封闭

-排水等级* ______________

-暗渠 ______________

C.地表水到土地利用所在地边界 ______________

水源井 ______________

D.场地尺寸面积估计 ______________

自然边界 ______________

围栏 ______________

E.邻近的道路类型 ______________

其他 ______________

F.现有植被/作物和常用的轮作作物

就地的 ______________

邻近资产 ______________

G.土质 ______________

可变性 ______________

图 23-3　用于现场调研的样品的初步形式

* 请参阅土壤保持的排水分级

每个项目都将会在数量和质量因素的基础上进行对比和评估：

（1）预计成本；

（2）可靠性；

（3）灵活性；

（4）土地面积的需求和可用性；

（5）土地运用的影响；

（6）公众的接受程度；

（7）法律法规的要求（联邦、州和地方）。

对于每一个土地利用项目在质量上的对比，要根据项目设计者和计划者的实际经验和判断。与节约成本相比，这是相对困难的，因为每一个影响的程度是模糊的，并且容易受不同观念的影响。

设计特性清单/待选土地利用比较范例　　**表 23-7**

内容	备选项目或项目组合		
	农业	林业	开垦地
1. 从污水处理厂到候选地点的运输时间和距离			
2. 从仓储设施到候选地点的运输时间和距离			
3. 从最近的开发区和邻近处理厂到候选地点的距离			
4. 污泥改良要求（即脱水）			
5. 污泥运输模式			
6. 土地面积要求			
7. 场地准备/建设需求			
清理和平整场地			
进场道路（场内和场外）			
建筑（即设备存贮）			
围墙			
污泥存贮和转运设施			
场内排水控制设施			
场外分流设施			
场内排水存贮			
雨洪控制设施			
地下水污染控制设施（如暗管排水系统）			
污泥改良要求（如投加石灰等）			
8. 设备要求			
污泥运输工具			
挖掘机			
泵			
履带式拖拉机			
淹没式进泥单元			
耕地拖拉机			
生物固体运输车量			
精心维护的储罐或卡车			
道路清扫车			

续表

内容	备选项目或项目组合		
	农业	林业	开垦地
灌溉设备			
附属装置			
9. 监测要求			
土壤			
污泥分析			
10. 操作要求			
人员			
管理			
能源			
维修			

23.4.5 最终选址

最终选址通常是一个简单的决定，这只是在存在最佳地点的前提下，通常适用于小的区域。然而，选址过程相当复杂，涉及很多备选地点和污泥的利用和降解因素，需要一个有权重的评分系统，在设计时需要考虑以下几个方面：

（1）具体土地利用时，污泥的数量和质量兼容性的选择；

（2）公众对于处理方法和选定场址的认同；

（3）设计周期的长短取决于假设利用率；土地可用性（容量）；预计的重金属负荷率（若达到 503 法规中污染物累计负荷率）；土壤性质。

初始相关成本的评估应该作为场地选择的一部分，这对于场地之间的对比和土地利用实施相当必要。考虑到运输的成本，污泥土地利用与城市污水处理厂之间的距离在项目决策中相当重要。此外，污泥脱水装置的成本也应评估，考虑到通过减少总负荷或者短途运输而节省燃料。为了进一步便于对比，所有的成本将会表示成单位干污泥的重量需要多少资金。投资费用应该以整个场地的周期来进行评估，然而运行费用应该每年进行评估，在表 23-7 总结了最重要的成本因素。这些评估应该基于经验和工程判断。

第一阶段和第二阶段的评价过程应该来自于 2 个或者多个已经选为合适土地利用实施地点的详细信息，这些信息结合了初始成本分析，也作为提供选择最节约成本的一个或多个地点的基础。

23.4.6 土壤修复的特殊考虑

土壤修复涉及被废弃的矿区，地下水分布特点和水质的调查通常相当必要，地点的具体调查包括：

（1）地下水的深度随着季节的变化；

（2）现有的地下水的质量；

（3）现在和将来地下水的利用；

（4）含水区的存在；

（5）地下水流的分布。

23.5 污泥农业土地利用场地的工艺设计

农业土地利用是最常用的一类污泥利用方式。

本章节详细介绍了污泥的土地利用，其中重点介绍作物用地的污泥利用，如玉米、大豆、小型谷物、棉花、高粱和饲料。设计范例列于本章节末，在设计时我们先做出下列假设：(1) 污泥利用的土地的选择；(2) 完整的初步计划；(3) 提前选择将污泥转移至应用场地的交通运输方式。

我们需要具备关于种植作物的种类、预期产量水平、土壤肥料测试以及推荐的肥料施用量等信息。总体目标是建立一个养分管理计划，使所用污泥与肥料达到作物生长的营养需求。

23.5.1 管理要求与其他注意事项

本书第2章介绍了联邦503法规的相关要求。在进行污泥土地利用系统设计时，应该咨询所在州或当地相关机构是否满足相关要求。需要关注的指标有氮等营养成分、土壤pH和需要调节的pH以及应用方法和进度。关于在贫瘠土地利用污泥的指导意见，详见美国环保署《城市污水中污泥土地利用的工艺设计手册》(1995)。

23.5.2 农业用地污泥施用量的确定

污泥施用量的确定需要参考污泥成分、土壤测试结果、作物需要的氮磷含量和微量元素浓度等数据。如果利用的是石灰稳定污泥，还要考虑石灰用量。实际上，污泥土地利用这种方法就是将污泥作为种植业中传统氮肥和磷肥或者石灰的替代品。根据法规503中规定的累计污染物对金属的限制，污泥土地利用可能需要确定使用年限。

将农业用地污泥土地施用量的确定总结为以下几点：

(1) 根据生产水平和土壤测试数据，确定作物生长所需营养成分。如果该土地已施用污泥数年，则其施肥量就要根据先前的施用污泥中养分的添加量做相应的修正。

(2) 根据作物所需氮磷含量，石灰量（若施用的是石灰稳定性污泥）和503法规中涉及的年污染物限制率，确定年污泥施用量。

(3) 根据作物需要的氮、磷和钾肥量以及污泥提供的量确定需要补充的施肥量。

(4) 若土地达到法规503规定的污染物累计负荷率，则必须终止污泥土地利用。

由于污泥的氮磷含量往往无法满足作物生长的需求，所以为了满足作物对氮的需求速率，施用的污泥量中磷的投加速率就会超出作物对磷的需求速率。此外，污泥中磷应用使土壤中作物可利用的磷含量得到积累并不断增加。作物生长中可利用的磷的高含量水平会随地表径流流失而得到不断修正。一些州指出，污泥施用量必须根据本底植物磷需求水平和作物的需磷量。而氮的补充也是为了弥补污泥中氮含量和作物生长所需氮含量之间的差异。

污泥施用量的限制因素一般是农业利用速率，而非503法规中所说的污染物。只有当场地的污染物累积速率达到法规503中的要求，污染物才会成为污泥施用量的限制性因素。美国环境保护局《城市污水中污泥土地利用的工艺设计手册》(1995) 可确定CPLR

和年污染负荷率的参考指南。

计算污泥施用量时，关键的一步是确定污泥和土壤作物间氮的质量平衡。计算氮平衡的方式相对简单，但是选择一个合理的输入值却难得多。本章将用于关键参数最初计算的经验值和建议值列于表中。但是相对于经验值，我们应该优先基于“土壤作物系统”中特定场地的污泥利用相关数据和熟悉氮循环动力学的相关专业人士的判断。

1. 作物选择和营养需求

作物的生长会影响污泥利用的方式和计划安排。因为作物已经适应了当地的土质、气候和经济状况，使用已经存在的种植系统通常是有利的。因为污泥利用一般受限于作物氮的需求水平，所以选用高氮需求作物，如草料、玉米和大豆等，可以将土地需求量和污泥运输与应用相关的花费最小化。为了满足污泥应用土地作物的氮需求，可能要添加过量的磷，而最终，又可能需要降低污泥施用量而进行污泥中添加的磷的处理。因此，良好的土地利用方式是进行作物的混种，而且谨慎的土地利用项目管理者还能通过混种判断出可保留富余的土地面积。

施肥量的确定是基于作物达到预期产量所要的营养物含量和土壤提供作物生长所需养分的能力。要精确计算植物生长所需氮的量通常很困难，并且这和气候有关。因此，特定土地的氮肥施用量一般需要结合以下几点：（1）国家农业实验站和合作推广服务站在不同土壤类型进行不同管理实践，获得的作物产量，以此历史经验为指导；（2）土壤测试数据；（3）扣除先前污泥利用含氮量、动物性肥料或者如紫花苜蓿和大豆类固氮作物的固氮量后，估算剩余氮含量。

表23-8的数据用于估计污泥中由有机氮转化而成的无机氮和从先前污泥利用中保留下来的氮作为作物生长所用氮的含量。这些估计可用来调节作物生长所需氮肥的量和土壤中氮的残留量。

不同类型污泥中氮素的矿化度　　表23-8

污泥应用年数	初沉污泥和活性污泥中有机氮矿化的百分比（%）	好氧污泥中有机氮矿化的百分比（%）	厌氧消化污泥中有机氮矿化的百分比（%）	堆肥污泥中有机氮矿化的百分比（%）
0～1	40	30	20	10
1～2	20	15	10	5
2～3	10	8	5	3
3～4	5	4	3	3
4～5	3	3	3	3

2. 年施用量的计算

根据作物生长所需的氮、磷含量，污泥中氮磷水平和金属浓度（503法规中已明确作为污染物的限定值）确定农田中污泥的年施用量，同样需要考虑土壤的石灰用量。

23.5.3 基于养分和金属元素的土地利用的设计实例

此设计实例是基于氮、磷和金属含量的施用量的计算。对于其他施用量的计算或者更复杂的场地利用情况，美国环境保护局的《工艺设计手册》（1995）可做参考。这个案例中有一个污水处理设备，计划将污泥运用于牧草种植地表层土壤利用。该设备污泥产量

（干重）是3t/d的液体好氧消化污泥。并且示例土地在这之前未施加土壤改良剂或者肥料。这些污泥具有以下特征：

1）总氮含量3%；

2）氨氮含量2%；

3）硝酸盐含量0%；

4）总磷含量1%；

5）以铜作为限制性金属，含量控制在400mg/kg干污泥。

（1）以氮和磷的限制量确定土地施用量和所需要的土地面积。假定作物年需氮量为235kg/(hm^2·a)，年需磷量为73kg/(hm^2·a)。

（2）确定土地施用量中金属的限制含量。

确定作物营养需求和金属浓度限制两因素中哪个为主导限制因素。

1. 氮限制施用量计算

首先，污泥中植物可利用的氮（NPA）按式（23-1）计：

$$N_{PA} = 1000[(\mathrm{NH_3})K + \mathrm{NO_3} + \mathrm{N_o}f] \tag{23-1}$$

式中 N_{PA}——污泥中植物可利用的氮（kg/m^{3}干污泥）；

$\mathrm{NH_3}$——污泥中氨态氮的百分比（以小数计）；

K——用于表示挥发氨的因子；

$\mathrm{NO_3}$——污泥中亚硝态氮的百分比（以小数计）；

$\mathrm{N_o}$——污泥中有机氮的百分比（以小数计）；

f——有机氮矿化因素（有机氮转化为氨态氮）。

K根据使用方法取值（见表23-8）。因为没有混合其他生物污泥，所以K假定为0.5（即有50%的$\mathrm{NH_3}$-N流失）。矿化度f可以根据表23-9计算。鉴于是第一年进行污泥土地利用，f可以假定为0.3。

因此，N_{PA}=13kg N/m^{3}干污泥，于是，污泥中氮限制负荷（R_N）可由式（23-2）计算：

$$R_N = \frac{U_{\mathrm{N}}}{N_{PA} + N_{PM}} \tag{23-2}$$

式中 U_{N}——作物对氮的年需求量；

N_{PA}——作物一年内从污泥中获取的可利用氮；

N_{PM}——作物吸收利用的污泥中已矿化的氮。

氨态氮挥发因子K的取值（U.S. EPA，1994b） **表23-9**

污泥应用类型	K
含水污泥在土壤表层应用	0.5
含水污泥注入土壤中	1.0
脱水污泥，任何应用方式	1.0

如上文所述，U_N=235kgN/(hm^2·a)，由于是第一次进行污泥土地利用，故N_{PM}=0，因此，R_N=18m^3/(hm^2·a)。则以氮含量作为限制因素的所需土地面积=3m^3/d×365d/(18m^3/(hm^2·a))=61hm^2

2. 磷限制施用量计算

首先，总磷含量必须转化为作物可利用的 P_2O_5 形式，计算公式见式（23-3）：

$$P_2O_5 = 总磷含量(\%) \times 2.29 = 22.9kgP_2O_5/m^3 干污泥 \quad (23\text{-}3)$$

污泥中磷限量负荷（R_P）计算可参照 R_N 计算公式。此情况下，作物的磷需求量 U_P=73kg/(hm²)，作物可利用所有的 P_2O_5（P_{PA}）。同样，初次进行污泥土地利用，故此前应用的作物可利用磷为 0。

$$R_P = 3.2m^3/(hm^2 \cdot a)$$

以磷限制作为限制因素的所需土地面积=(3m³/d)×(365d)/(3.2m³/(hm²·a))=344hm²

3. 限制性金属施用量计算

铜作为限制性金属元素，污泥施用量根据铜最大负荷率计算 1500kg/hm²，详见 40CFR503 表 2。污泥含 400mg 铜/kg 污泥，即 0.4kg/m³。因此，限制性金属污泥负荷率为 3750m³/hm².

4. 计算的施用量比较

上文分别以氮、磷和金属作为限制因素计算的污泥负荷率表明，作物养分的需求是决定污泥负荷率的限制性因素：

（1）氮为限制因素的施用量=18m³/(hm²·a)；

（2）磷为限制因素的施用量=32m³/(hm²·a)；

（3）金属为限制因素的施用量=3570m³/hm²。

23.5.4　污泥利用项目规划的其他注意事项

大部分土地利用工程中，污泥利用一般涉及 2 种及以上的作物和多块田地，但此处为了简化示例，我们选用种有不同作物的 2 块土地。根据计划，每块施有污泥的田地的施用量都要计算。在这个设计示例中，额外的作物可以是燕麦、大豆和牧草。作物的轮作方法和每种作物的相对公顷数会有所不同。具有家畜的农场生产的动物性肥料亦可满足作物生长的养分需求。

23.6　污泥衍生制品市场

污泥处理过程会产生一些适销产品：

（1）堆肥作为土壤改良剂是较为常见的处理方法。

（2）由于热干污泥保留着植物输入的养分，可作为肥料。干污泥还可作为再生燃料。

（3）碱性污泥可用作农田作物的养分或钙成分，作为一种可再生燃料也有可能。

（4）来自污泥焚化炉的泥灰可用于砖块制造、水泥生产、道路建设以及混凝土管道和涵洞的建设。

仅仅满足 A 类病原体解标准，减少病原体携带要求和低污染物浓度的污泥（优质或 EQ 污泥）并不能保证能满足市场需求或形成相应产品的市场。经营者在决定是否将污泥衍生品投资于基础设施时，必须考虑市场方面的因素，部分因素将在下文讨论。本节也介绍了发展与维护市场的策略。本书第 13 章和第 16 章分别对堆肥产品和热干化产品进行了介绍。

23.6.1 市场标准

并不是所有的A类污泥均具市场价值（文中所指“市场”仅仅代表污泥的产品具有回报）。一些A类污泥可能表观并不能被接受或者可操作性差，因此若未进一步加工并不能投入市场。需要引起我们注意的是，一些污泥衍生产品质量参差不齐，这将会挫伤消费者的信心，从而阻碍其市场化。污泥衍生品制造者应该定期检测产品质量并尽可能使产品性状保持一致。

1. 化学性质

在评估污泥衍生品的价值时应该考虑其化学性质，主要包括：作物养分（主要是氮、磷和钾）、碱度（用于描述增加土壤pH的一种修正方法）和热值（满足将污泥作为燃料的关注度日渐增加）。

2. 物理性质

影响污泥衍生品市场化的物理性质主要有：污泥衍生品的种类，颗粒大小（用于决定目标市场），堆积密度（影响运输花费），含尘量（需要设定限制值），稳定性（反映了污泥降低腐败的能力），无用物含量（若纤维、玻璃、塑料和金属含量过高，我们可认定该产品有质量问题），熟度（用于堆肥），成品肥堆中可发芽的杂草种子（将产生影响），耐久性（用于热干污泥，例如表征抗降解性）。

3. 异味

产品的异味一般通过合适的操作手段或者控制方法可以达到最小化。不当的储存方法（如在排水情况欠佳的场地或者敏感受区）可能在堆肥或碱性化稳定产物中造成厌氧环境，从而引起异味问题。热干污泥必须保持干燥以减少产品降解而最小化异味问题。在碱性稳定产品中，应该控制碱的投加量以最小化由氨引起的异味问题。碱性剂和污泥的充分混合可以使潜在能产生异味的化合物消散。

23.6.2 其他注意事项

除了上述需要考虑的性质，污泥成功投入市场项目必须考虑一系列其他的市场因素，包括：对目标市场产品的理解、季节性、产品供应的一致性、产品价格、公众认知度、散装或袋装销售的比较，合适的产品包装。

23.6.3 销售机制

污泥生产者可以考虑将产品直接销售给用户，或者承包给私人经销商或者经纪人。

直接销售需要生产者进行产品的市场营销。若当地使用者定为目标市场且生产者提供技术支持，将取得良好的效果。在扩大产量和营销业务前，将产品直接卖给大客户是一种发展初始客户基础的好方法。采用这种方法的生产者有必要对员工进行培训或者雇佣新员工进行营销。一些经销商提供了污泥衍生品的应用服务来促进经销。这种方法的提升之处是将产品直接销售给能够集营销、销售和最终产物分配于一体的商户。生产者应该为这类商户提供产品质量数据和使用注意事项。这种方法一般适合热干污泥的生产者。堆肥和碱性稳定污泥同样可以销售给这类商户，他们将这些物质混合施于人造表土或者用于特殊用途（如用于高尔夫球场）。一些项目中，可由一种或几种污泥衍生物混合生产第三种物质（如堆肥和碱性稳定物）。

由个人或企业形成的私人承包商可以开发和服务市场。通常，承包商倾向于操控过程设备，由此对于终端产品质量有更好的控制权。承包商一般与污水处理厂签署协议，协议要求按照监管标准和协议中列举的限制条件将产品从生产线上运走，并对产品进行管理。大多数承包商根据单位质量的污泥所提供的常规服务进行收费。一般，承包商会提供污水处理厂一些收入分成吸引其同意相关协议，但是很多时候也难以保证收入分成。承包商可能接受监管要求，也可能不接受。

经纪人对产品承担部分或全部的分发和销售任务，因而通常能获得更广泛的地区或全国市场。通常经纪人销售一系列的产品并且为产品投入市场做出最大的努力。一些辅助工作，如计费、产品的收集与运输仍由生产者负责。经纪人工作是为了获得佣金，故他们转移产品的动机便是充分发挥他们的潜力以赚取佣金。

23.6.4　市场开发

只有在污泥开发项目的早期规划阶段启动对市场的主动营销工作，才能成功地建立具有强有力市场需求的污泥产品营销项目。

市场规划应该在选择工艺前开始；对于没有最终产物输出的工艺而言，这一举措对于本金和运营费用的提交并无大影响。对当地和地方市场的有限评估能帮助限定过程和产品潜力。在规划过程中，包括工厂人员，有助于保证设备的良好运行并且保持与污泥工程目标相一致。

因为对当地市场而言，这类产品是一类新产品，故应该在早期就与潜在用户进行交流。并定期帮这类潜在客户更新设备。获批准的产品贴上标签。材料安全数据表（MSDS）提供了产品性质和安全操作的信息和如何处理溢出产品和事故发生时应该联系的人。产品介绍应该包括一系列的活动，例如参观过程设备、种植示范、园艺电台展示、民间组织的宣讲、通过新闻与广告与地方纳税人介绍。持续参与一个销售项目交流是确保产品有可靠输出渠道的关键。因为大部分领域的绿色产业是相当小的，并且口碑可以毁了一个市场。所以，一般产品的任何问题或者其应用情况都应该及时向消费者反映，以获取消费者的完全满意度。

动态销售模型或者商业规划有助于引导污泥销售和营销运营或市场行情变化，同时也有助于开发和扶持新的市场。该模型可用来考虑一系列的市场份额鉴定和评估这些产品如何适应这些份额。部分市场商机可能需要额外的资金和劳力，引导产品面向这些商机的价值也需要权衡成本。需要考虑的点包括市场份额大小（如每年污泥量）、季节性限制、配送方法（如散装用自卸拖车运输还是袋装运输）以及距市场的距离。随着时间的推移，商机的范围可能会转变。该模型就需要根据改变进行重新构筑，营销工作也应该根据需要重新定方向。关键点是要致力于客户服务。尤其是面对一个新产品，配送方式的协调，应用方法的咨询和合理的操作、储存方法对于消费者都至关重要。调查表和常见问题指南也可以用于维护客户。

比较产品与竞争产品性能的重要方法，是对产品进行市场营销研究。与潜在客户进行紧密合作可以证明产品的功效。生产者可以提供少量的产品给用户，与他们合作建立田间试验、示范种植，以及相关类似的活动。

通过与企业建立合作伙伴关系来支持营销工作。合作伙伴可以包括运输者、监管人员、研究人员、营销人员或经纪人、产品包装公司或其他相关人员。这些企业和人员有助于提升产品质量，随着市场的不断开发，与他们保持亲密的工作关系至关重要。但是，首要的合作伙伴，自然是与消费者建立的伙伴关系。生产者与消费者间建立亲密的工作关系能够确保产品达到或者超出消费者的预期表现。当消费者需要从市场上众多竞争产品中做出一个选择时，与其建立良好的关系至关重要。有效而迅速地服务消费者很重要。一些小细节，例如账单出错，产品配送延时都有让消费者对产品带来可能产生消极印象。合理地对待消费者，可以使其成为长期的合作伙伴从而为产品提供可靠的输出渠道。

23.7 其他设计注意事项

本节提供了污泥土地利用系统中相关部件设计的指导，包括：方法、场地准备和配套设施。其他两个关键性组件——运输与储存——已在第 19 章中详述。设计者在设计每个组件时应该将每个组件对整个系统的效率、可靠性和成本的影响考虑入内。

23.7.1 污泥土地利用方法

污泥从产地到土地利用场地的运输方式会影响污泥土地利用的效果。一般使用方法包括：

（1）将污泥从污水处理厂运到应用场地将污泥应用于土地这一过程中，需要始终使用相同的交通运输工具。

（2）运输工具一般需要有大容载能力，便于将污泥从污水处理厂运至应用场地。在应用场地，污泥被运输到转运车辆或者储存设备中。

（3）污泥通过泵和管道从污水处理厂运输至场地的储泥设备。随后再从储泥设备运至转运车辆里。

污泥土地利用包括表层土地和地下应用。地下利用一般将液态污泥注入土地，或者将湿污泥或泥饼通过灌注或其他后续整合的方法注入土壤。方法的优缺点将在下文中进行讨论。通过直接的机械方法或者随时间推移的自然消解方法，污泥最终完全地整合到土壤中去。污泥可以是湿污泥或者脱水形式。污泥类型不同，使用方法和设备也会不同，各自的优缺点下文将详述。

1. 湿污泥利用

湿污泥土地利用相比简单，一般包括土壤表层应用、地下应用和灌溉等方法。脱水过程并不考虑，湿污泥可以利用泵直接抽取。湿污泥应用系统包括：

（1）运输方式可利用液罐车或货车或者中央传输系统。

（2）灌溉可以通过喷洒或者溢流。

2. 脱水污泥的应用

利用表层应用技术将脱水污泥进行土地利用。利用脱水污泥的突出优势在于可以减少污泥运输和储存费用，并提高污泥的施用量。潜在的缺点是该方法需要额外的设备。脱水污泥一般不能直接从运输工具卸至应用设备或者直接注入土壤，以减少潜在的公害状况。

脱水污泥的播撒类似于污泥或半固体肥料、石灰或动物粪便等的表层运用。脱水污泥不能泵吸或喷洒。污泥播撒需要通过箱分离器、推土机、装载机或分类机，然后耕入土壤中。一般用盒式撒布机进行撒布，施用人员、装载机或分类机的使用可以提高污泥的施用量。

撒播脱水污泥还可使用特殊设计的设备。脱水污泥的表层播撒过程在污泥整合到土壤过程之后。将污泥应用现有草场或干草地中，一般不需要将脱水污泥整合于土壤中。可由拖拉机拖动标准农业耕作设备将脱水污泥整合入土壤中。

23.7.2　场地准备

在农业用地应用系统中，污泥在私有农场中有机施用量比较低，将场地整改通常不经济。在当地，可能直接获得可用的林地比污泥土地利用整改的林地更多，故无需整改土地，而是直接避免不合适的土地。对于开垦地，有必要开展广泛的土地评估和准备工作。这些场地的准备费用一般由土地所有人负责（如矿业公司、矿石处理公司等）。

1. 地下水和地表水水质保护

污泥土地利用的重要环境任务之一是防止污泥中一些成分对地表水和地下水污染。除了合适的施用量，防侵蚀控制也可用于水污染控制。

2. 侵蚀控制

每个土地利用场地应该做到将土壤侵蚀最小化。防治方法有带状种植、梯田、植草水带和降低耕种（如凿犁翻耕、免耕种植）等。土壤表层植被与残留作物的存在可以有效地减少土壤流失。在很多作物土地中（如玉米、大豆、小粒谷类作物），在耕种前通过翻耕将应用于表层土的湿污泥添加到土壤中，能够进一步减少由于表面径流流失的污泥有效成分。

选用合适的污泥利用方式（表层或者添加），并且采用有效方法控制污泥流失，能够消除潜在的表层水污染。关于坡度、有效的耕种保护手段和防风侵蚀方法可参考 NRCS。

3. 道路建设

污泥土地利用需要具备一条从公共道路通往土地利用场地。对于大型场地，路宽应该在 6.5-8m，确保双向通道，较小的场地则要保证路宽为 5m。为提供全天候的通行，道路至少需要是石子路，最好是沥青路面以支持重量级运输车辆。限制等级不应超过设备的限制。对于加载车辆，上升坡度应低于 7%。

4. 公共接近：场地围栏与安保措施

根据 503 法规，公共接近限制适用于污泥符合 B 类病原体要求的污泥利用场地（详见第 2 章）。如公园、球场等高公众暴露度的场地，在污泥土地利用 1 年后才可进入。限制访问的例子可以是确保场地位于偏远地区，立“非请莫入”牌或建围栏。而公众暴露度较低的场所，如私人农场，也必须在污泥利用后限制入内 30d。

根据场地的不同地形和植被特点以及周边地形，入口要做到能阻止未经授权车辆的进入。一些场地，有必要构建外围栅栏限制人和牲畜进入。建围栏时需要考虑与场地的相对位置。如果场地接近住宅区需要建围栏。若场地较为偏远，位于农村地区，则围栏的重要性就相对薄弱，只需要在入口或者选择其他几个地点设有围栏以防止未经授权的车辆入内。

5. 照明与其他公用事业

如果土地利用工程发生在晚上，就有必要在操作场地提供必要的照明设施，灯可以装在运输车辆上或者现场设备。这些照明设施应该坐落在不被常规车前灯遮挡的地方。如果工厂有诸如员工休息室、办公楼、设备修理或储藏室等设施，或者道路需要持久使用，那么永久的安全照明也很有必要。

大型场地可能需要电、水、通信设施和卫生服务。远程站点可能不得不扩展现有服务或者使用可接受的替代品。便携式化学厕所可以避免扩大污水管道带来的高成本，需要配备饮用水，用发电厂替代现场运行的电力线路。

水可以用来饮用、除尘、对出厂运输车泥浆的冲洗以及对员工的卫生设备清洗。在发生事故或者泄露时，可能需要对外呼吁援助，电话或无线电通信的配备是必要的。

第 24 章　污泥填埋管理系统

24.1　引言

本章节讨论的是当水处理所产生的污泥不适于有效再利用或污泥填埋处理场已达到饱和时所采用的污泥土地处理方法。污泥的土地处理有土地填埋和污泥专用处理场两种主要的方式。这两种方式在应用方法和处理效率上有所不同。填埋操作即将脱水污泥埋于地面下几米深处，而污泥专用处置场通常是将污泥连续地施用到土壤中，这种处理方式每年只会提升少于 25mm 的地表高度。

在这一章节所提到的生物固体是指符合 503 条例的生物材料，其余的生物材料称之为污泥（U. S. EPA，1993）。

24.1.1　管理机构的指导

自 1974 年起，美国环境保护局便开始提倡和资助发展生物污泥土地处理的官方方法，在第 2 章中讨论了联邦法律中剩余污泥处置的方针和规范性文件。

1. 美国环境保护局的规程

美国环境保护局根据 1987 年净水法案修正案的要求，制定了一个新的法规—“污水处理剩余污泥的使用和处置标准“(联邦法规［CFR］第 40 条，代码 503)，用来保护公众健康和环境免受污水污泥中可能存在的特定污染物的不利影响，它发布于 1993 年 2 月 19 日的联邦公报中并于同年 3 月 22 日生效。

503 条例解决的是生物污泥单独填埋的问题，［CFR］第 40 条中的 258 条例规定的是城市固体废弃物填埋场接收城市固体废弃物或垃圾和污泥进行共同处置填埋，这些规定通常为附录 D 垃圾填埋场规范。这些规则颁布于 1991 年 10 月 9 日的联邦公报中，其中大部分条例预于 1993 年 10 月 9 日生效（U. S. EPA，1991）。

附录 D 法规的具体内容不在此详细阐述，本章节假定生物污泥处置采用单独填埋或是将第三方的污泥投放到现有的垃圾填埋场中进行共同处置的应用。在这种情况下，读者无需充分理解附录 D 规则。不过目前，美国环境保护局和其他同行已出版了一些优秀的刊物列举、说明和总结了附录 D 中的条文。

2. 州/地方的规程

大多数州都采用了 503 条例和附录 D 规范，并有权允许和执行这些法规，一些州已制定了比相应的联邦标准更为严格的法规。各州被授权实施净水法案（CWA）503 条例以及资源保护和修复法案（42 U. S. C. § 6901)，这使各州能够获得在其管辖范围内颁发污泥填埋的许可证。

24.2　垃圾填埋场

24.2.1　基本概念

污泥的填埋处置是指对污水处理剩余污泥的有计划填埋，包括特定设施中的生物固体、栅渣、砂砾和灰烬。填埋是将污泥送的地点或开挖好的沟槽中并覆土。覆土深度较耕地大 20～25cm 以确保完全填埋污泥，并且该地区只做填埋不做土地利用。至于栅渣、砂砾和指定设施中的灰烬的填埋方法采用相同的方式。

24.2.2　填埋的适用情况

表 24-1 总结了不同类型污泥和其他不同因素下对各类填埋方式的适用情况。

填埋方法对污泥和生物固体的适用性（U. S. EPA，1979）　　表 24-1

污泥/生物固体的类型	污泥/生物固体单独填埋		混合填埋	
	适应性	原因	适应性	原因
液态不稳定污泥				
—重力浓缩为主剩余污泥	不适应	气味/操作问题	不适应	气味/操作问题
—浮选浓缩为主剩余污泥	不适应	气味/操作问题	不适应	气味/操作问题
—浮选浓缩的加药污泥	不适应	操作问题	不适应	气味/操作问题
—热处理剩余污泥	不适应	气味/操作问题	较适应	气味/操作问题
液态稳定污泥				
—厌氧消化为主浓缩污泥	不适应	操作问题	较适应	操作问题
—好氧消化为主浓缩污泥	不适应	操作问题	较适应	操作问题
—石灰调理为主浓缩污泥	不适应	操作问题	较适应	操作问题
脱水—不稳定污泥			适应	
—真空过滤石灰调理为主	适应		适应	
脱水—稳定污泥			适应	
—干燥床消化及石灰调理	适应		适应	
—真空过滤石灰调理消化	适应		适应	
—压力过滤及石灰调理	适应		适应	
—离心、消化及石灰调理消化	适应		适应	
热干化处理污泥				
—热干化消化	适应		适应	
高温处理污泥				
—焚烧脱水为主	适应		较适应	气味/操作问题
—湿式空气氧化为主	不适应	气味/操作问题		

24.2.3　污泥填埋方法

污泥填埋方法可分为三类：生物固体单独沟填、生物固体单独掩埋以及生物固体与垃圾进行混合填埋处置，在此将根据不同的填埋方法，探讨填埋地点和设计标准。关于污泥填埋方式在市政污泥填埋工艺设计手册（U.S.EPA，1978b）中有详尽的介绍。本章节的其余部分总结了设计手册中关于垃圾填埋场部分的内容。

1. 单独填埋

通常进行单独填埋时要求含固率至少为 15%的污泥，并定期用泥土对污泥进行覆盖（U.S.EPA，1995）。

（1）沟填

对生物固体进行单独沟填是指开挖沟槽使脱水污泥能够被完全填埋在原地表之下。在特定条件下如果需要对污泥、筛残物、砂砾和灰烬等不同类型的废弃物进行共同的物理填埋，也可以使用这样的沟槽，但操作前需要预先进行材料相容性的物理测试。沟填是通过货运车直接将生物固体堆于沟槽之中，但每天都需要进行泥土覆盖。沟填技术由于直接使用覆盖材料封闭了污泥，削弱了污泥的气味，故适用于填埋脱水后不稳定的污泥。除非寒冷的天气，否则需要每日覆盖一定量的泥土。

（2）掩埋

在生物固体单独填埋的方法（包括掩埋山丘、掩埋层和堤坝式填埋）中，生物固体与泥土进行混合并置于地表下。这种方法需要输入大量泥土，适用于地下水位较低（易于安装衬垫）或基岩丰富（不能也不被允许开凿）的地区，要求控制足够的排水和径流以防止污染附近的地表水域。

2. 污泥与生活垃圾混合填埋

混合填埋指将生物固体与垃圾在填埋场混合。这种方法与生物固体单独填埋相比具有明显的不同。当生物固体与生活垃圾或泥土混合在一起时可以采用这种方法进行处理。混合技术在“垃圾填埋场的污水处理剩余污泥的处置”（U.S.EPA，1974）中有详尽的讨论，包括生物固体/污泥/生活垃圾的混合以及生物固体/土壤的混合。

3. 生物反应填埋场

生物反应填埋场是为了使固体废弃物在一个较高的速度上进行分解，与普通填埋场相比能够在更短的时间内实现废弃物的物理化学稳定，是科学研究、运行及管理方面的创新。在生物反应填埋场的运行过程中，生物固体的加入具有显著的作用。

生物固体的价值（特别是液体残留物）在于它们能够填补废弃物之间的空隙，且当以同样速度进行填埋时，生物固体不像生活垃圾那样占用填埋空间。此外，生物反应填埋场通过水和其他生物固体含量的增加，加速了填埋物的化学和生物分解，从而使填埋废弃物达到物理稳定性。在整个填埋周期中这种分解作用创造了额外的通气空间，降低了填埋场 30 年封闭期的压力，也降低了填埋物在 30 年封闭期之后继续分解的风险。

24.2.4　初步规划

填埋场初步规划的目的在于选择处理地点以及合适的填埋方法或处理方法。初步规划之后进行详细的设计、场地的开发、运行和维护，以及最终场地的封闭。

1. 公众参与

联邦政府在关于生物固体单独填埋的503条例中以及在关于污泥与生活垃圾混合填埋的附录D法例中没有要求公众参与生物固体填埋场的规划划，尽管个别州可能有这样的要求（如果由于选址产生的环境问题引起的纠正措施时，附录D法例要求公众参与）。

美国环境保护局在涵盖了503部分条例的净水法案中以及资源保护和回收法案及其附录章节中鼓励公众参与污泥处理场地的开发和运行，这项报告的第2章对各个阶段的公众参与进行了详细讨论。

2. 固体特性

必须对生物固体数量和质量进行表征，表24-1列举了不同生物固体填埋的适用性。不同类型的生物固体可采用不同的填埋方法。平均生物固体量对于填埋区建设及处理场地的生命周期是必不可少的。而生物固体的最大和最小量对于正在开发的填埋区的日常运行要求是至关重要的，包括设备需求、储存设备的尺寸以及日常运营计划等。

生物固体的特征直接关系到填埋方法的选择，其质量决定了产生的渗滤液，如果生物固体和污泥的质量已知，那么对渗滤液处理设施的设计工作将更为有效。503条例或附录法例要求或可能要求测定的参数包括固体含量、漆层过滤测试、重金属、危险废弃物、病原体和多氯联苯（PCBs）。进一步细化表征生物固体的性质，如挥发物含量、氮、无机离子、有机化合物的毒性和pH，有助于设施的设计、运行和监控。

3. 填埋方法的选择

填埋方法应与生物固体或污泥以及填埋场地的特性相适应，且应纳入初步规划的考虑范畴中。

4. 填埋场选址

选址是一个重要的过程，直接关系到最终的处理方法。填埋场地必须与所要处理生物固体的类型相适应，并且应处于方便但不显眼的地点。在《工艺设计手册》的“第4章：市政污泥的填埋”中提供了一个详尽的填埋场选址方法（U. S. EPA，1978b）。

（1）填埋地点的考虑

在对可能的填埋场地进行评估时需要考虑以下因素：场地的使用寿命、面积、地形、地表水、土壤和地质、地下水、植被、气候、环境敏感度、土地使用情况（即放牧或农田）、考古和历史遗迹、场地交通情况和运输距离、分区限制以及成本，在决策之前应该对这些因素的相关信息进行收集和评估。

（2）选址方法

选址过程大致可分为三个阶段：初始调查和评估、筛选以及最终选择。初始调查和评估的目的在于对一系列潜在的填埋场地进行评估并快速筛选出几个合理的候选场地。这一阶段所使用的信息通常较容易获取，且随着选址过程的进行，对每个选项的调查变得更为详细。

（3）传播媒介

包括空中的昆虫如苍蝇和蚊子以及可能与垃圾接触的穴居动物，为了控制传播介质的数量，填埋场地不应靠近沼泽地和林地等具有大量飞虫和穴居动物群落的区域。

(4) 气味

任何生物固体处理过程，包括填埋，气味都是一个重要的问题。气味作为一个考虑因素，在填埋场的选址过程中应尽可能使废物处理区远离居民区。同时要评估与当地居民生活相关的风速、风向及季节性变化。

(5) 水资源

通常情况下填埋场地应尽可能（平面和剖面）远离地表水源和地下水源，最好现有的自然条件能够阻碍和限制废弃物处理场地与地表水或地下水资源的接触。虽然自然暴露的水资源可以通过工程控制措施在一定程度上进行控制，但自然保护在候选场地的适应性和排名评估中起到了重要作用。在对候选填埋场地进行评估时，填埋场地对水资源的影响和使用以及其对该水资源的接纳水体和用户存在的潜在影响都应纳入考虑范围。

(6) 交通便利

在选址过程中，生物固体源地与候选处理场地之间是否有良好的通路是一个关键的考虑因素。通常进行的是短距离的高流量运输，因此，最好选择高容量的道路系统。短距离运输可以节约运输成本和时间并减少运输过程中对环境产生的影响。在同距离的路程下，交通便利是必要的。选择联邦、州和路况良好的县道可以确保道路能够承载长途运输工具。运输路线沿程的人口数量、道路与人口的距离、运输过程中增加的交通安全隐患、噪声、干扰、泥浆和气味等因素在选择道路系统这一环节中都应予以考虑，在第 19 章针对污泥的运输问题提供了更为详细的阐述。

(7) 区域划分

如果区域划分不合理，那么这就不太可能起到很好的限制作用。如果分区到位且适用于该填埋场地，则现有的区划和规划设计“兼容”是理想的情况。兼容至少意味着分区名称和描述相符合，意味着计划的使用情况得到的明确的诠释。例如，不可能对一个分区的类型进行具体的命名和划分生物固体和污泥的处理范围，但是对于垃圾处理、废水及污染物控制活动甚至是“公共服务”又都是具体的。如果分区是不兼容的，那么需要有当地的分区授权空出一片土地进行专门使用。

(8) 接收距离

接收地点与缓冲区之间的距离在选址过程中是一个关键的考虑因素。503 条例中明确规定填埋场地的性质应与所要处理的生物固体类型相适应，并保证适宜的缓冲区应。所要求的缓冲区应以最小值进行考虑。然而，仅考虑距离因素并不足够，因为地形、现有的自然和人工构造、恒风向和美学要求可能需要更长的距离，或者也可能只需要比通常可接受的更为短的距离。

(9) 地质和土壤

在这一环节中，基坑的开凿、覆盖土壤的适宜性以及在候选场地中对地下水的保护都应予以考虑。大多数垃圾填埋场都是在污泥处理地点进行开凿，浅基岩或地下水可能阻碍开挖，或至少提高了挖掘成本，因此基岩和地下水的深度也应该作为选址评估标准的一部分。

此外，候选场地的土壤类型也是一个考虑因素。如果候选场地没有衬垫，那么低渗透率、密实的土壤（如黏土）最能保护地下水。如果候选场地安装了保护地下水的衬垫系统，那么则无需考虑该处土壤的原位维持性能。

土壤的类型也对其覆盖功能产生影响。具有介质渗透性的可塑性黏土是最好的选择，因为即便填埋场在潮湿、泥泞的条件下运行这些泥土仍具有可塑性。作为覆盖材料这类土壤具有很好的使用性能和抗渗的功能，能够降低地表水渗透和产生渗滤液的概率。

（10）受到威胁或濒危的物种

在对每个候选场地进行调查时，应该确认是否是濒危物种的关键栖息地，填埋场地的选择应避开这样的栖息地。如果候选场地具有这样的限制因素存在，那么该场地则变得相对不可取甚至可以排除。

（11）邻近的湿地或水域

503 条例中将湿地或水域的位置专称为“位置约束”，虽然在湿地或水域附近的大部分工作是可行的，但最好还是避免具有这种位置约束的填埋场地，否则也应降低对这类候选场地的评估排名，因为这需要美国陆军工程公司或其他组织可能会要求入驻。

24.2.5 填埋场的设计

1. 相关法规和标准

在进行填埋场设计之前，必须充分了解当地、州和联邦的相关法规和标准，必须充分考虑到生物固体稳定程度、负荷率、覆盖频率和深度、监测和报告等管理要求。设计应符合所有建筑规范，且应具有足够的缓冲区以保护公共道路、居住结构和地表水免受影响。获取生物固体填埋场的建设和运行许可证可以说是一个漫长而费时的过程，应尽量避免与工程相关的延迟，而许可证的申请应在设计阶段的早期进行。工程实施过程中应注重发展一个健全的监管咨询系统和相互理解合作关系。下面列出了建设和运营生物固体填埋场所需要申请的一系列许可：

（1）如果填埋场建在湿地中，则需要申请国家废弃污染物消除系统；

（2）建设防洪堤、堤坝或在湿地中建造防水结构时需申请美国陆军工程许可证；

（3）如果填埋场建在濒危物种的关键栖息地中，则需要向濒危物种保护机构申请许可证；

（4）固体废弃物管理许可证；

（5）特殊用途许可证、公路部门许可证、施工许可证；

（6）建筑许可证；

（7）排水和土地平整许可证。

2. 填埋场地的特征

在设计过程中，对于所选场地的特征应进行清楚的描述和分析，以确保其作为填埋场的适宜性，并确定所采用的填埋方法。设计工作建立在规划数据之上，并包括更高层次的细节和施工图。所选场地的特征性质包括：场地规划（如填埋区、缓冲区、地形特征、地表水位置、道路、设施、构造等）、土壤、地下水、地面下地质情况、气候、土地利用情况。

3. 填埋类型设计

选定场地所适用的填埋方法可能不止一种，当遇到这种情况时，在最终设计开始之前必须先确定出一种合适填埋方法。在方法的选择过程中，场地利用的最大化是一个重要的考虑因素。表 24-2 总结了附加设计标准。

垃圾填埋场的设计标准（U.S. EPA，1979）　　表 24-2

填埋方法	固体含量（%）	沟槽宽度（m）	填充要求	填充剂	填充率	覆盖厚度（m）		填充土壤要求	生物固体填充速率（m^3/hm^2）	设备
						缓冲	最终			
单独填埋—沟填										
窄槽	15～20[c]	0.6～0.9	无				0.6～0.9	无	2267～	反铲、装载机、
	20～28[c]	0.9～3.0	无				0.9～1.2		10580	挖掘机、挖沟机
宽槽	20～28[c]	3.0	无				0.9～1.2	无	6046～	履带装载机刮刀、
	＞28[d]	3.0	无				1.2～1.5		27395	履带式推土机
单独填埋—掩埋										
掩埋山丘	＞20[c,d]		有	土壤	（0.5～2）土壤：1 污泥	1	0.9～1.5	有	5668～26450	履带装载机、挖掘机、履带推土机
掩埋填充层	＞15[d]		有	土壤	（0.25～1）土壤：1 污泥	0.2～0.3	0.6～1.2	有	3779～17004	履带式推土机、履带式装载机、平地机
围垦	20～28[c]		无	土壤	（0.25～0.5）土壤：1 污泥		0.9～1.2	有	9069～28340	拉索、轨道推土机、铲运机
	＞28[d]		无	土壤						
与垃圾混合填埋			有	垃圾	（4～7）t 垃圾：1t 湿污泥	0.2～0.3	0.6	无	945～7935	挖掘机、履带推土机
污泥/垃圾混合	＞3[d]									
污泥/土壤混合	＞20[d]		有		1 土壤：1 污泥	0.2～0.3	0.6	无	3023	拖拉机、平地机、履带装载机

[a]除非另有说明，填充率以体积为基础。
[b]生物固体填埋速率以实际填埋场地而定。
[c]地面设备。
[d]污泥设备。

1 米＝3.28 英尺
$1m^3$＝1.3 立方码
1 公顷＝2.5ac
1 吨＝0.9Mg

4. 附属设施

填埋场也可能需要其他附属设施：垃圾渗滤液控制、气体控制、道路、土壤储存、建筑物、公共设施、围墙、照明、清洗架、监测井和园林绿化等。

5. 环境影响

垃圾填埋场位置的不同具有不同的环境影响，关键的环境影响包括：交通、土地利用、空气质量、地表水和地下水质量、公共卫生、环境美学以及野生动物和濒危物种栖息地等。因此，在选址过程中应尽量减轻不利的环境影响或在设计中采取具体的措施减轻不利影响。

6. 气体控制和气体转化能源

随着时间的推移，所填埋的污泥和生物固体将进行厌氧分解并产生气体。填埋产生的气体包括甲烷、二氧化碳和许多微量气体。当空气中甲烷含量大于 5%的低爆炸极限时会发生自燃现象。填埋产生的气体可以通过相邻的土壤自填埋场横向迁移至填埋现场或场区外的构筑物中，并在其中积累导致火灾或爆炸的危险。微量气体可能具有恶臭，并可能产生滋扰现场工人或附近居民的气味。

气体控制的首要要求是防止可燃浓度水平的甲烷气体横向迁移超出警戒线或进入现场或场外构筑物中。将这些气体排出填埋现场或是在处理区旁设置不透水阻隔以防止气体迁移等方法都可以用来应对此类危害。但在生物固体单独填埋过程中，通常不需要也不适宜设置以气体控制为目的的综合排气系统。

7. 运输道路、围墙和填埋场的规模

在工程设计时，道路问题应优先解决，通往填埋场和其周围的道路应着重考虑，应方便运输车辆进入倾倒区和现场操作车辆进入处理区。依据503条例，进入填埋场的道路需加以控制以防止车辆未经许可进入填埋场或进行露天倾倒。几乎所有的城市生活垃圾填埋场和混合处理填埋场都安装磅秤，但是生物固体单独填埋场通常不提供磅秤，因为运输到填埋场的废弃物的重量和体积在污水处理厂中已经测定。

8. 气体泄漏和易爆气体的检测

气体检测可以在现场或场外构筑物中进行，也可以在土壤中或填埋场边界的空气中进行。一定浓度的气体含量意味着填埋场气体浓度超过了要求标准，这可能是一个紧急情况，包括100%的爆炸下限含量或填埋场边界处自壤中5%的甲烷含量（这两者是等价的)。在填埋现场和场外的构筑物中，气体所占空间的标准时25%甲烷，这一标准为爆炸下限含量的25%。

一个便携式燃气表是对地下或构筑物中气体占用空间进行监测最好的设备。参照503条例，燃气表也可用来对填埋场边界的空气进行监测。作为便携式燃气表的替代品，带有综合报警系统的积和式的气体探测器可以不断对气体含量是否超标进行监测。

9. 气味控制设备/结构

生物固体处理场可能散发出气味，在感官上滋扰现场工作人员和附近居民。而污泥的场外处理可能是最好的气味控制方法，最常见而有效的污泥处理是好氧和厌氧消化以及石灰处理。在填埋场中，可能有多种来源气味，而最主要的气味来源于填埋场中最近堆埋的生物固体。最常采用的气味控制措施是在日常覆盖之后，再用如黏土甚至是塑料材料作为中间覆盖层或最终覆盖层进行压实加厚覆盖。

10. 填埋场的衬垫和防渗管理

生物固体单独填埋场可能不需要铺设衬垫系统。但是，附录D法规中要求污泥和城市垃圾混合填埋场必须铺设衬垫。一旦铺设了衬垫系统，同时也必须安装渗滤液收集系统，以去除渗透入填充层底部的废液（称之为渗滤液），并将它们收集到衬垫上。这些收集系统必须运行以为后续处理和排放去除渗滤液。

11. 通信/警报

有专职或临时人员值班的填埋场，应保证移动电话和固定电话在任何情况下都可以使用，并且可以安装安全监测和访问限制警报器进行现场安全和环境控制。

12. 放射性监测系统

一些大型的垃圾处理场已经开始采用这类系统来检测是否有被禁止的放射性废弃物（通常从医学应用角度上定义）通过一定途径进入城市生活垃圾的废液中。一些污水处理厂还安装了相关系统来检测是否有放射性废弃物排放进入市政污水中。

13. 供水/消防

填埋场中可能需要有饮用水供应给现场操作的工人，或是供应某些非饮用性用途如控制粉尘、清洗设备和运输车辆、清洗轮胎和灭火等用途。城市供水系统应供应至填埋场，但在许多情况下填埋场都处于偏远地理位置，因而决定了填埋场中需要采用替代供水系统。

不管是对传统的垃圾填埋场还是对生物固体与生活垃圾混合填埋场而言，用于灭火的消防水供应都是一个重要的需求。但由于生物固体通常是不燃物，因此对于生物固体单独填埋场而言，消防水供应就显得不那么需要。建议采用的是垃圾场现场的消防供水设备、设施和消防枪。

24.2.6　填埋场的运行维护

生物固体填埋场可以看成是一个正在进行施工的工地，然而不同于一般施工现场的是，生物固体填埋场的运行参数常常变化，且可能需要创新的改变和一些应急规划，详尽的运行规划是一个高效运行的填埋场所必须的。设备选型应该与生物固体的特性、场地条件和填埋方法相适应。

操作规程也被区分为适用于特定填埋方法和适用于一般填埋方法两大类。适用于特定填埋方法的操作程序包括场地准备、生物固体卸料、管理和覆土。《工艺设计手册：市政污泥填埋场》（U. S. EPA，1978b）中详细介绍了这些操作程序。一般填埋适用的操作程序包括调度、设备选型、维护、管理和报告、安全和环境控制，这些程序也在美国环境保护局手册中有所介绍。

1. 运行计划

和一般的施工过程一样，生物固体填埋也需要根据具体规划和操作流程来进行。操作规划应该涵盖所有与该填埋场相关的特定和一般适用的操作程序，如作业时间、测量规程、车流量、卸载程序、特殊废弃物处理、覆土的挖掘、储存和堆放、维护步骤、恶劣天气作业方法、环境监测、控制措施。操作规划是提供连续性作业、监测和控制进度以及人员培训的重要工具。

2. 运营安排

运营安排的要点包括操作时间、有资质人员的配备、现场准备计划、设备维护计划。当填埋场需要接收生物固体时，需要进，时间的安排以确保填埋场已开启。如果一天当中，生物固体接收率的变化符合预期，则需要对相应的人员和设备做出安排。运营的日程安排还包括日常的覆土操作。

3. 设备选型和维护

设备选型取决于填埋方法、设计填埋规模和生物固体量，必须基于所需执行的功能和单个设备的成本。

4. 生物固体的特性

在填埋操作过程中，需要考虑生物固体的特性。特性研究的目的在于确保生物固体性质仍维持在法规和许可证所要求的条件范围内，检测生物固体的性质是否发生了任何可能影响填埋场正常运行的变化。如果生物固体的特性随着时间的推移而发生改变，那么需要对运行程序作出相应的调整。

5. 填埋场的管理和报告

填埋场的管理和报告工作包括维护工作的记录、性能记录、必要的监管工作记录、成本记录以及现场督查和公共活动记录。性能记录可能作为管理工序的一部分，监察机构可能进行有计划或无计划的定期检查。

6. 安全/应急程序

填埋现场中安全的工作环境应是常规运行和维护工作的一部分。填埋场的安全性应在进行设计时就考虑到，并且在日常运行过程中必须严格遵循一定的实践措施，以确保安全的工作条件。在操作规划中，针对每项操作和不同的填埋场特点，都应该设置一个独立的安全区域和特定的安全指南。同时，对于现场作业人员需要进行初始和持续的培训。

7. 环境控制

对环境和公众健康的保护是填埋场运行的一个重要方面，操作规划中应该提供具体的保护方针，并且在实际操作中严格地遵循这些方针。

8. 固体处理

填埋场所接收生物固体的含固率显著影响填埋场处理废弃物、填埋废弃物，以及维持覆土后填埋和管理条件的能力。相关条例中并没有对单独填埋生物固体的最小含固率进行规定。对大量污水处理剩余污泥的研究表明，为了维持覆盖层始终在废弃物之上且不被垃圾渗滤液浸透，生物固体中必须有不少与15%的含固率。如果废弃物的含固率低于15%，则可以用泥土或其他稳定剂进行混合以提高含固率使之便于处理。

9. 传播媒介和气味

传播媒介指的是将疾病和其他有害人体健康的因子从废弃物处理场带入受体体内。在垃圾填埋场中，传播媒介通常包括苍蝇、蚊子以及其他飞行类昆虫和鸟类，还包括穴居动物和腐食类动物。503条例中的相关内容规定，无论是在运行中还是关闭后，生物固体处理场中都禁止放牧，因为放牧动物也可能成为潜在的传播媒介。

在503条例中，有专门针对传播媒介控制的相关规定。这些规定要求当废弃物未将特定病原菌降低至一定水平时，填埋场必须每天进行覆土操作，这是最好的控制空气传播昆虫和穴居动物的手段。

10. 预防和清除泄漏/溢出的污泥

在运输过程中，生物固体泄漏和溢出是一个常见的危险且在处理操作过程中时有发生的情况。因此，每一个能够减少和预防这一危险的步骤都是必要的。必须制定突发事件应对程序以便在泄漏发生时及时清理泄漏污泥，避免对人体和环境产生不利影响。

24.2.7 封闭填埋场

封闭填埋场时，该填埋场必须满足公众所接受的一定标准。这些标准是根据填埋场的类型、地理位置、处理规模和最终使用情况建立的。运行手册应包括封闭程序，并随着原填埋规划的变更而更新或修订。

1. 终场土地利用

场地的最终使用情况应该在操作和维护手册中，或在描述场地封闭程序的独立文件中加以阐述和说明。涉及实现场地功能的实际工作将取决于最终场地的使用情况和日常填埋操作的护理。

2. 填埋后的平整工作

当每个填埋单元完成时，都应按照预定计划进行最终覆盖和平整，并能够确保没有生物固体暴露在外。

3. 最终填平材料的适用性

填埋场的最终填平工作是在经过足够时间的初始沉降之后进行的，而最终的填平规划应根据填埋场最终使用情况进行设计，最重要的一点是要确保所有的生物固体都被覆盖材料覆盖到指定深度。

4. 沉积和侵蚀控制

控制生物固体处理场中沉积和侵蚀的合理做法可以借鉴当地具有良好的管理经验的法规中吸取，地方性法规通常决定填埋场的设计标准及使用性能。其次，503 条例和附录 D 法例也规定了应用于生物固体填埋场的附加标准。这些法规都要求填埋场的设计应满足填埋场现场的地表水管理系统能应对 25 年一遇的 24 小时的洪峰流量。

5. 景观绿化

填埋场中景观绿化应该反映所预期的场地最终使用情况，在整个填埋项目完成之前，可对已完成的部分进行绿化。

6. 持续的渗滤液和气体控制

填埋完成之后生物固体中的有机物能可能继续分解，因此填埋场中必须保持不断的对渗滤液和气体进行监测和控制。即使是在填埋工作停止以后，仍必须对渗滤液和气体进行控制，并且在竣工图中，必须清晰的标出该工作。

7. 生物固体对覆盖材料的适应性

在生物固体上采用覆盖材料进行覆盖是可以的，并已在许多州的城市生活垃圾填埋场中采用。这些城市生活垃圾填埋场可能是生活垃圾单独填埋场，也可能是生物固体与城市生活垃圾混合处理填埋场。填埋废弃物与覆土的混合工作可以每天进行、填埋过程中甚至是最终覆盖时进行。越来越多的州批准了生物固体与覆盖材料进行混合的做法，虽然大部分州接受了这种做法，但仍有一些州并未认识到或允许这种做。

8. 覆盖材料的应用

在生物固体与城市垃圾混合填埋场中，覆土材料的应用与城市垃圾单独填埋场的常规流程一致。按规定，日常覆盖操作应以 0.15m 的速度将泥土覆盖在每日填埋的城市垃圾和污泥之上。其次，在没有设置额外的 30d 废弃物量堆放点时，通常在废弃物平整时采用中间覆土的方法。中间覆盖通常采用 0.3m 厚的覆土，当最后分级完成时，进行最终覆盖。最终覆盖通常需要至少 0.46m 的黏土，还可能增加一层塑料膜，并在其上增设一层排水和植被区。在附录 D 法例中有针对以上覆盖方案的描述，在一些州的法规中有时有所强化。

然后，在生物固体单独填埋场中，覆盖操作的应用则遵循了与混合填埋场不同的方案。作为一个实际的操作问题，每个生物固体填埋场都必须达到一定的覆土厚度，以满足关于生物固体单独填埋的相应规定。尽管 503 条例中规定了没达到减少病原菌要求的污泥和处理后的生物固体必须进行日常覆盖工作，但它并没有针对日常覆盖的设计规范，也没有提及中间或最终覆盖要求。

503 条例对于渗滤液管理系统的维护和操作，以及单独填埋场中填埋气体的监测做出了规定，而最终覆盖不仅具有日常覆盖的所有优点，并且能在填埋场关闭后保持至少三年满足 503 条例规定的水平（在附录 D 法例中规定混合处理填埋场关闭后应有 30 年的护理阶段）。

24.3　专用地表处理

24.3.1　基本概念

专用地表处理（也称为专用土地处理）是指将生物固体注入地表以下，或是将其喷溅或平铺于土壤上。专用地表处理场接收经过反复应用的典型液态生物固体，并作为最终利用（U. S. EPA，1995）。虽然脱水后生物固体的应用是可行的，但这种应用并不具有典型性。

与其他的土地处理技术一样，专用地表处理技术要求污水处理的剩余污泥在应用之前必须经过调理以达到稳定的性质。如果污泥已经调理稳定便可以以液态或脱水状态应用于专用土地上。

由于生物固体在专用地表处理场中的处置率高于污泥作为土壤改良剂的处置率，在503条例中的B分章节中没有将专用地表处理场归为土地利用场地，而在503条例的C分章节中有针对活性污泥单元的具体阐述。

24.3.2　专用地表处理对于不同类型固体的适用性

503条例对生物固体的三个特性做出了规定：特定重金属含量、病原菌水平以及生物固体对传播媒介的吸引力。在生物固体没有进行日常的覆盖处理前，都必须对污泥进行调理稳定以满足减少病原菌和传播媒介吸引力的要求。

24.3.3　技术背景

在503条例作出规定之前，为了减少生物固体的高运营成本，首次开发了专用地表处理技术。然而该技术所产生的环境污染、臭味扩散以及影响环境美观的问题仍未得到解决。

随着污水处理力度的加强和生物固体量的增加，生物固体的就地处理已被视为环境问题，需要有一个更为完善的技术来解决这一难题。503条例对专用地表处理技术做出了相关规定，包括以保护人类健康和环境为考虑的选址限制和管理实践。

503条例的C分章节涉及了专用地表处理场的内容，包括有助于保护人类健康和环境免受生物固体污染物对其产生潜在不利影响的管理措施，并对专用地表处理场的管理实践提出了几点规定：

（1）从活性污泥单元流出的泥水必须进行收集和适当的处理；

（2）泥水收集系统必须能够承受25年一遇的24小时峰值的洪峰流量；

（3）当活性污泥系统中铺设衬垫时，必须对渗滤液进行收集和适当的处理；

（4）堆置在活性污泥单元的生物固体不得污染地下含水层。

关于地表处理技术在《工艺设计手册—污水处理的剩余污泥和城市垃圾的地表处理》（U. S. EPA，1995）章节中有更详尽的描述。

503条例的C分章节同时也要求地表处理场的所有人或经营者对公众访问进行限制。为了保护地下水，在专用土地处理单元需要铺设衬垫。衬垫指的是一层以1×10^{-9} m/s或更低的电导率覆盖在活性污泥单元底部的相对不透水的土壤，如黏土或合成材料。衬垫可以防止处理单元中的液体向下渗透进入地下水层。渗滤液收集系统是一个紧贴着衬垫上方安装的系统或设备，其目的在于收集和移除渗滤液（液体废弃物随着降水渗透进入活性污泥层）。

503条例规定，堆置在未铺设衬垫和渗滤液收集系统的专用地表处理单元的生物固体必须满足砷、铬和镍的含量限制。对于没有铺设衬垫的处理单元，经营者必须证明地下水没有受到生物固体中的其他相关成分包括硝酸盐的污染。

24.3.4　场址选择

专用地表处理场的选址必须考虑到监管、技术和经济方面的要求和约束，以及公众参与度和接受度。其他重要的考虑因素在503条例的C部分中都作了阐述：如地下水、侵蚀控制和径流管理、地形、土壤类型、足够的场地、水资源、社区基础设施、分区规划、与人群的距离、地质、濒危物种、湿地或水域，以及古迹或历史价值。

24.3.5　生物固体的储存

专用地表处理场的生物固体的储存是必要的，因为恶劣天气或其他不利因素将影响生物固体的平摊，液态生物固体通常储存在成排的污水池或金属罐中，脱水后的生物固体通常按堆土的方式储存在于径流区分隔开的区域。专用地表处理场中所要求的生物固体储存量计算方法在《污水处理剩余污泥和城市垃圾地表处理》（U. S. EPA，1995）中作了阐述。《生物固体场地储存指南》（U. S. EPA，2000）中对防止和缓解臭味、预防泄漏和应对措施以及径流管理工作等方面提供了建议和具体做法。

24.3.6　操作方法和设备

专用地表处理场所采用的处理方法取决于生物固体的特性、处理成本和环境美学，如臭味或其他社会问题（U. S. EPA，1995）。对于生物固体的处理方法包括：

（1）液态生物固体的地下处理方法，包括地面下注入、犁耕或圆盘覆土；

（2）利用液罐车对液态生物固体在地表进行摊开；

（3）液态生物固体的喷撒；

（4）脱水生物固体的表面摊开。

在所有的这些处理方法中，无论是采用快速的机械方法还是费时的自然方法，生物固体最终将融入土壤中成为其组成成分。

生物固体的土地应用技术受到将生物固体从污水处理厂运送到专用地表处理场的运输方式的影响。

这些运输方法如下（U. S. EPA，1995）：

（1）运输车将生物固体从污水处理厂运送到地表处置场并对其就地平摊；

（2）大容量的运输车将生物固体从污水处理厂运送到地表处置场，在地表处置场中生物固体被转移到另一辆操作车辆上转送到储存设施中；

（3）生物固体经由泵和管道从污水处理厂运送到地表处置场的储存设施中，然后生物固体再由储存设备转移到操作车辆上；

不推荐通过重力灌溉或淹没的方法在土地上平摊生物固体的方法，因为这种方法难以实现均匀的扩散速度，并且土壤孔隙堵塞导致污泥腐败并产生臭味。污水处理的剩余污泥和城市垃圾的地表处理（U. S. EPA，1995）中提供了关于液态生物固体平铺方法。

1. 脱水生物固体

脱水生物固体的应用（20%的固体含量或更多）类似于固体或半固体肥料、石灰和动物粪便。脱水污泥可以利用推土机、装载机、平地机或箱吊机进行平铺然后通过犁耕或圆盘压平。使用脱水生物固体的主要优点在于可以使用肥料、石灰和用于耕作的传统设备。其缺点在于需对生物固体脱水并需对所产生的侧流进行处理而导致更高的能耗等运营成本。由于脱水生物固体很少应用于专用地表处理单元，因此该方法弊大于利。

2. 固体处理率

503条例限定了专用地表处理场中生物固体的处置率，如果专用地表处理场未铺设衬垫和渗滤液收集系统，则503条例对生物固体中污染物含量做出了严格限制。这类专用地表处理场需要对生物固体的代表性样品进行砷、铬、镍含量检测，如果生物固体满足503条例规定的污染物限值，或者该地表处理场铺设了衬垫和渗滤液收集系统则需要考虑其他因素，包括控制地表处理场的生物固体应用率（U. S. EPA，1995）：

(1) 在每个平铺操作期间，当土壤保持好氧条件时可以对生物固体的处理率进行设置；

(2) 生物固体的处理方法、土壤排水、土壤特性；

(3) 一年中处理生物固体的天数取决于气候条件、生物固体平铺设备在现有土壤条件下的操作能力、设备故障和维修要求；

(4) 液态生物固体的蒸发率。

24.3.7 环境控制

对通过地表和地下水，以及气溶胶和臭味进行传输的潜在污染物进行控制是有必要的。专用地表处理的环境控制包括当处理场铺设有衬垫时的渗滤液控制、连续径流控制、可能的地下水开采以及臭味控制的管理实践（如干燥时间）。而当污泥性质稳定时，传播介质的控制则可以忽略不计（U. S. EPA，1995）。

1. 场地布局

将专用地表处理场划分为几个处理区域有利于对其进行操作和环境控制，良好的场地规划是专用地表处理场环境污染控制的关键。典型的分区面积在4～40hm^2不等，平均为20hm^2地表地表。

2. 地下水控制

如上所述，503条例规定要提供证明，保证放置于活性污泥区的生物固体不污染地下含水层。该证明必须来自于地下水监测工程的监测结果或是处理厂应用了衬垫和渗滤液收集系统。很难证明在没有铺设衬垫的情况下，地下水不会被生物固体所污染，除非地下水很深或是受到了天然黏土层的保护。

地表地表在没有铺设衬垫和渗滤液收集装置的情况下（例如该处理场具有天然保护层），地下水监测通常需要对处理场中生物固体的迁移模式进行评估以确保外部水质不会降低。

3. 地表水径流控制

专用地表处理场应该进行平整以使所有地表径流流向近场边缘或角落的某一点。处理场应的周围应设截水沟以将未受污染的地表径流隔绝在外，而将已受污染的地表径流围在里面。排水干渠可引导被污染径流回到生物固体储存区或者通过泵流回污水处理厂，还可以在现场进行单独处理。临时储存的径流可使沉淀性固体进行沉降分离并能够对其进行沉降监测。尽管全国污水排放系统许可证可能会要求储存水在排入地表水之前应进行处理，如果储存水的水质达到排放标准，可以不进行处理而进行排放。

4. 空气污染控制

气溶胶和气味的传输是空气污染控制的两大问题。在专用地表处理场的周围必须要有足够的缓冲区以减轻气溶胶和气味向场外扩散。在操作上，为了最小化操作时间，通常将生物固体直接暴露在空气中。空气污染控制也可以与一些特殊的设计方案进行组合，如在土地应用之前对消化污泥进行真空汽提以消除气体。

5. 现场监测

专用地表处理场的监控要求相对较为简单。除非处理场中铺设有衬垫和渗滤液收集系统，否则通过分布在处理场下游边界的检查井对地下水监测是必不可少的。如处理场中未铺设衬垫和渗滤液收集系统，则除了现场监测之外，处理厂中的生物固体还应满足 503 条例中规定的地表处理污染物限值。处理场的所有者和经营者必须对生物固体中的限制污染物进行监测，以确保生物固体满足减少特定病原菌和传播介质吸引力的要求。

6. 病原菌、传播介质、臭味和粉尘的控制

专用地表处理场中的生物固体必须满足 503 条例中关于减少病原菌和传播介质吸引力的操作标准。503 条例中要求处理场通过一定的工艺流程减少生物固体中病原菌的密度，包括有助于防止病原菌再生的管理措施。

臭味的控制可以利用专用地表处理场的干料循环破坏生物固体中的厌氧环境来实现。石灰和化学掩蔽剂也可以用来减少异味。此外，限制生物固体的储存量也是一个减少异味的有效手段。为了减少粉尘，通往处理场的道路可以铺设石子或采用洒水的方法。

7. 噪声控制

地表处理场的噪声源包括操作设备和运输车辆。这些噪声通常与重型施工活动所产生的声音类似，并且这些噪声无论在处理现场还是运输途中都是受到限制的。为了降低这种影响，应尽量减少通过人口稠密区的运输道路，并应将处理场与附近居民区隔离开降低噪声对居民的干扰（U. S. EPA，1995）。此外，采用土制护堤和树木也可以有效防止噪声扩散。而在处理场中，现行的职业健康和安全法（OSHA）标准也要求保护劳动者免受噪声危害。

第 25 章　新 兴 技 术

25.1　引言

污泥和生物固体处理的新技术在不断发展。这些新技术的出现，一方面是由不断变化的监管规定以及影响当前固体废物管理的经济或社会问题所推动的，另一方面则是通过完善或改进现有技术得到的。大部分新技术需要历经多年的研究、开发和测试才能进入市政市场，并且往往需几年的时间才能获得行业认可。本章的目的在于介绍其中的一些新技术，并提供足够的信息来确定这些技术在特定应用领域的潜在优点。

25.2　方法

本章节的讨论范围无法涵盖所有被引入到市场中的技术，因此，本章所讨论的是符合下列条件之一的新兴技术：

(1) 北美或欧洲的市政污水处理厂在过去 5 年内进行的具有中试规模的测试；

(2) 仅限北美污水处理厂中的生产性应用技术；

(3) 在欧洲的水处理设施中的生产性应用技术，不包括北美。

《生物固体管理的新兴技术》(U. S. EPA，2006 年) 对固体废物处理新技术进行了介绍和总结。该文件筛选出的是那些被认为具有创新意义的新技术，这些新技术被归为新兴的一类。另外，这些技术还包括那些处于“孵化期”的技术。本章节对该 2006 年的手册中的许多创新技术进行了介绍，但不包括“孵化期”技术。

25.3　浓缩脱水工艺

浓缩和脱水工艺主要用于去除污泥和生物固体中的水分，便于运输和后续处理。本章专注于具有独特优势的新兴浓缩脱水工艺。

25.3.1　膜浓缩工艺

1. 工艺特点和原理

膜浓缩技术是污水二级处理工艺中膜生物反应器发展和实践的结果。当污水通过膜孔隙时，截留下来的剩余活性污泥被集中收集在浓缩池中。这些剩余活性污泥经浓缩后，可以达到至少 4%的含固率。通常需要在浓缩池中充入气体以维持其中的好氧条件和减少膜堵塞。膜组件可以是管状或片状，而浓缩池也可以采用间歇式或连续式运行。

2. 工艺说明

膜的组成包括两种基本材料：有机聚合材料和无机材料如陶瓷。有机聚合材料膜通常用于污水处理，由改性天然纤维醋酸材料或合成材料加工而成。膜组件分为管状、中空纤维、螺旋状、板框状以及折叠筒式过滤器几种类型。根据需要，选择膜组件类型。

一些膜浓缩池设有膜浸入式反应器，一些膜浓缩池则将膜置于一个独立的分格中，任何类型的膜都可应用于这两类膜浓缩池中。

然而潜在的膜污染是该工艺所面临的一个问题，这是由膜表面或膜孔隙内部的悬浮固体、胶体、沉淀物以及大分子不断积累导致的，从而会降低膜的渗透性。膜污染的控制技术包括化学清洗、空气冲刷和反渗透脉冲，以防止滤饼层的形成。

膜浓缩系统与其他系统相比占用了更少的空间，膜单元处理具有一定的灵活性，可以根据不同的流量进行膜系统容量增减，但污泥量必须维持一定，以使膜始终保持浸没状态。膜浓缩系统生产能力是由膜的物理性能决定的，通常最大设计流量不应超过平均设计流量的 1.5～2 倍。膜组件应在好氧条件在使用，以实现活性污泥的固液分离。经验表明，厌氧环境会加速膜的堵塞，因此需要在系统中充入氧气营造好氧环境。

表 25-1 为中空纤维膜和平板膜的一些典型设计参数。

膜浓缩池的典型设计参数　　**表 25-1**

参数	中空纤维膜	平板膜
设计流量		
平均值	325～490L/(m^2·d)	490～650L/(m^2·d)
最大值	815～11400L/(m^2·d)	980～1300L/(m^2·d)
峰值	<1467L/(m^2·d)	1630L/(m^2·d)
气冲强度	0.23～0.29m^3/(m^2·h)	0.51～0.54m^3/(m^2·h)

3. 发展现状

至 2009 年 12 月，膜浓缩池已在美国的两个地方投入使用，分别是位于密歇根邓迪的邓迪污水处理厂和佐治亚富尔顿的考利溪再生水厂。

4. 预处理和后处理

剩余活性污泥应去除可能会造成膜的堵塞和损坏的物质，因此，在膜浓缩之前必须在固体处理过程中的某些位置设 2mm 细筛。同时，污水处理厂应该维持浓缩池的好氧条件，以避免池中污泥发生腐败，产生气味或泡沫，这还可能损坏膜组件问题。后处理取决于膜浓缩池的最终使用情况或浓缩方法。

5. 环境影响

理论上，膜浓缩技术理论上不会对环境造成不良影响，并且膜浓缩要求提高下游工艺和运输效率，故能够减少对环境的不利影响。膜浓缩的简易过程，也便于必要时为浓缩池加盖，控制气味。

6. 技术展望

膜浓缩技术具有很好的发展潜能，虽然在本手册创作时该技术的设备数量仍然有限，但它很可能发展成更加广为人知的技术。一些厂商已开始提供该项技术包括 Enviroquip 公司、Infilco Degremont 公司、三菱国际、US Filter/MEMCOR 公司、威立雅水务公司以及通用电力和水利公司。

25.3.2 电脱水

1. 工艺特点和原理

电脱水的目的在于使用电流来提高传统的脱水性能。电脱水的原理是当外加电场应用在脱水泥饼时，离子流从阳极迁移到阴极，极性液体在外加电场的影响下通过膜或其他孔隙结构，离子的迁移运动能够将水分子从生物固体中去除。电脱水与传统脱水工艺相结合用于去除污泥絮体中的孔隙水和表面附着水，从而提高污泥中游离水的去除率。

电脱水以电渗析原理为基础，极性液体通过多孔结构的运动。在电渗析中，通过多孔介质的水流速与电压梯度和横截面积成正比。这类似于达西定律中水流在水力梯度的影响下通过多孔介质的情况。但水力渗透能力与介质的孔隙大小和形成多孔材料的颗粒类型有关，而电渗透能力并不取决于介质的孔隙大小且对于可渗透的不同材料电渗透能力也保持不变。因此，当应用于剩余污泥这种通常包含有胶粒的材料时，电渗透对液体通过孔隙介质（机械脱水）具有一定优势（Decker et al.，2006 年）。在直流电流的应用过程中，污泥中的阳离子被吸引到阴极，阳离子的定向运动有助于将水运送到阴极（即电泳），从而有助于将水从污泥中脱离出来（Mckay et al.，2007 年）。

2. 工艺说明

不同供应商对应用电流的时间点有所不同，有些系统要求在电脱水之前进行浓缩和脱水处理，一旦有泥饼形成，直流电将会导致电渗透的发生，离子向相应的电极迁移以弥补该处的电荷损失。电脱水可以与传统的带式压滤机或其他脱水技术相结合。根据水环境研究基金会（2006）最近的一项研究，当传统的压滤技术无法很好的完成脱水工作时，电脱水的成本效益可能达到最大值。该研究表明，电脱水技术适用范围广泛，但对于电导率较高的污泥，其性能可能受到限制。

3. 发展现状

美国环境保护局（2006 年）在最新出版的《生物固体管理新兴技术手册》中，将该项技术分类为创新技术。电脱水技术自 20 世纪 90 年代起便应用于不同领域并取得了有限的成功，而最近的工艺测试对其提供了有利的结果。例如，美国电力研究所（2003 年）就使用电和超声波对电脱水这一课题进行了一次小试研究，试验证明，电脱水与传统的带式压滤机脱水相比，脱水率提高了 8%。

目前一些制造商已经研发出了生产规模的电脱水设备并已用于大规模测试或生产性应用。例如，加拿大魁北克维多利亚维尔的阿尔希加尼翁污水处理厂自 2005 年 3 月起至 2006 年 12 月就对该技术进行了试验（Mckay et al.，2007 年）。阿尔希加尼翁污水处理厂进行了测试比较了单独的机械脱水和机械脱水后进行电力脱水两种工艺。测试结果显示，采用叠螺机进行机械脱水后，污泥的总固体量约占 16%，而在对这些污泥进行电脱水后，泥饼的总固体量提升至 25%～40%。对干进料固体进行电脱水可以减少最终产物的固体含量，但经叠螺机脱水后产生的泥饼中聚合物量更高，对电脱水过程具有一定阻碍作用。

此外，维多利亚维尔的试验还表明，电渗透能够影响废水中病原菌的水平，病原菌和病毒在电脱水污泥中以减少到了检测水平之下，这与其他研究的结果是一致的。表 25-2 和表 25-3 提供了维多利亚维尔测试电力脱水测试的相关数据。

电脱水过程对病原菌的破坏　　　　**表 25-2**

样品来源	大肠杆菌（MPN/g）	沙门氏菌（MPN/g）
机械脱水样品	94000	71
	1900000	<5
	33000	5
电脱水样品	<7	<3
	<7	<3
	<8	<3

注：MPN/g——最大可能细菌数数/克干固体

电脱水过程对病毒病原体的破坏　　　　**表 25-3**

样品来源	林肠溶病毒（大）（PFU/4g）	林肠溶病毒（HISG-过氧化物酶）（MPNIU/4g）	体细胞大肠杆菌噬菌体（PFU/4g）	F-特异性大肠杆菌噬菌体（PFU/4g）
机械脱水样品	<0.08	<0.16	608	5000
	<0.08	0.28	280	1024
	0.08	0.08	10120	3920
电脱水样品	<0.08	<0.08	<0.08	<0.08
	<0.08	<0.08	<0.08	<0.08
	<0.08	<0.08	<0.08	<0.08

注：1. 所有结果都表示为每升每 4g 送到实验室的湿样品
2. PFU——在猴胚胎肾细胞中空斑形成单位
3. MPNIU——在猴胚胎肾细胞中受感染单位的最大可能计数

4. 预处理和后处理

根据设备制造商的不同要求，在电脱水之前，可能需要对污泥进行适当的浓缩或脱水。后处理的要求则取决于电脱水工艺的最终用途和处理实践。

5. 环境影响

目前还未出现与该技术相关的环境影响。

6. 技术展望

电脱水技术应具有不断进步和发展的机遇。自 2005 年以来，该技术在阿尔希加尼翁污水处理厂的试运行中效果良好。随着电脱水装置数量的增加及其设备和系统的升级，这一技术很可能成为强化污泥脱水的备选技术。该技术设备的制造商包括 Elcotech 技术公司、澳大利亚废水处理技术公司、阿什布鲁克-西蒙哈特利公司。

25.3.3　土工管袋脱水

1. 工艺特点和科学依据

土工管袋脱水技术是一种高效低成本的污泥脱水方案，它采用的是类似于运用在带式压滤机上的高强度聚丙烯编织管，原理是使污泥通过织物进行过滤，从而将脱水后的生物固体留在管袋内，而将污泥中的游离水去除。管袋内的脱水固体在输送出去做肥料利用或处置之前又进行了优化脱水。因为生物固体的静水荷载和管道织物的收缩性能对生物固体形成了压力，将生物固体中的水分挤压出来。故这种土工布管袋需要放置在便于对排出水收集处理的地方。

2. 工艺说明

当污泥通过泵抽填入土工布管袋时，编织管截留了污泥絮凝体，而水分则通过管壁渗透流出。为了提高过滤效率，需要对管袋材料聚合物的性能进行调节。随着管道内污泥体积的减少，污泥可以重复填充入管道中。在填充和脱水循环之后，由于透过管道织物向外流出，因此管袋内的脱水固体仍在继续进行干燥。

一个快速的脱水测验是将 75～150L 的生物固体放入小的挂袋中进行脱水，并观察随着时间的推移水分通过织物结构的能力。根据测验结果可以计算出在可接受的时间范围内，脱水一定体积的生物固体所需要的挂袋数量。对于连续脱水操作，已使用过的填充袋需要事先清空而重新进行填充。如果这是优化脱水操作，那么可以将所需填充空间降至最小。

土工管袋脱水系统的优点在于减少了操作过程中所需的劳动力，此外，由于操作过程是封闭的，因此不会有气味扩散出来。其缺点则是所占空间大，且易受气候条件的影响，冰冻温度是此类系统所面临的一个问题，尤其是对于聚合物的调节系统而言。

3. 发展现状

美国环境保护局（2006 年）在其最新出版的《生物固体管理的新兴技术手册》中将该项技术分类为创新技术。在加利福尼亚州、乔治亚州、俄亥俄州和新汉普郡的研究显示，土工管的使用具有改善污泥的脱水性能，成功遏制气味，减少废水中的悬浮物以及节约成本等优点。爱荷华州多个区域的承包商包括克林顿、瓦非顿、罗亚尔和西利伯蒂，采用了该技术。

4. 预处理和后处理

生物固体中有游离的大分子可能对土工织物结构造成剪切和破坏，故根据脱水固体的来源（如咸水湖），在填充进入土工管之前需要进行适当的筛选和破碎。此外，在选用最佳聚合材料时也应该进行聚合物的性能调节测试，滤出液需要进行收集处理，而脱水固体的后续处理则取决于脱水系统的最终用和处理实践。

5. 环境影响

该脱水技术通过将污泥封闭在织物袋中，从而将其环境影响降至最低。

6. 技术展望

该技术最适用于小型处理厂的脱水工艺，并且将脱水污泥储存在氧化塘中也不失为一个合适的应用方法。然而，由于物料输送和空间的要求，该技术运用在中大型处理场中较为困难。预计在未来，该脱水技术的使用量将会有所增加。

25.4 热处理工艺

25.4.1 超临界水氧化工艺

1. 工艺特点和原理

超临界水氧化工艺（SCWO）是一种将废弃物中的有机物进行加热氧化的工艺。该技术大范围应用于处理水溶性有机废物如多氯联苯（PCBs）、农药、含氰废水以及污水处理剩余污泥。该工艺对反应器中的液态废弃物升温加压从而氧化其中的有机化合物，也被称为超临界湿式空气氧化、超临界湿式氧化和水热氧化。

在374℃、22100kPa的临界条件下，溶解于水中物质的溶解性增强。而在超临界点时气液两相难以区分，在这样的条件下气体氧化剂如氧气会与超临界水完全混溶，且有机物在水中的溶解度显著增加，有机化合物的快速氧化时间仅为几秒或几分钟（Yesodharan，2002）。试验表明，经超临界水氧化工艺后污水处理剩余污泥的化学需氧量减少了99.9%以上（Griffith et al.，2002；Stendahl，and Jafrerstrom，2003）。

通常投加氧气（空气）作为典型的氧化剂用以推进氧化过程。有机化合物被氧化成二氧化碳和水，含氮化合物主要被氧化成氮气和简单的氮氧化物，而难溶的无机盐和一些矿物质则形成沉淀，磷和硫则被氧化成磷酸盐和硫酸盐。处理后的残留物是利于脱水的湿式惰性材料，主要包括淤泥、砂子和黏土颗粒等（Boulding，1996；Svanstrom et al.，2004）。

2. 工艺说明

虽然实现SCWO工艺的热力学原理相同，但达到超临界条件的方法却随着设备供应商的不同而有所差异。通常的做法是对污泥进行浓缩以提高COD至所需浓度水平并减小设备尺寸。一些试验将固体含量为35%的脱水后污泥稀释至17%的固体含量，经泵抽浓缩提高污泥均匀性后对其加压至25000kPa，再对加压后的污泥加热至400～600℃，并将其输送到加入了氧化剂的反应器中进行SCWO工艺。

超临界氧化过程是一个放热过程。该过程所放出的热量可以回收利用从而降低系统的能量需求。SCWO工艺需要启动外部热源，然而一旦达到运行温度且废弃物中含有足够的有机物浓度，则该过程可能变为自发反应，该过程需15000mg/L或更高浓度的化学需氧量来维持反应（Boulding，1996）。一个污水处理剩余污泥专用SCWO系统的供应商提出要实现能量回收需要污泥含有3%或更高的有机物浓度（O′Regan，2008）。

经过氧化处理后的污泥进行固液分离，然后通过热回收系统进行输送。分离出的惰性固体可以送至垃圾填埋场进行处理或作农肥利用。在德克萨斯州哈灵根的生产性试验点所做的初步实验表明残余固体作为农肥利用必须满足503条例40CFR中的所有金属含量限值（Griffith et al.，2002；U.S.EPA，1993）。此外，一些研究人员已经成功从该氧化过程中回收了磷。SCWO工艺出水水质也发生了变化，试验出水中氨的含量相对较高，需要进行进一步的处理（Griffith et al.，2002）。

3. 发展现状

自20世纪80年代开始，人们就对污水处理剩余污泥的SCWO处理工艺进行了试验。虽然几个大型SCWO试验厂已经建成并投入运行，但目前还没有持续长时间运行的SCWO生产系统。第一个大型试验场于2000年在德克萨斯州哈灵根建成，并于2001年开始试运行。该试验场设置了2组SCWO工艺，每组规模为2725L/h，并对它们周期性的运行了若干个月。该工艺的进料污泥是浓缩后的厌氧消化污泥。污泥浓缩后的总固体含量约为4.5%，但为了增加COD浓度，进料污泥的目标总固体含量应该达到6%，据报道化学需氧量的浓度将减少99.9%以上。有机氮转化为氮元素的概率并没有预期中那么高，并且在出水中氨的浓度范围高达410～2075mg/L（Griffith，2002）。该项目的目的之一是重新获得二氧化碳并将其出售给邻近行业。但由于试验厂有许多与砂砾和浓缩污泥输送相关的启动机械和工艺问题，该试验厂于2001年关闭后，厂商便不再积极推广这一系统。

2006年，佛罗里达州的奥兰多市在铁大桥区水资源回收厂中开发了一个生产性试验工程，该工程采用了与哈灵根试验相似的系统。该试验厂原计划于2009年中期投入运行，但截至2011年初也没有实现连续运行。在放热过程中回收的能量预计能够维持该工程的运行（O'Regan，2008）。

位于英国爱尔兰科克的SCFI集团最近获得了瑞典Chematur工程SCWO技术的专利，并致力于将SCWO推广并商业化。该工艺以5.5千t/h的规模进行分组，包括热回收，同时还打算利用余热发电。SCFI集团在科克有一个规模为250L/h正在运行的试验厂，该厂应用SCWO工艺对含固率为22%的污泥进行处理（Sloan et al.，2008）。

4. 预处理和后处理

SCWO工艺非常适合处理不易焚烧的稀释有机废弃物。所以，需要将污水处理后产生的污泥最小化处理。污泥浓缩也许是需要做的，以达到自发氧化反应所需的有机负荷。

在进行SCWO处理之前，需要对无机残余物进行机械脱水。现有文献指出，从水中分离出残渣较易实现，但尚未发现有脱水系统和性能的信息，估计该脱水过程将与常规焚烧灰渣泥浆的过程相类似。德克萨斯哈灵根的试验项目中，将残渣未经任何预处理就运送至专用土地处置场。

5. 环境影响

该工艺的排放物主要是二氧化碳、低浓度的氧化亚氮和挥发性有机物。一些研究和试验项目对二氧化碳的回收做出了阐述。该工艺的处理要求取决于工艺的地理位置和管理机构要求。

审查文件中并没有对工艺残留物的病原菌减少试验结果进行报告，但考虑到该工艺的温度和压力条件，预计残留物中并不存在病原菌。并且这一工艺中对有机物的破坏可以防止残留物腐烂，因此应该不会吸引带菌者。格里菲斯和雷蒙德（2002）指出，试验表明哈灵根试验项目的残留物应该能够满足503条例中对于土地利用的金属限值。但对于生产性试验项目残留物的测试结果尚未完成（美国环境保护局，1993）。

侧流的主要污染物是氨氮，德克萨斯哈灵根试验项目的回流中氨的观测值高达2075mg/L（Griffith，2002）。液体侧流在回流至水处理工艺之前，必须进行专门处理。

6. 技术展望

SCWO工艺在实现生产性运行之前面临着一些挑战，其操作过程中的高温和高压环境需要专门的设备和安全程序，此外该设备必须能够承受工艺过程中产生的腐蚀，而这一问题的解决可能需要采用特殊合金。盐沉淀结垢也可能对水流通过反应堆压力容器和热交换器造成阻碍（Yesodharan，2002）。对SCWO工艺所做的研究证实了该工艺的发展潜力，但需要在更大规模的系统上进行验证。由于一些工作正在开展，阻碍该技术发展的问题将会得到解决，并且可以对该工艺的长期运行进行评估。

25.4.2　污泥转化为燃料

1. 工艺特点和科学依据

已经开发和测试了几种不同的市政污泥转化成富碳燃料的专利装置。这一工艺过程利用高温高压将污泥中的有机物质转化成富碳材料（碳化）。碳化污泥易于脱水或干燥，从而得到可作为燃料的产物。该过程需要将污泥加压至饱和蒸汽压之上以防止污泥加热沸腾时高于正常沸点。这一做法消除了蒸发造成的热能损失，并能够最大限度地减少额外的热源需求。在这之后，将固体污泥加热至分子结构发生变化而成为固体料浆，并将

CO_2 气体从固体污泥中去除。这一操作减少了大约 40%的固体量，同时也减少了生物固体对水的亲和性，由此产生了“碳化”废弃物，然后对其进行冷却、减压和脱水，得到的产品具有大约 14～21MJ/kg 的能量值，而此能量值取决于后续处理过程。

2. 工艺说明

从污水处理厂中得到的生物固体的含固率为 15%～30%，对这些污泥进行浸渍处理后，再对其加压至饱和蒸汽压之上以防止沸腾。在这种压力条件下，经过处理的泥浆仍保持液体状态，并能够最大限度地减小为水汽蒸发带走的热能损失，加压后的浆料通过热交换器进行升温处理。其实际温度取决于不同的专利工艺，但大致在 200～260℃之间变化。升温操作使得生物污泥的细胞结构遭到破坏并使有机分子中的羧基断裂释放出二氧化碳气体，这个反应被称为脱羧反应。脱羧反应改善了污泥的固体形态，在其表面形成负电荷，同时使其具有疏水性。

在脱羧反应之后，对泥浆进行局部降温和减压，然后再对泥浆进行脱水。在试验工程中，污泥经离心机脱水后已经能够达到 50%的含固率，脱水产物可以直接或在经过进一步干燥后作为富碳燃料。

3. 发展现状

第一个运用这项技术的商业项目是科能环保设在加利福尼亚州丽都污水处理厂的“SlurryCarb”工艺设备。科能于 2008 年 10 月开始启动规模为 833Mg/d（湿重）的试验，并于 2009 年底开始全面运行。但截至 2010 年 1 月，该项目仍未实现连续运行。

热能公司已经开发出一种名为“ThermoFuel”的污泥燃料工艺，该系统是在巴特尔纪念研究所开发的污泥提取油反应器系统（STORS）基础上发展出来的。位于加利福尼亚州科尔顿的热能公司从 1999 年初到 2000 年底对该 STORS 系统进行了测试，该测试由美国环境保护署发起。

4. 预处理和后处理

污泥转化燃料工艺所需要的预处理程度取决于所使用的系统，即一个是处理脱水污泥的系统，另一个是处理浓缩污泥的系统，要求污泥中不含有大的垃圾碎片以防止在处理过程中发生结垢。

此外，该工艺需要对排出物和侧流进行后续处理，后续处理程度取决于所采用的系统。侧流中有较高浓度的有机物和固体含量，在回流至水处理系统之前需要对其进行预处理。目前有一种供应的专利系统采用厌氧/好氧工艺处理侧流后在对其进行排放，而侧流进行处理时可能需要进行气味控制。

5. 环境影响

对于在热处理和干燥过程中释放出的挥发性有机物需要采取控制措施以减轻其对环境的影响。该工艺流程中的能量回收将最大限度地减少其对天然气的需求，并有助于减少该过程中总的碳足迹。这些回收的能量可以取代水泥生产中的煤，这将进一步减少碳足迹。

6. 技术展望

第一个生产规模的污泥转化燃料试验厂在启动过程中遭遇了困难，且没能够实现持续运行。在我们准备编写本书时，该试验厂正在进行改造。若要知道该工艺是否可行，需要用时间来检验，并且该工艺过程较为复杂，需要运用专业技能来运行操作该系统。如果试验项目取得了成功，那么该技术的发展前景应该是好的，特别是在人口密度高、所需处理的生物固体量大的地区，该技术无疑是经济有效的。

25.4.3 等离子辅助热氧化

1. 工艺特点和科学依据

等离子辅助热氧化是一个专利工艺，它采用低功率等离子弧火炬在回转窑内进行氧化。等离子弧技术的目的是在低于常规燃烧系统的温度下氧化生物固体，能提高燃烧过程中的能量利用率。加拿大最大的电力公司——魁北克水电公司于1997年开发了等离子辅助污泥氧化的工艺（PASO）并取得了专利，并将该工艺用于处理纸浆和纸屑中的固体废弃物。2001年魁北克水电公司取得了该技术的生产执照并向蒙特利尔定制金属设备制造商Fabgroup技术公司销售了该系统（Metro废水回收利用区，2006；Mulhern，2008）。Fabgroup技术公司拥有3个已运行了50年以上的制造工厂（Mulhern，2008）。

等离子氧化技术利用电流高度电离气体（空气或惰性气体）从而产生高温等离子体。等离子氧化过程类似于热解过程，只需要少量额外的氧气。该工艺已被用来产生高温条件（>1600℃）破坏专用领域废弃物如医疗和军事废弃物。日本自1993年起，就已开始利用等离子体焚烧城市固体废弃物来固化焚烧飞灰。

PASO工艺不同于废弃物破坏过程中的其他等离子体应用，该氧化过程发生在回转窑中，并保持窑内温度大约在650～700℃和略低于大气压的压力条件。而传统的污泥燃烧过程则是在一个温度大约为850℃的流化床熔炉中进行。

2. 工艺说明

在PASO工艺中，生物固体和预热空气被同时引入一个连续运行的回转窑中，窑内转速为1r/h。等离子火炬位于窑内的另一端，如图25-1所示。根据Fabgroup技术公司的报告，该技术处理生物固体的含固率可以在20%～65%。在该氧化过程中，等离子弧火炬产生紫外辐射和等离子自由基对其起着持续的催化作用。该氧化过程中释放的能量将水分从处理的固体中蒸发出来并对氧化产物进行加热。

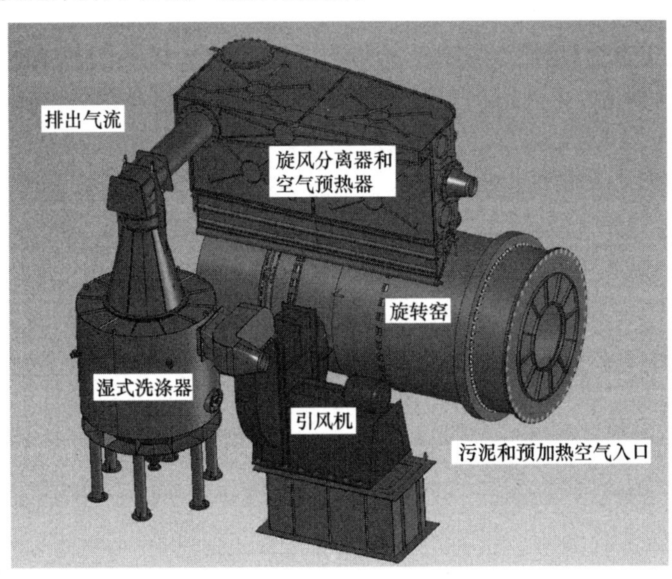

图25-1 等离子体辅助污泥氧化工艺的主要组成部分（Fabgroup技术公司）

氧化过程中产生的残渣被收集在旋转窑中，作为新加入固体的载热体，多余的灰烬通过旋风分离器得以不断去除。旋风分离器具有双层结构，气体流经窑壁间隙对进料固体和空气进行预加热，经过旋风分离器之后，废气通过一个湿式洗涤器进行冷却并进一步去除颗粒物及其他成分。引风机是用来引导气体通过工艺流程并将废气从烟囱向外排出，通过该工艺处理污泥体积减少了约 95%（Bacon，2002；Metro 废水回收利用区，2006；Mulhern，2008）。Fabgroup 技术公司指出，该工艺中进料污泥应具有 20%或更高的有机含量（Mulhern，2008）。

与其他氧化过程一样，回收 PASO 工艺的余热具有发电、建筑供暖和其他有利用途的发展潜力。

3. 发展现状

2008 年 9 月，Fabgroup 技术公司在加拿大魁北克的瓦利菲尔德试验厂中开始运行中试规模 PASO 系统，对生物。该处理单元的设计规模约为 3.6Mg/h（湿重），脱水后生物固体的含固率为 30%、有机含量为 65%（Mulhern，2008）。

4. 预处理和后处理

Fabgroup 技术公司指出，PASO 工艺的进料污泥总固体浓度范围在 20%～65%，故该工艺仅需要机械脱水作为预处理。

工艺的后处理包括灰烬和废弃物处理，从系统中去除灰烬的方法有两种：通过窑堰排出和如前面所述的借由废气排出。Fabgroup 技术公司表示，窑底的灰烬具有较低的金属浓度并且适用于农肥利用，但浮尘中含有较高的金属浓度，必须由加拿大有关部门进行分离处理（Mulhern，2008）。洗涤器排污水在回流至水处理工艺流程之前，应先进行澄清处理以去除其中的杂质颗粒。

如前所述，废气在排放之前经过了旋风分离器和湿式洗涤器的处理。Fabgroup 技术公司检测发现这些废气中的颗粒浓度与排放要求限制相近，并认为这些微粒源自水分的流失，可通过增设除雾器以减少水分流失（Mulhern，2008）。

5. 环境影响

关于 PASO 工艺排放物特点的信息较少，但基于氧化过程中的温度条件和有限的氧浓度考虑，其排放物的成分主要有二氧化碳和低浓度的传统污染物，如氮氧化物和硫氧化物。传统的排放物控制措施即可使该工艺满足监管要求。

PASO 工艺中残留飞灰的性质取决于进料固体中的金属浓度，飞灰与传统的氧化过程如焚烧所产生的飞灰成分类似。

6. 技术展望

应用于城市生物固体处理的新兴技术通常需要通过证明和生产规模的运行试验来认识该工艺未来所需解决的流程、设计和成本问题。Fabgroup 技术公司于 2008 年底在魁北克的瓦利菲尔德试验厂投入运行大规模的 PASO 工艺。该大型试验的运行经验在对 PASO 工艺的设计、操作问题和系统成本的认识上，具有非常宝贵的价值。

25.4.4 玻璃化技术

1. 工艺特点和科学依据

玻璃化技术是将生物固体中的矿物质进行熔融以得到可用于骨料的玻璃状产物，该技术用于处理工业危险废弃物和市政污泥。熔融过程中可以分离出金属并破坏大多数挥发性有机化合物。美国环境保护局将土壤玻璃化技术作为有毒废物堆场清理的一部分。

在玻璃化过程中，对有机物进行热破坏的温度大约为1400℃或更高，将90%的纯氧和回收的废气混合形成合成助燃空气加入到高温条件的工艺流程中（Dorn et al.，2007），而传统的污泥燃烧则是在温度约为850℃的流化床炉中进行。玻璃化过程中所得到的熔融玻璃在水淬室迅速冷却成玻璃聚合物，排出的气体需要进行分离，且根据当地法规和具体实施过程需满足不同的排放要求限制。

2. 工艺说明

威斯康辛州能源公司Minergy公司开发了应用于生物固体的玻璃化处理系统。它是一个结合了热干燥和玻璃化的模块化系统，干燥的热能从玻璃化过程中回收，而玻璃化所需的能量由干燥污泥中的有机质提供。

Minergy公司开发并取得闭环燃烧空气系统专利使用富氧合成助燃空气可以将反应温度提升至生物固体玻璃化所需的温度（1315～1482℃），而合成助燃空气中高浓度的氧也有助于控制氮氧化物的排放。

在第二区域，将固体中的惰性部分熔化，熔融材料在水淬室中快速冷却形成玻璃聚合物，并从第二区的熔融材料中分离出热燃烧气体。在第三区将这些热燃烧气体与系统中其他地方收集起来的温度较低的稀释气体一起冷却至370～870℃。

将熔炉中的热废气输送到气—油热交换器中为流化床干燥系统获得热量。在流化床干燥器中使用热油为干燥固体至90%或更高的含固率的操作提供热能。

虽然熔炉和干燥组件具有闭式气体循环系统，但仍会有废气排出，需采用纤维过滤器、填料塔洗涤器以及额外的氮氧化物控制等排放控制技术。

3. 发展现状

在20世纪80年代早期，日本城市污水处理第一次运用了玻璃化技术（U.S.EPA，1995）。对于土地应用和填埋场处理实践的限制是驱动玻璃化工艺在日本应用发展的一个关键动力，该工艺产生的熔渣经粉碎和筛选用作建筑材料。该工艺的熔炉包括焦炭床、电弧炉和旋风炉（Lue-Hing et al.，1992）。

1991年玻璃化技术在美国纽约蒙蒂塞首次进行使用，久保田公司的子公司建造了一个运行了若干年的规模为23Mg/d（湿重）的试验厂，纽约州运输部证明了该试验项目的产品可以用作细小骨料的替代品（美国交通部）。

20世纪90年代，Minergy公司开发了用于处理纸浆和造纸业污泥的玻璃化工艺，该工艺使用污泥中的有机物质作为旋风炉中玻璃化过程的燃料。余热回收用于产生蒸汽，并将所产生的蒸汽用于发电。建于威斯康星州尼纳的福克斯谷玻璃材料厂开始使用Minergy技术，并于1998年投入运作。该试验厂用来处理含固率为40%的污泥，设计规模约为1180Mg/d（湿重）。该试验厂运行Minergy技术至2006年，之后将该技术卖给了Thermagen电力集团。该试验厂所生产的玻璃材料已用作生产沥青、水泥、建筑填补、排水材料和爆破媒介等（Minergy，www.minergy.com）。

随着福克斯谷玻璃材料厂的发展，Minergy公司又开发了第二代用于处理生物固体的玻璃化系统。第一个生物固体玻璃化系统安装在北岸卫生区（NSSD）附近的沃基根、伊利诺斯，于2007年开始启动运作。该试验厂用来处理来自3个不同污水处理厂的含固率为 17%的污泥，设计规模约为 170Mg（湿重）/d。进行玻璃化处理的污泥中，有 20%事先经过了厌氧消化，而其余的污泥则未经过消化处理（Dorn et al.，2007）。

大约运行 1 年后，由于 Minergy 系统的工作过程和维修问题，使得该试验厂没能持续运行下去（Dorn，2008）。

4. 预处理和后处理

玻璃化技术要求污泥在玻处理之前应先经过脱水，北岸卫生区（NSSD）的 Minergy 系统设计可以处理含固率约为 17%的脱水后污泥。在 Minergy 专利系统中，将干燥至 90%或更高含固率的污泥引进整个工艺流程中作为预处理的一步，工艺的排放物需要进行处理，冷凝物也需要处理后才能回流到处理厂。

5. 环境影响

排放物控制是必须的，根据地点不同许可限值而有所不同。NSSD 项目使用纤维过滤器控制颗粒物排放，用氢氧化钠填料塔冷凝器去除二氧化硫，在冷凝器之后对气体进行加热以防止冷凝并采用预滤器对排出气体进行处理以及用浸渍碳媒介去除汞（Dorn et al.，2007）。旋风炉中的汞排放限值设定 0.80kg/a。表 25-4 列举了 NSSD 项目各组件的其他污染物排放限值。

北岸卫生区，沃基根，伊利诺斯项目的允许排放限值（Dorn et al.，2007）　表 25-4

污染物	旋风炉		辅助加热器		二级填料塔洗涤器	
	kg/h（lb/h）	kg/a（t/a）	kg/h（lb/h）	kg/a（t/a）	kg/h（lb/h）	kg/a（t/a）
有机挥发物	013（0.28）	1134（1.25）	0.05（0.11）	435（0.48）	0.75（1.65）	6550（7.22）
微粒物质	0.23（0.51）	2041（2.25）	0.07（0.15）	608（0.67）	0.14（0.30）	1179（1.30）
氮氧化物	8.86（19.54）	77664（85.61）	0.91（2.00）	7947（8.76）	0.07（0.16）	653（0.72）
一氧化碳	0.22（0.49）	1950（2.15）	0.76（1.68）	6677（7.36）	0.18（0.40）	1569（1.73）
二氧化硫	3.44（7.58）	30137（33.22）	0.005（0.01）	45.4（0.05）	NA	NA

注：冷凝物进入下水道之前必须进行汞去除，而 NSSD 项目采用浸渍碳完成该处理步骤。

6. 技术展望

玻璃化技术已被证明是处理生物固体的一种可行方法。自 20 世纪 80 年代以来，日本已成功使用了该技术。但由于该技术的复杂性和高能耗等因素，限制了其在美国的应用运用。Minergy 公司的专利 Glasspack 系统旨在通过大范围的使用能量回收系统来降低能耗，目前一个生产规模的系统已经建成，并且其所有者和制造商致力于解决该系统的操作和维护问题，以使该系统在运营的第一年能够可靠运行。

25.4.5　化学干燥生产高质量化肥

1. 工艺特点和科学依据

化学干燥技术是在有机/无机的硫酸铵肥料生产中加入污水处理中剩余污泥的工艺，该技术可以提高生物固体的营养价值提高。在化学干燥过程中，将生物固体加入到传统的肥料成分中，使之通过放热反应去除大量的水分，有利于后续的物理热干燥处理。在这一工艺所得到的肥料产品中，生物固体干重只占了其中的小部分（5%～30%）。

当把脱水生物固体、硫酸和氨混合在一个压力容器中时，将发生化学干燥反应，该放热反应会带走水分，并产生有机硫酸铵肥料。该反应的发生条件为 135～150℃、207～

480kPa。这一高温高压工艺能够满足美国环境保护局规定的A类病原体减少标准。

2. 工艺说明

目前市场上有两个化学干燥专利工艺正在推广，虽然二者具有相似性，但它们用来完成化学干燥过程的设备却是不同的。这两个工艺都要求对生物固体进行脱水处理至其中总固体含量达13%～30%，因为生物固体的含水量将影响设备的尺寸。在水解步骤中，将化学药剂如硫酸、无水氨加入到生物固体中，发生的化学反应会将混合物加热至135～150℃。在进行颗粒化加工之前，将这些水解混合物与之前的加工产品进行混合，并对加工所得的直径约为2～3mm的颗粒进行干燥和筛选。最后得到的肥料产品的特征如下：

（1）无菌性和化学改性；

（2）硬度为2.3～2.7kg（5～6磅）；

（3）干燥（水分少于1%）；

（4）氮含量高（16%）；

（5）pH值为6.8；

（6）密度为880kg/m^3；

（7）无限的保质期；

（8）不可燃。

3. 发展现状

目前有两个美国公司正在提供化学干燥技术，即佛罗里达州清水湾统一环境技术和南卡罗来纳州比奇岛的VitAg公司。二者都是基于亚利桑那州海伦娜硫酸铵化肥生产厂从1995年～2004年的操作经验建立起来的。

亚利桑那州海伦娜的柏树化工有限公司拥有40年肥料产品生产历史，工厂日产量为544Mg（600t）。柏树化工有限公司成功的获得了来自纽约市环保部门的厌氧消化脱水污泥作为化肥生产的原料（NYCDEP），采用田纳西流域管理局于20世纪60年代研发的十字管工艺进行硫酸铵化肥生产。

在1999年～2004年间使用生物固体生产了约120000Mg（130000t）的有机和无机硫酸铵化肥。这些产品主要被销售给方圆800km（500英里）地域内的美国肥料经销商，可利用这些肥料的农作物包括小麦、大豆、玉米、棉花、水稻、草地和柑橘等。

随着这些化肥产品的缓释型得到越来越广泛的认知，其销售价格和产量需求也急剧上升，至2004年底，从纽约到亚利桑那州的生物固体运输费用已超过了营业额，海伦娜对纽约市生物固体的管理工程已不再满足经济效益。由于未能找到大型的更近距离的污泥生物固体供应地，该公司最终停止运行。

统一环境技术称其正在佛罗里达州的波尔克县开发一个区域项目作为佛罗里达州中南部的公共设施，而VitAg公司则被报道正在新泽西开发这一类项目。

4. 预处理和后处理

该工艺所要求的唯一预处理是机械脱水至生物固体浓度约20%～30%。虽然固体浓度低于20%的生物固体也能进行化学干燥，但能耗和化工成本也会相应提高。

部分的工艺污水（90%）将回流作为工艺补给水，后处理包括测流处理以及排放和气味控制。

5. 环境影响

排放物控制是必须的，地点不同许可限值也有所不同。该工艺中所使用的化学药剂硫酸、无水氨需要谨慎使用并妥善保存。系统供应商指出，由于将城市污泥转化成肥料产品，与一般化学肥料生产相比减少了碳足迹，该工艺流程具有环境可持续性。

6. 技术展望

化学干燥技术已被证明是处理生物固体的一种可行方法，自20世纪80年代以来日本已成功使用了该技术。但由于该技术的复杂性和产品作为高端肥料的市场需求，要求系统供应商经营和销售产品。在1999年～2004年这段长时间里，柏树化工有限公司利用这一技术处理来自纽约市环保部门的厌氧消化脱水污泥（NYCDEP）。先前的产品销售经验表明该技术所生产的肥料预计比传统生物固体的价格高出十倍以上。当前的系统供应商表示他们正在开发该工艺的额外设施。

25.5 化学稳定处理

25.5.1 工艺特点和原理

自20世纪70年代以来，人们就开始采用化学稳定技术来处理污水处理厂的剩余污泥。目前一种新兴的化学稳定工艺是BCR环境公司的专利技术，该工艺采用二氧化氯作为稳定剂，是一种批处理化学过程，可处理原始的、好氧消化或厌氧消化的污泥并产生A级生物固体的工艺。该工艺要求对污泥事先进行浓缩使之达到约4%的总固体含量，以使得进入化工反应器的进料体积降至最小。路易斯安那州新奥尔良的杜兰大学所进行的试验表明该工艺对污泥进行了完整的消毒处理，有效去除了蠕虫卵、细菌、细菌孢子和病毒(Reimers et al.，2006)。

25.5.2 工艺说明

酸氧化工艺分为两个阶段。在进行化学处理之前，应先对剩余活性污泥进行浓缩处理，使之达到约4%的含固率，在此之后的化学工艺的第一阶段，使用剂量约在50～75mg/L二氧化氯对浓缩后的剩余污泥进行部分消毒，并将氧化还原电位提高至100mV以上。二氧化氯由注射到二氧化氯发生器的硫酸和亚氯酸钠发生反应得到。这一阶段大约需要1～2h来杀死病毒和细菌。当把pH调节为中性时，这一阶段的处理可以获得B类稳定的生物固体。

在第二阶段加入硫酸使pH降至2.3后再加入1800mg/L的亚硝酸钠。在该氧化还原电位（ORP）和pH条件下，亚硝酸盐转化成亚硝酸（900mg/L）。第二阶段大约需要6h才能消灭寄生虫卵和其他寄生菌（Reimers et al.，2006）。在两个阶段的反应之后加入氢氧化钠调节pH至中性。当pH稳定之后，这些消毒后的生物固体可以作为肥料利用。

25.5.3 发展现状

目前有两个美国公司正在应用化学中和技术：佛罗里达州清水湾的统一环境技术公司和南卡罗来纳州比奇岛的VitAg公司。二者都是基于亚利桑那州海伦娜硫酸铵化肥生产厂从 1995 年～2004 年的操作经验建立起来的。

中和工艺已经经过了实验室水平、中试水平和生产性的测试。该工艺的生产性试验系统于 2007 年在斯宾塞的污水处理厂投入运行。而该工艺另外两个设施也在克莱县的其他污水处理厂开始建造，并且一个新的设施也将于 2009 年底在佛罗里达州斯塔克市的污水处理厂投入建设。

从斯宾塞的污水处理厂的实验室和中试规模的测试得到的数据被用来作为特定场地中进一步减少病原体（PFRP）以达到联邦法规第四十条的 503 条例所规定的 A 类生物固体标准的认可条件（U. S. EPA，1993）。据报道，BCR 环境公司正在进行额外的监测和测试以期获得国家认可。

25.5.4 预处理和后处理

在中和工艺之前，宜对污泥进行浓缩以达到 4％的含固率。而在实施该工艺时应考虑气味控制要求。

25.5.5 环境影响

在中和工艺之前，宜对污泥进行浓缩以达到 4％的含固率。而在实施该工艺时应考虑气味控制要求。在对斯宾塞的污水处理厂处理工艺的全面监测过程中未发现其对环境产生不良影响，但工艺残留物中所发生的氯氧化反应可能导致有毒氯氧化有机物含量的增加。此外，化学反应过程中的酸性条件也可能促进污泥中重金属的释放。因此，在该工艺的过滤、浓缩或澄清单元中都应采取措施以预防上述不良情况的发生。

中和工艺中所使用的五种化学药剂既有氧化剂也有腐蚀剂。这些化学药剂应谨慎使用并妥善保管。此外，该工艺的最终产物在用于土地应用之前应先将其 pH 调节至中性，否则，低 pH 值的产品可能对农作物产生危害。

25.5.6 技术展望

中和技术已在小型污水处理厂生产性试验中得到验证消毒污泥可达到 A 类生物固体的标准。该工艺的最终产品可用于土地应用或作为商业肥料。目前，BCR 正在争取从美国环境保护署病原体认可协会中获得国家 PFRP 认证。

第 26 章　绿色气体的处理和利用

26.1　引言

本章介绍了生物气的处理和利用的工艺背景信息和利用的方向。绿色气体或者生物气（有时称为生物甲烷气），是废水中的污泥或者可降解的固体废弃物中发生的有机物物降解所产生的气体的统称。

26.1.1　天然气

天然气是自然产生的气体混合物，主要成分是甲烷和少量的氮气、丙烷、丁烷以及其他一些碳氢化合物气体。未经过加工处理的天然气（井口天然气）通常和生物气一样包含许多污染物，被送入商业管线前都会进行全面处理。管道气体在某个特定位置的组成成分取决于工厂的处理效果。

26.1.2　消化气

沼气，也被称为污泥气体、垃圾沼气或者生物气，是一种微生物在厌氧消化降解有机物的过程中所产生的副产物气体，富含甲烷并且易燃易爆。沼气的主要成分是甲烷和二氧化碳。如今大多数的城市废水厌氧消化池都是在 34～37℃（94～99℉）的中温温度范围内运行。和天然气体相比，城市污水处理厂的中温消化气的典型特征见表 26-1。

消化气体与天然气的比较　　**表 26-1**

项目或参数	消化气体		管道天然气
	范围	一般值	
甲烷，CH_4，%（干基）	50～70	60	80～98
二氧化碳，CO_2，%（干基）	30～45	39	0～2
氮气，N_2，%（干基）	0.2～2.5	0.5	0.2～10
氢气，H_2，%（干基）	0～0.5	0.2	～0
水蒸气，H_2O，%	5.9[b]	6	干
硫化氢，H_2S，ppm_v（干基）	200～3500	500	<16
丙烷，C_3H_8，%（干基）	0	0	0.6～5
丁烷，C_4H_{10}，%（干基）	0	0	0.5～3
氨气，NH_3，ppm_v	0～600	5	0
硅氧烷，ppb_v	200～10000	800	0
比重（空气比重为 1.0）	0.8～1.0	0.92	0.59
沃泊指数（根据 LHV）	400～690	570	1336
高位热值，HHV，MJ/m^3	20～28	24	41
高位热值，HHV，Btu/cu ft	500～700	610	1030～1040

续表

项目或参数	消化气体		管道天然气
	范围	一般值	
低位热值，LHV，MJ/m^3	18～25	21	36.5
低位热值，LHV，Btu/cu ft	450～640	550	930～950

注：1. 百分数为体积分数；ppm_v＝百万分之一；ppb_v＝十亿分之一；HHV 包括水蒸发的热量；LHV 不包括水蒸发的热量。
2. 中温消化气体温度为 37℃（98℉）；高温消化气体温度为 55℃（131℉）包含大约 15%的水蒸气。

美国的一些消化池是在 52～60℃（126～140℉）的高温温度范围内运行。酸性气相厌氧消化池产生的是一种特别的消化气体。来自酸性气相消化池第 1 阶段的气体热值通常较低，硫化氢浓度较高。由于从消化池中得到酸化阶段气体比较困难且含量有限，或许只能燃烧而不能被有效利用。酸化气体可以和未处理的消化气体混合后用于燃烧。

26.1.3 垃圾填埋气

垃圾填埋气（LFG）是一种由生物产生的富含甲烷的气体，它来自于城市固体废弃物中微生物对有机物的分解，与废水消化气体很相似，但与消化气体相比，LFG 的产量很大并且有更多的可变组成。现在许多对于消化气体处理技术和气体处理设备起初都是用来处理垃圾填埋气的。垃圾填埋气主要由二氧化碳、甲烷和氮气组成，与天然气相比，LFG 的主要特征都概括在表 26-2 中。

26.1.4 其他生物气体

其他生物气体包括粪便消化气体，油脂和餐厨垃圾分解气体，上流式厌氧污泥床和类似厌氧过程中产生的气体。

1. 粪便消化

粪便厌氧消化所产生的消化气体与城市污水污泥消化得到的气体在成分上很相似。"Inland Empire" 公共事业局（Chino，加利福尼亚州）的 5 号固体处理设施（RP-5 SHF）就是设计为接收和处理动物粪便和餐厨垃圾的厌氧消化池单元，并且已消化处理粪便多年（Inland Empire Utilities Agency，2011）。

2. 油脂和食物残渣的消化

城市污水处理厂为了进行处理已经新增加了油脂（也被称为动植物油，FOG）和一些相似的易于生物降解的餐厨垃圾消化池，以减少收集系统中的油脂，增加沼气产量。FOG 和餐厨垃圾消化气体的组成与污泥消化气体相似，但甲烷含量略多而二氧化碳含量稍少。

把 FOG 加入到厌氧消化处理过程的城市污水处理的城市包括拉斯郡、佛罗里达、西拉法叶、印第安纳州、得梅因、爱荷华州和美国加州水务局、奥克兰、加利福尼亚。在加利福尼亚河流沿岸，从 2005 年开始已经成功的把 FOG 加入到厌氧消化池中，成功提高了气体产量、甲烷浓度和平均千焦耳值，降低了污泥产量。

垃圾填埋气和天然气的比较 **表 26-2**

项目或参数	LFG		管道天然气
	范围	一般量	
甲烷，CH_4，%（干基）	35～65	45～50	80～98
二氧化碳，CO_2，%（干基）	30～60	45	0～2

续表

项目或参数	LFG		管道天然气
	范围	一般量	
氮气，N_2,%（干基）	0.2～40	5	0.2～10
氧气，O_2,%（干基）	0～2.5	0.5	0
氢气，H_2,%（干基）	0～0.5	0.2	～0
水蒸气，H_2O,%	4～12	6	干
硫化氢，H_2S，ppm_v（干基）	200～3500	500	<16
卤素或卤化物，ppm_v	0～250	130	～0
氨气，NH_3，ppm_v	0～500	100	～0
丙烷，C_3H_8,%（干基）	0	0	0.6～5
非甲烷类有机化合物（NMOC），ppm_v	200～12000	2000	NA
硅氧烷，ppbv	400～12000	1000	0
沃泊指数（根据 LHV）	12～25	18	48
	(300～630)	(455)	(1220)
相对密度（空气相对密度为 1.0）	0.87～1.13	0.91	0.59
高位发热量，HHV，MJ/m^3	16～26	19	41
高位发热量，HHV，Btu/ft^3	350～650	480	1030～1040
低位发热量，LHV，MJ/m^3	13～23	17	37
低位发热量，LHV，Btu/ft^3	320～590	440	930～950

注：百分比为体积分数；ppmv=百万分之一；ppbv=十亿分之一；HHV 包括水蒸发的热量；LHV 不包括水蒸发的热量；NA=无法使用。

3. 升流式厌氧污泥床和类似的厌氧处理设备

高浓度工业废水可以采用厌氧处理工艺处理，如升流式厌氧污泥床进行处理（UASB）。厌氧过程中产生的生物气和城市厌氧消化池中的气体相似，但在一些高负荷污泥床上的甲烷含量可达到70%～80%体积比。其他类似的厌氧处理工艺例，如容积式发酵罐工艺（BVF）可用于厌氧处理高负荷的乳制品或啤酒厂废弃物。

26.1.5 为什么要利用绿色气体

绿色气体（生物气）是一种重要的可再生资源。使用绿色气体可以实现优化处理废弃物，提高经济效益，实现能源可再生的目标，保持碳平衡和可持续发展。

生物气体的产生表明厌氧过程是否达到人们希望的工艺优化目标。使用生物气体可以提高经济效益，因为能源消耗是污水处理厂最大的运营成本之一。很多州、城市、自治市和机构都已经提出使用可再生能源的目标。生物气体是一种可持续利用的能源，并且在电和热的生产过程中能保持碳平衡。甲烷（CH_4）燃烧产生二氧化碳（CO_2）和水蒸气（H_2O），每个甲烷分子生成 1 个 CO_2 分子。

$$CH_4+2O_2 \longrightarrow CO_2+2H_2O \tag{26-1}$$

为了达到完全燃烧，1mol 的 CH_4 燃烧产生 1mol 的 CO_2。CH_4 的分子量为 16，CO_2 的分子量为 44，完全燃烧后每 1kg 的 CH_4 将会产生 2.75kg 的 CO_2。相比之下，当一个更复杂但也是普遍存在的（例如 $C_6H_{12}O_6$）燃烧，正如燃烧木柴或其他生物质一样，每分子的纤维素将产生 6 个分子的 CO_2，见式（26-2）：

$$C_6H_{12}O_6+6O_2 \longrightarrow 6CO_2+6H_2O \tag{26-2}$$

26.1.6 生物气利用

大多数的生物气体都可用于发电和产热。

垃圾填埋气广泛用于发电，填埋气体发电设施是生物气体利用的最有价值途径，在美国有超过200个反应设施产生超过1000MW的电能。到目前为止，大约75%的卫生填埋地质环境（LFGE）工程项目的填埋气体都已回收利用。都是就地发电卖给电力公司。大多数的LFGE技术都是成熟且久经考验的。

热电联供是指单一燃料源能够连续不断的同时提供电能和有效热能。把气体转化为能量的消化池都运用了这一理念，就是发电设备所产生的热量能够被收集，并被用于加热厌氧消化池。术语“热电联供”和废热发电的意思是一样的。热电联供在美国之外的地方被更广泛的使用。

26.2 电能和热电联产设备

应用生物气体发电和热电联合生产的技术包括内燃机、燃气轮机、燃气涡轮发动机、带汽轮发电机的蒸汽锅炉、斯特林循环发动机和燃料电池。

26.2.1 内燃机

从19世纪20年代、30年代开始，美国的污水处理厂已经在内燃机中应用消化气体了。在国际上，印度孟买于1907年应用的小型设备和英国伯明翰在1921年建立的污水净化厂是第一批把沼气用于发动机燃料的工厂。在美国建立的第一批设备有1928年北卡罗来纳州的夏洛特，1935年爱荷华州锡达拉皮兹和1937年北卡罗来纳州达拉谟建立的工厂。

内燃机产生的热量可以热水、热油或者低压蒸汽的方式收集并在热电联产工艺中重新使用。由于热力学温度的限制，只有小部分总热可以用于产生高压蒸汽或高温热油而实现热电联产。

1. 往复式发动机

在热电联产应用中以消化气为燃料，最典型也是运用最为广泛的技术是往复式发动机。往复式发动机包括火花点火和压缩点火、双燃料或燃气/柴油引擎。

（1）火花点火式发动机

火花点火式往复发动机在大多数LFGE和消化气转化为能源应用项目中都有所运用。火花式往复发动机的功率从低于10kW到超过2000kW均可运用，有些可以同时使用生物气和天然气混合气体。火花点火式奥托循环燃气发动机在低于大约1000～2000kW或者1500～2700hp的功率范围内更具有典型性，因为这种特殊配置的发动机型号使用低热值的生物气体。现在制造的大多数火花点火发动机都被称为稀燃发动机，因为它的空燃比比化学计量的燃烧所需要少得多。

（2）双燃料发动机

双燃料或气体/柴油往复式发动机是压缩点火式发动机。它能同时燃烧气体和少量柴油燃料引燃油。这些引燃油用于代替火花塞点燃燃料。双燃料发动机需要使用一些柴油，但是发动机的自动转换控制开关要求在气体燃料供应中断的状况下可以保持柴油供应而且不改变负载。最典型的就是，双燃料发动机可以使用1%～5%的柴油，但其中许多设备在任何时候都可以使用1%～100%的柴油。对备用机组来说这是一个有用功能，因为即使工厂完全停电，它也可以运转。给这种发动机提供燃料，需要柴油燃料库、搬运设备和能传送520kPa压缩气体的压缩机。

2. 高级往复式发动机系统引擎

美国能源部在2001年发起一个多年度的生产发展项目，用于开发技术先进的火花点火式发动机，以节约燃料和减少废气排放。这些发动机被称为高级往复式发动机系统(ARES)，能够输出大约1000～2600kW的电能。欧洲的一些制造商也制造出了性能类似的发动机。更高的能源利用率意味着这些先进发动机与以往那些正在使用的、老旧的、低效率的发动机相比，消耗更少的消化气体就可产生更多的能量。利用效率对生物气体来说很重要，因为虽然燃料是免费供应的，但是只能利用其中很有限的数量，因此这一系统需要被广泛使用。

26.2.2　燃气轮机

燃气轮机通过燃烧压缩空气和燃料的混合气体，并从燃料燃烧中获取气体膨胀的能量。燃气轮机可以作为发电的原动力，有记录以来一直维持低维修率和高性能。高温废气可用于生产热水、热油或者蒸汽用于热能的回收利用。大多数燃气轮机中的高压蒸汽（特别是高于22kPa的蒸汽）可以利用高温废气生产。

带有蒸汽机（利用高温废气产生的蒸汽提供动力）的燃气轮机在最新的大型商业发电厂内被广泛的运用。燃气轮机适合燃烧低热值的燃料，如消化气体。燃气轮机在一些污水处理厂内已经被成功应用，包括华盛顿西雅图南国王县、科罗拉多多佛的污水处理厂和加州卡森的联合污水处理厂。一些废气排放控制工程中可能也需要这样的燃气轮机。燃气轮机减排技术包括：

(1) 水或蒸汽喷射。对于湿法工艺，加压的水或蒸汽将被直接注入到燃烧炉中以使氮氧化物的产量最低。

(2) 干法/低氮氧化物燃烧室。这种新的控制排放技术也许是唯一一种适合消化气体操作的技术。虽然干式的氮氧化物单元的有效性越来越被证明，但不是所有的燃气轮机制造商都会应用这种技术。最新的先进燃气轮机可以提供低氮氧化物产量的燃烧室。

(3) 催化转化器。这项技术很昂贵，需要操作谨慎并且完全去除气体中的硅氧烷和硫化物。

26.2.3　微型涡轮机

微型涡轮机是一种小型可快速回热式的燃气轮机，适用于分散式发电和废热发电，功率在30～250kW的范围内。微型涡轮机使用了一些新技术，包括增大表面的换热器，空气轴承和超快运转速度。在美国，超过40家污水处理厂已经购买了微型涡轮机，包括纽约州刘易斯顿的污水处理厂（60kW），科罗拉多杜兰戈的污水处理厂（65kW），明尼苏达州艾伯特利的污水处理厂（120kW），加州兰开斯特的污水处理厂（250kW），威斯康辛州希博伊根的污水处理厂（300kW）和宾夕法尼亚州艾伦镇的污水处理厂（360kW）。一些加州污水处理厂的微型燃气轮机由于没有足够的消化气体处理工艺，出现使用困难的问题。一些污水处理厂因为操作，维修和燃料质量问题，已经不再使用微型涡轮机。

所有的燃气轮机，包括微型涡轮机，当处于高地势和进气温度超过额定的 15℃（59℉）工作温度时，功率都将会降低。例如，在犹他州盐湖城，海拔 1300m（4250ft）的地势上，燃气轮机的性能与在海平面时相比，估计降低 15%～20%。

26.2.4 带汽轮发电机的蒸汽锅炉

在大型商业发电工厂，带汽轮发电机的蒸汽锅炉并没有因为生物气体的使用而缩小规模，但是在美国只有一些大型污水处理厂（例如马萨诸塞州波士顿鹿岛的污水处理厂）拥有足够的能力在大型蒸汽锅炉燃烧消化气体以产生高压蒸汽，带动汽轮发电机发电。小规格蒸汽锅炉/涡轮机的发电技术效率很低，需要一个蒸汽锅炉在现场连续不断的运行，这限制了其大规模运用。

26.2.5 斯特林循环发动机

斯特林循环发动机是一种新兴的发电设备，它根据气态流体闭合循环过程中的膨胀和收缩，利用外部燃烧过程，从而把热转化为机械能。

26.2.6 燃料电池

燃料电池是把氢气和氧气结合反应从而源源不断产生电能的电化学装置。氢气由送入反应装置的燃料中提取，而氧气来自空气。

在美国，大约从 1997 年开始，污水处理厂已经利用燃料电池将消化气体转化生成电能。燃料电池已经从一个新奇物品逐渐发展成为了一项被认可的技术，被越来越多的市政或工业污水处理厂使用，包括加州圣巴巴拉三角湾的污水处理厂，康乃迪克州费尔菲尔德和加州河岸边的污水处理厂。

现在，有 4 种不同的燃料电池实现了商用并不断发展，分别是磷酸型、碳酸盐型、固体氧化物型和质子交换膜型燃料电池。尚未注意到其他类型。固定式燃料电池可以完全模块化并提供 200kW 或更高的电能。表 26-3 总结了磷酸型和熔融碳酸盐型燃料电池的信息。

废水处理厂消化气体燃料电池对比 **表 26-3**

项目	磷酸型	熔融碳酸盐型	备注
典型燃料电池产品	联合技术公司（UTC）	燃料电池能量公司（FCE）	UTC 购买了 ONSI 燃料电池业务
模块化尺寸，输出功率	200kW	300kW 和 1400kW 单元	FCE 提高了它们的单位输出功率
电效率（LHV），%	36～40	45～47	一般新设备性能
电解质温度	190℃（375℉）	650℃（1200℉）	运行影响投产时间
可回收热量输出，82～93℃（180～200℉）	0.45mil. kJ（0.425mil. Btu/h）每 1MW	1.57mil. kJ（1.49mil. Btu/h）每 1.2MW	每个制造商的性能要求
预期性能下降，%	大约每年降低 2%	每年降低 2%～3%	能力降低是因为电池错误堆积
连续耗水量，gpm	6L/min（1.6gpm）每 1MW	7.6L/min（2gpm）每 1.2MW	水在裂化炉中制造蒸汽
所需的消化气体压力	140～210kPa（20～30psi）	170kPa（25psi）	需要气体压缩机
向消化气体中补充天然气	不需要	制造商一般推荐补充 10%的天然气	一般由燃料电池供应商推荐，不再需要

1. 磷酸型

第一种被商业运用的燃料电池就是磷酸型燃料电池，这是一种成熟的工艺。一些早期利用消化气体的磷酸型燃料电池（例如马萨诸塞州波士顿鹿岛和奥勒冈州波特兰哥伦比亚大道的设施）的最大特点就是可开发或可进行应用试验，也许不能准确体现现在的燃料电池产品的特点。联合技术公司（UTC）现在已经可以生产功率为 200kW 的 PureCell—200 型标准磷酸型燃料电池。至少有 10 个污水处理厂已经安装了消化气—磷酸型燃料电池，其中有些设施运行时间已经超过 7 年。

2. 熔融碳酸盐型

最新的燃料电池装置使用熔融碳酸盐型的燃料电池，也被称为碳酸盐或直接碳酸盐型燃料电池。某些熔融碳酸盐型燃料电池的技术，例如重整器和逆变器，和磷酸型燃料电池中的一些电池很相似，一个最重要的不同就是电池内部的电解质溶液。

在燃料电池内部要有 4 个主要单元：气体净化装置、重整器、电池堆和逆变器。气体净化单元主要是净化消化气或天然气得到纯净的甲烷气体（CH_4）。如果不进行清理净化，即使极少量的硫化物也将容易损坏燃料电池中的电池堆催化剂。重整器通过产生高温蒸汽与纯净的甲烷反应，生成燃料电池必不可少的氢气（H_2）。电池堆则是通过氢气与氧气（从空气制得）反应来产生电。逆变器则是把燃料电池产生的直流电（DC）转化为交流电（AC）。化学反应产生的水充满整个蒸汽重整器，便于把甲烷从氢气中分离出来。（电力研究院，2006）

3. 固体氧化物型和质子交换膜型

其他的燃料电池技术，包括固体氧化物型和质子交换膜型（PEM）燃料电池，都处于发展阶段。这些技术目前还不能达到长期运用消化气体的要求，还没有污水处理厂使用这些设备。

4. 燃料电池产生的热量

目前燃料电池中的化学反应都是放热的，放热是反应的一部分，这些热量用于蒸发同一个反应所产生的水是绰绰有余的，额外的燃料电池热量也经常被收集使用。一个 1400kW 的燃料电池，每 1h 可以产生 8300kg 的 343～399℃（650～750℉）的废气（其中包含蒸汽和纯净的热气体）。当这些热的废气穿过回收热量的热交换器后，被冷却到大约 120℃（248℉）后，足以产生 3.94mil. kJ/h 的能量。

26.3　燃烧和发热设备

燃烧或产生热量，以及剩余生物气处理技术，包括锅炉和燃烧。

26.3.1　锅炉

锅炉是一种能量转换装置，过去常常燃烧燃料并通过热废气制得的蒸汽或高温热水来收集有效热能，锅炉是历史上收集消化气体能源最具代表性的技术。那些使用引擎发电机或者燃气轮机的工厂依然把锅炉作为备用和补充加热设备。锅炉的一个最典型的应用是加热厌氧消化池。

1. 火管锅炉

火管锅炉因其广泛的可用性，较低的使用成本而且易于安装，污水处理厂使用的最具代表性的锅炉是组合式火管锅炉。火管锅炉的火焰和燃烧产品都被密封在闭合的钢管之内，钢管浸没在水中。火管锅炉（包括密封的苏格兰船用锅炉）的功率约在 2～53mil. kJ/h（2～50mil. Btu/h）。

2. 火箱锅炉

火箱锅炉是一种专门的火管锅炉，带有一个巨大的燃烧室用来完全燃烧低热值的消化气体。燃烧室锅炉的功率被限制在大约 2～11mil. kJ/h（2～10mil. Btu/h）之间。

3. 水管锅炉

水管锅炉的火焰和燃烧产物都在一个内部包含多重注水钢管的燃烧室之中。水管锅炉包括功率低于 1mil・kJ/h（1mil・Btu/h）的小型移动式锅炉。大型整装锅炉的功率可达 106mil・kJ/h（100mil. Btu/h）。构筑在现场的巨型锅炉的功率甚至可以达到大约 1mil・MJ/h（1bil・Btu/h）。水管锅炉在多种生物气体的应用中具有一定的优势：

（1）没有腐蚀管道的酸性废气冷凝液形成。

（2）柔韧的蛇形管道耐骤热性能要好于硬质管道。

（3）柔性管道受热变凉时会伸缩变形，有助于固体沉积物的剥落。

最值得注意的就是在锅炉巨大的外表，可以使二氧化硅沉积物易于识别并被去除。

26.3.2 废气燃烧器和废气燃烧火炬

废气燃烧器和燃烧火炬都是燃气安全设备，用于燃烧多余的没有被发电系统或锅炉使用的消化气体。生物气是在消化池内通过生化反应过程源源不断产生的，因安全阀过量气体直接排放，可导致气味扩散和气体爆炸，废气燃烧器可降低此事故发生的概率。任何对消化气体应用系统的重大修改都必须指出这些废气燃烧器的所做的修改。污水处理厂现在有两种不同的废气燃烧器：传统的开放式燃烧火炬和封闭式燃烧火炬。

传统的开放式废气燃烧器是一种包含基本的火焰燃烧和安全设备的简单装置。污水处理厂使用的大部分燃烧火炬，大约在 1990 年以前安装的所有燃烧火炬，都是传统型燃烧火炬。火炬系统基本上包括燃气管道安全设施、点火系统、燃烧嘴和常燃火。

封闭式（可控式）燃烧火炬系统需要精确控制燃料气和空气的最佳比例，确保完成完全燃烧过程。这需要仔细的操控和测量燃烧反应参数，包括空气燃料比、停留时间和混合物性质。与传统式火炬相比，封闭式燃烧火炬增强了燃烧效率且降低了废气排放。但封闭式燃烧火炬比传统式火炬的应用范围要窄。封闭式燃烧火炬技术包括低氮氧化物型（能达到 20～30ppm 的 NOx）和超低氮氧化物型（9～15ppm 的 NOx）

26.4 其他生物气能源转化技术

其他的生物气能源转化技术的核心是通过输出燃料气来使用生物气中的能量，这是因为不能在生物气的产生地直接利用这些技术发电或发热的。这是一个典型的、几乎不需要外部能源或热源的堆填气体应用技术。

26.4.1 工业气体管线

商业天然气的高价刺激了从生物气制得的符合管道输送的甲烷产量的增长。中间热值的填埋气体直接应用就是第二典型的 LFGE 工程，并且在电价相对便宜的地区往往是最受欢迎的。填埋气体的一种最简单的使用方式是只经过极少的处理，而直接把中间热值气体输送到附近的工厂。这种应用模式有较强的场地限制，需要工厂坐落在合适的位置，并且签订稳定的全年长期购买协议。

26.4.2　优质管道天然气的代替品

清洁提纯生物气可以避免发电过程热力学转化效率低的缺陷或外部燃烧问题的加工后的生物气可直接卖给当地的煤气公司。对于某些地区，直接接入附近的天然气管线是最适当的方法。第一个把生物气接入天然气管道的项目大概就是 1975 年在加州丘陵地区帕罗斯佛得角的垃圾填埋场，已经装备高质量管道热值的生物气洗涤系统的污水处理厂包括华盛顿西雅图南连顿市处理系统，德州圣安东尼奥多斯里奥斯的污水处理厂和加州埃斯孔迪多霍尔大街的污水处理厂。天然气公司能够接收无限大量的可以传送的净化过的生物气体。净化并把生物气卖给天然气公司的限制有时来自政治和经济，而不是技术上的问题。

加工过的生物气需要被提纯到甲烷浓度至少达到 95%～98%，并按燃气公司的要求压缩至高压。典型的净化过的生物甲烷气包含低于 3%的 CO_2（凯恩斯和平森斯，1984），低于 0.1mg/L（7lb/mil. ft^3）的水，低于 2.7ppm 的硫化氢和至少达到 38.3MJ/m^3（975Btu/ft^3）的高热值。已经成功运用的各类清洁工艺包括：薄膜分离、胺处理、低温制冷、变压吸附、赛乐克索尔处理、变温吸附和水洗。

26.4.3　用作车船燃料的压缩生物气

生物气经过净化并高度压缩后，可替代压缩天然气和柴油作为车船工具的燃料。与美国相比，生物气的这项应用在欧洲更为普遍，特别是瑞典（Hagen，2001）。传统车用燃料高昂的费用使得这项应用变成一个适时的合算选择。把一辆卡车改装成使用压缩生物气要花费 2000～55000 美元。为了让这项技术更加实用，可以为用户车辆充气的就近设备必须被定位，并以吸引人的价格为他们的车辆提供燃料。

26.5　燃气安全

对于生物气应用，必须考虑一些规章和指南以及重要的燃气安全措施，例如压力控制，密封器具安全和消防安全。

26.5.1　规则和指南

燃气安全规则和指南包括 NFPA70：国家电气规程；NFPA820：污水处理和收集设备的消防措施；NFPA54：国家燃料气准则（NFPA，2008，2009，2011）；关于消化气和填埋气体设施的加拿大法律（CAN CGA-B105-M2007）。NFPA 820 对水箱、压力容器、管道和其他包含消化气体的设备都提出了安全标准。NFPA 54 为可燃气体的管道处理及其阀门都设定了安全规格。虽然 CAN CGA-B105 不是针对美国，但它也为设计师提供安全指导方面的参考。

26.5.2 压力控制

压力控制设备包括真空压力释放阀门、压力安全阀和调压阀。当使用生物气时，应该在合适的地方安装这些阀门。

26.5.3 封闭空间的安全问题

进入消化池进行检查和清理，必须要有封闭空间的安全规程和安全设备。必须设计所有的现有安全系统都以确保最大的安全性能，例如指定合适的个人安全防护设备，安装防护和通风设施。其他安全指导方针有 NFPA 70：国家电气规程；NFPA 820：污水处理和收集设备的消防措施；NFPA 54：国家燃料气法（NFPA，2008，2009）；污水处理设施的推荐标准（GLUMRB，2004）；污水处理系统的健康与安全（WEF，1994）。

26.5.4 消防安全

生物气是一种易燃物，所以在对燃烧设备的气体收集和管道输送系统设计过程中，必须设置火焰报警器和受热自动关闭阀门。生物气消防安全设备包括防止火焰蔓延的装置，其中包括灭火器，受热自动关闭的阀门和火焰检测器。其他类似的消防设备还有手动阀门和耐热管道。

26.5.5 不锈钢输气管道

一些污水处理厂最初设计使用的是碳钢输气管。但是实际使用之后，由于腐蚀和沉积物等问题而放弃，不锈钢输气管则被证明在生物气输送中很有效。与传统管道相比，不锈钢管增加的成本可以利用减少钢管壁厚来抵消。305 型和 316 型不锈钢管均达到使用要求，但是后者抵御腐蚀的效果更好。

26.6 生物气体的处理

未经处理的生物气会极大的降低设备的工作效率，而且会达不到某些具体使用功能的要求（例如质量和排放物达不到要求）。

26.6.1 去除生物气体的有害成分

生物气体有害成分的去除，最主要的就是水蒸气、硫化氢、硅氧烷和二氧化碳，有时也同时去除其他的一些挥发性有机化合物、卤化物、氨气、氮气和硫醇。

1. 水蒸气

由于生物气体是在水中产生，其中充满达到饱和的水蒸气。饱和是指在一定温度下，水在沼气中所占比例等于水蒸气在沼气绝对压强中的百分比。例如，一个中温消化池的运行温度在 37℃（98℉），其中水的蒸汽压为 6.160kPa（0.8935psia）。而在海拔 150m 的地方，大气压大约为 6.160kPa（0.8935psia）。在这种情况下，消化气体的一般压力为 1.99kPa，消化气体的绝对压强就是

99.495＋1.99＝101.485（kPa），

绝对压力：14.43+0.289=14.719（磅）

因此，如果消化气体达到水饱和，那么水蒸气在消化池产生的潮湿气体中所占的比例将达到

$$6.160\text{kPa}/101.495\text{kPa}=6.07\%，\quad 质量浓度 \tag{26-4}$$

把气体冷却到 4℃（39℉）意味着其中 0.78%会是水蒸气。

在高温消化池内，由于更高的反应温度，消化气体中饱和水蒸气的含量将达到中温消化的 2.5 倍。在 131℉（55℃）的高温厌氧消化反应中，水的蒸汽压会达到 15.738kPa（2.2826 磅），使得水蒸气的质量浓度达到 15.51%。同样的道理也适用于其他各种挥发性有机物。消化器内的反应温度越高，更多的有机物就会挥发进入气相当中。

水蒸气达到饱和的气体即使只是稍微降温，也会有水冷凝出来。生物气管道系统中，需要在特定位置安装大小合适的蒸汽蓄积器，以收集水分和沉积物，并且去除输气管中从消化池带来的颗粒。这些设备适合安装在消化池下游位置、管道末端和任何气体冷却或压缩冷凝的地方。所有的水平管道都要朝向收集器，设计师应该要为焊接碳钢收集器设计一个保护层，铁质的沉积物捕集器需要进行镀锌或者涂耐腐蚀涂层。焊接的不锈钢捕集器比被保护的铁质捕集器花费高。

冷凝水槽建议安装在每个沉积物收集器上方和整个输气系统中较低的位置，以便于安全去除收集的冷凝液。低压冷凝水槽一般都由低铜铝铸件制成，而高压设备则由锻钢和不锈钢制造。在气体收集系统设计中，最显著的问题就是没有足够的冷凝水槽去除输气管中冷凝液，收集的冷凝液的腐蚀和冰冻问题很严重。

手工操作的冷凝水槽应安装在室内装置的箱子中，浮动控制的自动冷凝水槽也需要频繁的维护以保持阀门不被卡住。这些只适用于户外装置（需要当地法规和安全许可）。

2. 硫化氢

硫化氢是一种有毒、难闻、易燃的气体，这是生物气体中最典型也是最难去除的杂质。如果不加以控制，民用消化气体中硫化氢的浓度可以达到 150～3500ppm 甚至更高，而工业用消化气体中的浓度可以达到 20000ppm，这取决于废水中物质的组成。硫化物最主要的来源是饮用水供给和工业排放。在供水系统中使用明矾处理水导致尿素和蛋白质分解从而产生硫酸盐。消化气体中的硫化氢来源于消化池内厌氧细菌降解硫酸盐。

去除硫化氢是为了降低其对锅炉与发动机的腐蚀。硫化氢是一种有毒的空气污染物，即使在极小浓度下也有臭味并造成安全危害。硫化氢是有毒甚至致命的气体，面对它时必须要有防护措施，为了人身安全必须安装气体安全警报器。

带有硫化氢的燃料气会导致空气污染。因此，必须去除硫化氢以满足当地的空气质量标准。管理机构已经长期研究含有少量硫化氢的可燃气体的排放问题，在炼油工业，联合制定的行业标准规定提供给新建燃烧器和氧化装置的燃料气中硫化氢含量必须低于 160ppm。虽然燃烧可以消除硫化氢的臭味问题，但是会产生 SO_2，这是酸雨的最大组分。为了保护一些气体压缩使用设备如内燃机和气体压缩机，必须去除 H_2S。

3. 硅氧烷

硅氧烷是指一系列人造的含硅挥发性有机物，这类有机物已经越来越多的用于日用品之中。大约有 100 种硅氧烷化合物被用于消费品之中，例如除臭剂、化妆品、洗发剂、染料、润滑剂、干洗清洁液和防水化合物（Schneider，2008），结果导致硅氧烷化合物出现

在废水和垃圾填埋场中并挥发进入消化气体和填埋气体之中。硅氧烷在生物气使用工艺中成为人们担忧的焦点。硅氧烷在生物气中只占了极小的一部分，通常只有百万分之一或者更低，靠近检测限（Wheless and Pierce，2004），极小的浓度导致其难以被测量并控制。在生物气中发现的硅氧烷污染物的性质见表 26-4。

生物气体中一些硅氧烷的性能（Narros et al.，2009；Schneider，2008；Wheless and Pierce，2004） **表 26-4**

化学名	常用简写	化学式	分子量（g/mol）	每个分子中硅原子数	溶解度（mg/L 在 25℃（77℉））	硅含量（%）
六甲基二硅醚	MM or L_2	$C_6H_{18}OSi_2$	162.4	2	0.93	34.5
八甲基三硅氧烷	MDM	$C_8H_{24}O_2Si_3$	236.5	3	0.035	35.5
十甲基四硅氧烷	MD_2M	$C_{10}H_{30}O_3Si_4$	310.7	4	0.007	36.1
六甲基环丙硅烷	D_3	$C_6H_{18}O_3Si_3$	222.4	3	1.56	37.8
八甲基环四硅氧烷	D_4	$C_8H_{24}O_4Si_4$	296.6	4	0.056	37.8
十甲基环五硅氧烷	D_5	$C_{10}H_{30}O_5Si_5$	370.8	5	0.017	37.8
十二甲基环六硅氧烷	D_6	$C_{12}H_{36}O_6Si_6$	444.9	6	0.005	37.9

硅氧烷是一类很稳定的化合物，但有迹象表明八甲基环四硅氧烷（D4）可在生物作用下缓慢降解（Arnold，2009）。硅氧烷化合物燃烧后会形成坚硬粗糙的二氧化硅（SO_2）沉积物（沙子的化学名称），同时也会促使其他化学沉积物产生，其中含有钙、硫、铁和锌。坚硬的 SiO_2 和其他一些沉积物会堵塞发动机缸盖、排气管、进气阀门并覆盖在燃烧器和燃料喷射器表面，也会包裹住尾气催化剂，覆盖锅炉内壁和发动机或汽轮机废热回收装置的管道。硅氧烷最好在燃烧之前的气体形态时被控制。

4. 二氧化碳

二氧化碳是一种稳定的惰性气体，从技术角度来说，并不是杂质或污染物，可以将其当成生物气稀释剂。CO_2 是厌氧消化生物气中自然产生的成分，主要作用是降低生物气的热值。干燥的消化气中的 CO_2 体积分数可达 30%～45%，但是以质量分数计将达到 55%～62%，如果描述大量生物气体的物理性质必须考虑这一事实。例如，消化气中 CO_2 的影响或比预期大，因为碳排放根据的是质量比而不是体积比。

由于全球都关注气候变化，一些污水处理厂已经系统监测和去除 CO_2，从生物气中去除和隔离碳的技术可以认为是碳收集和碳减排过程的第一步。

5. 其他挥发性有机物

生物气中含有少量其他的挥发性有机物（VOCs），也被称为非甲烷有机碳化合物（NMOC）。这些 VOCs 包括苯、乙基苯、甲苯、二甲苯（BETX）和一些在填埋气体中少量出现而在消化气中极少出现的化合物。

6. 卤化物

卤化物是填埋气的重要组成成分，但是在消化气体中却很少见。卤化物一般包括氯化物、氟化物和被称为卤代烃的化合物。卤代烃一般由被称为氟氯烃的工艺制冷剂产生。卤化物会破坏气体使用设备，如大型发动机，因为卤化物燃烧后会产生盐酸和氢氟酸的混合物。(Catergillar，2009)

7. 氨气

氨气在生物气中的浓度一般检测不出或并不显著。消化气体中氨气浓度可以达到

500ppm 以上。(Chambers and Potter，2002)

8. 氮气

氮气在地球大气中的含量可以达到大约 78%左右，并且一般不被考虑成污染物或生物气关注重点。但是在一些气体应用中，例如用于替代管道质量天然气时，其中的氮气必须去除以达到所要求的气体质量标准。

9. 硫醇

硫醇是一类难闻的含硫的有机化合物的统称。在消化气分析中发现微量（<1ppm）的硫醇，通常这并不是问题。消化气中还含有其他的一些硫化物包括硫化碳（C_2S），硫化羰（COS）和二甲基硫醚（CH_3OS）。

26.6.2　燃气利用设备对燃料质量的要求

燃气利用设备例如内燃机、燃气轮机、微型燃气机和燃料电池对燃料质量都有特别的要求。

1. 内燃机

内燃机燃烧利用的是低热值的燃料，例如消化气体，已经 80 多年了。内燃机能轻易燃烧热值低达 $13MJ/m^3$（$350Btu/ft^3$）的生物气和带有传统杂质的生物气，历史上，内燃机被用于从生物气中提取能量。

内燃机在过去的 30 年里不断的发展。更新的发动机设计，发动机产品特别是新一代的低排放稀薄燃烧发动机已经开始不断需求更纯净的燃料。这在许多情况下要求合理处理生物气以达到厂家的燃料质量标准。

根据生物气使用经验，发动机制造厂商对生物气燃料质量要求信息都概括在表 26-5 中。

内燃机燃料质量要求（Caterpillar，2009；Cummins，2005；GE Jenbacher，2008；Waukesha，2010）　　**表 26-5**

燃料中杂质	燃料中允许最大量				
	卡特彼勒	康明斯	颜巴赫	瓦克夏	备注
热值（LHV*）	15.7～$23MJ/m^3$	15～$30MJ/m^3$	13.8～$34.4MJ/m^3$	$15.73MJ/m^3$	不同类
热值变化	0.16～$0.28MJ/m^3$（7～11Btu/cu ft）	$4MJ/m^3$（Based on $16MJ/m^3$）	1%（体积）每 30s	每分钟低热值小于 5%	
水	80%（相对）湿度无液态水	80%（相对）湿度无液滴	80%（相对）湿度	无液态水	
硫化物（主要为 H_2S）	57μg/MJ（60μg/Btu）	$100mg/m^3$	$2000mg/m^3$	81μg/MJ	越低越好
卤素（Cl）	19μg/MJ（20μg/Btu）	$1mg/m^3$	$100mg/m^3$	8.5μg/Btu	
氨气（NH^3）	2.61μg/MJ（2.96μg/Btu）	$30mg/m^3$	$55mg/m^3$	1.4μg/Btu	
燃料中的硅[3]（Si）	56mg/MJ（60mg/Btu）	$1mg/m^3$	$10mg/m^3$	0.7μg/Btu 总碳	一般为硅氧烷
微粒	0.80μg/MJ（0.84μg/Btu）	$30mg/m^3$	$50mg/m^3$	未给出	

续表

燃料中杂质	燃料中允许最大量				
	卡特彼勒	康明斯	颜巴赫	瓦克夏	备注
颗粒大小	1micron	1μm	3μm	0.3microns	
残余油	1.19μg/MJ (1.25μg/Btu)	1mg/m³ CH_4	5mg/m³ CH_4	0.3microns	

注：* LHV=低位热值或净热量。

2. 燃料电池

燃料电池在所有生物气利用设备中对燃料质量要求是最严格的。现在已经有多种燃料电池，使用生物气最普遍的是磷酸型和熔融碳酸盐型燃料电池。根据生物气使用经验，燃料电池制造厂商对生物气燃料质量要求信息都概括在表 26-6 中。

燃料电池燃料质量要求 **表 26-6**

燃料中杂质	最大允许量		
	磷酸型（UTC）	熔融碳酸盐型（FCE）	备注
氧气，体积分数（%）	<4%	0.05%	增加的床温
水，体积分数（%）	去除	0.13%	损坏阀门
硫化氢，H_2S	最高 4ppm	10ppmv	
羰基硫化物，COS	N/A	0.1ppmv	
二硫化碳，CS_2	N/A	0.05ppmv	
总硫	N/A	10ppmv	
氯化物	见总卤素	50ppbv	
氟化物		10ppbv	
总卤素	<4ppm	<100ppbv	腐蚀燃料处理器
硅氧烷	N/A	<1ppmv	
微粒	0.7μm	<10ppmv	<10μm

3. 燃气轮机

燃气轮机燃料要求包括：1000～1700kPa 的进口压力，气态自由粒子粒径大于 5μm，并且气体不能含有冷凝液。为了达到这个燃料要求，需要一台高压气体压缩机和水分过滤器。

燃气轮机组件中需要一台燃料气增压压缩机以向燃烧室提供需要的 1400kPa（200 磅）燃料气。一些汽轮机型号属于干式低排放（DLE）的类型。其他类型的汽轮机需要燃烧清洁能源，例如，已经公布的燃烧经催化还原系统处理使 NO_x 达到排放标准的天然气。

除非消化气中的杂质已经被完全去除，否则催化剂不适合与消化气体一同使用，因为各种微量污染物会迅速的污染催化剂中的贵金属，这一点已经在许多污水处理厂中得到证实。根据生物气使用经验，燃气轮机制造厂商对生物气燃料质量要求信息都概括在表 26-7 中。

燃气轮机燃料质量要求（Solar Turbines，2009） **表 26-7**

燃料中的杂质	最大允许量	备注
水	无游离水	液态水
氢气，体积分数	<4%	体积分数
硫化氢	最高 3000ppm	基于一质量标准

续表

燃料中的杂质	最大允许量	备注
硅氧烷	0.1mg/m^3	总量
微粒	<30ppm mass×LHV * /21 500	总量
颗粒大小	10μm	

注：* LHV=低热量值或净热量。

4. 微型涡轮机

供应商最初宣称微型涡轮机可以使用大部分只经过少量处理的燃料。但是经验表明，同时微型涡轮机供应商业也称一些燃料还是需要处理。对于供应商的填埋气和消化气燃气轮机，有现成的经过清理和增压包装的生物气燃料供应。根据生物气使用经验，微型燃气轮机制造厂商对生物气燃料质量要求信息都概括在表 26-8 中。

微型涡轮机燃料质量要求（Capstone，2005）　　表 26-8

燃料中杂质	最大允许量		备注
	Capstone	Ingersoll-Rand	
水	0%	—	依照 ASTM D5454
硫化氢	400ppm$_v$low-kj gas 3.5% sour，low-kj gas	25ppm$_v$	随型号不同而变化见气体压缩机说明书规定
氢气	5%	5%	
氯气或氯化物	1500ppm，mass	200ppm	
氟化物	250ppm$_v$	—	
氨气	200ppm$_v$	—	
卤化有机物	—	200ppm$_v$	
碱金属（Na，K，Li）	0.51ppm，mass	0.6ppm，mass	依照 ASTM D3605
硅氧烷	5ppb$_v$	10ppm$_v$	
微粒	20ppm，mass<10μm	3microns	
油	2ppm，mass	—	

26.6.3　气体压缩设备

消化池中产生的气体的压力一般在 1～2.5kPa（4～10WC 或 0.15～0.36psig），填埋气体的压力一般不高于 7kPa（1psig）。这样的压力不足用于生物气应用设备，因此需要气体压缩设备例如低压气体鼓风机或者中高压气体压缩机。

1. 低压气体鼓风机

在此讨论的低压气体鼓风机的压力不高于 48kPa（7psig），包括离心式和容积式。表 26-9 提供了生物气使用低压气体鼓风机技术。规则之一是需要低压的气体使用设备一般都是简单可靠、比较便宜的设施。

（1）离心式鼓风机

低压离心式鼓风机已经成功的运用于许多项目中。离心式鼓风机之所以受欢迎是因为它们不需要直接的金属接触（低磨损），性能可靠，可以产生不含油的压缩气体。许多锅炉和火炬，甚至一些进气压力为 9～14kPa（2～7psig）的气体应用设备都可以使用低压离心式鼓风机。

离心式鼓风机的转速一般可达3000～3550rpm，并由流量控制阀或入口导流叶片控制输出气量。由于鼓风能力的降低与转速的平方相对应，所以变速驱动装置对于离心式鼓风机的流量控制来说不是理想的选择。对处理任何潮湿气体，例如填埋气体和消化气的设备来说，建造材料很重要，离心式鼓风机可用铸铁和不锈钢制造。

（2）容积式鼓风机

容积式鼓风机已经成功的用于低压生物气应用之中，特别是低气流量中的应用。容积式鼓风机可以产生稳定的出气气压。由于出气量随着转速增加成比例上升，所以一般装备无级变速传动器控制流量。

低压鼓风机汇总 **表26-9**

设备类型	压力范围[kPa（psig）]	流量范围，Nm^3/h (ft^3/min)	优点	缺点
封闭式离心鼓风机	可达41（6）	可达4000（可达7000）	·气体泄漏量低 ·维护费低 ·无油气味 ·可用不锈钢	·有限的压力排放 ·单一供应商制造商
敞开式多级离心鼓风机	可达120（18）	1200～8000（2000～14000）	·维护费低 ·供应制造商多 ·无油气味	·有限的压力排放 ·需要特殊密封圈使气体泄漏最低
罗茨式容积式鼓风机	可达80（12）	1200～8000（2000～14000）	·便宜 ·供应制造商多	·产生热脉冲和气体压力波动
旋转叶片式容积式鼓风机	可达140（20）	可达2900（5000）	·比大多数压缩机效率高 ·无油气味	·产生热脉冲和气体压力波动

2. 中压和高压气体压缩机

对于气体压缩来说，中压的范围是在340～1700kPa，高压则是高于1700kPa。

在许多应用中，中压气体压缩设备都是为最终的燃气消耗设备提供服务。一些锅炉、燃气轮机和燃料电池的运行需要中压气体。由于生物气的热值较低，最初设计燃烧天然气的设备使用生物气时则需要稍高的进气压力。压缩机的类型基本取决于气体流速、需要的排气压力和对清洁、无油压缩气体的需求。

高压压缩机需要专门的压缩机和附件。由于排气压力大约在1700kPa以上（250Psig），所以一般需要2个或3个气体压缩过程。高压气体压缩机需要更多的冷却装置，压缩气体在每个压缩阶段都需要冷却。

26.6.4 压缩气体储存

压缩气体储存设备包括低压、中压和高压储气罐

1. 低压储存

在一个消化气运行系统中，生物气是源源不断产生和利用的。这是一个动态的系统，本质上是一个恒定体积的气体密闭管道或容器。消化池中产生的气体的组成变化很大，这取决于每个消化池中污泥的近期变化。同时，消化气使用设备，如发动机和锅炉，一般也有变化的或者相对稳定的天然气消耗速率。

运用储罐是平衡气体生产和使用最普通的技术。只有少量的消化气停留在大号的消化

气管道里面和消化池固定封盖下方，所以许多处理厂使用一些现场气体储罐。低压气体储存系统包括几个概念，包括浮动的封盖、深壁式消化气储罐封盖，干式密封的圆柱形钢制储气罐和柔性膜封盖。

浮筒式消化池封盖在多年前被使用，现在因为有环形缝隙导致气体泄漏和空气污染在一些地区已经不用了。实际上，加州所有的消化池封盖都是密闭式或固定式的。

干式封闭或活塞式气体储罐是一种有气压阀的立式钢罐。钢罐质量较大，是为了保证气体产生或使用时内部气压保持不变。重的可移动活塞是为了保证低压气体管道内消化气的气压不变。

柔性膜封盖包括 Dystor 封盖、类似的双膜气体储罐、Westech DuoSphere 双圈储气球和 JDV 双膜柔性封盖气体储存系统。与其他的可用系统相比，所有这些柔性膜气体储罐技术相对较新。这些柔性膜气体储罐的新性能都被它们的低压等级所限制。这些封盖并没有一个可靠方式来证明其在使用的储罐中所占的百分比。

2. 中压和高压储罐

由于中压或高压压缩气体压力较大，可以使用一个更小的储罐来储存一定量的气体。把消化气压缩到高压状态需要更多的电能和更昂贵的气体压缩系统。加州和威斯康辛州的一些污水处理厂通过一个包含中压或高压气体压缩机和球形储气罐或水平储气罐（压力容器）的系统，可以有效使用更高比例的消化气体。这些工厂的消化气系统的运行压力在 140～1030kPa（20～150psig）之间。

26.6.5 气体净化处理技术

气体净化处理技术是去除包括对水、硫化氢、硅氧烷、二氧化碳、卤化物、氨气、氮气和其他挥发性有机化合物的技术。

1. 除水工艺

水是生物气处理中一直存在的问题，水的去除在许多生物气净化技术中是重要的第一步。消化气体可以利用一些技术进行干燥，包括使用制冷式干燥器、干燥剂除湿器、凝聚过滤器和乙二醇吸附作用。

（1）制冷式干燥器

用制冷式干燥器来干燥消化气体是一种简单有效的技术。制冷式干燥器使用机械冷却装置和气体热交换器给气体降温，使水汽在易于去除的地方凝结成液态水。为了节约能量，许多制冷式干燥器利用气体波纹板热交换器实现低温干燥的气体未净化气体之间的交换。为了处理可燃的腐蚀性气体，处理生物气的制冷式干燥器必须设计成耐腐蚀的可连续工作的机械。小型空气压缩干燥器不适合在处理生物气中运用。

（2）干燥剂除湿器

干燥剂除湿器在整体空气压缩干燥系统中用于去除水分。干燥剂除湿器利用吸水性物质吸附待处理气体中的水分。饱和吸附的干燥剂物质可以利用加热处理的方式再生。消化气体比压缩气体包含有更多的水和污染物，所以干燥剂除湿器在生物气处理中并没有得到广泛的运用。

（3）凝聚过滤器

凝聚过滤器可以去除消化气和填埋气中的微小液态水滴，而无法去除分子水。

（4）乙二醇吸附

乙二醇有时也加入到未处理天然气中以去除水分，含水乙二醇从气体中分离出来并被干燥回收。一种乙二醇处理模式是经过脱硫处理过程，被用于靠近加州洛杉矶的山门垃圾填埋场（环境部门，2004）。脱硫处理一般用于酸性气体（CO_2 和 H_2S）的去除，并且已经成功运用超过 30 年。

2. 硫化氢的去除

硫化氢会造成严重的腐蚀而导致管道和设备的流动问题。对于厌氧消化气体和填埋气体的处理，硫化氢的去除一直是个问题。因为在一些天然气井中含有高浓度的硫化氢，许多的硫化氢处理技术都来自天然气公司。一种可以有效从生物气流中去除大部分污染物（包括硫化氢）的技术就是通过洗涤器，在干式或湿式洗涤过程中使用各种化学品以去除硫化氢。

（1）干式洗涤器

干式洗涤过程就是利用铁氧化物去除硫化氢气体，干式洗涤器包括海绵铁型和磺胺型。海绵铁技术是一种在如今依然广泛使用的最古老的气体干式洗涤处理技术之一。在处理工程中，潮湿气体在低压容器中流经含有氧化铁的木屑，硫化氢和氧化铁反应生成元素铁、硫和水。海绵铁通过氧化硫化铁生成三氧化铁和硫而实现定期再生。在干式洗涤过程中的化学反应式为：

$$FeO + H_2S \longrightarrow Fe + S\downarrow + H_2O$$

$$2Fe_2S_3 + 3O_2 \longrightarrow 2Fe_2O_3 + 6S\downarrow \tag{26-5}$$

海绵铁技术最适合处理低流量气体。

在很多污水处理厂中得到运用的磺胺型干式洗涤过程和海绵铁型相似，在容器中的颗粒介质是专利产品。

（2）湿式洗涤器

常用的湿式洗涤器技术是利用高 pH 的苛性钠（NaOH）溶液强化对 H_2S 的吸收。同时，也会利用氧化剂来吸收 H_2S，以减少 NaOH 吸收剂的使用和相应的处置问题，并延长使用时间。湿式洗涤过程的总化学反应方程见式（26-6）

$$H_2S + 4NaOCl + 2NaOH \longrightarrow Na_2SO_4 + 4NaCl + 2H_2O \tag{26-6}$$

湿式洗涤器排气中含饱和的水汽，需要在后续进行冷凝处理。由于低压的消化气在管路中损失很高，故在进入湿式洗涤器之前应进行压缩。湿式洗涤器较少用于消化气处理，而是用在了科罗拉多州 Avon 和 Vail 伊格尔河水厂（Eagle River Water）和环卫区（Sanitation District）和加利福尼亚洛杉矶的亥伯龙（Hyperion）污水处理厂的臭气控制中。

（3）通过铁盐进行现场控制

作为气体洗涤的替代方案，有些污水处理厂直接把铁盐加入到消化池或水厂进水中。铁和硫化氢反应生成难溶的硫化铁，方程式如下所示：

$$FeCl_2 + H_2S \longrightarrow FeS\downarrow + 2HCl \tag{26-7}$$

$$2FeCl_3 + 3H_2S \longrightarrow Fe_2S_3\downarrow + 6HCl \tag{26-8}$$

设备要求包括大容量储罐、注化学剂专用泵、管道和监控设备。虽然运行成本较低，但是对操作者的能力要求比运用海绵铁方法更高。禁止把铁盐加入到热污泥管线中，这是因为一些污水处理厂的工作人员发现这会导致蓝铁矿盐（磷酸亚铁盐）含量在污泥管线中迅速增长。使用铁盐可以降低消化池的碱性，设计师必须监控消化池中溶液浓度和放射量以避免 pH 过低。

(4) 吸附系统

吸附系统可利用经过碱性物质处理的活性炭吸附气流中的硫化氢。这些类型的吸附系统只适合处理低流量的消化气体（例如从消化池压力释放阀中出来的气体）。在一些特定条件下可能会发生自燃。

(5) 催化洗涤器

催化洗涤器通过使用带水的螯合铁催化剂来处理气体，利用这种处理方法会产生硫。催化剂可以后期在氧化剂容器内和空气反应而再生。

3. 硅氧烷的去除

一些污水处理厂和垃圾能量转化工厂多年来成功地从生物气中去除了硅氧烷。许多硅氧烷去除工艺包含不止一个流程。

大多数硅氧烷去除工艺是建立在活性炭吸附工艺基础之上。在活性炭处理之前要经过脱水除湿工艺，因此水气去除和硫化氢处理在活性炭处理的最长区间得以解决。

由于硅氧烷既是有机气体也是污水中的混合物，它们是否挥发取决于一定温度下的消化气体压力和硅氧烷蒸汽压。由于为高温消化提供了更高的温度，硅氧烷蒸汽压也随着温度而上升，导致更高比例的硅氧烷挥发。

专用的硅胶物质吸附工艺是从消化气和填埋气中去除硅氧烷较新的理念之一。这些工艺中包括了自动再生装置以定期通入加热的空气通过装有吸附剂的容器。再生过程中尾气中的硅氧烷通过一个小型专用火炬燃烧掉。现可提供整套的连续再生系统。再生硅胶-硅氧烷处理系统在大于 $850m^3/h$ ($500ft^3/min$) 的大容量系统中更具有成本效益。最初，再生硅胶介质系统是设计用于 LFGE 应用。再生硅胶介质系统已经用于俄亥俄州托莱多的 Bay View 污水处理厂。

4. 二氧化碳的去除

二氧化碳是生物气体中的重要组成成分，是一种具有化学惰性和稳定性的气体，在生物气中扮演一个稀释剂的角色，因此在很多应用技术中起到降低生物气热值的作用。从产生到最终运用的过程中，去除二氧化碳需要消耗很多的燃料。大多数生物气应用工艺不需要去除二氧化碳，因为那会增加工艺复杂性和操作成本。而且，因为燃料生物气中的惰性二氧化碳可以降低燃烧温度，减少 NO_x 的形成，燃烧的生物气中保留二氧化碳并利用一定的技术可以降低 NO_x 的排放。

从生物气中去除二氧化碳的技术包括胺处理（有机胺吸收），低温冷冻处理，膜处理，变压吸附，变温吸附和水洗工艺。二氧化碳去除工艺的典型特征如表 26-10 所示。

二氧化碳去除系统汇总（PSA＝变压吸附处理系统；TSA＝变温吸附处理系统）　　表 26-10

	有机胺吸收	低温冷冻	膜处理	PSA 或 TSA	水洗
初始成本低	√				√
运行成本低	√		√		
成熟技术	√√	√	√	√	√
CH_4 产量高	√	√	√	√	
适于高污染水平		√			√

注：√＝可用的参数或特性；√√＝最适用技术。

（1）有机胺吸收

有机胺是一类来源于NH_3的物质，对CO_2、H_2S和其他酸性气体有较强的吸收能力。一般的有机胺包括单乙醇胺（MEA）和二乙醇胺（DEA）。有机胺常被用于去除天然或发酵的天然气井中的CO_2和H_2S，大多数的有机胺处理工艺都基于此而发展。

（2）低温冷却

低温冷却包括把气体冷凝成液体而分离气体组分，生产适合车用燃料的液态甲烷和液态天然气（LNG）。虽然冷却技术效果很好，但需要大量的能量来把气体降低到所需的温度。低温冷却技术利用的CO_2与CH_4特性，CO_2沸点为－79℃（－109℉），高于甲烷气的沸点－162℃（－259℉），冷却过程中一般形成液态或固态CO_2与CH_4分离。

加州尔湾市的Frank R. Bowerman垃圾填埋厂利用深度冷却技术，2006年成功运行之后，该厂气体液化装置每天产生大约19m^3（5000gal.）的LNG。这些LNG燃料提供给加州橙县的高速运输管理局。该厂准备在未来提高产量至150m^3/d（39600加仑/d），相当于每天燃烧大约283000m^3（10mil・ft^3）的气体。

（3）薄膜分离

薄膜分离技术用于未经处理的天然气井和一些填埋气（LFG）设施当中。薄膜分离技术就是有选择的透过需要去除的气体分子而不让甲烷分子通过，反之亦然。在2010年下半年，Dos Rios污水处理厂的San Antonio水处理系统启用42000m^3/d（1.5mil・ft^3/d）的薄膜分离系统净化产生的消化气体。

（4）变压吸附

变压吸附技术（PSA）是通过在颗粒床上的选择性吸附来分离气流中的气体，例如CO_2和CH_4，这项技术的应用取决于固体颗粒在压力高低变化时选择性吸附气体的能力。PSA技术19世纪60年代投入商业应用，如今广泛用于生产氧气、氮气和氨气，并用于精炼厂的硫化氢去除

分子筛工艺和活性炭吸附床是PSA工艺的两大类型，主要用于去除生物气中的CO_2以提高产品气中CH_4的浓度。这两大工艺最大的不同是使用的固体吸附材料的差别，分子筛工艺一般使用沸石而不是活性炭进行吸附。通过一个有多重连接容器的循环过程，一些气体在压力下被吸附而其他气体则发生解吸，产品就可以源源不断的得到。加州洛杉矶附近的Palos Verde垃圾填埋厂利用分子筛PSA工艺以净化填埋气体（环境部门，2004）。

（5）变温吸附

变温吸附（TSA）是去除CO_2最普遍的技术。在TSA工艺中，CO_2最初吸附在可透过的材料上，例如低温下的活性炭，通常接近室温在10～27℃（50～80℉）之间。一旦吸附物质吸附达到饱和，通过加热材料到大约150～200℃（300～400℉）的高温，即可去除CO_2而实现材料再生。

（6）水洗系统

水洗器一般用于化学加工和气体分离工业。系统中，需要被去除的气体在喷雾器或填料塔中被洗涤液吸收。这项技术的应用原理是CO_2在高压下比CH_4更易溶于水。水洗工艺的主要缺点是需要消耗大量的电能且压缩气体的费用较高。水洗系统的适用流量范围为300～1800m^3/h（10000～64000ft^3/h）。

Binax工艺是一项专有的CO_2去除的水洗工艺。在这项工艺中，生物气被加压到

300psig（美国环境保护局，1995）。Binax 可以成功净化生物气直到其中含有体积分数为 98%的 CH_4 和 2%的 CO_2。华盛顿的 King County 污水处理厂从 1983 年开始成功运行了 Binax 工艺系统，并于 1990 年进行了扩建。

5. 卤化物的去除

卤化物中的基础元素包括氯、氟、溴、碘。氟和氯在消化气中不会大量存在，可测量的溴和碘就更少了。氟和氯均易溶于水，因此可以去除水而从生物气中移除卤素。

6. 氨气的去除

氨气在消化气中的浓度相当低，并不是生物气处理关注重点。氨气存在于高温消化气或含有大量蛋白质原料所产生的生物气中（Arnold，2009）。氨气可燃且易溶于水，可用多种技术去除，一般会在处理其他气体污染物的工艺过程中被去除。

7. 脱氮工艺

氮气在消化气中的浓度一般低于 2%（体积分数），并不需要被去除，且氮气分子的存在并不影响一般生物气的使用。氮气可以通过薄膜分离或制冷处理工艺进行去除。由于氮气分子的实际尺寸较小，从 LFG 中去除氮气是一个巨大的难题。

8. 其他挥发性有机物的去除

普通气体净化系统，包括去除硅氧烷的活性炭吸附工艺，均能有效的去除其他挥发性有机物，包括易溶于水的苯系物。

参 考 文 献

第1章 参考文献

U. S. Environmental Protection Agency (1979) *Process Design Manual for Sludge Treatment and Disposal*, EPA 625/1-79-011; U. S. Environmental Protection Agency, Municipal Environmental Research Laboratory and Center for Environmental Research Information and Technology Transfer: Cincinnati, Ohio.

U. S. Environmental Protection Agency (1993) Standards for the Use or Disposal of Sewage Sludge, Final Rule. *Code of Federal Regulations*, Part 503, Title 40; *Fed. Regist.*, **58**, 9248.

第2章 参考文献和推荐读物

Anderson, P. D. (2008) *Trace Organic Compounds and Implications for Wastewater Treatment: Technical Brief*. Water Environment Research Foundation: Alexandria, Virginia.

Brandt, R. C.; Elliott, H. A.; O'Connor, G. A. (2002) Comparative Evaluation of Water Extractible P in Biosolids and Livestock Manures. *Proceedings of the Water Environment Federation Specialty Conference—16th Annual Residuals and Biosolids Conference*, Austin, Texas, March 3-6; Water Environment Federation: Alexandria, Virginia.

North East Biosolids and Residuals Association (2007) *A National Biosolids Regulation, Quality, End Use and Disposal Survey*, Final Report; North East Biosolids and Residuals Association: Tamworth, New Hampshire (http://www.nebiosolids.org).

U. S. Environmental Protection Agency (1979) *Process Design Manual for Sludge Treatment and Disposal*, EPA 625/1-79-011; U. S. Environmental Protection Agency, Municipal Environmental Research Laboratory and Center for Environmental Research Information and Technology Transfer: Cincinnati, Ohio.

U. S. Environmental Protection Agency (1992) *Technical Support Document for Reduction of Pathogens and Vector Attraction in Sewage Sludge*, EPA/822/R-93-004; U. S. Office of Water, Environmental Protection Agency: Washington, D. C.

U. S. Environmental Protection Agency (1993) Standards for the Use or Disposal of Sewage Sludge, Final Rule. *Code of Federal Regulations*, Part 503, Title 40; *Fed. Regist.*, **58**, 9248.

U. S. Environmental Protection Agency (2003) *Environmental Regulations and Technology: Control of Pathogens and Vector Attraction in Sewage Sludge*, EPA/625/R-92/013; U. S. Environmental Protection Agency: Cincinnati, Ohio. http://water.epa.gov/scitech/wastetech/biosolids/upload/2007_05_31_625r92013_625R92013.pdf (accessed October 2011).

Commission for Environmental Cooperation Guidance Document: Improving Environmental Performance and Compliance: 10 Elements of Effective Environmental Management Systems; Enforcement Cooperation Program of the Commission for Environmental Cooperation, Commission for Environmental Cooperation, June 2000, http://www.epa.gov/compliance/resources/policies/incentives/ems/cecguidedoc.pdf (accessed June 2011).

Public Entity EMS Resource Center homepage http://www.peercenter.net/(accessed June 2011).

U. S. Environmental Protection Agency, EMS Key References http://www.epa.gov/osw/inforesources/

ems/ems-101/otherresources. htm (accessed June 2011).

U. S. Environmental Protection Agency (2009) *Targeted National Sewage Sludge Survey*. U. S. Environmental Protection Agency, Office of Water, Office of Science and Technology: Washington, D. C. http://water. epa. gov/scitech/wastetech/biosolids/biosolids_index. cfm (accessed October 2011).

U. S. Environmental Protection Agency Voluntary Environmental Management Systems/ISO 14001 http://www. epa. gov/owm/iso14001/index. htm (accessed June 2011).

第3章 参考文献和推荐读物

Beecher, N.; Connell, B.; Epstein, E.; Filtz, J.; Goldstein, N.; Lono, M. (2004) *Public Perception of Biosolids Recycling: Developing Public Participation and EarningTrust*. Water Environment Research Foundation: Alexandria, Virginia.

Butte, G.; Thorne, S. (2007) Personal communication.

Decision Partners Home Page http://www. decisionpartners. com(accessed June 2011).

Decision Partners (2011) *Conducting Effective Community Outreach and Dialogue on Biosolids Land Application: Primer for Biosolids Professionals*. Water Environment Research Foundation: Alexandria, Virginia.

Deeb, R.; Means, E. (2009) *Communication Principles and Practices, Public Perception and Message Effectiveness*. Water Environment Research Foundation: Alexandria, Virginia.

Draman, G. A. (1995) Public Perception is Key to Biosolids Acceptance. *BioCycle*, **36** (9), 82-83.

Eggers, S.; Thorne, S.; Butte, G.; Sousa, K. (2011) *A Strategic Risk Communications Process for Outreach and Dialogue on Biosolids Land Application*; Water Environment Research Foundation: Alexandria, Virginia.

Federation of Canadian Municipalities InfraGuide Best Practices Reports (2005) *Communication and Public Consultation for Biosolids Management*. Green Municipal Fund, Federation of Canadian Municipalities: Ottawa, Ontario. http://www. sustainablecommunities. fcm. ca/Infraguide/Storm_and_Water. asp (accessed June 2011).

Fischhoff, B. (1995) Risk Perception and Communication Unplugged: Twenty Years of Process. *Risk Anal.*, **15** (2), 137-145.

Frank, S. D.; Sigler, L. A. (2004) It's What You Do, Not What You Say That Counts: Denver Metro Wastewater Reclamation District Learns Valuable Stakeholder Lessons. *The Environmental Horizon*, **12** (1), 1-9.

Goodman, J. R.; Goodman, B. P. (2005) Benefi cial or Biohazard: How the Media Frame Biosolids. Unpublished work.

Haworth, J.; Beekman, C.; Brewer, L.; Sandul, D. (2005) Great Communication Ideas for Utilities. *Water Environ. Technol.*, September, 2005.

Health Canada (2000) *Health Canada Policy Toolkit for Public Involvement in Decision Making*; Cat. H39-549/2000E. Minister of Public Works and Government Services Canada: Gatineau, Quebec. http://www. hc-sc. gc. ca/ahc-asc/pubs/_ public-consult/2000decision/intro-purpose-but-eng. php (accessed June 2011).

International Association for Public Participation (2000) *IAP2 Public Participation Toolbox*. http://www. iap2. org(accessed June 2011).

McAvoy, G. E. (1999) *Controlling Technocracy: Citizen Rationality and the NIMBY Syndrome*. Georgetown Univ. Press: Washington, D. C.

Morgan, M. G.; Fischhoff, B.; Bostrom, A.; Altman, C. (2001) *Risk Communication: A Mental Models Approach*. Cambridge University Press: New York.

National Association of Clean Water Agencies (2006) *Biosolids Management: Options, Opportunities and Challenges*. National Association of Clean Water Agencies: Washington, D. C.

National Biosolids Partnership (2005) *National Manual of Good Practice for Biosolids*. National Biosolids Partnership: Alexandria, Virginia. http://www.wef.org/Biosolids/page.aspx?id=7767 (accessed June 2011).

New Zealand Ministry for the Environment Urban Design Toolkit (2009) http://www.mfe.govt.nz/publications/urban/urban-toolkit-2009/ (accessed June 2011).

Powell, D. (1996) *An Introduction to Risk Communication and the Perception of Risk*. University of Guelph: Guelph, Ontario.

Sandman, P. (2000) Dealing with Outrage: A Key Communication Tool for Biosolids Professionals. *Proceedings of the Water Environment Federation Specialty Conference—14th Annual Residuals and Biosolids Conference*, Boston, Massachusetts, March; Water Environment Federation: Alexandria, Virginia.

Scharp, M. (2000) Why Colorado Farmers Want New York City Biosolids. *BioCycle*, **41** (7), 71.

Susskind, L.; Field, P. (1996) *Dealing with an Angry Public: A Mutual Gains Approach to Rebuilding Trust and Improving Long Term Relationships*. The Free Press: New York.

Toffey, W. E. (2007) Biosolids Odorants Emissions as a Cause of Somatic Disease: What Ought to be Our Profession's Response? *Proceedings of the Water Environment Federation Specialty Conference—21st Annual Residuals and Biosolids Conference*; Water Environment Federation: Alexandria, Virginia.

U. S. Department of Health and Human Services (2002) *Communicating in a Crisis: Risk Communication Guidelines for Public Officials*. U. S. Department of Health and Human Services: Rockville, Maryland.

U. S. Environmental Protection Agency (2007) *Risk Communication in Action: The Risk Communication Workbook*. EPA/625/R-05/003; U. S. Environmental Protection Agency: Washington, D. C. http://www.epa.gov/nrmrl/pubs/625r05003/625r05003.pdf (accessed June 2011).

U. S. Environmental Protection Agency (2008) Public Involvement. http://www.epa.gov/publicinvolvement (accessed June 2011).

Water Environment Federation (2002) *Survival Guide: Public Communications for Water Professionals*. Alexandria, Virginia: Water Environment Federation.

Water Environment Research Federation (2011) *A Strategic Risk Communications Process for Outreach and Dialogue on Biosolids Land Application*; WERF Research Challenge SRSK2R08; © Decision Partners, LLC.

第4章 参考文献和推荐读物

American Public Health Association; American Water Works Association; Water Environment Federation (2005) *Standard Methods for the Examination of Water and Wastewater*, 21st ed.; American Public Health Association: Washington, D. C.; American Water Works Association: Denver, Colorado; Water Environment Federation: Alexandria, Virginia.

Dold, P. L. (2007) Quantifying sludge production in municipal treatment plants. *Proceedings of the 80th Annual Water Environment Federation Technical Exposition and Conference* [CD-ROM]; San Diego, California, Oct 15-17; Water Environment Federation: Alexandria, Virginia.

Henze, M.; Gujer, W.; Mino, T.; van Loosdrecht, M. C. M. (2000) *Activated Sludge Models ASM1, ASM2, ASM2d, and ASM3*, IWA Scientific and Technical Report No. 9; IWA Publishing: London, United Kingdom.

Metcalf and Eddy, Inc. (2003) *Wastewater Engineering: Treatment and Reuse*, 4th ed.; Tchobanoglous, G.; Burton, F. L.; Stensel, H. D., Eds.; McGraw-Hill; New York.

Ministry of the Environment (1984) *Guidelines for the Design of Sewage Treatment Works*. Ontario Ministry of the Environment: Toronto, Ontario, Canada.

Pepper, I.; Gerban, C.; Brusseau, M. (1996) *Pollution Science*. Academic Press: New York.

Tchobanoglous, G.; Burton, F.; Stensel, D. (2003) *Wastewater Engineering: Treatment and Reuse*. McGraw-Hill: New York.

U. S. Environmental Protection Agency (1987) *Design Manual: Phosphorus Removal*, Report No. EPA/625/1-87/001; U. S. Environmental Protection Agency, Office of Research and Development, Center for Environmental Research Information and Water Engineering Research Laboratory: Cincinnati, Ohio.

U. S. Environmental Protection Agency (1989) *Handbook: Retrofitting POTWs*, Report No. EPA/625/6-89/020; U. S. Environmental Protection Agency, Office of Research and Development, Center for Environmental Research Information and Water Engineering Research Laboratory: Cincinnati, Ohio.

Water Environment Federation (2005) *Wastewater Sampling for Process and Quality Control*; Water Environment Federation: Alexandria, Virginia.

Water Environment Federation; American Society of Civil Engineers; Environmental and Water Resources Institute (2009) *Design of Municipal Wastewater Treatment Plants*, 5th ed., WEF Manual of Practice No. 8; ASCE Manual and Report on Engineering Practice No. 76; McGraw-Hill: New York.

Water Environment Research Foundation (2003) *Methods for Wastewater Characterization in Activated Sludge Modelling*, Project 99-WWF-3; Water Environment Research Foundation: Alexandria, Virginia.

Water Research Commission (1984) *Theory, Design and Operation of Nutrient Removal Activated Sludge Processes*, Wiechers, H. N. S., Ed.; Water Research Commission: Gezina, South Africa.

Wentzel, M. C.; Ekama, G. A. (1997) Principles in the Design of Single-Sludge Activated-Sludge Systems for Biological Removal of Carbon, Nitrogen, and Phosphorus. *Water Environ. Res.*, **69** (7), 1222-1231.

Wentzel, M. C.; Ekama, G. A.; Dold, P. L.; Marais, G. v. R. (1990) Biological Excess Phosphorus Removal—Steady State Process Design. *Water SA*, **16** (1), 29-48.

第5章 参考文献和推荐读物

CH2M HILL (2005) *Biosolids Master Planning Toolkit Manual*; CH2M HILL: Englewood, Colorado.

CH2M HILL (2007) *Biosolids Contingency Plan for Camp Lejeune Marine Corps Base Advanced WWTP*; CH2M HILL: Englewood, Colorado.

U. S. Environmental Protection Agency (1979) *Sludge Manual*, EPA/625/1-74-006; U. S. Environmental Protection Agency: Washington, D. C.

U. S. Environmental Protection Agency (1984) *Report on Use and Disposal of Sludge*, EPA/625/10-84-003; U. S. Environmental Protection Agency: Washington, D. C.

U. S. Environmental Protection Agency (1987) *Dewatering Municipal Wastewater Sludges*, EPA/625/1-87/014; U. S. Environmental Protection Agency: Washington, D. C.

U. S. Environmental Protection Agency (1994) A Plain English Guide to the U. S. Environmental Protection Agency Part 503 Biosolids Rule EPA/832/R-99/003；http://www.epa.gov/owm/mtb/biosolids/503pe/index.htm (accessed July 2011).

U. S. Environmental Protection Agency (1995) *Process Design Manual for Land Application of Sewage Sludge and Domestic Septage*, EPA/625/R-95/001；U. S. Environmental Protection Agency：Washington, D. C.

U. S. Environmental Protection Agency (1999) *Biosolids Generation, Use, and Disposal in the United States*, EPA/530-R-99-009；U. S. Environmental Protection Agency：Washington, D. C.

U. S. Environmental Protection Agency (2003) *Environmental Regulations and Technology Publication：Control of Pathogens and Vector Attraction in Sewage Sludge*, EPA/625/R-92/013-2003 edition；U. S. Environmental Protection Agency：Washington, D. C.

U. S. Environmental Protection Agency (2006) *Emerging Technologies for Wastewater Biosolids Management*. http://www.epa.gov/owm/mtb/index.htm (accessed July 2011).

Water Environment Research Foundation (1998) *Biosolids Management：Assessment of Innovative Processes*；Project No. 96-REM-1；Water Environment Research Foundation：Alexandria, Virginia.

Water Environment Research Foundation (2003) *Full-Cost Accounting Protocol for Biosolids Management*, Project No. 00-PUM-7；Water Environment Research Foundation：Alexandria, Virginia.

第6章 参考文献

American Society of Civil Engineers (2000) *Conveyance of Residuals from Water and Wastewater Treatment*；ASCE Manuals and Report on Engineering Practice No. 98；American Society of Civil Engineers：Reston, Virginia.

Anderson, C. N.；Hanna, D. J. (1998) *System Design for Sludge Pumping, in Pumping Station Design*, 2nd ed.；Butterworth-Heinemann：Boston, Massachusetts.

Barbachem, M. J.；Pyne, J. C. (1995) Pipeline Hydraulics of Dewatered Non-Newtonian Cakes. *Proceedings of the 68th Annual Water Environment Federation Technical Exposition and Conference*；Miami, Florida, Oct 21-25；Water Environment Federation：Alexandria, Virginia.

Bassett, D. J.；Howell, R. D.；Haug, R. T. (1991) Hydraulic Properties Evaluation for Sludge Cake Pumping. *Proceedings of the 64th Annual Water Environment Federation Technical Exposition and Conference*；Toronto, Canada, Oct 10-14；Water Pollution Control Federation：Washington, D. C.

Battistoni, P. (1997) Pretreatment, Measurement Execution Procedure and Waste Characteristics in the Rheology of Sewage Sludges and the Digested Organic Fraction of Municipal Solid Wastes. *Water Sci. Technol.*, **36** (11), 33-41.

Bourke, J. D. (1997) *Handling High Solids Content Non-Newtonian Fluids*. Moyno Industrial Products：Springfi eld, Ohio.

Buckingham, E. (1921) On Plastic Flow through Capillary Tubes. Proc. *Am. Soc. Test.* Mater., **21**, 1154.

Caldwell, D. H.；Babbitt, H. E. (1941) The Flow of Muds, Sludges and Suspensions in Circular Pipe. *Trans. Am. Chem.* Eng., **37**, 237.

Carthew, G. A.；Goehring, C. A.；van Teylingen, J. E. (1983) Development Of Dynamic Head Loss Criteria for Raw Sludge Pumping. *J. Water Pollut. Control Fed.*, **55**, 472.

Fonda K., Rupik B. (2006) Have Your Cake and Pump It Too：Lessons learned from the San Diego Metro Biosolids Center Cake Pumping Operations. *Proceedings of the Water Environment Federation Specialty Conference—22nd Annual Residuals and Biosolids Conference*；Water Environment Federation,

Alexandria, Virginia.

Guibaud, G.; Dollet, P.; Tixier, N.; Dagot, C.; Baudu, M. (2004) Characterisation of the Evolution of Activated Sludges Using Rheological Measurements. *Process Biochem.*, **39** (11), 1803-1810.

Hanks, R. W.; Dadia, B. H. (1971) Theoretical Analysis of the Turbulent Flow of Non-Newtonian Slurries in Pipes. *Am. Inst. Chem. Eng.* J., **17**, 554.

Honey, H. C.; Pretorius, W. A. (2000) Laminar Flow Pipe Hydraulics of Pseudoplastic-Thixotropic Sewage Sludges. *Water SA*, **26** (1), 19-25.

Kenny, J. P. (1969) Bulk Transport of Waste Slurries to Inland and Ocean Disposal Sites, Vol. III; Bechtel Corporation; National Technical Information Service: Washington, D. C.

Laera, G.; Giordano, C.; Pollice, A.; Saturno, D.; Mininni, G. (2007) Membrane Bioreactor Sludge Rheology at Different Solid Retention Times. *Water Res.*, **41** (18), 4197-4203.

List, E. J.; Hannoun, I. A.; Chiang, W. -L. (1998) Simulation of Sludge Pumping. *Water Environ. Res.*, **70**, 197-204.

Metcalf and Eddy, Inc. (2003) *Wastewater Engineering: Treatment and Reuse*, ***4th ed.***; Tchobanoglous, G.; Burton, F. L.; Stensel, H. D., Eds.; 4th ed.; McGraw-Hill Inc.: New York, New York.

Mori, M; Isaac, J.; Seyssiecq, I.; Roche, N. (2007) Effect of Measuring Geometries and of Exocellular Polymeric Substances on the Rheological Behaviour of Sewage Sludge. *Chem. Eng. Res. Des.*, **86** (6), 554-559.

Mulbarger, M.; Samuel, C.; Copas, R.; Kordic, J. R.; Cash, F. M. (1981) Pipeline Friction Losses for Wastewater Sludges. *J. Water Pollut. Control Fed.*, **53** (8), 1303-1313.

Mulbarger, M. C. (1997) Selected Notions about Sludges in Motion, and Movers. *Proceedings of the Central States Water Environment Association Education Seminar*, Madison, Wisconsin; Water Environment Association: Madison, Wisconsin.

Murakami, H.; Katayama, H.; Matsuura, H. (2001) Pipe Friction Head Loss in Transportation of High-Concentration Sludge for Centralized Solids Treatment. *Water Environ. Res.*, **73** (5), 558-566.

Rabinowitsch, B. (1929) Über die Viskosität und Elastizität von Solen" Z. *Phys. Chem.*, **145** (A), 1.

Rimkus, R. R. Heil, W. R. (1975a) The Rheology of Plastic Sewage Sludge. *Proceedings of the 2nd National Conference on Complete Water Reuse: Water's Interface with Energy, Air and Solids*, Chicago, Illinois, May 4-8.

Rimkus, R. R. and Heil, W. R. (1975b) Breaking the Viscosity Barrier. *Proceedings of the 2nd National Conference on Complete Water Reuse: Water's Interface with Energy, Air and Solids*, Chicago, Illinois, May 4-8.

Setterwall, F. (1972) Discussion/Communication on Pumping Sludge Long Distances. *J. Water Pollut. Control Fed.*, **44** (1), 648.

Sparr, A. E. (1971) Pumping Sludge Long Distances. *J. Water Pol. Control Fed.*, **43** (8), 1702-1711.

U. S. Environmental Protection Agency (1979) *Process Design Manual for Sludge Treatment and Disposal*, EPA 625/1-79-011; U. S. Environmental Protection Agency, Municipal Environmental Research Laboratory and Center for Environmental Research Information and Technology Transfer: Cincinnati, Ohio.

Water Environment Federation; American Society of Civil Engineers; Environmental and Water Resources Institute (2009) *Design of Municipal Wastewater Treatment Plants*, 5th ed.; WEF Manual of Practice

No. 8; ASCE Manual and Report on Engineering Practice No. 76; McGraw-Hill: New York.

Wagner, R. L. (1990) *Sludge Digester Heating*. Alfa-Laval Thermal Co.: Ventura, California.

Williams, M. L. (1977) A Guide to the Specification of Glass Lined Pipe. *Water Sewage Works*, **124** (10), 76-81.

Willis J.; Nazareth, V.; Rupke, M.; Saknenko, V.; Witzgall, R. (2002) Field Data and Experience Summary from Ashbridges Bay Treatment Plant Biosolids Loadout Facility Expansion in Toronto, Canada. *Proceedings of the Water Environment Federation Specialty Conference—16th Annual Residuals and Biosolids Conference*; Austin, Texas; Water Environment Federation, Alexandria, Virginia.

World Pumps (1999) Ram Pumps Take the Drudgery out of Sludge Transfer. February 1999, 18-19.

第7章 参考文献

Abu-Orf, M. M.; Dentel, S. K. (1999) Rheology as Tool for Polymer Dose Assessment and Control. *J. Environ. Eng.*, **125** (12), 1133-1141.

Abu-Orf, M. M.; Ormeci, B. (2005) Measuring Sludge Network Strength Using Rheology and Relation to Dewaterability, Filtration, and Thickening—Laboratory and Full-Scale Experiments. *J. Environ. Eng.*, **131** (8), 1139-1146.

Bache, D. H.; Dentel, S. K. (2000) Viscous Behaviour of Sludge Centrate in Response to Chemical Conditioning. *Water Res.*, **34** (1), 354-358.

Bruus, J. H.; Nielsen, P. H.; Keiding, K. (1992) On the Stability of Activated Sludge Flocs with Implication to Dewatering. *Water Res.*, **26**, 1597-1604.

Cassel, A. F.; Johnson, B. P. (1978) Evaluation of Filter Presses to Produce High-Solids Solids Cake. *J. New Eng. Water Pollut. Control Assoc.*, **12**, 137.

Christensen, G. L.; Stulc, D. A. (1979) Chemical Reactions Affecting Filterability in Iron-Lime Sludge Conditioning. *J. Water Pollut. Control Fed.*, **51**, 2499.

Dentel, S. K. (2001) Conditioning. In *Sludge into Biosolids*; Spinosa, L., Vesilind, P. A., Eds.; IWA Publishing: London, United Kingdom.

Dentel, S. K.; Abu-Orf, M. M.; Griskowitz, N. J. (1995) *Polymer Characterization and Control in Biosolids Management*; Water Environment Research Foundation: Alexandria, Virginia.

Eriksson, L.; Alm, B. (1991) Study of Bioflocculation Mechanisms by Observing Effects of a Complexing Agent on Activated Sludge Properties. *Water Sci. Technol.*, **24**, 21-28.

Ettlich, W. F.; Hinrichs, D. J.; Lineck, T. S. (1978) *Operations Manual: Sludge Handling and Conditioning*, EPA-68/01-4424; U. S. Environmental Protection Agency: Washington, D. C.

Gillette, R. A.; Scott, J. D. (2001) Dewatering System Automation: Dream or Reality? *Water Environ. Technol.*, **13** (5), 44-50.

Great Lakes Upper Mississippi River Board of State Sanitary Engineering Health Education Services Inc. (2004) *Recommended Standards for Wastewater Facilities*; Great Lakes Upper Mississippi River Board of State Sanitary Engineering Health Education Services Inc.: Albany, New York.

Higgins, M. J. (1995) The Roles and Interactions of Metal Salts, Proteins, and Polysaccharides in the Settling and Dewatering of Activated Sludge. Ph. D. dissertation, Virginia Polytechnic Institute and State University, Blacksburg, Virginia.

Higgins, M. J.; Novak, J. T. (1997a) Dewatering and Settling of Activated Sludges: The Case for Using Cation Analysis. *J. Water Environ. Res.*, **69**, 225-232.

Higgins, M. J.; Novak, J. T. (1997b) The Effect of Cations on the Settling and Dewatering of Activated Sludge: Laboratory Results. *J. Water Environ. Res.*, **69**, 215-224.

Karr, P. R.; Keinath, T. M. (1978) Influence of Particle Size on Sludge Dewaterability. *J. Water Pollut. Control Fed.*, **50**, 1911.

Kemp, J. S. (1997) Just the Facts on Dewatering Systems: A Review of the Features of Three Mechanical Dewatering Technologies. *Water Environ. Technol.*, **9**, (12), 47-55.

Kolda, B. C. (1995) Impact of Polymer Type, Dosage, and Mixing Regime and Sludge Type on Sludge Floc Properties. Master's Thesis, Virginia Polytechnic Institute and State University, Blacksburg, Virginia.

Lewis, C. J.; Gutschick, K. A. (1988) *Lime in Municipal Sludge Processing*; National Lime Association: Washington, D. C.

Minneapolis Wastewater Treatment Plant (1999) *Full-Scale Centrifuge Demonstration Project Centrifuge Test Program Final Report*, June 30; Minneapolis Wastewater Treatment Plant: Minneapolis, Minnesota.

National Lime Association (1982) *Lime Handling, Application, and Storage in Treatment Processes*, 4th ed.; Bulletin 213; National Lime Association: Arlington, Virginia.

Novak, J. T.; Goodman, G. L.; Pariroo, A.; Huang, J. C. (1988) The Blinding of Sludges During Filtration. *J. Water Pollut. Control Fed.*, **60** (2), 206-214.

Novak, J. T.; Haugan, B. E. (1979) Chemical Conditioning of Activated Sludge. *J. Environ. Eng.*, **105** (EE5), 993.

Novak, J. T.; Haugan, B. E. (1980) Mechanisms and Methods for Polymer Conditioning of Activated Sludge. *J. Water Pollut. Control Fed.*, **52** (10), 2571-2580.

Novak, J. T.; Miller, C. D.; Murthy, S. N. (2001) Floc Structure and the Role of Cations. *Water Sci. Technol.*, **44** (10), 209-213.

Novak, J. T.; Sadler, M. E.; Murthy, S. N. (2003) Mechanisms of Floc Destruction During Anaerobic and Aerobic Digestion and the Effect on Conditioning and Dewatering of Biosolids. *Water Res.*, **37**, 3236.

Ormeci, B.; Cho, K.; Abu-Orf, M. M. (2004) Development of a Laboratory Protocol to Measure Network Strength of Sludges Using Torque Rheometry. *J. Residuals Sci. Technol.*, **1** (1), 35-44.

Park, C.; Muller, C. D.; Abu-Orf, M. M.; Novak, J. T. (2006) The Effect of Wastewater Cations on Activated Sludge Characteristics: Effects of Aluminum and Iron in Floc. *Water Environ. Res.*, **78**, 31-40.

Pramanik, A.; LaMontagne, P.; Brady, P. (2002) Automatic Improvements, Installing an Integrated Control System Can Improve Sludge Dewatering Performance and Cut Costs. *Water Environ. Technol.*, **14** (10), 46-50.

Roberts, K.; Olsson, O. (1975) The Influence of Colloidal Particles on the Dewatering of Activated Sludge with Polyelectrolyte. *Environ. Sci. Technol.*, **9**, 945.

Robinson, J. K. (1989) The Role of Bound Water Content in Designing Sludge Dewatering Characteristics. Master's Thesis, Virginia Polytechnic Institute and State University, Blacksburg, Virginia.

Snoeyink, V. L.; Jenkins, D. (1980) *Water Chemistry*; Wiley and Sons: New York.

Sorensen, B. L.; Sorensen, P. B. (1997) Applying Cake Filtration Theory on Membrane Filtration Data. *Water Res.*, **31** (3), 665-670.

Tenney, M. W.; Echelberger, W. F., Jr.; Coffey, J. J.; McAloon, T. J. (1970) Chemical Conditioning of Biological Sludges for Vacuum Filtration. *J. Water Pollut. Control Fed.*, **42**, R1.

Tezuka, Y. (1969) Cation-Dependent Flocculation in *Flavobacterium* Species Predominant in Activated Sludge. *Appl. Microbiol.*, **17**, 222.

U. S. Environmental Protection Agency (1978) *Sludge Treatment and Disposal*, *Sludge Treatment*, *Vol.* 1; EPA-625/4-78-012; U. S. Environmental Protection Agency: Cincinnati, Ohio.

U. S. Environmental Protection Agency (1979) *Evaluation of Dewatering Devices for Producing High-Solids Sludge Cake*; EPA-600/2-79-123; U. S. Environmental Protection Agency, Water Resources Management Administration, Municipal Environmental Research Laboratory: Cincinnati, Ohio.

U. S. Environmental Protection Agency (1990) Guidelines for Federal Procurement of Products Containing Recovered Materials. *Code of Federal Regulations*, Part 553, Title 40, 1993; *Fed. Regist.*, **55** (192), 40384-40390.

U. S. Environmental Protection Agency (2000) *Biosolids Technology Fact Sheet Recessed-Plate Filter Press*; EPA-832/F-00-058; U. S. Environmental Protection Agency, Officeof Water: Washington, D. C.

Vesilind, P. A. (1979) *Treatment and Disposal of Wastewater Sludges*; Ann Arbor Science Publishers: Ann Arbor, Michigan.

Vesilind, P. A. (1994) The Role of Water in Sludge Dewatering. *Water Environ. Res.*, **66**, 4-11.

Wang, L. K.; Pereira, N. C.; Hung, Y. T. (2007) *Handbook of Environmental Engineering Biosolids Treatment Processes*, 6th ed.; Humana Press: Totowa, New Jersey.

Water Environment Federation (2003) *Wastewater Treatment Plant Design*; Water Environment Federation: Alexandria, Virginia; IWA Publishing: London.

Water Environment Federation (2009) *Operation of Municipal Wastewater Treatment Plants*, 6th ed., WEF Manual of Practice No. 11; McGraw-Hill: New York.

Water Environment Federation; American Society of Civil Engineers; Environmental and Water Resources Institute (2009) *Design of Municipal Wastewater Treatment Plants*, 5th ed., WEF Manual of Practice No. 8; ASCE Manual and Report on Engineering Practice No. 76; McGraw-Hill: New York.

Water Environment Research Foundation (1993) *Guidance Manual for Polymer Selection in Wastewater Treatment Plants*; Water Environment Research Foundation: Alexandria, Virginia.

Water Environment Research Foundation (1995) *Polymer Characterization and Control in Biosolids Management*; Water Environment Research Foundation: Alexandria, Virginia.

Water Environment Research Foundation (2001) *Thickening and Dewatering Processes: How to Evaluate and Implement an Automation*; Water Environment Research Foundation: Alexandria, Virginia.

Water Pollution Control Federation (1980) *Sludge Thickening*; Manual of Practice No. FD-1; Water Pollution Control Federation: Washington, D. C.

Webb, L. J. (1974) A Study of Conditioning Sewage Sludges with Lime. *J. Water Pollut. Control Fed.*, **73**, 192.

第8章 参考文献

Adams, A. E., Jr.; Eckenfelder, W. W., Jr. (1974) Gravity Thickening. In *Process Design Techniques for Industrial Waste Treatment*; Enviro Press: Smith field, New South Wales, Australia.

Beliew, G.; Fileccia, M. (1986) Optimization of Dissolved Air Flotation Thickeners, *Proceedings of the California Water Pollution Control Association Conference*; California Water Pollution Control Association: Oakland, California.

Boyle, W. H. (1978) Ensuring Clarity and Accuracy in Torque Determinations. *Water Sew. Works*,

March.

Bratby, J. (1978) Aspects of Sludge Thickening by Dissolved Air Flotation. *Water Pollut. Control Fed.*, **77** (3), 421-432.

Bratby, J.; Ambrose, W. (1995) Design and Control of Flotation Thickeners. *Water Sci. Technol.*, **31** (3-4), 247-261.

Bratby J.; Jones G. (2007) How Far Can You Take Flotation Thickeners? *Proceedings of 5th International Conference on Flotation in Water and Wastewater Systems*, International Water Association, Sep 11-14, Seoul, Korea; IWA Publishing: London, England, United Kingdom.

Bratby, J.; Marais, G. vR. (1975) Saturator Performance in Dissolved-air Flotation. *Water Res.*, **9**, 929-936.

Bratby, J.; Marais, G. vR. (1977) Flotation. In *Solid/Liquid Separation Equipment Scale-Up*; Purchas, D. B., Ed.; Uplands Press Ltd.: London, England, United Kingdom.

Bratby, J.; Jones, G.; Uhte, W. (2004) State-of-Practice of DAFT Technology—Is There Still a Place for It? *Proceedings of the 77th Annual Water Environment Federation Technical Exposition and Conference* [CD-ROM]; New Orleans, Louisiana, Oct 2-6; Water Environment Federation: Alexandria, Virginia.

Bratby, J.; Jones, G.; Uhte, W. (2006) Maximising the Performance of Flotation Thickeners; *Water* 21, **Oct** (8. 5), 29-31.

Butler, R. C.; Finger, R. E.; Pitts, J. F.; Strutynski, B. (1997) Advantages of Cothickening Primary and Secondary Sludges in Dissolved Air Flotation Thickeners. *Water Environ. Res.*, **69** (3), 311-316.

Dick, R. I.; Ewing, B. B. (1967) Evaluation of Activated Sludge Thickening Theories. *J. Environ. Eng.*, **93** (4), 9.

Haarhoff, J.; Bezuidenhout, E. (1999) Full-Scale Evaluation of Activated Sludge Thickening by Dissolved Air Flotation, *Water SA*, **25** (2), 153-166.

Jordan, V. J.; Scherer, C. H. (1970) Gravity Thickening Techniques at a Water Reclamation Plant. *J. Water Pollut. Control Fed.*, **42**, 180.

Komline, T. (1976) Flotation for Water and Wastewater Treatment. *Proceedings of the Water Research Centre Conference*, Felixstowe, United Kingdom; Water Research Center: Wiltshire, England, United Kingdom.

Metcalf and Eddy, Inc. (2003) *Wastewater Engineering: Treatment and Reuse*, 4th ed.; Tchobanoglous, G.; Burton, F. L.; Stensel, H. D., Eds.; McGraw-Hill: New York.

National Fire Protection Association (2003) *NFPA* 820 *Standard for Fire Protection in Wastewater Treatment and Collection Facilities*; National Fire Protection Association: Quincy, Massachusetts.

Noland, R. F.; Dickerson, R. B. (1978) *Thickening of Sludge*. EPA-MERL, Technology Transfer Seminar on Sludge Treatment and Disposal; U. S. Environmental Protection Agency: Cincinnati, Ohio.

Torpey, W. N. (1954) Concentration of Combined Primary and Activated Sludges in Separate Thickening Tanks. J. *Sanit. Eng. Div.*, *Proc. Am. Soc. Civ. Eng.*, **80**, 443.

U. S. Code of Federal Regulations (1991) 29 CFR, Section 1910. 147.

U. S. Environmental Protection Agency (1974) *Process Design Manual for Upgrading Existing Wastewater Treatment Plants*; EPA-625/1-71-004a; Technology Transfer; U. S. Environmental Protection Agency: Cincinnati, Ohio.

U. S. Environmental Protection Agency (1978) *Field Manual for Performance Evaluation and Trouble-*

shooting at Municipal Wastewater Treatment Facilities. U. S. Environmental Protection Agency: Washington, D. C.

U. S. Environmental Protection Agency, EPA, 1979: *Process Design Manual for Sludge Treatment and Disposal*, 625/1-79-011; U. S. Environmental Protection Agency: Washington, D. C.

Water Environment Federation (2008) *Operation of Municipal Wastewater Treatment Plants*, 6th ed.; WEF Manual of Practice No. 11; McGraw-Hill: New York.

Water Environment Federation; American Society of Civil Engineers; Environmental and Water Resources Institute (2009) *Design of Municipal Wastewater Treatment Plants*, 5th ed.; WEF Manual of Practice No. 8; ASCE Manuals and Reports on Engineering Practice No. 76; McGraw-Hill: New York.

Water Pollution Control Federation (1980) *Sludge Thickening*, Manual of Practice No. FD-1; Water Pollution Control Federation: Washington, D. C.

Water Pollution Control Federation (1980) *Sludge Thickening*; Manual of Practice No. FD-1; Water Pollution Control Federation: Washington, D. C.

Water Pollution Control Federation (1987) *Operation and Maintenance of Sludge Dewatering Systems*, Manual of Practice No. OM-8; Water Pollution Control Federation: Alexandria, Virginia.

第9章 参考文献和推荐读物

Adams, G. A.; Witherspoon, J.; Card, T.; Erdal, Z.; Forbes, B.; McEwen, D.; Geselbracht, J.; Glindemann, D.; Hargreaves, R.; Hentz, L.; Higgins, M.; Murthy, S. (2003) *Identifying and Controlling Odour in the Municipal Wastewater Environment Phase 2: Impacts of In-Plant Parameters on Biosolids Odour Quality*. Water Environment Research Foundation Report No 00-HHE-5T; Water Environment Research Foundation: Alexandria, Virginia.

Aly, R. E.; Joshi, R. P.; Stark, R. H.; Schoenbach, K. H.; Beebe, S. J. (2001) Repair Time of Bacteria after Pulsed Electric Field Application. *Proceedings of the IEEE International Conference on Plasma Science*, Las Vegas, Nevada, June 17-22; IEEE: New York.

Banaszak, J; Burrowes, P; Daigger, G; Enochs, M; Klein, A; Rittmann, B; Salerno, M; Schlegel, P. (2007) Focused-Pulsed Treatment of Waste Activated Sludge: Application to Waste Biosolids Reduction and Increased Methane Production. *Proceedings of the 80th Annual Water Environment Federation Technical Exposition and Conference* [CD-ROM]; San Diego, California, Oct 15-17; Water Environment Federation: Alexandria, Virginia.

Banaszak, J. E.; Burrowes, P.; Daigger, G.; Enochs, M. B.; Klein, A. M.; Lopez, R.; Rittmann, B. E.; Schlegel, P. R. (2008) Focused-Pulsed Treatment of Waste Activated Sludge: Application to Waste Biosolids Reduction and Increased Methane Production. *Proceedings of the 81th Annual Water Environment Federation Technical Exposition and Conference* [CD-ROM]; Chicago, Illinois, Oct 18-22; Water Environment Federation: Alexandria, Virginia.

Chiu, Y. -C.; Chang, C. -N.; Lin, J. -G.; Huang, S. -J. (1997) Alkaline and Ultrasonic Pretreatment of Sludge Before Anaerobic Digestion. *Water Sci. Technol.*, **36** (11), 155-162.

Christi, Y. (2003) Sonobioreactors: Using Ultrasound for Enhanced Microbial Productivity. *Trends Biotechnol.*, **21** (2), 89-93.

Chu, C. P.; Chang, B.; Liao, G. S.; Jean, D. S.; Lee, D. J. (2001) Observations on Changes in Ultrasonically Treated Waste-Activated Sludge. *Water Res.*, **35** (4), 1038-1046.

Joyce, E.; Phull, S. S.; Lorimer, J. P.; Mason, T. J. (2003) The Development and Evaluation of Ultrasound for the Treatment of Bacterial Suspensions. A Study of Frequency, Power, and Sonication

Time on Cultured Bacillus Species. *Ultrason. Sonochem.*, **10**, 315-318.

Kopplow, O.; Barjenbruch, M.; Heinz, V. (2004) Sludge Pretreatment with Pulsed Electric Fields. *Water Sci. Technol.*, **49** (10), 123-129.

Laffite-Trouqué, S.; Forster, C. F. (2002) The Use of Ultrasound and gamma-Irradiation as Pre-treatments for the Anaerobic Digestion of Waste Activated Sludge at Mesophilic and Thermophilic Temperatures. *Bioresour. Technol.*, **84**, 113-118.

Li, Y. -Y.; Noike, T. (1992) Upgrading of Anaerobic Digestion of Waste Activated Sludge by Thermal Pretreatment. *Water Sci. Technol.*, **26** (3-4), 857-866.

Madigan, M. T.; Martinko, J. M.; Parker, J. (2003) *Brock Biology of Microorganisms*. Prentice Hall: Upper Saddle River, New Jersey.

Mao, T.; Young, S. -Y.; Show, K. -Y.; Tay, J. -H.; Lee, D. J. (2004) A Comparison of Ultrasound Treatment on Primary and Secondary Sludges. *Water Sci. Technol.*, **50** (9), 91-97.

Mason, T. J.; Lorimer, J. P. (1988) *Sonochemistry: Theory, Applications and Uses of Ultrasound in Chemistry*, Ellis Horwood Series in Physical Chemistry. Ellis Horwood: Chichester, West Sussex, United Kingdom.

Muller, J.; Lehne, G.; Schwedes, J.; Battenberg, S.; Naveke, R.; Kopp, J.; Dichtl, N.; Scheminski, A.; Krull, R.; Hempel, D. C. (1998) Disintegration of Sewage Sludges and Infl uence on Anaerobic Digestion, *Water Sci. Technol.*, **38** (8-9), 425-433.

Müler, J. A.; Winter, A.; Strünkmann, G. (2004) Investigation and Assessment of Sludge Pre-Treatment Processes. *Water Sci. Technol.*, **49** (10), 97-104.

Muller, C. D.; Abu-Orf, M. M.; Novak, J. T. (2007) The Application of Mechanical Shear in an Internal-Recycle for the Enhancement of Anaerobic Digestion. *Water Environ. Res.*, **79** (2), 297-304.

Nah, I. W.; Kang, Y. W.; Hwang, K. Y.; Song, W. K. (2000) Mechanical Pretreatment of Waste Activated Sludge for Anaerobic Digestion Process. *Water Res.*, **34**, 2362-2368.

Neis, U.; Nickel, U. K.; Tiehm, A. (2000) Enhancement of Anaerobic Digestion by Ultrasonic Disintegration. *Water Sci. Technol.*, **42** (9), 73-80.

Novak, J. T.; Park, C.; Higgins, M. J.; Chen, Y. -C; Morton, R.; Gary, D.; Forbes. R.; Erdal, Z. (2007) WERF Odor Study Phase III: Impacts of the MicroSludge Process on Odor Causing Compounds. *Proceedings of the Water Environment Federation/American Water Works Association Joint Residuals and Biosolids Management Conference* [CD-ROM]; Water Environment Federation: Alexandria, Virginia.

Onyeche, T. I.; Schläfer, O.; Bormann, H.; Schröfer, C.; Sievers, M. (2002) Ultrasonic Cell Disruption of Stabilised Sludge with Subsequent Anaerobic Digestion. *Ultrason.*, **40**, 31-35.

Portenlänger, G.; Heusinger, H. (1997) The Influence of Frequency on the Mechanical and Radical Effects for Ultrasonic Degradation of Dextranes. *Ultrason. Sonochem.* **4**, 127-130.

Rabinowitz, B.; Stephenson, R. (2005) Improvement of Anaerobic Digester Efficiency by Homogenization of Waste Activated Sludge. *Proceedings of the 78th Annual Water Environment Federation Technical Exposition and Conference* [CD-ROM]; Washington, D. C., Oct 30-Nov 2; Water Environment Federation: Alexandria, Virginia.

Rabinowitz, B.; Stephenson, R. (2006) Effect of MicroSludge on Anaerobic Digester Performance and Residuals Dewatering at LA County's JWPCP. *Proceedings of the 79th Annual Water Environment Federation Technical Exposition and Conference* [CD-ROM]; Dallas, Texas, Oct 21-5; Water Environment Federation: Alexandria, Virginia.

Raso，J.；Pagán，R.；Condón，S.；Sala，F. J.（1998）Infl uence of Temperature and Pressure on the Leathality of Ultrasound. *Appl. Environ. Microbiol.*，**64**（2），465-471.

Rittmann，B. E.；Lee，H. -S.；Zhang，H.；Alder，J.；Banaszak，J. E.；Lopez，R.（2008）Full-Scale Application of Focused-Pulsed Pre-Treatment for Improving Biosolids Digestion and Conversion to Methane. *Water Sci. Technol.*，**58**（10），1895-1902.

Roxburgh，R.；Sieger，R.；Johnson，B.；Rabinowitz，B.；Goodwin，S.；Crawford，G.；Diagger，G.（2006）Sludge Minimization Technologies-Doing More to Get Less. *Proceedings of the 79th Annual Water Environment Federation Technical Exposition and Conference* [CD-ROM]；Dallas，Texas，Oct 21-25；Water Environment Federation：Alexandria，Virginia.

Salerno，M. B.；Lee，H. -S；Parameswaran，P.；Rittmann，B.（2008）Using a Pulsed Electric Field as a Pretreatment for Improved Biosolids Digestion and Methanogenesis；*Proceedings of the 81th Annual Water Environment Federation Technical Exposition and Conference* [CD-ROM]；Chicago，Illinois，Oct 18-22；Water Environment Federation：Alexandria，Virginia.

Sanders，W. T. M.；Geerink，M.；Zeeman，G.；Lettinga，G.（2000）Anaeorbic Hydrolysis Kinetics of Particulate Substrates. *Water Sci. Technol.*，**41**（3），17-24.

Scheminski，A；Krull，R.；Hempel，D. C.（2000）Oxidative Treatment of Digested Sewage Sludge with Ozone. *Water Sci. Technol.*，**42**（9），151-158.

Scherba，G.；Weigel，R. M.；Brien，W. D. O.，Jr.，（1991）Quantitative Assessment of the Germicidal Effi cacy of Ultrasonic Energy. *Appl. Environ. Microbiol.*，**57**（7），2079-2084.

Stephenson，R.；Rabinowitz，B.；Laliberte，S.；Elson，P.（2005）Teaching an Old Digester New Tricks：Fullscale Demonstration of the MicroSludge Process to Liquify Municipal Waste Activated Sludge. *Proceedings of the Water Environment Federation Specialty Conference—19th Annual Residuals and Biosolids Conference*，Nashville，Tennessee，Apr 18；Water Environment Federation，Alexandria，Virginia.

Tiehm，A.；Nickel，K.；Zellhorn，M.；Neis，U.（2001）Ultrasonic Waste Activated Sludge Disintegration for Improving Anaerobic Stabalization. *Water Res.*，35（8），2003-2009.

Tuziuti，T.；Yasui，K.；Sivakumar，M.；Iida，Y.（2005）Correlation Between Acoustic Cavitation Noise and Yield Enhancement of Sonochemical Reaction by Particle Addition. *J. Phys. Chem.*，*A*，**109**，4869-4872.

Vavilin，V. A.；Rytov，S. V.；Lokshina，L. Y.（1997）A Balance Between Hydrolysis and Methanogenesis During the Anaerobic Digestion of Organic Matter. *Microbiol.*，**66**（6），712-717.

Vergine，P.；Menin，G.；Canziani，R.；Ficara，E.；Fabiyi，M.；Novak，R.；Sandon，A.；Bianchi，A.；Bergna，G.（2007）Partial Ozonation of Activated Sludge to Reduce Excess Sludge Production：Evaluation of Effects on Biomass Activity in a Full Scale Demonstration Test. *Proceedings of the International Water Association Specialty Conference：Moving Forward：Wastewater Biosolids Sustainability：Technical，Managerial and Public Synergy*，Moncton，New Brunswick，Canada，June 24；IWA Publishing：London，United Kingdom.

Weemmaes，M.；Grootaerd，H.；Simmoens，F.；Verstraete，W.（2000）Anaerobic Digestion of O-zonized Biosolids. *Water Res.*，**34**（8），2330-2336.

Xu，F.；Xiao，D.（2006）Analysis of the Effect of Pulsed Electric Field on Cells with the RC Circuit Model and Experiment. *High Voltage Eng.*，**32**（6），67-69.

第10章 参考文献和推荐读物

Alatriste-Mondragón，F.；Samar，P.；Cox，H. H. J；Ahring，B. K；Iranpour，R.（2006）

Anaerobic Codigestion of Municipal, Farm, and Industrial Organic Wastes: A Survey of Recent Literature *Water Environ. Res.*, **78**, 607-636.

Aldin, S.; Elbeshbishy, E.; Nakhla, G.; Ray, M. (2009) Viability of Ultrasonication for Pre-Treatment of Biosolids. *Proceedings of the 82nd Annual Water Environment Federation Technical Exposition and Conference* [CD-ROM]; Orlando, Florida, Oct 10-14; Water Environment Federation: Alexandria, Virginia.

American Society of Heating, Refrigeration, and Air-Conditioning Engineers (2005) 2005 *ASHRAD Handbook Fundamentals*, Inch-Pound ed.; American Society of Heating, Refrigeration, and Air-Conditioning Engineers, Inc.: Atlanta, Georgia.

Appels, L.; Baeyens, J.; Degrée, J.; Dewil, R. (2008) Principles and Potential of the Anaerobic Digestion of Waste-Activated Sludge. *Prog. Energy Combust. Sci.* **34**, 755-781.

Avallone, E. A.; Baumeister, T. (1996) *Marks' Standard Handbook for Mechanical Engineers*, 10th ed.; McGraw-Hill: New York.

Bird, R. B.; Stewart, W. E.; Lightfoot, E. N. (1960) *Transport Phenomena. Wiley*: New York.

Bucher, B.; Newman, G.; Moore, R.; Lepistö R.; Stensel, H. D.; Ferguson, J. F. (2001) Pilot Plant Investigation of Thermophilic-Mesophilic Digestion for a Full-scale Retrofit. *Proceedings of the Water Environment Federation, American Water Works Association, Chesapeake Water Environment Association Joint Residuals and Biosolids Management Conference* [CD-ROM], San Diego, California, Feb 21-24; Water Environment Federation: Alexandria, Virginia.

Burke, D. (2001) Producing Exceptional Quality Biosolids through Digestion Pasteurization and Redigestion. *Proceedings of the Water Environment Federation, American Water Works Association, Chesapeake Water Environment Association Joint Residuals and Biosolids Management Conference* [CD-ROM], San Diego, California, Feb 21-24; Water Environment Federation: Alexandria, Virginia.

Chen, Y.; Higgins, M. J.; Beghitol, S.; Murthy, S. N.; Hendrickson, D.; Schafer, P.; Farrell, J. (2008) Examination of *Salmonella* and Fecal Coliform Density After Dewatering of Anaerobically Digested Biosolids. *Proceedings of the 81th Annual Water Environment Federation Technical Exposition and Conference* [CD-ROM]; Chicago, Illinois, Oct 18-22; Water Environment Federation: Alexandria, Virginia.

Chiu, Y-C.; Chang, C-N.; Lin, J-G.; Huang, S-J. (1997) Alkaline and Ultrasonic Pretreatment of Sludge Before Anaerobic Digestion. *Water Sci. Technol.*, **36** (11), 155-162.

Chu, L.; Yan, S.; Xing, X-H.; Sun, X.; Jurcik, B. (2009) Progress and Perspectives of Sludge Ozonation as a Powerful Pretreatment Method for Minimization of Excess Sludge Production. *Water Res.*, **43** (7), 1811-1822.

Clements, R. P. L. (1982) Sludge Hygienization by Means of Pasteurization prior to Digestion. In *Disinfection of Sewage Sludge: Technical, Economic and Microbiological Aspects*, Bruce, A. M.; Havelaar, A. H.; L'Hermite, P. L.; Eds.; Springer-Verlag: Berlin, Germany.

Cooney, C. L.; Wise, D. L. (1975) Thermophilic Anaerobic Digestion of Solid Waste for Fuel Gas Production. *Biotechnol. Bioeng.* **17** (8), 1119-1135.

Dague, R. R. (1968) Application of Digestion Theory to Digester Control. *J. Water Pollut. Control Fed.* **40** (12), 2021-2032.

Dawson, M.; Leefe, S.; Harrison, D.; Cumiskey, A. (2004) *Modeling of Flows in Sludge Mixing Equipment—The Use of Physical Models and Computational Fluid Dynamics (CFD) as Design and Evaluation Tools*; University of Surrey Centre for Environmental and Health Engineering: Surrey, United

Kingdom.

Dichtl, N. (1997) Thermophilic and Mesophilic (Two-Stage) Anaerobic Digestion. *J. Chart. Inst. Water Environ. Manage.*, **11** (2), 98-104.

Eastman, J. A.; Ferguson, J. F. (1981) Solubilization of Particulate Organic Carbon during the Acid Phase of Anaerobic Digestion. *J. Water Pollut. Control Fed.*, **53** (3), 352-366.

Erdal, U. G.; Soroushian, F.; Kitto, W.; Whitman, E. J. (2005) A Technology Review for Co-digestion of Food Waste with Biosolids and/or Manure. *Proceedings of the Water Environment Federation/American Water Works Association Joint Residuals and Biosolids Management Conference* [CD-ROM], Denver, Colorado, April 15-17; Water Environment Federation: Alexandria, Virginia.

Ferran, B; Huyard, A; Adamik, J. (2002) Two-Phase Anaerobic Digestion of Municipal Sewage Sludge Optimization of the Pathogen Destruction. *Proceedings of the 75th Annual Water Environment Federation Technical Exposition and Conference* [CD-ROM]; Chicago, Illinois, Sept 28-Oct 2; Water Environment Federation: Alexandria, Virginia.

Froud, C.; Schmitt, J.; Applegate, C. (2009) Anaerobic Digestion Enhancement Success Stories from Around the World. *Proceedings of the Water Environment Federation Residuals and Biosolids Conference* 2009 [CD-ROM]; Water Environment Federation: Alexandria, Virginia.

Ghosh, S.; Buoy, K.; Dressel, L.; Miller, T.; Wilcox, G.; Loos. D. (1995) Pilot- and Full-Scale Two-Phase Anaerobic Digestion of Municipal Sludge. *Water Environ. Res.*, **67** (2), 206-214.

Great Lakes-Upper Mississippi River Board of State and Provincial Public Health and Environmental Managers (2004) *Recommended Standards for Wastewater Facilities— Policies for the Design, Review, and Approval of Plans and Specifications*, 2004 ed.; Health Research Inc., Health Education Services Division: Albany, New York.

Han, Y.; Dague, R. R. (1997) Laboratory Studies on the Temperature-Phased Anaerobic Digestion of Domestic Primary Sludge. *Water Environ. Res.*, **69** (6), 1139-1143.

Han, Y., Sung, S., Dague, R. R. (1997). Temperature-Phased Anaerobic Digestion of Wastewater Sludges. *Water Sci. Technol.*, **36** (6-7), 367-374.

Harrison, S. (1991) Bacterial Cell Disruption: A Key Unit Operation in the Recovery of Intracellular Products. *Biotechnol. Adv.*, **9**, 217-240.

Hernandez, G. L.; Redd, K. R.; Ingalla, L.; Wert, W. A.; Liu, A. M.; Haug, R. T. (2002) Hyperion Treatment Plant Advanced Digestion Pilot Program. *Proceedings of the 75th Annual Water Environment Federation Technical Exposition and Conference* [CD-ROM]; Chicago, Illinois, Sept 28-Oct 2; Water Environment Federation: Alexandria, Virginia.

Incropera, F. P.; DeWitt, D. P. (2002) *Introduction to Heat Transfer*, 4th ed.; Wiley & Sons: Hoboken, New Jersey.

Iranpour, R.; Cox, H. H. J. (2007) Evaluation of Thermophilic Anaerobic Digestion Processes for Full-Scale Class A Biosolids Disinfection at Hyperion Treatment Plant. *Biotechnol. Bioeng.*, **97**, 19-39.

Iranpour, R.; Cox, H. H. J.; Oh, S.; Fan, S.; Kearbey, R. J.; Abkian, V.; Haug, R. T. (2006) Thermophilic-Anaerobic Digestion to Produce Class A Biosolids: Initial Full-Scale Studies at Hyperion Treatment Plant. *Water Environ. Res.*, **78** (2), 170-180.

Iranpour, R.; Cox, H. H. J.; Fan, S.; Abkian, V.; Minamide, T.; Kearney, R. J.; Haug, R. T. (2006) Full-Scale Class A Biosolids Production by Two-Stage Continuous-Batch Thermophilic Anaerobic Digestion at the Hyperion Treatment Plant, Los Angeles, California. *Water Environ. Res.*, **78** (11), 2244-2252.

Kabouris, J. C.; Tezel, U.; Pavlostathis, S. G.; Engelmann, M.; Dulaney, J.; Gillette, R. A.; Todd, A. C. (2009) Methane Recovery from the Anaerobic Codigestion of Municipal Sludge and FOG. *Bioresour. Technol.*, **100**, 3701-3705.

Kabouris, J. C.; Tezel, U.; Pavlostathis, S. G.; Engelmann, M.; Todd, A. C.; Gillette, R. A. (2008) The Anaerobic Biodegradability of Municipal Sludge and Fat, Oil, and Grease at Mesophilic Conditions. *Water Environ. Res.*, **80** (3), 212-221.

Kathryn Scott, D.; Drew, R.; McHale, K.; Braccio, J. (2005) Connecticut's Approach to Minimizing Sanitary Sewer Overflows Through the Use of Centralized FOG Receiving Facilities. *Proceedings of the 78th Annual Water Environment Federation Technical Exposition and Conference* [CD-ROM]; Washington, D. C., Oct 30-Nov 2; Water Environment Federation: Alexandria, Virginia.

Kasirga, E.; Coopee, A.; Whitman, E.; Clifton. J. (2008) Innovative Anaerobic Digestion and Co-Digestion at Inland Empire Utilities Agency. *Proceedings of the 81th Annual Water Environment Federation Technical Exposition and Conference* [CD-ROM]; Chicago, Illinois, Oct 18-22; Water Environment Federation: Alexandria, Virginia.

Keller, U. (1982) Experiences and Development of Sludge Pasteurization in Alterhein. In *Disinfection of Sewage Sludge: Technical, Economic and Microbiological Aspects*, Bruce, A. M.; Havelaar, A. H.; L'Hermite, P. L.; Eds.; Springer-Verlag: Berlin, Germany.

Kepp, U.; Machenbach, I.; Weisz, N.; Solheim, O. E. (2000) Enhanced Stabilisation of Sewage Sludge Through Thermal Hydrolysis—Three Years Of Experience With Full Scale Plant. *Water Sci. Technol.*, **42** (9), 89-96.

Krugel, S.; Nemeth, L.; Peddie, C. (1998) Extending Thermophilic Anaerobic Digestion for Producing Class A Biosolids at the Greater Vancouver Regional District's Annacis Island Wastewater Treatment Plant. *Water Sci. Technol.*, **38** (8-9), 409-416.

Krugel, S.; Parrella, A.; Ellquist, K.; Hamel, K. (2006) Five Years of Successful Operation—A Report on North America's First New Temperature Phased Anaerobic Digestion System at the Western Lake Superior Sanitary District (WLSSD). *Proceedings of the 79th Annual Water Environment Federation Technical Exposition and Conference* [CD-ROM]; Dallas, Texas, Oct 21-25; Water Environment Federation: Alexandria, Virginia.

Le, M. S. (2007) Thermophilic and Enzymatic Treatments for Improved Digestion. *Proceedings of the International Water Association Leading-Edge Conference on Water and Wastewater Technologies*; IWA Publishing: London, United Kingdom.

Lewis, F. M.; Haug, R. T.; Poosti, A.; Redd, K. R. (2007) Energy Recovery from Digester Gas at Hyperion. *Proceedings of the Water Environment Federation/American Water Works Association Joint Residuals and Biosolids Management Conference* [CD-ROM]; Water Environment Federation: Alexandria, Virginia.

Lugowski, A.; Nakhla, G.; Patel, J.; Shular, K.; Singh, A. (2007) Biosolids Minimization Using Integrated Alkaline Sludge Hydrolysis and Biological Nutrient Removal Process. *Proceedings of the 80th Annual Water Environment Federation Technical Exposition and Conference* [CD-ROM]; San Diego, California, Oct 15-17; Water Environment Federation: Alexandria, Virginia.

Massart, N.; Bates, R.; Corning, B.; Neun, G. (2006) Design and Operational Considerations to Avoid Excessive Anaerobic Digester Foaming. *Proceedings of the 79th Annual Water Environment Federation Technical Exposition and Conference* [CD-ROM]; Dallas, Texas, Oct 21-25; Water Environment Federation: Alexandria, Virginia.

Mata-Alvarez, J.; Macé, S.; Llabrés, P. (2000) Anaerobic Digestion of Organic Solid Wastes. An Overview of Research Achievements and Perspectives. *Bioresour. Technol.*, **74**, 3-16.

McCarty, P. L. (1971) Energetics and Kinetics of Anaerobic Treatment. *Anaerobic Biol. Treat. Processes*, **June 1**, 91-107.

Müller, J. (2000) Disintegration as a Key Step in Sewage Sludge Treatment. *Water Sci. Technol.*, **41** (8), 123-130.

Murthy, S.; Higgins, M.; Chen, Y.; Covert, K.; Maas, N.; Toffey, W. (2003) The Impact of Dewatering Equipment on Odorant Production from Anaerobically Digested Biosolids. *Proceedings of the 76th Annual Water Environment Federation Technical Exposition and Conference* [CD-ROM]; Los Angeles, California, Oct 11-15; Water Environment Federation: Alexandria, Virginia.

National Biosolids Partnership (2005) *National Manual of Good Practice for Biosolids*; National Biosolids Partnership: Alexandria, Virginia.

Ohanian, E.; Haug, R. T.; Fan, S.; Voss, D. J.; Clark, J. H. (2005) Anaerobic Digester Evolution at the Los Angeles Hyperion Plant. *Proceedings of the Water Environment Federation Sustainability Conference Series* [CD-ROM]; Water Environment Federation: Alexandria, Virginia.

O' Rourke, J. T. (1968) Kinetics of Anaerobic Treatment at Reduced Temperatures. Ph. D. Dissertation, Stanford University, Palo Alto, California.

Owen, W. F. (1982) *Energy in Wastewater Treatment.* Prentice Hall, Inc.: Saddle River, New Jersey.

Panter, K.; Auty, D. (2009) Thermal Hydrolysis, Anaerobic Digestion and Dewatering of Sewage Sludge as a Best First Step in Sludge Strategy: Full Scale Examples in Large Projects in the UK And Strategic Study Including Cost and Carbon Footprint. *Proceedings of the International Water Association Sludge Conference*, Harbin, China; IWA Publishing: London, United Kingdom.

Parkin, G. F.; Owen, W. F. (1986) Fundamentals of Anaerobic Digestion of Wastewater Sludges. *J. Environ. Eng.*, **11**, 867-920.

Parry, D. L.; Vandenburgh, S.; Salerno, M. B.; Finger, R. (2009) A Review of the First Year for Biosolids Management Using a High Solids Anaerobic Digestion System; *Proceedings of the Water Environment Federation Residuals and Biosolids Conference* [CD-ROM]; Water Environment Federation: Alexandria, Virginia.

Parry, D.; Vandenburgh, S.; Salerno, M.; Finger, R. (2009) Codigestion of Organic Waste. Water Environment Federation Residuals and Biosolids Conference, Portland, Oregon, May 3-6; Water Environment Federation: Alexandria, Virginia

Pavlostathis, S. G.; Giraldo-Gomez, E. (1991) Kinetics of Anaerobic Treatment: A Critical Review. *Crit. Rev. Environ. Sci. Technol.*, **21** (5-6), 411-490.

Perry, R. H.; Green, D. W. (1997) *Perry's Chemical Engineers' Handbook*, 7th ed.; McGraw-Hill: New York.

Redner, J. A.; Hsi, R. P.; Esfandi, E. J.; Sydney, R.; Jones, R. M.; Won, D. (2002) *Evaluation of Protective Coatings for Concrete.* County Sanitation Districts of Los Angeles County: Whittier, California.

Reynolds, D. T.; Cannon, M.; Pelton, T. (2001) Preliminary Investigation of Recuperative Thickening for Anaerobic Digestion. *Proceedings of the 74rd Annual Water Environment Federation Technical Exposition and Conference* [CD-ROM]; Atlanta, Georgia, Oct 13-17; Water Environment Federation: Alexandria, Virginia.

Salerno，M. B.；Lee，H-S.；Parameswaran，P.；Rittman，B. E.（2008）Using a Pulsed Electric Field as a Pretreatment for Improved Biosolids Digestion and Methanogenesis. *Proceedings of the 81th Annual Water Environment Federation Technical Exposition and Conference* [CD-ROM]；Chicago，Illinois，Oct 18-22；Water Environment Federation：Alexandria，Virginia.

Schafer，P. L.；Farrell，J. B.；Newman，G.；Vandenburgh，S.（2002）Advanced Anaerobic Digestion Performance Comparisons. *Proceedings of the 75th Annual Water Environment Federation Technical Exposition and Conference* [CD-ROM]；Chicago，Illinois，Sept 28-Oct 2；Water Environment Federation：Alexandria，Virginia.

Schafer，P.；Trueblood，D.；Fonda，K.；Lekven，C.（2007）Grease Processing for Renewable Energy，Profit，Sustainability，and Environmental Enhancement. *Proceedings of the 80th Annual Water Environment Federation Technical Exposition and Conference* [CD-ROM]；San Diego，California，Oct 15-17；Water Environment Federation：Alexandria，Virginia.

Scrivener，K. L.；Cabiron，J.；Letourneux，R.（1999）High-Performance Concretes from Calcium Aluminate Cements. *Cement Concrete Res.*，**29**，1215-1223.

Tanaka，S.；Kobayashi，T.；Kamiyama，K-I.；Signen Bildan，M. L. N.（1997）Effects of Thermochemical Pre-Treatment on the Anaerobic Digestion of Waste Activated Sludge. *Water Sci. Technol.*，**35**（8），209-215.

Torpey，W. N.；Andrews，J.；Basilico，J. V.（1984）Effects of Multiple Digestion on Sludge. *J. Water Pollut. Control Fed.*，**56**（1），62-68.

Totzke，D.（2009）Design Considerations：Tapping the Potential of Codigestion. *BioCycle*，50（6），32.

Tyler，C.；Waitt，W.；White，N.（2002）The Dirty Dozen：Design，Construction，and Operational History of Deer Island's Egg-Shaped Digesters. *Proceedings of Water Environment Federation Annual Residuals and Biosolids Management Conference* [CD-ROM]；Water Environment Federation：Alexandria，Virginia.

U. S. Environmental Protection Agency（1979）*Process Design Manual Sludge Treatment Disposal*. U. S. Environmental Protection Agency：Washington，D. C.

U. S. Environmental Protection Agency（1993）Standards for the Use and Disposal of Sewage，Final Rule. *Code of Federal Regulations*，Part 503，Title 40，1993；*Fed. Regist.*，**58**，9248.

U. S. Environmental Protection Agency（1995）*Process Design Manual：Land Application of Sewage Sludge and Domestic Septage*. U. S. Environmental Protection Agency：Washington，D. C.

U. S. Environmental Protection Agency（2003）Standards for the Use or Disposal of Sewage Sludge. *Code of Federal Regulations*，Part 503，Title 40；*Fed. Regist.*，58，9248.

U. S. Environmental Protection Agency（2006）Biosolids Technology Fact Sheet：Multi-Stage Anaerobic Digestion. http://www.epa.gov/OWM/mtb/multistage. pdf（accessed July 2011）.

U. S. Environmental Protection Agency（2007）*Opportunities and Benefits of Combined Heat and Power at Wastewater Treatment Facilities*；U. S. Environmental Protection Agency Combined Heat and Power Partnership：Washington，D. C.

Vandenburgh，S.；Mundhenke，L.；Strickland，J.；Campbell，K.（2008）Startup of a Thermophilic Digester in 30 Days. *Proceedings of Water Environment Federation Annual Residuals and Biosolids Management Conference* [CD-ROM]；Water Environment Federation：Alexandria，Virginia.

Ward，A. J.；Hobbs，P. J.；Holliman，P. J.；Jones，D. L.（2008）Optimisation of the Anaerobic Digestion of Agricultural Resources. *Bioresour. Technol.*，**99**，7928-7940.

Water Environment Federation；American Society of Civil Engineers；Environmental and Water Resources

Institute (2009) *Design of Municipal Wastewater Treatment Plants*, 5th ed.; WEF Manual of Practice No. 8; ASCE Manuals and Reports on Engineering Practice No. 76; McGraw-Hill: New York.

Water Environment Federation Residuals and Biosolids Committee Bioenergy Technology Subcommittee (2004) *High Performance Anaerobic Digestion*, Sieger, R.; Brady, P.; Donovan, J.; Shea, T.; Parry, D.; Bivins, J.; Buehler, V.; Coccaro, J.; Deshpande, S.; Forbes, R.; Finger, D.; Gillette, R.; Guild, J.; Igoe, J.; Lewis, M.; Richardson, J.; Panter, K.; Roberts, R.; Schafer, P.; Scission, J.; Shang, Y.; Sung, S.; Eds.; Water Environment Federation: Alexandria, Virginia.

Weemaes, M.; Grootaerd, H.; Simoens, F.; Verstraete, W. (2000) Anaerobic Digestion of Ozonized Biosolids. *Water Res.*, **34** (8), 2330-2336.

Werker, A. G.; Carlsson, M.; Morgan-Sagastume, F.; Le, M. S.; Harrison, D. (2007) Full-Scale Demonstration and Assessment of Enzymic Hydrolysis Pre-Treatment for Mesophilic Anaerobic Digestion of Municipal Wastewater Treatment Sludge. *Proceedings of the 80th Annual Water Environment Federation Technical Exposition and Conference* [CD-ROM]; San Diego, California, Oct 15-17; Water Environment Federation: Alexandria, Virginia..

Williams, T. O.; Borghesi, J.; Alexander, R.; Scharp, M.; Walters, L. (2007) Biosolids Markets—Class A or Class B? *Proceedings of the Water Environment Federation/American Water Works Association Joint Residuals and Biosolids Management Conference* [CD-ROM]; Water Environment Federation: Alexandria, Virginia.

Wilson, T.; Kilian, R.; Potts, L. (2008) Update on 2-phase AG Systems. *Proceedings of the Water Environment Federation Residuals and Biosolids Conference* [CD-ROM]; Water Environment Federation: Alexandria, Virginia.

Wilson, T. E.; Streicher, D. (2001) Full-Scale Application of AG Process: Update 2001. *Proceedings of the 74rd Annual Water Environment Federation Technical Exposition and Conference* [CD-ROM]; Atlanta, Georgia, Oct 13-17; Water Environment Federation: Alexandria, Virginia.

Winter, P.; Pearce, P.; Lee, K.; Ganidi, N. (2009) Aspects of Digestibility of Surplus Activated Sludge and Its Potential for Biogas Production. *Proceedings of 14th European Biosolids and Organic Resources Conference and Exhibition*, Leeds, United Kingdom, Nov 9-11; Aqua Enviro: Wakefi eld, United Kingdom.

第11章 参考文献

Ahlberg, N. R.; Boyko, B. I. (1972) Evaluation and Design of Aerobic Digesters. *J. Water Pollut. Control Fed.*, **44**, 634.

American Society of Civil Engineers (2000) *Conveyance of Residuals from Water and Wastewater Treatment*. American Society of Civil Engineers: Reston, Virginia.

Bisogni, J. J.; Laurence, A. W. (1971) Relationship Between Biological Solids Retention Time and Settling Characteristics of Activated Sludge. *Water Res.*, **5**, 753.

Boulanger, M. L. (1995) The Effect of Varying Air Supply Upon Supernatant Quality in Autoheated Thermophilic Aerobic Digesters Treating Waste Sludge from a Biological Phosphorus Removal Process. M. S. Thesis, University of British Columbia, Vancouver, British Columbia, Canada.

Burton, H. N.; Malina, J. F., Jr. (1964) Aerobic Stabilization of Primary Wastewater Sludge. *Proceedings of the 19th Purdue Industrial Waste Conference*. Purdue University: Lafayette, Indiana.

Casellas, M.; Dagot, C.; Baudu, M. (2006) Set Up and Assessment of a Control Strategy in a SBR in order to Enhance Nitrogen and Phosphorus Removal. *Proc. Biochem.*, **41** (9), 1994-2001.

Coackley, P. (1955) Research on Sewage Sludge Carried Out in the C. E. Department of University College London. *J. Inst. Sewage Purif.*, **59**.

Coackley, P. (1958) Laboratory Scale Filtration Experiments and Their Application to Sewage Sludge Dewatering. *Biol. Treat. Sewage. Ind. Waste.*, **2**, 287.

Daigger, G. T.; Bailey, E. (2000) Improving Aerobic Digestion by Prethickening, Staged Operation and Aerobic-Anoxic Operation: Four Full-Scale Demonstrations. *Water Environ. Res.*, **72** (3), 260-270.

Daigger, G. T.; Ju, L. K.; Stensel, D.; Bailey, E.; Porteous, J. (2001) Can 3% SS Digestion Meet New Challenges? *Aerobic Digestion Workshop, Vol. V*; Enviroquip, Inc.: Austin, Texas.

Daigger, G. T.; Yates, R.; Scisson, J.; Grotheer, T.; Hervol, H.; Bailey, E. (1997) The Challenge of Meeting Class B While Digesting Thicker Sludges, *Aerobic Digestion Workshop, Vol. I*; Enviroquip, Inc.: Austin, Texas.

Dirk, B.; Kelly, H. G.; Mavinic, D. S.; Frese, H. (2009) Impacts of Temperature and Hydraulic Residence Time on Odors Produced for Autothermal Thermophilic Aerobic Digestion; *Proceedings of the Water Environment Federation Residuals and Biosolids Conference* 2009 [*CD-ROM*]; *Portland, Oregon, May* 3-6; Water Environment Federation: Alexandria, Virginia.

Drier, D. E. (1963) Aerobic Digestion of Solids. *Proceedings* 18*th Purdue Industrial Waste Conference*. Purdue University: Lafayette, Indiana.

Fabiyi, M. E.; Novak, R. (2008) Evaluation of the Factors That Impact Successful Membrane Biological Reactor Operations at High Solids Concentration. *Proceedings of the* 2008 *Membrane Technology Conference*; Atlanta, Georgia; Jan 27-30; Water Environment Federation: Alexandria, Virginia.

Farrah, S.; Bitton, G.; and Zam, S. (1986) *Project Summary—Inactivation of Enteric Pathogens During Aerobic Digestion of Wastewater* Sludge, EPA/600/S2-86/O47; U. S. Environmental Protection Agency: Washington, D. C.

Folk, G. (1976) Aerobic Digestion of Waste Activated Sludge. *J. Water Pollut. Control Fed. Deeds and Data*. July.

Ganczarczyk, K. J.; Hamoda, M. F. (1973) *Aerobic Digestion of Organic Sludges Containing Inorganic Phosphorus Precipitates, Phase I*, Research Report # 3; Canada-Ontario Agreement on Great Lakes Water Quality, Environment Canada: Gatineau, Quebec, Canada.

Grady, C. P. L.; Daigger, G. L.; Lim, H. C. (1999) *Biological Wastewater Treatment*, *2nd ed.*; Marcel Dekker, Inc.: New York.

Günder, B. (2001) *The Membrane-Coupled Activated Sludge Process in Municipal Wastewater Treatment*, Technomic Publishing Co.: Lancaster, Pennsylvania

Hao, O. J.; Kim, M. H.; Al-Ghusain, I. A. (1991) Alternating Aerobic and Anoxic Digestion of Waste Activated Sludge. *J. Chem. Technol. Biotechnol.*, **52** (4), 457-472.

Higgins, M. J.; Novak, J. T. (1997) Characterization of Exocellular Protein and Its Role in Bioflocculation. *J. Environ. Eng.*, **123** (5), 479-485.

Jenkins, C. J.; Mavinic, D. S. (1989a) Anoxic-Aerobic Digestion of Waste Activated Sludge: Pt. 1, Solids Reduction and Digested Sludge Characteristics. *Environ. Technol. Lett.*, **10** (4), 355-370.

Jenkins, C. J.; Mavinic, D. S. (1989b) Anoxic-Aerobic Digestion of Waste Activated Sludge: Pt. II, Supernatant Characteristics, ORP Monitoring Results and Overall Rating System. *Environ. Technol. Lett.*, **10** (4), 371-384.

Jewell, W. J.; Kabrick, R. M. (1978) Autoheated Aerobic Thermophilic Digestion with Air Aeration.

Proceedings of the 51st Annual Water Pollution Control Federation Conference, Anaheim, California, October 1978; Water Pollution Control Federation: Washington, D. C.

Ju, L. K.; Shah, H. K.; Porteous, J. (2005) Phosphorus Release in Aerobic Sludge Digestion. *Water Environ. Res.*, **77** (5), 553-559.

Kelly, H. G. (1990) *Demonstration of and Improved Digestion Process for Municipal Sludges*, KE405-8-6575/01-SE, UP-D8-010; Minister of Supply and Services Canada: Gatineau, Quebec, Canada.

Kelly, H. G. (1996) Autothermal Thermophilic Aerobic Digestion, Heat Exchange Budgets; *Proceedings of the Water Environment Federation Specialty Conference on Biosolids*, Denver, Colorado, July; Water Environment Federation: Alexandria, Virginia.

Kelly, H. G.; Warren, R. (1997) Autothermal Thermophilic Aerobic Digestion Design. *Proceedings of CSCE/ASCE Environmental Engineering Conference*; *Edmonton, Alberta, Canada, Jul* 22-26; American Society of Civil Engineers: Reston, Virginia.

Kelly, H. G.; Wong, V. (1997a) Stability in Autothermal Thermophilic Aerobic Digestion. *Proceedings of the Water Environment Federation and American Water Works Association Specialty Conference*; *Philadelphia, Pennsylvania, Aug*; Water Environment Federation: Alexandria, Virginia.

Kelly, H. G.; Wong, V. (1997b) Automation of Autothermal Thermophilic Aerobic Digestion. *Proceedings of the 2nd European Biosolids and Organic Residuals Conference*; *Wakefield, England, United Kingdom, November*; Aqua Enviro: Wakefield, England, United Kingdom.

Kelly, H. G.; Mavinic, D. S. (2003) Autothermal Thermophilic Aerobic Digestion Research, Application and Operational Experience. *Proceedings of the 76th Annual Water Environment Federation Technical Exposition and Conference* [CD-ROM]; Los Angeles, California, Oct 11-15; Water Environment Federation: Alexandria, Virginia.

Kelly, H. G. (2006) Emerging Processes in Biosolids Treatment, 2005. *J. Environ. Eng. Sci.*, **5** (3), 176-186.

Kelly, H. G. (2009) Personal communication.

Kelly, H. G.; Dirk, B.; Gibb, A. (2009) Carbon and Struvite Recovery from Centrate at a Biological Treatment Plant. *Proceedings of the Water Environment Federation Residuals and Biosolids Conference* 2009 [*CD-ROM*]; *Portland, Oregon, May* 3-6; Water Environment Federation: Alexandria, Virginia.

Kelly, H. G.; Dirk, B.; Gibb, A.; Frese, H. (2009) Autothermal Thermophilic Aerobic Digestion for Supplemental VFA in Enhanced Biological Treatment; *Proceedings 5th Canadian Residuals and Biosolids Conference*, Niagara Falls, Ontario, Canada, Sep 13-15; Water Environment Federation of Ontario: Niagara Falls, Ontario, Canada.

Kim, H.; McAvoy, T. J.; Anderson, J. S.; Hao, O. J. (2000) Control of an Alternating Aerobic-Anoxic Activated Sludge System Part 2: Optimization Using a Linearized Model. *Control Eng. Pract.*, **8** (3), 279-289.

Klapwijk, A.; Brouwer, H.; Vrolijk, E.; Kujawa, K. (1998) Control of Intermittently Aerated Nitrogen Removal Plants by Detection Endpoints of Nitrification and Denitrification Using Respirometry Only. *Water Res.*, *G. B.*, **32** (5), 1700.

Krampe, J.; Krauth, K. (2003) Oxygen Transfer into Activated Sludge with High MLSS Concentration. *Water Sci. Technol.*, **47** (11), 297-303.

Kumar, N.; Novak, J. T.; Water, D. C. (2006) Sequential Anaerobic-Aerobic Digestion for Enhanced Volatile Solids Reduction and Nitrogen Removal. *Proceedings of the Water Environment Federa-*

tion Residuals and Biosolids Management Conference 2006 [*CD-ROM*]; Water Environment Federation: Alexandria, Virginia.

Layden, N. M.; Mavinic, D. S.; Kelly, H. G.; Moles, R.; Bartlett, J. (2007a) Autothermal Themophilic Aerobic Digestion (ATAD) —Part I: Review of Origins, Design, and Process Operation. *J. Environ. Eng. Sci.*, **6** (6), 665-678.

Layden, N. M.; Kelly, H. G.; Mavinic, D. S.; Moles, R.; Bartlett, J. (2007b) Autothermal Themophilic Aerobic Digestion (ATAD) —Part II: Review of Research and Full Scale Operating Experiences. *J. Environ. Eng. Sci.*, 6 (6), 679-690.

Lottman, S. (2008) Personal communication; Siemens: Berlin, Germany.

Matsch, L. C.; Drnevich, R. F. (1977) Autothermal Aerobic Digestion. *J. Water Pollut. Control Fed.*, **49** (2), 296-310.

Mavinic, D. S.; Koers, D. A. (1977) Aerobic Sludge Digestion at Low Temperatures. *Can. J. Civil Eng.*, **4**, 445.

Mavinic, D. S.; Koers, D. A. (1979) Performance and Kinetics of Low-Temperature Sludge Digestion. *J. Water Pollut. Control Fed.*, **51** (8), 2088-2097.

Mavinic, D. S.; Koers, D. A. (1981) Aerobic Sludge Digestion—A Suggested Design Procedure. *Can. J. Civil Eng.*, **8** (1), 9-15.

McClintock, S. A.; Sherrard, J. H.; Novak, J. T.; Randall, C. W. (1988) Nitrate versus Oxygen Respiration in the Activated Sludge Process. *J. Water Pollut. Control Fed.*, **60** (3), 342-350.

Metcalf and Eddy, Inc. (2003) *Wastewater Engineering: Treatment and Reuse*, 4th ed.; Tchobanoglous, G.; Burton, F. L.; Stensel, H. D.; Eds.; McGraw-Hill: New York.

Murthy, S. N.; Novak, J. T. (1999) Factors Affecting Floc Properties During Aerobic Digestion: Implications for Dewatering. *Water Environ. Res.*, **71** (2), 197-202.

Novak, J. T.; Sadler, M. E.; Murthy, S. N. (2003) *Mechanisms of Floc Destruction During Anaerobic and Aerobic Digestion and the Effect on Conditioning and Dewatering of Biosolids*. *Water Res.*, **37** (13), 3136-3144.

National Technical Information Service (1975) *Aerobic Stabilization of Waste Activated Sludge—An Experimental Investigation*, NTIS-PB-246-593/AS; National Technical Information Service: Alexandria, Virginia.

Oh, J.; Silverstein, J. (1999) Effect of Air On-Off Cycles on Activated-Sludge Denitrification. *Water Environ. Res.*, **71** (7), 1276-1282.

Paredes, M. (1976) Supernatant Decanting of Aerobically Digested Waste Activated Sludge. *J. Water Pollut. Control Fed.*, **13** (10), 4-5.

Peddie, C. C.; Mavinic, D. S. (1990) A Pilot-Scale Evaluation of Aerobic-Anoxic Sludge Digestion. *Can. J. Civil Eng.*, **17** (1), 68-78.

Peddie, C. C.; Mavinic, D. S.; Jenkins, C. J. (1990) Use of ORP for Monitoring and Control of Aerobic Sludge Digestion. *J. Environ. Eng.*, **116** (3), 461-471.

Ra, C. S.; Lo, K. V.; Mavinic, D. S. (1999) Control of a Swine Manure Treatment Process Using a Specifi c Feature of Oxidation Reduction Potential. *Bioresour. Technol.*, **70** (2), 117-127.

Reynolds, T. D. (1967) Aerobic Digestion of Waste Activated Sludge. *Water Sewage Works*, **114**, 37.

Ritter, L. E. (1970) Design and Operating Experiences Using Diffused Aeration for Sludge Digestion. *J. Water Pollut. Control Fed.*, **42** (10), 1782-1791.

Ros, M.; Zupančič, G. D. (2004) Two-Stage Thermophilic Anaerobic-Aerobic Digestion of Waste-Activated Sludge. Environ. *Eng. Sci.*, **21** (5), 617-626.

Sakai, Y.; Miama, T.; Takahashi, F. (1997) Simultaneous Removal of Organic and Nitrogen Compounds in Intermittently Aerated Activated Sludge Process Using Magnetic Separation. *Water Res.*, **31** (31), 2113-2116.

Schafer, P.; Farrel, J.; Uhte, W.; Rabinowitz, B. (1994) Pre-Pasteurization, Europe and North American Assessment Experience. *Proceedings of the 8th Annual Residuals and Biosolids Management Conference; Washington, D. C., June; Water Environment Federation: Alexandria, Virginia.*

Schneiter, R. W.; Middlebrooks, E. J.; Sletten, R. S.; Reed, S. C. (1984) *Special Report* 84-8 *Accumulation, Characterization, and Stabilization of Sludges for Cold Regions Lagoons.* U. S. Army Cold Regions Research and Engineering Laboratory: Hanover, New Hampshire.

Schoenenberger, M.; Shaw, J.; Redmon, D. (2003) Digester Aeration Design at High Solids Concentrations; *Proceedings of the Wisconsin Wastewater Operators Association Conference*, Wisconsin Dells, Wisconsin, Oct 21-24.

Schwinning, H. G.; Cantwell, A. (1999) *Thermophilic Aerobic Digestion and Hygienisation. 4th European Biosolids and Organic Residuals Conference*, Cedar Court, Wakefi eld, U. K., Nov 15-17; Aqua Enviro: Wakefi eld, United Kingdom.

Scisson, J. P. (1997) What Do You Mean, We Can't Meet 503 wth Aerobic Digestion; *Proceedings of the Enviroquip Aerobic Digestion Workshop I, Chicago*, Illinois, Oct 18; Enviroquip, Inc.: Austin, Texas.

Scisson, J. P. (2006) ATAD, The Far Country: Improvements the 3rd, 2nd Generation ATAD Yield Better than Expected Returns. *Proceedings of the Residuals and Biosolids Management Conference* 2006 [*CD-ROM*]; *Cincinnati, Ohio, Mar* 12-15; Water Environment Federation: Alexandria, Virginia.

Scisson, J. P. (2009) As Good as the Hype: An Overview of the Second Generation ATAD Performance. *Proceedings of the Water Environment Federation Residuals and Biosolids Conference* 2009 [*CD-ROM*]; *Portland, Oregon, May* 3-6; Water Environment Federation: Alexandria, Virginia.

Spinosa, L.; Vesilind, P. A. (2001, reprinted 2007) *Sludge into Biosolids—Processing, Disposal, Utilization*; IWA Publishing: London, United Kingdom.

Stankewich, M. J., Jr. (1972) Biological Nitrification with the High Purity Oxygenation Process. *Proceedings of the 27th Purdue Industrial Waste Conference.* Purdue University: Lafayette, Indiana.

Stone, M.; Livingston, D. (2008) Flat Plate MBR Energy Consumption—Village of Dundee, MI. *Proceedings of the* 2008 *Membrane Technology Conference*; Atlanta, Georgia; Jan 27-30; Water Environment Federation: Alexandria, Virginia.

Subramanian, S. (2005) *Digestion Processes and Their Effect on Dewatering and Bound Water Content of Sludge.* M. S. Thesis, Virginia Polytechnic Institute and State University: Blacksburg, Virginia.

Surucu, G. A.; Chain, E. S. K.; Engelbrecht, R. S. (1976) Aerobic Thermophilic Treatment of High Strength Wastewaters. *J. Water Pollut. Control Fed.*, **48** (4), 669-674.

Tapana, C.; Pagilla, K. R. (2000) Aerobic Thermophilic and Anaerobic Mesophilic Treatment of Sludge. *J. Environ. Eng.*, **126** (9), 790-795.

U. S. Army Corps of Engineers (1984) *Engineering and Design—Domestic Wastewater Treatment Mobilization Construction*; EM-1110-3-172; U. S. Army Corps of Engineers: Washington, D. C.

U. S. Environmental Protection Agency (1977) *Sludge Handling and Disposal Practices at Selected Municipal Wastewater Treatment Plants*, Office of Water Program Operations; U. S. Environmental Protection Agency: Washington, D. C.

U. S. Environmental Protection Agency (1979) *Process Design Manual for Sludge Treatment and Disposal*, EPA 625/1-79-011; U. S. Environmental Protection Agency, Municipal Environmental Research Laboratory and Center for Environmental Research Information and Technology Transfer: Cincinnati, Ohio.

U. S. Environmental Protection Agency (1990) *Autothermal Thermophilic Aerobic Digestion*, EPA/625/10-90/007; U. S. Environmental Protection Agency: Washington, D. C.

U. S. Environmental Protection Agency (1993) Standards for the Use and Disposal of Sewage, Final Rule. *Code of Federal Regulations*, Part 503, Title 40, 1993; *Fed. Regist.*, **58**, 9248.

U. S. Environmental Protection Agency (2003) *Control of Pathogens and Vector Attraction in Sewage Sludge*. EPA/625/R-92/013; U. S. Environmental Protection Agency: Washington, D. C.

Vesilind, P. A. (2003) *Wastewater Treatment Plant Design*. Water Environment Federation: Alexandria, Virginia; IWA Publishing: London, United Kingdom.

Wareham, D. G.; Hall, K. J.; Mavinic, D. S. (1993) Real-Time Control of Wastewater Treatment Systems Using ORP. *Water Sci. Technol.*, **28** (11), 273-282.

Wareham, D. G.; Mavinic, D. S.; Hall, K. J. (1994) Sludge Digestion Using ORP Regulated Aerobic-Anoxic Cycles. *Water Res.*, **28** (2), 373-384.

Warner, A. P. C.; Ekama, G. A.; Marais, G. V. R. (1985) The Activated Sludge Process Part 4—Application of the General Model to Anoxic-Aerobic Digestion of Waste Activated Sludge. *Water Sci. and Tech.*, **17** (8), 1475-1488.

Zhou, J.; Kelly, H. G.; Mavinic, D. S.; Ramey, W. D. (2001) Digestion Effects on Dewaterability of Thermophilic and Mesophilic Aerobically Digested Biosolids, *Proceedings of the 74rd Annual Water Environment Federation Technical Exposition and Conference* [CD-ROM]; *Atlanta, Georgia, Oct* 13-17; *Water Environment Federation: Alexandria, Virginia.*

第12章 参考文献和推荐读物

Ashbrook-Simon-Hartley (undated) *Electroacoustical Dewatering Press: Squeezing More Moisture from Dewatered Cake Solids Hasn't Been Easy. Until Now*, brochure; Ashbrook-Simon-Hartley: Houston, Texas.

Atherton, P. A.; Steen, R.; Stetson, G.; McGovern, T.; Smith, D. (2005) Innovative Biosolids Dewatering System Proved a Successful Part of the Upgrade to the Old Town, Maine Water Pollution Control Facility. *Proceedings of the 78th Annual Water Environment Federation Technical Exposition and Conference* [CD-ROM]; Washington, D. C., Oct 30-Nov 2; Water Environment Federation: Alexandria, Virginia.

Banks, L.; Davis, S. (1983) Desiccation and Treatment of Sewage Sludge and Chemical Slimes with the Aid of Higher Plants. *Proceedings of the 15th National Conference on Municipal and Industrial Sludge Utilization and Disposal*, Atlantic City, New Jersy, Apr 6-8; Hazardous Materials Control Research Institute: Silver Spring, Maryland.

Baxter, J. C.; Martin, W. J. (1982) Air Drying Liquid Anaerobically Digested Sludge in Earthen Drying Basins. *J. Water Pollut. Control Fed.*, **54** (1), 16-26.

Campbell, H. W.; LeClair, B. P. (1979) Sludge Dewatering Alternatives for Waste Activated Sludges from Phosphorus Removal Facilities. *J. Water Pollut. Control Fed.*, **51** (5), 991-998.

Clutten, T. (2003) Effective, Economic and Easy Dewatering of Sludges. *Filtr. Sep.*, **40** (3), 26-27.

Coackley, P.; Allos, R. (1962) The Drying Characteristics of Some Sewage Sludges. *J. Proc., Inst.*

Sew. Purif. (G. B.), **Part 6**, 557.

Condie, D.; Miller, S. (2001) *Improved Filtration of Sewage Sludges Using Electrodewatering Final Report of Pilot Scale Trials*, CSIRO Investigation Report; Queensland Department of Local Government and Planning: Queensland, Australia.

Crosswell, S.; Young, T.; Benner, K. (2004) Performance Testing of Rotary Press Dewatering Unit Under Varying Sludge Feed Conditions; *Proceedings of the 77th Annual Water Environment Federation Technical Exposition and Conference* [CD-ROM]; New Orleans, Louisiana, Oct 2-6; Water Environment Federation: Alexandria, Virginia.

Day, P.; Giles, P. (2002) Innovative Belt Filter Press Takes the Hard Work out of Sludge Dewatering. *Filtr. Sep.*, **39** (8), 18-20.

Decker, W.; Sieger, R. B.; Lamont-Black, J. (2006) A New, Real Technology for Solids Dewatering; *Proceedings of the 79th Annual Water Environment Federation Technical Exposition and Conference* [CD-ROM]; Dallas, Texas, Oct 21-25; Water Environment Federation: Alexandria, Virginia.

Fuji Electric (1989) Electro-Osmotic Dewatering System Producing a Low Water: Electro-Osmotic Belt-press. Eur. Pat. EP0578182A2.

Genter, A. L. (1934) Adsorption and Flocculation as Applied to Sewage Sludges. *Sew. Works J.*, **6**, 689.

Hagstrom, L. G.; Mignone, N. A. (1978) What to Consider in Basket Centrifuge Design. *Water Wastes Eng. /Ind.*, **15** (13), 58-63.

Hamel, K.; Higgins, M.; Yen-Chih, C.; Sudhir, M.; Travis, M.; Barben, E. J.; Livadaros, A.; Mass, N. (2005) Part I of Field Research: Impact of Centrifuge Torque and Polymer Dose on Dewatering Performance from Anaerobically Digested Biosolids. *Proceedings of the Water Environment Federation Residuals and Biosolids Management Specialty Conference*; Water Environment Federation: Alexandria, Virginia.

Hansen, B. E.; Garrison, W. E.; Smith, D. L. (1980) Start-Up Problems of Sludge Dewatering Facility. *J. Water Pollut. Control Fed.*, **52** (10), 2558-2570.

Haseltine, T. R. (1951) Measurement of Sludge Drying Bed Performance. *Sew. Ind. Wastes*, **23**, 1065.

Imhoff, K.; Fair, G. M. (1940) *Sewage Treatment*. John Wiley and Sons, Inc.: New York.

Jeffrey, E. A. (1959) Laboratory Study of Dewatering Rates for Digested Sludge in Lagoons. *Proceedings of the 14th Industrial Waste Conference*; Purdue University: West Lafayette, Indiana.

Jeffrey, E. A. (1960) Dewatering Rates for Digested Sludge in Lagoons. *J. Water Pollut. Control Fed.*, **32**, 1153.

Jeong Su Environmental Engineering Co. Ltd. (1994) *Belt Press: EPD—Wring Jack*, brochure (in Korean); Jeong Su Environmental Engineering Co. Ltd.: Korea.

Kabouris, J. C.; Gillette, R. A.; Jones, T. T.; Bates, B. R. (2005) Evaluation of Belt Filter Presses, Centrifuges, and Screw Presses for Dewatering Digested Activated Sludge at St. Petersburg's Water Reclamation Facilities. *Proceedings of the 78th Annual Water Environment Federation Technical Exhibition and Conference* [CD-ROM]; Washington, D. C., Oct 29-Nov 2; Water Environment Federation: Alexandria, Virginia.

Koch, C. M.; Chao, A; Semon, J. (1980) Belt Filter Press Dewatering of Wastewater Sludge. *J. Environ. Eng.*, **114** (5), 997.

Koch, C. M.; McKinney, D. E.; Fagerstrom, A. A.; Palmer, E. W. (1989) Comparison of Centrifuge Performance on Oxygen Activated Sludge; *Proceedings of the American Society of Civil Engineers Environmental Engineering Specialty Conference*; Austin, Texas; American Society of Civil Engineers: Reston, Virginia.

Kondoh, S.; Hiraoka, M. (1990) Commercialization of Pressurized Electroosmotic Dehydrator (PED). *Water Sci. Technol.*, **22** (12), 259-268.

Langeloh, T.; Bott, R. (1996) High-Pressure Dewatering of Sludges with the Sico-W. A. P. —Results and Automation of the Process. *Proceedings of the American Filtration and Separations Society Annual Technical Conference* 96; Pennsylvania, April 22-24; American Filtration and Separations Society: Richfield, Minnesota.

Lecey, R. W. (1980) Polymers Peak at Precise Dosages. *Water Wastes Eng. /Ind.*, **17** (3), 39-41.

Lightfoot, D.; Raghavan, G. S. V. (1995) Combined Fields Dewatering of Seaweed with a Roller Press. *Appl. Eng. Agric.*, **11** (2), 291-195.

Lockhart, N. C. (1986a) Electrodewatering of Fine Suspensions. In *Advances in Solid Liquid Separation*; Muraldihara, H. S., Ed.; Battelle Press: Columbus, Ohio.

Lockhart, N. C. (1986b) New Technique—Electrical Dewatering of Tailings and Fine Suspensions. *Minfo*, **11**, 52-56.

Metcalf and Eddy, Inc. (2003) Dewatering in *Wastewater Engineering: Treatment and Reuse*, 4th ed.; Trobanoglous, G.; Burton, F. L.; Stensel, H. D., Eds.; McGraw-Hill: New York.

Miller, S. A.; Yan, Y. D.; Firth, B. A.; Jameson, G. J. (2005) *Innovations in Dewatering Sludges*, Project no. 02-CTS-3; Water Environment Research Foundation: Alexandria, Virginia.

Novak, J. T.; Haugan, B. E. (1979) Chemical Conditioning of Activated Sludge. *J. Environ. Eng.*, **105** (5), 993-1008.

O' Donnell, C.; Keith, F., Jr. (1972) Centrifugal Dewatering of Anaerobic Waste Sludges. *J. Water Pollut. Control Fed.*, **44**, 2162.

Oerke, D. W. (1981) Fundamental Factors Influencing the Dewatering of Wastewater Solids. M. S. Essay, Marquette University, Milwaukee, Wisconsin.

Perry, R. H.; Chilton, C. H. (1963) *Chemical Engineer's Handbook*, 4th Ed., McGraw-Hill: New York.

Purchas, D. B. (1977) *Solid/Liquid Separation Equipment Scale-Up*. Uplands Press Ltd.: Fulton, New York.

Quon, J. E.; Johnson, G. E. (1966) Drainage Characteristics of Digested Sludge. *J. Sanit. Eng. Div., Proc. Am. Soc. Civ. Eng.*, **92**, 4762.

Raats, M. H. M.; van Diemen, A. J. G.; Laven, J.; Stein, H. N. (2002) Full Scale Electrokinetic Dewatering of Waste Sludge. *Colloids Surf.*, A., **210** (2-3), 231-241.

Randall, C. W. (1969) Are Paved Drying Beds Effective for Dewatering Digested Sludge? *Water Sew. Works*, **116**, 373.

Randall, C. W.; Koch, C. T. (1969) Dewatering Characteristics of Aerobically Digested Sludge. *J. Water Pollut. Control Fed.*, **41**, 215.

Reimers, R. S.; Little, M. D.; Klein, N. A.. (1981) *Parasites in Southern Sludges and Disinfection by Standard Sludge Treatment*, Project Summary; U. S. Environmental Protection Agency: Washington, D. C.

Rolan, A. T. (1980) Determination of Design Loading for Sand Drying Beds. *J. N. C. Sec. Water Pollut. Control Assoc.*, **L5**, 25.

Sharman, L. (1967) Polyelectrolyte Conditioning of Sludge. *Water Wastes Eng. /Ind.*, **4**, 50.

Snyman, H. G.; Forssman, P.; Kafaar, A.; Smollen, M. (2000) Feasibility of Electro-Osmotic Belt Filter Dewatering Technology at Pilot Scale. *Water Sci. Technol.*, **41** (8), 137-144.

Tenney, M. W.; Stumm, W. (1965) Chemical Flocculation of Microorganisms in Biological Waste Treatment. *J. Water Pollut. Control Fed.*, **37**, 1370.

Thomas, C. M. (1971) The Use of Filter Presses for the Dewatering of Sludges. *J. Water Pollut. Control Fed.*, **43**, 93.

U. S. Environmental Protection Agency (1977) *Handling and Disposal of Sludges from Combined Sewer Overflow Treatment Phase III, Treatability Studies*, EPA-600/2-77-053C; U. S. Environmental Protection Agency, Environmental Protection Technology Services: Cincinnati, Ohio.

U. S. Environmental Protection Agency (1979) *Process Design Manual for Sludge Treatment and Disposal*, EPA-625/1-79-011; U. S. Environmental Protection Agency, Municipal Environment Research Laboratory, Office of Research and Development: Cincinnati, Ohio.

U. S. Environmental Protection Agency (1985) *Handbook: Estimating Sludge Management Costs*; EPA-625685010; U. S. Environmental Protection Agency: Washington, D. C.

U. S. Environmental Protection Agency (1987) *Design Manual Dewatering Municipal Sludges*, EPA/625/1-87/014; U. S. Environmental Protection Agency: Cincinnati, Ohio.

U. S. Environmental Protection Agency (2000a) *Biosolids Technology Fact Sheet; Belt Press Filter*, EPA 832-F-00- 057; U. S. Environmental Protection Agency, Office of Water: Washington, D. C.

U. S. Environmental Protection Agency (2000b) *Biosolids Technology Fact Sheet; Centrifuge Thickening and Dewatering*, EPA 832-F-00-053; U. S. Environmental Protection Agency, Office of Water: Washington, D. C.

U. S. Environmental Protection Agency (2000c) *Biosolids Technology Fact Sheet; Recessed-Plate Filter Press*, EPA 832-F-00-058; U. S. Environmental Protection Agency, Office of Water: Washington, D. C.

Vesilind, P. A. (1974a) Scale-Up of Solid Bowl Centrifuge Performance. *J. Environ. Eng.*, **100**, 479.

Vesilind, P. A. (1974b) *Treatment and Disposal of Wastewater Sludges*. Ann Arbor Science Publishers, Inc.: Ann Arbor, Michigan.

Vesilind, P. A. (1979) *Treatment and Disposal of Wastewater Sludges*, rev. ed.; Ann Arbor Science Publishers, Inc.: Ann Arbor, Michigan.

Walski, T. M. (1976) Mathematical Model Simplifi es Design of Sludge Drying Beds. *Water Sew. Works*, **123**, 64.

Water Environment Federation (1994) *Safety and Health in Wastewater Systems*. Manual of Practice No. SM-1; Water Environment Federation: Alexandria, Virginia.

Water Environment Federation; American Society of Civil Engineers; Environmental and Water Resources Institute (2009) *Design of Municipal Wastewater Treatment Plants*, 5th ed.; WEF Manual of Practice No. 8; ASCE Manuals and Reports on Engineering Practice No. 76; McGraw-Hill: New York.

Water Pollution Control Federation (1983) *Sludge Dewatering*, Manual of Practice No. 20; Water Pollution Control Federation: Washington, D. C.

Water Pollution Control Federation (1987) *Operation and Maintenance of Sludge Dewatering Systems*, Manual of Practice No. OM-8; Water Pollution Control Federation: Washington, D. C.

Zablatzky, H. R.; Peterson, S. A. (1968) Anaerobic Digestion Failures. *J. Water Pollut. Control*

Fed., **40**, 581.

Zacharias, D. R.; Pietila, K. A. (1977) Full-Scale Study of Sludge Processing and Land Disposal Utilizing Centrifugation for Dewatering. *Proceedings of the 50th Annual Meeting of Central States Water Pollution Control Association.*, *Inc.*, Milwaukee, Wisconsin.

第13章 参考文献

Beecher, N.; Goldstein, N. (2010) Biosolids Composting in the United States: 2010 Update. *BioCycle*, **51** (12), 35-41.

Braccio, J.; Dievert, D.; O'Brien, D.; Kuter, G. (2008) Modern Approaches to Enhance Biosolids Composting. *Proceedings of the Water Environment Federation Residuals and Biosolids Conference* [CD-ROM], Mar 30-Apr 2, Philadelphia, Pennsylvania; Water Environment Federation: Alexandria, Virginia.

Epstein, E. E. (1997). *The Science of Composting*; CRC Press: Boca Raton, Florida.

Haug, R. T. (1980) *Compost Engineering*; Ann Arbor Science Publishers: Ann Arbor, Michigan.

Higgins, A. J.; Chen, S.; Singley, M. E. (1982) Airflow Resistance in Sewage Sludge Composting Systems. *Trans. Am. Soc. Agric. Eng.*, **25** (4), 1010-1014.

Murray, C. M.; Thompson, J. L. (1986) Strategies for Aerated Static Pile Systems; *BioCycle*, **6**.

National Fire Protection Association (2008) *NFPA 820: Standard for Fire Protection in Wastewater Treatment and Collection Facilities*; National Fire Protection Association: Quincy, Massachusetts.

North East Biosolids and Residuals Association (2007) *National Biosolids Regulation*, *Quality*, *End Use and Disposal Survey*; North East Biosolids and Residuals Association: Tamworth, New Hampshire.

U. S. Environmental Protection Agency (1993) Standards for the Use and Disposal of Sewage, Final Rule. *Code of Federal Regulations*, Part 503, Title 40, 1993; *Fed. Regist.*, **58**, 9248.

Verschueren, K. (2001) *Handbook of Environmental Data on Organic Chemicals*, 4th ed.; Wiley and Sons: New York.

Water Environment Federation; American Society of Civil Engineers; Environmental and Water Resources Institute (2009) *Design of Municipal Wastewater Treatment Plants*, 5th ed., WEF Manual of Practice No. 8; ASCE Manual and Report on Engineering Practice No. 76; McGraw-Hill: New York.

Willson, G. J.; Parr, J.; Epstein, E.; Marsh, P.; Chaney, R. (1980) *Manual for Composting Sewage Sludge by the Beltsville Aerated-Pile Method*, EPA-600/8-80-022; U. S. Environmental Protection Agency: Washington, D. C.

第14章 参考文献和推荐读物

Adamchuck, V. I.; Morgan, M. T.; Ess, D. R. (2002) System and Method for Automated Measurement of Soil pH. U. S. Patent 6, 356, 830, March 12, 2002.

American Water Works Association (1993) *Quicklime and Hydrated Lime*, AWWA B202-93; American Water Works Association: Denver, Colorado.

ASTM International (2006) *Standard Test Methods for Chemical Analysis of Limestone*, *Quicklime*, *and Hydrated Lime*, ASTM C-25-06; ASTM International: West Conshohocken, Pennsylvania.

ASTM International (2011) *Specifi cations for Quicklime*, *Hydrated Lime*, *and Limestone for Chemical Purposes*, ASTM C-911; ASTM International: West Conshohocken, Pennsylvania.

Berg, G.; Dean, R. B.; Dahling, D. R. (1968) Removal of Poliovirus 1 from Secondary Effluents by

Lime Flocculation and Rapid Sand Filtration. *J. Am. Water Works Assoc.*, **60**, 193-198.

Breitenbeck, G. A.; Bremner, J. M. (1984) Use of a Flat-Surface Combination pH Electrode for Measurement of Soil pH. *Comm. Soil Sci. Plant Anal.*, **15** (2), 87-98.

Burnham, J. C., et al. (1992) *Use of Kiln Dust with Quicklime for Effective Municipal Sludge Treatment with Pasteurization and Stabilization with the N-Viro Soil Process*; Stand. Tech. Publication 1135; ASTM International: West Conshohocken, Pennsylvania.

Byers, H. W.; Jensen, B. (1990) Stabilizing Sludge with Fly Ash-Sludge. Paper presented at Department of Engineering Professional Development, University of Wisconsin, Madison, Wisconsin.

Christensen, G. L. (1987) Lime Stabilization of Wastewater Sludge. *In Lime for Environmental Uses*; Gutschick, K. A., Ed.; ASTM International: West Conshohocken, Pennsylvania.

Christy, R. W. (1992) Process and Mechanical Design Considerations for Sludge/Lime Mixing. *Proceedings of the Water Environment Federation Specialty Conference*, Portland, Oregon; Water Environment Federation: Alexandria, Virginia.

Counts, C. A.; Shuckrow, A. J. (1975) *Lime Stabilized Sludge: Its Stability and Effect on Agricultural Land*, EPA-670/2-75-012; Battelle Memorial Institute: Richland, Washington.

Engineering Science, Inc.; Black and Veatch (1991) *Technology Evaluation Report: Alkaline Stabilization of Sewage Sludge*; Report prepared for U. S. EPA, Contract No. 68-C8-0022, Work Assignment No. 01-08; U. S. Environmental Protection Agency: Washington, D. C.

Farrell, J. B., et al. (1974) Lime Stabilization of Primary Sludge. *J. Water Pollut. Control Fed.*, **46**, 113.

Fergen, R. E. (1991) Stabilization and Disinfection of Dewatered Municipal Wastewater Sludge with Alkaline Addition. *Proceedings of the American Water Works Association/Water Pollution Control Federation Joint Residuals Management Conference*, Durham, North Carolina; Water Pollution Control Federation: Washington, D. C.

Jacobs, A.; Silver, M. (1990) *Sludge Management at the Middlesex County Utilities Authority. Water. Sci. Technol.*, **22**, 93.

Jacobs, A., et al. (1992) Odor Emissions and Control at the World's Largest Chemical Fixation Facility. *Proceedings of the 6th Annual Water Environment Federation Residuals Management Conference*, Portland, Oregon; Water Environment Federation: Alexandria, Virginia.

Lewis, C. J.; Gutschick, K. A. (1980) *Lime in Municipal Sludge Processing*. National Lime Association: Washington, D. C.

Lue-Hing, C.; Kuchenrither, R. D. (1992) *Municipal Sewage Sludge Management: Processing, Utilization and Disposal*; Technomic Publishing Co., Inc.: Lancaster, Pennsylvania.

National Lime Association (1996) *Biosolids Stabilization: Which Class a Stabilization is Most Economical?* Bulletin 334; National Lime Association: Arlington, Virginia.

North, J. (2003) Using Calcium to Measure Mixing and Mixer Performance. M. S. Thesis, University of Maryland, College Park, Maryland.

O' Connor, G. A. (1996) *Understanding Fate, Transport, Bioavailability, and Cycling of Metals in Land-Applied Biosolids*; Water Environment Research Foundation: Alexandria, Virginia.

Oerke, D. W. (1989) The Role of Lime Stabilization Processes in Wastewater Sludge Processing and Disposal; *Proceedings of the* 1989 *National Lime Association's Effective Use of Dry Lime for Sewage Sludge Stabilization Seminar*; Jun 7-8; National Lime Association: Washington, D. C.

Oerke, D. W. (1992) Alkaline Stabilization. In *Municipal Sludge: Management, Utilization, and*

Disposal Options; Lue-Hing, C.; Kuchenrither, R. D., Eds.; Technomic Publishing Co., Inc.: Lancaster, Pennsylvania.

Oerke, D. W. (1996) Which Class a Biosolids Stabilization Process is the Most Economical: Lime Stabilization, Composting or Thermal Drying? *Proceedings of the RMWEA/RMAWWA Annual Conference*, Steamboat Springs, Colorado, Sep 8-11; Rocky Mountain Water Environment Association: Denver, Colorado.

Oerke, D. W. (1999) Alkaline Stabilization of Biosolids Can Save Money, Space. *WaterWorld*, 14-16.

Oerke, D. W.; Rogowski, S. M. (1990) Economic Comparison of Chemical and Biological Sludge Stabilization Processes; *Proceedings of the American Water Works Association/Water Pollution Control Federation Joint Residuals Management Conference*, New Orleans, Louisiana, Dec 2-5; Water Pollution Control Federation: Washington, D. C.

Oerke, D. W.; Stone, L. A. (1991) Detailed Case Study Evaluation of Alkaline Stabilization Processes; *Proceedings of the American Water Works Association/Water Pollution Control Federation Joint Residuals Management Conference*, Durham, North Carolina, Aug 12; Water Pollution Control Federation: Washington, D. C.

Paulsrud, B.; Eikum, A. S. (1975) Lime Stabilization of Sewage Sludge. *Water Res.*, 9, 297.

Ramirez, A.; Malina, J. (1980) Chemicals Disinfect Sludge. *Water Sew. Works*, **127** (4), 52.

Reimers, R. S.; Little, M.; Englande, A.; Leftwich, D.; Bowman, D. (1981) *Parasites in Southern Sludge and Disinfection by Standard Sludge Treatment*, EPA-600/2-81-166; U. S. Environmental Protection Agency: Washington, D. C.

Sloan, D. (1992) Design and Process Considerations for Advanced Alkaline Stabilization with Subsequent Accelerated Drying Facilities. *Proceedings of the 5th Annual International Conference on Alkaline Pasteurization Stabilization*; Somerset: New Jersey.

Stone, L. A., et al. (1991) Detailed Case Study Evaluation of Alkaline Stabilization Processes. *Proceedings of the American Water Works Association/Water Pollution Control Federation Joint Residuals Management Conference*, Durham, North Carolina, Aug 12; Water Pollution Control Federation: Washington, D. C.

Stone, L. A., et al. (1992) The Historical Development of Alkaline Stabilization. *Proceedings of the Water Environment Federation Specialty Conference*, Portland, Oregon; Water Environment Federation: Alexandria, Virginia.

U. S. Environmental Protection Agency (1975) *Lime Stabilized Sludge: Its Stability and Effect on Agricultural Land*, EPA-670/2-75-012; U. S. Environmental Protection Agency: Washington, D. C.

U. S. Environmental Protection Agency (1979) *Process Design Manual for Sludge Treatment and Disposal*, EPA 625/1-79-011; U. S. Environmental Protection Agency: Washington, D. C.

U. S. Environmental Protection Agency (1993) Standards for the Use and Disposal of Sewage, Final Rule. *Code of Federal Regulations*, Part 503, Title 40, 1993; *Fed. Regist.*, **58**, 9248.

U. S. Environmental Protection Agency (2000) *Guide to Field Storage of Biosolids and Other Organic By-Products Used in Agriculture and for Soil Resource Management*; EPA-832-B/00-007; U. S. EPA OW-OWM; U. S. Environmental Protection Agency: Washington, D. C.

U. S. Environmental Protection Agency (2003) *Environmental Regulations and Technology: Control of Pathogens and Vector Attraction in Sewage Sludge*, revised July 2003; EPA/625/R-92/013; U. S. Environmental Protection Agency: Cincinnati, OH.

U. S. Environmental Protection Agency (2011) Text Methods. 9000 Series Methods, SW-846, Methods 9040B, and 9045D http://www.epa.gov/epawaste/hazard/testmethods/sw846/online/9_series.htm (accessed July 2011).

Water Environment Federation (1995) *Wastewater Residuals Stabilization*, Manual of Practice No. FD-9; Water Environment Federation: Alexandria, Virginia.

Water Environment Federation; American Society of Civil Engineers; Environmental & Water Resources Institute (2009) *Design of Municipal Wastewater Treatment Plants*, 5th ed.; WEF Manual of Practice No. 8; ASCE Manuals and Reports on Engineering Practice No. 76; McGraw-Hill: New York.

Westphal, A.; Christensen, G. L. (1983) *Lime Stabilization: Effectiveness of Two Process Modifications. J. Water Pollut. Control Fed.*, **55**, 1381.

第15章 参考文献和推荐读物

Aitken, M. D.; Sobsey, M. D.; Blauth, K. E.; Shehee, M.; Crunk, P. L.; Walters, G. W. (2005) Inactivation of *Ascaris suum* and Poliovirus in Biosolids under Thermophilic Anaerobic Digestion Conditions. *Environ. Sci. Technol.*, **39** (15), 5804-5809.

American Public Health Association; American Water Works Association; Water Environment Federation (2005) *Standard Methods for the Examination of Water and Wastewater*, 21st ed.; American Public Health Association: Washington D. C.; American Water Works Association: Denver, Colorado; Water Environment Federation: Alexandria, Virginia.

American Public Health Association (2001) *Compendium of Methods for the Microbiological Examination of Foods*, 4th ed.; American Public Health Association: Washington D. C.

Bergman, W. A.; Rohloff, G. M. (1996) *Complete Costs for Biosolids Processing at the Metropolitan Water Reclamation District of Greater Chicago*; Water Environment Federation: Alexandria, Virginia.

Casemore, D. P. (1991) The Epidemiology of Human Cryptosporidiosis and the Water Route of Infection. *Water Sci. Technol.*, **24** (2), 157-164.

Cramer, W. N.; Burge, W. D.; Kawata, K. (1983) Kinetics of Virus Inactivation by Ammonia. *Appl. Environ. Microbiol.*, **45** (3), 760-765.

Farrell, J.; Merrill, D. T.; Shafer, P. L. (2004) *Producing Class A Biosolids with Low-Cost, Low-Technology Treatment Processes*; WERF project no. 95-REM-2; Water Environment Research Foundation: Alexandria, Virginia.

Higgins, M. J.; Chen, Y.; Hendrickson, D. H. (2008) *Evaluation of Bacterial Pathogen and Indicator Densities after Dewatering of Anaerobically Digested Biosolids: Phase II and III*, WERF project no. 04-CTS-3T; Water Environment Research Foundation, Alexandria, Virginia.

Keswick, B. H. (1984) Sources of Groundwater Pollution. In *Groundwater Pollution Microbiology*, Bitton, G.; Gerba, G., Eds.; Wiley and Sons: New York.

Levine, M. M.; DuPont, H. L.; Formal, S. B. (1973) Pathogenesis of *Shigella dysenteriae* (Shiga) Dysentery. J. Infect. Dis., **127** (3), 261-270.

Meckes, M. C.; Rhodes, E. R. (2004) Evaluation of Bacteriological Indicators of Disinfection for Alkaline Treated Biosolids. *J. Environ. Eng. Sci.*, **3** (4), 231-236.

North East Biosolids and Residuals Association (2007) *A National Biosolids Regulation, Quality, End Use, and Disposal Survey—Final Report*; North East Biosolids and Residuals Association: Tamworth, New Hampshire.

Reimers, R. S.; Little, M. D.; Englande, A. J.; Leftwich, D. B.; Bowman, D. D.; Wilkinson, R. F. (1981) *Parasites in Southern Sludges and Disinfection by Standard Sludge Treatment*, EPA600152-

81-166 Project Summary NTIS Report No. PB82-102344; U. S. Environmental Protection Agency: Washington, D. C.

Reimers, R. S.; Jeng, H. W.; Bowman, D. D.; Oleszkiewicz, J. A.; Meckes, M. C.; Fitzmorris, K. B. (2005) Development of Surrogates to Monitor Pathogens in Biosolids, *Proceedings of the Water Environment Federation/America Water Works Association Joint Residuals and Biosolids Management Conference*, Nashville, Tennessee, Apr 17-19; Water Environment Federation: Alexandria, Virginia.

Smith, J. E., Jr.; Millner, P. D.; Jakubowski, W.; Goldstein, N. (2005) Contemporary Perspectives on Infectious Disease Agents in Sewage Sludge and Manure. *Compost Sci. Util.*, Special Ed., 1-249.

Stern, G.; Farrell. J. B. (1977) Sludge Disinfection Techniques, *Proceedings of the National Conference on Composting of Municipal Residues and Sludges*, Washington, D. C.; Information Transfer Inc.. Rockville, Maryland.

Tata, P.; Lue-Hing, C.; Knafl, G. J. (2000) Statistical Evaluation of Pathogen Inactivation for a Conventional Low-Cost Technology Class A Biosolids Process. *Water Environ. Res.*, **72** (4), 423-431.

Traub, J. L. (2002) Letter from Jo Lynn Traub, Director, Water Division, U. S. Environmental Protection Agency, Chicago, Illinois, to Jack Farnan, General Superintendent, Metropolitan Water Reclamation District of Greater Chicago, Chicago, Illinois, June 20.

U. S. Environmental Protection Agency (1979) Part 257—Criteria for Classifi cation off Solid Waste Disposal Facilities and Practices. *Code of Federal Regulations*, Part 257, Title 40, 1979.

U. S. Environmental Protection Agency (1981) *Density Levels of Pathogenic Organisms in Municipal Wastewater Sludge: A Literature Review*, EPA/600/2-81-170; U. S. Environmental Protection Agency, Municipal Environmental Research Laboratory: Cincinnati, Ohio.

U. S. Environmental Protection Agency (1985) *Health Effects of Land Application of Municipal Sludge*, EPA/600/185/015; U. S. Environmental Protection Agency, Health Effects Research Laboratory: Research Triangle Park, North Carolina.

U. S. Environmental Protection Agency (1992) *Technical Support Document for Reduction of Pathogens and Vector Attraction in Sewage Sludge*, EPA/822/R-93-004; U. S. Environmental Protection Agency: Washington, D. C.

U. S. Environmental Protection Agency (1993) Standards for the Use and Disposal of Sewage, Final Rule. *Code of Federal Regulations*, Part 503, Title 40, 1993; *Fed. Regist.*, **58**, 9248.

U. S. Environmental Protection Agency (2001) *METHOD* 1684: *Total, Fixed, and Volatile Solids in Water, Solids, and Biosolids*, EPA-821/R-01-015; U. S. Environmental Protection Agency: Washington, D. C.

U. S. Environmental Protection Agency (2003) *Environmental Regulations and Technology: Control of Pathogens and Vector Attraction in Sewage Sludge*, EPA /625/R-92/013; U. S. Environmental Protection Agency: Washington, D. C.

U. S. Environmental Protection Agency (2006a) *Method* 1680: *Fecal Coliforms in Sewage Sludge (Biosolids) by Multiple-Tube Fermentation using Lauryl Tryptose Broth (LTB) and EC Medium*, EPA-821-R/06-012; U. S. Environmental Protection Agency: Washington, D. C.

U. S. Environmental Protection Agency (2006b) *Method* 1681: *Fecal Coliforms in Sewage Sludge (Biosolids) by Multiple-Tube Fermentation using A-1 Medium*, EPA/821-R/06/013; U. S. Environmental Protection Agency: Washington, D. C.

U. S. Environmental Protection Agency (2006c) *Method* 1682: *Salmonella in Sewage Sludge* (*Biosolids*) *by Modifi ed Semisolid Rappaport-Vassiliadis* (*MSRV*) *Medium*, EPA/821/R-06/014; U. S. Environmental Protection Agency: Washington, D. C.

U. S. Environmental Protection Agency (2006d) *Emerging Technologies for Biosolids Management*. EPA 832-R-06-005; U. S. Environmental Protection Agency: Washington, D. C.

U. S. Environmental Protection Agency (2011) EPA Microbiology Home Page. http://www.epa.gov/nerlcwww/(accessed July 2011).

U. S. Food and Drug Administration (1998) *Bacteriological Analytical Manual*, 8th ed.; U. S. Food and Drug Administration: Washington D. C.

Ward, A.; Stensel, H. D.; Ferguson, J. F.; Ma, G.; Hummel, S. (1999) Preventing Growth of Pathogens in Pasteurized Digester Solids. *Water Environ. Res.*, **71** (2), 176-183.

Ward, R. L. (1978) Mechanism of Poliovirus Inactivation by Ammonia. *J. Virol.*, **26**, 299-305.

Ward, R. L.; Ashley, C. S. (1976) Inactivation of Poliovirus in Digested Sludge. Appl. *Environ. Microbiol.*, **31**, 921-930.

Ward, R. L.; Ashley C. S. (1977) Identifi cation of the Virucidal Agent in Wastewater Sludge. *Appl. Environ. Microbiol.*, **33**, 860-864.

Ward, R. L.; Ashley C. S. (1978) Comparative Effects of Ammonia and Related Compounds on Poliovirus." *Appl. Environ. Microbiol.*, **36**, 198-200.

Ward, R. L.; Berstein, D. I.; Young, E. C.; Sherwood, J. R.; Knowlton, D. R.; Schiff, G. M. (1986) Human Rotavirus Studies in Volunteers: Determination of Infectious Dose and Serological Response to Infection. *J. Infect. Dis.*, **154** (5), 871-880.

第16章 参考文献

Clean Air Act. *U. S. Code*, Section 50-88, Title 40, 1963.

Clean Air Act. *U. S. Code*, Section 7401-7671, Title 42, 1990.

Hoener, W.; Santha, H.; Bates, R.; Taylor, R. (2007) Odor Control Considerations for Biosolids Heat Drying; *Proceedings of the Water Environment Federation/American Water Works Association Joint Residuals and Biosolids Management Conference*, Denver, Colorado, April; Water Environment Federation: Alexandria, Virginia.

National Fire Protection Association (2006) NFPA 654: *Standard for the Prevention of Fire and Dust Explosions from the Manufacturing, Processing, and Handling of Combustible Particulate Solids*, 2006 ed.; National Fire Protection Association: Quincy, Massachusetts.

National Fire Protection Association (2007) *NFPA* 68: *Guide for Venting of Deflagrations*, 2007 ed.; National Fire Protection Association: Quincy, Massachusetts.

National Fire Protection Association (2008a) *NFPA* 30: *Flammable and Combustible Liquids Code*, 2008 ed.; National Fire Protection Association: Quincy, Massachusetts.

National Fire Protection Association (2008b) *NFPA* 69: *Standard on Explosion Prevention Systems*, 2008 ed.; National Fire Protection Association: Quincy, Massachusetts.

National Fire Protection Association (2008c) *NFPA* 820: *Fire Protection in Wastewater Treatment and Collection Facilities*, 2008 ed.; National Fire Protection Association: Quincy, Massachusetts.

National Fire Protection Association (2009) *NFPA* 54: *National Fuel Gas Code*, 2009 ed.; National Fire Protection Association: Quincy, Massachusetts.

National Fire Protection Association (2011a) *NFPA* 31: *Standards for the Installation of Oil-Burning Equipment*, 2011 ed.; National Fire Protection Association: Quincy, Massachusetts.

National Fire Protection Association (2011b) *NFPA* 86: *Standard for Ovens and Furnaces*, 2011 ed.; National Fire Protection Association: Quincy, Massachusetts.

U. S. Department of Labor (1970) Occupational Safety and Health Standards. *Code of Federal Regulations*, Title 29, Chapter XVII, Part 1910; Fed. Regist. **39**, 125.

U. S. Environmental Protection Agency (1993) Standards for the Use and Disposal of Sewage, Final Rule. *Code of Federal Regulations*, Part 503, Title 40, 1993; *Fed. Regist.*, **58**, 9248.

U. S. Environmental Protection Agency (2011) Technology Transfer Network Clearinghouse for Inventories & Emissions; *Factors Emissions Factors & AP* 42, *Compilation of Air Pollutant Emission Factors* http://www.epa.gov/ttn/chief/ap42/(accessed August 2011).

Water Environment Federation (1992) *Sludge Incineration*: *Thermal Destruction of Residues*, Manual of Practice No. FD-19; Water Environment Federation: Washington, D. C.

Water Environment Federation; American Society of Civil Engineers; Environmental and Water Resources Institute (2009) *Design of Municipal Wastewater Treatment Plants*, 5th ed.; WEF Manual of Practice No. 8; ASCE Manual and Report on Engineering Practice No. 76; McGraw-Hill: New York.

第 17 章　参考文献和推荐读物

Clean Air Act. *U. S. Code*, Section 50-88, Title 40, 1963.

Clean Air Act. *U. S. Code*, Section 7401-7671, Title 42, 1990.

Clean Water Act. *U. S. Code*, Section 1251, Title 33, 1972.

Dangtran, K.; Butt, J. (2004) Minimization of CO and NOx Emissions by Optimization of Fluidized Bed Design/Operating Conditions and by Chemical Additives; *Proceedings of the Water Environment Federation Bioenergy Workshop*; Cincinnati, Ohio, Aug 11-12; Water Environment Federation, Alexandria, Virginia.

Dominak, R. P., et al. (2005) Long-Term Residuals Management Plan for the Northeast Ohio Regional Sewer District.

Harder, S.; Dominak, R. (2006) Biosolids Economics: A Case for Careful Analysis. *Proceedings of the Water Environment Federation Residuals and Biosolids Management Conference* 2006 [CD-ROM]; Water Environment Federation: Alexandria, Virginia.

Lundberg, L. A. (2004) The Future of Fluidized Bed Incineration. *Proceedings of the Water Environment Federation Residuals and Biosolids Management Conference* 2004 [CD-ROM]; Salt Lake City, Utah, Feb 22-25; Water Environment Federation: Alexandria, Virginia.

Stone, L. A.; Harder, S.; Lue-Hing, C.; Logan, T.; Schaefer, P.; Shea, T.; Welp, J. (2008) *Residuals Management Validation Panel—Summary of Findings and Recommendations*. Northeast Ohio Regional Sewer District.

U. S. Environmental Protection Agency (2005) *Guideline on Air Quality Models*, 40CFR Part 51 Appendix W; Office of Air Quality Planning and Standards: Research Triangle Park, North Carolina.

U. S. Environmental Protection Agency (1993) Standards for the Use or Disposal of Sewage Sludge. *Code of Federal Regulations*, 40CFR, Part 503, Subpart E.

U. S. Environmental Protection Agency (2009a) Standards of Performance for New Stationary Sources. *Code of Federal Regulations*, 40CFR, Part 60, Appendix A, Method 5.

U. S. Environmental Protection Agency (2009b) Standards of Performance for New Stationary Sources.

Code of Federal Regulations, 40CFR, Part 60, Subpart O.

U. S. Environmental Protection Agency (2011) Standards of Performance for New Stationary Sources and Emission Guidelines for Existing Sources: Sewage Sludge Incinerators; Final Rule, *Code of Federal Regulations*, 40 CFR, Part 60, Subpart LLLL and Subpart MMMM.

Water Environment Federation (2009) *Wastewater Solids Incineration Systems*, Manual of Practice No. 30; McGraw Hill: New York.

Water Environment Federation; American Society of Civil Engineers; Environmental and Water Resources Institute (2009) *Design of Municipal Wastewater Treatment Plants*, 5th ed.; WEF Manual of Practice No. 8; ASCE Manuals and Reports on Engineering Practice No. 76; McGraw-Hill: New York.

第18章 参考文献

Barbooti, M. M. (1988) Flash Pyrolysis for the Continuous Conversion of Reed into Hydrocarbons. *J. Anal. Appl. Pyrolysis*, **13** (3), 233-241.

Biomass Technology Group (2011) Supercritical Water Oxidation/Pyrolysis. www. btgworld. com (accessed August 2011).

Bridgwater, A. V. (2003) Renewable Fuels and Chemicals by Thermal Processing of Biomass. *Chem. Eng. J.*, **91** (2-3), 87-102.

Bridle, T. R.; Skrypski-Mantele, S. (2004) Experience and Lessons Learned from Sewage Sludge Pyrolysis in Australia. Water Sci. Technol., **49** (10), 217-223.

Cement Industry Environmental Consortium (1996) Salt Precipitation and Scale Control in SCWO—Part B Commercial/Full-Scale Applications. U. S. Patent No. 5, 586, 510, December 24, 1996.

Chilson, S. J. (2003) *Conversion of Waste Products to Energy Biomass Gasifi cation & Other High Temperature Technologies*; Water Environment Federation Bioenergy Technology Subcommittee: Alexandria, Virginia.

Encinar, J. M.; Beltrán, F. J.; Bernalte, A.; Ramiro, A.; González, J. F. (1996) Pyrolysis of Two Agricultural Residues: Olive and Grape Bagasse. Infl uence of Particle Size and Temperature. *Biomass Bioenergy*, **11** (5), 397-409.

González, J. F.; Encinar, J. M.; Canito, J. L.; Sabio, E.; Chacón, M. (2003) Pyrolysis: Energy Uses of the Different Fractions and Kinetic Study. *J. Anal. Appl. Pyrolysis*, **67** (1), 165-190.

Haug, R. T.; Lewis, F. M. (1999) *Four-Stage, Fluidized Bed Gasification Process Minimizes NOx. City of Los Angeles Hyperion WWTP*. Proceedings of the 15th International Conference on Fluidized Bed Combustion.

Lewis, F. M.; Swithenbank, J.; Russell, N. V.; Shabangu, S. V. (2002) High Temperature, Steam Only Gasifi cation and Steam Reforming with Ultra-Superheated Steam, *Proceedings of the 5th International Symposium on High temperature Air Combustion and Gasification*.

Patterson, D. A.; Stenmark, L.; Hogan, F. (2001) Pilot-Scale Supercritical Water Oxidation of Sewage Sludge; *Proceedings of the 6th European Biosolids and Organic Residual Conference*, Nov.

Sanchez, J. M.; Murillo, J. M.; Otero, J.; Plaza, F.; Garralon, G. (2007) Thermal Valorisation of Dried Sewage Sludge Through Gasification. *Proceedings of the 10th International Conference on Environmental Science and Technology*, Kos Island, Greece, Sept.

Skov, N. A.; Papworth, M. L. (2006) Driving on Wood: *The lost Art of Driving without Gasoline*, 3rd ed.; Biomass Energy Press: Franktown, Colorado.

Vizier, P.; Riotte, M.; Duminy, D.; Perraud, S. *Degremount—Valenton, France, Agricultural and Energy Valorisation of Biosolids: The Paris 'Seine Amont' Waste Water Treatment Plant.*

U. S. Environmental Protection Agency (2011) TCLP Questions http://www.epa.gov/osw/hazard/testmethods/faq/faq_tclp.htm (accessed August 2011).

World Student Community for Sustainable Development (2011) Home page www.wscsd.org (accessed August 2011).

第19章 参考文献和推荐读物

Ettlich, W. F. (1976) *Economics of Transport Methods of Sludge*; Proceedings of the Third National Conference on Sludge Management: Disposal and Utilization; Miami Beach, Florida Dec 14-16; Information Transfer Inc.

Liu, D.; Liptak, H. F.; Bela, G. (1997) *Environmental Engineer's Handbook*; Lewis Publishers: Boca Raton, Florida.

Malina, J. F.; Pohland F. G. (1992) *Design of Anaerobic Processes for the Treatment of Industrial and Municipal Waste*, Water Quality Management Library, Vol. 7; Technomic Publishing Co.: Lancaster, Pennsylvania.

Metcalf and Eddy, Inc. (2003) *Wastewater Engineering: Treatment and Reuse*, 4th ed.; Tchobanoglous, G.; Burton, F. L.; Stensel, H. D., Eds.; McGraw Hill: New York.

Mountain Empire Community College. Water/Wastewater Distance Learning Website. http://water.me.vccs.edu/(accessed August 2011).

National Transportation Safety Board (2002) *Analysis of Intrastate Trucking Operations*; Safety Report NTSB/SR-02/01; National Transportation Safety Board: Washington, D. C.

Public Works Manual (online) (2006). http://www.pwmag.com/magazines/publicworks/public-works-toc-051506.asp? sectionID=756 (accessed Oct 2011).

Qasim, S. R.; Qasim R. Q. (1999) *Wastewater Treatment Plants: Planning, Design and Operation*; CRC Press: Boca Raton, Florida.

Speece, R. E. (2008) *Anaerobic Biotechnology for Odor/Corrosion Control for Municipalities and Industries*; Archae Press: Nashville, Tennessee.

U. S. Environmental Protection Agency (1979a) *Criteria for Classifi cation of Solid Waste Disposal Facilities and Practices, Final Rule*. Code of Federal Regulations, Part 257, Title 40.

U. S. Environmental Protection Agency (1979b) *Process Design Manual for Sludge Treatment and Disposal*, EPA 625/1-79-011, U. S. Environmental Protection Agency: Cincinnati, Ohio.

U. S. Environmental Protection Agency (1993) *Standards for the Use and Disposal of Sewage, Final Rule*. Code of Federal Regulations, Part 503, Title 40, 1993; Fed. Regist., 58, 9248.

U. S. Environmental Protection Agency (1994) *Guide to Septage Treatment and Disposal*; EPA-625/R-94-002; U. S. Environmental Protection Agency, Office of Research and Development: Cincinnati, Ohio.

U. S. Environmental Protection Agency (2000) *Guide to Field Storage of Biosolids*; EPA/832-B-00-007; U. S. Environmental Protection Agency: Washington, D. C.

U. S. Environmental Protection Agency (2002) *Wastewater Technology Fact Sheet: Anaerobic Lagoons*; EPA-832F02009; U. S. Environmental Protection Agency: Washington, D. C.

U. S. Environmental Protection Agency (2002) *Wastewater Technology Fact Sheet: Facultative Lagoons*; EPA-832F02014; U. S. Environmental Protection Agency: Washington, D. C.

Wang, L. K.; Shammas, N. K.; Hung, Y.-T. (2006) *Biosolids Treatment Process*; Humana Press:

Totowa, New Jersey.

Water Environment Federation (1997) *Septage Handling*; Manual of Practice No. 24; Water Environment Federation: Alexandria, Virginia.

Water Environment Federation; American Society of Civil Engineers; Environmental and Water Resources Institute (2009) *Design of Municipal Wastewater Treatment Plants*, 5th ed.; WEF Manual of Practice No. 8; ASCE Manuals and Reports on Engineering Practice No. 76; McGraw-Hill: New York.

第20章 参考文献

Bowker, R. (1999) Overview of Odor Control Strategies for Wastewater Treatment. *Proceedings of the Virginia Water Environment Association Annual Meeting*.

Burrowes, P. A.; Witherspoon, J.; Quigley, C.; Easter, C. (2001) Biofilters-Wastewater Collection and Treatment Odour Experiences of a Sustainable Technology in North America. *Proceedings of the First International Water Association International Conference on Odour and VOCs*. University of New South Wales: Sydney, Australia.

Clean Air Act. *U. S. Code*, Section 50-88, Title 40, 1963.

Clean Air Act. *U. S. Code*, Section 7401-7671, Title 42, 1990.

Easter, C.; Williams, T.; Witherspoon, J; Feltner, M. (2008) Odor Emissions from Anaerobically Digested Municipal Waste Water Treatment Plant Biosolids During Storage and Land Application: Impacts of Lime Dosing and the Type of Dewatering Process Used (Belt Presses versus Centrifuges). *Proceedings of the Water Environment Federation/Air & Waste management Association Oder and VOC Emissions Conference*, Phoenix, Arizona, April 6-9; Water Environment Federation: Alexandria, Virginia.

Epstein, E. (2007) *The Science of Composting*. CRC Press: Boca Raton, Florida.

Jubinville, R.; Stallings, R.; Bowen, W. (1997) Implementation of a comprehensive odor control program at the New London, Ct. Water Pollution Control Facility. *J. N. Engl. Water Environ. Assoc.* **31** (1), 40-48.

Koe, L.; Yang, F. (1999) The Effectiveness of the Cover and Treatment Scheme for Controlling Odorous Emissions at a Municipal Wastewater Treatment Facility. *Proceedings of the Chartered Institution of Water Environment Management and International Association on Water Quality Joint International Conference on Control and Prevention of Odors in the Water Industry*, London, England, United Kingdom; IWA Publishing: London, England, United Kingdom.

Melbourne Water (1989) *Hydrogen Sulphide Control Manual*; Melbourne Water: Melbourne, Victoria, Australia.

National Fire Protection Association (2008) *Standard for Fire Protection in Wastewater Treatment and Collection Facilities*, Publ. 820; National Fire Protection Association: Quincy, Massachusetts.

Sereno, D. J.; McGinley, C.; Harrison, D.; Haug, R. (1993) Dewatered Sludge Storage Emissions Control Using Multistage Wet Scrubbing. *Water Environ*: *Res.* **65** (1), 66-72.

U. S. Environmental Protection Agency (1974) *Sulfide Control in Sanitary Sewerage Systems*. EPA 625/1-74-005; U. S. Environmental Protection Agency: Washington, D. C.

U. S. Environmental Protection Agency (1985) *EPA Design Manual for Odor and Corrosion Control in Sanitary Sewerage Systems and Treatment Plants*, EPA/625/1-85/018; U. S. Environmental Protection Agency: Washington, D. C.

U. S. Environmental Protection Agency (1993) *Standards for the Use and Disposal of Sewage, Final*

Rule. Code of Federal Regulations, Part 503, Title 40, 1993; *Fed. Regist.*, 58, 9248.

Water Environment Federation (1995) *Odor Control in Wastewater Treatment Plants*, Manual of Practice No. 22; Water Environment Federation: Alexandria, Virginia.

Water Environment Federation (1998) *Clarifi er Design*, Manual of Practice No. 8; Water Environment Federation: Alexandria, Virginia.

Water Environment Federation (2004) *Control of Odors and Emissions from Wastewater Treatment Plants*, Manual of Practice No. 25; McGraw-Hill: New York.

Water Environment Federation; American Society of Civil Engineers; Environmental & Water Resources Institute (2009) *Design of Municipal Wastewater Treatment Plants*, 5th ed.; WEF Manual of Practice No. 8; ASCE Manuals and Reports on Engineering Practice No. 76; McGraw-Hill: New York.

Water Supply Committee of the Great Lakes—Upper Mississippi River Board of State and Provincial Public Health and Environmental Managers (2003) *Recommended Standards for Water Works* (aka "Ten States Standards"); Health Research Inc.: Albany, New York.

Water Environment Research Foundation (2003) *Identifying and Controlling Odor in the Municipal Wastewater Environment, Phase II: Literature Search and Review*, Report no. 00HHE5A; Water Environment Research Foundation: Alexandria, Virginia.

Water Environment Research Foundation (2004a) *Health Effects of Biosolids Odors: A Literature Review and Analysis*; Report no. 00HHE5C; Water Environment Research Foundation: Alexandria, Virginia.

Water Environment Research Foundation (2004b) *Identifying and Controlling Odor in the Municipal Wastewater Environment, Phase II: Impacts of In-plant Operational Parameters on Biosolids Odor Quality*, Report no. 00HHE5T; Water Environment Research Foundation: Alexandria, Virginia.

Water Environment Research Foundation (2007) *Minimization of Odors and Corrosion in Collection Systems*, Report no. 04CTS1; Water Environment Research Foundation: Alexandria, Virginia.

Witherspoon, J.; Sidhu, S.; Castleberry, J.; Coleman, L.; Reynolds, K.; Card, T.; Daigger, G. (1999) Case Study—Odor Emission Estimates and Control Strategies Using Models and Sampling for East Bay Municipal Utility Districts. *Proceedings of the Chartered Institution of Water Environment Management and International Association on Water Quality Joint International Conference on Control and Prevention of Odors in the Water Industry*, London, England, United Kingdom; IWA Publishing: London, England, United Kingdom.

第21章 参考文献和推荐读物

Carrier, S.; Tarre, M.; Beliavski, N.; Denekamp, A.; Gieseke, D.; de Beer, D.; Green, M. (2004) High Nitrifi cation Rate at Low pH in a Fluidized Bed Reactor with Chalk as the Biofi lm. *Water Sci. Technol.*, **49** (11-12) 99-105.

Cheremisinoff, P. N. (1995) *Waste Minimization and Cost Reduction for the Process Industries*; Noyes Publications: Park Ridge, New Jersey.

Cornwell, D. A. (1990) *Air Stripping and Aeration. In Water Quality and Treatment: A Handbook of Community Water Supplies*; 4th ed.; Pontius, F. W., Ed.; McGraw-Hill: New York.

Culp, R. L.; Wesner, G. M.; Culp, G. L. (1978) *Handbook of Advanced Wastewater Treatment*, 2nd ed.; Van Nostrand Reinhold Co.: New York.

De Boer, W.; Klein Gunnewiek, P. J. A.; Veenhuis, M.; Bock, E.; Laanbroek, H. J. (1991) Nitrification at Low pH by Aggregated Chemolithotrophic Bacteria. Appl. Environ. Microbiol., **57**

(12), 3600-3604.

Gabriella Eliasson Samtek, V. A. (1994) *Supernatant Treatment in Eslv, Sweden; Results and Experiences of Ammonia Stripping Method* 1993-1994.

Hellinga, C.; Schellen, A. A. J. C.; Mulder, J. W.; Van Loosdrecht, M. C. M.; Heijnen, J. J. (1998) The SHARON Process: An Innovative Method for Nitrogen Removal from Ammonium-Rich Waste Water. *Water Sci. Technol.*, **37** (9), 135-142.

Hunik, J. H. (1993) Engineering Aspects of Nitrifi cation with Immobilized Cells. PhD Thesis. Wageningen University, The Netherlands.

Jetten, M. S. M.; Strous, M.; Van de Pas-Schoonen, K. T.; Schalk, J.; Van Dongen, L. G. J. M.; Van de Graaf, A. A.; Logemann, S.; Muyzer, G.; Van Loosdrecht, M. C. M.; Kuenen, J. G. (1999) The Anaerobic Oxidation of Ammonium. *FEMS Microbiol. Rev.* **22** (5), 421-437.

Kim, S. H.; Kim, W. J.; Chung, T. H. (2002) Release Characteristics of Nitrogen and Phosphorus in Aerobic and Intermittent Aerobic Sludge Digestion. *Kor. J. Chem. Eng.*, **19** (3), 439-444.

KMPS Pilot Plant Services Group. Steam Stripping Systems. http://www.modular-process.com/steam-stripping.htm (accessed August 2011).

Logemann, S.; Schantl, J.; Bijvank, S.; Van Loosdrecht, M. C. M.; Kuenen, J. G.; Jetten, M. S. M. (1998) Molecular Microbial Diversity in a Nitrifying Reactor System without Sludge Retention. *FEMS Microbiol. Ecol.* **27** (3), 239-249.

Lu-Kwang, J.; Shah, H. K.; Porteous, J. (2005) Phosphorus Release in Aerobic Sludge Digestion. *Water Environ. Res.*, **77** (5), 553-559.

New York City Department of Environmental Protection (1998) *Nitrogen Control Feasibility Plan*; New York City Department of Environmental Protection: New York.

Pennsylvania Department of Environmental Correction (2002) The SHARON® High-Rate Nitrogen Removal System: An Innovative Wastewater Treatment Process http://www.dep.state.pa.us/dep/DEPUTATE/Watermgt/WSM/WSM_TAO/InnovTech/ProjReviews/SharonHiRate.htm (accessed August 2011).

Sagberg, P.; Ryrfors, P.; Grundnes Berg, K. (1997) *The Mass Balances of Nitrogen and Carbon in a Compact Nitrogen Phosphorous WWTP*.

STOWA (1996a) *One-Reactor System for Ammonium Removal via Nitrite*, Report no. 96-01.; STOWA: Utrecht, The Netherlands.

STOWA (1996b) *Removal of Ammonium from Sludge Water with the Anammox Process: Feasibility Study*, Report no. 96-21; STOWA: Utrecht, The Netherlands.

STOWA (2001) *The Combined Sharon/Anammox Process*, Report no. 2000-25; STOWA: Utrecht, The Netherlands.

Tarre, S.; Green, M. (2004) High-Rate Nitrifi cation at Low pH in Suspended- and Attached-Biomass Reactors. *Appl. Environ. Microbiol.*, **70** (11), 6481-6487.

van der Star, W. R. L.; Abma, W. R.; Blommers, D.; Mulder, J.-W.; Tokutomi, T.; Strous, M.; Picioreanu, C.; van Loosdrecht, M. C. M. (2007) Start-Up of Reactors for Anoxic Ammonium Oxidation: Experiences from the First Full-Scale Anammox Reactor in Rotterdam. *Water Res.*, **41** (18), 4149-4163.

van der Star, W. R. L.; Miclea, A. I.; van Dongen, U. G. J. M.; Muyzer, G.; Picioreanu, C.; van Loosdrecht, M. C. M. (2008) The Membrane Bioreactor: A Novel Tool to Grow Anammox Bacteria as Free Cell. *Biotechnol. Bioeng.*, **101** (2), 286-294.

第22章 参考文献

American Public Health Association; American Water Works Association; Water Environment Federation (1998) *Standard Methods for the Examination of Water and Wastewater*, 20th edition; American Public Health Association: Washington, D. C.; American Water Works Association: Denver, Colorado; Water Environment Federation: Alexandria, Virginia.

Endress and Hauser Consult AG (1998) *Document TIF*, 008 3. 98; Endress and Hauser Consult AG: Reinach, France.

Instrumentation Testing Association (2002) *Online Interface/Sludge Blanket Level Analyzers Performance Evaluation Report*; Instrument Testing Association: Henderson, Nevada.

Liptak, B. G. (1999) *Instrument Engineers Handbook*; CRC Press: Boca Raton, Florida.

National Fire Protection Association (2008) *Standard for Fire Protection in Wastewater Treatment and Collection Facilities*, *NFPA* 820; National Fire Protection Association: Quincy, Massachusetts.

New York Department of Environmental Conservation (2006) *Biosolids Land Application Facility Annual Report* www. dec. ny. gov/docs/materials _ minerals _ pdf/arla. pdf (accessed August 2011).

Water Environment Federation (2006) *Automation of Wastewater Treatment Facilities*, 3rd ed.; Manual of Practice No. 21; McGraw-Hill: New York.

Water Environment Federation (2008) *Operation of Municipal Wastewater Treatment Plants*, 6th ed.; Manual of Practice No. 11; McGraw-Hill: New York.

第23章 参考文献和推荐读物

California Integrated Waste Management Board (2003) The Importance of Compost Maturity. http://www. ciwmb. ca. gov/publications/organics/44303007. pdf (accessed August 2011).

California Integrated Waste Management Board (2003) Guidelines for Writing Compost Procurement Specifications http://www. ciwmb. ca. gov/organics/products/CMSpecs/Guide. htm (accessed August 2011). Clean Water Act. *U. S. Code*, Section 1251, Title 33, 1972.

Coastal Zone Management Act. *U. S. Code*, Section 1451-1464, Title 16, 1972.

Executive Order 11990, Protection of Wetlands. *Fed. Regist.*, **1977**, 26961, 3 CFR, 1977 Comp., p. 121.

Fish and Wildlife Coordination Act. *U. S. Code*, Section 661-et seq., Title 16, 1934.

Logan, T. (2001) Personal communication.

Lue-Hing, C.; Tata, P.; Granato, T. A.; Sustich, R.; Johnson, R.; Pietz, R. I. (1998) *Sewage Sludge Survey*. Association of Metropolitan Sewerage Agencies: Washington, D. C.

Migratory Bird Conservation Act. *U. S. Code*, Section 715-715s, Title 16, 1929.

National Biosolids Partnership (2005) *National Manual of Good Practice for Biosolids*. http://biosolids. org/docs/MGP_National_Manual_of_Good_Practice_0105. pdf (accessed August 2011).

National Environmental Policy Act. *U. S. Code*, Section 4321-et seq., Title 42, 1966.

National Historic Preservation Act. *U. S. Code*, Section 470-et seq., Title 16, 1966.

Natural Resources Conservation Service (1999) *General Manual Part* 402; U. S. Department of Agriculture, Natural Resources Conservation Service: Washington, D. C. http://www. nrcs. usda. gov/Internet/FSE_DOCUMENTS/stelprdb1043143. pdf (accessed November 2011).

Natural Resources Conservation Service (2006) *Conservation Practice Standard*: *Nutrient Management*,

Code 590; U. S. Department of Agriculture, Natural Resources Conservation Service: Washington, D. C. http://www. nrcs. usda. gov/Internet/FSE_DOCUMENTS/stelprdb1043135. pdf (accessed November 2011).

New England Biosolids and Residuals Association (2007) *National Trends in Biosolids Management: A Survey Overview*. New England Biosolids and Residuals Association: Tamworth, New Hampshire.

Rivers and Harbors Act of 1899. *U. S. Code*, Section 407, Title 33, 1899.

Sommers, L.; Parker, C.; Meyers, G. (1981) *Volatilization, Plant Uptake and Mineralization of Nitrogen in Soils Treated with Sewage Sludge*, Technical Report 133; Water Resources Research Center, Purdue University: West Lafayette, Indiana.

Sommers, L. E.; Van Volk, V.; Giordano, P. M.; Sopper, W. E.; Bastian, R. (1987) Effects of Soil Properties on Accumulation of Trace Elements by Crops. In *Land Application of Sludge—Food Chain Implications*; Page, A. L.; Logan, T. J.; Ryan, J. A., Eds.; Lewis Publishers: Chelsea, Michigan.

Switzenbaum, M. S.; Moss, L. H.; Epstein, E.; Pincince, A. B.; Donovan, J. F. (1997) Defining Biosolids Stability. *J. of Environ. Eng.*, **1123** (12), 1178-1184.

Texas Department of Transportation. Compost Specifi cation Item 161. ftp: //ftp. dot. state. tx. us/pub/txdot-info/cmd/cserve/specs/2004/standard/s161. pdf (accessed August 2011).

U. S. Environmental Protection Agency (1981) *Institutional Constraints and Public Acceptance Barriers to Utilization of Municipal Wastewater and Sludge for Land Reclamation and Biomass Production: A Report to the President's Council on Environmental Quality*; EPA-430/9-81-013; U. S. Environmental Protection Agency: Washington, D. C.

U. S. Environmental Protection Agency (1992) *Environmental Regulations and Technology: Control of Pathogens and Vector Attraction in Sewage Sludge*, EPA/625/R-92/013; U. S. Environmental Protection Agency, Office of Research and Development: Cincinnati, Ohio.

U. S. Environmental Protection Agency (1993) *Standards for the Use and Disposal of Sewage, Final Rule*. Code of Federal Regulations, Part 503, Title 40, 1993; *Fed. Regist.*, 58, 9248.

U. S. Environmental Protection Agency (1994a) *A Plain English Guide to the EPA Part 503 Biosolids Rule*, EPA/832/R-93/003; U. S. Environmental Protection Agency, Office of Wastewater Management: Washington, D. C.

U. S. Environmental Protection Agency (1994b) *Guidance for Writing Permits for the Use or Disposal of Sewage Sludge*; U. S Environmental Protection Agency: Washington, D. C.

U. S. Environmental Protection Agency (1995) *Process Design Manual: Land Application of Sewage Sludge and Domestic Septage*; U. S. Environmental Protection Agency: Washington, D. C.

U. S. Environmental Protection Agency (2007) *Alkaline Treatment of Municipal Wastewater Treatment Plant Sludge Technical Guide*, Draft; U. S. Environmental Protection Agency: Washington, D. C.

U. S. Environmental Protection Agency (2009) *Biosolids: Targeted National Sewage Sludge Survey Report*; EPA 822-R-08-014; U. S. Environmental Protection Agency: Washington, D. C.

Water Environment Federation; American Society of Civil Engineers; Environmental and Water Resources Institute (2010) *Design of Municipal Wastewater Treatment Plants*, 5th ed., WEF Manual of Practice No. 8; ASCE Manual and Report on Engineering Practice No. 76; McGraw-Hill: New York.

Water Environment Research Foundation (1993) *Document Long-Term Experience of Biosolids Land Application Programs*, Project no. 91-ISP-4; Water Environment Research Foundation: Alexandria, Virginia.

Water Environment Research Foundation (2002) *Evaluating Risks and Benefits of Soil Amendments Used in Agriculture*, Project no. 99-PUM-1; Water Environment Research Foundation: Alexandria, Virginia.

Wild and Scenic Rivers Act. *U. S. Code*, Section 1271-et seq., Title 16, 1968.

第24章 参考文献

Clean Water Act. *U. S. Code*, Section 1251, Title 33, 1972.

Resource Conservation and Recovery Act. *U. S. Code*, Section 42, Title 6901, 1976.

U. S. Environmental Protection Agency (1974) *Disposal of Sewage Sludge into a Sanitary Landfill*; SW-71d; U. S. Environmental Protection Agency, Office of Solid Wastes, Washington, D. C.

U. S. Environmental Protection Agency (1978a) *Principals and Design Criteria for Sewage Sludge Application on Land*; *Sludge Treatment and Disposal*, Part 2; EPA-625/4-78-012; U. S. Environmental Protection Agency, Environmental Research Information Center: Cincinnati, Ohio.

U. S. Environmental Protection Agency (1978b) *Process Design Manual*: *Municipal Sludge Landfill*; EPA-625/1-78-010, SW-705; U. S. Environmental Protection Agency, Environmental Research Information Center, Office of Solid Wastes: Cincinnati, Ohio.

U. S. Environmental Protection Agency (1978c) *Subsurface Disposal of Municipal Wastewater Treatment Sludge*; SW-167c; U. S. Environmental Protection Agency: Office of Solid Wastes, Washington, D. C.

U. S. Environmental Protection Agency (1979a) *Process Design Manual for Sludge Treatment and Disposal*; EPA-625/1-79-011; U. S. Environmental Protection Agency, Center for Environmental Research Information: Cincinnati, Ohio.

U. S. Environmental Protection Agency (1979b) *Regulations on Public Participation in Programs Under the Resource Conservation and Recovery Act*, *The Safe Drinking Water Act*, *and The Clean Water Act*; 40 CFR 25, 44 CFR 10292; U. S. Environmental Protection Agency, Office of Waste and Hazardous Materials: Washington, D. C.

U. S. Environmental Protection Agency (1991) *Criteria for Municipal Solid Waste Landfills*, Code of Federal Regulations, Part 258, Title 40, 1991; *Fed. Regist.*, **56**, 51016.

U. S. Environmental Protection Agency (1993) *Standards for the Use and Disposal of Sewage*, *Final Rule*. Code of Federal Regulations, Part 503, Title 40, 1993; *Fed. Regist.*, **58**, 9248.

U. S. Environmental Protection Agency (1994) *A Plain English Guide to the EPA Part* 503 *Biosolids Rule*; EPA/832/R-93/003; U. S. Environmental Protection Agency, Office of Wastewater Management: Washington D. C.

U. S. Environmental Protection Agency (1995) *Surface Disposal of Sewage Sludge and Domestic Septage*; EPA-625/K-95/002; U. S. Environmental Protection Agency, Office of Research and Development, Washington, D. C.

U. S. Environmental Protection Agency (2000) *Guide to Field Storage of Biosolids*; EPA/832-B-00-007; U. S. Environmental Protection Agency, Office of Wastewater Management: Washington, D. C.

第25章 参考文献和推荐读物

Bacon, M. (2002) Plasma-Assisted Sludge Oxidation. *Proceedings of the Water Environment Federation 16th Annual Residuals and Biosolids Management Conference*, Austin, Texas, March; Water Environment Federation: Alexandria, Virginia.

Boulding, J. R. (1996) *EPA Environmental Engineering Sourcebook*. CRC Press: Boca Raton, Florida.

Decker, W.; Sieger, R. B.; Lamont-Black, J. (2006) A New, Real Technology for Solids Dewatering. *Proceedings of the 79th Annual Water Environment Federation Technical Exposition and Conference* [CD-ROM]; Dallas, Texas, Oct 21-25; Water Environment Federation: Alexandria, Virginia.

Dorn, B.; Speth, D.; Jensen, B. (2007) Biosolids Recycling Facility—Sludge to Glass Aggregate. *Proceedings of the Water Environment Federation/American Water Works Association Joint Residuals and Biosolids Management Conference* [CD-ROM]; Denver, Colorado; Water Environment Federation: Alexandria, Virginia.

Dorn, B. (2008) Personal communication. North Shore Sanitary District, Waukegan, Illinois.

Electric Power Research Institute (2003) *Emerging Environmental Technologies: An Analysis of New Treatment Technologies for the California Energy Commission, Palo Alto, California, California Energy Commission, Sacramento, California.* Electric Power Research Institute: Palo Alto, California.

Environmental Resources Management (2008) *Life Cycle Analysis of Greenhouse Gas Emissions for EnerTech' s E-Fuel Product*; Environmental Resources Management: Washington, D. C.

Environmental Resources Management (2009) *Comparison of Greenhouse Gas Emissions for EnerTech' s E-Fuel Product Versus Conventional Means for Managing Biosolids from Wastewater Treatment*; Environmental Resources Management: Washington, D. C.

Gidner, A.; Stenmark, L. (2011) *Supercritical Water Oxidation of Sewage Sludge—State of the Art.* Chematur Engineering AB: Karlskoga, Sweden.

Griffi th, J. W.; Raymond, D. H. (2002) The First Commercial Supercritical Water Oxidation Sludge Processing Plant. *Waste Manage.*, **22**, 453-459.

Kearney, R.; Bolin, K.; Dooley, B. (2008) New Technology for Converting Biosolids to a Renewable Fuel Is Starting Up. *Proceedings of the 13th European Biosolids and Organic Resources Conference*, Manchester, England, United Kingdom.

Kearney, R.; Bolin, K.; Dooley, B. (2008) New Thermal Treatment Technology Will Energy Efficiently Convert Biosolids to a Renewable Fuel; *Proceedings of the 27th Annual International Conference on Thermal Treatment Technologies*; Montreal, Quebec, Canada.

Kearney, R.; Bolin, K. (2008) The New SlurryCarb Process, Under Construction in Rialto, CA, Will Convert Biosolids to a Renewable Fuel; *Proceedings of the Water Environment Residuals and Biosolids Management Conference* [CD-ROM]; Philadelphia, Pennsylvania; Water Environment Federation: Alexandria, Virginia.

Lue-Hing, C.; Zenz, D. R.; Kuchenrither, R. (1992) *Municipal Sewage Sludge Management: Processing, Utilization, and Disposal*, Water Quality Management Library, Vol 4.; Technomic Publishing Co.: Lancaster, Pennsylvania.

Mastin, B. J.; Lebster, G. E. (2006) Dewatering with Geotube Containers: A Good Fit for a Midwest Wastewater Facility? *Proceedings of the Water Environment Federation/American Water Works Association Joint Residuals and Biosolids Management Conference* [CD-ROM]; Covington, Kentucky; Water Environment Federation: Alexandria, Virginia.

McKay, S. F.; Paradis, R.; Blanchette, M. (2007) Reducing Disposal Costs Through Advanced Electro-Dewatering; *Proceedings of the Water Environment Federation/American Water Works Association Joint Residuals and Biosolids Management Conference* [CD-ROM]; Denver, Colorado; Water Environment Federation: Alexandria, Virginia.

Metro Wastewater Reclamation District (2006) *Biosolids Management Program/Facility Study* PAR880;

Metro Wastewater Reclamation District：Denver，Colorado.

Mulhern，T.（2008）Personal communication. Fabgroup Technologies，Inc.，Montreal，Quéec，Canada.

O'egan，J.（2008）Personal communication. SCFI Group Limited，Cork，Ireland. May 26，2008 personal e-mail to Scott Carr.

Reimers，R. S.；Pratt-Ward，L. S.；Bradford，H. B.；Mussari，F. P.；Schmitz，W.（2006）Development of the Neutralizer Process for Disinfection and Stabilization of Municipal Wastewater Residuals；*Proceedings of the Water Environment Federation Residuals and Biosolids Management Conference* [CD-ROM]；Covington，Kentucky；Water Environment Federation：Alexandria，Virginia.

Sloan，D.；Pelletier，R.；Modell，M.（2008）Sludge Management in the City of Orlando—It's Supercritical. *Fl. Water Resour. J.*，**60**（6），46-54.

Stendahl，K.；Jäverströ，S.（2003）Phosphate Recovery from Sewage Sludge in Combination with Supercritical Water Oxidation；*Water Sci. Technol.*，**48**（1），185-191.

Svanströ，M.；Fröing，M.；Modell，M.；Peters，W.；Tester，J.（2004）Environmental Assessment of Supercritical Water Oxidation of Sewage Sludge. *Resour. Conserv. Recycl.*，**41**，321-338.

U. S. Department of Transportation. Federal Highway Administration. User Guideline for Waste and Byproduct Materials in Pavement Construction http：//www. fhwa. dot. gov/publications/research/infrastructure/structures/97148/index. cfm（accessed August 2011）.

U. S. Environmental Protection Agency（1985）*Seminar Publication：Municipal Wastewater Sludge Combustion Technology*；EPA 625/4-85/015；U. S. Environmental Protection Agency，Center for Environmental Research Information：Cincinnati，Ohio.

U. S. Environmental Protection Agency（1993）*Standards for the Use and Disposal of Sewage，Final Rule*. Code of Federal Regulations，Part 503，Title 40，1993；Fed. Regist.，**58**，9248.

U. S. Environmental Protection Agency（2001）*A Citizen's Guide to Vitrifi cation*；EPA-542-F-01-017；U. S. Environmental Protection Agency：Washington，D. C.

U. S. Environmental Protection Agency（2006）*Emerging Technologies for Biosolids Management*；EPA-832-R-06-005；U. S. Environmental Protection Agency：Washington，D. C.

U. S. Environmental Protection Agency（2008）*Emerging Technologies for Wastewater Treatment and In-Plant Wet Weather Management*；EPA-832-R-06-006；U. S. Environmental Protection Agency：Washington，D. C.

Water Environment Research Foundation（2006）Demystifying the Dewatering Process：New Techniques and Technologies Shed Light on a Complex Process. http：//www. werf. org/AM/Template. cfm? Section=Progress1&Template=/CM/HTMLDisplay. cfm&ContentID=3052（accessed August 2011）.

Wienands，S.（2010）Personal communication. Nutri-Ject Systems，Inc.，Hudson，Iowa.

Yesodharan，S.（2002）Supercritical Water Oxidation：An Environmentally Safe Method for the Disposal of Organic Wastes. *Current Sci.*，**82**（9-10），1112-1122.

第26章 参考文献

Arnold，M.（2009）*Reduction and Monitoring of Biogas Trace Compounds*；VTT Technical Center Research：Wartsila，Finland.

Bailey，R.（2007）City of Riverside Grease to Gas to Power Anaerobic Digestion of Restaurant Grease Interceptor Wastewater. *Santa Ana River Basin Section Clarifier*，**58**（2），1-5. California Water Environment Association：Las Flores，California.

Cairns，C. A.；Pincince，A. B.（1984）*Sale of Surplus Digester and Landfill Gas to Public Utilities*；

EPA/600-S2-84-039; U. S. Environmental Protection Agency: Washington, D. C.

Capstone (2005) *Capstone Microturbine Fuel Requirements*; Technical Reference 410002-001. Capstone Turbine Corporation: Chatsworth, California.

Caterpillar (2009) Caterpillar Gas Engine Lubricant, Fuel, and Coolant Recommendations; SEBU6400-04. Caterpillar: Peoria, Illinois.

Chambers, A. K.; Potter, I. (2002) *Gas Utilization from Sewage Waste.* Carbon and Energy Management, Alberta Research Council: Alberta, Canada.

Clarkson, D. (2007) Fuelling New Ideas: Conversion of Biogas into LNG Becomes Reality. *Waste Manage. World*, **8** (3).

Cummins (2005) *Fuels Requirements*, Service Bulletin 3379001. Cummins: Columbus, Indiana.

Doorn, M.; Pacey, J.; Augenstein, D. (1995) *Landfill Gas Energy Utilization Experience: Discussion of Technical and Non-Technical Issues, Solutions, and Trends*, EPA/600-SR-95-035; U. S. Environmental Protection Agency: Washington, D. C.

Doris, E.; McLaren, J.; Healey, V.; Hockett, S. (2009) *State of the States* 2009: *Renewable Energy Development and the Role of Policy*; NREL/TP-6A2-46667; National Renewable Energy Laboratory, U. S. Department of Energy: Golden, Colorado.

Electric Power Research Institute (2006) *Assessment of Fuel Gas Cleanup Systems for Waste Gas Fueled Power Generation*; 1012763; Electric Power Research Institute: Palo Alto, California.

Environment Agency (2004) *Guidance on Gas Treatment Technologies for Landfill Gas Engines*; Environment Agency: Almondsbury, Bristol, United Kingdom.

FuelCell Energy, Inc. (2010) *DFC*1500 *Specifications.* FuelCell Energy, Inc.: Danbury, Connecticut.

GE Jenbacher (2008) *Fuel Gas Quality*, Technical Instruction No. (TI) 1000-0300; GE Jenbacker: Houston, Texas.

Great Lakes-Upper Mississippi River Board (2004) *Recommended Standards for Wastewater Facilities*; Great Lakes-Upper Mississippi River Board of State and Provincial Public Health and Environmental Managers: Albany, New York.

Greeley, S.; Velzy, C. R. (1936) Operation of Sludge Gas Engines. *Sewage Works Journal*, **8** (1), 57-62.

Hagen, M.; Polman, E.; Myken, A.; Jensen, J.; Jösson, O.; Dahl, E. (2001) *Adding Gas from Biomass to the Gas Grid*, Report SGC 118; Swedish Gas Center: Malmö Sweden.

Hansen, T. (2008) Meeting Gas Quality Challenges. *Power Eng.*, **112** (5), 46-47.

Inland Empire Utilities Agency Regional Solids Plant No. 5 Solids Handling Facility (RP-5 SHF) http://www.ieua.org/facilities/rp5solid.html (accessed August 2011).

King County (2009) *King County Fuel Cell Demonstration Project*, Final Report. Prepared for U. S. Environmental Protection Agency. King County: Seattle, Washington.

Leicht, R. K.; Regan, J. T.; Troy, D. A. (1986) Refi nery Hydrogen Sulfide Emissions Cut 99.9% with Chalated Catalyst. *Chem. Proc.*, **Aug.**

Literary Digest (1929) *Engines Run on Sewage Gas*, July 6, 1929.

Narros, A.; Del Peso, M. I.; Miele, G.; Vinot, M.; Fernandez, E.; Rodriguez, M. E. (2009) Determination of Siloxanes in Landfill Gas by Adsorption on Tenax Tubes and TD-GC-MS. *Proceedings of Sardinia* 2009, *12th International Waste Management and Landfi ll Symposium*; Cagliari, Italy, October 5-9; CISA Publisher: Padova, Italy.

National Fire Protection Association (2008) *NFPA* 820: *Fire Protection in Wastewater Treatment and*

Collection Facilities, 2008 ed.; National Fire Protection Association: Quincy, Massachusetts.

National Fire Protection Association (2009) *NFPA* 54: *National Fuel Gas Code*, 2009 ed.; National Fire Protection Association: Quincy, Massachusetts.

National Fire Protection Association (2011) *NFPA* 70: *National Electrical Code*, 2011 ed.; National Fire Protection Association: Quincy, Massachusetts.

Schneider, M. (2008) Gas Engine O&M Issues: Strategies for Protecting Gas Engines that Run on Non-conventional Gas. *Power Engineering*, **112** (6), 64-66.

Solar Turbines (2009) *Fuel Requirements*; *Solar Turbines*: San Diego, California. U. S. Environmental Protection Agency (1979) Process Design Manual: Sludge Treatment and Disposal; EPA/625-1-74-006; U. S. Environmental Protection Agency: Washington, D. C.

U. S. Environmental Protection Agency (1995) *Case Studies in Residual Use and Energy Conservation at Wastewater Treatment Plants*; EPA/832-R-95-003; U. S. Environmental Protection Agency: Washington, D. C.

Water Environment Federation (1994) *Safety and Health in Wastewater Systems*, Manual of Practice No. 1; Water Environment Federation: Alexandria, Virginia.

Waukesha (2010) *Gaseous Fuel Specifi cation for Waukesha Engines*, S-7884-7.

Wheless, E.; Pierce, J. (2004) Siloxanes in Landfi ll and Digester Gas. *Proceedings of the 27th Annual SWANA Landfill Gas Symposium*; San Antonio, Texas, March 22-25; Solid Waste Association of North America: Silver Spring, Maryland.

Yazdani, R.; Kieffer, J.; Sananikone, K.; Augenstein, D. (2006) *Full-Scale Bioreactor Landfill for Carbon Sequestration and Greenhouse Gas Emissions Control*; DE/FC26-01NT41152; U. S. Department of Energy: Washington, D. C.